Marsden • Ratiu
Einführung in die Mechanik und Symmetrie

T0236848

Springer
Berlin
Heidelberg
New York
Barcelona
Hongkong
London
Mailand
Paris
Singapur
Tokio

Jerrold E. Marsden · Tudor S. Ratiu

Einführung in die Mechanik und Symmetrie

Eine grundlegende Darstellung
klassischer mechanischer Systeme

Übersetzt von Stefan Hackmann und Ulrich Krähmer

 Springer

Professor Dr. Jerrold E. Marsden
California Institute of Technology
Control and Dynamical Systems, 107-81
Pasadena, CA 91125, USA

Professor Dr. Tudor S. Ratiu
Ecole Polytechnique Fédérale de Lausanne
Départment de Mathématiques
1015 Lausanne, Schweiz

Übersetzer:

Stefan Hackmann
Immelmannweg 30
49088 Osnabrück, Deutschland

Ulrich Krähmer
Fürstendamm 10a
13465 Berlin, Deutschland

Übersetzung der englischen Ausgabe:
Introduction to Mechanics and Symmetry von J.E. Marsden/ T.S. Ratiu.
Copyright © 1999 Springer-Verlag New York Inc. Alle Rechte vorbehalten

Die Deutsche Bibliothek - CIP-Einheitsaufnahme

Marsden, Jerrold E.:
Einführung in Mechanik und Symmetrie : eine grundlegende Darstellung klassischer mechanischer
Systeme / Jerrold E. Marsden; Tudor S. Ratiu. Übers. von S. Hackmann; U. Krähmer. - Berlin; Heidel-
berg; New York; Barcelona; Hongkong; London; Mailand; Paris; Singapur; Tokio: Springer, 2001
Einheitssacht.: Introduction to mechanics and symmetry <dt.>
ISBN 3-540-67952-9

Mathematics Subject Classification (2000): 37J, 70E, 70F, 70G, 70H, 70K

ISBN 3-540-67952-9 Springer-Verlag Berlin Heidelberg New York

Springer-Verlag Berlin Heidelberg New York
ein Unternehmen der BertelsmannSpringer Science+Business Media GmbH
http://www.springer.de
© Springer-Verlag Berlin Heidelberg 2001

Einbandgestaltung: *design & production GmbH*, Heidelberg
Satz: Datenerstellung durch die Überstzer unter Verwendung eines Springer LaTeX- Makropakets
Gedruckt auf säurefreiem Papier   SPIN 10743464   46/3143CK-5 4 3 2 1 0

für Barbara und Lilian mit Dank für ihre Liebe und Unterstützung

Vorwort zur amerikanischen Ausgabe

Symmetrie und Mechanik bestärken sich seit der Zeit von Newton, Euler, Lagrange, Laplace, Poisson, Jacobi, Hamilton, Kelvin, Routh, Riemann, Noether, Poincaré, Einstein, Schrödinger, Cartan und Dirac, die alle grundlegende Arbeiten auf diesem Gebiet leisteten, gegenseitig in ihrer Entwicklung und auch heutzutage ist die Symmetrie, insbesondere in den modernen Arbeiten von Kolmogorov, Arnold, Moser, Kirillov, Kostant, Smale, Souriau, Guillemin, Sternberg und vielen anderen weiterhin von besonderer Bedeutung. Dieses Buch handelt von diesen Entwicklungen. Wir legen Wert auf konkrete Anwendungen, denn wir hoffen, es auf diese Weise für einen großen Leserkreis, insbesondere für fortgeschrittene Studenten und Doktoranden aus Wissenschaft und Technik attraktiv zu machen.

Die geometrische Formulierung der Mechanik verband in Kombination mit handfester Analysis auf phänomenale Weise viele verschiedene und auch interdisziplinäre Gebiete miteinander. So konnte man einerseits die Strukturen, die der Mechanik zugrunde liegen (wie z.B. Variationsstrukturen und Hamiltonsche Strukturen in der Kontinuumsmechanik, Hydrodynamik und Plasmaphysik) besser verstehen und andererseits nützliche Methoden für spezielle Modelle gewinnen: Neue Stabilitäts- und Bifurkationskriterien, die die Energie-Casimir- und die Energie-Impuls-Methode verwenden, neue numerische Codes, die auf geometrisch exakten Aktualisierungsprozeduren und Variationsintegratoren basieren, und neue Reorientierunstechniken in der Kontrolltheorie und Robotik.

Symmetrien wurden in der Mechanik schon von ihren Begründern in großem Umfang genutzt und die zugehörigen Theorien sind in jüngster Zeit auf verschiedenen Gebieten beträchtlich weiterentwickelt worden. Dazu gehören: Reduktion, Stabilität, Bifurkation und Symmetriebrechung einer Lösung bezüglich der gegebenen Symmetriegruppe eines Systems und Methoden, explizite Lösungen für integrable Systeme aufzufinden und spezielle Systeme wie zum Beispiel den Kowalewskikreisel besser zu verstehen. Wir hoffen, daß dieses Buch den Leser in sinnvoller Weise zu diesen interessanten Ergebnissen führt und eine Grundlage für deren Verständnis bildet.

Da sich die Theorie in eine Vielzahl von Richtungen weiterentwickeln läßt, haben wir eine recht umfangreiche Einleitung geschrieben. *Sie sollte zu Beginn weniger genau gelesen und dann von Zeit zu Zeit, wenn der Text selber gelesen wird, zu Rate gezogen werden.*

In diesem Band wird ein Großteil der elementaren Theorie der Mechanik besprochen. Er soll sich als eine nützliche Grundlage für sich anschließende und ebenso für speziellere Themen erweisen. Jedoch warnen wir den Leser: Viele wichtige Themen können an dieser Stelle wegen des begrenzten Umfangs nicht behandelt werden. Zur allgemeinen Reduktionstheorie und ihren Anwendungen bereiten wir einen zweiten Band vor, und mit etwas Glück, Unterstützung und nach weiterer harter Arbeit wird er in naher Zukunft erhältlich sein.

Ein Lösungshandbuch.   Für Lehrende steht ein Lösungshandbuch zur Verfügung, das die vollständigen Lösungen zu vielen Übungen und auch andere ergänzende Anmerkungen erhält. Weitere Informationen findet man unter der Internetadresse

> http://www.cds.caltech.edu/~marsden/books/.

Ergänzungen im Internet.   Um dem Buch einen vernünftigen Umfang zu geben, haben wir Abschnitte, die sich nicht wesentlich mit dem Text überschneiden, weggelassen und in einer Zusammenstellung über das Internet frei zugänglich gemacht. Diese Zusammenstellung und auch aktuelle Ergänzungen sowie Informationen zum Buch sind ebenfalls auf der oben angegebenen Webseite zu finden.

Was ist neu an der zweiten Auflage?   Das Lösungshandbuch (sowie viele neue Übungsaufgaben im Text) und die Ergänzungen im Internet stellen die hauptsächlichen strukturellen Veränderungen in dieser zweiten Auflage dar. Die Internetergänzungen enthalten z.B. Material zum Maslovindex, das nicht benötigt wurde, um den wesentlichen Textinhalt verständlich zu machen. Vieles wurde auch neu geschrieben, um einerseits den Stoff flüssiger zu präsentieren und andererseits Ungenauigkeiten zu korrigieren. Dazu Beispiele: Das Material zur Hamilton-Jacobi-Theorie wurde vollständig neu geschrieben, ein neuer Abschnitt zur Routh-Reduktion (§8.9) wurde hinzugefügt und das Kap. 9 zu den Liegruppen wurde stark verbessert und erweitert. Durch die Verwendung von Matrixmethoden konnten wir die Beispiele zu den koadjungierten Orbits (in Kap. 14) besser formulieren.

Danksagung.   Wir danken Rudolf Schmid, Rich Spencer und Alan Weinstein für einen frühen Satz von Notizen, der uns auf unserem Weg hilfreich war. Unseren vielen Kollegen, Studenten und Lesern, insbesondere Henry Abarbanel, Vladimir Arnold, Larry Bates, Michael Berry, Tony Bloch, Dong-Eui Chang, Hans Duistermaat, Marty Golubitsky, Mark Gotay, George Haller, Aaron Hershman, Darryl Holm, Phil Holmes, Sameer Jalnapurkar, Edgar Knobloch, P.S. Krishnaprasad, Naomi Leonard, Debra Lewis, Robert Littlejohn, Richard Montgomery, Phil Morrison, Richard Murry, Peter Olver, Oliver O'Reilly, Juan-Pablo Ortega, George Patrick, Octavian Popp,

Mason Porter, Mathias Reinsch, Shankar Sastry, Tanya Schmah, Juan Simo, Hans Troger, Loc Vu-Quoc und Steve Wiggins möchten wir sehr für ihre Ermutigungen und ihre Anregungen danken. Gemeinsam danken wir ebenfalls allen unseren Studenten und Kollegen, die diese Notizen verwandt und uns wertvolle Ratschläge geliefert haben.

Wir sind auch Carol Cook, Anne Kao, Nawoyuki Gregory Kubota, Sue Knapp, Barbara Marsden, Marnie McElhiney, June Meyermann, Teresa Wild und Ester Zack für ihrer Sorgfalt und Geduld beim Erstellen des Manuskriptes und der Bilder zu diesem Buch dankbar. Ganz besonders danken wir Hendra Adiwidjaja, Nawoyuki Gregory Kubota und Wendy McKay für ihre großen Mühen bei den Schreibarbeiten, für die Indexmakros und die Programme für die automatische Konvertierung des Sachverzeichnisses und für das Anfertigen der Abbildungen (einschließlich des Titelbildes). Wir danken auch den Mitarbeitern des Springer-Verlages, insbesondere Achi Dosanjh, Laura Carlson, MaryAnn Cottone, David Kramer, Ken Dreyhaupt und Rüdiger Gebauer für ihre professionelle redaktionelle Arbeit und für die Produktion dieses Buches.

Pasadena, im Dezember 1998   *Jerry Marsden*

Santa Cruz, im Dezember 1998   *Tudor Ratiu*

Vorwort zur deutschen Übersetzung

Wir freuen uns sehr über diese Übersetzung unseres Buches durch Stefan Hackmann und Ulrich Krähmer, denen wir für ihre gewissenhafte und professionelle Arbeit sehr dankbar sind.

Ihre Übersetzung basiert auf der zweiten englischen Auflage. Hinzugekommen ist eine Reihe von Verbesserungen und Zusätzen, die ihnen im Lauf der Arbeit aufgefallen sind und die auch in die nächste englische Auflage übernommen werden.

Wir wünschen den deutschsprachigen Lesern alles Gute und viel Freude mit dem Buch. Selbstverständlich begrüßen wir alle Verbesserungsvorschläge.

Dezember 2000   *Jerrold E. Marsden und Tudor S. Ratiu*

Über die Autoren

Jerrold E. Marsden ist Professor für Kontrolltheorie und dynamische Systeme am Caltech. Er erhielt seinen B.Sc. im Jahr 1965 in Toronto und seinen Ph.D. im Jahr 1968 von der Princeton University, beide in angewandter Mathematik. Er hat auf dem Gebiet der Mechanik umfangreiche Forschungen mit Anwendungen in der Dynamik starrer Körper, Hydrodynamik, Elastizitätstheorie, Plasmaphysik und auch allgemeinen Feldtheorie betrieben. Sein derzeitiges Hauptinteresse gilt dem den dynamischen Systemen und der Kontrolltheorie, insbesondere interessiert er sich für die Beziehung dieses Gebietes zu mechanischen Systemen mit Symmetrien, was ein aktives und viel untersuchtes Thema der aktuellen Forschung ist. Im Jahre 1990 empfing er den renommierten Norbert-Wiener-Preis der American Mathematical Society und der Society für Industrial and Applied Mathematics und wurde 1997 zum Mitglied der American Academy of Arts and Sciences gewählt. Er war 1977 Carnegie Fellow an der Heriot-Watt University, 1979 Killam Fellow an der University of Calgary, Empfänger des Jeffrey-William-Preises der Canadian Mathematical Society im Jahre 1981, Miller-Professor an der University of California, Berkeley (1981-1982), Empfänger des Humboldt-Preises in Deutschland (1991) und 1992 Fairchild Fellow am Caltech. Er war auch in verschiedenen Instituten im Bereich der Verwaltung tätig, z.B. war er von 1984 bis 1986 Direktor der Forschungsgruppe für nichtlineare Systeme und Dynamik in Berkeley, Berater für mathematische Angelegenheiten am NSF, im Beratungskomitee des mathematischen Institutes in Cornell vertreten und Direktor des Fields Institute von 1990 bis 1994. Seit 1982 schreibt er dür die Reihe *Applied Mathematical Sciences* des Springer-Verlages und ist Mitherausgeber verschiedener Journale zur Mechanik, Dynamik und Kontrolltheorie.

Tudor S. Ratiu ist Professor für Mathematik an der University of California, Santa Cruz und des Swiß Federal Institute of Technology in Lausanne. Er erhielt seinen B.Sc. in Mathematik und M.Sc. in angewandter Mathematik an der Universität von Timişoara in Rumänien und im Jahr 1980 seinen Ph.D. in Mathematik in Berkeley. Er hat zuvor an der University of Michigan, Ann Arbor, als T.H. Hildebrandt Research Assistant Professor (1980-1983) und von 1983 bis 1987 an der University of Arizona, Tucson, gelehrt. Die Interessenschwerpunkte seiner Forschung liegen auf geometrischer Mechanik, symplektischer Geometrie, globaler Analysis und unendlichdimensionaler Lie-Theorie mit Anwendungen in integrablen Systemen, nichtlinearer Dynamik, Kontinuumsmechanik, Plasmaphysik und Bifurkationstheorie. Er war National Science Foundation Postdoctoral Fellow (1983-1986), Sloan Foundation Fellow (1984-1987), Miller Research Professor in Berkeley (1994) und Empfänger des Humboldt-Preises in Deutschland (1997). Seit seiner Ankunft an der UC Santa Cruz 1987 ist er im Vorstandskomitee der Nonlinear Sciences Organized Research Unit. Er ist führender Herausgeber der AMS Surveys and Monographs Serie und Mitherausgeber der Annals of Global Analysis und der Annals of the University of Timişoara. Desweiteren war er Mitglied verschiedener Forschungsinstitute, wie zum Beispiel des MSRI in Berkeley, des Center for Nonlinear Studies in Los Alamos, des Max-Planck-Institutes in Bonn, des MSI in Cornell, des IHES in Bures-sur-Yvette, des Fields Institute in Toronto (Waterloo), des Erwin-Schrödinger-Institutes für mathematische Physik in Wien, des Isaac Newton Institute in Cambridge und des RIMS in Kyoto.

Inhaltsverzeichnis

1. Einführung und Überblick

1.1 Lagrangescher und Hamiltonscher Formalismus

Die Mechanik handelt von der Dynamik von Teilchen, starren Körpern und kontinuierlichen Medien (Flüssigkeiten, Plasmen und elastischen Materialien) und Feldtheorien wie z.B. dem Elektromagnetismus und der Gravitation. Diese Theorie spielt eine entscheidende Rolle in der Quantenmechanik, Kontrolltheorie und auch anderen Gebieten der Physik, Technik und sogar Chemie und Biologie. Offensichtlich ist die Mechanik ein weites Feld, dem eine fundamentale Bedeutung in der Wissenschaft zukommt. Die Mechanik war auch für die Entwicklung der Mathematik von zentraler Bedeutung. Dies begann mit der durch Newtons Mechanik angeregten Entwicklung der Differentialrechnung und setzt sich heutzutage mit aufregenden Entwicklungen in der Gruppendarstellung, Geometrie und Topologie fort. Diese mathematischen Entwicklungen werden wiederum auf interessante Probleme aus Physik und Technik angewandt.

Symmetrien spielen in der Mechanik von den fundamentalen Formulierungen der grundlegenden Prinzipien bis zu konkreten Anwendungen wie Stabilitätskriterien für rotierende Systeme eine wichtige Rolle. Das Buch soll die Bedeutung der Symmetrien für unterschiedliche Gebiete der Mechanik hervorzuheben.

Diese Einleitung behandelt eine Reihe von Themen ziemlich rasch. Der Student sollte nicht erwarten, schon hier alles zu verstehen. *Wir werden zu vielen Themen in späteren Kapiteln zurückkehren.*

Lagrangesche und Hamiltonsche Mechanik. In der Mechanik gibt es zwei unteschiedliche grundlegende Betrachtungsweisen: Die *Lagrangesche Mechanik* und die *Hamiltonsche Mechanik*. Die Lagrangesche Mechanik scheint die fundamentalere Theorie zu sein, da sie auf Variationsprinzipien begründet ist und direkt zur Allgemeinen Relativitätstheorie führt. Anders betrachtet ist aber die Hamiltonsche Mechanik die fundamentalere Theorie, da sie unmittelbar auf dem Energiekonzept beruht und eng mit der Quantenmechanik in Verbindung steht. Glücklicherweise sind diese Theorien in vielen Fällen äquivalent, wie wir genauer in Kap. 7 sehen werden. Natürlich ist die Verbindung der Quantenmechanik und der allgemeiner Relativitätstheorie eines der wichtigsten ungelösten Probleme der Mechanik. Die Methoden der

Mechanik und die Symmetrien sind wichtige Ingredienzen für die Entwicklung der Stringtheorie, die diese Disziplinen zu verbinden sucht.

Lagrangesche Mechanik.   Die Lagrangesche Formulierung der Mechanik basiert auf der Beobachtung, daß Variationsprinzipien hinter den fundamentalen Gesetzen des durch das Newtonsche Axiom $\mathbf{F} = m\mathbf{a}$ beschriebenen Kräftegleichgewichtes stehen. Man wählt einen Konfigurationsraum Q mit den Koordinaten $q^i, i = 1, \ldots, n$, die die **Konfiguration** des zu untersuchenden Systems beschreiben. Anschließend führt man eine **Lagrangefunktion** $L(q^i, \dot{q}^i, t)$ ein. Dies ist eine Kurzschreibweise für $L(q^1, \ldots, q^n, \dot{q}^1, \ldots, \dot{q}^n, t)$. Für gewöhnlich hat L die Form „kinetische *minus* potentielle Energie des Systems" und $\dot{q}^i = dq^i/dt$ ist die Systemgeschwindigkeit. Das Hamiltonsche Variationsprinzip lautet

$$\delta \int_a^b L(q^i, \dot{q}^i, t)\, dt = 0. \tag{1.1}$$

Hierbei wählen wir Kurven $q^i(t)$, die in einem festen Zeitintervall $[a, b]$ zwei feste Punkte in Q miteinander verbinden und berechnen das Integral, das eine Funktion der Kurve ist. Das Hamiltonsche Prinzip besagt, daß diese Funktion für eine Lösungskurve einen extremalen Wert annimmt. Ist δq^i eine Variation, das heißt eine Ableitung einer Familie von Kurven nach einem Parameter, dann folgt mit der Kettenregel, daß

$$\sum_{i=1}^n \int_a^b \left(\frac{\partial L}{\partial q}\, \delta q^i + \frac{\partial L}{\partial \dot{q}^i}\, \delta \dot{q}^i \right) dt = 0 \tag{1.2}$$

für alle Variationen δq^i zu (1.1) äquivalent ist.

Mit der Gleichung für gemischte partielle Ableitungen erhält man

$$\delta \dot{q}^i = \frac{d}{dt}\, \delta q^i.$$

Die Gleichung (1.2) wird damit zu

$$\sum_{i=1}^n \int_a^b \left[\frac{\partial L}{\partial q^i} - \frac{d}{dt} \left(\frac{\partial L}{\partial \dot{q}^i} \right) \right] \delta q^i\, dt = 0, \tag{1.3}$$

wenn man den zweiten Term in (1.2) partiell integriert und die Randbedingungen $\delta q^i = 0$ für $t = a$ und b verwendet. Da δq^i jeden Wert (nur keinen von Null verschiedenen Wert in den Endpunkten) annehmen kann, ist (1.2) zu den **Euler-Lagrange-Gleichungen**

$$\frac{d}{dt} \frac{\partial L}{\partial \dot{q}^i} - \frac{\partial L}{\partial q^i} = 0, \quad i = 1, \ldots, n \tag{1.4}$$

äquivalent. Wie Hamilton [1834] bemerkte, kann man auch *ohne* feste Endpunkte anzunehmen wertvolle Informationen erhalten. Wir werden in Kap. 7 und 8 näher darauf eingehen.

Für ein System aus N Teilchen, die sich im dreidimensionalen Euklidischen Raum bewegen wählen wir $Q = \mathbb{R}^{3N} = \mathbb{R}^3 \times \cdots \times \mathbb{R}^3$ (N Faktoren) als Konfigurationsraum und L ist oftmals von der Form „kinetische minus potentielle Energie":

$$L(\mathbf{q}_i, \dot{\mathbf{q}}_i, t) = \frac{1}{2} \sum_{i=1}^{N} m_i \|\dot{\mathbf{q}}_i\|^2 - V(\mathbf{q}_i), \tag{1.5}$$

wobei $\mathbf{q}_1, \ldots, \mathbf{q}_N$ Punkte in Q mit $\mathbf{q}_i \in \mathbb{R}^3$ sind. In diesem Fall reduzieren sich die Euler-Lagrange-Gleichungen (1.4) zum *zweiten Newtonschen Axiom*

$$\frac{d}{dt}(m_i \dot{\mathbf{q}}_i) = -\frac{\partial V}{\partial \mathbf{q}_i}, \quad i = 1, \ldots, N. \tag{1.6}$$

Dem entspricht die Gleichung $\mathbf{F} = m\mathbf{a}$ für die Bewegung von Teilchen in einem Potential V. Wie wir später sehen werden, benötigt man in vielen Fällen allgemeinere Lagrangefunktionen.

Im allgemeinen hat man in der Lagrangeschen Mechanik einen Konfigurationsraum Q (mit den Koordinaten $(q^1, \ldots, q^n)$) und bildet dann den *Geschwindigkeitsphasenraum* TQ auch das *Tangentialbündel* von Q genannt. Die Koordinaten von TQ sind

$$(q^1, \ldots, q^n, \dot{q}^1, \ldots, \dot{q}^n),$$

und die Lagrangefunktion ist eine Abbildung $L : TQ \to \mathbb{R}$.

An dieser Stelle sind schon interessante Verbindungen zur Geometrie möglich. Ist der metrische Tensor $g_{ij}(q)$, auch *Massenmatrix* genannt, vorgegeben (momentan genügt es, sich eine von q abhängige, positiv definite, symmetrische $(n \times n)$-Matrix vorzustellen), dann ist unter Berücksichtigung der Lagrangefunktion der kinetischen Energie

$$L(q^i, \dot{q}^i) = \frac{1}{2} \sum_{i,j=1}^{n} g_{ij}(q)\dot{q}^i \dot{q}^j \tag{1.7}$$

sofort einzusehen (§7.5), daß *die Euler-Lagrange-Gleichungen den Gleichungen einer geodätischen Bewegung entsprechen*. Erhaltungssätze, die aus Symmetrien mechanischer Systeme gewonnen werden, können verwandt werden, um interessante geometrische Ergebnisse zu erhalten. Zum Beispiel können so Sätze über Geodäten auf Rotationsflächen leicht bewiesen werden.

Für unendlichdimensionale Systeme kann der Lagrangeformalismus erweitert werden. Eine (aber nicht die einzige) Möglichkeit ist, die q^i durch *Felder* $\varphi^1, \ldots, \varphi^m$ zu ersetzen, die z.B. Funktionen der Raumpunkte x^i und der Zeit sein können. Dann ist die Funktion L von $\varphi^1, \ldots, \varphi^m, \dot{\varphi}^1, \ldots, \dot{\varphi}^m$ und den räumlichen Ableitungen der Felder abhängig. Wir werden dazu später verschiedene Beispiele betrachten, betonen aber schon, daß das Variationsprinzip und die Euler-Lagrange-Gleichungen, richtig interpretiert, gültig bleiben. In den Euler-Lagrange-Gleichungen ersetzt man die partiellen Ableitungen durch *Funktionalableitungen*, die wir später noch definieren werden.

Hamiltonsche Mechanik.   Um zum Hamiltonformalismus überzugehen, führt man die *konjugierten Impulse*

$$p_i = \frac{\partial L}{\partial \dot{q}^i}, \qquad i = 1, \ldots, n \tag{1.8}$$

ein, substituiert $(q^i, \dot{q}^i) \mapsto (q^i, p_i)$ und führt die Hamiltonfunktion

$$H(q^i, p_i, t) = \sum_{j=1}^{n} p_j \dot{q}^j - L(q^i, \dot{q}^i, t) \tag{1.9}$$

ein. Man berechnet unter Berücksichtigung der Variablensubstitution mit der Kettenregel

$$\frac{\partial H}{\partial p_i} = \dot{q}^i + \sum_{j=1}^{n} \left(p_j \frac{\partial \dot{q}^j}{\partial p_i} - \frac{\partial L}{\partial \dot{q}^j} \frac{\partial \dot{q}^j}{\partial p_i} \right) = \dot{q}^i \tag{1.10}$$

und

$$\frac{\partial H}{\partial q^i} = \sum_{j=1}^{n} p_j \frac{\partial \dot{q}^j}{\partial q^i} - \frac{\partial L}{\partial q^i} - \sum_{j=1}^{n} \frac{\partial L}{\partial \dot{q}^j} \frac{\partial \dot{q}^j}{\partial q^i} = -\frac{\partial L}{\partial q^i}, \tag{1.11}$$

wobei (1.8) zweimal benutzt wurde. Mit (1.4) und (1.8) sehen wir, daß (1.11) zu

$$\frac{\partial H}{\partial q^i} = -\frac{d}{dt} p_i \tag{1.12}$$

äquivalent ist. Also folgt die *Äquivalenz der Euler-Lagrange-Gleichungen zu den Hamiltonschen Gleichungen*

$$\frac{dq^i}{dt} = \frac{\partial H}{\partial p_i}, \tag{1.13}$$

$$\frac{dp_i}{dt} = -\frac{\partial H}{\partial q^i} \tag{1.14}$$

mit $i = 1, \ldots, n$. Die entsprechenden Hamiltonschen partiellen Differentialgleichungen für zeitabhängige *Felder* $\varphi^1, \ldots, \varphi^m$ und ihre konjugierten Impulse $\pi_1, \ldots, \pi_m$ lauten

$$\frac{\partial \varphi^a}{\partial t} = \frac{\delta H}{\delta \pi_a}, \tag{1.15}$$

$$\frac{\partial \pi_a}{\partial t} = -\frac{\delta H}{\delta \varphi^a}. \tag{1.16}$$

Hierbei ist $a = 1, \ldots, m$ und H ein Funktional der Felder φ^a und π_a. Die *Variations-* oder *Funktionalableitungen* sind durch die Gleichung

$$\int_{\mathbb{R}^n} \frac{\delta H}{\delta \varphi^1} \delta \varphi^1 \, d^n x = \lim_{\varepsilon \to 0} \frac{1}{\varepsilon} [\, H\left(\varphi^1 + \varepsilon \delta \varphi^1, \varphi^2, \ldots, \varphi^m, \pi_1, \ldots, \pi_m\right)$$
$$- H(\varphi^1, \varphi^2, \ldots, \varphi^m, \pi_1, \ldots, \pi_m)] \tag{1.17}$$

definiert (für $\delta H/\delta\varphi^2,\ldots,\delta H/\delta\pi_m$ entsprechend). Mit der **Poissonklammer** können die Gleichungen (1.13) und (1.15) in die folgende Form gebracht werden:

$$\dot{F} = \{F, H\}, \tag{1.18}$$

wobei die Klammern im jeweiligen Fall durch

$$\{F, G\} = \sum_{i=1}^{n} \left(\frac{\partial F}{\partial q^i}\frac{\partial G}{\partial p_i} - \frac{\partial F}{\partial p_i}\frac{\partial G}{\partial q^i} \right) \tag{1.19}$$

und

$$\{F, G\} = \sum_{a=1}^{m} \int_{\mathbb{R}^n} \left(\frac{\delta F}{\delta\varphi^a}\frac{\delta G}{\delta\pi_a} - \frac{\delta F}{\delta\pi_a}\frac{\delta G}{\delta\varphi^a} \right) d^n x \tag{1.20}$$

erklärt werden.

Jedem Konfigurationsraum Q mit den Koordination $(q^1,\ldots,q^n)$ ist ein Phasenraum T^*Q mit den Koordinaten $(q^1,\ldots,q^n,p_1,\ldots,p_n)$ zugeordnet, den man das **Kotangentialbündel** von Q nennt. Die kanonische Klammer (1.19) ist auf diesem Raum insofern koordinatenfrei definiert, als daß der Wert von $\{F, G\}$ nicht von der Koordinatenwahl abhängt. Da die Poissonklammer der Beziehung $\{F, G\} = -\{G, F\}$ genügt und somit insbesondere $\{H, H\} = 0$ ist, folgt $\dot{H} = 0$ aus (1.18). Das heißt: *Die Energie bleibt erhalten.* Dies ist der elementarste vieler tiefsinniger und schöner *Erhaltungssätze* der Mechanik.

Auch im Hamiltonformalismus gibt es ein Variationsprinzip. Im Lagrangeformalismus betrachten wir Kurven im Konfigurationsraum, im Hamiltonformalismus aber Kurven im Impulsphasenraum. Dieses Variationsprinzip lautet

$$\delta \int_a^b \left(\sum_{i=1}^{n} p_i \dot{q}^i \right) - H(q^j, p_j)\, dt = 0 \tag{1.21}$$

mit $p_i\delta q^i = 0$ in den Endpunkten. Seine Gültigkeit haben wir schon gezeigt.

Wie in den Standardtexten, z.B. Whittaker [1927], Goldstein [1980], Arnold [1989], Thirring [1978] und Abraham und Marsden [1978] beschrieben, liegt dieser Formalismus den Untersuchungen vieler wichtiger teilchendynamischer und feldtheoretischer Systeme zugrunde. Die *symplektische Geometrie* und die *Poissongeometrie* sind die geometrischen Strukturen, auf denen der Formalismus aufgebaut ist. Wie diese Strukturen durch Legendretransformation mit den Euler-Lagrange-Gleichungen und den Variationsprinzipien verbunden sind, ist ein sehr wichtiger Punkt. Es ist auch ziemlich gut verstanden, wie man die im unendlichdimensionalen Fall auftretenden funktionalanalytischen Schwierigkeiten präzise behandeln kann, siehe z.B. Chernoff und Marsden [1974] und Marsden und Hughes [1983].

Übungen

Übung 1.1.1. Durch eine *direkte Berechnung* zeige man, daß die klassische Poissonklammer die Jacobiidentität erfüllt, also daß für Funktionen F und K von $2n$ Variablen $(q^1, q^2, \ldots, q^n, p_1, p_2, \ldots, p_n)$ und mit

$$\{F, K\} = \sum_{i=1}^{n} \left(\frac{\partial F}{\partial q^i} \frac{\partial K}{\partial p_i} - \frac{\partial K}{\partial q^i} \frac{\partial F}{\partial p_i} \right)$$

$\{L, \{F, K\}\} + \{K, \{L, F\}\} + \{F, \{K, L\}\} = 0$ erfüllt ist.

1.2 Der starre Körper

Es war schon im 19. Jahrhundert bekannt, daß gewisse mechanische Systeme in dem in §1.1 kurz dargestellten, üblichen Formalismus nicht behandelt werden können. Clebsch [1857,1859] fand heraus, daß es z.B. notwendig ist, bestimmte nichtphysikalische Potentiale einzuführen, um eine Hamiltonsche Beschreibung von Flüssigkeiten zu erhalten.[1] Wir werden Flüssigkeiten später in §1.4 diskutieren.

Die Eulerschen Gleichungen.   Wie wir in Kap. 15 genauer sehen werden, lauten die Eulerschen Gleichungen für die Rotationsdynamik eines starren Körpers, der sich um seinen Schwerpunkt dreht,

$$\begin{aligned}
I_1 \dot{\Omega}_1 &= (I_2 - I_3)\Omega_2\Omega_3, \\
I_2 \dot{\Omega}_2 &= (I_3 - I_1)\Omega_3\Omega_1, \\
I_3 \dot{\Omega}_3 &= (I_1 - I_2)\Omega_1\Omega_2,
\end{aligned} \tag{1.22}$$

wobei $\boldsymbol{\Omega} = (\Omega_1, \Omega_2, \Omega_3)$ der körpereigene Winkelgeschwindigkeitsvektor ist (die Winkelgeschwindigkeit des starren Körpers von einem körpereigenen Koordinatensystem aus betrachtet) und I_1, I_2, I_3 von der Körperform und seiner Massenverteilung abhängige Konstanten, die Hauptträgheitsmomente des starren Körpers sind.

Sind die Gleichungen (1.22) in irgend einem Sinne Lagrangesche oder Hamiltonsche Gleichungen? Wegen der *ungeradzahligen* Anzahl von Gleichungen, können sie offensichtlich nicht wie in (1.13) auf die kanonische Hamiltonsche Form gebracht werden.

Eine klassische Methode, um die Lagrange- oder Hamiltonstruktur der Gleichungen des starren Körpers zu erkennen, ist, die Körperorientierung durch drei Eulersche Winkel θ, φ, ψ und deren Geschwindigkeiten $\dot{\theta}, \dot{\varphi}, \dot{\psi}$ (oder konjugierten Impulse $p_\theta, p_\varphi, p_\psi$) anzugeben, womit die Gleichungen

---

[1] Für einen geometrischen Zugang zu Clebschpotentialen und weitere Verweise siehe Marsden und Weinstein [1983], Marsden, Ratiu und Weinstein [1984a, 1984b], Cendra und Marsden [1987] und Cendra, Ibort und Marsden [1987].

tatsächlich eine Euler-Lagrangesche (oder kanonische Hamiltonsche) Form erhalten. Für dieses Verfahren benötigt man allerdings *sechs Gleichungen*, während man viele Fragen leichter untersuchen kann, wenn man die *drei Gleichungen* (1.22) benutzt.

Lagrangeform.   Um zu erkennen, inwiefern die Gleichungen (1.22) Lagrangesch sind, führt man die Lagrangefunktion

$$L(\boldsymbol{\Omega}) = \frac{1}{2}(I_1\Omega_1^2 + I_2\Omega_2^2 + I_3\Omega_3^2) \qquad (1.23)$$

ein, die, wie wir in Kap. 15 genauer sehen werden, die kinetische Energie (Rotationsenergie) des starren Körpers angibt. Faßt man $I\Omega = (I_1\Omega_1, I_2\Omega_2, I_3\Omega_3)$ als einen Vektor auf, so kann man (1.22) in der Form

$$\frac{d}{dt}\frac{\partial L}{\partial \boldsymbol{\Omega}} = \frac{\partial L}{\partial \boldsymbol{\Omega}} \times \boldsymbol{\Omega} \qquad (1.24)$$

schreiben. Diese Gleichungen erscheinen so bei Lagrange [1788, Volume 2, p. 212] und werden von Poincaré [1901b] auf beliebige Liealgebren verallgemeinert. Wir werden diese allgemeinen **Euler-Poincaré-Gleichungen** in Kap. 13 diskutieren. Anstelle von (1.24) können wir auch ein zu den Euler-Lagrange-Gleichungen analoges, *direkt* von Ω abhängiges Variationsprinzip angeben. Die Gleichung (1.24) ist nämlich zu

$$\delta \int_a^b L\,dt = 0 \qquad (1.25)$$

äquivalent, wobei die Variationen von Ω nur von der Form

$$\delta\boldsymbol{\Omega} = \dot{\boldsymbol{\Sigma}} + \boldsymbol{\Omega} \times \boldsymbol{\Sigma} \qquad (1.26)$$

sein können. Dabei ist Σ eine Kurve im $\mathbb{R}^3$, die in den Endpunkten verschwindet. Dies kann in derselben Weise bewiesen werden, wie wir gezeigt haben, daß das Variationsprinzip (1.1) zu den Euler-Lagrange-Gleichungen (1.4) äquivalent ist, vgl. dazu auch Übung 1.2.2. Wir werden später in Kap. 13 sehen, wie wir dies aus dem „primitiveren" Variationsprinzip (1.1) *herleiten* können.

Hamiltonform.   Wenn wir anstelle von Variationsprinzipien Poissonklammern zugrunde legen und die Forderung fallen lassen, daß diese in der Standardform (1.19) sein sollen, bekommen die Gleichungen des starren Körpers ebenfalls eine einfache und schöne Hamiltonstruktur. Um diese anzugeben, führen wir die Drehimpulse

$$\Pi_i = I_i\Omega_i = \frac{\partial L}{\partial \Omega_i}, \quad i = 1,2,3 \qquad (1.27)$$

ein. Damit erhalten die Eulerschen Gleichungen die Gestalt

$$\dot{\Pi}_1 = \frac{I_2 - I_3}{I_2 I_3} \Pi_2 \Pi_3,$$

$$\dot{\Pi}_2 = \frac{I_3 - I_1}{I_3 I_1} \Pi_3 \Pi_1, \tag{1.28}$$

$$\dot{\Pi}_3 = \frac{I_1 - I_2}{I_1 I_2} \Pi_1 \Pi_2,$$

bzw.

$$\dot{\boldsymbol{\Pi}} = \boldsymbol{\Pi} \times \boldsymbol{\Omega}. \tag{1.29}$$

Wir führen die **Poissonklammer des starren Körpers** für Funktionen in Abhängigkeit der $\boldsymbol{\Pi}$

$$\{F, G\}(\boldsymbol{\Pi}) = -\boldsymbol{\Pi} \cdot (\nabla F \times \nabla G) \tag{1.30}$$

und die Hamiltonfunktion

$$H = \frac{1}{2} \left(\frac{\Pi_1^2}{I_1} + \frac{\Pi_2^2}{I_2} + \frac{\Pi_3^2}{I_3} \right) \tag{1.31}$$

ein. Es läßt sich zeigen (Übung 1.2.3.), daß die Eulerschen Gleichungen (1.28) zu

$$\dot{F} = \{F, H\} \tag{1.32}$$

äquivalent sind.[2] Unabhängig von der Hamiltonfunktion bleibt der Gesamtdrehimpuls für jede Gleichung der Form (1.32) erhalten, denn aus

$$C(\boldsymbol{\Pi}) = \frac{1}{2}(\Pi_1^2 + \Pi_2^2 + \Pi_3^2)$$

folgt $\nabla C(\boldsymbol{\Pi}) = \boldsymbol{\Pi}$, und somit ist

$$\frac{d}{dt} \frac{1}{2}(\Pi_1^2 + \Pi_2^2 + \Pi_3^2) = \{C, H\}(\boldsymbol{\Pi}) \tag{1.33}$$

$$= -\boldsymbol{\Pi} \cdot (\nabla C \times \nabla H) \tag{1.34}$$

$$= -\boldsymbol{\Pi} \cdot (\boldsymbol{\Pi} \times \nabla H) = 0. \tag{1.35}$$

Die gleiche Rechnung zeigt, daß für jede Funktion F die Beziehung $\{C, F\} = 0$ gilt. Solche Funktionen, die mit *jeder* Funktion **Poisson-kommutieren** nennt man **Casimirfunktionen**. Wie wir später sehen werden, sind sie für *Stabilitätsuntersuchungen* von besonderer Bedeutung.[3]

---

[2] Dieses einfache Resultat ist in impliziter Form in vielen Arbeiten enthalten, z.B. bei Arnold [1966a,1969], und wird für den starren Körper in dieser Form explizit in Sudarshan und Mukunda [1974] angegeben. (Frühere Versionen findet man bei Pauli [1953], Martin [1959] und Nambu [1973].) Die Variationsform (1.25) andererseits scheinen wir zumindest in impliziter Form Poincaré [1901b] und Hamel [1904] zu verdanken. Sie wurde in expliziter Form von Newcomb [1962] und Bretherton [1970] für Flüssigkeiten und für den allgemeinen Fall von Marsden und Scheurle [1993a, 1993b] formuliert.

[3] H. B. G. Casimir war ein Student von P. Ehrenfest und schrieb eine brillante Doktorarbeit zur Quantenmechanik des starren Körpers, ein Problem, dem man

Übungen.

Übung 1.2.1. Zeige durch direktes Nachrechnen, daß die Poissonklammer für den starren Körper die Jacobiidentität erfüllt. Das heißt, wenn F und G Funktionen von (Π_1, Π_2, Π_3) sind und wir

$$\{F, K\}(\boldsymbol{\Pi}) = -\boldsymbol{\Pi} \cdot (\nabla F \times \nabla K)$$

definieren, die Gleichung $\{L, \{F, K\}\} + \{K, \{L, F\}\} + \{F, \{K, L\}\} = 0$ erfüllt ist.

Übung 1.2.2. Zeige direkt, daß die Eulerschen Gleichungen des starren Körpers für Variationen der Form $\delta\boldsymbol{\Omega} = \dot{\boldsymbol{\Sigma}} + \boldsymbol{\Omega} \times \boldsymbol{\Sigma}$, wobei $\boldsymbol{\Sigma}$ in den Endpunkten verschwindent, zu

$$\delta \int L \, dt = 0$$

äquivalent sind.

Übung 1.2.3. Prüfe durch direktes Nachrechnen, daß die Eulerschen Gleichungen für den starren Körper zu den Gleichungen

$$\frac{d}{dt} F = \{F, H\}$$

äquivalent sind, wobei $\{\,,\}$ die Poissonklammer und H die Hamiltonfunktion für den starren Körper ist.

Übung 1.2.4.

1. Zeige, daß die Drehgruppe $SO(3)$ mit der **Poincarésphäre**, d.h. mit dem **Einheitskreisbündel** der 2-Sphäre im $\mathbb{R}^3$, also mit der Menge der Einheitstangentenvektoren an der 2-Sphäre im $\mathbb{R}^3$ identifiziert werden kann.

2. Zeige unter Verwendung der bekannten elementargeometrischen Tatsache, daß jedes (stetige) Vektorfeld auf S^2 irgendwo verschwindet, daß $SO(3)$ nicht als $S^2 \times S^1$ geschrieben werden kann.

---

sich selbst heutzutage noch nicht in wünschenswertem Umfang angenommen hat. Ehrenfest selber schrieb seine Doktorarbeit um 1900 bei Boltzmann über Variationsprinzipien in der Hydrodynamik und war einer der ersten, die Flüssigkeiten im wesentlichen von diesem Standpunkt aus anstatt mit der Clebschdarstellung untersuchten. Merkwürdigerweise verwandte Ehrenfest das Hertzsche Prinzip der kleinsten Krümmung anstelle des elementareren Hamiltonschen Prinzips. Dies ist ein Ausgangspunkt für viele wichtige Ideen in diesem Buch.

1.3 Lie-Poisson-Klammern, Poissonmannigfaltigkeiten und Impulsabbildungen

Das Variationsprinzip und die Poissonklammer für den starren Körper sind Spezialfälle allgemeiner, jeder **Liealgebra** $\mathfrak{g}$ zugeordneter Konstruktionen. Eine Liealgebra ist ein Vektorraum mit einer bilinearen, schiefsymmetrischen Klammer $[\xi, \eta]$, die die **Jacobiidentität**, also für alle $\xi, \eta, \zeta \in \mathfrak{g}$ die Gleichung

$$[[\xi, \eta], \zeta] + [[\zeta, \xi], \eta] + [[\eta, \zeta], \xi] = 0 \qquad (1.36)$$

erfüllt. Zum Beispiel ist die der Drehgruppe zugeordnete Liealgebra $\mathfrak{g}$ der $\mathbb{R}^3$, wobei die Klammer $[\xi, \eta] = \xi \times \eta$, also das gewöhnliche Kreuzprodukt für Vektoren ist.

Die Euler-Poincaré-Gleichungen.   Zur Konstruktion eines Variationsprinzips auf $\mathfrak{g}$ ersetzt man

$$\delta \Omega = \dot{\Sigma} + \Omega \times \Sigma \quad \text{durch} \quad \delta \xi = \dot{\eta} + [\eta, \xi].$$

Die daraus resultierenden allgemeinen Gleichungen auf $\mathfrak{g}$, die wir genauer in Kap. 13 untersuchen werden, sind die **Euler-Poincaré-Gleichungen**. Diese Gleichungen gelten sowohl für endlichdimensionale, als auch für unendlichdimensionale Liealgebren. Um sie für den endlichdimensionalen Fall anzugeben, verwenden wir die folgende Notation: Wir wählen eine Basis $e_1, \dots, e_r$ von $\mathfrak{g}$ (also ist dim $\mathfrak{g} = r$) und definieren die Strukturkonstanten C_{ab}^d durch die Gleichung

$$[e_a, e_b] = \sum_{d=1}^{r} C_{ab}^d e_d, \qquad (1.37)$$

wobei a und b von 1 bis r laufen. Wenn ξ ein Element der Liealgebra ist, sind ξ^a seine Koordinaten bzgl. der Basis. Es gilt $\xi = \sum_{a=1}^{r} \xi^a e_a$. Ist $e^1, \dots, e^r$ die zugehörige Dualbasis, so sind die Komponenten des Differentials der Lagrangefunktion L die partiellen Ableitungen $\partial L / \partial \xi^a$. Damit lauten die Euler-Poincaré-Gleichungen

$$\frac{d}{dt} \frac{\partial L}{\partial \xi^d} = \sum_{a,b=1}^{r} C_{ad}^b \frac{\partial L}{\partial \xi^b} \xi^a, \qquad (1.38)$$

bzw. koordinatenfrei geschrieben

$$\frac{d}{dt} \frac{\partial L}{\partial \xi} = \operatorname{ad}_\xi^* \frac{\partial L}{\partial \xi},$$

wobei $\operatorname{ad}_\xi : \mathfrak{g} \to \mathfrak{g}$ die lineare Abbildung $\eta \mapsto [\xi, \eta]$ und $\operatorname{ad}_\xi^* : \mathfrak{g}^* \to \mathfrak{g}^*$ die zugehörige duale Abbildung ist. Für $L : \mathbb{R}^3 \to \mathbb{R}$ erhalten die Euler-Poincaré-Gleichungen z.B. die Form

$$\frac{d}{dt}\frac{\partial L}{\partial \Omega} = \frac{\partial L}{\partial \Omega} \times \Omega.$$

und verallgemeinern die Eulerschen Gleichungen für die Bewegung des starren Körpers.

Wie schon erwähnt, wurden diese Gleichungen von Lagrange [1788, Volume 2, equation A, p. 212] für eine recht allgemeine Klasse von Lagrangefunktionen L angegeben, Poincaré [1901b] hingegen hat sie auf beliebige Liealgebren verallgemeinert.

Die Verallgemeinerung des Variationsprinzips des starren Körpers besagt, daß für alle Variationen der Form $\delta\xi = \dot{\eta} + [\xi, \eta]$ mit einer Kurve η in $\mathfrak{g}$, die in den Endpunkten verschwindet, die Euler-Poincaré-Gleichungen zu

$$\delta \int L\,dt = 0 \tag{1.39}$$

äquivalent sind.

Die Lie-Poisson-Gleichungen.   Wir können die Lie-Poisson-Klammer für den starren Körper auch folgendermaßen verallgemeinern: Seien F, G auf dem Dualraum $\mathfrak{g}^*$ definiert. Im folgenden bezeichnen wir die Elemente von $\mathfrak{g}^*$ mit μ. Sei die *Funktionalableitung* von F nach μ dasjenige eindeutige Elemente $\delta F/\delta\mu$ von $\mathfrak{g}$, das für alle $\delta\mu \in \mathfrak{g}^*$ durch

$$\lim_{\varepsilon \to 0} \frac{1}{\varepsilon}[F(\mu + \varepsilon\delta\mu) - F(\mu)] = \left\langle \delta\mu, \frac{\delta F}{\delta\mu} \right\rangle \tag{1.40}$$

definiert ist, wobei $\langle\,,\rangle$ die Paarung von $\mathfrak{g}^*$ mit $\mathfrak{g}$ ist. Diese Definition (1.40) ist zu der in (1.17) gegebenen Definition von $\delta F/\delta\varphi$ äquivalent, sofern $\mathfrak{g}$ und $\mathfrak{g}^*$ geeignete Räume von Feldern sind. Die $(\pm)$-Lie-Poisson-Klammern seien durch

$$\{F, G\}_\pm(\mu) = \pm\left\langle \mu, \left[\frac{\delta F}{\delta\mu}, \frac{\delta G}{\delta\mu}\right] \right\rangle \tag{1.41}$$

definiert. Mit der oben eingeführten Koordinatenschreibweise bekommt die $(\pm)$-Lie-Poisson-Klammer die Gestalt

$$\{F, G\}_\pm(\mu) = \pm \sum_{a,b,d=1}^{r} C_{ab}^d \mu_d \frac{\partial F}{\partial \mu_a} \frac{\partial G}{\partial \mu_b} \tag{1.42}$$

mit $\mu = \mu_a e^a$.

Poissonmannigfaltigkeiten.   Die Lie-Poisson-Klammern und die kanonischen Klammern aus dem letzten Abschnitt haben vier einfache aber grundlegende Eigenschaften:

PK1 $\{F, G\}$ ist in F und G reell bilinear.
PK2 $\{F, G\} = -\{G, F\}$,   Schiefsymmetrie.
PK3 $\{\{F, G\}, H\} + \{\{H, F\}, G\} + \{\{G, H\}, F\} = 0$,   Jacobiidentität.
PK4 $\{FG, H\} = F\{G, H\} + \{F, H\}G$,   Leibnizregel.

Eine Mannigfaltigkeit (d.h. eine n-dimensionale „glatte Fläche") P zusammen mit einer den Eigenschaften **PB1-PB4** genügenden Klammeroperation auf $\mathcal{F}(P)$, dem Raum der glatten Funktionen auf P, nennt man eine Poissonmannigfaltigkeit. Insbesondere ist $\mathfrak{g}^*$ eine Poissonmannigfaltigkeit. In Kapitel 10 werden wir das allgemeine Konzept der Poissonmannigfaltigkeiten untersuchen. Wählen wir z.B. $\mathfrak{g} = \mathbb{R}^3$ mit dem Kreuzprodukt $[\mathbf{x}, \mathbf{y}] = \mathbf{x} \times \mathbf{y}$ als Klammer und identifizieren über das Skalarprodukt im $\mathbb{R}^3$ (so daß $\langle \boldsymbol{\Pi}, \mathbf{x} \rangle = \boldsymbol{\Pi} \cdot \mathbf{x}$ das übliche Skalarprodukt ist) $\mathfrak{g}^*$ mit $\mathfrak{g}$, dann wird die $(-)$-Lie-Poisson-Klammer zur Klammer des starren Körpers.

Hamiltonsche Vektorfelder.   Auf einer zu jeder Funktion H assoziierten Poissonmannigfaltigkeit $(P, \{\cdot, \cdot\})$ gibt es ein mit X_H bezeichnetes Vektorfeld, das die Eigenschaft hat, für jede glatte Funktion $F : P \to \mathbb{R}$ die Gleichung

$$\langle \mathbf{d}F, X_H \rangle = \mathbf{d}F \cdot X_H = \{F, H\}$$

zu erfüllen, wobei $\mathbf{d}F$ das Differential von F und $\mathbf{d}F \cdot X_H$ die Ableitung von F in Richtung von X_H ist. Wir sprechen davon, daß das Vektorfeld X_H durch die Funktion H **erzeugt** wird, oder daß X_H das zu H assoziierte Hamiltonsche Vektorfeld ist. Wir definieren auch das assoziierte dynamische System, dessen Punkte z im Phasenraum sich zeitlich nach der Differentialgleichung

$$\dot{z} = X_H(z) \tag{1.43}$$

entwickeln.

Diese Definition ist mit den Gleichungen in Poissonklammerschreibweise (1.18) konsistent. H kann als die Energie des Systems interpretiert werden, aber die Definition (1.43) ist für *jede* Funktion sinnvoll. X_H ist für kanonische Systeme mit der durch (1.19) erklärten Poissonklammer durch die Formel

$$X_H(q^i, p_i) = \left(\frac{\partial H}{\partial p_i}, -\frac{\partial H}{\partial q^i} \right) \tag{1.44}$$

gegeben, während für die durch (1.30) gegebene Klammer im $\mathbb{R}^3$ des starren Köpers folgende Beziehung gilt:

$$X_H(\boldsymbol{\Pi}) = \boldsymbol{\Pi} \times \nabla H(\boldsymbol{\Pi}). \tag{1.45}$$

Die durch $\dot{F} = \{F, H\}$ bestimmten, allgemeinen Lie-Poisson-Gleichungen lauten

$$\dot{\mu}_a = \mp \sum_{b,c=1}^{r} \mu_d C_{ab}^d \frac{\partial H}{\partial \mu_b},$$

oder intrinsisch

$$\dot{\mu} = \mp \mathrm{ad}^*_{\delta H/\delta \mu} \mu. \tag{1.46}$$

Reduktion. Die Klammern des starren Körpers haben eine wichtige, auch auf allgemeinere Liealgebren übertragbare Eigenschaft, nämlich, daß sich *die Lie-Poisson-Klammern aus den kanonischen Klammern auf dem Kotangenti-albündel (Phasenraum) T^*G ergeben*, das zu einer Liegruppe G mit zugehöriger Liealgebra $\mathfrak{g}$ assoziiert ist. (Die allgemeine Theorie der Liegruppen wird in Kap. 9 behandelt.) Insbesondere basiert die durch

$$
\Pi_1 = \frac{1}{\sin\theta}[(p_\varphi - p_\psi \cos\theta)\sin\psi + p_\theta \sin\theta \cos\psi],
$$

$$
\Pi_2 = \frac{1}{\sin\theta}[(p_\varphi - p_\psi \cos\theta)\cos\psi - p_\theta \sin\theta \sin\psi], \qquad (1.47)
$$

$$
\Pi_3 = p_\psi
$$

definierte Zuordnung

$$
(\theta, \varphi, \psi, p_\theta, p_\varphi, p_\psi) \mapsto (\Pi_1, \Pi_2, \Pi_3) \qquad (1.48)
$$

auf einem allgemeinen Verfahren. Diese Abbildung überführt die kanonische Klammer in den Variablen (θ, φ, ψ) und ihren konjugierten Impulsen $(p_\theta, p_\varphi, p_\psi)$ auf folgende Weise in die $(-)$-Lie-Poisson-Klammer: Wenn F und K Funktionen der Π_1, Π_2, Π_3 sind, bestimmen diese, (1.47) ersetzend, Funktionen von $(\theta, \varphi, \psi, p_\theta, p_\varphi, p_\psi)$. Dann ist es eine (langwierige aber einfache) Übung, mit der Kettenregel die Beziehung

$$
\{F, K\}_{(-)\{\text{Lie-Poisson}\}} = \{F, K\}_{\text{kanonisch}} \qquad (1.49)
$$

zu zeigen.

Wir nennen die durch (1.47) definierte Abbildung eine *kanonische Abbildung* oder *Poissonabbildung* und sagen, daß die $(-)$-Lie-Poisson-Klammer durch *Reduktion* aus der kanonischen Klammer gewonnen wurde.

Für einen frei um seinen Schwerpunkt rotierenden Körper entspricht G der (eigentlichen) Drehgruppe SO(3), und die Eulerschen Winkel und ihre konjugierten Impulse sind Koordinaten von T^*G. Nach einem in der Mechanik üblichen Verfahren wird T^*G als zugrundeliegender Phasenraum gewählt: SO(3) wird als Konfigurationsraum gewählt, da jedes Element $A \in$ SO(3) die Lage des starren Körpers relativ zu einer Referenzkonfiguration angibt, das heißt, die Rotation A bildet die Referenzkonfiguration auf die augenblickliche Lage ab. Im Lagrangeformalismus bildet man den Geschwindigkeitsphasenraum TSO(3) mit den Koordinaten $(\theta, \varphi, \psi, \dot\theta, \dot\varphi, \dot\psi)$. Die Hamiltonsche Beschreibung bekommt man wie in §1.1, indem man die Legendretransformation benutzt, die TG auf T^*G abbildet.

Der Übergang von T^*G zum Raum der $\boldsymbol{\Pi}$ (dem körpereigenen Drehimpulsraum) ist durch *Links*translation der Gruppe bestimmt. Diese Abbildung ist ein Beispiel für eine *Impulsabbildung*, d.h. für eine Abbildung, deren Komponenten die zu einer Symmetriegruppe zugehörigen aus dem Noethertheorem folgenden Erhaltungsgrößen sind. Daß die Abbildung (1.47) eine Poissonabbildung bzw. eine kanonische Abbildung ist (siehe (1.49)), ist, wie in §12.6

bewiesen, *eine generelle Eigenschaft der Impulsabbildung*. Um räumliche Koordinaten zu erhalten, würde man *Rechts*translation und die (+)-Klammer benutzen. Dies wird gemacht, um die Standarddarstellung der Hydrodynamik zu bekommen.

Impulsabbildungen und koadjungierte Orbits.   Aus den allgemeinen Gleichungen für den starren Körper $\dot{\boldsymbol{\Pi}} = \boldsymbol{\Pi} \times \nabla H$ folgt

$$\frac{d}{dt} \|\boldsymbol{\Pi}\|^2 = 0.$$

Mit anderen Worten: Lie-Poisson-Systeme im $\mathbb{R}^3$ sind drehimpulserhaltend, das heißt, sie lassen die Sphären im $\boldsymbol{\Pi}$-Raum invariant. Die Verallgemeinerung dieser zu beliebigen Liealgebren assoziierten Objekte sind die **koadjungierten Orbits**.

Koadjungierte Orbits sind Untermannigfaltigkeiten von $\mathfrak{g}^*$ mit der Eigenschaft, daß sie jedes Lie-Poisson-System $\dot{F} = \{F, H\}$ invariant läßt. Wir werden auch sehen, wie diese Räume auf ihre Weise Poissonmannigfaltigkeiten sind und in welcher Beziehung sie zu der Rechtsinvarianz (+) oder Linksinvarianz (−) des auf T^*G betrachteten Systems und zu den zugehörigen erhaltenen Noethergrößen stehen.

Wir definieren eine Impulsabbildung auf einer allgemeinen Poissonmannigfaltigkeit $(P, \{\cdot, \cdot\})$ folgendermaßen: Wir nehmen an, daß eine Liegruppe G mit Liealgebra $\mathfrak{g}$ durch kanonische Transformationen auf P wirkt. Wie wir später überprüfen werden (siehe Kap. 9), ist die infinitesimale Methode die Wirkung zu spezifizieren, die, daß man zu jedem Liealgebrenelement $\xi \in \mathfrak{g}$ ein Vektorfeld ξ_P auf P assoziiert. Eine *Impulsabbildung* ist eine Abbildung $\mathbf{J} : P \to \mathfrak{g}^*$ mit der Eigenschaft, daß die Funktion $\langle \mathbf{J}, \xi \rangle$ (die Paarung von $\mathfrak{g}^*$-wertigen Funktionen $\mathbf{J}$ mit ξ) für alle $\xi \in \mathfrak{g}$ das Vektorfeld ξ_P erzeugt, also ist

$$X_{\langle \mathbf{J}, \xi \rangle} = \xi_P.$$

Wie wir später sehen werden, verallgemeinert diese Definition die gewöhnliche Vorstellung von Impuls und Drehimpuls. Anhand des starren Körpers sehen wir, daß diese Ideen von viel größerem Interesse sind. Eine wichtige Tatsache hinsichtlich Impulsabbildungen ist die, daß, wenn die Hamiltonfunktion H unter der Wirkung der Gruppe G invariant ist, dann die vektorwertige Funktion $\mathbf{J}$ für die Dynamik des zu H assoziierten Hamiltonschen Vektorfeldes X_H eine Konstante der Bewegung ist.

Ein hinsichtlich der Impulsabbildungen wichtiger Begriff ist die *infinitesimale Äquivarianz* bzw. der Begriff der *klassischen Vertauschungsrelationen*, die besagen, daß für alle Liealgebrenelemente ξ und η

$$\{\langle \mathbf{J}, \xi \rangle, \langle \mathbf{J}, \eta \rangle\} = \langle \mathbf{J}, [\xi, \eta] \rangle \tag{1.50}$$

gilt. Beziehungen dieser Art sind für den Drehimpuls wohlbekannt und können mit Hilfe der Liealgebra der Drehgruppe direkt überprüft werden.

Später, in Kap. 12, werden wir sehen, daß die Beziehung (1.50) für eine große und wichtige Klasse von Impulsabbildungen, die durch bestimmbare Formeln gegeben sind, gültig ist. Bemerkenswerterweise wird gerade die Beziehung (1.50) benötigt, um zu zeigen, daß $\mathbf{J}f$ *eine Poissonabbildung ist.* Auf diesem Wege erhält man eine intellektuell befriedigende Verallgemeinerung der Tatsache, daß die durch die Gleichungen (1.47) definierte Abbildung eine Poissonabbildung ist, also die Gleichung (1.49) gilt.

Geschichtliches. Die Lie-Poisson-Klammer wurde von Sophus Lie (Lie [1890, Band. II, S. 237]) entdeckt. Lies Klammer und seine zugehörige Arbeit wurden bis zu ihrer Wiederbelebung durch die Arbeit von Kirillov, Kostant und Souriau (und anderen) Mitte der sechziger Jahre kaum beachtet. Zwischenzeitlich wurde von Pauli und Martin um 1950 bemerkt, daß die Gleichungen des starren Körpers mit der zugehörigen Klammer Hamiltonsch sind. Sie waren sich der zugrundeliegenden Lietheorie jedoch offensichtlich nicht bewußt. Von Poincaré [1901b] wurden die Eulerschen Gleichungen auf beliebige Liealgebren $\mathfrak{g}$ verallgemeinert (und von Hamel [1904] weiterverwendet), bis vor kurzem jedoch noch ohne viel Bezug zur Lieschen Arbeit. Die symplektische Struktur auf koadjungierten Orbits hat ebenfalls eine komplizierte Geschichte und geht auch auf Lie [1890, Kap. 20] zurück.

Die generelle Idee einer Poissonmannigfaltigkeit geht ebenfalls auf Lie zurück. Die vier Eigenschaften, die eine Poissonmannigfaltigkeit definieren, wurden von vielen Autoren, z.B. Dirac [1964, S. 10], gesondert untersucht. Der Begriff der „Poissonmannigfaltigkeit" wurde von Lichnerowicz [1977] geprägt. Wir werden in §10.3 weitere historische Informationen zu Poissonmannigfaltigkeiten geben.

Der Begriff „Impulsabbildung", im Französischen „application moment", bzw. im Englischen „momentum map" stammt ebenfalls aus den Arbeiten von Lie.[4]

Über das schon Erwähnte hinaus ergaben sich für die Impulsabbildungen erstaunlich viele Anwendungen, z.B. werden sie zur Untersuchung des Lösungsraumes einer relativistischen Feldtheorie (siehe Arms, Marsden und Moncrief [1982]) und zur Untersuchung von Singularitäten in der algebraischen Geometrie (siehe Atiyah [1983] und Kirwan [1984]) verwandt. Sie treten auch in interessanter Weise mehrfach in der konvexen Analysis auf, wie z.B. beim Satz von Schur-Horn (Schur [1923], Horn [1954]) und dessen Verallgemeinerungen (Kostant [1973]), sowie in der Theorie der integrablen Systeme (Bloch, Brockett und Ratiu [1990, 1992] und Bloch, Flaschka und Ratiu [1990, 1993]). Es stellte sich heraus, daß das Bild der Impulsabbildung bemerkenswerte Konvexitätseigenschaften besitzt, siehe Atiyah [1982], Guillemin und Sternberg [1982, 1984], Kirwan [1984], Delzant [1988] und Lu und Ratiu [1991].

---

[4] Wir werden ein paar geschichtliche Beiträge zu Impulsabbildungen in §11.2 geben.

Übungen

Übung 1.3.1. Ein linearer Operator D auf dem Raum der glatten Funktionen auf dem $\mathbb{R}^n$ wird **Derivation** genannt, wenn er die Leibnizregel $D(FG) = (DF)G + F(DG)$ erfüllt. Aus der Theorie der Mannigfaltigkeiten (siehe Kap. 4) verwende man die Tatsache, daß die Darstellung von DF in lokalen Koordinaten für gewisse glatte Funktionen $a^1, \ldots, a^n$ die folgende Form hat:

$$(DF)(x) = \sum_{i=1}^{n} a^i(x) \frac{\partial F}{\partial x^i}(x).$$

1. Verwende die eben genannt Beziehung, um zu beweisen, daß für jede bilineare Operation $\{\,,\}$ auf $\mathcal{F}(\mathbb{R}^n)$, die für jedes ihrer Argumente eine Derivation ist, die folgende Gleichung gilt:

$$\{F, G\} = \sum_{i,j=1}^{n} \{x^i, x^j\} \frac{\partial F}{\partial x^i} \frac{\partial G}{\partial x^j}.$$

2. Zeige, daß die Jacobiidentität für jede Operation $\{\,,\}$ auf $\mathcal{F}(\mathbb{R}^n)$ (siehe oben) genau dann erfüllt ist, wenn sie für die Koordinatenfunktionen erfüllt ist.

Übung 1.3.2. Sei für eine feste Funktion $f : \mathbb{R}^3 \to \mathbb{R}$

$$\{F, K\}_f = \nabla f \cdot (\nabla F \times \nabla K).$$

1. Zeige, daß dies eine Poissonklammer ist.
2. Suche die Klammer aus dem obigen Aufgabenteil in Nambu [1973].

Übung 1.3.3. Überprüfe durch direktes Nachrechnen, daß (1.47) eine Poissonabbildung definiert.

Übung 1.3.4. Zeige, daß eine Klammer, die die Leibnizregel erfüllt, auch der Gleichung

$$F\{K, L\} - \{FK, L\} = \{F, K\}L - \{F, KL\}$$

genügt.

1.4 Der schwere Kreisel

Ein weiteres interessantes Beispiel eines bzgl. einer Lie-Poisson-Klammer Hamiltonschen Systems liefern die Bewegungsgleichungen für einen starren Körper mit festem Aufpunkt in einem Gravitationsfeld, vgl. Abb. 1.4.1.

Die zugrundeliegende Liealgebra besteht aus der Algebra der infinitesimalen Euklidischen Bewegungen im $\mathbb{R}^3$. (Da der Körper einen festen Aufpunkt

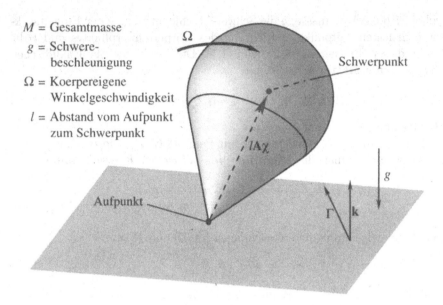

M = Gesamtmasse
g = Schwere-
    beschleunigung
Ω = Koerpereigene
    Winkelgeschwindigkeit
l = Abstand vom Aufpunkt
    zum Schwerpunkt

Abb. 1.1. Der schwere Kreisel.

hat, treten diese *nicht* als Euklidische Bewegungen des Körpers auf.) Wie wir später sehen werden, gibt es einen direkten Bezug zu der Poissonstruktur kompressibler Flüssigkeiten.

Als Phasenraum verwenden wir zunächst wieder $T^*SO(3)$ mit den Euler-schen Winkeln und ihren konjugierten Impulsen als Koordinaten. Mit diesen Variablen haben die Gleichungen kanonische Hamiltonsche Form. Die Anwesenheit der Gravitation verursacht eine Symmetriebrechung. Damit ist das System nicht mehr $SO(3)$-invariant und kann somit nicht vollständig durch Funktionen des körpereigenen Drehimpulses $\boldsymbol{\Pi}$ beschrieben werden. Man hat auch die vom Körper aus betrachtete „Gravitationsrichtung" $\boldsymbol{\Gamma}$ zu berücksichtigen. Sie wird durch $\boldsymbol{\Gamma} = \mathbf{A}^{-1}\mathbf{k}$ definiert, wobei $\mathbf{k}$ aufwärts zeigt und $\mathbf{A}$ ein die momentane Körperlage beschreibendes Element von $SO(3)$ ist. Die Bewegungsgleichungen lauten

$$\dot{\Pi}_1 = \frac{I_2 - I_3}{I_2 I_3} \Pi_2 \Pi_3 + Mgl(\Gamma^2 \chi^3 - \Gamma^3 \chi^2),$$

$$\dot{\Pi}_2 = \frac{I_3 - I_1}{I_3 I_1} \Pi_3 \Pi_1 + Mgl(\Gamma^3 \chi^1 - \Gamma^1 \chi^3), \qquad (1.51)$$

$$\dot{\Pi}_3 = \frac{I_1 - I_2}{I_1 I_2} \Pi_1 \Pi_2 + Mgl(\Gamma^1 \chi^2 - \Gamma^2 \chi^1)$$

und

$$\dot{\boldsymbol{\Gamma}} = \boldsymbol{\Gamma} \times \boldsymbol{\Omega}, \qquad (1.52)$$

wobei M die Körpermasse, g die Schwerebeschleunigung, χ der Einheitsvektor vom festen Aufpunkt in Richtung des Körperschwerpunktes und l die Länge dieser Strecke ist (siehe Abb. 1.1). Die Liealgebra der Euklidischen Gruppe lautet $\mathfrak{se}(3) = \mathbb{R}^3 \times \mathbb{R}^3$ mit

$$[(\boldsymbol{\xi}, \mathbf{u}), (\boldsymbol{\eta}, \mathbf{v})] = (\boldsymbol{\xi} \times \boldsymbol{\eta}, \boldsymbol{\xi} \times \mathbf{v} - \boldsymbol{\eta} \times \mathbf{u}) \qquad (1.53)$$

als Lieklammer.

Den Dualraum identifizieren wir mit Paaren $(\boldsymbol{\Pi}, \boldsymbol{\Gamma})$. Die zugehörige $(-)$-Lie-Poisson-Klammer, die **Klammer des schweren Kreisels** lautet

$$\begin{aligned}
\{F, G\}(\boldsymbol{\Pi}, \boldsymbol{\Gamma}) \;=\; & -\boldsymbol{\Pi} \cdot (\nabla_{\boldsymbol{\Pi}} F \times \nabla_{\boldsymbol{\Pi}} G) \\
& - \boldsymbol{\Gamma} \cdot (\nabla_{\boldsymbol{\Pi}} F \times \nabla_{\boldsymbol{\Gamma}} G - \nabla_{\boldsymbol{\Pi}} G \times \nabla_{\boldsymbol{\Gamma}} F). \qquad (1.54)
\end{aligned}$$

Man kann zeigen, daß diese Gleichungen für $\boldsymbol{\Pi}$ und $\boldsymbol{\Gamma}$ zu

$$\dot{F} = \{F, H\} \qquad (1.55)$$

äquivalent sind, wobei die **Hamiltonfunktion des schweren Kreisels**

$$H(\boldsymbol{\Pi}, \boldsymbol{\Gamma}) = \frac{1}{2}\left(\frac{\Pi_1^2}{I_1} + \frac{\Pi_2^2}{I_2} + \frac{\Pi_3^2}{I_3}\right) + Mgl\boldsymbol{\Gamma} \cdot \chi \qquad (1.56)$$

durch die Gesamtenergie des Körpers gegeben ist (Sudarshan und Mukunda [1974]). Die Liealgebra der Euklidischen Gruppe hat eine Struktur, die ein Spezialfall des sogenannten *semidirekten Produktes* ist. Hier ist es ein Produkt der Gruppe der Rotationen mit der Translationsgruppe. Es stellt sich heraus, daß semidirekte Produkte in recht allgemeinen Situationen auftreten, wenn die Symmetrie in T^*G gebrochen ist. Die allgemeine Theorie der semidirekten Produkte wurde von Sudarshan und Mukunda [1974], Ratiu [1980, 1981, 1982], Guillemin und Sternberg [1982], Marsden, Weinstein, Ratiu, Schmid und Spencer [1983], Marsden, Ratiu und Weinstein [1984a, 1984b] und Holm und Kupershmidt [1983] entwickelt. In Holm, Marsden und Ratiu [1998a] wird der Lagrangesche Zugang zu diesen und verwandten Problemen dargestellt.

Übungen

Übung 1.4.1. Zeige für die Hamiltonfunktion und die Klammer des schweren Kreisels die Äquivalenz von $\dot{F} = \{F, H\}$ zu den Gleichungen des schweren Kreisels.

Übung 1.4.2. Leite die Euler-Poincaré-Gleichungen auf $\mathfrak{se}(3)$ her. Zeige, daß die Euler-Poincaré-Gleichungen unter Annahme von

$$L(\boldsymbol{\Omega}, \boldsymbol{\Gamma}) = \frac{1}{2}(I_1 \Omega_1^2 + I_2 \Omega_2^2 + I_3 \Omega_3^2) - Mgl\boldsymbol{\Gamma} \cdot \chi$$

nicht den Gleichungen des schweren Kreisels entsprechen.

1.5 Inkompressible Flüssigkeiten

Arnold [1966a, 1969] zeigte, daß man die Eulerschen Gleichungen für inkompressible Flüssigkeiten in eine Lagrange- und eine Hamiltondarstellung bringen kann, die der für den starren Körper ähnelt. Seine Herangehensweise[5] ist reizvoll, da die Theorie so entwickelt wird, wie Lagrange und Hamilton es getan hätten: Man geht von einem Konfigurationsraum Q aus, bildet eine Lagrangefunktion L auf dem Geschwindigkeitsphasenraum TQ und eine Hamiltonfunktion H auf dem Impulsphasenraum T^*Q, wie in §1.1 skizziert. Unmittelbar daraus folgen Variationsprinzipien etc. Für ideale Flüssigkeiten ist $\mathrm{Diff}_{\mathrm{vol}}(\Omega)$ die Gruppe der volumenerhaltenden Transformationen des Flüssigkeitsbehälters (ein Gebiet Ω in $\mathbb{R}^2$ oder $\mathbb{R}^3$ oder im allgemeinen eine möglicherweise berandete Riemannsche Mannigfaltigkeit). Die Gruppenmultiplikation in G ist eine Verknüpfung.

Kinematik einer Flüssigkeit.   Wir wählen aus ähnlichen Gründen wie beim starren Körper $G = \mathrm{Diff}_{\mathrm{vol}}(\Omega)$ als Konfigurationsraum, denn jedes φ aus G ist eine Abbildung von Ω nach Ω, die einen Bezugspunkt $X \in \Omega$ auf einen gegenwärtigen Punkt $x = \varphi(X) \in \Omega$ abbildet. Wenn wir φ kennen, wissen wir, wohin sich jedes Flüssigkeitsteilchen bewegt und kennen somit die *Flüssigkeitskonfiguration*. Um Unstetigkeiten, Kavitation und Flüssigkeitsvermengungen auszuschließen, fordern wir, daß φ ein Diffeomorphismus ist und wegen der Annahme der Inkompressibilität, daß φ volumenerhaltend ist.

Die *Bewegung* einer Flüssigkeit entspricht einer Familie von zeitabhängigen Elementen von G, die wir als $x = \varphi(X,t)$ schreiben. Wir definieren durch

$$\mathbf{V}(X,t) = \frac{\partial \varphi(X,t)}{\partial t},$$

das *materielle Geschwindigkeitsfeld* und durch $\mathbf{v}(x,t) = \mathbf{V}(X,t)$ das *räumliche Geschwindigkeitsfeld*, wobei x und X durch $x = \varphi(X,t)$ miteinander in Beziehung stehen. Vernachlässigen wir „t" und schreiben $\dot{\varphi}$ anstatt $\mathbf{V}$, dann gilt

$$\mathbf{v} = \dot{\varphi} \circ \varphi^{-1} \quad \text{d.h.} \quad \mathbf{v}_t = \mathbf{V}_t \circ \varphi_t^{-1} \tag{1.57}$$

mit $\varphi_t(x) = \varphi(X,t)$, vergleiche Abb. 1.2.

Wir können (1.57) als eine Abbildung vom Raum der $(\varphi, \dot{\varphi})$ (materielle oder Lagrangesche Beschreibung) in den Raum der $\mathbf{v}$ (räumliche oder Eulersche Beschreibung) auffassen. Wie beim starren Körper überführt man mit der Übergangsabbildung von der materiellen zur Eulerschen Beschreibung (1.57) die kanonische Klammer in die Lie-Poisson-Klammer. Eines unserer Ziele ist, diese Reduktion zu verstehen. Wenn wir φ durch $\varphi \circ \eta$ ersetzen,

---

[5] Der Zugang von Arnold ist mit dem, was um 1904 in Ehrenfests Doktorarbeit erschien, konsistent, siehe Klein [1970]. Ehrenfest begründete seine Grundsätze auf den verfeinerten Krümmungsprinzipien von Gauß und Hertz.

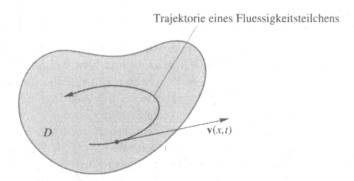

Abb. 1.2. Die Bahn und Geschwindigkeit eines Flüssigkeitsteilchens

wobei $\eta \in \text{Diff}_{\text{vol}}(\Omega)$ fest (zeitunabhängig) ist, dann ist $\dot{\varphi} \circ \varphi^{-1}$ unabhängig von η. Dies spiegelt die *Rechts*invarianz der Eulerschen Beschreibung wieder (**v** ist unter der rechtsseitigen Komposition von φ mit η invariant). Dies nennt man auch die Teilchenumbenennungssymmetrie der Hydrodynamik. Die Räume TG und T^*G repräsentieren die Lagrangesche (materielle) Beschreibung, und wir erhalten mit der Rechtstranslation und der $(+)$-Lie-Poisson-Klammer die Eulersche (räumliche) Beschreibung. Unter anderem wollen wir später den Grund für den Wechsel von rechts und links beim Übergang vom starren Körper zu Flüssigkeiten verstehen.

Dynamik einer Flüssigkeit.   Die *Eulerschen Gleichungen* für eine sich in einem Gebiet Ω bewegende ideale, inkompressible und homogene Flüssigkeit lauten

$$\frac{\partial \mathbf{v}}{\partial t} + (\mathbf{v} \cdot \nabla)\mathbf{v} = -\nabla p \tag{1.58}$$

mit der Zwangsbedingung div $\mathbf{v} = 0$ und der Randbedingung, daß $\mathbf{v}$ tangential zum Rand $\partial\Omega$ ist.

Durch die Bedingung der Divergenzfreiheit (Volumenerhaltung) div $\mathbf{v} = 0$ wird implizit der **Druck** p festgelegt. (für allgemeine Informationen zu der Herleitung der Eulerschen Gleichungen siehe Chorin und Marsden [1993].) Die assoziierte Liealgebra $\mathfrak{g}$ ist der Raum aller divergenzfreien, zum Rand tangentialen Vektorfelder. Diese Liealgebra ist mit der durch

$$[v, w]_L^i = \sum_{j=1}^n \left(w^j \frac{\partial v^i}{\partial x^j} - v^j \frac{\partial w^i}{\partial x^j} \right) \tag{1.59}$$

gegebenen *negativen Jacobi-Lieklammer* für Vektorfelder ausgestattet. (Der Index L an $[\cdot, \cdot]$ zeigt an, daß es sich um die Klammer der durch linksinvarianten Fortsetzung definierte Liealgebra auf $\mathfrak{g}$ handelt. In der allgemein üblichen Konvention für die Jacobi-Lieklammer für Vektorfelder, die auch wir verwenden, benutzt man das entgegengesetzte Vorzeichen.) Wir identifizieren $\mathfrak{g}$ und $\mathfrak{g}^*$ über die Paarung

$$\langle \mathbf{v}, \mathbf{w} \rangle = \int_\Omega \mathbf{v} \cdot \mathbf{w} \, d^3 x. \tag{1.60}$$

Hamiltonsche Struktur.   Wir führen durch

$$\{F, G\}(\mathbf{v}) = \int_\Omega \mathbf{v} \cdot \left[\frac{\delta F}{\delta \mathbf{v}}, \frac{\delta G}{\delta \mathbf{v}} \right]_L d^3 x \tag{1.61}$$

eine (+)-Lie-Poisson-Klammer für Funktionen von $\mathbf{v}$, genannt *Klammer der idealen Flüssigkeit*, ein, wobei $\delta F / \delta \mathbf{v}$ durch

$$\lim_{\varepsilon \to 0} \frac{1}{\varepsilon} [F(\mathbf{v} + \varepsilon \delta \mathbf{v}) - F(\mathbf{v})] = \int_\Omega \left(\delta \mathbf{v} \cdot \frac{\delta F}{\delta \mathbf{v}} \right) d^3 x \tag{1.62}$$

definiert ist.

Wir können mit der Energiefunktion, die der kinetischen Energie entsprechen soll,

$$H(\mathbf{v}) = \frac{1}{2} \int_\Omega \|\mathbf{v}\|^2 \, d^3 x, \tag{1.63}$$

zeigen, daß die Eulerschen Gleichungen (1.58) für alle Funktionen F auf $\mathfrak{g}$ zu den Poissonklammergleichungen

$$\dot{F} = \{F, H\} \tag{1.64}$$

äquivalent sind. Um dies einzusehen, ist es praktisch, eine Orthogonalzerlegung $\mathbf{w} = \mathbb{P}\mathbf{w} + \nabla p$ eines Vektorfeldes $\mathbf{w}$ in einen divergenzfreien Anteil $\mathbb{P}\mathbf{w}$ in $\mathfrak{g}$ und in einen Gradienten durchzuführen. Die Eulerschen Gleichungen können folgendermaßen geschrieben werden:

$$\frac{\partial \mathbf{v}}{\partial t} + \mathbb{P}(\mathbf{v} \cdot \nabla \mathbf{v}) = 0. \tag{1.65}$$

Man kann die Hamiltonsche Struktur in Abhängigkeit von der Wirbelstärke als elementare dynamische Variable ausdrücken und zeigen, daß die Erhaltung der koadjungierten Orbits zum Thomsonschen Wirbelsatz führt. Marsden und Weinstein [1983] zeigen, daß sich die durch Clebschpotentiale ausgedrückte Hamiltonsche Struktur auf natürliche Weise in diesen Lie-Poisson-Kontext einfügt und Kirchhoffs Hamiltonsche Beschreibung der Dynamik von Wirbelpunkten, Wirbelfäden und -flächen aus der oben beschriebenen Hamiltonstruktur hergeleitet werden kann.

Lagrangestruktur.   Der allgemeine Rahmen der Euler-Poincaré- und Lie-Poisson-Gleichungen läßt weitere Einsichten zu. Zum Beispiel zeigt diese allgemeine Theorie, daß man die Eulerschen Gleichungen aus dem für alle Variationen $\delta \mathbf{v}$ der Form

$$\delta \mathbf{v} = \dot{\mathbf{u}} + [\mathbf{v}, \mathbf{u}]_L$$

(manchmal *Lin-Zwangsbedingungen* genannt) zu geltenden „Variationsprinzip"

$$\delta \int_a^b \int_\Omega \frac{1}{2} \|\mathbf{v}\|^2 \, d^3x = 0,$$

herleiten kann. Dabei ist $\mathbf{u}$ ein (die infinitesimale Teilchenverschiebung darstellendes) an den zeitlichen Endpunkten verschwindendes Vektorfeld.[6]

Je nachdem, ob man in der materiellen Darstellung (das heißt auf T^*G) oder in der Eulerschen Darstellung (das heißt auf $\mathfrak{g}^*$) arbeitet, treten für Beweise von Existenz- und Eindeutigkeitssätzen, Sätzen zum Grenzfall der verschwindenden Viskosität und zur Konvergenz numerischer Algorithmen wichtige funktionalanalytische Besonderheiten auf (siehe Ebin und Marsden [1970], Marsden, Ebin und Fischer [1972] und Chorin, Hughes, Marsden und McCracken [1978]). Abschließend bemerken wir noch, daß im Falle des *zweidimensionalen Flusses* für jede (glatte) Funktion $\varphi : \mathbb{R} \to \mathbb{R}$ durch

$$C(\omega) = \int_\Omega \varphi(\omega(x)) \, d^2x \tag{1.66}$$

eine Schar von Casimirfunktionen gegeben ist, wobei $\omega \mathbf{k} = \nabla \times \mathbf{v}$ die **Wirbelstärke** ist. Im Fall des dreidimensionalen Flusses ist (1.66) keine Casimirfunktion.

Übungen

Übung 1.5.1. Zeige, daß sich jedes divergenzfreie Vektorfeld X auf dem $\mathbb{R}^3$ *global* als die Rotation eines anderen Vektorfeldes und *lokal* in der Form

$$X = \nabla f \times \nabla g$$

schreiben läßt, wobei f und g reellwertige Funktionen auf dem $\mathbb{R}^3$ sind. Nehme an, daß diese sogenannte Clebsch-Monge-Darstellung auch global gilt. Die Flüssigkeitsteilchen bewegen sich entlang Trajektorien, die der Gleichung $\dot{x} = X(x)$ genügen. Zeige, daß sich diese Trajektorien durch ein Hamiltonsches System mit einer Klammer wie in Übung 1.3.2 beschreiben lassen.

1.6 Das Maxwell-Vlasov-System

Für die in den bisherigen Kapiteln beschriebenen Techniken ist auch die Plasmaphysik ein schönes Anwendungsgebiet. Wir werden in diesem Kapitel kurz darauf eingehen. In der Zeit von 1970 bis 1980 konnte man die Entwicklung nichtkanonischer Hamiltonstrukturen für die Korteweg-degeneriert

---

[6] Wie zuvor erwähnt, geht dieses (genaugenommen d'Alembertsche) Variationsprinzip auf Newcomb [1962] zurück, siehe auch Bretherton [1970]. Im Fall allgemeiner Liealgebren gehen die Untersuchungen auf Marsden und Scheurle [1993b] zurück, siehe auch Cendra und Marsden [1987].

Vries-Gleichung (KdV) (ausgehend von Gardner, Kruskal, Miura und anderen, siehe Gardner [1971]) und andere Solitonengleichungen miterleben. Dabei entstand schnell ein Bezug zu den Versuchen, die Integrabilität von Hamiltonschen Systemen zu verstehen, und zur Entwicklung eines algebraischen Zugangs, siehe z.B. Gelfand und Dorfman [1979], Manin [1979] und die dortigen Verweise. In jüngerer Zeit vereinigten sich diese Zugänge wieder, siehe dazu Reyman und Semenov-Tian-Shansky [1990], Moser und Veselov [1991]. Modelle vom KdV-Typ werden für gewöhnlich aus allgemeineren Flüssigkeitsmodellen abgeleitet oder stellen eine Näherung für diese dar, und man muß zugeben, daß noch nicht ganz verstanden wurde, warum sie vollständig integrabel sind.

Geschichtliches.   Einige der grundlegenden Arbeiten zu Poissonklammerstrukturen für Systeme aus Flüssigkeiten oder Plasmen waren Dashen und Sharp [1968], Goldin [1971], Iwiński und Turski [1976], Dzyaloshinskii und Volovick [1980], Morrison und Greene [1980] und Morrison [1980]. Man begann in Sudarshan und Mukunda [1974], Guillemin und Sternberg [1982] und Ratiu [1980, 1982] eine allgemeine Theorie der Lie-Poisson-Strukturen für spezielle Arten von Liealgebren, sogenannte semidirekte Produkte, zu entwickeln. Man bemerkte schnell, daß dies für die Klammern bei den kompressiblen Flüssen von Bedeutung ist (siehe z.B. Marsden [1982], Marsden, Weinstein, Ratiu, Schmid und Spencer [1983], Holm und Kupershmidt [1983] und Marsden, Ratiu und Weinstein [1984a, 1984b]), vergleiche §1.7.

Herleitung der Poissonstrukturen.   Es wird ein vernünftiges Verfahren zur systematischen *Herleitung* der Poissonklammern benötigt, allein schon weil die direkte Überprüfung der Jacobiidentität uneffizient und zeitraubend sein kann. Wir haben hier die Herleitung der Maxwell-Vlasov-Klammer durch Marsden und Weinstein [1982] skizziert. Die Methode ähnelt der von Arnold, es wird nämlich eine Reduktion durchgeführt, die mit

(i) kanonischen Klammern in der materiellen Darstellung für Plasmen und

(ii) einer Potentialdarstellung für das elektromagnetische Feld

beginnt.

Dann bestimmt man die Symmetriegruppe und führt in ähnlicher Weise, wie wir es für Lie-Poisson-Systeme beschrieben haben, nach dieser Gruppe eine Reduktion durch.

Die physikalisch korrekte materielle Beschreibung für Plasmen ist etwas komplizierter. Eine umfassende Darstellung findet man in Cendra, Holm, Hoyle und Marsden [1998].

Analog werden viele andere Klammern hergeleitet wie z.B. die Klammer für geladenen Flüssigkeiten durch Spencer und Kaufman [1982]. Eine weitere, Clebschpotentiale verwendende Methode wurde von Holm und Kuperschmidt in einer Reihe von Veröffentlichungen entwickelt (z.B. Holm und Kuperschmidt [1983]) und auf einige interessante Systeme, einschließlich Suprafluidität und Supraleitung, angewandt. Sie machten auch darauf aufmerksam, daß semidirekte Produkte für die MHD-Klammer von Morrison und Greene [1980] geeignet sind.

Das Maxwell-Vlasov-System.   Die Maxwell-Vlasov-Gleichungen für ein nichtkollidierendes Plasma sind die Grundgleichungen der Plasmaphysik.[7] Die elementaren dynamischen Variablen im Euklidischen Raum sind

$f(\mathbf{x}, \mathbf{v}, t)$: Die Teilchenzahldichte des Plasmas pro Phasenraumvolumen
   $d^3x\, d^3v$,

$\mathbf{E}(\mathbf{x}, t)$: das elektrische Feld,

$\mathbf{B}(\mathbf{x}, t)$: das Magnetfeld.

Die Gleichungen für ein kollisionsfreies, aus einer Sorte von Teilchen mit Masse m und Ladung e bestehendes Plasma lauten

$$\frac{\partial f}{\partial t} + \mathbf{v} \cdot \frac{\partial f}{\partial \mathbf{x}} + \frac{e}{m}\left(\mathbf{E} + \frac{1}{c}\mathbf{v} \times \mathbf{B}\right) \cdot \frac{\partial f}{\partial \mathbf{v}} = 0,$$

$$\frac{1}{c}\frac{\partial \mathbf{B}}{\partial t} = -\mathrm{rot}\,\mathbf{E},$$

$$\frac{1}{c}\frac{\partial \mathbf{E}}{\partial t} = \mathrm{rot}\,\mathbf{B} - \frac{1}{c}\mathbf{j}_f,$$

$$\mathrm{div}\,\mathbf{E} = \rho_f,$$

$$\mathrm{div}\,\mathbf{B} = 0. \tag{1.67}$$

Der durch f definierte **Strom** ist durch

$$\mathbf{j}_f = e\int \mathbf{v} f(\mathbf{x}, \mathbf{v}, t)\, d^3v$$

und die Ladungsdichte durch

$$\rho_f = e\int f(\mathbf{x}, \mathbf{v}, t)\, d^3v$$

gegeben. $\partial f/\partial \mathbf{x}$ und $\partial f/\partial \mathbf{v}$ sind die Gradienten von f bzgl. $\mathbf{x}$ und $\mathbf{v}$ und c ist die Lichtgeschwindigkeit. Aus der Lorentzkraft und den üblichen Annahmen zum Transportvorgang ergeben sich die Evolutionsgleichungen für f. Es verbleiben die gewöhnlichen Maxwellgleichungen mit der durch das Plasma erzeugten Ladungsdichte ρ_f und dem Strom $\mathbf{j}_f$. Zwei Grenzwertbetrachtungen sind uns bei der Diskussion behilflich. Setzen wir erstens voraus, daß das Plasma statisch ist, das heißt, daß f auf $\mathbf{v} = 0$ eingeschränkt und t-unabhängig ist, so nehmen die **Maxwellschen Gleichungen** die folgende Form an:

---

[7] Siehe z.B. Clemmow und Dougherty [1959], van Kampen und Felderhof [1967], Krall und Trivelpiece [1973], Davidson [1972], Ichimaru [1973] und Chen [1974].

$$\frac{1}{c}\frac{\partial \mathbf{B}}{\partial t} = -\mathrm{rot}\,\mathbf{E},$$

$$\frac{1}{c}\frac{\partial \mathbf{E}}{\partial t} = \mathrm{rot}\,\mathbf{B},$$

$$\mathrm{div}\,\mathbf{E} = \rho \quad \text{und} \quad \mathrm{div}\,\mathbf{B} = 0. \tag{1.68}$$

Lassen wir zweitens $c \to \infty$ streben, gehen wir vom elektrodynamischen zum elektrostatischen Fall über und erhalten die **Poisson-Vlasov-Gleichungen**

$$\frac{\partial f}{\partial t} + \mathbf{v} \cdot \frac{\partial f}{\partial \mathbf{x}} - \frac{e}{m}\frac{\partial \varphi_f}{\partial \mathbf{x}} \cdot \frac{\partial f}{\partial \mathbf{v}} = 0 \tag{1.69}$$

mit $-\nabla^2 \varphi_f = \rho_f$. Der Name „Poisson-Vlasov" scheint in diesem Zusammenhang völlig angemessen zu sein. Diese Gleichung entspricht formal der früheren Gleichung der Himmelsmechanik (Jeans [1919]). Henon [1982] schlug vor, sie „kollisionsfreie Boltzmanngleichung" zu nennen.

Die Maxwellschen Gleichungen.   Der Einfachheit halber setzen wir $m = e = c = 1$. Wir wählen den Raum $\mathcal{A}$ der Vektorpotentiale $\mathbf{A}$ auf dem $\mathbb{R}^3$ als den zugrundeliegenden Konfigurationsraum (für die Yang-Mills-Gleichungen wird er zum Raum der Zusammenhänge auf einem Hauptfaserbündel über dem Raum verallgemeinert). Den zugehörigen Phasenraum identifiziert man mit der Menge der Paare $(\mathbf{A}, \mathbf{Y})$, wobei $\mathbf{Y}$ auch ein Vektorfeld im $\mathbb{R}^3$ ist. Auf $T^*\mathcal{A}$ wird die kanonische Poissonklammer

$$\{F, G\} = \int \left(\frac{\delta F}{\delta \mathbf{A}}\frac{\delta G}{\delta \mathbf{Y}} - \frac{\delta F}{\delta \mathbf{Y}}\frac{\delta G}{\delta \mathbf{A}}\right) d^3x \tag{1.70}$$

verwandt.

Das **elektrische Feld** ist $\mathbf{E} = -\mathbf{Y}$ und das **Magnetfeld** $\mathbf{B} = \mathrm{rot}\,\mathbf{A}$. Es ist bekannt, daß mit der Hamiltonfunktion

$$H(\mathbf{A}, \mathbf{Y}) = \frac{1}{2}\int \left(\|\mathbf{E}\|^2 + \|\mathbf{B}\|^2\right) d^3x \tag{1.71}$$

die Hamiltonschen kanonischen Feldgleichungen (1.15) die Gleichungen für $\partial \mathbf{E}/\partial t$ und $\partial \mathbf{A}/\partial t$ liefern, die die Maxwellschen Gleichungen für das Vakuum mit einschließen. Alternativ kann man von $T\mathcal{A}$ und der Lagrangefunktion

$$L(\mathbf{A}, \dot{\mathbf{A}}) = \frac{1}{2}\int \left(\|\dot{\mathbf{A}}\|^2 - \|\nabla \times \mathbf{A}\|^2\right) d^3x \tag{1.72}$$

ausgehend die Euler-Lagrange-Gleichungen und Variationsprinzipien verwenden. Man möchte die Gleichung $\mathrm{div}\,\mathbf{E} = \rho$ mit einbeziehen und entsprechend gleich die Feldstärken $\mathbf{E}$ und $\mathbf{B}$ anstelle von $\mathbf{E}$ und $\mathbf{A}$ benutzen. Dazu führen wir als **Eichgruppe** $\mathcal{G}$ die additive Gruppe der reellwertigen Funktionen $\psi : \mathbb{R}^3 \to \mathbb{R}$ ein. Jedes $\psi \in \mathcal{G}$ transformiert das Feld nach der Regel

$$(\mathbf{A}, \mathbf{E}) \mapsto (\mathbf{A} + \nabla\psi, \mathbf{E}). \tag{1.73}$$

Jede Transformation dieser Art läßt die Hamiltonfunktion H invariant und ist eine kanonische Transformation, das heißt, läßt Poissonklammern intakt. In dieser Situation, wie auch in der obigen, wird es eine zugehörige Erhaltungsgröße oder *Impulsabbildung* in dem Sinne von §1.3 geben. Wie dort erwähnt, werden einige einfache allgemeine Formeln zur Bestimmung von Impulsabbildungen in Kap. 12 detailliert untersucht werden. Für die Wirkung (1.73) von $\mathcal{G}$ auf $T^*\mathcal{A}$ ist

$$\mathbf{J}(\mathbf{A}, \mathbf{Y}) = \operatorname{div} \mathbf{E} \qquad (1.74)$$

die assoziierte Impulsabbildung, wir wiederholen also, daß $\operatorname{div} \mathbf{E}$ nach den Maxwellschen Gleichungen erhalten bleibt (Unter Verwendung der Gleichung $\operatorname{div} \operatorname{rot} = 0$ erkennt man dies unmittelbar). Wir sehen also, daß wir die Gleichung $\operatorname{div} \mathbf{E} = \rho$ mit einbeziehen können, indem wir unsere Aufmerksamkeit auf die Menge $\mathbf{J}^{-1}(\rho)$ beschränken. Die Theorie der Reduktion ist ein allgemeiner Prozeß, bei dem man die Dimension des Phasenraumes durch Verwerten von Erhaltungsgrößen und Symmetriegruppen reduziert. Im vorliegenden Fall ist der mit Max_ρ identifizierte reduzierte Raum $\mathbf{J}^{-1}(\rho)/\mathcal{G}$ der Raum der $\mathbf{E}$ und $\mathbf{B}$, die $\operatorname{div}\mathbf{E} = \rho$ und $\operatorname{div}\mathbf{B} = 0$ erfüllen.

Der Raum Max_ρ wird folgendermaßen mit einer Poissonstruktur ausgestattet: Wenn F und K Funktionen auf Max_ρ sind, substituieren wir $\mathbf{E} = -\mathbf{Y}$ und $\mathbf{B} = \nabla \times \mathbf{A}$, um F und K als Funktionale von $(\mathbf{A}, \mathbf{Y})$ auszudrücken. Dann bestimmen wir die kanonischen Klammern auf $T^*\mathcal{A}$ und formulieren das Ergebnis durch $\mathbf{E}$ und $\mathbf{B}$. Führen wir dies unter Zuhilfenahme der Kettenregel aus, erhalten wir

$$\{F, K\} = \int \left(\frac{\delta F}{\delta \mathbf{E}} \cdot \operatorname{rot} \frac{\delta K}{\delta \mathbf{B}} - \frac{\delta K}{\delta \mathbf{E}} \cdot \operatorname{rot} \frac{\delta F}{\delta \mathbf{B}} \right) d^3 x, \qquad (1.75)$$

wobei $\delta F/\delta \mathbf{E}$ und $\delta F/\delta \mathbf{B}$ Vektorfelder sind. $\delta F/\delta \mathbf{B}$ ist *divergenzfrei*. Diese Vektorfelder sind in folgender Weise definiert, z.B.

$$\lim_{\varepsilon \to 0} \frac{1}{\varepsilon} [F(\mathbf{E} + \varepsilon \delta \mathbf{E}, \mathbf{B}) - F(\mathbf{E}, \mathbf{B})] = \int \frac{\delta F}{\delta \mathbf{E}} \cdot \delta \mathbf{E} \, d^3 x. \qquad (1.76)$$

Diese Klammer macht aus Max_ρ eine Poissonmannigfaltigkeit und aus der Abbildung $(\mathbf{A}, \mathbf{Y}) \mapsto (-\mathbf{Y}, \nabla \times \mathbf{A})$ eine Poissonabbildung. Die Klammer (1.75) wurde (auf einem anderen Weg) von Pauli [1933] und Born und Infeld [1935] entdeckt. Wir nennen (1.75) die ***Pauli-Born-Infeld-Klammer*** oder die ***Maxwell-Poisson-Klammer*** für die Maxwellschen Gleichungen.

Mit der durch (1.71) gegebenen, als Funktion von $\mathbf{E}$ und $\mathbf{B}$ aufgefassten Energie H entsprechen die Hamiltonschen Gleichungen in Klammerform $\dot{F} = \{F, H\}$ auf Max_ρ dem vollen Satz der Maxwellschen Gleichungen (mit äußerer Ladungsdichte ρ).

Die Poisson-Vlasov-Gleichungen.   Die Veröffentlichungen Iwiński und Turski [1976] und Morrison [1980] zeigten, daß die Poisson-Vlasov-Gleichungen ein Hamiltonsches System bilden mit

$$H(f) = \frac{1}{2} \int \|\mathbf{v}\|^2 f(\mathbf{x}, \mathbf{v}, t)\, d^3x\, d^3v + \frac{1}{2} \int \|\nabla \varphi_f\|^2\, d^3x \qquad (1.77)$$

und der **Poisson-Vlasov-Klammer**

$$\{F, G\} = \int f \left\{ \frac{\delta F}{\delta f}, \frac{\delta G}{\delta f} \right\}_{\mathbf{xv}} d^3x\, d^3v, \qquad (1.78)$$

wobei $\{\,,\,\}_{\mathbf{xv}}$ die kanonische Klammer auf dem Geschwindigkeitsphasenraum ist. Wie in Gibbons [1981] und Marsden und Weinstein [1982] festgestellt wurde, ist dies die $(+)$-Lie-Poisson-Klammer mit der assoziierten Liealgebra $\mathfrak{g}$ der Funktionen auf dem Geschwindigkeitsphaseraum und mit der kanonischen Poissonklammer als Lieklammer.

Nach der allgemeinen Theorie erhält man diese Lie-Poisson-Struktur durch Reduktion aus den kanonischen Klammern auf dem Kotangentialbündel der $\mathfrak{g}$ zugrundeliegenden Gruppe so, wie auch im Falle des starren Körpers und der inkompressiblen Flüssigkeiten. Diesmal ist die Gruppe $G = \text{Diff}_{\text{kan}}$ die Gruppe der kanonischen Transformationen des Geschwindigkeitsphasenraumes. Die Poisson-Vlasov-Gleichungen können genausogut in kanonischer Form auf T^*G dargestellt werden. Dies hängt mit der auf Low [1958], Katz [1961] und Lundgren [1963] zurückgehenden Lagrangeschen und Hamiltonschen Beschreibung von Plasmen zusammen. Folglich kann man von der Teilchenbeschreibung mit kanonischen Klammern ausgehen und durch Reduktion diese Klammern herleiten. Für eine genaue Darstellung siehe Cendra, Holm, Hoyle und Marsden [1998]. Es gibt andere, Analoga zu Clebschpotentialen verwendende, Hamiltonsche Formulierungen, siehe z.B. Su [1961], Zakharov [1971] und Gibbons, Holm und Kupershmidt [1982].

Von den Poisson-Vlasov-Klammern zu den Klammern für kompressible Flüssigkeiten. Bevor wir zu den Maxwell-Vlasov-Gleichungen übergehen, möchten wir noch auf eine bemerkenswerte Verbindung zwischen der Poisson-Vlasov-Klammer (1.78) und der Klammer für den kompressiblen Fluß aufmerksam machen.

Die Eulerschen Gleichungen für den kompressiblen Fluß in einem Gebiet Ω im $\mathbb{R}^3$ lauten

$$\rho \left(\frac{\partial \mathbf{v}}{\partial t} + (\mathbf{v} \cdot \nabla)\mathbf{v} \right) = -\nabla p \qquad (1.79)$$

und

$$\frac{\partial \rho}{\partial t} + \text{div}(\rho \mathbf{v}) = 0 \qquad (1.80)$$

mit der Randbedingung: $\mathbf{v}$ ist tangential zu $\partial \Omega$.

Hier ist der durch eine Funktion der inneren Energie pro Masseneinheit festgelegte Druck p durch $p = \rho^2 w'(\rho)$ gegeben, wobei $w = w(\rho)$ die erwähnte Beziehung ist. (In der gegenwärtigen Diskussion lassen wir die Entropie unberücksichtigt, sie ist leicht mit einzubeziehen.) Die **Hamiltonfunktion für kompressible Flüssigkeiten** lautet

$$H = \frac{1}{2} \int_\Omega \rho \|\mathbf{v}\|^2 \, d^3 x + \int_\Omega \rho w(\rho) \, d^3 x. \tag{1.81}$$

Die zugehörige Poissonklammer kann mit unseren elementaren Variablen der Impulsdichte $\mathbf{M} = \rho \mathbf{v}$ und der Dichte ρ sehr einfach dargestellt werden. Die **Klammer für kompressible Flüssigkeiten** lautet

$$\{F, G\} = \int_\Omega \mathbf{M} \cdot \left[\left(\frac{\delta G}{\delta \mathbf{M}} \cdot \nabla \right) \frac{\delta F}{\delta \mathbf{M}} - \left(\frac{\delta F}{\delta \mathbf{M}} \cdot \nabla \right) \frac{\delta G}{\delta \mathbf{M}} \right] d^3 x$$
$$+ \int_\Omega \rho \left[\left(\frac{\delta G}{\delta \mathbf{M}} \cdot \nabla \right) \frac{\delta F}{\delta \rho} - \left(\frac{\delta F}{\delta \mathbf{M}} \cdot \nabla \right) \frac{\delta G}{\delta \rho} \right] d^3 x. \tag{1.82}$$

Beachte die strukturellen Ähnlichkeiten von der Poissonklammer (1.82) für den kompressiblen Fluß und (1.54). Beim kompressiblen Fluß ist es die Dichte, die eine vollständige Diff(Ω)-Invarianz verhindert. Die Hamiltonfunktion ist nur unter dichteerhaltenden Diffeomorphismen invariant.

Es kann gezeigt werden, daß der $(\mathbf{M}, \rho)$-Raum der Dualraum zu einer Liealgebra mit semidirektem Produkt ist und es kann auch gezeigt werden, daß die vorangegangene Klammer zu der $(+)$-Lie-Poisson-Klammer assoziiert ist (siehe Marsden, Weinstein, Ratiu, Schmid und Spencer [1983], Holm und Kupershmidt [1983] und Marsden, Ratiu und Weinstein [1984a, 1984b]).

Die Beziehung zur Poisson-Klammer bekommt man folgendermaßen: Definiere durch

$$\mathbf{M}(\mathbf{x}) = \int_\Omega \mathbf{v} f(\mathbf{x}, \mathbf{v}) d^3 v \quad \text{und} \quad \rho(\mathbf{x}) = \int_\Omega f(\mathbf{x}, \mathbf{v}) \, d^3 v \tag{1.83}$$

die Abbildung $f \mapsto (\mathbf{M}, \rho)$, die Zeitvariable vernachlässigend.

Bemerkenswerter Weise ist diese Plasma-Flüssigkeits-Abbildung eine Poissonabbildung, die aus der Poisson-Vlasov-Klammer (1.78) die Klammer (1.82) für kompressible Flüssigkeiten macht. Diese Abbildung ist eine Impulsabbildung (Marsden, Weinstein, Ratiu, Schmid und Spencer [1983]). Die Poisson-Vlasov-Hamiltonfunktion ist unter der assoziierten Gruppenwirkung *nicht* invariant.

Die Maxwell-Vlasov-Klammer. Von Iwiński und Turski [1976] und Morrison [1980] wurde eine Klammer für die Maxwell-Vlasov-Gleichungen angegeben. Marsden und Weinstein [1982] benutzten systematische Verfahren einschließlich der Reduktion und der Impulsabbildungen, um die von der kanonischen Klammer ausgehende Klammer herzuleiten (und zu korrigieren).

Das Verfahren beginnt mit der materiellen Beschreibung[8] des Plasmas als das Kotangentialbündel der Gruppe Diff$_{kan}$ der kanonischen Transformationen des $(\mathbf{x}, \mathbf{p})$-Raumes und des Raumes $T^*\mathcal{A}$ für die Maxwellschen Gleichungen. Dies können wir damit rechtfertigen, daß die Bewegung eines geladenen

---

[8] Wie von Cendra, Holm, Hoyle und Marsden [1998] gezeigt, ist die korrekte physikalische Beschreibung der materiellen Darstellung eines Plasmas etwas komplizierter als Diff$_{kan}$. Das Ergebnis ist jedoch dasselbe.

Teilchens in einem fest gewählten (aber möglicherweise zeitabhängigen) elektromagnetischen Feld aufgrund der Lorentzkraft eine (zeitabhängige) kanonische Transformation definiert. Wir bilden auf $T^*\mathrm{Diff}_{\mathrm{kan}} \times T^*\mathcal{A}$ die Summe der beiden kanonischen Klammern und führen dann die Reduktion durch. Zuerst reduzieren wir mit $\mathrm{Diff}_{\mathrm{kan}}$, die durch Rechtstranslation auf $T^*\mathrm{Diff}_{\mathrm{kan}}$, aber nicht auf $T^*\mathcal{A}$ wirkt. Damit erhalten wir Dichten $f_{\mathrm{Imp}}(\mathbf{x}, \mathbf{p}, t)$ auf dem Orts-Impuls-Raum und den für die Maxwellschen Gleichungen verwandten Raum $T^*\mathcal{A}$. Auf diesem Raum erhalten wir die (+)-Lie-Poisson-Klammer plus die kanonische Klammer auf $T^*\mathcal{A}$. Da $\mathbf{p}$ durch $\mathbf{p} = \mathbf{v} + \mathbf{A}$ mit $\mathbf{v}$ und $\mathbf{A}$ in Beziehung steht, lassen wir die Eichgruppe $\mathcal{G}$ des Elektromagnetismus durch

$$(f_{\mathrm{Imp}}(\mathbf{x}, \mathbf{p}, t), \mathbf{A}(\mathbf{x}, t), \mathbf{Y}(\mathbf{x}, t)) \mapsto$$
$$(f_{\mathrm{Imp}}(\mathbf{x}, \mathbf{p} + \nabla\varphi(\mathbf{x}), t), \mathbf{A}(\mathbf{x}, t) + \nabla\varphi(x), \mathbf{Y}(\mathbf{x}, t)) \quad (1.84)$$

auf diesen Raum wirken. Man bestimmt die hierzu assoziierte Impulsabbildung zu

$$\mathbf{J}(f_{\mathrm{Imp}}, \mathbf{A}, \mathbf{Y}) = \operatorname{div}\mathbf{E} - \int f_{\mathrm{Imp}}(\mathbf{x}, \mathbf{p}) \, d^3p. \quad (1.85)$$

Dies entspricht $\operatorname{div}\mathbf{E} - \rho_f$, wenn wir $f(\mathbf{x}, \mathbf{v}, t) = f_{\mathrm{Imp}}(\mathbf{x}, \mathbf{p} - \mathbf{A}, t)$ setzen. Dieser verkleinerte Raum $\mathbf{J}^{-1}(0)/\mathcal{G}$ kann mit dem Raum $\mathcal{MV}$ der $\operatorname{div}\mathbf{E} = \rho_f$ und $\operatorname{div}\mathbf{B} = 0$ erfüllenden Tripel $(f, \mathbf{E}, \mathbf{B})$ identifiziert werden. Die Klammer auf $\mathcal{MV}$ bestimmt man nach der gleichen Methode wie bei den Maxwellschen Gleichungen. Diese Berechnungen liefern die folgende *Maxwell-Vlasov-Klammer*:

$$\begin{aligned}
\{F, K\}(f, \mathbf{E}, \mathbf{B}) &= \int f \left\{ \frac{\delta F}{\delta f}, \frac{\delta K}{\delta f} \right\}_{xv} d^3x \, d^3v \\
&+ \int \left(\frac{\delta F}{\delta \mathbf{E}} \cdot \operatorname{rot}\frac{\delta K}{\delta \mathbf{B}} - \frac{\delta K}{\delta \mathbf{E}} \cdot \operatorname{rot}\frac{\delta F}{\delta \mathbf{B}} \right) d^3x \, d^3v \\
&+ \int \left(\frac{\delta F}{\delta \mathbf{E}} \cdot \frac{\delta f}{\delta \mathbf{v}}\frac{\delta K}{\delta f} - \frac{\delta K}{\delta \mathbf{E}} \cdot \frac{\delta f}{\delta \mathbf{v}}\frac{\delta F}{\delta f} \right) d^3x \, d^3v \\
&+ \int f\mathbf{B} \cdot \left(\frac{\partial}{\partial \mathbf{v}}\frac{\delta F}{\delta f} \times \frac{\partial}{\partial \mathbf{v}}\frac{\delta K}{\delta f} \right) d^3x \, d^3v. \quad (1.86)
\end{aligned}$$

Mit der *Maxwell-Vlasov-Hamiltonfunktion*

$$\begin{aligned}
H(f, \mathbf{E}, \mathbf{B}) &= \frac{1}{2}\int \|\mathbf{v}\|^2 f(\mathbf{x}, \mathbf{v}, t) \, d^3x \, d^3v \\
&+ \frac{1}{2}\int (\|\mathbf{E}(x, t)\|^2 + \|\mathbf{B}(\mathbf{x}, t)\|^2) \, d^3x, \quad (1.87)
\end{aligned}$$

nehmen die Maxwell-Vlasov-Gleichungen die Hamiltonform

$$\dot{F} = \{F, H\} \quad (1.88)$$

auf der Poissonmannigfaltigkeit $\mathcal{MV}$ an.

Übungen

Übung 1.6.1. Zeige, daß man die Maxwellschen Gleichungen aus der Maxwell-Poisson-Klammer erhält.

Übung 1.6.2. Zeige, daß die Abbildung (1.73) in dem in §1.3 angegebenen Sinne die Impulsabbildung $J(A, Y) = \operatorname{div} E$ hat.

1.7 Nichtlineare Stabilität

Man kann dem Wort „Stabilität" verschiedene Bedeutungen geben. Intuitiv versteht man unter Stabilität, daß kleine Störungen mit der Zeit nicht anwachsen. Wir möchten diesen Begriff genauer fassen, denn verschiedene Interpretationen des Wortes Stabilität können zu *unterschiedlichen* Stabilitätskriterien führen. Beispiele, wie das sphärische Doppelpendel und die stratifizierte Scherströmung, die manchmal als Modelle für ozeanische Phänomene dienen, zeigen, daß man *unterschiedliche* Kriterien erhält, je nachdem, ob man lineare oder nichtlineare Modelle verwendet (siehe Marsden und Scheurle [1993a] und Abarbanel, Holm, Marsden und Ratiu [1986]).

Geschichtliches. Die Geschichte der Stabilitätstheorie in der Mechanik ist sehr komplex, fußt aber sicherlich auf den Arbeiten von Riemann [1860, 1861], Routh [1877], Thomson und Tait [1879], Poincaré [1885, 1892] und Ljapunov [1892, 1897].

Seit diesen frühen Arbeiten ist die Fülle an Literatur zu gewaltig geworden, um auch nur einen groben Überblick zu geben. Einen Leitfaden zu der umfangreichen sowjetischen Literatur kann man in Mikhailov und Parton [1990] finden.

Die Grundlage für die weiter unten besprochene Methode zur Untersuchung der nichtlinearen Stabilität wurde ursprünglich von Arnold [1965b, 1966b] entwickelt dann auf den Fluß zweidimensionaler idealer Flüssigkeiten angewandt, womit die Pionierarbeit von Rayleigh [1880] substanziell erweitert wurde. Verwandte Methoden kann man auch in der Literatur zur Plasmaphysik finden, besonders bei Newcomb [1958], Fowler [1963] und Rosenbluth [1964]. Diese Arbeiten lieferten keine allgemeine Methode oder entscheidende Konvexitätsabschätzungen, die man benötigt, um die Nichtlinearität der Probleme zu handhaben. Wir wollen vielleicht auch andere Stabilitätsresultate betrachten, wie z.B. die Stabilität von Solitonen in der Korteweg-de Vries-Gleichung (KdV) (Benjamin [1972] und Bona [1975]), was auch ein Resultat der von Arnold verwandten Methode ist. Ein entscheidender Bestandteil der Methode ist die Tatsache, daß die Grundgleichungen der nichtdissipativen Flüssigkeits- und Plasmadynamik Hamiltonsch sind. Wir werden weiter unten erklären, wie die in den vorherigen Abschnitten diskutierten Hamiltonstrukturen bei Stabilitätsuntersuchung verwandt werden.

Dynamik und Stabilität.   Stabilität ist ein dynamisches Konzept. Um dies zu erklären, werden wir einige Begriffe aus der Theorie der dynamischen Systeme verwenden (siehe z.B. Hirsch und Smale [1974] und Guckenheimer und Holmes [1983]). Die Gesetze der Dynamik werden üblicherweise als Bewegungsgleichungen dargestellt, die wir in der abstrakten Form

$$\dot{u} = X(u) \qquad (1.89)$$

schreiben.

Hierbei ist u eine Zustandsvariable des zu untersuchenden Systems, X ist eine für das System spezifische Funktion von u und $\dot{u} = du/dt$, wobei t die Zeit ist. Die Menge aller möglichen Werte von u bildet den Zustands- oder Phasenraum P. Gewöhnlich fassen wir X als Vektorfeld auf P auf. Für ein klassisches mechanisches System ist u oftmals das $2n$-Tupel $(q^1, \ldots, q^n, p_1, \ldots, p_n)$ der Orte und Impulse, und für Flüssigkeiten ist u ein Geschwindigkeitsfeld im physikalischen Raum.

Mit der Zeit ändert sich der Zustand des Systems, er folgt einer Kurve $u(t)$ in P. Wir nehmen an, daß die Trajektorie $u(t)$ mit festgelegter Anfangsbedingung $u_0 = u(0)$ eindeutig bestimmt ist. Ein *Gleichgewichtszustand* ist ein Zustand u_e mit $X(u_e) = 0$. Die eindeutige, bei u_e startende Trajektorie ist u_e selbst, d.h., u_e entwickelt sich nicht mit der Zeit.

Formulierungen in der Sprache der dynamischen Systeme waren insbesondere in den letzten Jahrzehnten für die physikalischen und biologischen Fachgebiete außerordentlich hilfreich. Die Untersuchung von Systemen, die durch einen Poincaré-Andronov-Hopf-Bifurkation genannten Mechanismus spontane Oszillationen erzeugen, kann z.B. hilfreich sein (siehe z.B. Marsden und McCracken [1976], Carr [1981] und Chow und Hale [1982]). In jüngerer Zeit löste die chaotische Dynamik ein Wiederaufleben des Interesses an dynamischen Systemen aus. Chaotische Dynamik tritt dann auf, wenn dynamische Systeme Trajektorien besitzen, die so komplex sind, daß sie in gewissem Sinne als zufällig erscheinen. Einige glauben, daß die Theorie der Turbulenzen in einem zukünftigen Entwicklungsstadium aus solchen Begriffen bestehen wird. Obwohl die Chaostheorie im folgenden nicht ohne Bedeutung ist, interessiert sie uns nicht direkt. Insbesondere bemerken wir, daß nach der untenstehenden Definition von Stabilität das Vorhandensein von Stabilität Chaos nicht ausschließt. Mit anderen Worten: Trajektorien in der Nähe eines stabilen Punktes können immer noch sehr komplex sein. Stabilität verhindert lediglich eine große Entfernung vom Gleichgewicht.

Um Stabilität zu definieren, wählen wir eine „Metrik" d für ein Abstandsmaß auf P. Für zwei Punkte u_1 und u_2 in P ist d eine positive Zahl $d(u_1, u_2)$, die *Distanz* von u_1 zu u_2. Im Verlauf einer Stabilitätsuntersuchung muß man für ein gegebenes Problem eine Metrik anpassen oder konstruieren. In diesem Zusammenhang spricht man davon, daß ein Gleichgewichtszustand u_e *stabil* ist, wenn Trajektorien, die in der Nähe von u_e starten, für alle $t \geq 0$ in der Nähe von u_e bleiben. Genau gesprochen, zu jeder gegebenen Zahl $\epsilon > 0$

gibt es ein $\delta > 0$, so daß, wenn $d(u_0, u_e) < \delta$ ist, $d(u(t), u_e) < \epsilon$ für alle $t > 0$ folgt. In der Abbildung 1.3 werden Beispiele für stabile und instabile Gleichgewichtszustände dynamischer Systeme mit der Ebene als Zustandsraum dargestellt.

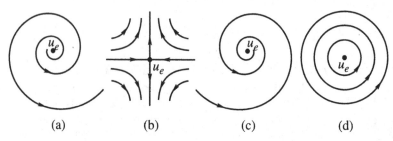

(a)   (b)   (c)   (d)

Abb. 1.3. Der Gleichgewichtspunkt in (a) ist instabil, da die Trajektorie $u(t)$ nicht in der Nähe von u_e bleibt. Entsprechend ist (b) instabil, da sich die meisten Trajektorien (schließlich) von u_e wegbewegen. Die Gleichgewichtszustände in (c) und (d) sind stabil, weil alle Trajektorien nahe u_e in der Nähe von u_e bleiben.

Flüssigkeiten können bzgl. eines Abstandsmaßes stabil und gleichzeitig bzgl. eines anderen instabil sein. Diese scheinbare Pathologie spiegelt in Wirklichkeit wichtige physikalische Vorgänge wieder, siehe Wan und Pulvirente [1984].

Stabilität des starren Körpers.   Ein die Definition der Stabilität veranschaulichendes Beispiel ist die Bewegung eines freien starren Körpers. Dieses System kann durch ein mit einem Gummiband zugehaltenes, in die Luft geworfenes Buch simuliert werden. Um seine kürzeste oder längste Achse rotiert es stabil, Rotationen um die mittlere Achse sind jedoch instabil (Abb. 1.4). Eine mögliche Wahl eines Abstandsmaßes, das in diesem Beispiel die Stabilität angibt, ist eine Metrik auf dem körpereigenen Drehimpulsraum. Wir werden auf dieses Beispiel bei der Untersuchung der Stabilität des starren Körpers in Kap. 15 detaillierter eingehen.

Linearisierte und Spektralstabilität.   Es gibt zwei andere Wege, Stabilität zu behandeln. Zuerst kann man die Gleichung (1.89) linearisieren. Bezeichnen δu eine Variation in u und $X'(u_e)$ die Linearisierung von X bei u_e (im Falle endlich vieler Freiheitsgrade ist dies die Matrix der partiellen Ableitungen), dann beschreiben die linearisierten Gleichungen die zeitliche Entwicklung „infinitesimaler" Störungen von u_e:

$$\frac{d}{dt}(\delta u) = X'(u_e) \cdot \delta u. \qquad (1.90)$$

Gleichung (1.89) beschreibt hingegen die nichtlineare Entwicklung *endlicher* Störungen $\Delta u = u - u_e$. Wir sagen, daß u_e bei $\delta u = 0$ im obigen Sinne

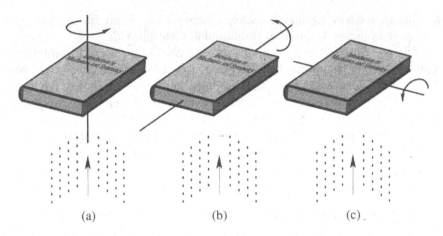

(a)   (b)   (c)

Abb. 1.4. Wenn man ein Buch hochwirft, kann man es stabil um die kürzeste
Achse (a) oder um die längste (b) rotieren lassen. Um die mittlere Achse (c) rotiert
es aber instabil.

linearstabil ist. Intuitiv versteht man darunter, daß es keine infinitesimalen
Störungen gibt, die mit der Zeit anwachsen. Wenn $(\delta u)_0$ eine Eigenfunktion
von $X'(u_e)$ ist, das heißt, falls für eine komplexe Zahl λ

$$X'(u_e) \cdot (\delta u)_0 = \lambda(\delta u)_0 \qquad (1.91)$$

gilt, dann lautet die zugehörige Lösung von (1.90) mit der Anfangsbedingung
$(\delta u)_0$

$$\delta u = e^{t\lambda}(\delta u)_0. \qquad (1.92)$$

Die rechte Seite dieser Gleichung wächst, wenn λ einen positiven Realteil hat.
Dies führt uns zum dritten Begriff der Stabilität: Wir sprechen davon, daß
(1.89) oder (1.90) *spektralstabil* sind, wenn die Eigenwerte (genauer gesagt,
Spektralpunkte) alle nichtpositive Realteile haben. Im Endlichdimensionalen
und unter geeigneten technischen Bedingungen auch im Unendlichdimensionalen, gelten die folgenden Implikationen:

$$\text{Stabilität} \Rightarrow \text{Spektralstabilität},$$
$$\text{Linearstabilität} \Rightarrow \text{Spektralstabilität}.$$

Falls alle Eigenwerte in der linken Halbebene liegen, garantiert ein klassisches Ergebnis von Ljapunov Stabilität. (Vergleiche z.B. im endlichdimensionalen Fall Hirsch und Smale [1974] oder Abraham, Marsden und Ratiu [1988]
im unendlichdimensionalen Fall.) In vielen betrachteten Systemen ist die Reibung jedoch sehr gering, diese werden wie konservative Systeme behandelt.
Bei solchen Systemen müssen die Eigenwerte bzgl. Reflexionen an der Real-
und Imaginärachse symmetrisch verteilt sein. (Wir werden dies weiter unten
im Text beweisen.) Daraus folgt, daß man für Spektralstabilität exakt auf

der Imaginärachse liegende Eigenwerte haben muß. Somit ist der *Satz von Ljapunov in dieser Version* im Hamiltonfall nicht hilfreich.

Aus der Spektralstabilität muß nicht die Stabilität folgen. Instabilitäten können (auch in Hamiltonschen Systemen) z.B. durch *Resonanz* erzeugt werden. Um also allgemeine Stabilitätsresultate zu erhalten, muß man die linearisierte Theorie durch andere Techniken erweitern oder ersetzen. Solch eine Technik geben wir weiter unten an.

Wir geben jetzt ein Beispiel für ein im Ursprung spektralstabiles aber instabiles System an. Betrachte in Polarkoordinaten (r, θ) die durch

$$\dot{r} = r^3(1 - r^2) \quad \text{und} \quad \dot{\theta} = 1 \tag{1.93}$$

gegebene Entwicklung von $u = (r, \theta)$. In (x, y)-Koordinaten hat das System die Form

$$\dot{x} = x(x^2 + y^2)(1 - x^2 - y^2) - y,$$
$$\dot{y} = y(x^2 + y^2)(1 - x^2 - y^2) + x.$$

Es ist schon bekannt, daß die Eigenwerte des linearisierten Systems im Ursprung $\pm\sqrt{-1}$ sind, d.h., der Ursprung ist spektralstabil. Das in Abb. 1.5 dargestellte Phasenporträt zeigt, daß der Ursprung instabil ist. (Um dem System einen attraktiven periodischen Orbit zu geben, fügen wir einen Faktor $1 - r^2$ hinzu. Dies dient bloß der Erweiterung des Beispiels und dazu, zu zeigen, wie ein stabiler periodischer Orbit auf die von einem instabilen Gleichgewichtszustand ausgehenden Orbits anziehend wirken kann.) Dies ist kein konservatives System. Hieran anschließend geben wir zwei Beispiele Hamiltonscher Systeme mit ähnlichen Eigenschaften.

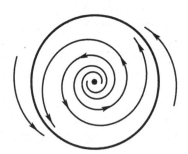

Abb. 1.5. Das Phasenporträt für $\dot{r} = r^3(1 - r^2)$, $\dot{\theta} = 1$

Resonanzbeispiel.   Das lineare System im $\mathbb{R}^2$ mit Hamiltonfunktion

$$H(q, p) = \frac{1}{2}p^2 + \frac{1}{2}q^2 + pq$$

hat Null als doppelten Eigenwert und ist somit spektralstabil. Andererseits ist

$$q(t) = (q_0 + p_0)t + q_0 \quad \text{und} \quad p(t) = -(q_0 + p_0)t + p_0$$

die Lösung des Systems zu der Anfangsbedinung (q_0, p_0), womit die Nähe zu (q_0, p_0) für jede Umgebung des Ursprungs bedeutungslos ist. Demzufolge *muß aus Spektralstabilität nicht einmal Linearstabilität folgen.* Ein noch einfacheres Beispiel für dasselbe Phänomen ist durch die Hamiltonfunktion $H(q, p) = p^2/2$ des freien Teilchen gegeben.

Das lineare System mit Hamiltonfunktion

$$H = q_2 p_1 - q_1 p_2 + q_4 p_3 - q_3 p_4 + q_2 q_3$$

liefert ein weiteres, höherdimensionales Beispiel mit Resonanz im $\mathbb{R}^8$. Die allgemeine Lösung zur Anfangsbedingung $(q_1^0, \ldots, p_4^0)$ ist durch

$$
\begin{aligned}
q_1(t) &= q_1^0 \cos t + q_2^0 \sin t, \\
q_2(t) &= -q_1^0 \sin t + q_2^0 \cos t, \\
q_3(t) &= q_3^0 \cos t + q_4^0 \sin t, \\
q_4(t) &= -q_3^0 \sin t + q_4^0 \cos t
\end{aligned}
$$

und

$$
\begin{aligned}
p_1(t) &= -\frac{q_3^0}{2} t \sin t + \frac{q_4^0}{2}(t \cos t - \sin t) + p_1^0 \cos t + p_2^0 \sin t, \\
p_2(t) &= -\frac{q_3^0}{2}(t \cos t + \sin t) - \frac{q_4^0}{2} t \sin t - p_1^0 \sin t + p_2^0 \cos t, \\
p_3(t) &= \frac{q_1^0}{2} t \sin t - \frac{q_2^0}{2}(t \cos t + \sin t) + p_3^0 \cos t + p_4^0 \sin t, \\
p_4(t) &= \frac{q_1^0}{2}(t \cos t - \sin t) + \frac{q_2^0}{2} t \sin t - p_3^0 \sin t + p_4^0 \cos t
\end{aligned}
$$

gegeben. Man sieht, daß $p_i(t)$, unabhängig von der Nähe der Anfangsbedingungen $(q_1^0, \ldots, p_4^0)$ zum Ursprung, jede Umgebung des Ursprungs verläßt. Also ist das System linear instabil. Andererseits sind alle Eigenwerte dieses linearen Systems $\pm i$, beide vierfache Eigenwerte. Also ist dieses lineare System spektralstabil.

Das Beispiel von Cherry [1959, 1968].   Dieses Beispiel ist ein *Hamiltonsches System, das spektral- und linearstabil aber nichtlinear instabil ist.* Betrachte die durch

$$H = \frac{1}{2}(q_1^2 + p_1^2) - (q_2^2 + p_2^2) + \frac{1}{2}p_2(p_1^2 - q_1^2) - q_1 q_2 p_1 \qquad (1.94)$$

gegebene Hamiltonfunktion auf dem $\mathbb{R}^4$. Dieses System hat im Ursprung einen linearstabilen Gleichgewichtszustand, da das linearisierte System aus zwei ungekoppelten Oszillatoren mit den Variablen $(\delta q_2, \delta p_2)$ und $(\delta q_1, \delta p_1)$ besteht, bzw. Frequenzen im Verhältnis $2:1$ hat (die Eigenwerte sind $\pm i$ und $\pm 2i$, also tritt der Resonanzfall ein). Eine (durch eine Konstante τ parametrisierte) Lösungsschar für die Hamiltonschen Gleichungen (1.94) ist durch

$$q_1 = -\sqrt{2}\frac{\cos(t-\tau)}{t-\tau}, \qquad q_2 = \frac{\cos 2(t-\tau)}{t-\tau},$$

$$p_1 = \sqrt{2}\frac{\sin(t-\tau)}{t-\tau}, \qquad p_2 = \frac{\sin 2(t-\tau)}{t-\tau}$$

(1.95)

gegeben. Die Lösungen (1.95) werden in endlicher Zeit unendlich groß. Beginnen wir zur Zeit $t = 0$ in einem Abstand $\sqrt{3}/\tau$ vom Ursprung, so finden wir, indem wir τ groß werden lassen, Lösungen, die zwar beliebig nahe am Ursprung starten, jedoch in endlicher Zeit gegen Unendlich gehen, also *ist der Ursprung nichtlinear instabil.*

Trotz der obigen, die linearen und nichtlinearen Theorien verbindende Situation, brachte man große Mühen auf, um Methoden zur Untersuchung der Spektralstabilität zu entwickeln. Liegen *Instabilitäten* vor, liefern Spektralabschätzungen wichtige Informationen zu den Wachstumsraten. Spektralstabilität liefert notwendige, aber nicht hinreichende Kriterien für Stabilität. Mit anderen Worten: Bei nichtlinearen Problemen *kann Spektralinstabilität Instabilität vorhersagen, aber nicht Stabilität.* Dies ist ein grundlegendes Resultat von Ljapunov, siehe z.B. Abraham, Marsden und Ratiu [1988]. Im Gegensatz dazu beabsichtigen wir als nächstes, *hinreichende Bedingungen für Stabilitität* anzugeben.

Casimirfunktionen. Neben der Energie gibt es weitere, Gruppensymmetrien zugeordnete Erhaltungsgrößen, wie z.B. den Impuls und den Drehimpuls. Einige sind der Gruppe, die den Übergängen von den materiellen zu den räumlichen oder Körperkoordinaten zugrundeliegt, zugeordnet. Diese werden **Casimirfunktionen** genannt. Solch eine mit C bezeichnete Größe ist durch ihre Eigenschaft, daß sie mit jeder Funktion Poisson-kommutiert, d.h.,

$$\{C, F\} = 0$$

(1.96)

für alle Funktionen F auf dem Phasenraum P gilt, definiert. Wir werden solche Funktionen und ihre Beziehung zu den Impulsabbildungen in Kap. 10 und 11 untersuchen. Ist z.B. φ eine beliebige Funktion einer Variablen, dann ist die Größe

$$C(\boldsymbol{\Pi}) = \varphi(\|\boldsymbol{\Pi}\|^2)$$

(1.97)

eine Casimirfunktion bzgl. der Klammer des starren Körpers, wie mit der Kettenregel zu überprüfen ist. Ebenso ist

$$C(\omega) = \int_\Omega \varphi(\omega)\, dx\, dy$$

(1.98)

eine Casimirfunktion bzgl. der Klammer einer zweidimensionalen idealen Flüssigkeit. (Bei dieser Rechnung werden Randterme, die bei partieller Integration entstehen, vernachlässigt. Zur Behandlung dieser Randterme siehe Lewis, Marsden, Montgomery und Ratiu [1986].)

Da $\dot{C} = \{C, H\} = 0$ ist, bleiben Casimirfunktionen unter einer zur Hamiltonfunktion H gehörenden Dynamik erhalten. Die Erhaltung von (1.97) entspricht der Erhaltung des Gesamtdrehimpulses des starren Körpers, während die Erhaltung von (1.98) dem Thomsonschen Wirbelsatz für die Eulerschen Gleichungen entspricht. Es resultieren unendlich viele verschiedene Konstanten der Bewegung, die miteinander Poisson-kommutieren. Es gilt also $\{C_1, C_2\} = 0$, woraus jedoch *nicht* die Integrabilität der Gleichungen folgt.

Das Lagrange-Dirichlet-Kriterium.   Für Hamiltonsche Systeme in kanonischer Form ist ein Gleichgewichtspunkt (q_e, p_e) ein Punkt, in dem die partiellen Ableitungen von H verschwinden, also ein kritischer Punkt von H. *Wenn die $(2n \times 2n)$-Matrix $\delta^2 H$ der zweiten partiellen Ableitungen, ausgewertet in (q_e, p_e), positiv oder negativ definit ist (also alle Eigenwerte von $\delta^2 H(q_e, p_e)$ das gleiche Vorzeichen haben), dann ist (q_e, p_e) stabil.* Dies folgt aus der Energieerhaltung und aus Berechnungen, die besagen, daß die Niveauflächen von H in der Nähe von (q_e, p_e) näherungsweise Ellipsoide sind. Wie zuvor erwähnt, folgt hieraus die Spektralstabilität. Die umgekehrte Schlußfolgerung ist nicht möglich. Die grundlegendsten *allgemeinen* Stabilitätskriterien für Gleichgewichtszustände von Hamiltonschen Systemen sind das KAM-Theorem (KAM steht für Kolmogorov, Arnold und Moser), das die Stabilität von periodischen Lösungen für Systeme mit *zwei* Freiheitsgraden liefert, und der Lagrange-Dirichlet-Satz.

Wenden wir nun z.B. den Lagrange-Dirichlet-Satz auf ein klassisches mechanisches System mit einer Hamiltonfunktion der Form „kinetische plus potentielle Energie" an. Ist (q_e, p_e) ein Gleichgewichtspunkt, dann ist p_e Null. Die Matrix $\delta^2 H$ der in (q_e, p_e) ausgewerteten partiellen Ableitungen zweiter Ordnung von H ist eine Blockmatrix in Diagonalform, wobei einer der Blöcke der positiv definiten quadratischen Form der kinetischen Energie entspricht. Ist $\delta^2 H$ definit, dann also garantiert positiv definit. Dies wiederum ist genau dann der Fall, wenn $\delta^2 V$ in q_e positiv definit ist, wobei V die potentielle Energie des Systems ist. Ein mechanisches System, dessen Lagrangefunktion von der Form „kinetische minus potentielle Energie" ist, besitzt in $(q_e, 0)$ einen stabilen Gleichgewichtspunkt, wenn die Matrix $\delta^2 V(q_e)$ der partiellen Ableitungen zweiter Ordnung des Potentials V in q_e positiv definit (oder allgemeiner q_e ein echtes lokales Minimum von V) ist. Wenn $\delta^2 V$ in q_e negativ definit ist, so ist q_e ein instabiler Gleichgewichtspunkt.

Die zweite Aussage versteht man in folgender Weise: Das linearisierte Hamiltonsche System in $(q_e, 0)$ ist wieder ein Hamiltonsches System mit einer Hamiltonfunktion der Form „kinetische minus potentielle Energie", wobei die potentielle Energie durch die quadratische Form $\delta^2 V(q_e)$ gegeben ist. Aus einem Standardsatz der linearen Algebra, der besagt, daß man zwei quadratische Formen, von denen eine positiv definit ist, gleichzeitig diagonalisieren kann, schließen wir, daß sich das linearisierte Hamiltonsche System in eine Familie von Hamiltonschen Systemen der Form

$$\frac{d}{dt}(\delta p_k) = -c_k \delta q^k, \qquad \frac{d}{dt}(\delta q^k) = \frac{1}{m_k}\delta p_k$$

entkoppeln läßt, wobei $1/m_k > 0$ die Eigenwerte der positiv definiten quadratischen Form der kinetischen Energie in den Variablen δp_j und c_k die Eigenwerte von $\delta^2 V(q_e)$ sind. Also ergeben sich die Eigenwerte des linearisierten Systems zu $\pm\sqrt{-c_k/m_k}$. Wenn es also ein negatives c_k gibt, dann hat das linearisierte System zumindest einen positiven Eigenwert, und somit ist $(q_e, 0)$ spektral instabil, also auch linear und nichtlinear instabil. Verallgemeinerte Betrachtungen findet man bei Oh [1987], Grillakis, Shatah und Strauss [1987], Chern [1997] und mithilfe der dortigen Literaturverzeichnisse.

Die Energie-Casimir-Methode.   Die Energie-Casismir-Methode ist eine Verallgemeinerung der klassischen Lagrange-Dirichlet-Methode. Sei auf einer Poissonmannigfaltigkeit P der Gleichgewichtspunkt u_e zu der Differentialgleichung $\dot{u} = X_H(u)$ gegeben, so folgen die nachstehenden Schritte.

Um einen ($X_H(z_e) = 0$ genügenden) Gleichgewichtszustand auf Stabilität zu überprüfen führe man folgende Schritte durch:

1. *Finde eine feste Funktion C (C wird typischerweise eine Casimirfunktion plus eine andere Erhaltungsgröße sein), deren erste Variation verschwindet:*

$$\delta(H + C)(z_e) = 0.$$

2. *Bestimme die zweite Variation*

$$\delta^2(H + C)(z_e).$$

3. *Ist $\delta^2(H + C)(z_e)$ (entweder positiv oder negativ) definit, dann wird z_e **formalstabil** genannt.*

Wir erwähnen im Zusammenhang mit Schritt 3, daß eine Gleichgewichtslösung nicht unbedingt ein kritischer Punkt von H sein muß. Im allgemeinen gilt $\delta H(z_e) \neq 0$. Ein starrer Körper, der sich um eine seiner Hauptträgheitsachsen dreht, ist ein Beispiel dafür. In diesem Fall würde man bei einem Punkt, der lediglich ein kritischer Punkt von H ist, die Winkelgeschwindigkeit Null haben, ein kritischer Punkt von $H + C$ entspricht jedoch einer (nichttrivialen) stationären Rotation um eine der Hauptträgheitsachsen.

Das für das Lagrange-Dirichlet-Testverfahren verwendete Argument funktioniert formal auch im Unendlichdimensionalen. Unglücklicherweise gibt es für Systeme mit unendlich vielen Freiheitsgraden (wie Flüssigkeiten und Plasmen) eine ernsthafte technische Schwierigkeit. Das zuvor benutzte rechentechnische Argument bereitet Probleme. Man könnte denken, daß dies nur technische Probleme sind und wir lediglich sorgfältiger mit den Argumenten bei der Berechnung umzugehen haben. Tatsächlich gibt es einen weitverbreiteten Glauben an das „Energiekriterium" (siehe dazu z.B. die Diskussionen und Literaturhinweise in Marsden und Hughes [1983, Kap. 6] und Potier-Ferry [1982]). Ball und Marsden [1984] zeigten die Signifikanz dieser Schwierigkeit anhand eines Beispiels aus der Elastizitätstheorie: Sie erzeugten einen kritischen Punkt von H, bei dem $\delta^2 H$ positiv definit ist, der aber *kein* lokales Minimum von H ist. Andererseits zeigte Potier-Ferry [1982], daß asymptotische Stabilität wiedergewonnen werden kann, wenn man eine geeignete Reibung hinzufügt. Schritt 3 zu modifizieren und das Konvexitätsargument von Arnold [1966b] zu verwenden, stellt eine andere Methode dar, diese Schwierigkeit zu überwinden.

Modifizierter Schritt 3.   Sei P ein *linearer* Raum.

(a) *Sei $\Delta u = u - u_e$ eine endliche Variation im Phasenraum.*

(b) *Finde quadratische Funktionen Q_1 und Q_2 mit*

$$Q_1(\Delta u) \leq H(u_e + \Delta u) - H(u_e) - \delta H(u_e) \cdot \Delta u$$

und

$$Q_2(\Delta u) \leq C(u_e + \Delta u) - C(u_e) - \delta C(u_e) \cdot \Delta u,$$

(c) *Fordere $Q_1(\Delta u) + Q_2(\Delta u) > 0$ für alle $\Delta u \neq 0$.*

(d) *Führe die Norm $\|\Delta u\|$ mit*

$$\|\Delta u\|^2 = Q_1(\Delta u) + Q_2(\Delta u)$$

ein. Dann ist $\|\Delta u\|$ ein Maß für den Abstand von u zu u_e, d.h., wir wählen $d(u, u_e) = \|\Delta u\|$.

(e) *Fordere*

$$|H(u_e + \Delta u) - H(u_e)| \leq C_1 \|\Delta u\|^\alpha$$

und

$$|C(u_e + \Delta u) - C(u_e)| \leq C_2 \|\Delta u\|^\alpha$$

für $\alpha, C_1, C_2 > 0$ und $\|\Delta u\|$ hinreichend klein.

Diese Bedingungen garantieren die Stabilität von u_e und liefern ein Abstandsmaß, bzgl. dem Stabilität definiert wird. Kernstück des Beweises ist schlicht die Beobachtung, daß wir

$$\|\Delta u\|^2 \leq H(u_e + \Delta u) + C(u_e + \Delta u) - H(u_e) - C(u_e)$$

erhalten, falls wir die Ungleichungen unter (b) addieren und die Tatsache ausnutzen, daß sich $\delta H(u_e) \cdot \Delta u$ und $\delta C(u_e) \cdot \Delta u$ mit Schritt 1 zu Null addieren. H und C sind aber zeitunabhängig, also gilt

$$\|(\Delta u)_{\text{Zeit}=t}\|^2 \le [H(u_e + \Delta u) + C(u_e + \Delta u) - H(u_e) - C(u_e)]|_{\text{Zeit}=0}.$$

Verwende nun die Ungleichungen aus (e), um

$$\|(\Delta u)_{\text{Zeit}=t}\|^2 \le (C_1 + C_2)\|(\Delta u)_{\text{Zeit}=0}\|^\alpha$$

zu erhalten.

Diese Näherung begrenzt das zeitliche Wachstum endlicher Störungen, ausgedrückt durch anfängliche Störungen, was gerade für Stabilität benötigt wird. Einen Überblick, weitere Verweise und zahlreiche Beispiele zu dieser Methode findet man bei Holm, Marsden, Ratiu und Weinstein [1985].

Es gibt einige Situationen (wie z.B. die Stabilität eines Stabes), in denen die obigen Techniken nicht verwandt werden können, und das im wesentlichen deswegen, weil es vorkommen kann, daß selbst für den 1. Schritt nicht genügend Casimirfunktionen zur Verfügung stehen. Aus diesem Grund hat man ein etwas abgewandeltes (aber höherentwickelteres) Verfahren entwickelt: Die „Energie-Impuls-Methode". Die Grundidee bei dieser Methode ist, die Verwendung von Casimirfunktionen zu vermeiden, indem man die Methode *vor* einer Reduktion anwendet. Die Energie-Impuls-Methode wurde von Simo, Posbergh und Marsden [1990, 1991] und Simo, Lewis und Marsden [1991] in einer Folge von Veröffentlichungen entwickelt. Eine Diskussion und ergänzende Verweise folgen weiter unten in diesem Abschnitt.

Gyroskopische Systeme.   Die Unterschiede zwischen „Stabilität laut Energiemethoden", also *Energetik* und „Spektralstabilität" werden unter Berücksichtigung von Reibung besonders interessant. Mithilfe der klassischen Arbeiten von Kelvin und Chetaev kann man, falls $\delta^2 H$ indefinit ist und sich das Spektrum somit auf der imaginären Achse befindet, zeigen, daß das System unter der Berücksichtigung von Reibung notwendigerweise *linear instabil* wird. Also wird zumindest ein Eigenwertpaar der linearisierten Gleichungen in der rechten Halbebene liegen. Dieses Phänomen wird *durch Reibung induzierte Instabilität* genannt. Dieses Resultat und damit zusammenhängende Entwicklungen werden von Bloch, Krishnaprasad, Marsden und Ratiu [1991, 1994,1996] gezeigt. Betrachte z.B. das lineare *gyroskopische System*

$$M\ddot{\mathbf{q}} + S\dot{\mathbf{q}} + V\mathbf{q} = 0, \tag{1.99}$$

wobei $\mathbf{q} \in \mathbb{R}^n$, M eine positiv definite, symmetrische $(n \times n)$-Matrix, S alternierend und V symmetrisch ist. Dieses System ist Hamiltonsch (Übung 1.7.2). Hat V negative Eigenwerte, dann ist (1.99) *formal instabil*. Bezüglich S kann das System aber spektralstabil sein. Ist R positiv definit, symmetrisch und ist $\epsilon > 0$ klein, dann ist das System mit Reibung

$$M\ddot{\mathbf{q}} + S\dot{\mathbf{q}} + \epsilon R\dot{\mathbf{q}} + V\mathbf{q} = 0 \tag{1.100}$$

linear instabil. Übung 1.7.4 zeigt ein konkretes Beispiel.

Überblick über die Energie-Impuls-Methode.   Die Energie-Impuls-Methode ist eine für Lie-Poisson-Systeme auf Dualräumen von Liealgebren, insbesondere für Systeme von dynamischen Flüssigkeiten entwickelte Erweiterung der Arnold- (oder Energie-Casimir-)Methode zur Untersuchung der Stabilität von relativen Gleichgewichtszuständen. Außerdem werden mit dieser Methode die auf Routh, Ljapunov und in jüngerer Zeit auf das Werk von Smale zurückgehenden, elementaren Techniken zur Untersuchung von Stabilitätszuständen erweitert und verfeinert.

Für diese Erweiterungen gibt es drei Motivationen.

Erstens kann man mit der Energie-Impuls-Methode Lie-Poisson-Systeme behandeln, für die nicht genügend Casimirfunktionen vorhanden sind, wie z.B. den dreidimensionalen idealen Fluß und bestimmte Probleme aus der Elastizitätstheorie. Wegen auftretender Wirbelstreckung sind dreidimensionale Gleichgewichtszustände für ideale Flüsse im allgemeinen formal instabil. Dies zeigen Abarbanel und Holm [1987] mithilfe einer Methode, die wir rückblickend als die Energie-Impuls-Methode bezeichnen können. Die von Chern und Marsden [1990] untersuchten, in der Theorie der Flüssigkeiten vorkommenden ABC-Flüsse und in der Plasmaphysik auftretenden Mehrfachbuckelsituationen (siehe z.B. Holm, Marsden, Ratiu und Weinstein [1985] und Morrison [1987]) motivieren ebenfalls, Lie-Poisson-Systeme zu verwenden.

Eine zweite Motivation: Man möchte diese Methode auch auf Systeme, die nicht notwendigerweise Lie-Poisson-Systeme sind, anwenden und weiterhin von der wirkungsvollen Idee der reduzierten Räume Gebrauch machen, so wie in der ursprünglichen Arnoldmethode. Beispiele wie der starre Körper mit vibrierender Antenne (Sreenath, Oh, Krishnaprasad und Marsden [1988], Oh, Sreenath, Krishnaprasad und Marsden [1989], Krishnaprasad und Marsden [1987]) und gekoppelte starre Körper (Patrick [1989]) motivierten eine derartige Erweiterung der Theorie.

Schließlich bekommt man auch präzisere Stabilitätsaussagen in der Materialdarstellung und einen Zusammenhang mit den geometrischen Phasen.

Die Idee der Energie-Impuls-Methode.   Die Energie-Impuls-Methode wird bei symmetrischen mechanischen Systemen mit Konfigurationsraum Q und Phasenraum T^*Q und einer durch die Standardimpulsabbildung $\mathbf{J} : T^*Q \to \mathfrak{g}^*$ wirkenden Symmetriegruppe G eingesetzt, wobei $\mathfrak{g}^*$ die Liealgebra von G ist. Natürlich erhält man für $Q = G$ den Lie-Poisson-Fall.

Leitgedanke der Energie-Impuls-Methode ist, das Problem zuerst auf dem nichtreduzierten Raum zu formulieren. Hierbei sind die zu einem Liealgebrenelement ξ assoziierten relativen Gleichgewichtszustände kritische Punkte der ergänzten Hamiltonfunktion $H_\xi := H - \langle \mathbf{J}, \xi \rangle$. Die Idee ist jetzt, die zweite Variation von H_ξ in einem relativen Gleichgewichtspunkt z_e mit einem von der Zwangsbedingung $J = \mu_e$ abhängigen Impulswert μ_e auf dem transversalen Raum zur Wirkung von G_{μ_e} zu bilden, wobei G_{μ_e} die Untergruppe von G ist, die μ_e fest läßt. Beachte, daß Casimirfunktionen zur Ausführung der

Rechnungen nicht notwendig sind, obwohl die ergänzte Hamiltonfunktion die Rolle von $H + C$ in der Arnoldmethode einnimmt.

Überraschenderweise kann die zweite Variation von H_ξ im relativen Gleichgewichtszustand mithilfe von Aufspaltungen, die auf dem mechanischen Zusammenhang beruhen, auf Blockdiagonalform gebracht werden, wobei *gleichzeitig* die symplektische Struktur eine einfache Blockstruktur erhält, und die linearisierten Gleichungen somit eine nützliche kanonische Form bekommen. Sogar für den Lie-Poisson-Fall erhält man so Situationen, in denen man deutlich einfachere zweite Variationen hat. Diese Blockdiagonalstruktur verleiht der Methode ihre rechentechnische Stärke.

Die allgemeine Theorie, dieses Verfahren durchzuführen, wurde von Simo, Posbergh und Marsden [1990, 1991] und Simo, Lewis und Marsden [1991] entwickelt. Eine Darstellung der Methode kann, zusammen mit ergänzenden Literaturhinweisen, in Marsden [1992] gefunden werden. Man ist daran interessiert, diese auf den singulären Fall auszuweiten, der Gegenstand laufender Arbeit ist, siehe Ortega und Ratiu [1997, 1998] und die dortigen Verweise.

Die Energie-Impuls-Methode kann auch für Lagrangesysteme nützlich formuliert werden, womit die Berechnungen in vielen Fällen sehr bequem werden. Die zugehörige allgemeine Theorie wurde in Lewis [1992] und Wang und Krishnaprasad [1992] entwickelt. Dieser Lagrangesche Kontext steht in enger Verbindung zur allgemeinen Theorie der Lagrangereduktion. Dabei reduziert man eher Variationsprinzipien als symplektische oder Poissonstrukturen und falls man das Tangentialbündel einer Liegruppe reduziert, so führt dies eher zu den Euler-Poincaré-Gleichungen als zu den Lie-Poisson-Gleichungen.

Wirksamkeit in konkreten Fällen.   Die Energie-Impuls-Methode hat ihre Wirksamkeit für eine Reihe von Beispielen gezeigt. Lewis und Simo [1990] konnten z.B. die Stabilität von pseudostarren Körpern behandeln, was bis zu dieser Zeit als analytisch kaum möglich gehalten wurde.

Die Energie-Impuls-Methode kann manchmal in einem Kontext verwandt werden, in dem der reduzierte Raum singulär ist, oder nichtgenerischen Punkten im Daulraum der Liealgebra entspricht. Für singuläre Punkte wird dies in Lewis, Ratiu, Simo und Marsden [1992] durchgeführt, die den schweren Kreisel sehr genau untersuchen. Entsprechende Ausführungen zum Lie-Poisson-Kontext für kompakte Gruppen in nichtgenerischen Punkten im Dualraum der Liealgebra findet man in Patrick [1992,1995]. Wichtig ist das sich der Stabilisator G_μ mit μ ändert und dies für den Rekonstruktionsprozeß und zum Verständnis der Hannay-Berry-Phase im Zusammenhang mit der Reduktion wichtig ist (siehe Marsden, Montgomery und Ratiu [1990] und dortige Literaturhinweise). Vergleiche Leonard und Marsden [1997] bzgl. nichtkompakter Gruppen und einer Anwendung auf die Dynamik starrer Körper in Flüssigkeiten (Unterwasserfahrzeuge). Weiterführende Arbeiten auf diesem Gebiet bzgl. der singlären Reduktionen stehen weiterhin aus.

Der Satz von Benjamin-Bona zur Stabilität von Solitonen der KdV-Gleichung kann als Spezialfall der Energie-Impuls-Methode aufgefaßt werden, vergleiche Maddocks und Sachs [1993] und z.B. Oh [1987] und Grillakis, Shatah und Strauss [1987]. Auch im Kontext der partiellen Differentialgleichungen lassen sich viele Verweise hierzu finden.

Hamiltonsche Bifurkationen.   Die Energie-Impuls-Methode wurde auch im Zusammenhang mit Problemen bzgl. der Hamiltonschen Bifurkation angewandt. Wir werden einige einfache Beispiele hierzu in §1.8 angeben. Einen solchen Kontext bilden freie Randwertprobleme wie aus der Arbeit von Lewis, Marsden, Montgomery und Ratiu [1986]. Diese verallgemeinern eine von Zakharov gefundene Hamiltonsche Struktur für dynamische freie Randwertprobleme (Oberflächenwellen, Flüssigkeitstropfen, usw.). Zusammen mit der Methode von Arnold wird dies zur Untersuchung der Bifurkationen solcher Probleme in Lewis, Marsden und Ratiu [1987], Lewis [1989,1992], Kruse, Marsden und Scheurle [1993] und anderer dort zitierter Literatur verwandt.

Die Umkehrung der Energie-Impuls-Methode.   Die erwähnte Blockstruktur ermöglichte es, eine gewisse Umkehrung der Energie-Impuls-Methode zu beweisen. Ist die zweite Variation indefinit, dann ist das System instabil. Da es viele Systeme gibt, die zwar formal instabil sind (z.B. das schon erwähnte gyroskopische System, ein konkretes Beispiel dafür wird in Übung 1.7.4 gegeben), deren Linearisierungen aber Eigenwerte auf der imaginären Achse haben, darf man natürlich nicht davon ausgehen, dies wortwörtlich durchführen zu können. Wegen der „Arnolddiffusion" sind wahrscheinlich die meisten davon instabil. Dies analytisch zu beweisen, ist allerdings sehr schwierig. Stattdessen zeigt man, daß das System durch Hinzunahme einer Reibungskraft instabil wird. Die Idee der *durch Reibung induzierten Instabilität* geht bis ins 19. Jahrhundert auf Thomson und Tait zurück. Bloch, Krishnaprasad, Marsden und Ratiu [1994,1996] zeigten im Zusammenhang mit der Energie-Impuls-Methode, daß die Indefinitheit der zweiten Variation bei Hinzunahme einer geeigneten Reibung ausreicht, um ein linear instabiles Problem zu erhalten.

Für die Bewegung der Eigenwerte gibt es (auf Krein zurückgehende) Formeln, die bei Kirk, Marsden und Silber [1996] zur Untersuchung nicht-Hamiltonscher Störungen von Hamiltonschen Normalformen verwandt werden. Bei O'Reilly, Malhotra und Namamchchivaya [1996] findet man interessante Analogien hierzu für reversible Systeme.

Eine Erweiterung auf nichtholonome Systeme.   Es ist teilweise möglich, die Energie-Impuls-Methode auf nichtholonome Systeme zu übertragen. Basierend auf den Arbeiten von Arnold [1988], Bates und Sniatycki [1993] und Bloch, Krishnaprasad, Marsden und Murray [1996] zu nichtholonomen Systemen, dem Beispiel des Routhproblems in Zenkov [1995] und der umfangreichen russischen Literatur zu diesem Thema zeigten Zenkov, Bloch und Marsden [1998], daß es eine Verallgemeinerung dieser Methode gibt. Sie ist auf auf eine Vielzahl interessanter Beispiele anwendbar, z.B. auf die rollende Scheibe, das Kickboard und auch den keltischen Wackelstein.

Übungen

Übung 1.7.1. Arbeite das von Cherry gegebene Beispiel des Hamiltonschen Systems im $\mathbb{R}^4$ aus, dessen Energiefunktion durch (1.94) gegeben ist. Zeige explizit, daß der Ursprung ein linear- und spektralstabiler, aber nichtlinear instabiler Gleichgewichtszustand ist. Man weise dazu nach, daß (1.95) für alle $\tau > 0$ eine Lösung ist, die beliebig nahe am Ursprung starten kann und für $t \to \tau$ gegen unendlich strebt.

Übung 1.7.2. Zeige, daß (1.99) mit $\mathbf{p} = M\dot{\mathbf{q}}$,

$$H(\mathbf{q}, \mathbf{p}) = \frac{1}{2}\mathbf{p} \cdot M^{-1}\mathbf{p} + \frac{1}{2}\mathbf{q} \cdot V\mathbf{q}$$

und

$$\{F, K\} = \frac{\partial F}{\partial q^i}\frac{\partial K}{\partial p_i} - \frac{\partial K}{\partial q^i}\frac{\partial F}{\partial p_i} - S^{ij}\frac{\partial F}{\partial p_i}\frac{\partial K}{\partial p_j}$$

Hamiltonsch ist.

Übung 1.7.3. Man zeige, daß das charakteristische Polynom für das lineare System (1.99) (bis auf einen Faktor)

$$p(\lambda) = \det[\lambda^2 M + \lambda S + V]$$

und dies tatsächlich ein Polynom vom Grade n in λ^2 ist.

Übung 1.7.4. Betrachte das folgende System mit zwei Freiheitsgraden:

$$\ddot{x} - g\dot{y} + \gamma\dot{x} + \alpha x = 0,$$
$$\ddot{y} + g\dot{x} + \delta\dot{y} + \beta y = 0.$$

(1) Schreibe es in der Form (1.100).

(2) Zeige für $\gamma = \delta = 0$:

   a) Das System ist für $\alpha, \beta > 0$ spektralstabil,

   b) für $\alpha\beta < 0$ spektral instabil und

   c) für $\alpha, \beta < 0$ formal instabil (d.h., die Energiefunktion, die eine quadratische Funktion ist, ist indefinit) und:

       i. Ist $D := (g^2 + \alpha + \beta)^2 - 4\alpha\beta < 0$, dann gibt es sowohl in der rechten, als auch in linken Halbebene zwei Nullstellen. Das System ist spektral instabil.

       ii. Ist $D = 0$ und $g^2 + \alpha + \beta \geq 0$, dann ist das System spektral stabil. Ist aber $g^2 + \alpha + \beta < 0$, dann ist es spektral instabil.

iii. Ist $D > 0$ und $g^2 + \alpha + \beta \geq 0$, dann ist das System spektral stabil. Ist aber $g^2 + \alpha + \beta < 0$, dann ist es spektral instabil.

(3) Für Polynome $p(\lambda) = \lambda^4 + \rho_1\lambda^3 + \rho_2\lambda^2 + \rho_3\lambda + \rho_4$ besagt das **Routh-Hurwitz-Kriterium** (vgl. Gantmacher [1959, Band 2]), daß die Anzahl der Nullstellen von p in der rechten Halbebene der Anzahl der Vorzeichenwechsel der Folge

$$\left\{ 1, \rho_1, \frac{\rho_1\rho_2 - \rho_3}{\rho_1}, \frac{\rho_3\rho_1\rho_2 - \rho_3^2 - \rho_4\rho_1^2}{\rho_1\rho_2 - \rho_3}, \rho_4 \right\}$$

entspricht. Verwende das Kriterium für $\alpha < 0$, $\beta < 0$, $g^2 + \alpha + \beta > 0$, $\gamma > 0$ und $\delta > 0$, um zu zeigen, daß das System spektral instabil ist.

1.8 Bifurkation

Wenn die Energie-Impuls- oder die Energie-Casismir-Methode auf eine Instabilität schließen läßt, können Techniken aus der Theorie der Bifurkationen verwandt werden, um die sich ergebende Dynamik, wie z.B. Mehrfachgleichgewichte und periodische Orbits zu analysieren.

Eine Kugel in einem rotierenden Reifen.   Man betrachte z.B. ein Teilchen, das sich reibungsfrei in einem rotierenden Reifen bewegt (siehe Abb. 1.6).

Wir werden in §2.8 die zugehörigen Bewegungsgleichungen herleiten und die Phasenportäts dieses Systems untersuchen. Man entdeckt, daß eine Hamiltonsche Heugabelbifurkation auftritt, womit zwei neue Lösungen erzeugt werden, und, wenn ω den Wert $\sqrt{g/R}$ überschreitet, das stabile Gleichgewicht bei $\theta = 0$ instabil wird. Diese Lösungen sind in der vertikalen Achse symmetrisch, was die ursprüngliche $\mathbb{Z}_2$-Symmetrie des mechanischen Systems aus Abb. 1.6 widerspiegelt. Man kann die Symmetrie brechen, z.B. indem man die Rotationsachse leicht aus dem Zentrum rückt. Diesen interessanten Punkt werden wir in §2.8 diskutieren.

Ein rotierender Flüssigkeitstropfen.   Das System besteht aus den zweidimensionalen Eulerschen Gleichungen für eine ideale Flüssigkeit mit frei beweglichem Rand. Ein starr rotierender rotationssymmetrischer Tropfen stellt eine Gleichgewichtslösung dar, für die man mithilfe der Energie-Casismir-Methode Stabilität nachweisen kann, sofern

$$\Omega < 2\sqrt{\frac{3\tau}{R^3}} \tag{1.101}$$

ist. In dieser Formel ist Ω die Winkelgeschwindigkeit des rotationssymmetrischen Tropfens, R sein Radius und τ die konstante Oberflächenspannung. Wenn Ω zunimmt und (1.101) verletzt wird, wird die rotationssymmetrische

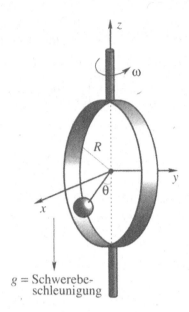

Abb. 1.6. Ein Teilchen, das sich in einem mit der Winkelgeschwindigkeit ω rotierenden Reifen bewegt.

Lösung instabil und durch elliptische Lösungen mit einer $\mathbb{Z}_2 \times \mathbb{Z}_2$-Symmetrie abgelöst. Die Bifurkation ist sogar bzgl. der *Winkelgeschwindigkeit* Ω unterkritisch (d.h., die neuen Lösungen treten schon *unterhalb* des kritischen Wertes von Ω auf) und bzgl. des *Drehimpulses* überkritisch (die neuen Lösungen treten *oberhalb* des kritischen Wertes auf). Dies wird in Lewis, Marsden und Ratiu [1987] und Lewis [1989] bewiesen, wo auch andere Literaturhinweise angegeben werden (siehe Abb. 1.7).

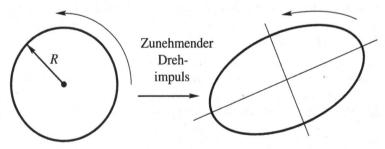

kreisrunde stabile Loesung   gleichmaessig rotierende elliptische Loesung

Abb. 1.7. Ein rotationssymmetrischer Flüssigkeitstropfen, der seine Stabilität und seine Symmetrie verliert.

Die Bewegung der Eigenwerte der linearisierten Gleichungen für die Kugel im Reifen ist in der Abb. 1.8(a) dargestellt. Die Bewegung der Eigenwerte für den rotierenden Flüssigkeitstropfen ist die gleiche: Die Symmetrie des Problems *zwingt* die Eigenwerte auf der imaginären Achse zu bleiben. Typischerweise trennen sich die Eigenwerte wie in Abb. 1.8(b), wenn diese Symmetrie nicht da ist. Dies sind Beispiele einer allgemeinen Theorie der Bewegung solcher Eigenwerte. Man findet sie bei Golubitsky und Stewart [1987], Dellnitz, Melbourne und Marsden [1992], Knobloch, Mahalov und Marsden [1994] und Kirk, Marsden und Silber [1996].

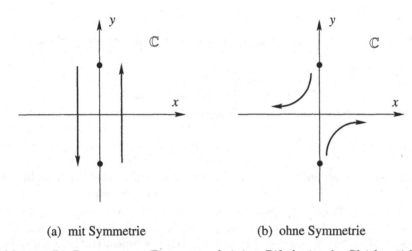

(a) mit Symmetrie   (b) ohne Symmetrie

Abb. 1.8. Die Bewegung von Eigenwerten bei einer Bifurkation der Gleichgewichtszustände.

Weitere Beispiele.   Der schwere Kreisel, ein starrer Körper mit einem festen Punkt, der sich im Gravitationsfeld bewegt, ist ein weiteres Beispiel. Beim Übergang vom schnellen zum langsamen Kreisel fällt ω unter den kritischen Wert

$$\omega_c = \frac{2\sqrt{MglI_1}}{I_3}, \qquad (1.102)$$

die Stabilität geht verloren und eine *Resonanzbifurkation* tritt auf. Die Abbildung 1.9 zeigt das Verhalten der Eigenwerte der im Gleichgewicht linearisierten Gleichungen beim Auftreten der Bifurkation.

Eine ausgiebige Untersuchung der Bifurkationen und der Stabilität bei der Dynamik eines schweren Kreisels findet man bei Lewis, Ratiu, Simo und Marsden [1992]. Ein Verhalten dieser Art wird manchmal eine *Hamiltonsche Krein-Hopf-Bifurkation* oder *gyroskopische Instabilität* genannt (siehe van der Meer [1985, 1990]). Dabei tritt ein komplexeres dynamisches Verhalten mit periodischer und chaotischer Bewegung auf (siehe Holmes und

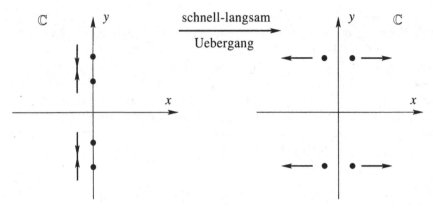

Abb. 1.9. Die Bewegung der Eigenwerte bei der Hamiltonschen Hopfbifurkation.

Marsden [1983]). In einigen Systemen mit Symmetrie können die Eigenwerte sowohl *durchgehen*, als auch sich *trennen*, wie von Dellnitz, Melbourne und Marsden [1992] und auch in der dort aufgeführten Literatur gezeigt wird.

Anspruchsvollere Beispiele, wie z.B. die Dynamik zweier gekoppelter starrer dreidimensionaler Körper, bedürfen einer systematischen Entwicklung der zugrundeliegenden und von Golubitsky und Schaeffer [1985] und Golubitsky, Stewart und Schaeffer [1988] geschaffenen Theorie. Damit wurde z.B. in Duistermaat [1983], Lewis, Marsden und Ratiu [1987], Lewis [1989], Patrick [1989], Meyer und Hall [1992], Broer, Chow, Kim und Vegter [1993] und Golubitsky, Marsden, Stewart und Dellnitz [1994] begonnen. Die Bifurkationen, die beim sphärischen Doppelpendel auftreten (dazu gehört auch eine Hamiltonsche Krein-Hopf-Bifurkation) werden in Dellnitz, Marsden, Melbourne und Scheurle [1992] und Marsden und Scheurle [1993a] behandelt.

Übungen

Übung 1.8.1. Untersuche die Bifurkationen (Veränderungen im Phasenporträt) der Gleichung

$$\ddot{x} + \mu x + x^2 = 0$$

beim Durchgang von μ durch Null mithilfe der zweiten Ableitung der potentiellen Energie.

Übung 1.8.2. Wiederhole die Übung 1.8.1 für die Funktion

$$\ddot{x} + \mu x + x^3 = 0$$

beim Durchgang von μ durch Null.

1.9 Die Poincaré-Melnikov-Methode

Das Pendel unter äußerer Krafteinwirkung. Um mit einem einfachen Beispiel zu beginnen, betrachte man die Gleichung eines Pendels unter einer äußeren Krafteinwirkung:

$$\ddot{\phi} + \sin\phi = \epsilon\cos\omega t. \tag{1.103}$$

ω ist hier die konstante Winkelgeschwindigkeit der periodisch wirkenden äußeren Kraft und ϵ ein kleiner Parameter. Systeme dieser Art treten in vielen interessanten Situationen auf. Zum Beispiel weisen ein ebenes Doppelpendel und auch anderes „steuerbares Spielzeug" ein chaotisches Verhalten auf, das dem dieser Gleichungen entspricht, siehe dazu Burov [1986] und Shinbrot, Grebogi, Wisdom und Yorke [1992].

Für $\epsilon = 0$ entspricht das Phasenporträt von (1.103) dem eines einfachen Pendels (wie später auch in Abb. 2.2a dargestellt). Für ein kleines, aber nichtverschwindendes ϵ besitzt (1.103) keine analytischen Integrale der Bewegung. Es treten sich transversal schneidende stabile und instabile Mannigfaltigkeiten (Separatrizen) auf, d.h., die Poincaréabbildung $P_{t_0} : \mathbb{R}^2 \to \mathbb{R}^2$, diejenige Abbildung, die Lösungen, beginnend zur Zeit t_0, um eine Periode $T = 2\pi/\omega$ verschiebt, besitzt transversale homokline Punkte. Diese Art dynamischen Verhaltens schließt nicht nur analytische Integrale aus, was uns dazu bewegt von „Chaos" zu sprechen, sondern hat noch verschiedene weitere Auswirkungen zur Folge. Zum Beispiel hat (1.103) unendlich viele periodische Lösungen von beliebiger Periodenlänge. Mit dem Schattenlemma läßt sich zeigen, daß zu jeder biinfiniten Folge von Nullen und Einsen (man nehme z.B. die Binärdarstellungen von π für die links- und die von e für die rechtsinfinite Folge) eine Lösung von (1.103) existiert, die wiederholt die Ebene $\phi = 0$ (die Konfiguration, in der das Pendel senkrecht nach unten hängt) durchdringt mit $\phi > 0$ für Nullen und $\phi < 0$ für Einsen. Intuitiv sieht man die Bewegung des Pendels in der Nähe seines ungestörten homoklien Orbits, dem Orbit, der eine Umdrehung nach unendlicher Zeit vollführt hat, als den Ursprung des Chaos an. In der Nähe seines Höhepunktes (wo $\phi = \pm\pi$ ist) können kleine aus dem Störterm herrührende Anstöße das Pendel in einer vorübergehend komplexen Weise zur linken oder rechten Seite fallen lassen.

Die nötigen Informationen aus der Theorie der dynamischen Systeme, die man benötigt, um obige Aussagen zu rechtfertigen, findet man in Smale [1967], Moser [1973], Guckenheimer und Holmes [1983] und Wiggins [1988, 1990]. Poincaré, Birkhoff, Kolmogorov, Melnikov, Arnold, Smale und Moser waren neben anderen bei der Entwicklung der allgemeinen Theorie von besonderer Bedeutung. Die Idee der sich transversal schneidenden Separatrizen stammt aus Poincarés berühmter Arbeit zum Drei-Körper-Problem (Poincaré [1890]). Sein Ziel, das er aus Gründen, die wir später angeben werden, nicht ganz erreichte, war, die Nichtintegrabilität des eingeschränkten Drei-Körper-Problems und die Divergenz verschiedener Reihenentwicklungen, die bis dahin verwandt wurden, nachzuweisen. (In seiner Arbeit begann er mit der Theorie der asymptotischen Entwicklungen und der dynamischen Systeme.) Weitere Information zu Poincarés Arbeit kann man Diacu und Holmes [1996] entnehmen.

Obwohl Poincaré alle wesentlichen Hilfsmittel zur Verfügung standen, um die Nichtintegrabilität von Gleichungen wie z.B. (1.103) zu beweisen (unter „Nichtintegrabilität" verstehen wir hier, daß keine analytischen Integrale existieren), galt sein Interesse den komplizierteren Problemen und er arbeitete die einfache und elementare Theorie nicht sehr weit aus. Wichtige Beiträge kamen von Melnikov [1963] und Arnold [1964]. Diese führten zu einem einfachen Algorithmus, mit dem gezeigt werden kann, daß (1.103) nicht integrabel ist. Die Poincaré-Melnikov-Methode wurde dann von Chirikov [1979], Holmes [1980b] und Chow, Hale und Mallet-Paret [1980] wieder aufgegriffen. Verallgemeinerungen und zusätzliche Literaturhinweise findet man bei Guckenheimer und Holmes [1983] und Wiggins [1988, 1990].

Die Poincaré-Melnikov-Methode.   Nach dieser Methode geht man folgendermaßen vor:

(i) Die zu untersuchenden dynamischen Gleichungen schreibe man in der Form

$$\dot{x} = X_0(x) + \epsilon X_1(x, t), \qquad (1.104)$$

wobei $x \in \mathbb{R}^2$, X_0 ein Hamiltonsches Vektorfeld mit der Energie H_0 und X_1 periodisch mit der Periode T und Hamiltonsch bzgl. einer T-periodischen Funktion H_1 ist. X_0 besitze einen homoklinen Orbit $\overline{x}(t)$, der für $t \to \pm\infty$ gegen einen hyperbolischen Sattelpunkt x_0 strebt.

(ii) Berechne die durch

$$M(t_0) = \int_{-\infty}^{\infty} \{H_0, H_1\}(\overline{x}(t - t_0), t)\, dt \qquad (1.105)$$

definierte ***Poincaré-Melnikov-Funktion***. Dabei ist $\{\,,\}$ die Poissonklammer.

Hat $M(t_0)$ als eine Funktion von t_0 einfache Nullstellen, so besitzt (1.104) für ein hinreichend kleines ϵ homoklines Chaos im Sinne von sich transversal schneidenden Separatrizen (im Sinne der oben erwähnten Poincaréabbildungen).

Dieses Resultat werden wir in §2.11 beweisen. Man wendet es folgendermaßen auf (1.103) an: Sei $x = (\phi, \dot{\phi})$ und damit

$$\frac{d}{dt} \begin{bmatrix} \phi \\ \dot{\phi} \end{bmatrix} = \begin{bmatrix} \dot{\phi} \\ -\sin\phi \end{bmatrix} + \epsilon \begin{bmatrix} 0 \\ \cos\omega t \end{bmatrix}.$$

Die homoklinen Orbits für $\epsilon = 0$ sind dann durch

$$\bar{x}(t) = \begin{bmatrix} \phi(t) \\ \dot{\phi}(t) \end{bmatrix} = \begin{bmatrix} \pm 2 \tan^{-1}(\sinh t) \\ \pm 2 \operatorname{sech} t \end{bmatrix}$$

gegeben (siehe Übung 1.9.1) und es gilt

$$H_0(\phi, \dot{\phi}) = \frac{1}{2}\dot{\phi}^2 - \cos\phi \quad \text{und} \quad H_1(\phi, \dot{\phi}, t) = \phi \cos\omega t. \tag{1.106}$$

Also gelangt man mit (1.105) zu

$$M(t_0) = \int_{-\infty}^{\infty} \left(\frac{\partial H_0}{\partial \phi} \frac{\partial H_1}{\partial \dot{\phi}} - \frac{\partial H_0}{\partial \dot{\phi}} \frac{\partial H_1}{\partial \phi} \right) (\bar{x}(t - t_0), t)\, dt$$

$$= -\int_{-\infty}^{\infty} \dot{\phi}(t - t_0) \cos\omega t\, dt$$

$$= \mp \int_{-\infty}^{\infty} [2 \operatorname{sech}(t - t_0) \cos\omega t]\, dt.$$

Mithilfe einer Variablensubstitution und der Tatsache, daß sech eine gerade und sin eine ungerade Funktion ist, erhalten wir

$$M(t_0) = \mp 2 \left(\int_{-\infty}^{\infty} \operatorname{sech} t \cos\omega t\, dt \right) \cos(\omega t_0).$$

Das Integral wird mittels Residuen berechnet (siehe Übung 1.9.2):

$$M(t_0) = \mp 2\pi \operatorname{sech}\left(\frac{\pi\omega}{2}\right) \cos(\omega t_0). \tag{1.107}$$

Diese Funktion hat offensichtlich einfache Nullstellen. Also tritt bei dieser Gleichung für ein hinreichend kleines ϵ Chaos auf.

Übungen

Übung 1.9.1. Man weise auf direktem Wege nach, daß die homoklinen Orbits der einfachen Pendelgleichung $\ddot{\phi} + \sin\phi = 0$ durch $\phi(t) = \pm 2 \tan^{-1}(\sinh t)$ gegeben werden.

Übung 1.9.2. Man berechne das Integral $\int_{-\infty}^{\infty} \operatorname{sech} t \cos\omega t\, dt$, um damit folgendermaßen (1.107) zu beweisen: Schreibe $\operatorname{sech} t = 2/(e^t + e^{-t})$ und beachte auch, daß

$$f(z) = \frac{e^{i\omega z} + e^{-i\omega z}}{e^z + e^{-z}}$$

in der komplexen Ebene bei $z = \pi i/2$ einen einfachen Pol hat. Werte dort das Residuum aus und wende den Satz von Cauchy an.[9]

---

[9] Man behelfe sich mit einem Buch zur Funktionentheorie wie z.B. Marsden und Hoffman, *Basic Complex Analysis*, Third Edition, Freeman, 1998.

1.10 Resonanzen, geometrische Phasen und die Kontrolltheorie

Wie die Arbeit von Smale [1970] zeigt, spielt die Topologie in der klassischen Mechanik eine wichtige Rolle. Die Smalesche Arbeit beschäftigt sich mit der Morsetheorie, die er auf Erhaltungsgrößen wie z.B. die Energie-Impuls-Abbildung anwendet. In diesem Abschnitt besprechen wir andere Wege, auf denen die Geometrie und die Topologie Einzug in die mechanischen Probleme finden.

Die Eins-zu-eins-Resonanz.   Betrachtet man Systeme mit Resonanzen, dann stößt man häufig auf Hamiltonfunktionen der Form

$$H = \frac{1}{2}(q_1^2 + p_1^2) + \frac{\lambda}{2}(q_2^2 + p_2^2) + \text{ Terme höherer Ordnung.} \qquad (1.108)$$

Die quadratischen Terme beschreiben zwei Oszillatoren, die für $\lambda = 1$ die gleiche Frequenz haben. Daher spricht man von einer Eins-zu-eins-Resonanz. Um die Dynamik von H zu untersuchen, ist es wichtig, eine gute geometrische Darstellung für den kritischen Fall

$$H_0 = \frac{1}{2}(q_1^2 + p_1^2 + q_2^2 + p_2^2) \qquad (1.109)$$

zu verwenden. Das Energieniveau zu konstantem H_0 ist die 3-Sphäre $S^3 \subset \mathbb{R}^4$. Indem wir

$$z_1 = q_1 + ip_1 \quad \text{und} \quad z_2 = q_2 + ip_2$$

wählen, können wir uns H_0 als eine Funktion auf der komplexen Ebene $\mathbb{C}^2$ vorstellen. Dann ist $H_0 = (|z_1|^2 + |z_2|^2)/2$, also ist H_0 linksinvariant unter der Wirkung von SU(2), der Gruppe der komplexen unitären (2×2)-Matrizen mit Determinante eins. Die zugehörigen Erhaltungsgrößen lauten

$$\begin{aligned}
W_1 &= 2(q_1 q_2 + p_1 p_2), \\
W_2 &= 2(q_2 p_1 - q_1 p_2), \\
W_3 &= q_1^2 + p_1^2 - q_2^2 - p_2^2
\end{aligned} \qquad (1.110)$$

und stellen die Komponenten einer Impulsabbildung

$$\mathbf{J} : \mathbb{R}^4 \to \mathbb{R}^3 \qquad (1.111)$$

dar.

Mit der schon bewiesenen Beziehung $4H_0^2 = W_1^2 + W_2^2 + W_3^2$ zeigt man, daß $\mathbf{J}$ eingeschränkt auf S^3 eine Abbildung

$$j : S^3 \to S^2 \qquad (1.112)$$

liefert. Die Fasern $j^{-1}(x)$ sind Kreise und die aus der Dynamik von H_0 entstehenden Trajektorien bewegen sich entlang dieser Kreise. Die Abbildung j

ist die **Hopffaserung**, die S^3 als ein topologisch nichttriviales Kreisbündel über S^2 beschreibt. Die Bedeutung der Hopffaserung in der Mechanik war schon Reeb [1949] bekannt.

Man kann auch zeigen, daß die Dynamik eines Systems der Form (1.108), dessen Hamiltonfunktionen fast H_0 ist, in guter Näherung auf eine Dynamik in S^2 reduziert werden kann. Diese Dynamik ist Lie-Poissonsch und S^2 ist ein koadjungierter Orbit in $\mathfrak{so}(3)^*$, so daß die Evolution der eines starren Körpers entspricht, lediglich mit einer anderen Hamiltonfunktion. Wie man die Hopffaserung bei der Eins-zu-eins-Resonanz mithilfe eines Computers untersucht, erfährt man in Kocak, Bisshopp, Banchoff und Laidlaw [1986].

Die Hopffaserung in der Mechanik starrer Körper.   Führt man im Falle eines starren Körpers eine Reduktion durch, so untersucht man den reduzierten Raum
$$\mathbf{J}^{-1}(\mu)/G_\mu = \mathbf{J}^{-1}(\mu)/S^1,$$
der in diesem Fall die 2-Sphäre ist. Wie wir in Kap. 15 sehen werden, entspricht $\mathbf{J}^{-1}(\mu)$ topologisch der Rotationsgruppe SO(3), die wiederum nichts anderes als $S^3/\mathbb{Z}_2$ ist. Also ist die Reduktionsabbildung eine Abbildung von SO(3) nach S^2. Ist $\mathbf{k}$ der Einheitsvektor in Richtung der z-Achse, dann erhält man solch eine Abbildung, indem man die Orthogonalmatrix A auf den durch $A\mathbf{k}$ gegebenen Vektor auf der Sphäre abbildet. Diese projektive Abbildung ist tatsächlich die Einschränkung einer Impulsabbildung und bei der Komposition mit der Abbildung von $S^3 \cong$ SU(2) nach SO(3) wiederum die Hopffaserung. Die Hopffaserung tritt nicht nur aus diesem Grund bei der Eins-zu-eins-Resonanz auf. *Sie tritt auch beim starren Körper in natürlicher Weise als eine Reduktionsabbildung von der materiellen zur körpereigenen Darstellung auf!*

Die geometrischen Phasen.   Die Geschichte dieses Konzepts ist komplex. Sie wird bei Berry [1990] diskutiert und geht hinsichtlich Untersuchungen zu polarisiertem Licht bis auf Bortolotti im Jahre 1926 und auf Vladimirskii und Rytov im Jahre 1938 und bzgl. der Atomphysik bis auf Kato im Jahre 1950 und Longuet-Higgins und anderen im Jahre 1958 zurück. Zusätzliche geschichtliche Bemerkungen zu Phasen in der Mechanik starrer Körper werden weiter unten gemacht.

Wir beginnen mit dem klassischen Beispiel des Foucaultschen Pendels. Es liefert eine interessante Phasenverschiebung (eine Verschiebung der Schwingebene des Pendels), wenn das ganze System einer zyklischen Entwicklung unterliegt (das Pendel wird aufgrund der Erdrotation auf einer Kreisbahn bewegt). Diese Phasenverschiebung ist geometrischer Natur: Wenn man ein orthonormales Dreibein entlang desselben Breitengrades parallel transportiert, so hat es nach einer Umdrehung die gleiche Phasenverschiebung wie das Foucaultsche Pendel. Die geometrische Bedeutung dieser Phasenverschiebung $\Delta\theta = 2\pi\cos\alpha$ (dabei ist α die Kobreite) ist in Abb. 1.10 dargestellt.

In der Geometrie wird die Rotation eines n-Beines, die dieses nach durchlaufen eines geschlossenen Pfades bis zum ursprünglichen Punkt vollführt hat,

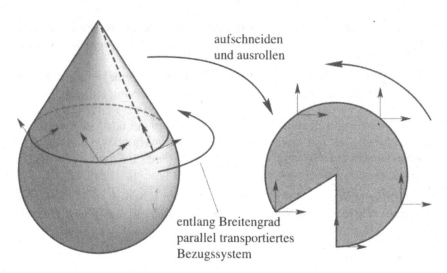

aufschneiden
und ausrollen

entlang Breitengrad
parallel transportiertes
Bezugssystem

Abb. 1.10. Die geometrische Interpretation der Phasenverschiebung beim Foucaultschen Pendel.

Holonomie (oder *Anholonomie*) genannt. Dies ist ein vereinheitlichendes mathematisches Konzept, das vielen geometrischen Phasen in Systemen zugrunde liegt, wie z.B. in der Faseroptik, bei den Magnet-Resonanz-Bildern, der amöboiden Fortbewegung, der Molekulardynamik und den Mikromotoren. Diese Anwendungen sind ein Grund für das momentan große Interesse an diesem Thema.

Eine wichtige Veröffentlichung zu den geometrischen Phasen in der Quantenmechanik stammt von Kato [1950]. Es waren Berry [1984, 1985], Simon [1983], Hannay [1985] und Berry und Hannay [1988], die verstanden, daß die Holonomie der entscheidende Punkt bei der geometrischen Vereinheitlichung ist. Andererseits zeigten Golin, Knauf und Marmi [1989], Montgomery [1988] und Marsden, Montgomery und Ratiu [1989, 1990], daß auch die Mittelung über Zusammenhänge und die Reduktion eines symmetrischen mechanischen Systems von Bedeutung sind und dies sowohl klassisch als auch quantenmechanisch. Aharonov und Anandan [1987] zeigten, daß die geometrische Phase einer geschlossenen Bahn im projektiven komplexen Hilbertraum, die in der Quantenmechanik auftritt, dem Exponential der symplektischen Fläche einer zweidimensionalen Mannigfaltigkeit entspricht, deren Rand die gegebene Bahn ist. Die gesuchte symplektische Form auf dem projektiven Raum wird in natürlicher Weise von der üblichen symplektischen Form auf dem komplexen Hilbertraum $-\mathrm{Im}\,\langle\,\cdot\,,\,\cdot\,\rangle$ induziert. Daß diese Formel die Holonomie einer geschlossenen Bahn bzgl. eines S^1-Zusammenhanges auf der Einheitskugel des komplexen Hilbertraumes und ein Spezialfall der Holonomieformel für Hauptfaserbündel mit einer abelschen Strukturgruppe ist, zeigten Marsden, Montgomery und Ratiu [1990].

Die Dynamik einer geometrischen Phase.   Geometrische Phasen treten in von Parametern abhängigen Familien von integrablen Systemen auf. Betrachte ein integrables System mit den Wirkungs-Winkel-Variablen

$$(I_1, I_2, \ldots, I_n, \theta_1, \theta_2, \ldots, \theta_n).$$

Die Hamiltonfunktion $H(I_1, I_2, \ldots, I_n; m)$ sei von einem Parameter $m \in M$ abhängig. Das heißt, daß wir eine Hamiltonfunktion haben, die von den Winkelvariablen θ unabhängig ist und wir den Konfigurationsraum mit dem n-Torus $\mathbb{T}^n$ identifizieren können. Sei c eine geschlossenen Bahn durch den Punkt m_0 in M. Während die Parameter die Bahn c durchlaufen und sich das System langsam ändert, wollen wir die Winkelvariablen in dem Torus über m_0 vergleichen. Da sich die Dynamik in der Faser ändert, wenn wir uns entlang c bewegen, wird es, selbst wenn sich die Wirkungen nur um einen geringfügigen Betrag ändern, eine Verschiebung in den Winkelvariablen zu den Frequenzen $\omega^i = \partial H / \partial I^i$ des integrablen Systems geben. Dazu definiert man die *dynamische Phase*

$$\int_0^1 \omega^i \left(I, c(t) \right) dt.$$

Wir gehen davon aus, daß die Bahn in einer Umgebung liegt, in der die üblichen Wirkungsvariablen definiert sind. Nach einem ganzen Umlauf auf c befinden wir uns wieder auf dem gleichen Torus. Daher macht der Vergleich der Winkel Sinn. Die tatsächliche Verschiebung in den Winkelvariablen während des Umlaufs ist die *dynamische Phase* plus einem Korrekturterm, der die *geometrische Phase* genannt wird. Eines der wichtigsten Ergebnisse ist, daß diese geometrische Phase die Holonomie eines geeignet konstruierten Zusammenhanges (des Hannay-Berry-Zusammenhanges) auf dem Torusbündel über M ist, das mit den Wirkungs-Winkel-Variablen konstruiert wird. Die zugehörigen Winkelverschiebungen wurden von Hannay [1985] berechnet und werden die *Hannaywinkel* genannt. Also ist die tatsächliche Phasenverschiebung

$$\Delta\theta = \text{dynamische Phasen} + \text{Hannaywinkel}.$$

Der Hannay-Berry-Zusammenhang für klassische Systeme wird in Golin, Knauf und Marmi [1989] und Montgomery [1988] mithilfe von Impulsabbildungen und Mittelung geometrisch konstruiert. Weinstein [1990] präzisiert die geometrischen Strukturen, die eine Definition der Hannaywinkel für eine Schleife im Raum der Lagrangeschen Untermannigfaltigkeiten ermöglichen, und das sogar für nichtintegrable Systeme. Man sieht dann, daß die Berryphase eine „Stammfunktion" für die Hannaywinkel ist. In Woodhouse [1992] wird ein Überblick über diese Arbeit gegeben.

Gekoppelte starre Körper bilden eine weitere Klasse von Beispielen, in denen die geometrischen Phasen auf natürlicher Weise vorkommen. Der dreidimensionale starre Körper wird unten diskutiert. Für mehrere gekoppelte starre Köper kann die Dynamik ziemlich komplex werden. Zum Beispiel ist bekannt, daß selbst für drei gekoppelte Körper in der Ebene, trotz Vorhandenseins stabiler relativer Gleichgewichtszustände, die Dynamik chaotisch ist, siehe Oh, Sreenath, Krishnaprasad und Marsden [1989]. Phänomene im Zusammenhang mit der geometrischen Phase, die in Beispielen dieser Art auftreten, sind recht interessant, wie z.B. auch in einigen Arbeiten von Shapere und Wilczek [1987, 1989] zur Dynamik in Mikroorganismen. (Vergleiche z.B. Montgomery [1984, 1990] und dortige Literaturverweise.) Bei diesem Problem kann man durch Beeinflussung der internen oder Formvariablen Phasenverschiebungen in den externen oder Gruppenvariablen erhalten. Diese Wahl der Variablen steht mit den Variablen in den reduzierten und den unreduzierten Phasenräumen in Verbindung. In diesem Kontext lassen sich interessante Fragen zur optimalen Steuerung formulieren, wie z.B. „Wenn sich eine fallende Katze während des Fluges umdreht (wobei ihr Drehimpuls zu jedem Zeitpunkt Null ist), dreht sie sich dann z.B. hinsichtlich des Energieverbrauchs optimal?“ Darauf gibt es interessante Antworten, die mit der Dynamik von Yang-Mills-Teilchen in Verbindung stehen, die sich in dem zum Problem gehörigen Eichfeld bewegen. Vergleiche Montgomery [1984, 1990] und die dortigen Literaturhinweise.

Wir geben zwei einfache Beispiele für geometrische Phasen von verbundenen starren Körpern an. Zusätzliche Informationen findet man bei Marsden, Montgomery und Ratiu [1990]. Man betrachte zunächst drei gleichförmige mithilfe von Scharnieren (oder mit Stiften) gekoppelte Stangen (oder flache starre Körper), die sich frei umeinander drehen können. Wir gehen davon aus, daß sich die Stangen frei in der Ebene bewegen können, ohne Einwirkung äußerer Kräfte, der Gesamtdrehimpuls Null ist und die Winkel an den Gelenken z.B. durch Motoren in den Verbindungsstücken beeinflußt werden können. In der Abb. 1.11 ist dargestellt, wie sich das ganze Konstrukt um einen Winkel π drehen läßt, indem jede Stange eine Drehung um 2π vollführt. Wir gehen hier davon aus, daß die Trägheitsmomente der beiden äußeren Stangen (um eine Achse durch ihre Schwerpunkte und senkrecht zur Buchseite) jeweils die Hälfte des Trägheitsmomentes der mittleren Stange betragen. Die Aussage wird bewiesen, indem man die Gleichung zum verschwindenden Gesamtdrehimpuls untersucht (siehe z.B. Sreenath, Oh, Krishnaprasad und Marsden [1988] und Oh, Sreenath, Krishnaprasad und Marsden [1989]). Allgemeine Gleichungen für die Rekonstruktionsphase, die auf diese Art von Problem anwendbar sind findet man in Krishnaprasad [1989].

Die Dynamik von Gelenkverbindungen stellt ein zweites Beispiel dar. Solche Beispiele findet man neben Bemerkungen zum Zusammenhang mit der Theorie der 3-Mannigfaltigkeit von Thurston in Krishnaprasad [1989] und Yang und Krishnaprasad [1990]. Hier betrachtet man eine Kette aus Stäben, z.B. vier über Scharniere verbundene Stäbe wie in Abb. 1.12. Das System kann ohne äußere Kräfte oder Drehmomente rotieren. Es wirken jedoch Drehmomente in den Verbindungsstücken. Dreht man die kleine „Kurbel“, so dreht

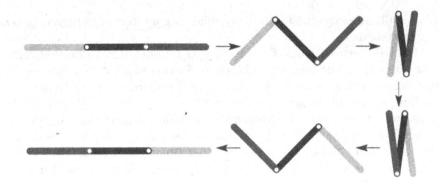

Abb. 1.11. Eine Veränderung der Winkel in den Verbindungsstellen kann zu einer Rotation des gesamten Systems führen.

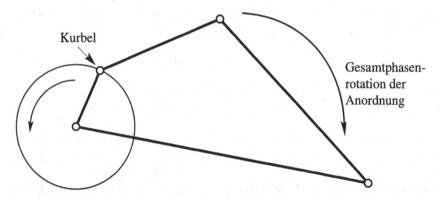

Abb. 1.12. Das Benutzen der Kurbel kann insgesamt zu einer Phasenverschiebung führen.

sich die gesamte Konstruktion, selbst wenn der Gesamtdrehimpuls wie im vorherigen Beispiel Null bleibt.

Einen Überblick darüber, wie geometrische Phasen zur Untersuchung der Bewegung von Robotern verwandt werden, findet man in Marsden und Ostrowski [1998]. (Diese Arbeit findet man im Internet auf der Seite http://www.cds.caltech.edu/~marsden.)

In der Dynamik starrer Körper auftretende Phasen. Wie wir in Kap. 15 sehen werden, ist die Bewegung eines starren Körpers bzgl. einer linksinvarianten Riemannschen Metrik (dem Trägheitstensor) auf der Rotationsgruppe SO(3) geodätisch. Der zugehörige Phasenraum ist $P = T^*\mathrm{SO}(3)$ und die Impulsabbildung $\mathbf{J} : P \to \mathbb{R}^3$ zur *Links*wirkung der SO(3) ist die *Rechts*translation in das neutrale Element. Wir identifizieren $\mathfrak{so}(3)^*$ mit $\mathfrak{so}(3)$ über das gewöhnliche innere Produkt und den $\mathbb{R}^3$ mit $\mathfrak{so}(3)$ über die Abbildung $v \mapsto \hat{v}$, wobei $\hat{v}(w) = v \times w$ und $\times$ das gewöhnliche Kreuzprodukt ist. Punkte in $\mathfrak{so}(3)^*$ werden als die Linksreduktion von $T^*\mathrm{SO}(3)$ durch

$G = \mathrm{SO}(3)$ angesehen und sind die Drehimpulse aus Sicht des *körpereigenen* Bezugssystems.

Die reduzierten Räume $P_\mu = \mathbf{J}^{-1}(\mu)/G_\mu$ werden durch ihre symplektische Form $\omega_\mu = -dS/\|\mu\|$ mit Sphären im $\mathbb{R}^3$ vom Euklidischem Radius $\|\mu\|$ identifiziert. Dabei ist dS die gewöhnliche Flächenform auf einer Sphäre vom Radius $\|\mu\|$ und G_μ besteht aus Rotationen um die μ-Achse. Man erhält die Trajektorien der reduzierten Dynamik durch einen Schnitt einer Familie homothetischer Ellipsoide (der Energieellipsoide) mit den Drehimpulssphären. Alle bis auf vier reduzierte Trajektorien sind periodisch. Diese vier Trajektorien sind die wohlbekannten homoklinen Trajektorien. Wir werden sie in §15.8 genau bestimmen.

Es sei eine reduzierte Trajektorie $\boldsymbol{\Pi}(t)$ mit Periode T auf P_μ gegeben. *Um welchen Winkel hat sich der starre Körper nach der Zeit T im Raum gedreht?* Der räumliche Drehimpuls ist $\boldsymbol{\pi} = \mu = g\boldsymbol{\Pi}$ und derjenige Wert von $\mathbf{J}$, der eine Erhaltungsgröße ist. Hier ist $g \in \mathrm{SO}(3)$ die Lage und $\boldsymbol{\Pi}$ der Drehimpuls des starren Körpers. Ist $\boldsymbol{\Pi}(0) = \boldsymbol{\Pi}(T)$, dann gilt

$$\mu = g(0)\boldsymbol{\Pi}(0) = g(T)\boldsymbol{\Pi}(T)$$

und somit $g(T)^{-1}\mu = g(0)^{-1}\mu$, bzw. $g(T)g(0)^{-1}\mu = \mu$. Also ist $g(T)g(0)^{-1}$ eine Rotation um die μ-Achse. Wir möchten den Winkel dieser Rotation angeben.

Um diesen Winkel zu bestimmen, wählen wir $c(t)$ als die zugehörige Trajektorie in $\mathbf{J}^{-1}(\mu) \subset P$. Man identifiziere mittels der Linkstrivialisierung $T^*\mathrm{SO}(3)$ mit $\mathrm{SO}(3) \times \mathbb{R}^3$, so daß $c(t)$ mit $(g(t), \boldsymbol{\Pi}(t))$ identifiziert wird. Da sich die reduzierte Trajektorie $\boldsymbol{\Pi}(t)$ nach der Zeit T in sich schließt, erhalten wir erneut, daß $c(T) = gc(0)$ für ein geeignetes $g \in G_\mu$ gilt. In der vorangegangenen Notation ist $g = g(T)g(0)^{-1}$. Also können wir

$$g = \exp[(\Delta\theta)\zeta] \tag{1.113}$$

schreiben, wobei mit $\zeta = \mu/\|\mu\|$ die Liealgebra $\mathfrak{g}_\mu$ von G_μ über $a\zeta \mapsto a, a \in \mathbb{R}$ mit $\mathbb{R}$ identifiziert wird. Sei D eine der zwei Kugelkappen von S^2, die von der reduzierten Trajektorie umspannt wird, Λ der zugehörige orientierte feste Winkel, also gelte $|\Lambda| = (\text{Fläche von } D)/\|\mu\|^2$, und sei H_μ die Energie der reduzierten Trajektorie, siehe Abb. 1.13. Alle Normen stammen aus der Euklidischen Metrik des $\mathbb{R}^3$. Montgomery [1991a] und Marsden, Montgomery und Ratiu [1990] zeigen, daß modulo 2π die **Phasenformel für den starren Körper**

$$\Delta\theta = \frac{1}{\|\mu\|}\left\{\int_D \omega_\mu + 2H_\mu T\right\} = -\Lambda + \frac{2H_\mu T}{\|\mu\|} \tag{1.114}$$

gilt.

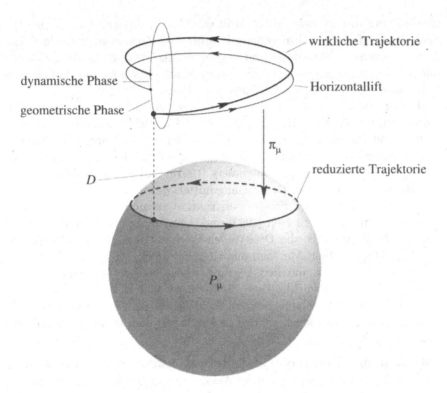

Abb. 1.13. Die geometrische Interpretation der Phasenformel für den starren Körper.

Weiteres zur Geschichte.   Die Geschichte der Phasenformel für den starren Körper ist ziemlich interessant und scheint unabhängig von den anderen oben beschriebenen Entwicklungen gewesen zu sein.[10] Die Formel findet ihren Ursprung in der Arbeit von MacCullagh im Jahre 1840 und Thomson und Tait [1867, §§123, 126]. (Zhuravlev [1996] und O'Reilly [1997] bieten eine Diskussion und liefern ergänzende Bemerkungen.) Ein Spezialfall der Formel (1.114) wird in Ishlinskii [1952] gegeben, vgl. auch Ishlinskii [1963].[11] Die erwähnte Formel beschreibt lediglich einen Spezialfall, in dem nur die geometrische Phase auftritt. Zum Beispiel kann man bei gewissen Präzessionsbewegungen bis zu einer gewissen Ordnung bei der Mittelung die dynamische Phase ignorieren und es bleibt lediglich die geometrische Phase zu betrachten. Ishlinskii fand aber nur Spezialfälle dieses Ergebnisses. Er erkannte den Zusammenhang mit dem geometrischen Konzept des Paralleltransportes. Eine Formel wie die obige wurde von Goodman und Robinson [1958] im Zusam-

---

[10] Wir danken V. Arnold für seine Hilfe zu diesen Bemerkungen.

[11] Auf Seite 195 eines späteren Buches zur Mechanik von Ishlinskii [1976] schreibt der Autor „Die Formel wurde im Jahre 1943 vom Autor entdeckt und in Ishlinskii [1952] veröffentlicht".

menhang mit dem gyroskopischen Drift gefunden. Ihr Beweis basiert auf dem Satz von Gauß-Bonnet. Ein anderer interessanter Zugang zu Formeln dieser Art, der auch auf Mittelung und starren Winkel beruht, ist in Goldreich und Toomre [1969] gegeben, wo diese Formel auf das spannende Problem der Polwanderung angewandt wird (siehe auch Poincaré [1910]!).

Der Spezialfall der obigen Formel für einen *symmetrischen* freien starren Körper wurde von Hannay [1985] und Anandan [1988, Gleichung (20)] formuliert. Der Beweis der allgemeinen Formel, der auf der Theorie der Zusammenhänge und der mithilfe der Krümmung ausgedrückten Formel für die Holonomie beruht, wurde von Montgomery [1991a] und Marsden, Montgomery und Ratiu [1990] gegeben. Den Zugang mittels des Satzes von Gauß-Bonnet und seinen Bezug zu der Poinsotkonstruktion zusammen mit ergänzenden Resultaten findet man in Levi [1993] und Anwendung auf allgemeine Resonanzprobleme (wie z.B. die Drei-Wellen-Wechselwirkung) und nichtlineare Optik in Alber, Luther, Marsden und Robbins [1998].

Für den schweren und den Lagrangeschen Kreisel (ein symmetrischer schwerer Kreisel) gaben Marsden, Montgomery und Ratiu [1990] ein Analogon zur Phasenformel für den starren Körper an. Zusammenhänge mit Wirbelfädenkonfigurationen werden in Fukumoto und Miyajima [1996] und Fukumoto [1997] gezeigt.

Satelliten mit Rotoren und Unterwasserfahrzeuge. Ein weiteres Beispiel, in dem man auf natürliche Weise zu geometrischen Phasen gelangt, ist der starre Körper mit einem oder mehreren internen Rotoren. Dieses System wird in Abb. 1.14 illustriert. Um die Lage dieses Systems zu bestim-

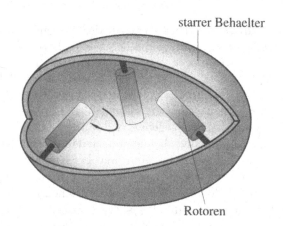

starrer Behaelter

Rotoren

Abb. 1.14. Der starre Körper mit internen Rotoren.

men, benötigen wir: Ein Element der Gruppe der starren Bewegungen des $\mathbb{R}^3$ zur Festlegung des Schwerpunktes und der Stellung des Behälters, sowie jeweils einen Winkel (ein Element aus S^1) zur Positionierung der Rotoren. Demnach ist der Konfigurationsraum $Q = \mathrm{SE}(3) \times S^1 \times S^1 \times S^1$. Die Bewegungsgleichungen dieses Systems stellen eine Erweiterung der Eulerschen Bewegungsgleichungen eines sich frei drehenden Rotors dar. Ähnlich, wie man von einem rotierenden Rad in Bewegung versetzt werden kann, das man auf einem drehbaren Stuhl sitzend vor sich hält, so können die drehenden Rotoren die Dynamik des starren Behälters beeinflussen.

In diesem Beispiel kann man die Gleichgewichtszustände und ihre Stabilität fast so wie für den starren Körper untersuchen. Man möchte die Drehung bzw. die Rotoren derart beeinflussen können, daß man die Körperlage so steuern kann, wie es eine fallende Katze mithilfe ihrer Glieder schafft. Zum Beispiel kann man versuchen, eine Beziehung zwischen der Dynamik der Rotoren und der des starren Körpers mithilfe des *Rückkopplungsgesetzes* zu beschreiben, das die Eigenschaft hat, daß der Gesamtdrehimpuls des Systems weiterhin erhalten bleibt und die Bewegungsgleichungen vollständig mit der Variable des freien starren Körpers beschrieben werden können. (Eine fallende Katze hat den Drehimpuls Null, obwohl sie sich umdrehen kann!) In einigen Fällen sind die resultierenden Gleichungen auf der invarianten Impulssphäre wieder Hamiltonsch. Verwendet man diese Tatsache, so läßt sich die geometrische Phase des Problems berechnen, womit man die Phasenformel für den freien starren Körper verallgemeinert. (Details findet man in Bloch, Krishnaprasad, Marsden und Sánchez de Alvarez [1992] und Bloch, Leonard und Marsden [1997, 1998].) Diese Art der Untersuchung findet bei der Herstellung und Theorie von Geräten, mit denen man die Ausrichtung von Objekten kontrollieren kann, ihre Anwendung.

Ein anderes Beispiel, das einige Merkmale von Satelliten und dem schweren Kreisel vereinigt, ist das *Unterwasserfahrzeug*. Dieses fällt in den Bereich der Dynamik starrer Körper in Flüssigkeiten und ist ein Thema, das bis auf Kirchhoff am Ende des 19. Jahrhunderts zurückgeht. Wir verweisen auf Leonard und Marsden [1997] und Holmes, Jenkins und Leonard [1998], wo moderne Beiträge und viele Literaturhinweise zu finden sind.

Verschiedene Zusammenhänge. Es gibt viele Beispiele aus der Kontinuumsmechanik, auf die man die Techniken der geometrischen Mechanik anwenden kann. Einige davon sind Probleme des freien Randes (Lewis, Marsden, Montgomery und Ratiu [1986], Montgomery, Marsden und Ratiu [1984], Mazer und Ratiu [1989]), Raumschiffe mit beweglichen Zusatzgeräten (Krishnaprasad und Marsden [1987]), die Elastizitätstheorie (Holm und Kupershmidt [1983], Kupershmidt und Ratiu [1983], Marsden, Ratiu und Weinstein [1984a, 1984b], Simo, Marsden und Krishnaprasad [1988]) und die reduzierte MHD (Morrison und Hazeltine [1984] und Marsden und Morrison [1984]). Wir wollen diese Theorien sowohl aus der räumlichen (Eulerschen) als auch der körpereigenen (mitgeführten) Sicht als Reduktionen der kanonischen materielle Darstellung auffassen.

Ein geometrisch-analytischer Zugang zur Mechanik ist in einer ganzen Reihe anderer Gebiete von Nutzen. Wir erwähnen hier nur ein paar.

- Integrable Systeme (Moser [1980], Perelomov [1990], Adams, Harnad und Previato [1988], Fomenko und Trofimov [1989], Fomenko [1988a, 1988b], Reyman und Semenov-Tian-Shansky [1990] und Moser und Veselov [1991]).

- Anwendungen integrabler Systeme auf die numerische Analysis (wie z.B. der QR-Algorithmus und Sortieralgorithmen), siehe Deift und Li [1989] und Bloch, Brockett und Ratiu [1990, 1992].

- Numerische Integration (Sanz-Serna und Calvo [1994], Marsden, Patrick und Shadwick [1996], Wendlandt und Marsden [1997], Marsden, Patrick und Shkoller [1998]).

- Hamiltonsches Chaos (Arnold [1964], Ziglin [1980a, 1980b, 1981], Holmes und Marsden [1981, 1982a, 1982b, 1983], Wiggins [1988]).

- Mittelung (Cushman und Rod [1982], Iwai [1982, 1985], Ercolani, Forest, McLaughlin und Montgomery [1987]).

- Hamiltonsche Bifurkationen (van der Meer [1985], Golubitsky und Schaeffer [1985], Golubitsky und Stewart [1987], Golubitsky, Stewart und Schaeffer [1988], Lewis, Marsden und Ratiu [1987], Lewis, Ratiu, Simo und Marsden [1992], Montaldi, Roberts und Stewart [1988], Golubitsky, Marsden, Stewart und Dellnitz [1994]).

- Algebraische Geometrie (Atiyah [1982, 1983], Kirwan [1984, 1985 1998]).

- Himmelsmechanik (Deprit [1983], Meyer und Hall [1992]).

- Wirbeldynamik (Ziglin [1980b], Koiller, Soares und Melo Neto [1985], Wan und Pulvirente [1984], Wan [1986, 1988a, 1988b, 1988c], Kirwan [1988], Szeri und Holmes [1988], Newton [1994], Pekarsky und Marsden [1998]).

- Solitonen (Flaschka, Newell und Ratiu [1983a, 1983b], Newell [1985], Kovačič und Wiggins [1992], Alber und Marsden [1992]).

- Multisymplektische Geometrie, partielle Differentialgleichungen und nichtlineare Wellen (Gotay, Isenberg und Marsden [1997], Bridges [1994, 1997], Marsden und Shkoller [1997] und Marsden, Patrick und Shkoller [1998]).

- Relativitätstheorie und Yang-Mills-Theorie (Fischer und Marsden [1972, 1979], Arms [1981], Arms, Marsden und Moncrief [1981, 1982]).

- Variationsprinzipien für Flüssigkeiten, die die Clebschvariablen und die „Lin-Zwangsbedingungen" verwenden (Seliger und Whitham [1968], Cendra und Marsden [1987], Cendra, Ibort und Marsden [1987], Holm, Marsden und Ratiu [1998a]).

- Kontrolltheorie, Stabilisierung und die Dynamik von Satelliten und Unterwasserfahrzeugen (Krishnaprasad [1985], van der Schaft und Crouch [1987], Aeyels und Szafranski [1988], Bloch, Krishnaprasad, Marsden und Sánchez de Alvarez [1992], Wang, Krishnaprasad und Maddocks [1991], Leonard [1997], Leonard und Marsden [1997]), Bloch, Leonard und Marsden [1998] und Holmes, Jenkins und Leonard [1998]).

- Nichtholonome Systeme (Naimark und Fufaev [1972], Koiller [1992], Bates und Sniatycki [1993], Bloch, Krishnaprasad, Marsden und Murray [1996], Koon und Marsden [1997a, 1997b, 1998], Zenkov, Bloch und Marsden [1998]).

Die Reduktionstheorie für dynamische Systeme mit Symmetrien ist eine natürliche historische Fortsetzung der Arbeit von Liouville (zu vollständig integrablen Systemen) und Jacobi (zum Drehimpuls) zur Reduzierung der Dimension des Phasenraums beim Vorhandensein von Integralen der Bewegung. Dies ist eng mit der Arbeit zu den Impulsabbildungen verwandt und ihre Vorläufer erscheinen schon bei Jacobi [1866], Lie [1890], Cartan [1922] und Whittaker [1927]. Sie wurde später bei Kirillov [1962], Arnold [1966a], Kostant [1970], Souriau [1970], Smale [1970], Nekhoroshev [1977], Meyer [1973] und Marsden und Weinstein [1974] entwickelt. Siehe auch Guillemin und Sternberg [1984] und Marsden und Ratiu [1986] für den Poissonfall und Sjamaar und Lerman [1991], die eine grundlegende Arbeit zum singulären symplektischen Fall ist.

2. Hamiltonsche Systeme in linearen symplektischen Räumen

Die Hamiltonsche Mechanik wird gewöhnlich auf einer symplektischen Mannigfaltigkeit oder einer Poissonmannigfaltigkeit formuliert. In den nächsten Kapiteln konzentrieren wir uns auf den Fall symplektischer Mannigfaltigkeiten, während wir in Kap. 10 auf Poissonmannigfaltigkeiten eingehen werden. Auf symplektischen Mannigfaltigkeiten hat man die symplektische 2-Form $\sum dq^i \wedge dp_i$ bzw. ihre unendlichdimensionalen Analoga und auf Poissonmannigfaltigkeiten ist die Poissonklammer die grundlegende Struktur.

Um das Verständnis einiger Punkte zu erleichtern, beginnen wir dieses Kapitel mit der Theorie linearer Räume, in deren Fall die symplektische Form eine schiefsymmetrische Bilinearform ist, die man mit Methoden aus der lineren Algebra untersuchen kann. Diese lineare Betrachtungsweise ist schon für einige interessante Beispiele relevant, wie z.B. die Wellengleichung oder die Schrödingergleichung.

In Kapitel 4 werden wir zu Mannigfaltigkeiten übergehen und in Kap. 5 und 6 symplektische Strukturen auf Mannigfaltigkeiten verallgemeinern. In Kap. 7 und 8 untersuchen wir die Grundlagen der Lagrangeschen Mechanik, die in erster Linie auf Variationsprinzipien und nicht auf symplektischen oder Poissonstrukturen beruht. Es konnte gezeigt werden, daß dieser offensichtlich völlig andere Zugang unter geeigneten Annahmen zum Hamiltonschen Zugang äquivalent ist.

2.1 Einführung

Um die Einführung der symplektischen Geometrie in die Mechanik zu motivieren, wiederholen wir kurz aus §1.1 den klassischen Übergang von dem zweiten Newtonschen Axiom zu den Lagrangeschen und Hamiltonschen Gleichungen. Für ein Teilchen, das sich im dreidimensionalen Euklidischen Raum $\mathbb{R}^3$ bewegt und unter dem Einfluß der *potentiellen Energie* $V(\mathbf{q})$ steht, gilt nach dem *zweiten Newtonschen Axiom*

$$\mathbf{F} = m\mathbf{a} \qquad (2.1)$$

mit $\mathbf{q} \in \mathbb{R}^3$, der Kraft $\mathbf{F}(\mathbf{q}) = -\nabla V(\mathbf{q})$, der Masse des Teilchens m und der Beschleunigung $\mathbf{a} = d^2\mathbf{q}/dt^2$ (vorausgesetzt, daß wir in einem als ausgezeichnet angesehenen Koordinatensystem, genannt **Inertialsystem** starten).[1] Wie in den meisten Büchern zur Vektoranalysis gezeigt, wird die potentielle Energie über den Begriff der Arbeit und unter der Annahme, daß das Kraftfeld konservativ ist, eingeführt. Die **kinetische Energie**

$$K = \frac{1}{2} m \left\| \frac{d\mathbf{q}}{dt} \right\|^2$$

wird über die **Leistungs-** oder **Arbeitsratengleichung**

$$\frac{dK}{dt} = m \langle \dot{\mathbf{q}}, \ddot{\mathbf{q}} \rangle = \langle \dot{\mathbf{q}}, \mathbf{F} \rangle$$

eingeführt, wobei $\langle \, , \rangle$ das innere Produkt auf dem $\mathbb{R}^3$ ist.

Die **Lagrangefunktion** ist durch

$$L(q^i, \dot{q}^i) = \frac{m}{2} \|\dot{\mathbf{q}}\|^2 - V(\mathbf{q}) \tag{2.2}$$

definiert, und man überprüft direkt, daß das zweite Newtonsche Axiom zu den Euler-Lagrange-Gleichungen

$$\frac{d}{dt} \frac{\partial L}{\partial \dot{q}^i} - \frac{\partial L}{\partial q^i} = 0 \tag{2.3}$$

äquivalent ist. Die Gleichungen (2.3) sind Differentialgleichungen zweiter Ordnung in q^i und wert für allgemeine L gesondert untersucht zu werden, da sie, wie später genauer gezeigt wird, die Gleichungen für stationäre Werte des **Wirkungsintegrals**

$$\delta \int_{t_1}^{t_2} L(q^i, \dot{q}^i) \, dt = 0 \tag{2.4}$$

sind. Diese **Variationsprinzipien** sind überall in der Mechanik von grundlegender Bedeutung, in der Teilchenmechanik wie auch in der Feldtheorie.

Man kann leicht nachweisen, daß $dE/dt = 0$ gilt mit der **Gesamtenergie**

$$E = \frac{1}{2} m \|\dot{\mathbf{q}}\|^2 + V(\mathbf{q}).$$

Lagrange und Hamilton stellten fest, daß es Sinn macht, den Impuls $p_i = m\dot{q}^i$ einzuführen und E als eine von p_i und q^i abhängige Funktion

$$H(\mathbf{q}, \mathbf{p}) = \frac{\|\mathbf{p}\|^2}{2m} + V(\mathbf{q}) \tag{2.5}$$

---

[1] Newton und die später auf dem Gebiet der Mechanik Arbeitenden sahen dieses Inertialsystem als „fest bzgl. des Sternenhimmels" an. Obwohl dies hinsichtlich der mathematischen oder physikalischen Bedeutung ernsthafte Fragen aufwirft, ist dies ein guter Ausgangspunkt. Tiefere Einsichten gewinnt man in Kap. 8 und in Lehrveranstaltungen zur allgemeinen Relativitätstheorie.

zu formulieren. Damit ist das zweite Newtonsche Axiom zu den **kanonischen Hamiltonschen Gleichungen**

$$\dot{q}^i = \frac{\partial H}{\partial p_i}, \quad \dot{p}_i = -\frac{\partial H}{\partial q^i} \tag{2.6}$$

äquivalent, die ein System *erster Ordnung* im $(\mathbf{q}, \mathbf{p})$-Raum, dem sogenannten **Phasenraum** bilden.

Die Matrixschreibweise. Um die Hamiltonschen Gleichungen besser verstehen zu können, wiederholen wir einige Matrixschreibweisen (für weitere Details siehe Abraham, Marsden und Ratiu [1988, Abschnitt 5.1]). Sei E ein reeller Vektorraum und E^* der zugehörige Dualraum. Sei $e_1, \ldots, e_n$ eine Basis von E und $e^1, \ldots, e^n$ eine Basis von E^*, also die zugehörige Dualbasis, d.h., e^i wird durch

$$\langle e^i, e_j \rangle := e^i(e_j) = \delta^i_j$$

definiert, was 1 für $i = j$ und 0 für $i \neq j$ ist. Vektoren $v \in E$ schreibt man in der Form $v = v^i e_i$ (Summation über i) und Kovektoren $\alpha \in E^*$ als $\alpha = \alpha_i e^i$. Die **Komponenten** von v und α sind v^i und α_i.

Ist $A : E \to F$ eine lineare Transformation und $A^j{}_i$ die zugehörige, durch

$$A(e_i) = A^j{}_i f_j \quad \text{bzw.} \quad [A(v)]^j = A^j{}_i v^i \tag{2.7}$$

definierte **Matrix** zur Basis $e_1, \ldots, e_n$ von E und $f_1, \ldots, f_m$ von F. Also sind $A(e_1), \ldots, A(e_n)$ die Spalten der Matrix von A. Der obere Index ist der Reihenindex und der untere der Spaltenindex. Für andere lineare Transformationen stellen wir die Indizes an die entsprechenden Stellen. Ist z.B. $A : E^* \to F$ eine lineare Transformation, dessen Matrix A^{ij} die Beziehung $A(e^j) = A^{ij} f_i$ erfüllt, dann ist $[A(\alpha)]^i = A^{ij} \alpha_j$.

Ist $B : E \times F \to \mathbb{R}$ eine Bilinearform, also linear in beiden Eingängen, dann ist ihre **Matrix** B_{ij} durch

$$B_{ij} = B(e_i, f_j), \quad \text{also} \quad B(v, w) = v^i B_{ij} w^j \tag{2.8}$$

definiert. Die lineare Abbildung[2] $B^\flat : E \to F^*$ definieren wir durch

$$B^\flat(v)(w) = B(v, w)$$

und stellen fest, daß $B^\flat(e_i) = B_{ij} f^j$ gilt. Da $B^\flat(e_i)$ die i-te Spalte der Matrix ist, welche die lineare Abbildung $B^\flat$ repräsentiert, folgt, daß *die Matrix von $B^\flat$ in den Basen $e_1, \ldots, e_n, f^1, \ldots, f^n$ die Transponierte von B_{ij} ist*, also

$$[B^\flat]_{ji} = B_{ij} \tag{2.9}$$

gilt.

---

[2] Man spricht auch vom „musikalischen Isomorphismus" (Anm. des Übersetzers).

Sei Z der (q, p)-Vektorraum und schreibe $z = (q, p)$. Bezeichne die Koordinaten q^j, p_j gemeinsam durch z^I, $I = 1, \ldots, 2n$. Ein Grund, die Notation z zu verwenden, ist, daß die Hamiltonschen Gleichungen, wenn man z als eine *komplexe Variable* $z = q + ip$, auffaßt, zu den folgenden Hamiltonschen Gleichungen in komplexer Schreibweise äquivalent sind (siehe Übung 2.2.1):

$$\dot{z} = -2i\frac{\partial H}{\partial \bar{z}} \tag{2.10}$$

mit $\partial/\partial\bar{z} := (\partial/\partial q + i\partial/\partial p)/2$.

Symplektische und Poissonstrukturen.   Wir können die Hamiltonschen Gleichungen (2.6) folgendermaßen betrachten: Fasse die Abbildung

$$\mathbf{d}H(z) = \left(\frac{\partial H}{\partial q^i}, \frac{\partial H}{\partial p_i}\right) \mapsto \left(\frac{\partial H}{\partial p_i}, -\frac{\partial H}{\partial q^i}\right) =: X_H(z), \tag{2.11}$$

die das sogenannte **Hamiltonsche Vektorfeld** X_H in Abhängigkeit des Differentials von H bestimmt, als Komposition der linearen Abbildung

$$R : Z^* \to Z$$

mit dem Differential $\mathbf{d}H(z)$ von H auf. Die Matrix von R lautet

$$[R^{AB}] = \begin{bmatrix} \mathbf{0} & \mathbf{1} \\ -\mathbf{1} & \mathbf{0} \end{bmatrix} =: \mathbb{J}, \tag{2.12}$$

wobei wir für die spezielle Matrix (2.12), die manchmal **symplektische Matrix** genannt wird, $\mathbb{J}$ schreiben. Hierbei ist $\mathbf{0}$ die $(n \times n)$-Nullmatrix und $\mathbf{1}$ die $(n \times n)$-Einheitsmatrix. Somit ist

$$X_H(z) = R \cdot \mathbf{d}H(z), \tag{2.13}$$

oder falls wir die Komponenten von X_H mit X^I, $I = 1, \ldots, 2n$ bezeichnen, gilt

$$X^I = R^{IJ}\frac{\partial H}{\partial z^J}, \quad \text{also} \quad X_H = \mathbb{J}\nabla H, \tag{2.14}$$

wobei ∇H der Gradient von H, also der Zeilenvektor $\mathbf{d}H$ ist, aber als Spaltenvektor aufgefaßt.

Sei $B(\alpha, \beta) = \langle \alpha, R(\beta) \rangle$ eine zu R assoziierte Bilinearform, wobei $\langle , \rangle$ die kanonische Paarung zwischen Z^* und Z darstellt. Man bezeichnet entweder die Bilinearform B oder ihre zugehörige lineare Abbildung R als **Poissonstruktur**. Die klassische **Poissonklammer** ist (übereinstimmend mit unserer Definition in Kap. 1) durch

$$\{F, G\} = B(\mathbf{d}F, \mathbf{d}G) = \mathbf{d}F \cdot \mathbb{J}\nabla G. \tag{2.15}$$

definiert.

Die **symplektische Struktur** Ω ist die zu $R^{-1} : Z \to Z^*$ assoziierte Bilinearform, d.h., $\Omega(v,w) = \langle R^{-1}(v), w \rangle$, oder dazu äquivalent, $\Omega^\flat = R^{-1}$. Die Matrix von Ω ist $\mathbb{J}$, und zwar im Sinne von

$$\Omega(v,w) = v^T \mathbb{J} w. \tag{2.16}$$

Um die Notation zu vereinfachen, werden wir manchmal folgende Schreibweisen verwenden:

Ω	für die symplektische Form	$Z \times Z \to \mathbb{R}$	mit der Matrix $\mathbb{J}$,
$\Omega^\flat$	für die assoziierte lin. Abb.	$Z \to Z^*$	mit der Matrix $\mathbb{J}^T$,
$\Omega^\sharp$	für die Inverse $(\Omega^\flat)^{-1} = R$	$Z^* \to Z$	mit der Matrix $\mathbb{J}$,
B	für die Poissonform	$Z^* \times Z^* \to \mathbb{R}$	mit der Matrix $\mathbb{J}$.

Die Hamiltonschen Gleichungen kann man auch so schreiben:

$$\dot{z} = X_H(z) = \Omega^\sharp \, \mathbf{d}H(z). \tag{2.17}$$

Multipliziert man beide Seiten mit $\Omega^\flat$, so erhält man

$$\Omega^\flat X_H(z) = \mathbf{d}H(z). \tag{2.18}$$

Mit der symplektischen Form formuliert, lautet (2.18)

$$\Omega(X_H(z), v) = \mathbf{d}H(z) \cdot v \tag{2.19}$$

für alle $z, v \in Z$.

Probleme, wie z.B. die Dynamik starrer Körper, die Quantenmechanik als Hamiltonsches System und die Bewegung eines Teilchens in einem rotierenden Bezugssystem bedürfen einer Verallgemeinerung dieser Konzepte. Wir werden dies in späteren Kapiteln behandeln und uns zu gegebener Zeit sowohl mit symplektischen, als auch mit Poissonstrukturen befassen.

Übungen

Übung 2.1.1. Zeige unter Verwendung der Schreibweise $z = q + ip$, daß die Hamiltonschen Gleichungen zu

$$\dot{z} = -2i \frac{\partial H}{\partial \bar{z}}$$

äquivalent sind. Liefere als Teil der Antwort eine plausible Definition für die rechte Seite (oder ziehe ein Buch zur Funktionentheorie zu Rate).

Übung 2.1.2. Formuliere den harmonischen Oszillator $m\ddot{x} + kx = 0$ mithilfe der Euler-Lagrange-Gleichungen als ein Hamiltonsches System und schließlich in komplexer Form (2.10).

Übung 2.1.3. Wiederhole Übung 2.1.2 für den nichtlinearen Oszillator $m\ddot{x} + kx + \alpha x^3 = 0$.

2.2 Symplektische Formen auf Vektorräumen

Sei Z ein reeller, evtl. unendlichdimensionaler Banachraum und sei Ω : $Z \times Z \to \mathbb{R}$ eine stetige Bilinearform auf Z. Die Form Ω heißt **nichtausgeartet** (oder **schwach nichtausgeartet**), falls aus $\Omega(z_1, z_2) = 0$ für alle $z_2 \in Z$ folgt, daß $z_1 = 0$ ist. Wie in §2.1 ist die induzierte, stetige und lineare Abbildung $\Omega^\flat : Z \to Z^*$ durch

$$\Omega^\flat(z_1)(z_2) = \Omega(z_1, z_2) \qquad (2.20)$$

definiert.

Die Nichtausgeartetheit von Ω ist zur Injektivität von $\Omega^\flat$, d.h., zu der Bedingung „aus $\Omega^\flat(z) = 0$ folgt $z = 0$" äquivalent. Man nennt die Form Ω **stark nichtausgeartet**, falls $\Omega^\flat$ ein Isomorphismus, also sowohl surjektiv, als auch injektiv ist. Unter der Voraussetzung, daß Z ein Banachraum und $\Omega^\flat$ injektiv und surjektiv ist, besagt der Satz von der offenen Abbildung, daß ihre Inverse stetig ist. Bei den meisten in diesem Buch diskutierten unendlichdimensionalen Beispielen wird Ω nur (schwach) nichtausgeartet sein.

Eine lineare Abbildung zwischen endlichdimensionalen Räumen gleicher Dimension ist genau dann injektiv, wenn sie surjektiv ist. *Ist Z endlichdimensional, so sind schwach nichtausgeartet und stark nichtausgeartet gleichbedeutend.* Die Matrixelemente von Ω bzgl. einer Basis $\{e_I\}$ sind durch

$$\Omega_{IJ} = \Omega(e_I, e_J)$$

definiert. Wird die Basis des Dualraumes Z^* zu $\{e_I\}$ mit $\{e^J\}$ bezeichnet, ist also $\langle e^J, e_I \rangle = \delta_I^J$ und verwenden wir die Schreibweise $z = z^I e_I$ und $w = w^I e_I$, dann gilt

$$\Omega(z, w) = z^I \Omega_{IJ} w^J \quad \text{(Summation über } I \text{ und } J\text{)}.$$

Da die Matrix von $\Omega^\flat$ bzgl. der Basen $\{e_I\}$ und $\{e^J\}$ gleich der Transponierten der Matrix von Ω bzgl. $\{e_I\}$ ist, d.h., $(\Omega^\flat)_{JI} = \Omega_{IJ}$, ist Nichtausgeartetheit zu $\det[\Omega_{IJ}] \neq 0$ äquivalent. Ist insbesondere Ω schiefsymmetrisch und nichtausgeartet, so hat Z eine gerade Dimension, denn die Determinante einer schiefsymmetrischen Matrix mit ein ungeradzahligen Anzahl von Spalten (oder Reihen) ist Null.

Definition 2.2.1. *Eine **symplektische Form** Ω auf einem Vektorraum Z ist eine nichtausgeartete schiefsymmetrische Bilinearform auf Z. Das Paar (Z, Ω) wird **symplektischer Vektorraum** genannt. Ist Ω stark nichtausgeartet, wird (Z, Ω) **stark symplektischer Vektorraum** genannt.*

Beispiele

Wir entwickeln jetzt einige elementare Beispiele für symplektische Formen.

Beispiel 2.2.1 (Kanonische Formen). Sei W ein Vektorraum und gelte $Z = W \times W^*$. Definiere durch

$$\Omega((w_1, \alpha_1), (w_2, \alpha_2)) = \alpha_2(w_1) - \alpha_1(w_2) \qquad (2.21)$$

mit $w_1, w_2 \in W$ und $\alpha_1, \alpha_2 \in W^*$ die **kanonische symplektische Form** Ω auf Z.

Seien allgemeiner W und W' zwei zueinander duale Vektorräume, d.h., es gebe eine schwach nichtausgeartete Paarung $\langle\,,\rangle : W' \times W \to \mathbb{R}$, dann ist

$$\Omega((w_1, \alpha_1), (w_2, \alpha_2)) = \langle \alpha_2, w_1 \rangle - \langle \alpha_1, w_2 \rangle \qquad (2.22)$$

auf $W \times W'$ eine schwach symplektische Form.

Beispiel 2.2.2 (Der Funktionenraum). Sei $\mathcal{F}(\mathbb{R}^3)$ der Raum der glatten Funktionen $\varphi : \mathbb{R}^3 \to \mathbb{R}$ und $\mathrm{Den}_c(\mathbb{R}^3)$ der Raum der glatten Dichtefunktionen auf dem $\mathbb{R}^3$ mit kompaktem Träger. Wir schreiben eine Dichtefunktion $\pi \in \mathrm{Den}_c(\mathbb{R}^3)$ als eine Funktion $\pi' \in \mathcal{F}(\mathbb{R}^3)$ mit kompaktem Träger multipliziert mit dem Volumenelement d^3x auf dem $\mathbb{R}^3$ als $\pi = \pi'\, d^3x$. Die Räume $\mathcal{F}$ und Den_c sind über die Paarung $\langle \varphi, \pi \rangle = \int \varphi \pi'\, d^3x$ dual zueinander. Daher erhalten wir aus (2.22) die symplektische Form Ω auf dem Vektorraum $Z = \mathcal{F}(\mathbb{R}^3) \times \mathrm{Den}_c(\mathbb{R}^3)$:

$$\Omega((\varphi_1, \pi_1), (\varphi_2, \pi_2)) = \int_{\mathbb{R}^3} \varphi_1 \pi_2 - \int_{\mathbb{R}^3} \varphi_2 \pi_1. \qquad (2.23)$$

Wir wählen Dichten mit kompaktem Träger, so daß die Integrale in diesen Formeln konvergieren. In gleicher Weise kann man andere Räume benutzen.

Beispiel 2.2.3 (Die endlichdimensionale kanonische Form). Sei W ein n-dimensionaler Vektorraum. Sei $\{e_i\}$ eine Basis von W und $\{e^i\}$ die Dualbasis von W^*. Mit $Z = W \times W^*$ und der Definition von $\Omega : Z \times Z \to \mathbb{R}$ wie in (2.21) bestimmt man die Matrix von Ω zur Basis

$$\{(e_1, 0), \ldots, (e_n, 0), (0, e^1), \ldots, (0, e^n)\}$$

zu

$$\mathbb{J} = \begin{bmatrix} \mathbf{0} & \mathbf{1} \\ -\mathbf{1} & \mathbf{0} \end{bmatrix}, \qquad (2.24)$$

wobei $\mathbf{1}$ die $(n \times n)$-Einheitsmatrix und $\mathbf{0}$ die entsprechende Nullmatrix ist.

Beispiel 2.2.4 (Die zu einem Raum mit innerem Produkt assoziierte symplektische Form). Ist $(W, \langle\,,\rangle)$ ein reeller Raum mit einem inneren Produkt, so ist W zu sich dual. Also erhalten wir aus (2.22) eine symplektische Form auf $Z = W \times W$:

$$\Omega((w_1, w_2), (z_1, z_2)) = \langle z_2, w_1 \rangle - \langle z_1, w_2 \rangle. \qquad (2.25)$$

Sei als ein Spezialfall von (2.25) $W = \mathbb{R}^3$ mit dem gewöhnlichen inneren Produkt

$$\langle \mathbf{q}, \mathbf{v} \rangle = \mathbf{q} \cdot \mathbf{v} = \sum_{i=1}^{3} q^i v^i.$$

Dann ist die zugehörige symplektische Form auf dem $\mathbb{R}^6$ durch

$$\Omega((\mathbf{q}_1, \mathbf{v}_1), (\mathbf{q}_2, \mathbf{v}_2)) = \mathbf{v}_2 \cdot \mathbf{q}_1 - \mathbf{v}_1 \cdot \mathbf{q}_2 \qquad (2.26)$$

mit $\mathbf{q}_1, \mathbf{q}_2, \mathbf{v}_1, \mathbf{v}_2 \in \mathbb{R}^3$ gegeben. Vorausgesetzt, daß $\mathbb{R}^3$ mit $(\mathbb{R}^3)^*$ identifiziert wird, stimmt dies für $W = \mathbb{R}^3$ mit Ω, wie in Beispiel 2.2.3 definiert, überein.

Bringt man Ω mittels elementarer linearer Algebra in kanonische Form folgt daraus: *Ist (Z, Ω) ein p-dimensionaler symplektischer Vektorraum, so ist p geradzahlig. Ferner ist Z als Vektorraum isomorph zu einem der Standardbeispiele, nämlich $W \times W^*$, und es gibt eine Basis von W, in der $\mathbb{J}$ die Matrix von Ω ist. Solch eine Basis wird **kanonisch** genannt, wie auch die zugehörigen Koordinaten.* Siehe Übung 2.2.3.

Beispiel 2.2.5 (Symplektische Form auf dem $\mathbb{C}^n$). Schreibe die Elemente des komplexen n-dimensionalen Raumes $\mathbb{C}^n$ als n-Tupel komplexer Zahlen $z = (z_1, \ldots, z_n)$. Das hermitesche innere Produkt ist

$$\langle z, w \rangle = \sum_{j=1}^{n} z_j \overline{w}_j = \sum_{j=1}^{n} (x_j u_j + y_j v_j) + i \sum_{j=1}^{n} (u_j y_j - v_j x_j),$$

mit $z_j = x_j + i y_j$ und $w_j = u_j + i v_j$.

Beispiel 2.2.6 (Quantenmechanische symplektische Form). Wir besprechen jetzt die in der Quantenmechanik auftretenden, interessanten symplektischen Vektorräume, wozu wir weitere Erklärungen in Kap. 3 geben. Wir erinnern daran, daß ein **hermitesches inneres Produkt** $\langle , \rangle : \mathcal{H} \times \mathcal{H} \to \mathbb{C}$ auf einem komplexen Hilbertraum $\mathcal{H}$ im ersten Argument linear und im zweiten antilinear ist und daß mit $\psi_1, \psi_2 \in \mathcal{H}$ die Zahl $\langle \psi_1, \psi_2 \rangle$ zu $\langle \psi_2, \psi_1 \rangle$ komplex konjugiert ist.
Setze

$$\Omega(\psi_1, \psi_2) = -2\hbar \operatorname{Im} \langle \psi_1, \psi_2 \rangle,$$

mit dem Planckschen Wirkungsquantum $\hbar$. Man kann nachprüfen, daß Ω eine stark symplektische Form auf $\mathcal{H}$ ist.
Es gibt eine andere, durch das obige Beispiel 2.2.4 motivierte Auffassung der symplektischen Form. Sei $\mathcal{H}$ die Komplexifizierung eines reellen Hilbertraumes H, dann wird der komplexe Hilbertraum $\mathcal{H}$ mit $H \times H$ identifiziert und das hermitesche innere Produkt ist durch

$$\langle (u_1, u_2), (v_1, v_2) \rangle = \langle u_1, v_1 \rangle + \langle u_2, v_2 \rangle + i(\langle u_2, v_1 \rangle - \langle u_1, v_2 \rangle)$$

gegeben. Der Imaginärteil dieser Form stimmt mit dem von (2.25) überein.

Es gibt noch eine weitere Betrachtungsweise, die mit der Interpretation der Eigenschaft einer Wellenfunktion ψ und ihrer komplex konjugierten $\bar{\psi}$ als zueinander komplex konjugierte Variablen zu tun hat. Wir betrachten nämlich die Einbettung von $\mathcal{H}$ mittels $\psi \mapsto (i\psi, \psi)$ in $\mathcal{H} \times \mathcal{H}^*$. Dann läßt sich nachweisen, daß die Einschränkung des Produktes von $\hbar$ mit der kanonischen symplektischen Form (2.25) auf $\mathcal{H} \times \mathcal{H}^*$, nämlich

$$((\psi_1, \varphi_1), (\psi_2, \varphi_2)) \mapsto \hbar\,\mathrm{Re}[\langle \varphi_2, \psi_1 \rangle - \langle \varphi_1, \psi_2 \rangle],$$

mit Ω übereinstimmt.

Übungen

Übung 2.2.1. Zeige, daß die Formel der symplektischen Form für $\mathbb{R}^{2n}$ als Matrix

$$\mathbb{J} = \begin{bmatrix} 0 & 1 \\ -1 & 0 \end{bmatrix}$$

mit der Definition der symplektischen Form als kanonische Form auf dem $\mathbb{R}^{2n}$, aufgefaßt als Produkt $\mathbb{R}^n \times (\mathbb{R}^n)^*$, übereinstimmt.

Übung 2.2.2. Sei (Z, Ω) ein endlichdimensionaler Vektorraum und $V \subset Z$ ein linearer Unterraum. Nehme an, daß V symplektisch ist, d.h., die Einschränkung von Ω auf $V \times V$ nichtausgeartet ist. Es gelte

$$V^\Omega = \{\, z \in Z \mid \Omega(z, v) = 0 \text{ für alle } v \in V \,\}.$$

Zeige, daß V^Ω symplektisch ist und $Z = V \oplus V^\Omega$ gilt.

Übung 2.2.3. Finde folgendermaßen eine kanonische Basis für eine symplektische Form Ω auf Z. Sei $e_1 \in Z$, $e_1 \neq 0$. Bestimme $e_2 \in Z$ mit $\Omega(e_1, e_2) \neq 0$. Wähle e_2 so, daß $\Omega(e_1, e_2) = 1$ ist. Sei V der Spann von e_1 und e_2. Wende Übung 2.2.2 an und wiederhole diese Konstruktion auf V^Ω.

Übung 2.2.4. Sei (Z, Ω) ein endlichdimensionaler Vektorraum und $V \subset Z$ ein Unterraum. Definiere V^Ω wie in Übung 2.2.2. Zeige, daß Z/V^Ω und V^* zueinander isomorphe Vektorräume sind.

2.3 Kanonische Transformationen bzw. symplektische Abbildungen

Um die Definition von symplektischen Abbildungen (synonym zu kanonische Transformationen) zu motivieren, beginnen wir mit den Hamiltonschen Gleichungen

$$\dot{q}^i = \frac{\partial H}{\partial p_i}, \quad \dot{p}_i = -\frac{\partial H}{\partial q^i} \tag{2.27}$$

und einer Transformation $\varphi : Z \to Z$ vom Phasenraum auf sich selbst. Schreibe

$$(\tilde{q}, \tilde{p}) = \varphi(q, p),$$

d.h.

$$\tilde{z} = \varphi(z). \tag{2.28}$$

Wir setzen voraus, daß $z(t) = (q(t), p(t))$ die Hamiltonschen Gleichungen, also

$$\dot{z}(t) = X_H(z(t)) = \Omega^\sharp \, dH(z(t)) \tag{2.29}$$

erfüllt, wobei $\Omega^\sharp : Z^* \to Z$ die lineare Abbildung mit der Matrix $\mathbb{J}$ ist, deren Einträge wir mit B^{JK} bezeichnen. Nach der Kettenregel erfüllt $\tilde{z} = \varphi(z)$

$$\dot{\tilde{z}}^I = \frac{\partial \varphi^I}{\partial z^J} \dot{z}^J =: A^I{}_J \dot{z}^J \tag{2.30}$$

(mit Summation über J). Durch Einsetzen von (2.29) in (2.30) und unter Verwendung der Koordinatenschreibweise und Kettenregel erhalten wir

$$\dot{\tilde{z}}^I = A^I{}_J B^{JK} \frac{\partial H}{\partial z^K} = A^I{}_J B^{JK} A^L{}_K \frac{\partial H}{\partial \tilde{z}^L}. \tag{2.31}$$

Somit sind die Gleichungen (2.31) genau dann Hamiltonsch, wenn

$$A^I{}_J B^{JK} A^L{}_K = B^{IL} \tag{2.32}$$

gilt, in Matrixschreibweise

$$A \mathbb{J} A^T = \mathbb{J}. \tag{2.33}$$

Als Komposition linearer Abbildungen geschrieben lautet (2.32)

$$A \circ \Omega^\sharp \circ A^T = \Omega^\sharp, \tag{2.34}$$

da die Matrix von $\Omega^\sharp$ in kanonischen Koordinaten $\mathbb{J}$ entspricht (siehe §2.1). Eine Transformation, die (2.32) erfüllt, wird **kanonische Transformation, symplektische Transformation** oder **Poissontransformation** genannt.[3]

Bildet man die Determinanten von beiden Seiten von (2.33), zeigt man $\det A = \pm 1$ (wir werden in Kap. 9 sehen, daß $\det A = 1$ die einzige Möglichkeit ist) und insbesondere, daß A invertierbar ist. Invertiert man beide Seiten von (2.34), so erhält man

$$(A^T)^{-1} \circ \Omega^\flat \circ A^{-1} = \Omega^\flat,$$

---

[3] In Kapitel 10, wo sich Poissonstrukturen von symplektischen Strukturen unterscheiden können, werden wir sehen, daß sich (2.34) auf den Poissonkontext verallgemeinern läßtt.

d.h.

$$A^T \circ \Omega^\flat \circ A = \Omega^\flat, \qquad (2.35)$$

und dies entspricht in Matrixschreibweise

$$A^T \mathbb{J} A = \mathbb{J}, \qquad (2.36)$$

denn die Matrix von $\Omega^\flat$ lautet in kanonischen Koordinaten $\mathbb{J}$ (siehe §2.1). Beachte, daß (2.33) und (2.36) äquivalent sind (eine Gleichung ist die Inverse der anderen). Mit Bilinearformen formuliert lautet (2.35)

$$\Omega(\mathbf{D}\varphi(z) \cdot z_1, \mathbf{D}\varphi(z) \cdot z_2) = \Omega(z_1, z_2), \qquad (2.37)$$

wobei $\mathbf{D}\varphi$ die Ableitung von φ (im Endlichdimensionalen die Jacobimatrix) ist. Indem wir uns an (2.37) orientieren, geben wir jetzt die allgemeine Bedingung dafür, daß eine Abbildung symplektisch ist.

Definition 2.3.1. *Seien (Z, Ω) und (Y, Ξ) symplektische Vektorräume. Eine glatte Abbildung $f : Z \to Y$ wird* **symplektisch** *oder* **kanonisch** *genannt, wenn sie die symplektische Form erhält, d.h., wenn*

$$\Xi(\mathbf{D}f(z) \cdot z_1, \mathbf{D}f(z) \cdot z_2) = \Omega(z_1, z_2) \qquad (2.38)$$

für alle $z, z_1, z_2 \in Z$ gilt.

Als nächstes führen wir einige Notationen ein, die uns helfen werden, (2.38) in kompakter und effizienter Weise zu formulieren.

Pullbackschreibweise

Wir führen eine für diese Art von Transformationen praktische Notation ein.

$\varphi^* f$ **Pullback einer Funktion**: $\varphi^* f = f \circ \varphi$.

$\varphi_* g$ **Pushforward einer Funktion**: $\varphi_* g = g \circ \varphi^{-1}$.

$\varphi_* X$ **Pushforward eines Vektorfeldes** X durch φ:

$$(\varphi_* X)(\varphi(z)) = \mathbf{D}\varphi(z) \cdot X(z);$$

in Komponentenschreibweise

$$(\varphi_* X)^I = \frac{\partial \varphi^I}{\partial z^J} X^J.$$

$\varphi^* Y$ **Pullback eines Vektorfeldes** Y durch φ: $\varphi^* Y = (\varphi^{-1})_* Y$

$\varphi^* \Omega$ **Pullback einer Bilinearform** Ω auf Z ergibt eine vom Punkt $z \in Z$ abhängige Bilinearform $\varphi^* \Omega$:

$$(\varphi^* \Omega)_z(z_1, z_2) = \Omega(\mathbf{D}\varphi(z) \cdot z_1, \mathbf{D}\varphi(z) \cdot z_2);$$

in Komponentenschreibweise

$$(\varphi^*\Omega)_{IJ} = \frac{\partial\varphi^K}{\partial z^I}\frac{\partial\varphi^L}{\partial z^J}\Omega_{KL};$$

$\varphi_*\Xi$ **Pushforward einer Bilinearform** Ξ durch φ entspricht dem Pullback durch die Inverse: $\varphi_*\Xi = (\varphi^{-1})^*\Xi$.

Mit dieser Pullbackschreibweise wird (2.38) zu $(f^*\Xi)_z = \Omega_z$ oder in Kurzschreibweise $f^*\Xi = \Omega$.

Die symplektische Gruppe.   Falls (Z,Ω) ein endlichdimensionaler symplektischer Vektorraum ist, kann man leicht zeigen, daß die Menge aller linearen symplektischen Abbildungen $T : Z \to Z$ unter Komposition eine Gruppe bildet. Sie wird **symplektische Gruppe** genannt und mit $\mathrm{Sp}(Z,\Omega)$ bezeichnet. Wir haben gesehen, daß eine Matrix in einer kanonischen Basis genau dann symplektisch ist, wenn

$$A^T\mathbb{J}A = \mathbb{J} \tag{2.39}$$

ist, wobei A^T die Transponierte von A ist. Für $Z = W \times W^*$ und einer kanonischen Basis zeigt man (Übung 2.3.2), falls A die Matrix

$$A = \begin{bmatrix} A_{qq} & A_{qp} \\ A_{pq} & A_{pp} \end{bmatrix} \tag{2.40}$$

hat, daß (2.39) *zu jeder der beiden folgenden Bedingungen äquivalent ist:*

(1) $A_{qq}A_{qp}^T$ und $A_{pp}A_{pq}^T$ sind symmetrisch und $A_{qq}A_{pp}^T - A_{qp}A_{pq}^T = \mathbb{1}$,

(2) $A_{pq}^T A_{qq}$ und $A_{qp}^T A_{pp}$ sind symmetrisch und $A_{qq}^T A_{pp} - A_{pq}^T A_{pq} = \mathbb{1}$.

Im Unendlichdimensionalen ist $\mathrm{Sp}(Z,\Omega)$ laut Definition die Menge der Elemente von $\mathrm{GL}(Z)$ (die Gruppe der invertierbaren, beschränkten linearen Operatoren von Z nach Z), die Ω fest lassen.

Das symplektische orthogonale Komplemente.   Es sei (Z,Ω) ein (schwach) symplektischer Raum und E und F seien Unterräume von Z. Wir definieren das *symplektisch orthogonale Komplement* von E durch

$$E^\Omega = \{\, z \in Z \mid \Omega(z,e) = 0 \text{ für alle } e \in E \,\}.$$

Wir überlassen es dem Leser, nachzuprüfen, daß

(i) E^Ω abgeschlossen ist,

(ii) mit $E \subset F$ auch $F^\Omega \subset E^\Omega$ ist,

(iii) $E^\Omega \cap F^\Omega = (E + F)^\Omega$ gilt,

(iv) falls Z endlichdimensional ist, $\dim E + \dim E^{\Omega} = \dim Z$ gilt (um dies zu zeigen, verwende man die Gleichung $E^{\Omega} = \ker(i^* \circ \Omega^{\flat})$, wobei $i : E \to Z$ die Inklusion und $i^* : Z^* \to E^*$ ihre surjektive Dualabbildung $i^*(\alpha) = \alpha \circ i$ ist. Oder man verwende Übung 2.2.4),

(v) wenn Z endlichdimensional ist, $E^{\Omega\Omega} = E$ gilt (falls E abgeschlossen ist, gilt dies auch im Unendlichdimensionalen) und

(vi) falls E und F abgeschlossen sind, $(E \cap F)^{\Omega} = E^{\Omega} + F^{\Omega}$ ist (verwende zum Beweis (iii) und (v)).

Übungen

Übung 2.3.1. Zeige, daß die Transformation $\varphi : \mathbb{R}^{2n} \to \mathbb{R}^{2n}$ in dem Sinne symplektisch ist, daß ihre Ableitungsmatrix $A = \mathbf{D}\varphi(z)$ die Bedingung $A^T \mathbb{J} A = \mathbb{J}$ genau dann erfüllt, wenn für alle $z_1, z_2 \in \mathbb{R}^{2n}$ die Bedingung

$$\Omega(Az_1, Az_2) = \Omega(z_1, z_2)$$

erfüllt ist.

Übung 2.3.2. Sei $Z = W \times W^*$ und $A : Z \to Z$ eine lineare Transformation. Schreibe die Matrix von A unter Verwendung kanonischer Koordinaten als

$$A = \begin{bmatrix} A_{qq} & A_{qp} \\ A_{pq} & A_{pp} \end{bmatrix}.$$

Zeige, daß die Bedingung „A ist symplektisch" zu beiden folgenden Bedingungen äquivalent ist:

(i) $A_{qq}A_{qp}^T$ und $A_{pp}A_{pq}^T$ sind symmetrisch und $A_{qq}A_{pp}^T - A_{qp}A_{pq}^T = 1$,

(ii) $A_{pq}^T A_{qq}$ und $A_{qp}^T A_{pp}$ sind symmetrisch und $A_{qq}^T A_{pp} - A_{pq}^T A_{pq} = 1$.

Übung 2.3.3. Sei f eine gegebene Funktion von $\mathbf{q} = (q^1, q^2, \ldots, q^n)$. Definiere durch $\varphi(\mathbf{q}, \mathbf{p}) = (\mathbf{q}, \mathbf{p} + \mathbf{d}f(\mathbf{q}))$ die Abbildung $\varphi : \mathbb{R}^{2n} \to \mathbb{R}^{2n}$. Zeige, daß φ eine kanonische (symplektische) Transformation ist.

Übung 2.3.4.

(a) Sei $A \in \mathrm{GL}(n, \mathbb{R})$ eine invertierbare lineare Transformation. Zeige, daß die Abbildung $\varphi : \mathbb{R}^{2n} \to \mathbb{R}^{2n}$ mit $(\mathbf{q}, \mathbf{p}) \mapsto (A\mathbf{q}, (A^{-1})^T \mathbf{p})$ eine kanonische Transformation ist.

(b) Zeige unter der Voraussetzung, daß $\mathbf{R}$ eine Rotation im $\mathbb{R}^3$ ist, daß die Abbildung $(\mathbf{q}, \mathbf{p}) \mapsto (\mathbf{R}\mathbf{q}, \mathbf{R}\mathbf{p})$ eine kanonische Transformation ist.

Übung 2.3.5. Sei (Z, Ω) ein endlichdimensionaler symplektischer Vektorraum. Ein Unterraum $E \subset Z$ wird **isotrop**, **koisotrop** bzw. **Lagrangesch** genannt, falls $E \subset E^{\Omega}$, $E^{\Omega} \subset E$ bzw. $E = E^{\Omega}$ ist. Beachte, daß E genau dann Lagrangesch ist, wenn E sowohl isotrop, als auch koisotrop ist. Zeige:

(a) Ein isotroper (koisotroper) Unterraum E ist genau dann Lagrangesch, wenn $\dim E = \dim E^{\Omega}$ ist. In diesem Fall gilt notwendigerweise $2 \dim E = \dim Z$.

(b) Jeder isotrope (koisotrope) Unterraum ist in einem Lagrangeschen Unterraum enthalten, bzw. enthält einen solchen.

(c) Ein isotroper (koisotroper) Unterraum ist genau dann Lagrangesch, wenn er ein maximal isotroper (minimal koisotroper) Unterraum ist.

2.4 Die allgemeinen Hamiltonschen Gleichungen

Die konkrete Form der Hamiltonschen Gleichungen, der wir bereits begegnet sind, ist ein Spezialfall einer Konstruktion auf symplektischen Räumen. Hier diskutieren wir diese Formulierung für Systeme mit linearem Phasenraum. In späteren Abschnitten werden wir sie auf symplektischen Mannigfaltigkeiten als Phasenräume verallgemeinern und in Kap. 10 sogar auf Mannigfaltigkeiten, auf denen nur eine Poissonklammer gegeben ist. Alle diese Verallgemeinerungen werden wichtig für die Untersuchungen konkreter Beispiele sein.

Definition 2.4.1. *Sei (Z, Ω) ein symplektischer Vektorraum. Ein Vektorfeld $X : Z \to Z$ wird **Hamiltonsch** genannt, wenn für alle $z \in Z$ und eine stetig differenzierbare Funktion $H : Z \to \mathbb{R}$*

$$\Omega^{\flat}(X(z)) = \mathbf{d}H(z) \tag{2.41}$$

*gilt. Dabei ist $\mathbf{d}H(z) = \mathbf{D}H(z)$ eine alternative Schreibweise für die Ableitung von H. Existiert solch ein H, so schreiben wir $X = X_H$ und nennen H eine **Hamiltonfunktion** oder **Energiefunktion** für das Vektorfeld X.*

In einer Reihe wichtiger Beispiele, insbesondere unendlichdimensionaler, muß H nicht auf ganz Z definiert sein. In §3.3 werden wir kurz auf einige der verwendeten Techniken eingehen.

Ist Z endlichdimensional, dann folgt aus der Nichtausgeartetheit von Ω, daß $\Omega^{\flat} : Z \to Z^*$ ein Isomorphismus ist, womit garantiert ist, daß zu jeder gegebenen Funktion H ein Hamiltonsches Vektorfeld X_H existiert. Ist Z unendlichdimensional und Ω lediglich schwach nichtausgeartet, so können wir nicht voraussetzen, daß zu einem gegebenen H das Vektorfeld X_H existiert. Da $\Omega^{\flat}$ bijektiv ist, impliziert Existenz Eindeutigkeit.

Die Menge der Hamiltonschen Vektorfelder auf Z wird mit $\mathfrak{X}_{\mathrm{Ham}}(Z)$ oder einfach mit $\mathfrak{X}_{\mathrm{Ham}}$ bezeichnet. Somit ist $X_H \in \mathfrak{X}_{\mathrm{Ham}}$ das durch die Bedingung

$$\Omega(X_H(z), \delta z) = \mathbf{d}H(z) \cdot \delta z \quad \text{für alle } z, \delta z \in Z \tag{2.42}$$

bestimmte Vektorfeld.

Ist X ein Vektorfeld, so soll das *innere Produkt* $\mathbf{i}_X \Omega$ (auch mit $X \lrcorner \Omega$ bezeichnet) der an einem Punkt $z \in Z$ auf folgende Weise gegebene Dualvektor (auch 1-*Form* genannt) sein:

$$(\mathbf{i}_X \Omega)_z \in Z^*; \quad (\mathbf{i}_X \Omega)_z(v) := \Omega(X(z), v)$$

für alle $v \in Z$. Damit kann die Bedingung (2.41) oder (2.42) in folgender Weise geschrieben werden:

$$\mathbf{i}_X \Omega = \mathbf{d}H \quad \text{bzw.} \quad X \lrcorner \Omega = \mathbf{d}H. \tag{2.43}$$

Um H durch X_H und Ω auszudrücken, integrieren wir die Gleichung

$$\mathbf{d}H(tz) \cdot z = \Omega(X_H(tz), z)$$

von $t = 0$ bis $t = 1$. Nach dem Hauptsatz der Differential- und Integralrechnung ist

$$H(z) - H(0) = \int_0^1 \frac{dH(tz)}{dt} dt = \int_0^1 \mathbf{d}H(tz) \cdot z \, dt$$
$$= \int_0^1 \Omega(X_H(tz), z) \, dt. \tag{2.44}$$

Wir abstrahieren nun von den gemachten Untersuchungen, durch die wir zu (2.33) kamen.

Proposition 2.4.1. *Seien (Z, Ω) und (Y, Ξ) symplektische Vektorräume und $f : Z \to Y$ ein Diffeomorphismus, dann ist f genau dann eine symplektische Transformation, wenn für alle Hamiltonschen Vektorfelder X_H auf Y die Gleichung $f_* X_{H \circ f} = X_H$ gilt, d.h.,*

$$\mathbf{D}f(z) \cdot X_{H \circ f}(z) = X_H(f(z)). \tag{2.45}$$

Beweis. Für $v \in Z$ gilt

$$\Omega(X_{H \circ f}(z), v) = \mathbf{d}(H \circ f)(z) \cdot v = \mathbf{d}H(f(z)) \cdots \mathbf{D}f(z) \cdot v$$
$$= \Xi(X_H(f(z)), \mathbf{D}f(z) \cdot v). \tag{2.46}$$

Ist f symplektisch, so gilt

$$\Xi(\mathbf{D}f(z) \cdot X_{H \circ f}(z), \mathbf{D}f(z) \cdot v) = \Omega(X_{H \circ f}(z), v)$$

und somit gilt (2.45) wegen der Nichtausgeartetheit von Ξ und der Tatsache, daß $\mathbf{D}f(z) \cdot v$ ein beliebiges Element aus Y ist (weil f ein Diffeomorphismus und somit $\mathbf{D}f(z)$ ein Isomorphismus ist). Gilt andererseits (2.45), so folgt aus (2.46)

$$\Xi(\mathbf{D}f(z) \cdot X_{H \circ f}(z), \mathbf{D}f(z) \cdot v) = \Omega(X_{H \circ f}(z), v)$$

für jedes $v \in Z$ und jede C^1-Abbildung $H : Y \to \mathbb{R}$. $X_{H \circ f}(z)$ entspricht für eine geeignete Hamiltonfunktion H, nämlich $(H \circ f)(z) = \Omega(w, z)$, einem beliebigen Element $w \in Z$. Also ist f symplektisch. ∎

Definition 2.4.2. *Die **Hamiltonschen Gleichungen** für H werden durch das System der durch X_H definierten Differentialgleichungen gegeben. Zu einer Kurve $c : \mathbb{R} \to Z$ sind dies die Gleichungen*

$$\frac{dc(t)}{dt} = X_H(c(t)). \tag{2.47}$$

Die klassischen Hamiltonschen Gleichungen. Wir bringen die abstrakte Form (2.47) jetzt mit der klassischen Form der Hamiltonschen Gleichungen in Beziehung. Im folgenden soll ein n-Tupel $(q^1, \ldots, q^n)$ einfach durch (q^i) bezeichnet werden.

Proposition 2.4.2. *Sei (Z, Ω) ein $2n$-dimensionaler symplektischer Vektorraum und $(q^i, p_i) = (q^1, \ldots, q^n, p_1, \ldots, p_n)$ die kanonischen Koordinaten, bzgl. derer Ω die Matrix $\mathbb{J}$ hat. In diesen Koordinaten ist dann $X_H : Z \to Z$ durch*

$$X_H = \left(\frac{\partial H}{\partial p_i}, -\frac{\partial H}{\partial q^i} \right) = \mathbb{J} \cdot \nabla H \tag{2.48}$$

gegeben. Also lauten die Hamiltonschen Gleichungen in kanonischen Koordinaten

$$\frac{dq^i}{dt} = \frac{\partial H}{\partial p_i}, \quad \frac{dp_i}{dt} = -\frac{\partial H}{\partial q^i}. \tag{2.49}$$

Allgemeiner gilt: Ist $Z = V \times V'$, $\langle \cdot, \cdot \rangle : V \times V' \to \mathbb{R}$ eine schwach nichtausgeartete Paarung und $\Omega((e_1, \alpha_1), (e_2, \alpha_2)) = \langle \alpha_2, e_1 \rangle - \langle \alpha_1, e_2 \rangle$, so gilt

$$X_H(e, \alpha) = \left(\frac{\delta H}{\delta \alpha}, -\frac{\delta H}{\delta e} \right), \tag{2.50}$$

wobei $\delta H/\delta \alpha \in V$ und $\delta H/\delta e \in V'$ die für $\beta \in V'$ durch

$$\mathbf{D}_2 H(e, \alpha) \cdot \beta = \left\langle \beta, \frac{\delta H}{\delta \alpha} \right\rangle \tag{2.51}$$

*und entsprechend für $\delta H/\delta e$ definierten **partiellen Funktionalableitungen** sind. Dabei ist vorausgesetzt, daß die Funktionalableitungen in (2.50) existieren.*

Beweis. Ist $(f, \beta) \in V \times V'$, dann gilt

$$\begin{aligned}
\Omega\left(\left(\frac{\delta H}{\delta \alpha}, -\frac{\delta H}{\delta e} \right), (f, \beta) \right) &= \left\langle \beta, \frac{\delta H}{\delta \alpha} \right\rangle + \left\langle \frac{\delta H}{\delta e}, f \right\rangle \\
&= \mathbf{D}_2 H(e, \alpha) \cdot \beta + \mathbf{D}_1 H(e, \alpha) \cdot f \\
&= \langle \mathbf{d}H(e, \alpha), (f, \beta) \rangle.
\end{aligned}$$

Proposition 2.4.3 (Energieerhaltung). *Sei $c(t)$ eine Integralkurve von X_H, dann ist $H(c(t))$ bzgl. t konstant. Wird der Fluß von X_H durch φ_t bezeichnet, ist also $\varphi_t(z)$ die Lösung von (2.47) mit den Anfangsbedingungen $z \in Z$, so ist $H \circ \varphi_t = H$.*

Beweis. Mit der Kettenregel gilt

$$\frac{d}{dt}H(c(t)) = \mathbf{d}H(c(t)) \cdot \frac{d}{dt}c(t) = \Omega\left(X_H(c(t)), \frac{d}{dt}c(t)\right)$$
$$= \Omega\left(X_H(c(t)), X_H(c(t))\right) = 0,$$

wobei die letzte Gleichung aus der Schiefsymmetrie von Ω folgt.   ∎

Übungen

Übung 2.4.1. Die schiefsymmetrische Bilinearform Ω auf dem $\mathbb{R}^{2n}$ besitze die Matrix

$$\begin{bmatrix} \mathbf{B} & \mathbf{1} \\ -\mathbf{1} & \mathbf{0} \end{bmatrix},$$

wobei $\mathbf{B} = [B_{ij}]$ eine schiefsymmetrische $n \times n$ Matrix und $\mathbf{1}$ die Einheitsmatrix ist.

(a) Zeige, daß Ω nichtausgeartet und somit eine symplektische Form auf dem $\mathbb{R}^{2n}$ ist.

(b) Zeige, daß die Hamiltonschen Gleichungen bzgl. Ω in den Standardkoordinaten

$$\frac{dq^i}{dt} = \frac{\partial H}{\partial p_i}, \quad \frac{dp_i}{dt} = -\frac{\partial H}{\partial q^i} - B_{ij}\frac{\partial H}{\partial p_j}$$

lauten.

2.5 Wann sind Gleichungen Hamiltonsch?

Nachdem wir gesehen haben, wie man zu gegebenem H die Hamiltonschen Gleichungen auf (Z, Ω) herleiten kann, ist es naheliegend, die umgekehrte Betrachtung durchzuführen: Wann ist ein gegebener Satz von Gleichungen

$$\frac{dz}{dt} = X(z), \tag{2.52}$$

wobei $X : Z \to Z$ ein gegebenes Vektorfeld ist, für ein geegnetes H Hamiltonsch? Ist X linear, so wird diese Frage durch folgende Proposition beantwortet.

Proposition 2.5.1. *Das Vektorfeld $A : Z \to Z$ sei linear. Dann ist A genau dann Hamiltonsch, wenn A schiefsymmetrisch bzgl. Ω ist, d.h. wenn*

$$\Omega(Az_1, z_2) = -\Omega(z_1, Az_2)$$

für alle $z_1, z_2 \in Z$ gilt. Zudem können wir $H(z) = \frac{1}{2}\Omega(Az, z)$ verwenden.

Beweis. Differenzieren wir die das Vektorfeld definierende Beziehung

$$\Omega(X_H(z), v) = \mathbf{d}H(z) \cdot v \qquad (2.53)$$

nach z in Richtung von u und verwenden die Bilinearität von Ω, so erhalten wir

$$\Omega(\mathbf{D}X_H(z) \cdot u, v) = \mathbf{D}^2 H(z)(v, u). \qquad (2.54)$$

Hieraus und wegen der Symmetrien der zweiten partiellen Ableitungen folgt

$$\Omega(\mathbf{D}X_H(z) \cdot u, v) = \mathbf{D}^2 H(z)(u, v) = \Omega(\mathbf{D}X_H(z) \cdot v, u)$$
$$= -\Omega(u, \mathbf{D}X_H(z) \cdot v). \qquad (2.55)$$

Gilt $A = X_H$ für ein H, so ist $\mathbf{D}X_H(z) = A$ und (2.55) wird zu $\Omega(Au, v) = -\Omega(u, Av)$. Folglich ist A schiefsymmetrisch bzgl. Ω.

Sei umgekehrt A schiefsymmetrisch bzgl. Ω. Wir setzen $H(z) = \frac{1}{2}\Omega(Az, z)$ und erwarten, daß dann $A = X_H$ gilt.

$$\mathbf{d}H(z) \cdot u = \frac{1}{2}\Omega(Au, z) + \frac{1}{2}\Omega(Az, u)$$

$$= -\frac{1}{2}\Omega(u, Az) + \frac{1}{2}\Omega(Az, u)$$

$$= \frac{1}{2}\Omega(Az, u) + \frac{1}{2}\Omega(Az, u) = \Omega(Az, u).$$

∎

In kanonischen Koordinaten, in denen Ω die Matrix $\mathbb{J}$ hat, ist die Ω-Schiefsymmetrie von A äquivalent zur Symmetrie der Matrix $\mathbb{J}A$, d.h., $\mathbb{J}A + A^T\mathbb{J} = 0$. Der Vektorraum aller linearen Transformationen von Z, die diese Bedingung erfüllen, wird mit $\mathfrak{sp}(Z, \Omega)$ bezeichnet und seine Elemente nennt man die **infinitesimalen symplektischen Transformationen.** In kanonischen Koordinaten ist nachzuweisen, falls $Z = W \times W^*$ ist und A die Matrix

$$A = \begin{bmatrix} A_{qq} & A_{qp} \\ A_{pq} & A_{pp} \end{bmatrix} \qquad (2.56)$$

hat, daß A *genau dann infinitesimal symplektisch ist, wenn A_{qp} und A_{pq} symmetrisch sind und $A_{qq}^T + A_{pp} = 0$ ist* (siehe Übung 2.5.1).

Im komplexen linearen Fall verwenden wir das Beispiel 2.2.6 aus §2.2 ($2\hbar$ multipliziert mit dem negativen Imaginärteil eines hermiteschen inneren Produktes $\langle , \rangle$ als symplektische Form), um folgendes zu erhalten:

Korollar 2.5.1. *Sei $\mathcal{H}$ ein komplexer Hilbertraum mit dem hermiteschen inneren Produkt $\langle,\rangle$ und sei $\Omega(\psi_1,\psi_2) = -2\hbar\,\mathrm{Im}\,\langle\psi_1,\psi_2\rangle$. Sei $A : \mathcal{H} \to \mathcal{H}$ ein komplexer linearer Operator, dann existiert ein $H : \mathcal{H} \to \mathbb{R}$, so daß genau dann $A = X_H$ gilt, wenn iA symmetrisch ist bzw. die Gleichung*

$$\langle iA\psi_1, \psi_2\rangle = \langle \psi_1, iA\psi_2\rangle \tag{2.57}$$

erfüllt. In diesem Fall können wir H als $H(\psi) = \hbar\,\langle iA\psi, \psi\rangle$ wählen. Wir setzen $H_{\mathrm{op}} = i\hbar A$, so daß die Hamiltonsche Gleichung $\dot\psi = A\psi$ in die **Schrödingergleichung**[4]

$$i\hbar\frac{\partial\psi}{\partial t} = H_{\mathrm{op}}\psi \tag{2.58}$$

übergeht.

Beweis. Der Operator A ist genau dann schiefsymmtrisch bzgl. Ω, wenn die Bedingung

$$\mathrm{Im}\,\langle A\psi_1, \psi_2\rangle = -\mathrm{Im}\,\langle\psi_1, A\psi_2\rangle$$

für alle $\psi_1, \psi_2 \in \mathcal{H}$ erfüllt ist. Ersetzen wir ψ_1 durch $i\psi_1$ und verwenden die Beziehung $\mathrm{Im}(iz) = \mathrm{Re}(z)$, so ist diese Bedingung zu $\mathrm{Re}\,\langle A\psi_1, \psi_2\rangle = -\mathrm{Re}\,\langle\psi_1, A\psi_2\rangle$ äquivalent. Da

$$\langle iA\psi_1, \psi_2\rangle = -\mathrm{Im}\,\langle A\psi_1, \psi_2\rangle + i\,\mathrm{Re}\,\langle A\psi_1, \psi_2\rangle \tag{2.59}$$

und

$$\langle \psi_1, iA\psi_2\rangle = +\mathrm{Im}\,\langle\psi_1, A\psi_2\rangle - i\,\mathrm{Re}\,\langle\psi_1, A\psi_2\rangle \tag{2.60}$$

ist, erkennen wir die Äquivalenz von Ω-Schiefsymmetrie von A mit der Bedingung, daß iA symmetrisch ist. Schließlich gilt

$$\hbar\,\langle iA\psi, \psi\rangle = \hbar\,\mathrm{Re}\,i\,\langle A\psi, \psi\rangle = -\hbar\,\mathrm{Im}\,\langle A\psi, \psi\rangle = \frac{1}{2}\Omega(A\psi, \psi),$$

und das Korollar folgt aus Propsition 2.5.1. ∎

Für nichtlineare Differentialgleichungen ist das Analogon zur Proposition 2.5.1 die folgende

Proposition 2.5.2. *Sei $X : Z \to Z$ ein (glattes) Vektorfeld auf einem symplektischen Vektorraum (Z, Ω). Es existiert genau dann ein $H : Z \to \mathbb{R}$ mit $X = X_H$, wenn $\mathbf{D}X(z)$ für alle Vektorraumelemente Ω-schiefsymmetrisch ist.*

---

[4] Genau genommen wird die Gültigkeit der Gleichung (2.57) nur für den Definitionsbereich des Operators A verlangt, der nicht ganz $\mathcal{H}$ sein muß. Der Einfachheit halber vernachlässigen wir dies. Dieses Beispiel wird in §2.6 und in §3.2 fortgeführt.

Beweis. Den „genau dann"-Teil des Beweises sahen wir im Beweis von Proposition 2.5.1. Ist umgekehrt $\mathbf{D}X(z)$ Ω-schiefsymmetrisch, so definieren wir[5]

$$H(z) = \int_0^1 \Omega(X(tz), z)\, dt + \text{Konstante} \tag{2.61}$$

und behaupten $X = X_H$. Es gilt nämlich

$$\begin{aligned}
\mathbf{d}H(z) \cdot v &= \int_0^1 [\Omega(\mathbf{D}X(tz) \cdot tv, z) + \Omega(X(tz), v)]\, dt \\
&= \int_0^1 [\Omega(t\mathbf{D}X(tz) \cdot z, v) + \Omega(X(tz), v)]\, dt \\
&= \Omega\left(\int_0^1 [t\mathbf{D}X(tz) \cdot z + X(tz)]\, dt, v\right) \\
&= \Omega\left(\int_0^1 \frac{d}{dt}[tX(tz)]\, dt, v\right) = \Omega(X(z), v).
\end{aligned}$$

∎

Eine interessante Charakterisierung der Hamiltonschen Vektorfelder verwendet die Cayleytransformation. Sei (Z, Ω) ein symplektischer Vektorraum und $A : Z \to Z$ eine lineare Transformation, für die $I - A$ invertierbar ist. Dann ist A *genau dann Hamiltonsch, wenn die zugehörige **Cayleytransformierte** $C = (I + A)(I - A)^{-1}$ symplektisch ist.* Vergleiche Übung 2.5.2. Anwendungen findet man in Laub und Meyer [1974], Paneitz [1981], Feng [1986] und Austin und Krishnaprasad [1993]. Die Cayleytransformation ist für einige Hamiltonsche numerische Algorithmen nützlich, wie man in dem letzten Literaturhinweis und bei Marsden [1992] sehen kann.

Übungen

Übung 2.5.1. Sei $Z = W \times W^*$ und verwende eine kanonische Basis, um die Matrix der linearen Abbildung $A : Z \to Z$ in der Form

$$A = \begin{bmatrix} A_{qq} & A_{qp} \\ A_{pq} & A_{pp} \end{bmatrix}$$

zu schreiben. Zeige, daß A genau dann infinitesimal symplektisch ist, also $\mathbb{J}A + A^T\mathbb{J} = \mathbf{0}$ gilt, wenn A_{qp} und A_{pq} symmetrisch sind und $A_{qq}^T + A_{pp} = \mathbf{0}$ ist.

---

[5] Man kann in Voraussicht auf die Differentialformen aus Kap. 4 zeigen, daß (2.61) für H durch den Beweis des Lemmas von Poincaré angewandt auf die 1-Form $\mathbf{i}_X\Omega$ reproduziert wird. Ω-Schiefsymmetrie von $\mathbf{D}X(z)$ ist äquivalent zu $\mathbf{d}(\mathbf{i}_X\Omega) = 0$.

Übung 2.5.2. Sei (Z, Ω) ein symplektischer Vektorraum. Sei $A : Z \to Z$ eine lineare Abbildung, für die $(I - A)$ invertierbar ist. Zeige, daß A genau dann Hamiltonsch ist, wenn die zugehörige Cayleytransformierte

$$(I + A)(I - A)^{-1}$$

symplektisch ist. Gebe ein Beispiel eines linearen Hamiltonschen Vektorfeldes an, für das $(I - A)$ nicht invertierbar ist.

Übung 2.5.3. Sei (Z, Ω) ein endlichdimensionaler symplektischer Vektorraum und $\varphi : Z \to Z$ eine lineare symplektische Abbildung mit $\det \varphi = 1$ (wie im Text erwähnt und später gezeigt wird, ist diese Annahme eigentlich überflüssig). Beweise, daß unter der Annahme, daß λ ein Eigenwert der Vielfachheit k ist, auch $1/\lambda$ ein Eigenwert der Vielfachheit k ist. Beweise dies mit dem charakteristischen Polynom von φ.

Übung 2.5.4. Betrachte einen endlichdimensionalen symplektischen Vektorraum (Z, Ω), und sei $A : Z \to Z$ ein Hamiltonsches Vektorfeld.

(a) Zeige, daß der als die Menge

$$\{ z \in Z \mid A^k z = 0 \text{ für eine natürliche Zahl } k \geq 1 \}$$

definierte *verallgemeinerte Kern* von A ein symplektischer Unterraum ist.

(b) Im allgemeinen ist der eigentliche Kern $\ker A$ kein symplektischer Unterraum von (Z, Ω). Gebe ein Gegenbeispiel an.

2.6 Hamiltonsche Flüsse

In diesem Unterabschnitt werden die Flüsse Hamiltonscher Vektorfelder noch ein wenig diskutiert. Im nächsten Unterabschnitt wird die abstrakte Definition der Poissonklammer und ihr Zusammenhang mit den klassischen Definitionen gegeben, und es wird gezeigt, wie sie zur Beschreibung der Dynamik verwandt werden kann. Später werden Poissonklammern eine zunehmend wichtigere Rolle spielen.

Sei X_H ein Hamiltonsches Vektorfeld auf einem symplektischen Vektorraum (Z, Ω) mit der Hamiltonfunktion $H : Z \to \mathbb{R}$. Der *Fluß* von X_H ist die Schar der Abbildungen $\varphi_t : Z \to Z$, die

$$\frac{d}{dt}\varphi_t(z) = X_H(\varphi_t(z)) \tag{2.62}$$

für jedes $z \in Z$ und reelles t und $\varphi_0(z) = z$ erfüllen. Hier und im folgenden sollen alle Aussagen bzgl. der Abbildung $\varphi_t : Z \to Z$ nur für solche z und t gelten, für die $\varphi_t(z)$ gemäß der Theorie der Differentialgleichungen definiert ist.

Lineare Flüsse. Betrachten wir zuerst den Fall eines (beschränkten) *linearen* Vektorfeldes A. Der Fluß von A kann dann als $\varphi_t = e^{tA}$ geschrieben werden, die Lösung von $dz/dt = Az$ mit der Anfangsbedingung z_0 ist also durch $z(t) = \varphi_t(z_0) = e^{tA}z_0$ gegeben.

Proposition 2.6.1. *Der Fluß φ_t eines linearen Vektorfeldes $A : Z \to Z$ besteht genau dann aus (linearen) kanonischen Transformationen, wenn A Hamiltonsch ist.*

Beweis. Für alle $u, v \in Z$ gilt

$$\frac{d}{dt}(\varphi_t^* \Omega)(u,v) = \frac{d}{dt}\Omega(\varphi_t(u), \varphi_t(v))$$

$$= \Omega\left(\frac{d}{dt}\varphi_t(u), \varphi_t(v)\right) + \Omega\left(\varphi_t(u), \frac{d}{dt}\varphi_t(v)\right)$$

$$= \Omega(A\varphi_t(u), \varphi_t(v)) + \Omega(\varphi_t(u), A\varphi_t(v)).$$

Also ist A genau dann Ω-schiefsymmetrisch und somit Hamiltonsch, wenn jedes φ_t eine lineare kanonische Transformation ist. ∎

Nichtlineare Flüsse. Für nichtlineare Flüsse gibt es ein entsprechendes Resultat.

Proposition 2.6.2. *Der Fluß φ_t eines (nichtlinearen) Hamiltonschen Vektorfeldes X_H besteht aus kanonischen Transformationen. Besteht umgekehrt der Fluß eines Vektorfeldes X aus kanonischen Transformationen, so ist es Hamiltonsch.*

Beweis. Sei φ_t der Fluß eines Vektorfeldes X. Mit (2.62) und der Kettenregel folgt die sogenannte *Gleichung der ersten Variation*

$$\frac{d}{dt}[\mathbf{D}\varphi_t(z) \cdot v] = \mathbf{D}\left[\frac{d}{dt}\varphi_t(z)\right] \cdot v = \mathbf{D}X(\varphi_t(z)) \cdot (\mathbf{D}\varphi_t(z) \cdot v).$$

Mit dieser Gleichung erhalten wir

$$\frac{d}{dt}\Omega(\mathbf{D}\varphi_t(z) \cdot u, \mathbf{D}\varphi_t(z) \cdot v) = \Omega(\mathbf{D}X(\varphi_t(z)) \cdot [\mathbf{D}\varphi_t(z) \cdot u], \mathbf{D}\varphi_t(z) \cdot v)$$

$$+ \Omega(\mathbf{D}\varphi_t(z) \cdot u, \mathbf{D}X(\varphi_t(z)) \cdot [\mathbf{D}\varphi_t(z) \cdot v]).$$

Ist $X = X_H$, so ist $\mathbf{D}X_H(\varphi_t(z))$ nach Proposition 2.5.2 Ω-schiefsymmetrisch und

$$\Omega(\mathbf{D}\varphi_t(z) \cdot u, \mathbf{D}\varphi_t(z) \cdot v)$$

konstant. Für $t = 0$ entspricht dieser Ausdruck $\Omega(u,v)$, also ist $\varphi_t^* \Omega = \Omega$. Ist andererseits φ_t kanonisch, folgt aus dieser Rechnung, daß $\mathbf{D}X(\varphi_t(z))$ Ω-schiefsymmetrisch ist, womit nach Proposition 2.5.2 ein H existiert, für das die Gleichung $X = X_H$ gilt. ∎

Später werden wir einen weiteren Beweis für Proposition 2.6.2 angeben, der Differentialformen verwendet.

Beispiel: Die Schrödingergleichung

Sei $\mathcal{H}$ ein komplexer Hilbertraum. Eine komplexe lineare Abbildung $U : \mathcal{H} \to \mathcal{H}$ wird **unitäre** genannt, wenn sie das hermitesche innere Produkt erhält.

Proposition 2.6.3. *Sei $A : \mathcal{H} \to \mathcal{H}$ eine komplexe lineare Abbildung auf einem komplexen Hilbertraum $\mathcal{H}$. Der Fluß φ_t von A ist genau dann kanonisch, also besteht aus kanonischen Transformationen bzgl. der in Beispiel (2.2.6) aus §2.2 definierten symplektischen Form Ω, wenn φ_t unitär ist.*

Beweis. Laut Definition ist

$$\Omega(\psi_1, \psi_2) = -2\hbar \operatorname{Im} \langle \psi_1, \psi_2 \rangle$$

also

$$\Omega(\varphi_t \psi_1, \varphi_t \psi_2) = -2\hbar \operatorname{Im} \langle \varphi_t \psi_1, \varphi_t \psi_2 \rangle$$

für $\psi_1, \psi_2 \in \mathcal{H}$. Somit ist φ_t genau dann kanonisch, wenn $\operatorname{Im} \langle \varphi_t \psi_1, \varphi_t \psi_2 \rangle = \operatorname{Im} \langle \psi_1, \psi_2 \rangle$ gilt. Mit $\langle \psi_1, \psi_2 \rangle = -\operatorname{Im} \langle i\psi_1, \psi_2 \rangle + i \operatorname{Im} \langle \psi_1, \psi_2 \rangle$ ist dies wiederum wegen der komplexen Linearität von φ_t äquivalent zur Unitarität. ∎

Dies zeigt, daß der Fluß der **Schrödingergleichung** $\dot\psi = A\psi$ kanonisch und unitär ist und somit die Wahrscheinlichkeitsamplitude jeder Wellenfunktion erhält, die eine Lösung ist. Es gilt also

$$\langle \varphi_t \psi, \varphi_t \psi \rangle = \langle \psi, \psi \rangle,$$

wobei φ_t der Fluß von A ist. Wir werden später auch sehen wie diese Normerhaltung aus einem durch Symmetrie begründeten Erhaltungsgesetz resultiert.

2.7 Poissonklammern

Definition 2.7.1. *Es seien ein symplektischer Vektorraum (Z, Ω) und zwei Funktionen $F, G : Z \to \mathbb{R}$ gegeben. Die **Poissonklammer** $\{F, G\} : Z \to \mathbb{R}$ von F und G ist dann durch*

$$\{F, G\}(z) = \Omega(X_F(z), X_G(z)) \tag{2.63}$$

definiert.

Mit der Definition eines Hamiltonschen Vektorfeldes erhalten wir die äquivalenten Ausdrücke

$$\{F, G\}(z) = \mathbf{d}F(z) \cdot X_G(z) = -\mathbf{d}G(z) \cdot X_F(z). \tag{2.64}$$

Für die Ableitung von F in Richtung von X_G schreiben wir in (2.64) $\pounds_{X_G} F = \mathbf{d}F \cdot X_G$.

Die Schreibweise mithilfe der Lieableitung. Die *Lieableitung* $\mathcal{L}_X f$ $= \mathbf{d}f \cdot X$ von f entlang X ist die *Richtungsableitung* von f in Richtung von X, in Koordinaten ist sie durch

$$\mathcal{L}_X f = \frac{\partial f}{\partial z^I} X^I \quad \text{(Summation über } I\text{)}$$

gegeben.

Funktionen F, G mit $\{F, G\} = 0$ stehen in *Involution* oder *Poisson-kommutieren*.

Beispiele

Wir kommen nun zu einigen Beispielen für Poissonklammern.

Beispiel 2.7.1 (Kanonische Klammer). Sei Z $2n$-dimensional. Dann gilt in kanonischen Koordinaten $(q^1, \dots, q^n, p_1, \dots, p_n)$

$$\{F, G\} = \left[\frac{\partial F}{\partial p_i}, -\frac{\partial F}{\partial q^i} \right] \mathbb{J} \begin{bmatrix} \dfrac{\partial G}{\partial p_i} \\ -\dfrac{\partial G}{\partial q^i} \end{bmatrix}$$

$$= \frac{\partial F}{\partial q^i} \frac{\partial G}{\partial p_i} - \frac{\partial F}{\partial p_i} \frac{\partial G}{\partial q^i} \quad \text{(Summation über } i\text{)}. \tag{2.65}$$

Daraus ergeben sich die *kanonischen Vertauschungsrelationen*

$$\{q^i, q^j\} = 0, \quad \{p_i, p_j\} = 0 \quad \text{und} \quad \{q^i, p_j\} = \delta^i_j. \tag{2.66}$$

Mit der Poissonstruktur, also der Bilinearform B aus §2.1, bekommt die Poissonklammer die Gestalt

$$\{F, G\} = B(\mathbf{d}F, \mathbf{d}G). \tag{2.67}$$

Beispiel 2.7.2 (Der Funktionenraum). Sei (Z, Ω) wie in Beispiel 2.2.2 aus §2.2 definiert. Die Funktionen $F, G : Z \to \mathbb{R}$ seien gegeben. Mit Gleichung (2.50) und obiger Gleichung (2.63) erhalten wir

$$\{F, G\} = \Omega(X_F, X_G) = \Omega\left(\left(\frac{\delta F}{\delta \pi}, -\frac{\delta F}{\delta \varphi} \right), \left(\frac{\delta G}{\delta \pi}, -\frac{\delta G}{\delta \varphi} \right) \right)$$

$$= \int_{\mathbb{R}^3} \left(\frac{\delta G}{\delta \pi} \frac{\delta F}{\delta \varphi} - \frac{\delta F}{\delta \pi} \frac{\delta G}{\delta \varphi} \right) d^3 x. \tag{2.68}$$

Dieses Beispiel wird im nächsten Kapitel gebraucht werden, wenn wir die klassische Feldtheorie behandeln.

Die Jacobi-Lieklammer. Die *Jacobi-Lieklammer* $[X, Y]$ zweier Vektorfelder X und Y auf einem Vektorraum Z ist durch die Forderung, daß

$$\mathbf{d}f \cdot [X, Y] = \mathbf{d}(\mathbf{d}f \cdot Y) \cdot X - \mathbf{d}(\mathbf{d}f \cdot X) \cdot Y$$

für alle reellwertigen Funktionen f gelten soll, definiert. Mit der Lieableitung formuliert lautet dies

$$\mathcal{L}_{[X,Y]}f = \mathcal{L}_X\mathcal{L}_Y f - \mathcal{L}_Y\mathcal{L}_X f.$$

Es läßt sich zeigen, daß diese Bedingung in der Sprache der Vektoranalysis

$$[X, Y] = (X \cdot \nabla)Y - (Y \cdot \nabla)X$$

und in Koordinatenschreibweise

$$[X, Y]^J = X^I \frac{\partial}{\partial z^I} Y^J - Y^I \frac{\partial}{\partial z^I} X^J$$

lautet.

Proposition 2.7.1. *Es bezeichne* $[\,,]$ *die Jacobi-Lieklammer für Vektorfelder und seien* $F, G \in \mathcal{F}(Z)$. *Dann gilt*

$$X_{\{F,G\}} = -[X_F, X_G]. \tag{2.69}$$

Beweis. Wir berechnen wie folgt

$$
\begin{aligned}
\Omega(X_{\{F,G\}}(z), u) &= \mathbf{d}\{F, G\}(z) \cdot u = \mathbf{d}(\Omega(X_F(z), X_G(z))) \cdot u \\
&= \Omega(\mathbf{D}X_F(z) \cdot u, X_G(z)) + \Omega(X_F(z), \mathbf{D}X_G(z) \cdot u) \\
&= \Omega(\mathbf{D}X_F(z) \cdot X_G(z), u) - \Omega(\mathbf{D}X_G(z) \cdot X_F(z), u) \\
&= \Omega(\mathbf{D}X_F(z) \cdot X_G(z) - \mathbf{D}X_G(z) \cdot X_F(z), u) \\
&= \Omega(-[X_F, X_G](z), u).
\end{aligned}
$$

Da Ω schwach nichtausgeartet ist, folgt die Behauptung.   ■

Die Jacobiidentität. Wir sind nun in der Lage, die Jacobiidentität in einem ziemlich allgemeinen Kontext zu beweisen.

Proposition 2.7.2. *Sei* (Z, Ω) *ein symplektischer Vektorraum. Dann wird* $\mathcal{F}(Z)$ *mit der Poissonklammer* $\{\,,\} : \mathcal{F}(Z) \times \mathcal{F}(Z) \to \mathcal{F}(Z)$ *zu einer **Liealgebra**. Das heißt, daß diese reell bilinear und schiefsymmetrisch ist und die Jacobiidentität*

$$\{F, \{G, H\}\} + \{G, \{H, F\}\} + \{H, \{F, G\}\} = 0$$

erfüllt.

Beweis. Beachte für den Beweis der Jacobiidentität, daß für die Funktionen $F, G, H : Z \to \mathbb{R}$

$$\{F, \{G, H\}\} = -\pounds_{X_F}\{G, H\} = \pounds_{X_F}\pounds_{X_G}H,$$
$$\{G, \{H, F\}\} = -\pounds_{X_G}\{H, F\} = -\pounds_{X_G}\pounds_{X_F}H$$

und

$$\{H, \{F, G\}\} = \pounds_{X_{\{F,G\}}}H$$

gilt, also ist

$$\{F, \{G, H\}\} + \{G, \{H, F\}\} + \{H, \{F, G\}\} = \pounds_{X_{\{F,G\}}}H + \pounds_{[X_F, X_G]}H.$$

Das Ergebnis folgt dann mit (2.69).   ∎

Anhand von Proposition 2.7.1 erkennen wir, daß die Jacobi-Lieklammer zweier Hamiltonscher Vektorfelder wiederum Hamiltonsch ist. Also erhalten wir das folgende Korollar.

Korollar 2.7.1. *Die Menge der Hamiltonschen Vektorfelder $\mathfrak{X}_{\mathrm{Ham}}(Z)$ bildet eine Unterliealgebra von $\mathfrak{X}(Z)$.*

Als nächstes charakterisieren wir symplektische Abbildungen mithilfe der Poissonklammern.

Proposition 2.7.3. *Sei $\varphi : Z \to Z$ ein Diffeomorphismus. Dann ist die Abbildung φ genau dann symplektisch, wenn sie die Poissonklammer erhält, also*

$$\{\varphi^* F, \varphi^* G\} = \varphi^*\{F, G\} \qquad (2.70)$$

für alle $F, G : Z \to \mathbb{R}$ gilt.

Beweis. Wir verwenden die aus der Kettenregel folgende Beziehung

$$\varphi^*(\pounds_X f) = \pounds_{\varphi^* X}(\varphi^* f).$$

Damit folgt

$$\varphi^*\{F, G\} = \varphi^* \pounds_{X_G} F = \pounds_{\varphi^* X_G}(\varphi^* F)$$

und

$$\{\varphi^* F, \varphi^* G\} = \pounds_{X_{G \circ \varphi}}(\varphi^* F).$$

Demnach erhält φ genau dann die Poissonklammer, wenn $\varphi^* X_G = X_{G \circ \varphi}$ für alle $G : Z \to \mathbb{R}$ ist, nach Proposition 2.4.1 also genau dann, wenn φ symplektisch ist.   ∎

Proposition 2.7.4. *Sei X_H ein Hamiltonsches Vektorfeld auf Z mit der Hamiltonfunktion H und dem Fluß φ_t. Dann gilt für $F : Z \to \mathbb{R}$*

$$\frac{d}{dt}(F \circ \varphi_t) = \{F \circ \varphi_t, H\}$$
$$= \{F, H\} \circ \varphi_t. \qquad (2.71)$$

Beweis. Mit der Kettenregel und der Definition von X_F erhält man

$$\frac{d}{dt}[(F \circ \varphi_t)(z)] = \mathbf{d}F(\varphi_t(z)) \cdot X_H(\varphi_t(z))$$
$$= \Omega(X_F(\varphi_t(z)), X_H(\varphi_t(z)))$$
$$= \{F, H\}(\varphi_t(z)).$$

Wegen Proposition 2.6.2 und (2.70) entspricht dies aufgrund der Energieerhaltung

$$\{F \circ \varphi_t, H \circ \varphi_t\}(z) = \{F \circ \varphi_t, H\}(z).$$

∎

Korollar 2.7.2. *Seien $F, G : Z \to \mathbb{R}$. F ist also genau dann entlang der Lösungskurven von X_G konstant, wenn G entlang der Lösungskurven von X_F konstant ist und dies ist genau dann der Fall, wenn $\{F, G\} = 0$ ist.*

Proposition 2.7.5. *Seien $A, B : Z \to Z$ lineare Hamiltonsche Vektorfelder mit zugehörigen Energiefunktionen*

$$H_A(z) = \frac{1}{2}\Omega(Az, z) \quad und \quad H_B(z) = \frac{1}{2}\Omega(Bz, z).$$

Mit

$$[A, B] = A \circ B - B \circ A$$

als Kommutator von Operatoren gilt

$$\{H_A, H_B\} = H_{[A,B]}. \tag{2.72}$$

Beweis. Per Definition ist $X_{H_A} = A$, also auch

$$\{H_A, H_B\}(z) = \Omega(Az, Bz).$$

Da A und B Ω-schiefsymmetrisch sind, folgt

$$\{H_A, H_B\}(z) = \frac{1}{2}\Omega(ABz, z) - \frac{1}{2}\Omega(BAz, z)$$
$$= \frac{1}{2}\Omega([A, B]z, z) \tag{2.73}$$
$$= H_{[A,B]}(z).$$

∎

2.8 Ein Teilchen in einem rotierenden Reifen

In diesem Unterabschnitt unterbrechen wir die abstrakte Theorie, um ein Beispiel in „herkömmlicher Weise" zu untersuchen. Dieses und andere Beispiele dienen zudem sehr gut dazu, die Theorie, die wir entwickeln, zu illustrieren.

Herleitung der Gleichungen.   Betrachten wir ein Teilchen, dessen Bewegung auf einen Kreisreifen eingeschränkt ist, z.B. eine in einem Hula-Hoop-Reifen gleitende Perle. Das Teilchen habe die Masse m und unterliege sowohl Gravitations- und Reibungskräften, als auch Zwangskräften, die es auf dem Reifen halten. Der Reifen selber rotiere mit konstanter Winkelgeschwindigkeit ω um eine vertikale Achse, wie in Abb. 2.1 dargestellt.

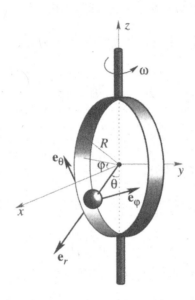

Abb. 2.1. Ein Teilchen, das sich in einem mit der Winkelgeschwindigkeit ω rotierenden Reifen bewegt.

Der Ort des Teilchens im Raum ist, wie in Abb. 2.1 gezeigt, durch die Winkel θ und φ bestimmt. Wir können $\varphi = \omega t$ wählen, womit der Ort des Teilchens durch θ allein bestimmt wird. Das orthogonale Dreibein entlang der Koordinatenrichtungen $\mathbf{e}_\theta$, $\mathbf{e}_\varphi$ und $\mathbf{e}_r$ sei wie gezeigt gegeben.

Die auf das Teilchen wirkenden Kräfte sind:

(i) Die Reibung, die proportional zur Relativgeschwindigkeit des Teilchens hinsichtlich des Reifens ist: $-\nu R\dot{\theta}\mathbf{e}_\theta$, wobei $\nu \geq 0$ eine Konstante ist.[6]

(ii) Die Gravitation: $-mg\mathbf{k}$.

---

[6] Dies ist ein „Reibungsgesetz", das eher der Reibung einer zähen Flüssigkeit als einer Gleitreibung entspricht, bei der ν das Verhältnis von Tangential- zu Normalkraft ist. Für jede wirkliche experimentelle Anordnung (z.B. in der rollende Sphären auftreten) ist eine realistische Modellierung der Reibung keine triviale Aufgabe, siehe z.B. Lewis und Murray [1995].

(iii) Die Zwangskräfte in den Richtungen $\mathbf{e}_r$ und $\mathbf{e}_\varphi$, die das Teilchen in dem Reifen halten.

Die Bewegungsgleichungen werden aus dem zweiten Newtonschen Axiom $\mathbf{F} = m\mathbf{a}$ hergeleitet. Um diese zu erhalten, müssen wir die Beschleunigung $\mathbf{a}$ bestimmen, womit hier die Beschleunigung bzgl. des im Raum festen Bezugssystems xyz gemeint ist und nicht $\ddot{\theta}$. Bezüglich dieses xyz-Koordinatensystems gilt

$$
\begin{aligned}
x &= R\sin\theta\cos\varphi, \\
y &= R\sin\theta\sin\varphi, \\
z &= -R\cos\theta.
\end{aligned}
\tag{2.74}
$$

Berechnet man die zweiten Ableitungen mit $\varphi = \omega t$ und der Kettenregel, so erhält man

$$
\begin{aligned}
\ddot{x} &= -\omega^2 x - \dot{\theta}^2 x + (R\cos\theta\cos\varphi)\ddot{\theta} - 2R\omega\dot{\theta}\cos\theta\sin\varphi, \\
\ddot{y} &= -\omega^2 y - \dot{\theta}^2 y + (R\cos\theta\sin\varphi)\ddot{\theta} + 2R\omega\dot{\theta}\cos\theta\cos\varphi, \\
\ddot{z} &= -z\dot{\theta}^2 + (R\sin\theta)\ddot{\theta}.
\end{aligned}
\tag{2.75}
$$

Sind $\mathbf{i}$, $\mathbf{j}$, $\mathbf{k}$ Einheitsvektoren entlang der Achsen x, y und z, so gilt die entsprechende, leicht zu verifizierende Beziehung

$$
\mathbf{e}_\theta = (\cos\theta\cos\varphi)\mathbf{i} + (\cos\theta\sin\varphi)\mathbf{j} + \sin\theta\mathbf{k}.
\tag{2.76}
$$

Betrachte nun die Vektorgleichung $\mathbf{F} = m\mathbf{a}$, wobei $\mathbf{F}$ die Summe der drei schon beschriebenen Kräfte und

$$
\mathbf{a} = \ddot{x}\mathbf{i} + \ddot{y}\mathbf{j} + \ddot{z}\mathbf{k}
\tag{2.77}
$$

ist. Die Komponenten $\mathbf{e}_\varphi$ und $\mathbf{e}_r$ von $\mathbf{F} = m\mathbf{a}$ sagen uns lediglich, wie die Zwangskräfte auszusehen haben, die Bewegungsgleichung wird von der $\mathbf{e}_\theta$-Komponente bestimmt:

$$
\mathbf{F} \cdot \mathbf{e}_\theta = m\mathbf{a} \cdot \mathbf{e}_\theta.
\tag{2.78}
$$

Mit (2.76) ergibt sich für die linke Seite von (2.78)

$$
\mathbf{F} \cdot \mathbf{e}_\theta = -\nu R\dot{\theta} - mg\sin\theta,
\tag{2.79}
$$

während sich mit (2.75), (2.76) und (2.77) für die rechte Seite von (2.78) folgendes ergibt

$$
\begin{aligned}
m\mathbf{a} \cdot \mathbf{e}_\theta ={}& m\{\ddot{x}\cos\theta\cos\varphi + \ddot{y}\cos\theta\sin\varphi + \ddot{z}\sin\theta\} \\
={}& m\{\cos\theta\cos\varphi[-\omega^2 x - \dot{\theta}^2 x + (R\cos\theta\cos\varphi)\ddot{\theta} - 2R\omega\dot{\theta}\cos\theta\sin\varphi] \\
& + \cos\theta\sin\varphi[-\omega^2 y - \dot{\theta}^2 y + (R\cos\theta\sin\varphi)\ddot{\theta} + 2R\omega\dot{\theta}\cos\theta\cos\varphi] \\
& + \sin\theta[-z\dot{\theta}^2 + (R\sin\theta)\ddot{\theta}]\}.
\end{aligned}
$$

Mit (2.74) vereinfacht sich dies zu

$$m\mathbf{a} \cdot \mathbf{e}_\theta = mR\{\ddot{\theta} - \omega^2 \sin\theta\cos\theta\}. \tag{2.80}$$

Vergleichen wir (2.78), (2.79) und (2.80) so erhalten wir

$$\ddot{\theta} = \omega^2 \sin\theta\cos\theta - \frac{\nu}{m}\dot{\theta} - \frac{g}{R}\sin\theta \tag{2.81}$$

als unsere endgültige Bewegungsgleichung. Dazu mehrere Bemerkungen in folgender Reihenfolge:

(i) Ist $\omega = \nu = 0$, dann reduziert sich (2.81) zur **Pendelgleichung**

$$R\ddot{\theta} + g\sin\theta = 0. \tag{2.82}$$

Unser System kann tatsächlich auch als ein **rotierendes Pendel** angesehen werden.

(ii) Für $\nu = 0$ ist (2.81) Hamiltonsch. Dies ist mit den Variablen $q = \theta$, $p = mR^2\dot{\theta}$, der kanonischen Klammerstruktur

$$\{F, K\} = \frac{\partial F}{\partial q}\frac{\partial K}{\partial p} - \frac{\partial K}{\partial q}\frac{\partial F}{\partial p} \tag{2.83}$$

und der Hamiltonfunktion

$$H = \frac{p^2}{2mR^2} - mgR\cos\theta - \frac{mR^2\omega^2}{2}\sin^2\theta \tag{2.84}$$

schon bewiesen.

Die Herleitung über die Euler-Lagrange-Gleichungen.   Wir verwenden nun die Lagrangesche Mechanik, um (2.81) herzuleiten. In Abb. 2.1 ist die Geschwindigkeit

$$\mathbf{v} = R\dot{\theta}\mathbf{e}_\theta + (\omega R\sin\theta)\mathbf{e}_\varphi,$$

weshalb für die kinetische Energie

$$T = \frac{1}{2}m\|\mathbf{v}\|^2 = \frac{1}{2}m(R^2\dot{\theta}^2 + [\omega R\sin\theta]^2) \tag{2.85}$$

gilt, für die potentielle Energie hingegen

$$V = -mgR\cos\theta. \tag{2.86}$$

Also ist die Lagrangefunktion durch

$$L = T - V = \frac{1}{2}mR^2\dot{\theta}^2 + \frac{mR^2\omega^2}{2}\sin^2\theta + mgR\cos\theta \tag{2.87}$$

gegeben und die Euler-Lagrange-Gleichungen

$$\frac{d}{dt}\frac{\partial L}{\partial \dot\theta} = \frac{\partial L}{\partial \theta}$$

(siehe §1.1 oder §2.1) bekommen die Gestalt

$$mR^2\ddot\theta = mR^2\omega^2 \sin\theta \cos\theta - mgR\sin\theta,$$

die dieselben Gleichungen sind, die wir per Hand aus (2.81) für $\nu = 0$ erhalten haben. Die Legendretransformation liefert $p = mR^2\dot\theta$ und die Hamiltonfunktion (2.84). Beachte, daß diese Hamiltonfunktion *nicht* die Summe von kinetischer und potentieller Energie des Teilchens ist. Hätte man dies postuliert, ergäben die Hamiltonschen Gleichungen *inkorrekte Gleichungen*. Dies hat mit tieferen Kovarianzeigenschaften der Lagrangegleichungen gegenüber den Hamiltonschen Gleichungen zu tun.

Gleichgewichtszustände.   Die *Gleichgewichtslösungen* sind Lösungen, die $\dot\theta = \ddot\theta = 0$ erfüllen. Dies in (2.81) eingesetzt ergibt

$$R\omega^2 \sin\theta \cos\theta = g\sin\theta. \qquad (2.88)$$

Gewiß entsprechen $\theta = 0$ und $\theta = \pi$ Lösungen von (2.88), bei denen sich das Teilchen im untersten oder obersten Punkt des Reifens befindet. Ist $\theta \neq 0$ oder π, so wird (2.88) zu

$$R\omega^2 \cos\theta = g, \qquad (2.89)$$

was für $g/(R\omega^2) < 1$ zwei Lösungen besitzt. Der Wert

$$\omega_c = \sqrt{\frac{g}{R}} \qquad (2.90)$$

wird **kritische Rotationsrate** genannt. Beachte, daß ω_c die Frequenz der linearisierten Oszillationen des einfachen Pendels ist, d.h., für die Gleichung

$$R\ddot\theta + g\theta = 0.$$

Für $\omega < \omega_c$ existieren nur *zwei Lösungen* $\theta = 0$, π, während für $\omega > \omega_c$ *vier Lösungen* existieren

$$\theta = 0, \ \pi, \ \pm\cos^{-1}\left(\frac{g}{R\omega^2}\right). \qquad (2.91)$$

Wir sprechen davon, daß eine **Bifurkation** (oder, um genau zu sein, eine **Hamiltonsche Heugabelbifurkation**) auftritt, wenn ω den Wert ω_c überschreitet. Dies können wir mit computersimulierten Lösungen von (2.81) graphisch darstellen. Setze $x = \theta$, $y = \dot\theta$ und schreibe (2.81) in der Form

$$\dot x = y,$$
$$\dot y = \frac{g}{R}(\alpha\cos x - 1)\sin x - \beta y \qquad (2.92)$$

mit

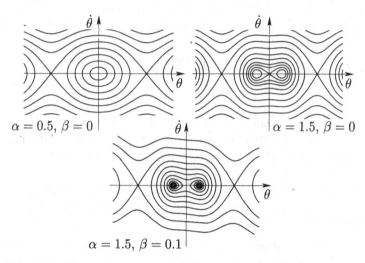

$\alpha = 0.5,\ \beta = 0$ $\alpha = 1.5,\ \beta = 0$

$\alpha = 1.5,\ \beta = 0.1$

Abb. 2.2. Phasenporträts eines Balles in einem rotierenden Reifen.

$$\alpha = R\omega^2/g \quad \text{und} \quad \beta = \nu/m.$$

Wählen wir zu Illustrationszwecken $g = R$, dann zeigt die Abb. 2.2 ausgezeichnete Orbits in den Phasenporträts zu (2.92) für verschiedene α, β.

Dieses System ist mit $\nu = 0$, also $\beta = 0$, in dem Sinne symmetrisch, daß die durch

$$\theta \mapsto -\theta \quad \text{und} \quad \dot\theta \mapsto -\dot\theta$$

gegebenen $\mathbb{Z}_2$-Wirkung das Phasenporträt invariant läßt. Wird diese $\mathbb{Z}_2$-Symmetrie gebrochen, z.B. indem man die Rotationsachse ein wenig aus dem Zentrum rückt, so wird, wie in Abb. 2.3 zu sehen, eine Seite bevorzugt.

Abb. 2.3. Ein Ball in einem nicht zentralsymmetrisch rotierenden Reifen.

Die Veränderung des Phasenporträts für $\nu = 0$ zeigt Abb. 2.4.

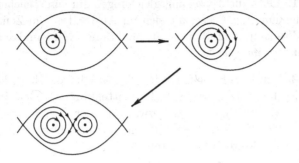

Abb. 2.4. Phasenporträts für einen Ball in einem mit zunehmender Winkelgeschwindigkeit nicht zentralsymmetrisch rotierenden Reifen.

In der Nähe von $\theta = 0$ wechselt die Potentialfunktion von der symmetrischen Bifurkation in Abb. 2.5(a) zur unsymmetrischen in Abb. 2.5(b). Dies ist als **Spitzenkatastrophe** bekannt, vgl. Golubitsky und Schaeffer [1985] und Arnold [1968, 1984] für weitere Informationen.

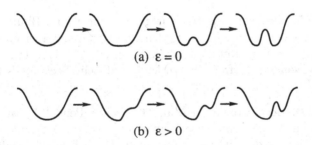

(a) $\varepsilon = 0$

(b) $\varepsilon > 0$

Abb. 2.5. Die Entwicklung des Potentials für den Ball im (a) zentrierten und (b) nichtzentrierten Reifen bei anwachsender Winkelgeschwindigkeit.

Die Gleichung (2.81) stelle man sich so vor, daß der Reifen kleinen, periodischen Impulsen $\omega = \omega_0 + \rho \cos(\eta t)$ ausgesetzt ist. Mit der Melnikovmethode, die in der Einführung und im folgenden Abschnitt beschrieben wird, kann wohl gezeigt werden (dies ist aber furchtbar aufwendig), daß das resultierende zeitperiodische System ein chaotisches Verhalten vom Hufeisentyp zeigt, wenn ϵ und ν klein sind (wobei ϵ die Unwucht des Reifens mißt), aber ρ/ν einen kritischen Wert überschreitet. Siehe Übung 2.8.3 und §2.8.

Übungen

Übung 2.8.1. Leite die Bewegungsgleichungen für ein Teilchen in einem Reifen her, der um eine Achse, die sich im Abstand ϵ vom Zentrum befindet, rotiert. Was kann man über die als Funktionen von ϵ und ω aufgefaßten Gleichgewichtszustände sagen?

Übung 2.8.2. Leite die Formel aus Übung 1.9.1 für den homoklinen Orbit (der Orbit, der für $t \to \pm\infty$ gegen den Sattelpunkt strebt) eines Pendels $\ddot{\psi} + \sin\psi = 0$ her. Führe dies unter Verwendung der Energieerhaltung durch und bestimme den Wert der Energie des homoklinen Orbits durch Auflösen nach $\dot{\psi}$ und anschließendem Integrieren.

Übung 2.8.3. Anhand der Methode aus der vorherigen Übung leite man eine Integralformel für den homoklinen Orbit eines reibungslosen Teilchens in einem rotierenden Reifen her.

Übung 2.8.4. Bestimme alle Gleichgewichtszustände der Duffinggleichung

$$\ddot{x} - \beta x + \alpha x^3 = 0,$$

wobei α und β positive Konstanten sind, und untersuche ihre Stabilität. Leite eine Formel für die zwei homoklinen Orbits her.

Übung 2.8.5. Bestimme die Bewegungsgleichungen und Bifurkationen für eine Kugel in einem schwach rotierenden Reifen, diesmal aber für einen Reifen, der nicht zu einer Rotation mit konstanter *Winkelgeschwindigkeit* gezwungen ist, sondern so frei rotieren kann, daß sein *Drehimpuls* μ erhalten bleibt.

Übung 2.8.6. Betrachte das in Abb. 2.6 gezeigte Pendel. Es ist ein ebenes Pendel, dessen Aufhängepunkt sich an einem vertikalen Schaft wie gezeigt mit Winkelgeschwindigkeit ω im Kreis dreht. Die Schwingebene des Pendels ist orthogonal zum Radialarm der Länge R. Vernachlässige Reibungseffekte.

(i) Finde mithilfe der Notationen aus der Abbildung die Bewegungsgleichungen des Pendels.

(ii) Zeige mit ω als Parameter, daß bei Erhöhung der Winkelgeschwindigkeit des Schafts eine überkritische Heugabelbifurkation der Gleichgewichtszustände auftritt.

2.9 Die Poincaré-Melnikov-Methode

Wir wissen aus der Einführung, daß man bei der einfachsten Version der Poincaré-Melnikov-Methode dynamische Gleichungen betrachtet, die ein ebenes Hamiltonsches System

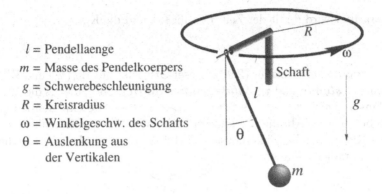

Abb. 2.6. Ein rotierendes Pendel.

l = Pendellaenge
m = Masse des Pendelkoerpers
g = Schwerebeschleunigung
R = Kreisradius
ω = Winkelgeschw. des Schafts
θ = Auslenkung aus
        der Vertikalen

R
ω
Schaft
l
g
θ
m

$$\dot{z} = X_0(z) \tag{2.93}$$

stören. Man erhält Gleichungen der Form

$$\dot{z} = X_0(z) + \epsilon X_1(z, t), \tag{2.94}$$

wobei ϵ ein kleiner Parameter ist, $z \in \mathbb{R}^2$, X_0 ein Hamiltonsches Vektorfeld mit der Energie H_0 und X_1 periodisch mit Periode T und Hamiltonsch mit der Energie H_1 ist, einer T-periodischen Funktion. Wir nehmen an, daß X_0 einen homoklinen Orbit $\overline{z}(t)$ hat, d.h., solch einen Orbit, daß $\overline{z}(t) \to z_0$ für $t \to \pm\infty$ ein hyperbolischer Sattelpunkt ist. Die **Poincaré-Melnikov-Funktion** sei durch

$$M(t_0) = \int_{-\infty}^{\infty} \{H_0, H_1\}(\overline{z}(t - t_0), t)\, dt \tag{2.95}$$

definiert, wobei $\{\,,\}$ die Poissonklammer bezeichnet.

Zur Visualisierung der Dynamik von (2.94) stehen uns zwei praktische Methoden zur Verfügung. Führe die **Poincaréabbildung** $P_\epsilon^s : \mathbb{R}^2 \to \mathbb{R}^2$ ein, die die T-Zeitabbildung zu (2.94) ist, beginnend zur Zeit s. Der Punkt z_0 und der homomkline Orbit sind für $\epsilon = 0$ unter der Abbildung P_0^s, die von s unabhängig ist, invariant. Der hyperbolische Sattelpunkt z_0 bleibt wie auch eine nahe gelegene Familie von Sattelpunkten z_ϵ für kleine und positive ϵ erhalten, und wir interessieren uns dafür, ob sich die stabilen und instabilen Mannigfaltigkeiten des Punktes z_ϵ unter der Abbildung P_ϵ^s transversal schneiden oder nicht (gilt dies für ein s, so gilt es für alle s). In diesem Fall sprechen wir davon, daß (2.94) *für $\epsilon > 0$* **Hufeisen** hat.

Die zweite Methode (2.94) zu untersuchen ist, sich unmittelbar das aufgehangene System auf dem $\mathbb{R}^2 \times S^1$ anzusehen, wobei S^1 der Kreis ist. Damit wird (2.94) zum autonomen **erweiterten System**

$$\dot{z} = X_0(z) + \epsilon X_1(z, \theta),$$
$$\dot{\theta} = 1. \tag{2.96}$$

So betrachtet wird θ mit der Zeit identifiziert und die Kurve

$$\gamma_0(t) = (z_0, t)$$

ist ein periodischer Orbit für (2.96). Dieser Orbit hat mit $W_0^s(\gamma_0)$ und $W_0^u(\gamma_0)$ bezeichnete **stabile** und **instabile Mannigfaltigkeiten**, die als die Mengen der Punkte definiert sind, die für $t \to \infty$ bzw. $t \to -\infty$ exponentiell gegen γ_0 streben. (Siehe Abraham, Marsden und Raṭiu [1988], Guckenheimer und Holmes [1983] oder Wiggins [1988, 1990, 1992] für weitere Details.) In diesem Beispiel stimmen sie überein:

$$W_0^s(\gamma_0) = W_0^u(\gamma_0).$$

Für $\epsilon > 0$ geht der (hyperbolische) geschlossene Orbit γ_0 in einen nahegelegenen (hyperbolischen) geschlossenen Orbit über, der die stabilen und instabilen Mannigfaltigkeiten $W_\epsilon^s(\gamma_\epsilon)$ und $W_\epsilon^u(\gamma_\epsilon)$ hat. Schneiden sich $W_\epsilon^s(\gamma_\epsilon)$ und $W_\epsilon^u(\gamma_\epsilon)$ transversal, so sprechen wir wieder davon, daß (2.94) **Hufeisen** hat. Es wurde schon gezeigt, daß diese beiden Definitionen für das Auftreten von Hufeisen äquivalent sind.

Satz 2.9.1 (Poincaré-Melnikov). *Die Poincaré-Melnikov-Funktion sei durch (2.95) definiert. $M(t_0)$ habe als eine T-periodische Funktion von t_0 einfache Nullstellen. Dann hat die Gleichung (2.94) für ein hinreichend kleines ϵ Hufeisen, d.h., es tritt homoklines Chaos im Sinne von sich schneidenden Separatrizen auf.*

Beweis (Idee). In der erweiterten Situation verwenden wir die Energiefunktion H_0 um, die Bewegung von $W_\epsilon^s(\gamma_\epsilon)$ bei variierendem ϵ in $\bar{z}(0)$ zur Zeit t_0 darzustellen. Beachte, daß Punkte aus $\bar{z}(t)$ reguläre Punkte für H_0 sind, da H_0 auf $\bar{z}(t)$ konstant und $\bar{z}(0)$ kein Fixpunkt ist. Dies bedeutet, daß das Differential von H_0 in $\bar{z}(0)$ nicht verschwindet. Folglich liefern die Werte von H_0 ein geeignetes Maß für den Abstand vom homoklinen Orbit. Falls $(z_\epsilon^s(t, t_0), t)$ die Kurve auf $W_\epsilon^s(\gamma_\epsilon)$, also eine Integralkurve des erweiterten Systems ist und der Bedingung $z_\epsilon^s(t_0, t_0)$ genügt, dies ist die Störung von

$$W_0^s(\gamma_0) \cap \{ \text{ die Ebene } t = t_0 \}$$

in Normalrichtung zum homoklinen Orbit, dann mißt $H_0(z_\epsilon^s(t_0, t_0))$ den Abstand in Normalrichtung.

$$
\begin{aligned}
H_0(z_\epsilon^s(\tau_+, t_0)) - H_0(z_\epsilon^s(t_0, t_0)) &= \int_{t_0}^{\tau_+} \frac{d}{dt} H_0(z_\epsilon^s(t, t_0))\, dt \\
&= \int_{t_0}^{\tau_+} \{H_0, H_0 + \epsilon H_1\}(z_\epsilon^s(t, t_0), t)\, dt.
\end{aligned}
$$

$$(2.97)$$

Aus der Theorie der invarianten Mannigfaltigkeiten ist bekannt, daß $z_\epsilon^s(t, t_0)$ für $t \to +\infty$ exponentiell gegen $\gamma_\epsilon(t)$ konvergiert, einen periodischen

Orbit des gestörten Systems. Beachte, daß wenn man auf der rechten Seite der ersten Gleichung oben $z^s_\epsilon(t, t_0)$ durch $\gamma_\epsilon(t)$ ersetzt, das Ergebnis Null wird. Da das Konvergenzverhalten exponentiell ist, folgert man, daß das Integral von einem großen t-Wert an bis unendlich von der Größenordnung ϵ ist. Für den endlichen Teil des Integrals verwenden wir die Tatsache, daß $z^s_\epsilon(t, t_0)$ in einer ϵ-Umgebung von $\overline{z}(t - t_0)$ liegt (gleichmäßig für $t \to +\infty$) und daß $\{H_0, H_0\} = 0$ ist. Damit folgt

$$\{H_0, H_0 + \epsilon H_1\}(z^s_\epsilon(t, t_0), t) = \epsilon\{H_0, H_1\}(\overline{z}(t - t_0), t) + O(\epsilon^2).$$

Verwenden wir dies für ein großes aber endliches Intervall $[t_0, t_1]$ und das exponentielle Konvergenzverhalten für das restliche Intervall $[t_1, \infty)$, dann sehen wir, daß aus (2.97)

$$H_0(z^s_\epsilon(\tau_+, t_0)) - H_0(z^s_\epsilon(t_0, t_0))$$
$$= \epsilon \int_{t_0}^{\tau_+} \{H_0, H_1\}(\overline{z}(t - t_0), t)\, dt + O(\epsilon^2) \qquad (2.98)$$

wird, wobei der Fehler für $\tau_+ \to \infty$ gleichmäßig klein ist. Entsprechend ist

$$H_0(z^u_\epsilon(t_0, t_0)) - H_0(z^u_\epsilon(\tau_-, t_0))$$
$$= \epsilon \int_{\tau_-}^{t_0} \{H_0, H_1\}(\overline{z}(t - t_0), t)\, dt + O(\epsilon^2). \qquad (2.99)$$

Wir benutzen wieder die Tatsache, daß für $\tau_+ \to +\infty$ der exponentiell schnelle Grenzprozeß $z^s_\epsilon(\tau_+, t_0) \to \gamma_\epsilon(\tau_+)$ zu einem periodischen Orbit des gestörten Systems führt. Da der Orbit *homoklin* ist, kann *derselbe* periodische Orbit für negative Zeiten verwandt werden. Deshalb können wir τ_+ und τ_- so wählen, daß

$$H_0(z^s_\epsilon(\tau_+, t_0)) - H_0(z^u_\epsilon(\tau_-, t_0)) \to 0$$

für $\tau_+ \to \infty$ und $\tau_- \to -\infty$ gilt. Mit (2.98) und (2.99) erhalten wir für $\tau_+ \to \infty$ und $\tau_- \to -\infty$

$$H_0(z^u_\epsilon(t_0, t_0)) - H_0(z^s_\epsilon(t_0, t_0))$$
$$= \epsilon \int_{-\infty}^{\infty} \{H_0, H_1\}(\overline{z}(t - t_0), t)\, dt + O(\epsilon^2). \qquad (2.100)$$

Das Integral in diesem Ausdruck konvergiert, da sich die Kurve $\overline{z}(t - t_0)$ für $t \to \pm\infty$ exponentiell dem Sattelpunkt nähert und das Differential von H_0 in diesem Punkt verschwindet. Folglich fällt der Integrand für t gegen plus oder minus Unendlich exponentiell schnell ab.

Da die Energie ein „gutes" Maß für den Abstand zwischen den Punkten $z^u_\epsilon(t_0, t_0))$ und $z^s_\epsilon(t_0, t_0))$ ist, folgt, daß sich $z^u_\epsilon(t_0, t_0)$ und $z^s_\epsilon(t_0, t_0)$ in der Nähe des Punktes $\overline{z}(0)$ zur Zeit t_0 transversal schneiden, falls $M(t_0)$ zur Zeit t_0 eine einfache Nullstelle hat. ∎

Ist in (2.94) nur X_0 Hamiltonsch, so gilt derselbe Schluß, wenn man (2.95) durch

$$M(t_0) = \int_{-\infty}^{\infty} (X_0 \times X_1)(\bar{z}(t - t_0), t)\, dt \tag{2.101}$$

ersetzt, wobei $X_0 \times X_1$ das (skalare) Kreuzprodukt für ebene Vektorfelder ist. X_0 muß nicht einmal Hamiltonsch sein, wenn ein Faktor für die Drehung des Phasenvolumens hinzugefügt wird.

Beispiel 2.9.1. Die Gleichung (2.101) kann auf die gedämpfte Duffinggleichung mit äußerer Kraft

$$\ddot{u} - \beta u + \alpha u^3 = \epsilon(\gamma \cos \omega t - \delta \dot{u}) \tag{2.102}$$

angewandt werden.

Die homoklinen Orbits sind hier durch

$$u(t) = \pm\sqrt{\frac{2\beta}{\alpha}}\operatorname{sech}(\sqrt{\beta}t) \tag{2.103}$$

gegeben (vgl. Übung 2.8.4) und (2.101) wird nach einer Residuenberechnung zu

$$M(t_0) = \gamma\pi\omega\sqrt{\frac{2}{\alpha}}\operatorname{sech}\left(\frac{\pi\omega}{2\sqrt{\beta}}\right)\sin(\omega t_0) - \frac{4\delta\beta^{3/2}}{3\alpha}, \tag{2.104}$$

womit man einfache Nullstellen und folglich Chaos vom Hufeisentyp erhält, falls

$$\frac{\gamma}{\delta} > \frac{2\sqrt{2}\beta^{3/2}}{3\omega\sqrt{\alpha}}\cosh\left(\frac{\pi\omega}{2\sqrt{\beta}}\right) \tag{2.105}$$

gilt und ϵ klein genug ist.

Beispiel 2.9.2. Ein weiteres interessantes Beispiel, das auf Montgomery [1985] zurückgeht, betrifft die Leggettgleichungen für superfluides ^{3}He. Wir werden uns der Einfachheit halber auf die sogenannte A-Phase beschränken (hinsichtlich weiterer Ergebnisse sei auf Montgomerys Veröffentlichung verwiesen). Die Gleichungen lauten

$$\dot{s} = -\frac{1}{2}\left(\frac{\chi\Omega^2}{\gamma^2}\right)\sin 2\theta$$

und

$$\dot{\theta} = \left(\frac{\gamma^2}{\chi}\right)s - \epsilon\left(\gamma B \sin \omega t + \frac{1}{2}\Gamma \sin 2\theta\right). \tag{2.106}$$

Hierbei ist s der Spin, θ ein Winkel (der den „Ordnungsparameter" beschreibt) und $\gamma, \chi, \ldots$ sind physikalische Konstanten. Die homoklinen Orbits für $\epsilon = 0$ sind durch

$$\bar{\theta}_{\pm} = 2\tan^{-1}(e^{\pm\Omega t}) - \frac{\pi}{2} \quad \text{und} \quad \bar{s}_{\pm} = \pm 2\frac{\Omega e^{\pm 2\Omega t}}{1 + e^{\pm 2\Omega t}} \tag{2.107}$$

gegeben. Man bestimmt die Poincaré-Melnikov-Funktion zu

$$M_{\pm}(t_0) = \mp \frac{\pi \chi \omega B}{8\gamma} \text{sech} \left(\frac{\omega \pi}{2\Omega} \right) \cos \omega t - \frac{2}{3} \frac{\chi}{\gamma^2} \Omega \Gamma, \qquad (2.108)$$

so daß (2.106) Chaos vom Hufeisentyp aufweist, falls

$$\frac{\gamma B}{\Gamma} > \frac{16}{3\pi} \frac{\Omega}{\omega} \cosh \left(\frac{\pi \omega}{2\Omega} \right) \qquad (2.109)$$

gilt und ϵ klein ist.

Hinsichtlich der Literaturhinweise und Informationen zu höherdimensionalen Versionen der Methode und Anwendungen sei auf Wiggins [1988] verwiesen. Wir werden kurz auf einige Aspekte hierzu eingehen. Es gibt sogar eine Version der Poincaré-Melnikov-Methode (von Holmes und Marsden [1981]), die auf partielle Differentialgleichungen anwendbar ist. Grundsätzlich verwendet man weiterhin die Formel (2.101), wobei $X_0 \times X_1$ durch die symplektische Paarung zwischen X_0 und X_1 ersetzt wird. Neben den üblichen technisch-analytischen Problemen mit partiellen Differentialgleichungen treten zwei neue Schwierigkeiten auf. Erstens gibt es ein Problem mit dem Auftreten von Resonanzen. Dieses Problem kann mithilfe von Dämpfung behandelt werden. Zweitens scheint sich das Problem *nicht* auf zwei Dimensionen reduzieren zu lassen: Der Hufeisentyp bezieht alle Moden mit ein. Die höheren Moden scheinen bei physikalischen Biegungsprozessen im folgend diskutierten Stabmodell relevant zu sein.

Beispiel 2.9.3. Ein Modell partieller Differentialgleichungen für einen Stab, der gekrümmt wird, lautet

$$\ddot{w} + w''' + \Gamma w' - \kappa \left(\int_0^1 [w']^2 \, dz \right) w'' = \epsilon(f \cos \omega t - \delta \dot{w}), \qquad (2.110)$$

wobei $w(z,t)$, $0 \le z \le 1$ die Biegung des Stabes beschreibt,

$$\dot{} = \partial/\partial t, \quad ' = \partial/\partial z$$

ist und $\Gamma, \kappa, \ldots$ physikalische Konstanten sind. Für diesen Fall erhält man unter den Bedingungen

(i) $\pi^2 < \Gamma < 4\rho^3$ (die erste Mode ist gekrümmt),

(ii) $j^2\pi^2(j^2\pi^2 - \Gamma) \ne \omega^2$, $j = 2, 3, \ldots$ (Resonanzbedingung),

(iii) $\dfrac{f}{\delta} > \dfrac{\pi(\Gamma - \pi^2)}{2\omega\sqrt{\kappa}} \cosh \left(\dfrac{\omega}{2\sqrt{\Gamma - \omega^2}} \right)$ (transverale Nullst. für $M(t_0)$),

(iv) $\delta > 0$

und mit kleinem ϵ, daß (2.110) Chaos vom Hufeisentyp aufweist. Experimente (vgl. Moon [1987]) mit Stäben, die gekrümmt wurden, wiesen chaotisches Verhalten nach und motivierten zur Untersuchung von (2.110).

Diese Art Ergebnis kann ebenfalls zur Untersuchung von Chaos in einer van der Waals-Flüssigkeit (Slemrod und Marsden [1985]) und für Solitonengleichungen dienlich sein (vgl. Birnir [1986], Ercolani, Forest und McLaughlin [1990] und Birnir und Grauer [1994]). In der erzwungenen sin-Gordon-Gleichung z.B. treten chaotische Drifts zwischen Breathers und Kink-Antikink-Paaren auf und in der Benjamin-Ono-Gleichung kommen chaotische Drifts zwischen Lösungen mit unterschiedlichen Anzahlen von Polen vor.

Mehrere Freiheitsgrade. Für Hamiltonsche Systeme mit zwei Freiheitsgraden zeigen Holmes und Marsden [1982a], wie die Melnikovmethode verwandt werden kann, um die Existenz von Hufeisenchaos auf Energieflächen in fast integrablen Systemen zu beweisen. Die Klasse der untersuchten Systeme hat eine Hamiltonfunktion der Form

$$H(q,p,\theta,I) = F(q,p) + G(I) + \epsilon H_1(q,p,\theta,I) + O(\epsilon^2), \qquad (2.111)$$

wobei (θ, I) Wirkungswinkelkoordinaten für den Oszillator G sind. Wir gehen davon aus, daß $G(0) = 0$ und $G' > 0$ ist, F einen homoklinen Orbit

$$\overline{x}(t) = (\overline{q}(t), \overline{p}(t))$$

und das Integral

$$M(t_0) = \int_{-\infty}^{\infty} \{F, H_1\}\, dt \qquad (2.112)$$

entlang $(\overline{x}(t - t_0), \Omega t, I)$ einfache Nullstellen hat. Dann hat (2.111) Hufeisenchaos auf Energieflächen nahe der zu dem homoklinen Orbit und kleinem I gehörenden Energiefläche. Das Chaos vom Hufeisentyp wird mithilfe einer mit dem Oszillator G gekoppelten Poincaréabbildung untersucht. In der Veröffentlichung von Holmes und Marsden [1982a] werden auch die Effekte einer positiven und negativen Dämpfung untersucht. Diese Ergebnisse sind mit Systemen verwandt, die durch eine Zwangsbedingung auf einem Freiheitsgrad eingeschränkt sind, denn man kann ein Hamiltonsches System mit zwei Freiheitsgraden oftmals zu einem System mit einem Freiheitsgrad und einer äußeren Kraft reduzieren.

Bei einigen Systemen, für die sich die Variablen nicht trennen lassen wie in (2.111), z.B. bei einem fast symmetrischen schweren Kreisel, hat man die Symmetrie des Systems auszunutzen, wodurch die Situation um einiges verkompliziert wird. Die allgemeine Theorie hierzu wird in Holmes und Marsden [1983] dargestellt und verwandt, um die Existenz von Hufeisenchaos für den beinahe symmetrischen schweren Kreisel zu zeigen, vgl. auch einige nahverwandte Ergebnisse von Ziglin [1980a].

Diese Theorie wurde von Ziglin [1980b] und Koiller [1985] zur Untsuchung der Wirbeldynamik verwandt, z.B. um die Nichtintegrabilität des eingeschränkten Vier-Wirbel-Problems zu beweisen. Koiller, Soares und Melo Neto [1985] wenden dies auf die Dynamik in der allgemeinen Relativitätstheorie an, indem sie die Existenz von Hufeisenchaos in Bianchi-IX-Modellen zeigen. Anwendungen auf die Dynamik gekoppelter starrer Körper findet man bei Oh, Sreenath, Krishnaprasad und Marsden [1989].

Arnold [1964] erweiterte die Poincaré-Melnikov-Theorie auf Systeme mit mehreren Freiheitsgraden. In diesem Fall beruhen die transversalen homoklinen Mannigfaltigkeiten auf KAM-Tori und lassen chaotische Drifts von einem Torus auf einen anderen zu. Dieser Drift, manchmal *Arnolddiffusion* genannt, ist ein vieluntersuchtes Thema auf dem Gebiet der Hamiltonschen Systeme, seine theoretischen Grundlagen werden jedoch weiterhin intensiv untersucht.

Anstelle einer einzelnen Melnikovfunktion hat man im mehrdimensionalen Fall einen durch

$$\mathbf{M} = \begin{pmatrix} \int_{-\infty}^{\infty} \{H_0, H_1\}\, dt \\ \int_{-\infty}^{\infty} \{I_1, H_1\}\, dt \\ \cdots \\ \int_{-\infty}^{\infty} \{I_n, H_1\}\, dt \end{pmatrix} \tag{2.113}$$

gegebenen *Melnikovvektor*, wobei $I_1, \ldots, I_n$ Integrale für das ungestörte (vollständig integrable) System sind und $\mathbf{M}$ von t_0 und von den zu $I_1, \ldots, I_n$ konjugierten Winkelvariablen abhängt. Man verlangt, daß $\mathbf{M}$ transversale Nullstellen im Sinne der Vektorrechnung hat. Dieses Resultat lieferte Arnold für Systeme mit äußeren Kräften und wurde von Holmes und Marsden [1982b, 1983] auf den autonomen Fall erweitert, vgl. auch Robinson [1988]. Diese Resultate sind auf Systeme wie z.B. ein mit mehreren Oszillatoren gekoppeltes Pendel und Probleme mit mehreren Wirbeln anwendbar. Es wurde auch von Salam, Marsden und Varaiya [1983], basierend auf dem von Kopell und Washburn [1982] untersuchten Fall von Hufeisenchaos, in Leistungssystemen verwandt. Siehe auch Salam und Sastry [1985]. Es gab eine Anzahl anderer Forschungsrichtungen zu diesen Techniken. Zum Beispiel entwickelte Gruendler [1985] eine mehrdimensionale Version, die auf das sphärische Pendel anwendbar ist und Greenspan und Holmes [1983] zeigte, wie die Melnikovmethode benutzt werden kann, um subharmonische Bifurkationen zu untersuchen. Für weitere Informationen sei auf Wiggins [1988] verwiesen.

Poincaré und exponentiell kleine Terme. In seiner berühmten Abhandlung zum Drei-Körper-Problem führte Poincaré [1890] den Mechanismus der transversalen Schnitte von Separatrizen ein, der sowohl die Integrabilität des Gleichungssystems für das Drei-Körper-Problem als auch die Konvergenz der zugehörigen Reihenentwicklungen für die Lösungen verhindert. Diese Idee wurde von Birkhoff und Smale mittels der Hufeisenkonstruktion entwickelt, um die resultierende chaotische Dynamik zu beschreiben. Für den von Poincaré untersuchten Bereich des Phasenraums wurde jedoch nie bewiesen (außer in einem allgemeinen Sinne, der in konkreten Fällen nicht einfach zu interpretieren ist), daß die Gleichungen tatsächlich nichtintegrabel sind. Poincaré selber führte die Schwierigkeit auf das Vorhandensein von exponentiell kleinen Termen bei der Separatrixaufspaltung zurück. Eine entscheidende Komponente des Maßes der Trennung wird durch die folgende Formel von Poincaré

[1890, S. 223] gegeben:

$$J = \frac{-8\pi i}{\exp\left(\frac{\pi}{\sqrt{2\mu}}\right) + \exp\left(-\frac{\pi}{\sqrt{2\mu}}\right)},$$

die in μ exponentiell klein ist. Poincaré war sich der Schwierigkeiten, die aus diesem exponentiell kleinen Verhalten resultieren, bewußt. Auf Seite 224 seines Artikels schreibt er: „En d'autres termes, si on regarde μ comme un infiniment petit du premier ordre, la distance BB', sans être nulle, est un infiniment petit d'ordre infini. C'est ainsi que la fonction $e^{-1/\mu}$ est un infiniment petit d'ordre infini sans être nulle ... Dans l'example particulier que nous avons traité plus haut, la distance BB' est du même ordre de grandeur que l'integral J, c'est à dire que $\exp(-\pi/\sqrt{2\mu})$."

Dies ist eine erstzunehmende Schwierigkeit, die auftritt, wenn die Melnikovmethode in der Nähe eines elliptischen Fixpunktes eines Hamiltonschen Systems oder bei Bifurkationsproblemen, aus denen homokline Orbits resultieren, eingesetzt wird. Diese Schwierigkeit ist mit den von Poincaré beschriebenen verwandt. Nahe elliptischer Punkte sieht man homokline Orbits in Normalform, und nach zeitlicher Reskalierung führt dies zu einer schnell oszillierenden Störung, die durch die folgende Variation der Pendelgleichung modelliert wird:

$$\ddot{\phi} + \sin\phi = \epsilon \cos\left(\frac{\omega t}{\epsilon}\right). \tag{2.114}$$

Berechnet man formal $M(t_0)$, so erhält man

$$M(t_0, \epsilon) = \pm 2\pi \operatorname{sech}\left(\frac{\pi\omega}{2\epsilon}\right)\cos\left(\frac{\omega t_0}{\epsilon}\right). \tag{2.115}$$

Während es hier einfache Nullstellen gibt, ist der Beweis des Satzes von Poincaré-Melnikov nicht mehr gültig, da $M(t_0, \epsilon)$ nun von der Ordnung $\exp(-\pi/(2\epsilon))$ ist und die Fehleruntersuchung aus dem Beweis nur Fehler von der Ordnung ϵ^2 liefert. In der Tat kann keine Entwicklung in Potenzen von ϵ exponentiell kleine Terme wie $\exp(-\pi/(2\epsilon))$ entdecken.

Holmes, Marsden und Scheurle [1988] und Delshams und Seara [1991] zeigen, daß (2.114) Chaos besitzt, das in geeignetem Sinne exponentiell klein in ϵ ist. Die Idee ist, stabile und instabile Mannigfaltigkeiten in eine Reihe vom Perrontype zu entwickeln, deren Terme von der Ordnung $\epsilon^k \exp(-\pi/(2\epsilon))$ sind. Dazu ist die Erweiterung des Systems auf komplexe Zeit von ausschlaggebender Bedeutung. Da solche Resultate für (2.114) bewiesen werden können, kann man hoffen, zu Poincarés Werk von 1890 zurückzukehren und seine unvollständig gebliebenen Argumente zu vervollständigen. Die Existenz dieser exponentiell kleinen Erscheinungen ist ein Grund, warum das Problem der Arnolddiffusion sowohl schwer als auch delikat ist.

Um zu verdeutlichen, wie exponentiell kleine Erscheinungen Bifurkationsprobleme beeinflussen, betrachte man das Problem einer Hamiltonschen Sattelknotenbifurkation

$$\ddot{x} + \mu x + x^2 = 0 \qquad (2.116)$$

mit zusätzlichen Termen höherer Ordnung und äußerer Kraft:

$$\ddot{x} + \mu x + x^2 + \text{T.h.O.} = \delta f(t). \qquad (2.117)$$

Das Phasenporträt von (2.116) wird in Abb. 2.7 dargestellt.

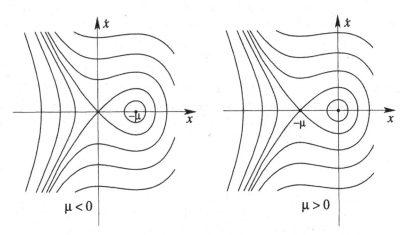

Abb. 2.7. Phasenporträts von $\ddot{x} + \mu x + x^2 = 0$.

Das System (2.116) ist mit

$$H(x, \dot{x}) = \frac{1}{2}\dot{x}^2 + \frac{1}{2}\mu x^2 + \frac{1}{3}x^3 \qquad (2.118)$$

Hamiltonsch. Betrachten wir zunächst das System ohne Terme höherer Ordnung:

$$\ddot{x} + \mu x + x^2 = \delta f(t). \qquad (2.119)$$

Um es zu untersuchen, vergrößern wir die Singularität, indem wir reskalieren. Es gelte

$$x(t) = \lambda \xi(\tau), \qquad (2.120)$$

wobei $\lambda = |\mu|$ und $\tau = t\sqrt{\lambda}$ ist. Mit $' = d/d\tau$ erhalten wir

$$2\xi'' - \xi + \xi^2 = \frac{\delta}{\mu^2} f\left(\frac{\tau}{\sqrt{-\mu}}\right), \quad \mu < 0,$$

$$\xi'' + \xi + \xi^2 = \frac{\delta}{\mu^2} f\left(\frac{\tau}{\sqrt{\mu}}\right), \quad \mu > 0. \qquad (2.121)$$

Die exponentiell kleinen Abschätzungen von Holmes, Marsden und Scheurle [1988] sind auf (2.121) anwendbar. Man erhält exponentiell kleine obere und untere Abschätzungen in gewissen algebraischen Sektoren der (δ, μ)-Ebene, die von der Art von f abhängen. Die Abschätzungen für die Trennung sind von der Form $C(\delta/\mu^2) \exp(-\pi/\sqrt{|\mu|})$. Betrachte nun

$$\ddot{x} + \mu x + x^2 + x^3 = \delta f(t). \tag{2.122}$$

Mit $\delta = 0$ existieren drei Gleichgewichtspunkte bei $\dot{x} = 0$ und

$$x = 0, \ -r \ \text{und} \ -\frac{\mu}{r} \tag{2.123}$$

mit

$$r = \frac{1 + \sqrt{1 - 4\mu}}{2}, \tag{2.124}$$

was für $\mu \approx 0$ ungefähr 1 ist. Das Phasenporträt von (2.122) mit $\delta = 0$ und $\mu = -1/2$ wird in Abb. 2.8 gezeigt. Geht μ durch 0, so unterliegt die kleine Schleife in Abb. 2.8 der gleichen Bifurkation wie in Abb. 2.7, während sich die große Schleife nur leicht ändert.

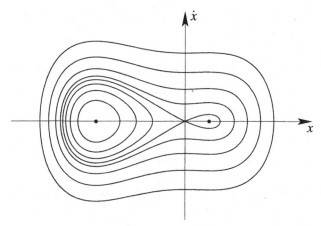

Abb. 2.8. $\ddot{x} - \frac{1}{2}x + x^2 + x^3 = 0.$

Wir reskalieren wieder, um

$$\ddot{\xi} - \xi + \xi^2 - \mu\xi^3 = \frac{\delta}{\mu^2} f\left(\frac{\tau}{\sqrt{-\mu}}\right), \quad \mu < 0,$$

$$\ddot{\xi} + \xi + \xi^2 + \mu\xi^3 = \frac{\delta}{\mu^2} f\left(\frac{\tau}{\sqrt{\mu}}\right), \quad \mu > 0 \tag{2.125}$$

zu erhalten. Beachte, daß für $\delta = 0$ das Phasenporträt μ-abhängig ist. Der homokline Orbit, der die kleine Schleife für $\mu < 0$ umläuft, ist explizit in Abhängigkeit von ξ durch

$$\xi(\tau) = \frac{4e^\tau}{\left(e^\tau + \frac{2}{3}\right)^2 - 2\mu} \qquad (2.126)$$

gegeben, was μ-abhängig ist. Ein interessantes technisches Detail ist, daß wir ohne den kubischen Term μ-unabhängige *Doppelpole* bei $t = \pm i\pi + \log 2 - \log 3$ in der komplexen τ-Ebene erhalten, während (2.126) ein Paar einfacher Pole besitzt, die diese Doppelpole zu Paaren von einfachen Polen bei

$$\tau = \pm i\pi + \log\left(\frac{2}{3} \pm i\sqrt{2\lambda}\right) \qquad (2.127)$$

spalten, wobei wieder $\lambda = |\mu|$ ist. (Der Realteil ist nicht von besonderer Bedeutung, wie z.B. $\log 2 - \log 3$ im Falle eines fehlenden kubischen Terms. Dieser kann durch eine Verschiebung des Anfangswertes $\xi(0)$ entfernt werden.)

Fügt man einen quartischen Term x^4 hinzu, trennen sich die Paare einfacher Nullstellen in vier Verzweigungspunkte auf, usw. Folglich scheint, während bei der Diskussion der Terme höherer Ordnung die interessante μ-Abhängigkeit auffällt, der grundlegende Exponentialanteil der Abschätzungen, nämlich

$$\exp\left(-\frac{\pi}{\sqrt{|\mu|}}\right), \qquad (2.128)$$

weiterhin zu gelten.

3. Eine Einführung in unendlichdimensionale Systeme

Üblicherweise wählt man in der klassischen Feldtheorie einen unendlichdimensionalen Vektorraum von Funktionen oder Tensorfeldern auf dem Raum oder der Raumzeit als Konfigurationsraum. Die Elemente eines solchen Vektorraums heißen **Felder**. Wir betrachten hier die in §2.1 diskutierten unendlichdimensionalen Hamiltonschen Systeme in bezug auf die klassische Lagrangesche und Hamiltonsche Feldtheorie und werden dann Beispiele anführen. Die klassische Feldtheorie ist ein weites Themengebiet, von dem hier vieles nicht behandelt wird. Wir werden nur einige wenige Themen behandeln, die grundlegend für den weiteren Text sind. Zusätzliche Information und Literaturhinweise findet man auch in den Kapiteln 6 und 7.

3.1 Lagrangesche und Hamiltonsche Gleichungen der Feldtheorie

Wie für endlichdimensionale Systeme kann man mit einer Lagrangefunktion und einem Variationsprinzip beginnen und mittels der Legendretransformation zur Hamiltonfunktion übergehen. Zumindest formal übertragen sich alle Konstruktionen, die wir im endlichdimensionalen Fall gemacht haben, auf den unendlichdimensionalen Fall.

Wählen wir z.B. $Q = \mathcal{F}(\mathbb{R}^3)$, den Raum der Felder φ auf dem $\mathbb{R}^3$, als unseren Konfigurationsraum. Unsere Lagrangefunktion wird eine Funktion $L(\varphi, \dot{\varphi})$ von $Q \times Q$ nach $\mathbb{R}$ sein. Das Variationsprinzip lautet

$$\delta \int_a^b L(\varphi, \dot{\varphi})\, dt = 0. \tag{3.1}$$

Dies ist im üblichen Sinne zu den Euler-Lagrange-Gleichungen

$$\frac{d}{dt}\frac{\delta L}{\delta \dot{\varphi}} = \frac{\delta L}{\delta \varphi} \tag{3.2}$$

äquivalent. Hier ist

$$\pi = \frac{\delta L}{\delta \dot{\varphi}} \tag{3.3}$$

der konjugierte Impuls, den wir wie in Kap. 2 als eine Dichte auf dem $\mathbb{R}^3$ auffassen. Die zugehörige Hamiltonfunktion ist gemäß unserer allgemeinen Theorie

$$H(\varphi, \pi) = \int \pi\dot{\varphi} - L(\varphi, \dot{\varphi}). \tag{3.4}$$

Wir wissen auch, daß die Hamiltonfunktion die kanonischen Hamiltonschen Gleichungen erzeugen sollte. Dies wird jetzt gezeigt.

Proposition 3.1.1. *Sei $Z = \mathcal{F}(\mathbb{R}^3) \times \mathrm{Den}(\mathbb{R}^3)$ mit Ω wie in Beispiel (2.2.2) aus §2.2 definiert, dann ist das zu einer gegebenen Energiefunktion $H : Z \to \mathbb{R}$ gehörige Hamiltonsche Vektorfeld $X_H : Z \to Z$ durch*

$$X_H = \left(\frac{\delta H}{\delta \pi}, -\frac{\delta H}{\delta \varphi} \right) \tag{3.5}$$

gegeben. Die Hamiltonschen Gleichungen auf Z lauten

$$\frac{\partial \varphi}{\partial t} = \frac{\delta H}{\delta \pi}, \quad \frac{\partial \pi}{\partial t} = -\frac{\delta H}{\delta \varphi}. \tag{3.6}$$

Bemerkungen

1. Die Symbole $\mathcal{F}$ und Den stehen für Funktionenräume, die im Raum aller Funktionen und Dichten enthalten und so gewählt sind, daß sie den funktionalanalytischen Ansprüchen des speziellen Problems gerecht werden. In der Praxis bedeutet dies oftmals, daß neben anderen Bedingungen geeignete Bedingungen im Unendlichen gefordert werden, um partiell integrieren zu können.

2. Die Bewegungsgleichungen für eine Kurve $z(t) = (\varphi(t), \pi(t))$, die in der Form $\Omega(dz/dt, \delta z) = \mathbf{d}H(z(t)) \cdot \delta z$ für alle $\delta z \in Z$ mit kompaktem Träger geschrieben sind, nennt man die **schwache Form der Bewegungsgleichungen**. Diese können auch noch gültig sein, wenn nicht genügend Glattheit oder Abfall im Unendlichen vorhanden ist, um die eigentliche Gleichung $dz/dt = X_H(z)$ zu rechtfertigen. Diese Situation kann z.B. auftreten, wenn man Schockwellen betrachtet.

Beweis (von Proposition 3.1.1). Um die partiellen Funktionalableitungen herzuleiten, verwenden wir die natürliche Paarung

$$\langle \, , \rangle : \mathcal{F}(\mathbb{R}^3) \times \mathrm{Den}(\mathbb{R}^3) \to \mathbb{R} \quad \text{mit} \quad \langle \varphi, \pi \rangle = \int \varphi \pi' \, d^3x \tag{3.7}$$

und wobei wir $\pi = \pi' d^3x \in \mathrm{Den}$ schreiben. Wir erinnern daran, daß $\delta H/\delta \varphi$ eine Dichte ist und dann sei

$$X = \left(\frac{\delta H}{\delta \pi}, -\frac{\delta H}{\delta \varphi} \right). \tag{3.8}$$

Wir haben zu zeigen, daß folgendes gilt: $\Omega(X(\varphi, \pi), (\delta\varphi, \delta\pi)) = \mathbf{d}H(\varphi, \pi) \cdot (\delta\varphi, \delta\pi)$. Und tatsächlich ist

$$
\begin{aligned}
\Omega(X(\varphi, \pi), (\delta\varphi, \delta\pi)) &= \Omega\left(\left(\frac{\delta H}{\delta\pi}, -\frac{\delta H}{\delta\varphi}\right), (\delta\varphi, \delta\pi)\right) \\
&= \int \frac{\delta H}{\delta\pi}(\delta\pi)' d^3x + \int \delta\varphi \left(\frac{\delta H}{\delta\varphi}\right)' d^3x \\
&= \left\langle \frac{\delta H}{\delta\pi}, \delta\pi \right\rangle + \left\langle \delta\varphi, \frac{\delta H}{\delta\varphi} \right\rangle \\
&= \mathbf{D}_\pi H(\varphi, \pi) \cdot \delta\pi + \mathbf{D}_\varphi H(\varphi, \pi) \cdot \delta\varphi \\
&= \mathbf{d}H(\varphi, \pi) \cdot (\delta\varphi, \delta\pi).
\end{aligned}
$$

∎

3.2 Beispiele: Die Hamiltonschen Gleichungen

Beispiel 3.2.1 (Die Wellengleichung). Betrachte wie oben $Z = \mathcal{F}(\mathbb{R}^3) \times \text{Den}(\mathbb{R}^3)$. Bezeichne φ die Konfigurationsvariable, d.h. die erste Komponente im Phasenraum $\mathcal{F}(\mathbb{R}^3) \times \text{Den}(\mathbb{R}^3)$, und interpretiere φ als ein Maß für die Auslenkung eines homogenen elastischen Mediums aus dem Gleichgewicht. Mit $\pi' = \rho \, d\varphi/dt$, wobei ρ die Massendichte ist, läßt sich die *kinetische Energie* in der Form

$$
T = \frac{1}{2} \int \frac{1}{\rho} [\pi']^2 \, d^3x
$$

schreiben. Für kleine Abweichungen φ geht man von einer linearen Rückstellkraft aus, wie z.B. von der durch die *potentielle Energie*

$$
\frac{k}{2} \int \|\nabla\varphi\|^2 \, d^3x
$$

mit einer Elastizitätskonstanten k gegebenen.

Da wir ein homogenes Medium betrachten, sind ρ und k Konstanten. Wir wählen Einheiten für die sie 1 sind. Nichtlineare Effekte können in naiver Weise modelliert werden, indem man einen nichtlinearen Term $U(\varphi)$ zum Potential hinzufügt. Für ein elastisches Medium sollte man eigentlich bestehende Beziehungen, die auf Prinzipien der Kontinuumsmechanik basieren, verwenden, vgl. Marsden und Hughes [1983]. In einem einfachen Modell ist die Hamiltonfunktion $H : Z \to \mathbb{R}$ die *Gesamtenergie*

$$
H(\varphi, \pi) = \int \left[\frac{1}{2}(\pi')^2 + \frac{1}{2}\|\nabla\varphi\|^2 + U(\varphi) \right] d^3x. \tag{3.9}
$$

Mit der Definition der Funktionalableitung erhalten wir

$$\frac{\delta H}{\delta \pi} = \pi', \quad \frac{\delta H}{\delta \varphi} = (-\nabla^2 \varphi + U'(\varphi))d^3x. \tag{3.10}$$

Deshalb lauten die Bewegungsgleichung

$$\frac{\partial \varphi}{\partial t} = \pi', \quad \frac{\partial \pi'}{\partial t} = \nabla^2 \varphi - U'(\varphi), \tag{3.11}$$

oder als Gleichung zweiter Ordnung

$$\frac{\partial^2 \varphi}{\partial t^2} = \nabla^2 \varphi - U'(\varphi). \tag{3.12}$$

Die Störung U wird nach den verschiedenen physikalischen Anwendungen ausgewählt. Ist $U' = 0$, so erhalten wir die lineare Wellengleichung mit normierter Phasengeschwindigkeit. Eine andere Wahl, $U(\varphi) = (1/2)m^2\varphi^2 + \lambda\varphi^4$, tritt in der Quantentheorie der selbstwechselwirkenden Mesonen auf. Der Parameter m beschreibt die Masse des Meson und φ^4 bestimmt den nichtlinearen Anteil der Wechselwirkung. Ist $\lambda = 0$, so erhalten wir die **Klein-Gordon-Gleichung**

$$\nabla^2 \varphi - \frac{\partial^2 \varphi}{\partial t^2} = m^2 \varphi. \tag{3.13}$$

Technische Ergänzungen.   Eine geeignete Wahl des Funktionenraumes für die Wellengleichung ist $Z = H^1(\mathbb{R}^3) \times L^2_{\text{Den}}(\mathbb{R}^3)$, wobei $H^1(\mathbb{R}^3)$ die H^1-Funktionen auf dem $\mathbb{R}^3$ bezeichnet, also Funktionen, die zusammen mit ihren Ableitungen quadratintegrabel sind, und $L^2_{\text{Den}}(\mathbb{R}^3)$ den Raum der Dichten $\pi = \pi' d^3x$, wobei die Funktion π' auf dem $\mathbb{R}^3$ quadratintegrabel ist. Beachte, daß das Hamiltonsche Vektorfeld

$$X_H(\varphi, \pi) = (\pi', (\nabla^2 \varphi - U'(\varphi))d^3x)$$

nur auf dem dichten Unterraum $H^2(\mathbb{R}^3) \times H^1_{\text{Den}}(\mathbb{R}^3)$ von Z definiert ist. Dies tritt bei der Untersuchung von Hamiltonschen partiellen Differentialgleichungen häufig auf. In §3.3 kommen wir hierauf zurück.

In dem vorigen Beispiel war Ω durch die kanonische Form gegeben, mit der Konsequenz, daß die Bewegungsgleichungen die Standardform (3.5) hatten. Zudem war die Hamiltonfunktion durch die Energie des betrachteten Systems gegeben. Wir werden nun Beispiele anführen, für die diese Aussagen uminterpretiert werden müssen, die aber dennoch in die von uns entwickelte allgemeine Theorie passen.

Beispiel 3.2.2 (Die Schrödingergleichung). Sei $\mathcal{H}$ ein komplexer Hilbertraum, z.B. der Raum der komplexwertigen Funktionen ψ auf dem $\mathbb{R}^3$ mit dem hermiteschen inneren Produkt

$$\langle \psi_1, \psi_2 \rangle = \int \psi_1(x)\overline{\psi}_2(x)\, d^3x,$$

wobei der Querstrich die komplexe Konjugation bedeutet. Für einen selbstadjungierten komplexlinearen Operator $H_{op} : \mathcal{H} \to \mathcal{H}$ lautet die Schrödingergleichung

$$i\hbar \frac{\partial \psi}{\partial t} = H_{op}\psi \qquad (3.14)$$

mit dem Planckschen Wirkungsquantum $\hbar$. Definiere

$$A = -\frac{i}{\hbar}H_{op},$$

womit die Schrödingergleichung die Gestalt

$$\frac{\partial \psi}{\partial t} = A\psi \qquad (3.15)$$

bekommt. Die symplektische Form auf $\mathcal{H}$ ist durch $\Omega(\psi_1, \psi_2) = -2\hbar \cdot$
Im $\langle \psi_1, \psi_2 \rangle$ gegeben. Die Selbstadjungiertheit von H_{op} ist eine stärkere Bedingung als die Symmetrie und maßgeblich für den Nachweis der Korrekt-
heit des Anfangswertproblems für (3.14). Eine Darstellung findet man z.B.
in Abraham, Marsden und Ratiu [1988]. Historisch war es Kato [1950], der
die Selbstadjungiertheit für wichtige Probleme wie z.B. das Wasserstoffatom
betrachtete.

Wir wissen seit §2.5, daß A, weil H_{op} symmetrisch ist, Hamiltonsch ist.
Die Hamiltonfunktion lautet

$$H(\psi) = \hbar \langle iA\psi, \psi \rangle = \langle H_{op}\psi, \psi \rangle . \qquad (3.16)$$

Dies ist der **Erwartungswert** von H_{op} bei ψ, definiert durch $\langle H_{op} \rangle (\psi) = \langle H_{op}\psi, \psi \rangle$.

Beispiel 3.2.3 (Die Korteweg-de Vries (KdV) Gleichung). Man be-
zeichne mit Z den Untervektorraum $\mathcal{F}(\mathbb{R})$, der aus denjenigen Funktionen u
besteht, für die $|u(x)|$ für $x \to \pm\infty$ hinreichend schnell abfällt, damit die von
uns verwendeten Integrale definiert sind und partielles Integrieren möglich
ist. Die Poissonklammern für die KdV-Gleichung sind, wie wir später sehen werden, recht einfach und wurden noch vor der symplektischen Struktur
entdeckt (vgl. Gardner [1971] und Zakharov [1971, 1974]). Um mit unserer
Darstellung konsistent zu bleiben, beginnen wir mit der etwas komplizierteren
symplektischen Struktur. Betrachte die Paarung von Z mit sich mittels des
inneren Produktes des L^2. Die symplektische Struktur der KdV-Gleichung Ω
sei durch

$$\Omega(u_1, u_2) = \frac{1}{2} \left(\int_{-\infty}^{\infty} [\hat{u}_1(x)u_2(x) - \hat{u}_2(x)u_1(x)] \, dx \right) \qquad (3.17)$$

definiert, wobei $\hat{u}$ eine Stammfunktion von u ist, also ist

$$\hat{u}(x) = \int_{-\infty}^{x} u(y) \, dy. \qquad (3.18)$$

In §8.5 werden wir eine Möglichkeit kennenlernen, diese Form zu *konstruieren*. Die Form Ω ist offensichtlich schiefsymmetrisch. Falls $u_1 = \partial v/\partial x$ für ein $v \in Z$ ist, so gilt

$$
\begin{aligned}
&\int_{-\infty}^{\infty} \hat{u}_2(x) u_1(x)\, dx \\
&= \int_{-\infty}^{\infty} \hat{u}_2(x) \frac{\partial \hat{u}_1(x)}{\partial x}\, dx \\
&= \hat{u}_1(x)\hat{u}_2(x)\Big|_{-\infty}^{\infty} - \int_{-\infty}^{\infty} \hat{u}_1(x) u_2(x)\, dx \\
&= \left(\int_{-\infty}^{\infty} \frac{\partial v(x)}{\partial x}\, dx \right) \left(\int_{-\infty}^{\infty} u_2(x)\, dx \right) - \int_{-\infty}^{\infty} \hat{u}_1(x) u_2(x)\, dx \\
&= \left(v(x)\Big|_{-\infty}^{\infty} \right) \left(\int_{-\infty}^{\infty} u_2(x)\, dx \right) - \int_{-\infty}^{\infty} \hat{u}_1(x) u_2(x)\, dx \\
&= - \int_{-\infty}^{\infty} \hat{u}_1(x) u_2(x)\, dx.
\end{aligned}
\tag{3.19}
$$

Ist also $u_1(x) = \partial v(x)/\partial x$, dann kann Ω in der Form

$$
\Omega(u_1, u_2) = \int_{-\infty}^{\infty} \hat{u}_1(x) u_2(x)\, dx = \int_{-\infty}^{\infty} v(x) u_2(x)\, dx
\tag{3.20}
$$

geschrieben werden.

Um nachzuweisen, daß Ω schwach nichtausgeartet ist, überprüfen wir, daß für $v \neq 0$ ein w existiert, so daß $\Omega(w, v) \neq 0$ ist. Ist $v \neq 0$ und sei $w = \partial v/\partial x$, so ist tatsächlich $w \neq 0$, da $v(x) \to 0$ für $|x| \to \infty$. Also folgt mit (3.20)

$$
\Omega(w, v) = \Omega\left(\frac{\partial v}{\partial x}, v \right) = \int_{-\infty}^{\infty} (v(x))^2\, dx \neq 0.
$$

Angenommen $H : Z \to \mathbb{R}$ sei eine gegebene Hamiltonfunktion. Wir behaupten, daß das zugehörige Hamiltonsche Vektorfeld X_H durch

$$
X_H(u) = \frac{\partial}{\partial x}\left(\frac{\delta H}{\delta u} \right)
\tag{3.21}
$$

gegeben ist. In der Tat ist mit (3.20)

$$
\Omega(X_H(v), w) = \int_{-\infty}^{\infty} \frac{\delta H}{\delta v}(x) w(x)\, dx = \mathbf{d}H(v) \cdot w.
\tag{3.22}
$$

Aus (3.21) folgt die Form der zugehörigen Hamiltonschen Gleichungen:

$$
u_t = \frac{\partial}{\partial x}\left(\frac{\delta H}{\delta u} \right).
\tag{3.23}
$$

In (3.23) und folgend bezeichnen die unteren Indizes Ableitungen nach den Indexvariablen. Betrachte als Spezialfall die Funktion

$$H_1(u) = -\frac{1}{6} \int_{-\infty}^{\infty} u^3 \, dx.$$

Dann ist

$$\frac{\partial}{\partial x} \frac{\delta H_1}{\delta u} = -u u_x$$

und somit wird (3.23) zur **eindimensionalen Transportgleichung**

$$u_t + u u_x = 0. \tag{3.24}$$

Als nächstes sei

$$H_2(u) = \int_{-\infty}^{\infty} \left(\frac{1}{2} u_x^2 - u^3 \right) dx, \tag{3.25}$$

dann wird (3.23) zu

$$u_t + 6u u_x + u_{xxx} = 0. \tag{3.26}$$

Dies ist die **Korteweg-de Vries (KdV) Gleichung**. Sie beschreibt Flachwasserwellen. Für eine kurze Darstellung ihres berühmten vollständigen Satzes von Integralen sei auf Abraham und Marsden [1978], §6.5 und hinsichtlich weiterer Informationen auf Newell [1985] verwiesen. Die ersten Integrale sind in Übung 3.3.1 gegeben. Auf dieses Beispiel werden wir von Zeit zu Zeit zurückkommen, nun wollen wir aber sich fortpflanzende Wellen als Lösungen der KdV-Gleichung finden.

Sich fortpflanzende Wellen.   Bei der Suche nach sich fortpflanzenden Wellen als Lösung von (3.26), also bei der Suche nach einer Funktion $u(x,t) = \varphi(x - ct)$ für eine Konstante $c > 0$ und eine positive Funktion φ, sehen wir, daß u genau dann die KdV-Gleichung erfüllt, wenn φ folgendes erfüllt:

$$c\varphi' - 6\varphi\varphi' - \varphi''' = 0. \tag{3.27}$$

Einmaliges Integrieren ergibt ·

$$c\varphi - 3\varphi^2 - \varphi'' = C, \tag{3.28}$$

wobei C eine Konstante ist. Diese Gleichung ist in den kanonischen Variablen (φ, φ') Hamiltonsch mit der Hamiltonfunktion

$$h(\varphi, \varphi') = \frac{1}{2}(\varphi')^2 - \frac{c}{2}\varphi^2 + \varphi^3 + C\varphi. \tag{3.29}$$

Aus der Energieerhaltung $h(\varphi, \varphi') = D$ folgt

$$\varphi' = \pm\sqrt{c\varphi^2 - 2\varphi^3 - 2C\varphi + 2D}, \tag{3.30}$$

oder mit $s = x - ct$

$$s = \pm \int \frac{d\varphi}{\sqrt{c\varphi^2 - 2\varphi^3 - 2C\varphi + 2D}}. \tag{3.31}$$

Wir suchen Lösungen, die zusammen mit ihren Ableitungen bei $\pm\infty$ verschwinden. Dann liefern (3.28) und (3.30) $C = D = 0$, somit ist

$$s = \pm \int \frac{d\varphi}{\sqrt{c\varphi^2 - 2\varphi^3}} = \pm\frac{1}{\sqrt{c}}\log\left|\frac{\sqrt{c - 2\varphi} - \sqrt{c}}{\sqrt{c - 2\varphi} + \sqrt{c}}\right| + K \tag{3.32}$$

für eine Konstante K, die unten bestimmt wird.

Für $C = D = 0$ bekommt die Hamiltonfunktion (3.29) die Gestalt

$$h(\varphi, \varphi') = \frac{1}{2}(\varphi')^2 - \frac{c}{2}\varphi^2 + \varphi^3, \tag{3.33}$$

damit sind die zwei durch $\partial h/\partial\varphi = 0$ und $\partial h/\partial\varphi' = 0$ gegebenen Gleichgewichtspunkte $(0, 0)$ und $(c/3, 0)$. Die Matrix des linearisierten Hamiltonschen Systems in diesen Gleichgewichtspunkten ist

$$\begin{bmatrix} 0 & 1 \\ \pm c & 0 \end{bmatrix},$$

was zeigt, daß $(0, 0)$ ein Sattel und $(c/3, 0)$ spektralstabil ist. Das Kriterium der zweiten Variation der potentiellen Energie (vgl. §1.10) $-c\varphi^2/2 + \varphi^3$ bei $(c/3, 0)$ zeigt, daß dieses Gleichgewicht stabil ist. Ist $(\varphi(s), \varphi'(s))$ ein homokliner Orbit, der in $(0, 0)$ beginnt und dort endet, so ist der Wert der Hamiltonfunktion (3.33) darauf also $H(0, 0) = 0$. Aus (3.33) folgt, daß $(c/2, 0)$ ein Punkt auf diesem homoklinen Orbit ist und folglich wird er durch (3.31) mit $C = D = 0$ beschrieben. Wählt man $\varphi(0) = c/2$, $\varphi'(0) = 0$ als Anfangsbedingung für diesen Orbit in $s = 0$, so resultiert aus (3.32) $K = 0$ und damit

$$\left|\frac{\sqrt{c - 2\varphi} - \sqrt{c}}{\sqrt{c - 2\varphi} + \sqrt{c}}\right| = e^{\pm\sqrt{c}s}.$$

Da nach Annahme $\varphi \geq 0$ ist, ist der Ausdruck zwischen den Betragsstrichen negativ, also ist

$$\frac{\sqrt{c - 2\varphi} - \sqrt{c}}{\sqrt{c - 2\varphi} + \sqrt{c}} = -e^{\pm\sqrt{c}s}$$

und dessen Lösung ist

$$\varphi(s) = \frac{2ce^{\pm\sqrt{c}s}}{(1 + e^{\pm\sqrt{c}s})^2} = \frac{c}{2\cosh^2(\sqrt{c}s/2)}.$$

Dies ergibt die **Solitonenlösung**

$$u(x, t) = \frac{c}{2}\text{sech}^2\left[\frac{\sqrt{c}}{2}(x - ct)\right].$$

Beispiel 3.2.4 (Die sin-Gordon-Gleichung). Für Funktionen $u(x,t)$ mit reellen Variablen x und t lautet die **sin-Gordon-Gleichung** $u_{tt} = u_{xx} + \sin u$. Die Gleichung (3.12) zeigt, daß sie mit der Impulsdichte $\pi = u_t\, dx$ (und der assoziierten Funktion $\pi' = u_t$),

$$H(u) = \int_{-\infty}^{\infty} \left(\frac{1}{2}u_t^2 + \frac{1}{2}u_x^2 + \cos u \right) dx \qquad (3.34)$$

und der in der Wellengleichung verwendeten kanonischen Klammerstruktur Hamiltonsch ist. Auch diese Gleichung hat einen vollständigen Satz von Integralen, vgl. wieder Newell [1985].

Beispiel 3.2.5 (Die abstrakte Wellengleichung). Sei $\mathcal{H}$ ein reeller Hilbertraum und $B : \mathcal{H} \to \mathcal{H}$ ein linearer Operator. Verwende auf $\mathcal{H} \times \mathcal{H}$ die durch (2.25) gegebene symplektische Struktur Ω. Es läßt sich folgendes nachweisen:

(i) $A = \begin{bmatrix} 0 & I \\ -B & 0 \end{bmatrix}$ ist genau dann schiefsymmetrisch bzgl. Ω, wenn B ein symmetrischer Operator auf $\mathcal{H}$ ist, und

(ii) ist B symmetrisch, so ist die Hamiltonfunktion für A

$$H(x,y) = \frac{1}{2}(\|y\|^2 + \langle Bx, x \rangle). \qquad (3.35)$$

Die Bewegungsgleichung (2.50) liefert die **abstrakte Wellengleichung**

$$\ddot{x} + Bx = 0.$$

Beispiel 3.2.6 (Die lineare Elastodynamik). Betrachte die Gleichungen

$$\rho \mathbf{u}_{tt} = \operatorname{div}(\mathbf{c} \cdot \nabla \mathbf{u}),$$

also

$$\rho u_{tt}^i = \frac{\partial}{\partial x^j}\left[c^{ijkl} \frac{\partial u^k}{\partial x^l} \right] \qquad (3.36)$$

auf dem $\mathbb{R}^3$, wobei ρ eine positive Funktion und $\mathbf{c}$ ein Tensorfeld vierter Ordnung (der **Elastizitätstensor**) auf dem $\mathbb{R}^3$ mit den Symmetrien $c^{ijkl} = c^{klij} = c^{jikl}$ ist.

Auf $\mathcal{F}(\mathbb{R}^3; \mathbb{R}^3) \times \mathcal{F}(\mathbb{R}^3; \mathbb{R}^3)$ (oder genauer auf

$$H^1(\mathbb{R}^3; \mathbb{R}^3) \times L^2(\mathbb{R}^3; \mathbb{R}^3)$$

mit geeignetem Abfallverhalten im Unendlichen) definieren wir

$$\Omega((\mathbf{u}, \dot{\mathbf{u}}), (\mathbf{v}, \dot{\mathbf{v}})) = \int_{\mathbb{R}^3} \rho(\dot{\mathbf{v}} \cdot \mathbf{u} - \dot{\mathbf{u}} \cdot \mathbf{v})\, d^3x. \qquad (3.37)$$

Die Form Ω ist die kanonische symplektische Form (2.22) für Felder $\mathbf{u}$ und ihre konjugierten Impulse $\pi = \rho\dot{\mathbf{u}}$.

Betrachte auf dem Raum der Funktionen $\mathbf{u} : \mathbb{R}^3 \to \mathbb{R}^3$ das ρ-gewichtete innere Produkt des L^2

$$\langle \mathbf{u}, \mathbf{v} \rangle_\rho = \int_{\mathbb{R}^3} \rho\mathbf{u} \cdot \mathbf{v} \, d^3x. \tag{3.38}$$

Dann ist der Operator $B\mathbf{u} = -(1/\rho)\operatorname{div}(\mathbf{c} \cdot \nabla\mathbf{u})$ hinsichtlich dieses inneren Produktes symmetrisch und damit ist nach dem obigen Beispiel (3.2.5) der Operator $A(\mathbf{u}, \dot{\mathbf{u}}) = (\dot{\mathbf{u}}, (1/\rho)\operatorname{div}(\mathbf{c} \cdot \nabla\mathbf{u}))$ Ω-schiefsymmetrisch.

Es wurde gezeigt, daß die Gleichungen (3.2.6) der linearen Elastodynamik hinsichtlich der durch (3.37) gegebenen Form Ω und mit Energie

$$H(\mathbf{u}, \dot{\mathbf{u}}) = \frac{1}{2} \int \rho\|\dot{\mathbf{u}}\|^2 \, d^3x + \frac{1}{2} \int c^{ijkl} e_{ij} e_{kl} \, d^3x \tag{3.39}$$

Hamiltonsch sind, wobei

$$e_{ij} = \frac{1}{2}\left(\frac{\partial u^i}{\partial x^j} + \frac{\partial u^j}{\partial x^i}\right).$$

Übungen

Übung 3.2.1.

(a) Sei $\varphi : \mathbb{R}^{n+1} \to \mathbb{R}$. Zeige direkt, daß die sin-Gordon-Gleichung

$$\frac{\partial^2 \varphi}{\partial t^2} - \nabla^2\varphi + \sin\varphi = 0$$

für eine geeignete Lagrangefunktion der Euler-Lagrange-Gleichung entspricht.

(b) Sei $\varphi : \mathbb{R}^{n+1} \to \mathbb{C}$. Schreibe die nichtlineare Schrödingergleichung

$$i\frac{\partial \varphi}{\partial t} + \nabla^2\varphi + \beta\varphi|\varphi|^2 = 0$$

als ein Hamiltonsches System.

Übung 3.2.2. Finde eine „Solitonenlösung" für die sin-Gordon-Gleichung

$$\frac{\partial^2 \varphi}{\partial t^2} - \frac{\partial^2 \varphi}{\partial x^2} + \sin\varphi = 0$$

in einer Raumdimension.

Übung 3.2.3. Betrachte die komplexe nichtlineare Schrödingergleichung in einer Raumdimension:

$$i\frac{\partial \varphi}{\partial t} + \frac{\partial^2 \varphi}{\partial x^2} + \beta\varphi|\varphi|^2 = 0, \quad \beta \neq 0.$$

(a) Zeige, daß die Funktion $\psi : \mathbb{R} \to \mathbb{C}$, die die Lösung einer sich fort-pflanzenden Welle $\varphi(x,t) = \psi(x - ct)$ mit $c > 0$ definiert, die komplexe Differentialgleichung zweiter Ordnung erfüllt, die zu dem Hamiltonschen System im $\mathbb{R}^4$ bzgl. der nichtkanonischen symplektischen Form, deren Matrix durch

$$\mathbb{J}_c = \begin{bmatrix} 0 & c & 1 & 0 \\ -c & 0 & 0 & 1 \\ -1 & 0 & 0 & 0 \\ 0 & -1 & 0 & 0 \end{bmatrix}$$

gegeben ist, äquivalent ist, vgl. Übung 2.4.1.

(b) Untersuche die Gleichgewichtspunkte des resultierenden Hamiltonschen Systems im $\mathbb{R}^4$ und bestimme das Stabilitätsverhalten des linearisierten Systems.

(c) Sei $\psi(s) = e^{ics/2}a(s)$ für eine reelle Funktion $a(s)$. Bestimme eine Gleichung zweiter Ordnung für $a(s)$. Zeige, daß die entstehende Gleichung Hamiltonsch ist und für $\beta < 0$ heterokline Orbits hat. Finde diese.

(d) Finde „Solitonenlösungen" für die komplexe nichtlineare Schrödinger-gleichung.

3.3 Beispiele: Poissonklammern und Erhaltungsgrößen

Es ist nützlich, einige grundlegende Tatsachen zum Drehimpuls der Teilchen im $\mathbb{R}^3$ zu wiederholen, bevor wir mit Beispielen zu unendlichdimensionalen Systemen fortfahren. (Analog dazu sollte sich der Leser um eine Diskussion zum Impuls bemühen.) Betrachte ein Teilchen, das sich unter dem Einfluß eines Potentials V im $\mathbb{R}^3$ bewegt. Sei die Ortskoordinate mit $\mathbf{q}$ bezeichnet, so daß das zweite Newtonsche Axiom

$$m\ddot{\mathbf{q}} = -\nabla V(\mathbf{q})$$

lautet. Sei $\mathbf{p} = m\dot{\mathbf{q}}$ der Impuls und $\mathbf{J} = \mathbf{q} \times \mathbf{p}$ der Drehimpuls. Dann ist

$$\frac{d}{dt}\mathbf{J} = \dot{\mathbf{q}} \times \mathbf{p} + \mathbf{q} \times \dot{\mathbf{p}} = -\mathbf{q} \times \nabla V(\mathbf{q}).$$

Ist V radialsymmetrisch, dann ist es nur ein Funktion von $\|\mathbf{q}\|$. Angenommen es ist

$$V(\mathbf{q}) = f(\|\mathbf{q}\|^2),$$

wobei f eine glatte Funktion ist (ausgenommen $\mathbf{q} = \mathbf{0}$, falls nötig). Dann ist

$$\nabla V(\mathbf{q}) = 2f'(\|\mathbf{q}\|^2)\mathbf{q}$$

und somit $\mathbf{q} \times \nabla V(\mathbf{q}) = 0$. Folglich ist in diesem Fall $d\mathbf{J}/dt = 0$, also ist $\mathbf{J}$ eine Erhaltungsgröße.

Alternativ kann man mit

$$H(\mathbf{q}, \mathbf{p}) = \frac{1}{2m}\|\mathbf{p}\|^2 + V(\mathbf{q})$$

direkt nachweisen, daß $\{H, J_l\} = 0$ ist für $l = 1, 2, 3$ und $\mathbf{J} = (J_1, J_2, J_3)$. Dies zeigt auch, daß jede Komponente J_l unter der von H bestimmten Hamiltonschen Dynamik erhalten bleibt.

Weitere Einsichten gewinnt man, indem man die Komponenten von $\mathbf{J}$ genauer betrachtet. Betrachte z.B. die skalare Funktion

$$F(\mathbf{q}, \mathbf{p}) = \mathbf{J}(\mathbf{q}, \mathbf{p}) \cdot \omega\mathbf{k},$$

wobei ω eine Konstante und $\mathbf{k} = (0, 0, 1)$ ist. Wir erhalten

$$F(\mathbf{q}, \mathbf{p}) = \omega(q^1 p_2 - p_1 q^2).$$

Das Hamiltonsche Vektorfeld von F ist

$$\begin{aligned}
X_F(\mathbf{q}, \mathbf{p}) &= \left(\frac{\partial F}{\partial p_1}, \frac{\partial F}{\partial p_2}, \frac{\partial F}{\partial p_3}, -\frac{\partial F}{\partial q^1}, -\frac{\partial F}{\partial q^2}, -\frac{\partial F}{\partial q^3} \right) \\
&= (-\omega q^2, \omega q^1, 0, -\omega p_2, \omega p_1, 0).
\end{aligned}$$

Beachte, daß X_F gerade das zugehörige Vektorfeld zum Fluß in der (q^1, q^2)- und (p_1, p_2)-Ebene ist, der aus Rotationen um den Ursprung mit Winkelgeschwindigkeit ω besteht. Allgemeiner hat das Hamiltonsche Vektorfeld, das mit einer durch $J_{\boldsymbol{\omega}} := \mathbf{J} \cdot \boldsymbol{\omega}$ definierten skalaren Funktion assoziiert ist, wobei $\boldsymbol{\omega}$ ein Vektor im $\mathbb{R}^3$ ist, einen Fluß, der aus Rotationen um die Achse $\boldsymbol{\omega}$ besteht. Wie wir in Kap. 11 und 12 sehen werden, ist dies der Ausgangspunkt, um den Zusammenhang zwischen Erhalungssätzen und Symmetrien allgemeiner zu verstehen.

Noch eine weitere Beziehung ist bemerkenswert. Für zwei Vektoren $\boldsymbol{\omega}_1$ und $\boldsymbol{\omega}_2$ gilt nämlich

$$\{J_{\boldsymbol{\omega}_1}, J_{\boldsymbol{\omega}_2}\} = J_{\boldsymbol{\omega}_1 \times \boldsymbol{\omega}_2}.$$

Dies ist, wie wir später sehen werden, ein wichtiger Zusammenhang zwischen der Poissonklammerstruktur und der Struktur der Liealgebra der Drehgruppe.

Beispiel 3.3.1 (Die Schrödingerklammer). In Beispiel 3.2.2 aus §3.2 sahen wir, daß für einen selbstadjungierten, komplex linearen Operator H_{op} auf einem Hilbertraum $\mathcal{H}$ der Operator $A = H_{\text{op}}/(i\hbar)$ Hamiltonsch und die zugehörige Energiefunktion H_A der Erwartungswert $\langle H_{\mathrm{op}} \rangle$ von H_{op} ist. Seien H_{op} und K_{op} zwei solche Operatoren und wenden wir den Zusammenhang (2.72) zwischen Poissonklammer und Kommutator an oder führen eine direkte Berechnung durch, so erhalten wir

$$\{\langle H_{\mathrm{op}} \rangle, \langle K_{\mathrm{op}} \rangle\} = \langle [H_{\mathrm{op}}, K_{\mathrm{op}}] \rangle . \tag{3.40}$$

Mit anderen Worten: *Der Erwartungswert des Kommutators ist die Poissonklammer der Erwartungswerte.*

Resultate dieser Art führen zu Aussagen wie „Kommutatoren in der Quantenmechanik sind nicht nur *analog* zu Poissonklammern, sie *sind* Poissonklammern." Man kann sogar soweit gehen, zu sagen: *Die Quantenmechanik ist ein Spezialfall der klassischen Mechanik, nicht aber die Quantenmechanik richtig und die klassische Mechanik falsch.*"

Wählen wir $K_{\mathrm{op}}\psi = \psi$, den Identitätsoperator, so ist die zugehörige Hamiltonfunktion $p(\psi) = \|\psi\|^2$ und mit (3.40) sehen wir, daß p für jede Wahl von H_{op} eine Erhaltungsgröße ist, eine Tatsache, die für die Wahrscheinlichkeitsinterpretation der Quantenmechanik von zentraler Bedeutung ist. Später werden wir erkennen, daß p die zu der **Phasensymmetrie** $\psi \mapsto e^{i\theta}\psi$ zugehörige Erhaltungsgröße ist.

Allgemeiner gilt: Sind F und G zwei Funktionen auf $\mathcal{H}$ mit $\delta F/\delta \psi = \nabla F$, den Gradienten von F bzgl. des reellen inneren Produktes $\mathrm{Re} \langle , \rangle$ auf H, so ist

$$X_F = \frac{1}{2i\hbar} \nabla F \tag{3.41}$$

und

$$\{F, G\} = -\frac{1}{2\hbar} \mathrm{Im} \langle \nabla F, \nabla G \rangle . \tag{3.42}$$

Beachte, daß (3.41), (3.42) und $\mathrm{Im}\,z = -\mathrm{Re}(iz)$ wie erwartet folgendes ergeben:

$$\mathbf{d}F \cdot X_G = \mathrm{Re} \langle \nabla F, X_G \rangle = \frac{1}{2\hbar} \mathrm{Re} \langle \nabla F, -i\nabla G \rangle$$
$$= \frac{1}{2\hbar} \mathrm{Re} \langle i\nabla F, \nabla G \rangle$$
$$= -\frac{1}{2\hbar} \mathrm{Im} \langle \nabla F, \nabla G \rangle$$
$$= \{F, G\}.$$

Beispiel 3.3.2 (Die KdV-Klammer). Mit der Definition der Klammer (2.63), der symplektischen Struktur und der Formel für das Hamiltonsche Vektorfeld aus dem Beispiel 3.2.3 aus §3.2 findet man für Funktionen F, G von u, deren Funktionalableitungen bei $\pm\infty$ verschwinden,

$$\{F, G\} = \int_{-\infty}^{\infty} \frac{\delta F}{\delta u} \frac{\partial}{\partial x} \left(\frac{\delta G}{\delta u} \right) dx. \tag{3.43}$$

Beispiel 3.3.3 (Der Impuls und der Drehimpuls für die Wellenglei-chung). Die in dem Beispiel 3.2.1 aus §3.2 diskutierte Wellengleichung im $\mathbb{R}^3$ hat die Hamiltonfunktion

$$H(\varphi, \pi) = \int_{\mathbb{R}^3} \left[\frac{1}{2}(\pi')^2 + \frac{1}{2}\|\nabla\varphi\|^2 + U(\varphi) \right] d^3x. \qquad (3.44)$$

Definiere den **Impuls** in x-Richtung durch

$$P_x(\varphi, \pi) = \int \pi' \frac{\partial\varphi}{\partial x} \, d^3x. \qquad (3.45)$$

Aus (3.45) folgt $\delta P_x/\delta\pi = \partial\varphi/\partial x$ und $\delta P_x/\delta\varphi = (-\partial\pi'/\partial x)\, d^3x$, also erhal-ten wir aus (3.10)

$$\begin{aligned}
\{H, P_x\}(\varphi, \pi) &= \int_{\mathbb{R}^3} \left(\frac{\delta P_x}{\delta\pi} \frac{\delta H}{\delta\varphi} - \frac{\delta H}{\delta\pi} \frac{\delta P_x}{\delta\varphi} \right) \\
&= \int_{\mathbb{R}^3} \left[\frac{\partial\varphi}{\partial x}(-\nabla^2\varphi + U'(\varphi)) + \pi' \frac{\partial\pi'}{\partial x} \right] d^3x \\
&= \int_{\mathbb{R}^3} \left[-\nabla^2\varphi \frac{\partial\varphi}{\partial x} + \frac{\partial}{\partial x}\left(U(\varphi) + \frac{1}{2}(\pi')^2 \right) \right] d^3x \\
&= 0, \qquad\qquad\qquad\qquad\qquad\qquad\qquad\qquad (3.46)
\end{aligned}$$

unter der Annahme, daß die Felder und U im Unendlichen hinreichend schnell verschwinden. (Der erste Term verschwindet, weil er bei partieller Integration das Vorzeichen wechselt.) Folglich ist P_x eine Erhaltungsgröße. Die Erhaltung von P_x steht im Zusammenhang mit der Invarianz von H unter Translation in x-Richtung. Tiefere Einsichten in diesen Zusammenhang werden später gewährt. Natürlich gelten ähnliche Erhaltungssätze für die y- und z-Richtung.

Die Drehimpulse $\mathbf{J} = (J_x, J_y, J_z)$ sind ebenfalls Erhaltungsgrößen. Hierbei ist z.B.

$$J_z(\varphi) = \int_{\mathbb{R}^3} \pi' \left(x\frac{\partial}{\partial y} - y\frac{\partial}{\partial x} \right) \varphi \, d^3x. \qquad (3.47)$$

Dies wird in analoger Weise gezeigt (für geeignete Funktionenräume, in denen diese Operationen erklärt werden können, vgl. Chernoff und Marsden [1974]).

Beispiel 3.3.4 (Impuls und Drehimpuls: Die Schrödingergleichung).

Der Impuls. Betrachte das Beispiel 3.2.2 aus §3.2. Wir nehmen an, daß $\mathcal{H}$ der Raum der komplexwertigen L^2-Funktionen auf dem $\mathbb{R}^3$ ist und daß der selbstadjungierte lineare Operator $H_{\text{op}} : \mathcal{H} \to \mathcal{H}$ mit infinitesimalen Trans-lationen des Arguments vertauscht, die durch einen festen Vektor $\xi \in \mathbb{R}^3$ beschrieben werden, d.h., daß $H_{\text{op}}(\mathbf{D}\psi(\cdot) \cdot \xi) = \mathbf{D}(H_{\text{op}}\psi(\cdot)) \cdot \xi$ für jedes ψ gilt, dessen Ableitung in $\mathcal{H}$ ist. Mit (3.40) zeigt man, daß

$$P_\xi(\psi) = \left\langle \frac{i}{\hbar}\mathbf{D}\psi \cdot \xi, \psi \right\rangle \qquad (3.48)$$

mit $\langle H_{op} \rangle$ Poisson-kommutiert. Ist ξ der Einheitsvektor entlang der x-Achse, so lautet die zugehörige Erhaltungsgröße

$$P_x(\psi) = \left\langle \frac{i}{\hbar} \frac{\partial \psi}{\partial x}, \psi \right\rangle.$$

Drehimpuls. Wir nehmen an, daß $H_{op} \colon \mathcal{H} \to \mathcal{H}$ mit infinitesimalen Rotationen vertauscht, die durch eine feste (3×3)-Matrix $\hat{\omega}$ beschrieben werden, d.h.,

$$H_{op}(\mathbf{D}\psi(x) \cdot \hat{\omega}x) = \mathbf{D}((H_{op}\psi)(x)) \cdot \hat{\omega}x \tag{3.49}$$

für jedes ψ, dessen Ableitung in $\mathcal{H}$ ist, wobei H_{op} auf der linken Seite als auf die Funktion $x \mapsto \mathbf{D}\psi(x) \cdot \hat{\omega}x$ wirkend verstanden wird. Dann Poisson-kommutiert die Drehimpulsfunktion

$$\mathbf{J}(\hat{\omega}) : x \mapsto \langle i\mathbf{D}\psi(x) \cdot \hat{\omega}(x)/\hbar, \psi(x) \rangle \tag{3.50}$$

mit $\mathcal{H}$, ist also eine Erhaltungsgröße. Wählen wir $\omega = (0, 0, 1)$, d.h,

$$\hat{\omega} = \begin{bmatrix} 0 & -1 & 0 \\ 1 & 0 & 0 \\ 0 & 0 & 0 \end{bmatrix},$$

dann korrespondiert dies zu einer infinitesimalen Rotation um die z-Achse. Der Drehimpuls um die x^l-Achse ist explizit durch

$$J_l(\psi) = \left\langle \frac{i}{\hbar} \left(x^j \frac{\partial \psi}{\partial x^k} - x^k \frac{\partial \psi}{\partial x^j} \right), \psi \right\rangle$$

gegeben, wobei (j, k, l) eine zyklische Permutation von $(1, 2, 3)$ ist.

Beispiel 3.3.5 (Impuls und Drehimpuls in der linearen Elastodynamik). Betrachte wieder die Gleichungen der linearen Elastodynamik, vgl. Beispiel 3.2.6 aus §3.2. Beachte, daß die Hamiltonfunktion invariant unter Translationen ist, falls der Elastizitätstensor $\mathbf{c}$ homogen (unabhängig von (x, y, z)) ist. Der zugehörige erhaltene Impuls in x-Richtung ist

$$P_x = \int_{\mathbb{R}^3} \rho \dot{\mathbf{u}} \cdot \frac{\partial \mathbf{u}}{\partial x} \, d^3x. \tag{3.51}$$

Entsprechend ist die Hamiltonfunktion invariant unter Rotationen, falls $\mathbf{c}$ isotrop ist, d.h., Invarianz unter Rotationen ist äquivalent dazu, daß $\mathbf{c}$ von der Gestalt

$$c^{ijkl} = \mu(\delta^{ik}\delta^{jl} + \delta^{il}\delta^{jk}) + \lambda\delta^{ij}\delta^{kl}$$

ist, wobei μ und λ Konstanten sind (siehe Marsden und Hughes [1983, Abschnitt 4.3] für den Beweis). Der erhaltene Drehimpuls um die z-Achse ist

$$J = \int_{\mathbb{R}^3} \rho \dot{\mathbf{u}} \cdot \left(x \frac{\partial \mathbf{u}}{\partial y} - y \frac{\partial \mathbf{u}}{\partial x} \right) d^3x.$$

In Kapitel 11 werden wir eine tiefere Einsicht in die Bedeutung und die Konstruktionsweise dieser Erhaltungsgrößen gewinnen.

Beispiel 3.3.6 (Einige technische Einzelheiten zu unendlichdimensionalen Systemen). Im allgemeinen ist das Hamiltonsche Vektorfeld X_H, sofern die symplektische Form auf dem Banachraum Z nicht stark ist, *nicht* auf ganz Z, sondern nur auf einem dichten Teilraum definiert. Zum Beispiel ist im Falle einer Wellengleichung $\partial^2 \varphi / \partial t^2 = \nabla^2 \varphi - U'(\varphi)$, $H^1(\mathbb{R}^3) \times L^2(\mathbb{R}^3)$ eine mögliche Wahl eines Phasenraumes. X_H ist aber nur auf dem dichten Teilraum $H^2(\mathbb{R}^3) \times H^1(\mathbb{R}^3)$ definiert. Es kann auch passieren, daß nicht einmal die Hamiltonfunktion H auf ganz Z definiert ist. Ist z.B. $H_{\mathrm{op}} = \nabla^2 + V$ für die Schrödingergleichung auf $L^2(\mathbb{R}^3)$, so kann H einen Definitionsbereich haben, der $H^2(\mathbb{R}^3)$ enthält und dem Definitionsbereich des Hamiltonschen Vektorfeldes iH_{op} entspricht. Ist V singulär, so muß der Definitionsbereich nicht genau $H^2(\mathbb{R}^3)$ sein. Als eine quadratische Form ist H möglicherweise auf $H^1(\mathbb{R}^3)$ fortsetzbar. Details findet man in Reed und Simon [1974, Band 2] oder Kato [1984].

Das Problem der Existenz und sogar der Eindeutigkeit von Lösungen kann recht heikel sein. Im Falle linearer Systeme verwendet man für die Schrödinger- und Wellengleichungen den Satz von Stone und für allgemeinere lineare Systeme den Satz von Hille-Yosida. Für die Theorie und Beispiele verweisen wir auf Marsden und Hughes [1983, Kap. 6]. Im Falle nichtlinearer Hamiltonscher Systeme sind die Sätze von Segal [1962], Kato [1975] und Hughes, Kato und Marsden [1977] relevant.

Für unendlichdimensionale, nichtlineare Hamiltonsche Systeme benötigt man technische Differenzierbarkeitsbedingungen für ihre Flüsse φ_t, um zu garantieren, daß jede Abbildung φ_t symplektisch ist, vgl. Chernoff und Marsden [1974] und insbesondere Marsden und Hughes [1983, Kap. 6]. Diese technischen Einzelheiten werden in vielen interessanten Beispielen benötigt.

Übungen

Übung 3.3.1. Zeige $\{F_i, F_j\} = 0$ für $i, j = 0, 1, 2, 3$, wobei die Poissonklammer die KdV-Klammer ist und die Integrale

$$F_0(u) = \int_{-\infty}^{\infty} u \, dx,$$

$$F_1(u) = \int_{-\infty}^{\infty} \frac{1}{2} u^2 \, dx,$$

$$F_2(u) = \int_{-\infty}^{\infty} \left(-u^3 + \frac{1}{2}(u_x)^2 \right) dx \qquad \text{(die KdV-Hamiltonfunktion)},$$

$$F_3(u) = \int_{-\infty}^{\infty} \left(\frac{5}{2} u^4 - 5uu_x^2 + \frac{1}{2}(u_{xx})^2 \right) dx$$

sind.

4. Mannigfaltigkeiten, Vektorfelder und Differentialformen

Als Vorbereitung auf spätere Kapitel ist es notwendig, etwas über die Theorie der Mannigfaltigkeiten zu lernen. Wir erinnern hier an einige grundlegende Tatsachen, beginnend mit dem endlichdimensionalen Fall. (Für eine umfangreiche Darstellung siehe Abraham, Marsden und Ratiu [1988]). Es ist an dieser Stelle noch nicht notwendig, den gesamten Stoff zu bewältigen, sondern es genügt, sich einen allgemeinen Überblick zu verschaffen und bei der Weiterentwicklung der Mechanik wiederholt darauf zurückzugreifen.

4.1 Mannigfaltigkeiten

Zuerst beabsichtigen wir, den Begriff der Mannigfaltigkeit zu definieren. Mannigfaltigkeiten sind grob formuliert abstrakte Flächen, die lokal wie lineare Räume aussehen. Wir gehen zunächst davon aus, daß die linearen Räume dem $\mathbb{R}^n$ mit einer festen natürlichen Zahl n entsprechen, die die Dimenision der Mannigfaltigkeit sein wird.

Karten. Zu einer Menge M ist eine *Karte* auf M eine Teilmenge U von M zusammen mit einer bijektiven Abbildung $\varphi : U \to \varphi(U) \subset \mathbb{R}^n$. Gewöhnlich geben wir $\varphi(m)$ durch $(x^1, \ldots, x^n)$ an und bezeichnen die x^i als *Koordinaten* des Punktes $m \in U \subset M$.

Die Karten (U, φ) und (U', φ') mit $U \cap U' \neq \varnothing$ werden *verträglich* genannt, falls $\varphi(U \cap U')$ und $\varphi'(U' \cap U)$ offene Teilmengen des $\mathbb{R}^n$ sind und die Abbildungen

$$\varphi' \circ \varphi^{-1} | \varphi(U \cap U') : \varphi(U \cap U') \longrightarrow \varphi'(U \cap U')$$

und

$$\varphi \circ (\varphi')^{-1} | \varphi'(U \cap U') : \varphi'(U \cap U') \longrightarrow \varphi(U \cap U')$$

glatt sind. Hier bezeichnet $\varphi' \circ \varphi^{-1} | \varphi(U \cap U')$ die Einschränkung der Abbildung $\varphi' \circ \varphi^{-1}$ auf die Menge $\varphi(U \cap U')$. Siehe Abbildung 4.1. Wir nennen M eine *differenzierbare n-Mannigfaltigkeit*, falls folgendes gilt:

M1. *Die Menge M wird durch eine Menge von Karten überdeckt, d.h., jeder Punkte wird in zumindest einer Karte dargestellt.*

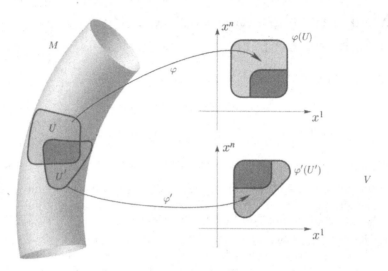

Abb. 4.1. Überlappende Karten auf einer Mannigfaltigkeit.

M2. *M hat einen Atlas, d.h., M kann als eine Vereinigung von verträglichen Karten ausgedrückt werden.*

Ist eine Karte mit einem gegebenen Atlas verträglich, so kann sie zu dem Atlas hinzugenommen werden, um einen neuen, größeren Atlas zu erhalten. Man möchte solche Karten zulassen, durch die ein gegebener Atlas vergrößert wird und dann eine **differenzierbare Struktur** als einen **maximalen Atlas** definieren. Wir werden von jetzt an differenzierbare Strukturen voraussetzen und widerstehen der Versuchung, an dieser Stelle allzu formal zu werden.

Ein einfaches Beispiel wird verdeutlichen, woran wir denken. Angenommen, man faßt den dreidimensionalen Euklidischen Raum $\mathbb{R}^3$ mit der Identität als Kartenabbildung als eine Mannigfaltigkeit auf. Wir wollen natürlich auch andere Karten, wie z.B. solche, die durch sphärische Koordinaten definiert werden, zulassen. Indem wir alle Karten zulassen, deren Koordinatenwechsel mit den Euklidischen Koordinaten glatt sind, erhalten wir einen maximalen Atlas.

Eine **Umgebung** eines Punktes m in einer Mannigfaltigkeit M ist als das inverse Bild einer Umgebung des Punktes $\varphi(m)$ im Euklidischen Raum unter der Kartenabbildung $\varphi : U \to \mathbb{R}^n$ definiert. Umgebungen definieren offene Mengen, und man kann nachprüfen, daß offene Mengen in M eine Topologie definieren. *Üblicherweise gehen wir, ohne dies ausdrücklich zu erwähnen, davon aus, daß die Topologie Hausdorffsch ist: Zwei verschiedene Punkte m, m' in M besitzen disjunkte Umgebungen.*

Tangententialvektoren.   Zwei Kurven $t \mapsto c_1(t)$ und $t \mapsto c_2(t)$ in einer n-Mannigfaltigkeit M werden im Punkt m **äquivalent** genannt, falls in einer Karte φ

$$c_1(0) = c_2(0) = m \quad \text{und} \quad (\varphi \circ c_1)'(0) = (\varphi \circ c_2)'(0)$$

gilt. Der Strich bezeichnet hier die Differentiation von Kurven im Euklidischen Raum. Es ist leicht nachzuweisen, daß diese Definition kartenunabhängig ist und eine Äquivalenzklasse definiert. Ein *Tangentialvektor* v zu einer Mannigfaltigkeit M im Punkt $m \in M$ ist eine Äquivalenzklasse von Kurven durch m.

Es gibt einen Satz, der besagt, daß die Menge der Tangentialvektoren zu M in m einen Vektorraum bildet. Dieser wird mit $T_m M$ bezeichnet und *Tangentialraum* von M in $m \in M$ genannt.

Zu einer Kurve $c(t)$ bezeichnen wir mit $c'(s)$ den Tangentialvektor in $c(s)$, der durch die Äquivalenzklasse von $t \mapsto c(s + t)$ in $t = 0$ definiert ist. Wir sind so vorgegangen, daß wir uns Tangentialvektoren an eine Mannigfaltigkeit intuitiv als Tangentialvektoren an Kurven in M vorstellen können.

Sei $\varphi : U \subset M \to \mathbb{R}^n$ eine Karte für die Mannigfaltigkeit M, so daß wir assoziierte Koordinaten $(x^1, \ldots, x^n)$ für Punkte in U erhalten. Sei v ein Tangentialvektor von M in m, d.h. $v \in T_m M$, und c eine Kurve, die ein Repräsentant der Äquivalenzklasse v ist. Die *Komponenten* von v sind die durch die Ableitungen der Komponenten der Kurve $\varphi \circ c$ im Euklidischen Raum

$$v^i = \frac{d}{dt}(\varphi \circ c)^i \Big|_{t=0}$$

mit $i = 1, \ldots, n$ definierten Zahlen $v^1, \ldots, v^n$. Aus der Definition folgt, daß die Komponenten von der Wahl der Repräsentantenkurve unabhängig sind. Sie hängen aber selbstverständlich von der Kartenwahl ab.

Tangentialbündel.   Das *Tangentialbündel* von M wird mit TM bezeichnet und ist die disjunkte Vereinigung der Tangentialräume an M in den Punkten $m \in M$, also

$$TM = \bigcup_{m \in M} T_m M.$$

Demnach ist ein Punkt von TM ein Vektor v, der in einem Punkt $m \in M$ zu M tangential ist.

Ist M eine n-Mannigfaltigkeit, dann ist TM eine $2n$-Mannigfaltigkeit. Um eine differenzierbare Struktur auf TM zu definieren, müssen wir lokale Koordinaten auf TM konstruieren. Seien dazu $x^1, \ldots, x^n$ lokale Koordinaten auf M und $v^1, \ldots, v^n$ die Komponenten eines Tangentialvektors in diesem Koordinatensystem. Dann sind die $2n$ Zahlen $x^1, \ldots, x^n, v^1, \ldots, v^n$ lokale Koordinaten auf TM. Dies ist die grundlegende Idee, um zu beweisen, daß TM wirklich eine $2n$-Mannigfaltigkeit ist.

Die *natürliche Projektion* ist die Abbildung $\tau_M : TM \to M$, die einen Tangentialvektor v auf den Punkt $m \in M$, an dem der Vektor v angeheftet ist (d.h., $v \in T_m M$), abbildet. Das inverse Bild $\tau_M^{-1}(m)$ eines Punktes $m \in M$ unter der natürlichen Projektion τ_M ist der Tangentialraum $T_m M$. Dieser Raum wird die *Faser* des Tangentialbündels über dem Punkt $m \in M$ genannt.

Differenzierbare Abbildungen und die Kettenregel.   Sei $f : M \to N$ eine Abbildung von einer Mannigfaltigkeit M in eine Mannigfaltigkeit N. Wir nennen f *differenzierbar* (bzw. von der Klasse C^k), wenn die Abbildung f in lokalen Koordinaten auf M und N durch differenzierbare (bzw. C^k-) Funktionen dargestellt ist. Mit „dargestellt" meinen wir hier einfach, daß sowohl auf M, als auch auf N Karten gewählt werden, so daß f bei einer geeigneten Einschränkung in diesen Koordinaten zu einer Abbildung zwischen Euklidischen Räumen wird. Man hat natürlich nachzuweisen, daß dieser Begriff der Glattheit von der Kartenwahl unabhängig ist – dies folgt aus der Kettenregel.

Die *Ableitung* einer differenzierbaren Abbildung $f : M \to N$ in einem Punkt $m \in M$ ist durch die lineare Abbildung

$$T_m f : T_m M \to T_{f(m)} N$$

definiert, die in folgender Weise konstruiert wird. Wähle für $v \in T_m M$ eine Kurve $c :]-\epsilon, \epsilon[\to M$ mit $c(0) = m$ und zugehörigem Geschwindigkeitsvektor $dc/dt\,|_{t=0} = v$. Dann ist $T_m f \cdot v$ der Geschwindigkeitsvektor der Kurve $f \circ c :$ $]-\epsilon, \epsilon[\to N$ für $t = 0$, d.h.,

$$T_m f \cdot v = \left. \frac{d}{dt} f(c(t)) \right|_{t=0} .$$

Der Vektor $T_m f \cdot v$ hängt nicht von der Kurve c, sondern nur vom Vekor v ab, wie mit der Kettenregel gezeigt werden kann. Ist $f : M \to N$ von der Klasse C^k, so ist $Tf : TM \to TN$ eine Abbildung von der Klasse C^{k-1}. Beachte, daß

$$\left. \frac{dc}{dt} \right|_{t=0} = T_0 c \cdot 1$$

gilt. Falls $f : M \to N$ und $g : N \to P$ differenzierbare Abbildungen (oder von der Klasse C^k) sind, dann ist $g \circ f : M \to P$ differenzierbar (oder von der Klasse C^k) und es gilt die *Kettenregel*:

$$T(g \circ f) = Tg \circ Tf.$$

Diffeomorphismen.   Eine differenzierbare (oder C^k-)Abbildung $f : M \to N$ wird ein *Diffeomorphismus* genannt, wenn sie bijektiv und ihre Inverse ebenfalls differenzierbar (oder von der Klasse C^k) ist.

Ist $T_m f : T_m M \to T_{f(m)} N$ ein Isomorphismus, so besagt der Satz von der Umkehrabbildung, daß f ein *lokaler Diffeomorphismus* um $m \in M$ ist, d.h., es gibt offene Umgebungen U um m in M und V von $f(m)$ in N, so daß $f|U : U \to V$ ein Diffeomorphismus ist. Die Menge aller Diffeomorphismen $f :$ $M \to M$ bildet eine Gruppe bzgl. der Komposition und mit der Kettenregel folgt $T(f^{-1}) = (Tf)^{-1}$.

Untermannigfaltigkeiten und Submersionen.   Eine *Untermannig-faltigkeit* von M ist eine Teilmenge $S \subset M$ mit der Eigenschaft, daß es für jedes $s \in S$ eine Karte (U, φ) in M gibt mit der Untermannigfaltigkeitseigenschaft

UM. $\varphi : U \to \mathbb{R}^k \times \mathbb{R}^{n-k}$ und $\varphi(U \cap S) = \varphi(U) \cap (\mathbb{R}^k \times \{0\})$.

Die Zahl k wird die Dimension der Untermannigfaltigkeit S genannt.

Diese Bezeichnung ist mit der Definition der Dimension für allgemeine Mannigfaltigkeiten konsistent, da S selber eine Mannigfaltigkeit ist und alle ihre Karten von der Form $(U \cap S, \varphi|(U \cap S))$ sind, für alle Karten (U, φ) von M mit der Untermannigfaltigkeitseigenschaft. Beachte, daß jede offene Teilmenge von M eine Mannigfaltigkeit ist und daß eine Untermannigfaltigkeit notwendigerweise *lokal abgeschlossen* ist, d.h., jeder Punkt $s \in S$ hat eine offene Umgebung U von s in M, so daß $U \cap S$ in U abgeschlossen ist.

Es gibt praktische Methoden Untermannigfaltigkeiten mittels glatter Abbildungen zu konstruieren. Ist $f : M \to N$ eine glatte Abbildung, so ist ein Punkt $m \in M$ ein *regulärer Punkt*, falls $T_m f$ surjektiv ist, andernfalls ist m ein *kritischer Punkt* von f. Ist $C \subset M$ die Menge der kritischen Punkte von f, dann ist $f(C) \subset N$ die Menge der *kritischen Werte* von f und $N \backslash f(C)$ die Menge der *regulären Werte* von f.[1]

Ist $f : M \to N$ eine glatte Abbildung und n ein regulärer Wert von f, so ist nach dem *Satz vom regulären Wert* $f^{-1}(n)$ eine glatte Untermannigfaltigkeit von M der Dimension $\dim M - \dim N$ und

$$T_m \left(f^{-1}(n) \right) = \ker T_m f.$$

Der *lokale Surjektivitätssatz* besagt, daß $T_m f : T_m M \to T_{f(m)} N$ genau dann surjektiv ist, wenn es Karten $\varphi : U \subset M \to U'$ um $m \in M$ und $\psi : V \subset N \to V'$ um $f(m) \in N$ gibt, so daß φ in den Produktraum $\mathbb{R}^{\dim M - \dim N} \times \mathbb{R}^{\dim N}$ abbildet. Das zugehörige Bild von U' hat die Form eines kartesischen Produktes $U' = U'' \times V'$. Der Punkt m wird durch $\varphi(m) = (0, 0)$ auf den Ursprung abgebildet, ebenso $f(m)$, denn $\psi(f(m)) = 0$. Und die lokale Darstellung von f ist eine Projektion:

$$(\psi \circ f \circ \varphi^{-1})(x, y) = x.$$

Insbesondere ist $f|U : U \to V$ surjektiv. Falls $T_m f$ für alle $m \in M$ surjektiv ist, wird f eine *Submersion* genannt. Es folgt, daß Submersionen offene Abbildungen sind (die Bilder offener Mengen sind offen).

Immersionen und Einbettungen.   Eine C^k-Abbildung $f : M \to N$ wird eine *Immersion* genannt, wenn $T_m f$ für alle $m \in M$ injektiv ist. Der

---

[1] Ist $f : M \to N$ eine C^k-Abbildung mit $k \geq 1$ und hat M die Eigenschaft, daß jede offene Überdeckung eine abzählbare Teilüberdeckung besitzt, dann ist nach dem *Satz von Sard*, sofern $k > \max(0, \dim M - \dim N)$ ist, die Menge der regulären Werte von f residual und somit dicht in N.

lokale Injektivitätssatz besagt, daß $T_m f$ genau dann injektiv ist, wenn es Karten $\varphi : U \subset M \to U'$ für $m \in M$ und $\psi : V \subset N \to V'$ für $f(m) \in N$ gibt, so daß V' das kartesische Produkt $V' = U' \times V'' \subset \mathbb{R}^{\dim M} \times \mathbb{R}^{\dim N - \dim M}$ ist. Sowohl m als auch $f(m)$ werden auf die Null abgebildet, d.h., $\varphi(m) = \mathbf{0}$ und $\psi(f(m)) = (\mathbf{0}, \mathbf{0})$, und die lokale Darstellung von f entspricht der Inklusion

$$(\psi \circ f \circ \varphi^{-1})(x) = (x, \mathbf{0}).$$

Insbesondere ist $f|U : U \to V$ injektiv. Nach dem *Immersionssatz* ist $T_m f$ genau dann injektiv, wenn es eine Umgebung U von m in M gibt, so daß $f(U)$ eine Untermannigfaltigkeit von N und $f|U : U \to f(U)$ ein Diffeomorphismus ist.

Es sollte erwähnt werden, daß dieser Satz *nicht* besagt, daß $f(M)$ eine Untermannigfaltigkeit von N ist. Zum Beispiel braucht f nicht injektiv zu sein und in $f(M)$ können folglich Selbstdurchdringungen auftreten. Selbst wenn f eine *injektive Immersion* ist, muß das Bild $f(M)$ *keine* Untermannigfaltigkeit von N sein. Ein Beispiel wird in Abb. 4.2 gezeigt.

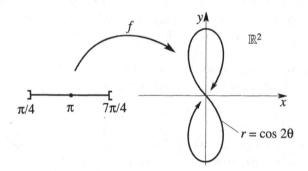

Abb. 4.2. Eine injektive Immersion.

Die hier dargestellte Abbildung (explizit gegeben durch $f :]\pi/4, 7\pi/4[\to \mathbb{R}^2;\ \theta \mapsto (\sin\theta\cos 2\theta, \cos\theta\cos 2\theta)$) ist eine injektive Immersion, jedoch stimmt die vom $\mathbb{R}^2$ auf sein Bild induzierte Topologie nicht mit der gewöhnlichen Topologie des offenen Intervalls überein: Jede Umgebung des Ursprungs in der Relativtopologie besteht im Definitionsintervall aus einer Vereinigung eines offenen Intervalls um π mit zwei offenen Teilintervallen $]\pi/4, \pi/4 + \epsilon[$, $]7\pi/4 - \epsilon, 7\pi/4[$. Folglich ist das Bild von f keine Untermannigfaltigkeit des $\mathbb{R}^2$, aber eine *injektiv immersierte Untermannigfaltigkeit*.

Eine Immersion $f : M \to N$, also ein Homöomorphismus auf $f(M)$, mit der von N induzierten Relativtopologie wird eine *Einbettung* genannt. In diesem Fall ist $f(M)$ eine Untermannigfaltigkeit von N und $f : M \to f(M)$ ein Diffeomorphismus. Ist z.B. $f : M \to N$ eine injektive Immersion und M kompakt, dann ist f eine Einbettung. Demnach ist also das in der vorherigen

Abbildung gegebene Beispiel ein Beispiel für eine injektive Immersion, die keine Einbettung ist (und natürlich ist M nicht kompakt).

Ein anderes Beispiel einer injektiven Immersion, die keine Einbettung ist, stellt der lineare Fluß auf dem Torus $\mathbb{T}^2 = \mathbb{R}^2/\mathbb{Z}^2$ mit irrationaler Neigung dar: $f(t) = (t, \alpha t) \pmod{\mathbb{Z}^2}$. Es gibt einen Unterschied zwischen dieser injektiven Immersion und dem obigen Beispiel der „Acht". In gewisser Weise verhält sich das zweite Beispiel besser. Es ist mit einer gewissen „Gleichmäßigkeit" keine Einbettung.

Eine injektive Immersion $f : M \to N$ wird **regulär** genannt, falls sie die folgende Eigenschaft besitzt: Ist $g : L \to M$ eine beliebige Abbildung von der Mannigfaltigkeit L in die Mannigfaltigkeit M, so ist g genau dann von der Klasse C^k, wenn $f \circ g : L \to N$ von der Klasse C^k, für alle $k \geq 1$, ist. Es ist leicht einzusehen, daß alle Einbettungen diese Eigenschaft haben, daß dies jedoch vom vorherigen Beispiel ebenfalls erfüllt wird, ohne eine Einbettung zu sein, und daß das Beispiel der „Acht" (s. Abb. 4.2) dies nicht erfüllt. Varadarajan [1974] nennt solche Abbildungen **quasi-reguläre Einbettungen**. Sie treten weiter unten im Satz von Frobenius und bei der Untersuchung von Unterliegruppen auf.

Vektorfelder und Flüsse. Ein **Vektorfeld** X auf einer Mannigfaltigkeit M ist eine Abbildung $X : M \to TM$, die dem Punkt $m \in M$ einen Vektor $X(m)$ bei m zuordnet, d.h., $\tau_M \circ X$ ist die Identität. Der reelle Vektorraum der Vektorfelder auf M wird mit $\mathfrak{X}(M)$ bezeichnet. Eine **Integralkurve** von X mit der Anfangsbedingung m_0 bei $t = 0$ ist eine (differenzierbare) Abbildung $c :]a, b[\to M$, wobei $]a, b[$ ein offenes Intervall um 0, $c(0) = m_0$ und

$$c'(t) = X(c(t))$$

für alle $t \in]a, b[$ ist. Bei formaler Darstellung geben wir den Definitionsbereich gewöhnlich nicht an, obwohl dieser technisch von Bedeutung ist.

Der **Fluß** von X ist die Menge von Abbildungen $\varphi_t : M \to M$, für die $t \mapsto \varphi_t(m)$ die Integralkurve von X mit der Anfangsbedingung m ist. Existenz- und Eindeutigkeitssätze aus der Theorie der gewöhnlichen Differentialgleichungen stellen sicher, daß φ, wo definiert, glatt in m und t ist, wenn X dies ist. Aus der Eindeutigkeit erhalten wir die **Flußeigenschaft**

$$\varphi_{t+s} = \varphi_t \circ \varphi_s$$

und zusammen mit den Anfangsbedingungen folgt, daß φ_0 die Identität ist. Die Flußeigenschaft verallgemeinert den Fall, in dem $M = V$ ein *linearer* Raum, $X(m) = Am$ für einen (beschränkten) *linearen* Operator A und

$$\varphi_t(m) = e^{tA}m$$

ist, auf den *nichtlinearen* Fall.

Ein **zeitabhängiges Vektorfeld** ist eine Abbildung $X : M \times \mathbb{R} \to TM$, so daß $X(m, t) \in T_m M$ für jedes $m \in M$ und $t \in \mathbb{R}$ gilt. Eine **Integralkurve** von X ist eine Kurve $c(t)$ in M, für die $c'(t) = X(c(t), t)$ gilt. In diesem Fall ist der Fluß die Menge der Abbildungen

$$\varphi_{t,s} : M \to M,$$

für die $t \mapsto \varphi_{t,s}(m)$ die Integralkurve $c(t)$ mit der Anfangsbedingung $c(s) = m$ bei $t = s$ ist. Der Existenz- und Eindeutigkeitssatz der Theorie der gewöhnlichen Differentialgleichungen kann wieder angewandt werden und insbesondere liefert die Eindeutigkeit die *zeitabhängige Flußeigenschaft*

$$\varphi_{t,s} \circ \varphi_{s,r} = \varphi_{t,r}.$$

Ist X zeitunabhängig, stehen die zwei Flußbegriffe über $\varphi_{t,s} = \varphi_{t-s}$ in Beziehung.

Differentiale und Kovektoren.   Ist $f : M \to \mathbb{R}$ eine glatte Funktion, so können wir sie an jedem Punkt $m \in M$ differenzieren und erhalten eine Abbildung $T_m f : T_m M \to T_{f(m)} \mathbb{R}$. Identifizieren wir den Tangentialraum von $\mathbb{R}$ an jedem Punkt mit ihm selber (ein Prozeß, den wir gewöhnlich in jedem Vektorraum durchführen), so erhalten wir eine lineare Abbildung $\mathbf{d}f(m) :$ $T_m M \to \mathbb{R}$, also ist $\mathbf{d}f(m) \in T_m^* M$, ein Element aus dem Dualraum des Vektorraums $T_m M$. Wir nennen $\mathbf{d}f$ das *Differential* von f. Für $v \in T_m M$ nennen wir $\mathbf{d}f(m) \cdot v$ die *Richtungsableitung* von f in Richtung v. Unter einer Kartenabbildung oder in linearen Räumen stimmt diese Notation mit dem üblichen Begriff einer Richtungsableitung überein, wie man sie in der Vektoranalysis gelernt hat.

In Koordinaten ist die Richtungsableitung durch

$$\mathbf{d}f(m) \cdot v = \sum_{i=1}^{n} \frac{\partial(f \circ \varphi^{-1})}{\partial x^i} v^i$$

gegeben, wobei φ eine Karte für m ist. Wir werden die *Summationskonvention* verwenden und das Summationszeichen bei wiederholt auftretenden Indizes weglassen.

Es läßt sich zeigen, daß ein Vektor durch vollständig festgelegte Richtungsableitungen eindeutig bestimmt ist und eine Basis von $T_m M$ demnach mit den Operatoren $\partial/\partial x^i$ identifiziert werden kann. Wir bezeichnen diese Basis mit

$$\{e_1, \ldots, e_n\} = \left\{ \frac{\partial}{\partial x^1}, \ldots, \frac{\partial}{\partial x^n} \right\},$$

so daß $v = v^i \partial/\partial x^i$ ist.

Ersetzen wir jeden Vektorraum $T_m M$ durch seinen Dualraum $T_m^* M$, so erhalten wir eine neue $2n$-Mannigfaltigkeit, die das *Kotangentialbündel* genannt und mit $T^* M$ bezeichnet wird. Die Dualbasis zu $\partial/\partial x^i$ wird mit dx^i bezeichnet. Folglich erhalten wir bzgl. einer Wahl lokaler Koordinaten die elementare Formel

$$\mathbf{d}f(x) = \frac{\partial f}{\partial x^i} dx^i$$

für jede glatte Funktion $f : M \to \mathbb{R}$.

Übungen

Übung 4.1.1. Zeige, daß die 2-Sphäre $S^2 \subset \mathbb{R}^3$ eine 2-Mannigfaltigkeit ist.

Übung 4.1.2. Zeige, daß wenn $\varphi_t : S^2 \to S^2$ Punkte auf S^2 um eine feste Achse um den Winkel t rotiert, φ_t der Fluß eines bestimmten Vektorfeldes auf S^2 ist.

Übung 4.1.3. Sei $f : S^2 \to \mathbb{R}$ durch $f(x, y, z) = z$ definiert. Berechne $\mathbf{d}f$ für sphärische Koordinaten (θ, φ).

4.2 Differentialformen

Als nächstes betrachten wir einige grundlegende Definitionen, Eigenschaften und Operationen auf Differentialformen. Beweise werden nicht angegeben (siehe Abraham, Marsden und Ratiu [1988] und dortige Literaturhinweise).

> *Die den Differentialformen zugrundeliegende Idee ist, die elementaren Operationen der Vektoranalysis* div, grad *und* rot *und die Integralsätze von Green, Gauß und Stokes auf Mannigfaltigkeiten von beliebiger Dimension zu verallgemeinern.*

Grundlegende Definitionen. Wir trafen schon auf 1-Formen, ein Ausdruck, der in zweifacher Weise verwendet wird – sie sind entweder Elemente eines speziellen Kotangentialraumes $T_m^* M$ oder, analog zu einem Vektorfeld, eine Zuordnung von einem Kotangentialvektor aus $T_m^* M$ zu jedem $m \in M$. Ein elementares Beispiel einer 1-Form stellt das Differential einer reellwertigen Funktion dar.

Eine **2-Form** Ω auf einer Mannigfaltigkeit M ist eine Funktion, die jedem Punkt $m \in M$ eine schiefsymmetrische Bilinearform $\Omega(m) : T_m M \times T_m M \to \mathbb{R}$ auf dem Tangentialraum $T_m M$ an M in m zuordnet. Allgemein ist eine k-**Form** α (manchmal eine **Differentialform vom Grad** k genannt) auf einer Mannigfaltigkeit M eine Funktion, die jedem Punkt $m \in M$ eine schiefsymmetrische k-lineare Abbildung $\alpha(m) : T_m M \times \cdots \times T_m M$ (k Faktoren) $\to \mathbb{R}$ auf dem Tangentialraum $T_m M$ an M in m zuordnet. Ohne die Annahme der Schiefsymmetrie würde α ein $(0, k)$-**Tensor** genannt werden. Eine Abbildung $\alpha : V \times \cdots \times V$ (mit k Faktoren) $\to \mathbb{R}$ ist k-**linear**, wenn sie in jedem ihrer Faktoren linear ist, d.h.,

$$\alpha(v_1, \ldots, av_j + bv_j', \ldots, v_k) = a\alpha(v_1, \ldots, v_j, \ldots, v_k) + b\alpha(v_1, \ldots, v_j', \ldots, v_k)$$

für alle j mit $1 \leq j \leq k$. Eine k-lineare Abbildung $\alpha : V \times \ldots \times V \to \mathbb{R}$ ist **schiefsymmetrisch** oder **alternierend**, wenn sie beim Vertauschen zweier Argumente immer das Vorzeichen wechselt, d.h., für alle $v_1, \ldots, v_k \in V$ gilt

$$\alpha(v_1, \ldots, v_i, \ldots, v_j, \ldots, v_k) = -\alpha(v_1, \ldots, v_j, \ldots, v_i, \ldots, v_k).$$

Seien $x^1, \ldots, x^n$ Koordinaten auf M,

$$\{e_1, \ldots, e_n\} = \{\partial/\partial x^1, \ldots, \partial/\partial x^n\}$$

die zugehörige Basis für $T_m M$ und

$$\{e^1, \ldots, e^n\} = \{dx^1, \ldots, dx^n\}$$

die Dualbasis für $T_m^* M$. Dann können wir eine 2-Form in jedem $m \in M$ als

$$\Omega_m(v, w) = \Omega_{ij}(m) v^i w^j \quad \text{mit} \quad \Omega_{ij}(m) = \Omega_m \left(\frac{\partial}{\partial x^i}, \frac{\partial}{\partial x^j} \right)$$

und allgemeiner eine k-Form als

$$\alpha_m(v_1, \ldots, v_k) = \alpha_{i_1 \ldots i_k}(m) v_1^{i_1} \cdots v_k^{i_k}$$

schreiben mit Summation über $i_1, \ldots, i_k$. Dabei sind die Koeffizienten durch

$$\alpha_{i_1 \ldots i_k}(m) = \alpha_m \left(\frac{\partial}{\partial x^{i_1}}, \ldots, \frac{\partial}{\partial x^{i_k}} \right)$$

gegeben und $v_i = v_i^j \partial/\partial x^j$ mit Summation über j.

Tensor- und Dachprodukte.   Für einen $(0, k)$-Tensor α und einen $(0, l)$-Tensor β auf einer Mannigfaltigkeit M ist ihr **Tensorprodukt** $\alpha \otimes \beta$ der für jeden Punkt $m \in M$ durch

$$(\alpha \otimes \beta)_m(v_1, \ldots, v_{k+l}) = \alpha_m(v_1, \ldots, v_k) \beta_m(v_{k+1}, \ldots, v_{k+l}) \tag{4.1}$$

definierte $(0, k + l)$-Tensor auf M.

Ist t ein $(0, p)$-Tensor, dann definiert man den auf t wirkenden **Alternierungsoperator** $\mathbf{A}$ durch

$$\mathbf{A}(t)(v_1, \ldots, v_p) = \frac{1}{p!} \sum_{\pi \in S_p} \text{sgn}(\pi) t(v_{\pi(1)}, \ldots, v_{\pi(p)}), \tag{4.2}$$

wobei $\text{sgn}(\pi)$ das **Vorzeichen** der Permutation π

$$\text{sgn}(\pi) = \begin{cases} +1 & \text{für } \pi \text{ gerade} \\ -1 & \text{für } \pi \text{ ungerade} \end{cases} \tag{4.3}$$

und S_p die Gruppe aller Permutationen der Menge $\{1, 2, \ldots, p\}$ ist. Der Operator $\mathbf{A}$ schiefsymmetrisiert daher p-lineare Abbildungen.

Ist α eine k-Form und β eine l-Form auf M, so ist ihr **Dachprodukt** $\alpha \wedge \beta$ die durch[2]

---

[2] Der Faktor in (4.4) entspricht der Konvention von Abraham und Marsden [1978], Abraham, Marsden und Ratiu [1988] und Spivak [1976] aber *nicht* der von Arnold [1989], Guillemin und Pollack [1974] oder Kobayashi und Nomizu [1963]. Es ist die Konvention von Bourbaki [1971].

$$\alpha \wedge \beta = \frac{(k+l)!}{k!\, l!} \mathbf{A}(\alpha \otimes \beta) \tag{4.4}$$

definierte $(k+l)$-Form auf M.

Sind z.B. α und β 1-Formen, so ist

$$(\alpha \wedge \beta)(v_1, v_2) = \alpha(v_1)\beta(v_2) - \alpha(v_2)\beta(v_1),$$

falls jedoch α eine 2-Form und β eine 1-Form ist, so gilt

$$(\alpha \wedge \beta)(v_1, v_2, v_3) = \alpha(v_1, v_2)\beta(v_3) + \alpha(v_3, v_1)\beta(v_2) + \alpha(v_2, v_3)\beta(v_1).$$

Wir geben die folgende Proposition ohne Beweis an:

Proposition 4.2.1. *Das Dachprodukt hat die folgenden Eigenschaften*

(i) $\alpha \wedge \beta$ *ist* **assoziativ** $: \alpha \wedge (\beta \wedge \gamma) = (\alpha \wedge \beta) \wedge \gamma$.

(ii) $\alpha \wedge \beta$ *ist* **bilinear** *in* α, β :

$$(a\alpha_1 + b\alpha_2) \wedge \beta = a(\alpha_1 \wedge \beta) + b(\alpha_2 \wedge \beta),$$
$$\alpha \wedge (c\beta_1 + d\beta_2) = c(\alpha \wedge \beta_1) + d(\alpha \wedge \beta_2).$$

(iii) $\alpha \wedge \beta$ *ist* **antikommutativ** $: \alpha \wedge \beta = (-1)^{kl}\beta \wedge \alpha$, *wobei* α *eine k-Form und* β *eine l-Form ist.*

Mit der Dualbasis dx^i kann jede k-Form lokal als

$$\alpha = \alpha_{i_1 \ldots i_k} dx^{i_1} \wedge \cdots \wedge dx^{i_k}$$

geschrieben werden, wobei über alle i_j mit $i_1 < \cdots < i_k$ summiert wird.

Pullback und Pushforward.   Sei $\varphi : M \to N$ eine C^∞-Abbildung von der Mannigfaltigkeit M in die Mannigfaltigkeit N und α eine k-Form auf N, dann ist der **Pullback** $\varphi^*\alpha$ von α durch φ die auf M gegebene k-Form

$$(\varphi^*\alpha)_m(v_1, \ldots, v_k) = \alpha_{\varphi(m)}(T_m\varphi \cdot v_1, \ldots, T_m\varphi \cdot v_k). \tag{4.5}$$

Ist φ ein Diffeomorphismus, dann ist der **Pushforward** φ_* durch $\varphi_* = (\varphi^{-1})^*$ definiert.

Es folgt eine weitere grundlegende Eigenschaft.

Proposition 4.2.2. *Der Pullback eines Dachproduktes ist das Dachprodukt der Pullbacks:*
$$\varphi^*(\alpha \wedge \beta) = \varphi^*\alpha \wedge \varphi^*\beta. \tag{4.6}$$

Innere Produkte und äußere Ableitungen.   Sei α eine k-Form auf einer Mannigfaltigkeit M und X ein Vektorfeld. Das *innere Produkt* $\mathbf{i}_X\alpha$ wird durch

$$(\mathbf{i}_X\alpha)_m(v_2,\ldots,v_k) = \alpha_m(X(m),v_2,\ldots,v_k) \tag{4.7}$$

definiert (und manchmal auch die **Kontraktion** von α mit X genannt, in der „Hakenschreibweise" $X \lrcorner \alpha$).

Proposition 4.2.3. *Sei α eine k-Form und β eine l-Form auf einer Mannigfaltigkeit M. Dann ist*

$$\mathbf{i}_X(\alpha \wedge \beta) = (\mathbf{i}_X\alpha) \wedge \beta + (-1)^k\alpha \wedge (\mathbf{i}_X\beta). \tag{4.8}$$

In der „Hakenschreibweise" lautet diese Proposition

$$X \lrcorner (\alpha \wedge \beta) = (X \lrcorner \alpha) \wedge \beta + (-1)^k\alpha \wedge (X \lrcorner \beta).$$

Die *äußere Ableitung* $\mathbf{d}\alpha$ einer k-Form α auf einer Mannigfaltigkeit M ist die durch folgende Proposition bestimmte $(k+1)$-Form auf M:

Proposition 4.2.4. *Es gibt eine eindeutige Abbildung $\mathbf{d}$ von den k-Formen auf M in die $(k+1)$-Formen auf M mit*

(i) *Ist α eine 0-Form ($k=0$), d.h., $\alpha = f \in \mathcal{F}(M)$, dann ist $\mathbf{d}f$ eine durch das Differential von f gegebene 1-Form.*

(ii) *$\mathbf{d}\alpha$ ist linear in α, d.h., für alle reellen Zahlen c_1 und c_2 ist*

$$\mathbf{d}(c_1\alpha_1 + c_2\alpha_2) = c_1\mathbf{d}\alpha_1 + c_2\mathbf{d}\alpha_2.$$

(iii) *$\mathbf{d}\alpha$ genügt der **Produktregel**, d.h.,*

$$\mathbf{d}(\alpha \wedge \beta) = \mathbf{d}\alpha \wedge \beta + (-1)^k\alpha \wedge \mathbf{d}\beta,$$

wobei α eine k-Form und β eine l-Form ist.

(iv) *$\mathbf{d}^2 = 0$, d.h., $\mathbf{d}(\mathbf{d}\alpha) = 0$ für jede k-Form α.*

(v) *$\mathbf{d}$ ist ein **lokaler Operator**, d.h., $\mathbf{d}\alpha(m)$ hängt nur von α eingeschränkt auf eine beliebige offene Umgebung von m ab. Ist U offen in M, so gilt*

$$\mathbf{d}(\alpha|U) = (\mathbf{d}\alpha)|U.$$

Ist α eine in Koordinaten gegebene k-Form

$$\alpha = \alpha_{i_1\ldots i_k}dx^{i_1} \wedge \cdots \wedge dx^{i_k} \quad (\text{Summation über } i_1 < \cdots < i_k),$$

so lautet die Koordinatenschreibweise für die äußere Ableitung

$$\mathbf{d}\alpha = \frac{\partial\alpha_{i_1\ldots i_k}}{\partial x^j}dx^j \wedge dx^{i_1} \wedge \cdots \wedge dx^{i_k}, \tag{4.9}$$

wobei wieder über alle j und $i_1 < \cdots < i_k$ summiert wird. Die Formel (4.9) kann als Definition der äußeren Ableitung verwandt werden, sofern man zeigt, daß (4.9) die oben beschriebenen Eigenschaften hat und von der Koordinatenwahl unabhängig ist.

Als nächstes kommt eine nützliche Proposition, die im wesentlichen auf der Kettenregel beruht:

Proposition 4.2.5. *Die äußere Ableitung vertauscht mit dem Pullback, d.h.,*

$$\mathbf{d}(\varphi^*\alpha) = \varphi^*(\mathbf{d}\alpha), \qquad (4.10)$$

wobei α eine k-Form auf einer Mannigfaltigkeit N und $\varphi : M \to N$ eine glatte Abbildung zwischen Mannigfaltigkeiten ist.

Eine k-Form α nennt man **geschlossen**, falls $\mathbf{d}\alpha = 0$ ist und **exakt**, falls es eine $(k-1)$-Form β mit $\alpha = \mathbf{d}\beta$ gibt. Nach Proposition 4.2.4(iv) ist jede exakte Form geschlossen. Übung 4.4.2 liefert ein Beispiel für eine geschlossene nichtexakte 1-Form.

Proposition 4.2.6 (Poincarélemma). *Eine geschlossene Form ist lokal exakt, d.h., ist $\mathbf{d}\alpha = 0$, dann gibt es für jeden Punkt eine Umgebung auf der $\alpha = \mathbf{d}\beta$ gilt.*

Siehe Übung 4.2.5 für den Beweis.

Die Definition und die Eigenschaften der vektorwertigen Formen sind unmittelbare Erweiterungen von den Definitionen und Eigenschaften der gewöhnlichen Formen auf Vektorräumen und Mannigfaltigkeiten. Man kann sich eine vektorwertige Form als eine Anordnung von gewöhnlichen Formen vorstellen (vgl.Abraham, Marsden und Ratiu [1988]).

Vektoranalysis. Die folgende Tabelle „Vektoranalysis und Differentialformen" listet die Zusammenhänge von Formen mit gewöhnlichen Operationen aus der Vektoranalysis auf. Wir gehen jetzt auf einige Punkte aus der Tabelle näher ein. Beachte bzgl. Punkt 4

$$\mathbf{d}f = \frac{\partial f}{\partial x}dx + \frac{\partial f}{\partial y}dy + \frac{\partial f}{\partial z}dz = (\mathrm{grad}f)^\flat = (\nabla f)^\flat,$$

was äquivalent zu $\nabla f = (\mathbf{d}f)^\sharp$ ist.

Der **Hodgeoperator** auf dem $\mathbb{R}^3$ bildet k-Formen auf $(3-k)$-Formen ab und ist durch die Linearität und den Eigenschaften unter Punkt 2 eindeutig bestimmt. (Dieser Operator kann auf allgemeinen Riemannschen Mannigfaltigkeiten definiert werden, vgl. Abraham, Marsden und Ratiu [1988].)

Ist unter Punkt 5 $F = F_1\mathbf{e}_1 + F_2\mathbf{e}_2 + F_3\mathbf{e}_3$, also $F^\flat = F_1\,dx + F_2\,dy + F_3\,dz$, dann ist

$$
\begin{aligned}
\mathbf{d}(F^\flat) \;=\; & \mathbf{d}F_1 \wedge dx + F_1\mathbf{d}(dx) + \mathbf{d}F_2 \wedge dy + F_2\mathbf{d}(dy) \\
& + \mathbf{d}F_3 \wedge dz + F_3\mathbf{d}(dz) \\
=\; & \left(\frac{\partial F_1}{\partial x} dx + \frac{\partial F_1}{\partial y} dy + \frac{\partial F_1}{\partial z} dz \right) \wedge dx \\
& + \left(\frac{\partial F_2}{\partial x} dx + \frac{\partial F_2}{\partial y} dy + \frac{\partial F_2}{\partial z} dz \right) \wedge dy \\
& + \left(\frac{\partial F_3}{\partial x} dx + \frac{\partial F_3}{\partial y} dy + \frac{\partial F_3}{\partial z} dz \right) \wedge dz \\
=\; & -\frac{\partial F_1}{\partial y} dx \wedge dy + \frac{\partial F_1}{\partial z} dz \wedge dx + \frac{\partial F_2}{\partial x} dx \wedge dy - \frac{\partial F_2}{\partial z} dy \wedge dz \\
& - \frac{\partial F_3}{\partial x} dz \wedge dx + \frac{\partial F_3}{\partial y} dy \wedge dz \\
=\; & \left(\frac{\partial F_2}{\partial x} - \frac{\partial F_1}{\partial y} \right) dx \wedge dy + \left(\frac{\partial F_1}{\partial z} - \frac{\partial F_3}{\partial x} \right) dz \wedge dx \\
& + \left(\frac{\partial F_3}{\partial y} - \frac{\partial F_2}{\partial z} \right) dy \wedge dz.
\end{aligned}
$$

Es folgt mit Punkt 2

$$
*(\mathbf{d}(F^\flat)) = \left(\frac{\partial F_2}{\partial x} - \frac{\partial F_1}{\partial y} \right) dz + \left(\frac{\partial F_1}{\partial z} - \frac{\partial F_3}{\partial x} \right) dy + \left(\frac{\partial F_3}{\partial y} - \frac{\partial F_2}{\partial z} \right) dx,
$$

$$
(*(\mathbf{d}(F^\flat)))^\sharp = \left(\frac{\partial F_3}{\partial y} - \frac{\partial F_2}{\partial z} \right) \mathbf{e}_1 + \left(\frac{\partial F_1}{\partial z} - \frac{\partial F_3}{\partial x} \right) \mathbf{e}_2 + \left(\frac{\partial F_2}{\partial x} - \frac{\partial F_1}{\partial y} \right) \mathbf{e}_3
$$

$$
= \operatorname{rot} F = \nabla \times F.
$$

Sei hinsichtlich Punkt 6 $F = F_1\mathbf{e}_1 + F_2\mathbf{e}_2 + F_3\mathbf{e}_3$, also

$$
F^\flat = F_1\, dx + F_2\, dy + F_3\, dz.
$$

Dann ist $*(F^\flat) = F_1\, dy \wedge dz + F_2(-dx \wedge dz) + F_3\, dx \wedge dy$ und somit gilt

$$
\begin{aligned}
\mathbf{d}(*(F^\flat)) \;=\; & \mathbf{d}F_1 \wedge dy \wedge dz - \mathbf{d}F_2 \wedge dx \wedge dz + \mathbf{d}F_3 \wedge dx \wedge dy \\
=\; & \left(\frac{\partial F_1}{\partial x} dx + \frac{\partial F_1}{\partial y} dy + \frac{\partial F_1}{\partial z} dz \right) \wedge dy \wedge dz \\
& - \left(\frac{\partial F_2}{\partial x} dx + \frac{\partial F_2}{\partial y} dy + \frac{\partial F_2}{\partial z} dz \right) \wedge dx \wedge dz \\
& + \left(\frac{\partial F_3}{\partial x} dx + \frac{\partial F_3}{\partial y} dy + \frac{\partial F_3}{\partial z} dz \right) \wedge dx \wedge dy \\
=\; & \frac{\partial F_1}{\partial x} dx \wedge dy \wedge dz + \frac{\partial F_2}{\partial y} dx \wedge dy \wedge dz + \frac{\partial F_3}{\partial z} dx \wedge dy \wedge dz \\
=\; & \left(\frac{\partial F_1}{\partial x} + \frac{\partial F_2}{\partial y} + \frac{\partial F_3}{\partial z} \right) dx \wedge dy \wedge dz = (\operatorname{div} F)\, dx \wedge dy \wedge dz.
\end{aligned}
$$

Folglich ist $*(\mathbf{d}(*(F^\flat))) = \operatorname{div} F = \nabla \cdot F$.

Vektoranalysis und Differentialformen

(i) **Sharp und Flat** (in den Standardkoordinaten im $\mathbb{R}^3$)

   (a) $v^\flat = v^1\,dx + v^2\,dy + v^3\,dz$ ist die zu dem Vektor $v = v^1\mathbf{e}_1 + v^2\mathbf{e}_2 + v^3\mathbf{e}_3$ zugehörige 1-Form.

   (b) $\alpha^\sharp = \alpha_1\mathbf{e}_1 + \alpha_2\mathbf{e}_2 + \alpha_3\mathbf{e}_3$ ist der zu der 1-Form $\alpha = \alpha_1\,dx + \alpha_2\,dy + \alpha_3\,dz$ zugehörige Vektor.

(ii) **Hodgeoperator**

   (a) $*1 = dx \wedge dy \wedge dz$.

   (b) $*dx = dy \wedge dz,\ *dy = -dx \wedge dz,\ *dz = dx \wedge dy$,
   $*(dy \wedge dz) = dx,\ *(dx \wedge dz) = -dy,\ *(dx \wedge dy) = dz$.

   (c) $*(dx \wedge dy \wedge dz) = 1$.

(iii) **Kreuz- und Skalarprodukt**

   (a) $v \times w = [*(v^\flat \wedge w^\flat)]^\sharp$.

   (b) $(v \cdot w)dx \wedge dy \wedge dz = v^\flat \wedge *(w^\flat)$.

(iv) **Gradient** $\nabla f = \operatorname{grad} f = (\mathbf{d}f)^\sharp$.

(v) **Rotation** $\nabla \times F = \operatorname{rot} F = [*(\mathbf{d}F^\flat)]^\sharp$.

(vi) **Divergenz** $\nabla \cdot F = \operatorname{div} F = *\mathbf{d}(*F^\flat)$.

Übungen

Übung 4.2.1. Sei $\varphi : \mathbb{R}^3 \to \mathbb{R}^2$ durch $\varphi(x,y,z) = (x + z, xy)$ gegeben. Berechne für

$$\alpha = e^v\,du + u\,dv \in \Omega^1(\mathbb{R}^2) \quad \text{und} \quad \beta = u\,du \wedge dv$$

$\alpha \wedge \beta$, $\varphi^*\alpha$, $\varphi^*\beta$ und $\varphi^*\alpha \wedge \varphi^*\beta$.

Übung 4.2.2. Berechne für

$$\alpha = y^2\,dx \wedge dz + \sin(xy)\,dx \wedge dy + e^x\,dy \wedge dz \in \Omega^2(\mathbb{R}^3)$$

und

$$X = 3\partial/\partial x + \cos z\,\partial/\partial y - x^2\partial/\partial z \in \mathfrak{X}(\mathbb{R}^3),$$

$d\alpha$ und $\mathbf{i}_X\alpha$.

Übung 4.2.3.

(a) Es sei $\bigwedge^k(\mathbb{R}^n)$ der Vektorraum aller schiefsymmetrischen k-linearen Ab-
bildungen auf dem $\mathbb{R}^n$. Zeige, daß dieser Raum die Dimension $n!/(k!\,(n-k)!)$ hat, indem gezeigt wird, daß eine Basis durch $\{\,e^{i_1}\wedge\cdots\wedge e^{i_k}\mid i_1 < \cdots < i_k\,\}$ gegeben ist, wobei $\{e_1,\ldots,e_n\}$ eine Basis des $\mathbb{R}^n$ und $\{e^1,\ldots,e^n\}$ die zugehörige Dualbasis ist, d.h., $e^i(e_j) = \delta^i_j$.

(b) Zeige unter der Voraussetzung, daß $\mu \in \bigwedge^n(\mathbb{R}^n)$ ungleich Null ist, daß die Abbildung $v \in \mathbb{R}^n \mapsto \mathbf{i}_v\mu \in \bigwedge^{n-1}(\mathbb{R}^n)$ ein Isomorphismus ist.

(c) Zeige unter den Voraussetzungen, daß M eine glatte n-Mannigfaltigkeit und $\mu \in \Omega^n(M)$ immer ungleich Null ist (in diesem Fall ist es eine Volumenform), daß die Abbildung $X \in \mathfrak{X}(M) \mapsto \mathbf{i}_X\mu \in \Omega^{n-1}(M)$ ein Isomorphismus ist.

Übung 4.2.4. Sei $\alpha = \alpha_i\,dx^i$ eine geschlossene 1-Form in einer Kugel um den Ursprung des $\mathbb{R}^n$. Zeige, daß für

$$f(x^1,\ldots,x^n) = \int_0^1 \alpha_j(tx^1,\ldots,tx^n)x^j\,dt$$

$\alpha = \mathbf{d}f$ ist.

Übung 4.2.5.

(a) Sei U eine offene Kugel um den Ursprung des $\mathbb{R}^n$ und $\alpha \in \Omega^k(U)$ eine geschlossene Form. Zeige $\alpha = \mathbf{d}\beta$ für

$$\beta(x^1,\ldots,x^n)$$
$$= \left(\int_0^1 t^{k-1}\alpha_{ji_1\ldots i_{k-1}}(tx^1,\ldots,tx^n)x^j\,dt\right) dx^{i_1}\wedge\cdots\wedge dx^{i_{k-1}}$$

mit einer Summation über $i_1 < \cdots < i_{k-1}$. Hier ist

$$\alpha = \alpha_{j_1\ldots j_k}\,dx^{j_1}\wedge\cdots\wedge dx^{j_k}$$

mit $j_1 < \cdots < j_k$ und α schiefsymmetrisch in seinen unteren Indizes.

(b) Leite aus (a) das Poincarélemma her.

Übung 4.2.6 (Konstruktion eines Homotopieoperators für eine Retraktion). Sei M eine glatte Mannigfaltigkeit und $N \subset M$ eine glatte Untermannigfaltigkeit. Eine Familie von glatten Abbildungen $r_t : M \to M$, $t \in [0,1]$ wird eine **Retraktion von M auf N** genannt, wenn $r_t|N$ die Identität auf N für alle $t \in [0,1]$, r_1 die Identität auf M, r_t ein Diffeomorphismus von M mit $r_t(M)$ für alle $t \neq 0$ und $r_0(M) = N$ ist. Sei X_t das durch r_t, $t \neq 0$ erzeugte zeitabhängige Vektorfeld. Zeige, daß der durch

$$\mathbf{H} = \int_0^1 (r_t^* \mathbf{i}_{X_t} \alpha)\, dt$$

definierte Operator $\mathbf{H} : \Omega^k(M) \to \Omega^{k-1}(M)$ die Beziehung

$$\alpha - (r_0^* \alpha) = \mathbf{d}\mathbf{H}\alpha + \mathbf{H}\mathbf{d}\alpha$$

erfüllt.

(a) Leite das **relative Poincarélemma** aus dieser Formel her: Ist $\alpha \in \Omega^k(M)$ geschlossen und $\alpha|N = 0$, dann gibt es eine Umgebung U von N, so daß $\alpha|U = \mathbf{d}\beta$ für ein $\beta \in \Omega^{k-1}(U)$ und $\beta|N = 0$ ist. (Hinweis: Verwende die Existenz einer Tubenumgebung von N in M.)

(b) Leite das **globale Poincarélemma** für kontrahierbare Mannigfaltigkeiten her: Ist M kontrahierbar, d.h., es gibt eine Retraktion von M auf einen Punkt, und ist $\alpha \in \Omega^k(M)$ geschlossen, dann ist α exakt.

4.3 Die Lieableitung

Der Satz über die Lieableitung.   Die dynamische Definition der Lieableitung ist die folgende: Sei α eine k-Form und sei X ein Vektorfeld mit dem Fluß φ_t. Die **Lieableitung** von α entlang X ist durch

$$\pounds_X \alpha = \lim_{t \to 0} \frac{1}{t}[(\varphi_t^* \alpha) - \alpha] = \frac{d}{dt}\varphi_t^* \alpha \Big|_{t=0} \tag{4.11}$$

gegeben. Diese Definition führt zusammen mit den Eigenschaften des Pullbacks zum folgenden

Satz 4.3.1 (über die Lieableitung).

$$\frac{d}{dt}\varphi_t^* \alpha = \varphi_t^* \pounds_X \alpha. \tag{4.12}$$

Diese Formel gilt auch in dem Sinne für zeitabhängige Vektorfelder, daß

$$\frac{d}{dt}\varphi_{t,s}^* \alpha = \varphi_{t,s}^* \pounds_X \alpha$$

ist und in dem Ausdruck $\pounds_X \alpha$ wird das Vektorfeld X zum Zeitpunkt t ausgewertet.

Ist f eine reellwertige Funktion auf einer Mannigfaltigkeit M und X ein Vektorfeld auf M, dann ist die **Lieableitung von f entlang X** die **Richtungsableitung**

$$\pounds_X f = X[f] := \mathbf{d}f \cdot X. \tag{4.13}$$

Ist M endlichdimensional, dann ist

$$\mathcal{L}_X f = X^i \frac{\partial f}{\partial x^i}. \tag{4.14}$$

Deshalb schreibt man oftmals

$$X = X^i \frac{\partial}{\partial x^i}.$$

Ist Y ein Vektorfeld auf der Mannigfaltigkeit N und $\varphi : M \to N$ ein Diffeomorphismus, dann ist der **Pullback** $\varphi^* Y$ definiert durch

$$(\varphi^* Y)(m) = \left(T_m \varphi^{-1} \circ Y \circ \varphi\right)(m) \tag{4.15}$$

ein Vektorfeld auf M. Die Vektorfelder X auf M und Y auf N nennt man φ-**verwandt**, falls gilt

$$T\varphi \circ X = Y \circ \varphi. \tag{4.16}$$

Ist $\varphi : M \to N$ ein Diffeomorphismus und Y ein Vektorfeld auf N, dann sind $\varphi^* Y$ und Y offensichtlich φ-verwandt. Für einen Diffeomorphismus φ ist der **Pushforward** wie für Formen durch $\varphi_* = (\varphi^{-1})^*$ definiert.

Jacobi-Lieklammer.   Ist M endlichdimensional und glatt, dann stimmt die Menge der Vektorfelder auf M mit der Menge der Derivationen auf $\mathcal{F}(M)$ überein. Das gleiche gilt für C^k-Mannigfaltigkeiten und Vektorfelder für $k \geq 2$. Dies stimmt nicht für unendlichdimensionale Mannigfaltigkeiten, vgl. Abraham, Marsden und Ratiu [1988]. Ist M glatt, d.h. eine C^∞-Mannigfaltigkeit, dann bestimmt die Derivation $f \mapsto X[Y[f]] - Y[X[f]]$ mit $X[f] = \mathbf{d}f \cdot X$ ein eindeutiges, durch $[X, Y]$ bezeichnetes Vektorfeld, das man die **Jacobi-Lieklammer** von X und Y nennt. Man definiert $\mathcal{L}_X Y = [X, Y]$ und erhält die **Lieableitung** von Y entlang X. Dann gilt die Formel für die Lieableitung (4.12) mit Y anstelle von α und die durch (4.15) gegebene Pullback-Operation.

Ist M unendlichdimensional, dann definiert man die Lieableitung von Y entlang X durch

$$\frac{d}{dt}\bigg|_{t=0} \varphi_t^* Y = \mathcal{L}_X Y, \tag{4.17}$$

wobei φ_t der zu X gehörige Fluß ist. Dann gilt Formel (4.12) mit Y anstelle von α und die Wirkung des Vektorfeldes $\mathcal{L}_X Y$ auf eine Funktion f ist durch $X[Y[f]] - Y[X[f]]$ gegeben, was im Endlichdimensionalen durch $[X, Y][f]$ bezeichnet wird. Wie zuvor wird $[X, Y] = \mathcal{L}_X Y$ auch die Jacobi-Lieklammer für Vektorfelder genannt.

Ist M endlichdimensional, gilt

$$(\mathcal{L}_X Y)^j = X^i \frac{\partial Y^j}{\partial x^i} - Y^i \frac{\partial X^j}{\partial x^i} = (X \cdot \nabla) Y^j - (Y \cdot \nabla) X^j \tag{4.18}$$

und im allgemeinen, wenn wir X, Y mit ihren lokalen Repräsentanten identifizieren

$$[X, Y] = \mathbf{D}Y \cdot X - \mathbf{D}X \cdot Y. \tag{4.19}$$

Die Formel für $[X, Y] = \pounds_X Y$ merkt man sich am besten, indem man

$$\left[X^i \frac{\partial}{\partial x^i}, Y^j \frac{\partial}{\partial x^j} \right] = X^i \frac{\partial Y^j}{\partial x^i} \frac{\partial}{\partial x^j} - Y^j \frac{\partial X^i}{\partial x^j} \frac{\partial}{\partial x^i}$$

schreibt.

Algebraische Definition der Lieableitung.   Mit dem *algebraischen Zugang* zur Lieableitung von Formen und Tensoren geht es folgendermaßen weiter. Man erweitert die Definition der Lieableitung von Funktionen und Vektorfeldern auf Differentialformen, indem man fordert, daß die Lieableitung eine Derivation ist, z.B. Für 1-Formen α schreiben wir

$$\pounds_X \langle \alpha, Y \rangle = \langle \pounds_X \alpha, Y \rangle + \langle \alpha, \pounds_X Y \rangle, \tag{4.20}$$

wobei X, Y Vektorfelder sind und $\langle \alpha, Y \rangle = \alpha(Y)$. Allgemeiner ist

$$\pounds_X (\alpha(Y_1, \ldots, Y_k)) = (\pounds_X \alpha)(Y_1, \ldots, Y_k) + \sum_{i=1}^{k} \alpha(Y_1, \ldots, \pounds_X Y_i, \ldots, Y_k), \tag{4.21}$$

wobei $X, Y_1, \ldots, Y_k$ Vektorfelder sind und α eine k-Form ist.

Proposition 4.3.1. *Die dynamische und die algebraische Definition der Lieableitung einer Differentialform sind äquivalent.*

Cartans magische Formel.   Durch den folgenden Satz wird eine sehr wichtige Formel für die Lieableitung gegeben.

Satz 4.3.2. *Für ein Vektorfeld X und eine k-Form α auf einer Mannigfaltigkeit M gilt*

$$\pounds_X \alpha = \mathbf{d} \mathbf{i}_X \alpha + \mathbf{i}_X \mathbf{d} \alpha, \tag{4.22}$$

oder in „Hakenschreibweise"

$$\pounds_X \alpha = \mathbf{d}(X \lrcorner \alpha) + X \lrcorner \mathbf{d}\alpha.$$

Der Beweis ist lang aber direkt. Eine andere Eigenschaft der Lieableitung ist die folgende: Ist $\varphi : M \to N$ ein Diffeomorphismus, dann ist

$$\varphi^* \pounds_Y \beta = \pounds_{\varphi^* Y} \varphi^* \beta$$

für $Y \in \mathfrak{X}(N)$ und $\beta \in \Omega^k(M)$. Sind allgemeiner $X \in \mathfrak{X}(M)$ und $Y \in \mathfrak{X}(N)$ ψ-verwandt, gilt also für eine glatte Abbildung $\psi : M \to N$ die Beziehung $T\psi \circ X = Y \circ \psi$, so ist $\pounds_X \psi^* \beta = \psi^* \pounds_Y \beta$ für alle $\beta \in \Omega^k(N)$.

Es gibt eine Reihe nützlicher Beziehungen, die die Lieableitung, die äußere Ableitung und das innere Produkt, auf das wir am Ende dieses Kapitels eingehen, in Verbindung setzen. Ist z.B. Θ eine 1-Form und sind X und Y Vektorfelder, dann liefert die Beziehung 6 in der Tabelle am Ende von §4.4 folgende nützliche Gleichung

$$\mathbf{d}\Theta(X, Y) = X[\Theta(Y)] - Y[\Theta(X)] - \Theta([X, Y]). \tag{4.23}$$

Volumenformen und Divergenz.   Eine n-Mannigfaltigkeit M nennt man **orientierbar**, wenn es eine nirgends verschwindete n-Form μ auf ihr gibt. μ nennt man eine **Volumenform** und stellt eine Basis von $\Omega^n(M)$ über $\mathcal{F}(M)$ dar. Man sagt, daß zwei Volumenformen μ_1 und μ_2 auf M dieselbe **Orientierung** definieren, falls es ein $f \in \mathcal{F}(M)$ mit $f > 0$ gibt, so daß $\mu_2 = f\mu_1$ gilt. Zusammenhängende orientierbare Mannigfaltigkeiten lassen genau zwei Orientierungen zu. Man nennt eine Basis $\{v_1, \ldots, v_n\}$ von $T_m M$ bzgl. der Volumenform μ auf M **positiv orientiert**, falls $\mu(m)(v_1, \ldots, v_n) > 0$ ist. Beachte, daß die Volumenformen, die dieselbe Orientierung definieren, einen konvexen Kegel in $\Omega^n(M)$ bilden, d.h., ist $a > 0$ und μ eine Volumenform, so ist $a\mu$ wieder eine Volumenform, und falls $t \in [0,1]$ ist und μ_1, μ_2 zwei Volumenformen sind, die dieselbe Orientierung definieren, so ist $t\mu_1 + (1-t)\mu_2$ ebenfalls eine Volumenform, die dieselbe Orientierung definiert wie μ_1 oder μ_2. Die erste Eigenschaft ist offensichtlich. Um die zweite zu zeigen, sei $m \in M$ und $\{v_1, \ldots, v_n\}$ eine positiv orientierte Basis von $T_m M$ bzgl. der durch μ_1 oder äquivalent (laut Hypothese) durch μ_2 definierten Orientierung. Dann gilt $\mu_1(m)(v_1, \ldots, v_n) > 0$ und $\mu_2(m)(v_1, \ldots, v_n) > 0$, so daß ihre Konvexkombination wiederum strikt positiv ist.

Ist $\mu \in \Omega^n(M)$ eine Volumenform, dann gibt es, da $\pounds_X \mu \in \Omega^n(M)$ ist, eine Funktion, die **Divergenz** von X bzgl. μ genannt und mit $\operatorname{div}_\mu(X)$ oder einfach mit $\operatorname{div}(X)$ bezeichnet wird, für die

$$\pounds_X \mu = \operatorname{div}_\mu(X)\mu \tag{4.24}$$

gilt. Aus dem dynamischen Zugang zu Lieableitungen folgt, daß genau dann $\operatorname{div}_\mu(X) = 0$ ist, wenn $F_t^* \mu = \mu$ gilt, wobei F_t der Fluß von X ist. Diese Bedingung besagt, daß F_t **volumenerhaltend** ist. Ist $\varphi : M \to M$, dann gibt es wegen $\varphi^* \mu \in \Omega^n(M)$ eine Funktion, die wir die **Jacobideterminante** von φ nennen und mit $J_\mu(\varphi)$ oder einfach $J(\varphi)$ bezeichnen, so daß

$$\varphi^* \mu = J_\mu(\varphi)\mu \tag{4.25}$$

ist. *Folglich ist φ genau dann volumenerhaltend, wenn $J_\mu(\varphi) = 1$ ist. Aus dem Satz über die Umkehrabbildung folgt, daß φ genau dann ein lokaler Diffeomorphismus ist, wenn $J_\mu(\varphi) \neq 0$ auf M gilt.*

Der Satz von Frobenius.   Wir wollen auch als grundlegendes Resultat den **Satz von Frobenius** erwähnen. Ist $E \subset TM$ ein Untervektorbündel, so nennen wir es **involutiv**, falls für zwei beliebige Vektorfelder auf X, Y auf M mit Werten in E die Jacobi-Lieklammer $[X, Y]$ ebenfalls ein Vektorfeld mit Werten in E ist. Man sagt, das Unterbündel E sei **integrabel**, wenn es für jeden Punkt $m \in M$ eine m enthaltende lokale Untermannigfaltigkeit von M gibt, so daß ihr Tangentialbündel E die Einschränkung auf diese Untermannigfaltigkeit ist. Ist E integrabel, so können die lokalen Integralmannigfaltigkeiten fortgesetzt werden, um durch jeden Punkt $m \in M$ eine zusammenhängende maximale Integralmannigfaltigkeit zu bekommen, die eindeutig und eine regulär immersierte Untermannigfaltigkeit von M ist. Die Menge aller maximaler Integralmannigfaltigkeiten durch alle Punkte von M bildet eine sogenannte **Blätterung**.

Der Satz von Frobenius besagt, daß *die Involutivität von E äquivalent zur Integrabilität von E ist*.

Übungen

Übung 4.3.1. Seien M eine n-Mannigfaltigkeit, $\mu \in \Omega^n(M)$ eine Volumenform, $X, Y \in \mathfrak{X}(M)$ und $f, g : M \to \mathbb{R}$ glatte Funktionen, so daß für alle m die Bedingung $f(m) \neq 0$ gilt. Beweise die folgenden Beziehungen:

(a) $\operatorname{div}_{f\mu}(X) = \operatorname{div}_\mu(X) + X[f]/f$

(b) $\operatorname{div}_\mu(gX) = g\operatorname{div}_\mu(X) + X[g]$ und

(c) $\operatorname{div}_\mu([X, Y]) = X[\operatorname{div}_\mu(Y)] - Y[\operatorname{div}_\mu(X)]$.

Übung 4.3.2. Zeige, daß die partielle Differentialgleichung

$$\frac{\partial f}{\partial t} = \sum_{i=1}^{n} X^i(x^1, \ldots, x^n)\frac{\partial f}{\partial x^i}$$

mit der Anfangsbedingung $f(x, 0) = g(x)$ die Lösung $f(x, t) = g(F_t(x))$ hat, wobei F_t der Fluß des Vektorfeldes $(X^1, \ldots, X^n)$ im $\mathbb{R}^n$ ist, der für alle t definiert sei. Zeige, daß die Lösung *eindeutig* ist. Verallgemeinere diese Übung zu der Gleichung

$$\frac{\partial f}{\partial t} = X[f]$$

für ein Vektorfeld X auf einer Mannigfaltigkeit M.

Übung 4.3.3. Zeige, daß auch $M \times N$ orientierbar ist, wenn M und N orientierbare Mannigfaltigkeiten sind.

4.4 Der Satz von Stokes

Die der Definition des Integrals einer n-Form μ auf einer orientierten n-Mannigfaltigkeit M zugrundeliegende Idee ist, anhand der Karten eine Überdeckung zu wählen und die gewöhnlichen Integrale von $f(x^1, \ldots, x^n)\, dx^1 \cdots dx^n$ zu summieren, wobei

$$\mu = f(x^1, \ldots, x^n)\, dx^1 \wedge \cdots \wedge dx^n$$

eine lokale Darstellung von μ ist und man darauf zu achten hat, Schnitte der Kartengebiete nicht doppelt zu zählen. Die Formel für den Koordinatenwechsel stellt sicher, daß das durch $\int_M \mu$ bezeichnete Ergebnis wohldefiniert ist.

Hat man eine berandete orientierte Mannigfaltigkeit, dann hat der Rand ∂M eine verträgliche Orientierung. Dies führt zu einer Verallgemeinerung der Beziehung zwischen der Orientierung einer Fläche und ihres Randes aus dem klassischen Satz von Stokes für den $\mathbb{R}^3$.

Satz 4.4.1 (von Stokes). *Sei M eine kompakte, orientierte k-dimensionale Mannigfaltigkeit mit Rand ∂M. Sei α eine glatte $(k-1)$-Form auf M. Dann ist*

$$\int_M d\alpha = \int_{\partial M} \alpha. \tag{4.26}$$

Es folgen spezielle Fälle des Satzes von Stokes.

Die Integralsätze der Analysis.   Der Satz von Stokes verallgemeinert und verbindet die klassischen Sätze der Analysis:

(a) Der Hauptsatz der Differential- und Integralrechung.

$$\int_a^b f'(x)\, dx = f(b) - f(a). \tag{4.27}$$

(b) Der Satz von Green.   Für ein Gebiet $\Omega \subset \mathbb{R}^2$ gilt

$$\iint_\Omega \left(\frac{\partial Q}{\partial x} - \frac{\partial P}{\partial y} \right) dx\, dy = \int_{\partial \Omega} P\, dx + Q\, dy. \tag{4.28}$$

(c) Der Satz von Gauß.   Für ein Gebiet $\Omega \subset \mathbb{R}^3$ gilt

$$\iiint_\Omega \operatorname{div} \mathbf{F}\, dV = \iint_{\partial \Omega} \mathbf{F} \cdot n\, dA. \tag{4.29}$$

(d) Der klassische Satz von Stokes.   Für eine Fläche $S \subset \mathbb{R}^3$ gilt

$$\iint_S \left\{ \left(\frac{\partial R}{\partial y} - \frac{\partial Q}{\partial z} \right) dy \wedge dz + \left(\frac{\partial P}{\partial z} - \frac{\partial R}{\partial x} \right) dz \wedge dx \right.$$

$$\left. + \left(\frac{\partial Q}{\partial x} - \frac{\partial P}{\partial y} \right) dx \wedge dy \right\}$$

$$= \iint_S \mathbf{n} \cdot \operatorname{rot} \mathbf{F}\, dA = \int_{\partial S} P\, dx + Q\, dy + R\, dz, \tag{4.30}$$

wobei $\mathbf{F} = (P, Q, R)$ ist.

Beachte, daß das Poincarélemma die Sätze der Vektoranalysis im $\mathbb{R}^3$ verallgemeinert, indem man sagt, aus rot $\mathbf{F} = 0$ folge $\mathbf{F} = \nabla f$ und aus div $\mathbf{F} = 0$ folge $\mathbf{F} = \nabla \times \mathbf{G}$. Zur Erinnerung: Die Aussage des Poincarélemmas war, daß *eine geschlossene Differentialform α lokal exakt ist, d.h., ist $d\alpha = 0$, dann gilt lokal $\alpha = d\beta$ für ein geeignetes β*. Für kontrahierbare Mannigfaltigkeiten gilt diese Aussage global.

Kohomologie. Daß geschlossene Formen nicht global exakt sein müssen, führt zur Untersuchung einer sehr wichtigen Invarianten von M, der *de Rham-Kohomologie*. Die k-te de Rham-Kohomologiegruppe $H^k(M)$ ist durch

$$H^k(M) := \frac{\ker\,(\mathbf{d}: \Omega^k(M) \to \Omega^{k+1}(M))}{\mathrm{im}\,(\mathbf{d}: \Omega^{k-1}(M) \to \Omega^k(M))}$$

definiert. Der Satz von de Rham besagt, daß diese abelschen Gruppen zu den sogenannten singulären Kohomologiegruppen, die mithilfe von Simplizes in der algebraischen Topologie definiert werden und nur von der topologischen Struktur von M und nicht von ihrer differenzierbaren Struktur abhängen, isomorph sind. Den Isomorphismus erhält man durch Integration. Die Integration läßt sich auf den Quotientenraum übertragen, wie der Satz von Stokes sicher stellt. Ein nützlicher Spezialfall dieses Satzes ist folgender: Ist M eine orientierbare, kompakte, randlose n-Mannigfaltigkeit, dann gilt $\int_M \mu = 0$ genau dann, wenn die n-Form μ exakt ist. Diese Aussage ist zu $H^n(M) = \mathbb{R}$ äquivalent, falls M kompakt und orientierbar ist.

Variablensubstitution. Ein weiteres grundlegendes Resultat der Integrationstheorie ist die Formel für die globale Variablensubstitution.

Satz 4.4.2 (Variablensubstitution). *Seien M und N orientierte n-Mannigfaltigkeiten und sei $\varphi: M \to N$ ein orientierungserhaltender Diffeomorphismus. Ist α eine n-Form auf N (mit kompaktem Träger), dann ist*

$$\int_M \varphi^* \alpha = \int_N \alpha.$$

Beziehungen für Vektorfelder und Formen

1. Die Vektorfelder auf M bilden mit der Klammer $[X,Y]$ eine *Liealgebra*, d.h., $[X,Y]$ ist reell bilinear, schiefsymmetrisch und erfüllt die *Jacobiidentität*:

$$[[X,Y],Z] + [[Z,X],Y] + [[Y,Z],X] = 0.$$

Lokal gilt

$$[X,Y] = \mathbf{D}Y \cdot X - \mathbf{D}X \cdot Y = (X \cdot \nabla)Y - (Y \cdot \nabla)X$$

und auf Funktionen angewandt

$$[X,Y][f] = X[Y[f]] - Y[X[f]].$$

2. Für Diffeomorphismen φ und ψ gilt

$$\varphi_*[X,Y] = [\varphi_*X, \varphi_*Y] \quad \text{und} \quad (\varphi \circ \psi)_*X = \varphi_*\psi_*X.$$

3. Die Formen auf einer Mannigfaltigkeit bilden eine reelle assoziative Algebra mit $\wedge$ als Multiplikation. Zudem gilt $\alpha \wedge \beta = (-1)^{kl}\beta \wedge \alpha$ für k- und l-Formen α und β.

4. Für Abbildung φ und ψ gilt

$$\varphi^*(\alpha \wedge \beta) = \varphi^*\alpha \wedge \varphi^*\beta \quad \text{und} \quad (\varphi \circ \psi)^*\alpha = \psi^*\varphi^*\alpha.$$

5. $\mathbf{d}$ ist eine reelle lineare Abbildung auf Formen, $\mathbf{dd}\alpha = 0$ und es gilt

$$\mathbf{d}(\alpha \wedge \beta) = \mathbf{d}\alpha \wedge \beta + (-1)^k \alpha \wedge \mathbf{d}\beta$$

für eine k-Form α.

6. Für eine k-Form α und ein Vektorfeld $X_0, \ldots, X_k$ ist

$$(\mathbf{d}\alpha)(X_0, \ldots, X_k) = \sum_{i=0}^{k}(-1)^i X_i[\alpha(X_0, \ldots, \hat{X}_i, \ldots, X_k)]$$

$$+ \sum_{0 \leq i < j \leq k}(-1)^{i+j}\alpha([X_i, X_j], X_0, \ldots, \hat{X}_i, \ldots, \hat{X}_j, \ldots, X_k),$$

wobei $\hat{X}_i$ bedeutet, daß X_i ausgelassen wurde. Lokal gilt

$$\mathbf{d}\alpha(x)(v_0, \ldots, v_k) = \sum_{i=0}^{k}(-1)^i \mathbf{D}\alpha(x) \cdot v_i(v_0, \ldots, \hat{v}_i, \ldots, v_k).$$

7. Für eine Abbildung φ ist

$$\varphi^*\mathbf{d}\alpha = \mathbf{d}\varphi^*\alpha.$$

8. **Poincarélemma.** Ist $\mathbf{d}\alpha = 0$, dann ist die k-Form α lokal exakt, d.h., für jeden Punkt gibt es eine Umgebung U auf der $\alpha = \mathbf{d}\beta$ ist. Diese Aussage gilt für kontrahierbare Mannigfaltigkeiten global und allgemein, falls $H^k(M) = 0$ ist.

9. $\mathbf{i}_X\alpha$ ist reell bilinear in X und α und für $h : M \to \mathbb{R}$ gilt

$$\mathbf{i}_{hX}\alpha = h\mathbf{i}_X\alpha = \mathbf{i}_X h\alpha.$$

Ebenso gilt $\mathbf{i}_X\mathbf{i}_X\alpha = 0$ und

$$\mathbf{i}_X(\alpha \wedge \beta) = \mathbf{i}_X\alpha \wedge \beta + (-1)^k\alpha \wedge \mathbf{i}_X\beta$$

für eine k-Form α.

10. Für einen Diffeomorphismus φ ist

$$\varphi^*(\mathbf{i}_X\alpha) = \mathbf{i}_{\varphi^*X}(\varphi^*\alpha), \quad \text{d.h.,} \quad \varphi^*(X \lrcorner \alpha) = (\varphi^*X) \lrcorner (\varphi^*\alpha).$$

Ist $f : M \to N$ eine Abbildung und ist Y f-verwandt zu X, d.h.,

$$Tf \circ X = Y \circ f,$$

dann ist

$$i_X f^* \alpha = f^* i_Y \alpha, \quad \text{d.h.,} \quad X \lrcorner (f^* \alpha) = f^* (Y \lrcorner \alpha).$$

11. $\pounds_X \alpha$ ist reell bilinear in X und α und es gilt

$$\pounds_X(\alpha \wedge \beta) = \pounds_X \alpha \wedge \beta + \alpha \wedge \pounds_X \beta.$$

12. Cartans magische Formel:

$$\pounds_X \alpha = \mathbf{d} i_X \alpha + i_X \mathbf{d}\alpha = \mathbf{d}(X \lrcorner \alpha) + X \lrcorner \mathbf{d}\alpha.$$

13. Für einen Diffeomorphismus φ ist

$$\varphi^* \pounds_X \alpha = \pounds_{\varphi^* X} \varphi^* \alpha.$$

Ist $f : M \to N$ eine Abbildung und ist Y f-verwandt zu X, so gilt

$$\pounds_Y f^* \alpha = f^* \pounds_X \alpha.$$

14. $\quad (\pounds_X \alpha)(X_1, \ldots, X_k) = X[\alpha(X_1, \ldots, X_k)]$
$$- \sum_{i=0}^{k} \alpha(X_1, \ldots, [X, X_i], \ldots, X_k).$$

Lokal gilt

$$(\pounds_X \alpha)(x) \cdot (v_1, \ldots, v_k) = (\mathbf{D}\alpha_x \cdot X(x))(v_1, \ldots, v_k)$$
$$+ \sum_{i=0}^{k} \alpha_x(v_1, \ldots, \mathbf{D}X_{\dot{x}} \cdot v_i, \ldots, v_k).$$

15. Es gelten die folgenden Beziehungen:

a) $\pounds_{fX} \alpha = f \pounds_X \alpha + \mathbf{d}f \wedge i_X \alpha$

b) $\pounds_{[X,Y]} \alpha = \pounds_X \pounds_Y \alpha - \pounds_Y \pounds_X \alpha$

c) $i_{[X,Y]} \alpha = \pounds_X i_Y \alpha - i_Y \pounds_X \alpha$

d) $\pounds_X \mathbf{d}\alpha = \mathbf{d}\pounds_X \alpha$

e) $\pounds_X i_X \alpha = i_X \pounds_X \alpha$

f) $\pounds_X(\alpha \wedge \beta) = \pounds_X \alpha \wedge \beta + \alpha \wedge \pounds_X \beta.$

16. Ist M eine endlichdimensionale Mannigfaltigkeit, $X = X^l \partial/\partial x^l$ und

$$\alpha = \alpha_{i_1 \ldots i_k} dx^{i_1} \wedge \cdots \wedge dx^{i_k}$$

mit $i_1 < \cdots < i_k$, dann gelten die folgenden Formeln:

$$
\begin{aligned}
\mathbf{d}\alpha &= \left(\frac{\partial \alpha_{i_1 \ldots i_k}}{\partial x^l} \right) dx^l \wedge dx^{i_1} \wedge \cdots \wedge dx^{i_k}, \\
\mathbf{i}_X \alpha &= X^l \alpha_{l i_2 \ldots i_k} dx^{i_2} \wedge \cdots \wedge dx^{i_k}, \\
\pounds_X \alpha &= X^l \left(\frac{\partial \alpha_{i_1 \ldots i_k}}{\partial x^l} \right) dx^{i_1} \wedge \cdots \wedge dx^{i_k} \\
&\quad + \alpha_{l i_2 \ldots i_k} \left(\frac{\partial X^l}{\partial x^{i_1}} \right) dx^{i_1} \wedge dx^{i_2} \wedge \cdots \wedge dx^{i_k} + \ldots.
\end{aligned}
$$

Übungen

Übung 4.4.1. Sei Ω ein geschlossenes, berandetes Gebiet im $\mathbb{R}^2$. Verwende den Satz von Green, um zu zeigen, daß die Fläche von Ω mit dem Kurvenintegral

$$\frac{1}{2} \int_{\partial \Omega} (x \, dy - y \, dx)$$

übereinstimmt.

Übung 4.4.2. Betrachte die 1-Form

$$\alpha = \frac{x \, dy - y \, dx}{x^2 + y^2}$$

auf dem $\mathbb{R}^2 \backslash \{(0,0)\}$.

(a) Zeige, daß diese Form geschlossen ist.

(b) Berechnen $i^* \alpha$ mit dem Winkel θ als Variable auf S^1, wobei $i : S^1 \to \mathbb{R}^2$ die Standardeinbettung ist.

(c) Zeige, daß α nicht exakt ist.

Übung 4.4.3 (Der magnetische Monopol). Sei $\mathbf{B} = g\mathbf{r}/r^3$ ein Vektorfeld im dreidimensionalen Euklidischen Raum ohne den Ursprung, wobei $r = \|\mathbf{r}\|$ ist. Zeige, daß $\mathbf{B}$ nicht als die Rotation eines Vektorfeldes geschrieben werden kann.

5. Hamiltonsche Systeme auf symplektischen Mannigfaltigkeiten

Wir sind nun in der Lage, die Hamiltonsche Mechanik im Rahmen der Differentialgeometrie darzustellen. Zuerst gehen wir zu nichtlinearen Phasenräumen über und untersuchen dann Hamiltonsche Systeme in diesem Kontext.

5.1 Symplektische Mannigfaltigkeiten

Definition 5.1.1. *Eine **symplektische Mannigfaltigkeit** ist ein Paar (P, Ω), wobei P eine Mannigfaltigkeit und Ω eine geschlossene, (schwach) nichtausgeartete 2-Form auf P ist. Ist Ω stark nichtausgeartet, sprechen wir von einer **stark symplektischen Mannigfaltigkeit**.*

Daß die 2-Form Ω stark nichtausgeartet ist, bedeutet wie im linearen Fall, daß die Bilinearform $\Omega_z : T_z P \times T_z P \to \mathbb{R}$ für alle $z \in P$ nichtausgeartet ist, also einen Isomorphismus

$$\Omega_z^\flat : T_z P \to T_z^* P$$

definiert. Für eine (schwach) symplektische Form ist die induzierte Abbildung $\Omega^\flat : \mathfrak{X}(P) \to \mathfrak{X}^*(P)$ zwischen den Vektorfeldern und den 1-Formen injektiv, aber im allgemeinen nicht surjektiv. Damit die induzierte Poissonklammer die Jacobiidentität erfüllt und der Fluß des Hamiltonschen Vektorfeldes aus kanonischen Transformationen besteht, wird, wie wir später sehen werden, gefordert, daß Ω geschlossen, also $\mathbf{d}\Omega = 0$ ist, wobei $\mathbf{d}$ die äußere Ableitung ist. In Koordinaten z^I auf P wird im endlichdimensionalen Fall für $\Omega = \Omega_{IJ}\, dz^I \wedge dz^J$ (mit Summation über alle $I < J$) aus $\mathbf{d}\Omega = 0$ die Bedingung

$$\frac{\partial \Omega_{IJ}}{\partial z^K} + \frac{\partial \Omega_{KI}}{\partial z^J} + \frac{\partial \Omega_{JK}}{\partial z^I} = 0. \tag{5.1}$$

Beispiele

Beispiel 5.1.1 (Symplektische Vektoräume). Ist (Z, Ω) ein symplektischer Vektorraum, so ist (Z, Ω) auch eine symplektische Mannigfaltigkeit. Die Bedingung $\mathbf{d}\Omega = 0$ ist automatisch erfüllt, da Ω eine *konstante* Form ist ($\Omega(z)$ ist also unabhängig von $z \in Z$).

Beispiel 5.1.2. Der Zylinder $S^1 \times \mathbb{R}$ mit den Koordinaten (θ, p) ist eine symplektische Mannigfaltigkeit mit $\Omega = d\theta \wedge dp$.

Beispiel 5.1.3. Der Torus $\mathbb{T}^2$ mit periodischen Koordinaten (θ, φ) ist eine symplektische Mannigfaltigkeit mit $\Omega = d\theta \wedge d\varphi$.

Beispiel 5.1.4. Die 2-Sphäre S^2 vom Radius r ist symplektisch mit dem üblichen Flächenelement $\Omega = r^2 \sin\theta \, d\theta \wedge d\varphi$ auf der Sphäre als symplektische Form Ω.

Wir werden in Kap. 6 zeigen, daß das Kotangentialbündel T^*Q zu einer gegebenen Mannigfaltigkeit Q eine natürliche symplektische Struktur hat. Ist Q der **Konfigurationsraum** eines mechanischen Systems, so wird T^*Q der **Impulsphasenraum** genannt. Dieses wichtige Beispiel verallgemeinert die in Kap. 2 untersuchten linearen Beispiele mit Phasenräumen der Gestalt $W \times W^*$.

Der Satz von Darboux.   Das nächste Resultat besagt, daß im Prinzip jede stark symplektische Mannigfaltigkeit in geeigneten Koordinaten ein symplektischer Vektorraum ist. (Im Gegensatz dazu ist ein entsprechendes Resultat für eine Riemannsche Mannigfaltigkeit nicht wahr, solange ihre Krümmung nicht verschindet, d.h., sie nicht flach ist.)

Satz 5.1.1 (von Darboux). *Sei (P, Ω) eine stark symplektische Mannigfaltigkeit. Dann gibt es in einer Umgebung eines jeden Punktes $z \in P$ eine lokale Karte, in der Ω konstant ist.*

Beweis. Wir können von $P = E$ und $z = 0 \in E$ ausgehen, wobei E ein Banachraum ist. Sei Ω_1 die konstante Form $\Omega(0)$ und sei $\Omega' = \Omega_1 - \Omega$ und $\Omega_t = \Omega + t\Omega'$ für $0 \leq t \leq 1$. Für alle t ist die Bilinearform $\Omega_t(0) = \Omega(0)$ nichtausgeartet. Folglich existiert aufgrund der Offenheit der Menge aller Isomorphismen von E nach E^* und Kompaktheit von $[0, 1]$ eine Umgebung von 0, auf der Ω_t für alle $0 \leq t \leq 1$ stark nichtausgeartet ist. Wir können annehmen, daß diese Umgebung eine Kugel ist. Mit dem Poincarélemma folgt $\Omega' = \mathbf{d}\alpha$ für eine 1-Form α. Ersetzen wir α durch $\alpha - \alpha(0)$, so können wir $\alpha(0) = 0$ annehmen. Wir definieren ein zeitabhängiges Vektorfeld X_t durch

$$\mathbf{i}_{X_t} \Omega_t = -\alpha.$$

Dies ist möglich, da Ω_t stark nichtausgeartet ist. Weil $\alpha(0) = 0$ ist, erhalten wir $X_t(0) = 0$ und somit folgt aus dem lokalen Existenzsatz aus der Theorie der gewöhnlichen Differentialgleichungen, daß es eine Kugel gibt, in der die Integralkurven von X_t zumindest für eine Zeitspanne der Dauer eins definiert sind. Diesen Satz findet man in Abraham, Marsden und Ratiu [1988, Abschnitt 4.1] ausformuliert. Sei F_t der Fluß von X_t, der bei der Identität F_0 beginnt. Mit der Formel für die Lieableitung von *zeitabhängigen* Vektorfeldern ist

$$\frac{d}{dt}(F_t^* \Omega_t) = F_t^*(\pounds_{X_t} \Omega_t) + F_t^* \frac{d}{dt}\Omega_t$$

$$= F_t^* \mathbf{di}_{X_t}\Omega_t + F_t^* \Omega' = F_t^*(\mathbf{d}(-\alpha) + \Omega') = 0.$$

Folglich gilt $F_1^* \Omega_1 = F_0^* \Omega_0 = \Omega$, also liefert F_1 eine Karte, die Ω in die konstante Form Ω_1 transformiert. ∎

Dieser Beweis stammt von Moser [1965]. Wie von Weinstein [1971] bemerkt wurde, kann dieser Beweis für *stark* symplektische Mannigfaltigkeiten auf den unendlichdimensionalen Fall verallgemeinert werden. Leider sind viel interessante unendlichdimensionale symplektische Mannigfaltigkeiten *nicht* stark symplektisch. Die zum Satz von Darboux analoge Aussage für schwach symplektische Formen ist nicht gültig. Vergleiche z.B. Übung 5.1.3 und für Bedingungen, unter denen die Aussage gültig ist, Marsden [1981],Olver [1988], Bambusi [1998] und dort angegebene Literatur. Hinsichtlich eines äquivarianten Satzes von Darboux und Literaturhinweisen sei auf Dellnitz und Melbourne [1993] und die Diskussion in Kap. 9 verwiesen.

Korollar 5.1.1. *Ist (P, Ω) eine endlichdimensionale symplektische Mannigfaltigkeit, dann ist die Dimension von P geradzahlig und in einer Umgebung von $z \in P$ gibt es lokale Koordinaten $(q^1, \ldots, q^n, p_1, \ldots, p_n)$ (mit $\dim P = 2n$) mit*

$$\Omega = \sum_{i=1}^{n} dq^i \wedge dp_i. \tag{5.2}$$

Dies folgt aus dem Satz von Darboux und der kanonischen Form für lineare symplektische Formen. Wie für Vektorräume werden Koordinaten, in denen Ω die obige Form annimmt, **kanonische Koordinaten** genannt.

Korollar 5.1.2. *Ist (P, Ω) eine $2n$-dimensionale symplektische Mannigfaltigkeit, dann wird P durch die **Liouvillesche Volumenform**, die als*

$$\Lambda = \frac{(-1)^{n(n-1)/2}}{n!} \, \Omega \wedge \cdots \wedge \Omega \quad (n \text{ Faktoren}) \tag{5.3}$$

definiert ist, orientiert. In den kanonischen Koordinaten $(q^1, \ldots, q^n, p_1, \ldots, p_n)$ hat Λ die Gestalt

$$\Lambda = dq^1 \wedge \cdots \wedge dq^n \wedge dp_1 \wedge \cdots \wedge dp_n. \tag{5.4}$$

Falls (P, Ω) eine $2n$-dimensionale symplektische Mannigfaltigkeit ist, dann ist also (P, Λ) eine **Volumenmannigfaltigkeit** (d.h. eine Mannigfaltigkeit mit einem Volumenelement). Das zu Λ assoziierte Maß wird das **Liouvillemaß** genannt. Der Faktor $(-1)^{n(n-1)/2}/n!$ wurde gewählt, damit Λ in kanonischen Koordinaten von der Form (5.4) ist.

Übungen

Übung 5.1.1. Zeige, wie man (explizit) kanonische Koordinaten für die symplektische Form $\Omega = f\mu$ auf S^2 konstruiert, wobei μ das übliche Flächenelement und $f : S^2 \to \mathbb{R}$ eine positive Funktion ist.

Übung 5.1.2 (Moser [1965]). Seien μ_0 und μ_1 zwei Volumenelemente (nirgends verschwindende n-Formen) auf der kompakten, unberandeten n-Mannigfaltigkeit M, die auf M dieselbe Orientierung definieren. Sei ferner $\int_M \mu_0 = \int_M \mu_1$. Zeige, daß es einen Diffeomorphismus $\varphi : M \to M$ mit $\varphi^* \mu_1 = \mu_0$ gibt.

Übung 5.1.3. (Bedarf ein wenig Funktionalanalysis.) Zeige, daß der Satz von Darboux für die nachstehend beschriebene schwach symplektische Form nicht gilt. Sei H ein reeller Hilbertraum und $S : H \to H$ ein kompakter, selbstadjungierter und positiver Operator, dessen Bild in H dicht, aber nicht identisch mit H ist. Sei $A_x = S + \|x\|^2 I$ und

$$g_x(e, f) = \langle A_x e, f \rangle.$$

Sei Ω die mit g assoziierte schwach symplektische Form auf $H \times H$. Zeige, daß es keine Karte um $(0,0) \in H \times H$ gibt, auf der Ω konstant ist.

Übung 5.1.4. Verwende die Methode aus dem Beweis des Satzes von Darboux, um folgendes zu zeigen: Angenommen Ω_0 und Ω_1 sind zwei symplektische Formen auf der kompakten Mannigfaltigkeit P und $[\Omega_0]$, $[\Omega_1]$ sind ihre Kohomologieklassen bzw. in $H^2(P; \mathbb{R})$. Falls die Form $\Omega_t := (1-t)\Omega_0 + \Omega_1$ für alle $t \in [0,1]$ nichtausgeartet ist, gibt es einen Diffeomorphismus $\varphi : P \longrightarrow P$ mit $\varphi^* \Omega_1 = \Omega_0$.

Übung 5.1.5. Beweise den folgenden **relativen Satz von Darboux**: Sei S eine Untermannigfaltigkeit von P und angenommen, daß Ω_0 und Ω_1 zwei stark symplektische Formen auf P mit $\Omega_0|S = \Omega_1|S$ sind, dann gibt es eine offene Umgebung V von S in P und einen Diffeomorphismus $\varphi : V \longrightarrow$ $\varphi(V) \subset P$ mit $\varphi|S = \mathrm{Id}$ auf S und $\varphi^* \Omega_1 = \Omega_0$. (Hinweis: Siehe Übung 4.2.6.)

5.2 Symplektische Transformationen

Definition 5.2.1. *Seien (P_1, Ω_1) und (P_2, Ω_2) symplektische Mannigfaltigkeiten. Eine C^∞-Abbildung $\varphi : P_1 \to P_2$ wird **symplektisch** oder **kanonisch** genannt, falls*

$$\varphi^* \Omega_2 = \Omega_1 \tag{5.5}$$

ist.

Wir erinnern daran, daß $\Omega_1 = \varphi^* \Omega_2$ bedeutet, daß

$$\Omega_{1z}(v, w) = \Omega_{2\varphi(z)}(T_z\varphi \cdot v, T_z\varphi \cdot w)$$

für alle $z \in P_1$ und alle $v, w \in T_z P_1$ gilt, wobei Ω_{1z} für Ω_1 ausgewertet im Punkt z steht und $T_z\varphi$ die Tangentialabbildung (Ableitung) von φ in z ist.

Ist $\varphi : (P_1, \Omega_1) \to (P_2, \Omega_2)$ kanonisch, so folgt aus der Eigenschaft $\varphi^*(\alpha \wedge \beta) = \varphi^*\alpha \wedge \varphi^*\beta$ die Gleichung $\varphi^*\Lambda = \Lambda$, also erhält φ auch das Liouvillemaß. Damit erhalten wir die folgende

Proposition 5.2.1. *Eine glatte kanonische Transformation zwischen symplektischen Mannigfaltigkeiten derselben Dimension ist volumenerhaltend und ein lokaler Diffeomorphismus.*

Die letzte Aussage resultiert aus dem Satz über die Umkehrabbildung: Ist φ volumenerhaltend, so ist ihre Jacobideterminante 1, also ist φ lokal invertierbar. Es ist klar, daß die Menge der kanonischen Diffeomorphismen von P eine Untergruppe von Diff(P), der Gruppe aller Diffeomorphismen von P, bildet. Diese mit Diff$_{kan}(P)$ bezeichnete Gruppe spielt bei der Untersuchung der Dynamik von Plasmen eine Schlüsselrolle.

Sind Ω_1 und Ω_2 exakt, ist z.B. $\Omega_1 = -d\Theta_1$ und $\Omega_2 = -d\Theta_2$, dann ist (5.5) zu

$$\mathbf{d}(\varphi^*\Theta_2 - \Theta_1) = 0 \tag{5.6}$$

äquivalent. Sei $M \subset P_1$ eine orientierte 2-Mannigfaltigkeit mit dem Rand ∂M. Gilt (5.6), so erhalten wir

$$0 = \int_M \mathbf{d}(\varphi^*\Theta_2 - \Theta_1) = \int_{\partial M} (\varphi^*\Theta_2 - \Theta_1),$$

d.h.,

$$\int_{\partial M} \varphi^*\Theta_2 = \int_{\partial M} \Theta_1. \tag{5.7}$$

Proposition 5.2.2. *Die Abbildung $\varphi : P_1 \to P_2$ ist genau dann kanonisch, wenn (5.7) für alle orientierten 2-Mannigfaltigkeiten $M \subset P_1$ mit Rand ∂M gilt.*

Die Umkehrung wird bewiesen, indem man M als eine kleine Scheibe in P_1 wählt und ausnutzt, daß eine 2-Form Null sein muß, wenn ihr Integral über jede kleine Scheibe verschwindet. Die letzterwähnte Aussage zeigt man mithilfe eines Widerspruchsbeweises. Man konstruiert eine 2-Form auf einer 2-Scheibe, deren Koeffizient eine Buckelfunktion ist. Die Gleichung (5.7) ist ein Beispiel für eine **Integralinvariante**. Weitere Informationen bieten Arnold [1989] und Abraham und Marsden [1978].

Übungen

Übung 5.2.1. Sei $\varphi : \mathbb{R}^{2n} \to \mathbb{R}^{2n}$ eine Abbildung von der Form $\varphi(q,p) = (q, p + \alpha(q))$. Verwende die kanonische 1-Form, um zu bestimmen, wann φ symplektisch ist.

Übung 5.2.2. Sei $\mathbb{T}^6$ der 6-Torus mit der symplektischen Form

$$\Omega = d\theta_1 \wedge d\theta_2 + d\theta_3 \wedge d\theta_4 + d\theta_5 \wedge d\theta_6.$$

Sei $\varphi : \mathbb{T}^6 \to \mathbb{T}^6$ symplektisch und $M \subset \mathbb{T}^6$ eine kompakte, orientierte 4-Mannigfaltigkeit mit Rand. Zeige, daß dann

$$\int_{\partial M} \varphi^*(\Omega \wedge \Theta) = \int_{\partial M} \Omega \wedge \Theta,$$

gilt, wobei $\Theta = \theta_1 \, d\theta_2 + \theta_3 \, d\theta_4 + \theta_5 \, d\theta_6$ ist.

Übung 5.2.3. Zeige, daß jede kanonische Abbildung zwischen endlichdimensionalen symplektischen Mannigfaltigkeiten eine Immersion ist.

5.3 Komplexe Strukturen und Kählermannigfaltigkeiten

In diesem Abschnitt wird die Beziehung zwischen komplexer und symplektischer Geometrie ein wenig weiterentwickelt. Er kann beim ersten Lesen ausgelassen werden.

Komplexe Strukturen.   Wir beginnen mit der Betrachtung von Vektorräumen. Unter einer **komplexen Struktur** auf einem reellen Vektorraum Z verstehen wir eine lineare Abbildung $\mathbb{J} : Z \to Z$ mit $\mathbb{J}^2 = -\mathrm{Id}$. Indem wir $iz = \mathbb{J}(z)$ setzen, verleihen wir Z die Struktur eines komplexen Vektorraumes.

Man beachte, daß für einen endlichdimensionalen Vektorraum Z aus der Bedingung an $\mathbb{J}$ die Beziehung $(\det \mathbb{J})^2 = (-1)^{\dim Z}$ folgt. Also ist $\dim Z$ geradzahlig, da $\det \mathbb{J} \in \mathbb{R}$ ist. Die komplexe Dimension von Z ist die Hälfte der reellen. Ist umgekehrt Z ein komplexer Vektorraum, dann ist er auch ein reeller Vektorraum, wenn die Skalarmultiplikation auf die reellen Zahlen eingeschränkt wird. In diesem Fall ist $\mathbb{J}z = iz$ die komplexe Struktur auf Z. Da die Vektoren iz und z linear unabhängig sind, ist wie zuvor die reelle Dimension von z das Doppelte der komplexen Dimension.

Wir sahen schon, daß der Imaginärteil eines komplexen inneren Produktes eine symplektische Form ist. *Ist umgekehrt $\mathcal{H}$ ein reeller Hilbertraum und Ω eine schiefsymmetrische, schwach nichtausgeartete Bilinearform auf $\mathcal{H}$, dann gibt es eine komplexe Struktur $\mathbb{J}$ auf $\mathcal{H}$ und ein reelles inneres Produkt s, so daß*

$$s(z, w) = -\Omega(\mathbb{J}z, w) \tag{5.8}$$

ist. Der Ausdruck

$$h(z, w) = s(z, w) - i\Omega(z, w) \tag{5.9}$$

definiert ein hermitesches inneres Produkt, und h oder s sind genau dann vollständig auf $\mathcal{H}$, wenn Ω stark nichtausgeartet ist. (Den Beweis findet man in Abraham und Marsden [1978, S. 173].) Sind von $(s, \mathbb{J}, \Omega)$ zwei Strukturen gegeben, dann existiert zumindest eine dritte Struktur, so daß (5.8) erfüllt ist.

Identifizieren wir $\mathbb{C}^n$ mit $\mathbb{R}^{2n}$ und verwenden wir

$$z = (z_1, \ldots, z_n) = (x_1 + iy_1, \ldots, x_n + iy_n) = ((x_1, y_1), \ldots, (x_n, y_n)),$$

dann ist

$$-\mathrm{Im}\,\langle (z_1, \ldots, z_n), (z_1', \ldots, z_n') \rangle = -\mathrm{Im}(z_1 \overline{z}_1' + \cdots + z_n \overline{z}_n')$$
$$= -(x_1' y_1 - x_1 y_1' + \cdots + x_n' y_n - x_n y_n').$$

Also kann die kanonische symplektische Form auf dem $\mathbb{R}^{2n}$ so geschrieben werden:

$$\Omega(z, z') = -\mathrm{Im}\,\langle z, z' \rangle = \mathrm{Re}\,\langle iz, z' \rangle \tag{5.10}$$

Dies steht wegen (5.8) mit der Konvention im Einklang, daß $\mathbb{J} : \mathbb{R}^{2n} \to \mathbb{R}^{2n}$ einer Multiplikation mit i entspricht.

Eine *fast komplexe Struktur* $\mathbb{J}$ auf einer Mannigfaltigkeit M ist ein glatter Tangentialbündelisomorphismus $\mathbb{J} : TM \to TM$, der die Identität auf M überdeckt und für den $\mathbb{J}_z = \mathbb{J}(z) : T_z M \to T_z M$ für jeden Punkt $z \in M$ eine komplexe Struktur auf dem Vektorraum $T_z M$ ist. Eine Mannigfaltigkeit mit einer fast komplexen Struktur wird eine *fast komplexe Mannigfaltigkeit* genannt.

Eine Mannigfaltigkeit M wird *komplexe Mannigfaltigkeit* genannt, falls sie einen Atlas $\{(U_\alpha, \varphi_\alpha)\}$ zuläßt, dessen Karten $\varphi_\alpha : U_\alpha \subset M \to E$ auf einen komplexen Banachraum E abbilden und deren Kartenwechsel $\varphi_\beta \circ \varphi_\alpha^{-1} : \varphi_\alpha(U_\alpha \cap U_\beta) \to \varphi_\beta(U_\alpha \cap U_\beta)$ holomorphe Abbildungen sind. Die komplexe Struktur auf E (Multiplikation mit i) induziert über die Kartenabbildung φ_α auf jedem Kartengebiet U_α eine fast komplexe Struktur. Da die Kartenwechsel biholomorphe Diffeomorphismen sind, stimmen die durch φ_α und φ_β induzierten fast komplexen Strukturen auf $U_\alpha \cap U_\beta$ überein. Dies zeigt, daß eine komplexe Mannigfaltigkeit auch fast komplex ist. Die Umkehrung ist nicht wahr.

Ist M eine fast komplexe Mannigfaltigkeit, so ist $T_z M$ mit der Struktur eines komplexen Vektorraumes ausgestattet. Eine *hermitesche Metrik* auf M ist eine glatte Zuordnung eines (möglicherweise schwach) komplexen inneren Produktes auf $T_z M$ zu jedem $z \in M$. Wie für Vektorräume definiert der Imaginärteil der hermiteschen Metrik eine nichtausgeartete (reelle) 2-Form auf M. Der Realteil einer hermiteschen Metrik ist eine Riemannsche Metrik auf M. Ist das komplexe innere Produkt auf jedem Tangentialraum stark nichtausgeartet, so ist die Metrik *stark*. In diesem Fall sind sowohl der Real- als auch der Imaginärteil der hermiteschen Metrik stark nichtausgeartet über $\mathbb{R}$.

Kählermannigfaltigkeiten.   Eine fast komplexe Mannigfaltigkeit M mit einer hermiteschen Metrik $\langle\,,\,\rangle$ wird ***Kählermannigfaltigkeit*** genannt, falls M eine komplexe Mannigfaltigkeit und die 2-Form $-\mathrm{Im}\,\langle\,,\,\rangle$ eine geschlossene 2-Form auf M ist. Es gibt eine oftmals nützliche äquivalente Definition: Eine Kählermannigfaltigkeit ist eine glatte Mannigfaltigkeit mit einer Riemannschen Metrik g und einer fast komplexen Struktur $\mathbb{J}$, so daß $\mathbb{J}_z$ für alle $z \in M$ g-schiefsymmetrisch und $\mathbb{J}$ bzgl. der kovarianten Ableitung zu g konstant ist. (Man benötigt etwas Kenntnis der Riemannschen Geometrie, um diese Definition zu verstehen – sie wird im folgenden nicht benötigt.) Die wichtige und später verwandte Tatsache ist:

Jede Kählermannigfaltigkeit ist mit der nachfolgend definierten Form auch symplektisch:

$$\Omega_z(v_z, w_z) = \langle \mathbb{J}_z v_z, w_z \rangle. \tag{5.11}$$

In dieser zweiten Definition der Kählermannigfaltigkeiten folgt die Bedingung $\mathrm{d}\Omega = 0$ daraus, daß $\mathbb{J}$ bzgl. der kovarianten Ableitung konstant ist. Eine ***starke Kählermannigfaltigkeit*** ist eine Kählermannigfaltigkeit mit einem starken hermiteschen inneren Produkt.

Projektive Räume.   Jeder komplexe Hilbertraum $\mathcal{H}$ ist eine starke Kählermannigfaltigkeit. Als ein Beispiel für eine interessantere Kählermannigfaltigkeit werden wir den projektiven Raum $\mathbb{P}\mathcal{H}$ eines komplexen Hilbertraumes $\mathcal{H}$ betrachten. Insbesondere erhalten wir den n-***dimensionalen komplexen projektiven Raum*** $\mathbb{CP}^n$, wenn wir diese Konstruktion auf $\mathbb{C}^n$ anwenden. In Beispiel 2.2.6 aus §2.3 sahen wir, daß $\mathcal{H}$ bzgl. der quantenmechanischen symplektischen Form

$$\Omega(\psi_1, \psi_2) = -2\hbar\,\mathrm{Im}\,\langle\psi_1, \psi_2\rangle$$

ein symplektischer Vektorraum ist, wobei $\langle\,,\,\rangle$ das hermitesche innere Produkt auf $\mathcal{H}$, $\hbar$ die Planckkonstante und $\psi_1, \psi_2 \in \mathcal{H}$ sind. Man erinnere sich daran, daß $\mathbb{P}\mathcal{H}$ der Raum der komplexen Geraden durch den Ursprung von $\mathcal{H}$ ist. Wir bezeichnen mit $\pi : \mathcal{H}\backslash\{0\} \to \mathbb{P}\mathcal{H}$ die kanonische Projektion, die einen Vektor $\psi \in \mathcal{H}\backslash\{0\}$ auf die von ihm aufgespannte komplexe Gerade abbildet, die mit $[\psi]$ bezeichnet wird, wenn man einen Punkt in $\mathbb{P}\mathcal{H}$ meint und mit $\mathbb{C}\psi$ bezeichnet wird, wenn man sie als einen Unterraum von $\mathcal{H}$ interpretiert. Der Raum $\mathbb{P}\mathcal{H}$ ist eine komplexe Mannigfaltigkeit, π ist eine glatte Abbildung und der Tangentialraum $T_{[\psi]}\mathbb{P}\mathcal{H}$ ist isomorph zu $\mathcal{H}/\mathbb{C}\psi$. Folglich ist die Abbildung π eine surjektive Submersion. (Submersionen sind in Kap. 4 diskutiert worden, vgl. auch Abraham, Marsden und Ratiu [1988, Kap. 3].) Da der Kern von

$$T_\psi\pi : \mathcal{H} \to T_{[\psi]}\mathbb{P}\mathcal{H}$$

$\mathbb{C}\psi$ entspricht, ist die Abbildung $T_\psi\pi|(\mathbb{C}\psi)^\perp$ ein komplexer linearer Isomorphismus von $(\mathbb{C}\psi)^\perp$ nach $T_\psi\mathbb{P}\mathcal{H}$, der vom gewählten Repräsentanten ψ aus $[\psi]$ abhängt.

Ist $U : \mathcal{H} \to \mathcal{H}$ ein unitärer Operator, d.h., ist U invertierbar und gilt

$$\langle U\psi_1, U\psi_2 \rangle = \langle \psi_1, \psi_2 \rangle$$

für alle $\psi_1, \psi_2 \in \mathcal{H}$, dann definiert $[U][\psi] := [U\psi]$ einen biholomorphen Diffeomorphismus auf $\mathbb{P}\mathcal{H}$.

Proposition 5.3.1.

(i) *Ist $[\psi] \in \mathbb{P}\mathcal{H}$, $\|\psi\| = 1$ und $\varphi_1, \varphi_2 \in (\mathbb{C}\psi)^\perp$, so erklärt die Formel*

$$\langle T_\psi \pi(\varphi_1), T_\psi \pi(\varphi_2) \rangle = 2\hbar \langle \varphi_1, \varphi_2 \rangle \tag{5.12}$$

*ein wohldefiniertes stark hermitesches inneres Produkt auf $T_{[\psi]}\mathbb{P}\mathcal{H}$, d.h., die linke Seite ist nicht von der Wahl von ψ aus $[\psi]$ abhängig. Die Abhängigkeit von $[\psi]$ ist glatt und somit definiert (5.12) auf $\mathbb{P}\mathcal{H}$ eine hermitesche Metrik, die man die **Fubini-Study-Metrik** nennt. Diese Metrik ist für alle unitären Operatoren $[U]$ auf $\mathcal{H}$ invariant unter der Wirkung der Abbildungen U.*

(ii) *Für $[\psi] \in \mathbb{P}\mathcal{H}$, $\|\psi\| = 1$ und $\varphi_1, \varphi_2 \in (\mathbb{C}\psi)^\perp$ definiert*

$$g_{[\psi]}(T_\psi \pi(\varphi_1), T_\psi \pi(\varphi_2)) = 2\hbar \mathrm{Re} \langle \varphi_1, \varphi_2 \rangle \tag{5.13}$$

eine stark Riemannsche Metrik auf $\mathbb{P}\mathcal{H}$, die unter allen Transformationen $[U]$ invariant ist.

(iii) *Für $[\psi] \in \mathbb{P}\mathcal{H}$, $\|\psi\| = 1$ und $\varphi_1, \varphi_2 \in (\mathbb{C}\psi)^\perp$ definiert*

$$\Omega_{[\psi]}(T_\psi \pi(\varphi_1), T_\psi \pi(\varphi_2)) = -2\hbar \mathrm{Im} \langle \varphi_1, \varphi_2 \rangle \tag{5.14}$$

eine stark symplektische Form auf $\mathbb{P}\mathcal{H}$, die unter allen Transformationen $[U]$ invariant ist.

Beweis. Wir beweisen zuerst (i).[1] Ist $\lambda \in \mathbb{C}\backslash\{0\}$, so ist $\pi(\lambda(\psi + t\varphi)) = \pi(\psi + t\varphi)$ und mit

$$(T_{\lambda\psi}\pi)(\lambda\varphi) = \frac{d}{dt}\pi(\lambda\psi + t\lambda\varphi)\bigg|_{t=0} = \frac{d}{dt}\pi(\psi + t\varphi)\bigg|_{t=0} = (T_\psi\pi)(\varphi)$$

erhalten wir $(T_{\lambda\psi}\pi)(\lambda\varphi) = (T_\psi\pi)(\varphi)$. Also folgt mit $\|\lambda\psi\| = \|\psi\| = 1$, daß $|\lambda| = 1$ ist. Damit ist wegen (5.12)

$$\langle (T_{\lambda\psi}\pi)(\lambda\varphi_1), (T_{\lambda\psi}\pi)(\lambda\varphi_2) \rangle = 2\hbar \langle \lambda\varphi_1, \lambda\varphi_2 \rangle = 2\hbar|\lambda|^2 \langle \varphi_1, \varphi_2 \rangle$$
$$= 2\hbar \langle \varphi_1, \varphi_2 \rangle = \langle (T_\psi\pi)(\varphi_1), (T_\psi\pi)(\varphi_2) \rangle.$$

---

[1] Es gibt eine konzeptionell einsichtigere aber kompliziertere Herangehensweise an diesem Prozeß, der die allgemeine Reduktionstheorie verwendet. In dem hier gegebenen Beweis wird direkt argumentiert.

Dies zeigt, daß die Definition (5.12) des hermiteschen inneren Produktes von dem zu dessen Definition ausgewählten normierten Repräsentanten $\psi \in [\psi]$ unabhängig ist. Dieses hermitesche innere Produkt ist stark, da es mit dem inneren Produkt auf dem komplexen Hilbertraum $(\mathbb{C}\psi)^\perp$ übereinstimmt.

Eine direkte Berechnung (siehe Übung 5.3.3) zeigt, daß die hermitesche Metrik für beliebige $\psi \in \mathcal{H}\backslash\{0\}$ und $\varphi_1, \varphi_2 \in \mathcal{H}$ durch

$$\langle T_\psi \pi(\varphi_1), T_\psi \pi(\varphi_2) \rangle = 2\hbar \|\psi\|^{-2} (\langle \varphi_1, \varphi_2 \rangle - \|\psi\|^{-2} \langle \varphi_1, \psi \rangle \langle \psi, \varphi_2 \rangle) \quad (5.15)$$

gegeben ist. Da die rechte Seite von $\psi \in \mathcal{H}\backslash\{0\}$ glatt abhängt und sich diese Formel auf $\mathbb{P}\mathcal{H}$ überträgt, hängt auch (5.12) glatt von $[\psi]$ ab.

Ist U eine unitäre Abbildung auf $\mathcal{H}$ und $[U]$ die auf $\mathbb{P}\mathcal{H}$ induzierte Abbildung, gilt

$$T_{[\psi]}[U] \cdot T_\psi \pi(\varphi) = T_{[\psi]}[U] \cdot \frac{d}{dt}[\psi + t\varphi]\Big|_{t=0} = \frac{d}{dt}[U][\psi + t\varphi]\Big|_{t=0}$$
$$= \frac{d}{dt}[U(\psi + t\varphi)]\Big|_{t=0} = T_{U\psi}\pi(U\varphi).$$

Da $\|U\psi\| = \|\psi\| = 1$ und $\langle U\varphi_j, U\psi \rangle = 0$ ist, erhalten wir dann mit (5.12)

$$\langle T_{[\psi]}[U] \cdot T_\psi \pi(\varphi_1), T_{[\psi]}[U] \cdot T_\psi \pi(\varphi_2) \rangle = \langle T_{U\psi}\pi(U\varphi_1), T_{U\psi}\pi(U\varphi_2) \rangle$$
$$= \langle U\varphi_1, U\varphi_2 \rangle = \langle \varphi_1, \varphi_2 \rangle$$
$$= \langle T_\psi \pi(\varphi_1), T_\psi \pi(\varphi_2) \rangle,$$

womit die Invarianz der hermiteschen Metrik unter der Wirkung der Transformation $[U]$ bewiesen ist.

Teil (ii) ist als Realteil der hermiteschen Metrik (5.12) offensichtlich.

Schließlich beweisen wir (iii). Aus der Invarianz der Metrik folgt, daß die Form Ω ebenfalls unter der Wirkung der unitären Abbildung invariant ist, d.h., $[U]^*\Omega = \Omega$. Also gilt auch $[U]^*\mathbf{d}\Omega = \mathbf{d}\Omega$. Betrachte nun die unitäre Abbildung U_0 auf $\mathcal{H}$, die durch die Beziehungen $U_0\psi = \psi$ und $U_0 = -Id$ auf $(\mathbb{C}\psi)^\perp$ definiert ist. Dann folgt aus $[U_0]^*\Omega = \Omega$ für $\varphi_1, \varphi_2, \varphi_3 \in (\mathbb{C}\psi)^\perp$

$$\mathbf{d}\Omega([\psi])(T_\psi \pi(\varphi_1), T_\psi \pi(\varphi_2), T_\psi \pi(\varphi_3))$$
$$= \mathbf{d}\Omega([\psi])(T_{[\psi]}[U_0] \cdot T_\psi \pi(\varphi_1), T_{[\psi]}[U_0] \cdot T_\psi \pi(\varphi_2), T_{[\psi]}[U_0] \cdot T_\psi \pi(\varphi_3)).$$

Es ist jedoch

$$T_{[\psi]}[U_0] \cdot T_\psi \pi(\varphi) = T_\psi \pi(-\varphi) = -T_\psi \pi(\varphi).$$

Dies impliziert aufgrund der Trilinearität von $\mathbf{d}\Omega$, daß $\mathbf{d}\Omega = 0$ ist.

Da die symplektische Form Ω auf $T_{[\psi]}\mathbb{P}\mathcal{H}$, eingeschränkt auf den Hilbertraum $(\mathbb{C}\psi)^\perp$, die zugehörige quantenmechanische symplektische Form ergibt, ist sie stark nichtausgeartet. ∎

Die obigen Resultate zeigen, daß $\mathbb{P}\mathcal{H}$ eine unendlichdimensionale Kähler-mannigfaltigkeit ist auf der die unitäre Gruppe $U(\mathcal{H})$ durch Isometrien wirkt. Dies kann auf Graßmannmannigfaltigkeiten von endlich- (oder unendlich-) dimensionalen Unterräumen von $\mathcal{H}$ und darüber hinaus sogar auf Fahnen-mannigfaltigkeiten verallgemeinert werden (vgl. Besse [1987] und Pressley und Segal [1986]).

Übungen

Übung 5.3.1. Zeige, daß auf $\mathbb{C}^n$ die Beziehung $\Omega = -\mathbf{d}\Theta$ gilt, wobei $\Theta(z) \cdot w = \frac{1}{2}\mathrm{Im}\langle z, w\rangle$ ist.

Übung 5.3.2. Sei P eine Mannigfaltigkeit, die sowohl symplektisch mit der symplektischen Form Ω, als auch Riemannsch mit der Metrik g ist.

(a) Zeige, daß P eine fast komplexe Struktur $\mathbb{J}$ besitzt, so daß genau dann $\Omega(u,v) = g(\mathbb{J}u,v)$ gilt, wenn für alle $F \in \mathcal{F}(P)$

$$\Omega(\nabla F, v) = -g(X_F, v)$$

ist.

(b) Zeige mit der Hypothese aus (a), daß ein Hamiltonsches Vektorfeld X_H genau dann lokal ein Gradient ist, wenn $\mathcal{L}_{\nabla H}\Omega = 0$ gilt.

Übung 5.3.3. Zeige, daß für alle Vektoren $\varphi_1, \varphi_2 \in \mathcal{H}$ und $\psi \neq 0$ die Fubini-Study-Metrik in der Form

$$\langle T_\psi \pi(\varphi_1), T_\psi \pi(\varphi_2)\rangle = 2\hbar\|\psi\|^{-2}(\langle\varphi_1, \varphi_2\rangle - \|\psi\|^{-2}\langle\varphi_1, \psi\rangle\langle\psi, \varphi_2\rangle)$$

geschrieben werden kann. Schließe daraus, daß die Riemannsche Metrik und die symplektischen Formen durch

$$g_{[\psi]}(T_\psi \pi(\varphi_1), T_\psi \pi(\varphi_2)) = \frac{2\hbar}{\|\psi\|^4}\mathrm{Re}(\langle\varphi_1, \varphi_2\rangle\|\psi\|^2 - \langle\varphi_1, \psi\rangle\langle\psi, \varphi_2\rangle)$$

und

$$\Omega_{[\psi]}(T_\psi \pi(\varphi_1), T_\psi \pi(\varphi_2)) = -\frac{2\hbar}{\|\psi\|^4}\mathrm{Im}(\langle\varphi_1, \varphi_2\rangle\|\psi\|^2 - \langle\varphi_1, \psi\rangle\langle\psi, \varphi_2\rangle)$$

gegeben sind.

Übung 5.3.4. Beweise direkt und ohne die Invarianz unter den Abbildungen $[U]$ zu verwenden, daß auf $\mathbb{P}\mathcal{H}$ die Gleichung $\mathbf{d}\Omega = 0$ gilt. U ist ein unitärer Operator auf $\mathcal{H}$.

Übung 5.3.5. Zeige für den $\mathbb{C}^{n+1}$, daß die Form Ω in einer projektiven Karte des $\mathbb{C}\mathbb{P}^n$ durch

$$\pi^*\Omega = (1 + |z|^2)^{-1}(\mathbf{d}\sigma - (1 + |z|^2)^{-1}\sigma \wedge \overline{\sigma})$$

bestimmt ist, wobei $\mathbf{d}|z|^2 = \sigma + \overline{\sigma}$ (ausführlich $\sigma = \sum_{i=1}^{n+1} z_i\mathbf{d}\overline{z}_i$) und $\pi : \mathbb{C}^n\backslash\{0\} \to \mathbb{C}\mathbb{P}^n$ die Projektion ist. Zeige damit $\mathbf{d}\Omega = 0$. Beachte auch die Ähnlichkeit dieser Formel mit der entsprechenden aus Übung 5.3.3.

5.4 Hamiltonsche Systeme

Mit der uns nun zur Verfügung stehenden Geometrie der symplektischen Mannigfaltigkeiten können wir die Dynamik Hamiltonscher Systeme untersuchen.

Definition 5.4.1. *Sei (P, Ω) eine symplektische Mannigfaltigkeit. Ein Vektorfeld X auf P wird **Hamiltonsch** genannt, falls es eine Funktion $H : P \to \mathbb{R}$ gibt, so daß*

$$\mathbf{i}_X \Omega = \mathbf{d}H, \tag{5.16}$$

also für alle $v \in T_z P$

$$\Omega_z(X(z), v) = \mathbf{d}H(z) \cdot v$$

*gilt. In diesem Fall schreiben wir X_H für X. Die Menge aller Hamiltonscher Vektorfelder auf P wird mit $\mathfrak{X}_{\mathrm{Ham}}(P)$ bezeichnet. Die **Hamiltonschen Gleichungen** sind die Evolutionsgleichungen*

$$\dot{z} = X_H(z).$$

Im Endlichdimensionalen lauten die Hamiltonschen Gleichungen in kanonischen Koordinaten

$$\frac{dq^i}{dt} = \frac{\partial H}{\partial p_i}, \quad \frac{dp^i}{dt} = -\frac{\partial H}{\partial q^i}.$$

Vektorfelder und Flüsse.   Ein Vektorfeld X wird *lokal Hamiltonsch* genannt, falls $\mathbf{i}_X \Omega$ geschlossen ist. Dies ist äquivalent zu $\pounds_X \Omega = 0$, wobei wegen

$$\pounds_X \Omega = \mathbf{i}_X \mathbf{d}\Omega + \mathbf{d}\mathbf{i}_X \Omega = \mathbf{d}\mathbf{i}_X \Omega$$

$\pounds_X \Omega$ die Lieableitung von Ω entlang X ist. Falls X lokal Hamiltonsch ist, folgt aus dem Poincarélemma, daß es lokal eine Funktion H gibt, so daß $\mathbf{i}_X \Omega = \mathbf{d}H$ ist, also lokal $X = X_H$ gilt, womit die Terminologie konsistent ist. Aus Kap. 2 wissen wir, daß $\mathbf{d}\mathbf{i}_X \Omega = 0$ dazu äquivalent ist, daß $\mathbf{D}X(z)\,\Omega$-schiefsymmetrisch ist. Demnach ist die Definition eines lokal Hamiltonschen Vektorfeldes eine koordinatenfreie Verallgemeinerung dessen, was wir im Falle der Vektorräume taten.

Der Fluß φ_t eines lokal Hamiltonschen Vektorfeldes X genügt $\varphi_t^* \Omega = \Omega$, da

$$\frac{d}{dt} \varphi_t^* \Omega = \varphi_t^* \pounds_X \Omega = 0$$

gilt. Somit haben wir folgendes gezeigt:

Proposition 5.4.1. *Der Fluß φ_t eines Vektorfeldes X besteht genau dann aus symplektischen Transformationen (d.h., für alle t gilt $\varphi_t^* \Omega = \Omega$, wo definiert), wenn X lokal Hamiltonsch ist.*

Ein konstantes Vektorfeld auf dem Torus $\mathbb{T}^2$ ist ein Beispiel für ein lokal Hamiltonsches Vektorfeld, das nicht Hamiltonsch ist. (Siehe Übung 5.4.1.)

Mit dem Rektifizierungssatz (vgl. z.B. Abraham, Marsden und Ratiu [1988, Abschnitt 4.1]) kann man leicht zeigen, daß *jedes* Vektorfeld auf einer Mannigfaltigkeit geradzahliger Dimension in der Nähe von Punkten, wo es nicht verschwindet, bzgl. einer symplektischen Form lokal Hamiltonsch ist. Es ist jedoch nicht so einfach, ein allgemeines Kriterium dieser Art zu finden, das global gilt und auch singuläre Punkte berücksichtigt.

Energieerhaltung.   Ist X_H Hamiltonsch mit dem Fluß φ_t, dann folgt mit der Kettenregel

$$\frac{d}{dt}(H\varphi_t(z)) = \mathbf{d}H(\varphi_t(z)) \cdot X_H(\varphi_t(z))$$
$$= \Omega\left(X_H(\varphi_t(z)), X_H(\varphi_t(z))\right) = 0, \qquad (5.17)$$

denn Ω ist schiefsymmetrisch. Also ist $H \circ \varphi_t$ konstant in t. Wir haben folgendes bewiesen:

Proposition 5.4.2 (Energieerhaltung). *Ist φ_t der Fluß von X_H auf der symplektischen Mannigfaltigkeit P, dann gilt $H \circ \varphi_t = H$ (wo definiert).*

Die Transformation von Hamiltonschen Systemen.   Wie im Falle der Vektorräume kommen wir zu den folgenden Resultaten:

Proposition 5.4.3. *Ein Diffeomorphismus $\varphi : P_1 \to P_2$ zweier symplektischer Mannigfaltigkeiten ist genau dann symplektisch, wenn er*

$$\varphi^* X_H = X_{H \circ \varphi} \qquad (5.18)$$

für alle Funktionen $H : U \to \mathbb{R}$ (so daß X_H definiert ist) erfüllt, wobei U eine offene Teilmenge von P_2 ist.

Beweis. Die Gleichung (5.18) besagt, daß für alle $z \in P$

$$T_{\varphi(z)}\varphi^{-1} \cdot X_H(\varphi(z)) = X_{H \circ \varphi}(z),$$

also

$$X_H(\varphi(z)) = T_z\varphi \cdot X_{H \circ \varphi}(z)$$

gilt. Mit anderen Worten: Es gilt

$$\Omega(\varphi(z))(X_H(\varphi(z)), T_z\varphi \cdot v) = \Omega(\varphi(z))(T_z\varphi \cdot X_{H \circ \varphi}(z), T_z\varphi \cdot v)$$

für alle $v \in T_z P$. Ist φ symplektisch, so wird daraus

$$\mathbf{d}H(\varphi(z)) \cdot [T_z\varphi \cdot v] = \mathbf{d}(H \circ \varphi)(z) \cdot v.$$

Dies folgt mit der Kettenregel. Folglich gilt (5.18), wenn φ symplektisch ist. Die Umkehrung wird genauso gezeigt. ∎

Die im unendlichdimensionalen Fall auftretenden technischen Schwierigkeiten, die wir für Vektorräume diskutiert haben, treten auch im gegenwertigen Kontext auf. Zum Beispiel ist zu gegebenem H nicht *a priori* garantiert, daß X_H existiert: Für gewöhnlich gehen wir davon aus und zeigen es in Beispielen. Man kann auch Vektorfelder X_H mit dichten Definitionsbereichen anstatt überall definierte Vektorfelder untersuchen. Diese technischen Betrachtungen sind wichtig, haben aber auf viele Themen des Buches keinen Einfluß. Der Einfachheit halber werden wir überall definierte Vektorfelder betrachten und verweisen den Leser für den allgemeinen Fall auf Chernoff und Marsden [1974] und Marsden und Hughes [1983]. Wir werden unsere Aufmerksamkeit ebenfalls stillschweigend auf Funktionen beschränken, die Hamiltonsche Vektorfelder *besitzen*. Selbstverständlich verschwinden diese technischen Probleme im endlichdimensionalen Fall.

Übungen

Übung 5.4.1. Sei X ein nichtverschwindendes Vektorfeld mit konstanter Steigung auf dem 2-Torus. Zeige, daß X lokal aber nicht global Hamiltonsch ist.

Übung 5.4.2. Zeige, daß der Kommutator zweier lokal Hamiltonscher Vektorfelder auf einer symplektischen Mannigfaltigkeit (P, Ω) global Hamiltonsch ist.

Übung 5.4.3. Betrachte die durch

$$\dot{z}_1 = -iw_1 z_1 + ip\bar{z}_2 + iz_1(a|z_1|^2 + b|z_2|^2),$$
$$\dot{z}_2 = -iw_2 z_2 + iq\bar{z}_1 + iz_2(c|z_1|^2 + d|z_2|^2)$$

gegebenen Gleichungen auf dem $\mathbb{C}^2$. Zeige, daß dieses System genau dann Hamiltonsch ist, wenn $p = q$ und $b = c$ ist mit

$$H = \frac{1}{2}\left(w_2|z_2|^2 + w_1|z_1|^2\right) - p\operatorname{Re}(z_1 z_2) - \frac{a}{4}|z_1|^4 - \frac{b}{2}|z_1 z_2|^2 - \frac{d}{4}|z_2|^4.$$

Übung 5.4.4. Sei (P, Ω) eine symplektische Mannigfaltigkeit und $\varphi : S \longrightarrow P$ eine Immersion. Die Immersion φ wird **koisotrop** genannt, wenn $T_s\varphi(T_s S)$ für alle $s \in S$ ein koisotroper Unterraum von $T_{\varphi(s)}P$, d.h.,

$$[T_s\varphi(T_s S)]^{\Omega(s)} \subset T_s\varphi(T_s S)$$

für alle $s \in S$ ist (vgl. Übung 2.3.5). Sei nun (P, Ω) eine stark symplektische Mannigfaltigkeit. Zeige, daß $\varphi : S \longrightarrow P$ genau dann eine koisotrope Immersion darstellt, wenn für alle $s \in S$, alle offenen Umgebungen U von $\varphi(s)$ in P und alle glatten Funktionen $H : U \longrightarrow \mathbb{R}$, für die $H|\varphi(S) \cap U$ konstant ist, $X_H(\varphi(s)) \in T_s\varphi(T_s S)$ gilt.

5.5 Poissonklammern auf symplektischen Mannigfaltigkeiten

Wie im Falle der Vektorräume definieren wir die **Poissonklammer** zweier Funktionen $F, G : P \to \mathbb{R}$ durch

$$\{F, G\}(z) = \Omega(X_F(z), X_G(z)). \tag{5.19}$$

Aus der Proposition 5.4.3 erhalten wir das folgende Resultat (vgl. den Beweis von Proposition 2.7.3).

Proposition 5.5.1. *Ein Diffeomorphismus* $\varphi : P_1 \to P_2$ *ist genau dann symplektisch, wenn*

$$\{F, G\} \circ \varphi = \{F \circ \varphi, G \circ \varphi\} \tag{5.20}$$

für alle Funktionen $F, G \in \mathcal{F}(U)$ *gilt, wobei* U *eine beliebige offene Teilmenge von* P_2 *ist.*

Mit dieser Proposition und der Proposition 5.4.2 erhält man die folgende

Proposition 5.5.2. *Ist* φ_t *der Fluß eines Hamiltonschen Vektorfeldes* X_H *(oder eines lokal Hamiltonschen Vektorfeldes), so gilt*

$$\varphi_t^* \{F, G\} = \{\varphi_t^* F, \varphi_t^* G\}$$

für alle $F, G \in \mathcal{F}(P)$ *(oder eingeschränkt auf eine offene Menge, falls der Fluß nicht überall definiert ist).*

Korollar 5.5.1. *Es gilt die folgende Regel für Ableitungen:*

$$X_H[\{F, G\}] = \{X_H[F], G\} + \{F, X_H[G]\}, \tag{5.21}$$

wobei wir die Notation $X_H[F] = \pounds_{X_H} F$ *für die Ableitung von* F *in Richtung von* X_H *verwenden.*

Beweis. Differenziere die Beziehung

$$\varphi_t^* \{F, G\} = \{\varphi_t^* F, \varphi_t^* G\}$$

in $t = 0$ nach t, wobei φ_t der Fluß von X_H ist. Aus der linken Seite resultiert offensichlich die linke Seite von (5.21). Um die rechte Seite auszuwerten, beachte man zunächst

$$\Omega_z^\flat \left[\left. \frac{d}{dt} \right|_{t=0} X_{\varphi_t^* F}(z) \right] = \left. \frac{d}{dt} \right|_{t=0} \Omega_z^\flat X_{\varphi_t^* F}(z)$$

$$= \left. \frac{d}{dt} \right|_{t=0} \mathbf{d}(\varphi_t^* F)(z)$$

$$= (\mathbf{d} X_H[F])(z) = \Omega_z^\flat (X_{X_H[F]}(z)).$$

Folglich ist

$$\frac{d}{dt}\bigg|_{t=0} X_{\varphi_t^* F} = X_{X_H[F]}.$$

Also gilt

$$\begin{aligned}
\frac{d}{dt}\bigg|_{t=0} \{\varphi_t^* F, \varphi_t^* G\} &= \frac{d}{dt}\bigg|_{t=0} \Omega_z(X_{\varphi_t^* F}(z), X_{\varphi_t^* G}(z)) \\
&= \Omega_z(X_{X_H[F]}, X_G(z)) + \Omega_z(X_F(z), X_{X_H[G]}(z)) \\
&= \{X_H[F], G\}(z) + \{F, X_H[G]\}(z). \qquad (5.22)
\end{aligned}$$

∎

Liealgebren und die Jacobiidentität.   Die obige Entwicklung wird für das Verständnis der Poissonklammern wichtig sein.

Proposition 5.5.3. *Die Funktionen $\mathcal{F}(P)$ bilden unter der Poissonklammer eine Liealgebra.*

Beweis. Da $\{F, G\}$ offensichtlich reell bilinear und schiefsymmetrisch ist, bleibt bloß die Jacobiidentität nachzuweisen. Aus

$$\{F, G\} = \mathrm{i}_{X_F} \Omega(X_G) = \mathbf{d}F(X_G) = X_G[F]$$

folgt

$$\{\{F, G\}, H\} = X_H[\{F, G\}]$$

und somit laut Korollar 5.5.1

$$\begin{aligned}
\{\{F, G\}, H\} &= \{X_H[F], G\} + \{F, X_H[G]\} \\
&= \{\{F, H\}, G\} + \{F, \{G, H\}\}. \qquad (5.23)
\end{aligned}$$

Dies aber ist die Jacobiidentität.   ∎

Die Herleitung gibt uns zusätzliche Information: *Die Jacobiidentität ist lediglich der infinitesimale Ausdruck dafür, daß φ_t kanonisch ist.*

Falls Ω eine nichtausgeartete 2-Form mit der durch (5.19) definierten Poissonklammer ist, kann man in gleicher Weise zeigen, daß die Poissonklammer genau dann die Jacobiidentität erfüllt, wenn Ω geschlossen ist (siehe Übung 5.5.1).

Der in diesem Beweis hergeleitete Zusammenhang zwischen der Poissonklammer und der Lieableitung

$$\{F, G\} = X_G[F] = -X_F[G] \qquad (5.24)$$

wird für uns nützlich sein.

Proposition 5.5.4. *Die Menge der Hamiltonschen Vektorfelder* $\mathfrak{X}_{\text{Ham}}(P)$ *ist eine Unterliealgebra von* $\mathfrak{X}(P)$, *denn es gilt*

$$[X_F, X_G] = -X_{\{F,G\}}. \tag{5.25}$$

Beweis. Die Vektorfelder als Derivationen aufgefaßt und mit der Jacobiidentität folgt

$$\begin{aligned}
[X_F, X_G][H] &= X_F X_G[H] - X_G X_F[H] \\
&= X_F[\{H,G\}] - X_G[\{H,F\}] \\
&= \{\{H,G\},F\} - \{\{H,F\},G\} \\
&= -\{H,\{F,G\}\} = -X_{\{F,G\}}[H].
\end{aligned}$$

∎

Proposition 5.5.5. *Es gilt*

$$\frac{d}{dt}(F \circ \varphi_t) = \{F \circ \varphi_t, H\} = \{F, H\} \circ \varphi_t, \tag{5.26}$$

wobei φ_t *der Fluß von* X_H *und* $F \in \mathcal{F}(P)$ *ist.*

Beweis. Mit (5.24) und der Kettenregel ist

$$\frac{d}{dt}(F \circ \varphi_t)(z) = \mathbf{d}F(\varphi_t(z)) \cdot X_H(\varphi_t(z)) = \{F, H\}(\varphi_t(z)).$$

Da φ_t symplektisch ist, wird aus letzterem

$$\{F \circ \varphi_t, H \circ \varphi_t\}(z).$$

Dies ist wegen der Energieerhaltung $\{F \circ \varphi_t, H\}(z)$. Damit ist (5.26) gezeigt.

∎

Gleichungen in Poissonklammerschreibweise.   Die Gleichung (5.26), oftmals kompakter in der Form

$$\dot{F} = \{F, H\} \tag{5.27}$$

geschrieben, wird die *Bewegungsgleichung in Poissonklammerschreibweise* genannt. In Kapitel 1 haben wir die Bedeutung der Formulierung (5.27) erklärt.

Korollar 5.5.2. $F \in \mathcal{F}(P)$ *ist genau dann eine Erhaltungsgröße für* X_H, *wenn* $\{F, H\} = 0$ *ist.*

Proposition 5.5.6. *Seien* f, g *und* $\{f,g\}$ *bzgl. des Liouvillemaßes* $\Lambda \in \Omega^{2n}(P)$ *auf einer* $2n$-*dimensionalen symplektischen Mannigfaltigkeit* (P, Ω) *integrabel. Dann ist*

$$\int_P \{f,g\}\Lambda = \int_{\partial P} f \mathbf{i}_{X_g}\Lambda = -\int_{\partial P} g \mathbf{i}_{X_f}\Lambda.$$

Beweis. Da $\mathcal{L}_{X_g}\Omega = 0$ ist, folgt $\mathcal{L}_{X_g}\Lambda = 0$, so daß $\mathrm{div}(fX_g) = X_g[f] = \{f,g\}$ gilt. Deshalb gilt nach dem Satz von Stokes

$$\int_P \{f,g\}\Lambda = \int_P \mathrm{div}(fX_g)\Lambda = \int_P \mathcal{L}_{fX_g}\Lambda = \int_P \mathbf{di}_{fX_g}\Lambda = \int_{\partial P} f\mathbf{i}_{X_g}\Lambda,$$

wobei die zweite Gleichheit aus der Schiefsymmetrie der Poissonklammern folgt.   ∎

Korollar 5.5.3. *Seien* $f,g,h \in \mathcal{F}(P)$ *Funktionen mit kompaktem Träger oder schnell genug abfallend, so daß sie und ihre Poissonklammern bzgl. des Liouvillemaßes auf einer $2n$-dimensionalen symplektischen Mannigfaltigkeit (P,Ω) noch L^2-integrabel sind. Zumindest eine der Funktionen f und g verschwinde auf ∂P, falls $\partial P \neq \varnothing$ ist. Dann ist das innere Produkt auf L^2 biinvariant auf der Liealgebra $(\mathcal{F}(P),\{\,,\})$. Es gilt also*

$$\int_P f\{g,h\}\Lambda = \int_P \{f,g\}h\Lambda.$$

Beweis. Aus $\{hf,g\} = h\{f,g\} + f\{h,g\}$ erhalten wir

$$0 = \int_P \{hf,g\}\Lambda = \int_P h\{f,g\}\Lambda + \int_P f\{h,g\}\Lambda.$$

Wegen Proposition 5.5.6 verschwindet das Integral von $\{hf,g\}$ über P, da f oder g auf ∂P verschwindet. Damit folgt das Korollar.   ∎

Übungen

Übung 5.5.1. Sei Ω eine nichtausgeartete 2-Form auf einer Mannigfaltigkeit P. Verwende die Definitionen aus dem symplektischen Kontext, um Hamiltonsche Vektorfelder und die Poissonklammer zu bilden. Zeige, daß die Jacobiidentität genau dann gilt, wenn die 2-Form Ω geschlossen ist.

Übung 5.5.2. Sei P eine kompakte, randlose symplektische Mannigfaltigkeit. Zeige, daß der Raum der Funktionen $\mathcal{F}_0(P) = \{\,f \in \mathcal{F}(P) \mid \int_P f\Lambda = 0\,\}$ eine zu der Liealgebra der Hamiltonschen Vektorfelder auf P isomorphe Unterliealgebra von $(\mathcal{F}(P),\{\,,\})$ ist.

Übung 5.5.3. Verwende die komplexe Schreibweise $z^j = q^j + ip_j$ und zeige, daß die symplektische Form auf $\mathbb{C}^n$ in der Form

$$\Omega = \frac{i}{2}\sum_{k=1}^n dz^k \wedge d\bar{z}^k$$

und die Poissonklammer in der Form

$$\{F,G\} = \frac{2}{i}\sum_{k=1}^n \left(\frac{\partial F}{\partial z^k}\frac{\partial G}{\partial \bar{z}^k} - \frac{\partial G}{\partial z^k}\frac{\partial F}{\partial \bar{z}^k}\right)$$

geschrieben werden kann.

Übung 5.5.4. Sei $J : \mathbb{C}^2 \to \mathbb{R}$ durch

$$J = \frac{1}{2}(|z_1|^2 - |z_2|^2)$$

definiert. Zeige, daß

$$\{H, J\} = 0$$

gilt mit H aus Übung 5.4.3.

Übung 5.5.5. Sei (P, Ω) eine $2n$-dimensionale symplektische Mannigfaltigkeit. Zeige, daß für eine geeignete Konstante γ die Poissonklammer durch

$$\{F, G\}\Omega^n = \gamma\, \mathbf{d}F \wedge \mathbf{d}G \wedge \Omega^{n-1}$$

definiert werden kann.

Übung 5.5.6. Sei $\varphi : S \longrightarrow P$ eine koisotrope Immersion (vgl. Übung 5.4.4). Seien $F, H : P \longrightarrow \mathbb{R}$ glatte Funktionen, so daß $\mathbf{d}(\varphi^* F)(s)$ und $(\varphi^* H)(s)$ für alle $s \in S$ auf $(T_s\phi)^{-1}([T_s\varphi(T_sS)]^{\Omega(\varphi(s))})$ verschwinden. Zeige, daß $\varphi^*\{F, H\}$ nur von $\varphi^* F$ und $\varphi^* H$ abhängt.

6. Kotangentialbündel

In vielen mechanischen Problemen ist der Phasenraum das Kotangentialbündel T^*Q eines Konfigurationsraumes Q. Es gibt eine natürliche symplektische Struktur auf T^*Q, die in verschiedenen äquivalenten Weisen beschrieben werden kann. Sei Q zunächst n-dimensional und wähle lokale Koordinaten $(q^1, \ldots, q^n)$ auf Q. Da $(dq^1, \ldots, dq^n)$ eine Basis von T_q^*Q ist, können
wir jedes $\alpha \in T_q^*Q$ als $\alpha = p_i \, dq^i$ schreiben. Dieses Vorgehen definiert induzierte lokale Koordinaten $(q^1, \ldots, q^n, p_1, \ldots, p_n)$ auf T^*Q. Definiere die
kanonische symplektische Form auf T^*Q durch

$$\Omega = dq^i \wedge dp_i.$$

Dadurch wird eine offensichtlich geschlossene 2-Form Ω definiert, für die zudem gezeigt werden kann, daß sie von der Koordinatenwahl $(q^1, \ldots, q^n)$ unabhängig ist. Man beachte, daß Ω darüber hinaus lokal konstant ist, denn
die Koeffizienten in der Basis $dq^i \wedge dp_i$, diese sind eins, hängen nicht von
den Koordinaten $(q^1, \ldots, q^n, p_1, \ldots, p_n)$ der Phasenraumpunkte ab. In diesem Abschnitt zeigen wir, wie man Ω in koordinatenfreier Weise konstruiert
und untersuchen dann diese kanonische symplektische Struktur ausführlich.

6.1 Der lineare Fall

Um eine koordinatenunabhängige Definition von Ω zu motivieren, betrachten
wir den Fall, in dem Q ein Vektorraum W ist (der unendlichdimensional sein
kann), so daß $T^*Q = W \times W^*$ gilt. Wir haben schon die kanonische 2-Form
auf $W \times W^*$

$$\Omega_{(w,\alpha)}((u, \beta), (v, \gamma)) = \langle \gamma, u \rangle - \langle \beta, v \rangle \tag{6.1}$$

beschrieben, wobei $(w, \alpha) \in W \times W^*$ der Fußpunkt ist, $u, v \in W$ und $\beta, \gamma \in W^*$ sind. Die kanonische 2-Form wird mithilfe der **kanonischen 1-Form**

$$\Theta_{(w,\alpha)}(u, \beta) = \langle \alpha, u \rangle \tag{6.2}$$

konstruiert. Die nächste Proposition zeigt, daß die kanonische 2-Form (6.1)
exakt ist:

$$\Omega = -\mathbf{d}\Theta. \tag{6.3}$$

Wir untersuchen die Formeln zuerst in Koordinaten.

Proposition 6.1.1. *Im Endlichdimensionalen kann die durch (6.1) definierte symplektische Form Ω in Koordinaten $q^1, \ldots, q^n$ auf W und zugehörigen dualen Koordinaten $p_1, \ldots, p_n$ auf W^* in der Form $\Omega = dq^i \wedge dp_i$ geschrieben werden. Die assoziierte kanonische 1-Form ist durch $\Theta = p_i\, dq^i$ gegeben und es gilt (6.3).*

Beweis. Sind $(q^1, \ldots, q^n, p_1, \ldots, p_n)$ Koordinaten auf T^*W, dann bezeichnet

$$\left(\frac{\partial}{\partial q^1}, \ldots, \frac{\partial}{\partial q^n}, \frac{\partial}{\partial p_1}, \ldots, \frac{\partial}{\partial p_n} \right)$$

die induzierte Basis für $T_{(w,\alpha)}(T^*W)$ und $(dq^1, \ldots, dq^n, dp_1, \ldots, dp_n)$ die dazu duale Basis von $T^*_{(w,\alpha)}(T^*W)$. Schreibe

$$(u, \beta) = \left(u^j \frac{\partial}{\partial q^j},\ \beta_j \frac{\partial}{\partial p_j} \right)$$

und genauso für (v, γ). Damit ist

$$
\begin{aligned}
(dq^i \wedge dp_i)_{(w,\alpha)}((u, \beta), (v, \gamma)) &= (dq^i \otimes dp_i - dp_i \otimes dq^i)((u, \beta), (v, \gamma)) \\
&= dq^i(u, \beta) dp_i(v, \gamma) - dp_i(u, \beta) dq^i(v, \gamma) \\
&= u^i \gamma_i - \beta_i v^i.
\end{aligned}
$$

Also gilt $\Omega_{(w,\alpha)}((u, \beta), (v, \gamma)) = \gamma(u) - \beta(v) = \gamma_i u^i - \beta_i v^i$, und folglich ist

$$\Omega = dq^i \wedge dp_i.$$

Dann ist auch

$$(p_i\, dq^i)_{(w,\alpha)}(u, \beta) = \alpha_i\, dq^i(u, \beta) = \alpha_i u^i$$

und

$$\Theta_{(w,\alpha)}(u, \beta) = \alpha(u) = \alpha_i u^i.$$

Durch einen Vergleich erhalten wir $\Theta = p_i\, dq^i$. Deshalb gilt

$$-\mathbf{d}\Theta = -\mathbf{d}(p_i\, dq^i) = dq^i \wedge dp_i = \Omega.$$

∎

Um (6.3) für den unendlichdimensionalen Fall zu zeigen, zeige man mithilfe von (6.2), der zweiten Gleichung unter Punkt 6 aus der Tabelle am Ende von §4.4 und der Gleichung $\mathbf{D}\Theta_{(w,\alpha)} \cdot (u, \beta) = \langle \beta, \cdot \rangle$, daß

$$
\begin{aligned}
\mathbf{d}\Theta_{(w,\alpha)}((u_1, \beta_1), (u_2, \beta_2)) &= [\mathbf{D}\Theta_{(w,\alpha)} \cdot (u_1, \beta_1)] \cdot (u_2, \beta_2) \\
&\quad - [\mathbf{D}\Theta_{(w,\alpha)} \cdot (u_2, \beta_2)] \cdot (u_1, \beta_1) \\
&= \langle \beta_1, u_2 \rangle - \langle \beta_2, u_1 \rangle
\end{aligned}
$$

ist. Dies entspricht aber $-\Omega_{(w,\alpha)}((u_1, \beta_1), (u_2, \beta_2))$.

Um Θ eine koordinatenfreie Interpretation zu verleihen, beweisen wir die Beziehung

$$\Theta_{(w,\alpha)} \cdot (u, \beta) = \langle \alpha, T_{(w,\alpha)} \pi_W (u, \beta) \rangle, \qquad (6.4)$$

wobei $\pi_W : W \times W^* \to W$ die Projektion ist. Tatsächlich stimmt (6.4) mit (6.2) überein, denn $T_{(w,\alpha)} \pi_W : W \times W^* \to W$ ist die Projektion auf den ersten Faktor.

Übungen

Übung 6.1.1 (Jacobi-Haretu-Koordinaten). Betrachte den Drei-Teilchen-Konfigurationsraum $Q = \mathbb{R}^3 \times \mathbb{R}^3 \times \mathbb{R}^3$ mit den durch $\mathbf{r}_1, \mathbf{r}_2$, und $\mathbf{r}_3$ bezeichneten Elementen. Nenne die konjugierten Impulse $\mathbf{p}_1, \mathbf{p}_2, \mathbf{p}_3$ und versehe den Phasenraum T^*Q mit der kanonischen symplektischen Struktur Ω. Es gelte $\mathbf{j} = \mathbf{p}_1 + \mathbf{p}_2 + \mathbf{p}_3$ und seien ferner $\mathbf{r} = \mathbf{r}_2 - \mathbf{r}_1$ und $\mathbf{s} = \mathbf{r}_3 - \frac{1}{2}(\mathbf{r}_1 + \mathbf{r}_2)$. Zeige, daß der Pullback der Form Ω auf die Niveaufläche von $\mathbf{j}$ die Gestalt $\Omega = d\mathbf{r} \wedge d\pi + d\mathbf{s} \wedge d\sigma$ hat, wobei die Variablen π und σ durch $\pi = \frac{1}{2}(\mathbf{p}_2 - \mathbf{p}_1)$ und $\sigma = \mathbf{p}_3$ definiert sind.

6.2 Der nichtlineare Fall

Definition 6.2.1. *Sei Q eine Mannigfaltigkeit. Wir definieren $\Omega = -d\Theta$, wobei Θ die analog zu (6.4) definierte 1-Form auf T^*Q ist, nämlich*

$$\Theta_\beta(v) = \langle \beta, T\pi_Q \cdot v \rangle, \qquad (6.5)$$

wobei $\beta \in T^*Q$, $v \in T_\beta(T^*Q)$, $\pi_Q : T^*Q \to Q$ die Projektion und $T\pi_Q : T(T^*Q) \to TQ$ die Tangentialabbildung von π_Q ist.

Die Berechnungen in Proposition 6.1.1 zeigen, daß $(T^*Q, \Omega = -d\Theta)$ eine symplektische Mannigfaltigkeit ist. In lokalen Koordinaten ist mit $(w, \alpha) \in U \times W^*$, wobei U offen in W und $(u, \beta), (v, \gamma) \in W \times W^*$ ist, die 2-Form $\Omega = -d\Theta$ durch

$$\Omega_{(w,\alpha)}((u, \beta), (v, \gamma)) = \gamma(u) - \beta(v) \qquad (6.6)$$

gegeben. Die Aussage des Satzes von Darboux und seines Korollars können so verstanden werden, daß jede (stark) symplektische Mannigfaltigkeit in geeigneten Koordinaten lokal wie $W \times W^*$ aussieht.

Hamiltonsche Vektorfelder. Für eine Funktion $H : T^*Q \to \mathbb{R}$ ist Das Hamiltonsche Vektorfeld X_H zu einer Funktion $H : T^*Q \to \mathbb{R}$ auf dem Kotangentialbündel T^*Q ist in kanonischen Kotangentialbündelkarten $U \times W^*$ mit U offen in W durch

$$X_H(w, \alpha) = \left(\frac{\delta H}{\delta \alpha}, -\frac{\delta H}{\delta w} \right) \qquad (6.7)$$

gegeben. Setzt man $X_H(w, \alpha) = (w, \alpha, v, \gamma)$ für alle $(u, \beta) \in W \times W^*$, so ist

$$\mathbf{d}H_{(w,\alpha)} \cdot (u, \beta) = \mathbf{D}_w H_{(w,\alpha)} \cdot u + \mathbf{D}_\alpha H_{(w,\alpha)} \cdot \beta$$
$$= \left\langle \frac{\delta H}{\delta w}, u \right\rangle + \left\langle \beta, \frac{\delta H}{\delta \alpha} \right\rangle. \qquad (6.8)$$

Dies entspricht nach Definition und (6.6)

$$\Omega_{(w,\alpha)}(X_H(w, \alpha), (u, \beta)) = \langle \beta, v \rangle - \langle \gamma, u \rangle. \qquad (6.9)$$

Vergleicht man (6.8) und (6.9), erhält man (6.7). Im Endlichdimensionalen gleicht (6.7) der vertrauten rechten Seite der Hamiltonschen Gleichungen.

Poissonklammern.   Die Formel (6.7) und die Definition der Poissonklammer zeigen, daß in kanonischen Kotangentialbündelkarten

$$\{f, g\}(w, \alpha) = \left\langle \frac{\delta f}{\delta w}, \frac{\delta g}{\delta \alpha} \right\rangle - \left\langle \frac{\delta g}{\delta w}, \frac{\delta f}{\delta \alpha} \right\rangle \qquad (6.10)$$

gilt, woraus im Endlichdimensionalen

$$\{f, g\}(q^i, p_i) = \sum_{i=1}^{n} \left(\frac{\partial f}{\partial q^i} \frac{\partial g}{\partial p_i} - \frac{\partial f}{\partial p_i} \frac{\partial g}{\partial q^i} \right) \qquad (6.11)$$

wird.

Die Pullbackcharakterisierung.   Eine weitere, manchmal nützliche Charakterisierung der kanonischen 1-Form ist die durch die folgende Proposition gegebene.

Proposition 6.2.1. *Θ ist diejenige eindeutige 1-Form auf T^*Q für die*

$$\alpha^* \Theta = \alpha \qquad (6.12)$$

für alle lokalen 1-Formen α auf Q gilt, wobei α auf der linken Seite als eine Abbildung von (einer offenen Teilmenge von) Q nach T^*Q angesehen wird.

Beweis. Ist im Endlichdimensionalen $\alpha = \alpha_i(q^j)\, dq^i$ und $\Theta = p_i\, dq^i$, dann berechnen wir $\alpha^* \Theta$, indem wir $p_i = \alpha_i(q^j)$ in Θ substituieren. Dies liefert wieder α, also gilt $\alpha^* \Theta = \alpha$. Allgemeiner Argument man so: Ist Θ die kanonische 1-Form auf T^*Q und $v \in T_qQ$, dann ist

$$(\alpha^* \Theta)_q \cdot v = \Theta_{\alpha(q)} \cdot T_q\alpha(v) = \langle \alpha(q), T_{\alpha(q)}\pi_Q(T_q\alpha(v)) \rangle$$
$$= \langle \alpha(q), T_q(\pi_Q \circ \alpha)(v) \rangle = \alpha(q) \cdot v,$$

da $\pi_Q \circ \alpha$ der Identität auf Q entspricht.

Um die Umkehrung zu zeigen, sei Θ eine 1-Form auf T^*Q, die (6.12) erfüllt. Wir werden zeigen, daß sie die kanonische 1-Form (6.5) sein muß. Im

Endlichdimensionalen geht das direkt: Ist $\Theta = A_i\, dq^i + B^i\, dp_i$ für Funktionen A_i, B^i von (q^j, p_j), dann ist

$$\alpha^*\Theta = (A_i \circ \alpha)\, dq^i + (B^i \circ \alpha)\, d\alpha_i = \left(A_j \circ \alpha + (B^i \circ \alpha)\frac{\partial \alpha_i}{\partial q^j}\right) dq^j.$$

Dies entspricht genau dann $\alpha = \alpha_i\, dq^i$, wenn

$$A_j \circ \alpha + (B^i \circ \alpha)\frac{\partial \alpha_i}{\partial q^j} = \alpha_j$$

ist. Da dies für alle α_j mit konstanten $\alpha_1, \ldots, \alpha_n$ gelten muß, folgt $A_j \circ \alpha = \alpha_j$, also ist $A_j = p_j$. Daher lautet die resultierende Gleichung

$$(B^i \circ \alpha)\frac{\partial \alpha_i}{\partial q^j} = 0$$

für jedes α_i. Wählt man $\alpha_i(q^1, \ldots, q^n) = q_0^i + (q^i - q_0^i)p_i^0$ (keine Summation), so ist $0 = (B^j \circ \alpha)(q_0^1, \ldots, q_0^n)p_j^0$ für alle (q_0^j, p_j^0). Deshalb ist $B^j = 0$ und folglich $\Theta = p_i\, dq^i$.[1]   ∎

Übungen

Übung 6.2.1. Sei N eine Untermannigfaltigkeit von M und bezeichne die kanonischen 1-Formen auf den Kotangentialbündeln $\pi_N : T^*N \to N$ und $\pi_M : T^*M \to M$ durch Θ_N und Θ_M. Sei $\pi : (T^*M)|N \to T^*N$ die durch $\pi(\alpha_n) = \alpha_n|T_nN$ definierte Projektion, wobei $n \in N$ und $\alpha_n \in T_n^*M$ ist. Zeige, daß $\pi^*\Theta_N = i^*\Theta_M$ gilt, wobei $i : (T^*M)|N \to T^*M$ die Inklusion ist.

Übung 6.2.2. Sei $f : Q \to \mathbb{R}$ und $X \in \mathfrak{X}(T^*Q)$. Zeige die Gültigkeit der Gleichung

$$\Theta(X) \circ \mathbf{d}f = X[f \circ \pi_Q] \circ \mathbf{d}f.$$

---

[1] Im Unendlichdimensionalen läuft der Beweis etwas anders. Wir werden zeigen, daß falls (6.12) gilt, Θ lokal durch (6.4) gegeben wird und somit die kanonische 1-Form ist. Ist $U \subset E$ der Kartenbereich im Banachraum E, der Q modelliert, so ist für alle $v \in E$

$$(\alpha^*\Theta)_u \cdot (u, v) = \Theta(u, \alpha(u)) \cdot (v, \mathbf{D}\alpha(u) \cdot v),$$

wobei α lokal durch $u \mapsto (u, \alpha(u))$ für $\alpha : U \to E^*$ gegeben ist. Also ist (6.12) äquivalent zu

$$\Theta_{(u,\alpha(u))} \cdot (v, \mathbf{D}\alpha(u) \cdot v) = \langle \alpha(u), v \rangle.$$

Dies würde (6.4) implizieren und somit auch, daß Θ die kanonische 1-Form ist, wenn wir zeigen können, daß es für die beschriebenen $\gamma, \delta \in E^*$, $u \in U$ und $v \in E$ eine Abbildung $\alpha : U \to E^*$ mit $\alpha(u) = \gamma$ und $\mathbf{D}\alpha(u) \cdot v = \delta$ gibt. Diese Abbildung wird wie folgt konstruiert: Für $v = 0$ wähle man $\alpha(u)$, um die Gleichheit mit γ für alle u zu erhalten. Für $v \neq 0$ findet man nach dem Satz von Hahn-Banach ein $\varphi \in E^*$ mit $\varphi(v) = 1$. Setze nun $\alpha(x) = \gamma - \varphi(u)\delta + \varphi(x)\delta$.

Übung 6.2.3. Sei Q eine gegebene Konfigurationsmannigfaltigkeit und sei der *erweiterte Phasenraum* durch $(T^*Q) \times \mathbb{R}$ definiert. Erweitere das gegebene zeitabhängige Vektorfeld X auf T^*Q zu einem Vektorfeld $\tilde{X}$ auf $(T^*Q) \times \mathbb{R}$ durch $\tilde{X} = (X, 1)$.

Sei H eine (möglicherweise zeitabhängige) Funktion auf $(T^*Q) \times \mathbb{R}$ und setze

$$\Omega_H = \Omega + dH \wedge dt,$$

wobei Ω die kanonische 2-Form ist. Zeige, daß X genau dann das Hamiltonsche Vektorfeld für H ist, falls

$$\mathbf{i}_{\tilde{X}} \Omega_H = 0$$

gilt.

Übung 6.2.4. Führe ein Beispiel einer symplektischen Mannigfaltigkeit (P, Ω) an, wobei Ω exakt, aber P *kein* Kotangentialbündel ist.

6.3 Kotangentiallifte

Wir beschreiben nun eine bedeutende Konstruktionsweise für symplektische Transformationen auf Kotangentialbündeln.

Definition 6.3.1. *Für zwei Mannigfaltigkeiten Q und S und einen Diffeomorphismus $f : Q \to S$ ist der **Kotangentiallift** $T^*f : T^*S \to T^*Q$ von f durch*

$$\langle T^*f(\alpha_s), v \rangle = \langle \alpha_s, (Tf \cdots v) \rangle \tag{6.13}$$

definiert. Dabei ist

$$\alpha_s \in T_s^*S, \quad v \in T_qQ \quad und \quad s = f(q).$$

Diese Konstruktion garantiert, daß T^*f symplektisch ist. Sie wird oftmals eine „Punkttransformation" genannt, da sie aus einem Diffeomorphismus der Punkte im Konfigurationsraum hervorgeht. Beachte, daß f von Tf und f^{-1} von T^*f überdeckt wird. Wir bezeichnen die kanonischen Kotangentialbündelprojektionen mit $\pi_Q : T^*Q \to Q$ und $\pi_S : T^*S \to S$.

Proposition 6.3.1. *Ein Diffeomorphismus $\varphi : T^*S \to T^*Q$ erhält die kanonischen 1-Formen Θ_Q und Θ_S auf T^*Q und T^*S φ genau dann, wenn T^*f der Kotangentiallift eines Diffeomorphismus $f : Q \to S$ ist.*

Beweis. Man gehe zuerst davon aus, daß $f : Q \to S$ ein Diffeomorphismus ist. Dann ist für beliebige $\beta \in T^*S$ und $v \in T_\beta(T^*S)$

$$((T^*f)^*\Theta_Q)_\beta \cdot v = (\Theta_Q)_{T^*f(\beta)} \cdot TT^*f(v)$$
$$= \langle T^*f(\beta), (T\pi_Q \circ TT^*f) \cdot v \rangle$$
$$= \langle \beta, T(f \circ \pi_Q \circ T^*f) \cdot v \rangle$$
$$= \langle \beta, T\pi_S \cdot v \rangle = \Theta_{S\beta} \cdot v,$$

da $f \circ \pi_Q \circ T^*f = \pi_S$ ist.

Sei umgekehrt $\varphi^*\Theta_Q = \Theta_S$, also

$$\langle \varphi(\beta), T(\pi_Q \circ \varphi)(v) \rangle = \langle \beta, T\pi_S(v) \rangle \tag{6.14}$$

für alle $\beta \in T^*S$ und $v \in T_\beta(T^*S)$. Da φ ein Diffeomorphismus ist, ist der Wertebereich von $T_\beta(\pi_Q \circ \varphi)$ ganz $T_{\pi_Q(\varphi(\beta))}Q$, so daß $\beta = 0$ in (6.14) die Beziehung $\varphi(0) = 0$ impliziert. Argumentieren wir entsprechend für φ^{-1} anstelle von φ, können wir schließen, daß φ eingeschränkt auf den Nullschnitt S von T^*S ein Diffeomorphismus auf den Nullschnitt Q von T^*Q ist. Definiere $f : Q \to S$ durch $f = \varphi^{-1}|Q$. Wir werden unten zeigen, daß φ fasererhaltend ist, also gilt $f \circ \pi_Q = \pi_S \circ \varphi^{-1}$. Dazu verwenden wir folgendes

Lemma 6.3.1. *Der Fluß F_t^Q auf T^*Q sei durch $F_t^Q(\alpha) = e^t\alpha$ definiert und V_Q sei das zugehörige Vektorfeld, dann ist*

$$\langle \Theta_Q, V_Q \rangle = 0, \quad \pounds_{V_Q}\Theta_Q = \Theta_Q \quad und \quad \mathbf{i}_{V_Q}\Omega_Q = -\Theta_Q. \tag{6.15}$$

Beweis. Da F_t^Q fasererhaltend ist, verläuft V_Q tangential zu den Fasern und somit ist $T\pi_Q \circ V_Q = 0$. Daraus folgt mit (6.5) die Gleichung $\langle \Theta_Q, V_Q \rangle = 0$. Zum Beweis der zweiten Formel beachte man $\pi_Q \circ F_t^Q = \pi_Q$. Sei $\alpha \in T_q^*Q$, $v \in T_\alpha(T^*Q)$ und Θ_α die Bezeichnung für Θ_Q ausgewertet in α, dann gilt

$$((F_t^Q)^*\Theta)_\alpha \cdot v = \Theta_{F_t^Q(\alpha)} \cdot TF_t^Q(v)$$
$$= \left\langle F_t^Q(\alpha), (T\pi_Q \circ TF_t^Q)(v) \right\rangle$$
$$= \left\langle e^t\alpha, T(\pi_Q \circ F_t^Q)(v) \right\rangle$$
$$= e^t \langle \alpha, T\pi_Q(v) \rangle = e^t\Theta_\alpha \cdot v,$$

also ist

$$(F_t^Q)^*\Theta_Q = e^t\Theta_Q.$$

Bilden wir die Ableitung nach t bei $t = 0$, so erhalten wir die zweite Formel. Schließlich folgt aus den beiden Formeln

$$\mathbf{i}_{V_Q}\Omega_Q = -\mathbf{i}_{V_Q}\mathbf{d}\Theta_Q = -\pounds_{V_Q}\Theta_Q + \mathbf{di}_{V_Q}\Theta_Q = -\Theta_Q.$$

∎

Wir setzen jetzt den Beweis von Proposition (6.15) fort. Beachte, daß mit (6.15)

$$\mathbf{i}_{\varphi^*V_Q}\,\Omega_S = \mathbf{i}_{\varphi^*V_Q}\varphi^*\Omega_Q = \varphi^*(\mathbf{i}_{V_Q}\Omega_Q)$$
$$= -\varphi^*\Theta_Q = -\Theta_S = \mathbf{i}_{V_S}\Omega_S$$

gilt. Da Ω_S schwach nichtausgeartet ist, folgt somit die Beziehung $\varphi^*V_Q = V_S$. Also vertauscht φ mit den Flüssen F_t^Q und F_t^S, d.h., für jedes $\beta \in T^*S$ gilt $\varphi(e^t\beta) = e^t\varphi(\beta)$. Läßt man in dieser Gleichung $t \to -\infty$ streben, folgt daraus $(\varphi \circ \pi_S)(\beta) = (\pi_Q \circ \varphi)(\beta)$, denn für $t \to -\infty$ strebt $e^t\beta \to \pi_S(\beta)$ und $e^t\varphi(\beta) \to (\pi_Q \circ \varphi)(\beta)$. Also ist

$$\pi_Q \circ \varphi = \varphi \circ \pi_S \quad \text{oder} \quad f \circ \pi_Q = \pi_S \circ \varphi^{-1}.$$

Schließlich zeigen wir $T^*f = \varphi$. Für $\beta \in T^*S$ und $v \in T_\beta(T^*S)$ führt (6.14) auf

$$\langle T^*f(\beta), T(\pi_Q \circ \varphi)(v) \rangle = \langle \beta, T(f \circ \pi_Q \circ \varphi)(v) \rangle$$
$$= \langle \beta, T\pi_S(v) \rangle = (\Theta_S)_\beta \cdot v$$
$$= (\varphi^*\Theta_Q)_\beta \cdot v = (\Theta_Q)_{\varphi(\beta)} \cdot T_\beta\varphi(v)$$
$$= \langle \varphi(\beta), T_\beta(\pi_Q \circ \varphi)(v) \rangle.$$

Dies zeigt $T^*f = \varphi$, denn der Wertebereich von $T_\beta(\pi_Q \circ \varphi)$ ist der gesamte Tangentialraum von Q an $(\pi_Q \circ \varphi)(\beta)$. ∎

Im Endlichdimensionalen, also in Koordinatenschreibweise, kann der erste Teil dieser Proposition folgendermaßen nachvollzogen werden. Schreibe $(s^1,\ldots,s^n) = f(q^1,\ldots,q^n)$ und definiere

$$p_j = \frac{\partial s^i}{\partial q^j}r_i, \tag{6.16}$$

wobei $(q^1,\ldots,q^n,p_1,\ldots,p_n)$ Kotangentialbündelkoordinaten auf T^*Q und $(s^1,\ldots,s^n,r_1,\ldots,r_n)$ auf T^*S sind. Da f ein Diffeomorphismus ist, bestimmt er die q^i in Abhängigkeit der s^j, $q^i = q^i(s^1,\ldots,s^n)$, also sind q^i und p_j Funktionen von $(s^1,\ldots,s^n,r_1,\ldots,r_n)$. Die Abbildung T^*f ist durch

$$(s^1,\ldots,s^n,r_1,\ldots,r_n) \mapsto (q^1,\ldots,q^n,p_1,\ldots,p_n) \tag{6.17}$$

gegeben. Mit der Kettenregel und (6.16) folgt, daß (6.17) die kanonische 1-Form erhält:

$$r_i\,ds^i = r_i\frac{\partial s^i}{\partial q^k}\,dq^k = p_k\,dq^k. \tag{6.18}$$

Falls f und g Diffeomorphismen von Q sind, ist

$$T^*(f \circ g) = T^*g \circ T^*f, \tag{6.19}$$

d.h., die Kotangentiallifte vertauschen die Kompositionsfolge. Es ist hilfreich, sich T^*f als die **adjungierte Matrix** von Tf vorzustellen, denn in Koordinaten entspricht die Matrix von T^*f der *transponierten Matrix* der Ableitung von f.

Übungen

Übung 6.3.1. Die *Lorentzgruppe* $\mathcal{L}$ ist die Gruppe der invertierbaren linearen Transformationen des $\mathbb{R}^4$ in sich, die die quadratische Form $x^2 + y^2 + z^2 - c^2 t^2$ erhalten, wobei c eine Konstante ist, die Lichtgeschwindigkeit. Beschreibe alle Elemente dieser Gruppe. Λ_0 bezeichne eine dieser Transformationen. Bilde $\mathcal{L}$ mit $\Lambda \mapsto \Lambda_0 \Lambda$ auf sich selbst ab. Bestimme den Kotangentiallift dieser Abbildung.

Übung 6.3.2. Wir haben gezeigt, daß eine Transformation von T^*Q genau dann der Kotangentiallift eines Diffeomorphismus des Konfigurationsraumes ist, wenn diese die kanonische 1-Form erhält. Finde dieses Resultat im Buch von Whittaker.

6.4 Lifts von Wirkungen

Eine *Linkswirkung* einer Gruppe G auf eine Mannigfaltigkeit M ordnet jedem Gruppenelement $g \in G$ einen Diffeomorphismus Φ_g von M zu, so daß $\Phi_{gh} = \Phi_g \circ \Phi_h$ ist. Folglich ist die Menge der Φ_g eine *Gruppe von Transformationen von M*. Ersetzen wir die Bedingung $\Phi_{gh} = \Phi_g \circ \Phi_h$ durch $\Psi_{gh} = \Psi_h \circ \Psi_g$, so sprechen wir von einer *Rechtswirkung*. Wir schreiben oftmals $\Phi_g(m) = g \cdot m$ und $\Psi_g(m) = m \cdot g$ für $m \in M$.

Definition 6.4.1. *Sei Φ eine Wirkung einer Gruppe G auf eine Mannigfaltigkeit Q. Der **Rechtslift** Φ^* der Wirkung Φ auf der symplektischen Mannigfaltigkeit T^*Q ist die durch die Regel*

$$\Phi_g^*(\alpha) = (T_{g^{-1} \cdot q}^* \Phi_g)(\alpha) \tag{6.20}$$

definierte Rechtswirkung, wobei $g \in G$, $\alpha \in T_q^*Q$ und $T^*\Phi_g$ der Kotangentiallift des Diffeomorphismus $\Phi_g : Q \to Q$ ist.

Mit (6.19) sehen wir

$$\Phi_{gh}^* = T^*\Phi_{gh} = T^*(\Phi_g \circ \Phi_h) = T^*\Phi_h \circ T^*\Phi_g = \Phi_h^* \circ \Phi_g^*, \tag{6.21}$$

also ist Φ^* eine Rechtswirkung. Eine *Linkswirkung* Φ_*, die auch der *Linkslift* von Φ genannt wird, erhält man, indem man

$$(\Phi_*)_g = T_{g \cdot q}^*(\Phi_{g^{-1}}) \tag{6.22}$$

setzt. Wegen Proposition 6.3.2 sind in jedem der beiden Fälle die gelifteten Wirkungen kanonische Transformationen. Nach dem Studium der Liegruppen in Kap. 9 werden wir auf die Gruppenwirkungen zurückkommen.

Beispiele

Beispiel 6.4.1. Für ein System von N Teilchen im $\mathbb{R}^3$ wählen wir $Q = \mathbb{R}^{3N}$ als Konfigurationsraum. Für einen N-Tupel von Vektoren schreiben wir $(\mathbf{q}_j)$ und numerieren mit $j = 1, \ldots, N$. Entsprechend werden die Elemente des Impulsphasenraums $P = T^*\mathbb{R}^{3N} \cong \mathbb{R}^{6N} \cong \mathbb{R}^{3N} \times \mathbb{R}^{3N}$ mit $(\mathbf{q}_j, \mathbf{p}^j)$ bezeichnet. Die additive Gruppe der Translationen $G = \mathbb{R}^3$ wirke auf Q gemäß

$$\Phi_{\mathbf{x}}(\mathbf{q}_j) = \mathbf{q}_j + \mathbf{x} \quad \text{mit } \mathbf{x} \in \mathbb{R}^3. \tag{6.23}$$

Jeder der N Ortsvektoren $\mathbf{q}_j$ wird durch denselben Vektor $\mathbf{x}$ verschoben.

Liften wir den Diffeomorphismus $\Phi_{\mathbf{x}} : Q \to Q$, so erhalten wir eine Wirkung Φ^* von G auf P. Wir behaupten, daß

$$\Phi_{\mathbf{x}}^*(\mathbf{q}_j, \mathbf{p}^j) = (\mathbf{q}_j - \mathbf{x}, \mathbf{p}^j) \tag{6.24}$$

ist. Um (6.24) zu zeigen, beobachte man, daß $T\Phi_{\mathbf{x}} : TQ \to TQ$ durch

$$(\mathbf{q}_i, \dot{\mathbf{q}}_j) \mapsto (\mathbf{q}_i + \mathbf{x}, \dot{\mathbf{q}}_j) \tag{6.25}$$

erklärt ist. Also ist $(\mathbf{q}_i, \mathbf{p}^j) \mapsto (\mathbf{q}_i - \mathbf{x}, \mathbf{p}^j)$ die zugehörige duale Abbildung.

Beispiel 6.4.2. Betrachte die Wirkung von $\mathrm{GL}(n, \mathbb{R})$, der Gruppe der invertierbaren $(n \times n)$-Matrizen, oder genauer, der Gruppe der invertierbaren linearen Transformationen des $\mathbb{R}^n$ in sich, die auf dem $\mathbb{R}^n$ durch

$$\Phi_A(\mathbf{q}) = A\mathbf{q} \tag{6.26}$$

gegeben sind. Die Gruppe der induzierten kanonischen Transformationen von $T^*\mathbb{R}^n$ in sich ist durch

$$\Phi_A^*(\mathbf{q}, \mathbf{p}) = (A^{-1}\mathbf{q}, A^T\mathbf{p}) \tag{6.27}$$

gegeben, wie schon gezeigt. Beachte, daß dies auf dieselbe Transformation von $\mathbf{q}$ und $\mathbf{p}$ führt, falls A orthogonal ist.

Übungen

Übung 6.4.1. Es wirke die multiplikative Gruppe $\mathbb{R} \backslash \{0\}$ durch $\Phi_\lambda(\mathbf{q}) = \lambda \mathbf{q}$ auf den $\mathbb{R}^n$. Bestimme den Kotangentiallift dieser Wirkung.

6.5 Erzeugendenfunktionen

Betrachte einen symplektischen Diffeomorphismus $\varphi : T^*Q_1 \to T^*Q_2$, der durch die Funktionen

$$p_i = p_i(q^j, s^j) \quad \text{und} \quad r_i = r_i(q^j, s^j) \tag{6.28}$$

beschrieben wird, wobei (q^i, p_i) und (s^j, r_j) Kotangentialkoordinaten auf T^*Q_1 und T^*Q_2 sind. Es gebe also eine Abbildung

$$\Gamma : Q_1 \times Q_2 \to T^*Q_1 \times T^*Q_2 \tag{6.29}$$

deren Bild der Graph von φ ist. Sei Θ_1 die kanonische 1-Form auf T^*Q_1 und Θ_2 die auf T^*Q_2. Per Definition ist

$$\mathbf{d}(\Theta_1 - \varphi^*\Theta_2) = 0. \tag{6.30}$$

Dies hat angesichts (6.28) zur Folge, daß

$$p_i \, dq^i - r_i \, ds^i, \tag{6.31}$$

also $\Gamma^*(\Theta_1 - \Theta_2)$ geschlossen ist. Diese Bedingung gilt, falls $\Gamma^*(\Theta_1 - \Theta_2)$ exakt ist, nämlich

$$\Gamma^*(\Theta_1 - \Theta_2) = \mathbf{d}S \tag{6.32}$$

für eine Funktion $S(q, s)$ gilt. In Koordinatenschreibweise lautet (6.32)

$$p_i \, dq^i - r_i \, ds^i = \frac{\partial S}{\partial q^i} \, dq^i + \frac{\partial S}{\partial s^i} \, ds^i. \tag{6.33}$$

Dies entspricht

$$p_i = \frac{\partial S}{\partial q^i}, \quad r_i = -\frac{\partial S}{\partial s^i}. \tag{6.34}$$

Man nennt S eine **Erzeugendenfunktion** für die kanonische Transformation. Mit Erzeugendenfunktionen dieser Art kann man, selbst wenn man die identische Abbildung betrachtet, auf Singularitäten stoßen! Siehe Übung 6.5.1.

Andere Voraussetzungen als (6.28) führen zu anderen Schlußfolgerungen als (6.34). Punkttransformationen werden im folgenden Sinne erzeugt. Ist $S(q^i, r_j) = s^j(q)r_j$, so ist

$$s^i = \frac{\partial S}{\partial r_i} \quad \text{und} \quad p_i = \frac{\partial S}{\partial q^i}. \tag{6.35}$$

(Hier schreibt man $p_i \, dq^i + s^i \, dr_i = \mathbf{d}S$.)

Im allgemeinen betrachtet man einen Diffeomorphismus $\varphi : P_1 \to P_2$ von einer symplektischen Mannigfaltigkeit (P_1, Ω_1) zu einer anderen (P_2, Ω_2) und bezeichnet den Graphen von φ mit

$$\Gamma(\varphi) \subset P_1 \times P_2.$$

Sei $i_\varphi : \Gamma(\varphi) \to P_1 \times P_2$ die Inklusion und sei $\Omega = \pi_1^*\Omega_1 - \pi_2^*\Omega_2$, wobei $\pi_i : P_1 \times P_2 \to P_i$ die Projektion ist. Man zeigt, daß φ *genau dann symplektisch* *ist, wenn* $i_\varphi^* \Omega = 0$ *ist.* Da $\pi_1 \circ i_\varphi$ die Projektion eingeschränkt auf $\Gamma(\varphi)$ und $\pi_2 \circ i_\varphi = \varphi \circ \pi_1$ auf $\Gamma(\varphi)$ gilt, folgt

$$i_\varphi^* \Omega = (\pi_1 | \Gamma(\varphi))^* (\Omega_1 - \varphi^* \Omega_2)$$

und somit gilt genau dann $i_\varphi^* \Omega = 0$, wenn φ symplektisch ist, denn $(\pi_1 | \Gamma(\varphi))^*$ ist injektiv. In diesem Fall nennt man $\Gamma(\varphi)$ eine **isotrope** Untermannigfaltigkeit von $P_1 \times P_2$ (ausgestattet mit der symplektischen Form Ω). Da die Dimension von $\Gamma(\varphi)$ halb so groß wie die von $P_1 \times P_2$ ist, ist sie *maximal* isotrop, bzw. eine **Lagrangemannigfaltigkeit**.

Wir nehmen nun an, daß man eine Form Θ *wählt*, so daß $\Omega = -\mathrm{d}\Theta$ ist. Dann ist $i_\varphi^* \Omega = -\mathrm{d}i_\varphi^* \Theta = 0$, also gibt es auf $\Gamma(\varphi)$ lokal eine Funktion $S : \Gamma(\varphi) \to \mathbb{R}$, so daß

$$i_\varphi^* \Theta = \mathrm{d}S \tag{6.36}$$

gilt. Dies definiert die Erzeugendenfunktion der kanonischen Transformation φ. Da $\Gamma(\varphi)$ diffeomorph zu P_1 und auch zu P_2 ist, können wir S als eine Funktion auf P_1 oder P_2 ansehen. Ist $P_1 = T^* Q_1$ und $P_2 = T^* Q_2$, so können wir uns S genausogut (zumindest lokal) als auf $Q_1 \times Q_2$ definiert vorstellen. Auf diese Weise reduziert sich die allgemeine Konstruktionsweise der Erzeugendenfunktionen auf den Fall wie in den obigen Gleichungen (6.34) und (6.35). Mit anderen Wahlen für Q kann sich der Leser andere Erzeugendenfunktionen generieren und Formen, wie z.B. aus Goldstein [1980] oder Whittaker [1927], reproduzieren. Unser Zugang basiert auf Sniatycki und Tulczyjew [1971].

Erzeugendenfunktionen sind in der Hamilton-Jacobi-Theorie, für die Beziehung der klassischen Mechanik zur Quantenmechanik (wo S die Rolle der quantenmechanischen Phase spielt) und in numerischen Integrationsverfahren für Hamiltonsche Systeme von besonderer Bedeutung. Wir werden einige dieser Aspekte später betrachten.

Übungen

Übung 6.5.1. Zeige, daß

$$S(q^i, s^j, t) = \frac{1}{2t} \|\mathbf{q} - \mathbf{s}\|^2$$

eine kanonische Transformation erzeugt, die für $t = 0$ die Identität ist.

Übung 6.5.2 (Ein symplektischer Integrator erster Ordnung). Sei H gegeben und

$$S(q^i, r_j, t) = r_k q^k - tH(q^i, r_j).$$

Zeige, daß S eine kanonische Transformation erzeugt, die eine Näherung erster Ordnung an den Fluß von X_H für kleine t darstellt.

6.6 Fasertranslationen und magnetische Terme

Impulsshifte.   Wir sahen schon, wie man mit Kotangentialliften kanonische Transformationen konstruiert. Fasertranslationen zu verwenden, ist eine zweite Möglichkeit.

Lemma 6.6.1 (zum Impulsshift). *Sei A eine 1-Form auf Q und t_A : $T^*Q \to T^*Q$ durch $\alpha_q \mapsto \alpha_q + A(q)$ definiert, wobei $\alpha_q \in T_q^*Q$ ist. Sei Θ die kanonische 1-Form auf T^*Q. Dann ist*

$$t_A^*\Theta = \Theta + \pi_Q^*A, \tag{6.37}$$

wobei $\pi_Q : T^*Q \to Q$ die Projektion ist. Folglich gilt

$$t_A^*\Omega = \Omega - \pi_Q^*\mathbf{d}A, \tag{6.38}$$

wobei $\Omega = -\mathbf{d}\Theta$ die kanonische symplektische Form ist. Also ist t_A genau dann eine kanonische Transformation, wenn $\mathbf{d}A = 0$ ist.

Beweis. Wir beweisen dies mit einer Berechnung im Endlichdimensionalen in Koordinaten. Der Leser wird gebeten, sich als Übungsaufgabe um die koordinatenfreie und unendlichdimensionale Version dieses Beweises zu bemühen. In Koordinaten ist t_A die Abbildung

$$t_A(q^i, p_j) = (q^i, p_j + A_j). \tag{6.39}$$

Also ist

$$t_A^*\Theta = t_A^*(p_i\mathbf{d}q^i) = (p_i + A_i)\mathbf{d}q^i = p_i\mathbf{d}q^i + A_i\mathbf{d}q^i. \tag{6.40}$$

Dies ist die Koordinatenschreibweise für $\Theta + \pi_Q^*A$. Daraus folgen sofort die übrigen Behauptungen. ∎

Insbesondere ist eine Fasertranslation durch das Differential einer Funktion $A = \mathbf{d}f$ eine kanonische Transformation. Wie im vorherigen Abschnitt beschrieben, induziert f eine Erzeugendenfunktion (siehe Übung 6.6.2). Die zwei grundlegenden Klassen von kanonischen Transformationen, nämlich Lifte und Fasertranslationen, spielen in der Mechanik eine wichtige Rolle.

Magnetische Terme.   Eine sich von der kanonischen Form unterscheidende symplektische Form auf T^*Q wird in folgender Weise erhalten. Sei B eine geschlossene 2-Form auf Q. Dann ist $\Omega - \pi_Q^*B$ eine geschlossene 2-Form auf T^*Q, wobei Ω die kanonische 2-Form ist. Um einzusehen, daß $\Omega - \pi_Q^*B$ (schwach) nichtausgeartet ist, verwende man die Tatsache, daß diese Form in einer lokalen Karte am Punkt (w, α) durch

$$((u, \beta), (v, \gamma)) \mapsto \langle\gamma, u\rangle - \langle\beta, v\rangle - B(w)(u, v) \tag{6.41}$$

gegeben ist.

Proposition 6.6.1.

(i) *Sei Ω die kanonische 2-Form auf T^*Q und $\pi_Q : T^*Q \to Q$ die Projektion. Ist B eine geschlossene 2-Form auf Q, dann ist*

$$\Omega_B = \Omega - \pi_Q^* B \tag{6.42}$$

eine (schwach) symplektische Form auf T^*Q.

(ii) *Seien B und B' geschlossene 2-Formen auf Q und angenommen, daß $B - B' = \mathbf{d}A$ ist. Dann ist die Abbildung t_A (die Fasertranslation durch A) ein symplektischer Diffeomorphismus von (T^*Q, Ω_B) mit $(T^*Q, \Omega_{B'})$.*

Beweis. Teil (i) folgt aus einem ähnlichen Argument wie im Lemma zum Impulsshift. Für (ii) verwendet man die Formel (6.38) um

$$t_A^* \Omega = \Omega - \pi_Q^* \mathbf{d}A = \Omega - \pi_Q^* B + \pi_Q^* B' \tag{6.43}$$

zu erhalten, so daß wegen $\pi_Q \circ t_A = \pi_Q$

$$t_A^*(\Omega - \pi_Q^* B') = \Omega - \pi_Q^* B$$

ist.   ∎

Symplektische Formen vom Typ Ω_B treten im Reduktionsprozeß auf.[2] Im nächsten Abschnitt erklären wir, warum der zusätzliche Term $\pi_Q^* B$ ein *magnetischer Term* genannt wird.

Übungen

Übung 6.6.1. Liefere den koordinatenfreien Beweis von Proposition 6.6.1.

Übung 6.6.2. Sei $A = \mathbf{d}f$. Zeige mit einer Rechnung in Koordinaten, daß $S(q^i, r_i) = r_i q^i - f(q^i)$ eine Erzeugendenfunktion für t_A ist.

6.7 Ein Teilchen im Magnetfeld

Sei B eine geschlossene 2-Form auf dem $\mathbb{R}^3$ und sei $\mathbf{B} = B_x \mathbf{i} + B_y \mathbf{j} + B_z \mathbf{k}$ das zugehörige divergenzfreie Vektorfeld, d.h., es gilt

$$\mathbf{i}_\mathbf{B}(dx \wedge dy \wedge dz) = B,$$

---

[2] Magnetische Terme tauchen im sogenannten **Satz zur Kotangentialbündelreduktion** auf, vgl. Smale [1970], Abraham und Marsden [1978], Kummer [1981], Nill [1983], Montgomery, Marsden und Ratiu [1984], Gozzi und Thacker [1987] und Marsden [1992].

bzw.

$$B = B_x \, dy \wedge dz - B_y \, dx \wedge dz + B_z \, dx \wedge dy.$$

Denkt man bei **B** an ein Magnetfeld, so sind die Bewegungsgleichungen für ein Teilchen der Ladung e und Masse m durch die **Lorentzkraft**

$$m\frac{d\mathbf{v}}{dt} = \frac{e}{c}\mathbf{v} \times \mathbf{B} \tag{6.44}$$

mit $\mathbf{v} = (\dot{x}, \dot{y}, \dot{z})$ bestimmt. Betrachte die symplektische Form

$$\Omega_B = m(dx \wedge d\dot{x} + dy \wedge d\dot{y} + dz \wedge d\dot{z}) - \frac{e}{c}B, \tag{6.45}$$

also (6.42) auf dem $\mathbb{R}^3 \times \mathbb{R}^3$, was hier der $(\mathbf{x}, \mathbf{v})$-Raum ist.

Als Hamiltonfunktion verwende man die kinetische Energie

$$H = \frac{m}{2}(\dot{x}^2 + \dot{y}^2 + \dot{z}^2). \tag{6.46}$$

Mit der Notation $X_H(u, v, w) = (u, v, w, \dot{u}, \dot{v}, \dot{w})$ ist die Bedingung

$$\mathbf{d}H = \mathbf{i}_{X_H}\Omega_B \tag{6.47}$$

gleichbedeutend mit

$$
\begin{aligned}
&m(\dot{x}\,d\dot{x} + \dot{y}\,d\dot{y} + \dot{z}\,d\dot{z}) \\
&= m(u\,d\dot{x} - \dot{u}\,dx + v\,d\dot{y} - \dot{v}\,dy + w\,d\dot{z} - \dot{w}\,dz) \\
&\quad - \frac{e}{c}[B_x v\,dz - B_x w\,dy - B_y u\,dz + B_y w\,dx + B_z u\,dy - B_z v\,dx]
\end{aligned}
$$

und dies entspricht $u = \dot{x}$, $v = \dot{y}$ und $w = \dot{z}$ zusammen mit den Gleichungen

$$
\begin{aligned}
m\dot{u} &= \frac{e}{c}(B_z v - B_y w), \\
m\dot{v} &= \frac{e}{c}(B_x w - B_z u), \\
m\dot{w} &= \frac{e}{c}(B_y u - B_x v),
\end{aligned}
$$

also

$$
\begin{aligned}
m\ddot{x} &= \frac{e}{c}(B_z \dot{y} - B_y \dot{z}), \\
m\ddot{y} &= \frac{e}{c}(B_x \dot{z} - B_z \dot{x}), \\
m\ddot{z} &= \frac{e}{c}(B_y \dot{x} - B_x \dot{y}).
\end{aligned}
\tag{6.48}
$$

Dies stimmt aber mit (6.44) überein. *Somit sind die Bewegungsgleichungen für ein Teilchen in einem Magnetfeld Hamiltonsch mit einer der kinetischen Energie entsprechenden Energie und einer symplektischen Form Ω_B.*

Ist $B = \mathbf{d}A$, also $\mathbf{B} = \nabla \times \mathbf{A}$ mit $\mathbf{A}^{\flat} = A$, so kann man wegen des Lemmas zum Impulsshift die Abbildung $t_A : (\mathbf{x}, \mathbf{v}) \mapsto (\mathbf{x}, \mathbf{p})$ mit $\mathbf{p} = m\mathbf{v} + e\mathbf{A}/c$ verwenden, um den Pullback Ω_B der kanonischen Form zu erhalten. Demnach sind die Gleichungen (6.44) auch Hamiltonsch bzgl. der kanonischen Klammer auf dem $(\mathbf{x}, \mathbf{p})$-Raum mit der Hamiltonfunktion

$$H_A = \frac{1}{2m} \left\| \mathbf{p} - \frac{e}{c} \mathbf{A} \right\|^2. \tag{6.49}$$

Bemerkungen

(i) Nicht jedes Magnetfeld kann im Euklidischen Raum als $\mathbf{B} = \nabla \times \mathbf{A}$ geschrieben werden. Zum Beispiel kann das **Feld eines magnetischen Monopols der Stärke** $g \neq 0$, nämlich

$$\mathbf{B}(\mathbf{r}) = g \frac{\mathbf{r}}{\|\mathbf{r}\|^3}, \tag{6.50}$$

nicht in dieser Weise geschrieben werden, da der Fluß von $\mathbf{B}$ durch die Einheitssphäre $4\pi g$ ist, der Satz von Stokes angewandt auf die 2-Sphäre aber Null ergeben würde, vgl. Übung 4.4.3. Demzufolge könnte man denken, daß die Hamiltonsche Formulierung, die nur $\mathbf{B}$ (also Ω_B und H) einbezieht, vorzuziehen ist. Es besteht aber die Möglichkeit zum magnetische Potential $\mathbf{A}$ zurückzukehren, indem man es als einen Zusammenhang auf einem *nichttrivialen Bündel* über $\mathbb{R}^3 \setminus \{0\}$ auffaßt. (Dieses Bündel über der Sphäre S^2 ist die **Hopffaserung** $S^3 \to S^2$.) Eine lesbare Darstellung einiger Aspekte hierzu findet man in Yang [1985].

(ii) Untersucht man die Bewegung eines Teilchens in einem Yang-Mills-Feld, so entdeckt man eine schöne Verallgemeinerung dieser Konstruktion und verwandte Ideen, die sich der Theorie der Hauptfaserbündel bedienen, vgl. Sternberg [1977], Weinstein [1978a] und Montgomery [1984].

(iii) In Kapitel 8 studieren wir Zentrifugal- und Corioliskräfte und werden einige hierzu analoge Strukturen kennenlernen.

Übungen

Übung 6.7.1. Zeige, daß sich ein Teilchen in einem konstanten Magnetfeld auf einer Helix bewegt.

Übung 6.7.2. Überprüfe „per Hand", daß $\frac{1}{2}m\|\mathbf{v}\|^2$ für ein Teilchen in einem Magnetfeld eine Erhaltungsgröße ist.

Übung 6.7.3. Überprüfe „per Hand", daß die Hamiltonschen Gleichungen für H_A die aus der Lorentzkraft resultierenden Gleichungen 6.7.1 sind.

7. Lagrangesche Mechanik

Unser bisheriger Zugang betont die Hamiltonsche Sichtweise. Es gibt jedoch eine hiervon unabhängige Betrachtungsweise, die der Lagrangeschen Mechanik. Diese ist auf Variationsprinzipien begründet. Die Lagrangesche Mechanik ist wichtig, da sie eine alternative Sichtweise darstellt, für manche Berechnungen besser geeignet ist und die kovariante Formulierung relativistischer Theorien mit ihrer Hilfe leicht umgesetzt werden kann. Ironischerweise entdeckte gerade Hamilton [1834] die der Lagrangeschen Mechanik zugrundeliegenden Variationsstrukturen.

7.1 Das Hamiltonsche Prinzip der stationären Wirkung

Ein Großteil der Mechanik ist auf Variationsprinzipien begründbar. Die Formulierung mithilfe der Variationsprinzipien ist die kovarianteste, was auch für relativistische Systeme nützlich ist. Im nächsten Kapitel werden wir die Nützlichkeit der Lagrangeschen Methode bei der Untersuchung rotierender Bezugssysteme erkennen. Sie wird auch für die Hamilton-Jacobi-Theorie wichtig sein.

Betrachte eine *Konfigurationsmannigfaltigkeit* Q, den Geschwindigkeitsphasenraum TQ und eine *Lagrangefunktion* $L : TQ \to \mathbb{R}$. Grob gesprochen besagt das *Hamiltonsche Prinzip der stationären Wirkung*, daß

$$\delta \int L \left(q^i, \frac{dq^i}{dt} \right) dt = 0 \tag{7.1}$$

ist, wobei über die Wege $q^i(t)$ in Q mit festen Endpunkten variiert wird. (Wir werden diesen Vorgang in §8.1 etwas sorgfältiger untersuchen.) Bildet man die Variation von (7.1), so liefert die Kettenregel für die linke Seite

$$\int \left[\frac{\partial L}{\partial q^i} \delta q^i + \frac{\partial L}{\partial \dot{q}^i} \frac{d}{dt} \delta q^i \right] dt. \tag{7.2}$$

Integrieren wir den zweiten Term partiell und verwenden die Randbedingungen $\delta q^i = 0$ in den Endpunkten des betrachteten Zeitintervalls, so erhalten wir

$$\int \left[\frac{\partial L}{\partial q^i} - \frac{d}{dt} \left(\frac{\partial L}{\partial \dot{q}^i} \right) \right] \delta q^i \, dt = 0. \tag{7.3}$$

Soll dies für alle Variationen $\delta q^i(t)$ gelten, so ist

$$\frac{\partial L}{\partial q^i} - \frac{d}{dt} \frac{\partial L}{\partial \dot{q}^i} = 0. \tag{7.4}$$

Dies sind die *Euler-Lagrange-Gleichungen*.

Wir setzen $p_i = \partial L/\partial \dot{q}^i$, nehmen an, daß die Transformation $(q^i, \dot{q}^j) \mapsto (q^i, p_j)$ invertierbar ist und definieren die **Hamiltonfunktion** durch

$$H(q^i, p_j) = p_i \dot{q}^i - L(q^i, \dot{q}^i). \tag{7.5}$$

Man beachte

$$\dot{q}^i = \frac{\partial H}{\partial p_i}.$$

Dies gilt, denn wegen der Kettenregel und (7.5) ist

$$\frac{\partial H}{\partial p_i} = \dot{q}^i + p_j \frac{\partial \dot{q}^j}{\partial p_i} - \frac{\partial L}{\partial \dot{q}^j} \frac{\partial \dot{q}^j}{\partial p_i} = \dot{q}^i.$$

Ebenso ist

$$\dot{p}_i = -\frac{\partial H}{\partial q^i}$$

wegen (7.4) und

$$\frac{\partial H}{\partial q^j} = p_i \frac{\partial \dot{q}^i}{\partial q^j} - \frac{\partial L}{\partial q^j} - \frac{\partial L}{\partial \dot{q}^i} \frac{\partial \dot{q}^i}{\partial q^j} = -\frac{\partial L}{\partial q^j}.$$

Mit anderen Worten: *Die Euler-Lagrange-Gleichungen sind zu den Hamiltonschen Gleichungen äquivalent.*

Folglich ist es vernünftig, die Geometrie der Euler-Lagrange-Gleichungen mittels der kanonischen Form auf T^*Q, die mit $p_i = \partial L/\partial \dot{q}^i$ auf TQ zurückgezogen ist, darzustellen. Dies wird im nächsten Abschnitt geschehen und ist ein Standardzugang zur Geometrie der Euler-Lagrange-Gleichungen.

Eine andere Möglichkeit besteht darin, *das Variationsprinzip selbst zu verwenden*. Der Leser wird bemerken, daß die kanonische 1-Form $p_i dq^i$ in Gestalt der *Randterme* auftritt, wenn wir die Variationen bilden. Dies kann als Grundlage dienen, um die kanonische 1-Form in die Lagrangesche Mechanik einzuführen. Wir werden diesen Zugang in Kap. 8 entwickeln. Siehe auch Übung 7.2.2.

Übungen

Übung 7.1.1. Zeige, daß die Euler-Lagrange-Gleichungen auch zu den Hamiltonschen Gleichungen äquivalent sind, wenn L zeitabhängig ist.

Übung 7.1.2. Zeige, daß man auf die Energieerhaltungsgleichung stößt, wenn man beim Hamiltonschen Prinzip Variationen bzgl. Reparametrisierungen der gegebenen Kurve $q(t)$ wählt.

7.2 Die Legendretransformation

Faserableitungen. Sei $L : TQ \to \mathbb{R}$ eine Lagrangefunktion. Man definiert die sogenannte *Faserableitung* $\mathbb{F}L : TQ \to T^*Q$ durch

$$\mathbb{F}L(v) \cdot w = \frac{d}{ds}\bigg|_{s=0} L(v + sw) \qquad (7.6)$$

mit $v, w \in T_q Q$. Somit ist $\mathbb{F}L(v) \cdot w$ die Ableitung von L bei v entlang der Faser $T_q Q$ in Richtung w. $\mathbb{F}L$ ist fasererhaltend, d.h., sie bildet die Faser $T_q Q$ auf die Faser $T_q^* Q$ ab. In einer lokalen Karte $U \times E$ für TQ, wobei U offen im Modellraum E für Q ist, wird die Faserableitung durch die Gleichung

$$\mathbb{F}L(u, e) = (u, \mathbf{D}_2 L(u, e)) \qquad (7.7)$$

bestimmt, wobei $\mathbf{D}_2 L$ die partielle Ableitung von L nach ihrem zweiten Argument ist. Für endlichdimensionale Mannigfaltigkeiten, wobei mit (q^i) die Koordinaten auf Q und mit $(q^i, \dot{q}^i)$ die auf TQ induzierten Koordinaten bezeichnet werden, ist die Faserableitung der Ausdruck

$$\mathbb{F}L(q^i, \dot{q}^i) = \left(q^i, \frac{\partial L}{\partial \dot{q}^i}\right), \qquad (7.8)$$

also ist $\mathbb{F}L$ durch

$$p_i = \frac{\partial L}{\partial \dot{q}^i} \qquad (7.9)$$

gegeben. Die *assoziierte Energiefunktion* ist durch $E(v) = \mathbb{F}L(v) \cdot v - L(v)$ definiert.

In vielen Beispielen resultiert die physikalische Bedeutung der Impulsvariablen aus der Beziehung (7.9). Wir nennen $\mathbb{F}L$ die *Legendretransformation*.

Lagrangesche Formen. Es bezeichne Ω die kanonische symplektische Form auf T^*Q. Mit $\mathbb{F}L$ erhalten wir die 1-Form Θ_L und eine geschlossene 2-Form Ω_L auf TQ, indem wir

$$\Theta_L = (\mathbb{F}L)^*\Theta \quad \text{und} \quad \Omega_L = (\mathbb{F}L)^*\Omega \qquad (7.10)$$

setzen. Wir nennen Θ_L die *Lagrangesche 1-Form* und Ω_L die *Lagrangesche 2-Form*. Da $\mathbf{d}$ mit dem Pullback vertauscht, erhalten wir $\Omega_L = -\mathbf{d}\Theta_L$. Mit den lokalen Ausdrücken für Θ und Ω führt eine direkte Berechnung des Pullbacks auf die folgende lokale Formel für Θ_L und Ω_L: Ist E der Modellraum für Q, U das Bild einer Karte von Q in E und $U \times E$ das zugehörige Bild der induzierten Karte auf TQ, dann gilt für $(u, e) \in U \times E$ und Tangentialvektoren $(e_1, e_2), (f_1, f_2)$ in $E \times E$

$$T_{(u,e)}\mathbb{F}L \cdot (e_1, e_2)$$
$$= (u, \mathbf{D}_2 L(u, e), e_1, \mathbf{D}_1(\mathbf{D}_2 L(u, e)) \cdot e_1 + \mathbf{D}_2(\mathbf{D}_2 L(u, e)) \cdot e_2) \qquad (7.11)$$

Somit ist mit dem lokalen Ausdruck für Θ und der Definition des Pullback

$$\Theta_L(u,e) \cdot (e_1, e_2) = \mathbf{D}_2 L(u,e) \cdot e_1. \tag{7.12}$$

Entsprechend kommt man auf

$$\begin{aligned}
\Omega_L(u,e) &\cdot ((e_1, e_2), (f_1, f_2)) \\
&= \mathbf{D}_1(\mathbf{D}_2 L(u,e) \cdot e_1) \cdot f_1 - \mathbf{D}_1(\mathbf{D}_2 L(u,e) \cdot f_1) \cdot e_1 \\
&+ \mathbf{D}_2 \mathbf{D}_2 L(u,e) \cdot e_1 \cdot f_2 - \mathbf{D}_2 \mathbf{D}_2 L(u,e) \cdot f_1 \cdot e_2, \tag{7.13}
\end{aligned}$$

wobei $\mathbf{D}_1$ und $\mathbf{D}_2$ die partiellen Ableitungen nach dem ersten und zweiten Argument bezeichnen. Im Endlichdimensionalen führen die Formeln (7.11) und (7.12) oder ein direkter Pullback von $p_i dq^i$ und $dq^i \wedge dp_i$ auf

$$\Theta_L = \frac{\partial L}{\partial \dot{q}^i} dq^i \tag{7.14}$$

und

$$\Omega_L = \frac{\partial^2 L}{\partial \dot{q}^i \, \partial q^j} dq^i \wedge dq^j + \frac{\partial^2 L}{\partial \dot{q}^i \, \partial \dot{q}^j} dq^i \wedge d\dot{q}^j \tag{7.15}$$

(mit einer Summation über alle i, j). Dies entspricht einer schiefsymmetrischen $(2n \times 2n)$-Matrix

$$\Omega_L = \begin{bmatrix} A & \left[\dfrac{\partial^2 L}{\partial \dot{q}^i \partial \dot{q}^j} \right] \\[4mm] \left[-\dfrac{\partial^2 L}{\partial \dot{q}^i \partial \dot{q}^j} \right] & 0 \end{bmatrix}, \tag{7.16}$$

wobei A die Schiefsymmetrisierung von $\partial^2 L / (\partial \dot{q}^i \, \partial q^j)$ ist. Aus diesen Ausdrücken folgt, daß Ω_L genau dann (schwach) nichtausgeartet ist, wenn die quadratische Form $\mathbf{D}_2 \mathbf{D}_2 L(u,e)$ (schwach) nichtausgeartet ist. In diesem Fall sagen wir, daß L eine **reguläre** oder **nichtausgeartete** Lagrangefunktion ist. Der Satz über implizite Funktionen zeigt, daß die Faserableitung genau dann lokal invertierbar ist, wenn L regulär ist.

Übungen

Übung 7.2.1. Sei

$$L(q^1, q^2, q^3, \dot{q}^1, \dot{q}^2, \dot{q}^3) = \frac{m}{2} \left(\left(\dot{q}^1 \right)^2 + \left(\dot{q}^2 \right)^2 + \left(\dot{q}^3 \right)^2 \right) + q^1 \dot{q}^1 + q^2 \dot{q}^2 + q^3 \dot{q}^3.$$

Bestimme Θ_L, Ω_L und die zugehörige Hamiltonfunktion.

Übung 7.2.2. Man definiert für $v \in T_q Q$ den **vertikalen Lift** $v^l \in T_v(TQ)$ als den Tangentialvektor an die Kurve $v + tv$ in $t = 0$. Zeige, daß Θ_L durch

$$w \lrcorner \Theta_L = v^l \lrcorner \mathbf{d}L$$

definiert werden kann, wobei $w \in T_v(TQ)$ und $w \lrcorner \Theta_L = \mathbf{i}_w \Theta_L$ das innere Produkt ist. Zeige auch, daß die Energie

$$E(v) = v^l \lrcorner \mathbf{d}L - L(v)$$

ist.

Übung 7.2.3 (Die abstrakte Legendretransformation). Sei V ein Vektorbündel über einer Mannigfaltigkeit S und sei $L : V \to \mathbb{R}$. Für $v \in V$ bezeichne

$$w = \frac{\partial L}{\partial v} \in v^*$$

die Faserableitung. Gehe davon aus, daß die Abbildung $v \mapsto w$ ein lokaler Diffeomorphismus ist und sei $H : V^* \to \mathbb{R}$ durch

$$H(w) = \langle w, v \rangle - L(v)$$

definiert. Man zeige, daß dann

$$v = \frac{\partial H}{\partial w}$$

gilt.

7.3 Die Euler-Lagrange-Gleichungen

Hyperreguläre Lagrangefunktionen.   Gegeben sei eine Lagrangefunktion L. Die *Wirkung* von L ist die Abbildung $A : TQ \to \mathbb{R}$, die durch $A(v) = \mathbb{F}L(v) \cdot v$ definiert ist, und $E = A - L$ ist die *Energie* von L, wie schon oben definiert. In Karten wird dies so formuliert:

$$A(u, e) = \mathbf{D}_2 L(u, e) \cdot e, \tag{7.17}$$

$$E(u, e) = \mathbf{D}_2 L(u, e) \cdot e - L(u, e), \tag{7.18}$$

und im Endlichdimensionalen lauten (7.17) und (7.18) dann

$$A(q^i, \dot{q}^i) = \dot{q}^i \frac{\partial L}{\partial \dot{q}^i} = p_i \dot{q}^i, \tag{7.19}$$

$$E(q^i, \dot{q}^i) = \dot{q}^i \frac{\partial L}{\partial \dot{q}^i} - L(q^i, \dot{q}^i) = p_i \dot{q}^i - L(q^i, \dot{q}^i). \tag{7.20}$$

Ist L eine Lagrangefunktion, für die $\mathbb{F}L : TQ \to T^*Q$ ein Diffeomorphismus ist, so nennen wir L eine *hyperreguläre* Lagrangefunktion. In diesem Fall setzen wir $H = E \circ (\mathbb{F}L)^{-1}$. Dann sind X_H und X_E $\mathbb{F}L$-verwandt, da $\mathbb{F}L$ nach Konstruktion symplektisch ist. Folglich induzieren hyperreguläre Lagrangefunktionen auf TQ Hamiltonsche Systeme auf T^*Q. Umgekehrt läßt sich zeigen, daß hyperreguläre Hamiltonfunktionen auf T^*Q aus Lagrangefunktionen auf TQ resultieren (vgl. §7.4 für Definitionen und Details).

Die Lagrangeschen Vektorfelder. Allgemeiner wird ein Vektorfeld Z auf TQ ein *Lagrangesches Vektorfeld* oder ein *Lagrangesches System* für L genannt, falls die *Lagrangebedingung*

$$\Omega_L(v)(Z(v), w) = \mathbf{d}E(v) \cdot w \tag{7.21}$$

für alle $v \in T_qQ$ und $w \in T_v(TQ)$ gilt. Wäre L regulär, so daß Ω_L eine (schwach) symplektische Form ist, so gäbe es zumindest ein Z, das das Hamiltonsche Vektorfeld von E bzgl. der (schwach) symplektischen Form Ω_L wäre. In diesem Fall wissen wir, daß E auf dem Fluß von Z erhalten bleibt. Dasselbe Resultat trifft sogar noch zu, falls L regulär ist:

Proposition 7.3.1. *Sei Z ein Lagrangesches Vektorfeld für L und sei $v(t) \in TQ$ eine Integralkurve von Z. Dann ist $E(v(t))$ konstant (in t).*

Beweis. Mit der Kettenregel und aufgrund der Schiefsymmetrie von Ω_L folgt

$$\frac{d}{dt}E(v(t)) = \mathbf{d}E(v(t)) \cdot \dot{v}(t) = \mathbf{d}E(v(t)) \cdot Z(v(t))$$

$$= \Omega_L(v(t))(Z(v(t))), Z(v(t)) = 0. \tag{7.22}$$

∎

Wir nehmen für gewöhnlich an, daß Ω_L nichtausgeartet ist. Der ausgeartete Fall tritt aber in der Diracschen Theorie der Zwangsbedingungen auf (vgl. Dirac [1950, 1964], Kunzle [1969], Hanson, Regge und Teitelboim [1976], Gotay, Nester und Hinds [1979], dortige Literaturhinweise und §8.5).

Gleichungen zweiter Ordnung. Das Vektorfeld Z hat oftmals eine bestimmte Eigenschaft, nämlich, daß Z eine Gleichung zweiter Ordung ist.

Definition 7.3.1. *Ein Vektorfeld V auf TQ wird **Gleichung zweiter Ordnung** genannt, falls $T\tau_Q \circ V$ die Identität ist, wobei $\tau_Q : TQ \to Q$ die kanonische Projektion ist. Ist $c(t)$ eine Integralkurve von V, so wird $(\tau_Q \circ c)(t)$ die **Lösungskurve** von $c(t)$ genannt.*

Man kann leicht einsehen, daß die Bedingung dafür, daß V von zweiter Ordnung ist, zu der folgenden äquivalent ist: Für jede Karte $U \times E$ auf TQ können wir $V(u, e) = ((u, e), (e, V_2(u, e)))$ als eine Abbildung $V_2 : U \times E \to E$ darstellen. Folglich ist die Dynamik durch $\dot{u} = e$ und $\dot{e} = V_2(u, e)$ bestimmt, also durch $\ddot{u} = V_2(u, \dot{u})$, eine Gleichung zweiter Ordnung im gewöhnlichen Sinne. Diese lokale Berechnung zeigt auch, daß die Lösungskurve durch eine gegebene Anfangsbedingung in TQ in eindeutiger Weise eine Integralkurve von V bestimmt.

Die Euler-Lagrange-Gleichungen. Aus der Sicht der Lagrangeschen Vektorfelder ist das Hauptresultat für die Euler-Lagrange-Gleichungen der folgende

Satz 7.3.1. *Sei Z ein Lagrangesches System für L und auch eine Gleichung zweiter Ordnung, dann erfüllt eine Integralkurve $(u(t), v(t)) \in U \times E$ von Z in einer Karte $U \times E$ die **Euler-Lagrange-Gleichungen***

$$\frac{du(t)}{dt} = v(t),$$

$$\frac{d}{dt} \mathbf{D}_2 L(u(t), v(t)) \cdot w = \mathbf{D}_1 L(u(t), v(t)) \cdot w \qquad (7.23)$$

für alle $w \in E$. Im Endlichdimensionalen lauten die Euler-Lagrange-Gleichungen

$$\frac{dq^i}{dt} = \dot{q}^i,$$

$$\frac{d}{dt} \left(\frac{\partial L}{\partial \dot{q}^i} \right) = \frac{\partial L}{\partial q^i}, \quad i = 1, \ldots, n. \qquad (7.24)$$

Ist L regulär, d.h., ist Ω_L (schwach) nichtausgeartet, so ist Z automatisch von zweiter Ordnung, und falls Ω_L stark nichtausgeartet ist, gilt

$$\frac{d^2 u}{dt^2} = \frac{dv}{dt} = [\mathbf{D}_2 \mathbf{D}_2 L(u, v)]^{-1} (\mathbf{D}_1 L(u, v) - \mathbf{D}_1 \mathbf{D}_2 L(u, v) \cdot v), \qquad (7.25)$$

oder im Endlichdimensionalen

$$\ddot{q}^j = G^{ij} \left(\frac{\partial L}{\partial q^i} - \frac{\partial^2 L}{\partial q^j \partial \dot{q}^i} \dot{q}^j \right), \quad i, j = 1, \ldots, n, \qquad (7.26)$$

wobei $[G^{ij}]$ die Inverse der Matrix $(\partial^2 L / \partial q^i \partial \dot{q}^j)$ ist. Also sind $u(t)$ und $q^i(t)$ genau dann Lösungskurven des Lagrangeschen Vektorfeldes Z, wenn sie die Euler-Lagrange-Gleichungen erfüllen.

Beweis. Aus der Definition der Energie E rührt der lokale Ausdruck

$$\mathbf{D}E(u, e) \cdot (e_1, e_2) = \mathbf{D}_1(\mathbf{D}_2 L(u, e) \cdot e) \cdot e_1 + \mathbf{D}_2(\mathbf{D}_2 L(u, e) \cdot e) \cdot e_2$$
$$- \mathbf{D}_1 L(u, e) \cdot e_1 \qquad (7.27)$$

her (der Term $\mathbf{D}_2 L(u, e) \cdot e_2$ wurde weggelassen). In lokaler Schreibweise ist

$$Z(u, e) = (u, e, Y_1(u, e), Y_2(u, e)).$$

Mit der Formel (7.13) für Ω_L wird die Bedingung (7.21) an Z zu

$$\mathbf{D}_1 \mathbf{D}_2 L(u, e) \cdot Y_1(u, e)) \cdot e_1 - \mathbf{D}_1(\mathbf{D}_2 L(u, e) \cdot e_1) \cdot Y_1(u, e)$$
$$+ \mathbf{D}_2 \mathbf{D}_2 L(u, e) \cdot Y_1(u, e) \cdot e_2 - \mathbf{D}_2 \mathbf{D}_2 L(u, e) \cdot e_1 \cdot Y_2(u, e)$$
$$= \mathbf{D}_1(\mathbf{D}_2 L(u, e) \cdot e) \cdot e_1 - \mathbf{D}_1 L(u, e) \cdot e_1 + \mathbf{D}_2 \mathbf{D}_2 L(u, e) \cdot e \cdot e_2. \qquad (7.28)$$

Falls Ω_L eine schwach symplektische Form ist, so ist $\mathbf{D}_2\mathbf{D}_2L(u,e)$ folglich schwach nichtausgeartet, weshalb wir $Y_1(u,e) = e$ für $e_1 = 0$ erhalten, d.h., Z ist eine Gleichung zweiter Ordung. In jedem Fall wird die Bedingung (7.28), falls Z von zweiter Ordnung ist, zu

$$\mathbf{D}_1L(u,e) \cdot e_1 = \mathbf{D}_1(\mathbf{D}_2L(u,e) \cdot e_1) \cdot e + \mathbf{D}_2\mathbf{D}_2L(u,e) \cdot e_1 \cdot Y_2(u,e) \quad (7.29)$$

für alle $e_1 \in E$. Ist $(u(t), v(t))$ eine Integralkurve von Z, dann ist $\dot{u} = v$ und $\ddot{u} = Y_2(u,v)$ (wobei die Punkte Zeitableitungen bezeichnen), also wird aus (7.29)

$$\mathbf{D}_1L(u,\dot{u}) \cdot e_1 = \mathbf{D}_1(\mathbf{D}_2L(u,\dot{u}) \cdot e_1) \cdot \dot{u} + \mathbf{D}_2\mathbf{D}_2L(u,\dot{u}) \cdot e_1 \cdot \ddot{u}$$

$$= \frac{d}{dt}\mathbf{D}_2L(u,\dot{u}) \cdot e_1 \quad (7.30)$$

nach der Kettenregel.

Die letzte Aussage folgt mit der Kettenregel auf der linken Seite der Lagrangegleichung und der Regularität von L, um nach $\dot{v}$ also $\ddot{q}^j$ aufzulösen. ∎

Übungen

Übung 7.3.1. Führe ein explizites Beispiel einer nichtregulären Lagrangefunktion L an, die ein Lagrangesches System Z von zweiter Ordnung hat.

Übung 7.3.2. Zeige durch eine direkte Berechnung, daß die Gültigkeit des Ausdrucks (7.24) koordinatenunabhängig ist, also daß die Form der Euler-Lagrange-Gleichungen nicht von der Koordinatenwahl abhängt.

7.4 Hyperreguläre Lagrange- und Hamiltonfunktionen

Oben sagten wir, daß eine glatte Lagrangefunktion $L : TQ \to \mathbb{R}$ **hyperregulär** ist, wenn $\mathbb{F}L : TQ \to T^*Q$ ein Diffeomorphismus ist. Aus (7.13) oder (7.16) folgt, daß die symmetrische Bilinearform $\mathbf{D}_2\mathbf{D}_2L(u,e)$ stark nichtausgeartet ist. Wie zuvor sollen $\pi_Q : T^*Q \to Q$ und $\tau_Q : TQ \to Q$ die kanonischen Projektionen bezeichnen.

Proposition 7.4.1. *Sei L eine hyperreguläre Lagrangefunktion auf TQ und $H = E \circ (\mathbb{F}L)^{-1} \in \mathcal{F}(T^*Q)$, wobei E die Energie von L ist. Dann sind das Lagrangesche Vektorfeld Z auf TQ und das Hamiltonsche Vektorfeld X_H auf T^*Q $\mathbb{F}L$-verwandt, also ist*

$$(\mathbb{F}L)^* X_H = Z.$$

Darüber hinaus gilt für Integralkurven $c(t)$ von Z und $d(t)$ von X_H mit $\mathbb{F}L(c(0)) = d(0)$

$$\mathbb{F}L(c(t)) = d(t) \quad und \quad (\tau_Q \circ c)(t) = (\pi_Q \circ d)(t).$$

*Die Kurve $(\tau_Q \circ c)(t)$ wird die **Fundamentallösungskurve** von $c(t)$ genannt, und entsprechend ist $(\pi_Q \circ d)(t)$ die **Lösungskurve** von $d(t)$.*

Beweis. Für $v \in TQ$ und $w \in T_v(TQ)$ ist

$$
\begin{aligned}
\Omega(\mathbb{F}L(v))(T_v\mathbb{F}L(Z(v)), T_v\mathbb{F}L(w)) &= ((\mathbb{F}L)^*\Omega)(v)(Z(v), w) \\
&= \Omega_L(v)(Z(v), w) \\
&= \mathbf{d}E(v) \cdot w \\
&= \mathbf{d}(H \circ \mathbb{F}L)(v) \cdot w \\
&= \mathbf{d}H(\mathbb{F}L(v)) \cdot T_v\mathbb{F}L(w) \\
&= \Omega(\mathbb{F}L(v))(X_H(\mathbb{F}L(v)), T_v\mathbb{F}L(w)),
\end{aligned}
$$

so daß, da Ω schwach nichtausgeartet und $T_v\mathbb{F}L$ ein Isomorphismus ist,

$$T_v\mathbb{F}L(Z(v)) = X_H(\mathbb{F}L(v))$$

folgt. Somit ist $T\mathbb{F}L \circ Z = X_H \circ \mathbb{F}L$, also $Z = (\mathbb{F}L)^* X_H$.

Bezeichnet φ_t den Fluß von Z und ψ_t den von X_H, so ist die Beziehung $Z = (\mathbb{F}L)^* X_H$ äquivalent zu $\mathbb{F}L \circ \varphi_t = \psi_t \circ \mathbb{F}L$. Für $c(t) = \varphi_t(v)$ ist also

$$\mathbb{F}L(c(t)) = \psi_t(\mathbb{F}L(v))$$

eine Integralkurve von X_H, die bei $t = 0$ durch $\mathbb{F}L(v) = \mathbb{F}L(c(0))$ läuft, woraus wegen der Eindeutigkeit der Integralkurven von glatten Vektorfeldern $\psi_t(\mathbb{F}L(v)) = d(t)$ resultiert. Schließlich gelangen wir wegen $\tau_Q = \pi_Q \circ \mathbb{F}L$ auf

$$(\tau_Q \circ c)(t) = (\pi_Q \circ \mathbb{F}L \circ c)(t) = (\pi_Q \circ d)(t). \tag{7.31}$$

■

Die Wirkung. Wir behaupten, daß die Wirkung A von L mit dem Lagrangeschen Vektorfeld Z von L durch

$$A(v) = \langle \Theta_L(v), Z(v) \rangle, \quad v \in TQ \tag{7.32}$$

verwandt ist. Wir beweisen diese Formel unter der Annahme, daß Z eine Gleichung zweiter Ordung ist, sogar falls L nicht regulär ist. Es gilt

$$
\begin{aligned}
\langle \Theta_L(v), Z(v) \rangle &= \langle ((\mathbb{F}L)^*\Theta)(v), Z(v) \rangle \\
&= \langle \Theta(\mathbb{F}L(v)), T_v\mathbb{F}L(Z(v)) \rangle \\
&= \langle \mathbb{F}L(v), T\pi_Q \cdot T_v\mathbb{F}L(Z(v)) \rangle \\
&= \langle \mathbb{F}L(v), T_v(\pi_Q \circ \mathbb{F}L)(Z(v)) \rangle \\
&= \langle \mathbb{F}L(v), T_v\tau_Q(Z(v)) \rangle = \langle \mathbb{F}L(v), v \rangle = A(v)
\end{aligned}
$$

laut Definition einer Gleichung zweiter Ordung und der Definition der Wirkung. Ist L hyperregulär und $H = E \circ (\mathbb{F}L)^{-1}$, so ist

$$A \circ (\mathbb{F}L)^{-1} = \langle \Theta, X_H \rangle . \tag{7.33}$$

In der Tat gilt wegen (7.32), den Eigenschaften des Pushforward und der vorigen Proposition

$$A \circ (\mathbb{F}L)^{-1} = (\mathbb{F}L)_* A = (\mathbb{F}L)_*(\langle \Theta_L, Z \rangle) = \langle (\mathbb{F}L)_* \Theta_L, (\mathbb{F}L)_* Z \rangle = \langle \Theta, X_H \rangle .$$

Ist $H : T^*Q \to \mathbb{R}$ eine glatte Hamiltonfunktion, so wird die durch $G = \langle \Theta, X_H \rangle$ gegebene Funktion $G : T^*Q \to \mathbb{R}$ die **Wirkung** von H genannt. Also besagt (7.33), daß der Pushforward der Wirkung A von L der Wirkung G von $H = E \circ (\mathbb{F}L)^{-1}$ entspricht.

Hyperreguläre Hamiltonfunktionen.   Eine Hamiltonfunktion H wird *hyperreglär* genannt, falls die durch

$$\mathbb{F}H(\alpha) \cdot \beta = \left. \frac{d}{ds} \right|_{s=0} H(\alpha + s\beta) \tag{7.34}$$

definierte Funktion $\mathbb{F}H : T^*Q \to TQ$ für $\alpha, \beta \in T_q^*Q$ ein Diffeomorphismus ist. Wir müssen hier voraussetzen, daß entweder der Modellraum E von Q reflexiv ist, so daß $T_q^{**}Q = T_q Q$ für alle $q \in Q$ gilt, oder, was vernünftiger ist, daß $\mathbb{F}H(\alpha)$ in $T_q Q \subset T_q^{**}Q$ liegt. Wie im Falle der Lagrangefunktionen impliziert die Hyperregularität von H, daß $\mathbf{D}_2\mathbf{D}_2 H(u, \alpha)$ stark nichtausgeartet ist und daß die Kurve $s \mapsto \alpha + s\beta$ aus (7.34) durch eine beliebige glatte Kurve $\alpha(s)$ in T_q^*Q ersetzt werden kann, so daß

$$\alpha(0) = \alpha \quad \text{und} \quad \alpha'(0) = \beta$$

gilt.

Proposition 7.4.2.

(i) *Sei $H \in \mathcal{F}(T^*Q)$ eine hyperreguläre Hamiltonfunktion und definiere*

$$E = H \circ (\mathbb{F}H)^{-1}, \quad A = G \circ (\mathbb{F}H)^{-1} \quad \text{und} \quad L = A - E \in \mathcal{F}(TQ),$$

dann ist L eine hyperreguläre Lagrangefunktion und es gilt die Gleichung $\mathbb{F}L = \mathbb{F}H^{-1}$. Darüber hinaus ist A die Wirkung von L und E die Energie von L.

(ii) *Sei $L \in \mathcal{F}(TQ)$ eine hyperreguläre Lagrangefunktion und definiere*

$$H = E \circ (\mathbb{F}L)^{-1},$$

dann ist H eine hyperreguläre Hamiltonfunktion und $\mathbb{F}H = (\mathbb{F}L)^{-1}$.

Beweis. (i) Lokal gilt $G(u, \alpha) = \langle \alpha, \mathbf{D}_2 H(u, \alpha) \rangle$, so daß

$$A(u, \mathbf{D}_2 H(u, \alpha)) = (A \circ \mathbb{F}H)(u, \alpha) = G(u, \alpha) = \langle \alpha, \mathbf{D}_2 H(u, \alpha) \rangle$$

ist, und deshalb gilt

$$(L \circ \mathbb{F}H)(u, \alpha) = L(u, \mathbf{D}_2 H(u, \alpha)) = \langle \alpha, \mathbf{D}_2 H(u, \alpha) \rangle - H(u, \alpha).$$

Sei $e = \mathbf{D}_2(\mathbf{D}_2 H(u, \alpha)) \cdot \beta$ und $e(s) = \mathbf{D}_2 H(u, \alpha + s\beta)$ eine Kurve, die bei $s = 0$ durch $e(0) = \mathbf{D}_2 H(u, \alpha)$ geht und deren Ableitung bei $s = 0$ mit $e'(0) = \mathbf{D}_2(\mathbf{D}_2 H(u, \alpha)) \cdot \beta = e$ übereinstimmt. Dann gilt

$$\langle (\mathbb{F}L \circ \mathbb{F}H)(u, \alpha), e \rangle$$
$$= \langle \mathbb{F}L(u, \mathbf{D}_2 H(u, \alpha)), e \rangle$$
$$= \frac{d}{dt}\bigg|_{s=0} L(u, e(s)) = \frac{d}{dt}\bigg|_{s=0} L(u, \mathbf{D}_2 H(u, \alpha + s\beta))$$
$$= \frac{d}{dt}\bigg|_{s=0} [\langle \alpha + s\beta, \mathbf{D}_2 H(u, \alpha + s\beta) \rangle - H(u, \alpha + s\beta)]$$
$$= \langle \alpha, \mathbf{D}_2(\mathbf{D}_2 H(u, \alpha)) \cdot \beta \rangle = \langle \alpha, e \rangle.$$

Da $\mathbf{D}_2 \mathbf{D}_2 H(u, \alpha)$ stark nichtausgeartet ist, folgt daraus, daß $e \in E$ beliebig ist und folglich $\mathbb{F}L \circ \mathbb{F}H$ der Identität entspricht. Da $\mathbb{F}H$ ein Diffeomorphismus ist, gilt $\mathbb{F}L = (\mathbb{F}H)^{-1}$ und somit ist L hyperregulär.

Man beachte, daß mit $\mathbb{F}H^{-1} = \mathbb{F}L$ und der Definition von G die Beziehung

$$A = G \circ (\mathbb{F}H)^{-1} = \langle \Theta, X_H \rangle \circ \mathbb{F}L$$

folgt. Damit und mit (7.33) erkennt man, daß A die Wirkung von L ist. Deshalb ist $E = A - L$ die Energie von L.

(ii) Da wir $H = E \circ (\mathbb{F}L)^{-1}$ definieren, gilt lokal

$$(H \circ \mathbb{F}L)(u, e) = H(u, \mathbf{D}_2 L(u, e))$$
$$= A(u, e) - L(u, e)$$
$$= \mathbf{D}_2 L(u, e) \cdot e - L(u, e)$$

und wir verfahren wie zuvor. Sei

$$\alpha = \mathbf{D}_2(\mathbf{D}_2 L(u, e)) \cdot f,$$

wobei $f \in E$ und $\alpha(s) = \mathbf{D}_2 L(u, e + sf)$ ist, dann gilt

$$\alpha(0) = \mathbf{D}_2 L(u, e) \quad \text{und} \quad \alpha'(0) = \alpha$$

und daraus folgt

$$\langle \alpha, (\mathbb{F}H \circ \mathbb{F}L)(u,e) \rangle = \langle \alpha, \mathbb{F}H(u, \mathbf{D}_2 L(u,e)) \rangle$$

$$= \frac{d}{ds}\bigg|_{s=0} H(u, \alpha(s))$$

$$= \frac{d}{ds}\bigg|_{s=0} H(u, \mathbf{D}_2 L(u, e + sf))$$

$$= \frac{d}{ds}\bigg|_{s=0} [\langle \mathbf{D}_2 L(u, e+sf), e+sf \rangle - L(u, e+sf)]$$

$$= \langle \mathbf{D}_2(\mathbf{D}_2 L(u,e)) \cdot f, e \rangle = \langle \alpha, e \rangle.$$

Weil $\mathbf{D}_2\mathbf{D}_2 L$ stark nichtausgeartet ist, zeigt dies, daß $\mathbb{F}H \circ \mathbb{F}L$ der Identität entspricht. Da $\mathbb{F}L$ ein Diffeomorphismus ist, folgt, daß $\mathbb{F}H = (\mathbb{F}L)^{-1}$ gilt und H hyperregulär ist. ∎

Jetzt fassen wir die Hauptresultate zusammen.

Satz 7.4.1. *Aufgrund der obigen Untersuchungen korrespondieren hyperreguläre Lagrangefunktionen $L \in \mathcal{F}(TQ)$ und hyperreguläre Hamiltonfunktionen $H \in \mathcal{F}(T^*Q)$ in bijektiver Weise. Das folgende Diagramm ist kommutativ:*

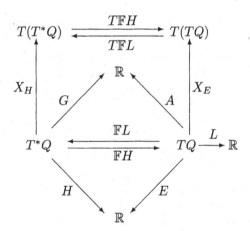

Beweis. Sei L eine hyperreguläre Lagrangefunktion und H die zugehörige hyperreguläre Hamiltonfunktion, dann gilt nach Proposition 7.4.1 und 7.4.2

$$H = E \circ (\mathbb{F}L)^{-1} = (A - L) \circ (\mathbb{F}L)^{-1} = G - L \circ \mathbb{F}H.$$

Mithilfe von H konstruieren wir eine Lagrangefunktion L' durch

$$L' = G \circ (\mathbb{F}H)^{-1} - H \circ (\mathbb{F}H)^{-1}$$
$$= G \circ (\mathbb{F}H)^{-1} - (G - L \circ \mathbb{F}H) \circ (\mathbb{F}H)^{-1} = L.$$

Ist umgekehrt H eine gegebene hyperreguläre Hamiltonfunktion, so ist die zugehörige Lagrangefunktion L hyperregulär und durch

$$L = G \circ (\mathbb{F}H)^{-1} - H \circ (\mathbb{F}H)^{-1} = A - H \circ \mathbb{F}L$$

gegeben. Folglich ist die durch L induzierte zugehörige hyperreguläre Hamiltonfunktion

$$H' = E \circ (\mathbb{F}L)^{-1} = (A - L) \circ (\mathbb{F}L)^{-1}$$
$$= A \circ (\mathbb{F}L)^{-1} - (A - H \circ \mathbb{F}L) \circ (\mathbb{F}L)^{-1} = H.$$

Die Kommutativität der zwei Diagramme ist nun eine direkte Folgerung aus dem Obigen und den Propositionen 7.4.1 und 7.4.2. ∎

Der Umgebungssatz für reguläre Lagrangefunktionen. Wir beweisen nun einen wichtigen Satz für reguläre Lagrangefunktionen, der eine Aussage über die Struktur von Lösungen in der Nähe einer gegebenen Lösung macht.

Definition 7.4.1. *Sei $\overline{q}(t)$ eine gegebene Lösung der Euler-Lagrange-Gleichungen mit $\overline{t}_1 \leq t \leq \overline{t}_2$. Sei $\overline{q}_1 = \overline{q}(\overline{t}_1)$ und $\overline{q}_2 = \overline{q}(\overline{t}_2)$. Wir sagen, daß $\overline{q}(t)$ eine **nichtkonjugierte Lösung** ist, falls es eine Umgebung $\mathcal{U}$ der Kurve $\overline{q}(t)$ und Umgebungen $\mathcal{U}_1 \subset \mathcal{U}$ von $\overline{q}_1$ und $\mathcal{U}_2 \subset \mathcal{U}$ von $\overline{q}_2$ gibt, so daß für alle $q_1 \in \mathcal{U}_1$ und $q_2 \in \mathcal{U}_2$ und t_1 nahe $\overline{t}_1$, t_2 nahe $\overline{t}_2$, eine eindeutige Lösung $q(t)$, $t_1 \leq t \leq t_2$, der Euler-Lagrange-Gleichungen gibt, die die folgenden Bedingungen erfüllt: $q(t_1) = q_1$, $q(t_2) = q_2$ und $q(t) \in \mathcal{U}$. Vergleiche Abb. 7.1.*

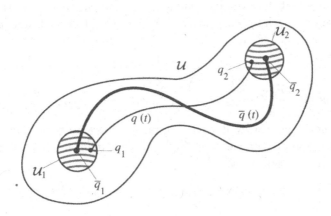

Abb. 7.1. Der Umgebungssatz.

Um Bedingungen zu bestimmen, die garantieren, daß eine Lösung nichtkonjugiert ist, werden wir die folgenden Beobachtungen verwenden. Sei $\overline{v}_1 = \dot{\overline{q}}(t_1)$

und $\bar{v}_2 = \dot{\bar{q}}(t_2)$. Sei F_t der Fluß der Euler-Lagrange-Gleichungen auf TQ. Wegen der Konstruktion von $F_t(q,v)$ gilt $F_{t_2}(\bar{q}_1, \bar{v}_1) = (\bar{q}_2, \bar{v}_2)$.

Als nächstes versuchen wir den Satz über implizite Funktionen auf die Flußabbildung anzuwenden. Wir wollen

$$(\pi_Q \circ F_{t_2})(q_1, v_1) = q_2$$

nach v_1 auflösen, wobei wir q_1, t_1, t_2 als Parameter ansehen. Dazu bilden wir die Linearisierung

$$w_2 := T_{v_1}(\pi_Q \circ F_{\bar{t}_2})(\bar{q}_1, \bar{v}_1) \cdot w_1.$$

Wir benötigen, daß $w_1 \mapsto w_2$ invertierbar ist. Die rechte Seite dieser Gleichung motiviert, die Kurve

$$w(t) := T_{v_1} \pi_Q F_t(\bar{q}_1, \bar{v}_1) \cdot w_1 \tag{7.35}$$

zu konstruieren, die die Lösung der linearisierten Gleichung, bzw. der Gleichung der ersten Variation der durch $F_t(\bar{q}_1, \bar{v}_1)$ erfüllten Euler-Lagrange-Gleichungen ist. Wir wollen nun diejenigen Gleichungen in Koordinaten ermitteln, die

$$w(t) := T_{v_1} \pi_Q F_t(\bar{q}_1, \bar{v}_1) \cdot w_1$$

als Lösung haben. Wir beginnen mit einer Lösung $q(t)$ der Euler-Lagrange-Gleichungen

$$\frac{d}{dt}\frac{\partial L}{\partial \dot{q}^i} - \frac{\partial L}{\partial q^i} = 0.$$

Zu der Kurve mit den Anfangsbedingungen $\varepsilon \mapsto (q_1, v_1 + \varepsilon w_1)$ erhalten wir zugehörige Lösungen $(q_\varepsilon(t), \dot{q}_\varepsilon(t))$, deren Ableitung nach ε wir mit $(u(t), \dot{u}(t))$ bezeichnet haben. Leiten wir die Euler-Lagrange-Gleichungen nach ε ab, so erhalten wir

$$\frac{d}{dt}\left(\frac{\partial^2 L}{\partial \dot{q}^i \partial \dot{q}^j} \cdot \dot{u}^j + \frac{\partial^2 L}{\partial \dot{q}^i \partial q^j} \cdot u^j\right) - \frac{\partial^2 L}{\partial q^i \partial q^j} \cdot u^j - \frac{\partial^2 L}{\partial q^i \partial \dot{q}^j} \cdot \dot{u}^j = 0. \tag{7.36}$$

Dies ist eine Gleichung zweiter Ordnung für u^j. Ausgewertet entlang $\bar{q}(t)$ wird sie die *Jacobigleichung* entlang $\bar{q}(t)$ genannt und von $\bar{q}(\bar{t}_1)$ bis $\bar{q}(\bar{t}_2)$ und mit den Anfangsbedingungen

$$u(t_1) = 0 \quad \text{und} \quad \dot{u}(t_1) = w_1$$

definiert sie die gewünschte lineare Abbildung $w_1 \mapsto w_2$, nämlich $w_2 = \dot{u}(\bar{t}_2)$.

Satz 7.4.2. *Sei L eine reguläre Lagrangefunktion. Ist die lineare Abbildung $w_1 \mapsto w_2$ ein Isomorphismus, so ist $\bar{q}(t)$ nichtkonjugiert.*

Beweis. Dies folgt direkt aus dem Satz über implizite Funktionen. Unter der Voraussetzung, daß $w_1 \mapsto w_2$ invertierbar ist, gibt es Umgebungen $\mathcal{U}_1$ von $\bar{q}_1$, $\mathcal{U}_2$ von $\bar{q}_2$ und Umgebungen von $\bar{t}_1$ und $\bar{t}_2$, sowie eine glatte Funktion $v_1 = v_1(t_1, t_2, q_1, q_2)$, die auf dem Produkt dieser vier Umgebungen definiert ist, so daß

$$(\pi_Q \circ F_{t_2})\,(q_1, v_1(t_1, t_2, q_1, q_2)) = q_2 \qquad (7.37)$$

erfüllt ist. Dann ist

$$q(t) := (\pi_Q \circ F_t)(q_1, v_1(t_1, t_2, q_1, q_2))$$

eine Lösung der Euler-Lagrange-Gleichung mit den Anfangsbedingungen

$$(q_1, v_1(t_1, t_2, q_1, q_2)) \quad \text{bei} \quad t = t_1.$$

Wegen (7.37) gilt darüber hinaus $q(t_2) = q_2$. Die Tatsache, daß v_1 nahe $\bar{v}_1$ ist, heißt, daß die gefundene Geodäte in einer Umgebung der Kurve $\bar{q}(t)$ liegt. Dies liefert die Umgebung $\mathcal{U}$. ∎

Sind sich q_1 und q_2 nahe und unterscheidet sich t_2 nicht sehr von t_1, dann gilt wegen der Stetigkeit, daß $\dot{u}(t)$ über $[t_1, t_2]$ näherungsweise konstant ist, also gilt

$$w_2 = \dot{u}(t_2) = (t_2 - t_1)\ddot{u}(t_1) + O(t_2 - t_1)^2 = (t_2 - t_1)w_1 + O(t_2 - t_1)^2.$$

Folglich ist die Abbildung $w_1 \mapsto w_2$ unter diesen Umständen invertierbar und so erhalten wir dann das

Korollar 7.4.1. *Sei $L : TQ \times \mathbb{R} \to \mathbb{R}$ eine gegebene reguläre C^2-Lagrangefunktion und sei $v_q \in TQ$ und $t_1 \in \mathbb{R}$, dann ist die Lösung der Euler-Lagrange-Gleichungen mit der Anfangsbedingung v_q bei $t = t_1$ für ein hinreichend kleines Zeitintervall $[t_1, t_2]$ nichtkonjugiert.*

Der Begriff „nichtkonjugiert" stammt aus den Untersuchungen von Geodäten, die im nächsten Abschnitt behandelt werden.

Übungen

Übung 7.4.1. Gebe die Lagrangefunktion und die Bewegungsgleichungen für ein sphärisches Pendel mit S^2 als Konfigurationsraum an. Schreibe die Gleichungen mithilfe der Legendretransformation in der Hamiltonschen Form. Finde das zum Drehimpuls um die Achse der Schwerkraft gehörende Erhaltungsgesetz und zwar „zu Fuß".

Übung 7.4.2. Sei $L(q, \dot{q}) = \frac{1}{2}m(q)\dot{q}^2 - V(q)$ auf $T\mathbb{R}$, wobei $m(q) > 0$ und $V(q)$ glatt sind. Zeige, daß zwei *beliebige* Punkte $q_1, q_2 \in \mathbb{R}$ durch eine Lösung der Euler-Lagrange-Gleichungen verbunden werden können. (Hinweis: Betrachte die Energiegleichung.)

7.5 Geodäten

Sei Q eine schwach pseudo-Riemannsche Mannigfaltigkeit, deren Metrik ausgewertet in $q \in Q$ wahlweise mit $\langle \cdot, \cdot \rangle$, mit $g(q)$ oder mit g_q bezeichnet werde. Betrachte auf TQ die durch die kinetische Energie der Metrik gegebene Lagrangefunktion

$$L(v) = \frac{1}{2} \langle v, v \rangle_q \tag{7.38}$$

bzw. im Endlichdimensionalen

$$L(v) = \frac{1}{2} g_{ij} v^i v^j. \tag{7.39}$$

Die Faserableitung von L für $v, w \in T_q Q$ ist durch

$$\mathbb{F}L(v) \cdot w = \langle v, w \rangle \tag{7.40}$$

gegeben bzw. im Endlichdimensionalen durch

$$\mathbb{F}L(v) \cdot w = g_{ij} v^i w^j, \quad \text{d.h.,} \quad p_i = g_{ij} \dot{q}^j. \tag{7.41}$$

Aus dieser Gleichung erkennen wir, daß in jeder Karte U für Q

$$\mathbf{D}_2 \mathbf{D}_2 L(q, v) \cdot (e_1, e_2) = \langle e_1, e_2 \rangle_q$$

gilt, wobei $\langle , \rangle_q$ das von der Karte induzierte innere Produkt auf E ist. Folglich ist L automatisch schwach regulär. Man bemerke, daß die Wirkung durch $A = 2L$ gegeben und deshalb $E = L$ ist.

Das Lagrangesche Vektorfeld Z wird in diesem Fall mit $S : TQ \to T^2 Q$ bezeichnet und **Christoffelabbildung** oder **geodätischer Spray** der Metrik $\langle , \rangle_q$ genannt. Folglich ist S eine Gleichung zweiter Ordnung und hat daher in einer Karte für Q eine lokale Darstellung der Form

$$S(q, v) = ((q, v), (v, \gamma(q, v))). \tag{7.42}$$

Um die Abbildung $\gamma : U \times E \to E$ aus den Lagrangegleichungen zu bestimmen, bemerke man, daß

$$\mathbf{D}_1 L(q, v) \cdot w = \frac{1}{2} \mathbf{D}_q \langle v, v \rangle_q \cdot w \quad \text{und} \quad \mathbf{D}_2 L(q, v) \cdot w = \langle v, w \rangle_q \tag{7.43}$$

gilt, so daß die Euler-Lagrange-Gleichungen (7.23) die Gestalt

$$\dot{q} = v, \tag{7.44}$$

$$\frac{d}{dt} (\langle v, w \rangle_q) = \frac{1}{2} \mathbf{D}_q \langle v, v \rangle_q \cdot w \tag{7.45}$$

bekommen. Wird w konstant gehalten und die linke Seite von (7.45) ausgeschrieben, so erhalten wir

$$\mathbf{D}_q\langle v, w\rangle_q \cdot \dot{q} + \langle \dot{v}, w\rangle_q. \tag{7.46}$$

Unter Berücksichtigung von $\dot{q} = v$ erhalten wir

$$\langle \ddot{q}, w\rangle_q = \frac{1}{2}\mathbf{D}_q\langle v, v\rangle_q \cdot w - \mathbf{D}_q\langle v, w\rangle_q \cdot v. \tag{7.47}$$

Daher ist $\gamma : U \times E \to E$ durch die folgende Gleichung definiert:

$$\langle \gamma(q, v), w\rangle_q = \frac{1}{2}\mathbf{D}_q\langle v, v\rangle_q \cdot w - \mathbf{D}_q\langle v, w\rangle_q \cdot v. \tag{7.48}$$

$\gamma(q, v)$ ist eine quadratische Form in v. Falls Q endlichdimensional ist, definieren wir die **Christoffelsymbole** Γ^i_{jk}, indem wir

$$\gamma^i(q, v) = -\Gamma^i_{jk}(q)v^j v^k \tag{7.49}$$

setzen und $\Gamma^i_{jk} = \Gamma^i_{kj}$ fordern. Mit dieser Notation ist die Relation (7.48) äquivalent zu

$$-g_{il}\Gamma^i_{jk}v^j v^k w^l = \frac{1}{2}\frac{\partial g_{jk}}{\partial q^l}v^j v^k w^l - \frac{\partial g_{jl}}{\partial q^k}v^j w^l v^k. \tag{7.50}$$

Unter Berücksichtigung der Symmetrie von Γ^i_{jk} ergibt dies

$$\Gamma^h_{jk} = \frac{1}{2}g^{hl}\left(\frac{\partial g_{jl}}{\partial q^k} + \frac{\partial g_{kl}}{\partial q^j} - \frac{\partial g_{jk}}{\partial q^l}\right). \tag{7.51}$$

Da die Metrik $\langle\,,\rangle$ im Unendlichdimensionalen nur schwach nichtausgeartet ist, garantiert (7.48) die Eindeutigkeit von γ, nicht jedoch ihre Existenz. Sie existiert genau dann, wenn das Lagrangesche Vektorfeld S existiert.

Die Projektionen der Integralkurven von S auf Q werden **Geodäten** der Metrik g genannt. Gemäß (7.42) hat ihre grundlegende Bestimmungsgleichung die lokale Darstellung

$$\ddot{q} = \gamma(q, \dot{q}), \tag{7.52}$$

die im Endlichdimensionalen

$$\ddot{q}^i + \Gamma^i_{jk}\dot{q}^j\dot{q}^k = 0 \tag{7.53}$$

lautet mit $i, j, k = 1, \ldots, n$, wobei wie gewöhnlich über j und k summiert wird. Man beachte, daß die Definition von γ in beiden Fällen, im Endlichdimensionalen sowie im Unendlichdimensionalen Sinn macht, wohingegen die Christoffelsymbole Γ^i_{jk} genaugenommen nur für endlichdimensionale Mannigfaltigkeiten definiert sind. Schreibt man g koordinatenfrei, so kann man Geodäten zu schwach Riemannschen (und pseudo-Riemannschen) Metriken auf unendlichdimensionalen Mannigfaltigkeiten behandeln.

Legen wir die Lagrangesche Sichtweise zugrunde, dann erkennen wir, daß die Γ^i_{jk} als geometrische Objekte auf $T(TQ)$ operieren, denn sie beinhalten die Information der letzten Komponente des Lagrangeschen Vektorfeldes Z. Schreibt man die Transformationseigenschaften von Z auf $T(TQ)$ in natürlichen Karten, dann ergibt sich die klassische Transformationsregel für die Γ^i_{jk}:

$$\bar{\Gamma}^k_{ij} = \frac{\partial q^p}{\partial \bar{q}^i} \frac{\partial q^m}{\partial \bar{q}^j} \Gamma^r_{pm} \frac{\partial \bar{q}^k}{\partial q^r} + \frac{\partial \bar{q}^k}{\partial q^l} \frac{\partial^2 q^l}{\partial \bar{q}^i \partial \bar{q}^j}, \tag{7.54}$$

wobei $(q^1, \ldots, q^n)$, $(\bar{q}^1, \ldots, \bar{q}^n)$ zwei verschiedene Koordinatensysteme auf einer offenen Menge in Q sind. Wir überlassen diese Rechnung dem Leser.

Der Lagrangesche Standpunkt führt in natürlicher Weise zu invarianten Mannigfaltigkeiten für den geodätischen Fluß. Sei z.B. Für jedes reelle $e > 0$

$$\sum_e = \{v \in TQ | \|v\| = e\}$$

das **Pseudosphärenbündel** auf TQ vom Radius $\sqrt{e}$. Dann ist $\sum_e$ eine glatte Untermannigfaltigkeit von TQ und invariant unter dem geodätischen Fluß. Tatsächlich folgt die Invarianz unter dem geodätischen Fluß, d.h. unter dem Fluß von Z, aus der Energieerhaltung, wenn wir zeigen, daß $\sum_e$ eine glatte Untermannigfaltigkeit ist. Um zu zeigen, daß $\sum_e$ eine glatte Untermannigfaltigkeit ist, beweisen wir, daß $e > 0$ ein regulärer Wert von L ist. Dies geschieht lokal durch (7.43):

$$\begin{aligned} \mathbf{D}L(u,v) \cdot (w_1, w_2) &= \mathbf{D}_1 L(u,v) \cdot w_1 + \mathbf{D}_2 L(u,v) \cdot w_2 \\ &= \frac{1}{2} \mathbf{D}_u \langle v, v \rangle_u \cdot w_1 + \langle v, w_2 \rangle_u \\ &= \langle v, w_2 \rangle_u, \end{aligned} \tag{7.55}$$

da $\langle v, v \rangle = 2e$ also konstant ist. Weil die Pseudometrik $\langle \, , \rangle$ schwach nichtausgeartet ist, zeigt dies, daß $\mathbf{D}L(u,v) : E \times E \to \mathbb{R}$ eine surjektive lineare Abbildung und e somit ein regulärer Wert von L ist.

Konvexe Umgebungen und konjugierte Punkte. Wir haben im letzten Abschnitt bewiesen, daß kurze Kurvenbögen von Lösungen der Euler-Lagrange-Gleichungen nichtkonjugiert sind. Im Spezialfall der Geodäten ist eine stärkere Aussage möglich, wenn man die Tatsache ausnutzt, daß für $\alpha > 0$ mit $q(t)$ auch $q(\alpha t)$ eine Lösung ist, was aus der quadratischen Eigenschaft von (7.53) folgt. Also kann man Lösungen einfach „reskalieren", indem man den Wert der Anfangsgeschwindigkeit ändert. Man stellt fest, daß es *lokalkonvexe* Umgebungen gibt, d.h., Umgebungen U, so daß es für alle $q_1, q_2 \in U$ eine (bis auf Skalierung) eindeutige Geodäte gibt, die q_1 und q_2 verbindet und in U liegt. In der Riemannschen Geometrie gibt es ein weiteres wichtiges Resultat: Den **Satz von Hopf-Rinow**, der besagt, daß je zwei Punkte (in derselben Zusammenhangskomponente) durch eine Geodäte verbunden werden können.

Folgt man einer Geodäten von einem gegebenen Punkt aus, so gibt es einen ersten Punkt, ab dem *nahegelegene* Geodäten nicht mehr eindeutig sind. Diese heißen **konjugierte Punkte**. Sie sind die Nullstellen der schon diskutierten Jacobi-Gleichung. Zum Beispiel sind auf den Großkreisen einer Sphäre gegenüberliegende Punkte konjugiert.

Unter gewissen Umständen kann man das Euler-Lagrange-Problem auf eines für Geodäten „reduzieren": Siehe dazu die Diskussion der Jacobi-Metrik in §7.7.

Kovariante Ableitungen.   Wir beziehen nun die obige Methode, Geodäten anhand von Lagrangesystemen zu untersuchen, auf die üblichen Methoden aus der Differentialgeometrie. Definiere die **kovariante Ableitung**

$$\nabla : \mathfrak{X}(Q) \times \mathfrak{X}(Q) \to \mathfrak{X}(Q), \quad (X, Y) \mapsto \nabla_X Y$$

lokal durch

$$(\nabla_X Y)(u) = -\gamma(u)(X(u), Y(u)) + \mathbf{D}Y(u) \cdot X(u), \qquad (7.56)$$

wobei X, Y die lokalen Repräsentanten von X und Y sind und $\gamma(u) : E \times E \to E$ die durch die Polarisierung von $\gamma(u, v)$ definierte symmetrische Bilinearform bezeichnet, die eine quadratische Form in v ist. In lokalen Koordinaten geschrieben lautet die letzte Gleichung

$$\nabla_X Y = X^j Y^k \Gamma^i_{jk} \frac{\partial}{\partial q^i} + X^j \frac{\partial Y^k}{\partial q^j} \frac{\partial}{\partial q^k}. \qquad (7.57)$$

Es ist direkt nachzuprüfen, daß diese Definition kartenunabhängig ist und daß ∇ die folgenden Bedingungen erfüllt:

(i) ∇ ist $\mathbb{R}$-bilinear,

(ii) für $f : Q \to \mathbb{R}$ gilt

$$\nabla_{fX} Y = f \nabla_X Y \quad \text{und} \quad \nabla_X fY = f \nabla_X Y + X[f]Y \quad \text{und}$$

(iii) für Vektorfelder X und Y gilt

$$(\nabla_X Y - \nabla_Y X)(u) = \mathbf{D}Y(u) \cdot X(u) - \mathbf{D}X(u) \cdot Y(u)$$
$$= [X, Y](u). \qquad (7.58)$$

Tatsächlich charakterisieren diese dreï Eigenschaften kovariante Ableitungsoperatoren. Die durch (7.51) bestimmte kovariante Ableitung wird **Levi-Civita-Ableitung** genannt[1]. Wenn $c(t)$ eine Kurve in Q und $X \in \mathfrak{X}(Q)$ ist, dann definiert man die **kovariante Ableitung von X entlang c** durch

---

[1] Der Begriff **Levi-Civita-Zusammenhang** ist ebenfalls gebräuchlich (Anm. des Übersetzers).

$$\frac{DX}{Dt} = \nabla_u X, \tag{7.59}$$

wobei u ein bei $c(t)$ mit $\dot{c}(t)$ übereinstimmendes Vektorfeld ist. Dies ist möglich, weil laut (7.56) oder (7.57) $\nabla_X Y$ nur von den Werten von X in einem Punkt abhängt. Explizit gilt in einer lokalen Karte

$$\frac{DX}{Dt}(c(t)) = -\gamma_{c(t)}(u(c(t)), X(c(t))) + \frac{d}{dt}X(c(t)), \tag{7.60}$$

was zeigt, daß DX/Dt nur von $\dot{c}(t)$ abhängt und nicht davon, wie $\dot{c}(t)$ zu einem Vektorfeld erweitert wurde. Im Endlichdimensionalen gilt

$$\left(\frac{DX}{Dt}\right)^i = \Gamma^i_{jk}(c(t))\dot{c}^j(t)X^k(c(t)) + \frac{d}{dt}X^i(c(t)). \tag{7.61}$$

Das Vektorfeld X wird entlang c **autoparallel** oder **parallel transportiert** genannt, falls $DX/Dt = 0$ gilt. Somit ist $\dot{c}$ genau dann autoparallel entlang c, wenn

$$\ddot{c}(t) - \gamma(t)(\dot{c}(t), \dot{c}(t)) = 0,$$

also $c(t)$ eine Geodäte ist. Im Endlichdimensionalen bedeutet dies

$$\ddot{c}^i + \Gamma^i_{jk}\dot{c}^j\dot{c}^k = 0.$$

Übungen

Übung 7.5.1. Betrachte die Lagrangefunktion

$$L_\epsilon(x, y, z, \dot{x}, \dot{y}, \dot{z}) = \frac{1}{2}(\dot{x}^2 + \dot{y}^2 + \dot{z}^2) - \frac{1}{2\epsilon}[1 - (x^2 + y^2 + z^2)]^2$$

für ein Teilchen im $\mathbb{R}^3$. Sei $\gamma_\epsilon(t)$ die Kurve im $\mathbb{R}^3$, die man durch Lösen der Euler-Lagrange-Gleichungen für L_ϵ erhält, wobei die Anfangsbedingungen $\mathbf{x}_0, \mathbf{v}_0 = \dot{\gamma}_\epsilon(0)$ seien. Zeige, daß

$$\lim_{\epsilon \to 0} \gamma_\epsilon(t)$$

ein Großkreis auf der Sphäre S^2 ist, wenn $\mathbf{x}_0$ normiert und $\mathbf{x}_0 \cdot \mathbf{v}_0 = 0$ ist.

Übung 7.5.2. Schreibe die Geodätengleichungen ausgedrückt durch q^i und p_i und überprüfe, ob die Hamiltonschen Gleichungen erfüllt sind.

7.6 Das Kaluza-Klein-Verfahren für geladene Teilchen

In §6.7 untersuchten wir die Bewegung eines geladenen Teilchens in einem Magnetfeld als Hamiltonsches System. Hier zeigen wir, daß diese Beschreibung Teil eines größeren und in gewissem Sinne einfacheren Systems, des

Kaluza-Klein-Systems ist.[2] Die physikalische Motivation ist die folgende: Da die Ladung eine fundamentale Erhaltungsgröße ist, wollen wir eine neue zyklische Variable einführen, deren konjugierter Impuls die Ladung ist.[3] Für ein geladenes Teilchen ist das resultierende System tatsächlich in geodätischer Bewegung!

In §6.7 zeigten wir, daß zu einem gegebenen Magnetfeld $\mathbf{B} = \nabla \times \mathbf{A}$ im $\mathbb{R}^3$ die Hamiltonfunktion bezüglich der kanonischen Variablen $(\mathbf{q}, \mathbf{p})$ folgendermaßen lautet:

$$H(\mathbf{q}, \mathbf{p}) = \frac{1}{2m} \left\| \mathbf{p} - \frac{e}{c} \mathbf{A} \right\|^2. \tag{7.62}$$

Zuerst bemerken wir, daß wir (7.62) mittels einer Legendretransformation erhalten können, indem wir

$$L(\mathbf{q}, \dot{\mathbf{q}}) = \frac{1}{2} m \|\dot{\mathbf{q}}\|^2 + \frac{e}{c} \mathbf{A} \cdot \dot{\mathbf{q}} \tag{7.63}$$

wählen. Tatsächlich ergibt sich in diesem Fall

$$\mathbf{p} = \frac{\partial L}{\partial \dot{\mathbf{q}}} = m\dot{\mathbf{q}} + \frac{e}{c} \mathbf{A}\dot{\mathbf{q}} \tag{7.64}$$

und

$$
\begin{aligned}
H(\mathbf{q}, \mathbf{p}) &= \mathbf{p} \cdot \dot{\mathbf{q}} - L(\mathbf{q}, \dot{\mathbf{q}}) \\
&= \left(m\dot{\mathbf{q}} + \frac{e}{c} \mathbf{A} \right) \cdot \dot{\mathbf{q}} - \frac{1}{2} m \|\dot{\mathbf{q}}\|^2 - \frac{e}{c} \mathbf{A} \cdot \dot{\mathbf{q}} \\
&= \frac{1}{2} m \|\dot{\mathbf{q}}\|^2 = \frac{1}{2m} \left\| \mathbf{p} - \frac{e}{c} \mathbf{A} \right\|^2.
\end{aligned} \tag{7.65}
$$

Somit liefern die Euler-Lagrange-Gleichungen für (7.63) wieder die Gleichungen für ein Teilchen im Magnetfeld.[4]

Der Konfigurationsraum sei

$$Q_K = \mathbb{R}^3 \times S^1 \tag{7.66}$$

mit den Variablen $(\mathbf{q}, \theta)$. Definiere eine 1-Form $A = \mathbf{A}^\flat$ auf dem $\mathbb{R}^3$ und betrachte die folgende als ***Zusammenhangsform*** bezeichnete 1-Form auf Q_K:

---

[2] Nachdem der Leser die Reduktionstheorie erlernt hat (siehe Abraham und Marsden [1978] oder Marsden [1992]) ist er in der Lage, diese Konstruktion von einem anderen Gesichtspunkt aus zu betrachten, hier jedoch wird alles auf direktem Wege konstruiert.

[3] Dieser Prozeß ist ebensogut auf andere Situationen anwendbar. Zum Beispiel kann man in der Hydrodynamik eine konjugierte Variable zur Massendichte oder Entropie, die ebenfalls Erhaltungsgrößen sind, einführen, siehe dazu Marsden, Ratiu und Weinstein [1984a, 1984b].

[4] Wenn auch ein elektrisches Feld $\mathbf{E} = -\nabla\varphi$ vorhanden ist, subtrahiert man einfach $e\varphi$ von L und behandelt $e\varphi$ wie im nächsten Abschnitt wie eine potentielle Energie.

$$\omega = A + \mathbf{d}\theta. \tag{7.67}$$

Definiere die **Kaluza-Klein-Lagrangefunktion** durch

$$L_K(\mathbf{q}, \dot{\mathbf{q}}, \theta, \dot{\theta}) = \frac{1}{2}m\|\dot{\mathbf{q}}\|^2 + \frac{1}{2}\left\|\left\langle \omega, (\mathbf{q}, \dot{\mathbf{q}}, \theta, \dot{\theta})\right\rangle\right\|^2$$

$$= \frac{1}{2}m\|\dot{\mathbf{q}}\|^2 + \frac{1}{2}(\mathbf{A} \cdot \dot{\mathbf{q}} + \dot{\theta})^2. \tag{7.68}$$

Die zugehörigen Impulse lauten

$$\mathbf{p} = m\dot{\mathbf{q}} + (\mathbf{A} \cdot \dot{\mathbf{q}} + \dot{\theta})\mathbf{A} \tag{7.69}$$

und

$$p = \mathbf{A} \cdot \dot{\mathbf{q}} + \dot{\theta}. \tag{7.70}$$

Da L_K quadratisch und positiv definit in $\dot{\mathbf{q}}$ und $\dot{\theta}$ ist, sind die Euler-Lagrange-Gleichungen die Geodätengleichungen auf $\mathbb{R}^3 \times S^1$ für die Metrik, die L_K als kinetische Energie hat. Und weil p zeitunabhängig ist, wie aus den Euler-Lagrange-Gleichungen für $(\theta, \dot{\theta})$ ersichtlich, können wir die **Ladung** e definieren, indem wir

$$p = \frac{e}{c} \tag{7.71}$$

setzen. Dann stimmt (7.69) mit (7.64) überein. Die zugehörige Hamiltonfunktion auf T^*Q_K, versehen mit der kanonischen symplektischen Form, lautet

$$H_K(\mathbf{q}, \mathbf{p}, \theta, p) = \frac{1}{2m}\|\mathbf{p} - p\mathbf{A}\|^2 + \frac{1}{2}p^2. \tag{7.72}$$

Mit (7.71) unterscheidet sich (7.72) von (7.62) nur durch die Konstante $p^2/2$.

Diese Konstruktionen können auf den Fall eines Teilchens in einem Yang-Mills-Feld verallgemeinert werden, wo ω zum **Zusammenhang** des Yang-Mills-Feldes wird und die zugehörige **Krümmung** die Feldstärke mißt, welche im Falle eines elektromagnetischen Feldes zu der Beziehung $\mathbf{B} = \nabla \times \mathbf{A}$ führt. Die Möglichkeit, die Wechselwirkung entweder in die Hamiltonfunktion oder mithilfe eines Impulsshifts in die symplektische Struktur aufzunehmen, führt zu weiteren Verallgemeinerungen. Für zusätzliche Literaturhinweise und Einzelheiten verweisen wir auf Wong [1970], Sternberg [1977], Weinstein [1978a] und Montgomery [1984]. Abschließend wollen wir noch bemerken, daß der relativistische Kontext der natürlichste ist, um das vollständige elektromagnetische Feld einzufügen. Die Konstruktion, die wir für das Magnetfeld angegeben haben, wird in diesem Zusammenhang sowohl die elektrischen als auch die magnetischen Effekte einschließen. Siehe Misner, Thorne und Wheeler [1973] für zusätzliche Informationen.

Übungen

Übung 7.6.1. Der Schwingkörper eines sphärischen Pendels trage die Ladung e, habe die Masse m und bewege sich unter dem Einfluß eines Magnetfeldes $\mathbf{B}$ und eines konstanten Gravitationsfeldes mit der Schwerebeschleunigung g. Stelle die Lagrangefunktion, die Euler-Lagrange-Gleichungen und das Variationsprinzip für dieses System auf. Transformiere das System auf Hamiltonsche Form. Finde eine Erhaltungsgröße unter der Bedingung, daß **B** symmetrisch bezüglich der Gravitationsachse ist.

7.7 Bewegung in einem Potentialfeld

Wir verallgemeinern nun die geodätische Bewegung, indem wir Potentiale $V : Q \to \mathbb{R}$ berücksichtigen. Wir erinnern daran, daß der **Gradient** von V das Vektorfeld grad $V = \nabla V$ ist, das für alle $v \in T_q Q$ durch die Gleichung

$$\langle \operatorname{grad} V(q), v \rangle_q = \mathbf{d}V(q) \cdot v \tag{7.73}$$

definiert ist. Im Endlichdimensionalen wird diese Definition zu

$$(\operatorname{grad} V)^i = g^{ij} \frac{\partial V}{\partial q^j}. \tag{7.74}$$

Betrachte die (schwach reguläre) Lagrangefunktion $L(v) = \frac{1}{2} \langle v, v \rangle_q - V(q)$. Eine zu §7.5 ähnliche Berechnung zeigt, daß die Euler-Lagrange-Gleichungen

$$\ddot{q} = \gamma(q, \dot{q}) - \operatorname{grad} V(q) \tag{7.75}$$

lauten oder im Endlichdimensionalen

$$\ddot{q}^i + \Gamma^i_{jk} \dot{q}^j \dot{q}^k + g^{il} \frac{\partial V}{\partial q^l} = 0. \tag{7.76}$$

Die Wirkung von L ist durch

$$A(v) = \langle v, v \rangle_q \tag{7.77}$$

gegeben, die Energie also durch

$$E(v) = A(v) - L(v) = \frac{1}{2} \langle v, v \rangle_q + V(q). \tag{7.78}$$

Schreiben wir (7.75) als

$$\dot{q} = v, \quad \dot{v} = \gamma(q, v) - \operatorname{grad} V(q), \tag{7.79}$$

so erhalten wir also die Hamiltonschen Gleichungen mit der Hamiltonfunktion E bezüglich der symplektischen Form Ω_L.

Invariante Form. Es gibt mehrere Möglichkeiten, die Gleichungen (7.79) in invarianter Form zu schreiben. Die vielleicht einfachste ist, die Sprache der kovarianten Ableitungen aus dem letzten Abschnitt zu benutzen und

$$\frac{D\dot{c}}{Dt} = -\nabla V \tag{7.80}$$

zu schreiben, oder, was vielleicht besser ist,

$$g^\flat \frac{D\dot{c}}{Dt} = -\mathbf{d}V, \qquad (7.81)$$

wobei $g^\flat : TQ \to T^*Q$ die zur Riemannschen Metrik zugehörige Abbildung ist. Diese letzte Gleichung ist die geometrische Form von $m\mathbf{a} = \mathbf{F}$.

Eine andere Methode benutzt die folgende Terminologie:

Definition 7.7.1. *Seien $v, w \in T_qQ$. Der **vertikale Lift** von w bezüglich v ist durch*

$$\mathrm{ver}(w, v) = \left. \frac{d}{dt} \right|_{t=0} (v + tw) \in T_v(TQ)$$

*definiert. Der **Horizontalanteil** eines Vektors $U \in T_v(TQ)$ ist $T_q\tau_Q(U) \in T_qQ$. Ein Vektorfeld wird **vertikal** genannt, falls sein Horizontalanteil verschwindet.*

In Karten besagt diese Definition, daß wenn $v = (u, e)$, $w = (u, f)$ und $U = ((u, e), (e_1, e_2))$ ist,

$$\mathrm{ver}(w, v) = ((u, e), (0, f)) \quad \text{und} \quad T_v\tau_Q(U) = (u, e_1)$$

gilt, weshalb U genau dann vertikal ist, wenn $e_1 = 0$ gilt. Damit folgt: *Jeder vertikale Vektor $U \in T_v(TQ)$ ist der vertikale Lift eines Vektors w bezüglich v (wobei w in einer natürlichen lokalen Karte durch (u, e_2) gegeben ist).*

Bezeichnet S den geodätischen Spray einer Metrik $\langle , \rangle$ auf TQ, so besagen die Gleichungen (7.79), daß das Lagrangesche Vektorfeld Z zu $L(v) = (\frac{1}{2})\langle v, v \rangle_q - V(q)$ mit $v \in T_qQ$ durch

$$Z = S - \mathrm{ver}(\nabla V) \qquad (7.82)$$

gegeben ist, d.h.,

$$Z(v) = S(v) - \mathrm{ver}((\nabla V)(q), v). \qquad (7.83)$$

Bemerkungen. Im allgemeinen gibt es *keinen* kanonischen Weg, den Vertikalanteil eines Vektors $U \in T_v(TQ)$ ohne eine zusätzliche Struktur zu ermitteln. Eine solche Struktur ist ein **Zusammenhang**. Ist Q pseudo-Riemannsch, dann kann solch eine Projektion auf die folgende Art und Weise konstruiert werden: Nehme an, daß in natürlichen Karten $U = ((u, e), (e_1, e_2))$ gilt. Definiere

$$U_{\mathrm{ver}} = ((u, e), (0, \gamma(u)(e_1, e_2) + e_2)),$$

wobei $\gamma(u)$ die zu der quadratischen Form $\gamma(u, e)$ in e gehörige symmetrische Bilinearform ist.

Wir schließen mit verschiedenen Bemerkungen, die die Bewegung in einem Potentialfeld mit der geodätischen Bewegung verbinden. Wir beschränken uns der Einfachheit halber auf den endlichdimensionalen Fall.

Definition 7.7.2. *Sei $g = \langle , \rangle$ eine pseudo-Riemannsche Metrik auf Q und $V : Q \to \mathbb{R}$ nach oben beschränkt. Falls für alle $q \in Q$ die Ungleichung $e > V(q)$ erfüllt ist, definiert man die* **Jacobimetrik** g_e *durch* $g_e = (e - V)g$, *so daß*

$$g_e(v, w) = (e - V(q))\langle v, w \rangle$$

für alle $v, w \in T_q Q$ gilt.

Satz 7.7.1. *Sei Q endlichdimensional. Die Lösungskurven der Lagrangefunktion $L(v) = \frac{1}{2}\langle v, v \rangle - V(q)$ mit Energie e sind bis auf Umparametrisierung dieselben wie die Geodäten der Jacobimetrik mit Energie 1.*

Der Beweis basiert auf der folgenden Proposition, die auch für sich genommen interessant ist:

Proposition 7.7.1. *Sei (P, Ω) eine (endlichdimensionale) symplektische Mannigfaltigkeit und seien $H, K \in \mathcal{F}(P)$. Es gelte $\Sigma = H^{-1}(h) = K^{-1}(k)$ für reguläre Werte $h, k \in \mathbb{R}$ von H und K. Dann stimmen die Lösungskurven von X_H und X_K auf der invarianten Untermannigfaltigkeit Σ von X_H und X_K bis auf Umparametrisierung überein.*

Beweis. Aus der Beziehung $\Omega(X_H(z), v) = \mathbf{d}H(z) \cdot v$ erkennen wir, daß

$$X_H(z) \in (\ker \mathbf{d}H(z))^{\Omega} = (T_z \Sigma)^{\Omega}$$

das symplektische orthogonale Komplement von $T_z \Sigma$ ist. Da

$$\dim P = \dim T_z \Sigma + \dim (T_z \Sigma)^{\Omega}$$

ist (s. §2.3) und $T_z \Sigma$ die Kodimension eins hat, hat auch $(T_z \Sigma)^{\Omega}$ die Dimension eins. Folglich sind die vom Nullvektor verschiedenen Vektoren $X_H(z)$ und $X_K(z)$ an jedem Punkt $z \in \Sigma$ ein Vielfaches voneinander. Es existiert also eine glatte, nirgends verschwindende Funktion $\lambda : \Sigma \to \mathbb{R}$ mit der die Gleichung $X_H(z) = \lambda(z)X_K(z)$ für alle $z \in \Sigma$ erfüllt ist. Sei $c(t)$ die Lösungskurve von X_K mit der Anfangsbedingung $c(0) = z_0 \in \Sigma$. Die Funktion

$$\varphi \mapsto \int_0^{\varphi} \frac{dt}{(\lambda \circ c)(t)}$$

ist eine glatte monotone Funktion und besitzt deshalb eine Inverse $t \mapsto \varphi(t)$. Für $d(t) = (c \circ \varphi)(t)$ ist $d(0) = z_0$ und es gilt

$$d'(t) = \varphi'(t)c'(\varphi(t)) = \frac{1}{t'(\varphi)}X_K(c(\varphi(t))) = (\lambda \circ c)(\varphi)X_k(d(t))$$

$$= \lambda(d(t))X_K(d(t)) = X_H(d(t)),$$

also erhält man die Lösungskurve von X_H durch z_0 durch Umparametrisierung der Lösungskurve von X_K durch z_0. ∎

Beweis (von Satz 7.7.1). Sei H die Hamiltonfunktion zu L, es gelte also

$$H(q,p) = \frac{1}{2}\|p\|^2 + V(q),$$

und sei H_ϵ die Hamiltonfunktion zur Jacobimetrik:

$$H_\epsilon(q,p) = \frac{1}{2}(e - V(q))^{-1}\|p\|^2.$$

Der Faktor $(e - V(q))^{-1}$ tritt auf, da die inverse Metrik für die Impulse verwandt wird. Natürlich bestimmt $H = e$ dieselbe Menge wie $H_\epsilon = 1$, also folgt das Ergebnis aus Proposition 7.7.1, falls wir zeigen können, daß e ein regulärer Wert von H und 1 ein regulärer Wert von H_ϵ ist. Man beachte, daß $p \neq 0$ gilt für $(q,p) \in H^{-1}(e)$, denn für alle $q \in Q$ ist $e > V(q)$. Deshalb ist $\mathbb{F}H(q,P) \neq 0$ für alle $(q,p) \in H^{-1}(e)$ und somit folgt $\mathbf{d}H(q,p) \neq 0$, was bedeutet, daß e ein regulärer Wert von H ist. Und wegen

$$\mathbb{F}H_e(q,\dot{p}) = \frac{1}{2}(e - V(q))^{-1}\mathbb{F}H(q,p)$$

zeigt dies auch, daß

$$\mathbb{F}H_e(q,p) \neq 0 \quad \text{für alle} \quad (q,p) \in H^{-1}(e) = H_e^{-1}(1)$$

und folglich daß 1 ein regulärer Wert von H_e ist. ∎

7.8 Das Lagrange-d'Alembertsche Prinzip

In diesem Abschnitt untersuchen wir eine Verallgemeinerung der Lagrange-gleichungen für mechanische Systeme mit äußeren Kräften. Eine spezielle Klasse solcher Kräfte sind die dissipativen Kräfte, die am Ende dieses Abschnitts untersucht werden.

Kraftfelder.   Sei $L : TQ \to \mathbb{R}$ eine Lagrangefunktion, Z das zu L gehörige Lagrangesche Vektorfeld, das eine Gleichung zweiter Ordnung sei, und $\tau_Q : TQ \to Q$ bezeichne die kanonische Projektion. Ein Vektorfeld Y auf TQ wurde für $T\tau_Q \circ Y = 0$ *vertikal* genannt. Solch ein Vektorfeld Y definiert durch Kontraktion mit Ω_L eine 1-Form Δ^Y auf TQ:

$$\Delta^Y = -\mathbf{i}_Y \Omega_L = Y \lrcorner \Omega_L.$$

Proposition 7.8.1. *Wenn Y vertikal ist, so ist Δ^Y eine **horizontale** 1-Form, es ist also $\Delta^Y(U) = 0$ für jedes vertikale Vektorfeld U auf TQ. Ist umgekehrt eine horizontale 1-Form Δ auf TQ gegeben und L regulär, so ist das durch $\Delta = -\mathbf{i}_Y \Omega_L$ definierte Vektorfeld Y vertikal.*

Beweis. Die Aussage folgt durch direktes Ausrechnen in lokalen Koordinaten. Wir verwenden einerseits, daß ein Vektorfeld $Y(u,e) = (Y_1(u,e), Y_2(u,e))$ genau dann vertikal ist, wenn die erste Komponente Y_1 verschwindet, und andererseits die früher hergeleitete Formel für Ω_L:

$$\Omega_L(u,e)((Y_1,Y_2),(U_1,U_2)) =$$
$$\mathbf{D}_1(\mathbf{D}_2L(u,e)\cdot Y_1)\cdot U_1 - \mathbf{D}_1(\mathbf{D}_2L(u,e)\cdot U_1)\cdot Y_1$$
$$+\mathbf{D}_2\mathbf{D}_2L(u,e)\cdot Y_1\cdot U_2 - \mathbf{D}_2\mathbf{D}_2L(u,e)\cdot U_1\cdot Y_2. \qquad (7.84)$$

Dies zeigt, daß $(\mathbf{i}_Y\,\Omega_L)(U) = 0$ für alle vertikalen U zu

$$\mathbf{D}_2\mathbf{D}_2L(u,e)(U_2,Y_1) = 0$$

äquivalent ist. Falls Y vertikal ist, so ist dies sicher richtig. Ist umgekehrt L regulär und die letzte Gleichung erfüllt, so ist $Y_1 = 0$ also Y vertikal. ∎

Proposition 7.8.2. *Jede fasererhaltende Abbildung $F : TQ \to T^*Q$ über der Identität induziert eine horizontale 1-Form $\tilde{F}$ auf TQ durch*

$$\tilde{F}(v)\cdot V_v = \langle F(v), T_v\tau_Q(V_v)\rangle, \qquad (7.85)$$

*wobei $v \in TQ$ und $V_v \in T_v(TQ)$ ist. Umgekehrt definiert die Gleichung (7.85) für jede horizontale 1-Form $\tilde{F}$ eine fasererhaltende Abbildung F über der Identität. Ein solches F wird **Kraftfeld** genannt und demzufolge wird im regulären Fall jedes vertikale Vektorfeld Y durch ein Kraftfeld induziert.*

Beweis. Zu einem gegebenen F definiert die Gleichung (7.85) eine 1-Form $\tilde{F}$ auf TQ. Wenn V_v vertikal ist, verschwindet die rechte Seite von (7.85), also ist $\tilde{F}$ eine horizontale 1-Form. Seien umgekehrt eine 1-Form $\tilde{F}$ auf TQ und auch $v, w \in T_qQ$ gegeben, dann sei $V_v \in T_v(TQ)$ mit $T_v\tau_Q(V_v) = w$. Definiere nun F durch die Gleichung (7.85). Also ist $\langle F(v), w\rangle = \tilde{F}(v)\cdot V_v$. Da $\tilde{F}$ horizontal ist, ist F wohldefiniert und die Darstellung in einer Karte zeigt, daß F stetig ist. ∎

Wir werden nun Δ^Y als die 1-Form der äußeren Kraft, die auf ein mechanisches System mit Lagrangefunktion L wirkt, behandeln und die Bewegungsgleichungen aufstellen.

Das Lagrange-d'Alembertsche Prinzip.   Zunächst wiederholen wir die Definition von Vershik und Faddeev [1981] und Wang und Krishnaprasad [1992].

Definition 7.8.1. *Die zu einer Lagrangefunktion L und einem gegebenen Vektorfeld zweiter Ordnung X (den Bewegungsgleichungen) gehörige **Lagrangesche Kraft** ist die durch*

$$\Phi_L(X) = \mathbf{i}_X\Omega_L - \mathbf{d}E \qquad (7.86)$$

definierte horizontale 1-Form auf TQ. Zu einer gegebenen 1-Form ω (mit 1-
Form der äußerern Kraft *bezeichnet) besagt das dem Vektorfeld zweiter*
Ordnung X auf TQ zugeordnete **lokale Lagrange-d'Alembertsche Prinzip**, *daß*

$$\Phi_L(X) + \omega = 0 \qquad (7.87)$$

ist.

Man prüft leicht nach, daß $\Phi_L(X)$ tatsächlich horizontal ist, wenn X zweiter Ordnung ist. Umgekehrt ist X zweiter Ordnung, wenn L regulär und $\Phi_L(X)$ horizontal ist.

Das folgende Variationsprinzip ist hierzu äquivalent:

Definition 7.8.2. *Zu einer gegebenen Lagrangefunktion L und einem wie in Proposition 7.8.2 definierten Kraftfeld F lautet das* **Lagrange-d'Alembertsche Integralprinzip** *für eine Kurve $q(t)$ in Q:*

$$\delta \int_a^b L(q(t), \dot{q}(t))dt + \int_a^b F(q(t), \dot{q}(t)) \cdot \delta q \, dt = 0, \qquad (7.88)$$

wobei die Variation zu einer gegebenen (in den Endpunkten verschwindenden) Variation δq wie gewöhnlich durch

$$\delta \int_a^b L(q(t), \dot{q}(t))dt = \int_a^b \left(\frac{\partial L}{\partial q^i} \delta q^i + \frac{\partial L}{\partial \dot{q}^i} \frac{d}{dt} \delta q^i \right) dt$$

$$= \int_a^b \left(\frac{\partial L}{\partial q^i} - \frac{d}{dt} \frac{\partial L}{\partial \dot{q}^i} \right) \delta q^i dt \qquad (7.89)$$

gegeben ist.

Die zwei Formen des Lagrange-d'Alembertschen Prinzips sind tatsächlich äquivalent. Dies wird aus der Tatsache folgen, daß beide in lokalen Koordinaten die Euler-Lagrange-Gleichungen mit äußerer Kraft ergeben (vorausgesetzt, daß Z ein Vektorfeld zweiter Ordnung ist); dazu die folgende

Proposition 7.8.3. *Sei ω die dem vertikalen Vektorfeld Y zugeordnete 1-Form der äußeren Kraft. Es gelte also $\omega = \Delta^Y = -\mathbf{i}_Y \Omega_L$, dann erfüllt $X = Y + Z$ das lokale Lagrange-d'Alembertsche Prinzip. Ist umgekehrt L zusätzlich regulär, so ist $X = Y + Z$ das einzige Vektorfeld zweiter Ordnung, das das lokale Lagrange-d'Alembertsche Prinzip erfüllt.*

Beweis. Der erste Teil ist eine einfache Umformung von $\Phi_L(X) + \omega = 0$. Für die Umkehrung wissen wir schon, daß X eine Lösung ist, und aus der Regularität folgt dann auch die Eindeutigkeit. ∎

Um die zu $X = Z + Y$ gehörende Differentialgleichung herzuleiten, gehen wir von $\omega = \Delta^Y = -\mathbf{i}_Y \Omega_L$ aus und bemerken, daß in Koordinaten $Y(q, v) =$

$(0, Y_2(q, v))$ gilt, da Y vertikal und somit $Y_1 = 0$ ist. Aus der lokalen Formel für Ω_L erhalten wir

$$\omega(q, v) \cdot (u, w) = \mathbf{D}_2 \mathbf{D}_2 L(q, v) \cdot Y_2(q, v) \cdot u. \tag{7.90}$$

Mit $X(q, v) = (v, X_2(q, v))$ ergibt sich

$$\widetilde{\Phi}_L(X)(q, v) \cdot (u, w) = \\ (-\mathbf{D}_1(\mathbf{D}_2 L(q, v) \cdot) \cdot v - \mathbf{D}_2 \mathbf{D}_2 L(q, v) \cdot X_2(q, v) + \mathbf{D}_1 L(q, v)) \cdot u. \tag{7.91}$$

Daher wird aus dem lokalen Lagrange-d'Alembertschen Prinzip

$$(-\mathbf{D}_1(\mathbf{D}_2 L(q, v) \cdot) \cdot v - \mathbf{D}_2 \mathbf{D}_2 L(q, v) \cdot X_2(q, v) \\ + \mathbf{D}_1 L(q, v) + \mathbf{D}_2 \mathbf{D}_2 L(q, v) \cdot Y_2(q, v)) = 0. \tag{7.92}$$

Setzen wir $v = dq/dt$ und $X_2(q, v) = dv/dt$, so ergibt die letzte Beziehung zusammen mit der Kettenregel

$$\frac{d}{dt} \mathbf{D}_2 L(q, v) - \mathbf{D}_1 L(q, v) = \mathbf{D}_2 \mathbf{D}_2 L(q, v) \cdot Y_2(q, v), \tag{7.93}$$

bzw. im Endlichdimensionalen

$$\frac{d}{dt} \left(\frac{\partial L}{\partial \dot{q}^i} \right) - \frac{\partial L}{\partial q^i} = \frac{\partial^2}{\partial \dot{q}^i \partial \dot{q}^j} Y^j(q^k, \dot{q}^k). \tag{7.94}$$

Die Kraftform Δ^Y ist somit durch

$$\Delta^Y(q^k, \dot{q}^k) = \frac{\partial^2}{\partial \dot{q}^i \partial \dot{q}^j} Y^j(q^k, \dot{q}^k) dq^i \tag{7.95}$$

gegeben, und das zugehörige Kraftfeld ist

$$F^Y = \left(q^i, \frac{\partial^2}{\partial \dot{q}^i \partial \dot{q}^j} Y^j(q^k, \dot{q}^k) \right). \tag{7.96}$$

Also nimmt die Bedingung an die Integralkurven die Form der Euler-Lagrange-Gleichungen mit äußeren Kräften an:

$$\frac{d}{dt} \left(\frac{\partial L}{\partial \dot{q}^i} \right) - \frac{\partial L}{\partial q^i} = F_i^Y(q^k, \dot{q}^k). \tag{7.97}$$

Da auch das Lagrange-d'Alembertsche Integralprinzip diese Gleichungen liefert, sind die beiden Prinzipien äquivalent. Von nun an wollen wir beide nur noch als *Lagrange-d'Alembertsches Prinzip* bezeichnen.

Wir fassen die bisher gewonnenen Ergebnisse in folgendem Satz zusammen:

Satz 7.8.1. *Sind eine reguläre Lagrangefunktion L und ein Kraftfeld F gegeben, so sind für eine Kurve $q(t)$ in Q die folgenden Aussagen äquivalent:*

(a) $q(t)$ erfüllt das lokale Lagrange-d'Alembertsche Prinzip.

(b) $q(t)$ erfüllt das Lagrange-d'Alembertsche Integralprinzip.

(c) $q(t)$ ist die Lösungskurve der Gleichung zweiter Ordnung $Z + Y$, wobei Y das vertikale Vektorfeld auf TQ ist, das das Kraftfeld F über (7.96) induziert, und Z das Lagrangesche Vektorfeld zu L.

Das Lagrange-d'Alembertsche Prinzip spielt eine entscheidende Rolle in der **nichtholonomen Mechanik**, wie z.B. bei mechanischen Systemen mit Zwangsbedingungen bei Rollbewegung. Siehe z.B. Bloch, Krishnaprasad, Marsden und Murray [1996] und die dortigen Verweise.

Dissipative Kräfte.   Es bezeichne E die durch L gegebene Energie, d.h., $E = A - L$, wobei $A(v) = \langle \mathbb{F}L(v), v \rangle$ die Wirkung von L ist.

Definition 7.8.3. *Ein vertikales Vektorfeld Y auf TQ heißt **schwach dissipativ**, wenn $\langle dE, Y \rangle \leq 0$ in allen Punkten von TQ gilt. Ist die Ungleichung außerhalb des Nullschnittes von TQ streng, so heißt Y **dissipativ**. Ein **dissipatives Lagrangesches System** auf TQ ist ein Vektorfeld $Z + Y$, wobei Z ein Lagrangesches Vektorfeld und Y dissipativ ist.*

Korollar 7.8.1. *Ein vertikales Vektorfeld Y auf TQ ist genau dann dissipativ, wenn das von ihm induzierte Kraftfeld F^Y die Bedingung $\langle F^Y(v), v \rangle < 0$ für alle nichtverschwindenden $v \in TQ$ erfüllt (≤ 0 im schwach dissipativen Fall).*

Beweis. Sei Y ein vertikales Vektorfeld. Nach Proposition 7.8.1 induziert Y eine horizontale 1-Form $\Delta^Y = -i_Y \Omega_L$ auf TQ und nach Proposition 7.8.2 induziert Δ^Y wiederum ein mit $T_v\tau_Q(V_v) = w$ und $V_v \in T_v(TQ)$ durch

$$\langle F^Y(v), w \rangle = \Delta^Y(v) \cdot V_v = -\Omega_L(v)(Y(v), V_v) \tag{7.98}$$

gegebenes Kraftfeld F^Y. Bezeichnet Z das durch L definierte Lagrangesche System, so erhalten wir

$$\begin{aligned}
(dE \cdot Y)(v) &= (i_Z \Omega_L(Y)(v) = \Omega_L(Z, Y)(v) \\
&= -\Omega_L(v)(Y(v), Z(v)) \\
&= \langle F^Y(v), T_v\tau_Q(Z(v)) \rangle \\
&= \langle F^Y(v), v \rangle,
\end{aligned}$$

da Z eine Gleichung zweiter Ordnung ist. Folglich ist genau dann $dE \cdot Y < 0$, wenn $\langle F^Y(v), v \rangle < 0$ für alle $v \in TQ$ gilt. ∎

Definition 7.8.4. *Zu einem gegebenen dissipativen Vektorfeld Y auf TQ sei $F^Y : TQ \to T^*Q$ das induzierte Kraftfeld. Gibt es eine Funktion $R : TQ \to \mathbb{R}$, so daß F^Y die Faserableitung von $-R$ ist, so heißt R **Rayleighsche Dissipationsfunktion**.*

Wegen der Dissipativität von Y ist in diesem Fall $\mathbf{D}_2 R(q, v) > 0$. Wenn R linear in der Faservariablen ist, nimmt daher die Rayleighsche Dissipationsfunktion die klassische Form $\langle \mathcal{R}(q)v, v \rangle$ an, wobei $\mathcal{R} : TQ \to T^*Q$ eine Bündelabbildung über der Identität ist, die eine symmetrische, positiv definite Form auf jeder Faser von TQ definiert.

Ist schließlich das Kraftfeld durch eine Rayleighsche Dissipationsfunktion R gegeben, so wird aus den Euler-Lagrange-Gleichungen mit äußerer Kraft

$$\frac{d}{dt}\left(\frac{\partial L}{\partial \dot{q}^i}\right) - \frac{\partial L}{\partial q^i} = -\frac{\partial R}{\partial q^i}. \tag{7.99}$$

Indem wir das Korollar 7.8.1 mit der Tatsache verbinden, daß das Differential von E entlang Z Null ist, sehen wir, daß unter dem Fluß der Euler-Lagrange-Gleichungen mit Rayleighscher Reibungskraft folgendes gilt:

$$\frac{d}{dt}E(q, v) = F(v) \cdot v = -\mathbb{F}R(q, v) \cdot v < 0. \tag{7.100}$$

Übungen

Übung 7.8.1. Wie lautet die Leistungs- oder Arbeitsratengleichung (siehe §2.1) für ein System mit äußeren Kräften auf einer Riemannschen Mannigfaltigkeit?

Übung 7.8.2. Formuliere die Gleichungen für eine Kugel in einem rotierenden Reifen mit Reibung in der Sprache dieses Abschnitts (siehe §2.8). Berechne die Rayleighsche Dissipationsfunktion.

Übung 7.8.3. Betrachte eine Riemannsche Mannigfaltigkeit Q und eine Potentialfunktion $V : Q \to \mathbb{R}$. K bezeichne die kinetische Energie und es gelte $\omega = -dV$. Zeige, daß das Lagrange-d'Alembertsche Prinzip für K unter Berücksichtigung der äußeren Kräfte, die durch die 1-Form ω gegeben sind, die gleiche Dynamik wie die übliche Lagrangefunktion von der Form „kinetische minus potentielle Energie" liefert.

7.9 Die Hamilton-Jacobi-Gleichung

In §6.5 haben wir die Erzeugendenfunktionen von kanonischen Transformationen untersucht. Hier stellen wir eine Verbindung zu dem Fluß eines Hamiltonschen Systems mittels der Hamilton-Jacobi-Gleichung her. In diesem Abschnitt nähern wir uns der Hamilton-Jacobi-Theorie vom Standpunkt des erweiterten Phasenraumes. Im nächsten Kapitel werfen wir einen Blick auf die Hamilton-Jacobi-Theorie als Variationsproblem, wie sie ursprünglich von Jacobi [1866] entwickelt wurde. Insbesondere werden wir in diesem Abschnitt zeigen, daß grob gesprochen, das Integral der Lagrangefunktion entlang der Lösungskurven der Euler-Lagrange-Gleichungen als Funktion der Endpunkte die Hamilton-Jacobi-Gleichung erfüllt.

Kanonische Transformationen und Erzeugendenfunktionen.   Wir betrachten eine symplektische Mannigfaltigkeit P und bilden den **erweiterten Phasenraum** $P \times \mathbb{R}$. Für unsere Zwecke werden wir in diesem Abschnitt folgende Definition verwenden: Eine **zeitabhängige kanonische Transformation** ist ein Diffeomorphismus

$$\rho : P \times \mathbb{R} \to P \times \mathbb{R}$$

der Form

$$\rho(z,t) = (\rho_t(z),t),$$

wobei $\rho_t : P \to P$ für alle $t \in \mathbb{R}$ ein symplektischer Diffeomorphismus ist.

In diesem Abschnitt werden wir uns auf den Fall des Kotangentialbündels beschränken, man nehme also an, daß $P = T^*Q$ für einen gegebenen Konfigurationsraum Q gilt. Für jedes feste t sei $S_t : Q \times Q \to \mathbb{R}$ die Erzeugendenfunktion einer zeitabhängigen symplektischen Abbildung, wie in §6.5 beschrieben. Folglich erhalten wir eine Abbildung $S : Q \times Q \times \mathbb{R} \to \mathbb{R}$, definiert durch $S(q_1, q_2, t) = S_t(q_1, q_2)$. Wie in §6.5 beschrieben, muß im allgemeinen davon ausgegangen werden, daß Erzeugendenfunktionen nur lokal definiert sind, und tatsächlich ist die globale Theorie der Erzeugendenfunktionen und die dazugehörige globale Hamilton-Jacobi-Theorie komplizierter. Wir werden am Ende dieses Abschnitts (optional) eine kurze Einführung in diese allgemeine Theorie geben. Siehe auch Abraham, Marsden [1978, Abschnitt 5.3] für weitere Informationen und Verweise. Da unser Ziel im ersten Teil dieses Abschnitts eine *einführende Darstellung der Theorie* ist, werden wir viele der Rechnungen in Koordinaten durchführen.

Man erinnere sich, daß in lokalen Koordinaten die Bedingungen an eine Erzeugendenfunktion wie folgt lauten: Wenn eine Transformation ψ eine lokale Darstellung

$$\psi : (q^i, p_i, t) \mapsto (\bar{q}^i, \bar{p}_i, t)$$

und eine Umkehrabbildung

$$\phi : (\bar{q}^i, \bar{p}_i, t) \mapsto (q^i, p_i, t)$$

besitzt und wenn $S(q^i, \bar{q}^i, t)$ eine Erzeugendenfunktion für ψ ist, so gelten die Beziehungen

$$\bar{p}_i = -\frac{\partial S}{\partial \bar{q}^i} \quad \text{und} \quad p_i = \frac{\partial S}{\partial q^i}. \tag{7.101}$$

Aus (7.101) folgt

$$p_i \, dq^i = \bar{p}_i \, d\bar{q}^i + \frac{\partial S}{\partial q^i} dq^i + \frac{\partial S}{\partial \bar{q}^i} d\bar{q}^i$$

$$= \bar{p}_i \, d\bar{q}^i - \frac{\partial S}{\partial t} + \mathbf{d}S, \tag{7.102}$$

wobei $\mathbf{d}S$ das Differential von S in Form einer Funktion auf $Q \times Q \times \mathbb{R}$ ist:

$$\mathbf{d}S = \frac{\partial S}{\partial q^i} dq^i + \frac{\partial S}{\partial \bar{q}^i} d\bar{q}^i + \frac{\partial S}{\partial t} dt.$$

Sei $K : T^*Q \times \mathbb{R} \to \mathbb{R}$ eine beliebige Funktion. Aus (7.102) erhalten wir die grundlegende Beziehung

$$p_i \, dq^i - K(q^i, p_i, t) dt = \bar{p}_i \, d\bar{q}_i - \bar{K}(\bar{q}^i, \bar{p}_i, t) dt + \mathbf{d}S(q_i, \bar{q}_i, t), \qquad (7.103)$$

wobei $\bar{K}(\bar{q}^i, \bar{p}_i, t) = K(q^i, p_i, t) + \partial S(q_i, \bar{q}_i, t)/\partial t$ ist. Definieren wir

$$\Theta_K = p_i \, dq^i - K dt, \qquad (7.104)$$

so ist (7.103) äquivalent zu

$$\Theta_K = \psi^* \Theta_{\bar{K}} + \psi^* \mathbf{d}S, \qquad (7.105)$$

wobei $\psi : T^*Q \times \mathbb{R} \to Q \times Q \times \mathbb{R}$ die Abbildung

$$(q^i, p_i, t) \mapsto (q_i, \bar{q}^i(q^j, p_j, t), t)$$

ist. Bilden wir von (7.103) (oder (7.105)) die äußere Ableitung, so folgt

$$dq^i \wedge dp_i + dK \wedge dt = d\bar{q}^i \wedge d\bar{p}_i + d\bar{K} \wedge dt. \qquad (7.106)$$

Dies kann in der Form

$$\Omega_K = \psi^* \Omega_{\bar{K}} \qquad (7.107)$$

geschrieben werden mit $\Omega_K = -\mathbf{d}\Theta_{\mathbf{K}} = \mathbf{dq^i} \wedge \mathbf{dp_i} + \mathbf{dK} \wedge \mathbf{dt}$. Wie in Übung 6.2.3 gezeigt wurde, ist bei einer gegebenen zeitabhängigen Funktion K und dem zugehörigen zeitabhängigen Vektorfeld X_K auf T^*Q das Vektorfeld $\tilde{X}_K = (X_K, 1)$ auf $T^*Q \times \mathbb{R}$ durch die Gleichung $\mathbf{i}_{\tilde{X}_K} \Omega_K = 0$ (unter allen Vektorfeldern mit einer 1 in der zweiten Komponente) eindeutig bestimmt. Aus der letzten Beziehung erhalten wir zusammen mit (7.107)

$$0 = \psi_*(\mathbf{i}_{\tilde{X}_K} \Omega_K) = \mathbf{i}_{\psi_*(\tilde{X}_K)} \psi_* \Omega_K = \mathbf{i}_{\psi_*(\tilde{X}_K)} \Omega_{\bar{K}}.$$

Da ψ in der zweiten Komponente die Identität ist, d.h., die Zeit erhält, hat das Vektorfeld $\psi_*(\tilde{X}_K)$ eine 1 in der zweiten Komponente und daher resultiert aufgrund der Eindeutigkeit solcher Vektorfelder die Gleichung

$$\psi_*(\tilde{X}_K) = \tilde{X}_{\bar{K}}. \qquad (7.108)$$

Die Hamilton-Jacobi-Gleichung.   Die benötigten Größen sind die Hamiltonfunktion H und eine Erzeugendenfunktion S wie oben.

Definition 7.9.1. *Sind eine zeitabhängige Hamiltonfunktion H und eine Transformation ψ mit Erzeugendenfunktion S wie oben gegeben, so sagen wir, daß die **Hamilton-Jacobi-Gleichung** erfüllt ist, wenn*

$$H\left(q^1, \ldots, q^n, \frac{\partial S}{\partial q^1}, \ldots, \frac{\partial S}{\partial q^n}, t\right) + \frac{\partial S}{\partial t}(q^i, \bar{q}^i, t) = 0 \qquad (7.109)$$

gilt, wobei die $\partial S/\partial q^i$ in $(q^i, \bar{q}^i, t)$ ausgewertet und die $\bar{q}^i$ als Konstanten aufgefaßt werden.

Die Hamilton-Jacobi-Gleichung kann als eine nichtlineare partielle Differentialgleichung für die Funktion S bezüglich der Variablen $(q^1, \ldots, q^n, t)$ in Abhängigkeit von den Parametern $(\bar{q}^1, \ldots, \bar{q}^n)$ angesehen werden.

Definition 7.9.2. *Wir sagen, daß eine Abbildung ψ **ein Vektorfeld $\tilde{X}$ in den Gleichgewichtszustand transformiert**, falls*

$$\psi_* \tilde{X} = (0, 1) \qquad (7.110)$$

gilt.

Transformiert ψ das Vektorfeld $\tilde{X}$ in den Gleichgewichtszustand, so sind die Integralkurven von $\tilde{X}$ zu den Anfangsbedingungen (q_0^i, p_i^0, t_0) durch

$$(q^i(t), p_i(t), t) = \psi^{-1}(\bar{q}^i(q_0^i, p_i^0, t_0), \bar{p}_i(q_0^i, p_i^0, t_0), t + t_0) \qquad (7.111)$$

gegeben, da die Integralkurven des konstanten Vektorfeldes $(0, 1)$ einfach Geraden in t-Richtung im Bildraum sind und das Vektorfeld dadurch „integriert" wurde.

Beachte, daß ϕ_t der Fluß des Vektorfeldes im üblichen Sinne ist, wenn wir mit ϕ die Umkehrabbildung von ψ bezeichnen.

Satz 7.9.1 (Hamilton-Jacobi).

(i) *Erfüllt S zu einer gegebenen zeitabhängigen Hamiltonfunktion H die Hamilton-Jacobi-Gleichung und erzeugt S eine zeitabhängige kanonische Transformation ψ, so wird $\tilde{X}_H$ durch ψ in den Gleichgewichtszustand transformiert. Demzufolge ist die Lösung der Hamiltonschen Gleichungen zu H wie oben beschrieben durch ψ mittels (7.111) gegeben.*

(ii) *Ist umgekehrt ψ eine zeitabhängige kanonische Transformation mit Erzeugendenfunktion S, die $\tilde{X}_H$ in den Gleichgewichtszustand transformiert, so gibt es eine Funktion $\hat{S}$, die sich von S nur um eine Funktion von t unterscheidet, ebenfalls ψ erzeugt und die Hamilton-Jacobi-Gleichung zu H erfüllt.*

Beweis. Um (i) zu beweisen, nehme man an, daß S die Hamilton-Jacobi-Gleichung erfüllt. Wie oben erklärt, bedeutet dies, daß $\bar{H} = 0$ ist. Aus (7.108) erhalten wir

$$\psi_*(\tilde{X}_H) = \tilde{X}_{\bar{H}} = (0, 1).$$

Damit ist die erste Aussage bewiesen.

Um die Umkehrung (ii) zu beweisen, nehme man an, daß

$$\psi_*(\tilde{X}_H) = (0, 1)$$

gilt und somit wieder mit (7.108)

$$\tilde{X}_{\bar{H}} = \tilde{X}_0 = (0, 1)$$

folgt, was bedeutet, daß $\bar{H}$ bezüglich der Variablen $(\bar{q}^i, \bar{p}_i)$ eine Konstante ist (ihr Hamiltonsches Vektorfeld ist zu jedem Zeitpunkt Null) und somit $\bar{H} = f(t)$ nur eine Funktion der Zeit sein kann. Wir können dann statt S die Funktion $\hat{S} = S - F$ mit $F(t) = \int^t f(s)ds$ verwenden. Diese unterscheidet sich von S nur durch eine Funktion der Zeit und erzeugt ebenfalls dieselbe Abbildung ψ. Aus

$$0 = \bar{H} - f(t) = H + \partial S/\partial t - dF/dt = H + \partial \hat{S}/\partial t$$

und $\partial S/\partial q^i = \partial \hat{S}/\partial q^i$ ersehen wir, daß $\hat{S}$ die Hamilton-Jacobi-Gleichung zu H erfüllt.   ∎

Bemerkungen

1. Im allgemeinen erzeugt die Funktion S bei anwachsender Zeit *Singularitäten* oder *Kaustiken*, so daß sie mit Vorsicht zu verwenden ist. Dieser Prozeß ist in der geometrischen Optik und für die Quantisierung fundamental. Zudem muß man darauf achten, in welchem Sinne S bei $t = 0$ die Identität erzeugt, falls sie singuläres Verhalten in t aufweisen kann.

2. Es gibt einen weiteren Zusammenhang zwischen der Lagrangeschen und Hamiltonschen Sichtweise der Hamilton-Jacobi-Theorie. Definiere S für t nahe eines festen Zeitpunktes t_0 durch das *Wirkungsintegral*

$$S(q^i, \bar{q}^i, t) = \int_{t_0}^t L(q^i(s), \dot{q}^i(s), s)\, ds,$$

wobei $q^i(s)$ die Lösung der Euler-Lagrange-Gleichung ist, die $\bar{q}^i$ zur Zeit t_0 und q^i zur Zeit t gleicht. Wir werden in §8.2 zeigen, daß S die Hamilton-Jacobi-Gleichung erfüllt. Vergleiche für weitere Informationen Arnold [1989, Abschnitt 4.6] und Abraham und Marsden [1978, Abschnitt 5.2].

3. Ist H zeitabhängig und erfüllt W die zeitabhängige Hamilton-Jacobi-Gleichung

$$H\left(q^i, \frac{\partial W}{\partial q^i}\right) = E,$$

so erfüllt $S(q^i, \bar{q}^i, t) = W(q^i, \bar{q}^i) - tE$ die zeitabhängige Hamilton-Jacobi-Gleichung, wie leicht zu zeigen ist. Benutzt man diese Bemerkung, so ist es wichtig, sich zu erinnern, daß E nicht wirklich „konstant", aber gleich $H(\bar{q}, \bar{p})$ ist, der Energie ausgewertet bei $(\bar{q}, \bar{p})$, was evtl. die Anfangsbedingungen sein werden. Wir betonen, daß man die t-Zeitabbildung eher mit S, als mit W zu bilden hat.

4. Die Hamilton-Jacobi-Gleichung ist bei der Untersuchung des in den Internetergänzungen zu Kap. 7 beschriebenen Zusammenhanges zwischen klassischer und Quantenmechanik von zentraler Bedeutung.

5. Die Wirkungsfunktion S ist im Beweis des **Satzes von Liouville-Arnold**, der die Existenz von Wirkungs- und Winkelkoordinaten für vollständig integrable Systeme garantiert, von ausschlaggebender Bedeutung, siehe Arnold [1989] und Abraham und Marsden [1978] für Details.

6. Die Hamilton-Jacobi-Theorie spielt eine wichtige Rolle bei der Entwicklung von numerischen Integratoren, die die symplektische Struktur erhalten (siehe de Vogelaére [1956], Channell [1983], Feng [1986], Channell und Scovel [1990], Ge und Marsden [1988], Marsden [1992] und Wendlandt und Marsden [1997]).

7. Die Methode der Trennung der Variablen. Es ist manchmal möglich, die Hamilton-Jacobi-Gleichung mittels der oftmals als Trennung der Variablen bezeichneten Methode zu vereinfachen oder sogar zu lösen. Nehmen wir an, daß die Koordinate q^1 und der Term $\partial S/\partial q^1$ in der Hamilton-Jacobi-Gleichung gemeinsam in einem Ausdruck $f(q^1, \partial S/\partial q^1)$ vorkommen, der $q^2, \ldots, q^n, t$ nicht beinhaltet. Dies bedeutet, daß wir H für glatte Funktionen f und $\tilde{H}$ in der Form

$$H\left(q^1, q^2, \ldots, q^n, p_1, p_2, \ldots, p_n\right) = \tilde{H}(f(q^1, p_1), q^2, \ldots, q^n, p_2, \ldots, p_n)$$

schreiben können. Dann sucht man eine Lösung der Hamilton-Jacobi-Gleichung von der Form

$$S(q^i, \overline{q}^i, t) = S_1(q^1, \overline{q}^1) + \tilde{S}(q^2, \ldots, q^n, \overline{q}^2, \ldots, \overline{q}^n)$$

und bemerkt: Falls S_1 eine Lösung von

$$f\left(q^1, \frac{\partial S_1}{\partial q^1}\right) = C(\overline{q}^1)$$

für eine beliebige Funktion $C(\overline{q}^1)$ und $\tilde{S}$ eine Lösung von

$$\tilde{H}\left(C(\overline{q}^1), q^2, \ldots, q^n, \frac{\partial \tilde{S}}{\partial q^2}, \ldots, \frac{\partial \tilde{S}}{\partial q^n}\right) + \frac{\partial \tilde{S}}{\partial t} = 0$$

ist, daß S die ursprüngliche Hamilton-Jacobi-Gleichung löst. So wird also eine der Variablen eliminiert, und man versucht, diese Prozedur zu wiederholen.

Eine sehr ähliche Situation tritt auf, wenn H zeitunabhängig ist und man eine Lösung der Form

$$S(q^i, \overline{q}^i, t) = W(q^i, \overline{q}^i) + S_1(t)$$

sucht. Die resultierende Gleichung für S_1 hat die Lösung $S_1(t) = -Et$ und die verbleibende Gleichung für W ist die zeitabhängige Hamilton-Jacobi-Gleichung wie in Bemerkung 3.

Ist q^1 eine zyklische Variable, hängt also H nicht ausdrücklich von q^1 ab, dann können wir $f(q^1, p_1) = p_1$ und entsprechend $S_1(q^1) = C(\overline{q}^1)q^1$ wählen.

Gibt es k zyklische Variablen $q^1, q^2, \ldots, q^k$, so suchen wir eine Lösung der Hamilton-Jacobi-Gleichung von der Form

$$S(q^i, \overline{q}^i, t) = \sum_{j=1}^{k} C_j(\overline{q}^j) q^j + \tilde{S}(q^{k+1}, \ldots, q^n, \overline{q}^{k+1}, \ldots, \overline{q}^n, t),$$

wobei $p_i = C_i(\overline{q}^i)$, $i = 1, \ldots, k$ die konjugierten Impulse zu den zyklischen Variablen sind.

Die Geometrie der Hamilton-Jacobi-Theorie (optional). Wir beschreiben nun kurz und informell einige weitere geometrische Aspekte der Hamilton-Jacobi-Gleichung (7.109). Für alle $x = (q^i, t) \in \tilde{Q} := Q \times \mathbb{R}$ ist $\mathbf{d}S(x)$ ein Element des Kotangentialbündels $T^*\tilde{Q}$. Im Augenblick vernachlässigen wir die Abhängigkeit von S von $\overline{q}^i$, da sie nicht unmittelbar von Bedeutung ist. Wenn x $\tilde{Q}$ durchläuft, ist die Menge $\{\, \mathbf{d}S(x) \mid x \in \tilde{Q} \,\}$ eine Untermannigfaltigkeit von $T^*\tilde{Q}$, die in Koordinatenschreibweise durch $p_j = \partial S / \partial q^j$ und $p = \partial S / \partial t$ gegeben ist. Hier sind die zu q^i konjugierten Variablen mit p_i und die zu t konjugierten mit p bezeichnet. Wir werden $\xi_i = p_i$ für $i = 1, 2, \ldots, n$ und $\xi_{n+1} = p$ schreiben. Wir nennen diese Untermannigfaltigkeit das *Bild* oder den *Graphen* von $\mathbf{d}S$ (beide Begriffe passen, abhängig davon, ob man sich $\mathbf{d}S$ als Abbildung oder als einen Bündelschnitt vorstellt) und verwenden die Bezeichnung $\operatorname{graph} \mathbf{d}S \subset T^*\tilde{Q}$. Wegen

$$\sum_{j=1}^{n+1} dx^j \wedge d\xi_j = \sum_{j=1}^{n+1} dx^j \wedge d\frac{\partial S}{\partial x_j} = \sum_{j,k=1}^{n+1} dx^j \wedge dx^k \frac{\partial^2 S}{\partial x^j \partial x^k} = 0$$

verschwindet die kanonische symplektische Form von $T^*\tilde{Q}$ auf $\operatorname{graph} \mathbf{d}S$. Zudem ist die Dimension von $\operatorname{graph} \mathbf{d}S$ halb so groß, wie die der symplektischen Mannigfaltigkeit $T^*\tilde{Q}$. Solch eine Untermannigfaltikeit wird **Lagrangesch** genannt, wie wir schon im Zusammenhang mit den Erzeugendenfunktionen (§6.5) erwähnten. Hier ist von Bedeutung, daß die Projektion von $\operatorname{graph} \mathbf{d}S$ auf $\tilde{Q}$ ein Diffeomorphismus ist und darüber hinaus sogar die Umkehrung gilt: Ist $\varLambda \subset T^*\tilde{Q}$ eine Lagrangesche Untermannigfaltigkeit von $T^*\tilde{Q}$, so daß die Projektion auf $\tilde{Q}$ in der Umgebung eines Punktes $\lambda \in \varLambda$ ein Diffeomorphismus ist, so gilt in einer Umgebung von λ und für eine Funktion φ die Beziehung $\varLambda = \operatorname{graph} \mathbf{d}\varphi$. Um dies zu zeigen, beachte man, daß $\varLambda$ (um λ) eine Untermannigfaltigkeit von der Form $(x^j, \rho_j(x))$ ist, weil die Projektion ein Diffeomorphismus ist. Damit $\varLambda$ Lagrangesch ist, muß auf $\varLambda$

$$\sum_{j=1}^{n+1} dx^j \wedge d\xi_j = 0$$

sein. Es muß also

$$\sum_{j=1}^{n+1} dx^j \wedge d\rho_j(x) = 0, \quad \text{bzw.} \quad \frac{\partial \rho_j}{\partial x^k} - \frac{\partial \rho_k}{\partial x^j} = 0.$$

gelten. Folglich gibt es ein φ, so daß $\rho_j = \partial\varphi/\partial x^j$ ist, was $\Lambda = \text{graph}\,\mathbf{d}\varphi$ entspricht. Die Schlußfolgerung aus diesen Bemerkungen ist, daß Lagrangesche Untermannigfaltigkeiten von $T^*\tilde{Q}$ natürliche Verallgemeinerungen von Graphen von Differentialen von Funktionen auf $\tilde{Q}$ sind. Beachte, daß Lagrangesche Untermannigfaltigkeiten sogar dann definiert sind, wenn die Projektion auf $\tilde{Q}$ kein Diffeomorphismus ist. Vergleiche für weitere Informationen zu Lagrangemannigfaltigkeiten und Erzeugendenfunktionen Abraham und Marsden [1978], Weinstein [1977] und Guillemin und Sternberg [1977].

Aus der Sichtweise der Lagrangeschen Untermannigfaltigkeiten *ist der Graph des Differentials einer Lösung der Hamilton-Jacobi-Gleichung eine Lagrangesche Untermannigfaltigkeit von* $T^*\tilde{Q}$, *die in der durch die Gleichung* $\tilde{H} := p + H(q^i, p_i, t) = 0$ *definierten Fläche* $\tilde{H}_0 \subset T^*\tilde{Q}$ *enthalten ist.* Wie oben ist $p = \xi_{n+1}$ der zu t konjugierte Impuls. Diese Sichtweise gestattet es, Lösungen mit einzubeziehen, die im gewöhnlichen Kontext singulär sind. Das ist nicht der einzige Vorteil: Wir erlangen auch eine tiefere Einsicht in die Aussage des Satzes von Hamilton-Jacobi 7.9.1. Der Tangentialraum zu $\tilde{H}_0$ hat eine um eins kleinere Dimension als die symplektischen Mannigfaltigkeit $T^*\tilde{Q}$ und ist durch die Menge der Vektoren X gegeben, für die $(dp + \mathbf{d}H)(X) = 0$ gilt. Befindet sich ein Vektor Y in dem symplektischen orthogonalen Komplement von $T_{(x,\xi)}(\tilde{H}_0)$, gilt also

$$\sum_{j=1}^{n+1} (dx^j \wedge d\xi_j)(X, Y) = 0$$

für alle $X \in T_{(x,\xi)}(\tilde{H}_0)$, so ist Y ein Vielfaches des Vektorfeldes

$$X_{\tilde{H}} = \frac{\partial}{\partial t} - \frac{\partial H}{\partial t}\frac{\partial}{\partial p} + X_H$$

im Punkt (x, ξ). Darüber hinaus sind die Integralkurven von $X_{\tilde{H}}$, projiziert auf (q^i, p_i), die Lösungen der Hamiltonschen Gleichungen für H.

Die wichtigste Beobachtung bzgl. des Zusammenhangs zwischen den Hamiltonschen Gleichungen und der Hamilton-Jacobi-Gleichung ist, daß *das Vektorfeld* $X_{\tilde{H}}$, *welches offensichtlich tangential zu* $\tilde{H}_0$ *ist, auch zu jeder in* $\tilde{H}_0$ *enthaltenen Lagrangeschen Untermannigfaltigkeit tangential ist* (wovon man durch eine einfachen Rechnung überzeugen kann, siehe Übung 7.9.3). Dies ist äquivalent zu der Aussage, daß eine Lösung der Hamiltonschen Gleichungen für $\tilde{H}$ entweder vollständig außerhalb einer in $\tilde{H}_0$ enthaltenen Lagrangeschen Untermannigfaltigkeit liegt oder ganz in ihr enthalten ist. Dies ermöglich, eine Lösung der Hamilton-Jacobi-Gleichung zu konstruieren, die bei einer Anfangsbedingung $t = t_0$ startet. Dazu benutze man eine Lagrangesche Untermannigfaltigkeit Λ_0 von T^*Q und bette sie in $T^*\tilde{Q}$ bei $t = t_0$ mittels

$$(q^i, p_i) \mapsto (q^i, t = t_0, p_i, p = -H(q^i, p_i, t_0))$$

ein. Das Ergebnis ist eine isotrope Untermannigfaltigkeit $\tilde{\Lambda}_0 \subset T^*\tilde{Q}$, also eine Untermannigfaltigkeit, auf der die kanonische Form verschwindet. Nun nehme man alle Integralkurven von $X_{\tilde{H}}$ zu den Anfangsbedingungen in $\tilde{\Lambda}_0$. Die Menge dieser Kurven spannt ein Mannigfaltigkeit Λ auf, deren Dimension um eins größer ist als die von $\tilde{\Lambda}_0$. Man erhält sie, indem man $\tilde{\Lambda}_0$ entlang $X_{\tilde{H}}$ fließen läßt, d.h., $\Lambda = \cup_t \Lambda_t$, wobei $\Lambda_t = \Phi_t(\tilde{\Lambda}_0)$ und Φ_t der Fluß von $X_{\tilde{H}}$ ist. Da $X_{\tilde{H}}$ tangential zu $\tilde{H}_0$ und $\Lambda_0 \subset \tilde{H}_0$ ist, erhalten wir $\Lambda_t \subset \tilde{H}_0$ und deshalb ist $\Lambda \subset \tilde{H}_0$. Da der Fluß Φ_t von $X_{\tilde{H}}$ eine kanonische Abbildung ist, läßt er die symplektische Form von $T^*\tilde{Q}$ invariant und bildet deshalb eine isotrope Untermannigfaltigkeit in eine isotrope ab, insbesondere ist Λ_t eine isotrope Untermannigfaltigkeit von $T^*\tilde{Q}$. Der Tangentialraum von Λ an ein $\lambda \in \Lambda_t$ ist die direkte Summe des Tangentialraums von Λ_t und des durch $X_{\tilde{H}}$ erzeugten Unterraums. Da der erste Unterraum in $T_\lambda \tilde{H}_0$ enthalten ist und der zweite symplektisch orthogonal zu $T_\lambda \tilde{H}_0$ ist, erkennen wir, daß auch Λ eine isotrope Untermannigfaltigkeit von $T^*\tilde{Q}$ ist. Ihre Dimension ist aber halb so groß wie die von $T^*\tilde{Q}$ und deshalb ist Λ eine Lagrangesche Untermannigfaltigkeit, die in $\tilde{H}_0$ enthalten ist, d.h., sie ist eine Lösung der Hamilton-Jacobi-Gleichung mit der Anfangsbedingung Λ_0 bei $t = t_0$.

Mit obiger Sichtweise fällt es leicht, die Singularitäten einer Lösung der Hamilton-Jacobi-Gleichung zu verstehen. Sie gehören zu denjenigen Punkten der Lagrangemannigfaltigkeit, die eine Lösung sind, für die die Projektion auf $\tilde{Q}$ aber kein lokaler Diffeomorphismus ist. Diese Singularitäten können schon in der Anfangsbedingung auftreten (d.h., Λ_0 kann evtl. nicht lokal diffeomorph auf Q projiziert werden), oder sie können zu einem späteren Zeitpunkt wegen einer Faltung der Untermannigfaltigkeiten Λ_t bei variierendem t auftreten. Die Projektion eines solchen singulären Punktes auf $\tilde{Q}$ nennt man eine **Kaustik** der Lösung. Kaustiken sind von grundlegender Bedeutung in der geometrischen Optik und der semiklassischen Näherung der Quantenmechanik. Für weitere Informationen verweisen wir auf Abraham und Marsden [1978, Abschnitt 5.3] und Guillemin und Sternberg [1984].

Übungen

Übung 7.9.1. Löse die Hamilton-Jacobi-Gleichung für den harmonischen Oszillator. Überprüfe für diesen direkt die Gültigkeit des Satzes von Hamilton-Jacobi (der die Lösung der Hamilton-Jacobi-Gleichung und den Fluß des Hamilton-Jacobi-Vektorfeldes in Zusammenhang bringt).

Übung 7.9.2. Seien $W(q, \bar{q})$ und

$$H(q, p) = \frac{p^2}{2m} + V(q)$$

gegeben, wobei $q, p \in \mathbb{R}$ ist. Zeige durch eine *direkte Berechnung*, daß für $p \neq 0$

$$\frac{1}{2m}(W_q)^2 + V = E$$

ist und genau dann $\dot{q} = p/m$ ist, wenn $(q, W_q(q, \bar{q}))$ die Hamiltonschen Gleichungen mit der Energie E erfüllt.

Übung 7.9.3. Sei (V, Ω) ein symplektischer Vektorraum und $W \subset V$ ein linearer Unterraum. Wir wissen aus §2.4, daß

$$W^\Omega = \{\, v \in V \mid \Omega(v, w) = 0 \text{ für alle } w \in W \,\}$$

das symplektische orthogonale Komplement von W ist. Ein Unterraum $L \subset V$ wird **Lagrangesch** genannt, falls $L = L^\Omega$ gilt. Zeige, daß für einen Lagrangeschen Unterrraum $L \subset W$ die Inklusion $W^\Omega \subset L$ gilt.

Übung 7.9.4. Löse die Hamilton-Jacobi-Gleichung für ein Zentralkraftfeld. Überprüfe die Gültigkeit des Satzes von Hamilton-Jacobi auf direkte Weise.

8. Variationsprinzipien, Zwangsbedingungen und rotierende Systeme

In diesem Kapitel werden zwei verwandte Themen behandelt: Lagrange-sche (und Hamiltonsche) Systeme mit Zwangsbedingungen und rotierende Systeme. Systeme mit Zwangsbedingungen werden durch das Beispiel eines Teilchens illustriert, daß gezwungen wird, sich auf einer Sphäre zu bewegen. Solche Zwangsbedingungen, die Bedingungen an die *Konfigurations*variablen stellen, werden „holonom" genannt.[1] Bei rotierenden Systemen muß man zwischen Systemen, die aus einem rotierenden Koordinatensystem heraus betrachtet werden (passiv rotierende Systeme) und rotierenden Systemen (aktiv rotierende Systeme – wie z.B. ein Foucaultsches Pendel und Wettersysteme, die sich mit der Erde drehen) unterscheiden. Wir beginnen mit einer detaillierteren Betrachtung der Variationsprinzipien und wenden uns dann einer Version des Satzes über die Lagrangeschen Multiplikatoren zu, die für unsere Untersuchungen der Zwangsbedingungen nützlich sein wird.

8.1 Rückkehr zu den Variationsprinzipien

In diesem Abschnitt gehen wir näher auf Variationsprinzipien ein. Technische Schwierigkeiten, die aus unendlichdimensionalen Mannigfaltigkeiten resultieren, hindern uns daran, alles aus dieser Sichtweise zu präsentieren. Hinsichtlich dieser verweisen wir z.B. auf Smale [1964], Palais [1968] und Klingenberg [1978]. Die klassische geometrische Theorie ohne den unendlichdimensionalen Fall findet der Leser z.B. in Bolza [1973],Whittaker [1927], Gelfand und Fomin [1963] oder Hermann [1968].

Das Hamiltonsche Prinzip. Wir beginnen, indem wir den Raum der Wege, die zwei Punkte miteinander verbinden, einführen.

Definition 8.1.1. *Sei Q eine Mannigfaltigkeit und $L : TQ \to \mathbb{R}$ eine reguläre Lagrangefunktion. Wähle zwei feste Punkte q_1 und q_2 in Q und ein Intervall $[a, b]$, dann definiert man den* **Wegeraum** *von q_1 nach q_2 durch*

---

[1] In diesem Band werden wir keine „nichtholonomen" Zwangsbedingungen wie z.B. Zwangsbedingungen bei Rollbewegungen diskutieren. In Bloch, Krishnaprasad, Marsden und Murray [1996], Koon und Marsden [1997b] und Zenkov, Bloch und Marsden [1998] werden nichtholonomes Systeme diskutiert und weitere Literaturhinweise gegeben.

$$\Omega(q_1, q_2, [a, b])$$
$$= \{\, c : [a, b] \to Q \mid c \text{ ist eine } C^2 \text{ Kurve, } c(a) = q_1, \ c(b) = q_2 \,\} \quad (8.1)$$

und die Abbildung $\mathfrak{S} : \Omega(q_1, q_2, [a, b]) \to \mathbb{R}$ durch

$$\mathfrak{S}(c) = \int_a^b L(c(t), \dot{c}(t))\, dt.$$

Wir werden *nicht* zeigen, daß $\Omega(q_1, q_2, [a, b])$ eine glatte, unendlichdimensionale Mannigfaltigkeit ist. Dies ist ein Spezialfall eines allgemeinen Ergebnisses aus dem Gebiet der Mannigfaltigkeiten von Abbildungen, worin gezeigt wird, daß Räume von Abbildungen von einer Mannigfaltigkeit auf eine andere glatte, unendlichdimensionale Mannigfaltigkeiten sind. Akzeptieren wir dies, so können wir die folgende Proposition leicht beweisen:

Proposition 8.1.1.   *Der Tangentialraum $T_c\Omega(q_1, q_2, [a, b])$ von $\Omega(q_1, q_2, [a, b])$ an einem Punkt, also eine Kurve $c \in \Omega(q_1, q_2, [a, b])$, ist die Menge der C^2-Abbildungen $v : [a, b] \to TQ$ für die $\tau_Q \circ v = c$ und $v(a) = v(b) = 0$ ist, wobei $\tau_Q : TQ \to Q$ die kanonische Projektion bezeichnet.*

Beweis. Der Tangentialraum an eine Mannigfaltigkeit besteht aus den Tangentialvektoren an glatte Kurven in der Mannigfaltigkeit. Der Tangentialvektor an eine Kurve $c_\lambda \in \Omega(q_1, q_2, [a, b])$ mit $c_0 = c$ ist

$$v = \left. \frac{d}{d\lambda} c_\lambda \right|_{\lambda=0}. \quad (8.2)$$

$c_\lambda(t)$ ist für jedes feste t eine Kurve durch $c_0(t) = c(t)$. Folglich ist

$$\left. \frac{d}{d\lambda} c_\lambda(t) \right|_{\lambda=0}$$

ein Tangentialvektor an Q bei $c(t)$. Somit ist $v(t) \in T_{c(t)}Q$, d.h., $\tau_Q \circ v = c$. Die Einschränkungen $c_\lambda(a) = q_1$ und $c_\lambda(b) = q_2$ führen auf $v(a) = 0$ und $v(b) = 0$, sonst aber ist v eine beliebige C^2-Funktion. ∎

Man nennt v eine *infinitesimale Variation* der Kurve c mit festen Endpunkten und wir verwenden die Schreibweise $v = \delta c$, siehe Abb. 8.1.

Nun können wir ein Hauptresultat aus der Variationsrechnung in einer auf Hamilton [1834] zurückgehende Form angeben und den Beweis skizzieren.

Satz 8.1.1 (Das Hamiltonsche Variationsprinzip). *Sei L eine Lagrangefunktion auf TQ. Eine Kurve $c_0 : [a, b] \to Q$, die $q_1 = c_0(a)$ mit $q_2 = c_0(b)$ verbindet, erfüllt genau dann die Euler-Lagrange-Gleichungen*

$$\frac{d}{dt}\left(\frac{\partial L}{\partial \dot{q}^i} \right) = \frac{\partial L}{\partial q^i}, \quad (8.3)$$

wenn c_0 ein kritischer Punkt der Funktion $\mathfrak{S} : \Omega(q_1, q_2, [a, b]) \to \mathbb{R}$ ist, also $d\mathfrak{S}(c_0) = 0$ gilt. Ist L regulär, so sind beide Bedingungen dazu äquivalent, daß c_0 eine Lösungskurve von X_E ist.

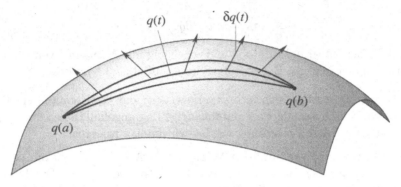

Abb. 8.1. Die Variation $\delta q(t)$ einer Kurve $q(t)$ ist ein Feld tangentialer Vektoren an die Konfigurationsmannigfaltigkeit entlang dieser Kurve.

Wie in §7.1 bezeichnen wir mit $\mathbf{d}\mathfrak{S}(c_0) = 0$ die Bedingung

$$\delta \int_a^b L(c_0(t), \dot{c}_0(t)) \, dt = 0, \tag{8.4}$$

d.h., das Integral ist stationär, wenn es nach c, aufgefaßt als unabhängige Variable, differenziert wird.

Beweis. Wir untersuchen $\mathbf{d}\mathfrak{S}(c) \cdot v$ wie in §7.1. Schreibe v wie in (8.2) als Tangentialvektor an die Kurve c_λ in $\Omega(q_1, q_2, [a, b])$. Mithilfe der Kettenregel erhalten wir

$$\mathbf{d}\mathfrak{S}(c) \cdot v = \frac{d}{d\lambda} \mathfrak{S}(c_\lambda) \Big|_{\lambda=0} = \frac{d}{d\lambda} \int_a^b L(c_\lambda(t), \dot{c}_\lambda(t)) \, dt \Big|_{\lambda=0}. \tag{8.5}$$

Differenzieren wir (8.5) unter dem Integralzeichen und verwenden lokale Koordinaten,[2] so erhalten wir

$$\mathbf{d}\mathfrak{S}(c) \cdot v = \int_a^b \left(\frac{\partial L}{\partial q^i} v^i + \frac{\partial L}{\partial \dot{q}^i} \dot{v}^i \right) dt. \tag{8.6}$$

Da v an beiden Enden verschwindet, kann der zweite Term aus (8.6) partiell integriert werden. Dies führt auf

$$\mathbf{d}\mathfrak{S}(c) \cdot v = \int_a^b \left(\frac{\partial L}{\partial q^i} - \frac{d}{dt} \frac{\partial L}{\partial \dot{q}^i} \right) v^i \, dt. \tag{8.7}$$

$\mathbf{d}\mathfrak{S}(c) = 0$ bedeutet nun, daß $\mathbf{d}\mathfrak{S}(c) \cdot v = 0$ für alle $v \in T_c \Omega(q_1, q_2, [a, b])$ gilt, dies wiederum gilt genau dann, wenn

---

[2] Liegt die Kurve $c_0(t)$ nicht vollständig in einem Kartengebiet, so zerlegen wir die Kurve $c(t)$ in eine endliche Anzahl von Stücken, die alle vollständig in einer Karte liegt, und wenden dann das untenstehende Argument an.

$$\frac{\partial L}{\partial q^i} - \frac{d}{dt}\left(\frac{\partial L}{\partial \dot{q}^i}\right) = 0 \qquad (8.8)$$

ist, denn der Integrand ist stetig und v beliebig mit Ausnahme von $v = 0$ an den Enden. (Die letzte Behauptung wurde im Satz 7.3.1 bewiesen.) ∎

Dem Léser steht es offen, sich zu vergewissern, daß das Hamiltonsche Prinzip so gut wie unverändert auf zeitabhängige Lagrangefunktionen übertragen werden kann. Diese Bemerkung werden wir unten ausnutzen.

Das Prinzip der stationären Wirkung. Als nächstes diskutieren wir Variationsprinzipien, wobei die Energie konstant bleiben soll. Das Intervall $[a, b]$ werden wir aber variabel lassen.

Definition 8.1.2. *Sei L eine reguläre Lagrangefunktion und Σ_e eine reguläre Energiefläche für die Energie E von L, d.h., e ist ein regulärer Wert von E und es gilt $\Sigma_e = E^{-1}(e)$. Seien $q_1, q_2 \in Q$ und sei $[a, b]$ ein gegebenes Intervall. Mit $\Omega(q_1, q_2, [a, b], e)$ bezeichnen wir die Menge der Paare (τ, c), wobei $\tau : [a, b] \to \mathbb{R}$ eine C^2-Abbildung mit $\dot{\tau} > 0$, $c : [\tau(a), \tau(b)] \to Q$ eine C^2-Kurve mit*

$$c(\tau(a)) = q_1, \quad c(\tau(b)) = q_2$$

und

$$E\left(c(\tau(t)), \dot{c}(\tau(t))\right) = e \qquad \text{für alle } t \in [a, b]$$

ist.

Indem man wie in Proposition 8.1.1 argumentiert, zeigt man durch die Berechnung der Ableitungen der Kurven $(\tau_\lambda, c_\lambda)$ in $\Omega(q_1, q_2, [a, b], e)$, daß der Tangentialraum an $\Omega(q_1, q_2, [a, b], e)$ bei (τ, c) aus dem Raum der Paare von C^2-Abbildungen

$$\alpha : [a, b] \to \mathbb{R} \quad \text{und} \quad v : [\tau(a), \tau(b)] \to TQ$$

mit $v(t) \in T_{c(t)}Q$,

$$\dot{c}(\tau(a))\alpha(a) + v(\tau(a)) = 0,$$
$$\dot{c}(\tau(b))\alpha(b) + v(\tau(b)) = 0 \qquad (8.9)$$

und

$$\mathbf{d}E[c(\tau(t)), \dot{c}(\tau(t))] \cdot [\dot{c}(\tau(t))\alpha(t) + v(\tau(t)), \ddot{c}(\tau(t))\dot{\alpha}(t) + \dot{v}(\tau(t))] = 0 \quad (8.10)$$

besteht.

Satz 8.1.2 (Das Prinzip der stationären Wirkung). *Sei $c_0(t)$ eine Lösung der Euler-Lagrange-Gleichungen und $q_1 = c_0(a)$ und $q_2 = c_0(b)$. Sei e die Energie von $c_0(t)$ und ein regulärer Wert von E. Definiere die Abbildung $\mathcal{A} : \Omega(q_1, q_2, [a, b], e) \to \mathbb{R}$ durch*

$$\mathcal{A}(\tau, c) = \int_{\tau(a)}^{\tau(b)} A(c(t), \dot{c}(t))\, dt, \qquad (8.11)$$

wobei A die Wirkung von L ist. Dann ist

$$\mathbf{d}\mathcal{A}(\mathrm{Id}, c_0) = 0, \qquad (8.12)$$

wobei Id die Identität ist. Ist umgekehrt (Id, c_0) ein kritischer Punkt von $\mathcal{A}$ und hat c_0 die Energie e, die ein regulärer Wert von E ist, dann ist c_0 eine Lösung der Euler-Lagrange-Gleichungen.

In Koordinaten lautet (8.11)

$$\mathcal{A}(\tau, c) = \int_{\tau(a)}^{\tau(b)} \frac{\partial L}{\partial \dot{q}^i} \dot{q}^i\, dt = \int_{\tau(a)}^{\tau(b)} p_i\, dq^i, \qquad (8.13)$$

was das Integral einer kanonischen 1-Form entlang einer Kurve $\gamma = (c, \dot{c})$ ist. Als Wegintegral einer 1-Form ist $\mathcal{A}(\tau, c)$ von der Parametrisierung τ unabhängig. Also kann man sich $\mathcal{A}$ als auf dem Raum der (unparametrisierten) Kurven, die q_1 und q_2 verbinden, definiert vorstellen.

Beweis. Hat die Kurve c die Energie e, so ist

$$\mathcal{A}(\tau, c) = \int_{\tau(a)}^{\tau(b)} [L(q^i, \dot{q}^i) + e]\, dt.$$

Differenziert man $\mathcal{A}$ mithilfe der Methode aus dem Satz 8.1.1 nach τ und c, erhält man

$$\mathbf{d}\mathcal{A}(\mathrm{Id}, c_0) \cdot (\alpha, v)$$
$$= \alpha(b)\left[L(c_0(b), \dot{c}_0(b)) + e\right] - \alpha(a)\left[L(c_0(a), \dot{c}_0(a)) + e\right]$$
$$+ \int_a^b \left(\frac{\partial L}{\partial q^i}(c_0(t), \dot{c}_0(t))v^i(t) + \frac{\partial L}{\partial \dot{q}^i}(c_0(t), \dot{c}_0(t))\dot{v}^i(t) \right) dt. \qquad (8.14)$$

Durch partielle Integration ergibt sich dann

$$\mathbf{d}\mathcal{A}(\mathrm{Id}, c_0) \cdot (\alpha, v)$$
$$= \left[\alpha(t)\left[L(c_0(t), \dot{c}_0(t)) + e\right] + \frac{\partial L}{\partial \dot{q}^i}(c_0(t), \dot{c}_0(t))v^i(t) \right]_a^b$$
$$+ \int_a^b \left(\frac{\partial L}{\partial q^i}(c_0(t), \dot{c}_0(t)) - \frac{d}{dt}\frac{\partial L}{\partial \dot{q}^i}(c_0(t), \dot{c}_0(t)) \right) v^i(t)\, dt. \qquad (8.15)$$

Mit den Randbedingungen $v = -\dot{c}\alpha$ aus der Beschreibung des Tangentialraums $T_{(\mathrm{Id}, c_0)}\Omega(q_1, q_2, [a, b], e)$ und der Energieeinschränkung $(\partial L/\partial \dot{q}^i)\dot{c}^i - L = e$ heben sich die Randterme weg und es bleibt

$$\mathbf{d}\mathcal{A}(\mathrm{Id}, c_0) \cdot (\alpha, v) = \int_a^b \left(\frac{\partial L}{\partial q^i} - \frac{d}{dt} \frac{\partial L}{\partial \dot{q}^i} \right) v^i \, dt. \tag{8.16}$$

Dabei ist v frei wählbar. Man beachte, daß das Vorhandensein von α in der linearisierten Energieeinschränkung bedeutet, daß die Variationen v^i auf den offenen Mengen, wo $\dot{c} \neq 0$ ist, nicht eingeschränkt sind. Daraus folgt die Behauptung. ∎

Ist $L = K - V$, wobei K die kinetische Energie einer Riemannschen Metrik ist, dann besagt der Satz 8.1.2, daß eine Kurve c_0 genau dann eine Lösung der Euler-Lagrange-Gleichungen ist, wenn

$$\delta_e \int_a^b 2K(c_0, \dot{c}_0) \, dt = 0 \tag{8.17}$$

gilt, wobei δ_e eine Variation bezeichnet, bei der die Energie und die Endpunkte festgehalten werden, wo die Parametrisierung sich aber ändern kann. Dies steht symbolisch für die in Satz 8.1.2 präzisierte Aussage. Mit $K \geq 0$ zeigt eine Berechnung der Euler-Lagrange-Gleichungen (Übung 8.1.3), daß (8.17)

$$\delta_e \int_a^b \sqrt{2K(c_0, \dot{c}_0)} \, dt = 0 \tag{8.18}$$

entspricht, d.h., die Bogenlänge wird extremal (bei konstanter Energie). Dies ist das **Prinzip der „kleinsten Wirkung" in der Form von Jacobi** und stellt das Verbindungsglied zwischen der Mechanik und der geometrischen Optik dar, was eine der ursprünglichen Motivationen von Hamilton war. Insbesondere werden Geodäten durch ihre extremale Bogenlänge charakterisiert. Mit der Jacobimetrik (vgl. §7.7) gelangt man zu einem weiteren Variationsprinzip.[3]

Der Phasenraum für das Variationsprinzip. Die obigen Variationsprinzipien für Lagrangesche Systeme führen bis zu einem gewissen Grad auf Hamiltonsche Systeme.

Satz 8.1.3 (Das Hamiltonsche Prinzip im Phasenraum). *Betrachte die Hamiltonfunktion H auf einem gegebenen Kotangentialbündel T^*Q. Eine Kurve $(q^i(t), p_i(t))$ in T^*Q erfüllt genau dann die Hamiltonschen Gleichungen, wenn*

$$\delta \int_a^b [p_i \dot{q}^i - H(q^i, p_i)] \, dt = 0 \tag{8.19}$$

für Variationen über Kurven $(q^i(t), p_i(t))$ im Phasenraum gilt, wobei die $\dot{q}^i = dq^i/dt$ und die q^i in den Endpunkten fest sind.

---

[3] Von Gauß, Hertz, Gibbs und Appell stammen andere interessante Variationsprinzipien. Einen modernen Zugang und weitere Literaturhinweise findet man bei Lewis [1996].

Beweis. Mit einer Berechnung wie in (8.6) kommt man auf

$$\delta \int_a^b [p_i \dot{q}^i - H(q^i, p_i)] \, dt = \int_a^b \left[(\delta p_i) \dot{q}^i + p_i (\delta \dot{q}^i) - \frac{\partial H}{\partial q^i} \delta q^i - \frac{\partial H}{\partial p_i} \delta p_i \right] dt.$$
(8.20)

Da die $q^i(t)$ in den beiden Enden fest sind, ist dort $p_i \delta q^i = 0$ und folglich kann der zweite Term von (8.20) partiell integriert werden, um

$$\int_a^b \left[\dot{q}^i (\delta p_i) - \dot{p}_i (\delta q^i) - \frac{\partial H}{\partial q^i} \delta q^i - \frac{\partial H}{\partial p_i} \delta p_i \right] dt$$
(8.21)

zu erhalten. Dieser Ausdruck verschwindet genau dann für alle $\delta p_i, \delta q^i$, wenn die Hamiltonschen Gleichungen erfüllt sind.   ∎

Das Hamiltonsche Prinzip im Phasenraum (8.19) auf einer exakten symplektischen Mannigfaltigkeit $(P, \Omega = -\mathbf{d}\Theta)$ lautet

$$\delta \int_a^b (\Theta - H dt) = 0,$$
(8.22)

wiederum mit geeigneten Randbedingungen. Entsprechend lautet das Prinzip der kleinsten Wirkung unter der Bedingung, daß H konstant ist,

$$\delta \int_{\tau(a)}^{\tau(b)} \Theta = 0.$$
(8.23)

Bei Cendra und Marsden [1987], Cendra, Ibort und Marsden [1987], Marsden und Scheurle [1993a, 1993b] und Holm, Marsden und Ratiu [1998a] wird gezeigt, wie man auf bestimmten symplektischen Mannigfaltigkeiten, wenn Ω nicht exakt ist, und sogar auf einigen Poissonmannigfaltigkeiten, die man durch einen Reduktionsprozeß erhält, Variationsprinzipien konstruieren kann. Das Variationsprinzip für die Euler-Poincaré-Gleichungen, das in der Einleitung beschrieben wurde und auf das wir wieder in Kap. 13 stoßen werden, ist ein besonderer Fall dieses Variationsprinzips.

Die 1-Form $\Theta_H := \Theta - H dt$ in (8.22), aufgefaßt als eine 1-Form auf $P \times \mathbb{R}$, stellt ein Beispiel einer **Kontaktform** dar und spielt eine besondere Rolle in der zeitabhängigen und relativistischen Mechanik. Sei

$$\Omega_H = -\mathbf{d}\Theta_H = \Omega + dH \wedge dt$$

und man beachte, daß das Vektorfeld X_H durch die Aussage charakterisiert ist, daß seine Suspension $\tilde{X}_H = (X_H, 1)$, ein Vektorfeld auf $P \times \mathbb{R}$, im Kern von Ω_H liegt:

$$\mathbf{i}_{\tilde{X}_H} \Omega_H = 0.$$

Übungen

Übung 8.1.1. Zeige, daß für das Hamiltonsche Prinzip die festen Randbedingungen $q(a)$ und $q(b)$ zu $p(b) \cdot \delta q(b) = p(a) \cdot \delta q(a)$ abgeändert werden können. Wie lautet die entsprechende Aussage für das Hamiltonsche Prinzip im Phasenraum?

Übung 8.1.2. Zeige, daß die Gleichungen für ein Teilchen im Magnetfeld B und einem Potential V in folgender Form geschrieben werden können:

$$\delta \int (K - V)\, dt = -\frac{e}{c} \int \delta q \cdot (v \times B)\, dt.$$

Übung 8.1.3. Zeige explizit die Äquivalenz von

$$\delta_e \int_a^b 2K(c_0, \dot{c}_0)\, dt = 0$$

und

$$\delta_e \int_a^b \sqrt{2K(c_0, \dot{c}_0)}\, dt = 0.$$

8.2 Die Geometrie der Variationsprinzipien

In Kapitel 7 haben wir die „Geometrie" der Lagrangeschen Systeme auf TQ hergeleitet, indem wir sie von der Geometrie der Hamiltonschen Mechanik auf T^*Q zurückgezogen haben. Wir zeigen nun, wie *die gesamte elementare Geometrie Lagrangescher Systeme direkt aus dem Hamiltonschen Prinzip hergeleitet werden kann*. Die nachstehende Ausführung basiert auf der Arbeit von Marsden, Patrick und Shkoller [1998].

Ein kurzer Rückblick.   Wir erinnern daran, daß wir das *Wirkungsfunktional* $\mathfrak{S}$ auf C^2-Kurven $q(t)$, $a \leq t \leq b$ zu einer gegebenen Lagrangefunktion $L : TQ \to \mathbb{R}$ (in Koordinaten) durch

$$\mathfrak{S}\big(q(\cdot)\big) \equiv \int_a^b L\left(q^i(t), \frac{dq^i}{dt}(t) \right) dt \tag{8.24}$$

konstruieren. Das Hamiltonsche Prinzip (Satz 8.1.1) sucht nach den Kurven $q(t)$, für die das Funktional $\mathfrak{S}$ unter Variationen von $q^i(t)$ mit *festen Endpunkten* zu *festen Zeitpunkten* stationär ist. Die Berechnung ergab

$$\mathbf{d}\mathfrak{S}\big(q(\cdot)\big) \cdot \delta q(\cdot) = \int_a^b \delta q^i \left(\frac{\partial L}{\partial q^i} - \frac{d}{dt}\frac{\partial L}{\partial \dot{q}^i} \right) dt + \frac{\partial L}{\partial \dot{q}^i}\delta q^i \bigg|_a^b. \tag{8.25}$$

Da $\delta q(a) = \delta q(b) = 0$ ist, verschwindet der letzte Term in (8.25), so daß die Bedingung, daß $q(t)$ für $\mathfrak{S}$ stationär ist, auf die Euler-Lagrange-Gleichungen

$$\frac{\partial L}{\partial q^i} - \frac{d}{dt}\frac{\partial L}{\partial \dot{q}^i} = 0 \qquad (8.26)$$

führt. Wir haben L **regulär** genannt, falls die Matrix $[\partial^2 L/\partial \dot{q}^i \partial \dot{q}^j]$ überall nichtsingulär ist und gesehen, daß die Euler-Lagrange-Gleichungen in diesem Falle gewöhnliche Differentialgleichungen zweiter Ordnung für die gesuchten Kurven sind.

Da die Wirkung (8.24) von der Koordinatenwahl unabhängig ist, sind die Euler-Lagrange-Gleichungen ebenfalls koordinatenunabhängig. Folglich können die Euler-Lagrange-Gleichungen koordinatenfrei in der Sprache der Differentialgeometrie formuliert werden.

Man erinnere sich auch daran, daß die **kanonische** 1-**Form** Θ auf dem $2n$-dimensionalen Kotangentialbündel T^*Q von Q durch

$$\Theta(\alpha_q) \cdot w_{\alpha_q} = \langle \alpha_q, T_{\alpha_q}\pi_Q(w_{\alpha_q})\rangle$$

definiert ist, wobei $\alpha_q \in T_q^*Q$, $w_{\alpha_q} \in T_{\alpha_q}T^*Q$ und $\pi_Q : T^*Q \to Q$ die Projektion ist. Die Lagrangefunktion L definiert eine fasererhaltende Bündelabbildung $\mathbb{F}L : TQ \to T^*Q$, die Legendretransformation, durch die Faserableitung:

$$\mathbb{F}L(v_q) \cdot w_q = \left.\frac{d}{d\epsilon}\right|_{\epsilon=0} L(v_q + \epsilon w_q). \qquad (8.27)$$

Üblicherweise definiert man die **Lagrangesche** 1-**Form** auf TQ durch den Pullback

$$\Theta_L = \mathbb{F}L^*\Theta$$

und die **Lagrangesche** 2-**Form** durch $\Omega_L = -d\Theta_L$. Dann suchen wir ein Vektorfeld X_E (das **Lagrangesche Vektorfeld**) auf TQ, für das $X_E \lrcorner \Omega_L = dE$ ist, wobei man die **Energie** E durch

$$E(v_q) = \langle \mathbb{F}L(v_q), v_q\rangle - L(v_q) = \Theta_L(X_E)(v_q) - L(v_q)$$

definiert.

Ist $\mathbb{F}L$ ein lokaler Diffeomorphismus, was äquivalent dazu ist, daß L regulär ist, dann existiert X_E, ist eindeutig und die Integralkurven lösen die Euler-Lagrange-Gleichungen. Die Euler-Lagrange-Gleichungen sind Gleichungen zweiter Ordung auf TQ. Zudem ist der Fluß F_t von X_E symplektisch, d.h., erhält $\Omega_L : F_t^*\Omega_L = \Omega_L$. Diese Ergebnisse wurden mithilfe der Differentialformen und der Lieableitung in den letzten drei Kapiteln bewiesen.

Anwendungen des Variationsprinzips.   Nicht nur, um traditionsbewußt zu sein, arbeitet man auf der „Lagrangeschen Seite", oftmals sprechen auch handfeste Vorteile dafür, den Lagrangeschen Formalismus zu verwenden. Es lassen sich viele Beispiele anführen, insbesondere die Theorie der Lagrangereduktion (hier kann man die Euler-Poincaré-Gleichungen anführen) stellt eines dar. Andere Beispiele sind der von Wald [1993] gegebene direkte Variationszugang zu Fragen der Dynamik schwarzer Löcher und die Entwicklung der

Variationsasymptotik (vgl. Holm [1996], Holm, Marsden und Ratiu [1998b] und die dortigen Literaturhinweise). Bei solchen Untersuchungen steht das Variationsprinzip im Mittelpunkt des Interesses.

Man beginnt mit der Entwicklung, indem man die Endpunktbedingungen $\delta q(a) = \delta q(b) = 0$ aus (8.25) entfernt, aber das Zeitintervall fest läßt. Die Gleichung (8.25) wird dann zu

$$\mathbf{d}\mathfrak{S}(q(\cdot)) \cdot \delta q(\cdot) = \int_a^b \delta q^i \left(\frac{\partial L}{\partial q^i} - \frac{d}{dt} \frac{\partial L}{\partial \dot{q}^i} \right) dt + \frac{\partial L}{\partial \dot{q}^i} \delta q^i \Big|_a^b . \tag{8.28}$$

Die linke Seite wirkt nun aber auf allgemeinere δq und entsprechend muß der letzte Term auf der rechten Seite nicht mehr verschwinden. Dieser letzte Term in (8.28) ist eine lineare Paarung der Funktion $\partial L / \partial \dot{q}^i$, einer Funktion von $\dot{q}^i$ und q^i, mit dem Tangentialvektor δq^i. Demnach kann man ihn als eine 1-Form auf TQ auffassen, nämlich als die Lagrangesche 1-Form $(\partial L / \partial \dot{q}^i) dq^i$.

Satz 8.2.1. *Sei L ein C^k-Lagrangefunktion mit $k \geq 2$, dann existieren eine eindeutige C^{k-2}-Abbildung $D_{EL}L : \ddot{Q} \to T^*Q$, die auf der* **Untermannigfaltigkeit zweiter Ordnung**

$$\ddot{Q} := \left\{ \frac{d^2 q}{dt^2}(0) \in T(TQ) \,\bigg|\, q \text{ ist eine } C^2\text{-Kurve in } Q \right\}$$

von $T(TQ)$ definiert ist, und eine eindeutige C^{k-1}-1-Form Θ_L auf TQ, so daß für alle C^2-Variationen $q_\epsilon(t)$ (in einem festen t-Intervall) von $q(t)$, wobei $q_0(t) = q(t)$ ist,

$$\mathbf{d}\mathfrak{S}(q(\cdot)) \cdot \delta q(\cdot) = \int_a^b D_{EL}L \left(\frac{d^2 q}{dt^2} \right) \cdot \delta q \, dt + \Theta_L \left(\frac{dq}{dt} \right) \cdot \hat{\delta} q \Big|_a^b \tag{8.29}$$

gilt. Dabei ist

$$\delta q(t) = \frac{d}{d\epsilon} \Big|_{\epsilon=0} q_\epsilon(t) \quad und \quad \hat{\delta} q(t) = \frac{d}{d\epsilon} \Big|_{\epsilon=0} \frac{d}{dt} q_\epsilon(t).$$

Die so definierte 1-Form wird **Lagrangesche 1-Form** *genannt.*

Die Eindeutigkeit und die lokale Existenz folgen aus der Berechnung (8.25). Die Koordinatenunabhängigkeit der Wirkung impliziert die globale Existenz von D_{EL} und der 1-Form Θ_L.

Verwendet man das Variationsprinzip, so ist also die Lagrangesche 1-Form Θ_L der „Randteil" der Funktionalableitung von der Wirkung, wenn der Rand variiert wird. Die symplektische Form entspricht der negativen äußere Ableitung von Θ_L, d.h., $\Omega_L \equiv -\mathbf{d}\Theta_L$.

Lagrangesche Flüsse sind symplektisch.   Daß die Lösungen der Euler-Lagrange-Gleichungen auf eine symplektische Abbildung führen, war eine von Lagranges wichtigsten Entdeckungen. Es war eine seltsame Verdrehung der Geschichte, daß er ohne den Apparat der Differentialformen, dem Hamiltonformalismus oder dem Hamiltonschen Prinzip zu diesem Ergebnis gelangte.

Ist L regulär, so liefert das Variationsprinzip koordinatenunabhängige gewöhnliche Differentialgleichungen zweiter Ordnung. Wir bezeichnen das so erhaltene Vektorfeld auf TQ zeitweilig mit X und dessen Fluß mit F_t. Betrachte nun die Einschränkung von $\mathfrak{S}$ auf den Unterraum $\mathcal{C}_L$ der Lösungen des Variationsprinzips. Der Raum $\mathcal{C}_L$ kann mit den Anfangsbedingungen für den Fluß identifiziert werden. Wir ordnen $v_q \in TQ$ die Integralkurve $s \mapsto F_s(v_q)$, $s \in [0, t]$ zu. Der Wert von $\mathfrak{S}$ auf der Lösungskurve $q(s) = \pi_Q(F_s(v_q))$ wird mit $\mathfrak{S}_t$ bezeichnet, also ist

$$\mathfrak{S}_t = \int_0^t L(F_s(v_q))\, ds. \tag{8.30}$$

Dies wird ebenfalls die **Wirkung** genannt. Wir betrachten $\mathfrak{S}_t$ als eine reellwertige Funktion auf TQ. Wegen (8.30) ist $d\mathfrak{S}_t/dt = L(F_t(v_q))$. Aus der grundlegenden Gleichung (8.29) wird

$$\mathbf{d}\mathfrak{S}_t(v_q) \cdot w_{v_q} = \Theta_L\big(F_t(v_q)\big) \cdot \frac{d}{d\epsilon}\bigg|_{\epsilon=0} F_t(v_q + \epsilon w_{v_q}) - \Theta_L(v_q) \cdot w_{v_q},$$

wobei $\epsilon \mapsto v_q + \epsilon w_{v_q}$ symbolisch eine Kurve bei v_q in TQ mit Ableitung w_{v_q} darstellt. Man beachte, daß der erste Term auf der rechten Seite von (8.29) verschwindet, da wir $\mathfrak{S}$ auf Lösungen eingeschränkt haben. Der zweite Term wird zu dem erwähnten, indem man verwendet, daß $\mathfrak{S}_t$ nun als eine Funktion auf TQ aufgefaßt wird. Also bekommen wir die Gleichung

$$\mathbf{d}\mathfrak{S}_t = F_t^* \Theta_L - \Theta_L. \tag{8.31}$$

Bildet man die äußere Ableitung von (8.31), so gelangt man zu der grundlegenden Erkenntnis, daß der Fluß von X symplektisch ist:

$$0 = \mathbf{d}\mathbf{d}\mathfrak{S}_t = \mathbf{d}(F_t^* \Theta_L - \Theta_L) = -F_t^* \Omega_L + \Omega_L,$$

also ist $F_t^* \Omega_L = \Omega_L$. *Unter Verwendung des Variationsprinzips haben wir also gezeigt, daß eine symplektische Evolution des Systems der Gleichung* $\mathbf{d}^2 = 0$ *entspricht, wenn man diese für die auf den Lösungsraum des Variationsprinzips eingeschränkte Wirkung explizit ausschreibt.* Mit der Gleichung (8.31) erhält man auch differentialgeometrische Gleichungen für X. Denn bildet man die Zeitableitung von (8.31), so erhält man $\mathbf{d}L = \pounds_X \Theta_L$. Damit ist

$$X \lrcorner\, \Omega_L = -X \lrcorner\, \mathbf{d}\Theta_L = -\pounds_X \Theta_L + \mathbf{d}(X \lrcorner\, \Theta_L) = \mathbf{d}(X \lrcorner\, \Theta_L - L) = \mathbf{d}E,$$

wobei wir $E = X \lrcorner\, \Theta_L - L$ definieren. Also erhalten wir auf ganz natürliche Weise $X = X_E$.

Die Hamilton-Jacobi-Gleichung.   Als nächstes leiten wir die Hamilton-Jacobi-Gleichung aus Variationsprinzipien her. *Für eine zeitabhängige Lagrangefunktion L* zeigte Jacobi [1866], daß das durch

$$S(q^i, \bar{q}^i, t) = \int_{t_0}^{t} L(q^i(s), \dot{q}^i(s), s) \, ds$$

definierte **Wirkungsintegral** die Hamilton-Jacobi-Gleichung erfüllt, wobei $q^i(s)$ die Lösung der Euler-Lagrange-Gleichung zu den Anfangsbedingungen $q^i(t_0) = \bar{q}^i$ und $q^i(t) = q^i$ ist. Jacobis Argument setzt mehrere Annahmen voraus: L ist regulär und das Zeitintervall $|t - t_0|$ wird als klein angesehen, so daß nach dem Satz über konvexe Umgebungen S eine wohldefinierte Funktion der Endpunkte ist. Solange die Lösung $q(t)$ nahe einer nichtkonjugierten Lösung ist, darf $|t - t_0|$ groß sein.

Satz 8.2.2 (Hamilton-Jacobi). *Unter den obigen Annahmen erfüllt die Funktion $S(q, \bar{q}, t)$ die Hamilton-Jacobi-Gleichung*

$$\frac{\partial S}{\partial t} + H\left(q, \frac{\partial S}{\partial q}, t\right) = 0.$$

Beweis. In dieser Gleichung wird $\bar{q}$ festgehalten. Sei v ein implizit durch

$$\pi_Q F_t(v) = q \tag{8.32}$$

definierter Tangentialvektor in $\bar{q}$, wobei $F_t : TQ \to TQ$ der Fluß der Euler-Lagrange-Gleichungen wie im Satz 7.4.2 ist. Identifiziert man wie zuvor den Lösungsraum $\mathcal{C}_L$ der Euler-Lagrange-Gleichungen mit der Menge der Anfangsbedingungen also TQ, so erhalten wir

$$\mathfrak{S}_t(v_q) := S(q, \bar{q}, t) := \int_0^t L(F_s(v_q), s) \, ds \tag{8.33}$$

als eine reellwertige Funktion auf TQ. Somit ergibt die Gleichung (8.33) mit der Kettenregel und unseren vorherigen Berechnungen für $\mathfrak{S}_t$ (siehe (8.31))

$$\begin{aligned}
\frac{\partial S}{\partial t} &= \frac{\partial \mathfrak{S}_t}{\partial t} + \mathbf{d}\mathfrak{S}_t \cdot \frac{\partial v}{\partial t} \\
&= L(F_t(v), t) + (F_t^* \Theta_L)\left(\frac{\partial v}{\partial t}\right) - \Theta_L\left(\frac{\partial v}{\partial t}\right),
\end{aligned} \tag{8.34}$$

wobei $\partial v / \partial t$ bestimmt wird, indem man $\bar{q}$ und q festhält und nur t variiert. Man beachte, daß in (8.34) q und $\bar{q}$ auf beiden Seiten der Gleichung festgehalten werden; $\partial S / \partial t$ ist eine *partielle* und *keine totale* Zeitableitung.

Leitet man die definierende Bedingung (8.32) implizit nach t ab, so erhält man

$$T\pi_Q \cdot X_E(F_t(v)) + T\pi_Q \cdot TF_t \cdot \frac{\partial v}{\partial t} = 0.$$

Weil $X_E(u)$ eine Gleichung zweiter Ordnung ist, gilt $T\pi_Q \cdot X_E(u) = u$ und somit

$$T\pi_Q \cdot TF_t \cdot \frac{\partial v}{\partial t} = -\dot{q}$$

mit $(q, \dot{q}) = F_t(v) \in T_q Q$. Also gilt

$$(F_t^* \Theta_L) \left(\frac{\partial v}{\partial t} \right) = \frac{\partial L}{\partial \dot{q}^i} \dot{q}^i.$$

Und weil sich der Basispunkt von v von t unabhängig ist, $T\pi_Q \cdot (\partial v / \partial t) = 0$, gilt $\Theta_L(\partial v / \partial t) = 0$. Folglich wird (8.34) zu

$$\frac{\partial S}{\partial t} = L(q, \dot{q}, t) - \frac{\partial L}{\partial \dot{q}} \dot{q} = -H(q, p, t),$$

wobei wie üblich $p = \partial L / \partial \dot{q}$ ist.

Es bleibt nur $\partial S / \partial q = p$ zu zeigen. Dazu leiten wir (8.32) implizit nach $\dot{q}$ ab und erhalten so

$$T\pi_Q \cdot TF_t(v) \cdot (T_q v \cdot u) = u. \tag{8.35}$$

Dann folgt aus (8.33) und (8.31)

$$T_q S(q, \bar{q}, t) \cdot u = \mathbf{d}\mathfrak{S}_t(v) \cdot (T_q v \cdot u)$$
$$= (F_t^* \Theta_L)(T_q v \cdot u) - \Theta_L(T_q v \cdot u).$$

Wie in (8.34) verschwindet der letzte Ausdruck, da der Basispunkt $\bar{q}$ von v fest ist. Für $p = \mathbb{F}L(F_t(v))$ erhalten wir aus der Definition von Θ_L und des Pullbacks mit (8.35)

$$(F_t^* \Theta_L)(T_q v \cdot u) = \langle p, T\pi_Q \cdot TF_t(v) \cdot (T_q v \cdot u) \rangle = \langle p, u \rangle.$$

■

Daß $\partial S / \partial q = p$ ist, folgt auch aus der Definition von S und der elementaren Formel (8.28). So wie wir $p = \partial S / \partial q$ gezeigt haben, können wir auch $\partial S / \partial \bar{q} = -\bar{p}$ herleiten. Mit anderen Worten: *S ist die Erzeugendenfunktion für die kanonische Transformation* $(q, p) \mapsto (\bar{q}, \bar{p})$.

Geschichtliches zu den Euler-Lagrange-Gleichungen.   In den folgenden Abschnitten machen wir ein paar historischen Bemerkungen zu den Euler-Lagrange-Gleichungen.[4] Natürlich befaßt sich ein Großteil des Textes mit Lagrange. Der Abschnitt V in Lagrange *Mécanique Analytique* [1788]

---

[4] Viele dieser interessanten historischen Einzelheiten erfuhren wir von Hans Duistermaat, dem wir sehr dankbar sind. Um weitere interessante historische Informationen zu erhalten, kann man auch einige Standardtexte von Whittaker [1927], Wintner [1941] und Lanczos [1949] zu Rate ziehen.

beinhaltet die Bewegungsgleichungen in der Euler-Lagrange-Form (8.3). Lagrange schreibt $Z = T - V$ für das, was wir heute die Lagrangefunktion nennen. In dem Abschnitt davor kommt Lagrange zu diesen Gleichungen, indem er nach einem koordinateninvarianten Ausdruck für Masse mal Beschleunigung sucht. Sein Schluß ist, daß sie (in Kurzschreibweise) durch $(d/dt)(\partial T/\partial v) - \partial T/\partial q$ gegeben sind, was sich unter beliebigen Substitutionen von Ortsvariablen wie eine 1-Form transformiert. Lagrange sah *nicht*, daß die Bewegungsgleichungen zu dem Variationsprinzip

$$\delta \int L\, dt = 0$$

äquivalent sind. Dies wurde nur wenige Jahrzehnte später von Hamilton [1834] bemerkt. Das Sonderbare daran ist, daß Lagrange die allgemeine Form der Differentialgleichungen für Variationprobleme *kannte*, und tatsächlich kommentiert er Eulers Beweis hierzu. Seine frühe Arbeit dazu im Jahre 1759 wurde von Euler sehr bewundert. Er wandte es sofort an, um das Prinzip der kleinsten Wirkung von Maupertuis aus den Newtonschen Bewegungsgleichungen abzuleiten. Dieses Prinzip, daß offenbar aus der frühen Arbeit von Leibniz herrührt, ist insofern ein unnatürliches Prinzip, als daß nur über Kurven konstanter Energie variiert wird. Es ist wieder das Hamiltonsche Prinzip, das man im *zeitabhängigen* Fall, also wenn H *nicht* erhalten bleibt, anwenden und dahingehend verallgemeinern kann, daß auch gewisse äußere Kräfte berücksichtigt werden können.

In der *Mécanique Analytique* geht diese Diskussion der Untersuchung der Bewegungsgleichungen in allgemeinen Koordinaten voraus. Die Gleichungen sind daher für den Fall formuliert, wo die kinetische Energie von der Form $\sum_i m_i v_i^2$ mit positiven Konstanten m_i ist. Auch Wintner [1941] ist darüber verblüfft, daß das kompliziertere Prinzip von Maupertuis dem Hamiltonschen Prinzip vorausgeht. Eine mögliche Erklärung ist die: Lagrange hat L nicht als eine physikalisch relevante Größe, sondern lediglich als eine Funktion angesehen, mit der man die Bewegungsgleichungen bequem in einer koordinatenunabhängigen Darstellung schreiben kann. Dazu beitragen kann auch der zeitliche Abstand zwischen seiner Arbeit zur Variationsrechnung und der *Méchanique Analytique* (1788,1808) – er hat vielleicht nicht an die Variationsrechnung gedacht, als er sich die Frage der koordinateninvarianten Schreibweise der Bewegungsgleichungen stellte.

Das Kapitel V beginnt mit der Diskussion der Tatsache, daß die Position und Geschwindigkeit zur Zeit t von der Anfangsposition und Anfangsgeschwindigkeit abhängen, die frei wählbar sind. Dies können wir (indem wir der Einfachheit halber keine Indizes an die Koordinaten schreiben) so formulieren: $q = q(t, q_0, v_0)$, $v = v(t, q_0, v_0)$ und in der modernen Terminologie würden wir von dem Fluß im $x = (q, v)$-Raum sprechen. Beim Lesen der Arbeit von Lagrange hat man das Problem, daß er die Variablen, von denen die Größen abhängen, nicht explizit hinschreibt. Er führt dann jeweils eine infinitesimale Variation der Anfangsbedingungen durch und betrachtet anschließend die zugehörigen Variationen von Ort und Geschwindigkeit zur Zeit t. In unserer Notation heißt das: $\delta x = (\partial x / \partial x_0)(t, x_0)\delta x_0$. Wir würden sagen, er betrachtet die Tangentialabbildung des Flusses auf dem Tangentialbündel von $X = TQ$. Jetzt kommt das erste interessante Ergebnis. Er führt zwei Variationen durch, δx und Δx, und gibt eine Bilinearform $\omega(\delta x, \Delta x)$ an, die wir als den Pullback der kanonischen symplektischen Form auf dem Kotangentialbündel von Q mittels der Faserableitung $\mathbb{F}L$ identifizieren. Was er dann zeigt, ist, daß dieses symplektische Produkt eine Funktion ist, die nicht von t abhängt, was nichts anderes als die *Invarianz der symplektischen Form ω unter dem Fluß in TQ* ist.

Es ist auffallend, daß Lagrange die Invarianz der symplektischen Form auf TQ und nicht auf T^*Q erhält, wie bei uns im Text, wo diese aus dem Hamiltonschen Prinzip hergeleitet wird. Lagrange betrachtet die Bewegungsgleichungen *nicht* mithilfe der Transformation $\mathbb{F}L$ im Kotangentialbündel. Wiederum ist es Hamilton, der bemerkt, daß diese die kanonische Hamiltonsche Form haben. Im Rückblick erscheint es rätselhaft, denn später im Kapitel V weist Lagrange sehr ausdrücklich darauf hin, daß es nützlich ist, mithilfe der Koordinatentransformation $\mathbb{F}L$ zu den (q, p)-Koordinaten überzugehen, und er schreibt sogar ein System gewöhnlicher Differentialgleichungen *in Hamiltonscher Form*, aber mit einer sonderbaren Funktion $-\Omega$ anstelle der Gesamtenergie H. Lagrange verwendet den Buchstaben H zur Bezeichnung eines konstanten Energiewertes, offensichlich in Anlehnung an Huygens. Er verstand auch die Impulserhaltung als eine Folge der Translationssymmetrie.

In dem Abschnitt, wo er diese Betrachtungen anstellt, behandelt er den Fall eines gestörten Systems, für das er anstatt $V(q)$ das Potential $V(q) - \Omega(q)$ verwendet. Die kinetische Energie bleibt dabei unverändert. Auf dieses Störungsproblem wendet er sein berühmte Methode der Variation der Konstanten an, die hier in einem wahrhaft nichtlinearen Kontext vorgestellt wird! In unserer Notation formuliert heißt das, er erhält $t \mapsto x(t, x_0)$ als eine Lösung des ungestörten Systems und untersucht dann die Differentialgleichungen für $x_0(t)$, für die $t \mapsto x(t, x_0(t))$ eine Lösung des gestörten Systems ist. Falls V das Vektorfeld des ungestörten und $V + W$ das des gestörten Systems ist, erhalten wir also

$$\frac{dx_0}{dt} = ((e^{tV})^* W)(x_0).$$

In Worten: $x_0(t)$ ist eine Lösung des zeitabhängigen Systems, dessen Vektorfeld durch den Pullback von W mit dem Fluß von V zur Zeit t gegeben ist. In dem Fall, den Lagrange betrachtet, ist die dq/dt-Komponente der Störung Null und die dp/dt-Komponente entspricht $\partial\Omega/\partial q$. Also hat sie eine Hamiltonsche Form. Hier werden keine Legendretransformationen eingesetzt (die Lagrange anscheinend nicht kennt). Er wußte allerdings schon, daß der Fluß des ungestörten Systems die symplektische Form erhält, und er zeigt, daß der Pullback seines W unter solchen Transformationen ein Vektorfeld in Hamiltonscher Form ist. Dies ist sogar ein zeitabhängiges Vektorfeld, definiert durch die Funktion

$$G(t, q_0, p_0) = -\Omega(q(t, q_0, p_0)).$$

Eventuell verwirrend ist jedoch die Tatsache, daß er die Bezeichnung $-\Omega$ verwendet und man dann, wenn er Ausdrücke wie $d\Omega/dp$ verwendet, zunächst meint, daß diese Null sein müßten, denn Ω sollte ja nur von q abhängen. Lagrange meint vermutlich

$$\frac{dq_0}{dt} = \frac{\partial G}{\partial p_0}, \qquad \frac{dp_0}{dt} = -\frac{\partial G}{\partial q_0}.$$

In den meisten klassischen Lehrbüchern zur Mechanik, z.B. in Routh [1877, 1884], wird zu Recht darauf aufmerksam gemacht, daß Lagrange die Invarianz der symplektischen Form in (q, v)-Koordinaten (anstelle der in (q, p)-Koordinaten) verwendet. Weniger Aufmerksamkeit wird gewöhnlich der Gleichung der Variation der Konstanten in Hamiltonscher Form geschenkt. Es muß aber allgemein bekannt gewesen sein, daß Lagrange diese hergeleitet hat, siehe z.B. Weinstein [1981]. Wir sollten anmerken, wie komplex die Frage nach der Linearisierung der Euler-Lagrange- und Hamiltonschen Gleichungen und wie diffizil die Untersuchung der resultierenden mechanischen Struktur ist (siehe z.B. Marsden, Ratiu und Raugel [1991]).

Anschließend führt Lagrange die *Poissonklammern* für beliebige Funktionen ein und erklärt, daß man mit ihnen leicht die Zeitableitung beliebiger Funktionen von beliebigen Variablen entlang Lösungen eines Systems in Hamiltonscher Form formulieren kann. Er sagt auch, daß $x_0(t)$ für hinreichend kleines Ω in nullter Ordnung konstant ist, und erhält die Näherung nächster Ordnung durch Integration nach t. Hier finden sich bei Lagrange die ersten Ansätz der sogenannten **Mittelungsmethode**. Als Lagrange (im Jahre 1808) die Invarianz der symplektischen Form, die Gleichungen der Variation der Konstanten in Hamiltonscher Form und die Poissonklammern entdeckte, war er schon 73 Jahre alt. Es ist ziemlich wahrscheinlich, daß Lagrange derzeit Poisson an seinen Ideen bzgl. der Klammern teilhaben ließ. Jedenfalls ist klar, daß Lagrange für die Entwicklung der symplektischen Darstellung der Mechanik von überraschend großer Bedeutung war.

Übungen

Übung 8.2.1. Ausgehend vom Phasenraum des Hamiltonschen Prinzips leite man die Hamilton-Jacobi-Gleichung her.

8.3 Systeme mit Zwangsbedingungen

Wir beginnen diesen Abschnitt mit dem Satz über die Lagrangeschen Multiplikatoren, um dann damit Systeme mit Zwangsbedingungen untersuchen zu können.

Der Satz über die Lagrangeschen Multiplikatoren.   Wir geben den Satz und eine Beweisskizze an, werden aber in technischen Fragen nicht vollkommen präzise sein (z.B. hinsichtlich der Interpretation der Dualräume). Für Details verweisen wir auf Abraham, Marsden und Ratiu [1988].

Betrachte zunächst Funktionen, die auf linearen Räumen definiert sind. V und Λ seien Banachräume und $\varphi : V \to \Lambda$ sei eine glatte Abbildung. 0 sei ein regulärer Wert von φ, so daß $C := \varphi^{-1}(0)$ eine Untermannigfaltigkeit ist. Ferner sei $h : V \to \mathbb{R}$ eine glatte Funktion und $\overline{h} : V \times \Lambda^* \to \mathbb{R}$ durch

$$\overline{h}(x, \lambda) = h(x) - \langle \lambda, \varphi(x) \rangle \tag{8.36}$$

definiert.

Satz 8.3.1 (über die Lagrangeschen Multiplikatoren für lineare Räume). *Die folgenden Bedingungen an $x_0 \in C$ sind äquivalent:*

(i) *x_0 ist ein kritischer Punkt von $h|C$ und*

(ii) *es existiert ein $\lambda_0 \in \Lambda^*$, für das (x_0, λ_0) ein kritischer Punkt von $\overline{h}$ ist.*

Beweis (Skizze). Wegen

$$\mathbf{D}\overline{h}(x_0, \lambda_0) \cdot (x, \lambda) = \mathbf{D}h(x_0) \cdot x - \langle \lambda_0, \mathbf{D}\varphi(x_0) \cdot x \rangle - \langle \lambda, \varphi(x_0) \rangle$$

und $\varphi(x_0) = 0$ ist die Bedingung $\mathbf{D}\overline{h}(x_0, \lambda_0) \cdot (x, \lambda) = 0$ für alle $x \in V$ und $\lambda \in \Lambda^*$ zu

$$\mathbf{D}h(x_0) \cdot x = \langle \lambda_0, \mathbf{D}\varphi(x_0) \cdot x \rangle \tag{8.37}$$

äquivalent. Der Tangentialraum an C in x_0 ist $\ker \mathbf{D}\varphi(x_0)$, also folgt aus (8.37), daß $h|C$ in x_0 einen kritischen Punkt hat.

Hat umgekehrt $h|C$ einen kritischen Punkt in x_0, dann gilt für alle x, die $\mathbf{D}\varphi(x_0) \cdot x = 0$ erfüllen, $\mathbf{D}h(x_0) \cdot x = 0$. Nach dem Satz über implizite Funktionen gibt es einen glatten Koordinatenwechsel, der C rektifiziert. Gemeint ist, daß wir unter Verwendung dieses Satzes folgendes annehmen können: $V = W \oplus \Lambda$, $x_0 = 0$, C entspricht (in einer Umgebung von 0) W und φ ist (in einer Umgebung des Ursprungs) die Projektion auf Λ. Mit diesen Vereinfachungen besagt die Bedingung (i), daß die erste partielle Ableitung von h verschwindet. Wähle nun λ_0 als ein Element aus Λ^* gleich $\mathbf{D}_2 h(x_0)$. Dann gilt offensichtlich (8.37). ∎

Wie wir aus der Analysis wissen, lassen sich mit dem Satz über die Lagrangeschen Multiplikatoren Extremwerte mit Nebenbedingungen gut untersuchen. Er führt uns auch zu einem praktischen Test mit dem wir entscheiden können, ob unter diesen Nebenbedingungen Maxima und Minima auftreten. Um z.B. zu prüfen, ob ein Minimum vorliegt, sei $\alpha > 0$ konstant und (x_0, λ_0) ein kritischer Punkt von $\overline{h}$ und betrachte dann die Funktion

$$h_\alpha(x, \lambda) = h(x) - \langle \lambda, \varphi(x) \rangle + \alpha \|\lambda - \lambda_0\|^2, \tag{8.38}$$

die bei (x_0, λ_0) ebenfalls einen kritischen Punkt besitzt. Hat h_α bei (x_0, λ_0) ein Minimum, so hat offensichtlich $h|C$ ein Minimum bei x_0. Diese Beobachtung ist nützlich, denn man kann den Test mit der zweiten Ableitung für Systeme ohne Zwangsbedingungen auf h_α anwenden, was auf die Theorie der **Hessematrix mit Randbedingungen** führt. (Eine elementare Diskussion findet man in Marsden und Tromba [1996, S. 220ff].)

Zudem kann man bemerken, daß der Satz über die Lagrangeschen Multiplikatoren auf den Fall, wo V eine Mannigfaltigkeit aber h weiterhin reellwertig ist, verallgemeinert werden kann. Damit werden wir uns nun beschäftigen. Sei M eine Mannigfaltigkeit und $N \subset M$ eine Untermannigfaltigkeit, ferner sei $\pi : E \to M$ ein Vektorbündel über M, φ ein zu den Fasern transversaler Schnitt von E und es gelte $N = \varphi^{-1}(0)$.

Satz 8.3.2 (über Lagrangesche Multiplikatoren für Mannigfaltigkeiten). *Die beiden folgenden Aussagen für $x_0 \in N$ und eine glatte Funktion $h : M \to \mathbb{R}$ sind äquivalent:*

(i) *x_0 ist ein kritischer Punkt von $h|N$ und*

(ii) *es gibt einen Schnitt λ_0 des dualen Bündels E^*, für den $\lambda_0(x_0)$ ein kritischer Punkt der durch*

$$\overline{h}(\lambda_x) = h(x) - \langle \lambda_x, \varphi(x) \rangle \tag{8.39}$$

definierten Abbildung $\overline{h} : E^* \to \mathbb{R}$ ist.

In (8.39) bezeichnet λ_x ein beliebiges Element von E_x^*. Wir überlassen es dem Leser, den Beweis des letzten Satzes auf diesen zu übertragen.

Holonome Zwangsbedingungen.   Viele mechanische Systeme entstehen durch Hinzufügen von Zwangsbedingungen aus höherdimensionaleren. Die Bedingung an einen Körper starr zu sein in der Mechanik starrer Körper und die Inkompressibilität in der Hydromechanik stellen zwei Beispiele dar. Ein freies Teilchen auf einer Sphäre ist ein weiteres Beispiel.

Typischerweise gliedern sich die Zwangsbedingungen in zwei Klassen: Holonome Zwangsbedingungen sind solche, die an den Konfigurationsraum des Systems gestellt werden, z.B. die im vorangehenden Abschnitt erwähnt wurden. Andere, wie z.B. Zwangsbedingungen für *rollende Körper*, stellen auch Bedingungen an die Geschwindigkeiten. Diese Zwangsbedingungen werden *nichtholonom* genannt.

Eine *holonome Zwangsbedingung* können wir für unsere Zwecke durch Angabe einer Untermannigfaltigkeit $N \subset Q$ einer gegebenen Konfigurationsmannigfaltigkeit Q definieren. (Allgemein formuliert, stellt eine holonome Zwangsbedingung ein integrables Unterbündel von TQ dar.) Mit der natürlichen Inklusion $TN \subset TQ$ kann eine Lagrangefunktion $L : TQ \to \mathbb{R}$ auf TN eingeschränkt werden. Die resultierende Lagrangefunktion bezeichnen wir mit L_N. Nun haben wir zwei Lagrangesche Systeme, das zu L und das zu L_N gehörige System. Beide seien regulär. Jetzt setzen wir die zugehörigen Variationsprinzipien und die Hamiltonschen Vektorfelder in Beziehung.

Sei $N = \varphi^{-1}(0)$ für einen Schnitt $\varphi : Q \to E^*$, der eine Abbildung in den Dualraum eines Vektorraumbündels E über Q ist. Das Variationsprinzip für L_N wird folgendermaßen formuliert:

$$\delta \int L_N(q, \dot{q})\, dt = 0, \tag{8.40}$$

wobei über Kurven mit festen Endpunkten variiert wird und die Variation mit der Zwangsbedingung $\varphi(q(t)) = 0$ verträglich ist. Nach dem Satz über die Lagrangeschen Multiplikatoren ist (8.40) zu

$$\delta \int [L(q(t), \dot{q}(t)) - \langle \lambda(q(t), t), \varphi(q(t)) \rangle]\, dt = 0 \tag{8.41}$$

äquivalent, für eine Funktion $\lambda(q, t)$, die Werte im Bündel E annimmt und wobei über q in Q und Kurven λ in E variiert wird.[5] In Koordinaten lautet (8.41)

$$\delta \int [L(q^i, \dot{q}^i) - \lambda^a(q^i, t)\varphi_a(q^i)]\, dt = 0. \tag{8.42}$$

Die zugehörigen Euler-Lagrange-Gleichungen in den Variablen q^i, λ^a sind

$$\frac{d}{dt}\frac{\partial L}{\partial \dot{q}^i} = \frac{\partial L}{\partial q^i} - \lambda^a \frac{\partial \varphi_a}{\partial q^i} \tag{8.43}$$

und

$$\varphi_a = 0. \tag{8.44}$$

Diese werden als Gleichungen in den Unbekannten $q^i(t)$ und $\lambda^a(q^i, t)$ angesehen. Wenn E ein triviales Bündel ist, so ist λ nur eine Funktion von t.[6]

Obiges fassen wir folgendermaßen zusammen:

Satz 8.3.3. *Die Euler-Lagrange-Gleichungen für L_N auf einer Mannigfaltigkeit $N \subset Q$ sind zu den Gleichungen (8.43) mit den Zwangsbedingungen $\varphi = 0$ äquivalent.*

Den Term $-\lambda^a \partial\varphi_a/\partial q^i$ interpretieren wir als *Zwangskraft*, da es die Kraft ist, die zum Euler-Lagrange-Operator (siehe §7.8) im *Raum ohne Zwangsbedingungen* addiert wird, um die Zwangsbedingungen zu erhalten. Im nächsten Abschnitt werden wir die geometrische Interpretation dieser Zwangskräfte entwickeln.

---

[5] Diese Schlußfolgerung setzt eine gewisse Regularität des Lagrangeschen Multiplikators λ in t voraus. Indem man, wie im nächsten Satz, λ mit den Zwangskräften in Zusammenhang bringt, läßt sich zeigen, daß diese Annahme gerechtfertigt ist.

[6] Die Kombination $\mathcal{L} = L - \lambda^a \varphi_a$ gehört zur Routhkonstruktion für eine Lagrangefunktion mit zyklischen Variablen, siehe §8.9.

Man beachte, daß $\mathcal{L} = L - \lambda^a \varphi_a$, als eine Lagrangefunktion in q und λ, in λ nicht regulär ist, d.h., die Zeitableitung von λ tritt nicht auf, so daß ihr konjugierter Impuls π_a Null sein muß. Fassen wir $\mathcal{L}$ als in TE definiert auf, so lautet die zugehörige Hamiltonfunktion auf T^*E formal

$$\mathcal{H}(q, p, \lambda, \pi) = H(q, p) + \lambda^a \varphi_a, \tag{8.45}$$

wobei H die zu L gehörige Hamiltonfunktion ist.

Man muß bei der Interpretation der Hamiltonschen Gleichungen etwas vorsichtig sein, denn $\mathcal{L}$ ist nicht regulär. Die allgemeine, sich auf diese Situation beziehende Theorie ist die *Diracsche Theorie der Zwangsbedingungen*, die wir in §8.5 diskutieren. Im gegenwärtigen Kontext ist diese Theorie ziemlich einfach: Man nennt die durch $\pi_a = 0$ definierte Menge $C \subset T^*E$ die **Primärzwangsmenge**. Sie ist das Bild der Legendretransformation, vorausgesetzt, daß die ursprügliche Lagrangefunktion L regulär ist. Die kanonische Form Ω ist auf C zurückgezogen, um eine präsymplektische (also eine geschlossenen, aber möglicherweise ausgeartete) Bilinearform Ω_C zu erhalten, und man sucht ein $X_\mathcal{H}$, für das

$$\mathbf{i}_{X_\mathcal{H}} \Omega_C = \mathbf{d}\mathcal{H} \tag{8.46}$$

gilt. In diesem Falle resultiert aus der Ausgeartetheit von Ω_C keine Gleichung für λ, d.h., die Evolution von λ ist unbestimmt. Die anderen Hamiltonschen Gleichungen sind zu (8.43) und (8.44) äquivalent, womit in diesem Sinne die Lagrangesche und die Hamiltonsche Darstellung immer noch äquivalent sind.

Übungen

Übung 8.3.1. Bestimme die zweite Ableitung von h_α in (x_0, λ_0) und stelle einen Zusammenhang zwischen dem Ergebnis und der Hessematrix mit Randbedingungen her.

Übung 8.3.2. Leite die Gleichungen für ein einfaches Pendel mithilfe des Satzes über die Lagrangeschen Multiplikatoren her und vergleiche diese mit denjenigen, die man mithilfe der verallgemeinerten Koordinaten erhält.

Übung 8.3.3 (Neumann [1859]).

(a) Leite die Bewegungsgleichungen für ein Teilchen mit der Masse eins her, das sich unter dem Einfluß eines quadratischen Potentials $Aq \cdot q$, $\mathbf{q} \in \mathbb{R}^n$ auf der Sphäre S^{n-1} bewegt. Dabei soll A eine feste, reellwertige Diagonalmatrix sein.

(b) Bilde die Matrizen $X = (q^i q^j)$ und $P = (\dot{q}^i q^j - q^j \dot{q}^j)$. Zeige, daß das System in (a) zu $\dot{X} = [P, X]$, $\dot{P} = [X, A]$ äquivalent ist. (Dies wurde zuerst von K. Uhlenbeck entdeckt.) Oder, was gleichbedeutend ist, zeige die Gültigkeit der folgenden Gleichung:

$$(-X + P\lambda + A\lambda^2)\dot{} = [-X + P\lambda + A\lambda^2, -P - A\lambda].$$

(c) Zeige, daß

$$E(X, P) = -\frac{1}{4}\mathrm{Sp}(P^2) + \frac{1}{2}\mathrm{Sp}(AX)$$

die Gesamtenergie dieses Systems ist.

(d) Zeige, daß für $k = 1, \ldots, n-1$

$$f_k(X, P) = \frac{1}{2(k+1)}\mathrm{Sp}\left(-\sum_{i=0}^{k} A^i X A^{k-i} + \sum_{\substack{i+j+l = k-1 \\ i,j,l \geq 0}} A^i P A^j P A^l \right)$$

auf dem Fluß zum Problem von C. Neumann erhalten bleibt (Ratiu [1981b]).

8.4 Bewegung mit Zwangsbedingungen in einem Potentialfeld

Im letzten Abschnitt sahen wir, wie man die Gleichungen für ein System mit Zwangsbedingungen in der Beschreibung durch die Variablen aus dem umgebenden Raum erhält. Wir setzen diese Untersuchungen hier fort, indem wir den Spezialfall der Bewegung in einem Potentialfeld untersuchen. Dazu werden wir mithilfe geometrischer Methoden die Zusatzterme bestimmen, also die Zwangskräfte, die zu den Euler-Lagrange-Gleichungen hinzugefügt werden müssen, um zu garantieren, daß die Zwangsbedingungen erfüllt sind.

Sei Q eine (schwach) Riemannsche Mannigfaltigkeit, $N \subset Q$ eine Untermannigfaltigkeit und

$$\mathbb{P} : (TQ)|N \to TN \tag{8.47}$$

die orthogonale Projektion von TQ auf TN, die punktweise auf N definiert ist.

Sei $L : TQ \to \mathbb{R}$ eine Lagrangefunktion der Form $L = K - V \circ \tau_Q$, also von der Form kinetischer minus potentieller Energie. Die zu der kinetischen Energie zugehörige Riemannsche Metrik ist mit $\langle\langle , \rangle\rangle$ bezeichnet. Die Einschränkung $L_N = L|TN$ ist ebenfalls von der Form kinetischer minus potentieller Energie mit der auf N induzierten Metrik und dem Potential $V_N = V|N$. Wir wissen aus §7, daß für die Energie E_N von L_N die Beziehung

$$X_{E_N} = S_N - \mathrm{ver}(\nabla V_N) \tag{8.48}$$

gilt, wobei S_N der Spray der Metrik auf N und $\mathrm{ver}(\cdot)$ der vertikale Lift ist. Wir wissen schon, daß die Integralkurven von (8.48) Lösungen der Euler-Lagrange-Gleichungen sind. Sei nun S der geodätische Spray auf Q.

Beachte zuerst, daß ∇V_N und ∇V in sehr einfacher Weise zusammenhängen: Für $q \in N$ ist

$$\nabla V_N(q) = \mathbb{P} \cdot [\nabla V(q)].$$

Folglich steckt das Hauptproblem im geodätischen Spray.

Proposition 8.4.1. *Es gilt $S_N = T\mathbb{P} \circ S$ in Punkten von TN.*

Beweis. Für diesen Beweis können wir das Potential ignorieren und $L = K$ setzen. Sei $R = TQ|N$, so daß $\mathbb{P} : R \to TN$ ist. Da S eine Gleichung zweiter Ordnung ist, gilt somit

$$T\mathbb{P} : TR \to T(TN), \quad S : R \to T(TQ) \quad \text{und} \quad T\tau_Q \circ S = \mathrm{Id}.$$

Jedoch ist

$$TR = \{ w \in T(TQ) \mid T\tau_Q(w) \in TN \}.$$

Somit gilt $S(TN) \subset TR$ und folglich macht $T\mathbb{P} \circ S$ in Punkten von TN Sinn.

Ist $v \in TQ$ und $w \in T_v(TQ)$, so gilt $\Theta_L(v) \cdot w = \langle\!\langle v, T_v\tau_Q(w) \rangle\!\rangle$. Sei $i : R \to TQ$ die Inklusion. Wir behaupten:

$$\mathbb{P}^*\Theta_{L|TN} = i^*\Theta_L. \tag{8.49}$$

Für $v \in R$ und $w \in T_vR$ erhält man mit der Definition des Pullbacks

$$\mathbb{P}^*\Theta_{L|TN}(v) \cdot w = \langle\!\langle \mathbb{P}v, (T\tau_Q \circ T\mathbb{P})(w) \rangle\!\rangle = \langle\!\langle \mathbb{P}v, T(\tau_Q \circ \mathbb{P})(w) \rangle\!\rangle. \tag{8.50}$$

Da auf R die Beziehungen $\tau_Q \circ \mathbb{P} = \tau_Q$ und $\mathbb{P}^* = \mathbb{P}$ gelten und $w \in T_vR$ ist, wird aus (8.50)

$$\mathbb{P}^*\Theta_{L|TN}(v) \cdot w = \langle\!\langle \mathbb{P}v, T\tau_Q(w) \rangle\!\rangle = \langle\!\langle v, \mathbb{P}T\tau_Q(w) \rangle\!\rangle = \langle\!\langle v, T\tau_Q(w) \rangle\!\rangle$$
$$= \Theta_L(v) \cdot w = (i^*\Theta_L)(v) \cdot w.$$

Bildet man von (8.49) die äußere Ableitung, so erhält man

$$\mathbb{P}^*\Omega_{L|TN} = i^*\Omega_L. \tag{8.51}$$

Insbesondere gilt dann für $v \in TN$, $w \in T_vR$ und $z \in T_v(TN)$ und mit der Definition des Pullbacks und (8.51)

$$\Omega_L(v)(w, z) = (i^*\Omega_L)(v)(w, z) = (\mathbb{P}^*\Omega_{L|TN})(v)(w, z)$$
$$= \Omega_{L|TN}(\mathbb{P}v)(T\mathbb{P}(w), T\mathbb{P}(z))$$
$$= \Omega_{L|TN}(v)(T\mathbb{P}(w), z). \tag{8.52}$$

Da S und S_N Hamiltonsche Vektorfelder für E und $E|TN$ sind, gilt jedoch

$$\mathbf{d}E(v) \cdot z = \Omega_L(v)(S(v), z) = \Omega_{L|TN}(v)(S_N(v), z).$$

Aus (8.52) folgt

$$\Omega_{L|TN}(v)(T\mathbb{P}(S(v)), z) = \Omega_L(v)(S(v), z) = \Omega_{L|TN}(v)(S_N(v), z),$$

und da $\Omega_{L|TN}$ schwach nichtausgeartet ist, erhalten wir somit die gewünschte Relation

$$S_N = T\mathbb{P} \circ S.$$

∎

Korollar 8.4.1. *Mit $v \in T_q N$ gilt:*

(i) $(S - S_N)(v)$ *ist der vertikale Lift des Vektors $Z(v) \in T_q Q$ zu v,*

(ii) $Z(v) \perp T_q N$ *und*

(iii) $Z(v) = -\nabla_v v + \mathbb{P}(\nabla_v v)$ *entspricht bis auf ein Vorzeichen dem Normalanteil von $\nabla_v v$, wozu v in $\nabla_v v$ auf ein zu N tangentiales Vektorfeld auf Q erweitert wird.*

Beweis. (i) Da $T\tau_Q(S(v)) = v = T\tau_Q(S_N(v))$ ist, gilt

$$T\tau_Q(S - S_N)(v) = 0,$$

also ist $(S - S_N)(v)$ vertikal. Die Aussage folgt nun aus den Bemerkungen im Anschluß an Definition 7.7.1.

(ii) Für $u \in T_q Q$ ist $T\mathbb{P} \cdot \mathrm{ver}(u, v) = \mathrm{ver}(\mathbb{P}u, v)$, denn es gilt

$$\mathrm{ver}(\mathbb{P}u, v) = \frac{d}{dt}(v + t\mathbb{P}u)\Big|_{t=0} = \frac{d}{dt}\mathbb{P}(v + tu)\Big|_{t=0}$$
$$= T\mathbb{P} \cdot \mathrm{ver}(u, v). \tag{8.53}$$

Nach Teil (i) gilt für ein $Z(v) \in T_q Q$ die Gleichung $S(v) - S_N(v) = \mathrm{ver}(Z(v), v)$, weshalb wir mit der letzten Proposition, (8.53) und $\mathbb{P} \circ \mathbb{P} = \mathbb{P}$ folgendes erhalten:

$$\mathrm{ver}(\mathbb{P}Z(v), v) = T\mathbb{P} \cdot \mathrm{ver}(Z(v), v)$$
$$= T\mathbb{P}(S(v) - S_N(v))$$
$$= T\mathbb{P}(S(v) - T\mathbb{P} \circ S(v)) = 0.$$

Somit ist $\mathbb{P}Z(v) = 0$ und es gilt $Z(v) \perp T_q N$.

(iii) Sei $v(t)$ eine aus Tangentialvektoren an N bestehende Kurve, sei also $v(t) = \dot{c}(t)$ mit $c(t) \in N$. Dann gilt nach (7.42) in einer Karte

$$S(c(t), v(t)) = \big(c(t), v(t), v(t), \gamma_{c(t)}(v(t), v(t))\big).$$

Erweitern wir $v(t)$ zu einem Vektorfeld v auf Q tangential zu N, so erhalten wir in einer Standardkarte laut (7.56)

$$\nabla_v v = -\gamma_c(v, v) + \mathbf{D}v(c) \cdot v = -\gamma_c(v, v) + \frac{dv}{dt}$$

und damit auf TN

$$S(v) = \frac{dv}{dt} - \mathrm{ver}(\nabla_v v, v).$$

Da $dv/dt \in TN$ ist, erhalten wir mit (8.53) und der vorherigen Proposition

$$S_N(v) = T\mathbb{P}\frac{dv}{dt} - \mathrm{ver}(\mathbb{P}(\nabla_v v), v) = \frac{dv}{dt} - \mathrm{ver}(\mathbb{P}(\nabla_v v), v)$$

und folglich nach Teil (i)

$$\mathrm{ver}(Z(v), v) = S(v) - S_N(v) = \mathrm{ver}(-\nabla_v v + \mathbb{P}\nabla_v v, v).$$

■

Die Abbildung $Z : TN \to TQ$ wird die **Zangskraft** genannt. Wir werden weiter unten zeigen: Falls die Kodimension von N in Q eins ist, entspricht

$$Z(v) = -\nabla_v v + \mathbb{P}(\nabla_v v) = -\langle \nabla_v v, n \rangle n,$$

wobei das Einheitsnormalenvektorfeld n zu N in Q ist, dem Negativen der zur zweiten Fundamentalform von N in Q zugehörigen quadratischen Form. Dieses Resultat stammt von Gauß. (Die zweite Fundamentalform, die angibt, wie stark N innerhalb Q „gekrümmt" ist, werden wir bald definieren.) Es ist nicht von vornherein klar, daß der Ausdruck $\mathbb{P}(\nabla_v v) - \nabla_v$ nur von den Werten von v in einzelnen Punkten abhängt, dies folgt aber aus der Identifikation mit $Z(v)$.

Um die obige Aussage zu beweisen, verwenden wir die Tatsache, daß die Levi-Civita-Ableitung für Vektorfelder $u, v, w \in \mathfrak{X}(Q)$ die Gleichung

$$w[\langle u, v \rangle] = \langle \nabla_w u, v \rangle + \langle u, \nabla_w v \rangle, \tag{8.54}$$

erfüllt, wie leicht nachzuprüfen ist. Seien nun u und v zu N tangentiale Vektorfelder und sei n das Einheitsnormalenvektorfeld zu N in Q. Die Gleichung (8.54) ergibt dann

$$\langle \nabla_v u, n \rangle + \langle u, \nabla_v n \rangle = 0. \tag{8.55}$$

Die **zweite Fundamentalform** wird in der Riemannschen Geometrie für u, v und n wie oben als die Abbildung

$$(u, v) \mapsto -\langle \nabla_u n, v \rangle \tag{8.56}$$

definiert. Es ist ein klassisches Ergebnis, daß diese Bilinearform symmetrisch ist und somit eindeutig durch Polarisierung aus ihrer quadratische Form $-\langle \nabla_v n, v \rangle$ hervorgeht. In Hinblick auf die Gleichung (8.55) können wir diese quadratische Form auch alternativ als $\langle \nabla_v v, n \rangle$ schreiben, was nach Multiplikation mit n gerade $-Z(v)$ entspricht. Damit ist das oben Behauptete bewiesen.

Wir erwähnten schon, daß diese Diskussion der zweiten Fundamentalform auf der Annahme beruht, daß die Kodimension von N in Q eins ist. Unsere Diskussion der Zwangskräfte bedarf jedoch keiner solchen Einschränkung.

Interpretiere wie zuzuvor $Z(v)$ als diejenige Zwangskraft, die benötigt wird, damit die Teilchen in N bleiben. Beachte, daß N genau dann total geodätisch ist (d.h., Geodäten in N sind Geodäten in Q), wenn $Z = 0$ gilt.

Interessante Untersuchungen zu dem Problem, wie man die Konvergenz von Lösungen im Grenzfall starker Zwangskräfte zeigt, findet man in Rubin und Ungar [1957], Ebin [1982] und van Kampen und Lodder [1984].

Übungen

Übung 8.4.1. Berechne die Zwangskraft Z und die zweite Fundamentalform für die Sphäre vom Radius R im $\mathbb{R}^3$.

Übung 8.4.2. Sei L eine reguläre Lagrangefunktion auf TQ und $N \subset Q$. Sei ferner $i : TN \to TQ$ die Einbettung von $N \subset Q$ und Ω_L die Langrangesche 2-Form auf TQ. Zeige, daß $i^*\Omega_L$ die Langrangesche 2-Form $\Omega_{L|TN}$ auf TN ist. Zeige unter der Voraussetzung, daß L hyperregulär ist, daß die Legendretransformation eine symplektische Einbettung $T^*N \subset T^*Q$ definiert.

Übung 8.4.3. Betrachte den $\mathbb{R}^3$ und die Hamiltonfunktion

$$H(\mathbf{q}, \mathbf{p}) = \frac{1}{2m} \left[\|\mathbf{p}\|^2 - (\mathbf{p} \cdot \mathbf{q})^2 \right] + mgq^3$$

mit $\mathbf{q} = (q^1, q^2, q^3)$. Zeige, daß die Hamiltonschen Gleichungen im $\mathbb{R}^3$ *automatisch* T^*S^2 erhalten und die Gleichungen für das sphärische Pendel liefern, wenn man sie auf diese invariante (symplektische) Untermannigfaltigkeit einschränkt. (Hinweis: Verwende die Formulierung der Lagrangegleichungen mit Zwangsbedingungen aus §8.3.)

Übung 8.4.4. Wiederhole das Problem von C. Neumann aus Übung 8.3.3 und löse es jetzt mithilfe des Korollars (8.4.1) und der Interpretation der Zwangskraft durch die zweite Fundamentalform.

8.5 Diracsche Zwangsbedingungen

Ist (P, Ω) eine symplektische Mannigfaltigkeit, so wird eine Untermannigfaltigkeit $S \subset P$ eine **symplektische Untermannigfaltigkeit** genannt, wenn $\omega := i^*\Omega$ eine symplektische Form auf S ist, wobei $i : S \to P$ die Inklusion ist. Folglich besitzt S eine Poissonklammerstruktur. Ihren Zusammenhang mit der Klammerstruktur auf P spiegelt eine Gleichung von Dirac [1950] wider, die wir in diesem Abschnitt herleiten werden. Die Motivation zur Arbeit von Dirac stammt aus der Untersuchung von Systemen mit Zwangsbedingungen, insbesondere relativistischen Problemen, bei denen das System auf einen Unterraum S des Phasenraumes gezwungen wird (Literaturhinweise und Informationen findet man in Gotay, Isenberg und Marsden [1997]). Untersuchen wir nun den endlichdimensionalen Fall. Der Leser möge die koordinatenfreie, unendlichdimensionale Version mithilfe der Bemerkung 1 unten untersuchen.

Die Diracsche Formel.   Sei $\dim P = 2n$ und $\dim S = 2k$. Wähle für eine Umgebung eines Punktes z_0 von S Koordinaten $z^1, \ldots, z^{2n}$ auf P in denen S durch

$$z^{2k+1} = 0, \ldots, z^{2n} = 0$$

gegeben ist. Also sind $z^1, \ldots, z^{2k}$ lokale Koordinaten für S.

Betrachte nun die Matrix mit den Einträgen

$$C^{ij}(z) = \{z^i, z^j\}, \quad i, j = 2k+1, \ldots, 2n.$$

Seien die Koordinaten so gewählt, daß C^{ij} eine in z_0 und somit auch in einer Umgebung von z_0 invertierbare Matrix ist. (Es ist leicht einzusehen, daß solche Koordinaten immer existieren.) $[C_{ij}(z)]$ bezeichne die Inverse von C^{ij}. Sei F eine glatte Funktion auf P und $F|S$ ihre Einschränkung auf S. Wir sind sowohl an einem Zusammenhang von $X_{F|S}$ mit X_F, als auch ein einen zwischen den Klammern $\{F, G\}|S$ und $\{F|S, G|S\}$ interessiert.

Proposition 8.5.1 (Die Diracsche Klammerformel). *In einer wie oben beschrieben Koordinatenumgebung und für $z \in S$ gilt*

$$X_{F|S}(z) = X_F(z) - \sum_{i,j=2k+1}^{2n} \{F, z^i\} C_{ij}(z) X_{z^j}(z) \qquad (8.57)$$

und

$$\{F|S, G|S\}(z) = \{F, G\}(z) - \sum_{i,j=2k+1}^{2n} \{F, z^i\} C_{ij}(z) \{z^j, G\}. \qquad (8.58)$$

Beweis. Um (8.57) zu beweisen, zeigen wir, daß die rechte Seite die Bedingung für $X_{F|S}(z)$ erfüllt, nämlich daß es ein Vektorfeld auf S ist und daß für $v \in T_z S$

$$\omega_z(X_{F|S}(z), v) = \mathbf{d}(F|S)_z \cdot v \qquad (8.59)$$

gilt. Da S symplektisch ist, gilt

$$T_z S \cap (T_z S)^\Omega = \{0\},$$

wobei $(T_z S)^\Omega$ das orthogonale Komplement bzgl. Ω ist. Mit

$$\dim(T_z S) + \dim(T_z S)^\Omega = 2n$$

erhalten wir

$$T_zP = T_zS \oplus (T_zS)^\Omega. \tag{8.60}$$

Ist $\pi_z : T_zP \to T_zS$ der zugehörige Projektor, so läßt sich

$$X_{F|S}(z) = \pi_z \cdot X_F(z) \tag{8.61}$$

zeigen. Also ist (8.57) tatsächlich eine Formel für π_z in Koordinaten. Entsprechend ist dann die Projektion auf $(T_zS)^\Omega$ durch

$$(\mathrm{Id} - \pi_z)X_F(z) = \sum_{i,j=2k+1}^{2n} \{F, z^i\}C_{ij}(z)X_{z^j}(z) \tag{8.62}$$

gegeben. Um (8.62) zu beweisen, müssen wir zeigen, daß die rechte Seite

(i) ein Element von $(T_zS)^\Omega$ ist,

(ii) $X_F(z)$ entspricht, falls $X_F(z) \in (T_zS)^\Omega$ ist und

(iii) 0 ist, falls $X_F(z) \in T_zS$ ist.

Um (i) zu beweisen, bemerke man, daß $X_K(z) \in (T_zS)^\Omega$ heißt, daß

$$\Omega(X_K(z), v) = 0 \qquad \text{für alle } v \in T_zS$$

also

$$\mathbf{d}K(z) \cdot v = 0 \qquad \text{für alle } v \in T_zS$$

gilt. Für $K = z^j$, $j = 2k+1, \ldots, 2n$ ist jedoch $K \equiv 0$ auf S und folglich gilt $\mathbf{d}K(z) \cdot v = 0$. Also ist $X_{z^j}(z) \in (T_zS)^\Omega$ und (i) ist gültig.

Nun zeigen wir (ii). Ist $X_F(z) \in (T_zS)^\Omega$, dann gilt

$$\mathbf{d}F(z) \cdot v = 0 \qquad \text{für alle } v \in T_zS$$

und das insbesondere für $v = \partial/\partial z^i$, $i = 1, \ldots, 2k$. Daher können wir für $z \in S$

$$\mathbf{d}F(z) = \sum_{j=2k+1}^{2n} a_j \, dz^j \tag{8.63}$$

und somit

$$X_F(z) = \sum_{j=2k+1}^{2n} a_j X_{z^j}(z) \tag{8.64}$$

schreiben.

Die a_j sind durch Paarung von (8.64) mit dz^i, $i = 2k+1, \ldots, 2n$

$$-\langle dz^i, X_F(z) \rangle = \{F, z^i\} = \sum_{j=2k+1}^{2n} a_j \{z^j, z^i\} = \sum_{j=2k+1}^{2n} a_j C^{ji},$$

bzw.

$$a_j = \sum_{i=2k+1}^{2n} \{F, z^i\} C_{ij} \tag{8.65}$$

bestimmt, womit (ii) gezeigt ist. Abschließend beweisen wir noch (iii): Daß $X_F(z) \in T_z S = ((T_z S)^\Omega)^\Omega$ ist, heißt, daß $X_F(z)$ zu jedem X_{z^j} mit $j = 2k+1, \dots, 2n$ bzgl. Ω orthogonal ist. Daraus resultiert, daß $\{F, z^j\} = 0$ ist, also die rechte Seite von (8.62) verschwindet.

Wir haben die Gleichung (8.62) damit bewiesen. Also gilt auch (8.57). Die Gleichung (8.58) folgt dann mit $\{F|S, G|S\} = \omega(X_{F|S}, X_{G|S})$ und durch Einsetzen von (8.57). Damit verschwinden die letzten beiden Terme. ∎

$\{F|S, G|S\}(z)$ in Gleichung (8.58) ist zu $F|S$, $G|S$ und S koordinatenfrei. Die Klammer hängt nicht davon ab, wie $F|S$ und $G|S$ von Funktionen auf S auf Funktionen F, G auf P erweitert werden. Für $\{F, G\}(z)$ allein stimmt dies allerdings nicht, $\{F, G\}(z)$ *hängt* von den Erweiterungen ab. Durch den Zusatzterm in (8.58) hebt sich diese Abhängigkeit wieder auf.

Bemerkungen

1.   Wir schreiben jetzt (8.58) koordinatenfrei. Sei $S = \psi^{-1}(m_0)$, wobei $\psi : P \to M$ eine Submersion auf S ist. Sei für $z \in S$ und $m = \psi(z)$

$$C_m : T_m^* M \times T_m^* M \to \mathbb{R} \tag{8.66}$$

durch

$$C_m(\mathbf{d}F_m, \mathbf{d}G_m) = \{F \circ \psi, G \circ \psi\}(z) \tag{8.67}$$

mit $F, G \in \mathcal{F}(M)$ gegeben. Sei ferner C_m invertierbar mit der „Inversen"

$$C_m^{-1} : T_m M \times T_m M \to \mathbb{R},$$

dann ist

$$\{F|S, G|S\}(z) = \{F, G\}(z) - C_m^{-1}(T_z \psi \cdot X_F(z), T_z \psi \cdot X_G(z)). \tag{8.68}$$

2.   Man kann die Diracsche Formel auf anderem Wege herleiten und formulieren, nämlich mithilfe von komplexen Strukturen. Sei $\langle\!\langle \,,\, \rangle\!\rangle_z$ ein inneres Produkt auf $T_z P$ und

$$\mathbb{J}_z : T_z P \to T_z P$$

eine orthogonale Transformation, die $\mathbb{J}_z^2 = -\mathrm{Id}$ und, wie in §5.3, für alle $u, v \in T_z P$

$$\Omega_z(u, v) = \langle\!\langle \mathbb{J}_z u, v \rangle\!\rangle \tag{8.69}$$

erfüllt. Mit der Inklusion $i : S \to P$ werden wie oben auf S Strukturen induziert. Es gelte

$$\omega = i^* \Omega. \tag{8.70}$$

Ist ω nichtausgeartet, so definieren (8.70) und die induzierte Metrik eine zugehörige komplexe Struktur $\mathbb{K}$ auf S. Bilde in einem Punkt $z \in S$ gerade $\mathbb{J}_z$ den Tangentialraum $T_z S$ in sich ab, und sei $\mathbb{K}_z$ die Einschränkung von $\mathbb{J}_z$ auf $T_z S$. Damit erhalten wir dann in z

$$(T_z S)^{\perp} = (T_z S)^{\Omega}.$$

Also stimmt die symplektische mit der orthogonalen Projektion überein. Mit (8.61) und, wie schon weiter oben beschrieben, mithilfe von Koordinaten, in denen aber auch die $X_{z^j}(z)$ orthogonal sind, kommen wir auf

$$X_{F|S}(z) = X_F(z) - \sum_{j=2k+1}^{2n} \langle X_F(z), X_{z^j}(z) \rangle\, X_{z^j}(z)$$

$$= X_F(z) + \sum_{j=2k+1}^{2n} \Omega(X_F(z), \mathbb{J}^{-1} X_{z^j}(z)) X_{z^j}. \tag{8.71}$$

Dies entspricht (8.57) und liefert somit auch (8.58), denn die symplektische Paarung der beiden Seiten von

$$\mathbb{J}^{-1} X_{z^j}(z) = - \sum_{i=2k+1}^{2n} X_{z^i}(z) C_{ij}(z) \tag{8.72}$$

mit X_{z^p} ergibt jeweils δ_j^p.

3. Hinsichtlich des Zusammenhanges zwischen der Poissonreduktion und der Diracschen Formel verweisen wir auf Marsden und Ratiu [1986].

Beispiele

Beispiel 8.5.1 (Holonome Zwangsbedingungen). *Holonome Zwangsbedingungen* kann man folgendermaßen mithilfe der Diracschen Formel behandeln: Sei $N \subset Q$ wie in §8.4, also $TN \subset TQ$. Mit der Inklusion $i : N \to Q$ erhält man $(Ti)^* \Theta_L = \Theta_{L_N}$, indem man das folgende kommutative Diagramm verwendet:

$$
\begin{array}{ccc}
TN & \xrightarrow{\;\;Ti\;\;} & TQ|N \\[2pt]
{\scriptstyle \mathbb{F}L_N}\big\downarrow & & \big\downarrow{\scriptstyle \mathbb{F}L} \\[2pt]
T^*N & \xleftarrow[\text{Projektion}]{} & T^*Q|N
\end{array}
$$

Dies macht TN zu einer symplektischen Untermannigfaltigkeit von TQ und somit kann dann die Diracsche Formel angewandt werden, womit wir wieder (8.48) erhalten. Siehe Übung 8.4.2.

Beispiel 8.5.2 (Die KdV-Gleichung). Angenommen[7] man beginnt mit einer Lagrangefunktion der Form

$$L(v_q) = \langle \alpha(q), v \rangle - h(q), \tag{8.73}$$

wobei α eine 1-Form und h eine Funktion auf Q ist. Die Gleichung (8.73) lautet in Koordinaten

$$L(q^i, \dot{q}^i) = \alpha_i(q)\dot{q}^i - h(q^i). \tag{8.74}$$

Die zugehörigen Impulse sind

$$p_i = \frac{\partial L}{\partial \dot{q}^i} = \alpha_i, \quad \text{d.h.} \quad p = \alpha(q) \tag{8.75}$$

und die Euler-Lagrange-Gleichungen lauten

$$\frac{d}{dt}(\alpha_i(q^j)) = \frac{\partial L}{\partial q^i} = \frac{\partial \alpha_j}{\partial q^i}\dot{q}^j - \frac{\partial h}{\partial q^i},$$

also ist

$$\frac{\partial \alpha_i}{\partial q^j}\dot{q}^j - \frac{\partial \alpha_j}{\partial q^i}\dot{q}^j = -\frac{\partial h}{\partial q^i}. \tag{8.76}$$

Dies können wir auch anders formulieren. Mit $v^i = \dot{q}^i$ gilt

$$\mathbf{i}_v \mathbf{d}\alpha = -\mathbf{d}h. \tag{8.77}$$

Ist $\mathbf{d}\alpha$ nichtausgeartet auf Q, dann definiert (8.77) die Hamiltonschen Gleichungen für ein Vektorfeld v auf Q mit der Hamiltonfunktion h und der symplektischen Form $\Omega_\alpha = -\mathbf{d}\alpha$.

Diese Reduktion von TQ auf Q und die Art, wie man mithilfe den nicht regulären Lagrangefunktionen versucht, auf ein Hamiltonsches System zu kommen, ist für die Diracsche Theorie charakteristisch. Hier ist die Primärzwangsmannigfaltigkeit der Graph von α. Falls wir auf dieser die Hamiltonfunktion bilden, d.h., die Hamiltonfunktion auf die Primärzwangsmannigfaltigkeit einschränken, so erhalten wir

$$H = p_i\dot{q}^i - L = \alpha_i\dot{q}^i - \alpha_i\dot{q}^i + h(q) = h(q), \tag{8.78}$$

also gilt $H = h$, wie uns (8.77) vermuten lies.

Um die KdV-Gleichung $u_t + 6uu_x + u_{xxx} = 0$ in diesen Kontext zu bringen, sei $u = \psi_x$. Also ist ψ ein unbestimmtes Integral für u. Man erkennt, daß die KdV-Gleichung die Euler-Lagrange-Gleichung für

$$L(\psi, \psi_t) = \int \left[\frac{1}{2}\psi_t\psi_x + \psi_x^3 - \frac{1}{2}(\psi_{xx})^2 \right] dx \tag{8.79}$$

---

[7] Wir danken P. Morrison und M. Gotay für die folgende Bemerkung zur KdV-Gleichung mit Zwangsbedingungen, siehe auch Gotay [1988].

ist, also liefert $\delta \int L\, dt = 0$ die Beziehung $\psi_{xt} + 6\psi_x \psi_{xx} + \psi_{xxxx} = 0$, was der KdV-Gleichung für u entspricht. α ist hier durch

$$\langle \alpha(\psi), \varphi \rangle = \frac{1}{2} \int \psi_x \varphi \, dx \qquad (8.80)$$

gegeben, womit nach Formel 6 aus der Tabelle in §4.4

$$-\mathbf{d}\alpha(\psi)(\psi_1, \psi_2) = \frac{1}{2} \int (\psi_1 \psi_{2x} - \psi_2 \psi_{1x}) \, dx \qquad (8.81)$$

also die symplektische Struktur der KdV-Gleichung (3.17) folgt. Zudem liefert (8.78) die Hamiltonfunktion

$$H = \int \left[\frac{1}{2} (\psi_{xx})^2 - \psi_x^3 \right] dx = \int \left[\frac{1}{2} (u_x)^2 - u^3 \right] dx, \qquad (8.82)$$

die mit der Hamiltonfunktion aus Beispiel (3.2.3) in §3.2 übereinstimmt.

Übungen

Übung 8.5.1. Leite die Formel (8.48) aus (8.57) her.

Übung 8.5.2. Leite die Diracsche Formel für die beiden folgenden Fälle her:

(a) $T^*S^1 \subset T^*\mathbb{R}^2$ und

(b) $T^*S^2 \subset T^*\mathbb{R}^3$.

In beiden Fällen ist zu beachten, daß die Einbettung von der Metrik Gebrauch macht. Beziehe die Berechnung auf die aus Übung 8.4.2.

8.6 Zentrifugal- und Corioliskräfte

In diesem Abschnitt werden wir in elementarer Weise die Ideen diskutieren, die den Zentrifugal- und Corioliskräften zugrunde liegen. Hier beschreiben wir die Dynamik aus der Sicht eines rotierenden Beobachters und im nächsten Abschnitt aus der eines rotierenden Systems.

Rotierende Bezugssysteme. Sei V ein dreidimensionaler orientierter Raum, der mit einem inneren Produkt ausgestattet ist, den wir als den „Inertialraum" ansehen. Sei ψ_t eine Kurve in $\mathrm{SO}(V)$, der Gruppe der orientierungserhaltenden orthogonalen linearen Transformationen von V nach V, und sei X_t das (möglicherweise zeitabhängige) Vektorfeld zum Fluß ψ_t, d.h.,

$$X_t(\psi_t(\mathbf{v})) = \frac{d}{dt} \psi_t(\mathbf{v}), \qquad (8.83)$$

oder dazu äquivalent

$$X_t(\mathbf{v}) = (\dot{\psi}_t \circ \psi_t^{-1})(\mathbf{v}). \qquad (8.84)$$

Die Differentiation der Orthogonalitätsbedingung $\psi_t \cdot \psi_t^T = \mathrm{Id}$ zeigt, daß X_t schiefsymmetrisch ist.

Ein Vektor $\boldsymbol{\omega}$ im dreidimensionalen Raum definiert mithilfe des Kreuzproduktes durch

$$\hat{\boldsymbol{\omega}}(\mathbf{v}) = \boldsymbol{\omega} \times \mathbf{v}$$

eine schiefsymmetrische (3×3)-Matrix $\hat{\boldsymbol{\omega}}$. Umgekehrt kann jede schiefsymmetrische Matrix eindeutig in dieser Foem dargestellt werden. Wie wir später (in §9.2, insbesondere Gleichung (9.11)) sehen werden, ist dies ein fundamentaler Zusammenhang zwischen der Liealgebra der Rotationsgruppe und dem Kreuzprodukt. Diese Beziehung wird auch eine Schlüsselrolle in der Dynamik starrer Körper spielen.

Insbesondere können wir die schiefsymmetrische Matrix X_t folgendermaßen darstellen:

$$X_t(\mathbf{v}) = \boldsymbol{\omega}(t) \times \mathbf{v}, \qquad (8.85)$$

wodurch der **_momentane Rotationsvektor_** $\boldsymbol{\omega}(t)$ definiert wird.

Sei $\{\mathbf{e}_1, \mathbf{e}_2, \mathbf{e}_3\}$ ein festes Orthonormalsystem (bzw. Inertialsystem) in V und $\{\,\boldsymbol{\xi}_i = \psi_t(\mathbf{e}_i) \mid i = 1, 2, 3\,\}$ das zugehörige **_rotierende Bezugssystem_**. Sei $\mathbf{q} = (q^1, q^2, q^3)$ der zu einem gegebenen Punkt $\mathbf{v} \in V$ durch $\mathbf{v} = q^i \mathbf{e}_i$ definierte Vektor im $\mathbb{R}^3$ und sei $\mathbf{q}_R \in \mathbb{R}^3$ der zugehörige Koordinatenvektor, der die Komponenten des gleichen Vektors $\mathbf{v}$ im rotierenden System darstellt. Also ist $\mathbf{v} = q_R^i \boldsymbol{\xi}_i$. Sei ferner $A_t = A(t)$ die *Matrix* von ψ_t bzgl. der Basis $\mathbf{e}_i$, d.h., $\boldsymbol{\xi}_i = A_i^j \mathbf{e}_j$. Dann gilt

$$\mathbf{q} = A_t \mathbf{q}_R, \quad \text{bzw.} \quad q^j = A_i^j q_R^i \qquad (8.86)$$

und in Matrixschreibweise lautet dann (8.84)

$$\hat{\boldsymbol{\omega}} = \dot{A}_t A_t^{-1}. \qquad (8.87)$$

Das Newtonsche Gesetz für rotierende Bezugssysteme. Der Punkt $\mathbf{v}(t)$ bewege sich gemäß dem zweiten Newtonschen Axiom mit einer potentiellen Energie $U(\mathbf{v})$ in V. Die zugehörige induzierte Funktion auf dem $\mathbb{R}^3$ sei $U(\mathbf{q})$. Mit ihr formulieren wir das Newtonsche Gesetz

$$m\ddot{\mathbf{q}} = -\nabla U(\mathbf{q}), \qquad (8.88)$$

was den Euler-Lagrange-Gleichungen für

$$L(\mathbf{q}, \dot{\mathbf{q}}) = \frac{m}{2} \langle \dot{\mathbf{q}}, \dot{\mathbf{q}} \rangle - U(\mathbf{q}) \qquad (8.89)$$

oder den Hamiltonschen Gleichungen für

$$H(\mathbf{q}, \mathbf{p}) = \frac{1}{2m} \langle \mathbf{p}, \mathbf{p} \rangle + U(\mathbf{q}) \qquad (8.90)$$

entspricht. Um die Gleichung für $\mathbf{q}_R$ zu finden, differenzieren wir (8.86) nach der Zeit und erhalten

$$\dot{\mathbf{q}} = \dot{A}_t \mathbf{q}_R + A_t \dot{\mathbf{q}}_R = \dot{A}_t A_t^{-1} \mathbf{q} + A_t \dot{\mathbf{q}}_R, \tag{8.91}$$

bzw.

$$\dot{\mathbf{q}} = \boldsymbol{\omega}(t) \times \mathbf{q} + A_t \dot{\mathbf{q}}_R, \tag{8.92}$$

wobei wir unter Mißbrauch der Notation mit $\boldsymbol{\omega}$ auch die Darstellung von $\boldsymbol{\omega}$ im festen Koordinatensystem $\mathbf{e}_i$ verwenden. Durch Differentiation von (8.92) ergibt sich

$$\begin{aligned} \ddot{\mathbf{q}} &= \dot{\boldsymbol{\omega}} \times \mathbf{q} + \boldsymbol{\omega} \times \dot{\mathbf{q}} + \dot{A}_t \dot{\mathbf{q}}_R + A_t \ddot{\mathbf{q}}_R \\ &= \dot{\boldsymbol{\omega}} \times \mathbf{q} + \boldsymbol{\omega} \times (\boldsymbol{\omega} \times \mathbf{q} + A_t \dot{\mathbf{q}}_R) + \dot{A}_t A_t^{-1} A_t \dot{\mathbf{q}}_R + A_t \ddot{\mathbf{q}}_R, \end{aligned}$$

also ist

$$\ddot{\mathbf{q}} = \dot{\boldsymbol{\omega}} \times \mathbf{q} + \boldsymbol{\omega} \times (\boldsymbol{\omega} \times \mathbf{q}) + 2(\boldsymbol{\omega} \times A_t \dot{\mathbf{q}}_R) + A_t \ddot{\mathbf{q}}_R. \tag{8.93}$$

Die **Winkelgeschwindigkeit** im rotierenden Bezugssystem ist (siehe (8.86))

$$\boldsymbol{\omega}_R = A_t^{-1} \boldsymbol{\omega}, \quad \text{d.h.} \quad \boldsymbol{\omega} = A_t \boldsymbol{\omega}_R. \tag{8.94}$$

Differenziert man (8.94) nach der Zeit, ergibt sich

$$\dot{\boldsymbol{\omega}} = \dot{A}_t \boldsymbol{\omega}_R + A_t \dot{\boldsymbol{\omega}}_R = \dot{A}_t A_t^{-1} \boldsymbol{\omega} + A_t \dot{\boldsymbol{\omega}}_R = A_t \dot{\boldsymbol{\omega}}_R, \tag{8.95}$$

denn es gilt $\dot{A}_t A_t^{-1} \boldsymbol{\omega} = \boldsymbol{\omega} \times \boldsymbol{\omega} = 0$. Multipliziert man dann (8.93) mit A_t^{-1}, so kommt man auf

$$A_t^{-1} \ddot{\mathbf{q}} = \dot{\boldsymbol{\omega}}_R \times \mathbf{q}_R + \boldsymbol{\omega}R \times (\boldsymbol{\omega}_R \times \mathbf{q}_R) + 2(\boldsymbol{\omega}_R \times \dot{\mathbf{q}}_R) + \ddot{\mathbf{q}}_R. \tag{8.96}$$

Da $m\ddot{\mathbf{q}} = -\nabla U(\mathbf{q})$ ist, erhalten wir

$$m A_t^{-1} \ddot{\mathbf{q}} = -\nabla U_R(\mathbf{q}_R), \tag{8.97}$$

wobei U_R das **rotierte Potential** ist, welches durch das *zeitabhängige* Potential

$$U_R(\mathbf{q}_R, t) = U(A_t \mathbf{q}_R) = U(\mathbf{q}) \tag{8.98}$$

definiert wird. Somit ist auch $\nabla U(\mathbf{q}) = A_t \nabla U_R(\mathbf{q}_R)$. Deshalb wird aus dem Newtonschen Gesetz (8.88) mit (8.97)

$$\begin{aligned} m\ddot{\mathbf{q}}_R + 2(\boldsymbol{\omega}_R \times m\dot{\mathbf{q}}_R) + m\boldsymbol{\omega}_R \times (\boldsymbol{\omega}_R \times \mathbf{q}_R) + m\dot{\boldsymbol{\omega}}_R \times \mathbf{q}_R \\ = -\nabla U_R(\mathbf{q}_R, t), \end{aligned}$$

d.h.,

$$\begin{aligned} m\ddot{\mathbf{q}}_R = &-\nabla U_R(\mathbf{q}_R, t) - m\boldsymbol{\omega}_R \times (\boldsymbol{\omega}_R \times \mathbf{q}_R) \\ &- 2m(\boldsymbol{\omega}_R \times \dot{\mathbf{q}}_R) - m\dot{\boldsymbol{\omega}}_R \times \mathbf{q}_R, \end{aligned} \tag{8.99}$$

womit die Bewegungsgleichungen vollständig durch rotierte Größen ausgedrückt sind.

Die virtuellen Kräfte.   Es machen sich drei Arten von „Scheinkräften" bemekbar, wenn wir versuchen (8.99) mit $m\mathbf{a} = \mathbf{F}$ zu identifizieren:

(i)   *Zentrifugalkraft* $m\omega_R \times (\mathbf{q}_R \times \omega_R)$,

(ii) *Corioliskraft* $2m\dot{\mathbf{q}}_R \times \omega_R$,

(iii) *Eulersche Kraft* $m\mathbf{q}_R \times \dot{\omega}_R$.

Beachte, daß die Corioliskraft $2m\omega_R \times \dot{\mathbf{q}}_R$ orthogonal zu ω_R und $m\dot{\mathbf{q}}_R$ wirkt, während die Zentrifugalkraft

$$m\omega_R \times (\omega_R \times \mathbf{q}_R) = m[(\omega_R \cdot \mathbf{q}_R)\omega_R - \|\omega_R\|^2 \mathbf{q}_R]$$

in der von ω_R und $\mathbf{q}_R$ aufgespannten Ebene liegt. Beachte auch, daß die Eulersche Kraft aus der Beschleunigung der Rotation stammt.

Lagrangesche Form.   Man möchte verstehen, in welchen Sinne (8.99) Lagrangesch oder Hamiltonsch ist. Dazu verwenden wir zunächst den Lagrangeformalismus, der sich als der einfachere herausstellen wird. Wir setzen (8.92) in (8.89) ein, um die Lagrangefunktion durch rotierte Größen auszudrücken:

$$L = \frac{m}{2} \langle \omega \times \mathbf{q} + A_t \dot{\mathbf{q}}_R, \omega \times \mathbf{q} + A_t \dot{\mathbf{q}}_R \rangle - U(\mathbf{q})$$

$$= \frac{m}{2} \langle \omega_R \times \mathbf{q}_R + \dot{\mathbf{q}}_R, \omega_R \times \mathbf{q}_R + \dot{\mathbf{q}}_R \rangle - U_R(\mathbf{q}_R, t), \qquad (8.100)$$

wodurch eine neue (zeitabhängige!) Lagrangefunktion $L_R(\mathbf{q}_R, \dot{\mathbf{q}}_R, t)$ definiert wird. Bemerkenswert ist, daß (8.99) genau den Euler-Lagrange-Gleichungen für L_R entspricht, d.h., (8.99) ist zu

$$\frac{d}{dt}\frac{\partial L_R}{\partial \dot{\mathbf{q}}_R^i} = \frac{\partial L_R}{\partial \mathbf{q}_R^i}$$

äquivalent, wie auch schon gezeigt wurde. Spielt man mit dem Gedanken gleich im Variationsprinzip eine zeitabhängige Transformation durchzuführen, wird man feststellen, daß dies auch zum Ziel führt.

Hamiltonsche Form.   Um zu verstehen, in welcher Weise (8.99) Hamiltonsch ist, führt man die Legendretransformation von L_R durch. Der konjugierte Impuls ist

$$\mathbf{p}_R = \frac{\partial L_R}{\partial \dot{\mathbf{q}}_R} = m(\omega_R \times \mathbf{q}_R + \dot{\mathbf{q}}_R), \qquad (8.101)$$

also ist die Hamiltonfunktion von der Gestalt

$$H_R(\mathbf{q}_R, \mathbf{p}_R) = \langle \mathbf{p}_R, \dot{\mathbf{q}}_R \rangle - L_R$$

$$= \frac{1}{m} \langle \mathbf{p}_R, \mathbf{p}_R - m\omega_R \times \mathbf{q}_R \rangle - \frac{1}{2m} \langle \mathbf{p}_R, \mathbf{p}_R \rangle + U_R(\mathbf{q}_R, t)$$

$$= \frac{1}{2m} \langle \mathbf{p}_R, \mathbf{p}_R \rangle + U_R(\mathbf{q}_R, t) - \langle \mathbf{p}_R, \omega_R \times \mathbf{q}_R \rangle. \qquad (8.102)$$

Folglich entspricht (8.99) den kanonischen Hamiltonschen Gleichungen mit der Hamiltonfunktion (8.102) und mit der kanonischen symplektischen Form. Im allgemeinen ist H_R zeitabhängig. Alternativ erhalten wir mit dem Impulsshift

$$\mathfrak{p}_R = \mathbf{p}_R - m\boldsymbol{\omega}_R \times \mathbf{q}_R = m\dot{\mathbf{q}}_R \tag{8.103}$$

die Hamiltonfunktion

$$\tilde{H}_R(\mathbf{q}_R, \mathfrak{p}_R) := H_R(\mathbf{q}_R, \mathbf{p}_R)$$

$$= \frac{1}{2m} \langle \mathfrak{p}_R, \mathfrak{p}_R \rangle + U_R(\mathbf{q}_R) - \frac{m}{2} \|\boldsymbol{\omega}_R \times \mathbf{q}_R\|^2. \tag{8.104}$$

Dies ist die übliche Darstellung „kinetische plus potentielle Energie", jetzt wird das Potential aber noch durch das Zentrifugalpotential $m\|\boldsymbol{\omega}_R \times \mathbf{q}_R\|^2/2$ zum *effektiven* Potential erweitert und die kanonische symplektische Struktur

$$\Omega_{\text{kan}} = d\mathbf{q}_R^i \wedge d(\mathbf{p}_R)_i$$

wird mithilfe des Lemmas zum Impulsshift oder direkt auf die Form

$$d\mathbf{q}_R^i \wedge d(\mathbf{p}_R)_i = d\mathbf{q}_R^i \wedge d(\mathfrak{p}_R)_i + \epsilon_{ijk}\omega_R^i d\mathbf{q}_R^i \wedge d\mathbf{q}_R^j,$$

transformiert, wobei ϵ_{ijk} der total antisymmetrische Tensor dritter Stufe ist. Es gilt

$$\tilde{\Omega}_R = \tilde{\Omega}_{\text{kan}} + {*}\omega_R, \tag{8.105}$$

wobei ${*}\omega_R$ die zum Vektor $\boldsymbol{\omega}_R$ zugehörige 2-Form und (8.105) von der gleichen Form wie der entsprechende Ausdruck für ein Teilchen im Magnetfeld ist (§6.7).

Im allgemeinen ist der Impulsshift (8.103) zeitabhängig, weshalb bei der Interpretation, in welchem Sinne die Gleichungen für $\mathfrak{p}_R$ und $\mathbf{q}_R$ Hamiltonsch sind, Vorsicht geboten ist. Die Gleichungen sollten in folgender Weise bestimmt werden: Sei X_H ein Hamiltonsches Vektorfeld auf P und $\zeta_t : P \to P$ eine *zeitabhängige* Abbildung mit dem Erzeuger Y_t. Es gelte also

$$\frac{d}{dt}\zeta_t(z) = Y_t(\zeta_t(z)). \tag{8.106}$$

Sei jetzt ζ_t für alle t symplektisch. Ist $\dot{z}(t) = X_H(z(t))$ und setzen wir $w(t) = \zeta_t(z(t))$, so erfüllt w die Gleichung

$$\dot{w} = T\zeta_t \cdot X_H(z(t)) + Y_t(\zeta_t(z(t)), \tag{8.107}$$

also gilt

$$\dot{w} = X_K(w) + Y_t(w), \tag{8.108}$$

wobei $K = H \circ \zeta_t^{-1}$ ist. Der zusätzliche Term Y_t in (8.108) entspricht in dem hier betrachteten Beispiel der Eulerschen Kraft.

Bisher haben wir ein starres System aus der Sicht von verschiedenen rotierenden Beobachtern beschrieben. Analog kann man Systeme betrachten, die selber einer Rotation unterliegen, wie z.B. das Foucaultsche Pendel. Es ist klar, daß in den beiden Fällen ein unterschiedliches physikalisches Verhalten beobachtet werden kann. Das Foucaultsche Pendel und das Beispiel aus dem nächsten Abschnitt zeigen, daß man reale physikalische Effekte erhalten kann, wenn man ein System rotieren läßt. Natürlich können rotierende Beobachter nichttriviale Veränderungen in der „Beschreibung" eines Systems aber keinerlei *physikalische* Veränderung bewirken. Trotzdem untersucht man rotierende Systeme wie oben gezeigt. Wie wir gesehen haben, stellt die Transformation der Lagrangefunktion die einfachste Herangehensweise dar. Es bietet sich an, als ein einfaches und konkretes Beispiel dafür, nochmals §2.10 zu lesen.

Übungen

Übung 8.6.1. Verallgemeinere die Diskussion zum Newtonschen Gesetz für ein rotierendes Bezugssystem zunächst anhand einer direkten Berechnung und dann mit dem Lagrangeformalismus auf den Fall eines sich in einem Magnetfeld bewegenden Teilchens, das von einem rotierenden Beobachter aus gesehen wird.

8.7 Die geometrische Phase für ein Teilchen in einem Reifen

Diese Diskussion orientiert sich an Berry [1985]. Es werden aber einige kleine (von Marsden, Montgomery und Ratiu [1990] stammende) Veränderungen vorgenommen, um die Ergebnisse geometrisch interpretieren zu können. Die Abbildung 8.2 zeigt einen ebenen Reifen (der nicht notwendigerweise kreisförmig ist), in dem eine Perle reibungsfrei gleitet.

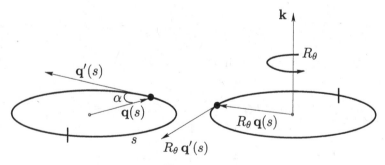

Abb. 8.2. Ein gleitendes Teilchen in einem rotierenden Reifen.

Während die Perle gleitet, dreht sich der Reifen mit der Winkelgeschwindigkeit $\boldsymbol{\omega}(t) = \dot{\theta}(t)\mathbf{k}$ um einen Winkel $\theta(t)$ in der Ebene. Bezeichne s die Bogenlänge entlang des Reifens, gemessen von einem Bezugspunkt auf dem Reifen, und sei $\mathbf{q}(s)$ der Vektor vom Ursprung zum entsprechenden Punkt auf dem Reifen. Dann wird die Form des Reifens durch diese Funktion $\mathbf{q}(s)$ festgelegt. Der Einheitstangentenvektor ist $\mathbf{q}'(s)$ und die Position des Bezugspunktes $\mathbf{q}(s(t))$ bzgl. eines im Raum festen Koordinatensystems ist $R_{\theta(t)}\mathbf{q}(s(t))$, wobei R_θ die Drehung in der Reifenebene um einen Winkel θ ist. Es gilt

$$\dot{R}_\theta R_\theta^{-1}\mathbf{q} = \boldsymbol{\omega} \times \mathbf{q} \quad \text{und} \quad R_\theta \boldsymbol{\omega} = \boldsymbol{\omega}.$$

Die Bewegungsgleichungen.   Der Konfigurationsraum ist eine feste geschlossene Kurve (der Reifen) in der Ebene mit Länge ℓ. Die Lagrangefunktion $L(s, \dot{s}, t)$ entspricht der kinetischen Energie des Teilchens. Wegen

$$\frac{d}{dt}R_{\theta(t)}\mathbf{q}(s(t)) = R_{\theta(t)}\mathbf{q}'(s(t))\dot{s}(t) + R_{\theta(t)}[\boldsymbol{\omega}(t) \times \mathbf{q}(s(t))],$$

ist die Lagrangefunktion

$$L(s, \dot{s}, t) = \frac{1}{2}m\|\mathbf{q}'(s)\dot{s} + \boldsymbol{\omega} \times \mathbf{q}\|^2. \tag{8.109}$$

Der zu s konjugierte Impuls ist $p = \partial L/\partial \dot{s}$, d.h.,

$$p = m\mathbf{q}' \cdot [\mathbf{q}'\dot{s} + \boldsymbol{\omega} \times \mathbf{q}] = mv, \tag{8.110}$$

wobei v die Komponente der Geschwindigkeit tangential zur Kurve *aus der Sicht des Inertialsystems* ist. Die Euler-Lagrange-Gleichungen

$$\frac{d}{dt}\frac{\partial L}{\partial \dot{s}} = \frac{\partial L}{\partial s}$$

bekommen die Gestalt

$$\frac{d}{dt}[\mathbf{q}' \cdot (\mathbf{q}'\dot{s} + \boldsymbol{\omega} \times \mathbf{q})] = (\mathbf{q}'\dot{s} + \boldsymbol{\omega} \times \mathbf{q}) \cdot (\mathbf{q}''\dot{s} + \boldsymbol{\omega} \times \mathbf{q}').$$

Mit $\|\mathbf{q}'\|^2 = 1$, der Folgerung $\mathbf{q}' \cdot \mathbf{q}'' = 0$ und durch weitere Vereinfachung erhalten wir

$$\ddot{s} + \mathbf{q}' \cdot (\dot{\boldsymbol{\omega}} \times \mathbf{q}) - (\boldsymbol{\omega} \times \mathbf{q}) \cdot (\boldsymbol{\omega} \times \mathbf{q}') = 0. \tag{8.111}$$

Der zweite Ausdruck in (8.111) ist die Euler- und der dritte die Zentrifugalkraft. Da $\boldsymbol{\omega} = \dot{\theta}\mathbf{k}$ ist, können wir (8.111) auch folgendermaßen formulieren:

$$\ddot{s} = \dot{\theta}^2\mathbf{q} \cdot \mathbf{q}' - \ddot{\theta}q\sin\alpha, \tag{8.112}$$

wobei α wie in Abb. 8.2 und $q = \|\mathbf{q}\|$ ist.

Die Mittelung.   Aus (8.112) und der Taylorformel mit Restglied erhalten wir

$$s(t) = s_0 + \dot{s}_0 t + \int_0^t (t - \tau)\{\dot{\theta}(\tau)^2 \mathbf{q}(s(\tau)) \cdot \mathbf{q}'(s(\tau))$$

$$- \ddot{\theta}(\tau)q(s(\tau))\sin\alpha(s(\tau))\} \, d\tau. \qquad (8.113)$$

Die Winkelgeschwindigkeit $\dot{\theta}$ und die Beschleunigung $\ddot{\theta}$ seien im Vergleich zur Teilchengeschwindigkeit klein, so daß wir nach dem Mittelungssatz (siehe z.B. Hale [1963]) die von s abhängigen Größen in (8.113) durch ihre Mittelwerte auf dem Reifen ersetzen können:

$$s(t) \approx s_0 + \dot{s}_0 t + \int_0^t (t - \tau) \left\{ \dot{\theta}(\tau)^2 \frac{1}{\ell} \int_0^\ell \mathbf{q} \cdot \mathbf{q}' \, ds \right.$$

$$\left. -\ddot{\theta}(\tau)\frac{1}{\ell} \int_0^\ell q(s)\sin\alpha(s) \, ds \right\} d\tau. \qquad (8.114)$$

Technische Zusätze.   Wir werden nun auf das Wesentliche bei diesen Mittelungsprozessen hinweisen. Sei dazu $g(t)$ eine sich schnell ändernde Funktion, deren Oszillationen der Größe nach durch eine Konstante C beschränkt sind, und $f(t)$ eine sich langsam ändernde Funktion auf dem Intervall $[a, b]$. Sei ferner $[\alpha, \beta]$ eine Periode von g. Dann gilt

$$\int_\alpha^\beta f(t)g(t) \, dt \approx \overline{g} \int_\alpha^\beta f(t) \, dt, \qquad (8.115)$$

wobei

$$\overline{g} = \frac{1}{\beta - \alpha} \int_\alpha^\beta g(t) \, dt$$

der Mittelwert von g ist. Die Annahme, daß die Oszillationen von g durch C beschränkt sind, heißt

$$|g(t) - \overline{g}| \leq C \quad \text{für alle } t \in [\alpha, \beta].$$

Der Fehler in (8.115) ist $\int_\alpha^\beta f(t)(g(t) - \overline{g}) \, dt$ und wir zeigen jetzt, daß sein Absolutbetrag beschränkt ist. Sei M das Maximum von f auf $[\alpha, \beta]$ und m das Minimum. Dann gilt

$$\left| \int_\alpha^\beta f(t)[g(t) - \overline{g}] \, dt \right| = \left| \int_\alpha^\beta (f(t) - m)[g(t) - \overline{g}] \, dt \right|$$

$$\leq (\beta - \alpha)(M - m)C$$

$$\leq (\beta - \alpha)^2 DC,$$

wobei D das Maximum von $|f'(t)|$ für $\alpha \leq t \leq \beta$ ist. Nun werden diese Fehler in jeder einzelnen Periode über ganz $[a, b]$ aufsummiert. Da der Erwartungswert des Fehlers das *Quadrat* von $\beta - \alpha$ als Faktor hat, erhält man immer noch einen kleinen Wert, wenn die Periode von g gegen Null geht.

Wir substituieren s für t in (8.113), mitteln und rücksubstituieren dann.

Die Phasenformel.   Das erste innere Integral über s in (8.114) verschwindet (da der Integrand $(d/ds)\|\mathbf{q}(s)\|^2$ ist) und das zweite ist $2A$, wobei A die von dem Reifen eingeschlossene Fläche ist. Partielles Integrieren liefert

$$\int_0^T (T - \tau)\ddot{\theta}(\tau)\, d\tau = -T\dot{\theta}(0) + \int_0^T \dot{\theta}(\tau)\, d\tau = -T\dot{\theta}(0) + 2\pi, \qquad (8.116)$$

unter der Voraussetzung, daß der Reifen in der Zeit T eine vollständige Umdrehung vollführt. Setzen wir (8.116) in (8.114) ein, so kommen wir auf

$$s(T) \approx s_0 + \dot{s}_0 T + \frac{2A}{\ell}\dot{\theta}_0 T - \frac{4\pi A}{\ell}, \qquad (8.117)$$

wobei $\dot{\theta}_0 = \dot{\theta}(0)$ ist. Die Anfangsgeschwindigkeit der Perle *bzgl. des Reifens* ist $\dot{s}_0$, während ihre Komponente entlang der Kurve *bzgl. des Inertialsystems* (siehe (8.110))

$$v_0 = \mathbf{q}'(0) \cdot [\mathbf{q}'(0)\dot{s}_0 + \boldsymbol{\omega}_0 \times \mathbf{q}(0)] = \dot{s}_0 + \omega_0 q(s_0)\sin\alpha(s_0) \qquad (8.118)$$

ist. Wir ersetzen nun $\dot{s}_0$ in (8.117) durch die Formulierung von v_0 aus (8.118), mitteln über alle Anfangsbedingungen und erhalten somit

$$\langle s(T) - s_0 - v_0 T \rangle = -\frac{4\pi A}{\ell}, \qquad (8.119)$$

was bedeutet, daß zwischen dem rotierten und dem unrotierten Reifen *im Mittel* eine Positionsverschiebung von $4\pi A/\ell$ auftritt. Falls $\dot{\theta}_0 = 0$ ist (der Fall, von dem Berry [1985] ausgeht), dann ist keine Mittelung über die Anfangsbedingungen nötig.

Diese zusätzliche Länge $4\pi A/\ell$ wird manchmal die geometrische Phase oder die **Hannay-Berry-Phase** genannt. Dieses Beispiel kann auf eine ganze Reihe interessanter klassischer und auch quantenmechanischer Effekte, wie z.B. auf das Foucaultsche Pendel und den Aharonov-Bohm-Effekt angewandt werden. Der Effekt ist als *Holonomie* bekannt und kann als ein Beispiel für eine *Rekonstruktion* im Kontext von Symmetrie und Reduktion angesehen werden. Für weitere Informationen und zusätzliche Literaturhinweise verweisen wir auf Aharonov und Anandan [1987], Montgomery [1988], Montgomery [1990] und Marsden, Montgomery und Ratiu [1989, 1990]. Verwandte Ideen aus der Dynamik der Solitonen findet man in Alber und Marsden [1992].

Übungen

Übung 8.7.1. Untersuche die Dynamik eines Balls in einem langsam rotierenden, ebenen Reifen, nach der im oben vorgestellten Methode. Betrachte nun eine Rotation des Reifens um eine Achse, die nicht senkrecht zu der Reifenebene ist, sondern einen Winkel θ mit der Normalen bildet. Berechne für dieses Problem die geometrische Phase.

Übung 8.7.2. Untersuche die geometrische Phase für ein Teilchen in einem Reifen von beliebiger Form,[8] der sich so dreht, daß seine Rotationen eine geschlossene Kurve in SO(3) bilden.

Übung 8.7.3. Untersuche die Dynamik eines Balles in einem langsam rotierenden, ebenen Reifen, wie im Text. Betrachte diesmal ein geladenes Teilchen mit der Ladung e und ein Magnetfeld $\mathbf{B} = \nabla \times \mathbf{A}$ in der Nähe des Reifens. Berechne für dieses Problem die geometrische Phase.

8.8 Bewegte Systeme

Das Teilchen in einem rotierenden Reifen stellt ein Beispiel für ein rotiertes, oder allgemeiner, ein *bewegtes System* dar. Weitere Beispiele sind das Pendel auf einem Karussell (Übung 8.8.4) und eine Flüssigkeit auf einer rotierenden Sphäre (wie z.B. die Ozeane und die Atmosphäre auf der Erde). Wir betonten schon, daß diese Systeme nicht mit solchen verwechselt werden dürfen, wo sich die Beobachter drehen! Die Drehung eines Systems kann reale physikalische Auswirkungen wie z.B. Passatwinde und Orkane auf der Erde zur Folge haben.

In diesem Abschnitt entwickeln wir eine allgemeine Theorie solcher Systeme. Unsere Absicht ist es, zu zeigen, wie man systematisch die Lagrangefunktionen und die zugehörigen Bewegungsgleichungen für sich bewegende Systeme, wie z.B. Für „die Perle im Reifen" aus dem letzten Abschnitt, herleiten kann. Damit werden wir auch denjenigen Leser vorbereiten, der wissen will, wo bei der Untersuchung von sich bewegenden Systemen Phasen auftreten (Marsden, Montgomery und Ratiu [1990]).

Die Lagrangefunktion.   Betrachte eine Riemannsche Mannigfaltigkeit $\mathcal{S}$, eine Untermannigfaltigkeit Q und einen Raum M der Einbettungen von Q in $\mathcal{S}$. Sei $m_t \in M$ eine gegebene Kurve. Bewegt sich ein Teilchen in Q entlang einer Kurve $q(t)$ und unterliegt Q wiederum der Bewegung m_t, so wird der Weg des Teilchens in $\mathcal{S}$ durch $m_t(q(t))$ gegeben. Demzufolge ist die Geschwindigkeit in $\mathcal{S}$

$$T_{q(t)}m_t \cdot \dot{q}(t) + \mathcal{Z}_t(m_t(q(t))), \qquad (8.120)$$

wobei $\mathcal{Z}_t(m_t(q)) = (d/dt)m_t(q)$ ist. Betrachte eine Lagrangefunktion auf TQ von der üblichen Form „kinetische minus potentielle Energie":

$$L_{m_t}(q, v) = \frac{1}{2}\|T_{q(t)}m_t \cdot v + \mathcal{Z}_t(m_t(q))\|^2 - V(q) - U(m_t(q)), \qquad (8.121)$$

wobei V ein gegebenes Potential auf Q und U ein gegebenes Potential auf $\mathcal{S}$ ist.

---

[8] Gemeint ist eine glatte, geschlossene Kurve im $\mathbb{R}^3$ (Anm. des Übersetzers).

Die Hamiltonfunktion.   Wir berechnen nun die zu der Lagrangefunktion gehörige Hamiltonfunktion, indem wir die zugehörige Legendretransformation durchführen. Bilden wir die Ableitung von (8.121) nach v in Richtung von w, so erhalten wir

$$\frac{\partial L_{m_t}}{\partial v} \cdot w = p \cdot w = \left\langle T_{q(t)} m_t \cdot v + \mathcal{Z}_t \left(m_t(q(t)) \right)^T , T_{q(t)} m_t \cdot w \right\rangle_{m_t(q(t))},$$

(8.122)

wobei $p \cdot w$ die übliche Paarung zwischen dem Kovektor $p \in T_{q(t)}^* Q$ und dem Vektor $w \in T_{q(t)} Q$ ist, $\langle \, , \, \rangle_{m_t(q(t))}$ die Metrik auf $\mathcal{S}$ in $m_t(q(t))$ darstellt und ^{T} die mithilfe der Metrik von $\mathcal{S}$ in $m_t(q(t))$ orthogonal auf den Tangentialraum $Tm_t(Q)$ projiziert. Wir versehen Q mit der durch die Abbildung m_t induzierten (möglicherweise zeitabhängigen) Metrik. Mit anderen Worten: Wir wählen diejenige Metrik auf Q, die m_t für alle t zu einer Isometrie macht. Mit dieser Definition liefert (8.122)

$$p \cdot w = \left\langle v + \left(T_{q(t)} m_t \right)^{-1} \cdot \mathcal{Z}_t \left(m_t(q(t)) \right)^T , w \right\rangle_{q(t)},$$

also ist

$$p = \left(v + \left(T_{q(t)} m_t \right)^{-1} \cdot \left[\mathcal{Z}_t \left(m_t(q(t))^T \right) \right] \right)^\flat,$$

(8.123)

wobei $\flat$ der Operator ist, der mithilfe der Metrik auf Q den Index in $q(t)$ senkt.

Physikalisch heißt dies: Ist $\mathcal{S}$ der $\mathbb{R}^3$, dann ist p der Anfangsimpuls (vgl. das Beispiel mit dem Reifen im vorherigen Abschnitt). Der Zusatzterm $\mathcal{Z}_t(m_t(q))^T$ gehört zu dem sogenannten ***Cartanzusammenhang*** auf dem Bündel $Q \times M \to M$ mit dem durch $\mathcal{Z}(m) \mapsto (Tm^{-1} \cdot \mathcal{Z}(m)^T , \mathcal{Z}(m))$ definierten Horizontallift. (Bei Marsden und Hughes [1983] findet man einige Aspekte des Cartanschen Beitrags.)

Die zugehörige Hamiltonfunktion (die durch die Standardbeschreibung $H = pv - L$ gegeben ist) bekommt auch einen gemischten Term und erhält somit die Form

$$H_{m_t}(q,p) = \frac{1}{2} \|p\|^2 - \mathcal{P}(\mathcal{Z}_t) - \frac{1}{2} \|\mathcal{Z}_t^\perp\|^2 + V(q) + U(m_t(q)),$$

(8.124)

wobei das zeitabhängige Vektorfeld Z_t auf Q durch

$$Z_t(q) = \left(T_{q(t)} m_t \right)^{-1} \cdot \left[\mathcal{Z}_t(m_t(q) \right]^T$$

definiert ist und $\mathcal{P}(Z_t(q))(q,p) = \langle p, Z_t(q) \rangle$ und $\mathcal{Z}_t^\perp$ die Komponenten senkrecht zu $m_t(Q)$ sind. Das Hamiltonsche Vektorfeld dieses gemischten Terms, nämlich $X_{\mathcal{P}(\mathcal{Z}_t)}$, stellt die nichtinertialen Kräfte dar und wird üblicherweise auch als ein Horizontallift des Vektorfeldes $\mathcal{Z}_t$ bzgl. eines gewissen Zusammenhanges auf dem Bündel $T^*Q \times M \to M$, der sich direkt aus dem Cartanzusammenhang ergibt, aufgefaßt.

Bemerkungen zur Mittelung.   Sei G eine Liegruppe, die Hamiltonsch auf T^*Q wirkt und H_0 (definiert durch $\mathcal{Z} = 0$ und $U = 0$ in (8.124)) invariant läßt. (Liegruppen werden im nächsten Kapitel diskutiert, deshalb können diese Bemerkungen beim ersten Lesen übergangen werden.) In unseren Beispielen ist G entweder $\mathbb{R}$, der auf durch den Fluß des Hamiltonschen Vektorfeldes auf T^*Q wirkt (wie beim Reifen) oder eine Untergruppe der Isometriegruppe von Q, die V und U invariant läßt und durch den Kotangentiallift auf T^*Q wirkt (wie beim Foucaultschen Pendel). Auf jeden Fall gehen wir davon aus, daß G ein invariantes Maß besitzt, bzgl. dem wir mitteln können.

Nach dem „Mittelungsprinzip" (siehe dazu z.B. Arnold [1989]) ersetzen wir H_{m_t} durch seinen G-Mittelwert

$$\langle H_{m_t}\rangle (q,p) = \frac{1}{2}\|p\|^2 - \langle\mathcal{P}(Z_t)\rangle - \frac{1}{2}\left\langle\|\mathcal{Z}_t^\perp\|^2\right\rangle + V(q) + \langle U(m_t(q))\rangle. \quad (8.125)$$

Für (8.125) werden wir annehmen, daß der Term $\frac{1}{2}\left\langle\|\mathcal{Z}_t^\perp\|^2\right\rangle$ klein ist und somit vernachlässigt werden kann. Also definieren wir:

$$\begin{aligned}\mathcal{H}(q,p,t) &= \frac{1}{2}\|p\|^2 - \langle\mathcal{P}(Z_t)\rangle + V(q) + \langle U(m_t(q))\rangle \\ &= \mathcal{H}_0(q,p) - \langle\mathcal{P}(Z_t)\rangle + \langle U(m_t(q))\rangle.\end{aligned} \quad (8.126)$$

Betrachte die Dynamik auf $T^*Q \times M$, gegeben durch das Vektorfeld

$$(X_\mathcal{H}, Z_t) = (X_{\mathcal{H}_0} - X_{\langle\mathcal{P}(Z_t)\rangle} + X_{\langle U\circ m_t\rangle}, Z_t). \quad (8.127)$$

Das Vektorfeld

$$\mathrm{hor}(Z_t) = (-X_{\langle\mathcal{P}(Z_t)\rangle}, Z_t), \quad (8.128)$$

das aus den durch die superpositionierte Darstellung der Bewegung des Systems resultierenden Zusatztermen besteht, kann auf natürliche Weise als der Horizontallift von Z_t bzgl. eines Zusammenhanges auf $T^*Q \times M$, den man durch Mittelung über den Cartanzusammenhang erhält und den **Cartan-Hannay-Berry-Zusammenhang** nennt, interpretiert werden. Die Holonomie dieses Zusammenhanges ist die **Hannay-Berry-Phase** eines sich langsam bewegenden Systems mit Zwangsbedingungen. Weitere Details zu dieser Methode lassen sich bei Marsden, Montgomery und Ratiu [1990] finden.

Übungen

Übung 8.8.1. Betrachte ein Teilchen in einem Reifen, wie in §8.7. Dafür identifiziere man alle Größen in der Formel (8.121) und drücke die Lagrangefunktion (8.109) durch diese Identifikationen aus.

Übung 8.8.2. Betrachte ein Teilchen in einen rotierenden Reifen, der in §2.8 diskutiert wurde.

(a) Verwende dazu die Hilfsmittel aus diesem Abschnitt.

(b) Angenommen, der Reifen rotiert frei. Können dann die Hilfsmittel aus Teil (a) noch verwandt werden? Falls dies der Fall ist, berechne man die neue Lagrangefunktion und zeige inwiefern sich diese beiden Fällen unterscheiden.

(c) Untersuche in der Weise wie in §2.8 die Gleichgewichtspunkte des freien Systems. Tritt in diesem System eine Bifurkation auf?

Übung 8.8.3. Formuliere anhand der Ideen aus diesem Abschnitt die Gleichungen für das Foucaultsche Pendel.

Übung 8.8.4. Betrachte nun wieder das mechanische System aus Übung 2.8.6, jetzt aber mit einem *sphärischen* Pendel am Rotationsarm. Untersuche die geometrische Phase bei einer vollen Umdrehung des Rotationsarmes. (Führe es vielleicht sogar aus!) Ist der Term $\|Z_t^\perp\|^2$ in diesem Beispiel wirklich klein?

8.9 Routhreduktion

Eine abelsche Version der Lagrangereduktion kannte schon Routh um 1860. Ein moderner Zugang wurde später in Arnold [1988] formuliert und, davon motiviert, geometrisierten Marsden und Scheurle [1993a] die Routhsche Methode und verallgemeinerten sie auf den nichtabelschen Fall.

In diesem Abschnitt liefern wir eine elementare klassische Beschreibung zur Vorbereitung auf höherentwickelte Reduktionsprozeduren, wie z.B. die Euler-Poincaré-Reduktion in Kap. 13.

Sei Q ein Produkt einer Mannigfaltigkeit S mit k Kreisen S^1, gelte also $Q = S \times (S^1 \times \ldots \times S^1)$. Die Koordinaten von S, den wir den **Formenraum** nennen, bezeichnen wir mit $x^1, \ldots, x^m$ und die der anderen Faktoren mit $\theta^1, \ldots, \theta^k$. Einige oder sogar alle der S^1-Faktoren können wir durch $\mathbb{R}$ ersetzten und, falls benötigt, etwas modifizieren. Wir nehmen an, daß die Variablen θ^a, $a = 1, \ldots, k$ **zyklisch** sind, d.h., sie treten nicht explizit in der Lagrangefunktion auf, obwohl ihre Geschwindigkeiten in der Lagrangefunktion vorkommen.

Mit dem Wissen aus Kap. 9 können wir verstehen, daß die Invarianz von L unter der Wirkung der abelschen Gruppe $G = S^1 \times \ldots \times S^1$ eine andere Formulierungsmöglichkeit dafür ist, daß θ^a zyklische Variablen sind. Diese Sichtweise führt schließlich zu tieferen Einsichten. Hier jedoch konzentrieren wir uns auf einige grundlegende, explizite Rechnungen in Koordinaten.

Eine elementare Klasse von Beispielen (zu der auch die Übungen 8.9.1 und 8.9.2 gehören) ist die der Lagrangefunktionen L von der Form „kinetische minus potentielle Energie":

$$L(x, \dot{x}, \dot{\theta}) = \frac{1}{2}g_{\alpha\beta}(x)\dot{x}^\alpha\dot{x}^\beta + g_{a\alpha}(x)\dot{x}^\alpha\dot{\theta}^a + \frac{1}{2}g_{ab}(x)\dot{\theta}^a\dot{\theta}^b - V(x), \quad (8.129)$$

wobei über α und β von 1 bis m und über a und b von 1 bis k summiert wird. Selbst in einfachen Beispielen wie dem doppelten sphärischen Pendel oder dem einfachen Pendel auf einem Wagen (Übung 8.9.2) können die Matrizen $g_{\alpha\beta}$, $g_{a\alpha}$ und g_{ab} von x abhängen.

Da die θ^a zyklisch sind, sind die zugehörigen konjugierten Impulse

$$p_a = \frac{\partial L}{\partial \dot{\theta}^a} \tag{8.130}$$

Erhaltungsgrößen. Im Falle der Lagrangefunktion (8.129) sind die Impulse durch

$$p_a = g_{a\alpha}\dot{x}^\alpha + g_{ab}\dot{\theta}^b$$

gegeben.

Definition 8.9.1. *Die **klassische Routhfunktion** ist dadurch definiert, daß man $p_a = \mu_a$ konstant hält und eine partielle Legendretransformation in den Variablen θ^a durchführt:*

$$R^\mu(x,\dot{x}) = \left[L(x,\dot{x},\dot{\theta}) - \mu_a\dot{\theta}^a \right]\Big|_{p_a=\mu_a}, \tag{8.131}$$

wobei vorausgesetzt ist, daß man die Variable $\dot{\theta}^a$ mithilfe der Gleichung $p_a = \mu_a$ eliminiert und μ_a als konstant ansieht.

Betrachte nun die Euler-Lagrange-Gleichungen

$$\frac{d}{dt}\frac{\partial L}{\partial \dot{x}^a} - \frac{\partial L}{\partial x^a} = 0. \tag{8.132}$$

Wir versuchen Gleichungen für eine Funktion zu formulieren, aus der $\dot{\theta}^a$ eliminiert wurde, und behaupten, daß gerade die Routhfunktion R^μ diese Gleichungen erfüllt. Um dies zu zeigen, setzen wir R^μ in die Euler-Lagrange-Gleichungen ein und verwenden die Kettenregel:

$$\frac{d}{dt}\left(\frac{\partial R^\mu}{\partial \dot{x}^\alpha}\right) - \frac{\partial R^\mu}{\partial x^\alpha} = \frac{d}{dt}\left(\frac{\partial L}{\partial \dot{x}^\alpha} + \frac{\partial L}{\partial \dot{\theta}^a}\frac{\partial \dot{\theta}^a}{\partial \dot{x}^\alpha}\right)$$

$$- \left(\frac{\partial L}{\partial x^\alpha} + \frac{\partial L}{\partial \dot{\theta}^a}\frac{\partial \dot{\theta}^a}{\partial x^\alpha}\right) - \frac{d}{dt}\left(\mu_a\frac{\partial \dot{\theta}^a}{\partial \dot{x}^\alpha}\right) + \mu_a\frac{\partial \dot{\theta}^a}{\partial x^\alpha}.$$

Der erste und der dritte Ausdruck verschwinden wegen (8.132) und mit $\mu_a = p_a$ heben sich dann auch die übrigen Terme weg. Also haben wir die folgende Proposition bewiesen:

Proposition 8.9.1. *Euler-Lagrange-Gleichungen (8.132) für $L(x,\dot{x},\dot{\theta})$ zusammen mit den Erhaltungsgesetzen $p_a = \mu_a$ entsprechen den Euler-Lagrange-Gleichungen für die Routhfunktion $R^\mu(x,\dot{x})$.*

Die Euler-Lagrange-Gleichungen für R^μ werden die **reduzierten Euler-Lagrange-Gleichungen** genannt, denn der Konfigurationsraum Q mit den Variablen (x^a, θ^a) wurde auf S mit den Variablen x^α reduziert.

Hinsichtlich der Notation in den nachstehenden Betrachtungen treffen wir die folgenden Vereinbarungen: g^{ab} bezeichne die Komponenten der inversen Matrix der $(m \times m)$-Matrix $[g_{ab}]$, entsprechend bezeichne $g^{\alpha\beta}$ die der Inversen der $(k \times k)$-Matrix $[g_{\alpha\beta}]$. Wir werden nicht die Komponenten der Inversen der gesamten Matrix auf Q verwenden, weshalb keine Verwechslungsgefahr besteht.

Proposition 8.9.2. *Für die durch* (8.129) *gegebene Lagrangefunktion L ist*

$$R^\mu(x, \dot{x}) = g_{a\alpha}g^{ac}\mu_c\dot{x}^\alpha + \frac{1}{2}\left(g_{\alpha\beta} - g_{a\alpha}g^{ac}g_{c\beta}\right)\dot{x}^\alpha\dot{x}^\beta - V_\mu(x), \qquad (8.133)$$

wobei

$$V_\mu(x) = V(x) + \frac{1}{2}g^{ab}\mu_a\mu_b$$

das effektive Potential ist.

Beweis. Da $\mu_a = g_{a\alpha}\dot{x}^\alpha + g_{ab}\dot{\theta}^b$ ist, gilt

$$\dot{\theta}^a = g^{ab}\mu_b - g^{ab}g_{b\alpha}\dot{x}^\alpha. \qquad (8.134)$$

Setzen wir dies in die Definition von R^μ ein, so erhalten wir

$$\begin{aligned}
R^\mu(x, \dot{x}) &= \frac{1}{2}g_{\alpha\beta}\dot{x}^\alpha\dot{x}^\beta + (g_{a\alpha}\dot{x}^\alpha)\left(g^{ac}\mu_c - g^{ac}g_{c\beta}\dot{x}^\beta\right) \\
&\quad + \frac{1}{2}g_{ab}\left(g^{ac}\mu_c - g^{ac}g_{c\beta}\dot{x}^\beta\right)\left(g^{bd}\mu_d - g^{bd}g_{d\gamma}\dot{x}^\gamma\right) \\
&\quad - \mu_a\left(g^{ac}\mu_c - g^{ac}g_{c\beta}\dot{x}^\beta\right) - V(x).
\end{aligned}$$

Die in $\dot{x}$ linearen Terme lauten

$$g_{a\alpha}g^{ac}\mu_c\dot{x}^\alpha - g_{ab}g^{ac}\mu_c g^{bd}g_{d\gamma}\dot{x}^\gamma + \mu_a g^{ac}g_{c\beta}\dot{x}^\beta = g_{a\alpha}g^{ac}\mu_c\dot{x}^\alpha,$$

die in $\dot{x}$ quadratischen hingegen

$$\frac{1}{2}(g_{\alpha\beta} - g_{a\alpha}g^{ac}g_{c\beta})\dot{x}^\alpha\dot{x}^\beta,$$

und $-V_\mu(x)$ hängt nur von x ab, wie gefordert.   ∎

Es fällt auf, daß R^μ einen in der Geschwindigkeit linearen Term hinzubekommen hat und sowohl das Potential, als auch die Matrix der kinetischen Energie (die **Massenmatrix**) modifiziert wurden.

Der in den Geschwindigkeiten lineare Term hat die Form $A^a_\alpha\mu_a\dot{x}^\alpha$, wobei $A^a_\alpha = g^{ab}g_{b\alpha}$ ist. Der Euler-Lagrange-Ausdruck für diesen Term lautet

$$\frac{d}{dt} A_\alpha^a \mu_a - \frac{\partial}{\partial x^\alpha} A_\beta^a \mu_a \dot{x}^\beta = \left(\frac{\partial A_\alpha^a}{\partial x^\beta} - \frac{\partial A_\beta^a}{\partial x^\alpha} \right) \mu_a \dot{x}^\beta.$$

Wir bezeichnen ihn mit $B_{\alpha\beta}^a \mu_a \dot{x}^\beta$. Zum Beispiel ist dann $B_{\alpha\beta}^a$ die äußere Ableitung der 1-Form $A_\alpha^a dx^\alpha$. Die Größen A_α^a werden die **Zusammenhangs-koeffizienten** und die $B_{\alpha\beta}^a$ die **Krümmungskoeffizienten** genannt.

Führen wir die durch Entfernen der in $\dot{x}$ linearen Terme modifizierte (einfachere) Routhfunktion

$$\tilde{R}^\mu = \frac{1}{2} \left(g_{\alpha\beta} - g_{a\alpha} g^{ab} g_{b\beta} \right) \dot{x}^\alpha \dot{x}^\beta - V_\mu(x)$$

ein, so erhalten die Gleichungen die Gestalt

$$\frac{d}{dt} \frac{\partial \tilde{R}^\mu}{\partial \dot{x}^\alpha} - \frac{\partial \tilde{R}^\mu}{\partial x^\alpha} = -B_{\alpha\beta}^a \mu_a \dot{x}^\beta, \tag{8.135}$$

die eine sinnvolle koordinatenfreie Schreibweise und Verallgemeinerung auf den Fall der nichtabelschen Gruppen darstellen. Die Zusatzausdrücke haben die Struktur von magnetischen und Coriolistermen, auf die wir schon weiter oben bei verschiedenen Betrachtungen gestoßen sind.

Obiges weist darauf hin, daß hinter dem scheinbar einfachen Prozeß der Routhreduktion eine ganze Menge Geometrie versteckt ist. Insbesondere spielen die *Zusammenhänge* A_α^a und ihre *Krümmungen* $B_{\alpha\beta}^a$ eine wichtige Rolle in allgemeineren Theorien, wie z.B. solche, die nichtabelsche Symmetriegruppen (z.B. die Rotationsgruppe) verwenden.

Ein anderer Hinweis auf allgemeinere Theorien stellt die Tatsache dar, daß wir den kinetischen Term in (8.133) auch in der folgenden Form

$$\frac{1}{2} (\dot{x}^\alpha, -A_\delta^a \dot{x}^\delta) \begin{pmatrix} g_{\alpha\beta} & g_{\alpha b} \\ g_{a\beta} & g_{ab} \end{pmatrix} \begin{pmatrix} \dot{x}^\beta \\ -A_\gamma^b \dot{x}^\gamma \end{pmatrix}, \tag{8.136}$$

schreiben können, wodurch ebenfalls zum Ausdruck kommt, daß er positiv definit ist.

Etwa in der Mitte des 19. Jahrhunderts hat sich Routh sehr für rotierende mechanische Systeme interessiert, z.B. für solche, bei denen der Drehimpuls erhalten bleibt. In diesem Kontext verwendet er den Begriff „steady motion" für Bewegungen, die einer gleichförmigen Rotation um eine feste Achse entsprechen. *Diese können wir mit Gleichgewichtszuständen der reduzierten Euler-Lagrange-Gleichungen identifizieren.*

Da der Coriolisterm die Energieerhaltung nicht beeinträchtigt (dies sahen wir schon früher anhand der Dynamik eines Teilchens in einem Magnetfeld), können wir den Lagrange-Dirichlet-Test verwenden, um damit zu folgendem Schluß zu kommen:

Proposition 8.9.3 (Das Routhsche Stabilitätskriterium). *Gleichförmige Bewegungen entsprechen kritischen Punkten x_e eines effektiven Potentials V_μ. Ist $d^2 V_\mu(x_e)$ positiv definit, dann ist die gleichförmige Bewegung x_e stabil.*

Wenn allgemeinere Symmetriegruppen auftreten, spricht man eher von einem *relativen Gleichgewichtszustand*, als von gleichförmiger Bewegung, ein Wechsel in der Terminologie, der auf Poincaré um 1890 zurückgeht. Hier setzt eine höherentwickelte Theorie der Stabilität an, die bis auf die in §1.7 kurz dargestellte *Energie-Impuls-Methode* führt.

Übungen

Übung 8.9.1. Führe die Routhreduktion für das sphärische Pendel durch.

Übung 8.9.2. Führe die Routhreduktion für das ebene Pendel auf einem Wagen durch, siehe Abb. 8.3.

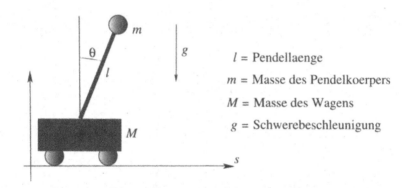

Abb. 8.3. Ein Pendel auf einem Wagen.

Übung 8.9.3 (Das Zwei-Körper-Problem). Berechne das effektive Potential für die ebene Bewegung eines Teilchens in einem Zentralpotential $V(r)$. Vergleiche das Ergebnis mit dem „effektiven Potential", das man z.B. bei Goldstein [1980] findet.

Übung 8.9.4. Sei L eine Lagrangefunktion auf TQ und sei

$$\hat{R}^\mu(q, \dot{q}) = L(q, \dot{q}) + A^a_\alpha \mu_a q^a,$$

wobei A^a eine $\mathbb{R}^k$-wertige 1-Form auf TQ und $\mu \in \mathbb{R}^{k*}$ ist.

(a) Formuliere das Hamiltonsche Prinzip für L als ein Lagrange-d'Alembert-Prinzip für $\hat{R}^\mu$.

(b) Sei $\hat{H}^\mu$ die zu $\hat{R}^\mu$ gehörige Hamiltonfunktion. Zeige, daß die ursprünglichen Euler-Lagrange-Gleichungen für L in der folgenden Form geschrieben werden können:

$$\dot{q}^{\alpha} = \frac{\partial \hat{H}^{\mu}}{\partial p_{\alpha}},$$

$$\dot{p}_{\alpha} = \frac{\partial \hat{H}^{\mu}}{\partial q^{\alpha}} + \beta^{a}_{\alpha\beta}\mu_{b}\frac{\partial \hat{H}^{\mu}}{\partial p_{\beta}}.$$

9. Liegruppen

Um auf die nächsten Kapitel vorzubereiten, stellen wir hier einige grundlegende Tatsachen über Liegruppen zusammen. Andere Darstellungen und zusätzliche Details findet man in Abraham und Marsden [1978], Olver [1986] und Sattinger und Weaver [1986]. Insbesondere benötigen wir in diesem Buch nur die wichtigsten Teile der allgemeinen Theorie und eine Kenntnis einiger der einfacheren Gruppen wie der Dreh- und der Euklidischen Gruppe.

Dies sind einige Beispiele für das Auftreten von Liegruppen in der Mechanik:

Impuls und Drehimpuls. Der Impuls und der Drehimpuls sind die zu den Gruppen der räumlichen Translationen und Rotationen gehörenden Erhaltungsgrößen.

Der starre Körper. Betrachte einen freien, starren Körper, der um seinen im Koordinatenursprung ruhenden Schwerpunkt rotiert. „Frei" heißt, daß keine äußeren Kräfte auf den Körper wirken, „starr", daß der Abstand zweier beliebiger Punkte des Körpers während der Bewegung unverändert bleibt. Betrachte einen Punkt X des Körpers zur Zeit $t = 0$. Seine Position zur Zeit t sei $f(X, t)$. Aus der Bedingung, daß der Körper starr ist und der Annahme einer glatten Bewegung folgt, daß $f(X, t) = A(t)X$ mit einer eigentlichen Drehung $A(t)$ ist, also einem Element der eigentlichen Drehgruppe SO(3) des $\mathbb{R}^3$, den orthogonalen (3×3)-Matrizen mit Determinante 1. Wir werden zeigen, daß die Menge SO(3) eine dreidimensionale Liegruppe ist. Da sie jede mögliche Lage des Körpers beschreibt, dient sie als *Konfigurationsraum*. Die Gruppe SO(3) spielt jedoch auch eine duale Rolle als *Symmetriegruppe*, da dieselbe physikalische Bewegung beschrieben wird, wenn wir die Koordinatenachsen drehen. Als Symmetriegruppe führt SO(3) zur Erhaltung des Drehimpulses.

Der schwere Kreisel. Betrachte einen starren Körper, der sich mit einem festen Aufpunkt unter dem Einfluß der Schwerkraft bewegt. Der Konfigurationsraum ist hier wieder SO(3), die Symmetriegruppe ist jedoch nur noch die Kreisgruppe S^1 der Rotationen um die Schwerkraftachse. Man sagt, die Gravitation hat die Symmetrie von SO(3) zu S^1 *gebrochen*. Hier führt das „Eliminieren" der S^1-Symmetrie zunächst unerklärlicherweise zu der größeren Euklidischen Gruppe SE(3) der starren Bewegungen im $\mathbb{R}^3$. Dies ist eine Konsequenz der allgemeinen Theorie von semidirekten Produkten (vergleiche die Einleitung, wo gezeigt wurde, daß die Gleichungen des schweren Kreisels für SE(3) als Lie-Poisson-Gleichungen geschrieben werden können, sowie Marsden, Ratiu und Weinstein [1984a,1984b]).

Inkompressible Flüssigkeiten.   Sei Ω ein mit einer strömenden inkompressiblen Flüssigkeit gefülltes Gebiet im $\mathbb{R}^3$, das frei von äußeren Kräften ist. Bezeichne $\eta(X,t)$ die Trajektorie eines Flüssigkeitsteilchens, das sich zur Zeit $t = 0$ bei $X \in \Omega$ befindet. Für festes t ist die durch $\eta_t(X) = \eta(X,t)$ definierte Abbildung η_t ein Diffeomorphismus von Ω. Da die Flüssigkeit inkompressibel ist, gilt sogar $\eta_t \in \mathrm{Diff}_{\mathrm{vol}}(\Omega)$, der Gruppe der volumenerhaltenden Diffeomorphismen von Ω. Also ist der Konfigurationsraum des Problems die unendlichdimensionale Liegruppe $\mathrm{Diff}_{\mathrm{vol}}(\Omega)$. Die Verwendung von $\mathrm{Diff}_{\mathrm{vol}}(\Omega)$ als Symmetriegruppe führt zum Thomsonschen Wirbelsatz als einem Erhaltungsgesetz. Vergleiche Marsden und Weinstein [1983].

Kompressible Flüssigkeiten.   In diesem Fall bildet die ganze Diffeomorphismengruppe $\mathrm{Diff}(\Omega)$ den Konfigurationsraum. Die Symmetriegruppe besteht aus den dichteerhaltenden Diffeomorphismen $\mathrm{Diff}_\varrho(\Omega)$. Die Dichte spielt hier eine ähnliche Rolle wie die Schwerkraft beim schweren Kreisel und führt wie auch im nächsten Beispiel wieder zu semidirekten Produkten.

Magnetohydrodynamik (MHD).   Dieses Beispiel ist das einer kompressiblen Flüssigkeit aus geladenen Teilchen mit einer dominanten elektromagnetischen Kraft, die von dem durch die Teilchen selbst produzierten magnetischen Feld herrührt (möglicherweise in Verbindung mit einem äußeren Feld). Der Konfigurationsraum bleibt $\mathrm{Diff}(\Omega)$, die Bewegung der Flüssigkeit ist aber mit dem magnetischen Feld (aufgefaßt als 2-Form auf Ω) gekoppelt.

Die Maxwell-Vlasov-Gleichungen.   Sei $f(\mathbf{x}, \mathbf{v}, t)$ die Dichteverteilung eines kollisionsfreien Plasmas. Die Funktion f entwickelt sich in der Zeit im Rahmen einer zeitabhängigen kanonischen Transformation auf dem $\mathbb{R}^6$, dem $(\mathbf{x}, \mathbf{v})$-Raum. Die Entwicklung von f kann mit anderen Worten durch $f_t = \eta_t^* f_0$ beschrieben werden, wobei f_0 der Anfangswert für f, f_t der Wert zur Zeit t und η_t eine kanonische Transformation ist. Also spielt die Gruppe der kanonischen Transformationen $\mathrm{Diff}_{\mathrm{kan}}(\mathbb{R}^6)$ eine wichtige Rolle.

Die Maxwellsche Gleichungen.   Die Maxwellschen Gleichungen der Elektrodynamik sind invariant unter Eichtransformationen, bei denen das magnetische (oder Vierer-)Potential gemäß $\mathbf{A} \mapsto \mathbf{A} + \nabla \varphi$ transformiert wird. Diese Eichgruppe ist eine unendlichdimensionale Liegruppe. Die zu der Eichsymmetrie gehörende Erhaltungsgröße ist in diesem Fall die Ladung.

9.1 Grundlegende Definitionen und Eigenschaften

Definition 9.1.1. *Eine **Liegruppe** ist eine (Banach-)Mannigfaltigkeit G mit einer Gruppenstruktur, die mit der Struktur als Mannigfaltigkeit verträglich ist, d.h. für die die Gruppenmultiplikation*

$$\mu : G \times G \to G, \quad (g,h) \mapsto gh,$$

eine glatte Abbildung ist.

Die Abbildungen $L_g : G \to G, h \mapsto gh$ und $R_h : G \to G, g \mapsto gh$ heißen
Links- und Rechtstranslation. Beachte

$$L_{g_1} \circ L_{g_2} = L_{g_1 g_2} \quad \text{und} \quad R_{h_1} \circ R_{h_2} = R_{h_2 h_1}.$$

Bezeichnet man mit $e \in G$ das neutrale Element, so gilt $L_e = \mathrm{Id} = R_e$ und
damit auch

$$(L_g)^{-1} = L_{g^{-1}} \quad \text{und} \quad (R_h)^{-1} = R_{h^{-1}}.$$

Also sind L_g und R_h für beliebige g und h Diffeomorphismen. Beachte weiter,
daß

$$L_g \circ R_h = R_h \circ L_g$$

ist, die Links- und die Rechtstranslation also vertauschen. Nach der Kettenregel gilt

$$T_{gh} L_{g^{-1}} \circ T_h L_g = T_h (L_{g^{-1}} \circ L_g) = \mathrm{Id},$$

$T_h L_g$ ist also invertierbar. Genauso ist $T_g R_h$ ein Isomorphismus.

Wir zeigen nun, daß die **Inversion** $I : G \to G, g \mapsto g^{-1}$ eine glatte
Abbildung ist. Wir fassen hierzu die Lösung h der Gleichung

$$\mu(g,h) = e$$

als Funktion von g auf. Die partielle Ableitung nach h ist gerade $T_h L_g$, was
ein Isomorphismus ist. Also ist nach dem Satz über implizite Funktionen die
Lösung g^{-1} eine glatte Funktion von g.

Liegruppen können endlich- und unendlichdimensional sein. Beim ersten
Lesen dieses Abschnitts kann G als endlichdimensional angenommen werden.[1]

Beispiele

Beispiel 9.1.1. Jeder Banachraum V ist eine abelsche Liegruppe mit den
Gruppenoperationen

$$\mu : V \times V \to V, \quad \mu(x,y) = x + y \quad \text{und} \quad I : V \to V, \quad I(x) = -x.$$

Das neutrale Element ist der Nullvektor. Wir nennen eine solche Liegruppe
eine **Vektorgruppe.**

---

[1] Wir weisen darauf hin, daß einige interessante unendlichdimensionale Gruppen
(z.B. Diffeomorphismengruppen) *keine* Banach-Liegruppen im obigen (naiven)
Sinn sind.

Beispiel 9.1.2. Die Gruppe der linearen Isomorphismen von $\mathbb{R}^n$ nach $\mathbb{R}^n$ ist eine Liegruppe der Dimension n^2, die wir die *allgemeine lineare Gruppe* nennen und mit $\mathrm{GL}(n, \mathbb{R})$ bezeichnen (nach dem Englischen „general linear group"). Sie ist eine offene Teilmenge des Vektorraums $L(\mathbb{R}^n, \mathbb{R}^n)$ aller linearer Abbildungen von $\mathbb{R}^n$ nach $\mathbb{R}^n$ und somit eine glatte Mannigfaltigkeit, denn $\mathrm{GL}(n, \mathbb{R})$ ist das Urbild von $\mathbb{R} \setminus \{0\}$ unter der stetigen Abbildung $A \mapsto \det A$ von $L(\mathbb{R}^n, \mathbb{R}^n)$ nach $\mathbb{R}$. Für $A, B \in \mathrm{GL}(n, \mathbb{R})$ ist die Gruppenverknüpfung die Komposition

$$\mu : \mathrm{GL}(n, \mathbb{R}) \times \mathrm{GL}(n, \mathbb{R}) \to \mathrm{GL}(n, \mathbb{R}),$$

die durch

$$(A, B) \mapsto A \circ B$$

gegeben ist. Die Inversion

$$I : \mathrm{GL}(n, \mathbb{R}) \to \mathrm{GL}(\dot{n}, \mathbb{R})$$

ist definiert durch

$$I(A) = A^{-1}.$$

Die Gruppenmultiplikation ist die Einschränkung der stetigen, bilinearen Abbildung

$$(A, B) \in L(\mathbb{R}^n, \mathbb{R}^n) \times L(\mathbb{R}^n, \mathbb{R}^n) \mapsto A \circ B \in L(\mathbb{R}^n, \mathbb{R}^n),$$

also ist μ glatt und $\mathrm{GL}(n, \mathbb{R})$ eine Liegruppe.

Das neutrale Element e ist die identische Abbildung auf dem $\mathbb{R}^n$. Wählen wir eine Basis im $\mathbb{R}^n$, können wir jedes $A \in \mathrm{GL}(n, \mathbb{R})$ durch eine invertierbare $n \times n$-Matrix darstellen. Die Gruppenoperation ist dann die Matrizenmultiplikation $\mu(A, B) = AB$ und die Inversion die für Matrizen übliche $I(A) = A^{-1}$. Das neutrale Element ist die $(n \times n)$-Einheitsmatrix. Die Gruppenoperationen sind offensichtlich glatt, da die Formeln für die Multiplikation und Invertierung von Matrizen glatte (rationale) Funktionen der Matrixelemente sind.

Beispiel 9.1.3. Analog zeigt man, daß für einen Banachraum V die Gruppe $\mathrm{GL}(V, V)$ der invertierbaren Elemente in $L(V, V)$ eine Banach-Liegruppe ist. Für den Beweis, daß $\mathrm{GL}(V, V)$ offen in $L(V, V)$ ist, siehe Abraham, Marsden und Ratiu [1988]. Weitere Beispiele werden im nächsten Abschnitt gegeben.

Karten.   Zu einer gegebenen lokalen Karte auf G kann man unter Verwendung der Links- (oder Rechts-)translation einen vollständigen Atlas auf der Liegruppe G konstruieren. Sei z.B. (U, φ) eine Karte um $e \in G$ und $\varphi : U \to V$. Definiere dann eine Karte (U_g, φ_g) um $g \in G$ durch

$$U_g = L_g(U) = \{ L_g h \mid h \in U \}$$

und

$$\varphi_g = \varphi \circ L_{g^{-1}} : U_g \to V, \ h \mapsto \varphi(g^{-1}h).$$

Die Menge $\{(U_g, \varphi_g)\}$ bildet einen Atlas, wenn wir zeigen können, daß die Kartenwechsel

$$\varphi_{g_1} \circ \varphi_{g_2}^{-1} = \varphi \circ L_{g_1^{-1} g_2} \circ \varphi^{-1} : \varphi_{g_2}(U_{g_1} \cap U_{g_2}) \to \varphi_{g_1}(U_{g_1} \cap U_{g_2})$$

Diffeomorphismen (zwischen offenen Mengen in einem Banachraum) sind. Dies folgt jedoch aus der Glattheit der Gruppenmultiplikation und der Inversion.

Invariante Vektorfelder. Ein Vektorfeld X auf G wird *linksinvariant* genannt, wenn $L_g^* X = X$ für alle $g \in G$ ist, d.h., wenn für alle $h \in G$

$$(T_h L_g) X(h) = X(gh)$$

gilt. Dann ist das Diagramm in Abb. 9.1 kommutativ. In Abb. 9.2 ist die geometrische Situation skizziert.

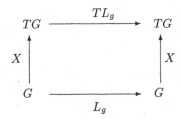

Abb. 9.1. Das kommutative Diagramm für ein linksinvariantes Vektorfeld.

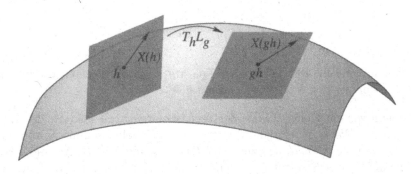

Abb. 9.2. Ein linksinvariantes Vektorfeld.

Es bezeichne $\mathfrak{X}_L(G)$ die Menge der linksinvarianten Vektorfelder auf G. Für $g \in G$ und $X, Y \in \mathfrak{X}_L(G)$ ist dann

$$L_g^*[X, Y] = [L_g^*X, L_g^*Y] = [X, Y],$$

also $[X, Y] \in \mathfrak{X}_L(G)$. Somit ist $\mathfrak{X}_L(G)$ eine Unterliealgebra von $\mathfrak{X}(G)$, der Menge aller Vektorfelder auf G.

Zu jedem $\xi \in T_eG$ definieren wir ein Vektorfeld X_ξ auf G durch

$$X_\xi(g) = T_eL_g(\xi).$$

Dann gilt

$$X_\xi(gh) = T_eL_{gh}(\xi) = T_e(L_g \circ L_h)(\xi)$$
$$= T_hL_g(T_eL_h(\xi)) = T_hL_g(X_\xi(h)),$$

was zeigt, daß X_ξ linksinvariant ist. Die linearen Abbildungen

$$\zeta_1 : \mathfrak{X}_L(G) \to T_eG, \quad X \mapsto X(e)$$

und

$$\zeta_2 : T_eG \to \mathfrak{X}_L(G), \quad \xi \mapsto X_\xi$$

erfüllen $\zeta_1 \circ \zeta_2 = \mathrm{Id}_{T_eG}$ und $\zeta_2 \circ \zeta_1 = \mathrm{Id}_{\mathfrak{X}_L(G)}$. Demzufolge sind $\mathfrak{X}_L(G)$ und T_eG als Vektorräume isomorph.

Die Liealgebra einer Liegruppe.   Definiere eine *Lieklammer* auf T_eG durch

$$[\xi, \eta] := [X_\xi, X_\eta](e)$$

mit $\xi, \eta \in T_eG$ und der Jacobi-Lieklammer $[X_\xi, X_\eta]$ von Vektorfeldern. Dies macht T_eG zu einer Liealgebra. (Liealgebren wurden in der Einführung definiert.) Wir haben also die Klammer auf T_eG durch *linksinvariante Fortsetzung* definiert. Beachte, daß nach Konstruktion für alle $\xi, \eta \in T_eG$

$$[X_\xi, X_\eta] = X_{[\xi, \eta]}$$

gilt.

Definition 9.1.2. *Der Vektorraum T_eG mit dieser Liealgebrenstruktur wird die **Liealgebra** von G genannt und mit $\mathfrak{g}$ bezeichnet.*

Wenn wir die Menge $\mathfrak{X}_R(G)$ der **rechtsinvarianten** Vektorfelder auf G in analoger Weise definieren, erhalten wir einen Vektorraumisomorphismus $\xi \mapsto Y_\xi$ mit $Y_\xi = (T_eR_g)(\xi)$ zwischen $T_eG = \mathfrak{g}$ und $\mathfrak{X}_R(G)$. Auf diese Weise definiert jedes Element $\xi \in \mathfrak{g}$ ein Element $Y_\xi \in \mathfrak{X}_R(G)$ und ebenso ein Element $X_\xi \in \mathfrak{X}_L(G)$. Wir werden zeigen, daß X_ξ und Y_ξ durch

$$I_*X_\xi = -Y_\xi \tag{9.1}$$

in Zusammenhang stehen, wobei $I : G \to G$ die Inversion $I(g) = g^{-1}$ ist. Da I ein Diffeomorphismus ist, zeigt (9.1), daß $I_* : \mathfrak{X}_L(G) \to \mathfrak{X}_R(G)$ ein

Vektorraumisomorphismus ist. Um (9.1) zu beweisen, beachte zunächst, daß für $u \in T_g G$ und $v \in T_h G$ die Ableitung der Multiplikationsabbildung durch

$$T_{(g,h)}\mu(u,v) = T_h L_g(v) + T_g R_h(u) \tag{9.2}$$

gegeben ist. Zusätzlich ergibt die Ableitung der Abbildung $g \mapsto \mu(g, I(g)) = e$ für alle $u \in T_g G$

$$T_{(g,g^{-1})}\mu(u, T_g I(u)) = 0.$$

Dies und (9.2) liefert

$$T_g I(u) = -(T_e R_{g^{-1}} \circ T_g L_{g^{-1}})(u) \tag{9.3}$$

für alle $u \in T_g G$. Folglich gilt für $\xi \in \mathfrak{g}$ und $g \in G$

$$\begin{aligned}
(I_* X_\xi)(g) &= (TI \circ X_\xi \circ I^{-1})(g) = T_{g^{-1}} I(X_\xi(g^{-1})) \\
&= -(T_e R_g \circ T_{g^{-1}} L_g)(X_\xi(g^{-1})) \quad \text{(nach (9.3))} \\
&= -T_e R_g(\xi) = -Y_\xi(g) \quad \text{(da } X_\xi(g^{-1}) = T_e L_{g^{-1}}(\xi))
\end{aligned}$$

und (9.1) ist bewiesen. Hieraus folgt für $\xi, \eta \in \mathfrak{g}$

$$\begin{aligned}
-Y_{[\xi,\eta]} &= I_* X_{[\xi,\eta]} = I_*[X_\xi, X_\eta] = [I_* X_\xi, I_* X_\eta] \\
&= [-Y_\xi, -Y_\eta] = [Y_\xi, Y_\eta],
\end{aligned}$$

so daß

$$-[Y_\xi, Y_\eta](e) = Y_{[\xi,\eta]}(e) = [\xi, \eta] = [X_\xi, X_\eta](e).$$

Demzufolge ist die durch **rechtsinvariante Fortsetzung** von Elementen in $\mathfrak{g}$ auf $\mathfrak{g}$ definierte Lieklammer $[\,,\,]^R$

$$[\xi, \eta]^R := [Y_\xi, Y_\eta](e)$$

das *Negative* der durch linksinvariante Fortsetzung definierten, d.h.

$$[\xi, \eta]^R := -[\xi, \eta].$$

Beispiele

Beispiel 9.1.4. Für eine Vektorgruppe V ist $T_e V \cong V$. Man sieht leicht, daß das durch $u \in T_e V$ definierte linksinvariante Vektorfeld das konstante Vektorfeld $X_e(v) = u$ für alle $v \in V$ ist. Demzufolge ist die Liealgebra einer Vektorgruppe V wieder V selbst mit der trivialen Klammer $[v, w] = 0$ für alle $v, w \in V$. Wir sagen in diesem Fall, die Liealgebra ist **abelsch**.

Beispiel 9.1.5. Die Liealgebra von $GL(n, \mathbb{R})$ ist der Vektorraum $L(\mathbb{R}^n, \mathbb{R}^n)$ aller linearen Transformationen auf dem $\mathbb{R}^n$ mit der Kommutatorklammer

$$[A, B] = AB - BA.$$

Sie wird meist durch $\mathfrak{gl}(n)$ bezeichnet. Um dies einzusehen, erinnere man sich, daß $GL(n, \mathbb{R})$ offen in $L(\mathbb{R}, \mathbb{R})$ ist, also ist ihre Liealgebra als Vektorraum $L(\mathbb{R}^n, \mathbb{R}^n)$. Um die Klammer auszurechnen, beachte man, daß für jedes $\xi \in L(\mathbb{R}^n, \mathbb{R}^n)$ durch

$$X_\xi : GL(n, \mathbb{R}) \to L(\mathbb{R}^n, \mathbb{R}^n), \quad A \mapsto A\xi$$

ein linksinvariantes Vektorfeld auf $GL(n, \mathbb{R})$ definiert wird, denn für alle $B \in GL(n, \mathbb{R})$ ist die Abbildung

$$L_B : GL(n, \mathbb{R}) \to GL(n, \mathbb{R}), \quad A \mapsto BA$$

eine lineare Abbildung und hieraus folgt

$$X_\xi(L_B A) = BA\xi = T_A L_B X_\xi(A).$$

Demzufolge erhalten wir aus der lokalen Beziehung

$$[X, Y](x) = \mathbf{D}Y(x) \cdot X(x) - \mathbf{D}X(x) \cdot Y(x)$$

den Ausdruck

$$[\xi, \eta] = [X_\xi, X_\eta](I) = \mathbf{D}X_\eta(I) \cdot X_\xi(I) - \mathbf{D}X_\xi(I) \cdot X_\eta(I).$$

$X_\eta(A) = A\eta$ ist jedoch linear in A, genauso $\mathbf{D}X_\eta(I) \cdot B = B\eta$, und demzufolge gilt

$$\mathbf{D}X_\eta(I) \cdot X_\xi(I) = \xi\eta$$

und analog

$$\mathbf{D}X_\xi(I) \cdot X_\eta(I) = \eta\xi.$$

Also ist die Lieklammer auf $L(\mathbb{R}^n, \mathbb{R}^n)$

$$[\xi, \eta] = \xi\eta - \eta\xi. \tag{9.4}$$

Beispiel 9.1.6. Wir können (9.4) auch in Koordinaten berechnen. Nach Wahl einer Basis im $\mathbb{R}^n$ ist jedes $A \in GL(n, \mathbb{R})$ durch seine Komponenten A_j^i mit $(Av)^i = A_j^i v^j$ (Summation über j) festgelegt. Demzufolge hat ein Vektorfeld X auf $GL(n, \mathbb{R})$ die Form $X(A) = \sum_{i,j} C_j^i(A)(\partial/\partial A_j^i)$. Die Linksinvarianz ist nachgewiesen, wenn man eine Matrix (ξ_j^i) findet, mit der für alle A

$$X(A) = \sum_{i,j,k} A_k^i \xi_j^k \frac{\partial}{\partial A_j^i}$$

gilt. Ist $Y(A) = \sum_{i,j,k} A_k^i \eta_j^k (\partial/\partial A_j^i)$ ein anderes linksinvariantes Vektorfeld, gilt

$$(XY)[f] = \sum A_k^i \xi_j^k \frac{\partial}{\partial A_j^i} \left[\sum A_m^l \eta_p^m \frac{\partial f}{\partial A_p^l} \right]$$

$$= \sum A_k^i \xi_j^k \delta_i^l \delta_m^j \eta_p^m \frac{\partial f}{\partial A_p^l} + \text{(zweite Ableitungen)}$$

$$= \sum A_k^i \xi_j^k \eta_m^j \frac{\partial f}{\partial A_j^i} + \text{(zweite Ableitungen)},$$

wobei wir $\partial A_m^s / \partial A_j^k = \delta_s^k \delta_m^j$ verwendet haben. Demzufolge ist die Klammer das durch

$$[X, Y][f] = (XY - YX)[f] = \sum A_k^i (\xi_j^k \eta_m^j - \eta_j^k \xi_m^j) \frac{\partial f}{\partial A_m^i}$$

gegebene linksinvariante Vektorfeld $[X, Y]$. Dies zeigt, daß wie zuvor die Klammer von Vektorfeldern die gewöhnliche Kommutatorklammer von $n \times n$-Matrizen ist.

Einparametrige Untergruppen und die Exponentialabbildung. Ist X_ξ das linksinvariante Vektorfeld zu $\xi \in \mathfrak{g}$, so existiert eine eindeutige Integralkurve $\gamma_\xi : \mathbb{R} \to G$ von X_ξ zum Anfangswert $\gamma_\xi(0) = e$ mit $\gamma_\xi'(t) = X_\xi(\gamma_\xi(t))$. Wir behaupten

$$\gamma_\xi(s + t) = \gamma_\xi(s) \gamma_\xi(t),$$

was bedeutet, daß $\gamma_\xi(t)$ eine glatte **einparametrige Untergruppe** ist. Tatsächlich sind beide Seiten als Funktion von t bei $t = 0$ gleich $\gamma_\xi(s)$, und beide erfüllen aufgrund der Linksinvarianz von X_ξ die Differentialgleichung $\sigma'(t) = X_\xi(\sigma(t))$, also sind sie überhaupt gleich. Die Linksinvarianz oder auch $\gamma_\xi(t + s) = \gamma_\xi(t) \gamma_\xi(s)$ zeigt darüber hinaus, daß $\gamma_\xi(t)$ für alle $t \in \mathbb{R}$ definiert ist.

Definition 9.1.3. *Die **Exponentialabbildung** $\exp : \mathfrak{g} \to G$ ist definiert durch*

$$\exp(\xi) = \gamma_\xi(1).$$

Dann gilt auch

$$\exp(s\xi) = \gamma_\xi(s),$$

denn für festes $s \in \mathbb{R}$ erfüllt die Kurve $t \mapsto \gamma_\xi(ts)$, die bei $t = 0$ durch e geht, die Differentialgleichung

$$\frac{d}{dt} \gamma_\xi(ts) = s X_\xi(\gamma_\xi(ts)) = X_{s\xi}(\gamma_\xi(ts)).$$

Da $\gamma_{s\xi}(t)$ dieselbe Differentialgleichung und Anfangsbedingung erfüllt, folgt $\gamma_{s\xi}(t) = \gamma_\xi(ts)$. Setzt man $t = 1$, erhält man $\exp(s\xi) = \gamma_\xi(s)$.

Die Exponentialabbildung bildet also die Gerade $s\xi$ in $\mathfrak{g}$ auf diejenige einparametrige Untergruppe $\gamma_\xi(s)$ in G ab, die bei e tangential zu ξ ist. Aus der Linksinvarianz folgt, daß der Fluß F_t^ξ von X_ξ die Bedingung $F_t^\xi(g) = gF_t^\xi(e) = g\gamma_\xi(t)$ erfüllt, es gilt also

$$F_t^\xi(g) = g\exp(t\xi) = R_{\exp t\xi}g.$$

Sei nun $\gamma(t)$ eine einparametrige Untergruppe von G, insbesondere also $\gamma(0) = e$. Dann ist $\gamma = \gamma_\xi$ mit $\xi = \gamma'(0)$, denn die Ableitung von $\gamma(t+s) = \gamma(t)\gamma(s)$ bei $s = 0$ ergibt

$$\frac{d\gamma(t)}{dt} = \frac{d}{ds}\bigg|_{s=0} L_{\gamma(t)}\gamma(s) = T_e L_{\gamma(t)}\gamma'(0) = X_\xi(\gamma(t)),$$

d.h. $\gamma = \gamma_\xi$, denn beide Seiten sind für $t = 0$ gleich e. Mit anderen Worten: *Alle einparametrigen Untergruppen von G sind von der Form* $\exp t\xi$ *für ein* $\xi \in \mathfrak{g}$. Da alle für X_ξ bewiesenen Aussagen für Y_ξ wiederholt werden können, hängt die Exponentialabbildung nicht davon ab, ob man die Liealgebra der Liegruppe durch linksinvariante oder durch rechtsinvariante Fortsetzung definiert.

Aus der Glattheit der Gruppenoperationen und der glatten Abhängigkeit der Lösungen einer Differentialgleichung von den Anfangsbedingungen folgt, daß $\exp(\cdot)$ eine C^∞-Abbildung ist. Differenzieren der Gleichung $\exp(s\xi) = \gamma_\xi(s)$ nach s an der Stelle $s = 0$ liefert $T_0\exp = \mathrm{Id}_\mathfrak{g}$. Demzufolge ist nach dem Satz über implizite Funktionen $\exp(\cdot)$ in einer Umgebung der Null in $\mathfrak{g}$ ein lokaler Diffeomorphismus auf eine Umgebung von e in G. Mit anderen Worten, die Exponentialabbildung definiert eine lokale Karte für G bei e. Im Endlichdimensionalen nennt man die zu dieser Karte gehörenden Koordinaten die **kanonischen Koordinaten** von G. Durch Linkstranslation liefert diese Karte einen Atlas für G. (Für typische unendlichdimensionale Gruppen wie z.B. Diffeomorphismengruppen bildet $\exp$ *nicht* lokal surjektiv auf eine Umgebung des neutralen Elements ab. Genauso ist es *nicht richtig*, daß die Exponentialabbildung bei jedem $\xi \neq 0$ ein lokaler Diffeomorphismus ist, auch nicht für endlichdimensionale Liegruppen.)

Es stellt sich heraus, daß die Exponentialabbildung nicht nur die *glatten* einparametrigen Untergruppen charakterisiert, sondern überhaupt alle *stetigen*, wie in der nächsten Proposition behauptet (vgl. Varadarajan [1974] für den Beweis).

Proposition 9.1.1. *Sei* $\gamma : \mathbb{R} \to G$ *eine stetige einparametrige Untergruppe von G. Dann ist γ automatisch glatt und somit $\gamma = \exp(t\xi)$ für ein $\xi \in \mathfrak{g}$.*

Beispiele

Beispiel 9.1.7. Sei $G = V$ eine Vektorgruppe, d.h. V ein Vektorraum und die Gruppenmultiplikation die Vektoraddition. Dann ist $\mathfrak{g} = V$ und $\exp : V \to V$ ist die Identität.

Beispiel 9.1.8. Sei $G = \mathrm{GL}(n, \mathbb{R})$, also $\mathfrak{g} = L(\mathbb{R}^n, \mathbb{R}^n)$. Für jedes $A \in L(\mathbb{R}^n, \mathbb{R}^n)$ ist die durch

$$t \mapsto \sum_{i=0}^{\infty} \frac{t^i}{i!} A^i$$

definierte Abbildung $\gamma_A : \mathbb{R} \to \mathrm{GL}(n, \mathbb{R})$ eine einparametrige Untergruppe, denn es ist $\gamma_A(0) = I$ und

$$\gamma_A'(t) = \sum_{i=0}^{\infty} \frac{t^{i-1}}{(i-1)!} A^i = \gamma_A(t) A.$$

Also ist die Exponentialabbildung durch

$$\exp : L(\mathbb{R}^n, \mathbb{R}^n) \to \mathrm{GL}(n, \mathbb{R}^n), \quad A \mapsto \gamma_A(1) = \sum_{i=0}^{\infty} \frac{A^i}{i!}$$

gegeben. Wie üblich werden wir auch

$$e^A = \sum_{i=0}^{\infty} \frac{A^i}{i!},$$

manchmal aber auch $\exp_G : \mathfrak{g} \to G$ schreiben, wenn von mehr als einer Gruppe gesprochen wird.

Beispiel 9.1.9. Seien G_1 und G_2 Liegruppen mit Liealgebren $\mathfrak{g}_1$ und $\mathfrak{g}_2$. Dann ist $G_1 \times G_2$ eine Liegruppe mit Liealgebra $\mathfrak{g}_1 \times \mathfrak{g}_2$ und die Exponentialabbildung ist durch

$$\exp : \mathfrak{g}_1 \times \mathfrak{g}_2 \to G_1 \times G_2, \quad (\xi_1, \xi_2) \mapsto (\exp_1(\xi_1), \exp_2(\xi_2))$$

gegeben.

Berechnung der Lieklammer.   Will man allgemein die Lieklammer der Liealgebra einer Liegruppe berechnen, folgt man diesen drei Schritten:

1. Berechne den *inneren Automorphismus*

$$I_g : G \to G, \quad I_g(h) = ghg^{-1}.$$

2. Leite $I_g(h)$ nach h bei $h = e$ ab, um die *adjungierten Operatoren*

$$\mathrm{Ad}_g : \mathfrak{g} \to \mathfrak{g}, \quad \mathrm{Ad}_g \eta = T_e I_g \cdot \eta$$

zu bilden. Beachte (vgl. Abb. (9.3))

$$\mathrm{Ad}_g \eta = T_{g^{-1}} L_g \cdot T_e R_{g^{-1}} \cdot \eta.$$

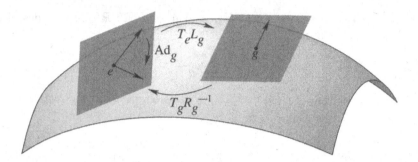

Abb. 9.3. Die Ad-Abbildung ist die Linearisierung der Konjugation.

3. Leite $\varphi^\eta(g) = \mathrm{Ad}_g\eta$ nach g bei e in Richtung von ξ ab, um $[\xi, \eta]$ zu erhalten:

$$T_e\varphi^\eta \cdot \xi = [\xi, \eta]. \tag{9.5}$$

Proposition 9.1.2. *Durch* (9.5) *ist tatsächlich die Lieklammer auf* $\mathfrak{g}$ *gegeben.*

Beweis. Bezeichne mit $\varphi_t(g) = g\exp t\xi = R_{\exp t\xi}g$ den Fluß von X_ξ. Dann gilt

$$[\xi, \eta] = [X_\xi, X_\eta](e) = \frac{d}{dt}T_{\varphi_t(e)}\varphi_t^{-1} \cdot X_\eta(\varphi_t(e))\Big|_{t=0}$$

$$= \frac{d}{dt}T_{\exp t\xi}\, R_{\exp(-t\xi)}\, X_\eta(\exp t\xi)\Big|_{t=0}$$

$$= \frac{d}{dt}T_{\exp t\xi}\, R_{\exp(-t\xi)}\, T_e L_{\exp t\xi}\, \eta\Big|_{t=0}$$

$$= \frac{d}{dt}T_e(L_{\exp t\xi} \circ R_{\exp(-t\xi)})\eta\Big|_{t=0}$$

$$= \frac{d}{dt}\mathrm{Ad}_{\exp t\xi}\, \eta\Big|_{t=0},$$

was gleich (9.5) ist. ■

Eine andere Möglichkeit, (9.5) auszudrücken, ist

$$[\xi, \eta] = \frac{d}{dt}\frac{d}{ds}g(t)h(s)g(t)^{-1}\Big|_{s=0,t=0}, \tag{9.6}$$

wobei $g(t)$ und $h(s)$ Kurven in G mit $g(0) = h(0) = e$, $g'(0) = \xi$ und $h'(0) = \eta$ sind.

Beispiel 9.1.10. Betrachte die Gruppe $GL(n, \mathbb{R})$. Der Ausdruck (9.4) folgt auch aus (9.5). Hier ist $I_a B = ABA^{-1}$ und somit

$$\mathrm{Ad}_A \eta = A\eta A^{-1}.$$

Leitet man dies beim neutralen Element nach A in Richtung von ξ ab, erhält man

$$[\xi, \eta] = \xi\eta - \eta\xi.$$

Gruppenhomomorphismen. Einige einfache Fakten über Liegruppenhomomorphismen werden sich als nützlich herausstellen.

Proposition 9.1.3. *Seien G und H Liegruppen mit Liealgebren $\mathfrak{g}$ und $\mathfrak{h}$. Sei $f : G \to H$ ein glatter Homomorphismus von Liegruppen, d.h. $f(gh) = f(g)f(h)$ für alle $g, h \in G$. Dann ist $T_e f : \mathfrak{g} \to \mathfrak{h}$ ein Liealgebrenhomomorphismus, d.h. $(T_e f)[\xi, \eta] = [T_e f\xi, T_e f\eta]$ für alle $\xi, \eta \in \mathfrak{g}$. Darüber hinaus ist*

$$f \circ \exp_G = \exp_H \circ T_e f.$$

Beweis. f ist ein Gruppenhomomorphismus, also gilt $f \circ L_g = L_{f(g)} \circ f$. Damit ist $Tf \circ TL_g = TL_{f(g)} \circ Tf$, woraus

$$X_{T_e f(\xi)}(f(g)) = T_g f(X_\xi(g))$$

folgt, d.h., X_ξ und $X_{T_e f(\xi)}$ sind **f-verwandt**. Es folgt, daß auch die Vektorfelder $[X_\xi, X_\eta]$ und $[X_{T_e f(\xi)}, X_{T_e f(\eta)}]$ für alle $\xi, \eta \in \mathfrak{g}$ f-verwandt sind (vgl. Abraham, Marsden und Ratiu [1988, Abschnitt 4.2]). Daher gilt

$$
\begin{aligned}
T_e f([\xi, \eta]) &= (Tf \circ [X_\xi, X_\eta])(e) && \text{(mit } e = e_G) \\
&= [X_{T_e f(\xi)}, X_{T_e f(\eta)}](\bar{e}) && \text{(mit } \bar{e} = e_H = f(e)) \\
&= [T_e f(\xi), T_e f(\eta)].
\end{aligned}
$$

Also ist $T_e f$ ein Liealgebrenhomomorphismus.

Beachte, daß zu fest gewähltem $\xi \in \mathfrak{g}$ die Abbildungen $\alpha : t \mapsto f(\exp_G(t\xi))$ und $\beta : t \mapsto \exp_H(t T_e f(\xi))$ einparametrige Untergruppen von H definieren. Darüber hinaus ist $\alpha'(0) = T_e f(\xi) = \beta'(0)$ und somit $\alpha = \beta$. Insbesondere gilt $f(\exp_G(\xi)) = \exp_H(T_e f(\xi))$ für alle $\xi \in \mathfrak{g}$. ∎

Beispiel 9.1.11. Wendet man Proposition 9.1.3 auf die Determinantenabbildung an, erhält man die Gleichheit

$$\det(\exp A) = \exp(\mathrm{Sp}\, A)$$

für $A \in GL(n, \mathbb{R})$.

Korollar 9.1.1. *Seien $f_1, f_2 : G \to H$ Homomorphismen von Liegruppen und G zusammenhängend. Ist dann $T_e f_1 = T_e f_2$, so gilt $f_1 = f_2$.*

Dies folgt aus Proposition 9.1.3, denn eine zusammenhängende Liegruppe wird von einer beliebigen Umgebung des neutralen Elements erzeugt. Die letzte Aussage kann in folgenden Schritten bewiesen werden:

(i) Zeige, daß jede offene Untergruppe einer Liegruppe abgeschlossen ist (denn ihr Komplement ist die Vereinigung ihrer zu ihr homöomorphen Nebenklassen).

(ii) Zeige, daß eine Untergruppe einer Liegruppe genau dann offen ist, wenn sie eine Umgebung des neutralen Elements enthält.

(iii) Schließe daraus, daß eine Liegruppe genau dann zusammenhängend ist, wenn sie von einer beliebig kleinen Umgebung des neutralen Elements erzeugt wird.

Aus Proposition 9.1.3 und der Tatsache, daß ein innerer Automorphismus ein Gruppenhomomorphismus ist, erhalten wir das folgende Korollar.

Korollar 9.1.2. *Es gilt:*

(i) $\exp(\mathrm{Ad}_g \xi) = g(\exp \xi)g^{-1}$ *für alle* $g \in G$ *und* $\xi \in \mathfrak{g}$ *und*

(ii) $\mathrm{Ad}_g[\xi, \eta] = [\mathrm{Ad}_g \xi, \mathrm{Ad}_g \eta]$.

Mehr Ergebnisse über automatische Glattheit.   Es gibt einige interessante, der Proposition 9.1.3 und der vorhergehenden Diskussion ähnliche Ergebnisse. Ein erstaunliches Beispiel dafür ist das folgende:

Satz 9.1.1. *Jeder stetige Homomorphismus von endlichdimensionalen Liegruppen ist glatt.*

Es gibt eine bemerkenswerte Folgerung aus diesem Satz. Ist G eine *topologische* Gruppe (d.h. eine, die zusätzlich ein topologischer Raum ist und auf der die Multiplikation und die Inversion stetig sind), könnte es auf G im Prinzip mehrere Strukturen als differenzierbare Mannigfaltigkeit geben, die zwar dieselbe topologische Struktur erzeugen, durch die aber G zu nichtisomorphen Liegruppen wird (d.h., die Strukturen als Mannigfaltigkeit sind nicht diffeomorph). Dieses Phänomen „exotischer Strukturen" existiert für allgemeine Mannigfaltigkeiten. Im Hinblick auf den obigen Satz kann dies jedoch im Falle von Liegruppen nicht passieren, denn die identische Abbildung ist ein Homöomorphismus und muß somit auch ein Diffeomorphismus sein. Demzufolge besitzt eine lokal Euklidische topologische Gruppe (d.h. eine, in der eine offene Umgebung des neutralen Elements homöomorph zu einer offenen Kugel im $\mathbb{R}^n$ existiert) höchstens eine Struktur einer glatten Mannigfaltigkeit, bezüglich derer sie eine Liegruppe ist.

Die Existenzaussage dieser Behauptung ist Hilberts berühmtes fünftes Problem: Zeige, daß eine lokal Euklidische topologische Gruppe eine glatte (eigentlich analytische) Struktur besitzt, die sie zu einer Liegruppe macht.

Die Lösung dieses Problems wurde von Gleason und unabhängig davon von Montgomery und Zippin 1952 gefunden, vgl. Kaplansky [1971] für eine exzellente Darstellung dieses Beweises.

Abelsche Liegruppen.   Da zwei beliebige Elemente einer abelschen Liegruppe kommutieren, sind alle adjungierten Operatoren Ad_g zu $g \in G$ die Identität. Also ist die Liealgebra $\mathfrak{g}$ nach (9.5) abelsch, d.h. $[\xi, \eta] = 0$ für alle $\xi, \eta \in \mathfrak{g}$.

Beispiele

Beispiel 9.1.12. Jeder endlichdimensionale Vektorraum ist als eine abelsche Gruppe bezüglich der Vektoraddition eine abelsche Liegruppe. Dasselbe gilt im Unendlichdimensionalen für jeden Banachraum. Die Exponentialabbildung ist die Identität.

Beispiel 9.1.13. Der Einheitskreis in der komplexen Ebene $S^1 = \{z \in \mathbb{C} \mid |z| = 1\}$ ist eine abelsche Liegruppe bzgl. der Multiplikation. Der Tangentialraum $T_e S^1$ ist die imaginäre Achse, durch $t \mapsto 2\pi i t$ können wir $\mathbb{R}$ mit $T_e S^1$ identifizieren. Mit dieser Identifizierung ist die Exponentialabbildung $\exp : \mathbb{R} \to S^1$ durch $\exp(t) = e^{2\pi i t}$ gegeben. Beachte, daß $\exp^{-1}(1) = \mathbb{Z}$.

Beispiel 9.1.14. Der n-dimensionale Torus $\mathbb{T}^n = S^1 \times \cdots \times S^1$ (n Faktoren) ist eine abelsche Liegruppe. Die Exponentialabbildung $\exp : \mathbb{R}^n \to \mathbb{T}^n$ ist durch

$$\exp(t_1, \ldots, t_n) = (e^{2\pi i t_1}, \ldots, e^{2\pi i t_n})$$

gegeben. Aus $S^1 = \mathbb{R}/\mathbb{Z}$ folgt

$$\mathbb{T}^n = \mathbb{R}^n / \mathbb{Z}^n,$$

wobei die Projektion $\mathbb{R}^n \to \mathbb{T}^n$ durch die Exponentialabbildung wie oben gegeben ist.

Ist G eine zusammenhängende Liegruppe, deren Liealgebra abelsch ist, ist der von dem Liegruppenhomomorphismus $g \in G \mapsto \mathrm{Ad}_g \in \mathrm{GL}(\mathfrak{g})$ induzierte Liealgebrenhomomorphismus $\xi \in \mathfrak{g} \mapsto \mathrm{ad}_\xi \in \mathfrak{gl}(\mathfrak{g})$ die Nullabbildung. Demzufolge ist nach Korollar 9.1.1 Ad_g für alle $g \in G$ die Identität auf $\mathfrak{g}$. Erneutes Anwenden von Korollar 9.1.1 auf die Konjugation mit g in G (von der der Liealgebrenhomomorphismus Ad_g induziert wird) zeigt, daß diese die Identität auf G ist. Also vertauscht g mit allen Elementen von G, und da g beliebig war, ist G abelsch. Wir fassen diese Beobachtungen in der folgenden Proposition zusammen.

Proposition 9.1.4. *Ist G eine abelsche Liegruppe, so ist auch ihre Liealgebra $\mathfrak{g}$ abelsch. Ist umgekehrt $\mathfrak{g}$ abelsch und G zusammenhängend, so ist G abelsch.*

Das wesentliche Strukturtheorem für abelsche Liegruppen ist das folgende, dessen Beweis man in Varadarajan [1974] oder Knapp [1996] findet.

Satz 9.1.2. *Jede zusammenhängende, abelsche, n-dimensionale Liegruppe G ist isomorph zu einem Zylinder $\mathbb{T}^k \times \mathbb{R}^{n-k}$ für ein $k = 1, ..., n$.*

Unterliegruppen. Es liegt nahe, die Konzepte einer Untergruppe und einer Untermannigfaltigkeit zu vereinen.

Definition 9.1.4. *Eine **Unterliegruppe** H einer Liegruppe G ist eine Untergruppe von G, die gleichzeitig eine injektiv immersierte Untermannigfaltigkeit von G ist. Ist H eine Untermannigfaltigkeit von G, so nennt man H eine **reguläre** Unterliegruppe.*

Die dicht liegenden einparametrigen Untergruppen des Torus $\mathbb{T}^2$ sind z.B. Unterliegruppen, die *nicht* regulär sind.

Die Liealgebren $\mathfrak{g}$ einer Liegruppe G und $\mathfrak{h}$ einer Untergruppe H von G hängen folgendermaßen zusammen:

Proposition 9.1.5. *Sei H eine Unterliegruppe von G. Dann ist $\mathfrak{h}$ eine Unterliealgebra von $\mathfrak{g}$. Außerdem gilt*

$$\mathfrak{h} = \{\, \xi \in \mathfrak{g} \mid \exp_G t\xi \in H \text{ für alle } t \in \mathbb{R} \,\}.$$

Beweis. Die erste Behauptung ist eine Folgerung von Proposition 9.1.3, die auch zeigt, daß $\exp_G t\xi \in H$ für alle $\xi \in \mathfrak{h}$ und $t \in \mathbb{R}$ gilt. Ist umgekehrt $\exp_G t\xi \in H$ für alle $t \in \mathbb{R}$, so gilt

$$\frac{d}{dt} \exp_G t\xi \Big|_{t=0} \in \mathfrak{h},$$

denn H ist eine Unterliegruppe. Dies ist jedoch nach der Definition der Exponentialabbildung gleich ξ. ∎

Die Aussage des folgenden Satzes ist sehr stark und wird häufig zum Finden von Unterliegruppen benutzt.

Satz 9.1.3. *Ist H eine abgeschlossene Untergruppe einer Liegruppe G, so ist H eine reguläre Unterliegruppe. Ist umgekehrt H eine reguläre Unterliegruppe von G, so ist H abgeschlossen.*

Den Beweis dieses Satzes kann man in Abraham und Marsden [1978], Adams [1969], Varadarajan [1974], Knapp [1996] oder auch den Interneteergänzungen finden.

Das nächste Ergebnis wird manchmal als „Lies drittes Fundamentaltheorem" bezeichnet.

Satz 9.1.4. *Sei G eine Liegruppe mit Liealgebra $\mathfrak{g}$ und $\mathfrak{h}$ eine Unterliealgebra von $\mathfrak{g}$. Dann existiert eine eindeutige zusammenhängende Unterliegruppe H von G mit Liealgebra $\mathfrak{h}$.*

Den Beweis findet man in Knapp [1996] oder Varadarajan [1974].

Wir erinnern den Leser, daß die für die Hydrodynamik und Plasmaphysik benötigten Liealgebren unendlichdimensional sind. Nichtsdestotrotz gibt es analog zu den letzten Sätzen unter geeigneten technischen Voraussetzungen eine Korrespondenz zwischen Liegruppen und Liealgebren. Auf jeden Fall warnen wir den Leser davor, diese Aussagen *naiv* auf den unendlichdimensionalen Fall zu übertragen. Für den Beweis können in einzelnen Fällen spezielle analytische Aussagen nötig sein.

Homogene Räume.   Zu einer abgeschlossenen Untergruppe H von G bezeichnen wir die Menge der linken Nebenklassen $\{gH | g \in G\}$ mit G/H. Sei $\pi : G \to G/H$ die Projektion $g \mapsto gH$.

Satz 9.1.5. *G/H besitzt eine eindeutige Struktur als Mannigfaltigkeit, für die die Projektion $\pi : G \to G/H$ eine glatte surjektive Submersion ist. (Eine glatte Abbildung wurde Submersion genannt, wenn ihr Differential surjektiv ist, vgl. Kap. 4.)*

Den Beweis kann man wieder in Abraham und Marsden [1978], Knapp [1996] oder Varadarajan [1974] finden. Man nennt G/H mit dieser Struktur einen *homogenen Raum*.

Die Maurer-Cartan-Gleichungen.   Wir beenden diesen Abschnitt mit dem Beweis der *Maurer-Cartan-Strukturgleichungen* auf einer Liegruppe G. Definiere die $\mathfrak{g}$-wertigen 1-Formen $\lambda, \rho \in \Omega^1(G; \mathfrak{g})$ für $u_g \in T_gG$ durch

$$\lambda(u_g) = T_gL_{g^{-1}}(u_g), \quad \rho(u_g) = T_gR_{g^{-1}}(u_g).$$

λ und ρ sind also liealgebrawertige 1-Formen auf G, die durch Links- bzw. Rechtstranslation in das neutralen Element definiert sind. Definiere die 2-Form $[\lambda, \lambda]$ durch

$$[\lambda, \lambda](u, v) = [\lambda(u), \lambda(v)]$$

und analog $[\rho, \rho]$.

Satz 9.1.6 (Maurer-Cartan-Strukturgleichungen). *Es gilt:*

$$\mathbf{d}\lambda + [\lambda, \lambda] = 0 \quad und \quad \mathbf{d}\rho - [\rho, \rho] = 0.$$

Beweis. Wir verwenden Beziehung 6 aus der Tabelle in §4.4. Seien $X, Y \in \mathfrak{X}(G)$ und sei $\xi = T_gL_{g^{-1}}(X(g))$ und $\eta = T_gL_{g^{-1}}(Y(g))$ für festes $g \in G$. Dann ist

$$(\mathbf{d}\lambda)(X_\xi, X_\eta) = X_\xi[\lambda(X_\eta)] - X_\eta[\lambda(X_\xi)] - \lambda([X_\xi, X_\eta]),$$

wobei X_ξ und X_η die linksinvarianten Vektorfelder zu ξ und η sind. Da $\lambda(X_\eta)(h) = T_hL_{h^{-1}}(X_\eta(h)) = \eta$ konstant ist, verschwindet der erste Term und analog der zweite. Der dritte ist

$$\lambda([X_\xi, X_\eta]) = \lambda(X_{[\xi,\eta]}) = [\xi, \eta],$$

und somit gilt

$$(\mathbf{d}\lambda)(X_\xi, X_\eta) = -[\xi, \eta].$$

Demzufolge ist

$$\begin{aligned}
(\mathbf{d}\lambda + [\lambda, \lambda])\,(X_\xi, X_\eta) &= -[\xi, \eta] + [\lambda, \lambda](X_\xi, X_\eta) \\
&= -[\xi, \eta] + [\lambda(X_\xi), \lambda(X_\eta)] \\
&= -[\xi, \eta] + [\xi, \eta] = 0.
\end{aligned}$$

Dies beweist

$$(\mathbf{d}\lambda + [\lambda, \lambda])\,(X, Y)(g) = 0.$$

Da $g \in G$ sowie X und Y beliebig waren, folgt $\mathbf{d}\lambda + [\lambda, \lambda] = 0$.

Die zweite Beziehung zeigt man genauso unter Verwendung der rechts-invarianten Vektorfelder Y_ξ, Y_η. Das Vorzeichen des zweiten Terms wechselt dann wegen $[Y_\xi, Y_\eta] = Y_{-[\xi,\eta]}$. ∎

Anmerkung. Ist α ein $(0, k)$-Tensor mit Werten in einem Banachraum E_1, β ein $(0, l)$-Tensor mit Werten in einem Banachraum E_2 und $B :$ $E_1 \times E_2 \to E_3$ eine bilineare Abbildung, so definiert Gleichung (4.1) durch Ersetzen der Multiplikation durch B einen E_3-wertigen $(0, k + l)$-Tensor auf M. Zu

$$\alpha \in \Omega^k(M, E_1) \quad \text{und} \quad \beta \in \Omega^l(M, E_2)$$

ist dann

$$\left[\frac{(k+l)!}{k!\,l!}\right] \mathbf{A}(\alpha \otimes \beta) \in \Omega^{k+l}(M, E_3),$$

wie man anhand der Definitionen 4.2–4.4 sieht. Dies wird das zu B **assozi-ierte Dachprodukt** genannt und mit $\alpha \wedge_B \beta$ oder $B^\wedge(\alpha, \beta)$ bezeichnet.

Ist insbesondere $E_1 = E_2 = E_3 = \mathfrak{g}$ und $B = [\,,\,]$ die Lieklammer, so folgt für $\alpha, \beta \in \Omega^1(M; \mathfrak{g})$

$$[\alpha, \beta]^\wedge(u, v) = [\alpha(u), \beta(v)] - [\alpha(v), \beta(u)] = -[\beta, \alpha]^\wedge(u, v)$$

für alle Tangentialvektoren u, v an M. Wir können also die Strukturgleichun-gen auch als

$$\mathbf{d}\lambda + \frac{1}{2}[\lambda, \lambda]^\wedge = 0, \quad \mathbf{d}\rho - \frac{1}{2}[\rho, \rho]^\wedge = 0 \tag{9.7}$$

schreiben.

Das Haarmaß. Das Lebesguemaß auf dem $\mathbb{R}^n$ ist durch seine Invarianz unter Translationen bis auf eine multiplikative Konstante bestimmt. Ähnlich gibt es auf einer lokalkompakten Gruppe ein (bis auf eine nichtverschwin-dende multiplikative Konstante) eindeutiges linksinvariantes Maß, das als **Haarmaß** bezeichnet wird. Für Liegruppen ist die Existenz eines solchen Maßes besonders leicht nachzuweisen.

Proposition 9.1.6. *Sei G eine Liegruppe. Dann existiert eine bis auf eine nichtverschwindende multiplikative Konstante eindeutige Volumenform μ, die linksinvariant ist. Ist G kompakt, so ist μ auch rechtsinvariant.*

Beweis. Wähle eine beliebige nichtverschwindende n-Form μ_e auf $T_e G$ und definiere eine n-Form auf $T_g G$ durch

$$\mu_g(v_1, \ldots, v_n) = \mu_e \cdot (TL_{g^{-1}} \cdot v_1, \ldots, TL_{g^{-1}} \cdot v_n).$$

Dann ist μ_g linksinvariant und glatt. Für $n = \dim G$ ist μ_e bis auf einen skalaren Faktor eindeutig, also auch μ_g.

Wähle $g_0 \in G$ und betrachte $R_{g_0}^* \mu = c\mu$ mit konstantem c. Ist G kompakt, kann diese Gleichung integriert werden und mit der Gleichung für Variablentransformationen folgt $c = 1$. Also ist μ auch rechtsinvariant.   ∎

Übungen

Übung 9.1.1. Zeige durch direkte Berechnung $\mathrm{Ad}_g[\xi, \eta] = [\mathrm{Ad}_g \xi, \mathrm{Ad}_g \eta]$ für $\mathrm{GL}(n)$.

Übung 9.1.2. Sei G eine Liegruppe mit Gruppenoperationen $\mu : G \times G \to G$ und $I : G \to G$. Zeige, daß das Tangentialbündel TG mit den Gruppenoperationen $T\mu : TG \times TG \to TG$ und $I : TG \to TG$ ebenfalls eine Liegruppe ist, die sogenannte **Tangentialgruppe** von G.

Übung 9.1.3 (Definition einer Liegruppe durch eine Karte um das neutrale Element). Sei G eine Gruppe und $\varphi : U \to V$ eine injektive Abbildung einer Teilmenge U von G, die das neutrale Element enthält, auf eine offene Teilmenge V eines Banachraumes (oder einer Banachmannigfaltigkeit). Die folgenden Bedingungen sind notwendig und hinreichend, damit φ zu einer Karte einer Hausdorff-Banach-Liegruppenstruktur auf G wird:

(a) Die Menge $W = \{\, (x, y) \in V \times V \mid \varphi^{-1}(y) \in U \,\}$ ist offen in $V \times V$ und die Abbildung $(x, y) \in W \mapsto \varphi(\varphi^{-1}(x)\varphi^{-1}(y)) \in V$ glatt.

(b) Für alle $g \in G$ ist die Menge $V_g = \varphi(gUg^{-1} \cap U)$ offen in V und die Abbildung $x \in V_g \mapsto \varphi(g\varphi^{-1}(x)g^{-1}) \in V$ glatt.

Übung 9.1.4 (Die Heisenberggruppe). Sei (Z, Ω) ein symplektischer Vektorraum und definiere auf $H := Z \times S^1$ die folgende Operation:

$$(u, \exp i\varphi)(v, \exp i\psi) = \left(u + v, \exp i[\varphi + \psi + \hbar^{-1}\Omega(u, v)] \right).$$

(a) Prüfe nach, daß H durch diese Operation zu einer nichtkommutativen Liegruppe wird.

(b) Zeige, daß die Liealgebra von H durch $\mathfrak{h} = Z \times \mathbb{R}$ mit der Lieklammer[2]

$$[(u, \varphi), (v, \psi)] = (0, 2\hbar^{-1}\Omega(u, v))$$

gegeben ist.

(c) Zeige, daß $[\mathfrak{h}, [\mathfrak{h}, \mathfrak{h}]] = 0$ gilt, $\mathfrak{h}$ also **nilpotent** ist und daß $\mathbb{R}$ im Zentrum der Algebra liegt (d.h., $[\mathfrak{h}, \mathbb{R}] = 0$ gilt). Man sagt, $\mathfrak{h}$ ist eine **zentrale Erweiterung** von Z.

9.2 Einige der klassischen Liegruppen

Die reelle allgemeine lineare Gruppe GL$(n, \mathbb{R})$.

Im vorangehenden Abschnitt haben wir gezeigt, daß GL$(n, \mathbb{R})$ eine Liegruppe ist, d.h. eine offene Teilmenge des Vektorraums aller linearen Abbildungen des $\mathbb{R}^n$ in sich und daß ihre Liealgebra $\mathfrak{gl}(n, \mathbb{R})$ mit der Kommutatorklammer ist. Da sie offen in $L(\mathbb{R}^n, \mathbb{R}^n) = \mathfrak{gl}(n, \mathbb{R})$ ist, kann die Gruppe GL$(n, \mathbb{R})$ nicht kompakt sein. Die Determinante det : GL$(n, \mathbb{R}) \to \mathbb{R}$ ist eine glatte Abbildung und bildet GL$(n, \mathbb{R})$ auf die zwei Komponenten von $\mathbb{R}\backslash\{0\}$ ab. Also ist GL$(n, \mathbb{R})$ nicht zusammenhängend.

Die Menge

$$\mathrm{GL}^+(n, \mathbb{R}) = \{\, A \in \mathrm{GL}(n, \mathbb{R}) \mid \det(A) > 0 \,\}$$

ist eine offene (und somit abgeschlossene, vgl. 1. nach Korollar 9.1.1) Untergruppe von GL$(n, \mathbb{R})$. Für

$$\mathrm{GL}^-(n, \mathbb{R}) = \{\, A \in \mathrm{GL}(n, \mathbb{R}) \mid \det(A) < 0 \,\}$$

ist die Abbildung $A \in \mathrm{GL}^+(n, \mathbb{R}) \mapsto I_0 A \in \mathrm{GL}^-(n, \mathbb{R})$ mit der Diagonalmatrix I_0 mit Einträgen $-1, 1, \dots, 1$ auf der Diagonalen ein Diffeomorphismus. Wir werden weiter unten zeigen, daß GL$^+(n, \mathbb{R})$ zusammenhängend ist, woraus folgt, daß GL$^+(n, \mathbb{R})$ die Zusammenhangskomponente des neutralen Elements in GL$(n, \mathbb{R})$ ist und daß GL$(n, \mathbb{R})$ genau zwei Zusammenhangskomponenten besitzt.

Um dies zu zeigen, benötigen wir die Polarzerlegung der linearen Algebra. Man erinnere sich, daß eine Matrix $R \in \mathrm{GL}(n, \mathbb{R})$ **orthogonal** genannt wird, wenn $RR^T = R^T R = I$ gilt. Eine Matrix $S \in \mathfrak{gl}(n, \mathbb{R})$ heißt **symmetrisch**, wenn $S^T = S$. Weiter heißt eine symmetrische Matrix S **positiv definit**, kurz $S > 0$, wenn für alle $\mathbf{v} \in \mathbb{R}^n$, $\mathbf{v} \neq 0$

$$\langle S\mathbf{v}, \mathbf{v}\rangle > 0$$

ist. Beachte, daß aus $S > 0$ die Invertierbarkeit von S folgt.

---

[2] Wenden wir diese Beziehung auf den Raum $Z = \mathbb{R}^{2n}$ der üblichen p und q an, so sehen wir, daß diese Algebra gerade die durch die Heisenbergschen Vertauschungsrelationen der elementaren Quantenmechanik definierte ist.

Proposition 9.2.1 (Reelle Polarzerlegung). *Für jedes $A \in \mathrm{GL}(n, \mathbb{R})$ existiert eine eindeutige orthogonale Matrix R und positiv definite Matrizen S_1, S_2 mit*

$$A = RS_1 = S_2R. \tag{9.8}$$

Beweis. Beachte zunächst, daß $A^T A$ als positiv definite symmetrische Matrix eine eindeutige Quadratwurzel besitzt: Sind $\lambda_1, \ldots, \lambda_n > 0$ die Eigenwerte von $A^T A$, läßt sich $A^T A$ durch

$$A^T A = B \, \mathrm{diag}(\lambda_1, \ldots, \lambda_n) B^{-1}$$

diagonalisieren. Dann definiert man

$$\sqrt{A^T A} = B \, \mathrm{diag}(\sqrt{\lambda_1}, \ldots, \sqrt{\lambda_n}) B^{-1}.$$

$S_1 = \sqrt{A^T A}$ ist dann positiv definit und symmetrisch. Definiert man weiter $R = AS_1^{-1}$, so gilt

$$R^T R = S_1^{-1} A^T A S_1^{-1} = I,$$

denn nach Konstruktion ist $S_1^2 = A^T A$. Da sowohl A als auch S_1 invertierbar sind, gilt dies auch für R, also $R^T = R^{-1}$ und R ist eine orthogonale Matrix.

Zum Beweis der Eindeutigkeit sei $A = RS_1 = \tilde{R}\tilde{S}_1$. Dann gilt

$$A^T A = S_1 R^T \tilde{R} \tilde{S}_1 = \tilde{S}_1^2.$$

Da jedoch die Quadratwurzel einer positiv definiten Matrix eindeutig ist, folgt $S_1 = \tilde{S}_1$ und somit auch $\tilde{R} = R$.

Mit $S_2 = \sqrt{AA^T}$ zeigen wir genauso, daß $A = S_2R'$ mit einer orthogonalen Matrix R' ist. Es bleibt $R' = R$ zu zeigen. Es gilt aber $A = S_2R' = (R'(R')^T)S_2R' = R'((R')^T S_2R')$ und $(R')^T S_2R' > 0$. Aus der Eindeutigkeit der ersten Zerlegung folgt also $R' = R$ und $(R')^T S_2R' = S_1$. ∎

Nun werden wir mit diesem Satz beweisen, daß $\mathrm{GL}^+(n, \mathbb{R})$ zusammenhängend ist. Sei $A \in \mathrm{GL}^+(n, \mathbb{R})$ mit der Zerlegung $A = SR$, wobei S positiv definit und R orthogonal mit Determinante 1 ist. Wir werden später zeigen, daß die Menge aller solcher orthogonaler Matrizen mit Determinante 1 eine zusammenhängende Liegruppe bildet. Also gibt es einen stetigen Weg $R(t)$ von orthogonalen Matrizen mit Determinante 1 von $R(0) = I$ nach $R(1) = R$. Definiere dann den stetigen Weg symmetrischer Matrizen $S(t) = I + t(S - I)$ von $S(0) = I$ nach $S(1) = S$. Für diesen gilt dann

$$\langle S(t)\mathbf{v}, \mathbf{v} \rangle = \langle [I + t(S - I)]\mathbf{v}, \mathbf{v} \rangle$$
$$= \|\mathbf{v}\|^2 + t\langle S\mathbf{v}, \mathbf{v} \rangle - t\|\mathbf{v}\|^2$$
$$= (1 - t)\|\mathbf{v}\|^2 + t\langle S\mathbf{v}, \mathbf{v} \rangle > 0$$

für alle $t \in [0, 1]$, denn $\langle S\mathbf{v}, \mathbf{v} \rangle > 0$ nach Annahme. Also ist $S(t)$ ein stetiger Weg positiv definiter Matrizen von I nach S. Zusammen heißt dies, daß $A(t) := S(t)R(t)$ ein Weg von $A(0) = S(0)R(0) = I$ nach $A(1) = S(1)R(1) = SR = A$ ist, wobei $\det A(t) > 0$ für alle $t \in [0, 1]$. Also haben wir die folgende Aussage bewiesen:

Proposition 9.2.2. *Die Gruppe* $GL(n, \mathbb{R})$ *ist eine nichtkompakte, nicht zusammenhängende* n^2-*dimensionale Liegruppe. Ihre Liealgebra* $\mathfrak{gl}(n, \mathbb{R})$ *besteht aus allen* $(n \times n)$-*Matrizen mit der Klammer*

$$[A, B] = AB - BA.$$

Die Zusammenhangskomponente des neutralen Elements ist $GL^+(n, \mathbb{R})$, *und* $GL(n, \mathbb{R})$ *hat zwei Komponenten.*

Die reelle spezielle lineare Gruppe $SL(n, \mathbb{R})$.   Sei $\det : L(\mathbb{R}^n, \mathbb{R}^n) \to$ $\mathbb{R}$ die Determinantenabbildung. Im letzten Abschnitt haben wir gezeigt, daß

$$GL(n, \mathbb{R}) = \{ A \in L(\mathbb{R}^n, \mathbb{R}^n) \mid \det A \neq 0 \}$$

und somit offen in $L(\mathbb{R}^n, \mathbb{R}^n)$ ist. Beachte, daß $\mathbb{R} \backslash \{0\}$ mit der gewöhnlichen Multiplikation eine Gruppe und

$$\det : GL(n, \mathbb{R}) \to \mathbb{R} \backslash \{0\}$$

wegen

$$\det(AB) = (\det A)(\det B)$$

ein Liegruppenhomomorphismus ist.

Lemma 9.2.1. *Die Abbildung* $\det : GL(n, \mathbb{R}) \to \mathbb{R} \backslash \{0\}$ *ist glatt und ihr Differential ist* $\mathbf{D} \det_A \cdot B = (\det A) \operatorname{Sp}(A^{-1}B)$.

Beweis. Die Leibnizsche Formel für die Determinante zeigt, daß det ein Polynom der Matrixelemente und somit glatt ist. Aufgrund der Beziehung

$$\det(A + \lambda B) = (\det A) \det(I + \lambda A^{-1} B)$$

genügt es,

$$\frac{d}{d\lambda} \det(I + \lambda C) \Big|_{\lambda=0} = \operatorname{Sp} C$$

zu beweisen. Dies folgt jedoch aus der Form des charakteristischen Polynoms

$$\det(I + \lambda C) = 1 + \lambda \operatorname{Sp} C + \cdots + \lambda^n \det C.$$

■

Die *reelle spezielle lineare Gruppe* $SL(n, \mathbb{R})$ ist definiert als

$$SL(n, \mathbb{R}) = \{ A \in GL(n, \mathbb{R}) \mid \det A = 1 \} = \det^{-1}(1). \qquad (9.9)$$

Aus Satz 9.1.3 folgt, daß $SL(n, \mathbb{R})$ eine abgeschlossene Unterliegruppe von $GL(n, \mathbb{R})$ ist. Dies kann man aber auch ohne ein derart tiefliegendes Resultat direkt zeigen, denn aus Lemma 9.2.1 folgt, daß $\det : GL(n, \mathbb{R}) \to \mathbb{R}$ eine

Submersion ist, also $SL(n, \mathbb{R}) = \det^{-1}(1)$ eine *glatte* abgeschlossene Untermannigfaltigkeit und somit eine abgeschlossene Unterliegruppe.

Der Tangentialraum von $SL(n, \mathbb{R})$ im Punkt $A \in SL(n, \mathbb{R})$ besteht daher aus allen Matrizen B mit $\mathrm{Sp}(A^{-1}B) = 0$. Insbesondere besteht der Tangentialraum am neutralen Element aus allen spurfreien Matrizen. Wir haben gezeigt, daß $L(\mathbb{R}^n, \mathbb{R}^n) = \mathfrak{gl}(n, \mathbb{R})$ mit der Lieklammer $[A, B] = AB - BA$ die Liealgebra von $GL(n, \mathbb{R})$ ist. Daraus folgt, daß die Liealgebra $\mathfrak{sl}(n, \mathbb{R})$ von $SL(n, \mathbb{R})$ aus der Menge aller spurfreien $(n \times n)$-Matrizen mit der Klammer

$$[A, B] = AB - BA$$

besteht. $\mathrm{Sp}(B) = 0$ ist genau eine lineare Bedingung an B, also folgt

$$\dim [\mathfrak{sl}(n, \mathbb{R})] = n^2 - 1.$$

Es ist beim Umgang mit den klassischen Gruppen hilfreich, das folgende Skalarprodukt auf $\mathfrak{gl}(n, \mathbb{R})$ zu definieren:

$$\langle A, B \rangle = \mathrm{Sp}(AB^T). \tag{9.10}$$

Beachte, daß dann

$$\|A\|^2 = \sum_{i,j=1}^{n} a_{ij}^2 \tag{9.11}$$

gitl, so daß diese Norm auf $\mathfrak{gl}(n, \mathbb{R})$ mit der Euklidischen Norm auf $\mathbb{R}^{n^2}$ übereinstimmt.

Wir werden diese Norm verwenden, um zu zeigen, daß $SL(n, \mathbb{R})$ nicht kompakt ist. Alle Matrizen der Form

$$\begin{bmatrix} 1 & 0 & \ldots & t \\ 0 & 1 & \ldots & 0 \\ \vdots & \vdots & \ddots & \vdots \\ 0 & 0 & \ldots & 1 \end{bmatrix}$$

sind Elemente von $SL(n, \mathbb{R})$, ihre Norm ist jedoch $\sqrt{n + t^2}$ und $t \in \mathbb{R}$ ist beliebig. Also ist $SL(n, \mathbb{R})$ keine beschränkte Teilmenge von $\mathfrak{gl}(n, \mathbb{R})$ und folglich auch nicht kompakt.

Als letztes zeigen wir noch, daß $SL(n, \mathbb{R})$ zusammenhängend ist. Hierzu benutzen wir wieder die Polarzerlegung und die später bewiesene Aussage, daß die Menge der orthogonalen Matrizen mit Determinante 1 eine zusammenhängende Liegruppe ist. Zerlege $A \in SL(n, \mathbb{R})$ in $A = SR$ mit einer orthogonalen Matrix R und einer positiv definiten Matrix S, beide mit Determinante 1. Als symmetrische Matrix kann S diagonalisiert werden, es gilt also $S = B \operatorname{diag}(\lambda_1, \ldots, \lambda_n) B^{-1}$ mit einer orthogonalen Matrix B und $\lambda_1, \ldots, \lambda_n > 0$. Definiere dann den stetigen Weg

$$S(t) = B \operatorname{diag}\left((1-t) + t\lambda_1, \ldots, (1-t) + t\lambda_{n-1}, 1/\prod_{i=1}^{n-1}((1-t) + t\lambda_i)\right) B^{-1}$$

für $t \in [0,1]$. Nach Konstruktion ist $\det S(t) = 1$. $S(t)$ ist symmetrisch und positiv definit, denn die Einträge von $S(t)$ sind $(1-t) + t\lambda_i > 0$ für $t \in [0,1]$. Außerdem ist $S(0) = I$ und $S(1) = S$. Sei nun $R(t)$ ein stetiger Weg orthogonaler Matrizen mit Determinante 1 mit $R(0) = I$ und $R(1) = R$. Dann ist $A(t) = S(t)R(t)$ ein stetiger Weg von $A(0) = I$ nach $A(1) = SR = A$ in $\mathrm{SL}(n, \mathbb{R})$, was zeigt, daß $\mathrm{SL}(n, \mathbb{R})$ zusammenhängend ist.

Proposition 9.2.3. *Die Liegruppe $\mathrm{SL}(n, \mathbb{R})$ ist eine nichtkompakte, zusammenhängende, $(n^2 - 1)$-dimensionale Liegruppe, deren Liealgebra $\mathfrak{sl}(n, \mathbb{R})$ aus allen spurfreien $(n \times n)$-Matrizen (bzw. linearen Abbildungen von $\mathbb{R}^n$ nach $\mathbb{R}^n$ mit verschwindender Spur) mit der Klammer*

$$[A, B] = AB - BA$$

besteht.

Die orthogonale Gruppe O(n).   Sei

$$\langle \mathbf{x}, \mathbf{y} \rangle = \sum_{i=1}^{n} x^i y^i$$

mit $\mathbf{x} = (x^1, \ldots, x^n) \in \mathbb{R}^n$ und $\mathbf{y} = (y^1, \ldots, y^n) \in \mathbb{R}^n$ das übliche Skalarprodukt auf dem $\mathbb{R}^n$. Eine lineare Abbildung $A \in L(\mathbb{R}^n, \mathbb{R}^n)$ heißt ***orthogonal***, wenn für alle $\mathbf{x}, \mathbf{y} \in \mathbb{R}$

$$\langle A\mathbf{x}, A\mathbf{y} \rangle = \langle \mathbf{x}, \mathbf{y} \rangle \tag{9.12}$$

gitl. Durch Polarisierung der Norm $\|\mathbf{x}\| = \langle \mathbf{x}, \mathbf{x} \rangle^{1/2}$ sieht man, daß A genau dann orthogonal ist, wenn $\|A\mathbf{x}\| = \|\mathbf{x}\|$ für alle $\mathbf{x} \in \mathbb{R}^n$ ist. Definieren wir die Transponierten A^T von A durch $\langle A\mathbf{x}, \mathbf{y} \rangle = \langle \mathbf{x}, A^T\mathbf{y} \rangle$, so ist A genau dann orthogonal, wenn $AA^T = I$ gilt.

Bezeichne mit O(n) die orthogonalen Elemente von $L(\mathbb{R}^n, \mathbb{R}^n)$. Für $A \in$ O(n) gilt dann

$$1 = \det(AA^T) = (\det A)(\det A^T) = (\det A)^2$$

und daher $\det A = \pm 1$, insbesondere also $A \in \mathrm{GL}(n, \mathbb{R})$. Sind weiter $A, B \in$ O(n), so ist wegen

$$\langle AB\mathbf{x}, AB\mathbf{y} \rangle = \langle B\mathbf{x}, B\mathbf{y} \rangle = \langle \mathbf{x}, \mathbf{y} \rangle$$

auch $AB \in$ O(n). Mit $\mathbf{x}' = A^{-1}\mathbf{x}$ und $\mathbf{y}' = A^{-1}\mathbf{y}$ gilt

$$\langle \mathbf{x}, \mathbf{y} \rangle = \langle A\mathbf{x}', A\mathbf{y}' \rangle = \langle \mathbf{x}', \mathbf{y}' \rangle,$$

d.h.

$$\langle \mathbf{x}, \mathbf{y} \rangle = \langle A^{-1}\mathbf{x}, A^{-1}\mathbf{y} \rangle$$

und somit auch $A^{-1} \in O(n)$.

Sei $S(n)$ der Vektorraum aller symmetrischen linearen Abbildungen des $\mathbb{R}^n$ in sich und betrachte die Abbildung $\psi : GL(n, \mathbb{R}) \to S(n)$, $A \mapsto AA^T$. Wir behaupten, daß I ein regulärer Wert von ψ ist. Zu $A \in \psi^{-1}(I) = O(n)$ ist das Differential von ψ durch

$$\mathbf{D}\psi(A) \cdot B = AB^T + BA^T$$

gegeben, also surjektiv (zu gegebenem C ist $B = CA/2$ ein Urbild). Also ist $\psi^{-1}(I) = O(n)$ eine abgeschlossene Unterliegruppe von $GL(n, \mathbb{R})$, die wir die **orthogonale Gruppe** nennen. Die Gruppe $O(n)$ ist auch beschränkt in $L(\mathbb{R}^n, \mathbb{R}^n)$: Die Norm von $A \in O(n)$ ist nämlich

$$\|A\| = \left[\mathrm{Sp}\,(A^T A) \right]^{1/2} = (\mathrm{Sp}\,I)^{1/2} = \sqrt{n}.$$

Also ist $O(n)$ kompakt. Wir werden in §9.3 zeigen, daß $O(n)$ nicht zusammenhängend ist, sondern zwei Zusammenhangskomponenten besitzt, von denen auf der einen $\det = +1$ und auf der zweiten $\det = -1$ ist.

Die Liealgebra $\mathfrak{o}(n)$ von $O(n)$ ist der Kern $\ker \mathbf{D}\psi(I)$, also die schiefsymmetrischen linearen Abbildungen, versehen mit der üblichen Kommutatorklammer $[A, B] = AB - BA$. Die Dimension des Raumes aller schiefsymmetrischen $(n \times n)$-Matrizen ist gleich der Anzahl der Einträge oberhalb der Diagonalen, also $n(n-1)/2$. Demzufolge ist auch

$$\dim [O(n)] = \frac{1}{2} n(n-1).$$

Die **spezielle orthogonale Gruppe** ist definiert als

$$SO(n) = O(n) \cap SL(n, \mathbb{R}),$$

d.h. es ist

$$SO(n) = \{ A \in O(n) \mid \det A = +1 \}. \tag{9.13}$$

$SO(n)$ ist der Kern $\det^{-1}(1)$ von $\det : O(n) \to \{-1, 1\}$, also eine offene und abgeschlossene Unterliegruppe von $O(n)$ und demzufolge kompakt. Wir zeigen in §9.3, daß $SO(n)$ die Zusammenhangskomponente des neutralen Elementes I in $O(n)$ ist und somit dieselbe Liealgebra wie $O(n)$ hat. Wir fassen die Ergebnisse noch einmal zusammen:

Proposition 9.2.4. *Die Liegruppe $O(n)$ ist eine kompakte Liegruppe der Dimension $n(n-1)/2$. Ihre Liealgebra $\mathfrak{o}(n)$ besteht aus allen schiefsymmetrischen $(n \times n)$-Matrizen mit der Lieklammer $[A, B] = AB - BA$. Die Zusammenhangskomponente des neutralen Elementes in $O(n)$ ist die kompakte Liegruppe $SO(n)$, die folglich dieselbe Liealgebra $\mathfrak{so}(n) = \mathfrak{o}(n)$ hat. Die Liegruppe $O(n)$ besitzt genau zwei Zusammenhangskomponenten.*

Die ebenen Drehungen SO(2).   Wir parametrisieren

$$S^1 = \{\, \mathbf{x} \in \mathbb{R}^2 \mid \|\mathbf{x}\| = 1 \,\}$$

durch den Polarwinkel θ, $0 \le \theta < 2\pi$. Zu $\theta \in [0, 2\pi]$ sei

$$A_\theta = \begin{bmatrix} \cos\theta & -\sin\theta \\ \sin\theta & \cos\theta \end{bmatrix}$$

bzgl. der Standardbasis des $\mathbb{R}^2$. Dann entspricht $A_\theta \in \mathrm{SO}(2)$ einer Drehung im Uhrzeigersinn um den Winkel θ. Ist umgekehrt

$$A = \begin{bmatrix} a_1 & a_2 \\ a_{3,} & a_4 \end{bmatrix}$$

speziell orthogonal, zeigen die Beziehungen

$$a_1^2 + a_2^2 = 1,$$
$$a_3^2 + a_4^2 = 1,$$
$$a_1 a_3 + a_2 a_4 = 0,$$
$$\det A = a_1 a_4 - a_2 a_3 = 1,$$

daß $A = A_\theta$ für ein θ. Also kann SO(2) mit S^1, d.h. mit den ebenen Drehungen identifiziert werden..

Die räumlichen Drehungen SO(3).   Die Liealgebra $\mathfrak{so}(3)$ von SO(3) kann folgendermaßen mit dem $\mathbb{R}^3$ identifiziert werden: Wir definieren den als *Hutabbildung* bezeichneten Vektorraumisomorphismus $\hat{} : \mathbb{R}^3 \to \mathfrak{so}(3)$ durch

$$\mathbf{v} = (v_1, v_2, v_3) \mapsto \hat{\mathbf{v}} = \begin{bmatrix} 0 & -v_3 & v_2 \\ v_3 & 0 & -v_1 \\ -v_2 & v_1 & 0 \end{bmatrix}. \tag{9.14}$$

Dieser Isomorphismus ist durch die Eigenschaft

$$\hat{\mathbf{v}}\mathbf{w} = \mathbf{v} \times \mathbf{w}$$

eindeutig bestimmt. Es folgt

$$\begin{aligned}
(\hat{\mathbf{u}}\hat{\mathbf{v}} - \hat{\mathbf{v}}\hat{\mathbf{u}})\,\mathbf{w} &= \hat{\mathbf{u}}(\mathbf{v} \times \mathbf{w}) - \hat{\mathbf{v}}(\mathbf{u} \times \mathbf{w}) \\
&= \mathbf{u} \times (\mathbf{v} \times \mathbf{w}) - \mathbf{v} \times (\mathbf{u} \times \mathbf{w}) \\
&= (\mathbf{u} \times \mathbf{v}) \times \mathbf{w} = (\mathbf{u} \times \mathbf{v})\hat{}\cdot\mathbf{w}.
\end{aligned}$$

Betrachten wir also den $\mathbb{R}^3$ zusammen mit dem Kreuzprodukt, so wird $\hat{}$ zu einem Liealgebrenisomorphismus, wir können also $\mathfrak{so}(3)$ mit dem $\mathbb{R}^3$ mit dem Kreuzprodukt als Lieklammer identifizieren.

Wir weisen noch darauf hin, daß das Standardskalarprodukt dann als

$$\mathbf{v} \cdot \mathbf{w} = \frac{1}{2}\,\mathrm{Sp}\,(\hat{\mathbf{v}}^T \hat{\mathbf{w}}) = -\frac{1}{2}\,\mathrm{Sp}\,(\hat{\mathbf{v}}\hat{\mathbf{w}})$$

geschrieben werden kann.

Satz 9.2.1 (Satz von Euler). *Jedes Element $A \in SO(3)$, $A \neq I$, ist eine Drehung um einen Winkel θ um eine Achse $\mathbf{w}$.*

Für den Beweis benötigen wir das folgende Lemma:

Lemma 9.2.2. 1 *ist ein Eigenwert für jedes $A \in SO(3)$.*

Beweis. Die Eigenwerte von A sind die Wurzeln des Polynoms dritten Grades $\det(A - \lambda I) = 0$. Wurzeln treten immer in zueinander komplex konjugierten Paaren auf, also ist mindestens ein Eigenwert reell. Sei nun λ eine reelle Wurzel und x ein nichtverschwindender reeller Eigenvektor. Aus $A\mathbf{x} = \lambda\mathbf{x}$ folgt dann mit

$$\|A\mathbf{x}\|^2 = \|\mathbf{x}\|^2 \quad \text{und} \quad \|A\mathbf{x}\|^2 = |\lambda|^2 \|\mathbf{x}\|^2,$$

daß $\lambda = \pm 1$ sein muß. Sind alle drei Wurzeln reell, müssen sie $(1,1,1)$ oder $(1,-1,-1)$ sein, da $\det A = 1$ ist. Gibt es nur eine reelle und zwei komplex konjugierte Wurzeln, sind diese $(1, \omega, \bar{\omega})$, wieder wegen $\det A = 1$. In beiden Fällen gibt es also eine Wurzel $+1$. ∎

Beweis (von Satz 9.2.1). Nach Lemma 9.2.2 besitzt die Matrix A einen Eigenvektor $\mathbf{w}$ zum Eigenwert 1, für den also $A\mathbf{w} = \mathbf{w}$ ist. Die von $\mathbf{w}$ aufgespannte Gerade ist dann invariant unter A. Sei P die zu $\mathbf{w}$ senkrechte Ebene, d.h.

$$P = \{\, \mathbf{y} \mid \langle \mathbf{w}, \mathbf{y} \rangle = 0 \,\}.$$

Da A orthogonal ist, ist $A(P) = P$. Sei nun $\mathbf{e}_1, \mathbf{e}_2$ eine Orthogonalbasis in P. Bezüglich $(\mathbf{w}, \mathbf{e}_1, \mathbf{e}_2)$ hat A dann die Matrixdarstellung

$$A = \begin{bmatrix} 1 & 0 & 0 \\ 0 & a_1 & a_2 \\ 0 & a_3 & a_4 \end{bmatrix}.$$

Da

$$\begin{bmatrix} a_1 & a_2 \\ a_3 & a_4 \end{bmatrix}$$

in $SO(2)$ liegt, ist A eine Drehung um $\mathbf{w}$ um einen bestimmten Winkel. ∎

Korollar 9.2.1. *Jedes $A \in SO(3)$ kann in einer bestimmten Orthonormalbasis durch die Matrix*

$$A = \begin{bmatrix} 1 & 0 & 0 \\ 0 & \cos\theta & -\sin\theta \\ 0 & \sin\theta & \cos\theta \end{bmatrix}$$

dargestellt werden.

Dies ist die infinitesimale Fassung des Satzes von Euler:

Proposition 9.2.5. *Identifizieren wir die Liealgebra* $\mathfrak{so}(3)$ *von* SO(3) *mit der Liealgebra* $\mathbb{R}^3$, *so ist* $\exp(t\hat{\mathbf{w}})$ *eine Drehung um* $\mathbf{w}$ *um den Winkel* $t\|\mathbf{w}\|$ *mit* $\mathbf{w} \in \mathbb{R}^3$.

Beweis. Um die Berechnungen zu vereinfachen, wählen wir im $\mathbb{R}^3$ eine Orthonormalbasis $\{\mathbf{e}_1, \mathbf{e}_2, \mathbf{e}_3\}$ mit $\mathbf{e}_1 = \mathbf{w}/\|\mathbf{w}\|$. Bezüglich dieser Basis hat $\hat{\mathbf{w}}$ die Matrixdarstellung

$$\hat{\mathbf{w}} = \|\mathbf{w}\| \begin{bmatrix} 0 & 0 & 0 \\ 0 & 0 & -1 \\ 0 & 1 & 0 \end{bmatrix}.$$

Sei nun

$$c(t) = \begin{bmatrix} 1 & 0 & 0 \\ 0 & \cos t\|\mathbf{w}\| & -\sin t\|\mathbf{w}\| \\ 0 & \sin t\|\mathbf{w}\| & \cos t\|\mathbf{w}\| \end{bmatrix}.$$

Dann gilt

$$c'(t) = \begin{bmatrix} 0 & 0 & 0 \\ 0 & -\|\mathbf{w}\|\sin t\|\mathbf{w}\| & -\|\mathbf{w}\|\cos t\|\mathbf{w}\| \\ 0 & \|\mathbf{w}\|\cos t\|\mathbf{w}\| & -\|\mathbf{w}\|\sin t\|\mathbf{w}\| \end{bmatrix}$$

$$= c(t)\hat{\mathbf{w}} = T_I L_{c(t)}(\hat{\mathbf{w}}) = X_{\hat{\mathbf{w}}}(c(t)),$$

wobei $X_{\hat{\mathbf{w}}}$ das linksinvariante Vektorfeld zu $\hat{\mathbf{w}}$ ist. Also ist $c(t)$ eine Integralkurve von $X_{\hat{\mathbf{w}}}$, $\exp(t\hat{\mathbf{w}})$ jedoch ebenfalls und da beide bei $t = 0$ übereinstimmen, folgt $\exp(t\hat{\mathbf{w}}) = c(t)$ für alle $t \in \mathbb{R}$. Nach der Matrixdefinition ist $c(t)$ aber gerade eine Drehung um den Winkel $t\|\mathbf{w}\|$ um die Achse $\mathbf{w}$. ∎

In Anbetracht des Satzes von Euler ist es sicher angebracht, daran zu erinnern, daß SO(3) *nicht* als $S^2 \times S^1$ dargestellt werden kann, siehe Übung 1.2.4.

Auf Proposition 9.2.5 aufbauend beweisen wir nun die Gültigkeit der **Formel von Rodrigues** für $\exp \xi$ mit $\xi \in \mathfrak{so}(3)$:

$$\exp[\hat{\mathbf{v}}] = I + \frac{\sin\|\mathbf{v}\|}{\|\mathbf{v}\|}\hat{\mathbf{v}} + \frac{1}{2}\left[\frac{\sin\left(\frac{\|\mathbf{v}\|}{2}\right)}{\frac{\|\mathbf{v}\|}{2}}\right]^2 \hat{\mathbf{v}}^2. \tag{9.15}$$

Die Formel wurde von Rodrigues schon 1840 angegeben, vgl. auch Übung 1 in Helgason [1978, S. 249] und Altmann [1986] für einige interessante Punkte zur Geschichte dieser Formel.

Beweis (der Formel von Rodrigues). Nach (9.14) ist

$$\hat{\mathbf{v}}^2\mathbf{w} = \mathbf{v} \times (\mathbf{v} \times \mathbf{w}) = \langle\mathbf{v}, \mathbf{w}\rangle\mathbf{v} - \|\mathbf{v}\|^2\mathbf{w}. \tag{9.16}$$

Folglich gelten die rekursiven Beziehungen

$$\hat{\mathbf{v}}^3 = -\|\mathbf{v}\|^2\hat{\mathbf{v}}, \quad \hat{\mathbf{v}}^4 = -\|\mathbf{v}\|^2\hat{\mathbf{v}}^2, \quad \hat{\mathbf{v}}^5 = \|\mathbf{v}\|^4\hat{\mathbf{v}}, \quad \hat{\mathbf{v}}^6 = \|\mathbf{v}\|^4\hat{\mathbf{v}}^2, \dots.$$

Teilen wir die Exponentialreihe in Terme gerader und ungerader Potenz, sehen wir, daß

$$\exp[\hat{v}] = I + \left[I - \frac{\|v\|^2}{3!} + \frac{\|v\|^4}{5!} - \cdots + (-1)^{n+1}\frac{\|v\|^{2n}}{(2n+1)!} + \cdots \right]\hat{v}$$

$$+ \left[\frac{1}{2!} - \frac{\|v\|^2}{4!} + \frac{\|v\|^4}{6!} + \cdots + (-1)^{n-1}\frac{\|v\|^{n-2}}{(2n)!} + \cdots \right]\hat{v}^2$$

$$= I + \frac{\sin\|v\|}{\|v\|}\hat{v} + \frac{1 - \cos\|v\|}{\|v\|^2}\hat{v}^2, \tag{9.17}$$

also folgt die Behauptung aus $2\sin^2(\|v\|/2) = 1 - \cos\|v\|$.   ∎

Der folgende alternative, zu (9.15) äquivalente Ausdruck ist öfters von Nutzen. Setze $n = v/\|v\|$, so daß $\|n\| = 1$. Aus (9.16) und (9.17) erhalten wir dann

$$\exp[\hat{v}] = I + (\sin\|v\|)\hat{n} + (1 - \cos\|v\|)[n \otimes n - I]. \tag{9.18}$$

Hierbei ist $n \otimes n$ die Matrix mit den Einträgen $n^i n^j$, oder als Bilinearform aufgefaßt $(n \otimes n)(\alpha,\beta) = n(\alpha)n(\beta)$. Also erhalten wir eine Drehung um den Einheitsvektor $n = v/\|v\|$ mit Drehwinkel $\|v\|$.

Die Identitäten (9.15) und (9.18) sind wie ihre quaternionischen Analoga für konkrete Berechnungen häufig hilfreich. Wir werden darauf im Zusammenhang mit SU(2) zurückkommen, vgl. Whittaker [1927] und Simo und Fox [1989] für weitere Informationen.

Als nächstes zeigen wir eine topologische Eigenschaft von SO(3).

Proposition 9.2.6. *Die Drehgruppe* SO(3) *ist diffeomorph zum reellen projektiven Raum* $\mathbb{RP}^3$.

Beweis. Um dies einzusehen, bilde man die Einheitskugel D im $\mathbb{R}^3$ auf SO(3) ab, indem man (x,y,z) die Drehung um (x,y,z) um den Winkel $\pi\sqrt{x^2+y^2+z^2}$ zuweist (und $(0,0,0)$ dem neutralen Element). Diese Abbildung ist offensichtlich glatt und surjektiv. Ihre Einschränkung auf das Innere von D ist injektiv. Auf dem Rand von D ist diese Abbildung 2 zu 1, induziert also eine glatte bijektive Abbildung von D mit identifizierten gegenüberliegenden Randpunkten auf SO(3). Die Glattheit der Umkehrabbildung sieht man schnell. Also ist SO(3) diffeomorph zu D, wenn gegenüberliegende Randpunkte identifiziert werden.

Die Abbildung

$$(x,y,z) \mapsto (x,y,z,\sqrt{1-x^2-y^2-z^2})$$

ist nun ein Diffeomorphismus zwischen D mit identifizierten gegenüberliegenden Randpunkten und der oberen Halbkugel von S^3, wobei hier die gegenüberliegenden Punkte des Äquators identifiziert wurden. Dieser Raum ist offensichtlich diffeomorph zur Einheitssphäre S^3 mit identifizierten gegenüberliegenden Punkten, welche dann wiederum äquivalent zum Raum aller Geraden durch den Ursprung im $\mathbb{R}^4$ ist, also zu $\mathbb{RP}^3$.   ∎

Die reelle symplektische Gruppe Sp$(2n, \mathbb{R})$. Wir nennen eine Matrix $A \in L(\mathbb{R}^{2n}, \mathbb{R}^{2n})$ *symplektisch*, wenn $A^T \mathbb{J} A = \mathbb{J}$ mit

$$\mathbb{J} = \begin{bmatrix} 0 & I \\ -I & 0 \end{bmatrix}$$

gilt. Sei Sp$(2n, \mathbb{R})$ die Menge aller symplektischen $(2n \times 2n)$-Matrizen. Bildet man auf beiden Seiten der Bedingung $A^T \mathbb{J} A = \mathbb{J}$ die Determinante, erhält man

$$1 = \det \mathbb{J} = (\det A^T) \cdot (\det A\mathbb{J}) \cdot (\det A) = (\det A)^2.$$

Also gilt

$$\det A = \pm 1$$

und somit $A \in$ GL$(2n, \mathbb{R})$. Außerdem ist zu $A, B \in$ Sp$(2n, \mathbb{R})$ auch

$$(AB)^T \mathbb{J}(AB) = B^T A^T \mathbb{J} AB = \mathbb{J},$$

d.h. $AB \in$ Sp$(2n, \mathbb{R})$ und aus $A^T \mathbb{J} A = \mathbb{J}$ folgt

$$\mathbb{J} A = (A^T)^{-1} \mathbb{J} = (A^{-1})^T \mathbb{J},$$

also gilt

$$\mathbb{J} = \left(A^{-1}\right)^T \mathbb{J} A^{-1} \quad \text{bzw.} \quad A^{-1} \in \text{Sp}(2n, \mathbb{R}).$$

Kurzum: Sp$(2n, \mathbb{R})$ ist eine Gruppe. Für eine Blockmatrix

$$A = \begin{bmatrix} a & b \\ c & d \end{bmatrix} \in \text{GL}(2n, \mathbb{R}),$$

gilt (vgl. Übung 2.3.2)

$$A \in \text{Sp}(2n, \mathbb{R}) \Leftrightarrow \begin{cases} a^T c \text{ und } b^T d \text{ sind symmetrisch und} \\ a^T d - c^T b = 1. \end{cases} \tag{9.19}$$

Definiere $\psi : \text{GL}(2n, \mathbb{R}) \to \mathfrak{so}(2n)$ durch $\psi(A) = A^T \mathbb{J} A$. Wir wollen zeigen, daß $\mathbb{J}$ ein regulärer Wert von ψ ist. Zu $A \in \psi^{-1}(\mathbb{J}) = \text{Sp}(2n, \mathbb{R})$ ist das Differential von ψ

$$\mathbf{D}\psi(A) \cdot B = B^T \mathbb{J} A + A^T \mathbb{J} B.$$

Ist nun $C \in \mathfrak{so}(2n)$, setze

$$B = -\frac{1}{2} A \mathbb{J} C.$$

Mit Hilfe der Identität $A^T \mathbb{J} = \mathbb{J} A^{-1}$, $\mathbb{J}^T = -\mathbb{J}$ und $\mathbb{J}^2 = -I$ folgt

$$\begin{aligned} B^T \mathbb{J} A + A^T \mathbb{J} B &= B^T (A^{-1})^T \mathbb{J} + \mathbb{J} A^{-1} B \\ &= (A^{-1}B)^T \mathbb{J} + \mathbb{J}(A^{-1}B) \\ &= (-\frac{1}{2}\mathbb{J} C)^T \mathbb{J} + \mathbb{J}(-\frac{1}{2}\mathbb{J} C) \\ &= -\frac{1}{2} C^T \mathbb{J}^T \mathbb{J} - \frac{1}{2}\mathbb{J}^2 C \\ &= -\frac{1}{2} C \mathbb{J}^2 - \frac{1}{2}\mathbb{J}^2 C = C, \end{aligned}$$

also $\mathbf{D}\psi(A) \cdot B = C$. Also ist $\mathrm{Sp}(2n, \mathbb{R}) = \psi^{-1}(\mathbb{J})$ eine glatte abgeschlossene Untermannigfaltigkeit in $\mathrm{GL}(2n, \mathbb{R})$ mit der Liealgebra

$$\ker \mathbf{D}\psi(\mathbb{J}) = \left\{ B \in L\left(\mathbb{R}^{2n}, \mathbb{R}^{2n}\right) \mid B^T \mathbb{J} + \mathbb{J}B = 0 \right\}.$$

Die Liegruppe $\mathrm{Sp}(2n, \mathbb{R})$ heißt *symplektische Gruppe* und ihre Liealgebra

$$\mathfrak{sp}(2n, \mathbb{R}) = \left\{ A \in L\left(\mathbb{R}^{2n}, \mathbb{R}^{2n}\right) \mid A^T \mathbb{J} + \mathbb{J}A = 0 \right\}$$

symplektische Algebra. Für eine Blockmatrix

$$A = \begin{bmatrix} a & b \\ c & d \end{bmatrix} \in \mathfrak{sl}(2n, \mathbb{R})$$

gilt

$$A \in \mathfrak{sp}(2n, \mathbb{R}) \Leftrightarrow d = -a^T, \ c = c^T \ \text{und} \ b = b^T. \tag{9.20}$$

Die Dimension von $\mathfrak{sp}(2n, \mathbb{R})$ berechnet sich somit zu $2n^2 + n$.

Aus (9.19) folgt, daß alle Matrizen der Form

$$\begin{bmatrix} I & 0 \\ tI & I \end{bmatrix}$$

symplektisch sind. Die Norm einer solchen Matrix ist jedoch $\sqrt{2n + t^2 n}$, was für $t \in \mathbb{R}$ unbeschränkt ist. Also ist $\mathrm{Sp}(2n, \mathbb{R})$ keine beschränkte Teilmenge von $\mathfrak{gl}(2n, \mathbb{R})$ und demzufolge nicht kompakt. Wir fassen zusammen:

Proposition 9.2.7. *Die symplektische Gruppe*

$$\mathrm{Sp}(2n, \mathbb{R}) := \left\{ A \in \mathrm{GL}(2n, \mathbb{R}) \mid A^T \mathbb{J}A = \mathbb{J} \right\}$$

ist eine nichtkompakte, zusammenhängende Liegruppe der Dimension $2n^2 + n$. *Ihre Liealgebra* $\mathfrak{sp}(2n, \mathbb{R})$ *besteht aus allen* $(2n \times 2n)$*-Matrizen* A *mit* $A^T \mathbb{J} + \mathbb{J}A = 0$, *wobei*

$$\mathbb{J} = \begin{bmatrix} 0 & I \\ -I & 0 \end{bmatrix}$$

mit der $(n \times n)$*-Einheitsmatrix* I.

Wir skizzieren in §9.3, wie man zeigt, daß $\mathrm{Sp}(2n, \mathbb{R})$ zusammenhängend ist.

Wir können nun die Behauptung aus Kap. 2 beweisen, daß alle linearen symplektischen Abbildungen die Determinante 1 besitzen.

Lemma 9.2.3. *Ist* $A \in \mathrm{Sp}(n, \mathbb{R})$, *so gilt* $\det A = 1$.

Beweis. Aus $A^T \mathbb{J} A = \mathbb{J}$ und $\det \mathbb{J} = 1$ folgt $(\det A)^2 = 1$. Dies läßt leider noch die Möglichkeit $\det A = -1$ zu. Um dies auszuschließen, gehen wir wie folgt vor:

Definiere durch $\Omega(\mathbf{u}, \mathbf{v}) = \mathbf{u}^T \mathbb{J} \mathbf{v}$ eine symplektische Form Ω auf $\mathbb{R}^{2n}$. Dann hat Ω bezüglich der gewählten Basis im $\mathbb{R}^{2n}$ die Matrixdarstellung $\mathbb{J}$. Wie wir in Kap. 5 gezeigt haben, ist die Standardvolumenform μ auf dem $\mathbb{R}^{2n}$ bis auf einen multiplikativen Faktor durch $\mu = \Omega \wedge \Omega \wedge \cdots \wedge \Omega$ gegeben, oder anders ausgedrückt

$$\mu(\mathbf{v}_1, \dots, \mathbf{v}_{2n}) = \det\left(\Omega(\mathbf{v}_i, \mathbf{v}_j)\right).$$

Nach der Definition der Determinante einer linearen Abbildung $(\det A)\mu = A^*\mu$ erhalten wir also

$$\begin{aligned}
(\det A)\mu\left(\mathbf{v}_1, \dots, \mathbf{v}_{2n}\right) &= (A^*\mu)\left(\mathbf{v}_1, \dots, \mathbf{v}_{2n}\right) \\
&= \mu\left(A\mathbf{v}_1, \dots, A\mathbf{v}_{2n}\right) = \det\left(\Omega\left(A\mathbf{v}_i, A\mathbf{v}_j\right)\right) \\
&= \det\left(\Omega\left(\mathbf{v}_i, \mathbf{v}_j\right)\right) \\
&= \mu\left(\mathbf{v}_1, \dots, \mathbf{v}_{2n}\right),
\end{aligned}$$

denn $A \in \mathrm{Sp}(2n, \mathbb{R})$, was äquivalent zu $\Omega(A\mathbf{u}, A\mathbf{v}) = \Omega(\mathbf{u}, \mathbf{v})$ für alle $\mathbf{u}, \mathbf{v} \in \mathbb{R}^{2n}$ ist. Wählen wir als $\mathbf{v}_1, \dots, \mathbf{v}_{2n}$ die Standardbasis des $\mathbb{R}^{2n}$, folgt $\det A = 1$. ∎

Proposition 9.2.8 (Der Satz über symplektische Eigenwerte). *Ist $\lambda_0 \in \mathbb{C}$ ein Eigenwert von $A \in \mathrm{Sp}(2n, \mathbb{R})$ mit Vielfachheit k, so sind auch $1/\lambda_0$, $\overline{\lambda}_0$ und $1/\overline{\lambda}_0$ Eigenwerte derselben Vielfachheit k. Sind ± 1 Eigenwerte, so haben sie geradzahlige Vielfachheit.*

Beweis. Da A eine reelle Matrix ist, besagt ein Standardresultat der linearen Algebra, daß zu einem Eigenwert λ_0 von A der Vielfachheit k auch $\overline{\lambda}_0$ ein solcher ist.

Zeigen wir also, daß auch $1/\lambda_0$ ein Eigenwert von A ist. Ist $p(\lambda) = \det(A - \lambda I)$ das charakteristische Polynom von A, gilt aufgrund von

$$\mathbb{J} A \mathbb{J}^{-1} = \left(A^{-1}\right)^T,$$

$\det \mathbb{J} = 1$, $\mathbb{J}^{-1} = -\mathbb{J} = \mathbb{J}^T$ und $\det A = 1$ (nach Prop. 9.2.7) dann auch

$$\begin{aligned}
p(\lambda) &= \det(A - \lambda I) = \det\left[\mathbb{J}(A - \lambda I)\mathbb{J}^{-1}\right] \\
&= \det(\mathbb{J} A \mathbb{J}^{-1} - \lambda I) = \det\left(\left(A^{-1} - \lambda I\right)^T\right) \\
&= \det(A^{-1} - \lambda I) = \det\left(A^{-1}(I - \lambda A)\right) \\
&= \det(I - \lambda A) = \det\left(\lambda\left(\frac{1}{\lambda}I - A\right)\right) \\
&= \lambda^{2n} \det\left(\frac{1}{\lambda}I - A\right)
\end{aligned}$$

$$= \lambda^{2n}(-1)^{2n} \det\left(A - \frac{1}{\lambda}I\right)$$

$$= \lambda^{2n} p\left(\frac{1}{\lambda}\right). \tag{9.21}$$

Da 0 kein Eigenwert von A ist, ist $p(\lambda) = 0$ äquivalent zu $p(1/\lambda) = 0$ und somit ist auch λ_0 genau dann ein Eigenwert von A, wenn $1/\lambda_0$ einer ist. Nehmen wir nun an, λ_0 habe die Vielfachheit k, es sei also

$$p(\lambda) = (\lambda - \lambda_0)^k q(\lambda)$$

mit einem Polynom $q(\lambda)$ vom Grad $2n - k$, für das $q(\lambda_0) \neq 0$ ist. Aus $p(\lambda) = \lambda^{2n} p(1/\lambda)$ schließen wir

$$p(\lambda) = p\left(\frac{1}{\lambda}\right)\lambda^{2n} = (\lambda - \lambda_0)^k q(\lambda) = (\lambda\lambda_0)^k \left(\frac{1}{\lambda_0} - \frac{1}{\lambda}\right)^k q(\lambda).$$

Doch

$$\frac{\lambda_0^k}{\lambda^{2n-k}} q(\lambda)$$

ist ein Polynom in $1/\lambda$, denn der Grad von $q(\lambda)$ ist $2n-k$ mit $k \leq 2n$. Also ist $1/\lambda_0$ eine Wurzel von $p(\lambda)$ der Vielfachheit $l \geq k$. Vertauschen wir die Rollen von λ_0 und $1/\lambda_0$, können wir analog schließen, daß $k \geq l$ ist und somit $k = l$ sein muß.

Bemerken wir zum Schluß noch, daß $\lambda_0 = 1/\lambda_0$ äquivalent ist zu $\lambda_0 = \pm 1$. Da alle Eigenwerte von A in Paaren auftreten, deren Produkt 1 ist und da A eine $(2n \times 2n)$-Matrix ist, ist die Anzahl, wie oft $+1$ und -1 als Eigenwerte auftreten, gerade. Da aber nach Lemma 9.2.3 $\det A = 1$ ist, kann der Eigenwert -1 nur eine gerade Vielfachheit besitzen (falls er überhaupt auftritt). Also ist die Vielfachheit von 1 als Eigenwert von A ebenfalls gerade (wenn 1 als Eigenwert auftritt). ∎

Abbildung 9.4 zeigt alle möglichen Konfigurationen der Eigenwerte von $A \in \mathrm{Sp}(4, \mathbb{R})$.

Als nächstes untersuchen wir die Eigenwerte von Matrizen in $\mathfrak{sp}(2n, \mathbb{R})$. Der folgende Satz ist hilfreich für Stabilitätsuntersuchungen von Gleichgewichtszuständen. Für $A \in \mathfrak{sp}(2n, \mathbb{R})$ ist $A^T \mathbb{J} + \mathbb{J}A = 0$, so daß für das charakteristische Polynom $p(\lambda) = \det(A - \lambda I)$ von A gilt:

$$\begin{aligned} p(\lambda) &= \det(A - \lambda I) = \det(\mathbb{J}(A - \lambda I)\mathbb{J}) \\ &= \det(\mathbb{J}A\mathbb{J} + \lambda I) \\ &= \det(-A^T \mathbb{J}^2 + \lambda I) \\ &= \det(A^T + \lambda I) = \det(A + \lambda I) \\ &= p(-\lambda). \end{aligned}$$

Insbesondere gilt $\mathrm{Sp}(A) = 0$. Auf die gleiche Art wie vorhin schließt man mit dieser Gleichung:

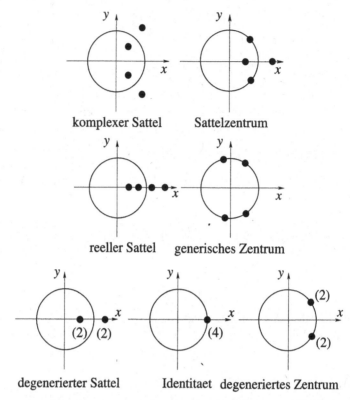

Abb. 9.4. Zum Satz über symplektische Eigenwerte auf $\mathbb{R}^4$.

Proposition 9.2.9 (infinitesimale symplektische Eigenwerte). *Ist $\lambda_0 \in \mathbb{C}$ ein Eigenwert von $A \in \mathfrak{sp}(2n, \mathbb{R})$ mit Vielfachheit k, so sind auch $-\lambda_0$, $\overline{\lambda}_0$ und $-\overline{\lambda}_0$ Eigenwerte derselben Vielfachheit k von A. Ist darüber hinaus 0 ein Eigenwert, hat er gerade Vielfachheit.*

Abbildung 9.5 zeigt die möglichen Konfigurationen der infinitesimalen symplektischen Eigenwerte für $A \in \mathfrak{sp}(4, \mathbb{R})$.

Die symplektische Gruppe in der Mechanik.   Betrachte ein Teilchen der Masse m in einem Potential $V(\mathbf{q})$ mit $\mathbf{q} = (q^1, q^2, q^3) \in \mathbb{R}^3$. Das zweite Newtonsche Axiom besagt, daß sich das Teilchen entlang einer Kurve $\mathbf{q}(t)$ im $\mathbb{R}^3$ bewegt, für die $m\ddot{\mathbf{q}} = -\operatorname{grad} V(\mathbf{q})$ gilt. Definieren wir nun den Impuls $p_i = m\dot{q}^i$, $i = 1, 2, 3$ und die Energie

$$H(\mathbf{q}, \mathbf{p}) = \frac{1}{2m} \sum_{i=1}^{3} p_i^2 + V(\mathbf{q}).$$

Dann gilt

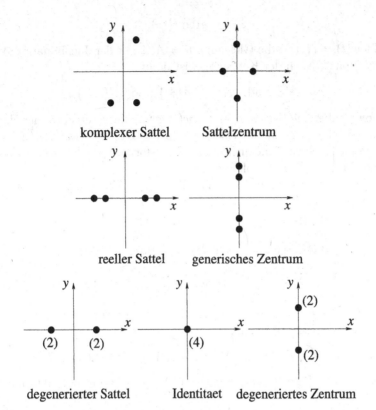

komplexer Sattel   Sattelzentrum

reeller Sattel   generisches Zentrum

degenerierter Sattel   Identitaet   degeneriertes Zentrum

Abb. 9.5. Zum Satz über infinitesimale symplektische Eigenwerte auf $\mathbb{R}^4$.

$$\frac{\partial H}{\partial q^i} = \frac{\partial V}{\partial q^i} = -m\ddot{\mathbf{q}}^i = -\dot{p}_i \quad \text{und} \quad \frac{\partial H}{\partial p_i} = \frac{1}{m}p_i = \dot{q}^i.$$

Das Newtonsche Axiom $\mathbf{F} = m\mathbf{a}$ ist also äquivalent zu den Hamiltonschen Gleichungen

$$\dot{q}^i = \frac{\partial H}{\partial p_i}, \quad \dot{p}_i = -\frac{\partial H}{\partial q^i}, \quad i = 1,2,3.$$

Setzen wir $z = (\mathbf{q}, \mathbf{p})$, so ist

$$\mathbb{J} \cdot \operatorname{grad} H(z) = \begin{bmatrix} 0 & I \\ -I & 0 \end{bmatrix} \begin{bmatrix} \dfrac{\partial H}{\partial \mathbf{q}} \\ \dfrac{\partial H}{\partial \mathbf{p}} \end{bmatrix} = (\dot{\mathbf{q}}, \dot{\mathbf{p}}) = \dot{z}$$

und die Hamiltonschen Gleichungen werden zu $\dot{z} = \mathbb{J} \cdot \operatorname{grad} H(z)$. Sei nun

$$f : \mathbb{R}^3 \times \mathbb{R}^3 \to \mathbb{R}^3 \times \mathbb{R}^3$$

und setze $w = f(z)$. Erfüllt $z(t)$ die Hamiltonschen Gleichungen

$$\dot{z} = \mathbb{J} \cdot \operatorname{grad} H(z),$$

so erfüllt $w(t) = f(z(t))$ die Gleichung $\dot{w} = A^T \dot{z}$ mit der Jacobimatrix $A^T = [\partial w^i / \partial z^j]$ von f. Nach der Kettenregel ist dann

$$\dot{w} = A^T \mathbb{J} \operatorname{grad}_z H(z) = A^T \mathbb{J} A \operatorname{grad}_w H(z(w)).$$

Demzufolge haben die Gleichungen für $w(t)$ genau dann die Form der Hamiltonschen Gleichungen mit der Energie $K(w) = H(z(w))$, wenn $A^T \mathbb{J} A = \mathbb{J}$, d.h. A symplektisch ist. Eine nichtlineare Transformation f heißt **kanonisch**, wenn ihre Jacobimatrix symplektisch ist.

Betrachten wir als einen Spezialfall die lineare Abbildung $A \in \mathrm{Sp}(2n, \mathbb{R})$ und setzen $w = Az$. Sei H quadratisch, d.h. von der Form $H(z) = \langle z, Bz \rangle / 2$ mit einer symmetrischen $(2n \times 2n)$-Matrix B. Dann gilt

$$\operatorname{grad} H(z) \cdot \delta z = \frac{1}{2} \langle \delta z, Bz \rangle + \langle z, B \delta z \rangle$$

$$= \frac{1}{2}(\langle \delta z, Bz \rangle + \langle Bz, \delta z \rangle) = \langle \delta z, Bz \rangle,$$

also $\operatorname{grad} H(z) = Bz$ und die Bewegungsgleichungen werden zu den linearen Gleichungen $\dot{z} = \mathbb{J} Bz$. Weiter ist

$$\dot{w} = A \dot{z} = A \mathbb{J} Bz = \mathbb{J}(A^T)^{-1} Bz = \mathbb{J}(A^T)^{-1} BA^{-1} Az = \mathbb{J} B' w,$$

wobei $B' = (A^T)^{-1} BA^{-1}$ symmetrisch ist. Als neue Hamiltonfunktion erhalten wir

$$H'(w) = \frac{1}{2} \langle w, (A^T)^{-1} BA^{-1} w \rangle = \frac{1}{2} \langle A^{-1} w, BA^{-1} w \rangle$$

$$= H(A^{-1} w) = H(z).$$

Also ist $\mathrm{Sp}(2n, \mathbb{R})$ *die lineare Invarianzgruppe der klassischen Mechanik.*

Die komplexe allgemeine lineare Gruppe GL$(n, \mathbb{C})$. Viele wichtige Liegruppen bestehen aus *komplexen* Matrizen. Wie im reellen Fall ist die Menge $\mathrm{GL}(n, \mathbb{C})$ der komplexen, invertierbaren $(n \times n)$-Matrizen eine offene Menge in der Menge $L(\mathbb{C}^n, \mathbb{C}^n)$ der komplexen $(n \times n)$-Matrizen }. Offensichtlich ist $\mathrm{GL}(n, \mathbb{C})$ eine Gruppe bezüglich der Matrizenmultiplikation. Also ist $\mathrm{GL}(n, \mathbb{C})$ eine Liegruppe und hat die Liealgebra $\mathfrak{gl}(n, \mathbb{C}) = \{$ komplexe $(n \times n)$-Matrizen $\} = L(\mathbb{C}^n, \mathbb{C}^n)$. Also hat $\mathrm{GL}(n, \mathbb{C})$ die komplexe Dimension n^2, d.h. die reelle Dimension $2n^2$.

Wir zeigen weiter unten, daß $\mathrm{GL}(n, \mathbb{C})$ zusammenhängend ist (Im Gegensatz zu $\mathrm{GL}(n, \mathbb{R})$, die zwei Zusammenhangskomponenten besitzt). Wie im reellen Fall werden wir dafür eine Polarzerlegung benötigen. Eine Matrix $U \in \mathrm{GL}(n, \mathbb{C})$ heißt **unitär**, wenn $UU^\dagger = U^\dagger U = I$ mit $U^\dagger := \overline{U}^T$ gilt. Eine Matrix $P \in \mathfrak{gl}(n, \mathbb{C})$ heißt **hermitesch**, wenn $P^\dagger = P$ ist. Eine hermitesche Matrix P heißt **positiv definit**, kurz $P > 0$, wenn $\langle Pz, z \rangle > 0$ für alle $\mathbf{z} \in \mathbb{C}^n$, $\mathbf{z} \neq 0$ ist, wobei $\langle , \rangle$ das innere Produkt auf $\mathbb{C}^n$ bezeichnet. Beachte, daß aus $P > 0$ folgt, daß P invertierbar ist.

Proposition 9.2.10 (Komplexe Polarzerlegung). *Zu jeder Matrix $A \in$ GL$(n, \mathbb{C})$ existieren eine eindeutige unitäre Matrix U und positiv definite hermitesche Matrizen P_1, P_2 mit*

$$A = U P_1 = P_2 U.$$

Der Beweis ist identisch mit dem der Proposition 9.2.1 mit den nötigen Anpassungen. Die einzige zusätzlich verwendete Eigenschaft ist, daß die Eigenwerte hermitescher Matrizen reell sind. Wie im Beweis für den reellen Fall benötigt man, daß der Raum der unitären Matrizen zusammenhängend ist (was in §9.3 bewiesen wird), um insgesamt folgende Proposition zu beweisen:

Proposition 9.2.11. *Die Gruppe* GL$(n, \mathbb{C})$ *ist eine komplexe, nichtkompakte, zusammenhängende Liegruppe der komplexen Dimension n^2 und der reellen Dimension $2n^2$. Ihre Liealgebra* $\mathfrak{gl}(n, \mathbb{C})$ *besteht aus allen komplexen $(n \times n)$-Matrizen mit der Kommutatorklammer.*

Auf $\mathfrak{gl}(n, \mathbb{C})$ wird das innere Produkt durch

$$\langle A, B \rangle = \mathrm{Sp}\,(AB^{\dagger})$$

definiert (vgl. (9.11)).

Die komplexe spezielle lineare Gruppe.   Diese Gruppe ist definiert durch

$$\mathrm{SL}(n, \mathbb{C}) := \{\, A \in \mathrm{GL}(n, \mathbb{C}) \mid \det A = 1 \,\}$$

und wird wie im reellen Fall abgehandelt. Um zu beweisen, daß sie zusammenhängend ist, benutzt man die komplexe Polarzerlegung und die Tatsache, daß jede hermitesche Matrix durch Konjugation mit einer geeigneten unitären Matrix diagonalisiert werden kann.

Proposition 9.2.12. *Die Gruppe* SL$(n, \mathbb{C})$ *ist eine komplexe, nichkompakte Liegruppe der komplexen Dimension $n^2 - 1$ und der reellen Dimension $2(n^2 - 1)$. Ihre Liealgebra* $\mathfrak{sl}(n, \mathbb{C})$ *besteht aus allen spurfreien komplexen $(n \times n)$-Matrizen mit der Kommutatorklammer.*

Die unitäre Gruppe U(n).   Wir verwenden auf $\mathbb{C}^n$ das hermitesche innere Produkt

$$\langle \mathbf{x}, \mathbf{y} \rangle = \sum_{i=0}^{n} x^i \bar{y}^i$$

mit $\mathbf{x} = (x^1, \ldots, x^n) \in \mathbb{C}^n$, $\mathbf{y} = (y^1, \ldots, y^n) \in \mathbb{C}^n$ und den dazu komplex konjugierten $\bar{y}^i$. Sei

$$\mathrm{U}(n) = \{\, A \in \mathrm{GL}(n, \mathbb{C}) \mid \langle A\mathbf{x}, A\mathbf{y} \rangle = \langle \mathbf{x}, \mathbf{y} \rangle \,\}.$$

Die Orthogonalitätsrelation $\langle A\mathbf{x}, A\mathbf{y} \rangle = \langle \mathbf{x}, \mathbf{y} \rangle$ ist äquivalent zu $AA^{\dagger} = A^{\dagger}A = I$ mit $A^{\dagger} = \bar{A}^T$, d.h. $\langle A\mathbf{x}, \mathbf{y} \rangle = \langle \mathbf{x}, A^{\dagger}\mathbf{y} \rangle$. Also ist $|\det A| = 1$ und det wird zu einer Abbildung von U(n) in den Einheitskreis $S^1 = \{\, z \in \mathbb{C} \mid |z| = 1 \,\}$. Wie zu erwarten, ist U(n) eine abgeschlossene Unterliegruppe von GL($n, \mathbb{C}$) mit der Liealgebra

$$\mathfrak{u}(n) = \{\, A \in L(\mathbb{C}^n, \mathbb{C}^n) \mid \langle A\mathbf{x}, \mathbf{y} \rangle = -\langle \mathbf{x}, A\mathbf{y} \rangle \,\}$$
$$= \{\, A \in \mathfrak{gl}(n, \mathbb{C}) \mid A^\dagger = -A \,\}.$$

Der Beweis verläuft genauso wie der für O(n). Die Elemente von $\mathfrak{u}(n)$ heißen **schiefhermitesche Matrizen**. Da die Norm von $A \in$ U(n) durch

$$\|A\| = \left(\operatorname{Sp}(A^\dagger A)\right)^{1/2} = (\operatorname{Sp} I)^{1/2} = \sqrt{n}$$

gegeben ist, ist U(n) abgeschlossen und beschränkt, also kompakt in GL($n, \mathbb{C}$). Aus der Definition von $\mathfrak{u}(n)$ folgt direkt, daß die reelle Dimension von U(n) gleich n^2 ist. Obwohl die Einträge der Elemente von U(n) komplex sind, ist U(n) eine *reelle* Liegruppe.

Im Fall $n = 1$ ist eine komplexe lineare Abbildung $\varphi : \mathbb{C} \to \mathbb{C}$ die Multiplikation mit einer komplexen Zahl z und φ ist genau dann eine Isometrie, wenn $|z| = 1$. Auf diese Weise können wir U(1) mit dem Einheitskreis S^1 identifizieren.

Die **spezielle unitäre Gruppe**

$$\mathrm{SU}(n) = \{\, A \in \mathrm{U}(n) \mid \det A = 1 \,\} = \mathrm{U}(n) \cap \mathrm{SL}(n, \mathbb{C})$$

ist eine abgeschlossene Unterliegruppe von U(n) mit Liealgebra

$$\mathfrak{su}(n) = \{\, A \in L(\mathbb{C}^n, \mathbb{C}^n) \mid \langle A\mathbf{x}, \mathbf{y} \rangle = -\langle \mathbf{x}, A\mathbf{y} \rangle \text{ und } \operatorname{Sp} A = 0 \,\}.$$

Also ist SU(n) kompakt und hat die (reelle) Dimension $n^2 - 1$.

Wir werden später zeigen, daß U(n) und SU(n) zusammenhängend sind.

Proposition 9.2.13. *Die Gruppe* U(n) *ist eine kompakte, reelle Unterliegruppe von* GL($n, \mathbb{C}$) *der (reellen) Dimension* n^2. *Ihre Liealgebra* $\mathfrak{u}(n)$ *ist der Raum aller schiefhermiteschen* ($n \times n$)-*Matrizen mit der Kommutatorklammer.* SU(n) *ist eine abgeschlossene reelle Unterliegruppe von* U(n) *der Dimension* $n^2 - 1$, *deren Liealgebra* $\mathfrak{su}(n)$ *aus allen spurfreien schiefhermiteschen* ($n \times n$)-*Matrizen besteht.*

In der Internetergänzung zu diesem Kapitel beweisen wir

$$\mathrm{Sp}(2n, \mathbb{R}) \cap \mathrm{O}(2n, \mathbb{R}) = \mathrm{U}(n).$$

Wir besprechen auch einige interessante Verallgemeinerungen dieser Beziehung.

Die Gruppe SU(2).   Diese Gruppe verdient besondere Beachtung, da sie in zahlreichen physikalischen Anwendungen auftritt, wie z.B. bei den Cayley-Klein-Parametern des freien starren Körpers und in der Konstruktion einer (nichtabelschen) Eichgruppe für die Yang-Mills-Gleichungen in der Elementarteilchenphysik.

Aus der allgemeinen Formel für die Dimension von SU(n) erhalten wir dim SU(2) = 3. Die Gruppe SU(2) ist diffeomorph zur 3-Sphäre $S^3 = \{\, x \in \mathbb{R}^4 \mid \|\mathbf{x}\| = 1 \,\}$, wobei der Diffeomorphismus explizit durch

$$x = (x^0, x^1, x^2, x^3) \in S^3 \subset \mathbb{R}^4 \mapsto \begin{bmatrix} x^0 - ix^3 & -x^2 - ix^1 \\ x^2 - ix^1 & x^0 + ix^3 \end{bmatrix} \in SU(2) \quad (9.22)$$

gegeben ist. Also ist SU(2) zusammenhängend und einfach zusammenhängend.

Nach dem Satz von Euler 9.2.1 ist jedes Element von SO(3) (außer das neutrale Element) durch Angabe eines Vektors $\mathbf{v}$ als Drehachse und eines Drehwinkels θ eindeutig festgelegt. Hierbei können wir $\mathbf{v}$ als Einheitsvektor wählen. Allerdings repräsentieren die Paare $(\mathbf{v}, \theta)$ und $(-\mathbf{v}, -\theta)$ dieselbe Drehung und es gibt keine konsistente Möglichkeit, eines dieser beiden Paare stetig für die ganze Gruppe SO(3) auszuwählen. Eine solche Wahl heißt in der Physik die Wahl eines **Spins**. Dies läßt einen sofort an eine doppelte Überlagerung von SO(3) denken, die hoffentlich wieder eine Liegruppe ist. Wir werden nun zeigen, daß SU(2) diese Forderungen erfüllt.[3] Die Grundlage hierfür bildet die folgende Konstruktion.

Bezeichne mit $\sigma_1, \sigma_2, \sigma_3$ die durch

$$\sigma_1 = \begin{bmatrix} 0 & 1 \\ 1 & 0 \end{bmatrix}, \quad \sigma_2 = \begin{bmatrix} 0 & -i \\ i & 0 \end{bmatrix} \quad \text{und} \quad \sigma_3 = \begin{bmatrix} 1 & 0 \\ 0 & -1 \end{bmatrix}$$

definierten **Pauli-Spinmatrizen** und sei $\boldsymbol{\sigma} = (\sigma_1, \sigma_2, \sigma_3)$. Man rechnet einfach nach, daß sie die Vertauschungsrelationen

$$[\sigma_1, \sigma_2] = 2i\sigma_3 \quad \text{(plus zyklische Vertauschungen)}$$

erfüllen, weswegen die Abbildung

$$\mathbf{x} \mapsto \tilde{\mathbf{x}} = \frac{1}{2i}\mathbf{x} \cdot \boldsymbol{\sigma} = \frac{1}{2} \begin{bmatrix} -ix^3 & -ix^1 - x^2 \\ -ix^1 + x^2 & ix^3 \end{bmatrix}$$

mit $\mathbf{x} \cdot \boldsymbol{\sigma} = x^1\sigma_1 + x^2\sigma_2 + x^3\sigma_3$ ein Liealgebrenisomorphismus zwischen $\mathbb{R}^3$ und den schiefhermiteschen, spurfreien (2×2)-Matrizen (der Liealgebra von SU(2)) ist, d.h. es gilt $[\tilde{\mathbf{x}}, \tilde{\mathbf{y}}] = (\mathbf{x} \times \mathbf{y})\tilde{\ }$. Beachte

$$-\det(\mathbf{x} \cdot \boldsymbol{\sigma}) = \|\mathbf{x}\|^2 \quad \text{und} \quad \mathrm{Sp}\,(\tilde{\mathbf{x}}\tilde{\mathbf{y}}) = -\frac{1}{2}\mathbf{x} \cdot \mathbf{y}.$$

---

[3] Anm.d.Übers.: Jede SO(n) besitzt eine einfach zusammenhängende doppelte Überlagerung, die sogenannte Spingruppe *Spin(n)*.

Definiere den Liegruppenhomomorphismus $\pi : \mathrm{SU}(2) \to \mathrm{GL}(3, \mathbb{R})$ durch

$$(\pi(A)\mathbf{x}) \cdot \boldsymbol{\sigma} = A(\mathbf{x} \cdot \boldsymbol{\sigma})A^{\dagger} = A(\mathbf{x} \cdot \boldsymbol{\sigma})A^{-1}. \tag{9.23}$$

Eine direkte Rechnung zeigt unter Verwendung von (9.22), daß $\ker \pi = \{\pm I\}$ ist. Also ist genau dann $\pi(A) = \pi(B)$, wenn $A = \pm B$ ist. Aus

$$\begin{aligned}
\|\pi(A)\mathbf{x}\|^2 &= -\det((\pi(A)\mathbf{x}) \cdot \boldsymbol{\sigma}) \\
&= -\det(A(\mathbf{x} \cdot \boldsymbol{\sigma})A^{-1}) \\
&= -\det(\mathbf{x} \cdot \boldsymbol{\sigma}) = \|\mathbf{x}\|^2
\end{aligned}$$

folgt

$$\pi(\mathrm{SU}(2)) \subset \mathrm{O}(3).$$

Als stetiges Bild eines zusammenhängenden Raumes ist $\pi(\mathrm{SU}(2))$ jedoch zusammenhängend und somit gilt

$$\pi(\mathrm{SU}(2)) \subset \mathrm{SO}(3).$$

Zeigen wir nun, daß $\pi : \mathrm{SU}(2) \to \mathrm{SO}(3)$ ein lokaler Diffeomorphismus ist. Ist nämlich $\tilde{\alpha} \in \mathfrak{su}(2)$, so gilt

$$\begin{aligned}
(T_e\pi(\tilde{\alpha})\mathbf{x}) \cdot \boldsymbol{\sigma} &= (\mathbf{x} \cdot \boldsymbol{\sigma})\tilde{\alpha}^{\dagger} + \tilde{\alpha}(\mathbf{x} \cdot \boldsymbol{\sigma}) \\
&= [\tilde{\alpha}, \mathbf{x} \cdot \boldsymbol{\sigma}] = 2i[\tilde{\alpha}, \tilde{\mathbf{x}}] \\
&= 2i(\tilde{\alpha} \times \mathbf{x})\tilde{} = (\tilde{\alpha} \times \mathbf{x}) \cdot \boldsymbol{\sigma} \\
&= (\hat{\alpha}\mathbf{x}) \cdot \boldsymbol{\sigma},
\end{aligned}$$

d.h., $T_e\pi(\tilde{\alpha}) = \hat{\alpha}$. Demzufolge ist

$$T_e\pi : \mathfrak{su}(2) \longrightarrow \mathfrak{so}(3)$$

ein *Liealgebrenisomorphismus* und π somit ein lokaler Diffeomorphismus in einer Umgebung des neutralen Elementes. Als Liegruppenhomomorphismus ist π dann auch ein lokaler Diffeomorphismus um jeden Punkt.

Insbesondere ist dann $\pi(\mathrm{SU}(2))$ offen und damit auch abgeschlossen (das Komplement ist eine Vereinigung von offenen Nebenklassen in $\mathrm{SO}(3)$). Da es nichtleer und $\mathrm{SO}(3)$ zusammenhängend ist, folgt $\pi(\mathrm{SU}(2)) = \mathrm{SO}(3)$. Also ist

$$\pi : \mathrm{SU}(2) \to \mathrm{SO}(3)$$

eine zweifache Überlagerung. Wir fassen die Situation in dem kommutativen Diagramm in Abb. 9.6 zusammen.

Proposition 9.2.14. *Die Liegruppe* $\mathrm{SU}(2)$ *ist eine einfach zusammenhängende zweifache Überlagerung von* $\mathrm{SO}(3)$.

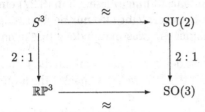

Abb. 9.6. Der Zusammenhang zwischen SU(2) und SO(3).

Quaternionen.   Der Divisionsring (oder in leichtem Sprachmißbrauch der nichtkommutative Körper) $\mathbb{H}$ der Quaternionen wird über den reellen Zahlen durch die drei Elemente $\mathbf{i}$, $\mathbf{j}$, $\mathbf{k}$ mit den Relationen

$$\mathbf{i}^2 = \mathbf{j}^2 = \mathbf{k}^2 = -1,$$
$$\mathbf{ij} = -\mathbf{ji} = \mathbf{k},$$
$$\mathbf{jk} = -\mathbf{kj} = \mathbf{i},$$
$$\mathbf{ki} = -\mathbf{ik} = \mathbf{j}$$

erzeugt. Die Multiplikation von Quaternionen erfolgt auf gewöhnliche Art und Weise (wie die von Polynomen) unter Berücksichtigung dieser Relationen. Wir zerlegen $a \in \mathbb{H}$ durch

$$a = (a_s, \mathbf{a}_v) = a_s + a_v^1 \mathbf{i} + a_v^2 \mathbf{j} + a_v^3 \mathbf{k}$$

in einen *skalaren* und einen *vektoriellen Anteil* der Quaternion mit a_s, a_v^1, a_v^2, $a_v^3 \in \mathbb{R}$. Quaternionen mit verschwindendem skalaren Anteil werden auch *reine Quaternionen* genannt. Mit diesen Bezeichnungen erhält die Multiplikation von Quaternionen die Form

$$ab = (a_s b_s - \mathbf{a}_v \cdot \mathbf{b}_v, a_s \mathbf{b}_v + b_s \mathbf{a}_v + \mathbf{a}_v \times \mathbf{b}_v).$$

Zusätzlich definieren wir zu jeder Quaternion $a = (a_s, \mathbf{a}_v)$ die konjugierte $\bar{a} := (a_s, -\mathbf{a}_v)$, d.h. die reellen Zahlen bleiben bei der Konjugation erhalten und $\bar{\mathbf{i}} = -\mathbf{i}, \bar{\mathbf{j}} = -\mathbf{j}$, sowie $\bar{\mathbf{k}} = -\mathbf{k}$. Beachte, daß $\overline{ab} = \bar{b}\bar{a}$ gilt. Jede Quaternion $a \neq 0$ besitzt ein durch $a^{-1} = \bar{a}/|a|^2$ gegebenes Inverses, wobei die Norm durch

$$|a|^2 := a\bar{a} = \bar{a}a = a_s^2 + \|\mathbf{a}_v\|^2$$

gegeben ist.

Insbesondere bilden die Einheitsquaternionen, die als Menge gleich der Einheitssphäre S^3 in $\mathbb{R}^4$ sind, eine Gruppe unter der quaternionischen Multiplikation.

Proposition 9.2.15. *Die Einheitsquaternionen* $S^3 = \{\, a \in \mathbb{H} \mid |a| = 1 \,\}$ *bilden eine zu* SU(2) *über den Isomorphismus (9.22) isomorphe Liegruppe.*

Beweis. Wir haben schon darauf hingewiesen, daß (9.22) ein Diffeomorphismus von S^3 nach SU(2) ist, es verbleibt also nur noch zu zeigen, daß er auch ein Gruppenhomomorphismus ist, was man jedoch direkt nachrechnet. ∎

Die Liealgebra von S^3 ist der Tangentialraum an die 1 und somit isomorph zu den reinen Quaternionen $\mathbb{R}^3$. Wir wollen zunächst die adjungierte Wirkung von S^3 auf ihre Liealgebra bestimmen.

Ist $a \in S^3$ und $\mathbf{b}_v$ eine reine Quaternion, ergibt sich das Differential der Konjugation zu

$$
\mathrm{Ad}_a \mathbf{b}_v = ab_v a^{-1} = ab_v \frac{\bar{a}}{|a|^2} = \frac{1}{|a|^2}(-\mathbf{a}_v \cdot \mathbf{b}_v, a_s \mathbf{b}_v + \mathbf{a}_v \times \mathbf{b}_v)(a_s, -\mathbf{a}_v)
$$

$$
= \frac{1}{|a|^2}\left(0, 2a_s(\mathbf{a}_v \times \mathbf{b}_v) + 2(\mathbf{a}_v \cdot \mathbf{b}_v)\mathbf{a}_v + (a_s^2 - \|\mathbf{a}_v\|^2)b_v\right).
$$

Ist also $a(t) = (1, t\mathbf{a}_v)$, so gilt $a(0) = 1$, $a'(0) = \mathbf{a}_v$ und die Lieklammer auf den reinen Quaternionen $\mathbb{R}^3$ ergibt sich zu

$$
[\mathbf{a}_v, \mathbf{b}_v] = \left.\frac{d}{dt}\right|_{t=0} \mathrm{Ad}_{a(t)} \mathbf{b}_v
$$

$$
= \left.\frac{d}{dt}\right|_{t=0} \frac{1}{1 + t^2\|\mathbf{a}_v\|^2}\left(2t(\mathbf{a}_v \times \mathbf{b}_v) + 2t^2(\mathbf{a}_v \cdot \mathbf{b}_v)\mathbf{a}_v \right.
$$

$$
\left. + \left(1 - t^2\|\mathbf{a}_v\|^2\right)\mathbf{b}_v\right)
$$

$$
= 2\mathbf{a}_v \times \mathbf{b}_v.
$$

Also ist die Liealgebra von S^3 der $\mathbb{R}^3$ mit $[\mathbf{x}, \mathbf{y}] = 2\,\mathbf{x} \times \mathbf{y}$ als Lieklammer.

Das Differential des Liegruppenisomorphismus (9.22) ist

$$
\mathbf{x} \in \mathbb{R}^3 \mapsto \begin{bmatrix} -ix^3 & -ix^1 - x^2 \\ -ix^1 + x^2 & ix^3 \end{bmatrix} = 2\tilde{\mathbf{x}} \in \mathfrak{su}(2)
$$

und ist demzufolge ein Liealgebrenisomorphismus von $\mathbb{R}^3$ mit dem Zweifachen des Kreuzproduktes als Klammer nach $\mathfrak{su}(2)$, d.h. nach $(\mathbb{R}^3, \times)$.

Kehren wir nun zu dem kommutativen Diagramm in Abb. 9.6 zurück und bestimmen explizit die zweifache Überlagerung $S^3 \to \mathrm{SO}(3)$ die einer Quaternion $a \in S^3 \subset \mathbb{H}$ die Drehmatrix $A \in \mathrm{SO}(3)$ zuordnet. Zu $a \in S^3$ sei

$$
U = \begin{bmatrix} a_s - ia_v^3 & -a_v^2 - ia_v^1 \\ a_v^2 - ia_v^1 & a_s + ia_v^3 \end{bmatrix}
$$

mit $a = (a_s, \mathbf{a}_v) = (a_s, a_v^1, a_v^2, a_v^3)$. Nach (9.23) ist die Drehmatrix dann durch $A = \pi(U)$ gegeben, also durch

$$
\begin{aligned}
(A\mathbf{x}) \cdot \boldsymbol{\sigma} &= (\pi(U)\mathbf{x}) \cdot \boldsymbol{\sigma} = U(\mathbf{x} \cdot \boldsymbol{\sigma})U^\dagger \\
&= \begin{bmatrix} a_s - ia_v^3 & -a_v^2 - ia_v^1 \\ a_v^2 - ia_v^1 & a_s + ia_v^3 \end{bmatrix} \begin{bmatrix} x^3 & x^1 - ix^2 \\ x^1 + ix^2 & -x^3 \end{bmatrix}
\end{aligned}
$$

$$\times \begin{bmatrix} a_s + ia_v^3 & a_v^2 + ia_v^1 \\ -a_v^2 + ia_v^1 & a_s - ia_v^3 \end{bmatrix}$$

$$= \quad [(a_s^2 + (a_v^1)^2 - (a_v^2)^2 - (a_v^3)^2) \, x^1 + 2(a_v^1 a_v^2 - a_s a_v^3)x^2$$
$$+ 2(a_s a_v^2 + a_v^1 a_v^3)x^3] \, \sigma_1$$
$$+ \left[2 \left(a_v^1 a_v^2 + a_s a_v^3 \right) x^1 + \left(a_s^2 - (a_v^1)^2 + (a_v^2)^2 - (a_v^3)^2 \right) x^2$$
$$+ 2 \left(a_v^2 a_v^3 - a_s a_v^1 \right) x^3 \right] \sigma_2$$
$$+ \left[2 \left(a_v^1 a_v^3 - a_s a_v^2 \right) x^1 + 2 \left(a_s a_v^1 + a_v^2 a_v^3 \right) x^2$$
$$+ \left(a_s^2 - (a_v^1)^2 - (a_v^2)^2 + (a_v^3)^2 \right) x^3 \right] \sigma_3.$$

Beachtet man $a_s^2 + (a_v^1)^2 + (a_v^2)^2 + (a_v^3)^2 = 1$, erhält man für die Matrix A den Ausdruck

$$\begin{bmatrix} 2a_s^2 + 2(a_v^1)^2 - 1 & 2(-a_s a_v^3 + a_v^1 a_v^2) & 2(a_s a_v^2 + a_v^1 a_v^3) \\ 2(a_s a_v^3 + a_v^1 a_v^2) & 2a_s^2 + 2(a_v^2)^2 - 1 & 2(-a_s a_v^1 + a_v^2 a_v^3) \\ 2(-a_s a_v^1 + a_v^2 a_v^3) & 2(a_s a_v^1 + a_v^2 a_v^3) & 2a_s^2 + (a_v^3)^2 - 1 \end{bmatrix}$$
$$= (2a_s^2 - 1)I + 2a_s \hat{\mathbf{a}}_v + 2\mathbf{a}_v \otimes \mathbf{a}_v, \tag{9.24}$$

wobei $\mathbf{a}_v \otimes \mathbf{a}_v$ die symmetrische Matrix mit den Einträgen $a_v^i a_v^j$ ist. Die Abbildung

$$a \in S^3 \mapsto (2a_s^2 - 1)I + 2a_s \hat{\mathbf{a}}_v + 2\mathbf{a}_v \otimes \mathbf{a}_v$$

heißt *Euler-Rodrigues-Parametrisierung*. Gegenüber der Parametrisierung durch die Eulerschen Winkel, die eine Singularität besitzt, hat diese den Vorteil, global definiert zu sein. Dies ist von entscheidender Bedeutung für numerische Berechnungen (vgl. z.B. Marsden und Wendlandt [1997]).

Wir wollen zuletzt die Formel von Rodrigues (9.15) mit Hilfe der Einheitsquaternionen ausdrücken. Sei

$$a = (a_s, \mathbf{a}_v) = \left(\cos \frac{\omega}{2}, \left(\sin \frac{\omega}{2} \right) \mathbf{n} \right)$$

mit einem Winkel $\omega > 0$ und einem Einheitsvektor $\mathbf{n}$. Wegen $\hat{\mathbf{n}}^2 = \mathbf{n} \otimes \mathbf{n} - I$ erhalten wir aus (9.15)

$$\exp(\omega \mathbf{n}) = I + (\sin \omega)\hat{\mathbf{n}} + 2 \left(\sin^2 \frac{\omega}{2} \right) (\mathbf{n} \otimes \mathbf{n} - I)$$
$$= \left(1 - 2\sin^2 \frac{\omega}{2} \right) I + 2 \cos \frac{\omega}{2} \sin \frac{\omega}{2} \hat{\mathbf{n}} + 2 \left(\sin^2 \frac{\omega}{2} \right) \mathbf{n} \otimes \mathbf{n}$$
$$= \left(2a_s^2 - 1 \right) I + 2a_s \hat{\mathbf{a}}_v + 2\mathbf{a}_v \otimes \mathbf{a}_v.$$

Dieser Ausdruck ordnet dann jeder Einheitsquaternion a eine Drehung zu. Darüber hinaus hat Rodrigues durch diese Parametrisierung 1840 eine schöne Methode gefunden, um das Produkt zweier Rotationen $\exp(\omega_1 \mathbf{n}_1) \cdot \exp(\omega_2 \mathbf{n}_2)$ durch diese Angaben auszudrücken. Dies war eine frühe Entdeckung der Spingruppe! Wir verweisen hierfür auf Whittaker [1927, Abschnitt 7], Altmann [1986], Enos [1993], Lewis und Simo [1995] und die dort angegebenen Referenzen für weitere Informationen.

Konjugationsklassen der SU(2) und die Hopffaserung. Als nächstes bestimmen wir alle Konjugationsklassen von $S^3 \cong \mathrm{SU}(2)$. Zu $a \in S^3$ ist $a^{-1} = \bar{a}$ und eine direkte Rechnung liefert

$$aba^{-1} = (b_s, 2(\mathbf{a}_v \cdot \mathbf{b}_v)\mathbf{a}_v + 2a_s(\mathbf{a}_v \times \mathbf{b}_v) + (2a_s^2 - 1)\mathbf{b}_v)$$

für beliebiges $b \in S^3$. Ist $b_s = \pm 1$, d.h. $\mathbf{b}_v = 0$, so folgt aus obiger Beziehung $aba^{-1} = b$ für alle $a \in S^3$, d.h. die Klassen von I und $-I$ mit $I = (1, \mathbf{0})$ bestehen beide aus nur einem Element und das Zentrum von $\mathrm{SU}(2) \cong S^3$ ist $\{\pm I\}$.

Im folgenden setzen wir $b_s \neq \pm 1$ bzw. $\mathbf{b}_v \neq \mathbf{0}$ voraus, und fixieren dieses $b \in S^3$ für den ganzen nächsten Abschnitt. Wir werden zeigen, daß wir zu gegebenem $\mathbf{x} \in \mathbb{R}^3$ mit $\|\mathbf{x}\| = \|\mathbf{b}_v\|$ ein $a \in S^3$ finden, für das

$$2(\mathbf{a}_v \cdot \mathbf{b}_v)\mathbf{a}_v + 2a_s(\mathbf{a}_v \times \mathbf{b}_v) + (2a_s^2 - 1)\mathbf{b}_v = \mathbf{x} \tag{9.25}$$

gilt. Ist $\mathbf{x} = c\mathbf{b}_v$ für ein $c \neq 0$, erfüllen $\mathbf{a}_v = \mathbf{0}$ und $2a_s^2 = 1 + c$ die Beziehung (9.25). Nehmen wir nun an, $\mathbf{x}$ und $\mathbf{b}_v$ sind nicht kollinear. Für das Skalarprodukt von (9.25) mit $\mathbf{b}_v$ erhalten wir

$$2(\mathbf{a}_v \cdot \mathbf{b}_v)^2 + 2a_s^2\|\mathbf{b}_v\|^2 = \|\mathbf{b}_v\|^2 + \mathbf{x} \cdot \mathbf{b}_v.$$

Ist $\|\mathbf{b}_v\|^2 + \mathbf{x} \cdot \mathbf{b}_v = 0$, folgt aus $\mathbf{b}_v \neq \mathbf{0}$, daß $\mathbf{a}_v \cdot \mathbf{b}_v = 0$ und $a_s = 0$ ist. Kehren wir zurück zu (9.25), folgt $-\mathbf{b}_v = \mathbf{x}$, was ausgeschlossen war. Demzufolge ist $\mathbf{x} \cdot \mathbf{b}_v + \|\mathbf{b}_v\|^2 \neq 0$, und wir erhalten auf der Suche nach $\mathbf{a}_v \in \mathbb{R}^3$ mit $\mathbf{a}_v \cdot \mathbf{b}_v = 0$

$$a_s^2 = \frac{\mathbf{x} \cdot \mathbf{b}_v + \|\mathbf{b}_v\|^2}{2\|\mathbf{b}_v\|^2} \neq 0.$$

Bilden wir nun des Kreuzprodukt von (9.25) mit $\mathbf{b}_v$, erhalten wir mit der Annahme $\mathbf{a}_v \cdot \mathbf{b}_v = 0$

$$2a_s\|\mathbf{b}_v\|^2\mathbf{a}_v = \mathbf{b}_v \times \mathbf{x}$$

und somit

$$\mathbf{a}_v = \frac{\mathbf{b}_v \times \mathbf{x}}{2a_s\|\mathbf{b}_v\|^2},$$

was wegen $\mathbf{b}_v \neq \mathbf{0}$ und $a_s \neq 0$ wohldefiniert ist. Beachte, daß für das so bestimmte $a = (a_s, \mathbf{a}_v)$ die Annahme $\mathbf{a}_v \cdot \mathbf{b}_v = 0$ erfüllt ist und wegen $\|\mathbf{x}\| = \|\mathbf{b}_v\|$ dann

$$|a|^2 = a_s^2 + \|\mathbf{a}_v\|^2 = 1$$

gilt.

Proposition 9.2.16. *Die Konjugationsklassen von $S^3 \cong \mathrm{SU}(2)$ sind die Zweisphären*

$$\left\{ \mathbf{b}_v \in \mathbb{R}^3 \mid \|\mathbf{b}_v\|^2 = 1 - b_s^2 \right\}$$

zu $b_s \in [-1, 1]$, die am Nord- und Südpol $(\pm 1, 0, 0, 0)$ zu einem Punkt degenerieren. Diese Pole bilden das Zentrum von $\mathrm{SU}(2)$.

Der obige Beweis zeigt, daß jede Einheitsquaternion in S^3 zu einem Quaternion der Form $a_s + a_v^3 \mathbf{k}$ mit $a_s,\, a_v^3 \in \mathbb{R}$ konjugiert ist, was in Matrizen und dem Isomorphismus (9.22) ausgedrückt besagt, daß jede Matrix in SU(2) zu einer Diagonalmatrix konjugiert ist.

Die Konjugationsklasse von $\mathbf{k}$ ist die Einheitssphäre S^2 und die Abbildung

$$\pi : S^3 \to S^2, \quad \pi(a) = a\mathbf{k}\overline{a}$$

ist die sogenannte **Hopffaserung**.

Die Untergruppe

$$H = \left\{ a_s + a_v^3 \mathbf{k} \in S^3 \mid a_s, a_v^3 \in \mathbb{R} \right\} \subset S^3$$

ist eine abgeschlossene, eindimensionale, abelsche Unterliegruppe von S^3, durch (9.22) isomorph zur Menge der Diagonalmatrizen in SU(2) und daher der Einheitskreis S^1. Beachte, daß der Stabilisator von $\mathbf{k}$ in S^3 gerade H ist, wie man mit (9.25) leicht zeigt. Da der Orbit von $\mathbf{k}$ diffeomorph zu S^3/H ist, sind somit die Fasern der Hopffaserung die linken Nebenklassen aH für $a \in S^3$.

Zuletzt wollen wir noch einen Ausdruck der Hopffaserung durch komplexe Variablen angeben. Setze in der Darstellung (9.22)

$$w_1 = x^2 + ix^1, \quad w_2 = x^0 + ix^3$$

und beachte, daß im Fall

$$a = (x^0, x^1, x^2, x^3) \in S^3 \subset \mathbb{H}$$

zu $a\mathbf{k}\overline{a}$ die Matrix

$$
\begin{bmatrix} x^0 - ix^3 & -x^2 - ix^1 \\ x^2 - ix^1 & x^0 + ix^3 \end{bmatrix}
\begin{bmatrix} -i & 0 \\ 0 & i \end{bmatrix}
\begin{bmatrix} x^0 + ix^3 & x^2 + ix^1 \\ -x^2 + ix^1 & x^0 - ix^3 \end{bmatrix}
$$
$$
= \begin{bmatrix} -i\left(|x^0 + ix^3|^2 - |x^2 + ix^1|^2\right) & -2i\left(x^2 + ix^1\right)\left(x^0 - ix^3\right) \\ -2i(x^2 - ix^1)(x^0 + ix^3) & i\left(|x^0 + ix^3|^2 - |x^2 + ix^1|^2\right) \end{bmatrix}
$$

gehört. Betrachten wir dann den Diffeomorphismus

$$(x^0, x^1, x^2, x^3) \in S^3 \subset \mathbb{H} \mapsto \begin{bmatrix} x^0 - ix^3 & -x^2 - ix^1 \\ x^2 - ix^1 & x^0 + ix^3 \end{bmatrix} \in \text{SU}(2)$$
$$\mapsto \left(-i(x^2 + ix^1), -i(x^0 + ix^3)\right) \in S^3 \subset \mathbb{C}^2,$$

so nimmt demzufolge die obige Wirkung auf dem Orbit, also die Hopffaserung, die folgende Form an

$$(w_1, w_2) \in S^3 \mapsto \left(2w_1\overline{w}_2, |w_2|^2 - |w_1|^2\right) \in S^2.$$

Übungen

Übung 9.2.1. Beschreibe die Menge der *symmetrischen* Matrizen in SO(3).

Übung 9.2.2. Zeige, daß zu $A \in \mathrm{Sp}(2n, \mathbb{R})$ auch $A^T \in \mathrm{Sp}(2n, \mathbb{R})$ liegt.

Übung 9.2.3. Zeige, daß $\mathfrak{sp}(2n, \mathbb{R})$ als Liealgebra isomorph zum Raum der homogenen quadratischen Funktionen auf $\mathbb{R}^{2n}$ mit der Poissonklammer ist.

Übung 9.2.4. Eine Abbildung $f : \mathbb{R}^n \to \mathbb{R}^n$, die den Abstand zwischen zwei Punkten erhält, für die also $\|f(\mathbf{x}) - f(\mathbf{y})\| = \|\mathbf{x} - \mathbf{y}\|$ für alle $\mathbf{x}, \mathbf{y} \in \mathbb{R}^n$ gilt, heißt eine *Isometrie*. Zeige, daß f genau dann eine den Ursprung erhaltende Isometrie ist, wenn $f \in \mathrm{O}(n)$ ist.

9.3 Wirkungen von Liegruppen

In diesem Abschnitt entwickeln wir einige grundlegenden Tatsachen über Wirkungen von Liegruppen auf Mannigfaltigkeiten. Eine der wichtigsten Anwendungen wird später die Beschreibung von Hamiltonschen Systemen mit Symmetriegruppen sein.

Grundlegende Definitionen.   Wir beginnen mit der Definition der Wirkung einer Liegruppe G auf eine Mannigfaltigkeit M.

Definition 9.3.1. *Sei M eine Mannigfaltigkeit und G eine Liegruppe. Eine (Links-)Wirkung der Liegruppe G auf M ist eine glatte Abbildung $\Phi : G \times M \to M$ mit:*

(i) $\Phi(e, x) = x$ *für alle $x \in M$ und*

(ii) $\Phi(g, \Phi(h, x)) = \Phi(gh, x)$ *für alle $g, h \in G$ und $x \in M$.*

Eine **Rechtswirkung** ist eine Abbildung $\Psi : M \times G \to M$, für die $\Psi(x, e) = x$ und $\Psi(\Psi(x, g), h) = \Psi(x, gh)$ gilt. Wir verwenden manchmal die Notation $g \cdot x = \Phi(g, x)$ für Links- und $x \cdot g = \Psi(x, g)$ für Rechtswirkungen. Im Unendlichdimensionalen treten wichtige Fälle auf, in denen auf die Glattheit geachtet werden muß. Für die formale Entwicklung gehen wir vom Fall einer Banach-Liegruppe aus.

Für jedes $g \in G$ sei $\Phi_g : M \to M$ durch $x \mapsto \Phi(g, x)$ gegeben. Dann wird (i) zu $\Phi_e = \mathrm{Id}_M$, während wir für (ii) $\Phi_{gh} = \Phi_g \circ \Phi_h$ erhalten. Definition 9.3.1 kann dann so umformuliert werden, daß $g \mapsto \Phi_g$ ein Homomorphismus von G in die Gruppe $\mathrm{Diff}(M)$ der Diffeomorphismen von M ist. In dem speziellen, aber wichtigen Fall, daß M ein Banachraum V und jedes $\Phi_g : V \to V$ eine stetige lineare Abbildung ist, wird die Wirkung Φ von G auf V eine **Darstellung** von G auf V genannt.

Beispiele

Beispiel 9.3.1. SO(3) wirkt auf $\mathbb{R}^3$ durch $(A, \mathbf{x}) \mapsto A\mathbf{x}$. Diese Wirkung läßt die Sphäre S^2 invariant, also definiert dieselbe Beziehung eine Wirkung von SO(3) auf S^2.

Beispiel 9.3.2. GL$(n, \mathbb{R})$ wirkt auf $\mathbb{R}^n$ durch $(A, \mathbf{x}) \mapsto A\mathbf{x}$.

Beispiel 9.3.3. Sei X ein vollständiges Vektorfeld auf M, d.h. eines, dessen Fluß F_t für alle $t \in \mathbb{R}$ definiert ist. Dann definiert $F_t : M \to M$ eine Wirkung von $\mathbb{R}$ auf M.

Orbits und Stabilisatoren.   Ist Φ eine Wirkung von G auf M und $x \in M$, so ist der **Orbit** von x definiert durch

$$\mathrm{Orb}(x) = \{ \Phi_g(x) \mid g \in G \} \subset M.$$

Im Endlichdimensionalen kann man zeigen, daß $\mathrm{Orb}(x)$ eine immersierte Untermannigfaltigkeit von M ist (Abraham und Marsden [1978, S. 265]). Zu Φ ist der **Stabilisator** (oder die **Isotropie-** oder **Symmetriegruppe**) von $x \in M$ durch

$$G_x := \{ g \in G \mid \Phi_g(x) = x \} \subset G$$

gegeben. Die durch $\Phi^x(g) = \Phi(g, x)$ definierte Abbildung $\Phi^x : G \to M$ ist stetig, $G_x = (\Phi^x)^{-1}(x)$ ist eine abgeschlossene Untergruppe und somit eine Unterliegruppe von G. Die Mannigfaltigkeitsstruktur auf $\mathrm{Orb}(x)$ ist durch die Forderung definiert, daß die bijektive Abbildung $[g] \in G/G_x \mapsto g \cdot x \in \mathrm{Orb}(x)$ ein Diffeomorphismus ist. Daß G/G_x eine glatte Mannigfaltigkeit ist, folgt aus der weiter unten diskutierten Proposition 9.3.2.

Eine Wirkung heißt:

(i) **transitiv**, wenn sie nur einen Orbit besitzt, d.h. wenn für alle $x, y \in M$ ein $g \in G$ mit $g \cdot x = y$ existiert,

(ii) **treu** (oder **effektiv**), wenn $g = e$ für $\Phi_g = \mathrm{Id}_M$, d.h. $g \mapsto \Phi_g$ bijektiv ist und

(iii) **frei**, wenn sie keinen Fixpunkt besitzt, d.h. aus $\Phi_g(x) = x$ für ein x schon $g = e$ folgt bzw. für jedes $x \in M$ die Abbildung $g \mapsto \Phi_g(x)$ injektiv ist. Beachte, daß eine Wirkung genau dann frei ist, wenn $G_x = \{e\}$ für alle $x \in M$ gilt und daß jede freie Wirkung treu ist.

Beispiele

Beispiel 9.3.4 (Linkstranslation). $L_g : G \to G$, $h \mapsto gh$ definiert eine transitive und freie Wirkung von G auf sich selbst. Beachte, daß die Rechtstranslation $R_g : G \to G$, $h \mapsto hg$ keine Linkswirkung definiert, da $g \mapsto R_g$

wegen $R_{gh} = R_h \circ R_g$ ein Antihomomorphismus ist. $g \mapsto R_g$ definiert daher eine *Rechts*wirkung. Durch $g \mapsto R_{g^{-1}}$ kann man aber auch durch Multiplikation von rechts eine Linkswirkung von G auf sich selbst definieren.

Beispiel 9.3.5. Betrachte die Wirkung $g \mapsto I_g = R_{g^{-1}} \circ L_g$ von G auf sich durch Konjugation. Die durch $h \mapsto ghg^{-1}$ gegebene Abbildung $I_g : G \to G$ heißt der *innere Automorphismus* zu g. Die Orbits dieser Wirkung sind die *Konjugationsklassen* (die im Fall von Matrixgruppen auch *Ähnlichkeitsklassen* genannt werden).

Beispiel 9.3.6 (Die adjungierte Wirkung). Differenziert man die Konjugationsabbildung im neutralen Element, erhält man die *adjungierte Darstellung* von G auf $\mathfrak{g}$:

$$\mathrm{Ad}_g := T_e I_g : T_e G = \mathfrak{g} \to T_e G = \mathfrak{g}.$$

Die adjungierte Wirkung von G auf $\mathfrak{g}$ ist explizit durch

$$\mathrm{Ad} : G \times \mathfrak{g} \to \mathfrak{g}, \quad \mathrm{Ad}_g(\xi) = T_e(R_{g^{-1}} \circ L_g)\xi$$

gegeben. Für SO(3) gilt z.B. $I_A(B) = ABA^{-1}$, durch Differenzieren nach B am neutralen Element erhält man also $\mathrm{Ad}_A \hat{\mathbf{v}} = A\hat{\mathbf{v}}A^{-1}$. Es gilt aber

$$(\mathrm{Ad}_A \hat{\mathbf{v}})(\mathbf{w}) = A\hat{\mathbf{v}}(A^{-1}\mathbf{w}) = A(\mathbf{v} \times A^{-1}\mathbf{w}) = A\mathbf{v} \times \mathbf{w},$$

also ist

$$(\mathrm{Ad}_A \hat{\mathbf{v}}) = (A\mathbf{v})\hat{\;}.$$

Identifizieren wir $\mathfrak{so}(3) \cong \mathbb{R}^3$, so erhalten wir $\mathrm{Ad}_A \mathbf{v} = A\mathbf{v}$.

Beispiel 9.3.7 (Die koadjungierte Wirkung). Die *koadjungierte Wirkung* von G auf $\mathfrak{g}^*$, dem Dualraum der Liealgebra $\mathfrak{g}$ von G, ist folgendermaßen definiert. Sei $\mathrm{Ad}_g^* : \mathfrak{g}^* \to \mathfrak{g}^*$ die zu Ad_g duale Abbildung, definiert durch

$$\langle \mathrm{Ad}_g^* \alpha, \xi \rangle = \langle \alpha, \mathrm{Ad}_g \xi \rangle$$

für $\alpha \in \mathfrak{g}^*$ und $\xi \in \mathfrak{g}$. Dann ist die Abbildung

$$\Phi^* : G \times \mathfrak{g}^* \to \mathfrak{g}^*, \quad (g, \alpha) \mapsto \mathrm{Ad}_{g^{-1}}^* \alpha$$

die koadjungierte Wirkung von G auf $\mathfrak{g}^*$. Die zugehörige *koadjungierte Darstellung* von G auf $\mathfrak{g}^*$ wird mit

$$\mathrm{Ad}^* : G \to \mathrm{GL}(\mathfrak{g}^*, \mathfrak{g}^*), \quad \mathrm{Ad}_{g^{-1}}^* = \left(T_e(R_g \circ L_{g^{-1}}) \right)^*$$

bezeichnet.

Wir werden die Einführung eines weiteren $*$ vermeiden, indem wir $(\mathrm{Ad}_{g^{-1}})^*$ oder einfach $\mathrm{Ad}_{g^{-1}}^*$ schreiben, wobei $*$ die übliche duale Abbildung der linearen Algebra bezeichnet, statt $\mathrm{Ad}^*(g)$, worin $*$ Teil der Bezeichnung der Funktion Ad^* ist. Jede Darstellung von G auf einem Vektorraum V induziert analog eine *kontragrediente Darstellung* von G auf V^*.

Quotientenräume (Orbiträume). Eine Wirkung Φ von G auf eine Mannigfaltigkeit M definiert über die Zugehörigkeit zum gleichen Orbit eine Äquivalenzrelation auf M. Wir setzen also $x \sim y$ mit $x, y \in M$, wenn ein $g \in G$ mit $g \cdot x = y$ existiert, wenn also $y \in \text{Orb}(x)$ (und somit $x \in \text{Orb}(y)$) ist. Sei M/G die Menge der zugehörigen Äquivalenzklassen, d.h. die Menge der Orbits, manchmal auch der **Orbitraum** genannt, und

$$\pi : M \to M/G, \quad x \mapsto \text{Orb}(x)$$

die kanonische Projektion. Betrachte auf M/G die Quotiententopologie, die dadurch definiert ist, daß eine Menge $U \subset M/G$ genau dann offen ist, wenn $\pi^{-1}(U)$ offen in M ist. Damit der Orbitraum M/G auch die Struktur einer glatten Mannigfaltigkeit besitzt, sind weitere Forderungen an die Wirkung nötig.

Eine Wirkung $\Phi : G \times M \to M$ heißt **eigentlich,** wenn

$$\tilde{\Phi} : G \times M \to M \times M, \quad (g, x) \mapsto (x, \Phi(g, x))$$

eine eigentliche Abbildung ist. Im Endlichdimensionalen heißt dies, daß zu einer kompakten Menge $K \subset M \times M$ auch $\tilde{\Phi}^{-1}(K)$ kompakt ist. Im allgemeinen bedeutet es, daß zu in M konvergenten Folgen $\{x_n\}$ und $\{\Phi_{g_n}(x_n)\}$ die Folge $\{g_n\}$ eine in G konvergente Teilfolge enthalten muß. Ist G z.B. kompakt, ist diese Bedingung automatisch erfüllt. Orbits von eigentlichen Liegruppenwirkungen sind abgeschlossen und somit eingebettete Untermannigfaltigkeiten. Die nächste Proposition liefert ein nützliches hinreichendes Kriterium dafür, daß M/G eine glatte Mannigfaltigkeit ist.

Proposition 9.3.1. *Ist $\Phi : G \times M \to M$ eine eigentliche und freie Wirkung, so ist M/G ein glatte Mannigfaltigkeit und $\pi : M \to M/G$ eine glatte Submersion.*

Vergleiche für den Beweis Proposition 4.2.23 in Abraham und Marsden [1978]. (Im Unendlichdimensionalen bleibt die Beweisidee die gleiche, es treten jedoch häufig zusätzliche technische Schwierigkeiten auf, vgl. Ebin [1970] und Isenberg und Marsden [1982].) Die Idee für die Konstruktion einer Karte für M/G beruht auf der folgenden Beobachtung. Zu $x \in M$ gibt es einen Isomorphismus φ_x von $T_{\pi(x)}(M/G)$ in den Quotientenraum $T_x M/T_x \text{Orb}(x)$. Ist zusätzlich $y = \Phi_g(x)$, so induziert $T_x \Phi_g$ einen Isomorphismus

$$\psi_{x,y} : T_x M/T_x \text{Orb}(x) \to T_y M/T_y \text{Orb}(y),$$

für den $\varphi_y \circ \psi_{x,y} = \varphi_x$ gilt.

Beispiele

Beispiel 9.3.8. $G = \mathbb{R}$ wirkt auf $M = \mathbb{R}$ durch die Translationen

$$\Phi \colon G \times M \to M, \quad \Phi(s,x) = x + s.$$

Dann ist $\mathrm{Orb}(x) = \mathbb{R}$ für alle $x \in \mathbb{R}$. Also besteht M/G aus einem einzigen Punkt und die Wirkung ist transitiv, eigentlich und frei.

Beispiel 9.3.9. $G = \mathrm{SO}(3)$, $M = \mathbb{R}^3$ ($\cong \mathfrak{so}(3)^*$). Betrachte die durch $\Phi_A \mathbf{x} = A\mathbf{x}$ gegebene Wirkung von $A \in \mathrm{SO}(3)$ auf $\mathbf{x} \in \mathbb{R}^3$. Dann ist

$$\mathrm{Orb}(\mathbf{x}) = \{\, \mathbf{y} \in \mathbb{R}^3 \mid \|\mathbf{y}\| = \|\mathbf{x}\| \,\} = \text{eine Sphäre mit Radius } \|\mathbf{x}\|.$$

Also ist $M/G \cong \mathbb{R}^+$. Die Menge

$$\mathbb{R}^+ = \{\, r \in \mathbb{R} \mid r \geq 0 \,\}$$

ist keine Mannigfaltigkeit, denn sie enthält den Endpunkt $r = 0$. Die Wirkung ist tatsächlich nicht frei, denn $\mathbf{0} \in \mathbb{R}^3$ ist ein Fixpunkt.

Beispiel 9.3.10. Sei G abelsch. Dann ist $\mathrm{Ad}_g = \mathrm{Id}_\mathfrak{g}$, $\mathrm{Ad}^*_{g^{-1}} = \mathrm{Id}_{\mathfrak{g}^*}$ und die adjungierten und koadjungierten Orbits von $\xi \in \mathfrak{g}$ bzw. $\alpha \in \mathfrak{g}^*$ sind die einpunktigen Mengen $\{\xi\}$ und $\{\alpha\}$.

Wir werden später sehen, daß die koadjungierten Orbits auf natürliche Art zu Phasenräumen von mechanischen Systemen wie dem starren Körper werden. Insbesondere ist ihre Dimension immer geradzahlig.

Infinitesimale Erzeuger.   Wir kommen als nächstes zur infinitesimalen Beschreibung einer Wirkung, die eines der entscheidenden Konzepte in der Mechanik darstellt.

Definition 9.3.2. *Sei $\Phi : G \times M \to M$ eine Wirkung. Für $\xi \in \mathfrak{g}$ ist die durch*

$$\Phi^\xi(t,x) = \Phi(\exp t\xi, x)$$

definierte Abbildung $\Phi^\xi : \mathbb{R} \times M \to M$ eine Wirkung von $\mathbb{R}$ auf M, d.h., $\Phi_{\exp t\xi} : M \to M$ ist ein Fluß auf M. Das durch

$$\xi_M(x) := \frac{d}{dt}\bigg|_{t=0} \Phi_{\exp t\xi}(x)$$

*gegebene Vektorfeld auf M nennen wir den zu ξ gehörenden **infinitesimalen Erzeuger** der Wirkung.*

Proposition 9.3.2. *Der Tangentialraum in x an einen Orbit $\mathrm{Orb}(x_0)$ ist die Menge*

$$T_x\mathrm{Orb}(x_0) = \{\, \xi_M(x) \mid \xi \in \mathfrak{g} \,\},$$

wobei $\mathrm{Orb}(x_0)$ mit einer Struktur als Mannigfaltigkeit versehen ist, die $G/G_{x_0} \to \mathrm{Orb}(x_0)$ zu einem Diffeomorphismus macht.

Die Beweisidee ist die folgende: Sei $\sigma_\xi(t)$ eine Kurve in G mit $\sigma_\xi(0) = e$, die bei $t = 0$ tangential zu ξ ist. Dann ist die Abbildung $\Phi^{x,\xi}(t) = \Phi_{\sigma_\xi(t)}(x)$ eine glatte Kurve in $\mathrm{Orb}(x_0)$ mit $\Phi^{x,\xi}(0) = x$. Also ist nach der Kettenregel (vgl. auch Lemma 9.3.1 unten)

$$\frac{d}{dt}\bigg|_{t=0} \Phi^{x,\xi}(t) = \frac{d}{dt}\bigg|_{t=0} \Phi_{\sigma_\xi(t)}(x) = \xi_M(x)$$

ein Tangentialvektor an $\mathrm{Orb}(x_0)$ in x. Da Tangentialvektoren Äquivalenzklassen solcher Kurven repräsentieren, läßt sich jeder Tangentialvektor auf diese Weise erhalten.

Die Liealgebra des Stabilisators G_x, $x \in M$ nennt man die **Stabilisator-** (oder **Isotropie-** oder **Symmetrie-**)**Algebra** in x. Sie ist nach Proposition 9.1.5 $\mathfrak{g}_x = \{ \xi \in \mathfrak{g} \mid \xi_M(x) = 0 \}$.

Beispiele

Beispiel 9.3.11. Die infinitesimalen Erzeuger der adjungierten Wirkung berechnet man folgendermaßen: Sei

$$\mathrm{Ad} : G \times \mathfrak{g} \to \mathfrak{g}, \quad \mathrm{Ad}_g(\eta) = T_e(R_{g^{-1}} \circ L_g)(\eta).$$

Wir berechnen den zu $\xi \in \mathfrak{g}$ gehörenden infinitesimalen Erzeuger $\xi_{\mathfrak{g}}$. Per Definition gilt

$$\xi_{\mathfrak{g}}(\eta) = \left(\frac{d}{dt}\right)\bigg|_{t=0} \mathrm{Ad}_{\exp t\xi}(\eta).$$

Nach (9.5) ist dies gleich $[\xi, \eta]$. Also folgt für die adjungierte Wirkung

$$\xi_{\mathfrak{g}}(\eta) = [\xi, \eta]. \tag{9.26}$$

Diese Operation verdient einen eigenen Namen. Wie definieren den **ad-Operator** $\mathrm{ad}_\xi : \mathfrak{g} \to \mathfrak{g}$ durch $\eta \mapsto [\xi, \eta]$. Es gilt also

$$\xi_{\mathfrak{g}} = \mathrm{ad}_\xi. \tag{9.27}$$

Beispiel 9.3.12. Wir veranschaulichen uns das letzte Beispiel für die Gruppe $\mathrm{SO}(3)$ folgendermaßen. Sei $A(t) = \exp(tC)$ mit $C \in \mathfrak{so}(3)$. Dann ist $A(0) = I$ und $A'(0) = C$. Also gilt für $B \in \mathfrak{so}(3)$

$$\frac{d}{dt}\bigg|_{t=0} (\mathrm{Ad}_{\exp tC} B) = \frac{d}{dt}\bigg|_{t=0} (\exp(tC)B(\exp(tC))^{-1})$$

$$= \frac{d}{dt}\bigg|_{t=0} (A(t)BA(t)^{-1})$$

$$= A'(0)BA^{-1}(0) + A(0)BA^{-1\prime}(0).$$

Differenzieren wir $A(t)A^{-1}(t) = I$, so erhalten wir

$$\frac{d}{dt}(A^{-1}(t)) = -A^{-1}(t)A'(t)A^{-1}(t),$$

also ist insbesondere

$$A^{-1\prime}(0) = -A'(0) = -C.$$

Die vorhergehende Gleichung wird damit wie erwartet zu

$$\frac{d}{dt}\Big|_{t=0} (\mathrm{Ad}_{\exp tC}B) = CB - BC = [C, B].$$

Beispiel 9.3.13. Sei $\mathrm{Ad}^* : G \times \mathfrak{g}^* \to \mathfrak{g}^*$ die koadjungierte Wirkung $(g, \alpha) \mapsto \mathrm{Ad}^*_{g^{-1}}\alpha$. Zu $\xi \in \mathfrak{g}$ berechnen wir für $\alpha \in \mathfrak{g}^*$ und $\eta \in \mathfrak{g}$

$$\langle \xi_{\mathfrak{g}^*}(\alpha), \eta \rangle = \left\langle \frac{d}{dt}\Big|_{t=0} \mathrm{Ad}^*_{\exp(-t\xi)}(\alpha), \eta \right\rangle$$

$$= \frac{d}{dt}\Big|_{t=0} \left\langle \mathrm{Ad}^*_{\exp(-t\xi)}(\alpha), \eta \right\rangle = \frac{d}{dt}\Big|_{t=0} \left\langle \alpha, \mathrm{Ad}_{\exp(-t\xi)}\eta \right\rangle$$

$$= \left\langle \alpha, \frac{d}{dt}\Big|_{t=0} \mathrm{Ad}_{\exp(-t\xi)}\eta \right\rangle$$

$$= \langle \alpha, -[\xi, \eta] \rangle = -\langle \alpha, \mathrm{ad}_\xi(\eta) \rangle = -\left\langle \mathrm{ad}^*_\xi(\alpha), \eta \right\rangle.$$

Also ist

$$\xi_{\mathfrak{g}^*} = -\mathrm{ad}^*_\xi \quad \text{bzw.} \quad \xi_{\mathfrak{g}^*}(\alpha) = -\langle \alpha, [\xi, \cdot] \rangle. \tag{9.28}$$

Beispiel 9.3.14. Identifizieren wir $\mathfrak{so}(3) \cong (\mathbb{R}^3, \times)$ und $\mathfrak{so}(3)^* \cong \mathbb{R}^{3^*}$ mit Hilfe der durch das gewöhnliche Euklidische Skalarprodukt gegebenen Paarung, wird (9.28) für $l \in \mathfrak{so}(3)^*$ und $\xi \in \mathfrak{so}(3)$ zu

$$\xi_{\mathfrak{so}(3)^*}(l) = -l \cdot (\xi \times \cdot).$$

Für $\eta \in \mathfrak{so}(3)$ gilt dann

$$\langle \xi_{\mathfrak{so}(3)^*}(l), \eta \rangle = -l \cdot (\xi \times \eta) = -(l \times \xi) \cdot \eta = -\langle l \times \xi, \eta \rangle,$$

d.h.,

$$\xi_{\mathbb{R}^3}(l) = -l \times \xi = \xi \times l.$$

Wie erwartet ist $\xi_{\mathbb{R}^3}(l) \in T_l\mathrm{Orb}(l)$ tangential zu $\mathrm{Orb}(l)$ (vgl. Abb. 9.7). Variiert ξ in $\mathfrak{so}(3) \cong \mathbb{R}^3$, erhalten wir gemäß Proposition 9.3.2 ganz $T_l\mathrm{Orb}(l)$.

Äquivarianz. Eine Abbildung zwischen zwei Räumen ist äquivariant, wenn sie Gruppenwirkungen auf diesen Räumen erhält. Präzise formuliert heißt dies:

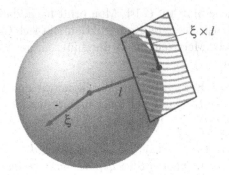

Abb. 9.7. $\xi_{\mathbb{R}^3}(l)$ ist tangential an Orb(l).

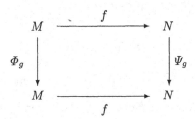

Abb. 9.8. Kommutatives Diagramm zur Äquivarianz.

Definition 9.3.3. *Seien M und N Mannigfaltigkeiten und G eine Liegruppe, die auf M durch $\Phi_g : M \to M$ und auf N durch $\Psi_g : N \to N$ wirkt. Eine glatte Abbildung $f : M \to N$ heißt* **äquivariant** *bzgl. dieser Wirkungen, wenn für alle $g \in G$*

$$f \circ \Phi_g = \Psi_g \circ f \qquad (9.29)$$

gilt, d.h., wenn das Diagramm in Abb. 9.8 kommutativ ist.

Mit $g = \exp(t\xi)$ erhält man durch Differentiation von (9.29) nach t bei $t = 0$ die Beziehung $Tf \circ \xi_M = \xi_N \circ f$, ξ_M und ξ_N sind also f-verwandt. Insbesondere ist für einen äquivarianten Diffeomorphismus f dann $f^* \xi_N = \xi_M$.

Beachte auch, daß eine äquivariante Abbildung $f : M \to N$ eine glatte Abbildung $f_G : M/G \to N/G$ induziert, wenn M/G und N/G beide glatte Mannigfaltigkeiten und die kanonischen Projektionen glatte Submersionen sind.

Mittelung über die Gruppe. Ein nützliches Werkzeug zur Konstruktion von invarianten Größen ist die *Mittelung*. Es wirke z.B. eine kompakte Gruppe G auf eine Mannigfaltigkeit M und α sei eine Differentialform auf M. Dann bilden wir

$$\overline{\alpha} = \int_G \Phi_g^* \alpha \, d\mu(g),$$

wobei μ das Haarsche Maß auf G ist. Man prüft nach, daß $\bar{\alpha}$ invariant unter der Wirkung von G ist. Dieselbe Konstruktion läßt sich für andere Tensoren wie z.B. Riemannsche Metriken auf M durchführen, um aus ihnen invariante Größen zu erhalten.

Die Klammer von Erzeugern.   Wir kommen nun zu einer wichtigen Formel, die die Jacobi-Lieklammer zweier infinitesimaler Erzeuger mit deren Liealgebraklammer in Verbindung setzt.

Proposition 9.3.3. *Die Liegruppe G wirke von links auf die Mannigfaltig-keit M. Dann ist die Abbildung $\xi \mapsto \xi_M$ des infinitesimalen Erzeugers von der Liealgebra $\mathfrak{g}$ von G in die Liealgebra $\mathfrak{X}(M)$ der Vektorfelder von M ein Liealgebrenantihomomorphismus, d.h., für alle $\xi, \eta \in \mathfrak{g}$ und $a, b \in \mathbb{R}$ gilt*

$$(a\xi + b\eta)_M = a\xi_M + b\eta_M$$

und

$$[\xi_M, \eta_M] = -[\xi, \eta]_M.$$

Um dies zu beweisen, benötigen wir das folgende Lemma:

Lemma 9.3.1.   (i) *Sei $c(t)$ eine Kurve in G, $c(0) = e$, $c'(0) = \xi \in \mathfrak{g}$. Dann ist*

$$\xi_M(x) = \frac{d}{dt}\bigg|_{t=0} \Phi_{c(t)}(x).$$

(ii) *Für alle $g \in G$ ist*

$$(\mathrm{Ad}_g \xi)_M = \Phi^*_{g^{-1}} \xi_M.$$

Beweis.   (i) Sei $\Phi^x : G \to M$ die Abbildung $\Phi^x(g) = \Phi(g, x)$. Φ^x ist glatt und demzufolge nach der Definition des infinitesimalen Erzeugers $T_e\Phi^x(\xi) = \xi_M(x)$. Also folgt (i) aus der Kettenregel.
(ii) Es gilt

$$(\mathrm{Ad}_g \xi)_M(x) = \frac{d}{dt}\bigg|_{t=0} \Phi(\exp(t\mathrm{Ad}_g\xi), x)$$

$$= \frac{d}{dt}\bigg|_{t=0} \Phi(g(\exp t\xi)g^{-1}, x) \text{ (nach Korollar 9.1.2)}$$

$$= \frac{d}{dt}\bigg|_{t=0} (\Phi_g \circ \Phi_{\exp t\xi} \circ \Phi_{g^{-1}}(x))$$

$$= T_{\Phi_g^{-1}(x)}\Phi_g\left(\xi_M\left(\Phi_{g^{-1}}(x)\right)\right)$$

$$= \left(\Phi^*_{g^{-1}} \xi_M\right)(x). \qquad \blacksquare$$

Beweis (von Proposition 9.3.3). Die Linearität folgt aus $\xi_M(x) = T_e\Phi_x(\xi)$. Um die zweite Beziehung zu beweisen, verwenden wir Teil (ii) des Lemmas mit $g = \exp t\eta$ und erhalten

$$(\text{Ad}_{\exp t\eta}\xi)_M = \Phi^*_{\exp(-t\eta)}\xi_M.$$

$\Phi_{\exp(-t\eta)}$ ist jedoch der Fluß von $-\eta_M$, also ergibt die Differentiation der rechten Seite bei $t = 0$ die Klammer $[\xi_M, \eta_M]$. Die der linken Seite ist bei $t = 0$ $[\eta, \xi]_M$ nach Beispiel 9.3.11. ∎

In Hinblick auf diese Proposition definiert man eine **Linkswirkung einer Liealgebra** auf eine Mannigfaltigkeit M als einen Liealgebrenantihomomorphismus $\xi \in \mathfrak{g} \mapsto \xi_M \in \mathfrak{X}(M)$, für den die Abbildung $(\xi, x) \in \mathfrak{g} \times M \mapsto \xi_M(x) \in TM$ glatt ist.

Sei $\Phi : G \times G \to G$ die Wirkung von G auf sich selbst durch Linkstranslation $\Phi(g, h) = L_g h$. Zu $\xi \in \mathfrak{g}$ sei Y_ξ das zugehörige *rechts*invariante Vektorfeld auf G. Dann ist

$$\xi_G(g) = Y_\xi(g) = T_e R_g(\xi),$$

und analog ist *der infinitesimal Erzeuger der Rechtstranslation ein linksinvariantes Vektorfeld* $g \mapsto T_e L_g(\xi)$.

Ableitungen von Kurven. Es ist nützlich, Formeln für die Ableitung von Kurven im Zusammenhang mit der adjungierten oder koadjungierten Wirkung zur Verfügung zu haben. Seien zum Beispiel $g(t)$ und $\eta(t)$ (glatte) Kurven in G und $\mathfrak{g}$. Wir schreiben die Wirkung als Produkt:

$$g(t)\eta(t) = \text{Ad}_{g(t)}\eta(t).$$

Proposition 9.3.4. *Mit den obigen Bezeichnungen gilt:*

$$\frac{d}{dt}g(t)\eta(t) = g(t)\left\{[\xi(t), \eta(t)] + \frac{d\eta}{dt}\right\} \tag{9.30}$$

mit

$$\xi(t) = g(t)^{-1}\dot{g}(t) := T_{g(t)}L_{g(t)}^{-1}\frac{dg}{dt} \in \mathfrak{g}.$$

Beweis. Es gilt

$$\left.\frac{d}{dt}\right|_{t=t_0} \text{Ad}_{g(t)}\eta(t) = \left.\tfrac{d}{dt}\right|_{t=t_0}\left\{g(t_0)[g(t_0)^{-1}g(t)]\eta(t)\right\}$$

$$= g(t_0)\left.\tfrac{d}{dt}\right|_{t=t_0}\left\{[g(t_0)^{-1}g(t)]\eta(t)\right\},$$

wobei das erste $g(t_0)$ die Ad-Wirkung bezeichnet, die *linear* ist. $g(t_0)^{-1}g(t)$ ist eine Kurve durch das neutrale Element bei $t = t_0$ mit Tangentialvektor $\xi(t_0)$, also wird obige Beziehung zu

$$g(t_0)\left\{[\xi(t_0), \eta(t_0)] + \frac{d\eta(t_0)}{dt}\right\}.$$

Analog schreiben wir für die koadjungierte Wirkung

$$g(t)\mu(t) = \mathrm{Ad}^*_{g(t)^{-1}}\mu(t),$$

und man beweist wie oben

$$\frac{d}{dt}[g(t)\mu(t)] = g(t)\left\{-\mathrm{ad}^*_{\xi(t)}\mu(t) + \frac{d\mu}{dt}\right\}.$$

Indem wir unsere Produktnotation auch für Liealgebrenwirkungen übernehmen, können wir dies auch als

$$\frac{d}{dt}[g(t)\mu(t)] = g(t)\left\{\xi(t)\mu(t) + \frac{d\mu}{dt}\right\} \tag{9.31}$$

mit $\xi(t) = g(t)^{-1}\dot{g}(t)$ schreiben. Für Rechtswirkungen werden diese Beziehungen zu

$$\frac{d}{dt}[\eta(t)g(t)] = \left\{\eta(t)\zeta(t) + \frac{d\eta}{dt}\right\}g(t) \tag{9.32}$$

und

$$\frac{d}{dt}[\mu(t)g(t)] = \left\{\mu(t)\zeta(t) + \frac{d\mu}{dt}\right\}g(t), \tag{9.33}$$

wobei entsprechend $\zeta(t) = \dot{g}(t)g(t)^{-1}$,

$$\eta(t)g(t) = \mathrm{Ad}_{g(t)^{-1}}\eta(t) \quad \text{und} \quad \eta(t)\zeta(t) = -[\zeta(t),\eta(t)],$$

sowie

$$\mu(t)g(t) = \mathrm{Ad}^*_{g(t)}\mu(t) \quad \text{und} \quad \mu(t)\zeta(t) = \mathrm{ad}^*_{\zeta(t)}\mu(t)$$

ist.

Zusammenhangseigenschaften einiger der klassischen Gruppen.
Zu Beginn zwei Eigenschaften von homogenen Räumen:

(i) Ist H ein abgeschlossener Normalteiler einer Liegruppe G (d.h., zu $h \in H$ und $g \in G$ ist $ghg^{-1} \in H$), so ist der Quotientenraum G/H eine Liegruppe und die kanonische Projektion $\pi : G \to G/H$ ein glatter Gruppenhomomorphismus. (Dies folgt aus Proposition 9.3.1, vgl. auch Satz 2.9.6 in Varadarajan [1974, S. 80].) Sind zusätzlich H und G/H zusammenhängend, so ist auch G zusammenhängend. Sind H und G/H einfach zusammenhängend, so ist es auch G.

(ii) G, M seien endlichdimensional und erfüllen das zweite Abzählbarkeitsaxiom, $\Phi : G \times M \to M$ sei eine transitive Wirkung von G auf M und zu $x \in M$ sei G_x der Stabilisator von x. Dann ist die Abbildung $gG_x \mapsto \Phi_g(x)$ ein Diffeomorphismus von G/G_x auf M. (Auch dies folgt aus Proposition 9.3.1, vgl. Satz 2.9.4 in Varadarajan [1974, S. 77].)

Die Wirkung

$$\Phi : \mathrm{GL}(n, \mathbb{R}) \times \mathbb{R}^n \to \mathbb{R}^n, \quad \Phi(A, x) = Ax$$

induziert eingeschränkt auf $\mathrm{O}(n) \times S^{n-1}$ eine transitive Wirkung. Der Stabilisator von $\mathrm{O}(n)$ bei $\mathbf{e}_n \in S^{n-1}$ ist $\mathrm{O}(n-1)$. Offensichtlich ist $\mathrm{O}(n-1)$ eine abgeschlossene Untergruppe von $\mathrm{O}(n)$, wenn man jedes $A \in \mathrm{O}(n-1)$ durch

$$\tilde{A} = \begin{bmatrix} A & 0 \\ 0 & 1 \end{bmatrix} \in \mathrm{O}(n)$$

einbettet, und die Elemente von $\mathrm{O}(n-1)$ lassen $\mathbf{e}_n$ invariant. Auf der anderen Seite gilt für $A \in \mathrm{O}(n)$ mit $A\mathbf{e}_n = \mathbf{e}_n$ auch $A \in \mathrm{O}(n-1)$. Also folgt aus der zweiten der beiden Aussagen oben, daß die Abbildung

$$\mathrm{O}(n)/\mathrm{O}(n-1) \to S^{n-1}, \quad A \cdot \mathrm{O}(n-1) \mapsto A\mathbf{e}_n$$

ein Diffeomorphismus ist. Mit einem ähnlichen Argument beweist man die Existenz eines Diffeomorphismus

$$S^{n-1} \cong \mathrm{SO}(n)/\mathrm{SO}(n-1).$$

Die kanonische Wirkung von $\mathrm{GL}(n, \mathbb{C})$ auf $\mathbb{C}^n$ induziert analog einen Diffeomorphismus von $S^{2n-1} \subset \mathbb{R}^{2n}$ auf den homogenen Raum $\mathrm{U}(n)/\mathrm{U}(n-1)$. Darüber hinaus erhalten wir $S^{2n-1} \cong \mathrm{SU}(n)/\mathrm{SU}(n-1)$. Da $\mathrm{SU}(1)$ nur aus der 1×1-Einheitsmatrix besteht, ist insbesondere S^3 diffeomorph zu $\mathrm{SU}(2)$, wie wir schon am Ende von §9.2 gezeigt haben.

Proposition 9.3.5. *Die Liegruppen* $\mathrm{SO}(n)$, $\mathrm{SU}(n)$ *und* $\mathrm{U}(n)$ *sind für* $n \geq 1$ *zusammenhängend.* $\mathrm{O}(n)$ *hat genau zwei Zusammenhangskomponenten. Die Gruppe* $\mathrm{SU}(n)$ *ist einfach zusammenhängend.*

Beweis. Die Gruppen $\mathrm{SO}(1)$ und $\mathrm{SU}(1)$ sind zusammenhängend, da sie beide nur aus der 1×1-Einheitsmatrix bestehen, $\mathrm{U}(1)$ ist zusammenhängend, denn es ist

$$\mathrm{U}(1) = \{ z \in C \mid |z| = 1 \} = S^1.$$

Daß $\mathrm{SO}(n)$, $\mathrm{SU}(n)$ und $\mathrm{U}(n)$ für alle n zusammenhängend sind, folgt dann durch Induktion über n aus der ersten obigen Aussage unter Verwendung der Sphären als homogene Räume. Da jede Matrix A in $\mathrm{O}(n)$ die Determinante ± 1 besitzt, kann die orthogonale Gruppe folgendermaßen als Vereinigung zweier nichtleerer, disjunkter, zusammenhängender und offener Teilmengen dargestellt werden:

$$\mathrm{O}(n) = \mathrm{SO}(n) \cup A \cdot \mathrm{SO}(n)$$

mit $A = \mathrm{diag}(-1, 1, 1, \ldots, 1)$. Also hat $\mathrm{O}(n)$ zwei Zusammenhangskomponenten. ∎

Wir skizzieren noch kurz die allgemeine Strategie zur Untersuchung der klassischen Gruppen hinsichtlich ihrer Zusammenhangseigenschaften. Vergleiche z.B. Knapp [1996, S. 72]. Diese Argumentation gilt z.B. für $\mathrm{Sp}(2n, \mathbb{R})$ (und für die Gruppen $\mathrm{Sp}(2n, \mathbb{C})$, $\mathrm{SP}^*(2n)$, die in den Internetergänzungen besprochen werden). Sei G eine Untergruppe von $\mathrm{GL}(n, \mathbb{R})$ (bzw. $\mathrm{GL}(n, \mathbb{C})$), definiert als die Menge der Nullstellen einer Familie von reellwertigen Polynomen (der Real- und Imaginärteile) der Matrixeinträge. Sei G abgeschlossen unter Adjunktion (vgl. Übung 9.2.2 für den Fall $\mathrm{Sp}(2n, \mathbb{R})$). Sei $K = G \cap \mathrm{O}(n)$ (bzw. $\mathrm{U}(n)$) und $\mathfrak{p}$ die Menge der hermiteschen Matrizen in $\mathfrak{g}$. Mit der Polarzerlegung zeigt man dann, daß

$$(k, \xi) \in K \times \mathfrak{p} \mapsto k \exp(\xi) \in G$$

ein Homöomorphismus ist. Da ξ in einem zusammenhängenden Raum liegt, ist G somit genau dann zusammenhängend, wenn K zusammenhängend ist. Für $\mathrm{Sp}(2n, \mathbb{R})$ zeigen unsere Ergebnisse von oben, daß $\mathrm{U}(n)$ zusammenhängend ist, also ist auch $\mathrm{Sp}(2n, \mathbb{R})$ zusammenhängend.

Beispiele

Beispiel 9.3.15 (Isometriegruppen). Sei E ein endlichdimensionaler Vektorraum mit einer Bilinearform $\langle \, , \rangle$. Sei G die Gruppe der *Isometrien* von E, d.h. der Isomorphismen F von E nach E mit $\langle Fe, Fe' \rangle = \langle e, e' \rangle$ für alle e und $e' \in E$. Dann ist G eine Untergruppe und eine abgeschlossene Untermannigfaltigkeit von $\mathrm{GL}(E)$. Die Liealgebra von G ist

$$\{ K \in L(E) \mid \langle Ke, e' \rangle + \langle e, Ke' \rangle = 0 \text{ für alle } e, e' \in E \}. \qquad (9.34)$$

Beispiel 9.3.16 (Die Lorentzgruppe). Sei $\langle \, , \rangle$ die Minkowskimetrik auf dem $\mathbb{R}^4$, d.h.

$$\langle x, y \rangle = \sum_{i=1}^{3} x^i y^i - x^4 y^4.$$

Dann heißt die Gruppe der linearen Isometrien dieser Metrik die **Lorentzgruppe** L. L ist sechsdimensional und hat vier Zusammenhangskomponenten. Mit

$$S = \begin{bmatrix} I_3 & 0 \\ 0 & -1 \end{bmatrix} \in \mathrm{GL}(4, \mathbb{R})$$

gilt

$$L = \{ A \in \mathrm{GL}(4, \mathbb{R}) \mid A^T S A = S \},$$

die Liealgebra von L ist also

$$\mathfrak{l} = \{ A \in L(\mathbb{R}^4, \mathbb{R}^4) \mid SA + A^T S = 0 \}.$$

Die Zusammenhangskomponente des neutralen Elementes von L ist

$$\{\, A \in L \mid \det A > 0 \text{ und } A_{44} > 0 \,\} =: L_\uparrow^+.$$

L und $L_\uparrow^+$ sind nicht kompakt.

Beispiel 9.3.17 (Die Galileigruppe). Betrachte die (abgeschlossene) Untergruppe G von $GL(5, \mathbb{R})$, die aus allen Matrizen mit der folgenden Blockstruktur besteht:

$$\{R, \mathbf{v}, \mathbf{a}, \tau\} := \begin{bmatrix} R & \mathbf{v} & \mathbf{a} \\ 0 & 1 & \tau \\ 0 & 0 & 1 \end{bmatrix}$$

mit $R \in SO(3)$, $\mathbf{v}, \mathbf{a} \in \mathbb{R}^3$ und $\tau \in \mathbb{R}$. Diese Gruppe heißt die **Galileigruppe**. Ihre Liealgebra ist die Unteralgebra von $L(\mathbb{R}^5, \mathbb{R}^5)$, die aus den Matrizen der Form

$$\{\omega, \mathbf{u}, \alpha, \theta\} := \begin{bmatrix} \hat{\omega} & \mathbf{u} & \alpha \\ 0 & 0 & \theta \\ 0 & 0 & 0 \end{bmatrix},$$

mit $\omega, \mathbf{u}, \alpha \in \mathbb{R}^3$ und $\theta \in \mathbb{R}$ besteht. Offensichtlich wirkt die Galileigruppe auf natürliche Weise auf $\mathbb{R}^5$. Darüber hinaus wirkt sie so auch auf $\mathbb{R}^4$, der folgendermaßen als G-invariante Teilmenge in den $\mathbb{R}^5$ eingebettet werden kann:

$$\begin{bmatrix} \mathbf{x} \\ t \end{bmatrix} \mapsto \begin{bmatrix} \mathbf{x} \\ t \\ 1 \end{bmatrix}$$

mit $\mathbf{x} \in \mathbb{R}^3$ und $t \in \mathbb{R}$. Die Wirkung von $\{R, \mathbf{v}, \mathbf{a}, \tau\}$ auf $(\mathbf{x}, t)$ ist konkret durch

$$(\mathbf{x}, t) \mapsto (R\mathbf{x} + t\mathbf{v} + \mathbf{a}, t + \tau)$$

gegeben. Die Galileigruppe bewirkt also einen Wechsel des Bezugssystems (der die „absolute Zeitvariable" unverändert läßt) durch Rotationen (R), räumliche Translationen $(\mathbf{a})$ und Zeittranslationen (τ) zu einem bewegten Bezugssystem, oder sie bewirkt einen Boost von $(\mathbf{v})$.

Beispiel 9.3.18 (Die unitäre Gruppe eines Hilbertraumes). Ein anderes grundlegendes Beispiel einer unendlichdimensionalen Gruppe ist die unitäre Gruppe $U(\mathcal{H})$ eines komplexen Hilbertraumes $\mathcal{H}$. Ist G eine Liegruppe und $\rho : G \to U(\mathcal{H})$ ein Gruppenhomomorphismus, so nennen wir ρ eine **unitäre Darstellung**. Mit anderen Worten: ρ ist eine Wirkung von G auf $\mathcal{H}$ durch unitäre Abbildungen.

Wie bei der Diffeomorphismengruppe müssen Fragen der Glattheit im Zusammenhang mit $U(\mathcal{H})$ mit Umsicht behandelt werden, und wir werden darüber in diesem Buch nur einen kleinen Ausblick geben. Ein erster Grund hierfür ist, daß man es dann auf jeden Fall mit partiellen Differentialgleichungen zu tun hat statt mit gewöhnlichen und nicht alle Annahmen in Beweisen auch für partielle Differentialgleichungen ihre Gültigkeit behalten, so daß weitere Voraussetzungen nötig sein können. Für eine unitäre Darstellung nimmt man z.B. an, daß für alle $\psi, \varphi \in \mathcal{H}$ die Abbildung $g \mapsto \langle \psi, \rho(g)\varphi \rangle$ von G nach $\mathbb{C}$ stetig ist. Insbesondere existiert für $G = \mathbb{R}$ der Begriff der (stark) stetigen, einparametrigen Gruppe $U(t)$, für die $U(0)$ die Identität ist und

$$U(t + s) = U(t) \circ U(s).$$

Der Satz von Stone besagt, daß wir diese in einem geeigneten Sinn als $U(t) = e^{tA}$ darstellen können, wobei A ein (unbeschränkter) schiefadjungierter Operator mit dichtem Definitionsbereich $D(A) \subset \mathcal{H}$ ist. Vergleiche z.B. Abraham, Marsden und Ratiu [1988, Abschnitt 7.4B] für den Beweis. Andererseits definiert jeder schiefadjungierte Operator eine einparametrige Untergruppe. Also liefert der Satz von Stone die präzise Formulierung der Aussage, daß die Liealgebra $\mathfrak{u}(\mathcal{H})$ von $U(\mathcal{H})$ aus den schiefadjungierten Operatoren besteht. Die Lieklammer ist der Kommutator, wobei jedoch auf die Definitionsbereiche zu achten ist.

Ist ρ eine unitäre Darstellung einer endlichdimensionalen Liegruppe G auf $\mathcal{H}$, so ist $\rho(\exp(t\xi))$ eine einparametrige Untergruppe von $U(\mathcal{H})$, also existiert nach dem Satz von Stone eine Abbildung $\xi \mapsto A(\xi)$, die jedem $\xi \in \mathfrak{g}$ einen schiefadjungierten Operator $A(\xi)$ zuordnet. Formal gilt

$$[A(\xi); A(\eta)] = A([\xi, \eta]).$$

Ergebnisse wie dieses werden von einem Satz von Nelson [1959] unterstützt, der die Existenz eines dichten Teilraums $D_G \subset \mathcal{H}$ garantiert, so daß

(i) $A(\xi)$ auf D_G wohldefiniert ist,

(ii) D_G durch $A(\xi)$ wieder auf D_G abgebildet wird und

(iii) $[\exp t A(\xi)]\psi$ für $\psi \in D_G$ glatt in t ist, wobei das Differential in $t = 0$ durch $A(\xi)\psi$ gegeben ist.

Dieser Raum wird ein **wesentlicher G-glatter Anteil** von $\mathcal{H}$ genannt, und auf D_G gilt die obige Kommutatorrelation und die Linearität

$$A(\alpha\xi + \beta\eta) = \alpha A(\xi) + \beta A(\eta).$$

Darüber hinaus verlieren wir durch den Übergang zu D_G kaum Information, da $A(\xi)$ durch seine Wirkung auf D_G eindeutig definiert ist.

Wir identifizieren $U(1)$ mit dem Einheitskreis in $\mathbb{C}$, und jede solche komplexe Zahl definiert als Multiplikationsoperator ein Element von $U(\mathcal{H})$. Also betrachten wir $U(1) \subset U(\mathcal{H})$. Als solche ist sie ein Normalteiler (denn Elemente von $U(1)$ kommutieren mit Elementen von $U(\mathcal{H})$), also ist der Quotientenraum eine Gruppe, die **projektive unitäre Gruppe** von $\mathcal{H}$. Wir bezeichnen sie mit $U(\mathbb{P}\mathcal{H}) = U(\mathcal{H})/U(1)$. Elemente von $U(\mathbb{P}\mathcal{H})$ bezeichnen wir mit $[U]$, aufgefaßt als Äquivalenzklasse von $U \in U(\mathcal{H})$. Die Gruppe $U(\mathbb{P}\mathcal{H})$ wirkt durch $[U][\varphi] = [U\varphi]$ auf den projektiven Hilbertraum $\mathbb{P}\mathcal{H} = \mathcal{H}/\mathbb{C}$ wie in §5.3 beschrieben.

Einparametrige Untergruppen von $U(\mathbb{P}\mathcal{H})$ sind von der Form $[U(t)]$ mit einer einparametrigen Untergruppe $U(t)$ von $U(\mathcal{H})$. Dies ist ein besonders einfacher Fall des von Bargmann und Wigner im allgemeinen untersuchten Problems des Zurückholens von projektiven Darstellungen, einem Thema, zu dem wir später zurückkehren. Dies bedeutet auf jeden Fall, daß wir als Liealgebra $\mathfrak{u}(\mathbb{P}\mathcal{H}) = \mathfrak{u}(\mathcal{H})/i\mathbb{R}$ erhalten, wobei wir die zwei schiefadjungierten Operatoren A und $A + \lambda i$ für reelles λ identifizieren.

Eine **projektive Darstellung** einer Gruppe G ist ein Homomorphismus $\tau : G \to U(\mathbb{P}\mathcal{H})$, für den $g \in G \mapsto |\langle\psi, \tau(g)\varphi\rangle| \in \mathbb{C}$ stetig ist, was für $[\psi], [\varphi] \in \mathbb{P}\mathcal{H}$ wohldefiniert ist. Es gibt ein Analogon des Satzes von Nelson, der die Existenz eines **wesentlichen G-glatten Anteils** $\mathbb{P}D_G$ von $\mathbb{P}\mathcal{H}$ mit den zu den Eigenschaften von D_G analogen garantiert.

Bemerkungen.   Wir beenden diesen Abschnitt mit einer Reihe von Bemerkungen zu verschiedenen Themen.

1. Koadjungierte Stabilisatoren.   Die erste Bemerkung betrifft die Stabilisatoren von koadjungierten Orbits. Der folgende Satz von Duflo und Vergne [1969] stellt hier das wichtigste Resultat dar. In den Internetergänzungen beschreiben wir den Beweis nach Rais [1972].

Satz 9.3.1 (Duflo und Vergne). *Sei $\mathfrak{g}$ eine endlichdimensionale Liealgebra mit Dualraum $\mathfrak{g}^*$ und sei $r = \min\{\dim \mathfrak{g}_\mu \mid \mu \in \mathfrak{g}^*\}$. Die Menge $\{\mu \in \mathfrak{g}^* \mid \dim \mathfrak{g}_\mu = r\}$ ist offen und dicht in $\mathfrak{g}^*$. Ist $\dim \mathfrak{g}_\mu = r$, so ist $\mathfrak{g}_\mu$ abelsch.*

Ein einfaches Beispiel ist die Drehgruppe SO(3), in der der Stabilisator bezüglich der koadjungierten Wirkung an jedem Punkt außer dem Ursprung die abelsche Gruppe S^1 ist, wohingegen er für den Ursprung die ganze nichtabelsche Gruppe SO(3) ist.

2. Mehr über unendlichdimensionale Gruppen.   Wir können eine leichte Uminterpretation der Formeln in diesem Abschnitt verwenden, um die Liealgebrastruktur einiger unendlichdimensionaler Gruppen zu berechnen. Wir werden dieses Thema hier nur formal behandeln, d.h. wir gehen davon aus, daß die auftretenden Räume Mannigfaltigkeiten sind und geben die Topologie als Funktionenraum nicht näher an. Für formale Berechnungen werden diese Strukturen nicht gebraucht, der Leser sollte sich aber der Auslassungen bewußt sein. (Vgl. Ebin und Marsden [1970] und Adams, Ratiu und Schmid [1986a, 1986b] für weitere Informationen.)

Zu einer gegebenen Mannigfaltigkeit M bezeichne Diff(M) die Gruppe aller Diffeomorphismen von M. Die Gruppenoperation ist die Komposition. Die Liealgebra von Diff(M) besteht als Vektorraum aus den Vektorfeldern auf M, denn der Fluß eines Vektorfeldes ist eine Kurve in Diff(M) und der Tangentialvektor daran ist bei $t = 0$ das gegebene Vektorfeld.

Um die Klammer der Liealgebra zu bestimmen, betrachten wir die Wirkung einer beliebigen Liegruppe G auf M. Solch eine Wirkung von G auf

M kann als ein Homomorphismus $\Phi : G \to \mathrm{Diff}(M)$ aufgefaßt werden. Nach Proposition 9.1.2 sollte die Ableitung beim neutralen Element $T_e\Phi$ ein Liealgebrenhomomorphismus sein. Anhand der Definition eines infinitesimalen Erzeugers sehen wir $T_e\Phi \cdot \xi = \xi_M$. Aufgrund von Proposition 9.1.2 könnte man

$$[\xi_M, \eta_M]_{\mathrm{Lie}} = [\xi, \eta]_M$$

vermuten. Nach Proposition 9.3.3 ist aber $[\xi, \eta]_M = -[\xi_M, \eta_M]$. Also gilt

$$[\xi_M, \eta_M]_{\mathrm{Lie}} = -[\xi_M, \eta_M].$$

Damit wird plausibel, daß die Lieklammer auf $\mathfrak{X}(M)$ das Negative der Jacobi-Lieklammer ist.

Ein anderer Weg, um zu diesem Schluß zu kommen, ist die Berechnung der Lieklammer nach dem Schema von §9.1. Dazu berechnen wir zunächst im ersten Schritt den inneren Automorphismus

$$I_\eta(\varphi) = \eta \circ \varphi \circ \eta^{-1}.$$

Gemäß Schritt zwei leiten wir dies nach φ ab und erhalten die Ad-Abbildung. Ist X die Zeitableitung einer Kurve φ_t in $\mathrm{Diff}(M)$ bei $t = 0$, für die φ_0 die Identität ist, so folgt

$$\mathrm{Ad}_\eta(X) = (T_e I_\eta)(X) = T_e I_\eta \left[\frac{d}{dt}\bigg|_{t=0} \varphi_t \right] = \frac{d}{dt}\bigg|_{t=0} I_\eta(\varphi_t)$$

$$= \frac{d}{dt}\bigg|_{t=0} (\eta \circ \varphi_t \circ \eta^{-1}) = T\eta \circ X \circ \eta^{-1} = \eta_* X.$$

Also ist $\mathrm{Ad}_\eta(X) = \eta_* X$. Demzufolge ist die adjungierte Wirkung von $\mathrm{Diff}(M)$ auf ihre Liealgebra gerade der Pushforward auf den Vektorfeldern. Zuletzt berechnen wir in Schritt drei die Lieklammer durch Differenzieren von $\mathrm{Ad}_\eta(X)$ nach η. Durch die Charakterisierung der Klammer als Lieableitung und aufgrund der Tatsache, daß der Pushforward die Umkehrung des Pullback ist, erhalten wir denselben Ausdruck für die Klammer. Also kommt man auf beiden Wegen zur gleichen Schlußfolgerung:

> *Die Lieklammer auf* $\mathrm{Diff}(M)$ *ist das Negative der Jacobi-Lieklammer von Vektorfeldern.*

Man kann auch sagen, daß die Jacobi-Lieklammer eine *Rechts-* (im Gegensatz zur *Links-*)Liealgebrastruktur auf $\mathrm{Diff}(M)$ definiert.

Schränkt man sich auf die Gruppe der volumenerhaltenden (oder symplektischen) Diffeomorphismen ein, ist die Lieklammer wieder durch das Negative der Jacobi-Lieklammer auf dem Raum der divergenzfreien (oder lokal hamiltonschen) Vektorfelder gegeben.

Wir geben noch drei Beispiele von Wirkungen von $\mathrm{Diff}(M)$ an. Zunächst wirkt $\mathrm{Diff}(M)$ auf M durch Auswertung an einem Punkt. Diese Wirkung

$\Phi : \text{Diff}(M) \times M \to M$ ist durch $\Phi(\varphi, x) = \varphi(x)$ gegeben. Als zweites zeigen unsere Berechnungen für Ad_η, daß die adjungierte Wirkung von $\text{Diff}(M)$ auf ihre Liealgebra durch den Pushforward gegeben ist. Als drittes können wir den Dualraum $\mathfrak{X}(M)^*$ durch Integration mit den 1-Form-Dichten identifizieren. Dann zeigt die Substitutionsregel, daß die koadjungierte Wirkung durch den Pushforward auf den 1-Form-Dichten gegeben ist.

3. Der äquivariante Satz von Darboux.   In Kap. 5 behandelten wir den Satz von Darboux. Es liegt nun nahe, sich zu fragen, in welchem Sinn dieser Satz bei Existenz einer Gruppenwirkung gültig bleibt. Nehmen wir also an, eine Liegruppe G (z.B. eine kompakte) wirkt symplektisch auf eine symplektische Mannigfaltigkeit (P, Ω) und diese Wirkung läßt einen Punkt $x_0 \in P$ invariant (man kann auch den allgemeineren Fall einer invarianten Mannigfaltigkeit betrachten). Wir fragen uns nun, in welchem Rahmen man die symplektische Form auf äquivariante Weise in die kanonische Form bringen kann.

Diese Frage beantwortet man am besten in zwei Teilen. Die erste ist, ob man eine lokal äquivariante Darstellung findet, in der die symplektische Form konstant ist. Dies gilt immer und kann dadurch gezeigt werden, daß man einen äquivarianten Diffeomorphismus zwischen der Mannigfaltigkeit und ihrem Tangentialraum an x_0 aufstellt, auf dem die durch Ω auf $T_{x_0}P$ gegebene konstante symplektische Form definiert ist. Dies zeigt man, indem man nachprüft, daß der Beweis von Moser aus Kap. 5 in jedem Schritt äquivariant geführt werden kann (vgl. Übung 9.3.5).

Etwas schwieriger ist es schon, die symplektische Form auf äquivariante Weise in kanonische Form zu bringen. Hierfür muß man zunächst die äquivariante Klassifikation von Normalformen für symplektische Strukturen untersuchen. Dies geschieht in Dellnitz und Melbourne [1993]. Für die damit zusammenhängende Frage der Klassifikation von äquivarianten Normalformen von linearen hamiltonschen Systemen siehe Williamson [1936], Melbourne und Dellnitz [1993] und Hörmander [1995].

Übungen

Übung 9.3.1. Die Liegruppe G wirke linear auf einen Vektorraum V. Definiere durch
$$(g_1, v_1) \cdot (g_2, v_2) = (g_1 g_2, g_1 v_2 + v_1)$$
eine Gruppenstruktur auf $G \times V$. Zeige, daß damit $G \times V$ eine Liegruppe wird, genannt das *semidirekte Produkt* und bezeichnet durch $G \circledS V$. Bestimme dessen Liealgebra $\mathfrak{g} \circledS V$.

Übung 9.3.2.

(a) Zeige, daß die Euklidische Gruppe $E(3)$ als $O(3) \circledS \mathbb{R}^3$ im Sinne der vorhergehenden Übung dargestellt werden kann.

(b) Zeige, daß E(3) zur Gruppe der (4×4)-Matrizen der Form

$$\begin{bmatrix} A & \mathbf{b} \\ 0 & 1 \end{bmatrix}$$

mit $A \in O(3)$ und $\mathbf{b} \in \mathbb{R}^3$ isomorph ist.

Übung 9.3.3. Zeige, daß die Galileigruppe als semidirektes Produkt $G = (SO(3) \circledS \mathbb{R}^3) \circledS \mathbb{R}^4$. dargestellt werden kann. Berechne explizit das Inverse eines Gruppenelementes und die adjungierte und koadjungierte Wirkung.

Übung 9.3.4. Zeige, daß das Tangentialbündel TG einer Liegruppe G (als Liegruppe) isomorph zu $G \circledS \mathfrak{g}$ ist (vgl. Übung 9.1.2).

Übung 9.3.5. Nehme in dem relativen Satz von Darboux (Übung 5.1.5) zusätzlich an, daß eine kompakte Liegruppe G auf P wirkt, daß S eine G-invariante Untermannigfaltigkeit ist und sowohl Ω_0 als auch Ω_1 G-invariant sind. Schließe daraus, daß der Diffeomorphismus $\varphi : U \longrightarrow \varphi(U)$ so gewählt werden kann, daß er mit der Wirkung von G vertauscht und daß V und $\varphi(U)$ G-invariant gewählt werden können.

Übung 9.3.6. Verifiziere in der üblichen Vektorschreibweise die vier Formeln für „Kurvenableitungen" für SO(3).

Übung 9.3.7. Zeige unter Verwendung der komplexen Polarzerlegung (Proposition 9.2.10) und der Tatsache, daß SU(n) einfach zusammenhängend ist, daß $SL(n, \mathbb{C})$ ebenfalls einfach zusammenhängend ist.

Übung 9.3.8. Zeige, daß $SL(2, \mathbb{C})$ die einfach zusammenhängende Überlagerung der Zusammenhangskomponente des neutralen Elementes $L_\uparrow^\dagger$ der Lorentzgruppe ist.

10. Poissonmannigfaltigkeiten

Wie schon Lie [1890, Abschnitt 75] gezeigt hat, ist auf dem Dualraum $\mathfrak{g}^*$ einer Liealgebra $\mathfrak{g}$ durch

$$\{F, G\}(\mu) = \left\langle \mu, \left[\frac{\delta F}{\delta \mu}, \frac{\delta G}{\delta \mu}\right] \right\rangle$$

mit $\mu \in \mathfrak{g}^*$ eine Poissonklammer gegeben. Wie wir in der Einleitung gesehen haben, spielt diese *Lie-Poisson-Klammer* eine wichtige Rolle in der Hamiltonschen Beschreibung vieler physikalischer Systeme. Diese Klammer ist keine zu einer symplektischen Struktur auf $\mathfrak{g}^*$ assoziierte Klammer, sondern ein Beispiel für das allgemeinere Konzept einer *Poissonmannigfaltigkeit*. Wir werden aber in Kap. 13 und 14 sehen, wie diese Klammer mit einer symplektischen Struktur auf koadjungierten Orbits und der kanonischen symplektischen Struktur auf T^*G zusammenhängt. Kapitel 15 vertieft dies dann am Beispiel des starren Körpers.

10.1 Die Definition einer Poissonmannigfaltigkeit

In diesem Abschnitt wird der Begriff der symplektischen Mannigfaltigkeit soweit verallgemeinert, daß wir gerade noch die für die Beschreibung von Hamiltonschen Systemen nötigen Eigenschaften der Poissonklammern erhalten. Die Geschichte der Poissonmannigfaltigkeiten wird dadurch kompliziert, daß der Begriff mehrmals unter verschiedenen Bezeichnungen wiederentdeckt wurde. Sie erscheinen in den Arbeiten von Lie [1890], Dirac [1930, 1964], Pauli [1953], Martin [1959], Jost [1964], Arens [1970], Hermann [1973], Sudarshan und Mukunda [1974], Vinogradov und Krasilshchik [1975] und Lichnerowicz [1975b]. Die Bezeichnung *Poissonmannigfaltigkeit* wurde von Lichnerowicz geprägt. Weitere historische Anmerkungen findet man in §10.3.

Definition 10.1.1. *Eine* **Poissonklammer** (*oder* **Poissonstruktur**) *auf einer Mannigfaltigkeit P ist eine bilineare Abbildung $\{\,,\}$ auf $\mathcal{F}(P) = C^\infty(P)$, für die gilt:*

(i) $(\mathcal{F}(P), \{\,,\})$ *ist eine Liealgebra und*

(ii) $\{\,,\}$ *ist in jedem Eingang eine Derivation, d.h., es gilt*

$$\{FG, H\} = \{F, H\}\, G + F\, \{G, H\}$$

für alle F, G und H $\in \mathcal{F}(P)$.

Eine Mannigfaltigkeit P, für die $\mathcal{F}(P)$ mit einer Poissonklammer ausgestattet ist, heißt **Poissonmannigfaltigkeit** .

Eine Poissonmannigfaltigkeit wird mit $(P, \{\,,\})$ oder einfach mit P bezeichnet, wenn dadurch keine Verwechslung möglich ist. Beachte, daß man auf jeder Mannigfaltigkeit durch $\{F, G\} = 0$ für alle $F, G \in \mathcal{F}(P)$ die **triviale Poissonstruktur** definieren kann. Gelegentlich betrachten wir zwei verschiedene Poissonklammern $\{\,,\}_1$ und $\{\,,\}_2$ auf derselben Mannigfaltigkeit. Die so entstehenden verschiedenen Poissonmannigfaltigkeiten bezeichnen wir dann mit $(P, \{\,,\}_1)$ und $(P, \{\,,\}_2)$. Falls Verwechslungen auftreten können, werden wir auch die Bezeichnung $\{\,,\}_P$ für die Klammer auf P verwenden.

Beispiele

Beispiel 10.1.1 (Symplektische Klammer). *Jede symplektische Mannigfaltigkeit ist eine Poissonmannigfaltigkeit.* Die Poissonklammer wird wie in §5.5 über die symplektische Form definiert. Bedingung (ii) in der Definition ist erfüllt, da Vektorfelder Derivationen sind und somit

$$\{FG, H\} = X_H[FG] = FX_H[G] + GX_H[F] = F\{G, H\} + G\{F, H\} \quad (10.1)$$

gilt.

Beispiel 10.1.2 (Lie-Poisson-Klammer). Ist $\mathfrak{g}$ eine Liealgebra, so ist ihr Dualraum $\mathfrak{g}^*$ bezüglich jeder der beiden für $\mu \in \mathfrak{g}^*$ und $F, G \in \mathcal{F}(\mathfrak{g}^*)$ durch

$$\{F, G\}_\pm(\mu) = \pm \left\langle \mu, \left[\frac{\delta F}{\delta \mu}, \frac{\delta G}{\delta \mu}\right] \right\rangle \quad (10.2)$$

definierten **Lie-Poisson-Klammern** $\{\,,\}_+$ und $\{\,,\}_-$ eine Poissonmannigfaltigkeit. Man prüft leicht, daß diese die Eigenschaften für Poissonklammern erfüllen. Die Bilinearität und Schiefsymmetrie sind offensichtlich. Die Derivationseigenschaft der Klammer folgt aus der Leibnizregel für Funktionalableitungen

$$\frac{\delta(FG)}{\delta \mu} = F(\mu)\frac{\delta G}{\delta \mu} + \frac{\delta F}{\delta \mu}G(\mu).$$

Die Jacobiidentität folgt für die Lie-Poisson-Klammer aus der für die Liealgebraklammer und der Formel

$$\pm\frac{\delta}{\delta \mu}\{F, G\}_\pm = \left[\frac{\delta F}{\delta \mu}, \frac{\delta G}{\delta \mu}\right] - \mathbf{D}^2 F(\mu)\left(\mathrm{ad}^*_{\delta G/\delta \mu}\mu, \cdot\right)$$

$$+ \mathbf{D}^2 G(\mu)\left(\mathrm{ad}^*_{\delta F/\delta \mu}\mu, \cdot\right), \quad (10.3)$$

wobei wir daran erinnern, daß für $\xi \in \mathfrak{g}$ wie im letzten Kap. definiert ad_ξ : $\mathfrak{g} \to \mathfrak{g}$ die Abbildung $\mathrm{ad}_\xi(\eta) = [\xi, \eta]$ und $\mathrm{ad}_\xi^* : \mathfrak{g}^* \to \mathfrak{g}^*$ die dazu duale Abbildung ist. In Kap. 13 führen wir einen anderen Beweis, daß (10.2) eine Poissonklammer ist.

Beispiel 10.1.3 (Die Klammer des starren Körpers). Betrachten wir das letzte Beispiel für den Spezialfall der Liealgebra der Drehgruppe $\mathfrak{so}(3) \cong \mathbb{R}^3$ und identifizieren wir $\mathbb{R}^3$ und $(\mathbb{R}^3)^*$ über das übliche Skalarprodukt, so erhalten wir die folgende Poissonstruktur auf dem $\mathbb{R}^3$:

$$\{F, G\}_-(\boldsymbol{\Pi}) = -\boldsymbol{\Pi} \cdot (\nabla F \times \nabla G), \tag{10.4}$$

wobei $\boldsymbol{\Pi} \in \mathbb{R}^3$ ist und der Gradient ∇F von F bei $\boldsymbol{\Pi}$ ausgewertet wird. Die Poissonklammereigenschaften können in diesem Fall durch direktes Nachrechnen gezeigt werden, vgl. Übung 1.2.1. Wir nennen (10.4) die *Klammer des starren Körpers*.

Beispiel 10.1.4 (Die Klammer der idealen Flüssigkeit). Betrachte die Lie-Poisson-Klammer für die Liealgebra $\mathfrak{X}_{\mathrm{div}}(\Omega)$ der divergenzfreien, zu $\partial\Omega$ tangentialen Vektorfelder auf einem Gebiet Ω im $\mathbb{R}^3$ mit dem *Negativen* der Jacobi-Lieklammer als Lieklammer. Wir identifizieren $\mathfrak{X}_{\mathrm{div}}^*(\Omega)$ mit $\mathfrak{X}_{\mathrm{div}}(\Omega)$, indem wir die L^2-Paarung

$$\langle \mathbf{v}, \mathbf{w} \rangle = \int_\Omega \mathbf{v} \cdot \mathbf{w}\, d^3x, \tag{10.5}$$

mit dem gewöhnlichen Skalarprodukt $\mathbf{v} \cdot \mathbf{w}$ des $\mathbb{R}^3$ verwenden. Also ist die $(+)$-Lie-Poisson-Klammer

$$\{F, G\}(\mathbf{v}) = -\int_\Omega \mathbf{v} \cdot \left[\frac{\delta F}{\delta \mathbf{v}}, \frac{\delta G}{\delta \mathbf{v}} \right] d^3x, \tag{10.6}$$

wobei die Funktionalableitung $\delta F/\delta \mathbf{v}$ das durch

$$\lim_{\varepsilon \to 0} \frac{1}{\varepsilon}[F(\mathbf{v} + \varepsilon\delta\mathbf{v}) - F(\mathbf{v})] = \int_\Omega \frac{\delta F}{\delta \mathbf{v}} \cdot \delta\mathbf{v}\, d^3x. \tag{10.7}$$

definierte Element von $\mathfrak{X}_{\mathrm{div}}(\Omega)$ ist.

Beispiel 10.1.5 (Die Poisson-Vlasov-Klammer). Sei $(P, \{\,,\,\}_P)$ eine Poissonmannigfaltigkeit und $\mathcal{F}(P)$ die Liealgebra der Funktionen mit der Poissonklammer. Identifiziere $\mathcal{F}(P)^*$ mit den Dichten $\mathrm{Den}(P)$ auf P. Dann hat die Lie-Poisson-Klammer für $f \in \mathrm{Den}(P)$ die Form

$$\{F, G\}(f) = \int_P f \left\{ \frac{\delta F}{\delta f}, \frac{\delta G}{\delta f} \right\}_P. \tag{10.8}$$

Beispiel 10.1.6 (Die eingeschränkte Lie-Poisson-Klammer). Fixiere $\nu \in \mathfrak{g}^*$ und definiere zu $F, G \in \mathcal{F}(\mathfrak{g}^*)$ die Klammer

$$\{F, G\}^\nu_\pm(\mu) = \pm \left\langle \nu, \left[\frac{\delta F}{\delta \mu}, \frac{\delta G}{\delta \mu} \right] \right\rangle. \tag{10.9}$$

Man prüft die Eigenschaften einer Poissonklammer wie bei der Lie-Poisson-Klammer, der einzige Unterschied ist, daß (10.3) durch

$$\pm \frac{\delta}{\delta \mu} \{F, G\}^\nu_\pm = -\mathbf{D}^2 F(\nu) \left(\mathrm{ad}^*_{\delta G/\delta \mu} \mu, \cdot \right) + \mathbf{D}^2 G(\nu) \left(\mathrm{ad}^*_{\delta F/\delta \mu} \mu, \cdot \right) \tag{10.10}$$

ersetzt wird. Diese Klammer ist vor allem hilfreich, wenn man die Lie-Poisson-Gleichungen in einem Gleichgewichtspunkt linearisiert.[1]

Beispiel 10.1.7 (Die KdV-Klammer). Sei $S = [S^{ij}]$ eine symmetrische Matrix. Definiere auf $\mathcal{F}(\mathbb{R}^n, \mathbb{R}^n)$ die Poissonklammer

$$\{F, G\}(u) = \int_{-\infty}^{\infty} \sum_{i,j=1}^{n} S^{ij} \left[\frac{\delta F}{\delta u^i} \frac{d}{dx} \left(\frac{\delta G}{\delta u^j} \right) - \frac{d}{dx} \left(\frac{\delta G}{\delta u^j} \right) \frac{\delta F}{\delta u^i} \right] dx \tag{10.11}$$

für Funktionen F, G mit $\delta F/\delta u$ und $\delta G/\delta u \to 0$ für $x \to \pm\infty$. Dies definiert eine bei der Untersuchung der KdV-Gleichung und in der Gasdynamik verwendete Poissonstruktur (vgl. Benjamin [1984]).[2] Ist S invertierbar und $S^{-1} = [S_{ij}]$, so ist (10.11) die zu der schwachen symplektischen Form

$$\Omega(u, v) = \frac{1}{2} \int_{-\infty}^{\infty} \sum_{i,j=l}^{n} S_{ij} \left[\left(\int_{-\infty}^{y} u^i(x)\, dx \right) v^j(y) \right.$$

$$\left. - \left(\int_{-\infty}^{y} v^j(x)\, dx \right) u^i(y) \right] dy \tag{10.12}$$

assoziierte Poissonklammer. Dies sieht man leicht ein, wenn man beachtet, daß $X_H(u)$ durch

$$X_H^i(u) = S^{ij} \frac{d}{dx} \frac{\delta H}{\delta u^j} \tag{10.13}$$

gegeben ist.

Beispiel 10.1.8 (Die Klammer des Todagitters). Sei

$$P = \left\{ (\mathbf{a}, \mathbf{b}) \in \mathbb{R}^{2n} \mid a^i > 0,\ i = 1, \dots, n \right\}$$

und betrachte folgende Klammer

---

[1] Vergleiche z.B. Abarbanel, Holm, Marsden und Ratiu [1986].
[2] Dies ist ein Spezialfall von Beispiel 10.1.6 mit den Pseudo-Differentialoperatoren vom Grad ≤ -1 auf der reellen Achse als Liealgebra und mit $\nu = dS/dx$.

$$\{F,G\}(\mathbf{a},\mathbf{b}) = \left[\left(\frac{\partial F}{\partial \mathbf{a}}\right)^T, \left(\frac{\partial F}{\partial \mathbf{b}}\right)^T\right] W \begin{bmatrix} \dfrac{\partial G}{\partial \mathbf{a}} \\[2mm] \dfrac{\partial G}{\partial \mathbf{b}} \end{bmatrix}, \qquad (10.14)$$

wobei $(\partial F/\partial \mathbf{a})^T$ der Zeilenvektor $(\partial F/\partial a^1, \dots, \partial F/\partial a^n)$ usw. ist und

$$W = \begin{bmatrix} 0 & A \\ -A & 0 \end{bmatrix} \quad \text{mit } A = \begin{bmatrix} a^1 & & 0 \\ & \ddots & \\ 0 & & a^n \end{bmatrix}. \qquad (10.15)$$

In den Koordinatenfunktionen a_i, b_j ausgedrückt ist die Klammer (10.14) durch

$$\{a^i, a^j\} = 0, \{b^i, b^j\} = 0,$$
$$\{a^i, b^j\} = \begin{cases} 0 & \text{für } i \neq j \text{ und} \\ a^i & \text{für } i = j \end{cases} \qquad (10.16)$$

gegeben. Man zeigt schnell, daß diese Poissonklammer zu der symplektischen Form

$$\Omega = -\sum_{i=1}^{n} \frac{1}{a^i} da^i \wedge db^i \qquad (10.17)$$

gehört. Die Abbildung $(\mathbf{a}, \mathbf{b}) \mapsto (\log \mathbf{a}^{-1}, \mathbf{b})$ ist ein symplektischer Diffeomorphismus von P nach $\mathbb{R}^{2n}$ mit der kanonischen symplektischen Struktur. Diese symplektische Struktur nennt man meist *erste Poissonstruktur* des nichtperiodischen Todagitters. Wir werden dieses Beispiel in diesem Buch nicht weiter vertiefen, weisen jedoch darauf hin, daß diese Klammer die Einschränkung einer Lie-Poisson-Klammer auf einen bestimmten koadjungierten Orbit der Gruppe der unteren Dreiecksmatrizen ist. Den interessierten Leser verweisen wir für weitere Informationen auf §14.5 von Kostant [1979] und Symes [1980, 1982a, 1982b].

Übungen

Übung 10.1.1. Zeige, wie man zu zwei Poissonmannigfaltigkeiten P_1 und P_2 auf ihrem Produkt $P_1 \times P_2$ ebenfalls die Struktur einer Poissonmannigfaltigkeit definieren kann.

Übung 10.1.2. Zeige direkt die Gültigkeit der Jacobiidentität für eine Lie-Poisson-Klammer.

Übung 10.1.3 (Eine quadratische Klammer). Sei $A = [A^{ij}]$ eine schiefsymmetrische Matrix. Definiere $B^{ij} = A^{ij} x^i x^j$ (keine Summation!) auf $\mathbb{R}^n$. Zeige, daß die folgende Gleichung eine Poissonstruktur definiert:

$$\{F, G\} = \sum_{i,j=1}^{n} B^{ij} \frac{\partial F}{\partial x^i} \frac{\partial G}{\partial x^j}.$$

Übung 10.1.4 (Eine kubische Klammer). Definiere zu $\mathbf{x} = (x^1, x^2, x^3) \in \mathbb{R}^3$

$$\{x^1, x^2\} = \|\mathbf{x}\|^2 x^3,$$
$$\{x^2, x^3\} = \|\mathbf{x}\|^2 x^1,$$
$$\{x^3, x^1\} = \|\mathbf{x}\|^2 x^2.$$

Für $i < j$ und $i, j = 1, 2, 3$ sei $B^{ij} = \{x^i, x^j\}$. Setze $B^{ji} = -B^{ij}$ und definiere

$$\{F, G\} = \sum_{i,j=1}^{n} B^{ij} \frac{\partial F}{\partial x^i} \frac{\partial G}{\partial x^j}.$$

Prüfe nach, daß dadurch $\mathbb{R}^3$ zu einer Poissonmannigfaltigkeit wird.

Übung 10.1.5. Sei $\Phi : \mathfrak{g}^* \to \mathfrak{g}^*$ eine glatte Abbildung und definiere zu $F, H : \mathfrak{g}^* \to \mathbb{R}$

$$\{F, H\}_\Phi (\mu) = \left\langle \Phi(\mu), \left[\frac{\delta F}{\delta \mu}, \frac{\delta H}{\delta \mu} \right] \right\rangle.$$

(a) Zeige, daß dies genau dann eine Poissonklammer auf $\mathfrak{g}^*$ definiert, wenn Φ für alle $\xi, \eta, \zeta \in \mathfrak{g}$ und $\mu \in \mathfrak{g}^*$ die folgende Identität erfüllt:

$$\left\langle \mathbf{D}\Phi(\mu) \cdot \mathrm{ad}_\zeta^*(\mu), [\eta, \xi] \right\rangle + \left\langle \mathbf{D}\Phi(\mu) \cdot \mathrm{ad}_\eta^* \Phi(\mu), [\xi, \zeta] \right\rangle$$
$$+ \left\langle \mathbf{D}\Phi(\mu) \cdot \mathrm{ad}_\xi^* \Phi(\mu), [\zeta, \eta] \right\rangle = 0.$$

(b) Zeige, daß diese Gleichung erfüllt ist, wenn $\Phi(\mu) = \mu$ oder $\Phi(\mu) = \nu$ für ein festes Element von $\mathfrak{g}^*$ ist, wodurch man die Lie-Poisson-Struktur (10.2) bzw. die linearisierte Lie-Poisson-Struktur (10.9) auf $\mathfrak{g}^*$ erhält. Zeige, daß sie ebenfalls für $\Phi(\mu) = a\mu + \nu$ mit festem $a \in \mathbb{R}$ und $\nu \in \mathfrak{g}^*$ gilt.

(c) Sei $\kappa : \mathfrak{g} \times \mathfrak{g} \to \mathbb{R}$ eine schwach nichtausgeartete invariante Bilinearform auf $\mathfrak{g}$ und identifiziere $\mathfrak{g}^*$ durch κ mit $\mathfrak{g}$. Zeige, daß zu einem glatten $\Psi : \mathfrak{g} \to \mathfrak{g}$

$$\{F, H\}_\Psi (\xi) = \kappa(\Psi(\xi), [\nabla F(\xi), \nabla H(\xi)])$$

genau dann eine Poissonklammer ist, wenn

$$\kappa(\mathbf{D}\Psi(\lambda) \cdot [\Psi(\lambda), \zeta], [\eta, \xi]) + \kappa(\mathbf{D}\Psi(\lambda) \cdot [\Psi(\lambda), \eta], [\xi, \zeta])$$
$$+ \kappa(\mathbf{D}\Psi(\lambda) \cdot [\Psi(\lambda), \xi], [\zeta, \eta]) = 0$$

für alle $\lambda, \xi, \eta, \zeta \in \mathfrak{g}$ gilt. Hierbei sind $\nabla F(\xi), \nabla H(\xi) \in \mathfrak{g}$ die Gradienten von F und H bei $\xi \in \mathfrak{g}$ bezüglich κ.
Folgere wie in (b), daß diese Beziehung gilt, wenn $\Psi(\lambda) = a\lambda + \chi$ für ein $a \in \mathbb{R}$ und ein $\chi \in \mathfrak{g}$ ist.

(d) Sei in (c) $\Psi(\lambda) = \nabla\psi(\lambda)$ für eine glatte Funktion $\psi : \mathfrak{g} \to \mathbb{R}$. Zeige, daß $\{\ ,\ \}_\Psi$ genau dann eine Poissonklammer ist, wenn

$$\mathbf{D}^2\psi(\lambda)([\nabla\psi(\lambda),\zeta],[\eta,\xi]) - \mathbf{D}^2\psi(\lambda)(\nabla\psi(\lambda),[\zeta,[\eta,\xi]])$$
$$+\mathbf{D}^2\psi(\lambda)([\nabla\psi(\lambda),\eta],[\xi,\zeta]) - \mathbf{D}^2\psi(\lambda)(\nabla\psi(\lambda),[\eta,[\xi,\zeta]])$$
$$+\mathbf{D}^2\psi(\lambda)([\nabla\psi(\lambda),\xi],[\zeta,\eta]) - \mathbf{D}^2\psi(\lambda)(\nabla\psi(\lambda),[\xi,[\zeta,\eta]]) = 0$$

für alle $\lambda, \xi, \eta, \zeta \in \mathfrak{g}$ gilt. Insbesondere gilt diese Beziehung, falls $\mathbf{D}^2\psi(\lambda)$ für alle λ eine unter der adjungierten Wirkung von G auf $\mathfrak{g}$ invariante Bilinearform ist. Für $\mathfrak{g} = \mathfrak{so}(3)$ und ψ beliebig ist diese Bedingung ebenfalls erfüllt (vgl. Übung 1.3.2).

10.2 Hamiltonsche Vektorfelder und Casimirfunktionen

Hamiltonsche Vektorfelder. Zunächst wollen wir den Begriff des Hamiltonschen Vektorfeldes auf einer symplektischen Mannigfaltigkeit auf Poissonmannigfaltigkeiten übertragen.

Proposition 10.2.1. *Sei P eine Poissonmannigfaltigkeit. Ist $H \in \mathcal{F}(P)$, so gibt es ein eindeutiges Vektorfeld X_H auf P mit*

$$X_H[G] = \{G, H\} \tag{10.18}$$

*für alle $G \in \mathcal{F}(P)$. Wir nennen X_H das **Hamiltonsche Vektorfeld** zu H.*

Beweis. Dies ist eine Folgerung aus der Tatsache, daß jede Derivation auf $\mathcal{F}(P)$ durch ein Vektorfeld dargestellt werden kann. Für festes H ist die Abbildung $G \mapsto \{G, H\}$ eine Derivation und bestimmt somit ein eindeutiges X_H, für das (10.18) gilt. (Im Unendlichdimensionalen braucht man einige zusätzliche technische Bedingungen für diesen Beweis, die wir hier der Kürze wegen übergehen, vgl. Abraham, Marsden und Ratiu [1988, Abschnitt 4.2].) ∎

Beachte, daß (10.18) mit unserer Definition von Poissonklammern im symplektischen Fall übereinstimmt, ist also die Poissonmannigfaltigkeit P symplektisch, ist das hier definierte X_H mit dem in §5.5 definierten identisch.

Proposition 10.2.2. *Die Abbildung $H \mapsto X_H$ von $\mathcal{F}(P)$ nach $\mathfrak{X}(P)$ ist ein Liealgebrenantihomomorphismus, d.h., es gilt*

$$[X_H, X_K] = -X_{\{H,K\}}.$$

Beweis. Unter Verwendung der Jacobiidentität erhalten wir

$$\begin{aligned}
[X_H, X_K][F] &= X_H[X_K[F]] - X_K[X_H[F]] \\
&= \{\{F, K\}, H\} - \{\{F, H\}, K\} \\
&= -\{F, \{H, K\}\} \\
&= -X_{\{H,K\}}[F]. \tag{10.19}
\end{aligned}$$

∎

Die Bewegungsgleichungen in Poissonklammerschreibweise. Als nächstes stellen wir die Gleichung $\dot{F} = \{F, H\}$ für Poissonstrukturen auf.

Proposition 10.2.3. *Sei φ_t ein Fluß auf einer Poissonmannigfaltigkeit P und $H : P \to \mathbb{R}$ eine glatte Funktion auf P. Dann gilt:*

(i) Für jedes $F \in \mathcal{F}(U)$ mit U offen in P ist

$$\frac{d}{dt}(F \circ \varphi_t) = \{F, H\} \circ \varphi_t = \{F \circ \varphi_t, H\}$$

oder kurz

$$\dot{F} = \{F, H\} \text{ für jedes } F \in \mathcal{F}(U), \ U \text{ offen in } P,$$

genau dann, wenn φ_t der Fluß von X_H ist.

(ii) Ist φ_t der Fluß von X_H, dann gilt $H \circ \varphi_t = H$.

Beweis. (i)   Sei $z \in P$. Dann ist

$$\frac{d}{dt}F(\varphi_t(z)) = \mathbf{d}F(\varphi_t(z)) \cdot \frac{d}{dt}\varphi_t(z)$$

und

$$\{F, H\}(\varphi_t(z)) = \mathbf{d}F(\varphi_t(z)) \cdot X_H(\varphi_t(z)).$$

Die zwei Ausdrücke sind nach dem Satz von Hahn-Banach genau dann für jedes $F \in \mathcal{F}(U)$ mit U offen in P gleich, wenn gilt

$$\frac{d}{dt}\varphi_t(z) = X_H(\varphi_t(z)).$$

Dies ist äquivalent dazu, daß $t \mapsto \varphi_t(z)$ die Integralkurve von X_H zur Anfangsbedingung z ist, φ_t ist also der Fluß von X_H.

Ist umgekehrt φ_t der Fluß von X_H, so gilt

$$X_H(\varphi_t(z)) = T_z\varphi_t(X_H(z)),$$

so daß nach der Kettenregel folgt

$$\begin{aligned}
\frac{d}{dt}F(\varphi_t(z)) &= \mathbf{d}F(\varphi_t(z)) \cdot X_H(\varphi_t(z)) \\
&= \mathbf{d}F(\varphi_t(z)) \cdot T_z\varphi_t(X_H(z)) \\
&= \mathbf{d}(F \circ \varphi_t)(z) \cdot X_H(z) \\
&= \{F \circ \varphi_t, H\}(z).
\end{aligned}$$

(ii)   Für den Beweis von (ii) setze $H = F$ in (i). ∎

Korollar 10.2.1. *Sei $G, H \in \mathcal{F}(P)$. Dann ist G genau dann entlang der Integralkurven von X_H konstant, wenn $\{G, H\} = 0$ gilt. Beide Aussagen sind dazu äquivalent, daß H entlang der Integralkurven von X_G konstant ist.*

Unter den Elementen von $\mathcal{F}(P)$ gibt es Funktionen C, für die $\{C, F\} = 0$ für alle $F \in \mathcal{F}(P)$ ist, C also entlang des Flusses eines *jeden* Hamiltonschen Vektorfeldes konstant ist. Dies ist äquivalent zu $X_C = 0$, d.h. dazu, daß C die triviale Dynamik erzeugt. Solche Funktionen heißen ***Casimirfunktionen*** der Poissonstruktur. Sie bilden das Zentrum der Poissonalgebra.[3] Diese Terminologie wird z.B. in Sudarshan und Mukunda [1974] verwendet. H. B. G. Casimir war ein bekannter Physiker, der seine Dissertation (Casimir [1931]) bei Paul Ehrenfest über die Quantenmechanik des starren Körpers schrieb. Ehrenfest wiederum war es, der in *seiner* Dissertation an der Variationsstruktur von idealen Flüssen in Lagrangescher oder materieller Darstellung gearbeitet hat.

Beispiele

Beispiel 10.2.1 (Symplektischer Fall). Auf einer symplektischen Mannigfaltigkeit P ist jede Casimirfunktion konstant auf den Zusammenhangskomponenten von P. Dies gilt, da im symplektischen Fall mit $X_C = 0$ auch $\mathbf{d}C = 0$ gilt und somit C lokal konstant ist.

Beispiel 10.2.2 (Casimirfunktionen des starren Körpers). Setze in Bsp. 10.1.3 $C(\boldsymbol{\Pi}) = \|\boldsymbol{\Pi}\|^2/2$. Dann ist $\nabla C(\boldsymbol{\Pi}) = \boldsymbol{\Pi}$ und nach den Eigenschaften des Spatprodukts gilt für jedes $F \in \mathcal{F}(\mathbb{R}^3)$

$$\{C, F\}(\boldsymbol{\Pi}) = -\boldsymbol{\Pi} \cdot (\nabla C \times \nabla F) = -\boldsymbol{\Pi} \cdot (\boldsymbol{\Pi} \times \nabla F)$$
$$= -\nabla F \cdot (\boldsymbol{\Pi} \times \boldsymbol{\Pi}) = 0.$$

Dies zeigt, daß $C(\boldsymbol{\Pi}) = \|\boldsymbol{\Pi}\|^2/2$ eine Casimirfunktion ist. Ein ähnliches Argument zeigt, daß auch

$$C_\Phi(\boldsymbol{\Pi}) = \Phi\left(\frac{1}{2}\|\boldsymbol{\Pi}\|^2\right) \tag{10.20}$$

eine Casimirfunktion ist, wobei Φ eine beliebige (differenzierbare) Funktion einer Variable ist. Dies zeigt man mit

$$\nabla C_\Phi(\boldsymbol{\Pi}) = \Phi'\left(\frac{1}{2}\|\boldsymbol{\Pi}\|^2\right)\boldsymbol{\Pi}. \tag{10.21}$$

Beispiel 10.2.3 (Helizität). In Beispiel 10.1.4 ist die ***Helizität***

$$C(\mathbf{v}) = \int_\Omega \mathbf{v} \cdot (\nabla \times \mathbf{v})\, d^3x \tag{10.22}$$

eine Casimirfunktion, falls $\partial\Omega = \varnothing$ ist.

---

[3] Das ***Zentrum*** einer Gruppe (oder Algebra) ist die Menge der Elemente, die mit allen anderen Elementen der Gruppe (oder Algebra) kommutieren.

Beispiel 10.2.4 (Poisson-Vlasov-Casimirfunktionen). In Beispiel 10.1.5 ist zu einer gegebenen differenzierbaren Funktion $\Phi : \mathbb{R} \to \mathbb{R}$ die durch

$$C(f) = \int \Phi(f(q,p)) \, dq \, dp \tag{10.23}$$

definierte Abbildung $C : \mathcal{F}(P) \to \mathbb{R}$ eine Casimirfunktion. Hierbei wählen wir P als eine symplektische Mannigfaltigkeit und kürzen das Liouvillemaß mit $dq \, dp = dz$ ab, was wir dann verwenden, um Funktionen und Dichten zu identifizieren.

Ein wenig zur Geschichte der Poissonstrukturen. [4]

Das allgemeine Konzept einer Poissonmannigfaltigkeit basiert auf den am Ende von §8.1 beschriebenen Arbeiten von Lagrange und Poisson und sollte Sophus Lie im Kapitel über „Funktionengruppen" seiner Abhandlung zu Transformationsgruppen zugeschrieben werden, die er um 1880 verfaßte. Lie verwendet das Wort „Gruppe" sowohl für Gruppen als auch für Algebren, insbesondere sollte man hier wohl eher „Funktionenalgebren" statt „Funktionengruppen" übersetzen.

Auf Seite 237 definiert Lie, was wir heute eine Poissonstruktur nennen. Der Titel von Kap. 19 ist „Die koadjungierte Gruppe", die auf S. 334 eingeführt wird. In Kapitel 17 wird auf den Seiten 294-298 eine lineare Poissonstruktur auf dem Dualraum einer Liealgebra definiert, welche heute Lie-Poisson-Struktur genannt wird und „Lies drittes Theorem" für die Menge der regulären Elemente bewiesen. Auf Seite 349 wird unter Verwendung einer Bemerkung auf S. 367 gezeigt, daß die Lie-Poisson-Struktur auf natürliche Weise auf jedem koadjungierten Orbit eine symplektische Struktur induziert. Wie wir in §11.2 nochmals hervorheben werden, findet man bei Lie auch schon viele der Grundideen der Impulsabbildungen, die wir dort definieren. Diese Arbeiten scheinen für viele Jahre vergessen gewesen zu sein.

Aufgrund des oben skizzierten geschichtlichen Hintergrundes prägten Marsden und Weinstein [1983] die heute allgemein übliche Bezeichnung der „Lie-Poisson-Klammer". Nicht klar ist jedoch, ob Lie schon verstanden hat, daß die Lie-Poisson-Klammer durch einen einfachen Reduktionsprozeß entsteht, nämlich von der kanonischen Poissonklammer auf dem Kotangentialbündel T^*G durch den Übergang zu $\mathfrak{g}^*$ aufgefaßt als Quotient T^*G/G induziert wird, wie wir in Kap. 13 ausführlich erklären werden. Die Verbindung zwischen der Geschlossenheit der symplektischen Form und der Jacobiidentität ist ein wenig schwieriger direkt nachzuvollziehen, einige Bemerkungen dazu findet man in Souriau [1970], der sie Maxwell zuschreibt.

Lies Arbeit beginnt mit der Betrachtung von Funktionen $F_1, \ldots, F_r$ auf einer symplektischen Mannigfaltigkeit M mit der Eigenschaft, daß Funktionen G_{ij} von r Variablen existieren, für die

---

[4] Wir danken Hans Duistermaat und Alan Weinstein für ihre Hilfe zu diesem Abschnitt. Der interessierte Leser beachte auch die Arbeit von Weinstein [1983a].

$$\{F_i, F_j\} = G_{ij}(F_1, \ldots, F_r)$$

ist. Zu Lies Zeiten wurden alle betrachteten Funktionen stillschweigend als analytisch angenommen. Die Ansammlung aller Funktionen ϕ von $F_1, \ldots, F_r$ bildet die „Funktionengruppe", die mit der Klammer

$$[\phi, \psi] = \sum_{ij} G_{ij} \phi_i \psi_j \tag{10.24}$$

mit

$$\phi_i = \frac{\partial \phi}{\partial F_i} \quad \text{und} \quad \psi_j = \frac{\partial \psi}{\partial F_j}$$

ausgestattet ist.

Faßt man $F = (F_1, \ldots, F_r)$ als eine Abbildung von M in einen r-dimensionalen Raum P und ϕ und ψ als Funktionen auf P auf, kann man sagen, daß $[\phi, \psi]$ eine Poissonstruktur auf P mit der Eigenschaft

$$F^*[\phi, \psi] = \{F^* \phi, F^* \psi\}$$

ist.

Lie berechnet die aus der Antisymmetrie und der Jacobiidentität für die Klammer $\{\,,\}$ auf M folgenden Gleichungen für die G_{ij}. Dann stellt er die Frage, ob ein gegebenes System von Funktionen G_{ij} in r Variablen wie oben von einer Funktionengruppe von Funktionen von $2n$ Variablen erzeugt wird, wenn es diese Gleichungen erfüllt und zeigt, daß dies unter geeigneten Bedingungen an den Rang der Matrix G_{ij} tatsächlich der Fall ist. Wie wir weiter unten sehen werden, ist dies ein Vorläufer vieler der fundamentalen Ergebnisse über die Geometrie von Poissonmannigfaltigkeiten.

Offensichtlich ist (10.24) eine Poissonstruktur in einem r-dimensionalen Raum, wenn das System G_{ij} die von Lie formulierten Gleichungen erfüllt. Umgekehrt erfüllen für jede Poissonstruktur $[\phi, \psi]$ die Funktionen

$$G_{ij} = [F_i, F_j]$$

diese Gleichungen.

Lie fährt dann mit einigen nicht immer ganz ausformulierten Bemerkungen über lokale Normalformen von Funktionengruppen (d.h. von Poissonstrukturen) mit geeigneten Rangbedingungen fort. Diese ergeben zusammen, daß eine Poissonstruktur von konstantem Rang das gleiche wie eine Blätterung mit symplektischen Blättern ist. Gerade diese Charakterisierung verwendet Lie, um die symplektische Form auf den koadjungierten Orbits zu erhalten. Andererseits wendet er sie nicht auf die Darstellungstheorie an.

Die Untersuchung der Darstellungstheorie von Liegruppen wurde erst später von Schur für $GL(n)$ begonnen und von Elie Cartan für halbeinfache Liealgebren und in den dreißiger Jahren von Weyl für kompakte Liegruppen fortgesetzt. In den Arbeiten von Kirillov und Kostant wurde die symplektische Struktur auf koadjungierten Orbits dann mit der Darstellungstheorie in

Verbindung gebracht. Immerhin hat Lie die Poissonstruktur auf dem Dualraum einer Liealgebra verwendet, um zu beweisen, daß jede abstrakte Liealgebra als eine Liealgebra von Hamiltonschen Vektorfeldern oder als Unterliealgebra der Poissonalgebra der Funktionen auf einer symplektischen Mannigfaltigkeit realisiert werden kann. Dies ist „Lies drittes Fundamentaltheorem"
in seiner ursprünglicher Formulierung.

In der Geometrie befassten sich z.B. Engel, Study und insbesondere Elie
Cartan intensiv mit den Arbeiten von Lie und sorgten für ihre Verbreitung.
Dennoch erscheint im Rückblick Lies Beitrag zu Poissonstrukturen in der
Mechanik nicht gebührend beachtet geworden zu sein. Obwohl Cartan selbst
sehr wichtige Arbeiten zur Mechanik verfasst hat (z.B. Cartan [1923, 1928a,
1928b]), scheint ihm z.B. nicht klar geworden zu sein, daß die Lie-Poisson-
Klammer ein zentrales Objekt zur Hamiltonschen Beschreibung einiger der
von ihm untersuchten rotierenden flüssigen Systeme ist. Andere wie z.B.
Hamel [1904, 1949] beschäftigten sich mit den Arbeiten von Lie und verwendeten diese auch, um wesentliche Beiträge und Erweiterungen zu liefern
(wie für die Untersuchung von nichtholonomen Systemen, einschließlich den
Zwangsbedingungen bei Rollbewegungen), viele andere aktive Arbeitsgrup-
pen schienen sie jedoch zu übergehen. Umso erstaunlicher ist der Beitrag von
Poincaré [1901b, 1910] zum Lagrangeschen Aspekt des Themas, zu dem wir
in Kapitel 13 kommen.

Übungen

Übung 10.2.1. Prüfe explizit die Beziehung $[X_H, X_K] = -X_{\{H,K\}}$ für die
Klammer des starren Körpers.

Übung 10.2.2. Zeige, daß

$$C(f) = \int \Phi(f(q,p))\, dq\, dp$$

eine Casimirfunktion der Poisson-Vlasov-Klammer ist.

Übung 10.2.3. Sei P eine Poissonmannigfaltigkeit und sei $M \subset P$ eine
zusammenhängende Untermannigfaltigkeit mit der Eigenschaft, daß für jedes
$v \in T_x M$ ein Hamiltonsches Vektorfeld X_H auf P existiert, so daß $v = X_H(x)$
gilt, $T_x M$ also durch die Hamiltonschen Vektorfelder aufgespannt wird. Zeige,
daß jede Casimirfunktion auf M konstant ist.

10.3 Eigenschaften von Hamiltonschen Flüssen

Hamiltonsche Flüsse sind Poissonsch.   In §5.4 hatten wir gesehen, daß
der Fluß eines Hamiltonschen Vektorfeldes auf einer symplektischen Mannigfaltigkeit aus symplektischen Transformationen besteht. Wir beweisen nun
die analoge Aussage für den Poissonfall.

Proposition 10.3.1. *Ist φ_t der Fluß von X_H, so gilt*

$$\varphi_t^* \{F, G\} = \{\varphi_t^* F, \varphi_t^* G\},$$

es ist also

$$\{F, G\} \circ \varphi_t = \{F \circ \varphi_t, G \circ \varphi_t\}.$$

Demzufolge erhält der Fluß eines Hamiltonschen Vektorfeldes die Poisson-struktur.

Beweis. Dies ist sogar für zeitabhängige Hamiltonsches Systeme richtig, wie wir später sehen werden, hier werden wir die Aussage jedoch nur für den zeitunabhängigen Fall beweisen. Seien $F, K \in \mathcal{F}(P)$ und sei φ_t der Fluß von X_H. Sei

$$u = \{F \circ \varphi_t, K \circ \varphi_t\} - \{F, K\} \circ \varphi_t.$$

Aufgrund der Bilinearität der Poissonklammer gilt dann

$$\frac{du}{dt} = \left\{ \frac{d}{dt} F \circ \varphi_t, K \circ \varphi_t \right\} + \left\{ F \circ \varphi_t, \frac{d}{dt} K \circ \varphi_t \right\} - \frac{d}{dt} \{F, K\} \circ \varphi_t.$$

Mit Proposition 10.2.3 wird daraus

$$\frac{du}{dt} = \{\{F \circ \varphi_t, H\}, K \circ \varphi_t\} + \{F \circ \varphi_t, \{K \circ \varphi_t, H\}\} - \{\{F, K\} \circ \varphi_t, H\},$$

woraus sich mit der Jacobiidentität dann

$$\frac{du}{dt} = \{u, H\} = X_H[u]$$

ergibt. $u_t = u_0 \circ \varphi_t$ ist die eindeutige Lösung dieser Gleichung. Aus $u_0 = 0$ erhalten wir $u = 0$, was zu zeigen war. ∎

Wie im symplektischen Fall, mit dem das hier gesagte natürlich konsistent ist, erkennt man an diesem Argument die Bedeutung der Jacobiidentität.

Poissonabbildungen.   Eine glatte Abbildung $f : P_1 \to P_2$ zwischen zwei Poissonmannigfaltigkeiten $(P_1, \{,\}_1)$ und $(P_2, \{,\}_2)$ nennt man *kanonisch* oder eine *Poissonabbildung*, falls für alle $F, G \in \mathcal{F}(P_2)$

$$f^* \{F, G\}_2 = \{f^* F, f^* G\}_1$$

gilt. Proposition 10.3.1 zeigt, daß der Fluß eines Hamiltonschen Vektorfeldes aus kanonischen Abbildungen besteht. Wir haben bereits in Kapitel 5 gesehen, daß für zwei symplektische Mannigfaltigkeiten P_1 und P_2 eine Abbildung $f : P_1 \to P_2$ genau dann kanonisch ist, wenn sie symplektisch ist.

Eigenschaften von Poissonabbildungen.   Die nächste Proposition zeigt, daß Poissonabbildungungen Hamiltonsche Flüsse in Hamiltonsche Flüsse überführen.

Proposition 10.3.2. *Sei* $f : P_1 \to P_2$ *eine Poissonabbildung und* $H \in \mathcal{F}(P_2)$. *Ist* φ_t *der Fluß von* X_H *und* ψ_t *der Fluß von* $X_{H \circ f}$, *so gilt*

$$\varphi_t \circ f = f \circ \psi_t \quad \text{und} \quad Tf \circ X_{H \circ f} = X_H \circ f.$$

Ist umgekehrt f *eine Abbildung von* P_1 *nach* P_2 *und sind für alle* $H \in \mathcal{F}(P_2)$ *die Hamiltonschen Vektorfelder* $X_{H \circ f} \in \mathfrak{X}(P_1)$ *und* $X_H \in \mathfrak{X}(P_2)$ f*-verwandt, gilt also*

$$Tf \circ X_{H \circ f} = X_H \circ f,$$

so ist f *kanonisch.*

Beweis. Für jedes $G \in \mathcal{F}(P_2)$ und $z \in P_1$ folgt aus Proposition 10.2.3 (i) und der Definition einer Poissonabbildung, daß

$$\frac{d}{dt} G((f \circ \psi_t)(z)) = \frac{d}{dt} (G \circ f)(\psi_t(z))$$
$$= \{G \circ f, H \circ f\}(\psi_t(z)) = \{G, H\}(f \circ \psi_t)(z)$$

gilt. $(f \circ \psi_t)(z)$ ist also eine Integralkurve von X_H auf P_2 durch den Punkt $f(z)$. Da $(\varphi_t \circ f)(z)$ ebenfalls eine solche Kurve ist, folgt aus der Eindeutigkeit von Integralkurven

$$(f \circ \psi_t)(z) = (\varphi_t \circ f)(z).$$

Die Beziehung $Tf \circ X_{H \circ f} = X_H \circ f$ folgt aus $f \circ \psi_t = \varphi_t \circ f$ durch Ableiten nach der Zeit.

Sei umgekehrt $Tf \circ X_{H \circ f} = X_H \circ f$ für jedes $H \in \mathcal{F}(P_2)$. Nach der Kettenregel gilt dann

$$X_{H \circ f}[F \circ f](z) = \mathbf{d}F(f(z)) \cdot T_z f(X_{H \circ f}(z))$$
$$= \mathbf{d}F(f(z)) \cdot X_H(f(z)) = X_H[F](f(z))$$

und somit $X_{H \circ f}[f^*F] = f^*(X_H[F])$. Also folgt für $G \in \mathcal{F}(P_2)$

$$\{G, H\} \circ f = f^*(X_H[G]) = X_{H \circ f}[f^*G] = \{G \circ f, H \circ f\},$$

und f ist kanonisch.   ■

Übungen

Übung 10.3.1. Weise direkt nach, daß eine Rotation $R : \mathbb{R}^3 \to \mathbb{R}^3$ eine Poissonabbildung für die Klammer des starren Körpers ist.

Übung 10.3.2. Zeige, daß für Poissonmannigfaltigkeiten P_1 und P_2 die Projektion $\pi_1 : P_1 \times P_2 \to P_1$ eine Poissonabbildung ist. Gilt die entsprechende Behauptung für symplektische Abbildungen?

10.4 Der Poissontensor

Definition des Poissontensors.   Die Poissonklammer ist eine Derivation und der Wert der Klammer $\{F, G\}$ bei $z \in P$ (und somit genauso $X_F(z)$) hängt von F nur über $\mathbf{d}F(z)$ ab (vgl. Theorem 4.2.16 in Abraham, Marsden und Ratiu [1988] für derartige Argumente). Also gibt es einen kontravarianten antisymmetrischen 2-Tensor

$$B : T^*P \times T^*P \to \mathbb{R},$$

so daß

$$B(z)(\alpha_z, \beta_z) = \{F, G\}(z)$$

mit $\mathbf{d}F(z) = \alpha_z$ und $\mathbf{d}G(z) = \beta_z \in T_z^*P$. Diesen Tensor B nennt man eine *kosymplektische* oder auch eine **Poissonstruktur**. In lokalen Koordinaten $(z^1, \ldots, z^n)$ ist B durch seine Matrixelemente $\{z^I, z^J\} = B^{IJ}(z)$ gegeben und die Klammer wird zu

$$\{F, G\} = B^{IJ}(z)\frac{\partial F}{\partial z^I}\frac{\partial G}{\partial z^J}. \tag{10.25}$$

Sei $B^\sharp : T^*P \to TP$ die zu B assoziierte Vektorbündelabbildung

$$B(z)(\alpha_z, \beta_z) = \left\langle \alpha_z, B^\sharp(z)(\beta_z) \right\rangle.$$

Im Einklang mit unseren früheren Bezeichnungen $\dot{F} = \{F, H\}$ ist das Hamiltonsche Vektorfeld durch $X_H(z) = B_z^\sharp \cdot \mathbf{d}H(z)$ gegeben, denn $\dot{F}(z) = \mathbf{d}F(z) \cdot X_H(z)$ und es ist

$$\{F, H\}(z) = B(z)(\mathbf{d}F(z), \mathbf{d}H(z)) = \langle \mathbf{d}F(z), B^\sharp(z)(\mathbf{d}H(z)) \rangle.$$

Ein Vergleich dieser beiden Ausdrücke liefert die Behauptung.

Koordinatendarstellung.   Die Darstellung $\{z^I, z^J\} = B^{IJ}(z)$ ist eine nützliche Art, eine Klammer im Endlichdimensionalen anzugeben. Die Jacobiidentität folgt dann aus den Spezialfällen

$$\left\{\{z^I, z^J\}, z^K\right\} + \left\{\{z^K, z^I\}, z^J\right\} + \left\{\{z^J, z^K\}, z^I\right\} = 0,$$

die zu den folgenden Differentialgleichungen äquivalent sind:

$$B^{LI}\frac{\partial B^{JK}}{\partial z^L} + B^{LJ}\frac{\partial B^{KI}}{\partial z^L} + B^{LK}\frac{\partial B^{IJ}}{\partial z^L} = 0 \tag{10.26}$$

(die Terme sind zyklisch in I, J, K). Schreiben wir $X_H[F] = \{F, H\}$ in Koordinaten aus, erhalten wir

$$X_H^I\frac{\partial F}{\partial z^I} = B^{JK}\frac{\partial F}{\partial z^J}\frac{\partial H}{\partial z^K}$$

und somit

$$X_H^I = B^{IJ} \frac{\partial H}{\partial z^J}.$$ (10.27)

Nach diesem Ausdruck sollten wir uns B^{IJ} als die negative Inverse der symplektischen Matrix denken, was im nichtausgearteten Fall auch völlig richtig ist. Schreiben wir nämlich

$$\Omega(X_H, v) = \mathbf{d}H \cdot v$$

in Koordinaten aus, erhalten wir

$$\Omega_{IJ} X_H^I v^J = \frac{\partial H}{\partial z^J} v^J, \quad \text{d.h.,} \quad \Omega_{IJ} X_H^I = \frac{\partial H}{\partial z^J}.$$

Bezeichnet $[\Omega^{IJ}]$ das Inverse von $[\Omega_{IJ}]$, ergibt dies

$$X_H^I = \Omega^{JI} \frac{\partial H}{\partial z^J}.$$ (10.28)

Ein Vergleich von (10.27) und (10.28) liefert

$$B^{IJ} = -\Omega^{IJ}.$$

Denken wir daran, daß die Matrix von $\Omega^\sharp$ die Inverse von der von $\Omega^\flat$ und die Matrix von $\Omega^\flat$ die *negative* von der von Ω ist, erhalten wir $B^\sharp = \Omega^\sharp$.

Beweisen wir dies abstrakt. Der grundlegende Zusammenhang zwischen dem Poissontensor B und der symplektischen Form Ω ist die Tatsache, daß sie auf dieselbe Poissonklammer

$$\{F, H\} = B(\mathbf{d}F, \mathbf{d}H) = \Omega(X_F, X_H)$$

führen, d.h., daß

$$\langle \mathbf{d}F, B^\sharp \mathbf{d}H \rangle = \langle \mathbf{d}F, X_H \rangle$$

gilt. Doch wegen

$$\Omega(X_H, v) = \mathbf{d}H \cdot v$$

gilt weiter

$$\langle \Omega^\flat X_H, v \rangle = \langle \mathbf{d}H, v \rangle,$$

mit $\Omega^\sharp = (\Omega^\flat)^{-1}$ also

$$X_H = \Omega^\sharp \mathbf{d}H.$$

Also ist $B^\sharp \mathbf{d}H = \Omega^\sharp \mathbf{d}H$ für alle H und demzufolge

$$B^\sharp = \Omega^\sharp.$$

Koordinatendarstellung von Poissonabbildungen.   Wir haben gesehen, daß die Matrix $[B^{IJ}]$ des Poissontensors B das Differential

$$dH = \frac{\partial H}{\partial z^I} dz^I$$

einer Funktion in das zugehörige Hamiltonsche Vektorfeld überführt, wie auch schon in Kap. 1 skizziert. Es macht ebenfalls Sinn, das grundlegende Konzept der Poissonabbildung in Koordinaten auszudrücken.

Sei $f : P_1 \to P_2$ eine Poissonabbildung, d.h. $\{F \circ f, G \circ f\}_1 = \{F, G\}_2 \circ f$. Schreiben wir in Koordinaten z^I auf P_1 und w^K auf P_2 die Abbildung f als $w^K = w^K(z^I)$, wird diese Gleichung zu

$$\frac{\partial}{\partial z^I}(F \circ f)\frac{\partial}{\partial z^J}(G \circ f)B_1^{IJ}(z) = \frac{\partial F}{\partial w^K}\frac{\partial G}{\partial w^L}B_2^{KL}(w).$$

Nach der Kettenregel ist dies äquivalent zu

$$\frac{\partial F}{\partial w^K}\frac{\partial w^K}{\partial z^I}\frac{\partial G}{\partial w^L}\frac{\partial w^L}{\partial z^J}B_1^{IJ}(z) = \frac{\partial F}{\partial w^K}\frac{\partial G}{\partial w^L}B_2^{KL}(w).$$

Da F und G beliebig waren, ist f genau dann eine Poissonabbildung, wenn

$$B_1^{IJ}(z)\frac{\partial w^K}{\partial z^I}\frac{\partial w^L}{\partial z^J} = B_2^{KL}(w)$$

gilt. Fassen wir $B_1(z)$ als eine Abbildung $B_1(z) : T_z^* P_1 \times T_z^* P_1 \to \mathbb{R}$ auf, heißt dies koordinatenfrei ausgedrückt

$$B_1(z)(T_z^* f \cdot \alpha_w, T_z^* f \cdot \beta_w) = B_2(w)(\alpha_w, \beta_w) \tag{10.29}$$

mit $\alpha_w, \beta_w \in T_w^* P_2$ und $f(z) = w$. In Analogie mit dem Begriff für Vektorfelder nennen wir B_1 und B_2 f-**verwandt**, kurz $B_1 \sim_f B_2$, wenn (10.29) gilt. Somit ist f genau dann eine Poissonabbildung, wenn

$$B_1 \sim_f B_2. \tag{10.30}$$

Die Lieableitung des Poissontensors.   Die nächste Proposition ist äquivalent zu der Aussage, daß der Fluß von Hamiltonschen Vektorfeldern aus Poissonabbildungen besteht.

Proposition 10.4.1. *Für jede Funktion* $H \in \mathcal{F}(P)$ *gilt* $\pounds_{X_H}B = 0$.

Beweis.   Nach der Definition des Poissontensors gilt

$$B(dF, dG) = \{F, G\} = X_G[F]$$

für alle lokal definierten Funktionen F und G auf P. Also ist

$$\pounds_{X_H}(B(dF, dG)) = \pounds_{X_H}\{F, G\} = \{\{F, G\}, H\}.$$

Da die Lieableitung eine Derivation ist, gilt mit der Jacobiidentität

$$\mathcal{L}_{X_H}(B(\mathbf{d}F, \mathbf{d}G))$$
$$= (\mathcal{L}_{X_H}B)(\mathbf{d}F, \mathbf{d}G) + B(\mathcal{L}_{X_H}\mathbf{d}F, \mathbf{d}G) + B(\mathbf{d}F, \mathcal{L}_{X_H}\mathbf{d}G)$$
$$= (\mathcal{L}_{X_H}B)(\mathbf{d}F, \mathbf{d}G) + B(\mathbf{d}\{F, H\}, \mathbf{d}G) + B(\mathbf{d}F, \mathbf{d}\{G, H\})$$
$$= (\mathcal{L}_{X_H}B)(\mathbf{d}F, \mathbf{d}G) + \{\{F, H\}, G\} + \{F, \{G, H\}\}$$
$$= (\mathcal{L}_{X_H}B)(\mathbf{d}F, \mathbf{d}G) + \{\{F, G\}, H\}.$$

Somit folgt $(\mathcal{L}_{X_H}B)(\mathbf{d}F, \mathbf{d}G) = 0$ für alle lokal definierten Funktionen $F, G \in \mathcal{F}(U)$. Da jedes Element von T_z^*P als $\mathbf{d}F(z)$ für ein $F \in \mathcal{F}(U)$ mit U offen in P dargestellt werden kann, folgt $\mathcal{L}_{X_H}B = 0$. ∎

Der Satz von Pauli-Jost.   Ist der Poissontensor B stark nichtausgeartet, definiert er für alle $z \in P$ einen Isomorphismus $B^\sharp : \mathbf{d}F(z) \mapsto X_F(z)$ von T_z^*P auf T_zP. Dann ist P symplektisch und die symplektische Form Ω ist für lokal definierte Hamiltonsche Vektorfelder X_F und X_G durch $\Omega(X_F, X_G) = \{F, G\}$ gegeben. Aus der Jacobiidentität erhält man $\mathbf{d}\Omega = 0$, vgl. Übung 5.5.1. Dies ist der **Satz von Pauli-Jost**, nach Pauli [1953] und Jost [1964].

Man ist versucht, die obige Bedingung der Nichtausgeartetheit in einer etwas schwächeren Form zu formulieren, die sich nur auf die Poissonklammer bezieht: *Sei V eine offene Teilmenge von P. Für $F \in \mathcal{F}(V)$ gelte $\mathbf{d}F = 0$ auf V, F sei also konstant auf den Zusammenhangskomponenten von V, wenn $\{F, G\} = 0$ für alle $G \in \mathcal{F}(U)$ und alle offenen Teilmengen U von V ist.* Aus dieser Bedingung folgt jedoch noch *nicht*, daß P symplektisch ist, wie das folgende Gegenbeispiel zeigt: Sei $P = \mathbb{R}^2$ mit der Poissonklammer

$$\{F, G\}(x, y) = y\left(\frac{\partial F}{\partial x}\frac{\partial G}{\partial y} - \frac{\partial F}{\partial y}\frac{\partial G}{\partial x}\right).$$

Ist $\{F, G\} = 0$ für alle G, dann muß F auf der oberen wie auf der unteren Halbebene und wegen der Stetigkeit dann auch auf ganz $\mathbb{R}^2$ konstant sein. $\mathbb{R}^2$ mit dieser Poissonstruktur ist jedoch offensichtlich nicht symplektisch.

Die charakteristische Distribution.   Die Teilmenge $B^\sharp(T^*P)$ von TP nennt man die charakteristische **Distribution** der Poissonstruktur. Im allgemeinen muß es kein Unterbündel von TP sein. Beachte, daß die Schiefsymmetrie des Tensors B äquivalent zu $(B^\sharp)^* = -B^\sharp$ ist, wobei $(B^\sharp)^* : T^*P \to TP$ die duale Abbildung zu $B^\sharp$ ist. Ist P endlichdimensional, definiert man den **Rang** der Poissonstruktur in einem Punkt $z \in P$ als den Rang von $B^\sharp(z) : T_z^*P \to T_zP$. In lokalen Koordinate ist dies der Rang der Matrix $\left[B^{IJ}(z)\right]$. Da der Fluß eines Hamiltonschen Vektorfeldes die Poissonstruktur erhält, ist der Rang entlang eines solchen konstant. Eine Poissonstruktur, deren Rang überall gleich der Dimension der Mannigfaltigkeit ist, ist nichtausgeartet und somit symplektisch.

Poissonsche Immersionen und Unterpoissonmannigfaltigkeiten.
Eine injektiv immersierte Untermannigfaltigkeit $i : S \to P$ nennt man eine
Poissonsche Immersion, wenn jedes auf einer offenen, $i(S)$ enthaltenden
Teilmenge von P definierte Hamiltonsche Vektorfeld in jedem Punkt $i(z)$ für
$z \in S$ im Bild von $T_z i$ liegt. Dies ist äquivalent zu der folgenden Behauptung:

Proposition 10.4.2. *Eine Immersion $i : S \to P$ ist genau dann Poissonsch,
wenn die folgende Bedingung erfüllt ist. Sind $F, G : V \subset S \to \mathbb{R}$, wobei V
offen in S ist, und sind $\overline{F}, \overline{G} : U \to \mathbb{R}$ Fortsetzungen von $F \circ i^{-1}, G \circ i^{-1} :
i(V) \to \mathbb{R}$ auf eine offene Umgebung U von $i(V)$ in P, dann ist $\{\overline{F}, \overline{G}\}|i(V)$
wohldefiniert und von der Fortsetzung unabhängig. Die immersierte Unter-
mannigfaltigkeit S ist somit mit einer induzierten Poissonstruktur ausgestattet, und $i : S \to P$ wird zu einer Poissonabbildung.*

Beweis. Ist $i : S \to P$ eine injektiv immersierte Poissonmannigfaltigkeit,
so gilt

$$\{\overline{F}, \overline{G}\}(i(z)) = \mathbf{d}\overline{F}(i(z)) \cdot X_{\overline{G}}(i(z)) = \mathbf{d}\overline{F}(i(z)) \cdot T_z i(v)$$
$$= \mathbf{d}(\overline{F} \circ i)(z) \cdot v = \mathbf{d}F(z) \cdot v,$$

wobei $v \in T_z S$ der eindeutig bestimmte Vektor ist, der $X_{\overline{G}}(i(z)) = T_z i(v)$
erfüllt. Also ist $\{\overline{F}, \overline{G}\}(i(z))$ von der Fortsetzung $\overline{F}$ von $F \circ i^{-1}$ unabhängig.
Aufgrund der Schiefsymmetrie der Klammer ist diese ebenfalls von der Fort-
setzung $\overline{G}$ von $G \circ i^{-1}$ unabhängig. Man kann also eine Poissonstruktur auf
S definieren, indem man für jede offene Teilmenge V von S

$$\{F, G\} = \{\overline{F}, \overline{G}\}|i(V)$$

setzt. Auf diese Weise wird $i : S \to P$ zu einer Poissonabbildung, da nach
der obigen Rechnung $X_{\overline{G}}(i(z)) = T_z i(X_G)$ ist.

Erfüllt die Klammer umgekehrt die oben formulierte Bedingung und ist
$H : U \to P$ eine auf einer offenen, $i(S)$ schneidenden Teilmenge U von P
definierte Hamiltonfunktion, so ist S nach dem schon bewiesenen eine Poissonmannigfaltigkeit und $i : S \to P$ eine Poissonabbildung. Da i Poissonsch
ist, gilt für $z \in S$ mit $i(z) \in U$

$$X_H(i(z)) = T_z i(X_{H \circ i}(z))$$

und demzufolge liegt $X_H(i(z))$ im Bild von $T_z i$, wodurch gezeigt ist, daß
$i : S \to P$ eine Poissonsche Immersion ist.   ∎

Ist $S \subset P$ eine Untermannigfaltigkeit von P und die Inklusion i Poissonsch, nennen wir S eine *Unterpoissonmannigfaltigkeit* von P. Beachte,
daß die einzigen immersierten Unterpoissonmannigfaltigkeiten einer symplektischen Mannigfaltigkeit solche sind, deren Bild offen in P ist, denn für jede
(schwach) symplektische Mannigfaltigkeit P gilt

$$T_z P = \{\, X_H(z) \mid H \in \mathcal{F}(U),\ U \text{ offen in } P \,\}.$$

Beachte ferner, daß jedes Hamiltonsche Vektorfeld zu einer Unterpoissonmannigfaltigkeit tangential sein muß und daß die einzigen Unterpoissonmannigfaltigkeiten einer symplektischen Mannigfaltigkeit P deren offene Teilmengen sind.

Symplektische Stratifizierungen. Wir kommen nun zu einem wichtigen Ergebnis, das besagt, daß jede Poissonmannigfaltigkeit eine Vereinigung von symplektischen Mannigfaltigkeiten ist, von denen jede eine Unterpoissonmannigfaltigkeit ist.

Definition 10.4.1. *Sei P eine Poissonmannigfaltigkeit. Zwei Punkte $z_1, z_2 \in P$ befinden sich auf demselben **symplektischen Blatt** von P, wenn es eine stückweise glatte Kurve in P gibt, die z_1 und z_2 verbindet und deren Abschnitte Trajektorien von lokal definierten Hamiltonschen Vektorfeldern sind. Dies ist offensichtlich eine Äquivalenzrelation. Die zugehörigen Äquivalenzklassen heißen symplektische Blätter. Das symplektische Blatt, das den Punkt z enthält, wird mit Σ_z bezeichnet.*

Satz 10.4.1 (Symplektische Stratifizierung). *Sei P eine endlichdimensionale Poissonmannigfaltigkeit. Dann ist P die disjunkte Vereinigung seiner symplektischen Blätter. Jedes symplektische Blatt in P ist eine injektiv immersierte Unterpoissonmannigfaltigkeit und die auf dem Blatt induzierte Poissonstruktur ist symplektisch. Die Dimension des Blattes durch einen Punkt z ist gleich dem Rang der Poissonstruktur in diesem Punkt, und der Tangentialraum an das Blatt im Punkt z ist die Menge*

$$B^{\#}(z)(T_z^* P) = \{\, X_H(z) \mid H \in \mathcal{F}(U),\ U \text{ offen in } P \,\}.$$

Wir zeigen in Abb. 10.1 das Bild, das man sich von den symplektischen Blättern machen sollte. Man beachte insbesondere, daß die Dimension der symplektischen Blätter durch einen Punkt nicht konstant sein muß.

Die Poissonklammer auf P kann man dann auch folgendermaßen beschreiben.

> *Um die Poissonklammer von F und G in $z \in P$ zu berechnen, schränkt man F und G auf das symplektische Blatt Σ_z durch z ein und berechnet dann deren Klammer in z auf Σ_z (im Sinne der Klammer auf einer symplektischen Mannigfaltigkeit).*

Beachte auch, daß Casimirfunktionen auf symplektischen Blättern konstant sind, da die charakteristische Distribution im Kern ihres Differentials liegt.

Um ein Gefühl für den geometrischen Inhalt des Satzes über die symplektische Stratifizierung zu erhalten, wollen wir ihn zunächst unter der zusätzlichen Voraussetzung beweisen, daß die charakteristische Distribution ein glattes Untervektorbündel von TP ist. Dies ist der ursprünglich von Lie [1890] untersuchte Fall. Im Endlichdimensionalen ist dies z.B. erfüllt, wenn der Rang

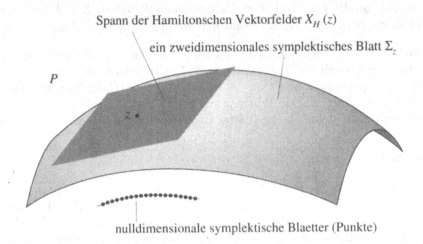

Spann der Hamiltonschen Vektorfelder $X_H(z)$

ein zweidimensionales symplektisches Blatt Σ_z

P

nulldimensionale symplektische Blaetter (Punkte)

Abb. 10.1. Die symplektischen Blätter einer Poissonmannigfaltigkeit.

der Poissonstruktur konstant ist. Nach der Jacobiidentität ist die charakteristische Distribution involutiv und nach dem Satz von Frobenius somit integrabel. Also ist P in injektiv immersierte Untermannigfaltigkeiten geblättert, deren Tangentialraum in jedem Punkt mit dem von allen in z ausgewerteten Hamiltonschen Vektorfeldern aufgespannten Raum übereinstimmt. Also ist jedes solche Blatt Σ eine immersierte Unterpoissonmannigfaltigkeit von P. Definiere auf Σ durch

$$\Omega(z)(X_F(z), X_G(z)) = \{F, G\}(z)$$

eine 2-Form Ω für Funktionen F, G, die auf einer Umgebung von z in P definiert sind. Beachte, daß Ω wegen der Jacobiidentität geschlossen ist (Übung 5.5.1). Ist

$$0 = \Omega(z)(X_F(z), X_G(z)) = \mathbf{d}F(z) \cdot X_G(z)$$

für alle lokal definierten G, so gilt nach dem Satz von Hahn-Banach

$$\mathbf{d}F(z)|T_z\Sigma = \mathbf{d}(F \circ i)(z) = 0.$$

Demzufolge ist

$$0 = X_{F \circ i}(z) = T_z i(X_F(z)) = X_F(z),$$

denn Σ ist eine Unterpoissonmannigfaltigkeit von P und die Inklusion $i :$ $\Sigma \to P$ ist eine Poissonabbildung, was zeigt, daß Ω schwach nichtausgeartet ist und den Satz für diesen Fall konstanten Ranges somit beweist.

Der allgemeine Fall wurde von Kirillov [1976a] bewiesen und ist wesentlich schwieriger, da für differenzierbare Distributionen, die keine Unterbündel sind, Integrabilität und Involutivität nicht äquivalent sind. Wir beweisen diesen Fall in den Internetergänzungen.

Proposition 10.4.3. *Ist P eine Poissonmannigfaltigkeit, $\Sigma \subset P$ ein symplektisches Blatt und C eine Casimirfunktion, so ist C auf Σ konstant.*

Beweis. Wäre C nicht lokal konstant auf Σ, so müsste ein Punkt $z \in \Sigma$ mit $\mathbf{d}C(z) \cdot v \neq 0$ für ein $v \in T_z\Sigma$ existieren. $T_z\Sigma$ wird jedoch von den $X_k(z)$ mit $k \in \mathcal{F}(P)$ aufgespannt und somit ist $\mathbf{d}C(z) \cdot X_k(z) = \{C, K\}(z) = 0$, woraus $\mathbf{d}C(z) \cdot v = 0$ folgt, was ein Widerspruch ist. Also ist C lokal konstant auf Σ und somit auch global, da die Blätter zusammenhängend sind.   ∎

Beispiele

Beispiel 10.4.1. Sei $P = \mathbb{R}^3$ mit der Klammer des starren Körpers. Dann sind die symplektischen Blätter Sphären um den Ursprung. Der Ursprung selbst ist ein singuläres Blatt in dem Sinne, daß die Poissonstruktur dort den Rang Null hat. Wie wir später sehen werden, gilt allgemein, daß die symplektischen Blätter in $\mathfrak{g}^*$ mit der Lie-Poisson-Klammer die koadjungierten Orbits sind.

Beispiel 10.4.2. Symplektische Blätter müssen keine Untermannigfaltigkeiten sein, und man kann auch nicht schließen, daß die Poissonstruktur nichtausgeartet ist, wenn alle Casimirfunktionen Konstanten sind. Betrachte z.B. den 3-Torus $\mathbb{T}^3$ mit einer Blätterung der Kodimension 1 mit dichten Blättern, wie man sie erhält, wenn man die Blätter als das Produkt von $\mathbb{T}^1$ mit einem Blatt des irrationalen Flusses auf $\mathbb{T}^2$ wählt. Das gewöhnliche Flächenelement definiert eine symplektische Form auf diesen Blättern und somit eine Poissonstruktur auf $\mathbb{T}^3$, indem man diese Blätter als die symplektischen definiert. Dann ist jede Casimirfunktion konstant, obwohl die Poissonstruktur ausgeartet ist.

Der Satz von Poisson-Darboux.   Im Zusammenhang mit dem Satz von der symplektischen Stratifizierung gibt es ein Analogon des Satzes von Darboux. Um dieses zu formulieren, erinnern wir zunächst an Übung 10.3.2, in der wir auf dem Produkt $P_1 \times P_2$ zweier Poissonmannigfaltigkeiten P_1 und P_2 eine Poissonstruktur definierten, indem wir forderten, daß die Projektionen $\pi_1 : P_1 \times P_2 \to P$ und $\pi_2 : P_1 \times P_2 \to P_2$ Poissonabbildungen und $\pi_1^*(\mathcal{F}(P_1))$ und $\pi_2^*(\mathcal{F}(P_2))$ kommutierende Unteralgebren von $\mathcal{F}(P_1 \times P_2)$ sind. Gelten in Koordinaten die Relationen $\{z^I, z^J\} = B^{IJ}(z)$ und $\{w^I, w^J\} = C^{IJ}(w)$ auf P_1 bzw. P_2, so definieren diese eine Klammer auf den Funktionen von z^I und w^J, wenn wir zusätzlich die Relation $\{z^I, w^J\} = 0$ fordern.

Satz 10.4.2 (Lie-Weinstein). *Sei z_0 ein Punkt einer Poissonmannigfaltigkeit P. Dann gibt es eine Umgebung U von z_0 in P und einen Isomorphismus $\varphi = \varphi_S \times \varphi_N : U \to S \times N$, wobei S symplektisch und N Poissonsch ist und der Rang von N in $\varphi_N(z_0)$ verschwindet. Die Faktoren S und N sind bis auf lokale Isomorphismen eindeutig. Ist darüber hinaus der Rang der Poissonmannigfaltigkeit um z_0 konstant, so gibt es Koordinaten*

$(q^1, \ldots, q^k, p_1, \ldots, p_k, y^1, \ldots, y^l)$ *um* z_0, *die die kanonischen Vertauschungsrelationen*

$$\{q^i, q^j\} = \{p_i, p_j\} = \{q^i, y^j\} = \{p_i, y^j\} = 0, \ \{q^i, p_j\} = \delta^i_j$$

erfüllen.

Im Beweis dieses Satzes kann man die Mannigfaltigkeit S als das symplektische Blatt von P durch z_0 und N lokal als eine beliebige Untermannigfaltigkeit von P wählen, die transversal zu S liegt und für die $S \cap N = \{z_0\}$ gilt. In vielen Fällen ist die transversale Struktur auf N eine Lie-Poisson-Struktur. Vgl. Weinstein [1983b] für den Beweis dieses Satzes und verwandte Ergebnisse. Der zweite Teil des Satzes geht auf Lie [1890] zurück. In den wichtigsten Beispielen in diesem Buch benötigen wir keine genauere lokale Untersuchung ihrer Poissonstruktur, weshalb wir auf eine vertiefte Betrachtung der lokalen Struktur von Poissonmannigfaltigkeiten verzichten.

Übungen

Übung 10.4.1. Sei P eine Poissonmannigfaltigkeit und $H \in \mathcal{F}(P)$. Zeige, daß der Fluß φ_t von X_H die symplektischen Blätter von P erhält.

Übung 10.4.2. Sei $(P, \{ \, , \, \})$ eine Poissonmannigfaltigkeit mit Poissontensor $B \in \Omega_2(P)$. Sei

$$B^\sharp : T^*P \to TP, \quad B^\sharp(\mathbf{d}H) = X_H$$

die induzierte Bündelabbildung. Wir bezeichnen die auf den Schnitten induzierte Abbildung mit demselben Symbol $B^\sharp : \Omega^1(P) \to \mathfrak{X}(P)$. Per Definition ist

$$B(\mathbf{d}F, \mathbf{d}H) = \langle \mathbf{d}F, B^\sharp(\mathbf{d}H) \rangle = \{F, H\}\,.$$

Definiere $\alpha^\sharp := B^\sharp(\alpha)$ und für $\alpha, \beta \in \Omega^1(P)$

$$\{\alpha, \beta\} = -\pounds_{\alpha^\sharp}\beta + \pounds_{\beta^\sharp}\alpha - \mathbf{d}(B(\alpha, \beta))\,.$$

(a) Zeige, daß

$$B(\alpha, \beta) = \Omega(\alpha^\sharp, \beta^\sharp)$$

gilt, wenn die Poissonklammer auf P durch eine symplektische Form Ω induziert ist, d.h. falls $B^\sharp = \Omega^\sharp$ ist.

(b) Zeige, daß für alle $F, G \in \mathcal{F}(P)$

$$\{F\alpha, G\beta\} = FG\{\alpha, \beta\} - F\alpha^\sharp[G]\beta + G\beta^\sharp[F]\alpha$$

gilt.

(c) Zeige, daß für alle $F, G \in \mathcal{F}(P)$

$$\mathbf{d}\{F, G\} = \{\mathbf{d}F, \mathbf{d}G\}$$

gilt.

(d) Zeige, daß $\{\alpha, \beta\} = \mathbf{d}(B(\alpha, \beta))$ ist, wenn $\alpha, \beta \in \Omega^1(P)$ geschlossen sind.

(e) Verwende $\pounds_{X_H} B = 0$, um zu zeigen, daß $\{\alpha, \beta\}^\sharp = -[\alpha^\sharp, \beta^\sharp]$ ist.

(f) Zeige, daß $(\Omega^1(P), \{\,,\,\})$ eine Liealgebra ist, also die Gültigkeit der Jacobiidentität.

Übung 10.4.3 (Weinstein [1983b]). Sei P eine Mannigfaltigkeit und X, Y zwei linear unabhängige kommutierende Vektorfelder. Zeige, daß

$$\{F, K\} = X[F]Y[K] - Y[F]X[K]$$

eine Poissonklammer auf P definiert. Zeige weiter, daß

$$X_H = Y[H]X - X[H]Y$$

gilt. Zeige, daß die symplektischen Blätter zweidimensional sind und ihre Tangentialräume durch X und Y aufgespannt werden. Zeige, wie man durch diese Konstruktion Beispiel 10.4.2 erhält.

10.5 Quotienten von Poissonmannigfaltigkeiten

Wir stellen in diesem Abschnitt die einfachste Version einer allgemeinen Konstruktion von Poissonmannigfaltigkeiten auf Grundlage vorhandener Symmetrien vor, die die ersten Schritte des Verfahrens der **Reduktion** bildet.

Der Satz zur Poissonreduktion. Sei G eine Liegruppe, die auf eine Poissonmannigfaltigkeit durch Poissonabbildungen wirkt, d.h. jede Abbildung $\Phi_g : P \to P$ sei Poissonsch. Die Wirkung sei weiterhin als frei und eigentlich angenommen, so daß der Quotientenraum P/G eine glatte Mannigfaltigkeit und die Projektion $\pi : P \to P/G$ eine Submersion ist (vgl. die Diskussion zu diesen Punkten in §9.3).

Satz 10.5.1. *Unter obigen Annahmen gibt es eine eindeutige Poissonstruktur auf P/G, so daß π eine Poissonabbildung ist. (Vgl. Abb. 10.2.)*

Beweis. Nehmen wir zunächst an, daß auf P/G eine Poissonklammer existiert und zeigen die Eindeutigkeit. Daß π Poissonsch ist, bedeutet, daß für zwei Funktionen $f, k : P/G \to \mathbb{R}$

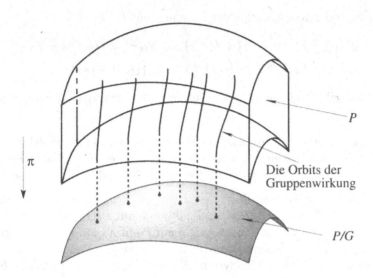

Abb. 10.2. Der Quotient einer Poissonmannigfaltigkeit nach einer Gruppenwirkung ist auf natürliche Weise eine Poissonmannigfaltigkeit.

$$\{f, k\} \circ \pi = \{f \circ \pi, k \circ \pi\} \tag{10.31}$$

gilt, wobei die Klammer jeweils die auf P/G und P ist. Die Funktion $\overline{f} = f \circ \pi$ ist diejenige eindeutige G-invariante Funktion, die auf f projiziert wird. Ist $[z] \in P/G$ eine Äquivalenzklasse, wobei $g_1 \cdot z$ und $g_2 \cdot z$ äquivalent sind, setzen wir also $\overline{f}(g \cdot z) = f([z])$ für alle $g \in G$. Offensichtlich ist dadurch $\overline{f}$ eindeutig definiert und $\overline{f} = f \circ \pi$. Anders ausgedrückt heißt dies, daß $\overline{f}$ dem ganzen Orbit $G \cdot z$ den Wert $f([z])$ zuordnet. Wir können (10.31) umschreiben zu

$$\{f, k\} \circ \pi = \{\overline{f}, \overline{k}\}.$$

Da π surjektiv ist, bestimmt dies $\{f, k\}$ eindeutig.

Wir können (10.31) auch verwenden, um $\{f, k\}$ zu *definieren*. Φ_g ist Poissonsch und $\overline{f}$ und $\overline{k}$ sind auf den Orbits der Wirkung konstant, also gilt

$$\begin{aligned}
\{\overline{f}, \overline{k}\}(g \cdot z) &= \left(\{\overline{f}, \overline{k}\} \circ \Phi_g\right)(z) \\
&= \{\overline{f} \circ \Phi_g, \overline{k} \circ \Phi_g\}(z) \\
&= \{\overline{f}, \overline{k}\}(z).
\end{aligned}$$

Also ist $\{\overline{f}, \overline{k}\}$ ebenfalls auf den Orbits konstant und definiert somit $\{f, k\}$ eindeutig.

Es verbleibt zu zeigen, daß das so definierte $\{f, k\}$ die Eigenschaften einer Poissonstruktur erfüllt. Diese folgen jedoch alle direkt aus den analogen Eigenschaften auf P. So erhalten wir z.B. aus der Jacobiidentität auf P

$$0 = \{\{\overline{f}, \overline{k}\}, \overline{l}\} + \{\{\overline{l}, \overline{f}\}, \overline{k}\} + \{\{\overline{k}, \overline{l}\}, \overline{f}\}$$

direkt nach der Konstruktion der Klammer auf P/G

$$0 = \{\{f,k\} \circ \pi, l \circ \pi\} + \{\{l,f\} \circ \pi, k \circ \pi\} + \{\{k,l\} \circ \pi, f \circ \pi\}$$
$$= \{\{f,k\},l\} \circ \pi + \{\{l,f\},k\} \circ \pi + \{\{k,l\},f\} \circ \pi,$$

und somit gilt die Jacobiidentität aufgrund der Surjektivität von π auch auf P/G.   ∎

Diese Konstruktion ist nur eine von vielen, um neue symplektische und Poissonmannigfaltigkeiten aus gegebenen zu erhalten. Für Verallgemeinerungen verweisen wir auf Marsden und Ratiu [1986] und Vaisman [1996].

Reduktion der Dynamik.   Ist H eine G-invariante Hamiltonfunktion auf P, definiert sie eine zugehörige Funktion h auf P/G mit $H = h \circ \pi$. Da π eine Poissonabbildung ist, bildet sie X_H auf P auf X_h auf P/G ab, es gilt also $T\pi \circ X_H = X_h \circ \pi$. Anders ausgedrückt, X_H und X_h sind π-verwandt. Man sagt, daß das Hamiltonsche System X_H auf P zu dem auf P/G *reduziert* wird.

Wie wir im nächsten Kapitel sehen werden, kann die G-Invarianz von H mit einer Erhaltungsgröße $J : P \to \mathbb{R}$ assoziiert werden. Ist diese ebenfalls G-invariant, ist die zugehörige Funktion j auf P/G eine Erhaltungsgröße für X_h, da

$$\{h,j\} \circ \pi = \{H,J\} = 0$$

und somit $\{h,j\} = 0$ gilt.

Beispiel 10.5.1. Betrachte die folgenden Differentialgleichungen auf $\mathbb{C}^2$:

$$\dot{z}_1 = -i\omega_1 z_1 + i\epsilon p \bar{z}_2 + iz_1(s_{11}|z_1|^2 + s_{12}|z_2|^2),$$
$$\dot{z}_2 = -i\omega_2 z_2 + i\epsilon q \bar{z}_1 - iz_2(s_{21}|z_1|^2 + s_{22}|z_2|^2). \tag{10.32}$$

Verwende die gewöhnliche Hamiltonsche Struktur, die man erhält, indem man Real- und Imaginärteil von z_i als konjugierte Variablen verwenden. Wir schreiben z.B. $z_1 = q_1 + ip_1$ und fordern $\dot{q}_1 = \partial H/\partial p_1$ und $\dot{p}_1 = -\partial H/\partial q_1$. In Kapitel 5 haben wir die in diesem Zusammenhang nützliche Darstellung $\dot{z}_k = -2i\partial H/\partial \bar{z}_k$ der Hamiltonschen Gleichungen in komplexer Schreibweise besprochen. Damit findet man (siehe Übung 5.4.3), daß *das System* (10.32) genau dann Hamiltonsch ist, wenn $s_{12} = -s_{21}$ und $p = q$ ist. In diesem Fall können wir folgende Hamiltonfunktion wählen:

$$H(z_1, z_2) = \frac{1}{2}(\omega_2|z_2|^2 + \omega_1|z_1|^2) - \epsilon p \operatorname{Re}(z_1 z_2) - \frac{s_{11}}{4}|z_1|^4$$
$$- \frac{s_{12}}{2}|z_1 z_2|^2 + \frac{s_{22}}{4}|z_2|^4. \tag{10.33}$$

Beachte, daß in (10.32) mit $\epsilon = 0$ zwei Kopien von S^1 auf z_1 und z_2 unabhängig wirken. Die zugehörigen Erhaltungsgrößen sind $|z_1|^2$ und $|z_2|^2$. Für $\epsilon \neq 0$ ist die Symmetriewirkung

$$(z_1, z_2) \mapsto (e^{i\theta} z_1, e^{-i\theta} z_2) \tag{10.34}$$

mit der Erhaltungsgröße (Übung 5.5.4)

$$J(z_1, z_2) = \frac{1}{2}(|z_1|^2 - |z_2|^2). \tag{10.35}$$

Sei $\phi = (\pi/2) - \theta_1 - \theta_2$ mit $z_1 = r_1 \exp(i\theta_1)$ und $z_2 = r_2 \exp(i\theta_2)$. Wir wissen, daß die durch (10.32) gegebene Hamiltonsche Struktur auf $\mathbb{C}^2$ eine Hamiltonsche Struktur auf $\mathbb{C}^2/S^1$ induziert (außer in Punkten, in denen r_1 oder r_2 verschwindet), und daß die zwei Integrale der Bewegung (die Hamiltonfunktion H und die oben genannte Erhaltungsgröße J) wie auch die Poissonklammer auf den Quotientenraum übertragen werden können. $\mathbb{C}^2/S^1$ kann durch (r_1, r_2, ϕ) parametrisiert werden. Dadurch kann der Prozeß der Übertragung auf den Quotientenraum sehr einfach konkret angegeben werden. Ist $F(z_1, z_2) = F(r_1, \theta_1, r_2, \theta_2)$ nämlich S^1-invariant, so kann es (eindeutig) als eine Funktion f von (r_1, r_2, ϕ) geschrieben werden.

Die Poissonklammer kann nach Satz 10.5.1 auf den Quotienten übertragen werden. Demzufolge können die Gleichungen in den Variablen (r_1, r_2, ϕ) bezüglich der induzierten Poissonklammer in Hamiltonsche Form $\dot{f} = \{f, h\}$ gebracht werden. Diese Klammer erhält man durch Anwendung der Kettenregel, um von den komplexen Variablen auf Polarkoordinaten überzugehen. Es ergibt sich

$$\begin{aligned}
&\{f, k\}(r_1, r_2, \phi) \\
&= -\frac{1}{r_1}\left(\frac{\partial f}{\partial r_1}\frac{\partial k}{\partial \phi} - \frac{\partial f}{\partial \phi}\frac{\partial k}{\partial r_1}\right) - \frac{1}{r_2}\left(\frac{\partial f}{\partial r_2}\frac{\partial k}{\partial \phi} - \frac{\partial f}{\partial \phi}\frac{\partial k}{\partial r_2}\right).
\end{aligned} \tag{10.36}$$

Die (nichtkanonische) Poissonklammer (10.36) ist natürlich die Reduktion der ursprünglichen *kanonischen* Poissonklammer auf dem q-p-Raum, ausgedrückt in den neuen Variablen der Polarkoordinaten. Satz 10.5.1 zeigt, daß die reduzierte Klammer automatisch die Jacobiidentität erfüllt. (Vgl. Knobloch, Mahalov und Marsden [1994] für weitere Beispiele dieses Typs.)

In Kap. 13 werden wir sehen, daß ein entscheidendes Beispiel für die durch Satz 10.5.1 gegebene Poissonreduktion das ist, in dem $P = T^*G$ ist und G auf sich selbst durch Linkstranslation wirkt. Dann ist $P/G \cong \mathfrak{g}^*$ und die reduzierte Poissonklammer ist nichts anderes als die Lie-Poisson-Klammer!!

Übungen

Übung 10.5.1. Betrachte $\mathbb{R}^3$ mit der Klammer des starren Körpers und die Wirkung von $G = S^1$ auf $P = \mathbb{R}^3 \setminus \{(0,0,z)^T\}$ durch Rotationen um die z-Achse. Berechne die induzierte Klammer auf P/G.

Übung 10.5.2. Berechne für das im Text beschriebene Beispiel explizit die reduzierte Hamiltonfunktion h und überprüfe direkt, daß die Gleichungen für $\dot{r}_1, \dot{r}_2, \dot{\phi}$ die Hamiltongleichungen auf $\mathbb{C}^2$ bezüglich der Hamiltonfunktion h sind. Zeige ferner, daß die durch J induzierte Funktion j eine Konstante der Bewegung ist.

10.6 Die Schoutenklammer

Das Ziel dieses Abschnitts ist es, den geometrischen Inhalt der Jacobiidentität für eine Poissonstruktur in Analogie zu $d\Omega = 0$ für symplektische Strukturen auszudrücken. Dazu werden wir eine auf den kontravarianten, antisymmetrischen Tensoren definierte Klammer verwenden, die die Lieklammer von Vektorfeldern verallgemeinert (vgl. z.B. Schouten [1940],Nijenhuis [1953], Lichnerowicz [1978], Olver[1984, 1986], Koszul [1985], Libermann und Marle [1987], Bhaskara und Viswanath [1988], Kosmann-Schwarzbach und Magri [1990], Vaisman [1994] und die dort angegebenen Verweise).

Multivektoren. Ein *kontravarianter, antisymmetrischer q-Tensor* auf einem endlichdimensionalen Vektorraum V ist eine q-lineare Abbildung

$$A : V^* \times V^* \times \cdots \times V^* \ (q \text{ Faktoren}) \to \mathbb{R},$$

die in jedem Paar von Eingängen antisymmetrisch ist. Den Raum aller solcher Tensoren bezeichnen wir mit $\bigwedge_q(V)$. Jedes Element von $\bigwedge_q(V)$ ist also eine endliche Linearkombination von Termen der Form $v_1 \wedge \cdots \wedge v_q$ mit $v_1, \ldots, v_q \in V$ und wird ein *q-Vektor* genannt. Ist V ein unendlichdimensionaler Banachraum, definieren wir $\bigwedge_q(V)$ als den Spann aller Elemente der Form $v_1 \wedge \cdots \wedge v_q$ mit $v_1, \ldots, v_q \in V$, wobei das äußere Produkt wie üblich bezüglich einer schwach nichtausgearteten Paarung $\langle \, , \rangle : V^* \times V \to \mathbb{R}$ definiert ist. Also ist $\bigwedge_0(V) = \mathbb{R}$ und $\bigwedge_1(V) = V$. Ist P eine glatte Mannigfaltigkeit, so ist

$$\bigwedge_q(P) = \bigcup_{z \in P} \bigwedge_q(T_z P)$$

ein glattes Vektorbündel, wobei die Faser über $z \in P$ gleich $\bigwedge_q(T_z P)$ ist. Seien $\Omega_q(P)$ die glatten Schnitte von $\bigwedge_q(P)$, die Elemente von $\Omega_q(P)$ also glatte kontravariante antisymmetrische q-Tensorfelder auf P. Sei $\Omega_*(P)$ die direkte Summe der Räume $\Omega_q(P)$ mit $\Omega_0(P) = \mathcal{F}(P)$. Beachte

$$\Omega_q(P) = 0 \quad \text{für } q > \dim(P)$$

und

$$\Omega_1(P) = \mathfrak{X}(P).$$

Ist $X_1, \ldots, X_q \in \mathfrak{X}(P)$, so nennen wir $X_1 \wedge \cdots \wedge X_q$ ein *q-Vektorfeld* oder ein *Multivektorfeld*.

Betrachte eine $(q + p)$-Form α und einen kontravarianten, antisymmetrischen q-Tensor A auf einer Mannigfaltigkeit P. Das **innere Produkt** $i_A \alpha$ von A mit α ist folgendermaßen definiert. Ist $q = 0$, also $A \in \mathbb{R}$, sei $i_A \alpha = A\alpha$. Ist $q \geq 1$ und $A = v_1 \wedge \cdots \wedge v_q$ mit $v_i \in T_z P$, $i = 1, \ldots, q$, definiere $i_A \alpha \in \Omega^p(P)$ durch

$$(i_A \alpha)(v_{q+1}, \ldots, v_{q+p}) = \alpha(v_1, \ldots, v_{q+p}) \qquad (10.37)$$

für beliebige $v_{q+1}, \ldots, v_{q+p} \in T_z P$. Man prüft nach, daß die Definition nicht von der Darstellung von A als q-Vektor abhängt, also ist $i_A \alpha$ durch lineare Fortsetzung auf $\bigwedge_q(P)$ wohldefiniert. In lokalen Koordinaten erhalten wir für endlichdimensionales P

$$(i_A \alpha)_{i_{q+1} \ldots i_{q+p}} = A^{i_1 \ldots i_q} \alpha_{i_1 \ldots i_{q+p}}, \qquad (10.38)$$

wobei die Indizes ungeordnet sind. Ist P endlichdimensional und $p = 0$, definiert (10.37) einen Isomorphismus von $\Omega_q(P)$ mit $\Omega^q(P)$. Ist P eine Banachmannigfaltigkeit, dann definiert (10.37) eine schwach nichtausgeartete Paarung von $\Omega_q(P)$ mit $\Omega^q(P)$. Ist $A \in \Omega_q(P)$, so wird q der **Grad** von A genannt und mit $\deg A$ bezeichnet. Man prüft nach, daß

$$i_{A \wedge B} \alpha = i_B i_A \alpha \qquad (10.39)$$

gilt. Die Lieableitung $\mathcal{L}_X$ ist eine Derivation bezüglich $\wedge$, d.h., es ist

$$\mathcal{L}_X(A \wedge B) = (\mathcal{L}_X A) \wedge B + A \wedge (\mathcal{L}_X B)$$

für alle $A, B \in \Omega_*(P)$.

Die Schoutenklammer.   Der nächste Satz liefert eine interessante Klammer für Multivektoren.

Satz 10.6.1 (Satz zur Schoutenklammer). *Es gibt eine eindeutige lokale (im Sinne von Proposition 4.2.4 (v)) bilineare Operation* $[,] : \Omega_*(P) \times \Omega_*(P) \to \Omega_*(P)$, *genannt die **Schoutenklammer**, die die folgenden Eigenschaften besitzt:*

(i) *Sie ist eine **Biderivation vom Grad** -1, also bilinear, es gilt*

$$\deg[A, B] = \deg A + \deg B - 1, \qquad (10.40)$$

und für $A, B, C \in \Omega_*(P)$

$$[A, B \wedge C] = [A, B] \wedge C + (-1)^{(\deg A + 1)\deg B} B \wedge [A, C]. \qquad (10.41)$$

(ii) *Auf $\mathcal{F}(P)$ und $\mathfrak{X}(P)$ ist sie bestimmt durch*
   (a) *$[F, G] = 0$ für alle $F, G \in \mathcal{F}(P)$,*
   (b) *$[X, F] = X[F]$ für alle $F \in \mathcal{F}(P)$, $X \in \mathfrak{X}(P)$,*
   (c) *$[X, Y]$ für alle $X, Y \in \mathfrak{X}(P)$ ist die gewöhnliche Jacobi-Lieklammer von Vektorfeldern.*

(iii) $[A, B] = (-1)^{\deg A \deg B}[B, A]$.

Zusätzlich erfüllt die Schoutenklammer die **graduierte Jacobiidentität**

$$(-1)^{\deg A \deg C}[[A, B], C] + (-1)^{\deg B \deg A}[[B, C], A]$$
$$+ (-1)^{\deg C \deg B}[[C, A], B] = 0. \qquad (10.42)$$

Beweis. Der Beweis verläuft in der üblichen Art und Weise und ähnelt dem der Charakterisierung der äußeren oder der Lieableitung durch ihre Eigenschaften (vgl. Abraham, Marsden und Ratiu [1988]): Auf Funktionen und Vektorfeldern ist die Klammer durch (ii) gegeben. Dann ist sie durch (i) und die Linearität auf allen schiefsymmetrischen, kontravarianten Tensoren im zweiten Eingang und Funktionen und Vektorfeldern im ersten definiert. Gemäß Punkt (iii) können die Eingänge vertauscht werden und mit (i) folgt die Definition auf beliebigen Paaren schiefsymmetrischer, kontravarianter Tensoren. Die so definierte Klammer erfüllt dann nach Konstruktion (i), (ii) und (iii). Die Eindeutigkeit erhält man aus der Tatsache, daß die äußere Algebra der schiefsymmetrischen, kontravarianten Tensoren lokal durch die Funktionen und Vektorfelder erzeugt wird, und auf diesen ist die Klammer durch (ii) eindeutig festgelegt. Die graduierte Jacobiidentität prüft man für beliebige q-, p-, und r-Vektoren unter Verwendung von (i), (ii) und (iii) und der Trilinearität der Identität. ∎

Eigenschaften der Schoutenklammer. Wenn man mit der Schoutenklammer explizit rechnet, sind die folgenden Formeln hilfreich. Ist $X \in \mathfrak{X}(P)$ und $A \in \Omega_p(P)$, zeigt man durch Induktion über den Grad von A und unter Verwendung der Eigenschaft (i)

$$[X, A] = \pounds_X A. \qquad (10.43)$$

Eine direkte Konsequenz dieser Beziehung und der graduierten Jacobiidentität ist, daß die Lieableitung eine Derivation bezüglich der Schoutenklammer ist, d.h.

$$\pounds_X[A, B] = [\pounds_X A, B] + [A, \pounds_X B] \qquad (10.44)$$

für $A \in \Omega_p(P), B \in \Omega_q(P)$ und $X \in \mathfrak{X}(P)$ gilt. Durch Induktion über die Zahl der Vektorfelder kann man mit (10.43) und den Eigenschaften in Satz 10.6.1 zeigen, daß

$$[X_1 \wedge \cdots \wedge X_r, A] = \sum_{i=1}^{r} (-1)^{i+1} X_1 \wedge \cdots \wedge \check{X}_i \wedge \cdots \wedge X_r \wedge (\pounds_{X_i} A) \qquad (10.45)$$

gilt, wobei $X_1, \ldots, X_r \in \mathfrak{X}(P)$ sind und $\check{X}_i$ bedeutet, daß X_i ausgelassen ist. Die letzte Formel kann man zusammen mit der Linearität als Definition der Schoutenklammer verwenden und daraus Satz 10.6.1 herleiten, vgl. Vaisman [1994] für diesen Zugang. Ist $A = Y_1 \wedge \cdots \wedge Y_s$ mit $Y_1, \ldots, Y_s \in \mathfrak{X}(P)$, ergibt die obige Formel zusammen mit der Derivationseigenschaft der Lieableitung

$$[X_1 \wedge \cdots \wedge X_r, Y_1 \wedge \cdots \wedge Y_s]$$

$$= (-1)^{r+1} \sum_{i=1}^{r} \sum_{j=1}^{s} (-1)^{i+j} [X_i, Y_j] \wedge X_1 \wedge \cdots \wedge \check{X}_i \wedge \cdots \qquad (10.46)$$

$$\wedge X_r \wedge Y_1 \wedge \cdots \wedge \check{Y}_j \wedge \cdots \wedge Y_s.$$

Sind schließlich $A \in \Omega_p(P)$, $B \in \Omega_q(P)$ und $\alpha \in \Omega^{p+q-1}(P)$, kann man die Formel

$$\mathbf{i}_{[A,B]}\alpha = (-1)^{q(p+1)} \mathbf{i}_A \mathbf{d} \, \mathbf{i}_B \alpha + (-1)^p \mathbf{i}_B \mathbf{d} \, \mathbf{i}_A \alpha - \mathbf{i}_B \mathbf{i}_A \mathbf{d}\alpha \qquad (10.47)$$

(die eine direkte Konsequenz von (10.46) und Cartans Formel für $\mathbf{d}\alpha$ ist) als Definition von $[A, B] \in \Omega_{p+q-1}(P)$ verwenden. Dies ist der ursprünglich in Nijenhuis [1955] beschriebene Weg.

Formeln in Koordinaten. Mit $\partial/\partial z^i = \partial_i$ folgt aus den Gleichungen (10.45) und (10.46) in lokalen Koordinaten:

(i) Für jede Funktion f ist

$$\left[f, \partial_{i_1} \wedge \cdots \wedge \partial_{i_p}\right] = \sum_{k=1}^{p} (-1)^{k-1} \left(\partial_{i_k} f\right) \partial_{i_1} \wedge \cdots \wedge \check{\partial}_{i_k} \wedge \cdots \wedge \partial_{i_p},$$

wobei das Symbol $\check{}$ über einem Term bedeutet, daß dieser ausgelassen ist, und

(ii) $\left[\partial_{i_1} \wedge \cdots \wedge \partial_{i_p}, \partial_{j_1} \wedge \cdots \wedge \partial_{j_q}\right] = 0.$

Ist

$$A = A^{i_1 \cdots i_p} \partial_{i_1} \wedge \cdots \wedge \partial_{i_p} \quad \text{und} \quad B = B^{j_1 \cdots j_q} \partial_{j_1} \wedge \cdots \wedge \partial_{j_q},$$

erhalten wir demzufolge

$$
\begin{aligned}
[A, B] \;=\; & A^{\ell i_1 \cdots i_{\ell-1} i_{\ell+1} \cdots i_p} \partial_\ell B^{j_1 \cdots j_q} \partial_{i_1} \wedge \cdots \wedge \partial_{i_{\ell-1}} \wedge \partial_{i_{\ell+1}} \\
& \wedge \partial_{j_1} \wedge \cdots \wedge \partial_{j_q} \\
& + (-1)^p B^{\ell j_1 \cdots j_{\ell-1} j_{\ell+1} \cdots j_q} \partial_\ell A^{i_1 \cdots i_p} \partial_{i_1} \wedge \cdots \wedge \partial_{i_p} \\
& \wedge \partial_{j_1} \wedge \cdots \wedge \partial_{j_{\ell-1}} \wedge \partial_{j_{\ell+1}} \wedge \cdots \wedge \partial_{j_q} \qquad (10.48)
\end{aligned}
$$

oder etwas kürzer

$$
\begin{aligned}
[A, B]^{k_2 \cdots k_{p+q}} \;=\; & \varepsilon^{k_2 \cdots k_{p+q}}_{i_2 \cdots i_p j_1 \cdots j_q} A^{\ell i_2 \cdots i_p} \frac{\partial}{\partial x^\ell} B^{j_1 \cdots j_q} \\
& + (-1)^p \varepsilon^{k_2 \cdots k_{p+q}}_{i_1 \cdots i_p j_2 \cdots j_q} B^{\ell j_2 \cdots j_p} \frac{\partial}{\partial x^\ell} A^{i_1 \cdots i_q}, \qquad (10.49)
\end{aligned}
$$

wobei die Indizes ungeordnet sind. Hierbei ist

$$\varepsilon^{i_1 \cdots i_{p+q}}_{j_1 \cdots j_{p+q}}$$

das **Kroneckersymbol**: Dieses verschwindet für $(i_1, \ldots, i_{p+q}) \neq (j_1, \ldots, j_{p+q})$ und ist 1 (bzw. -1), wenn $j_1, \ldots, j_{p+q}$ eine gerade (bzw. ungerade) Permutation von $i_1, \ldots, i_{p+q}$ ist.

Nach §10.6 erfüllt der Poissontensor $B \in \Omega_2(P)$ zu einer Poissonklammer $\{,\}$ auf P die Beziehung $B(dF, dG) = \{F, G\}$ für alle $F, G \in \mathcal{F}(P)$. Daraus erhalten wir mit (10.38)

$$\{F, G\} = \mathbf{i}_B(dF \wedge dG) \tag{10.50}$$

oder in lokalen Koordinaten

$$\{F, G\} = B^{IJ} \frac{\partial F}{\partial z^I} \frac{\partial G}{\partial z^J}.$$

Drücken wir B lokal als Summe von Termen der Form $X \wedge Y$ für $X, Y \in \mathfrak{X}(P)$ aus und ist $Z \in \mathfrak{X}(P)$ beliebig, erhalten wir mit (10.37) für alle $F, G, H \in \mathcal{F}(P)$

$$\mathbf{i}_B(dF \wedge dG \wedge dH)(Z)$$
$$= (dF \wedge dG \wedge dH)(X, Y, Z)$$
$$= \det \begin{bmatrix} dF(X) & dF(Y) & dF(Z) \\ dG(X) & dG(Y) & dG(Z) \\ dH(X) & dH(Y) & dH(Z) \end{bmatrix}$$
$$= \det \begin{bmatrix} dF(X) & dF(Y) \\ dG(X) & dG(Y) \end{bmatrix} dH(Z) + \det \begin{bmatrix} dH(X) & dH(Y) \\ dF(X) & dF(Y) \end{bmatrix} dG(Z)$$
$$+ \det \begin{bmatrix} dG(X) & dG(Y) \\ dH(X) & dH(Y) \end{bmatrix} dF(Z)$$
$$= \mathbf{i}_B(dF \wedge dG)dH(Z) + \mathbf{i}_B(dH \wedge dF)dG(Z) + \mathbf{i}_B(dG \wedge dH)dF(Z),$$

d.h.,

$$\mathbf{i}_B(dF \wedge dG \wedge dH)$$
$$= \mathbf{i}_B(dF \wedge dG)dH + \mathbf{i}_B(dH \wedge dF)dG + \mathbf{i}_B(dG \wedge dH)dF. \tag{10.51}$$

Die Jacobi-Schouten-Identität.   Aus den Gleichungen (10.50) und (10.51) folgt

$$\{\{F, G\}, H\} + \{\{H, F\}, G\} + \{\{G, H\}, F\}$$
$$= \mathbf{i}_B(d\{F, G\} \wedge dH) + \mathbf{i}_B(d\{H, F\} \wedge dG) + \mathbf{i}_B(d\{G, H\} \wedge dF)$$
$$= \mathbf{i}_B d(\mathbf{i}_B(dF \wedge dG)dH + \mathbf{i}_B(dH \wedge dF)dG + \mathbf{i}_B(dG \wedge dH)dF)$$
$$= \mathbf{i}_B d\, \mathbf{i}_B(dF \wedge dG \wedge dH)$$
$$= \frac{1}{2} \mathbf{i}_{[B,B]}(dF \wedge dG \wedge dH),$$

wobei die letzte Gleichung eine Konsequenz von (10.47) ist. Wir fassen zusammen, was wir bewiesen haben.

Satz 10.6.2. *Es gilt:*

$$\{\{F,G\},H\} + \{\{H,F\},G\} + \{\{G,H\},F\}$$
$$= \frac{1}{2}\mathbf{i}_{[B,B]}(\mathbf{d}F \wedge \mathbf{d}G \wedge \mathbf{d}H). \tag{10.52}$$

Dieses Ergebnis zeigt, daß die Jacobiidentität für $\{\,,\}$ äquivalent zu $[B,B] = 0$ ist. Demzufolge ist eine Poissonstruktur eindeutig durch einen kontravarianten, antisymmetrischen 2-Tensor definiert, dessen Schoutenklammer mit sich selbst verschwindet. Die lokale Formel (10.49) wird zu

$$[B,B]^{IJK} = \sum_{L=1}^{n} \left(B^{LK}\frac{\partial B^{IJ}}{\partial z^L} + B^{LI}\frac{\partial B^{JK}}{\partial z^L} + B^{LJ}\frac{\partial B^{KI}}{\partial z^L} \right),$$

was mit dem früher hergeleiteten Ausdruck (10.26) übereinstimmt.

Die Lie-Schouten-Identität.   Es gibt eine andere interessante Identität, die die Lieableitung des Poissontensors entlang eines Hamiltonschen Vektorfeldes angibt.

Satz 10.6.3. *Es gilt:*
$$\pounds_{X_H} B = \mathbf{i}_{[B,B]}\mathbf{d}H. \tag{10.53}$$

Beweis. In Koordinaten ist

$$(\pounds_X B)^{IJ} = X^K\frac{\partial B^{IJ}}{\partial z^K} - B^{IK}\frac{\partial X^J}{\partial z^K} - B^{KJ}\frac{\partial X^I}{\partial z^K},$$

mit $X^I = B^{IJ}(\partial H/\partial z^J)$ erhalten wir also

$$
\begin{aligned}
(\pounds_{X_H} B)^{IJ} &= B^{KL}\frac{\partial B^{IJ}}{\partial z^K}\frac{\partial H}{\partial z^L} - B^{IK}\frac{\partial}{\partial z^K}\left(B^{JL}\frac{\partial H}{\partial z^L} \right) \\
&\quad + B^{JK}\frac{\partial}{\partial z^K}\left(B^{IL}\frac{\partial H}{\partial z^L} \right) \\
&= \left(B^{KL}\frac{\partial B^{IJ}}{\partial z^K} - B^{IK}\frac{\partial B^{JL}}{\partial z^K} - B^{KJ}\frac{\partial B^{IL}}{\partial z^K} \right)\frac{\partial H}{\partial z^L} \\
&= [B,B]^{LIJ}\frac{\partial H}{\partial z^L} = \left(\mathbf{i}_{[B,B]}\mathbf{d}H \right)^{IJ},
\end{aligned}
$$

woraus (10.53) folgt.   ∎

Diese Identität zeigt, wie die Jacobiidentität $[B,B] = 0$ direkt verwendet werden kann, um zu zeigen, daß der Fluß φ_t eines Hamiltonschen Vektorfeldes aus Poissonabbildungen besteht. Die obige Herleitung zeigt, daß auch der Fluß eines zeitabhängigen Hamiltonschen Vektorfeldes aus Poissonabbildungen besteht, denn in diesem Fall gilt

$$\frac{d}{dt}\left(\varphi_t^* B\right) = \varphi_t^*\left(\pounds_{X_H} B\right) = \varphi_t^*\left(\mathbf{i}_{[B,B]}\mathbf{d}H\right) = 0.$$

Übungen

Übung 10.6.1. Beweise nach der im Text gezeigten Methode folgende Formeln:

(a) Für $A \in \Omega_q(P)$ und $X \in \mathfrak{X}(P)$ gilt $[X, A] = \pounds_X A$.

(b) Für $A \in \Omega_q(P)$ und $X_1, \ldots, X_r \in \mathfrak{X}(P)$ gilt

$$[X_1 \wedge \cdots \wedge X_r, A] = \sum_{i=1}^{r} (-1)^{i+1} X_1 \wedge \cdots \wedge \check{X}_i \wedge \cdots \wedge X_r \wedge (\pounds_{X_i} A).$$

(c) Sind $X_1, \ldots, X_r, Y_1, \ldots, Y_s \in \mathfrak{X}(P)$, so gilt

$$[X_1 \wedge \cdots \wedge X_r, Y_1 \wedge \cdots \wedge Y_s]$$
$$= (-1)^{r+1} \sum_{i=1}^{r} \sum_{j=1}^{s} (-1)^{i+j} [X_i, Y_i] \wedge X_1 \wedge \cdots \wedge \check{X}_i$$
$$\wedge \cdots \wedge X_r \wedge Y_1 \wedge \cdots \wedge \check{Y}_j \wedge \cdots \wedge Y_s.$$

(d) Ist $A \in \Omega_p(P)$, $B \in \Omega_q(P)$ und $\alpha \in \Omega^{p+q-1}(P)$, so gilt

$$\mathbf{i}_{[A,B]}\alpha = (-1)^{q(p+1)} \mathbf{i}_A \mathbf{d} \, \mathbf{i}_B \alpha + (-1)^p \mathbf{i}_B \mathbf{d} \, \mathbf{i}_A \alpha - \mathbf{i}_B \mathbf{i}_A \mathbf{d}\alpha.$$

Übung 10.6.2. Sei M eine endlichdimensionale Mannigfaltigkeit. Ein k-**Vektorfeld** ist ein schiefsymmetrisches, kontravariantes Tensorfeld $A(x)$: $T_x^* M \times \cdots \times T_x^* M \to \mathbb{R}$ (k Faktoren). Sei $x_0 \in M$ ein Punkt mit $A(x_0) = 0$.

(a) Zeige, daß für $X \in \mathfrak{X}(M)$ die Lieableitung $(\pounds_X A)(x_0)$ nur von $X(x_0)$ abhängt und somit eine Abbildung $\mathbf{d}_{x_0} A : T_{x_0} M \to T_{x_0} M \wedge \cdots \wedge T_{x_0} M$ (k Faktoren) definiert, die **koordinatenfreie Ableitung** von A bei x_0 genannt wird.

(b) Zeige, daß für $\alpha_1, \ldots, \alpha_k \in T_x^* M$, $v_1, \ldots, v_k \in T_x M$

$$\langle \alpha_1 \wedge \cdots \wedge \alpha_k, v_1 \wedge \cdots \wedge v_k \rangle := \det \left[\langle \alpha_i, v_j \rangle \right]$$

eine nichtausgeartete Paarung zwischen $T_x^* M \wedge \cdots \wedge T_x^* M$ und $T_x M \wedge \cdots \wedge T_x M$ definiert. Schließe daraus, daß diese zwei Räume dual zueinander sind, daß der Raum $\Omega^k(M)$ der k-Formen dual zu dem der k-kontravarianten, schiefsymmetrischen Tensorfelder $\Omega_k(M)$ ist und daß die Basen

$$\left\{ \mathbf{d}x^{i_1} \wedge \cdots \wedge \mathbf{d}x^{i_k} \mid i_1 < \cdots < i_k \right\}$$

und

$$\left\{ \frac{\partial}{\partial x^{i_1}} \wedge \cdots \wedge \frac{\partial}{\partial x^{i_k}} \, \middle| \, i_1 < \cdots < i_k \right\}$$

dual zueinander sind.

(c) Zeige, daß die duale Abbildung

$$(\mathbf{d}_{x_0}A)^* : T^*_{x_0}M \wedge \cdots \wedge T^*_{x_0}M \to T^*_{x_0}M$$

durch

$$(\mathbf{d}_{x_0}A)^*(\alpha_1 \wedge \cdots \wedge \alpha_k) = \mathbf{d}(A(\tilde{\alpha}_1, \ldots, \tilde{\alpha}_k))(x_0)$$

gegeben ist, wobei $\tilde{\alpha}_1, \ldots, \tilde{\alpha}_k \in \Omega^1(M)$ beliebige 1-Formen sind, deren Werte bei x_0 gleich $\alpha_1, \ldots, \alpha_k$ sind.

Übung 10.6.3 (Weinstein [1983b]). Sei $(P, \{\, , \})$ eine endlichdimensionale Poissonmannigfaltigkeit mit Poissontensor $B \in \Omega_2(P)$. Sei $z_0 \in P$ mit $B(z_0) = 0$. Definiere zu $\alpha, \beta \in T^*_{z_0}P$ die Klammer

$$[\alpha, \beta]_B = (\mathbf{d}_{z_0}B)^*(\alpha \wedge \beta) = \mathbf{d}(B(\tilde{\alpha}, \tilde{\beta}))(z_0),$$

wobei $\mathbf{d}_{z_0}B$ die koordinatenfreie Ableitung von B und $\tilde{\alpha}, \tilde{\beta} \in \Omega^1(P)$ so gewählt sind, daß $\tilde{\alpha}(z_0) = \alpha$ und $\tilde{\beta}(z_0) = \beta$. (Vgl. Übung 10.6.2.) Zeige, daß $(\alpha, \beta) \mapsto [\alpha, \beta]_B$ eine bilineare, schiefsymmetrische Abbildung $T^*_{z_0}P \times T^*_{z_0}P \to T^*_{z_0}P$ definiert. Zeige, daß aus der Jacobiidentität für die Poissonklammer folgt, daß $[\,,]_B$ eine Lieklammer auf $T^*_{z_0}P$ ist. Da $(T^*_{z_0}P, [\,,]_B)$ eine Liealgebra ist, trägt ihr Dualraum $T_{z_0}P$ auf natürliche Weise die induzierte Lie-Poisson-Struktur, die sogenannte *Linearisierung* der Poissonklammer bei z_0. Zeige, daß die Linearisierung in lokalen Koordinaten die Form

$$\{F, G\}(v) = \frac{\partial B^{ij}(z_0)}{\partial z^k} \frac{\partial F}{\partial v^i} \frac{\partial G}{\partial v^j} v^k$$

für $F, G : T_{z_0}P \to \mathbb{R}$ und $v \in T_{z_0}P$ annimmt.

Übung 10.6.4 (Magri-Weinstein). Auf einer endlichdimensionalen Mannigfaltigkeit P seien eine symplektische Form Ω und eine Poissonstruktur B gegeben. Definiere $K = B^\sharp \circ \Omega^\flat : TP \to TP$. Zeige, daß $(\Omega^\flat)^{-1} + B^\sharp :$ $T^*P \to TP$ genau dann eine neue Poissonstruktur auf P definiert, wenn $\Omega^\flat \circ K^n$ für alle $n \in \mathbb{N}$ auf P eine geschlossene 2-Form ist (eine sogenannte *präsymplektische Form*).

10.7 Allgemeine Eigenschaften von Lie-Poisson-Strukturen

Die Lie-Poisson-Gleichungen.   Wir beginnen mit der Formulierung der Hamiltonschen Gleichungen für die Lie-Poisson-Klammer.

Proposition 10.7.1. *Sei G eine Liegruppe. Dann lauten die Bewegungsgleichungen zu einer Hamiltonfunktion H bezüglich der $(\pm)$-Lie-Poisson-Klammern auf $\mathfrak{g}^*$*

$$\frac{d\mu}{dt} = \mp \mathrm{ad}^*_{\delta H/\delta \mu}\, \mu. \tag{10.54}$$

Beweis. Sei $F \in \mathcal{F}(\mathfrak{g}^*)$ eine beliebige Funktion. Nach der Kettenregel gilt dann

$$\frac{dF}{dt} = \mathbf{D}F(\mu) \cdot \dot{\mu} = \left\langle \dot{\mu}, \frac{\delta F}{\delta \mu} \right\rangle \tag{10.55}$$

mit

$$\{F, H\}_{\pm}(\mu) = \pm \left\langle \mu, \left[\frac{\delta F}{\delta \mu}, \frac{\delta H}{\delta \mu} \right] \right\rangle = \pm \left\langle \mu, -\mathrm{ad}_{\delta H/\delta \mu} \frac{\delta F}{\delta \mu} \right\rangle$$

$$= \mp \left\langle \mathrm{ad}^*_{\delta H/\delta \mu} \mu, \frac{\delta F}{\delta \mu} \right\rangle. \tag{10.56}$$

Da die Paarung nichtausgeartet ist und F beliebig war, folgt daraus die Behauptung.   ∎

Eine Warnung. Im Unendlichdimensionalen ist mit $\mathfrak{g}^*$ nicht unbedingt der Dualraum von $\mathfrak{g}$ im funktionalanalytischen Sinn gemeint, sondern vielmehr ein Raum, der über eine (nichtausgeartete) Paarung dual zu $\mathfrak{g}$ ist. Auch bei der Definition von $\delta F/\delta \mu$ treten in diesem Fall eventuell technische Schwierigkeiten auf.

Nach (10.54) ist *das Hamiltonsche Vektorfeld* auf $\mathfrak{g}^*_{\pm}$ zu $H : \mathfrak{g}^* \to \mathbb{R}$ durch

$$X_H(\mu) = \mp \mathrm{ad}^*_{\delta H/\delta \mu} \mu \tag{10.57}$$

gegeben. Für $G = \mathrm{SO}(3)$ z.B. liefert (10.4) für die Lie-Poisson-Klammer

$$X_H(\boldsymbol{\Pi}) = \boldsymbol{\Pi} \times \nabla H. \tag{10.58}$$

Eine geschichtliche Bemerkung. In Band 2 der *Mécanique Analytique* widmet Lagrange der Untersuchung von rotierenden mechanischen Systemen einige Aufmerksamkeit. In Gleichung A auf Seite 212 gibt er die reduzierten Lie-Poisson-Gleichungen auf SO(3) für eine ziemlich allgemeine Lagrangefunktion an. Diese Gleichung stimmt im wesentlichen mit (10.58) überein. Seine Herleitung verläuft genau so, wie man sie heute führen würde, durch Reduktion von der Materialdarstellung zur räumlichen Darstellung. In Formel (10.58) wird $\mathfrak{g}$ mit $\mathfrak{g}^*$ identifiziert und deren Unterscheidung wird dadurch umgangen. Lagrange hat die Gleichungen jedoch so formuliert, daß sie eher wie ihr Gegenstück auf $\mathfrak{g}$ aussehen, die sogenannten *Euler-Poincaré-Gleichungen*. Wir werden auf diese in Kap. 13 zu sprechen kommen und dort weitere historische Informationen angeben.

Formeln in Koordinaten. Im Endlichdimensionalen definieren wir die Strukturkonstanten C^d_{ab} bezüglich einer Basis ξ_a, $a = 1, 2, \ldots, l$ für $\mathfrak{g}$ als

$$[\xi_a, \xi_b] = C^d_{ab} \xi_d, \tag{10.59}$$

wobei über d summiert wird. Die Lie-Poisson-Klammer wird dann zu

$$\{F, K\}_{\pm}(\mu) = \pm\mu_d \frac{\partial F}{\partial \mu_a} \frac{\partial K}{\partial \mu_b} C_{ab}^d, \tag{10.60}$$

wobei $\mu = \mu_a \xi^a$, $\{\xi^a\}$ die zu $\{\xi_a\}$ duale Basis von $\mathfrak{g}^*$ ist und über alle doppelt auftretenden Indizes summiert wird. Sind F und K Komponenten von μ, wird (10.60) zu

$$\{\mu_a, \mu_b\}_{\pm} = \pm C_{ab}^d \mu_d. \tag{10.61}$$

Die Bewegungsgleichungen zu einer Hamiltonfunktion H werden zu

$$\dot{\mu}_a = \mp \mu_d C_{ab}^d \frac{\partial H}{\partial \mu_b}. \tag{10.62}$$

Poissonabbildungen.   In dem Satz zur Lie-Poisson-Reduktion in Kap. 13 werden wir zeigen, daß die durch $\alpha_g \mapsto T_e^* L_g \cdot \alpha_g$ (bzw. $\alpha_g \mapsto T_e^* R_g \cdot \alpha_g$) definierten Abbildungen von T^*G nach $\mathfrak{g}_-^*$ (bzw. $\mathfrak{g}_+^*$) Poissonabbildungen sind. Im nächsten Kapitel werden wir zeigen, daß dies eine allgemeine Eigenschaft von Impulsabbildungen (siehe Kap, 11) ist. Nun kommen wir zu einer anderen Klasse von Poissonabbildungen, die sich ebenfalls als Impulsabbildungen herausstellen werden.

Proposition 10.7.2. *Seien G und H Liegruppen und $\mathfrak{g}$ und $\mathfrak{h}$ die zugehörigen Liealgebren. Sei $\alpha : \mathfrak{g} \to \mathfrak{h}$ eine lineare Abbildung. Die Abbildung α ist genau dann ein Homomorphismus von Liealgebren, wenn die duale Abbildung $\alpha^* : \mathfrak{h}_{\pm}^* \to \mathfrak{g}_{\pm}^*$ eine (lineare) Poissonabbildung ist.*

Beweis. Seien $F, K \in \mathcal{F}(\mathfrak{g}^*)$. Um $\delta(F \circ \alpha^*)/\delta\mu$ zu berechnen, setzen wir $\nu = \alpha^*(\mu)$ und erhalten unter Verwendung der Definition der Funktionalableitung und der Kettenregel

$$\left\langle \frac{\delta}{\delta\mu}(F \circ \alpha^*), \delta\mu \right\rangle = \mathbf{D}(F \circ \alpha^*)(\mu) \cdot \delta\mu = \mathbf{D}F(\alpha^*(\mu)) \cdot \alpha^*(\delta\mu)$$

$$= \left\langle \alpha^*(\delta\mu), \frac{\delta F}{\delta\nu} \right\rangle = \left\langle \delta\mu, \alpha \cdot \frac{\delta F}{\delta\nu} \right\rangle. \tag{10.63}$$

Demzufolge gilt

$$\frac{\delta}{\delta\mu}(F \circ \alpha^*) = \alpha \cdot \frac{\delta F}{\delta\nu}. \tag{10.64}$$

Weiter ist

$$\{F \circ \alpha^*, K \circ \alpha^*\}_+ (\mu) = \left\langle \mu, \left[\frac{\delta}{\delta\mu}(F \circ \alpha^*), \frac{\delta}{\delta\mu}(K \circ \alpha^*) \right] \right\rangle$$

$$= \left\langle \mu, \left[\alpha \cdot \frac{\delta F}{\delta\nu}, \alpha \cdot \frac{\delta K}{\delta\nu} \right] \right\rangle. \tag{10.65}$$

Der Ausdruck (10.65) ist aber genau dann für alle F und K gleich

$$\left\langle \mu, \alpha \cdot \left[\frac{\delta F}{\delta\nu}, \frac{\delta G}{\delta\nu} \right] \right\rangle, \tag{10.66}$$

wenn α ein Liealgebrenhomomorphismus ist.   ∎

Dieser Satz kann auf den Fall $\alpha = T_e\sigma$ für einen Liegruppenhomomorphismus $\sigma : G \to H$ angewandt werden, wie man sieht, wenn man das Reduktionsdiagramm in Abb. 10.3 betrachtet (und sich klarmacht, daß σ kein Diffeomorphismus sein muß).

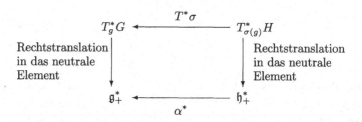

Abb. 10.3. Liegruppenhomomorphismen induzieren Poissonabbildungen.

Beispiele

Beispiel 10.7.1 (Die Poissonabbildung von den Impulsvariablen eines Plasmas auf die einer Flüssigkeit). Sei G die Diffeomorphismengruppe einer Mannigfaltigkeit Q und sei H die Gruppe der kanonischen Transformationen von $P = T^*Q$. Die Topologie von Q sei derart, daß jedes lokal Hamiltonsche Vektorfeld auf T^*Q global Hamiltonsch ist.[5] Die Liealgebra $\mathfrak{h}$ besteht dann aus den Funktionen auf T^*Q (modulo Konstanten). Ihren Dualraum identifizieren wir über das durch das Integral bezüglich des Liouvillemaßes $dq\,dp$ auf T^*Q definierte L^2-Skalarprodukt mit ihr selbst. Sei $\sigma : G \to H$ der Gruppenhomomorphismus $\eta \mapsto T^*\eta^{-1}$ und sei $\alpha = T_e\sigma : \mathfrak{g} \to \mathfrak{h}$. Wir behaupten, daß $\alpha^* : \mathcal{F}(T^*Q)/\mathbb{R} \to \mathfrak{g}^*$ durch

$$\alpha^*(F) = \int p f(q,p)\,dp \qquad (10.67)$$

gegeben ist, wobei wir $\mathfrak{g}^*$ als den Raum der 1-Form-Dichten auf Q auffassen und das Integral die Integration über die Faser für ein festes $q \in Q$ bezeichnet. α hebt ein auf Q gegebenes Vektorfeld X auf das auf T^*Q definierte Vektorfeld $X_{\mathcal{P}(X)}$. Also ist α als Abbildung von $\mathfrak{X}(Q)$ nach $\mathcal{F}(T^*Q)/\mathbb{R}$ durch $X \mapsto \mathcal{P}(X)$ gegeben. Die dazu duale Abbildung ist durch

$$\langle \alpha^*(f), X \rangle = \langle f, \alpha(X) \rangle = \int_P f\mathcal{P}(X)\,dq\,dp$$

$$= \int_P f(q,p)p \cdot X(q)\,dq\,dp \qquad (10.68)$$

---

[5] Dies gilt z.B., wenn die erste Kohomologie $H^1(Q)$ trivial ist.

gegeben und somit $\alpha^*(F)$ wie behauptet durch (10.67).

Beispiel 10.7.2 (Die Abbildung von den Dichten eines Plasmas auf die einer Flüssigkeit). Fasse $G = \mathcal{F}(Q)$ als abelsche Gruppe auf und sei $\sigma : G \to \mathrm{Diff}_{\mathrm{kan}}(T^*Q)$ die Abbildung, die einem φ die Translation entlang einer Faser durch $\mathbf{d}\varphi$ zuordnet. Eine ähnliche Rechnung wie oben liefert die Poissonabbildung

$$\alpha^*(f)(q) = \int f(q,p)\,dp \qquad (10.69)$$

von $\mathcal{F}(T^*Q)$ nach $\mathrm{Den}(Q) = \mathcal{F}(Q)^*$. Das Integral in (10.69) bezeichnet die Integration von $f(q,p)$ entlang einer Faser zu festem $q \in Q$.

Lineare Poissonstrukturen sind Lie-Poissonsch. Als nächstes zeigen wir, daß die Lie-Poisson-Klammern gerade auf die linearen Poissonstrukturen führen. Seien also V^* und V Banachräume und sei $\langle\,,\rangle : V^* \times V \to \mathbb{R}$ eine schwach nichtausgeartete Paarung von V^* mit V. Wir fassen Elemente von V als lineare Funktionale auf V^* auf. Eine Poissonklammer auf V^* wird *linear* genannt, wenn die Klammer zweier linearer Funktionale auf V^* wieder linear ist. Diese Bedingung ist äquivalent dazu, daß der zugehörige Poissontensor $B(\mu) : V \to V^*$ *linear* in $\mu \in V^*$ ist.

Proposition 10.7.3. *Sei* $\langle\,,\rangle : V^* \times V \to \mathbb{R}$ *eine (schwach) nichtausgeartete Paarung der Banachräume* V^* *und* V *und auf* V^* *eine lineare Poissonklammer gegeben. Die Klammer von zwei linearen Funktionalen auf* V^* *liege für alle* $\mu \in V^*$ *im Bild von* $\langle \mu, \cdot \rangle$ *(diese Bedingung ist automatisch erfüllt, wenn* V *endlichdimensional ist). Dann ist* V *eine Liealgebra und die Poissonklammer auf* V^* *die zugehörige Lie-Poisson-Klammer.*

Beweis. Zu $x \in V$ sei das Funktional x' auf V^* durch $x'(\mu) = \langle \mu, x \rangle$ definiert. Nach den Voraussetzungen des Satzes ist die Poissonklammer $\{x', y'\}$ wieder ein lineares Funktional auf V^* und wird durch ein Element in V repräsentiert, das wir mit $[x,y]'$ bezeichnen. Es ist also $\{x', y'\} = [x,y]'$. (Das Element $[x,y]$ ist eindeutig, da $\langle\,,\rangle$ schwach nichtausgeartet ist.) Nun prüft man direkt nach, daß die so definierte Klammer $[\,,]$ auf V eine Lieklammer ist. Also ist V eine Liealgebra und man rechnet dann leicht nach, daß die Poissonklammer die Lie-Poisson-Klammer für diese Algebra ist. ∎

Übungen

Übung 10.7.1. Sei $\sigma : \mathrm{SO}(3) \to \mathrm{GL}(3)$ die Inklusionsabbildung. Identifiziere $\mathfrak{so}(3)^* = \mathbb{R}^3$ mit der Klammer des starren Körpers und $\mathfrak{gl}(3)^*$ mit $\mathfrak{gl}(3)$ durch $\langle A, B \rangle = \mathrm{Sp}\,(AB^T)$. Berechne die induzierte Abbildung $\alpha^* : \mathfrak{gl}(3) \to \mathbb{R}^3$ und zeige durch direktes Nachrechnen, daß sie eine Poissonabbildung ist.

11. Impulsabbildungen

In diesem Kapitel zeigen wir, wie man aus Symmetrien von Lagrangeschen und Hamiltonschen Systemen Erhaltungsgrößen gewinnt. Dies erfolgt nach dem Konzept der Impulsabbildung, die eine geometrische Verallgemeinerung des klassischen Impulses und Drehimpulses darstellt. Es handelt sich hierbei nicht einfach um eine mathematische Umformulierung der Idee des allseits bekannten Noethertheorems, sondern stellt eine eigenständige, in der modernen geometrischen Mechanik fast überall auftretende Konstruktion dar, die in vielen Bereichen der Mechanik und Geometrie zu überraschenden Einsichten geführt hat.

11.1 Kanonische Wirkungen und ihre infinitesimalen Erzeuger

Kanonische Wirkungen. Sei P eine Poissonmannigfaltigkeit, G eine Liegruppe und $\Phi : G \times P \to P$ eine glatte Linkswirkung von G auf P durch kanonische Transformationen. Schreiben wir die Wirkung als $g \cdot z = \Phi_g(z)$, ist also $\Phi_g : P \to P$, so nennen wir die Wirkung **kanonisch**, wenn für alle $F_1, F_2 \in \mathcal{F}(P)$ und $g \in G$

$$\Phi_g^* \{F_1, F_2\} = \{\Phi_g^* F_1, \Phi_g^* F_2\} \tag{11.1}$$

gilt. Ist P eine symplektische Mannigfaltigkeit mit der symplektischen Form Ω, so ist die Wirkung genau dann kanonisch, wenn sie symplektisch ist, also $\Phi_g^* \Omega = \Omega$ für alle $g \in G$ ist.

Infinitesimale Erzeuger. In Kapitel 9 über Liegruppen haben wir den *infinitesimalen Erzeuger* der Wirkung zu einem Element $\xi \in \mathfrak{g}$ der Liealgebra als das Vektorfeld ξ_P auf P definiert, das man erhält, wenn man die Wirkung im neutralen Element nach g in Richtung von ξ differenziert. Nach der Kettenregel folgt

$$\xi_P(z) = \frac{d}{dt} [\exp(t\xi) \cdot z] \Big|_{t=0}. \tag{11.2}$$

Im folgenden benötigen wir zwei allgemein gültige Beziehungen, die beide in Kap. 9 bewiesen wurden. Die erste besagt, daß der Fluß des Vektorfeldes ξ_P durch

$$\varphi_t = \Phi_{\exp t\xi} \tag{11.3}$$

gegeben ist. Die zweite ist

$$\Phi^*_{g^{-1}}\xi_P = (\mathrm{Ad}_g\,\xi)_P \tag{11.4}$$

bzw. in differentieller Form

$$[\xi_P, \eta_P] = -[\xi, \eta]_P\,. \tag{11.5}$$

Die Drehgruppe.   Um diese Beziehungen zu veranschaulichen, betrachten wir die Wirkung von SO(3) auf den $\mathbb{R}^3$ durch Drehungen. Wie in Kap. 9 erklärt, kann die Liealgebra $\mathfrak{so}(3)$ von SO(3) mit dem $\mathbb{R}^3$ identifiziert werden, wobei die Lieklammer in das Kreuzprodukt übergeht. Der infinitesimale Erzeuger von $\omega \in \mathbb{R}^3$ ist dann

$$\omega_{\mathbb{R}^3}(\mathbf{x}) = \omega \times \mathbf{x} = \hat{\omega}(\mathbf{x}). \tag{11.6}$$

Gleichung (11.4) wird somit zu

$$(A\omega \times \mathbf{x}) = A(\omega \times A^{-1}\mathbf{x}) \tag{11.7}$$

mit $A \in \mathrm{SO}(3)$, während (11.5) die Jacobiidentität für das Vektorprodukt darstellt.

Poissonsche Automorphismen.   Kehren wir zum allgemeinen Fall zurück, so erhalten wir aus (11.1) durch Differentiation nach g in Richtung von ξ

$$\xi_P[\{F_1, F_2\}] = \{\xi_P[F_1], F_2\} + \{F_1, \xi_P[F_2]\}\,. \tag{11.8}$$

Im symplektischen Fall ergibt die Differentiation von $\Phi^*_g \Omega = \Omega$

$$\mathcal{L}_{\xi_P}\Omega = 0, \tag{11.9}$$

ξ_P ist also *lokal Hamiltonsch*. Für Poissonmannigfaltigkeiten nennen wir ein Vektorfeld, das (11.8) erfüllt, einen *infinitesimalen Poissonschen Automorphismus*. Solch ein Vektorfeld muß nicht unbedingt lokal Hamiltonsch (d.h. lokal von der Form X_H) sein. Betrachte z.B. die Poissonstruktur

$$\{F, H\} = x\left(\frac{\partial F}{\partial x}\frac{\partial H}{\partial y} - \frac{\partial H}{\partial x}\frac{\partial F}{\partial y}\right) \tag{11.10}$$

auf dem $\mathbb{R}^2$ und $X = \partial/\partial y$ in einer Umgebung eines Punktes der y-Achse.

Wir sind an dem Fall interessiert, in dem ξ_P global Hamiltonsch ist, was eine stärkere Bedingung als (11.8) darstellt. Es gelte also

$$X_{J(\xi)} = \xi_P \tag{11.11}$$

für ein $J(\xi) \in \mathcal{F}(P)$. Ist $J(\xi)$ durch diese Gleichung schon eindeutig festgelegt? Augenscheinlich ist dies nicht der Fall, denn wenn $J_1(\xi)$ und $J_2(\xi)$ beide (11.11) erfüllen, so folgt daraus nur

$$X_{J_1(\xi)-J_2(\xi)} = 0, \quad \text{d.h.,} \quad J_1(\xi) - J_2(\xi) \in \mathcal{C}(P),$$

wobei wir mit $\mathcal{C}(P)$ den Raum der Casimirfunktionen auf P bezeichnen. Ist P symplektisch und zusammenhängend, so ist $J(\xi)$ durch (11.11) bis auf eine Konstante festgelegt.

Übungen

Übung 11.1.1. Überprüfe die Gültigkeit von (11.4), also $\Phi^*_{g^{-1}}\xi_P = (\mathrm{Ad}_g\,\xi)_P$ und ihrer differentiellen Form (11.5) $[\xi_P, \eta_P] = -[\xi, \eta]_P$ für die Wirkung von $\mathrm{GL}(n)$ auf sich selbst durch Konjugation.

Übung 11.1.2. Es wirke S^1 auf S^2 durch Drehungen um die z-Achse. Berechne $J(\xi)$.

11.2 Impulsabbildungen

Da die rechte Seite von (11.11) linear in ξ ist, können wir im endlichdimensionalen Fall unter Verwendung einer Basis $e_1, \ldots, e_r$ von $\mathfrak{g}$ immer durch $\tilde{J}(\xi) = \xi^a J(e_a)$ ein $\tilde{J}(\xi)$ konstruieren, das linear in ξ ist und ebenfalls die Bedingung (11.11) erfüllt.

In der folgenden Definition der Impulsabbildung können wir die Linkswirkung einer *Liegruppe* durch eine kanonische Linkswirkung ihrer *Liealgebra* $\xi \mapsto \xi_P$ ersetzen. „Kanonisch" bedeutet in diesem Zusammenhang im Fall einer Poissonmannigfaltigkeit, daß (11.8) und im Fall einer symplektischen Mannigfaltigkeit, daß (11.9) erfüllt ist. (Man erinnere sich, daß für eine Linkswirkung einer Liealgebra die Abbildung $\xi \in \mathfrak{g} \mapsto \xi_P \in \mathfrak{X}(P)$ ein Liealgebrenantihomomorphismus ist.) Wir definieren also:

Definition 11.2.1. *Eine Liealgebra $\mathfrak{g}$ wirke kanonisch (von links) auf die Poissonmannigfaltigkeit P. Es existiere eine lineare Abbildung $J : \mathfrak{g} \to \mathcal{F}(P)$, so daß für alle $\xi \in \mathfrak{g}$*

$$X_{J(\xi)} = \xi_P \tag{11.12}$$

ist. Die durch

$$\langle \mathbf{J}(z), \xi \rangle = J(\xi)(z) \tag{11.13}$$

*für alle $\xi \in \mathfrak{g}$ und $z \in P$ definierte Abbildung $\mathbf{J} : P \to \mathfrak{g}^*$ heißt **Impulsabbildung** der Wirkung.*

Der Drehimpuls. Betrachte den Drehimpuls eines Teilchens im dreidimensionalen Euklidischen Raum als Funktion $\mathbf{J}(z) = \mathbf{q} \times \mathbf{p}$ mit $z = (\mathbf{q}, \mathbf{p})$. Sei $\xi \in \mathbb{R}^3$ und betrachte die Komponente von $\mathbf{J}$ in Richtung von ξ, also $\langle \mathbf{J}(z), \xi \rangle = \xi \cdot (\mathbf{q} \times \mathbf{p})$. Man prüft leicht nach, daß die Hamiltonschen Gleichungen zu dieser Funktion von $\mathbf{q}$ und $\mathbf{p}$ infinitesimale Drehungen um die ξ-Achse beschreiben. Die definierende Bedingung (11.12) ist eine Verallgemeinerung dieser elementaren Eigenschaft des Drehimpulses.

Impulsabbildungen und Poissonklammern.   Unter Verwendung der Beziehung $X_H[F] = \{F, H\}$ können wir (11.12) auch folgendermaßen durch die Poissonklammer ausdrücken:

Für jede Funktion F auf P und jedes $\xi \in \mathfrak{g}$ gilt

$$\{F, J(\xi)\} = \xi_P[F]. \tag{11.14}$$

Gleichung (11.13) definiert einen Isomorphismus zwischen dem Raum der glatten Abbildungen $\mathbf{J}$ von P nach $\mathfrak{g}^*$ und dem Raum der linearen Abbildungen J von $\mathfrak{g}$ nach $\mathcal{F}(P)$. Wir fassen die Menge der Funktionen $J(\xi)$ als Komponenten von $\mathbf{J}$ auf, wobei ξ die Liealgebra $\mathfrak{g}$ durchläuft. Wir bezeichnen mit

$$\mathcal{H}(P) = \{\, X_F \in \mathfrak{X}(P) \mid F \in \mathcal{F}(P) \,\} \tag{11.15}$$

die Liealgebra der Hamiltonschen Vektorfelder auf P und mit

$$\mathcal{P}(P) = \{\, X \in \mathfrak{X}(P) \mid X[\{F_1, F_2\}] = \{X[F_1], F_2\} + \{F_1, X[F_2]\} \,\} \tag{11.16}$$

die Liealgebra der infinitesimalen Poissonschen Automorphismen von P. Nach (11.8) gilt $\xi_P \in \mathcal{P}(P)$ für beliebiges $\xi \in \mathfrak{g}$. Die Angabe einer Impulsabbildung $\mathbf{J}$ ist demzufolge äquivalent zur Wahl einer linearen Abbildung $J : \mathfrak{g} \to \mathcal{F}(P)$, für die das Diagramm in Abb. 11.1 kommutativ wird.

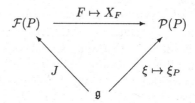

Abb. 11.1. Das kommutative Diagramm zur Definition einer Impulsabbildung.

Da sowohl $\xi \mapsto \xi_P$ als auch $F \mapsto X_F$ Liealgebrenantihomomorphismen sind, erhalten wir für $\xi, \eta \in \mathfrak{g}$

$$X_{J([\xi,\eta])} = [\xi, \eta]_P = -[\xi_P, \eta_P] = -\left[X_{J(\xi)}, X_{J(\eta)}\right] = X_{\{J(\xi), J(\eta)\}}, \tag{11.17}$$

es gilt also die grundlegende Beziehung

$$X_{J([\xi,\eta])} = X_{\{J(\xi), J(\eta)\}}. \tag{11.18}$$

Bis zu diesem Punkt haben wir uns nur mit der *Definition* der Impulsabbildung beschäftigt, nicht jedoch damit, wie man diese in konkreten Fällen *berechnet*. Wir werden diese Frage in Kap. 12 ausführlich behandeln.

Auf dem obenstehenden kommutativen Diagramm aufbauend werden wir in Abschnitt §11.3 noch einen alternativen Zugang zur Definition einer Impulsabbildung besprechen, der jedoch im weiteren nicht verwendet wird. Wir werden stattdessen die für spätere Anwendungen wichtigsten Beziehungen herleiten. Den interessierten Leser verweisen wir auf Souriau [1970], Weinstein [1977], Abraham und Marsden [1978], Guillemin und Sternberg [1984] und Libermann und Marle [1987] für weitere Informationen.

Einiges zur Geschichte der Impulsabbildungen. Man kann Impulsabbildungen schon im zweiten Band von Lie [1890] finden, bei dem sie im Zusammenhang mit homogenen kanonischen Transformationen auftreten und als Kontraktion der kanonischen 1-Form mit dem infinitesimalen Erzeuger der Wirkung ausgedrückt werden. Auf Seite 300 wird gezeigt, daß Impulsabbildungen kanonisch sind und auf S. 329, daß sie äquivariant bzgl. einer linearen Wirkung sind, deren Erzeuger auf S. 331 angegeben sind. Auf Seite 338 wird bewiesen, daß das Bild einer Impulsabbildung Ad*-invariant ist, wenn sie konstanten Rang hat (eine Bedingung, die in allen Arbeiten von Lie auf diesem Gebiet implizit vorausgesetzt zu sein scheint), und auf S. 343 klassifiziert er Wirkungen durch Ad*-invariante Untermannigfaltigkeiten.

Wir geben nun einen Überblick über die moderne Entwicklung der Theorie der Impulsabbildungen auf Grundlage der Informationen und Literaturverweise, die wir von B. Kostant und J.-M. Souriau erhalten haben, für deren große Hilfe wir uns an dieser Stelle bedanken wollen.

In seinen 1965 in Haverford gehaltenen Phillips-Vorlesungen (die Mitschrift wurde von Dale Husemoller angefertigt) und auf dem amerikanisch-japanischen Seminar im gleichen Jahr (vgl. Kostant [1966]) führte Kostant die Impulsabbildungen ein, um einen Satz von Wang zu verallgemeinern und klassifizierte mit ihnen alle homogenen symplektischen Mannigfaltigkeiten. Dies wird heutzutage als „Satz von Kostant über die Überlagerung von koadjungierten Orbits" bezeichnet. Diese Vorlesungen enthielten auch schon die Schlüsselidee der geometrischen Quantisierung. Souriau führte die Impulsabbildung 1965 in den Skripten seiner Marseille-Vorlesung ein und in veröffentlichter Form in Souriau [1966]. Abschließend erhielt die Impulsabbildung ihre formale Definition und die auf der physikalischen Interpretation beruhende Bezeichnung in Souriau [1967]. Souriau untersuchte ebenfalls ihre Äquivarianzeigenschaften und formulierte den Satz über die koadjungierten Orbits. Kostant verwendete die Impulsabbildung als wesentliches Hilfsmittel in seinen Vorlesungen über Quantisierung (vgl. z.B. Theorem 5.4.1 in Kostant [1970]) und Souriau [1970] liefert eine umfassende Darstellung in seinem Buch. Kostant und Souriau erkannten ihre Wichtigkeit im Zusammenhang mit linearen Darstellungen, was von Lie scheinbar übersehen wurde (Weinstein [1983a]). Unabhängig davon arbeitete auch A. Kirillov über Impulsabbildungen und den Satz über die Überlagerung von koadjungierten Orbits, vgl. Kirillov [1976b]. Dieses Buch wurde zuerst 1972 veröffentlicht und auf S. 301 wird erwähnt, daß seine Arbeiten zum Klassifikationssatz schon fünf

Jahre zurückliegen. Die moderne Formulierung der Theorie der Impulsabbildungen wurde im Zusammenhang mit der klassischen Mechanik von Smale [1970] entwickelt, der sie ausgiebig in seiner topologischen Behandlung des ebenen N-Körper-Problems anwendet. Marsden und Weinstein [1974] und andere Autoren nutzten bald die Fülle der möglichen Anwendungen dieser Ideen.

Übungen

Übung 11.2.1. Zeige, daß die Hamiltonschen Gleichungen zu der Funktion $\langle \mathbf{J}(z), \xi \rangle = \xi \cdot (\mathbf{q} \times \mathbf{p})$ die infinitesimalen Erzeuger von Drehungen um die ξ-Achse beschreiben.

Übung 11.2.2. Zeige, daß für den Drehimpuls $J([\xi, \eta]) = \{J(\xi), J(\eta)\}$ gilt.

Übung 11.2.3.

(a) Sei P eine symplektische Mannigfaltigkeit, G eine Liegruppe, die kanonisch auf P wirkt, $\mathbf{J} : P \longrightarrow \mathfrak{g}^*$ die zugehörige Impulsabbildung und S eine symplektische Untermannigfaltigkeit von P, die invariant unter der Wirkung von G ist. Zeige, daß die Wirkung von G auf S eine durch $\mathbf{J}|_S$ gegebene Impulsabbildung besitzt.

(b) Finde eine Verallgemeinerung von (a) für den Fall, daß P eine allgemeine Poissonmannigfaltigkeit und S eine immersierte G-invariante Unterpoissonmannigfaltigkeit ist.

11.3 Eine algebraische Definition der Impulsabbildung

Dieser Abschnitt stellt einen alternativen Zugang zu den Impulsabbildungen vor und kann beim ersten Lesen übersprungen werden.[1] Ausgangspunkt ist das kommutative Diagramm in Abb. 11.1 und die Beobachtung, daß die folgende Sequenz *exakt* ist, (d.h., daß das Bild einer jeden Abbildung der Kern der folgenden ist):

$$0 \longrightarrow \mathcal{C}(P) \xrightarrow{\;i\;} \mathcal{F}(P) \xrightarrow{\;\mathcal{H}\;} \mathcal{P}(P) \xrightarrow{\;\pi\;} \mathcal{P}(P)/\mathcal{H}(P) \longrightarrow 0.$$

Hierbei ist i die Inklusionsabbildung, π die Projektion, $\mathcal{H}(F) = X_F$, und $\mathcal{H}(P)$ bezeichnet die Liealgebra der global Hamiltonschen Vektorfelder auf P. Wir wollen nun Bedingungen finden, unter denen eine Linkswirkung einer Liealgebra, also ein Antihomomorphismus $\rho : \mathfrak{g} \to \mathcal{P}(P)$, durch $\mathcal{H}$ von einer linearen Abbildung $J : \mathfrak{g} \to \mathcal{F}(P)$ herrührt. Wie wir schon gesehen haben ist

---

[1] Wir setzen in diesem Abschnitt einige Kenntnisse in Topologie und ein wenig mehr Lietheorie voraus, als wir behandelt haben. Nichts davon wird im weiteren benötigt werden.

dies äquivalent dazu, daß $\mathbf{J}$ eine Impulsabbildung ist. (Die Forderung, daß J ein Liealgebrenhomomorphismus ist, wird später erläutert werden.)

Ist $\mathcal{H} \circ J = \rho$, so folgt $\pi \circ \rho = \pi \circ \mathcal{H} \circ J = 0$. Ist umgekehrt $\pi \circ \rho = 0$, so gilt $\rho(\mathfrak{g}) \subset \mathcal{H}(P)$, also gibt es eine lineare Abbildung $J : \mathfrak{g} \to \mathcal{F}(P)$, so daß $\mathcal{H} \circ J = \rho$ ist. Also ist es die Eigenschaft $\pi \circ \rho = 0$, die der Existenz von J im Weg steht. Wenn P symplektisch ist, so stimmt $\mathcal{P}(P)$ mit der Liealgebra der lokal Hamiltonschen Vektorfelder überein und $\mathcal{P}(P)/\mathcal{H}(P)$ ist demzufolge isomorph zur ersten Kohomologie $H^1(P)$, aufgefaßt als abelsche Gruppe. *Im symplektischen Fall ist also genau dann $\pi \circ \rho = 0$, wenn die induzierte Abbildung $\rho' : \mathfrak{g}/[\mathfrak{g},\mathfrak{g}] \to H^1(P)$ verschwindet.* Hier ist eine Liste von Fällen, in denen $\pi \circ \rho = 0$ ist:

(i) P ist symplektisch und $\mathfrak{g}/[\mathfrak{g},\mathfrak{g}] = 0$. Nach dem ersten Lemma von Whitehead ist dies erfüllt, wenn $\mathfrak{g}$ halbeinfach ist (vgl. Jacobson [1962] und Guillemin und Sternberg [1984]).

(ii) $\mathcal{P}(P)/\mathcal{H}(P) = 0$. Wenn P symplektisch ist, ist dies äquivalent dazu, daß die erste Kohomologie $H^1(P)$ verschwindet.

(iii) P ist exakt symplektisch, es gilt also $\Omega = -\mathbf{d}\Theta$, und Θ ist invariant unter der Wirkung von $\mathfrak{g}$, es gilt also

$$\pounds_{\xi_P}\Theta = 0. \tag{11.19}$$

Fall 3 tritt zum Beispiel auf, wenn $P = T^*Q$ und die Wirkung ein Lift ist. In diesem Fall gibt es eine explizite Formel für die Impulsabbildung. Aus

$$0 = \pounds_{\xi_P}\Theta = \mathbf{d}\mathbf{i}_{\xi_P}\Theta + \mathbf{i}_{\xi_P}\mathbf{d}\Theta \tag{11.20}$$

folgt

$$\mathbf{d}(\mathbf{i}_{\xi_P}\Theta) = \mathbf{i}_{\xi_P}\Omega, \tag{11.21}$$

das innere Produkt von ξ_P mit Θ erfüllt also (11.12), und die Impulsabbildung $\mathbf{J} : P \to \mathfrak{g}^*$ ist somit durch

$$\langle \mathbf{J}(z), \xi \rangle = (\mathbf{i}_{\xi_P}\Theta)(z) \tag{11.22}$$

gegeben. Schreiben wir in Koordinaten $\Theta = p_i \, dq^i$ und definieren A^j_a und B_{aj} durch

$$\xi_P = \xi^a A^j_a \frac{\partial}{\partial q^j} + \xi^a B_{aj} \frac{\partial}{\partial p_j}, \tag{11.23}$$

wird (11.22) zu

$$J_a(q,p) = p_i A^i_a(q,p). \tag{11.24}$$

Das folgende Beispiel zeigt, daß ρ' nicht immer verschwindet. Betrachte den Phasenraum $P = S^1 \times S^1$ mit der symplektischen Form $\Omega = d\theta_1 \wedge d\theta_2$, die Liealgebra $\mathfrak{g} = \mathbb{R}^2$ und die Wirkung

$$\rho(x_1, x_2) = x_1 \frac{\partial}{\partial \theta_1} + x_2 \frac{\partial}{\partial \theta_2}. \tag{11.25}$$

In diesem Fall ist $[\mathfrak{g}, \mathfrak{g}] = 0$ und $\rho' : \mathbb{R}^2 \to H^1(S^1 \times S^1)$ ein Isomorphismus, wie man leicht nachprüft.

11.4 Impulsabbildungen als Erhaltungsgrößen

Ein Grund für die Bedeutung der Impulsabbildungen in der Mechanik ist die Tatsache, daß sie Erhaltungsgrößen sind:

Satz 11.4.1. *[Hamiltonsche Version des Noethertheorems] Sei* $\mathbf{J} : P \to \mathfrak{g}^*$ *eine Impulsabbildung für eine kanonische Wirkung der Liealgebra* $\mathfrak{g}$ *auf die Poissonmannigfaltigkeit* P *und* $H \in \mathcal{F}(P)$ *eine* $\mathfrak{g}$-*invariante Hamiltonfunktion, es gelte also* $\xi_P[H] = 0$ *für alle* $\xi \in \mathfrak{g}$. *Dann ist* $\mathbf{J}$ *eine Konstante der Bewegung zu* H, *d.h., es gilt*

$$\mathbf{J} \circ \varphi_t = \mathbf{J},$$

wobei φ_t *der Fluß von* X_H *ist. Rührt die Liealgebrenwirkung von der kanonischen Linkswirkung* Φ *einer Liegruppe her, so folgt die Invarianzvoraussetzung an* H *aus der Invarianzbedingung* $H \circ \Phi_g = H$ *für alle* $g \in G$.

Beweis. Aufgrund der Bedingung $\xi_P[H] = 0$ verschwindet die Poissonklammer von H mit $J(\xi)$, der Hamiltonfunktion für ξ_P, es ist alo $\{J(\xi), H\} = 0$. Daraus folgt, daß $J(\xi)$ für jedes Liealgebrenelement ξ eine Erhaltungsgröße entlang des Flusses von X_H ist. Dies bedeutet, daß die Werte der zugehörigen $\mathfrak{g}^*$-wertigen Impulsabbildung $\mathbf{J}$ erhalten bleiben. Die letzte Behauptung des Satzes ergibt sich durch Differentiation der Bedingung $H \circ \Phi_g = H$ nach g im neutralen Element e in Richtung von ξ, woraus $\xi_P[H] = 0$ folgt. ∎

Den Rest dieses Abschnitts widmen wir einer Reihe von konkreten Beispielen von Impulsabbildungen.

Beispiele

Beispiel 11.4.1 (Die Hamiltonfunktion). Betrachte die $\mathbb{R}$-Wirkung des Flusses eines vollständigen Hamiltonschen Vektorfeldes X_H auf einer Poissonmannigfaltigkeit P. Dann ist H eine zugehörige Impulsabbildung $\mathbf{J} : P \to \mathbb{R}$ (wobei wir $\mathbb{R}^*$ wie üblich mit $\mathbb{R}$ identifizieren).

Beispiel 11.4.2 (Der Impuls). In §6.4 haben wir das N-Teilchensystem besprochen sowie den Kotangentiallift der Wirkung von $\mathbb{R}^3$ auf $\mathbb{R}^{3N}$ (durch Translation in jedem Faktor) auf das Kotangentialbündel $T^*\mathbb{R}^{3N} \cong \mathbb{R}^{6N}$, der durch

$$\mathbf{x} \cdot (\mathbf{q}_i, \mathbf{p}^j) = (\mathbf{q}_j + \mathbf{x}, \mathbf{p}^j), \quad j = 1, \ldots, N \qquad (11.26)$$

gegeben ist. Wir zeigen nun, daß diese Wirkung eine Impulsabbildung besitzt und berechnen sie anhand der Definition. Im nächsten Kapitel werden wir sie einfacher unter Verwendung der dann entwickelten Methoden berechnen. Sei $\xi \in \mathfrak{g} = \mathbb{R}^3$. Der infinitesimale Erzeuger ξ_P ist in einem Punkt $(\mathbf{q}_j, \mathbf{p}^j) \in \mathbb{R}^{6N} = P$ durch die Ableitung von (11.26) nach $\mathbf{x}$ in Richtung von ξ gegeben:

$$\xi_P(\mathbf{q}_j, \mathbf{p}^j) = (\xi, \xi, \ldots, \xi, 0, 0, \ldots, 0). \qquad (11.27)$$

Auf der anderen Seite besitzt nach der Definition der kanonischen symplektischen Struktur Ω auf P jede in Frage kommende Abbildung $J(\xi)$ ein Hamiltonsches Vektorfeld, das durch

$$X_{J(\xi)}(\mathbf{q}_j, \mathbf{p}^j) = \left(\frac{\partial J(\xi)}{\partial \mathbf{p}^j}, -\frac{\partial J(\xi)}{\partial \mathbf{q}_j} \right) \qquad (11.28)$$

gegeben ist. Aus $X_{J(\xi)} = \xi_P$ folgt dann

$$\frac{\partial J(\xi)}{\partial \mathbf{p}^j} = \xi \quad \text{und} \quad \frac{\partial J(\xi)}{\partial \mathbf{q}_j} = 0, \quad 1 \leq j \leq N. \qquad (11.29)$$

Integriert man diese Gleichungen, wobei man die Integrationskonstanten zu Null wählt, damit J linear wird, erhält man

$$J(\xi)(\mathbf{q}_j, \mathbf{p}^j) = \left(\sum_{j=1}^{N} \mathbf{p}^j \right) \cdot \xi, \quad \text{also} \quad \mathbf{J}(\mathbf{q}_j, \mathbf{p}^j) = \sum_{j=1}^{N} \mathbf{p}^j. \qquad (11.30)$$

Diesen Ausdruck nennt man den **Gesamtimpuls** des N-Teilchensystems. Für dieses Beispiel kann das Noethertheorem folgendermaßen direkt abgeleitet werden. Man bezeichne mit J_α, q_j^α und p_α^j die α-te Komponente von $\mathbf{J}, \mathbf{q}_j$ und $\mathbf{p}^j$, $\alpha = 1, 2, 3$. Zu einer gegebenen Hamiltonfunktion H erhalten wir aus den Hamiltongleichungen für die Evolution des N-Teilchensystems

$$\frac{dJ_\alpha}{dt} = \sum_{j=1}^{N} \frac{dp_\alpha^j}{dt} = -\sum_{j=1}^{N} \frac{\partial H}{\partial q_\alpha^j} = -\left[\sum_{j=1}^{N} \frac{\partial}{\partial q_\alpha^j} \right] H. \qquad (11.31)$$

Die Klammer auf der rechten Seite der Gleichung ist ein Operator, der die Veränderung der skalaren Funktion H unter einer räumlichen Translation angibt, also unter der Wirkung der Translationsgruppe $\mathbb{R}^3$ auf jede der N Koordinatenrichtungen. Offensichtlich bleibt J_α erhalten, wenn H translationsinvariant ist, was gerade die Behauptung des Noethertheorems ist.

Beispiel 11.4.3 (Der Drehimpuls). Betrachte die durch $\Phi(A, \mathbf{q}) = A\mathbf{q}$ gegebene Wirkung von SO(3) auf den Konfigurationsraum $Q = \mathbb{R}^3$. Wir zeigen, daß die auf $P = T^*\mathbb{R}^3$ geliftete Wirkung eine Impulsabbildung besitzt und berechnen diese. Für $(\mathbf{q}, \mathbf{v}) \in T_{\mathbf{q}}\mathbb{R}^3$ gilt zunächst $T_{\mathbf{q}}\Phi_A(\mathbf{q}, \mathbf{v}) = (A\mathbf{q}, A\mathbf{v})$. Wir bezeichnen nun mit $A \cdot (\mathbf{q}, \mathbf{p}) = T^*_{A\mathbf{q}}\Phi_{A^{-1}}(\mathbf{q}, \mathbf{p})$ den Lift der SO(3)-Wirkung auf P und identifizieren über das Euklidische Skalarprodukt Kovektoren mit Vektoren. Zu $(\mathbf{q}, \mathbf{p}) \in T^*_{\mathbf{q}}\mathbb{R}^3$ ist $(A\mathbf{q}, \mathbf{v}) \in T_{A\mathbf{q}}\mathbb{R}^3$ und es folgt

$$
\begin{aligned}
\langle A \cdot (\mathbf{q}, \mathbf{p}), (A\mathbf{q}, \mathbf{v}) \rangle &= \langle (\mathbf{q}, \mathbf{p}), A^{-1} \cdot (A\mathbf{q}, \mathbf{v}) \rangle \\
&= \langle \mathbf{p}, A^{-1}\mathbf{v} \rangle \\
&= \langle A\mathbf{p}, \mathbf{v} \rangle = \langle (A\mathbf{q}, A\mathbf{p}), (A\mathbf{q}, \mathbf{v}) \rangle,
\end{aligned}
$$

also gilt

$$
A \cdot (\mathbf{q}, \mathbf{p}) = (A\mathbf{q}, A\mathbf{p}). \tag{11.32}
$$

Leiten wir dies nach A ab, erhalten wir für den infinitesimalen Erzeuger zu $\xi = \hat{\omega} \in \mathfrak{so}(3)$

$$
\hat{\omega}_P(\mathbf{q}, \mathbf{p}) = (\xi\mathbf{q}, \xi\mathbf{p}) = (\omega \times \mathbf{q}, \omega \times \mathbf{p}). \tag{11.33}
$$

Um die Impulsabbildung zu finden, suchen wir wie im vorhergehenden Beispiel eine in ξ lineare Lösung $J(\xi)$ der Gleichungen

$$
\frac{\partial J(\xi)}{\partial \mathbf{p}} = \xi\mathbf{q} \quad \text{und} \quad -\frac{\partial J(\xi)}{\partial \mathbf{q}} = \xi\mathbf{p}. \tag{11.34}
$$

Eine solche Lösung ist durch

$$
J(\xi)(\mathbf{q}, \mathbf{p}) = (\xi\mathbf{q}) \cdot \mathbf{p} = (\omega \times \mathbf{q}) \cdot \mathbf{p} = (\mathbf{q} \times \mathbf{p}) \cdot \omega
$$

gegeben. Als Impulsabbildung erhalten wir

$$
\mathbf{J}(\mathbf{q}, \mathbf{p}) = \mathbf{q} \times \mathbf{p}. \tag{11.35}
$$

Gleichung (11.35) ist natürlich die übliche Gleichung für den *Drehimpuls* eines Teilchens.

In diesem Fall folgt aus dem Noethertheorem, daß für eine unter Drehungen invariante Hamiltonfunktion die drei Komponenten von $\mathbf{J}$ Konstanten der Bewegung sind. Dieses Beispiel kann wie folgt verallgemeinert werden:

Beispiel 11.4.4 (Der Impuls für Matrixgruppen). Sei $G \subset \mathrm{GL}(n, \mathbb{R})$ eine Untergruppe der allgemeinen linearen Gruppe des $\mathbb{R}^n$. G wirke auf den $\mathbb{R}^n$ durch Matrizenmultiplikation von links, also durch $\Phi_A(\mathbf{q}) = A\mathbf{q}$. Wie im vorhergehenden Beispiel ist die auf $P = T^*\mathbb{R}^n$ induzierte Wirkung durch

$$
A \cdot (\mathbf{q}, \mathbf{p}) = (A\mathbf{q}, (A^T)^{-1}\mathbf{p}) \tag{11.36}
$$

gegeben und der infinitesimale Erzeuger zu $\xi \in \mathfrak{g}$ durch

$$
\xi_P(\mathbf{q}, \mathbf{p}) = (\xi\mathbf{q}, -\xi^T\mathbf{p}). \tag{11.37}
$$

Um die Impulsabbildung zu finden, lösen wir die Gleichungen

$$\frac{\partial J(\xi)}{\partial \mathbf{p}} = \xi \mathbf{q} \quad \text{und} \quad \frac{\partial J(\xi)}{\partial \mathbf{q}} = \xi^T \mathbf{p}. \tag{11.38}$$

Eine Lösung ist durch $J(\xi)(\mathbf{q}, \mathbf{p}) = (\xi\mathbf{q}) \cdot \mathbf{p}$ gegeben, es gilt also

$$\langle \mathbf{J}(\mathbf{q}, \mathbf{p}), \xi \rangle = (\xi\mathbf{q}) \cdot \mathbf{p}. \tag{11.39}$$

Im Fall $n = 3$ und $G = \mathrm{SO}(3)$ ist (11.39) äquivalent zu (11.35). In Koordinaten gilt $(\xi\mathbf{q}) \cdot \mathbf{p} = \xi^i{}_j q^j p_i$ und somit

$$[\mathbf{J}(\mathbf{q}, \mathbf{p})]^i_j = q^i p_j.$$

Identifizieren wir $\mathfrak{g}$ und $\mathfrak{g}^*$ über $\langle A, B \rangle = \mathrm{Sp}\left(AB^T\right)$, so ist $\mathbf{J}(\mathbf{q}, \mathbf{p})$ die Projektion der Matrix $q^j p_i$ auf den Untervektorraum $\mathfrak{g}$.

Beispiel 11.4.5 (Der kanonische Impuls auf $\mathfrak{g}^*$). Die Liegruppe G mit der Liealgebra $\mathfrak{g}$ wirke durch die koadjungierte Wirkung auf $\mathfrak{g}^*$, ausgestattet mit der $(\pm)$-Lie-Poisson-Struktur. Da $\mathrm{Ad}_{g^{-1}} : \mathfrak{g} \to \mathfrak{g}$ ein Liealgebrenisomorphismus ist, ist die duale Abbildung $\mathrm{Ad}^*_{g^{-1}} : \mathfrak{g}^* \to \mathfrak{g}^*$ nach Proposition 10.7.2 kanonisch. Wir wollen dies auch direkt beweisen. Zunächst berechnet man

$$\frac{\delta F}{\delta(\mathrm{Ad}^*_{g^{-1}}\mu)} = \mathrm{Ad}_g \frac{\delta\left(F \circ \mathrm{Ad}^*_{g^{-1}}\right)}{\delta\mu}, \tag{11.40}$$

woraus folgt, daß

$$\begin{aligned}
&\{F, H\}_\pm \left(\mathrm{Ad}^*_{g^{-1}}\mu\right) \\
&= \pm \left\langle \mathrm{Ad}^*_{g^{-1}}\mu, \left[\frac{\delta F}{\delta\left(\mathrm{Ad}^*_{g^{-1}}\mu\right)}, \frac{\delta H}{\delta\left(\mathrm{Ad}^*_{g^{-1}}\mu\right)} \right] \right\rangle \\
&= \pm \left\langle \mathrm{Ad}^*_{g^{-1}}\mu, \left[\mathrm{Ad}_g \frac{\delta\left(F \circ \mathrm{Ad}^*_{g^{-1}}\right)}{\delta\mu}, \mathrm{Ad}_g \frac{\delta\left(H \circ \mathrm{Ad}^*_{g^{-1}}\right)}{\delta\mu} \right] \right\rangle \\
&= \pm \left\langle \mu, \left[\frac{\delta\left(F \circ \mathrm{Ad}^*_{g^{-1}}\right)}{\delta\mu}, \frac{\delta\left(H \circ \mathrm{Ad}^*_{g^{-1}}\right)}{\delta\mu} \right] \right\rangle \\
&= \left\{ F \circ \mathrm{Ad}^*_{g^{-1}}, H \circ \mathrm{Ad}^*_{g^{-1}} \right\}_\pm (\mu)
\end{aligned}$$

gilt. Also ist die koadjungierte Wirkung von G auf $\mathfrak{g}^*$ kanonisch. Aus Proposition 10.7.1 folgt, daß das Hamiltonsche Vektorfeld zu $H \in \mathcal{F}(\mathfrak{g}^*)$ durch

$$X_H(\mu) = \mp \mathrm{ad}^*_{(\delta H/\delta\mu)} \mu \tag{11.41}$$

gegeben ist. Da der infinitesimale Erzeuger der koadjungierten Wirkung zu $\xi \in \mathfrak{g}$ durch $\xi_{\mathfrak{g}^*} = -\mathrm{ad}^*_\xi$ gegeben ist, muß die Impulsabbildung der koadjungierten Wirkung (falls sie existiert) die Gleichung

$$\mp \mathrm{ad}^*_{(\delta J(\xi)/\delta\mu)} \mu = -\mathrm{ad}^*_\xi \mu \tag{11.42}$$

für jedes $\mu \in \mathfrak{g}^*$ erfüllen, also $J(\xi)(\mu) = \pm \langle \mu, \xi \rangle$ und somit

$$\mathbf{J} = \pm \operatorname{Id}_{\mathfrak{g}^*} \tag{11.43}$$

gelten.

Beispiel 11.4.6 (Die duale Abbildung eines Liealgebrenhomomorphismus). Die Poissonabbildung von den Impulsvariablen eines Plasmas auf die einer Flüssigkeit und die Mittelung über eine Symmetriegruppe einer Flüssigkeitsströmung sind duale Abbildungen zu Liealgebrenhomomorphismen und stellen interessante Beispiele von Poissonabbildungen dar (vgl. §1.7). Wir wollen nun zeigen, daß alle diese Abbildungen Impulsabbildungen sind.

Sind H und G Liegruppen, $A : H \to G$ ein Liegruppenhomomorphismus und $\alpha : \mathfrak{h} \to \mathfrak{g}$ der induzierte Liealgebrenhomomorphismus, so ist dessen duale Abbildung $\alpha^* : \mathfrak{g}^* \to \mathfrak{h}^*$ eine Poissonabbildung. Wir behaupten, daß α^* darüber hinaus eine *Impulsabbildung* ist. Betrachte dazu die durch

$$h \cdot \mu = \operatorname{Ad}^*_{A(h)^{-1}} \mu$$

gegebene Wirkung von H auf $\mathfrak{g}^*_+$, es gelte also

$$\langle h \cdot \mu, \xi \rangle = \left\langle \mu, \operatorname{Ad}_{A(h)^{-1}} \xi \right\rangle. \tag{11.44}$$

Differenzieren wir (11.44) nach h im Punkt e in Richtung von $\eta \in \mathfrak{h}$, so erhalten wir für den infinitesimalen Erzeuger

$$\langle \eta_{\mathfrak{g}^*}(\mu), \xi \rangle = - \left\langle \mu, \operatorname{ad}_{\alpha(\eta)} \xi \right\rangle = - \left\langle \operatorname{ad}^*_{\alpha(\eta)} \mu, \xi \right\rangle. \tag{11.45}$$

Mit $\mathbf{J}(\mu) = \alpha^*(\mu)$ gilt dann

$$J(\eta)(\mu) = \langle \mathbf{J}(\mu), \eta \rangle = \langle \alpha^*(\mu), \eta \rangle = \langle \mu, \alpha(\eta) \rangle \tag{11.46}$$

und wir erhalten

$$\frac{\delta J(\eta)}{\delta \mu} = \alpha(\eta),$$

auf $\mathfrak{g}^*_+$ gilt also

$$X_{J(\eta)}(\mu) = -\operatorname{ad}^*_{\delta J(\eta)/\delta\mu} \mu = -\operatorname{ad}^*_{\alpha(\eta)} \mu = \eta_{\mathfrak{g}^*}(\mu) \tag{11.47}$$

und die Behauptung ist gezeigt.

Beispiel 11.4.7 (Impulsabbildungen für Unteralgebren). Sei $\mathbf{J}_{\mathfrak{g}} : P \to \mathfrak{g}^*$ eine Impulsabbildung einer kanonischen Linkswirkung der Liealgebra $\mathfrak{g}$ auf eine Poissonmannigfaltigkeit P und $\mathfrak{h} \subset \mathfrak{g}$ eine Unteralgebra. Dann wirkt $\mathfrak{h}$ ebenfalls kanonisch auf P und diese Wirkung besitzt eine Impulsabbildung $\mathbf{J}_{\mathfrak{h}} : P \to \mathfrak{h}^*$, die durch

$$\mathbf{J}_{\mathfrak{h}}(z) = \mathbf{J}_{\mathfrak{g}}(z)|\mathfrak{h} \tag{11.48}$$

gegeben ist, denn für $\eta \in \mathfrak{h}$ gilt $\eta_P = X_{J_{\mathfrak{g}}(\eta)}$, da die Wirkung von $\mathfrak{g}$ die Impulsabbildung $\mathbf{J}_{\mathfrak{g}}$ besitzt und $\eta \in \mathfrak{g}$ ist. Demzufolge definiert $J_{\mathfrak{h}}(\eta) = J_{\mathfrak{g}}(\eta)$ für alle $\eta \in \mathfrak{h}$ die induzierte $\mathfrak{h}$-Impulsabbildung auf P. Dies ist äquivalent zu

$$\langle \mathbf{J}_{\mathfrak{h}}(z), \eta \rangle = \langle \mathbf{J}_{\mathfrak{g}}(z), \eta \rangle$$

für alle $z \in P$ und $\eta \in \mathfrak{g}$, womit (11.48) gezeigt ist.

Beispiel 11.4.8 (Impulsabbildungen für projektive Darstellungen).
Dieses Beispiel behandelt die Impulsabbildung für die Wirkung einer end-lichdimensionalen Liegruppe G auf einen projektiven Raum, die von einer unitären Darstellung auf dem zugrundeliegenden Hilbertraum induziert wird. In §5.3 wurde gezeigt, daß die unitäre Gruppe $U(\mathcal{H})$ symplektisch auf $\mathbb{P}\mathcal{H}$ wirkt. Aufgrund der Schwierigkeiten mit der Definition der Liealgebra von $U(\mathcal{H})$ (vgl. Bsp. (9.3.18)) können wir die Impulsabbildung nicht für die ganze unitäre Gruppe definieren.

Sei $\rho : G \to U(\mathcal{H})$ also eine unitäre Darstellung von G. Wir können die infinitesimale Wirkung ihrer Liealgebra $\mathfrak{g}$ auf $\mathbb{P}\mathcal{D}_G$, dem wesentlichen G-glatten Anteil von $\mathbb{P}\mathcal{H}$, durch

$$\xi_{\mathbb{P}\mathcal{H}}([\psi]) = \frac{d}{dt}[(\exp(tA(\xi)))\psi]\Big|_{t=0} = T_\psi \pi(A(\xi)\psi) \tag{11.49}$$

definieren, wobei der infinitesimale Erzeuger $A(\xi)$ in §9.3 definiert wurde, $[\psi] \in \mathbb{P}\mathcal{D}_G$ ist und $\pi : \mathcal{H}\backslash\{0\} \to \mathbb{P}\mathcal{H}$ die Projektion bezeichnet. Sei $\varphi \in (\mathbb{C}\psi)^\perp$ und $\|\psi\| = 1$. Wegen $A(\xi)\psi - \langle A(\xi)\psi, \psi \rangle \psi \in (\mathbb{C}\psi)^\perp$ gilt

$$(\mathbf{i}_{\xi_{\mathbb{P}\mathcal{H}}}\Omega)(T_\psi \pi(\varphi)) = -2\hbar \operatorname{Im}\langle A(\xi)\psi - \langle A(\xi)\psi, \psi \rangle \psi, \varphi \rangle$$
$$= -2\hbar \operatorname{Im}\langle A(\xi)\psi, \varphi \rangle.$$

Definiert man andererseits $\mathbf{J} : \mathbb{P}\mathcal{D}_G \to \mathfrak{g}^*$ durch

$$\langle \mathbf{J}([\psi]), \xi \rangle = J(\xi)([\psi]) = -i\hbar \frac{\langle \psi, A(\xi)\psi \rangle}{\|\psi\|^2}, \tag{11.50}$$

so ergibt eine kurze Rechnung für $\varphi \in (\mathbb{C}\psi)^\perp$ und $\|\psi\| = 1$

$$\mathbf{d}(J(\xi))([\psi])(T_\psi \pi(\varphi)) = \frac{d}{dt}J(\xi)([\psi + t\varphi])\Big|_{t=0}$$
$$= -2\hbar \operatorname{Im}\langle A(\xi)\psi, \varphi \rangle.$$

Dies zeigt, daß die in (11.50) definierte Abbildung $\mathbf{J}$ eine Impulsabbildung der Wirkung von G auf $\mathbb{P}\mathcal{H}$ ist. Wir weisen darauf hin, daß diese Impulsabbildung nur auf einer dichten Teilmenge der symplektischen Mannigfaltigkeit definiert ist. Man beachte, daß ein ähnlicher Effekt in der Diskussion des Drehimpulses in der Quantenmechanik in §3.3 auftrat.

Übungen

Übung 11.4.1. Zeige, daß $J = (|z_1|^2 - |z_2|^2)/2$ eine Impulsabbildung für die durch

$$e^{i\theta}(z_1, z_2) = (e^{i\theta} z_1, e^{-i\theta} z_2)$$

gegebene Wirkung von S^1 auf $\mathbb{C}^2$ ist. Zeige, daß die durch (10.33) gegebene Hamiltonfunktion unter der Wirkung von S^1 invariant ist und somit Satz 11.4.1 angewandt werden kann.

Übung 11.4.2 (Von Untergruppen induzierte Impulsabbildungen). Betrachte eine Poissonsche Wirkung einer Liegruppe G auf eine Poissonmannigfaltigkeit P mit einer Impulsabbildung $\mathbf{J}$. Sei H eine Unterliegruppe von G, $i : \mathfrak{h} \to \mathfrak{g}$ die Inklusionsabbildung der zugehörigen Liealgebren und $i^* : \mathfrak{g}^* \to \mathfrak{h}^*$ die duale Abbildung. Überprüfe, daß die induzierte Wirkung von H auf P eine durch $\mathbf{K} = i^* \circ \mathbf{J}$ gegebene Impulsabbildung besitzt, d.h., daß $K = J|\mathfrak{h}$ gilt.

Übung 11.4.3 (Die Euklidische Gruppe der Ebene). Die spezielle Euklidische Gruppe SE(2) besteht aus allen Transformationen des $\mathbb{R}^2$ der Form $A\mathbf{z} + \mathbf{a}$, wobei $\mathbf{z}, \mathbf{a} \in \mathbb{R}^2$ und $A \in$ SO(2), also von der Form

$$A = \begin{bmatrix} \cos\theta & -\sin\theta \\ \sin\theta & \cos\theta \end{bmatrix} \tag{11.51}$$

ist. Diese Gruppe ist dreidimensional und die Gruppenoperation durch

$$(A, \mathbf{a}) \cdot (B, \mathbf{b}) = (AB, A\mathbf{b} + \mathbf{a}) \tag{11.52}$$

gegeben, das neutrale Element ist (Id, $\mathbf{0}$) und die Inversion durch $(A, \mathbf{a})^{-1} = (A^{-1}, -A^{-1}\mathbf{a})$. Wir betrachten die durch $(A, \mathbf{a}) \cdot \mathbf{z} = A\mathbf{z} + \mathbf{a}$ gegebene Wirkung von SE(2) auf den $\mathbb{R}^2$. Seien $\mathbf{z} = (q, p)$ Koordinaten auf $\mathbb{R}^2$. Wegen $\det A = 1$ erhalten wir $\Phi^*_{(A,\mathbf{a})}(dq \wedge dp) = dq \wedge dp$, SE(2) wirkt also kanonisch auf die symplektische Mannigfaltigkeit $\mathbb{R}^2$. Zeige, daß $\mathbf{J}(q, p) = \left(-\frac{1}{2}(q^2 + p^2), p, -q\right)$ eine Impulsabbildung für diese Wirkung ist.

11.5 Äquivarianz von Impulsabbildungen

Infinitesimale Äquivarianz. Kehren wir zu dem kommutativen Diagramm in §11.2 und den Beziehungen (11.17) zurück. Da zwei der in dem Diagramm auftretenden Abbildungen Liealgebrenantihomomorphismen sind, liegt die Frage nahe, ob J ein Liealgebrenhomomorphismus ist. Man kann diese Frage auch auf eine andere, äquivalente Weise stellen. Beachte dazu zunächst, daß wegen $X_{J[\xi,\eta]} = X_{\{J(\xi), J(\eta)\}}$

$$J([\xi, \eta]) - \{J(\xi), J(\eta)\} =: \Sigma(\xi, \eta)$$

eine Casimirfunktion auf P und somit konstant auf jedem symplektischen Blatt von P ist. Als eine Funktion auf $\mathfrak{g} \times \mathfrak{g}$ mit Werten in dem Vektorraum $\mathcal{C}(P)$ der Casimirfunktionen auf P ist Σ bilinear, antisymmetrisch und erfüllt für alle $\xi, \eta, \zeta \in \mathfrak{g}$ die Gleichung

$$\Sigma(\xi, [\eta, \zeta]) + \Sigma(\eta, [\zeta, \xi]) + \Sigma(\zeta, [\xi, \eta]) = 0. \tag{11.53}$$

Σ ist also ein $\mathcal{C}(P)$-*wertiger* 2-*Kozykel* von $\mathfrak{g}$, vgl. Souriau [1970] und Guillemin und Sternberg [1984, S. 170] für weitere Informationen.

Nun lautet die Frage, ob $\Sigma(\xi, \eta) = 0$ für alle $\xi, \eta \in \mathfrak{g}$ gilt. Dies ist im allgemeinen nicht der Fall, daher wollen wir nun mehr über diese Invariante erfahren. Wir werden eine hierzu äquivalente Bedingung dafür herleiten, daß $J : \mathfrak{g} \to \mathcal{F}(P)$ ein Liealgebrenhomomorphismus ist, daß also $\Sigma = 0$ gilt, oder äquivalent dazu, daß die folgenden *Vertauschungsrelationen* erfüllt sind:

$$J([\xi, \eta]) = \{J(\xi), J(\eta)\}. \tag{11.54}$$

Leiten wir (11.13) nach z in Richtung von $v_z \in T_z P$ ab, erhalten wir

$$\mathbf{d}(J(\xi))(z) \cdot v_z = \langle T_z \mathbf{J} \cdot v_z, \xi \rangle \tag{11.55}$$

für alle $z \in P$, $v_z \in T_z P$ und $\xi \in \mathfrak{g}$. Also gilt für $\xi, \eta \in \mathfrak{g}$

$$\{J(\xi), J(\eta)\}(z) = X_{J(\eta)}[J(\xi)](z) = \mathbf{d}(J(\xi))(z) \cdot X_{J(\eta)}(z)$$
$$= \langle T_z \mathbf{J} \cdot X_{J(\eta)}(z), \xi \rangle = \langle T_z \mathbf{J} \cdot \eta_P(z), \xi \rangle. \tag{11.56}$$

Beachte, daß

$$J([\xi, \eta])(z) = \langle \mathbf{J}(z), [\xi, \eta] \rangle = -\langle \mathbf{J}(z), \mathrm{ad}_\eta \xi \rangle = -\langle \mathrm{ad}_\eta^* \mathbf{J}(z), \xi \rangle \tag{11.57}$$

gilt. Also ist J genau dann ein Liealgebrenhomomorphismus, wenn für alle $\eta \in \mathfrak{g}$

$$T_z \mathbf{J} \cdot \eta_P(z) = -\mathrm{ad}_\eta^* \mathbf{J}(z) \tag{11.58}$$

ist. Demzufolge sind (11.54) und (11.58) äquivalent. Impulsabbildungen, die (11.54) (oder (11.58)) erfüllen, werden *infinitesimal äquivariante Impulsabbildungen* genannt. Kanonische (Links-)Wirkungen einer Liealgebra, die infinitesimal äquivariante Impulsabbildungen besitzen, heißen *Hamiltonsche Wirkungen*. Mit diesen Bezeichnungen können wir das oben Bewiesene in folgendem Satz zusammenfassen:

Satz 11.5.1. *Eine kanonische Linkswirkung einer Liealgebra ist genau dann Hamiltonsch, wenn es einen Liealgebrenhomomorphismus $\psi : \mathfrak{g} \to \mathcal{F}(P)$ gibt, für den $X_{\psi(\xi)} = \xi_P$ für alle $\xi \in \mathfrak{g}$ gilt. Existiert solch ein ψ, ist durch $J = \psi$ eine infinitesimal äquivariante Impulsabbildung $\mathbf{J}$ gegeben. Ist umgekehrt $\mathbf{J}$ infinitesimal äquivariant, können wir $\psi = J$ wählen.*

Äquivarianz.   Wir wollen nun die Bezeichnung „infinitesimal äquivariante Impulsabbildung" rechtfertigen. Betrachte eine kanonische Linkswirkung der Liealgebra $\mathfrak{g}$ auf P, die von einer kanonischen Linkswirkung der Liegruppe G auf P induziert wird, wobei $\mathfrak{g}$ die Liealgebra von G ist. Wir nennen **J** *äquivariant*, wenn für alle $g \in G$

$$\text{Ad}^*_{g^{-1}} \circ \mathbf{J} = \mathbf{J} \circ \varPhi_g, \qquad (11.59)$$

also das Diagramm in Abb. 11.2 kommutativ ist.

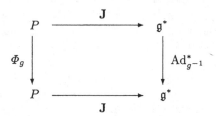

Abb. 11.2. Äquivarianz von Impulsabbildungen.

Die Äquivarianz der Impulsabbildung können wir auch durch die Beziehung

$$J(\text{Ad}_g \xi)(g \cdot z) = J(\xi)(z) \qquad (11.60)$$

für alle $g \in G$, $\xi \in \mathfrak{g}$ und $z \in P$ ausdrücken. Eine kanonische (Links-)Wirkung einer Liegruppe heißt **global Hamiltonsch**, wenn sie eine äquivariante Impulsabbildung besitzt. Leiten wir (11.59) nach g im Punkt $g = e$ in Richtung von $\eta \in \mathfrak{g}$ ab, so sehen wir, daß *aus der Äquivarianz die infinitesimale Äquivarianz folgt*. Wir werden in Kürze zeigen, daß man in allen vorhergehenden Beispiele (außer dem in Übung 11.4.3) äquivariante Impulsabbildungen findet. Ein anderer interessanter Fall tritt in der Yang-Mills-Theorie auf, wo der 2-Kozykel Σ mit der **Anomalie** zusammenhängt (vgl. Bao und Nair [1985] und die dortigen Verweise). Die umgekehrte Frage, in welchem Fall aus der infinitesimalen Äquivarianz die Äquivarianz folgt, wird in §12.4 behandelt.

Impulsabbildungen für kompakte Gruppen.   Im nächsten Kapitel werden wir sehen, daß viele in Beispielen auftretende Impulsabbildungen äquivariant sind. Der folgende Satz zeigt, daß man eine Impulsabbildung im Falle einer *kompakten* Gruppe *immer* äquivariant wählen kann.[2]

Satz 11.5.2. *Sei G eine kompakte Liegruppe, die auf kanonische Weise auf die Poissonmannigfaltigkeit P wirkt und die Impulsabbildung* $\mathbf{J} : P \to \mathfrak{g}^*$

---

[2] Ein relativ allgemeiner Zusammenhang, in dem nichtäquivariante Impulsabbildungen unumgänglich sind, wird in Marsden, Misiolek, Perlmutter und Ratiu [1998] behandelt.

besitzt. Dann kann **J** *durch Addition eines Elements von* $L(\mathfrak{g}, \mathcal{C}(P))$ *so verändert werden, daß die entstehende Abbildung eine äquivariante Impulsabbildung ist. Ist P symplektisch, so kann* **J** *insbesondere durch die Addition eines Elementes von $\mathfrak{g}^*$ auf jeder Zusammenhangskomponente so verändert werden, daß die entstehende Abbildung eine äquivariante Impulsabbildung ist.*

Beweis. Für jedes $g \in G$ definieren wir $\mathbf{J}^g(z) = \mathrm{Ad}^*_{g^{-1}} \mathbf{J}(g^{-1} \cdot z)$, was äquivalent zu $J^g(\xi) = J(\mathrm{Ad}_{g^{-1}}\xi) \circ \Phi_{g^{-1}}$ ist. Dann ist $\mathbf{J}^g$ ebenfalls eine Impulsabbildung für die Wirkung von G auf P. Ist nämlich $z \in P$, $\xi \in \mathfrak{g}$ und $F : P \to \mathbb{R}$, so gilt

$$
\begin{aligned}
\{F, J^g(\xi)\}(z) &= -\mathbf{d}J^g(\xi)(z) \cdot X_F(z) \\
&= -\mathbf{d}J(\mathrm{Ad}_{g^{-1}}\xi)(g^{-1} \cdot z) \cdot T_z\Phi_{g^{-1}} \cdot X_F(z) \\
&= -\mathbf{d}J(\mathrm{Ad}_{g^{-1}}\xi)(g^{-1} \cdot z) \cdot (\Phi_g^* X_F)(g^{-1} \cdot z) \\
&= -\mathbf{d}J(\mathrm{Ad}_{g^{-1}}\xi)(g^{-1} \cdot z) \cdot X_{\Phi_g^* F}(g^{-1} \cdot z) \\
&= \{\Phi_g^* F, J(\mathrm{Ad}_{g^{-1}}\xi)\}(g^{-1} \cdot z) \\
&= (\mathrm{Ad}_{g^{-1}}\xi)_P[\Phi_g^* F](g^{-1} \cdot z) \\
&= (\Phi_g^* \xi_P)[\Phi_g^* F](g^{-1} \cdot z) \\
&= \mathbf{d}F(z) \cdot \xi_P(z) = \{F, J(\xi)\}(z).
\end{aligned}
$$

Es folgt $\{F, J^g(\xi) - J(\xi)\} = 0$ für alle $F : P \to \mathbb{R}$, und $J^g(\xi) - J(\xi)$ ist somit für jedes $g \in G$ und $\xi \in \mathfrak{g}$ eine Casimirfunktion auf P. Definiere nun

$$
\langle \mathbf{J} \rangle = \int_G \mathbf{J}^g \, dg,
$$

wobei dg das Haarmaß auf G bezeichnet, das wir so normalisieren, daß das Gesamtvolumen von G auf 1 normiert ist. Anders ausgedrückt besagt diese Definition, daß

$$
\langle J \rangle(\xi) = \int_G J^g(\xi) \, dg
$$

für jedes $\xi \in \mathfrak{g}$ gilt. Mit der Linearität der Poissonklammer in jedem Eingang folgt

$$
\{F, \langle J \rangle(\xi)\} = \int_G \{F, J^g(\xi)\} \, dg = \int_G \{F, J(\xi)\} \, dg = \{F, J(\xi)\}.
$$

Also ist $\langle \mathbf{J} \rangle$ ebenfalls eine Impulsabbildung für die Wirkung von G auf P und $\langle J \rangle(\xi) - J(\xi)$ ist für jedes $\xi \in \mathfrak{g}$ eine Casimirfunktion auf P, es gilt also $\langle \mathbf{J} \rangle - \mathbf{J} \in L(\mathfrak{g}, \mathcal{C}(P))$.

Außerdem ist die Impulsabbildung $\langle \mathbf{J} \rangle$ äquivariant, denn aus

$$
\mathbf{J}^g(h \cdot z) = \mathrm{Ad}^*_{h^{-1}} \mathbf{J}^{h^{-1}g}(z)
$$

folgt unter Verwendung der Translations- und Inversionsinvarianz des Haar-
maßes auf G, daß für jedes $h \in G$ mit der Substitution $g = hk$ in der dritten
Gleichheit

$$\langle \mathbf{J} \rangle (h \cdot z) = \int_G \mathrm{Ad}^*_{h^{-1}} \mathbf{J}^{h^{-1}g}(z)\,dg = \mathrm{Ad}^*_{h^{-1}} \int_G \mathbf{J}^{h^{-1}g}(z)\,dg$$

$$= \mathrm{Ad}^*_{h^{-1}} \int_G \mathbf{J}^k(z)\,dk = \mathrm{Ad}^*_{h^{-1}} \langle \mathbf{J} \rangle (z). \qquad (11.61)$$

■

Übungen

Übung 11.5.1. Zeige, daß die durch $(x, y, z) \mapsto z$ gegebene Abbildung $J :$
$S^2 \to \mathbb{R}$ eine Impulsabbildung ist.

Übung 11.5.2. Zeige direkt, daß der Drehimpuls eine äquivariante Impulsabbildung ist, während die Impulsabbildung in Übung 11.4.3 *nicht* äquivariant ist.

Übung 11.5.3. Zeige, daß die durch (11.22) gegebene Impulsabbildung

$$\langle \mathbf{J}(z), \xi \rangle = (\mathbf{i}_{\xi_P} \Theta)(z)$$

äquivariant ist.

Übung 11.5.4. Sei $V(n, k)$ der Vektorraum der komplexen $(n \times k)$-Matrizen
(n Zeilen, k Spalten). Zu $A \in V(n, k)$ bezeichnen wir mit $A^\dagger$ die zugehörige
hermitesch adjungierte (transponierte und komplex konjugierte) Matrix.

(i) Zeige, daß

$$\langle A, B \rangle = \mathrm{Sp}\,(AB^\dagger)$$

ein Hermitesches inneres Produkt auf $V(n, k)$ definiert.

(ii) Folgere daraus durch Angabe einer symplektischen Form, daß $V(n, k)$
ein symplektischer Vektorraum ist.

(iii) Zeige, daß die Wirkung

$$(U, V) \cdot A = UAV^{-1}$$

von $U(n) \times U(k)$ auf $V(n, k)$ kanonisch ist.

(iv) Berechne die infinitesimalen Erzeuger dieser Wirkung.

(v) Zeige, daß die durch

$$\langle \mathbf{J}(A), (\xi, \eta) \rangle = \frac{1}{2}\text{Sp}\,(AA^\dagger \xi) - \frac{1}{2}\text{Sp}\,(A^\dagger A \eta)$$

definierte Abbildung $\mathbf{J} : V(n, k) \to \mathfrak{u}(n)^* \times \mathfrak{u}(k)^*$ eine Impulsabbildung dieser Wirkung ist. Identifiziere nun $\mathfrak{u}(n)^*$ mit $\mathfrak{u}(n)$ über die Paarung

$$\langle \xi_1, \xi_2 \rangle = -\text{Re}[\text{Sp}\,(\xi_1 \xi_2)] = -\text{Sp}\,(\xi_1 \xi_2),$$

und analog auch $\mathfrak{u}(k)^* \cong \mathfrak{u}(k)$. Folgere dann

$$\mathbf{J}(A) = \frac{1}{2}(-iAA^\dagger, A^\dagger A) \in \mathfrak{u}(n) \times \mathfrak{u}(k).$$

(vi) Zeige, daß $\mathbf{J}$ äquivariant ist.

12. Berechnung und Eigenschaften von Impulsabbildungen

Im letzten Kapitel haben wir die allgemeine Theorie der Impulsabbildungen behandelt. In diesem entwickeln wir Techniken, um sie explizit zu berechnen. Einer der wichtigsten Fälle ist der, in dem wir eine Gruppenwirkung auf ein Kotangentialbündel untersuchen, die durch einen Kotangentiallift von einer Wirkung auf die Basis induziert ist. Solche Transformationen heißen *erweiterte Punkttransformationen*. Wir werden für diesen Fall eine explizite Formel für die Impulsabbildung herleiten und zeigen, daß sie immer äquivariant ist. Viele der in praktischen Anwendungen und Beispielen auftretenden Impulsabbildungen sind von diesem Typ.

12.1 Impulsabbildungen auf Kotangentialbündeln

Impulsfunktionen. Wir beginnen mit der Definition einer Abbildung $\mathcal{P} : \mathfrak{X}(Q) \to \mathcal{F}(T^*Q)$, die Vektorfeldern auf einer Mannigfaltigkeit Q Funktionen auf dem zugehörigen Kotangentialbündel zuordnet. Wir setzen dazu für $q \in Q$ und $\alpha_q \in T_q^*Q$

$$\mathcal{P}(X)(\alpha_q) = \langle \alpha_q, X(q) \rangle .$$

Mit $\langle , \rangle$ bezeichnen wir hier die Paarung zwischen Kovektoren $\alpha \in T_q^*Q$ und Vektoren. Wir nennen $\mathcal{P}(X)$ die **Impulsfunktion** zu X.

In Koordinaten ergibt sich

$$\mathcal{P}(X)(q^i, p_i) = X^j(q^i)p_j. \tag{12.1}$$

Definition 12.1.1. *Sei Q eine Mannigfaltigkeit. Dann bezeichnen wir mit $\mathcal{L}(T^*Q)$ den Raum der glatten Funktionen $F : T^*Q \to \mathbb{R}$, die auf den Fasern von T^*Q linear sind.*

Im endlichdimensionalen Fall können wir in Koordinaten die Funktionen $F, H \in \mathcal{L}(T^*Q)$ als

$$F(q, p) = \sum_{i=1}^{n} X^i(q)p_i \quad \text{und} \quad H(q, p) = \sum_{i=1}^{n} Y^i(q)p_i$$

mit geeigneten Funktionen X^i und Y^i schreiben. Die kanonische Poissonklammer $\{F, H\}$ ist wieder linear auf den Fasern: Mit Summation über wiederholte Indizes ist

$$\{F, H\}(q, p) = \frac{\partial F}{\partial q^j} \frac{\partial H}{\partial p_j} - \frac{\partial H}{\partial q^j} \frac{\partial F}{\partial p_j} = \frac{\partial X^i}{\partial q^j} p_i Y^k \delta_k^j - \frac{\partial Y^i}{\partial q^j} p_i X^k \delta_k^j$$

und somit gilt

$$\{F, H\} = \left(\frac{\partial X^i}{\partial q^j} Y^j - \frac{\partial Y^i}{\partial q^j} X^j \right) p_i. \tag{12.2}$$

Also ist $\mathcal{L}(T^*Q)$ eine Unterliealgebra von $\mathcal{F}(T^*Q)$. Ist Q unendlichdimensional, kann man einen ähnlichen Beweis führen, der kanonische Kotangentialbündelkarten verwendet.

Lemma 12.1.1. *Die Liealgebren*

(i) $(\mathfrak{X}(Q), [\, ,])$ *der Vektorfelder auf Q und*

(ii) *die der Hamiltonschen Vektorfelder X_F auf T^*Q mit $F \in \mathcal{L}(T^*Q)$*

sind isomorph. Außerdem sind beide antiisomorph zu $(\mathcal{L}(T^*Q), \{\, ,\})$. Insbesondere gilt

$$\{\mathcal{P}(X), \mathcal{P}(Y)\} = -\mathcal{P}([X, Y]). \tag{12.3}$$

Beweis. Da $\mathcal{P}(X) : T^*Q \to \mathbb{R}$ linear auf den Fasern ist, bildet $\mathcal{P}$ die Vektorfelder $\mathfrak{X}(Q)$ auf $\mathcal{L}(T^*Q)$ ab. Die Abbildung $\mathcal{P}$ ist linear und erfüllt (12.3), da aus

$$[X, Y]^i = \frac{\partial Y^i}{\partial q^j} X^j - \frac{\partial X^i}{\partial q^j} Y^j$$

folgt, daß

$$-\mathcal{P}([X, Y]) = \left(\frac{\partial X^i}{\partial q^j} Y^j - \frac{\partial Y^i}{\partial q^j} X^j \right) p_i$$

ist, was nach (12.2) mit $\{\mathcal{P}(X), \mathcal{P}(Y)\}$ übereinstimmt. (Wir überlassen die Ausarbeitung des Beweises für den unendlichdimensionalen Fall dem Leser.) Ferner folgt aus $\mathcal{P}(X) = 0$ mit dem Satz von Hahn-Banach, daß auch $X = 0$ gilt. Schließlich können wir zu jedem $F \in \mathcal{L}(T^*Q)$ (vorausgesetzt, $\mathfrak{X}(Q)$ ist reflexiv) $X(F) \in \mathfrak{X}(Q)$ durch

$$\langle \alpha_q, X(F)(q) \rangle = F(\alpha_q)$$

für alle $\alpha_q \in T_q^*Q$ definieren. Dann ist $\mathcal{P}(X(F)) = F$ und $\mathcal{P}$ ist auch surjektiv, womit gezeigt ist, daß $(\mathfrak{X}(Q), [\, ,])$ und $(\mathcal{L}(T^*Q), \{\, ,\})$ antiisomorphe Liealgebren sind.

Die Abbildung $F \mapsto X_F$ ist nach (5.25) ein Liealgebrenantihomomorphismus von der Algebra $(\mathcal{L}(T^*Q), \{\, ,\})$ nach $(\{X_F \mid F \in \mathcal{L}(T^*Q)\}, [\, ,])$. Diese Abbildung ist nach ihrer Definition surjektiv. Ist zusätzlich $X_F = 0$, so ist F konstant auf T^*Q. Da F aber linear auf den Fasern ist, muß F konstant Null sein. ∎

In der Quantenmechanik wird der Impulsfunktion $\mathcal{P}(X)$ nach der **Dirac-regel** der Differentialoperator

$$\mathrm{X} = \frac{\hbar}{i} X^j \frac{\partial}{\partial q^j} \tag{12.4}$$

zugeordnet (Dirac[1930, Absch. 21 und 22]). Definieren wir $P_\mathrm{X} = \mathcal{P}(X)$, liefert (12.3)

$$i\hbar\{P_\mathrm{X}, P_\mathrm{Y}\} = i\hbar\{\mathcal{P}(X), \mathcal{P}(Y)\} = -i\hbar\mathcal{P}([X,Y]) = P_{[\mathrm{X},\mathrm{Y}]}. \tag{12.5}$$

Man kann (12.5) noch erweitern, indem man Lifts von Funktionen auf Q hinzunimmt. Zu $f \in \mathcal{F}(Q)$ sei $f^* = f \circ \pi_Q$, wobei $\pi_Q : T^*Q \to Q$ die Projektion auf den Fußpunkt bezeichnet. f^* ist also konstant auf den Fasern. Damit ergibt sich

$$\{f^*, g^*\} = 0 \tag{12.6}$$

und

$$\{f^*, \mathcal{P}(X)\} = X[f]. \tag{12.7}$$

Der Hamiltonsche Fluß φ_t von X_{f^*} ist die Fasertranslation mit $-t\,\mathbf{d}f$, d.h. die Abbildung $(q,p) \mapsto (q, p - t\mathbf{d}f(q))$.

Der Hamiltonsche Fluß einer Impulsfunktion.   Der Fluß von $X_{\mathcal{P}(X)}$ ist durch die folgende Proposition gegeben:

Proposition 12.1.1. *Ist φ_t der Fluß von $X \in \mathfrak{X}(Q)$, so ist $T^*\varphi_{-t}$ der Fluß von $X_{\mathcal{P}(X)}$ auf T^*Q.*

Beweis. Bezeichnen wir mit $\pi_Q : T^*Q \to Q$ die kanonische Projektion, so erhalten wir durch Differentiation der Beziehung

$$\pi_Q \circ T^*\varphi_{-t} = \varphi_t \circ \pi_Q \tag{12.8}$$

bei $t = 0$ die Gleichung

$$T\pi_Q \circ Y = X \circ \pi_Q \tag{12.9}$$

mit

$$Y(\alpha_q) = \frac{d}{dt} T^*\varphi_{-t}(\alpha_q)\Big|_{t=0}. \tag{12.10}$$

Also ist $T^*\varphi_{-t}$ der Fluß von Y. Da $T^*\varphi_{-t}$ die kanonische 1-Form Θ auf T^*Q erhält, ist $\pounds_Y\Theta = 0$ und daher

$$\mathbf{i}_Y\Omega = -\mathbf{i}_Y\mathbf{d}\Theta = \mathbf{d}\mathbf{i}_Y\Theta. \tag{12.11}$$

Nach der Definition der kanonischen 1-Form ist

$$\begin{aligned}
\mathbf{i}_Y\Theta(\alpha_q) &= \langle \Theta(\alpha_q), Y(\alpha_q)\rangle = \langle \alpha_q, T\pi_Q(Y(\alpha_q))\rangle \\
&= \langle \alpha_q, X(q)\rangle = \mathcal{P}(X)(\alpha_q),
\end{aligned} \tag{12.12}$$

also $\mathbf{i}_Y\Omega = \mathbf{d}\mathcal{P}(X)$ und somit $Y = X_{\mathcal{P}(X)}$.   ∎

Aufgrund dieser Proposition nennt man das Hamiltonsche Vektorfeld $X_{\mathcal{P}(X)}$ auf T^*Q den **Kotangentiallift** von $X \in \mathfrak{X}(Q)$ auf T^*Q. Wir verwenden auch die Notation $X' := X_{\mathcal{P}(X)}$ für den Kotangentiallift von X. Aus $X_{\{F,H\}} = -[X_F, X_H]$ und (12.3) erhalten wir

$$\begin{aligned}
[X', Y'] = [X_{\mathcal{P}(X)}, X_{\mathcal{P}(Y)}] &= -X_{\{\mathcal{P}(X),\,\mathcal{P}(Y)\}} \\
&= -X_{-\mathcal{P}[X,Y]} = [X,Y]'.
\end{aligned} \tag{12.13}$$

Ist Q endlichdimensional, so gilt in lokalen Koordinaten

$$\begin{aligned}
X' := X_{\mathcal{P}(X)} &= \sum_{i=1}^{n} \left(\frac{\partial \mathcal{P}(X)}{\partial p_i} \frac{\partial}{\partial q^i} - \frac{\partial \mathcal{P}(X)}{\partial q^i} \frac{\partial}{\partial p_i} \right) \\
&= X^i \frac{\partial}{\partial q^i} - \frac{\partial X^i}{\partial q^j} p_i \frac{\partial}{\partial p_j}.
\end{aligned} \tag{12.14}$$

Impulsabbildungen auf dem Kotangentialbündel.   Der folgende Satz ist vielleicht der wichtigste für die Berechnung von Impulsabbildungen.

Satz 12.1.1 (Impulsabbildungen für geliftete Wirkungen). *Gegeben sei eine Linkswirkung der Liealgebra $\mathfrak{g}$ auf die Mannigfaltigkeit Q. Dann wirkt $\mathfrak{g}$ durch die kanonische Wirkung $\xi_P = \xi'_Q$ auch auf $P = T^*Q$, wobei ξ'_Q der Kotangentiallift von ξ_Q auf P und $\xi \in \mathfrak{g}$ ist. Diese Wirkung von $\mathfrak{g}$ auf P ist Hamiltonsch mit der durch*

$$\langle \mathbf{J}(\alpha_q), \xi \rangle = \langle \alpha_q, \xi_Q(q) \rangle = \mathcal{P}(\xi_Q)(\alpha_q) \tag{12.15}$$

gegebenen infinitesimal äquivarianten Impulsabbildung $\mathbf{J} : P \to \mathfrak{g}^*$. Ist $\mathfrak{g}$ die Liealgebra einer Liegruppe G, die auf Q und somit über den Kotangentiallift auch auf T^*Q wirkt, so ist $\mathbf{J}$ äquivariant.

In Koordinaten q^i, p_j auf T^*Q und ξ^a auf $\mathfrak{g}$ lautet (12.15)

$$J_a \xi^a = p_i \xi_Q^i = p_i A^i_a \xi^a,$$

wobei mit $\xi_Q^i = \xi^a A^i_a$ die Komponenten von ξ_Q bezeichnet sind. Folglich gilt

$$J_a(q, p) = p_i A^i_a(q). \tag{12.16}$$

Beweis. Für den Fall einer Liegruppenwirkung folgt direkt aus Proposition 12.1.1, daß der infinitesimale Erzeuger durch $\xi_P = X_{\mathcal{P}(\xi_Q)}$ und somit eine Impulsabbildung durch $J(\xi) = \mathcal{P}(\xi_Q)$ gegeben ist.

Für den Fall einer Liealgebrenwirkung müssen wir zuerst noch überprüfen, daß der Kotangentiallift tatsächlich eine kanonische Wirkung liefert. Für $\xi, \eta \in \mathfrak{g}$ ergibt (12.13)

$$[\xi, \eta]_P = [\xi, \eta]'_Q = -[\xi_Q, \eta_Q]' = -[\xi'_Q, \eta'_Q] = -[\xi_P, \eta_P]$$

und $\xi \mapsto \xi_P$ ist somit eine Linkswirkung der Algebra. Diese Wirkung ist auch kanonisch, denn für $F, H \in \mathcal{F}(P)$ gilt nach der Jacobiidentität für die Poissonklammer

$$\begin{aligned}
\xi_P[\{F, H\}] &= X_{\mathcal{P}(\xi_Q)}[\{F, H\}] \\
&= \{X_{\mathcal{P}(\xi_Q)}[F], H\} + \{F, X_{\mathcal{P}(\xi_Q)}[H]\} \\
&= \{\xi_P[F], H\} + \{F, \xi_P[H]\}.
\end{aligned}$$

Ist φ_t der Fluß von ξ_Q, so ist $T^*\varphi_{-t}$ der Fluß von $\xi'_Q = X_{\mathcal{P}(\xi_Q)}$. Folglich gilt $\xi_P = X_{\mathcal{P}(\xi_Q)}$, und $J(\xi) = \mathcal{P}(\xi_Q)$ definiert eine Impulsabbildung für die Wirkung von $\mathfrak{g}$ auf P.

Nun zur Frage der Äquivarianz. Da $\xi \in \mathfrak{g} \mapsto \mathcal{P}(\xi_Q) = J(\xi) \in \mathcal{F}(P)$ nach (11.5) und (12.13) ein Liealgebrenhomomorphismus ist, ist $\mathbf{J}$ eine infinitesimal äquivariante Impulsabbildung (Satz 11.5.1).

Die Äquivarianz unter G zeigt man auf folgende Art und Weise direkt. Für jedes $g \in G$ gilt

$$\begin{aligned}
\langle \mathbf{J}(g \cdot \alpha_q), \xi \rangle &= \langle g \cdot \alpha_q, \xi_Q(g \cdot q) \rangle \\
&= \langle \alpha_q, (T_{g \cdot q} \Phi_g^{-1} \circ \xi_Q \circ \Phi_g)(q) \rangle \\
&= \langle \alpha_q, (\Phi_g^* \xi_Q)(q) \rangle \\
&= \langle \alpha_q, (\mathrm{Ad}_{g^{-1}} \xi)_Q(q) \rangle \quad \text{(nach Lemma 9.3.1(ii))} \\
&= \langle \mathbf{J}(\alpha_q), \mathrm{Ad}_{g^{-1}} \xi \rangle \\
&= \langle \mathrm{Ad}_{g^{-1}}^* (\mathbf{J}(\alpha_q)), \xi \rangle.
\end{aligned}$$

∎

Bemerkungen

1. Die Liegruppe $G = \mathrm{Diff}(Q)$ wirke durch den Kotangentiallift auf T^*Q. Dann ist $X_{\mathcal{P}(X)}$ nach Proposition 12.1.1 der infinitesimale Erzeuger von $X \in \mathfrak{X}(Q) = \mathfrak{g}$ und die zugehörige Impulsabbildung $\mathbf{J} : T^*Q \to \mathfrak{X}(Q)^*$ ist demzufolge durch $J(X) = \mathcal{P}(X)$ aus den obigen Berechnungen bestimmt.

2. Impulsabbildung der Fasertranslation. $G = \mathcal{F}(Q)$ wirke durch Fasertranslation mit $\mathbf{d}f$ auf T^*Q, d.h. durch

$$f \cdot \alpha_q = \alpha_q + \mathbf{d}f(q). \tag{12.17}$$

Da der infinitesimale Erzeuger von $\xi \in \mathcal{F}(Q) = \mathfrak{g}$ der vertikale Lift von $\mathbf{d}\xi(q)$ im Punkt α_q und dies wiederum das Hamiltonsche Vektorfeld $-X_{\xi \circ \pi_Q}$ ist, sehen wir, daß die Impulsabbildung $\mathbf{J} : T^*Q \to \mathcal{F}(Q)^*$ durch

$$J(\xi) = -\xi \circ \pi_Q \tag{12.18}$$

gegeben ist. Diese Impulsabbildung ist äquivariant, da π_Q konstant auf den Fasern ist.

3.   Die Vertauschungsrelationen

$$\{\mathcal{P}(X), \mathcal{P}(Y)\} = -\mathcal{P}([X, Y]),$$
$$\{\mathcal{P}(X), \xi \circ \pi_Q\} = -X[\xi] \circ \pi_Q \text{ und} \qquad (12.19)$$
$$\{\xi \circ \pi_Q, \eta \circ \pi_Q\} = 0$$

bedeuten, daß das Paar $(\mathbf{J}(X), \mathbf{J}(f))$ eine Impulsabbildung für das semidirekte Produkt

$$\mathrm{Diff}(Q) \, \circledS \, \mathcal{F}(Q)$$

bildet. Dies spielt eine wichtige Rolle in der allgemeinen Theorie von semidirekten Produkten. Wir verweisen den Leser auf Marsden, Weinstein, Ratiu, Schmid und Spencer [1983] und Marsden, Ratiu und Weinstein [1984a, 1984b].

Der Begriff der ***erweiterten Punkttransformation*** tritt nun folgendermaßen auf. Sei $\Phi : G \times Q \to Q$ eine glatte Wirkung und betrachte ihren Lift $\tilde{\Phi} : G \times T^*Q \to T^*Q$ auf das Kotangentialbündel. Die Wirkung Φ bewegt Punkte im Konfigurationsraum Q, und $\tilde{\Phi}$ ist ihre natürliche Fortsetzung auf den Phasenraum T^*Q. In Koordinaten induziert die Wirkung auf die Konfigurationspunkte $q^i \mapsto \bar{q}^i$ die folgende Wirkung auf Impulse:

$$p_i \mapsto \bar{p}_i = \frac{\partial \bar{q}^j}{\partial q^i} p_j. \qquad (12.20)$$

Übungen

Übung 12.1.1. Was sind die den Vertauschungsrelationen (12.19)

$$\{\mathcal{P}(X), \mathcal{P}(Y)\} = -\mathcal{P}([X, Y]),$$
$$\{\mathcal{P}(X), \xi \circ \pi_Q\} = -X[\xi] \circ \pi_Q \text{ und}$$
$$\{\xi \circ \pi_Q, \eta \circ \pi_Q\} = 0$$

entsprechenden Beziehungen für Rotationen und Translationen im $\mathbb{R}^3$?

Übung 12.1.2. Beweise $\{\mathcal{P}(X), \mathcal{P}(Y)\} = -\mathcal{P}([X, Y])$ für den unendlichdimensionalen Fall.

Übung 12.1.3. Beweise Satz 12.1.1 als eine Folgerung von $\langle \mathbf{J}(z), \xi \rangle = (\mathbf{i}_{\xi_P} \Theta)(z)$ und Übung 11.5.3.

12.2 Beispiele von Impulsabbildungen

Wir beginnen diesen Abschnitt mit der Untersuchung von Impulsabbildungen auf Tangentialbündeln.

Proposition 12.2.1. *Gegeben sei die Linkswirkung einer Liealgebra $\mathfrak{g}$ auf die Mannigfaltigkeit Q und eine reguläre Lagrangefunktion $L : TQ \to \mathbb{R}$, die invariant unter der Wirkung von $\mathfrak{g}$ ist. Wir versehen TQ mit der symplektischen Form $\Omega_L = (\mathbb{F}L)^*\Omega$, wobei $\Omega = -d\Theta$ die kanonische symplektische Form auf T^*Q ist. Dann wirkt $\mathfrak{g}$ durch*

$$\xi_P(v_q) = \frac{d}{dt}\bigg|_{t=0} T_q\varphi_t(v_q)$$

kanonisch auf $P = TQ$. Hierbei bezeichnet φ_t den Fluß von ξ_Q. Die durch

$$\langle \mathbf{J}(v_q), \xi \rangle = \langle \mathbb{F}L(v_q), \xi_Q(q) \rangle \tag{12.21}$$

definierte Abbildung $\mathbf{J} : TQ \to \mathfrak{g}^*$ ist eine infinitesimal äquivariante Impulsabbildung. Ist $\mathfrak{g}$ die Liealgebra der Liegruppe G und wirkt G auf Q und somit über den Tangentiallift auf TQ, so ist $\mathbf{J}$ äquivariant.

Beweis. Der Beweis folgt entweder aus (11.22), einer direkten Berechnung oder im Fall einer hyperregulären Lagrangefunktion L mit dem folgenden Argument: Da $\mathbb{F}L$ ein symplektischer Diffeomorphismus ist, ist $\xi \mapsto \xi_P = (\mathbb{F}L)^*\xi_{T^*Q}$ eine kanonische Linkswirkung einer Liealgebra. Also ist die Komposition von $\mathbb{F}L$ mit der Impulsabbildung (12.15) die Impulsabbildung der Wirkung von $\mathfrak{g}$ auf TQ. ∎

In Koordinaten $(q^i, \dot{q}^i)$ auf TQ und (ξ^a) auf $\mathfrak{g}$ lautet (12.21)

$$J_a(q^i, \dot{q}^i) = \frac{\partial L}{\partial \dot{q}^i} A^i{}_a(q), \tag{12.22}$$

wobei mit $\xi^i_Q(q) = \xi^a A^i{}_a(q)$ die Komponenten von ξ_Q bezeichnet werden.

Wir kommen nun zu einer Reihe von Beispielen von Impulsabbildungen.

Beispiele

Beispiel 12.2.1 (Die Hamiltonfunktion). Eine Hamiltonfunktion $H :$ $P \to \mathbb{R}$ auf einer Poissonmannigfaltigkeit P mit einem vollständigen Vektorfeld X_H ist eine äquivariante Impulsabbildung für die Wirkung von $\mathbb{R}$, die durch den Fluß von X_H gegeben ist.

Beispiel 12.2.2 (Der Impuls). Wir berechnen unter Beibehaltung der Bezeichnungen aus Beispiel 11.4.2 erneut den Impuls eines N-Teilchensystems. Da der $\mathbb{R}^3$ auf den Punkt $(\mathbf{q}_1, \ldots, \mathbf{q}_N)$ in $\mathbb{R}^{3N}$ durch $\mathbf{x} \cdot (\mathbf{q}_j) = (\mathbf{q}_j + \mathbf{x})$ wirkt, ist der infinitesimale Erzeuger der Wirkung

$$\xi_{\mathbb{R}^{3N}}(\mathbf{q}_j) = (\mathbf{q}_1, \ldots, \mathbf{q}_N, \xi, \ldots, \xi). \tag{12.23}$$

$((\mathbf{q}_1, \ldots, \mathbf{q}_N)$ bezeichnet dabei den Fußpunkt und $(\xi, \ldots, \xi)$ (N Faktoren) den Tangentialvektor.) Demzufolge ist nach (12.15) durch

$$J(\xi)(\mathbf{q}_j, \mathbf{p}^j) = \sum_{j=1}^{N} \mathbf{p}^j \cdot \xi, \quad \text{d.h.,} \quad \mathbf{J}(\mathbf{q}_j, \mathbf{p}^j) = \sum_{j=1}^{N} \mathbf{p}^j \qquad (12.24)$$

eine äquivariante Impulsabbildung $\mathbf{J} : T^*\mathbb{R}^{3N} \to \mathbb{R}^3$ gegeben.

Beispiel 12.2.3 (Der Drehimpuls). Betrachte die durch Matrizenmultiplikation $A \cdot \mathbf{q} = A\mathbf{q}$ gegebene Wirkung von SO(3) auf den $\mathbb{R}^3$. Der infinitesimale Erzeuger dieser Wirkung ist durch $\hat{\omega}_{\mathbb{R}^3}(\mathbf{q}) = \hat{\omega}\mathbf{q} = \omega \times \mathbf{q}$ mit $\omega \in \mathbb{R}^3$ gegeben. Nach (12.15) ist somit durch

$$\langle \mathbf{J}(\mathbf{q}, \mathbf{p}), \omega \rangle = \mathbf{p} \cdot \hat{\omega}\mathbf{q} = \omega \cdot (\mathbf{q} \times \mathbf{p}),$$

also

$$\mathbf{J}(\mathbf{q}, \mathbf{p}) = \mathbf{q} \times \mathbf{p} \qquad (12.25)$$

eine äquivariante Impulsabbildung $\mathbf{J} : T^*\mathbb{R}^3 \to \mathfrak{so}(3)^* \cong \mathbb{R}^3$ gegeben. Die Äquivarianz ist in diesem Fall durch die für jedes $A \in$ SO(3) erfüllte Beziehung $A\mathbf{q} \times A\mathbf{p} = A(\mathbf{q} \times \mathbf{p})$ des Kreuzproduktes gegeben. Für $A \in$ O(3)\SO(3), also z.B. für eine Spiegelung, ist diese Beziehung nicht erfüllt, die rechte Seite wechselt dann das Vorzeichen, was manchmal dadurch ausgedrückt wird, daß man sagt, der Drehimpuls sei ein *Pseudovektor*. Betrachtet man andererseits die Wirkung von O(3) auf den $\mathbb{R}^3$ durch Matrizenmultiplikation, so ist $\mathbf{J}$ durch dieselbe Formel gegeben und die Impulsabbildung der gelifteten Wirkung ebenfalls, diese ist aber *immer* äquivariant. Dies stellt auf den ersten Blick einen Widerspruch dar. Dessen Auflösung besteht darin, daß die adjungierte Wirkung und der Isomorphismus $\hat{\ }: \mathbb{R}^3 \to \mathfrak{so}(3)$ auf der Zusammenhangskomponente von $-$Id in O(3) durch $A\hat{x}A^{-1} = -(Ax)\hat{\ }$ verwandt sind. Daher ist $\mathbf{J}(\mathbf{q}, \mathbf{p})$ tatsächlich wie oben beschrieben äquivariant (und man benötigt keine neuen Bezeichnungen wie die des „Pseudovektors").

Beispiel 12.2.4 (Der Impuls für Matrixgruppen). Wir verwenden in diesem Beispiel die Notationen von Beispiel 11.4.4. Betrachte die Wirkung einer Liegruppe $G \subset$ GL$(n, \mathbb{R})$ auf den $\mathbb{R}^n$ durch Matrizenmultiplikation $A \cdot \mathbf{q} = A\mathbf{q}$. Der infinitesimale Erzeuger dieser Wirkung zu $\xi \in \mathfrak{g}$ ist

$$\xi_{\mathbb{R}^n}(\mathbf{q}) = \xi\mathbf{q},$$

wobei wir die Liealgebra $\mathfrak{g}$ von G als Unteralgebra von $\mathfrak{g} \subset \mathfrak{gl}(n, \mathbb{R})$ auffassen. Nach (12.15) besitzt der Lift der Wirkung von G auf den $\mathbb{R}^n$ auf $T^*\mathbb{R}^n$ eine äquivariante Impulsabbildung $\mathbf{J} : T^*\mathbb{R}^n \to \mathfrak{g}^*$, die durch

$$\langle \mathbf{J}(\mathbf{q}, \mathbf{p}), \xi \rangle = \mathbf{p} \cdot (\xi\mathbf{q}) \qquad (12.26)$$

gegeben ist, was mit (11.39) übereinstimmt.

Beispiel 12.2.5 (Die duale Abbildung eines Liealgebrenhomomorphismus). Aus Beispiel 11.4.6 folgt, daß die duale Abbildung eines Liealgebrenhomomorphismus $\alpha : \mathfrak{h} \to \mathfrak{g}$ eine äquivariante Impulsabbildung ist, die nicht zu einer aus erweiterten Punkttransformationen bestehenden Wirkung gehört. Beachte, daß eine lineare Abbildung $\alpha : \mathfrak{h} \to \mathfrak{g}$ genau dann ein Liealgebrenhomomorphismus ist, wenn ihre duale Abbildung $\alpha^* : \mathfrak{g}^* \to \mathfrak{h}^*$ eine Poissonabbildung ist.

Beispiel 12.2.6 (Von Untergruppen induzierte Impulsabbildungen). Besitzt die Wirkung einer Liegruppe G auf P eine äquivariante Impulsabbildung $\mathbf{J}$ und ist H eine Unterliegruppe von G, so ist mit den Bezeichnungen von Übung 11.4.2 $i^* \circ \mathbf{J} : P \to \mathfrak{h}^*$ eine äquivariante Impulsabbildung der induzierten Wirkung von H auf P.

Beispiel 12.2.7 (Wirkungen auf Produktmannigfaltigkeiten). P_1 und P_2 seien Poissonmannigfaltigkeiten und $P_1 \times P_2$ die mit dem Produkt der Poissonstrukturen versehene Produktmannigfaltigkeit. Zu $F, G : P_1 \times P_2 \to \mathbb{R}$ ist also

$$\{F, G\}(z_1, z_2) = \{F_{z_2}, G_{z_2}\}_1 (z_1) + \{F_{z_1}, G_{z_1}\}_2 (z_2),$$

wobei $\{ , \}_i$ die Poissonklammer auf P_i und $F_{z_1} : P_2 \to \mathbb{R}$ die durch Fixieren von $z_1 \in P_1$ gewonnene Funktion ist ($F_{z_2} : P_1 \to \mathbb{R}$ analog). Die Liealgebra $\mathfrak{g}$ wirke kanonisch auf P_1 und P_2 mit den (äquivarianten) Impulsabbildungen $\mathbf{J}_1 : P_1 \to \mathfrak{g}^*$ und $\mathbf{J}_2 : P_2 \to \mathfrak{g}^*$. Dann ist

$$\mathbf{J} = \mathbf{J}_1 + \mathbf{J}_2 : P_1 \times P_2 \to \mathfrak{g}^*, \quad \mathbf{J}(z_1, z_2) = \mathbf{J}(z_1) + \mathbf{J}(z_2),$$

eine (äquivariante) Impulsabbildung der kanonischen Wirkung von $\mathfrak{g}$ auf das Produkt $P_1 \times P_2$. Dies verallgemeinert man auf offensichtliche Weise auf den Fall des Produktes von N Poissonmannigfaltigkeiten. Beachte, daß Beispiel 2 einen Spezialfall hiervon mit $G = \mathbb{R}^3$ und $T^*\mathbb{R}^3$ als Faktoren der Produktmannigfaltigkeit darstellt.

Beispiel 12.2.8 (Der Kotangentiallift auf T^*G). Die Impulsabbildung für den Kotangentiallift der Wirkung von G auf G durch *Links*translation ist nach (12.15) gleich

$$\langle \mathbf{J}_L(\alpha_g), \xi \rangle = \langle \alpha_g, \xi_G(g) \rangle = \langle \alpha_g, T_e R_g(\xi) \rangle = \langle T_e^* R_g(\alpha_g), \xi \rangle ,$$

es gilt also

$$\mathbf{J}_L(\alpha_g) = T_e^* R_g(\alpha_g). \tag{12.27}$$

Analog ist die Impulsabbildung für den Kotangentiallift der durch die *Rechts*translation gegebenen Wirkung von G auf G auf T^*G gleich

$$\mathbf{J}_R(\alpha_g) = T_e^* L_g(\alpha_g). \tag{12.28}$$

Beachte, daß $\mathbf{J}_L$ *rechts*invariant ist, während $\mathbf{J}_R$ *links*invariant ist. Beide sind äquivariante Impulsabbildungen ($\mathbf{J}_R$ bezüglich Ad_g^*, welche eine *Rechts*wirkung ist) und somit Poissonabbildungen. Wir fassen die Situation durch das Diagramm in Abb. 12.1 zusammen. Dieses Diagramm ist ein

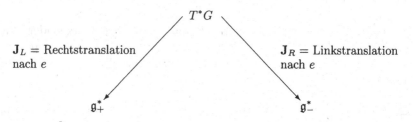

J_L = Rechtstranslation
nach e

J_R = Linkstranslation
nach e

Abb. 12.1. Impulsabbildungen für die Links- und Rechtstranslation.

Beispiel eines *dualen Paares*, durch welche der Zusammenhang zwischen der Beschreibung von starren Körpern oder Flüssigkeiten in räumlich festen und der in mitbewegten Bezugssystemen klar gefaßt werden kann. Vergleiche Kap. 15 für weitere Informationen.

Beispiel 12.2.9 (Die Impulstranslation auf Funktionen). Betrachten wir nun $P = \mathcal{F}(T^*Q)^*$ mit der in Beispiel 10.1.5 gegebenen Lie-Poisson-Klammer. Mit dem Liouvillemaß auf T^*Q können wir $\mathcal{F}(T^*Q)^*$ mit $\mathcal{F}(T^*Q)$ über die L^2-Paarung identifizieren, wenn wir voraussetzen, daß die Elemente von $\mathcal{F}(T^*Q)$ im Unendlichen schnell genug abfallen. Betrachte nun die Wirkung von $G = \mathcal{F}(Q)$ (mit der Addition als Gruppenoperation) auf P, die durch

$$(\varphi \cdot f)(\alpha_q) = f(\alpha_q + \mathbf{d}\varphi(q)), \tag{12.29}$$

in Koordinaten also durch

$$f(q^i, p_j) \mapsto f\left(q^i, p_j + \frac{\partial \varphi}{\partial q^i}\right)$$

gegeben ist. Der infinitesimale Erzeuger ist

$$\xi_P(f)(\alpha_q) = \mathbb{F}f(\alpha_q) \cdot \mathbf{d}\xi(q), \tag{12.30}$$

wobei $\mathbb{F}f$ die Faserableitung von f bezeichnet. In Koordinaten lautet (12.30)

$$\xi_P(f)(q^i, p_j) = \frac{\partial f}{\partial p_j} \cdot \frac{\partial \xi}{\partial q^j}.$$

Da G eine Vektorgruppe ist, ist ihre Liealgebra ebenfalls $\mathcal{F}(Q)$, und wir identifizieren $\mathcal{F}(Q)^*$ mit den 1-Form-Dichten auf Q. Für $f, g, h \in \mathcal{F}(T^*Q)$ gilt nach Korollar 5.5.1

$$\int_{T^*Q} f\{g, h\}\, dq\, dp = \int_{T^*Q} g\{h, f\}\, dq\, dp. \tag{12.31}$$

Beachte weiter, daß für $F, H : P = \mathcal{F}(T^*Q) \to \mathbb{R}$ wegen (12.31)

$$X_H[F](f) = \{F, H\}(f) = \int_{T^*Q} f \left\{ \frac{\delta F}{\delta f}, \frac{\delta H}{\delta f} \right\} dq\, dp$$

$$= \int_{T^*Q} \frac{\delta F}{\delta f} \left\{ \frac{\delta H}{\delta f}, f \right\} dq\, dp \tag{12.32}$$

gilt. Auf der anderen Seite erhalten wir mit (12.30)

$$\xi_P[F](f) = \int_{T^*Q} \frac{\delta F}{\delta f} (\mathbb{F}f \cdot (\mathbf{d}\xi \circ \pi_Q))\, dq\, dp, \tag{12.33}$$

was nahelegt, $\mathbf{J}$ durch

$$\langle \mathbf{J}(f), \xi \rangle = \int_{T^*Q} f(\alpha_q) \xi(q)\, dq\, dp \tag{12.34}$$

zu definieren. Nach (12.34) gilt nämlich $\delta J(\xi)/\delta f = \xi \circ \pi_Q$, so daß

$$\left\{ \frac{\delta J(\xi)}{\delta f}, f \right\} = \{\xi \circ \pi_Q, f\} = \mathbb{F}f \cdot (\mathbf{d}\xi \circ \pi_Q)$$

und somit mit (12.32)

$$X_{J(\xi)}[F](f) = \int_{T^*Q} \frac{\delta F}{\delta f} \left\{ \frac{\delta J(\xi)}{\delta f}, f \right\} dq\, dp$$

$$= \int_{T^*Q} \frac{\delta F}{\delta f} (\mathbb{F}f \cdot (\mathbf{d}\xi \circ \pi_Q))\, dq\, dp$$

gilt, was mit (12.33) übereinstimmt. Damit ist bewiesen, daß das durch (12.34) gegebene $\mathbf{J}$ eine Impulsabbildung ist. Die Impulsabbildung ist also in diesem Fall das Faserintegral

$$\mathbf{J}(f) = \int_{T^*Q} f(q, p)\, dp, \tag{12.35}$$

über (12.34) als eine 1-Form-Dichte auf Q aufgefasst. Diese Impulsabbildung ist infinitesimal äquivariant. Sind nämlich $\xi, \eta \in \mathcal{F}(Q)$, so gilt für $f \in P$

$$\{J(\xi), J(\eta)\}(f) = \int_{T^*Q} f \left\{ \frac{\delta J(\xi)}{\delta f}, \frac{\delta J(\eta)}{\delta f} \right\} dq\, dp$$

$$= \int_{T^*Q} f \{\xi \circ \pi_Q, \eta \circ \pi_Q\}\, dq\, dp = 0 = J([\xi, \eta])(f).$$

Beispiel 12.2.10 (Mehr über Impulstranslationen). Betrachte nun die Gruppe $\mathrm{Diff}_{\mathrm{kan}}(T^*Q)$ der symplektischen Diffeomorphismen von T^*Q und wie oben die Wirkung von $G = \mathcal{F}(Q)$ auf T^*Q durch Translation mit $\mathbf{d}f$ entlang der Faser, also durch $f \cdot \alpha_q = \alpha_q + \mathbf{d}f(q)$. Da die Wirkung der additiven Gruppe $\mathcal{F}(Q)$ Hamiltonsch ist, wirkt $\mathcal{F}(Q)$ auf $\mathrm{Diff}_{\mathrm{kan}}(T^*Q)$ durch

Komposition von Rechts mit Translationen, also durch $(f, \varphi) \in \mathcal{F}(Q) \times$ $\mathrm{Diff}_{\mathrm{kan}}(T^*Q) \mapsto \varphi \circ \rho_f \in \mathrm{Diff}_{\mathrm{kan}}(T^*Q)$ mit $\rho_f(\alpha_q) = \alpha_q + \mathbf{d}f(q)$. Der infinitesimale Erzeuger dieser Wirkung ist für $\xi \in \mathcal{F}(Q) = \mathfrak{g}$ durch

$$\xi_{\mathrm{Diff}_{\mathrm{kan}}(T^*Q)}(\varphi) = -T\varphi \circ X_{\xi \circ \pi_Q} \tag{12.36}$$

gegeben (vgl. den Kommentar vor (12.18)), so daß die durch (12.15) gegebene äquivariante Impulsabbildung $\mathbf{J} : T^*(\mathrm{Diff}_{\mathrm{kan}}(T^*Q)) \to \mathcal{F}(Q)^*$ der gelifteten Wirkung in diesem Fall

$$J(\xi)(\alpha_\varphi) = -\left\langle \alpha_\varphi, T\varphi \circ X_{\xi \circ \pi_Q} \right\rangle \tag{12.37}$$

ist, wobei die Paarung auf der rechten Seite die zwischen Vektorfeldern und 1-Form-Dichten α_φ ist.

Beispiel 12.2.11 (Die Divergenz des elektrischen Feldes). Sei $\mathcal{A}$ der Raum der Vektorpotentiale $\mathbf{A}$ auf dem $\mathbb{R}^3$ und $P = T^*\mathcal{A}$, dessen Elemente wir mit $(\mathbf{A}, -\mathbf{E})$ bezeichnen, wobei $\mathbf{A}$ und $\mathbf{E}$ Vektorfelder sind. Betrachte die durch $\varphi \cdot \mathbf{A} = \mathbf{A} + \nabla\varphi$ gegebene Wirkung von $G = \mathcal{F}(\mathbb{R}^3)$ auf $\mathcal{A}$. Dann ist der infinitesimale Erzeuger

$$\xi_\mathcal{A}(\mathbf{A}) = \nabla\xi.$$

Somit ist

$$\langle \mathbf{J}(\mathbf{A}, -\mathbf{E}), \xi \rangle = \int -\mathbf{E} \cdot \nabla\xi \, d^3x = \int (\mathrm{div}\,\mathbf{E})\xi \, d^3x \tag{12.38}$$

eine Impulsabbildung (sofern wir einen ausreichend schnellen Abfall im Unendlichen voraussetzen, um partiell integrieren zu können). Also ist

$$\mathbf{J}(\mathbf{A}, -\mathbf{E}) = \mathrm{div}\,\mathbf{E} \tag{12.39}$$

eine äquivariante Impulsabbildung.

Beispiel 12.2.12 (Die virtuelle Arbeit). Üblicherweise denken wir bei Kovektoren an zu Konfigurationsvariablen konjugierte Impulse. Kovektoren können aber auch die Rolle einer Kraft spielen. Ist $\alpha_q \in T_q^*Q$ und $w_q \in T_qQ$, so nennen wir

$$\langle \alpha_q, w_q \rangle = \text{Kraft} \times \text{infinitesimale Verrückung}$$

die *virtuelle Arbeit*. Wir geben nun ein Beipiel einer Impulsabbildung in diesem Kontext.

Betrachte ein Gebiet $\mathcal{B} \subset \mathbb{R}^3$ mit Rand $\partial\mathcal{B}$. Sei $\mathcal{C}$ der Raum der Abbildungen $\varphi : \mathcal{B} \to \mathbb{R}^3$. Wir fassen $T_\varphi^*\mathcal{C}$ als den Raum der **Belastungen** auf, also der Paare von Abbildungen $\mathbf{b} : \mathcal{B} \to \mathbb{R}^3$, $\tau : \partial\mathcal{B} \to \mathbb{R}^3$, die mit einem Tangentialvektor $\mathbf{V} \in T_\varphi\mathcal{C}$ durch

$$\langle (\mathbf{b}, \tau), \mathbf{V} \rangle = \iiint_\mathcal{B} \mathbf{b} \cdot \mathbf{V} \, d^3x + \iint_{\partial\mathcal{B}} \tau \cdot \mathbf{V} \, dA$$

gepaart sind. Betrachte nun die Wirkung von $A \in \mathrm{GL}(3, \mathbb{R})$ auf $\mathcal{C}$ durch $\varphi \mapsto A \circ \varphi$. Der infinitesimale Erzeuger dieser Wirkung ist $\xi_{\mathcal{C}}(\varphi)(X) = \xi \varphi(X)$ mit $\xi \in \mathfrak{gl}(3)$ und $X \in \mathcal{B}$. Wir paaren $\mathfrak{gl}(3, \mathbb{R})$ mit sich selbst durch $\langle A, B \rangle = \frac{1}{2} \mathrm{Sp}\,(AB)$. Die induzierte Impulsabbildung $\mathbf{J} : T^*\mathcal{C} \to \mathfrak{gl}(3, \mathbb{R})$ ist durch

$$\mathbf{J}(\varphi, (\mathbf{b}, \tau)) = \iiint_{\mathcal{B}} \varphi \otimes \mathbf{b}\, d^3x + \iint_{\partial\mathcal{B}} \varphi \otimes \tau\, dA \qquad (12.40)$$

gegeben. (Dies ist die sogenannte „astatische Belastung", ein Begriff aus der Elastizitätstheorie. Vergleiche z.B. Marsden und Hughes [1983].) Für die Wirkung von SO(3) statt von $\mathrm{GL}(3, \mathbb{R})$ erhalten wir den Drehimpuls.

Beispiel 12.2.13 (Impulsabbildungen für unitäre Darstellungen auf projektiven Räumen). Wir zeigen nun, daß die Impulsabbildung aus Bsp. 11.4.8 äquivariant ist. Am Ende von §9.3 haben wir in Beispiel 9.3.18 gezeigt, daß man für eine unitäre Darstellung ρ einer Liegruppe G auf einem komplexen Hilbertraum $\mathcal{H}$ jedem $\xi \in \mathfrak{g}$ einen schiefadjungierten Operator $A(\xi)$ zuordnen kann, der linear von ξ abhängt und $\rho(\exp(t\xi)) = \exp(tA(\xi))$ erfüllt. Bildet man in der Formel

$$\rho(g)\rho(\exp(t\xi))\rho(g^{-1}) = \exp(t\rho(g)A(\xi)\rho(g)^{-1})$$

die Ableitung nach t, so erhält man

$$A(\mathrm{Ad}_g\xi) = \rho(g)A(\xi)\rho(g)^{-1}. \qquad (12.41)$$

Unter Verwendung von (11.50), also der Beziehung

$$\langle \mathbf{J}([\psi]), \xi \rangle = J(\xi)([\psi]) = -i\hbar \frac{\langle \psi, A(\xi)\psi \rangle}{\|\psi\|^2}, \qquad (12.42)$$

folgt

$$J(\mathrm{Ad}_g\xi)([\psi]) = -i\hbar \frac{\langle \psi, \rho(g)A(\xi)\rho(g)^{-1}\psi \rangle}{\|\psi\|^2}$$
$$= J(\xi)([\rho(g)^{-1}\psi]) = J(\xi)(g^{-1} \cdot [\psi]),$$

was zeigt, daß $\mathbf{J} : \mathbb{P}\mathcal{H} \to \mathfrak{g}^*$ äquivariant ist.

Übungen

Übung 12.2.1. Zeige *direkt* aus dem Hamiltonschen Variationsprinzip, daß das durch
$$\langle \mathbf{J}(v_q), \xi \rangle = \langle \mathbb{F}L(v_q), \xi_Q(q) \rangle,$$
gegebene $\mathbf{J}$ eine Erhaltungsgröße ist. (So leitete Noether ursprünglich Erhaltungsgrößen her.)

Übung 12.2.2. Ist L von einer der Koordinaten q^i unabhängig, so folgt aus den Euler-Lagrange-Gleichungen, daß $p_i = \partial L / \partial \dot{q}^i$ eine Konstante der Bewegung ist. Leite dies aus Proposition 12.2.1 ab.

Übung 12.2.3. Berechne $\mathbf{J}_L$ und $\mathbf{J}_R$ für $G = SO(3)$.

Übung 12.2.4. Berechne die durch die räumlichen Translationen und Rotationen gegebenen Impulsabbildungen für die Maxwellschen Gleichungen.

Übung 12.2.5. Wiederhole Übung 12.2.4 für die Elastizitätstheorie (wie in Bsp. 12 beschrieben).

Übung 12.2.6. Sei P eine symplektische Mannigfaltigkeit und $\mathbf{J} : P \to \mathfrak{g}^*$ eine (äquivariante) Impulsabbildung für die symplektische Wirkung einer Gruppe G auf P. Sei $\mathcal{F}$ der Raum der (glatten) Funktionen auf P, der durch Integration mit seinem Dualraum identifiziert und mit der Lie-Poisson-Klammer versehen wird. Definiere $\mathcal{J} : \mathcal{F} \to \mathfrak{g}^*$ durch

$$\langle \mathcal{J}(f), \xi \rangle = \int f \langle \mathbf{J}, \xi \rangle \, d\mu,$$

wobei μ das Liouvillemaß bezeichnet. Zeige, daß $\mathcal{J}$ eine (äquivariante) Impulsabbildung ist.

Übung 12.2.7.

(i) Betrachte die durch die Konjugation gegebene Wirkung von G auf sich selbst. Berechne die Impulsabbildung des Kotangentiallifts dieser Wirkung.

(ii) Sei $N \subset G$ nun ein Normalteiler. Dann wirkt G auch auf N durch Konjugation. Berechne auch für diese Wirkung die Impulsabbildung des Kotangentiallifts.

12.3 Äquivarianz und infinitesimale Äquivarianz

In diesem optionalen Abschnitt untersuchen wir die Äquivarianz von Impulsabbildungen noch ein wenig genauer. Wir haben schon gezeigt, daß aus der Äquivarianz einer Impulsabbildung ihre infinitesimale Äquivarianz folgt. In diesem Abschnittt zeigen wir unter anderem, daß auch die Umkehrung gilt, falls G zusammenhängend ist.

Eine Familie von Casimirfunktionen. Wir definieren die Abbildung $\Gamma_\eta : G \times P \to \mathbb{R}$ durch

$$\Gamma_\eta(g, z) = \langle \mathbf{J}(\Phi_g(z)), \eta \rangle - \langle \mathrm{Ad}^*_{g^{-1}} \mathbf{J}(z), \eta \rangle \quad \text{für } \eta \in \mathfrak{g}. \tag{12.43}$$

Aus

$$\Gamma_{\eta,g}(z) := \Gamma_\eta(g,z) = \left(\Phi_g^* J(\eta)\right)(z) - J\left(\mathrm{Ad}_{g^{-1}}\eta\right)(z) \qquad (12.44)$$

folgt unter Verwendung von (11.4)

$$X_{\Gamma_{\eta,g}} = X_{\Phi_g^* J(\eta)} - X_{J\left(\mathrm{Ad}_{g^{-1}}\eta\right)} = \Phi_g^* X_{J(\eta)} - \left(\mathrm{Ad}_{g^{-1}}\eta\right)_P$$
$$= \Phi_g^* \eta_P - \left(\mathrm{Ad}_{g^{-1}}\eta\right)_P = 0. \qquad (12.45)$$

Also ist $\Gamma_{\eta,g}$ eine Casimirfunktion auf P und somit konstant auf jedem symplektischen Blatt von P. Da die Abbildung $\eta \mapsto \Gamma_\eta(g,z)$ für jedes $g \in G$ und $z \in P$ linear ist, können wir die Abbildung $\sigma : G \to L(\mathfrak{g}, \mathcal{C}(P))$ von G in den Vektorraum aller linearen Abbildungen von $\mathfrak{g}$ in den Raum der Casimirfunktionen $\mathcal{C}(P)$ auf P durch $\sigma(g) \cdot \eta = \Gamma_{\eta,g}$ definieren. σ verhält sich folgendermaßen unter der Gruppenmultiplikation: Für $\xi \in \mathfrak{g}$, $z \in P$ und $g, h \in G$ gilt

$$\begin{aligned}
(\sigma(gh) \cdot \xi)(z) &= \Gamma_\xi(gh,z) = (\mathbf{J}(\Phi_{gh}(z)),\xi) - \left\langle \mathrm{Ad}_{(gh)^{-1}}^* \mathbf{J}(z),\xi \right\rangle \\
&= \left\langle \mathbf{J}\left(\Phi_g\left(\Phi_h(z)\right)\right),\xi \right\rangle - \left\langle \mathrm{Ad}_{g^{-1}}^* \mathbf{J}((\Phi_h(z)),\xi \right\rangle \\
&\quad + \left\langle \mathbf{J}\left(\Phi_h(z)\right), \mathrm{Ad}_{g^{-1}}\xi \right\rangle - \left\langle \mathrm{Ad}_{h^{-1}}^* \mathbf{J}(z), \mathrm{Ad}_{g^{-1}}\xi \right\rangle \\
&= \Gamma_\xi\left(g, \Phi_h(z)\right) + \Gamma_{\mathrm{Ad}_{g^{-1}}\xi}(h,z) \\
&= (\sigma(g)\cdot\xi)\left(\Phi_h(z)\right) + \left(\sigma(h)\cdot\mathrm{Ad}_{g^{-1}}\xi\right)(z). \qquad (12.46)
\end{aligned}$$

Wirkungen zusammenhängender Liegruppen, die eine Impulsabbildung besitzen, erhalten die symplektischen Blätter. Dies liegt daran, daß G von einer Umgebung des neutralen Elementes erzeugt wird, in der jedes Element die Form $\exp t\xi$ hat. Da aber $(t,z) \mapsto (\exp t\xi) \cdot z$ ein Hamiltonscher Fluß ist, liegen z und $\Phi_h(z)$ auf demselben Blatt. Also gilt

$$(\sigma(g)\cdot\xi)(z) = (\sigma(g)\cdot\xi)\left(\Phi_h(z)\right),$$

da Casimirfunktionen auf den einzelnen Blättern konstant sind. Es folgt

$$\sigma(gh) = \sigma(g) + \mathrm{Ad}_{g^{-1}}^\dagger \sigma(h), \qquad (12.47)$$

wobei $\mathrm{Ad}_g^\dagger$ die von der adjungierten Wirkung durch

$$(\mathrm{Ad}_g^\dagger \lambda)(\xi) = \lambda(\mathrm{Ad}_g\,\xi) \qquad (12.48)$$

für $g \in G$, $\xi \in \mathfrak{g}$ und $\lambda \in L(\mathfrak{g}, \mathcal{C}(P))$ induzierte Wirkung von G auf $L(\mathfrak{g}, \mathcal{C}(P))$ bezeichnet.

Kozykeln. Abbildungen $\sigma : G \to L(\mathfrak{g}, \mathcal{C}(P))$, die sich unter der Gruppenmultiplikation wie in (12.47) verhalten, werden $L(\mathfrak{g}, \mathcal{C}(P))$-wertige 1-**Kozykeln** der Gruppe G genannt. Ein 1-Kozykel σ heißt 1-**Korand**, wenn es ein $\lambda \in L(\mathfrak{g}, \mathcal{C}(P))$ gibt mit

$$\sigma(g) = \lambda - \mathrm{Ad}_{g^{-1}}^\dagger \lambda \quad \text{für alle } g \in G. \qquad (12.49)$$

Der Quotientenraum der 1-Kozykeln nach den 1-Korändern wird die *erste L(g,C(P))-wertige Gruppenkohomologie* von G genannt und mit $H^1(G, L(g, C(P)))$ bezeichnet. Die Elemente bezeichnen wir mit $[\sigma]$, wobei σ ein 1-Kozykel ist.

Auf der Ebene der Liealgebra heißt eine bilineare, schiefsymmetrische Abbildung $\Sigma : g \times g \to C(P)$, die die der Jacobiidentität ähnliche Beziehung (11.53) erfüllt, ein *C(P)-wertiger 2-Kozykel* von g. Ein Kozykel Σ heißt *Korand*, wenn es ein $\lambda \in L(g, C(P))$ gibt mit

$$\Sigma(\xi, \eta) = \lambda([\xi, \eta]) \quad \text{für alle } \xi, \eta \in g. \tag{12.50}$$

Der Quotientenraum der 2-Kozykeln nach den 2-Korändern wird die *zweite Kohomologie von g mit Werten in C(P)* genannt und mit $H^2(g, C(P))$ bezeichnet. Ihre Elemente werden wieder mit $[\Sigma]$ bezeichnet. Mit diesen Notationen haben wir die ersten zwei Teile der folgenden Proposition bewiesen:

Proposition 12.3.1. *Die zusammenhängende Liegruppe G wirke kanonisch auf die Poissonmannigfaltigkeit P und besitze die Impulsabbildung $\mathbf{J}$. Definiere für $g \in G$ und $\xi \in g$*

$$\Gamma_{\xi,g} : P \to \mathbb{R}, \quad \Gamma_{\xi,g}(z) = \langle \mathbf{J}(\Phi_g(z)), \xi \rangle - \langle \mathrm{Ad}^*_{g^{-1}} \mathbf{J}(z), \xi \rangle. \tag{12.51}$$

Dann gilt:

(i) *$\Gamma_{\xi,g}$ ist für alle $\xi \in g$ und $g \in G$ eine Casimirfunktion auf P.*

(ii) *Definieren wir $\sigma : G \to L(g, C(P))$ durch $\sigma(g) \cdot \xi = \Gamma_{\xi,g}$, so gilt die Beziehung*

$$\sigma(gh) = \sigma(g) + \mathrm{Ad}^\dagger_{g^{-1}} \sigma(h). \tag{12.52}$$

(iii) *Definieren wir $\sigma_\eta : G \to C(P)$ durch $\sigma_\eta(g) := \sigma(g) \cdot \eta$ für $\eta \in g$, so gilt*

$$T_e \sigma_\eta(\xi) = \Sigma(\xi, \eta) := J([\xi, \eta]) - \{J(\xi), J(\eta)\}. \tag{12.53}$$

Aus $[\sigma] = 0$ folgt $[\Sigma] = 0$.

(iv) *Sind $\mathbf{J}_1$ und $\mathbf{J}_2$ zwei Impulsabbildungen derselben Wirkung mit Kozykeln σ_1 und σ_2, so ist $[\sigma_1] = [\sigma_2]$.*

Beweis. Differenzieren von $\sigma_\eta(g)(z) = J(\eta)(g \cdot z) - J(\mathrm{Ad}_{g^{-1}} \eta)(z)$ im Punkt $g = e$ ergibt

$$\begin{aligned}
T_e \sigma_\eta(\xi)(z) &= \mathbf{d}J(\eta)(\xi_P(z)) + J([\xi, \eta])(z) \\
&= X_{J(\xi)}[J(\eta)](z) + J([\xi, \eta])(z) \\
&= -\{J(\xi), J(\eta)\}(z) + J([\xi, \eta])(z).
\end{aligned} \tag{12.54}$$

Damit ist (12.53) bewiesen. Die zweite Behauptung in (iii) folgt direkt aus der Definition der Äquivalenzklassen. Für den Beweis von (iv) beachte zunächst

$$\sigma_1(g)(z) - \sigma_2(g)(z) = \mathbf{J}_1(g \cdot z) - \mathbf{J}_2(g \cdot z) - \mathrm{Ad}^*_{g^{-1}}(\mathbf{J}_1(z) - \mathbf{J}_2(z)). \quad (12.55)$$

Doch $\mathbf{J}_1$ und $\mathbf{J}_2$ sind Impulsabbildungen derselben Wirkung und somit erzeugen $J_1(\xi)$ und $J_2(\xi)$ auch dasselbe Hamiltonsche Vektorfeld für alle $\xi \in \mathfrak{g}$. Also ist $J_1 - J_2$ als Element von $L(\mathfrak{g}, C(P))$ konstant. Bezeichnen wir dies Element mit λ, so gilt

$$\sigma_1(g) - \sigma_2(g) = \lambda - \mathrm{Ad}^\dagger_{g^{-1}} \lambda \quad (12.56)$$

und $\sigma_1 - \sigma_2$ ist ein Korand. ∎

Bemerkungen.

1. Teil (iv) der Proposition gilt auch für Liealgebrenwirkungen mit Impulsabbildungen, wobei alle σ durch Σ ersetzt werden. Es gilt nämlich

$$\{J_1(\xi), J_1(\eta)\} = \{J_2(\xi), J_2(\eta)\},$$

da $J_1(\xi) - J_2(\xi)$ und $J_1(\eta) - J_2(\eta)$ Casimirfunktionen sind.

2. Ist $[\Sigma] = 0$, so kann die Impulsabbildung $\mathbf{J} : P \to \mathfrak{g}^*$ der kanonischen Wirkung der Liealgebra $\mathfrak{g}$ auf P immer infinitesimal äquivariant gewählt werden, wie Souriau [1970] für den symplektischen Fall gezeigt hat. Um dies zu zeigen, beachte man zunächst, daß Impulsabbildungen nur bis auf Elemente von $L(\mathfrak{g}, C(P))$ definiert sind. Wenn daher $\lambda \in L(\mathfrak{g}, C(P))$ das durch die Bedingung $[\Sigma] = 0$ definierte Element ist, ist $J + \lambda$ eine infinitesimal äquivariante Impulsabbildung.

3. Die Kohomologieklasse $[\Sigma]$ hängt nur von der Liealgebrenwirkung $\rho : \mathfrak{g} \to \mathfrak{X}(P)$, nicht aber von der Wahl der Impulsabbildung ab. Da J nämlich nur bis auf die Addition einer linearen Abbildung $\lambda : \mathfrak{g} \to C(P)$ bestimmt ist, können wir

$$\Sigma_\lambda(\xi, \eta) := (J + \lambda)([\xi, \eta]) - \{(J + \lambda)(\xi), (J + \lambda)(\eta)\} \quad (12.57)$$

definieren, so daß

$$\begin{aligned}\Sigma_\lambda(\xi, \eta) &= J([\xi, \eta]) + \lambda([\xi, \eta]) - \{J(\xi), J(\eta)\} \\ &= \Sigma(\xi, \eta) + \lambda([\xi, \eta]) \end{aligned} \quad (12.58)$$

gilt und somit $[\Sigma_\lambda] = [\Sigma]$. Bezeichnen wir diese Kohomologieklasse mit $\rho' \in H^2(\mathfrak{g}, C(P))$, so ist $\mathbf{J}$ genau dann infinitesimal äquivariant, wenn ρ' verschwindet. Es gibt einige Fälle, in denen das Verschwinden von ρ' garantiert ist:

(a) P ist symplektisch und zusammenhängend (und somit $\mathcal{C}(P) = \mathbb{R}$) und es gilt $H^2(\mathfrak{g}, \mathbb{R}) = 0$.

Nach dem zweiten Lemma von Whitehead (siehe Jacobson [1962] oder Guillemin und Sternberg [1984]) ist dies der Fall, wenn $\mathfrak{g}$ halbeinfach ist. Also sind halbeinfache symplektische Liealgebrenwirkungen auf symplektischen Mannigfaltigkeiten stets Hamiltonsch.

(b) P ist exakt symplektisch, also $-\mathbf{d}\Theta = \Omega$ und es gilt

$$\mathcal{L}_{\xi_P}\Theta = 0. \tag{12.59}$$

Der Beweis der Äquivarianz verläuft in diesem Fall folgendermaßen: Nehme zunächst an, die der Liealgebra $\mathfrak{g}$ zugrundeliegende Liegruppe G läßt θ invariant. Aus $\left(\mathrm{Ad}_{g^{-1}}\xi\right)_P = \Phi_g^*\xi_P$ erhalten wir mit (11.22)

$$J(\xi)(g \cdot z) = (\mathbf{i}_{\xi_P}\Theta)(g \cdot z) = \left(\mathbf{i}_{\left(\mathrm{Ad}_{g^{-1}}\xi\right)_P}\Theta\right)(z)$$
$$= J\left(\mathrm{Ad}_{g^{-1}}\xi\right)(z). \tag{12.60}$$

Den Beweis ohne die Annahme der Existenz der Gruppe G erhält man, indem man die obige Gleichungskette nach g im Punkt $g = e$ differenziert.

Ein einfaches Beispiel, in dem $\rho' \neq 0$ ist, wird durch die Phasenraumtranslationen auf dem $\mathbb{R}^2$ gegeben, also durch $\mathfrak{g} = \mathbb{R}^2 = \{(a, b)\}$, $P = \mathbb{R}^2 = \{(q, p)\}$ und

$$(a, b)_P = a\frac{\partial}{\partial q} + b\frac{\partial}{\partial p}. \tag{12.61}$$

Diese Wirkung hat eine durch $\langle \mathbf{J}(q, p), (a, b)\rangle = ap - bq$ gegebene Impulsabbildung, und es ist

$$\Sigma\left((a_1, b_1), (a_2, b_2)\right) = J\left(\left[(a_1, b_1), (a_2, b_2)\right]\right) - \{J(a_1, b_1), J(a_2, b_2)\}$$
$$= -\{a_1p - b_1q, a_2p - b_2q\}$$
$$= b_1a_2 - a_1b_2. \tag{12.62}$$

Wegen $[\mathfrak{g}, \mathfrak{g}] = \{0\}$ ist Null der einzige Korand und somit $\rho' \neq 0$. Dieses Beispiel werden wir in Beispiel 12.4.2 noch erweitern.

4. P sei symplektisch und zusammenhängend und σ ein 1-Kozykel der Wirkung von G auf P. Dann gilt:

(a) $g \cdot \mu = \mathrm{Ad}_{g^{-1}}^*\mu + \sigma(g)$ *definiert eine Wirkung von G auf $\mathfrak{g}^*$ und*

(b) $\mathbf{J}$ *ist äquivariant bzgl. dieser Wirkung.*

Da P symplektisch und zusammenhängend ist, folgt nämlich $\mathcal{C}(P) = \mathbb{R}$ und somit $\sigma : G \to \mathfrak{g}^*$. Nach Proposition 12.3.1 gilt dann

$$(gh) \cdot \mu = \mathrm{Ad}^*_{(gh)^{-1}} \mu + \sigma(gh)$$
$$= \mathrm{Ad}^*_{g^{-1}} \mathrm{Ad}^*_{h^{-1}} \mu + \sigma(g) + \mathrm{Ad}^*_{g^{-1}} \sigma(h)$$
$$= \mathrm{Ad}^*_{g^{-1}}(h \cdot \mu) + \sigma(g) = g \cdot (h \cdot \mu), \tag{12.63}$$

woraus Behauptung (a) folgt. (b) folgt direkt aus der Definition.

5. P sei symplektisch und zusammenhängend, $\mathbf{J} : P \to \mathfrak{g}^*$ eine Impulsabbildung und Σ der zugehörige reellwertige 2-Kozykel der Liealgebra. Dann wird die Impulsabbildung $\mathbf{J}$ infinitesimal äquivariant, indem man $\mathfrak{g}$ durch die durch Σ definierte zentrale Erweiterung vergrößert, in diesem Fall kann die infinitesimal äquivariante Impulsabbildung also explizit angegeben werden.

Beachte dazu, daß die durch Σ definierte **zentrale Erweiterung** die Liealgebra $\mathfrak{g}' := \mathfrak{g} \oplus \mathbb{R}$ mit der durch

$$[(\xi, a), (\eta, b)] = ([\xi, \eta], \Sigma(\xi, \eta)) \tag{12.64}$$

gegebenen Klammer ist. $\mathfrak{g}'$ wirke nun durch $\rho(\xi, a)(z) = \xi_P(z)$ auf P. Sei dann $\mathbf{J}' : P \to (\mathfrak{g}')^* = \mathfrak{g}^* \oplus \mathbb{R}$ die induzierte Impulsabbildung, die also die Gleichung

$$X_{J'(\xi,a)} = (\xi, a)_P = X_{J(\xi)} \tag{12.65}$$

erfüllt. Dann ist

$$J'(\xi, a) - J(\xi) = \ell(\xi, a), \tag{12.66}$$

wobei $\ell(\xi, a)$ auf P konstant und linear in (ξ, a) ist. Demzufolge gilt

$$J'([(\xi, a), (\eta, b)]) - \{J'(\xi, a), J'(\eta, b)\}$$
$$= J'([\xi, \eta], \Sigma(\xi, \eta)) - \{J(\xi) + \ell(\xi, a), J(\eta) + \ell(\eta, b)\}$$
$$= J([\xi, \eta]) + \ell([\xi, \eta], \Sigma(\xi, \eta)) - \{J(\xi), J(\eta)\}$$
$$= \Sigma(\xi, \eta) + \ell([(\xi, a), (\eta, b)])$$
$$= (\lambda + \ell)([(\xi, a), (\eta, b)]) \tag{12.67}$$

mit $\lambda(\xi, a) = a$. Also ist der reellwertige 2-Kozykel der Wirkung von $\mathfrak{g}'$ ein Korand und somit kann aus J' eine infinitesimal äquivariante Impulsabbildung konstruiert werden. Damit ist nun

$$J'(\xi, a) = J(\xi) - a \tag{12.68}$$

die gesuchte infinitesimal äquivariante Impulsabbildung von $\mathfrak{g}'$ auf P.

Die Wirkung von $\mathbb{R}^2$ auf sich selbst durch Translationen besitzt zum Beispiel die nichtäquivariante Impulsabbildung $\langle \mathbf{J}(q, p), (\xi, \eta) \rangle = \xi p - \eta q$ mit dem Gruppen-1-Kozykel $\sigma(x, y) \cdot (\xi, \eta) = \xi y - \eta x$. Hierbei betrachten wir den $\mathbb{R}^2$ mit der kanonischen symplektischen Form $dq \wedge dp$. Die zugehörige infinitesimal äquivariante Impulsabbildung der zentralen Erweiterung ist durch (12.68) gegeben, also durch den Ausdruck

$$\langle \mathbf{J}'(q, p), (\xi, \eta, a) \rangle = \xi p - \eta q - a.$$

Für weitere Beispiele siehe §12.4.

Betrachte die Situation für die zugehörige Wirkung der zentralen Erweiterung G' von G auf P mit $G = E$, einem topologischen Vektorraum, aufgefaßt als abelsche Liegruppe. Dann ist $\mathfrak{g} = E$ und $T\sigma_\eta = \sigma_\eta$ nach der Linearität von σ_η. Also ist $\Sigma(\xi, \eta) = \sigma(\xi) \cdot \eta$, wobei wir ξ auf der rechten Seite als ein Element der Liegruppe G auffassen. Man definiert die zentrale Erweiterung G' von G durch die Kreisgruppe S^1 als diejenige Liegruppe, die als Mannigfaltigkeit $E \times S^1$ ist und deren Multiplikation durch

$$\left(q_1, e^{i\theta_1}\right) \cdot \left(q_2, e^{i\theta_2}\right) = \left(q_1 + q_2, \exp\left\{i\left[\theta_1 + \theta_2 + \frac{1}{2}\Sigma(q_1, q_2)\right]\right\}\right) \quad (12.69)$$

gegeben ist (vgl. Souriau [1970]). Das neutrale Element ist dann $(0, 1)$ und das inverse Element

$$\left(q, e^{i\theta}\right)^{-1} = \left(-q, e^{-i\theta}\right).$$

Dann ist die Liealgebra von G' der Vektorraum $\mathfrak{g}' = E \oplus \mathbb{R}$ mit der durch Klammer (12.64) und somit hat die durch $(q, e^{i\theta}) \cdot z = q \cdot z$ gegebene Wirkung von G' auf P eine durch (12.68) gegebene äquivariante Impulsabbildung $\mathbf{J}$. Ist $E = \mathbb{R}^2$, so ist die Gruppe G' die **Heisenberggruppe** (vgl. Aufgabe 9.1.4).

Globale Äquivarianz.   Sei J ein 1 Liealgebrenhomomorphismus. Da $\Gamma_{\eta,g}$ für jedes $g \in G$ und $\eta \in \mathfrak{g}$ eine Casimirfunktion auf P ist, hängt $\Gamma_\eta | G \times S$ nicht von $z \in S$ ab, wobei S ein symplektisches Blatt ist. Bezeichne diese Funktion, die nur von dem Blatt S abhängt, mit $\Gamma_\eta^S : G \to \mathbb{R}$. Halten wir $z \in S$ fest und bilden die Ableitung der Abbildung $g \mapsto \Gamma_\eta^S(g, z)$ bei $g = e$ in Richtung von $\xi \in \mathfrak{g}$, erhalten wir

$$\langle -(\operatorname{ad}\xi)^* \mathbf{J}(z), \eta \rangle - \langle T_z\mathbf{J} \cdot \xi_P(z), \eta \rangle = 0, \quad (12.70)$$

also $T_e\Gamma_\eta^S = 0$ für alle $\eta \in \mathfrak{g}$. Nach Proposition 12.4.1 (ii) gilt

$$\Gamma_\eta(gh) = \Gamma_\eta(g) + \Gamma_{\operatorname{Ad}_{g^{-1}}\eta}(h). \quad (12.71)$$

Bilden wir die Ableitung von (12.71) nach h in Richtung von ξ in $h = e$ auf dem Blatt S, erhalten wir mit $T_e\Gamma_\eta^S = 0$

$$T_g\Gamma_\eta^S(T_eL_g(\xi)) = T_e\Gamma_{\operatorname{Ad}_{g^{-1}}\eta}^S(\xi) = 0. \quad (12.72)$$

Also ist Γ_η auf $G \times S$ konstant (man erinnere sich, daß sowohl G als auch die symplektischen Blätter nach Definition zusammenhängend sind). Aus $\Gamma_\eta(e, z) = 0$ folgt, daß $\Gamma_\eta | G \times S = 0$ für jedes Blatt S ist und somit $\Gamma_\eta = 0$ auf $G \times P$ gilt. Doch $\Gamma_\eta = 0$ für jedes $\eta \in \mathfrak{g}$ ist äquivalent zur Äquivarianz. Zusammen mit Satz 11.5.1 beweist dies den folgenden Satz:

Satz 12.3.1. *Gegeben sei eine kanonische Linkswirkung der zusammenhängenden Liegruppe G auf die Poissonmannigfaltigkeit P. Dann ist die Wirkung*

von G genau dann global Hamiltonsch, wenn es einen Liealgebrenhomomor-
phismus $\psi : \mathfrak{g} \to \mathcal{F}(P)$ *gibt, so daß* $X_{\psi(\xi)} = \xi_P$ *für alle* $\xi \in \mathfrak{g}$ *ist, wobei*
ξ_P *der infinitesimale Erzeuger der Wirkung von G ist. Ist* $\mathbf{J}$ *die äquivariante*
Impulsabbildung dieser Wirkung, können wir $\psi = J$ *wählen.*

Die umgekehrte Frage nach der Konstruktion einer Gruppenwirkung, deren Impulsabbildung gleich einer gegebenen, unter Klammerbildung abge-
schlossenen Menge von Erhaltungsgrößen ist, wird in Fong und Meyer [1975]
diskutiert. Vergleiche auch Vinogradov und Krasilshchik [1975] und Conn
[1984] für die zugehörige Frage, wann Poissonsche Vektorfeldern (bzw. ihre
Keime) Hamiltonsch sind.

Übungen

Übung 12.3.1. Sei G eine Liegruppe, $\mathfrak{g}$ ihre Liealgebra und $\mathfrak{g}^*$ ihr Dualraum. Sei $\wedge^k(\mathfrak{g}^*)$ der Raum der k-linearen und schiefsymmetrischen Abbildungen

$$\alpha : \mathfrak{g}^* \times \ldots \times \mathfrak{g}^* \ (k \text{ Faktoren}) \longrightarrow \mathbb{R}.$$

Definiere für jedes $k \geq 1$ die Abbildung

$$\mathbf{d} : \wedge^k(\mathfrak{g}^*) \longrightarrow \wedge^{k+1}(\mathfrak{g}^*)$$

durch

$$\mathbf{d}\alpha(\xi_0, \xi_1, \ldots, \xi_k) = \sum_{0 \leq i < j \leq k} (-1)^{i+j} \alpha([\xi_i, \xi_j], \xi_0, \ldots, \hat{\xi}_i, \ldots, \hat{\xi}_j, \ldots, \xi_k),$$

wobei $\hat{\xi}_i$ bedeutet, daß ξ_i ausgelassen ist.

(a) Finde zu $\alpha \in \wedge^1(\mathfrak{g}^*)$ und $\alpha \in \wedge^2(\mathfrak{g}^*)$ einen expliziten Ausdruck für $\mathbf{d}\alpha$.

(b) Zeige, daß $\mathbf{d}\alpha_L$ die linksinvariante Fortsetzung von $\mathbf{d}\alpha$ ist, also $\mathbf{d}\alpha_L = (\mathbf{d}\alpha)_L$ gilt, wenn wir $\alpha \in \wedge^k(\mathfrak{g}^*)$ mit seiner linksinvarianten Fortsetzung $\alpha_L \in \Omega^k(G)$ identifizieren, die durch

$$\alpha_L(g)(v_1, \ldots, v_k) = \alpha(T_e L_{g^{-1}} v_1, \ldots, T_e L_{g^{-1}} v_k)$$

mit $v_1, \ldots, v_k \in T_g G$ gegeben ist.

(c) Schließe daraus, daß $\mathbf{d}\alpha \in \wedge^{k+1}(\mathfrak{g}^*)$ gilt, wenn $\alpha \in \wedge^k(\mathfrak{g}^*)$ ist und daß $\mathbf{d} \circ \mathbf{d} = 0$ gilt.

(d) Sei

$$Z^k(\mathfrak{g}) = \ker \left(\mathbf{d} : \wedge^k(\mathfrak{g}^*) \longrightarrow \wedge^{k+1}(\mathfrak{g}^*) \right)$$

der Unterraum der k-*Kozykeln* und

$$B^k(\mathfrak{g}) = \text{Im} \left(\mathbf{d} : \wedge^{k-1}(\mathfrak{g}^*) \longrightarrow \wedge^k(\mathfrak{g}^*) \right)$$

der Raum der *k-Koränder*. Zeige, daß $B^k(\mathfrak{g}) \subset Z^k(\mathfrak{g})$ gilt. Der Quotientenraum $H^k(\mathfrak{g})/B^k(\mathfrak{g})$ ist die *k-te **Liealgebrenkohomologiegruppe*** von $\mathfrak{g}$ mit reellen Koeffizienten.

Übung 12.3.2. Berechne die Gruppen- und Liealgebrenkozykeln für die Impulsabbildung der Wirkung von SE(2) auf $\mathbb{R}^2$ aus Übung 11.4.3.

12.4 Äquivariante Impulsabbildungen sind Poissonsch

Wir zeigen nun, daß äquivariante Impulsabbildungen Poissonabbildungen sind. Dies liefert eine fundamentale Methode, um kanonische Abbildungen zwischen Poissonmannigfaltigkeiten zu finden. Dies wird teilweise schon in Lie [1890] behandelt, implizit in Guillemin und Sternberg [1980] und explizit in Holmes und Marsden [1983] und Guillemin und Sternberg [1984].

Satz 12.4.1 (Kanonische Impulsabbildungen). *Ist* $\mathbf{J} : P \to \mathfrak{g}^*$ *eine infinitesimal äquivariante Impulsabbildung einer Hamiltonschen Linkswirkung von* $\mathfrak{g}$ *auf eine Poissonmannigfaltigkeit* P, *so ist* $\mathbf{J}$ *eine Poissonabbildung:*

$$\mathbf{J}^* \{F_1, F_2\}_+ = \{\mathbf{J}^* F_1, \mathbf{J}^* F_2\}, \tag{12.73}$$

es gilt also

$$\{F_1, F_2\}_+ \circ \mathbf{J} = \{F_1 \circ \mathbf{J}, F_2 \circ \mathbf{J}\}$$

für alle $F_1, F_2 \in \mathcal{F}(\mathfrak{g}^*)$, *wobei* $\{\,,\}_+$ *die* (+)*-Lie-Poisson-Klammer bezeichnet.*

Beweis. Die infinitesimale Äquivarianz bedeutet, daß $J([\xi, \eta]) = \{J(\xi), J(\eta)\}$ gilt. Für $F_1, F_2 \in \mathcal{F}(\mathfrak{g}^*)$ sei $z \in P$, $\xi = \delta F_1/\delta\mu$ und $\eta = \delta F_2/\delta\mu$ ausgewertet in dem speziellen Punkt $\mu = \mathbf{J}(z) \in \mathfrak{g}^*$. Dann ist

$$\mathbf{J}^* \{F_1, F_2\}_+ (z) = \left\langle \mu, \left[\frac{\delta F_1}{\delta\mu}, \frac{\delta F_2}{\delta\mu} \right] \right\rangle = \langle \mu, [\xi, \eta] \rangle$$
$$= J([\xi, \eta])(z) = \{J(\xi), J(\eta)\}(z).$$

Doch für beliebiges $z \in P$ und $v_z \in T_z P$ ist

$$\mathbf{d}(F_1 \circ \mathbf{J})(z) \cdot v_z = \mathbf{d}F_1(\mu) \cdot T_z\mathbf{J}(v_z) = \left\langle T_z\mathbf{J}(v_z), \frac{\delta F_1}{\delta\mu} \right\rangle$$
$$= \mathbf{d}J(\xi)(z) \cdot v_z$$

und $(F_1 \circ \mathbf{J})(z)$ und $J(\xi)(z)$ haben somit die gleiche Ableitung nach z. Da die Poissonklammer auf P nur von den Werten der ersten Ableitungen in einzelnen Punkten abhängt, schließen wir daraus

$$\{F_1 \circ \mathbf{J}, F_2 \circ \mathbf{J}\}(z) = \{J(\xi), J(\eta)\}(z). \tag{12.74}$$

■

Satz 12.4.2 (über die kollektive Hamiltonfunktion). *Sei* $\mathbf{J} : P \to \mathfrak{g}^*$
eine Impulsabbildung, $z \in P$ *und* $\mu = \mathbf{J}(z) \in \mathfrak{g}^*$. *Dann gilt für ein beliebiges*
$F \in \mathcal{F}(\mathfrak{g}_+^*)$

$$X_{F \circ \mathbf{J}}(z) = X_{J(\delta F/\delta \mu)}(z) = \left(\frac{\delta F}{\delta \mu} \right)_P (z). \tag{12.75}$$

Beweis. Für jedes $H \in \mathcal{F}(P)$ ist

$$\begin{aligned}
X_{F \circ \mathbf{J}}[H](z) &= -X_H[F \circ \mathbf{J}](z) = -\mathbf{d}(F \circ \mathbf{J})(z) \cdot X_H(z) \\
&= -\mathbf{d}F(\mu)(T_z\mathbf{J} \cdot X_H(z)) = -\left\langle T_z\mathbf{J}(X_H(z)), \frac{\delta F}{\delta \mu} \right\rangle \\
&= -\mathbf{d}J\left(\frac{\delta F}{\delta \mu} \right)(z) \cdot X_H(z) = -X_H\left[J\left(\frac{\delta F}{\delta \mu} \right) \right](z) \\
&= X_{J(\delta F/\delta \mu)}[H](z).
\end{aligned}$$

Damit ist die erste Gleichung in (12.75) gezeigt. Die zweite folgt aus der
Definition der Impulsabbildung. ∎

Funktionen auf P der Form $F \circ \mathbf{J}$ heißen **kollektiv**. Beachte, daß sich
(12.75) auf $X_{J(\xi)}(z) = \xi_P(z)$, also die Definition der Impulsabbildung reduziert, wenn F die durch $\xi \in \mathfrak{g}$ definierte lineare Abbildung ist. Um die
Beziehung zwischen den bewiesenen Aussagen zu verdeutlichen, wollen wir
noch Satz 12.4.1 aus Satz 12.4.2 herleiten. Sei $\mu = \mathbf{J}(z)$ und $F, H \in \mathcal{F}(\mathfrak{g}_+^*)$.
Dann gilt:

$$\mathbf{J}^* \{F, H\}_+ (z) = \{F, H\}_+ (\mathbf{J}(z)) = \left\langle \mathbf{J}(z), \left[\frac{\delta F}{\delta \mu}, \frac{\delta H}{\delta \mu} \right] \right\rangle$$

$$= J\left(\left[\frac{\delta F}{\delta \mu}, \frac{\delta H}{\delta \mu} \right] \right)(z) = \left\{ J\left(\frac{\delta F}{\delta \mu} \right), J\left(\frac{\delta H}{\delta \mu} \right) \right\}(z)$$

(wegen der infinitesimalen Äquivarianz)

$$= X_{J(\delta H/\delta \mu)} \left[J\left(\frac{\delta F}{\delta \mu} \right) \right](z) = X_{H \circ \mathbf{J}} \left[J\left(\frac{\delta F}{\delta \mu} \right) \right](z)$$

(nach dem Satz über die kollektive Hamiltonfunktion)

$$= -X_{J(\delta F/\delta \mu)}[H \circ \mathbf{J}](z) = -X_{F \circ \mathbf{J}}[H \circ \mathbf{J}](z)$$

(wieder nach dem Satz über die kollektive Hamiltonfunktion)

$$= \{F \circ \mathbf{J}, H \circ \mathbf{J}\}(z). \tag{12.76}$$

Bemerkungen.

1.   Es bezeichne $i : \mathfrak{g} \to \mathcal{F}(\mathfrak{g}^*)$ die natürliche Einbettung von $\mathfrak{g}$ in ihren
Bidualraum durch $i(\xi) \cdot \mu = \langle \mu, \xi \rangle$. Aus $\delta i(\xi)/\delta \mu = \xi$ folgt, daß i ein Liealgebrenhomomorphismus ist, daß also

$$i([\xi, \eta]) = \{i(\xi), i(\eta)\}_+ \tag{12.77}$$

gilt. Dann ist eine kanonische Linkswirkung der Liealgebra $\mathfrak{g}$ auf eine Poissonmannigfaltigkeit P genau dann Hamiltonsch, wenn es einen Poissonalgebrenhomomorphismus $\chi : \mathcal{F}(\mathfrak{g}_+^*) \to \mathcal{F}(P)$ gibt, so daß $X_{(\chi \circ i)(\xi)} = \xi_P$ für alle $\xi \in \mathfrak{g}$ gilt. Ist die Wirkung nämlich Hamiltonsch, so können wir χ als den Pullback $\mathbf{J}^*$ wählen. Die Behauptung folgt dann aus der Definition der Impulsabbildung. Die Umkehrung beruht auf folgendem Umstand: Seien M, N endlichdimensionale Mannigfaltigkeiten und sei $\chi : \mathcal{F}(N) \to \mathcal{F}(M)$ ein Ringhomomorphismus. Dann existiert eine eindeutige glatte Abbildung $\varphi : M \to N$ mit $\chi = \varphi^*$. (Eine ähnliche Aussage gilt auch für unendlichdimensionale Mannigfaltigkeiten unter einigen technischen Zusatzvoraussetzungen, siehe Abraham, Marsden und Ratiu[1988, Anhang 4.2C].) Ist also ein Ring- und Liealgebrenhomomorphismus $\chi : \mathcal{F}(\mathfrak{g}_+^*) \to \mathcal{F}(P)$ gegeben, gibt es eine eindeutige Abbildung $\mathbf{J} : P \to \mathfrak{g}^*$ mit $\chi = \mathbf{J}^*$. Doch für $\xi, \mu \in \mathfrak{g}^*$ gilt

$$\begin{aligned}[(\chi \circ i)(\xi)](z) = \mathbf{J}^*(i(\xi))(z) &= i(\xi)(\mathbf{J}(z)) \\ &= \langle \mathbf{J}(z), \xi \rangle = J(\xi)(z), \end{aligned} \tag{12.78}$$

also ist $\chi \circ i = J$. Da χ nach Voraussetzung ein Liealgebrenhomomorphismus ist, ist somit J ebenfalls ein solcher. Da wieder nach Voraussetzung $X_{J(\xi)} = \xi_P$ gilt, ist $\mathbf{J}$ eine infinitesimal äquivariante Impulsabbildung.

2.   Wir haben in diesem Abschnitt stets über Linkswirkungen gesprochen. Ersetzt man in allen Behauptungen Linkswirkungen durch Rechtswirkungen und die $(+)$- durch die $(-)$-Lie-Poisson-Struktur auf $\mathfrak{g}^*$, so bleiben die Aussagen richtig.

Beispiele

Beispiel 12.4.1 (Phasenraumrotationen). Sei (P, Ω) ein linearer symplektischer Raum und G eine Untergruppe der linearen symplektischen Gruppe, die auf P durch Matrizenmultiplikation wirkt. Der infinitesimale Erzeuger zu $\xi \in \mathfrak{g}$ ist in $z \in P$

$$\xi_P(z) = \xi z, \tag{12.79}$$

wobei ξz die Matrizenmultiplikation bezeichnet. Dieses Vektorfeld ist Hamiltonsch mit der Hamiltonfunktion $\Omega(\xi z, z)/2$ nach Proposition 2.7.1. Also ist

$$\langle \mathbf{J}(z), \xi \rangle = \frac{1}{2}\Omega(\xi z, z) \tag{12.80}$$

eine Impulsabbildung. Für $S \in G$ ist die adjungierte Wirkung

$$\mathrm{Ad}_S \xi = S\xi S^{-1} \tag{12.81}$$

und somit gilt

$$\langle \mathbf{J}(Sz), S\xi S^{-1} \rangle = \frac{1}{2}\,\Omega(S\xi S^{-1}Sz, Sz)$$

$$= \frac{1}{2}\,\Omega(S\xi z, Sz) = \frac{1}{2}\,\Omega(\xi z, z) \qquad (12.82)$$

und $\mathbf{J}$ ist äquivariant. Die infinitesimale Äquivarianz ist eine Umformulierung von (2.72). Beachte, daß diese Impulsabbildung kein Kotangentiallift ist.

Beispiel 12.4.2 (Phasenraumtranslationen). Sei (P, Ω) ein linearer symplektischer Raum und G eine Untergruppe der Translationsgruppe von P, wobei wir $\mathfrak{g}$ mit einem linearen Unterraum von P identifizieren. Offensichtlich gilt in diesem Fall

$$\xi_P(z) = \xi.$$

Wie man schnell sieht, ist dieses Vektorfeld Hamiltonsch mit der linearen Abbildung

$$J(\xi)(z) = \Omega(\xi, z) \qquad (12.83)$$

als Hamiltonfunktion. Diese ist somit eine Impulsabbildung der Wirkung, aber nicht äquivariant. Die Wirkung von $\mathbb{R}^2$ auf $\mathbb{R}^2$ durch Translation ist ein Spezialfall dieses Beispiels, siehe Bemerkung 3 von §12.3.

Beispiel 12.4.3 (Geliftete Wirkungen mit magnetischen Termen). Eine andere Stelle, an der Nichtäquivarianz von Impulsabbildungen auftritt, ist bei dem Lift von Kotangentialwirkungen, bei denen die symplektische Form die kanonische ist, die jedoch durch die Addition eines magnetischen Terms gestört ist. Versehen wir z.B. $P = T^*\mathbb{R}^2$ mit der symplektischen Form

$$\Omega_B = dq^1 \wedge dp_1 + dq^2 \wedge dp_2 + B\,dq^1 \wedge dq^2,$$

wobei B eine Funktion von q^1 und q^2 ist. Betrachte nun die Wirkung von $\mathbb{R}^2$ auf den $\mathbb{R}^2$ durch Translationen und den Lift davon zu einer Wirkung von $\mathbb{R}^2$ auf P. Beachte, daß diese Wirkung Ω_B genau dann erhält, wenn B konstant ist, was von nun an vorausgesetzt sei. Gemäß (12.83) ist

$$\langle \mathbf{J}(\mathbf{q},\mathbf{p}), \xi \rangle = \mathbf{p} \cdot \xi + B(\xi^1 q^2 - \xi^2 q^1) \qquad (12.84)$$

eine Impulsabbildung. Diese Impulsabbildung ist nicht äquivariant. Da $\mathbb{R}^2$ abelsch ist, ist ihr Liealgebren-2-Kozykel durch

$$\Sigma(\xi, \eta) = -\{J(\xi), J(\eta)\} = -2B(\xi^1 \eta^2 - \xi^2 \eta^1)$$

gegeben.

Von nun an sei B ungleich Null. Durch die Wahl geeigneter Koordinaten wird die Form Ω_B die kanonische, die Wirkung von $\mathbb{R}^2$ bleibt jedoch eine Translation durch eine kanonische Transformation. Wir gehen dazu zu neuen Koordinaten $\mathbf{P} = \mathbf{p}$ und $\mathbf{R} = (q^1 - p_2/B,\, q^2 + p_1/B)$ über. Die physikalische Interpretation dieser Koordinaten ist die folgende: $\mathbf{P}$ ist der Impuls des Teilchens, $\mathbf{R}$ hingegen der Mittelpunkt des kreisförmigen Orbits, auf dem sich ein Teilchen mit Koordinaten $(\mathbf{q}, \mathbf{p})$ im Grenzfall eines starken Magnetfeldes bewegt (Littlejohn [1983, 1984]). In diesen Koordinaten hat Ω_B die Form

$$\Omega_B = B\,dR^1 \wedge dR^2 - \frac{1}{B}\,dP_1 \wedge dP_2,$$

und die Wirkung von $\mathbb{R}^2$ auf $T^*\mathbb{R}^2$ besteht aus Translationen in der **R**-Variable. Die Impulsabbildung (12.84) wird zu

$$\langle \mathbf{J}(\mathbf{R}, \mathbf{P}), \xi \rangle = B(\xi^1 R^2 - \xi^2 R^1), \tag{12.85}$$

was wieder ein Spezialfall von (12.26) ist.

Die Kohomologieklasse $[\Sigma]$ ist ungleich Null, wie das folgende Argument zeigt. Wäre Σ exakt, gäbe es ein lineares Funktional $\lambda : \mathbb{R}^2 \to \mathbb{R}$, so daß $\Sigma(\xi, \eta) = \lambda([\xi, \eta]) = 0$ für alle ξ, η wäre, was sicherlich nicht richtig ist. Also kann $\mathbf{J}$ nicht zu einer äquivarianten Impulsabbildung umgeformt werden.

Nach Bemerkung 5 von §12.3 kann man sich jedoch behelfen, indem man zur zentralen Erweiterung von $\mathbb{R}^2$ übergeht. Sei also $G' = \mathbb{R}^2 \times S^1$ mit der durch

$$(\mathbf{a}, e^{i\theta})(\mathbf{b}, e^{i\varphi}) = \left(\mathbf{a} + \mathbf{b}, e^{i(\theta + \varphi + B(a^1 b^2 - a^2 b^1))}\right) \tag{12.86}$$

gegebenen Multiplikation und wirke G' wie zuvor auf $T^*\mathbb{R}^2$ durch

$$(\mathbf{a}, e^{i\theta}) \cdot (\mathbf{q}, \mathbf{p}) = (\mathbf{q} + \mathbf{a}, \mathbf{p}).$$

Dann ist die Impulsabbildung $\mathbf{J} : T^*\mathbb{R}^2 \to \mathfrak{g}'^* = \mathbb{R}^3$ durch

$$\langle \mathbf{J}(\mathbf{q}, \mathbf{p}), (\xi, a) \rangle = \mathbf{p} \cdot \xi + B(\xi^1 q^2 - \xi^2 q^1) - a \tag{12.87}$$

gegeben.

Beispiel 12.4.4 (Der Satz von Clairaut). Sei M eine Rotationsfläche im $\mathbb{R}^3$, die durch die Rotation des Graphen $r = f(z)$ einer glatten, positiven Funktion f um die z-Achse entsteht. Schränken wir die gewöhnliche Metrik des $\mathbb{R}^3$ auf M ein, so bleibt diese invariant unter Rotationen um die z-Achse. Betrachten wir nun den geodätischen Fluß auf M. Die Impulsabbildung zu der S^1-Symmetrie ist wie üblich $\mathbf{J} : TM \to \mathbb{R}$ mit $\langle \mathbf{J}(\mathbf{q}, \mathbf{v}), \xi \rangle = \langle (\mathbf{q}, \mathbf{v}), \xi_M(\mathbf{q}) \rangle$. Hierbei ist ξ_M das Vektorfeld auf $\mathbb{R}^3$, das aus einer Rotation mit der Winkelgeschwindigkeit ξ um die z-Achse hervorgeht, d.h. es ist $\xi_M(\mathbf{q}) = \xi\mathbf{k} \times \mathbf{q}$. Dann ist

$$\langle \mathbf{J}(\mathbf{q}, \mathbf{v}), \xi \rangle = \xi r \|\mathbf{v}\| \cos\theta,$$

wobei r den Abstand zur z-Achse und θ den Winkel zwischen $\mathbf{v}$ und der horizontalen Ebene angibt. Da $\|\mathbf{v}\|$ aufgrund der Energieerhaltung ebenfalls eine Erhaltungsgröße ist, bleibt $r\cos\theta$ entlang den Geodäten auf einer Rotationsfläche erhalten, eine als *Satz von Clairaut* bekannte Aussage.

Beispiel 12.4.5 (Die Masse eines nichtrelativistischen, freien, quantenmechanischen Teilchens). Wir zeigen hier im Rahmen eines Beispiels die Beziehung zwischen projektiven unitären Darstellungen und der Nichtäquivarianz der Impulsabbildung der Wirkung auf dem projektiven Raum. Dies ergänzt die Diskussion in Beispiel 12.2.13, wo wir gezeigt haben, daß die Impulsabbildung für unitäre Darstellungen äquivariant ist.

Sei G die in Beispiel 9.3.17 eingeführte Galileigruppe, also die Untergruppe von $\mathrm{GL}(5,\mathbb{R})$ der Matrizen der Form

$$g = \begin{bmatrix} R & \mathbf{v} & \mathbf{a} \\ 0 & 1 & \tau \\ 0 & 0 & 1 \end{bmatrix},$$

wobei $R \in \mathrm{SO}(3)$, $\mathbf{v}, \mathbf{a} \in \mathbb{R}^3$ und $\tau \in \mathbb{R}$ sind. Sei $\mathcal{H} = L^2(\mathbb{R}^3; \mathbb{C})$ der Hilbertraum der (bzgl. des Lebesguemaßes) quadratintegrablen komplexwertigen Funktionen auf dem $\mathbb{R}^3$.

Sei $m \neq 0$ eine feste reelle Zahl. Definiere nun für jedes $g = \{R, \mathbf{v}, \mathbf{a}, \tau\} \in G$ den folgenden unitären Operator auf $\mathcal{H}$:

$$(U_m(g)f)(\mathbf{p}) = \exp\left(i\left(\frac{\tau}{2m}|\mathbf{p}|^2 + (\mathbf{p} + m\mathbf{v}) \cdot \mathbf{a}\right)\right) f(R^{-1}(\mathbf{p} + m\mathbf{v})). \quad (12.88)$$

Wir können durch direktes Nachrechnen überprüfen, daß

$$U_m(g_1)U_m(g_2) = \exp(-im\sigma(g_1, g_2))U_m(g_1 g_2) \quad (12.89)$$

gilt, wobei (mit der Bezeichnung $g_j = \{R_j, \mathbf{v}_j, \mathbf{a}_j, \tau_j\}$)

$$\sigma(g_1, g_2) = \frac{1}{2}|\mathbf{v}_1|^2 \tau_2 + (R_1 \mathbf{v}_2) \cdot (\mathbf{v}_1 \tau_2 + \mathbf{a}_1) \quad (12.90)$$

ist. Beachte, daß $\sigma(e, g) = \sigma(g, e) = 0$, $\sigma(g, g^{-1}) = \sigma(g^{-1}, g)$ und $U_m(g^{-1}) = \exp(-im\sigma(g, g^{-1}))U_m(g)^{-1}$ gilt.

Aus (12.89) ersehen wir, daß die Abbildung $g \mapsto U_m(g)$ kein Gruppenhomomorphismus ist, da ein globaler Phasenfaktor aus S^1 auftritt. Jedes $e^{i\phi} \in S^1$ definiert den unitären Operator $f \mapsto e^{i\phi}f$ auf $\mathcal{H} = L^2(\mathbb{R}^3; \mathbb{C})$. Diese Abbildung, die jedem Element von S^1 einen unitären Operator auf $\mathcal{H}$ zuordnet, ist offensichtlich ein injektiver Gruppenhomomorphismus. Wir fassen die Kreisgruppe S^1 als auf diese Weise in $\mathrm{U}(\mathcal{H})$ eingebettet auf und bemerken, daß sie ein Normalteiler von $\mathrm{U}(\mathcal{H})$ ist (da jedes Element von S^1 mit jedem Element von $\mathrm{U}(\mathcal{H})$ vertauscht). Definiere nun wie in Beispiel 9.3.18 die **projektive unitäre Gruppe** von $\mathcal{H}$ durch $\mathrm{U}(\mathbb{P}\mathcal{H}) = \mathrm{U}(\mathcal{H})/S^1$. Dann induziert (12.89) einen Gruppenhomomorphismus $g \in G \mapsto [U_m(g)] \in \mathrm{U}(\mathbb{P}\mathcal{H})$, wir erhalten also eine **projektive unitäre Darstellung** der Galileigruppe auf $\mathcal{H} = L^2(\mathbb{R}^3; \mathbb{C})$. Man sieht schnell, daß diese Wirkung von der Galileigruppe G auf $\mathbb{P}\mathcal{H}$ symplektisch ist (mit der Formel in Proposition 5.3.1).

Als nächstes berechnen wir die infinitesimalen Erzeuger dieser Wirkung. Beachte, daß für jedes glatte $f \in \mathcal{H} = L^2(\mathbb{R}^3; \mathbb{C})$ die Abbildung $g \mapsto U_m(g)f$ ebenfalls glatt und $\mathcal{D} := C^\infty(\mathbb{R}^3; \mathbb{C})$ somit invariant unter der Gruppenwirkung ist. Man kann daher für jedes $f \in \mathcal{D}$

$$(a(\xi))f = T_e(U_m(\cdot)f) \cdot \xi \qquad (12.91)$$

definieren, wobei e die Einheitsmatrix in G und $\xi \in \mathfrak{g}$ beliebig ist. Diese Beziehung zeigt, daß $a(\xi)$ linear in ξ ist und folglich einen linearen Operator $a : \mathcal{D} = C^\infty(\mathbb{R}^3; \mathbb{C}) \to \mathcal{H} = L^2(\mathbb{R}^3; \mathbb{C})$ definiert. Da $U_m(g)$ unitär ist und $U_m(e)$ die Identität auf $\mathcal{H}$, ist $a(\xi)$ für beliebiges $\xi \in \mathfrak{g}$ formal schiefadjungiert auf $\mathcal{D}$. Ist

$$\xi = \begin{bmatrix} \hat{\omega} & \mathbf{u} & \boldsymbol{\alpha} \\ \mathbf{0} & 0 & \theta \\ \mathbf{0} & 0 & 0 \end{bmatrix}$$

(vgl. Beispiel 9.3.17), so erhalten wir

$$(a(\xi)f)(\mathbf{p}) = i\left(\frac{\theta}{2m}|\mathbf{p}|^2 + \mathbf{p} \cdot \boldsymbol{\alpha}\right)f(\mathbf{p}) + (m\mathbf{u} - \boldsymbol{\omega} \times \mathbf{p}) \cdot \frac{\partial f}{\partial \mathbf{p}}, \qquad (12.92)$$

oder für $\boldsymbol{\omega}, \mathbf{u}, \boldsymbol{\alpha}$, und θ einzeln ausgedrückt

$$(a(\boldsymbol{\omega})f)(\mathbf{p}) = -\boldsymbol{\omega} \cdot \left(\mathbf{p} \times \frac{\partial f}{\partial \mathbf{p}}\right),$$

$$(a(\mathbf{u})f)(\mathbf{p}) = m\mathbf{u} \cdot \frac{\partial f}{\partial \mathbf{p}},$$

$$(a(\boldsymbol{\alpha})f)(\mathbf{p}) = i(\boldsymbol{\alpha} \cdot \mathbf{p})f(\mathbf{p}) \text{ und}$$

$$(a(\theta)f)(\mathbf{p}) = i\theta \frac{|\mathbf{p}|^2}{2m}f(\mathbf{p}).$$

Aus diesen Formeln ersehen wir, daß $a(\xi)f$ für $f \in \mathcal{D}$ wohldefiniert ist und daß $\mathcal{D}$ für $\xi \in \mathfrak{g}$ invariant unter $a(\xi)$ ist. Demzufolge ist $a(\xi)$ als unbeschränkter schiefadjungierter Operator auf $\mathcal{H}$ eindeutig bestimmt. Nach dem Satz von Stone (siehe Abraham, Marsden und Ratiu [1988]) ist

$$[\exp ta(\xi)]f = U_m(\exp t\xi)f \qquad (12.93)$$

glatt in t und für $f \in \mathcal{D}$ ist die Ableitung in $t = 0$ $a(\xi)f$. Durch den Übergang zu Äquivalenzklassen können wir $a(\xi)$ auf offensichtliche Weise auf $\mathbb{P}\mathcal{D}$ definieren und die Bedingungen (i), (ii) und (iii) von Beispiel 9.3.18 am Ende von §9.3 sind erfüllt. Demzufolge ist $\mathbb{P}\mathcal{D}$ ein wesentlicher G-glatter Anteil von $\mathbb{P}\mathcal{H}$. Die Impulsabbildung zu der projektiven unitären Darstellung der Galileigruppe G auf $\mathbb{P}\mathcal{H}$ kann somit auf $\mathbb{P}\mathcal{D}$ definiert werden. Nach Beispiel 11.4.8 ist diese Impulsabbildung von der Wirkung von G auf $\mathcal{H}$ induziert und hat folglich die Form

$$J(\xi)([f]) = -\frac{i}{2}\frac{\langle f, a(\xi)f\rangle}{\|f\|^2} \quad \text{für } f \neq 0. \tag{12.94}$$

Obwohl (12.94) und (11.50) äußerlich sehr ähnlich aussehen, haben die zugehörigen Impulsabbildungen dennoch sehr unterschiedliche Eigenschaften, da sich die infinitesimalen Erzeuger $a(\xi)$ anders als die $A(\xi)$ verhalten: $A(\xi)$ ist in (11.50) durch ξ eindeutig bestimmt, hier jedoch ist $a(\xi)$ durch die projektive Darstellung nur bis auf ein lineares Funktional auf $\mathfrak{g}$ gegeben. Noch entscheidender ist, daß die Äquivarianzbeziehung (12.41) für die unitäre Darstellung erfüllt ist, für die projektive Darstellung hingegen nicht. Um dies zu sehen, zeigen wir, daß

$$a(\mathrm{Ad}_g\xi) = U_m(g)a(\xi)U_m(g)^{-1} + 2i\Gamma_\xi(g^{-1})1_{\mathcal{H}} \tag{12.95}$$

gilt, wobei $1_{\mathcal{H}}$ die Identität auf $\mathcal{H}$ und $\Gamma_\xi(g^{-1}) \in \mathbb{R}$ eine weiter unten explizit berechnete Zahl ist. Beachte dafür, daß mit (12.93) und (12.89)

$$\begin{aligned}
e^{ta(\mathrm{Ad}_g\xi)} &= U_m(\exp t\mathrm{Ad}_g\xi) = U_m(g(\exp t\xi)g^{-1})\\
&= U_m(g)U_m(\exp t\xi)U_m(g)^{-1}\exp(im\gamma(g,t\xi)) \tag{12.96}
\end{aligned}$$

folgt, wobei

$$\gamma(g,t\xi) = \sigma(g,(\exp t\xi)g^{-1}) + \sigma(\exp t\xi, g^{-1}) - \sigma(g,g^{-1}) \tag{12.97}$$

ist. Beachte, daß $\gamma(g,0) = 0$ gilt. Leiten wir (12.96) nach t bei $t = 0$ ab und verwenden den Satz von Stone, erhalten wir (12.95) mit

$$\Gamma_\xi(g^{-1}) = \frac{m}{2}\frac{d}{dt}\gamma(g,t\xi)\Big|_{t=0}. \tag{12.98}$$

Mit der Notation in §9.3, (12.90) und (12.97) gilt also für

$$\xi = \{\boldsymbol{\omega}, \mathbf{u}, \boldsymbol{\alpha}, \theta\} \quad \text{und} \quad g = \{R, \mathbf{v}, \mathbf{a}, \tau\}$$

$$\Gamma_\xi(g^{-1}) = \frac{m}{2}\left(-\frac{1}{2}|\mathbf{v}|^2\theta + (R\boldsymbol{\omega})\cdot(\mathbf{a}\times\mathbf{v}) + \mathbf{a}\cdot R\mathbf{u} - \mathbf{v}\cdot R\boldsymbol{\alpha}\right), \tag{12.99}$$

woraus unter Verwendung von

$$g^{-1} = \begin{bmatrix} R^{-1} & -R^{-1}\mathbf{v} & R^{-1}(\tau\mathbf{v} - \mathbf{a}) \\ 0 & 1 & -\tau \\ 0 & 0 & 1 \end{bmatrix}$$

folgt, daß

$$\Gamma_\xi(g) = \frac{m}{2}\left(-\frac{1}{2}|\mathbf{v}|^2\theta + \boldsymbol{\omega}\cdot(\mathbf{a}\times\mathbf{v}) + (\tau\mathbf{v} - \mathbf{a})\cdot\mathbf{u} + \mathbf{v}\cdot\boldsymbol{\alpha}\right) \tag{12.100}$$

gilt.

Der durch die Impulsabbildung (12.94) definierte $\mathfrak{g}^*$-wertige Gruppen-1-Kozykel ist somit durch

$$J(\xi)(g \cdot [f]) - J(\mathrm{Ad}_{g^{-1}}\xi)([f]) = \Gamma_\xi(g)$$

gegeben, was im Einklang mit der Notation von Proposition 12.3.1 steht. Der reellwertige Liealgebren-2-Kozykel ist dann

$$\Sigma(\xi,\eta) = T_e\Gamma_\eta(\xi) = \frac{d}{dt}\Big|_{t=0} \Gamma_\eta(c(t))$$
$$= \frac{m}{2}(\mathbf{u} \cdot \boldsymbol{\alpha}' - \mathbf{u}' \cdot \boldsymbol{\alpha}) \tag{12.101}$$

(siehe (12.53)), wobei $\xi = \{\boldsymbol{\omega}, \mathbf{u}, \boldsymbol{\alpha}, \theta\}$, $\eta = \{\boldsymbol{\omega}', \mathbf{u}', \boldsymbol{\alpha}', \theta'\}$ und $c(t) = \{e^{t\hat{\omega}}, t\mathbf{u}, t\boldsymbol{\alpha}, t\theta\}$ ist. Dieser Kozykel auf der Liealgebra ist nicht trivial, seine Kohomologieklasse verschwindet also nicht (vgl. Übung 12.4.6). Also liefert die Masse eines Teilchens ein Maß dafür, wieviel die Impulsabbildung in $H^2(\mathfrak{g}, \mathbb{R})$ von der Äquivarianz trennt (bzw. die projektive Darstellung von der unitären).

Übungen

Übung 12.4.1. Prüfe direkt nach, daß der Drehimpuls eine Poissonabbildung ist.

Übung 12.4.2. Was sagt der Satz über die kollektive Hamiltonfunktion für den Drehimpuls aus? Ist diese Aussage auch ohne ihn ersichtlich?

Übung 12.4.3. Sei $z(t)$ eine Integralkurve von $X_{F \circ \mathbf{J}}$. Zeige, daß $\mu(t) = \mathbf{J}(z(t))$ die Gleichung $\dot\mu = \mathrm{ad}^*_{\delta F/\delta\mu}\mu$ erfüllt.

Übung 12.4.4. Betrachte einen Rotationsellipsoid im $\mathbb{R}^3$ und eine Geodäte, die mit einem Winkel α zum „Äquator" auf diesem startet. Finde mit Hilfe des Satzes von Clairaut eine obere Schranke dafür, wie hoch die Geodäte auf der Ellipse steigen kann.

Übung 12.4.5. Betrachte die in Übung 11.4.3 beschriebene Wirkung von SE(2) auf den $\mathbb{R}^2$. Da diese Wirkung nicht als ein Lift definiert war, kann Satz 12.1.1 nicht angewandt werden. In Übung 11.5.2 wurde auch gezeigt, daß diese Impulsabbildung nicht äquivariant ist. Berechne den durch diese Impulsabbildung definierten Gruppen- und Liealgebren-Kozykel. Finde die zentrale Erweiterung der Liealgebra, durch die die Impulsabbildung äquivariant wird.

Übung 12.4.6. Zeige unter Verwendung von Übung 12.4.1, daß für die Galileialgebra jeder 2-Korand von der Form

$$\lambda(\xi,\xi') = \mathbf{x} \cdot (\boldsymbol{\omega} \times \boldsymbol{\omega}') + \mathbf{y} \cdot (\boldsymbol{\omega} \times \mathbf{u}' - \boldsymbol{\omega}' \times \mathbf{u}) + \mathbf{z} \cdot (\boldsymbol{\omega} \times \boldsymbol{\alpha}' - \boldsymbol{\omega}' \times \boldsymbol{\alpha} + u\theta' - u'\theta)$$

für ein $\mathbf{x}, \mathbf{y}, \mathbf{z} \in \mathbb{R}^3$ mit

$$\xi = \{\omega, \mathbf{u}, \alpha, \theta\} \quad \text{und} \quad \xi' = \{\omega', \mathbf{u}', \alpha', \theta'\}$$

ist. Schließe daraus, daß der Kozykel Σ in Beispiel (12.4.5) (siehe (12.101)) kein Korand ist. (Es kann gezeigt werden, daß $H^2(\mathfrak{g}, \mathbb{R}) \cong \mathbb{R}$, also eindimensional ist, dies erfordert jedoch einigen algebraischen Aufwand (Guillemin und Sternberg [1977, 1984]).)

Übung 12.4.7. Leite die Formel für die Impulsabbildung in Übung 11.5.4 (v) aus (12.80) in Beispiel (12.4.1) her.

12.5 Poissonsche Automorphismen

In diesem kurzen Abschnitt tragen wir noch eine Reihe verschiedener Aussagen über Poissonsche Automorphismen, symplektische Blätter und Impulsabbildungen zusammen. Wir definieren für eine Poissonmannigfaltigkeit P die folgenden Unterliealgebren von $\mathfrak{X}(P)$:

- **Infinitesimale Poissonsche Automorphismen.** Sei $\mathcal{P}(P)$ die Menge der $X \in \mathfrak{X}(P)$ mit

$$X[\{F_1, F_2\}] = \{X[F_1], F_2\} + \{F_1, X[F_2]\}.$$

- **Infinitesimale, die symplektischen Blätter erhaltende Poissonsche Automorphismen.** Sei $\mathcal{PL}(P)$ die Menge der $X \in \mathcal{P}(P)$ mit $X(z) \in T_z S$, wobei S das symplektische Blatt durch $z \in P$ ist.
- **Lokal Hamiltonsche Vektorfelder.** Sei $\mathcal{LH}(P)$ die Menge der $X \in \mathfrak{X}(P)$, für die es zu jedem $z \in P$ eine offene Umgebung U von z und ein $F \in \mathcal{F}(U)$ mit $X|U = X_F|U$ gibt.
- **Hamiltonsche Vektorfelder.** Sei $\mathcal{H}(P)$ die Menge der Hamiltonschen Vektorfelder X_F mit $F \in \mathcal{F}(P)$.

Dann gelten die folgenden Aussagen (falls der Beweis nicht unmittelbar klar ist, werden Literaturhinweise gegeben):

(i) $\mathcal{H}(P) \subset \mathcal{LH}(P) \subset \mathcal{PL}(P) \subset \mathcal{P}(P)$.

(ii) Ist P symplektisch, so gilt $\mathcal{LH}(P) = \mathcal{PL}(P) = \mathcal{P}(P)$, ist $H^1(P) = 0$, so gilt $\mathcal{LH}(P) = \mathcal{H}(P)$.

(iii) Sei P die triviale Poissonmannigfaltigkeit, die Poissonklammer also durch $\{F, G\} = 0$ für alle $F, G \in \mathcal{F}(P)$ gegeben. Dann gilt $\mathcal{P}(P) \neq \mathcal{PL}(P)$.

(iv) Sei $P = \mathbb{R}^2$ mit der Klammer

$$\{F, G\}(x, y) = x \left(\frac{\partial F}{\partial x} \frac{\partial G}{\partial y} - \frac{\partial G}{\partial x} \frac{\partial F}{\partial y} \right).$$

Dies ist sogar eine Lie-Poisson-Klammer. Das Vektorfeld

$$X(x, y) = xy \frac{\partial}{\partial y}$$

liefert ein Beispiel für ein Element von $\mathcal{PL}(P)$, das nicht in $\mathcal{LH}(P)$ liegt.

(v) $\mathcal{H}(P)$ ist ein Ideal in jeder der drei Liealgebren, in denen es enthalten ist, denn für $Y \in \mathcal{P}(P)$ und $H \in \mathcal{F}(R)$ ist $[Y, X_H] = X_{Y[H]}$.

(vi) Ist P symplektisch, so folgt $[\mathcal{LH}(P), \mathcal{LH}(P)] \subset \mathcal{H}(P)$. (Die Hamilton-funktion für $[X, Y]$ ist $-\Omega(X, Y)$.) Dies gilt für allgemeine Poissonman-nigfaltigkeiten nicht. Für symplektisches P haben Calabi [1970] und Lichnerowicz [1973] gezeigt, daß $[\mathcal{LH}(P), \mathcal{LH}(P)] = \mathcal{H}(P)$ gilt.

(vii) Existiert für die Liealgebra $\mathfrak{g}$ eine Impulsabbildung auf P, so ist $\mathfrak{g}_P \subset \mathcal{H}(P)$.

(viii) Sei G eine zusammenhängende Liegruppe. Besitzt die Wirkung eine Im-pulsabbildung, so erhält diese die symplektischen Blätter von P. Den Beweis hierfür haben wir in §12.4 geführt.

12.6 Impulsabbildungen und Casimirfunktionen

In diesem Abschnitt kommen wir wieder auf die in Kap. 10 behandelten Casi-mirfunktionen zurück und stellen eine Verbindung zu den Impulsabbildungen her. Dies werden wir im Zusammenhang mit den Poissonmannigfaltigkeiten der Form P/G tun, die in §10.7 diskutiert wurden.

Ausgangspunkt sei eine Poissonmannigfaltigkeit P und eine freie und ei-gentliche Poissonsche Wirkung einer Liegruppe G auf P, die eine äquivariante Impulsabbildung $\mathbf{J} : P \to \mathfrak{g}^*$ besitzt. Wir suchen nach einem Zusammenhang von $\mathbf{J}$ mit einer Casimirfunktion $C : P/G \to \mathbb{R}$.

Proposition 12.6.1. *Sei $\Phi : \mathfrak{g}^* \to \mathbb{R}$ eine unter der koadjungierten Wirkung invariante Funktion. Dann gilt:*

(i) *Φ ist eine Casimirfunktion für die Lie-Poisson-Klammer.*

(ii) *$\Phi \circ \mathbf{J}$ ist G-invariant auf P und definiert somit eine Funktion $C : P/G \to \mathbb{R}$, für die $\Phi \circ \mathbf{J} = C \circ \pi$ gilt, vgl. Abb. 12.2.*

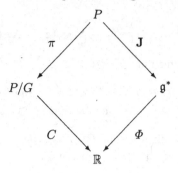

Abb. 12.2. Casimirfunktionen und Impulsabbildungen.

(iii) *Die Funktion C ist eine Casimirfunktion auf P/G.*

Beweis. Für den Beweis des ersten Teils schreiben wir die Bedingung der Ad*-Invarianz folgendermaßen um:

$$\Phi(\mathrm{Ad}^*_{g^{-1}}\mu) = \Phi(\mu). \tag{12.102}$$

Leiten wir diese Beziehung nach g in $g = e$ in Richtung von η ab, erhalten wir für alle $\eta \in \mathfrak{g}$ (vgl. (9.28))

$$0 = \left.\frac{d}{dt}\right|_{t=0} \Phi\left(\mathrm{Ad}^*_{\exp(-t\eta)}\mu\right) = -\mathbf{D}\Phi(\mu) \cdot \mathrm{ad}^*_\eta\mu. \tag{12.103}$$

Also gilt nach der Definition von $\delta\Phi/\delta\mu$ für alle $\eta \in \mathfrak{g}$

$$0 = \left\langle \mathrm{ad}^*_\eta\mu, \frac{\delta\Phi}{\delta\mu} \right\rangle = \left\langle \mu, \mathrm{ad}_\eta \frac{\delta\Phi}{\delta\mu} \right\rangle = -\langle \mathrm{ad}^*_{\delta\Phi/\delta\mu}\mu, \eta \rangle.$$

Anders ausgedrückt ist

$$\mathrm{ad}^*_{\delta\Phi/\delta\mu}\mu = 0,$$

nach Proposition 10.7.1 folgt $X_\Phi = 0$ und somit ist Φ eine Casimirfunktion.

Für den zweiten Teil beachte zunächst, daß aufgrund der *Äquivarianz* von $\mathbf{J}$ und der *Invarianz* von Φ

$$\Phi(\mathbf{J}(g \cdot z)) = \Phi(\mathrm{Ad}^*_{g^{-1}}\mathbf{J}(z)) = \Phi(\mathbf{J}(z))$$

gilt. Also ist $\Phi \circ \mathbf{J}$ G-invariant.

Für den dritten Teil schließlich verwenden wir den Satz über die kollektive Hamiltonfunktion 12.4.2 und folgern für $\mu = \mathbf{J}(z)$

$$X_{\Phi\circ\mathbf{J}}(z) = \left(\frac{\delta\Phi}{\delta\mu}\right)_P(z).$$

Also gilt $T_z\pi \cdot X_{\Phi\circ\mathbf{J}}(z) = 0$, da infinitesimale Erzeuger tangential zu den Orbits liegen und daher unter π auf Null projiziert werden. π ist aber eine Poissonabbildung und es folgt

$$0 = T_z\pi \cdot X_{\Phi\circ\mathbf{J}}(z) = T_z\pi \cdot X_{C\circ\pi}(z) = X_C(\pi(z)).$$

Also ist C eine Casimirfunktion auf P/G.   ∎

Korollar 12.6.1. *Ist G abelsch und $\Phi : \mathfrak{g}^* \to \mathbb{R}$ eine beliebige glatte Funktion, so definiert $\Phi \circ \mathbf{J} = C \circ \pi$ eine Casimirfunktion C auf P/G.*

Dies folgt daraus, daß für abelsche Gruppen die Ad^*-Wirkung trivial ist und somit jede Funktion auf $\mathfrak{g}^*$ Ad^*-invariant ist.

Übungen

Übung 12.6.1. Zeige, daß $\Phi(\boldsymbol{\Pi}) = \|\boldsymbol{\Pi}\|^2$ eine invariante Funktion auf $\mathfrak{so}(3)^*$ ist.

Übung 12.6.2. Finde unter Verwendung von Korollar 12.6.1 die Casimirfunktionen für die Klammer (10.36).

Übung 12.6.3. Zeige, daß eine linksinvariante Hamiltonfunktion $H : T^*G \to \mathbb{R}$ bezüglich der Impulsabbildung für eine *Rechts*wirkung kollektiv ist, dies jedoch für die Impulsabbildung eine *Links*wirkung nicht der Fall sein muß.

13. Lie-Poisson- und Euler-Poincaré-Reduktion

Neben der Poissonstruktur auf einer symplektischen Mannigfaltigkeit ist die Lie-Poisson-Klammer auf dem Dualraum $\mathfrak{g}^*$ einer Liealgebra das vielleicht wichtigste Beispiel einer Poissonstruktur. Sie wird folgendermaßen konstruiert. Sind zwei glatte Funktionen $F, H \in \mathcal{F}(\mathfrak{g}^*)$ gegeben, definieren wir zunächst ihre Fortsetzungen F_L, H_L (bzw. F_R, H_R) durch Links- (bzw. Rechts-)translation auf ganz T^*G. Dann bildet man die Klammer $\{F_L, H_L\}$ (bzw. $\{F_R, H_R\}$) in der kanonischen symplektischen Struktur Ω auf T^*G und schränkt abschließend das Ergebnis wieder auf $\mathfrak{g}^*$ (als Kotangentialraum an das neutrale Element aufgefaßt) ein. Wir werden zeigen, daß die so definierte Klammer $\{F, H\}$ tatsächlich die Lie-Poisson-Klammer ist. Den hier vollzogenen Prozeß nennt man *Lie-Poisson-Reduktion*. In §14.6 zeigen wir, daß die symplektischen Blätter dieser Klammer gerade die koadjungierten Orbits in $\mathfrak{g}^*$ sind.

Wir werden auch einen anderen Zugang behandeln, in dem nicht Poissonklammern, sondern Variationsprinzipien die Objekte der Reduktion sind, die sich dann auf $\mathfrak{g}$ statt auf $\mathfrak{g}^*$ abspielt. Der Übergang von einem Variationsprinzip auf TG zu einem auf $\mathfrak{g}$ wird als *Euler-Poincaré-Reduktion* bezeichnet.

13.1 Der Satz zur Lie-Poisson-Reduktion

Wir wollen als erstes den Zusammenhang zwischen der kanonischen Poissonklammer auf T^*G und der Lie-Poisson-Klammer auf $\mathfrak{g}^*$ untersuchen.

Satz 13.1.1 (zur Lie-Poisson-Reduktion). *Indem wir die Menge der Funktionen auf $\mathfrak{g}^*$ mit der Menge der links- (bzw. rechts-)invarianten Funktionen auf T^*G identifizieren, definieren wir auf $\mathfrak{g}^*$ die Poissonstrukturen*

$$\{F, H\}_\pm(\mu) = \pm \left\langle \mu, \left[\frac{\delta F}{\delta \mu}, \frac{\delta H}{\delta \mu}\right]\right\rangle. \tag{13.1}$$

Wir bezeichnen den Raum $\mathfrak{g}^*$ mit dieser Poissonstruktur mit $\mathfrak{g}^*_-$ (bzw. $\mathfrak{g}^*_+$). Ist die Wahl zwischen Links- oder Rechtsinvarianz aus dem Zusammenhang klar, lassen wir den Index $+$ bzw. $-$ an $\{F, H\}_-$ und $\{F, H\}_+$ aus.

In der von Marsden und Weinstein [1983] eingeführten Bezeichnung nennt man diese Klammer auf $\mathfrak{g}^*$ die **Lie-Poisson-Klammer**. Sie ist schon in Lie [1890, S. 204] explizit angegeben. Siehe Weinstein [1983a] und §13.7 unten für weitere historische Informationen. Es gibt sogar bei Jacobi [1866, S. 7] erste Hinweise auf diese Struktur. Sie wurde später vielfach wiederentdeckt, findet sich z.B. explizit in Berezin [1967] und steht in engem Zusammenhang mit den Ergebnissen von Arnold, Kirillov, Kostant und Souriau in den sechziger Jahren des letzten Jahrhunderts.

Die Aussage des Satzes.   Bevor wir den Satz beweisen, wollen wir einige in seiner Aussage verwendete Begriffe erklären. Zunächst wollen wir noch einmal aus Kap. 9 wiederholen, wie die Liealgebra einer Liegruppe G gebildet wurde. Wir definieren $\mathfrak{g} = T_eG$, den Tangentialraum im neutralen Element. Zu $\xi \in \mathfrak{g}$ definieren wir ein linksinvariantes Vektorfeld $\xi_L = X_\xi$ auf G durch

$$\xi_L(g) = T_eL_g \cdot \xi, \tag{13.2}$$

wobei $L_g : G \to G$ die Linkstranslation mit $g \in G$ bezeichnet, die durch $L_gh = gh$ definiert ist. Zu $\xi, \eta \in \mathfrak{g}$ definieren wir weiter

$$[\xi, \eta] = [\xi_L, \eta_L](e), \tag{13.3}$$

wobei die Klammer auf der rechten Seite die Jacobi-Lieklammer für Vektorfelder ist. Durch die Klammer (13.3) wird $\mathfrak{g}$ eine Liealgebra, d.h., [,] ist bilinear, antisymmetrisch und erfüllt die Jacobiidentität. Ist G z.B. eine Untergruppe von $GL(n)$, der Gruppe der invertierbaren $(n \times n)$-Matrizen, identifizieren wir $\mathfrak{g} = T_eG$ mit einem Vektorraum von Matrizen und wie in Kap. 9 berechnet ist

$$[\xi, \eta] = \xi\eta - \eta\xi \tag{13.4}$$

der gewöhnliche Kommutator zweier Matrizen.

Eine Funktion $F_L : T^*G \to \mathbb{R}$ heißt **linksinvariant**, wenn für alle $g \in G$

$$F_L \circ T^*L_g = F_L \tag{13.5}$$

gilt, wobei T^*L_g den Kotangentiallift von L_g bezeichnet, T^*L_g also der punktweise gebildete zu TL_g adjungierte Operator ist. Den Raum aller glatten linksinvarianten Funktionen auf T^*G bezeichnen wir mit $\mathcal{F}_L(T^*G)$. Analog definiert man **rechtsinvariante** Funktionen auf T^*G und den Raum $\mathcal{F}_R(T^*G)$. Zu $F : \mathfrak{g}^* \to \mathbb{R}$ und $\alpha_g \in T^*G$ sei

$$F_L(\alpha_g) = F(T_e^*L_g \cdot \alpha_g) = (F \circ \mathbf{J}_R)(\alpha_g), \tag{13.6}$$

wobei $\mathbf{J}_R : T^*G \to \mathfrak{g}^*$, $\mathbf{J}_R(\alpha_g) = T_e^*L_g \cdot \alpha_g$ die Impulsabbildung des Lifts der Rechtstranslation auf G ist (siehe (12.29). Die Funktion $F_L = F \circ \mathbf{J}_R$ heißt **linksinvariante Fortsetzung** von F von $\mathfrak{g}^*$ auf T^*G. Analog definiert man die **rechtsinvariante Fortsetzung** durch

$$F_R(\alpha_g) = F(T_e^* R_g \cdot \alpha_g) = (F \circ \mathbf{J}_L)(\alpha_g), \tag{13.7}$$

wobei $\mathbf{J}_L : T^*G \to \mathfrak{g}^*$, $\mathbf{J}_L(\alpha_g) = T_e^* R_g \cdot \alpha_g$ die Impulsabbildung des Lifts der Linkstranslation auf G ist (siehe (12.28)).

Die Komposition mit $\mathbf{J}_R$ (bzw. $\mathbf{J}_L$) von rechts definiert somit einen Isomorphismus $\mathcal{F}(\mathfrak{g}^*) \to \mathcal{F}_L(T^*G)$ (bzw. $\mathcal{F}(\mathfrak{g}^*) \to \mathcal{F}_R(T^*G)$), dessen Umkehrung die Einschränkung auf die Faser $T_e^* G = \mathfrak{g}^*$ ist.

Da T^*L_g und T^*R_g symplektische Abbildungen auf T^*G sind, sind $\mathcal{F}_L(T^*G)$ und $\mathcal{F}_R(T^*G)$ abgeschlossen unter der kanonischen Poissonklammer auf T^*G. Eine mögliche Formulierung der Aussage des Satzes zur Lie-Poisson-Reduktion ist daher die, daß die obigen Isomorphismen von $\mathcal{F}(\mathfrak{g}^*)$ mit $\mathcal{F}_L(T^*G)$ bzw. $\mathcal{F}_R(T^*G)$ auch Isomorphismen von *Liealgebren* sind, also

$$\{F, H\}_- = \{F_L, H_L\}|\mathfrak{g}^* \tag{13.8}$$

und

$$\{F, H\}_+ = \{F_R, H_R\}|\mathfrak{g}^* \tag{13.9}$$

gilt, wobei $\{\,,\}_\pm$ die Lie-Poisson-Klammer auf $\mathfrak{g}^*$ und $\{\,,\}$ die kanonische Klammer auf T^*G ist. Eine andere Möglichkeit werden wir in §13.3 behandeln.

Beweis (des Satzes zur Lie-Poisson-Reduktion). Die Abbildung

$$\mathbf{J}_R : T^*G \to \mathfrak{g}^*_-$$

ist nach Satz 12.4.1 eine Poissonabbildung, es gilt also

$$\{F, H\}_- \circ \mathbf{J}_R = \{F \circ \mathbf{J}_R, H \circ \mathbf{J}_R\} = \{F_L, H_L\}.$$

Schränken wir diese Gleichung auf $\mathfrak{g}^*$ ein, so erhalten wir (13.8). Auf ähnliche Weise zeigt man (13.9), wobei man verwendet, daß die Abbildung $\mathbf{J}_L : T^*G \to \mathfrak{g}^*_+$ Poissonsch ist. ∎

Dieser Beweis setzt voraus, daß wir die Formel für die Lie-Poisson-Klammer bereits kannten. In §13.3 werden wir einen zweiten Beweis liefern, der Impulsfunktionen und die Faktorisierung nach G verwendet (siehe §10.7). In diesem wird dann auch die Formel für die Lie-Poisson-Klammer als Teil des Beweises mit hergeleitet. In den nächsten zwei Abschnitten führen wir weitere konstruktive Beweise dieses Satzes für einige Spezialfälle, um ihn so besser zu verstehen.

Übungen

Übung 13.1.1. Definiere zu $\mathbf{u}, \mathbf{v} \in \mathbb{R}^3$ die Funktion $F^\mathbf{u} : \mathfrak{so}(3)^* \cong \mathbb{R}^3 \to \mathbb{R}$ durch $F_\mathbf{u}(\mathbf{x}) = \langle \mathbf{x}, \mathbf{u} \rangle$ und analog die Funktion $F^\mathbf{v}$. Sei $F_L^\mathbf{u} : T^*\mathrm{SO}(3) \to \mathbb{R}$ die linksinvariante Fortsetzung von $F^\mathbf{u}$, analog $F_L^\mathbf{v}$. Berechne die Poissonklammer $\{F_L^\mathbf{u}, F_L^\mathbf{v}\}$.

13.2 Der Beweis des Satzes zur Lie-Poisson-Reduktion für GL(n)

Wir beweisen den Satz zur Lie-Poisson-Reduktion nun für den Spezialfall der Liegruppe $G = \mathrm{GL}(n)$ der reellen invertierbaren ($n \times n$)-Matrizen. Dies stellt zwar eine rein pädagogische Übung dar, da wir den Satz ja schon allgemein bewiesen haben, der Verlauf des Beweises für Spezialfälle kann jedoch neue Einsichten in die Struktur des Satzes liefern. In den Internetergänzungen beweisen wir den Satz auch noch für den Fall der Gruppe der volumenerhaltenden Diffeomorphismen und für die Gruppe der symplektischen Diffeomorphismen.

Die Linkstranslation mit $U \in G$ ist durch die Matrizenmultiplikation gegeben: $L_U A = U A$. Identifizieren wir den Tangentialraum an G im Punkt A mit dem Vektorraum aller ($n \times n$)-Matrizen, so gilt für $B \in T_A G$ ebenfalls

$$T_A L_U \cdot B = UB,$$

da $L_U A$ linear in A ist. Der Kotangentialraum kann über die Paarung

$$\langle \pi, B \rangle = \mathrm{Sp}\left(\pi^T B\right) \tag{13.10}$$

mit dem Tangentialraum identifiziert werden. π^T ist hierbei die Transponierte von π. Der Kotangentiallift von L_U ist somit durch

$$\langle T^* L_U \pi, B \rangle = \langle \pi, T L_U \cdot B \rangle = \mathrm{Sp}\left(\pi^T U B\right)$$

gegeben, es gilt also

$$T^* L_U \pi = U^T \pi. \tag{13.11}$$

Zu zwei gegebenen Funktionen $F, G : \mathfrak{g}^* \to \mathbb{R}$ seien

$$F_L(A, \pi) = F(A^T \pi) \quad \text{und} \quad G_L(A, \pi) = G(A^T \pi) \tag{13.12}$$

ihre linksinvarianten Fortsetzungen. Nach der Kettenregel gilt mit $\mu = A^T \pi$

$$\mathbf{D}_A F_L(A, \pi) \cdot \delta A = \mathbf{D} F(A^T \pi) \cdot (\delta A)^T \pi = \left\langle (\delta A)^T \pi, \frac{\delta F}{\delta \mu} \right\rangle$$

$$= \mathrm{Sp}\left(\pi^T \delta A \frac{\delta F}{\delta \mu}\right). \tag{13.13}$$

Die kanonische Klammer ist demzufolge

$$\{F_L, G_L\} = \left\langle \frac{\delta F_L}{\delta A}, \frac{\delta G_L}{\delta \pi} \right\rangle - \left\langle \frac{\delta G_L}{\delta A}, \frac{\delta F_L}{\delta \pi} \right\rangle$$

$$= \mathbf{D}_A F_L(A, \pi) \cdot \frac{\delta G_L}{\delta \pi} - \mathbf{D}_A G_L(A, \pi) \cdot \frac{\delta F_L}{\delta \pi}. \tag{13.14}$$

Im neutralen Element $A = \mathrm{Id}$ ist $\delta F_L / \delta \pi = \delta F / \delta \mu$ mit $\pi = \mu$. Also wird die Poissonklammer (13.14) mit (13.13) zu der ($-$)-Lie-Poisson-Klammer:

$$\{F_L, G_L\}(\mu) = \mathrm{Sp}\left(\mu^T \frac{\delta G}{\delta \mu}\frac{\delta F}{\delta \mu} - \mu^T \frac{\delta F}{\delta \mu}\frac{\delta G}{\delta \mu}\right)$$

$$= -\left\langle \mu, \frac{\delta F}{\delta \mu}\frac{\delta G}{\delta \mu} - \frac{\delta G}{\delta \mu}\frac{\delta F}{\delta \mu}\right\rangle$$

$$= -\left\langle \mu, \left[\frac{\delta F}{\delta \mu}, \frac{\delta G}{\delta \mu}\right]\right\rangle. \tag{13.15}$$

Diese Herleitung kann auch auf den Fall anderer Matrixgruppen übertragen werden, z.B. der Drehgruppe SO(3). In diesem Fall muß man jedoch sehr genau auf die richtige Behandlung der Orthogonalitätsbedingung achten.

Übungen

Übung 13.2.1. F_L und G_L seien von der Form (13.12), so daß man F_L und G_L auf $T^*\mathrm{SO}(3)$ einschränken kann. Ist die Klammer dieser Einschränkungen durch die Einschränkung von (13.14) gegeben?

13.3 Lie-Poisson-Reduktion über Impulsfunktionen

T^*G/G ist diffeomorph zu $\mathfrak{g}^*$.   In diesem Abschnitt führen wir einen *konstruktiven* Beweis des Satzes zur Lie-Poisson-Reduktion unter Verwendung von Impulsfunktionen. Zunächst zeigen wir, daß T^*G/G diffeomorph zu $\mathfrak{g}^*$ ist. Beachte dafür, daß die durch

$$\lambda : \alpha_g \in T_g^*G \mapsto (g, T_e^*L_g(\alpha_g)) = (g, \mathbf{J}_R(\alpha_g)) \in G \times \mathfrak{g}^*$$

gegebene Trivialisierung von T^*G durch Linkstranslationen den üblichen Kotangentiallift der Linkstranslationen auf G in die für $g, h \in G$ und $\mu \in \mathfrak{g}^*$ durch

$$g \cdot (h, \mu) = (gh, \mu) \tag{13.16}$$

gegebene Wirkung von G auf $G \times \mathfrak{g}^*$ transformiert. Also ist T^*G/G diffeomorph zu $(G \times \mathfrak{g}^*)/G$, was wiederum gleich $\mathfrak{g}^*$ ist, da G nicht auf $\mathfrak{g}^*$ wirkt (siehe (13.16)). Also können wir $\mathbf{J}_R : T^*G \to \mathfrak{g}^*$ als die kanonische Projektion $T^*G \to T^*G/G$ auffassen, und als eine Folgerung aus dem Satz zur Poissonreduktion (siehe Kap. 10) ist auf $\mathfrak{g}^*$ eine Poissonklammer gegeben, die wir vorübergehend mit $\{\,,\,\}_-$ bezeichnen wollen und die eindeutig durch die Beziehung

$$\{F, H\}_- \circ \mathbf{J}_R = \{F \circ \mathbf{J}_R, H \circ \mathbf{J}_R\} \tag{13.17}$$

für Funktionen $F, H \in \mathcal{F}(\mathfrak{g}^*)$ definiert ist. Ziel dieses Abschnitts ist eine explizite Berechnung der Klammer $\{\,,\,\}_-$, aus der dann folgen wird, daß es sich um die $(-)$-Lie-Poisson-Klammer handelt.

Bevor wir mit dem Beweis beginnen, wollen wir noch darauf hinweisen, daß die Poissonklammer $\{F, H\}_-$ für $F, H \in \mathcal{F}(\mathfrak{g}^*)$ nur von den Differentialen von F und H in jedem Punkt für sich abhängt. Also können wir für die Bestimmung der Klammer $\{\,,\,\}_-$ auf $\mathfrak{g}^*$ oBdA annehmen, daß F und H lineare Funktionen auf $\mathfrak{g}^*$ sind.

Beweis (des Satzes zur Lie-Poisson-Reduktion). Der Raum $\mathcal{F}_L(T^*G)$ der linksinvarianten Funktionen auf T^*G ist (als Vektorraum) isomorph zu $\mathcal{F}(\mathfrak{g}^*)$, dem Raum aller Funktionen auf dem Dualraum $\mathfrak{g}^*$ der Liealgebra $\mathfrak{g}$ von G. Ein Isomorphismus ist explizit durch $F \in \mathcal{F}(\mathfrak{g}^*) \leftrightarrow F_L \in \mathcal{F}_L(T^*G)$ mit

$$F_L(\alpha_g) = F(T_e^* L_g \cdot \alpha_g) \tag{13.18}$$

gegeben. Da $\mathcal{F}_L(T^*G)$ abgeschlossen unter der Klammerbildung ist (was daraus folgt, daß $T^* L_g$ eine symplektische Abbildung ist), ist $\mathcal{F}(\mathfrak{g}^*)$ mit einer eindeutigen Poissonstruktur ausgestattet. Wie wir kurz zuvor angemerkt haben, können wir F durch seine Linearisierung in einem gegebenen Punkt ersetzen, ohne die Klammer zu ändern. Dies bedeutet, daß es genügt, den Satz zur Lie-Poisson-Reduktion für lineare Funktionen auf $\mathfrak{g}^*$ zu beweisen. Ist F linear, können wir $F(\mu) = \langle \mu, \delta F/\delta \mu \rangle$ schreiben, wobei $\delta F/\delta \mu$ auf $\mathfrak{g}$ konstant ist. Mit $\mu = T_e^* L_g \cdot \alpha_g$ erhalten wir also

$$F_L(\alpha_g) = F(T_e^* L_g \cdot \alpha_g) = \left\langle T_e^* L_g \cdot \alpha_g, \frac{\delta F}{\delta \mu} \right\rangle$$

$$= \left\langle \alpha_g, T_e L_g \cdot \frac{\delta F}{\delta \mu} \right\rangle = \mathcal{P}\left(\left(\frac{\delta F}{\delta \mu} \right)_L \right)(\alpha_g), \tag{13.19}$$

wobei $\xi_L(g) = T_e L_g(\xi)$ dasjenige linksinvariante Vektorfeld auf G ist, dessen Wert im neutralen Element $\xi \in \mathfrak{g}$ ist. Also folgt aus (12.3), (13.19) und der Definition der Lieklammer wie gefordert

$$\{F_L, H_L\}(\mu) = \left\{ \mathcal{P}\left(\left(\frac{\delta F}{\delta \mu} \right)_L \right), \mathcal{P}\left(\left(\frac{\delta H}{\delta \mu} \right)_L \right) \right\}(\mu)$$

$$= -\mathcal{P}\left(\left[\left(\frac{\delta F}{\delta \mu} \right)_L, \left(\frac{\delta H}{\delta \mu} \right)_L \right] \right)(\mu)$$

$$= -\mathcal{P}\left(\left[\frac{\delta F}{\delta \mu}, \frac{\delta H}{\delta \mu} \right]_L \right)(\mu)$$

$$= -\left\langle \mu, \left[\frac{\delta F}{\delta \mu}, \frac{\delta H}{\delta \mu} \right] \right\rangle. \tag{13.20}$$

Wegen

$$F \circ \mathbf{J}_R = F_L \quad \text{und} \quad H \circ \mathbf{J}_R = H_L$$

ergibt sich mit den Beziehungen (13.17) und (13.20)

$$\{F, H\}_-(\mu) = \{F_L, H_L\}(\mu) = -\left\langle \mu, \left[\frac{\delta F}{\delta \mu}, \frac{\delta H}{\delta \mu} \right] \right\rangle,$$

die Klammer $\{\,,\,\}_-$, die wir durch die Identifizierung von T^*G/G mit $\mathfrak{g}^*$ eingeführt haben, ist also die $(-)$-Lie-Poisson-Klammer.

Der Beweis für die $(+)$-Struktur folgt analog, wobei man die rechtsinvariante Fortsetzung von linearen Funktionen verwendet, da die Lieklammer zweier rechtsinvarianter Vektorfelder gleich dem Negativen der Lieklammer ihrer Erzeuger ist.   ∎

13.4 Reduktion und Rekonstruktion der Dynamik

Reduktion der Dynamik.   In den letzten Abschnitten haben wir uns auf die Reduktion der *Poissonstruktur* von T^*G nach $\mathfrak{g}^*$ konzentriert. Genauso stellt sich aber die Frage nach der Reduktion der *Dynamik* einer gegebenen Hamiltonfunktion, die im nächsten Satz behandelt wird und besonders in Beispielen wichtig ist.

Satz 13.4.1 (zur Lie-Poisson-Reduktion der Dynamik). *Sei G eine Liegruppe und $H : T^*G \to \mathbb{R}$ eine links- (bzw. rechts-)invariante Funktion. Dann erfüllt die Funktion $H^- := H|\mathfrak{g}^*$ (bzw. $H^+ := H|\mathfrak{g}^*$) auf $\mathfrak{g}^*$ die Gleichung $H = H^- \circ \mathbf{J}_R$, es gilt also*

$$H(\alpha_g) = H^-(\mathbf{J}_R(\alpha_g)) \qquad \text{für alle } \alpha_g \in T_g^*G, \qquad (13.21)$$

wobei $\mathbf{J}_R : T^*G \to \mathfrak{g}^*_-$ durch $\mathbf{J}_R(\alpha_g) = T^*L_g \cdot \alpha_g$ gegeben ist (bzw. $H = H^+ \circ \mathbf{J}_L$ und

$$H(\alpha_g) = H^+(\mathbf{J}_L(\alpha_g)) \qquad \text{für alle } \alpha_g \in T_g^*G, \qquad (13.22)$$

wobei $\mathbf{J}_L : T^*G \to \mathfrak{g}^*_+$ durch $\mathbf{J}_L(\alpha_g) = T^*R_g \cdot \alpha_g$ gegeben ist).
Der Fluß F_t von X_H auf T^*G und der Fluß F_t^- (bzw. F_t^+) von X_{H^-} (bzw. X_{H^+}) auf $\mathfrak{g}^*_-$ (bzw. $\mathfrak{g}^*_+$) erfüllen

$$\mathbf{J}_R(F_t(\alpha_g)) = F_t^-(\mathbf{J}_R(\alpha_g)), \qquad (13.23)$$
$$\mathbf{J}_L(F_t(\alpha_g)) = F_t^+(\mathbf{J}_L(\alpha_g)). \qquad (13.24)$$

Eine linksinvariante Hamiltonfunktion auf T^*G induziert also eine Lie-Poisson-Dynamik auf $\mathfrak{g}^*_-$, während eine rechtsinvariante eine Lie-Poisson Dynamik auf $\mathfrak{g}^*_+$ induziert. Dieser Satz folgt direkt aus dem Satz zur Lie-Poisson-Reduktion und der Tatsache, daß eine Poissonabbildung Hamiltonsche Systeme und ihre Integralkurven in Hamiltonsche Systeme überführt.

Links- und Rechtsreduktion.   Wir hatten oben gesehen, daß eine *Links*-reduktion durch eine *Rechts*impulsabbildung umgesetzt wird, daß also H und H^- und auch X_H und X_{H^-} miteinander $\mathbf{J}_R$-verwandt sind, wenn H linksinvariant ist. Wir können weitere Informationen erhalten, wenn wir ausnutzen, daß $\mathbf{J}_L$ eine Erhaltungsgröße ist.

Proposition 13.4.1. *Sei $H : T^*G \to \mathbb{R}$ linksinvariant und H^- wie oben die Einschränkung auf $\mathfrak{g}^*$. Sei $\alpha(t) \in T^*_{g(t)}G$ eine Integralkurve von X_H, $\mu(t) = \mathbf{J}_R(\alpha(t))$ und $\nu(t) = \mathbf{J}_L(\alpha(t))$, so daß ν zeitlich konstant ist. Dann gilt*

$$\nu = g(t) \cdot \mu(t) := \mathrm{Ad}^*_{g(t)^{-1}}\mu(t). \tag{13.25}$$

Beweis. Dies folgt aus $\nu = T^*_e R_{g(t)}\alpha(t)$, $\mu(t) = T^*_e L_{g(t)}\alpha(t)$, der Definition der koadjungierten Wirkung und dem Umstand, daß $\mathbf{J}_L$ eine Erhaltungsgröße ist. ∎

ν und $\mu(t)$ legen $g(t)$ durch (13.25) schon bis zu einem gewissen Grade fest. Für SO(3) folgt z.B., daß $g(t)$ den Vektor $\mu(t)$ in den festen Vektor ν rotiert.

Die Rekonstruktionsgleichung.   Differenzieren wir (13.25) nach t und verwenden die Formeln zur Differentiation von Kurven aus §9.3, erhalten wir

$$0 = g(t) \cdot \left\{ \xi(t) \cdot \mu(t) + \frac{d\mu}{dt} \right\}$$

mit $\xi(t) = g(t)^{-1}\dot{g}(t)$ und $\xi \cdot \mu = -\mathrm{ad}^*_\xi \mu$.
$\dot{\mu}(t)$ erfüllt aber die Lie-Poisson-Gleichungen

$$\frac{d\mu}{dt} = \mathrm{ad}^*_{\delta H^-/\delta\mu}\mu$$

und somit folgt

$$\xi(t) \cdot \mu(t) + \mathrm{ad}^*_{\delta H^-/\delta\mu}\mu(t) = 0,$$

also

$$\mathrm{ad}^*_{(-\xi(t)+\delta H^-/\delta\mu)}\mu(t) = 0.$$

Eine hinreichende Bedingung hierfür ist, daß $\xi(t) = \delta H^-/\delta\mu$, also die sogenannte *Rekonstruktionsgleichung*

$$g(t)^{-1}\dot{g}(t) = \frac{\delta H^-}{\delta\mu} \tag{13.26}$$

gilt. Daher ist anschaulich klar, daß wir $\alpha(t)$ aus $\mu(t)$ rekonstruieren können, indem wir zunächst (13.26) mit geeigneten Anfangsbedingungen lösen und dann

$$\alpha(t) = T^*_{g(t)}L_{g(t)^{-1}}\mu(t) \tag{13.27}$$

setzen. Dies liefert eine Umkehrung der Reduktion von T^*G nach $\mathfrak{g}^*$, wie in Abb. 13.1 dargestellt.

    Wir betrachten als nächstes den Vorgang der Rekonstruktion noch ein wenig genauer und von einem leicht anderen Blickwinkel aus.

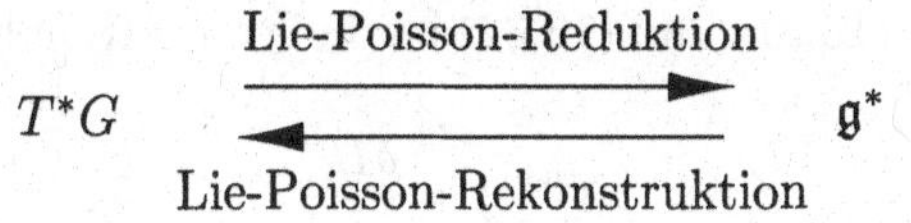

$$\text{Lie-Poisson-Reduktion}$$

$$T^*G \xrightarrow{\hspace{3cm}} \mathfrak{g}^*$$

$$\text{Lie-Poisson-Rekonstruktion}$$

Abb. 13.1. Lie-Poisson-Reduktion und -Rekonstruktion.

Linkstrivialisierung der Dynamik.   Die nächste Proposition beschreibt das Vektorfeld X_H in der Linkstrivialisierung von T^*G als $G \times \mathfrak{g}^*$. Sei $\lambda : T^*G \longrightarrow G \times \mathfrak{g}^*$ der durch

$$\lambda(\alpha_g) = (g, T_e^* L_g(\alpha_g)) = (g, \mathbf{J}_R(\alpha_g)) \tag{13.28}$$

definierte Diffeomorphismus. Man zeigt leicht, daß λ äquivariant bezüglich des Kotangentiallifts der Linkstranslationen auf G und der für $g, h \in G$ und $\mu \in \mathfrak{g}^*$ durch

$$g \cdot (h, \mu) = \Lambda_g(h, \mu) = (gh, \mu) \tag{13.29}$$

gegebenen Wirkung von G auf $G \times \mathfrak{g}^*$ ist. Sei $p_1 : G \times \mathfrak{g}^* \to G$ die Projektion auf den ersten Faktor. Beachte, daß $p_1 \circ \lambda = \pi$ gilt, wobei $\pi : T^*G \to G$ die kanonische Projektion des Kotangentialbündels ist.

Proposition 13.4.2. *Für $g \in G$ und $\mu \in \mathfrak{g}^*$ ist der Pushforward von X_H durch λ auf $G \times \mathfrak{g}^*$ das durch*

$$(\lambda_* X_H)(g, \mu) = \left(T_e L_g \frac{\delta H^-}{\delta \mu}, \mu, \operatorname{ad}_{\delta H^- / \delta \mu}^* \mu \right) \in T_g G \times T_\mu \mathfrak{g}^* \tag{13.30}$$

mit $H^- = H|\mathfrak{g}^*$ gegebene Vektorfeld.

Beweis. Wie wir bereits gezeigt haben, kann die Abbildung $\mathbf{J}_R : T^*G \longrightarrow \mathfrak{g}^*$ als die Standardprojektion auf den Quotientenraum $T^*G \longrightarrow T^*G/G$ für die Linkswirkung angesehen werden, so daß die zweite Komponente von $\lambda_* X_H$ die Lie-Poisson-Reduktion von X_H und somit gleich dem Hamiltonschen Vektorfeld X_{H^-} auf $\mathfrak{g}_-^*$ ist. Nach Proposition 10.7.1 können wir schließen, daß

$$(\lambda_* X_H)(g, \mu) = (X^\mu(g), \mu, \operatorname{ad}_{\delta H^- / \delta \mu}^* \mu) \tag{13.31}$$

gilt, wobei $X^\mu \in \mathfrak{X}(G)$ ein Vektorfeld auf G ist, das glatt von dem Parameter $\mu \in \mathfrak{g}^*$ abhängt.

Mit H ist auch X_H linksinvariant und aufgrund der Äquivarianz des Diffeomorphismus λ gilt noch $\Lambda_g^* \lambda_* X_H = \lambda_* X_H$ für jedes $g \in G$. Dies ist wiederum äquivalent zu

$$T_{gh} L_{g^{-1}} X^\mu(gh) = X^\mu(h)$$

für alle $g, h \in G$ und $\mu \in \mathfrak{g}^*$, also folgt

$$X^\mu(g) = T_e L_g X^\mu(e). \tag{13.32}$$

In Anbetracht von (13.31) und (13.32) ist die Proposition bewiesen, wenn wir zeigen, daß

$$X^\mu(e) = \frac{\delta H^-}{\delta \mu} \tag{13.33}$$

ist. Beachte dafür zunächst

$$\begin{aligned}
X^\mu(e) &= T_{(e,\mu)} p_1 (\lambda_* X_H(\mu)) = (T_{(e,\mu)} p_1 \circ T_\mu \lambda) X_H(\mu) \\
&= T_\mu(p_1 \circ \lambda) X_H(\mu) = T_\mu \pi(X_H(\mu)).
\end{aligned} \tag{13.34}$$

Für ein festes $\nu \in \mathfrak{g}^*$ definieren wir den Fluß

$$F_t^\nu(\alpha_g) = \alpha_g + t T_g^* L_{g^{-1}}(\nu), \tag{13.35}$$

der die Fasern von T^*G invariant läßt und somit ein durch

$$V_\nu(\alpha_g) = \frac{d}{dt}\bigg|_{t=0} (\alpha_g + t T_g^* L_{g^{-1}}(\nu)) \tag{13.36}$$

gegebenes vertikales Vektorfeld V_ν auf T^*G definiert (d.h. eines, für das $T\pi \circ V_\nu = 0$ ist). Die Bestimmungsgleichung $\mathbf{i}_{X_H} \Omega = \mathbf{d}H$ von X_H ergibt im Punkt μ in Richtung $V_\nu(\mu)$

$$\begin{aligned}
\Omega(\mu)(X_H(\mu), V_\nu(\mu)) &= \mathbf{d}H(\mu) \cdot V_\nu(\mu) \\
&= \frac{d}{dt}\bigg|_{t=0} H(\mu + t\nu) = \left\langle \nu, \frac{\delta H^-}{\delta \mu} \right\rangle,
\end{aligned} \tag{13.37}$$

so daß wir unter Verwendung von $\Omega = -\mathbf{d}\Theta$

$$-X_H[\Theta(V_\nu)](\mu) + V_\nu[\Theta(X_H)](\mu) + \Theta([X_H, V_\nu])(\mu) = \left\langle \nu, \frac{dH^-}{\delta \mu} \right\rangle \tag{13.38}$$

erhalten. Wir berechnen die Terme auf der linken Seite von (13.38) einzeln. Da V_ν vertikal ist, gilt $T\pi \circ V_\nu = 0$ und mit der definierenden Gleichung für die kanonische 1-Form $\Theta(V_\nu) = 0$, der erste Term verschwindet also. Für den zweiten erhalten wir mit der Definition von Θ und (13.34)

$$\begin{aligned}
V_\nu[\Theta(X_H)](\mu) &= \frac{d}{dt}\bigg|_{t=0} \Theta(X_H)(\mu + t\nu) \\
&= \frac{d}{dt}\bigg|_{t=0} \langle \mu + t\nu, T_{\mu+t\nu}\pi(X_H(\mu + t\nu)) \rangle \\
&= \frac{d}{dt}\bigg|_{t=0} \langle \mu + t\nu, X^{\mu+t\nu}(e) \rangle \\
&= \langle \nu, X^\mu(e) \rangle + \left\langle \mu, \frac{d}{dt}\bigg|_{t=0} X^{\mu+t\nu}(e) \right\rangle.
\end{aligned} \tag{13.39}$$

Zur Berechnung des dritten Terms benutzen wir erneut die Definition von Θ, vertauschen die Reihenfolge von $T_\mu\pi$ und d/dt, was wegen der Linearität von

$T_\mu\pi$ möglich ist, verwenden dann die Beziehung $\pi \circ F_t^\nu = \pi$ und (13.34) und erhalten

$$\begin{aligned}
\Theta([X_H, V_\nu])(\mu) &= \langle \mu, T_\mu\pi \cdot [X_H, V_\nu](\mu)\rangle \\
&= -\left\langle \mu, T_\mu\pi \cdot \frac{d}{dt}\Big|_{t=0} ((F_t^\nu)^* X_H)(\mu)\right\rangle \\
&= -\left\langle \mu, \frac{d}{dt}\Big|_{t=0} T_\mu\pi \cdot T_{\mu+t\nu}F_{-t}^\nu(X_H(\mu+t\nu))\right\rangle \\
&= -\left\langle \mu, \frac{d}{dt}\Big|_{t=0} T_{\mu+t\nu}(\pi \circ F_{-t}^\nu)(X_H(\mu+t\nu))\right\rangle \\
&= -\left\langle \mu, \frac{d}{dt}\Big|_{t=0} T_{\mu+t\nu}\pi \cdot X_H(\mu+t\nu)\right\rangle \\
&= -\left\langle \mu, \frac{d}{dt}\Big|_{t=0} X^{\mu+t\nu}(e)\right\rangle.
\end{aligned}$$ (13.40)

Die Addition von (13.39) und (13.40) liefert mit (13.38)

$$\langle \nu, X^\mu(e)\rangle = \left\langle \nu, \frac{\delta H^-}{\delta \mu}\right\rangle.$$

Es folgt (13.33) und die Proposition ist bewiesen.   ∎

Der Rekonstruktionssatz.   Der folgende Satz ist eine Konsequenz der eben bewiesenen Proposition.

Satz 13.4.2 (zur Lie-Poisson-Rekonstruktion der Dynamik). *Sei G eine Liegruppe und $H : T^*G \to \mathbb{R}$ eine linksinvariante Hamiltonfunktion. Sei $H^- = H|\mathfrak{g}^*$ und $\mu(t)$ die Integralkurve der Lie-Poisson-Gleichung*

$$\frac{d\mu}{dt} = \mathrm{ad}^*_{\delta H^-/\delta\mu}\mu$$ (13.41)

zu der Anfangsbedingung $\mu(0) = T_e^*L_{g_0}(\alpha_{g_0})$. Dann ist die Integralkurve $\alpha(t) \in T^*_{g(t)}G$ von X_H zur Anfangsbedingung $\alpha(0) = \alpha_{g_0}$ durch

$$\alpha(t) = T^*_{g(t)}L_{g(t)^{-1}}\mu(t)$$ (13.42)

gegeben, wobei $g(t)$ die Lösung der Gleichung $g^{-1}\dot{g} = \delta H^-/\delta\mu$ ist, also

$$\frac{dg(t)}{dt} = T_eL_{g(t)}\frac{\delta H^-}{\delta\mu(t)}$$ (13.43)

mit der Anfangsbedingung $g(0) = g_0$ gilt.

Beweis. Die Kurve $\alpha(t)$ ist genau dann die durch die Anfangsbedingung $\alpha(0) = \alpha_{g_0}$ eindeutig bestimmte Integralkurve von X_H, wenn

$$\lambda(\alpha(t)) = (g(t), T_e^* L_{g(t)} \alpha(t)) = (g(t), \mathbf{J}_R(\alpha(t)))$$
$$=: (g(t), \mu(t))$$

die Integralkurve von $\lambda_* X_H$ zu der Anfangsbedingung

$$\lambda(\alpha(0)) = (g_0, T_e^* L_{g_0}(\alpha_{g_0}))$$

ist, was wegen (13.30) äquivalent zu der Aussage des Satzes ist.   ■

Für rechtsinvariante Hamiltonfunktionen $H : T^*G \to \mathbb{R}$ ist $H^+ = H|\mathfrak{g}^*$. Die Lie-Poisson-Gleichung lautet

$$\frac{d\mu}{dt} = -\operatorname{ad}^*_{\delta H^+/\delta\mu}\mu, \tag{13.44}$$

die Rekonstruktionsgleichung

$$\alpha(t) = T^*_{g(t)} R_{g(t)^{-1}} \mu(t), \tag{13.45}$$

und die Gleichung für $g(t)$ ist $\dot{g}g^{-1} = \delta H^+/\delta\mu$ bzw.

$$\frac{dg(t)}{dt} = T_e R_{g(t)} \frac{\delta H^+}{\delta\mu(t)} \tag{13.46}$$

mit unveränderten Anfangsbedingungen.

Lie-Poisson-Rekonstruktion und Lagrangefunktionen.   Oftmals ist eine Hamiltonfunktion H auf T^*G aus einer Lagrangefunktion $L : TG \to \mathbb{R}$ durch eine Legendretransformation $\mathbb{F}L$ erhalten worden. Viele der Konstruktionen und Beweise sind in solchen Fällen im Lagrangeschen Formalismus einfacher. Sei z.B. L linksinvariant (bzw. rechtsinvariant), es gelte also für alle $g \in G$ und $v \in T_h G$

$$L(TL_g \cdot v) = L(v) \tag{13.47}$$

bzw.

$$L(TR_g \cdot v) = L(v). \tag{13.48}$$

Differenzieren wir (13.47) und (13.48), so erhalten wir

$$\mathbb{F}L(TL_g \cdot v) \cdot (TL_g \cdot w) = \mathbb{F}L(v) \cdot w \tag{13.49}$$

bzw.

$$\mathbb{F}L(TR_g \cdot v) \cdot (TR_g \cdot w) = \mathbb{F}L(v) \cdot w \tag{13.50}$$

für alle $v, w \in T_h G$ und $g \in G$. Es gilt also

$$T^*L_g \circ \mathbb{F}L \circ TL_g = \mathbb{F}L \tag{13.51}$$

bzw.

$$T^*R_g \circ \mathbb{F}L \circ TR_g = \mathbb{F}L. \tag{13.52}$$

Beachte, daß die Wirkung von L ebenfalls links- (bzw. rechts-)invariant ist, also

$$A(TL_g \cdot v) = A(v) \tag{13.53}$$

bzw.

$$A(TR_g \cdot v) = A(v) \tag{13.54}$$

gilt, denn (13.49) zufolge ist

$$A(TL_g \cdot v) = \mathbb{F}L(TL_g \cdot v) \cdot (TL_g \cdot v). = \mathbb{F}L(v) \cdot v = A(v).$$

Damit ist aber die Energie $E = A - L$ auf TG links- (bzw. rechts-)invariant. Ist L hyperregulär, so ist $\mathbb{F}L : TG \to T^*G$ ein Diffeomorphismus und $H = E \circ (\mathbb{F}L)^{-1}$ ist auf T^*G links- (bzw. rechts-)invariant.

Satz 13.4.3 (zur Lie-Poisson-Rekonstruktion, zweite Form). *Sei L : $TG \to \mathbb{R}$ eine hyperreguläre Lagrangefunktion, die auf TG links- (bzw. rechts-)invariant ist. Sei $H : T^*G \to \mathbb{R}$ die zugehörige Hamiltonfunktion und H^- : $\mathfrak{g}^*_- \to \mathbb{R}$ (bzw. $H^+ : \mathfrak{g}^*_+ \to \mathbb{R}$) die induzierte Hamiltonfunktion auf $\mathfrak{g}^*$. Sei $\mu(t) \in \mathfrak{g}^*$ eine Integralkurve zu H^- (bzw. H^+) mit der Anfangsbedingung $\mu(0) = T^*_e L_{g_0} \cdot \alpha_{g_0}$ (bzw. $\mu(0) = T^*_e R_{g_0} \cdot \alpha_{g_0}$) und sei $\xi(t) = \mathbb{F}L^{-1}\mu(t) \in \mathfrak{g}$. Setze*

$$v_0 = T_e L_{g_0} \cdot \xi(0) \in T_{g_0}G.$$

Dann ist die Integralkurve des Lagrangeschen Vektorfeldes zu L mit der Anfangsbedingung (g_0, v_0) durch

$$V_L(t) = T_e L_{g(t)} \cdot \xi(t) \tag{13.55}$$

bzw.

$$V_R(t) = T_e R_g(t) \cdot \xi(t) \tag{13.56}$$

gegeben, wobei $g(t)$ die Gleichung $g^{-1}\dot{g} = \xi$ erfüllt, also

$$\frac{dg}{dt} = T_e L_{g(t)} \cdot \xi(t), \quad g(0) = g_0 \tag{13.57}$$

gilt bzw. $\dot{g}^{-1}g = \xi$ und damit

$$\frac{dg}{dt} = T_e R_{g(t)} \cdot \xi(t), \quad g(0) = g_0. \tag{13.58}$$

Die zugehörige Integralkurve von X_H auf T^*G mit der Anfangsbedingung α_{g_0}, die $\mu(t)$ überdeckt, ist

$$\alpha(t) = \mathbb{F}L(V_L(t)) = T^*_{g(t)} L_{(g(t))^{-1}}\mu(t) \tag{13.59}$$

bzw.

$$\alpha(t) = \mathbb{F}L(V_R(t)) = T^*_{g(t)} R_{(g(t))^{-1}}\mu(t). \tag{13.60}$$

Beweis. Dies folgt aus Satz 13.4.2 durch Anwendung von $\mathbb{F}L^{-1}$ auf (13.42) bzw. (13.45). Da das Lagrangesche Vektorfeld X_E eine Gleichung zweiter Ordnung darstellt, gilt

$$\frac{dg}{dt} = V_L(t) = T_e L_{g(t)} \xi(t)$$

bzw.

$$\frac{dg}{dt} = V_R(t) = T_e R_{g(t)} \xi(t).$$

        ■

Zu gegebenem $\xi(t)$ löst man zunächst (13.57) für $g(t)$ und konstruiert dann $V_L(t)$ oder $\alpha(t)$ aus (13.55) und (13.59). Wie wir in den Beispielen sehen werden, gibt es hierfür eine natürliche physikalische Interpretation. Der letzte Satz besitzt die folgende Verallgemeinerung für allgemeine Lagrangesche Systeme. Satz 13.4.3 ist dann ein Korollar des folgenden Satzes:

Satz 13.4.4 (zur Lagrangeschen Lie-Poisson-Rekonstruktion). *Sei*

$$L : TG \to \mathbb{R}$$

eine linksinvariante Lagrangefunktion, deren Lagrangesches Vektorfeld $Z \in \mathfrak{X}(TG)$ eine Gleichung zweiter Ordnung darstellt und gleichfalls linksinvariant ist. Sei $Z_G \in \mathfrak{X}(\mathfrak{g})$ das auf $(TG)/G \cong \mathfrak{g}$ induzierte Vektorfeld und $\xi(t)$ eine Integralkurve von Z_G. Ist $g(t) \in G$ die Lösung der nichtautonomen gewöhnlichen Differentialgleichung

$$\dot{g}(t) = T_e L_{g(t)} \xi(t), \quad g(0) = e, \quad g \in G,$$

so ist

$$V(t) = T_e L_{g(t)} \xi(t)$$

die Integralkurve von Z mit $V(0) = T_e L_g \xi(0)$ und die Projektion von $V(t)$ ist $\xi(t)$, es gilt also

$$TL_{\tau(V(t))^{-1}} V(t) = \xi(t),$$

wobei $\tau : TG \to G$ die Tangentialbündelprojektion ist.

Beweis. Sei $V(t)$ die Integralkurve von Z mit $V(0) = T_e L_g \xi(0)$ für ein gegebenes Element $\xi(0) \in \mathfrak{g}$. Da $\xi(t)$ die Integralkurve von Z_G ist, deren Fluß zu dem Fluß von Z über Linkstranslation konjugiert ist, gilt

$$TL_{\tau(V(t))^{-1}} V(t) = \xi(t).$$

Ist $h(t) = \tau(V(t))$, so ist

$$V(t) = \dot{h}(t) = T_e L_{h(t)} \xi(t) \quad \text{und} \quad h(0) = \tau(V(0)) = g,$$

da Z eine Gleichung zweiter Ordnung ist. Setzen wir also $g(t) = g^{-1}h(t)$, erhalten wir $g(0) = e$ und

$$\dot{g}(t) = TL_{g^{-1}}\dot{h}(t) = TL_{g^{-1}}TL_{h(t)}\xi(t) = TL_{g(t)}\xi(t).$$

Damit ist $g(t)$ eindeutig durch $\xi(t)$ bestimmt und es gilt

$$V(t) = T_eL_{h(t)}\xi(t) = T_eL_{gg(t)}\xi(t). \tag{13.61}$$

■

Diese Berechnungen legen nahe, daß man eher den Lagrangeschen (als den Hamiltonschen) Aspekt auch für sich allein betrachten sollte, was wir auch in Kürze tun wollen.

Die Lie-Poisson-Hamilton-Jacobi-Gleichung.   Da sich Poissonklammern und die Hamiltonschen Gleichungen auf natürliche Weise von T^*G auf $\mathfrak{g}^*$ übertragen lassen, liegt die Frage auf der Hand, ob dies auch mit anderen Strukturen möglich ist, wie z.B. denen der Hamilton-Jacobi-Theorie. Wir untersuchen diese Frage nun, wobei wir für die Beweise und weiterführende Bemerkungen auf die Internetergänzungen verweisen.

Sei H eine G-invariante Funktion auf T^*G und sei H^- die zugehörige linksreduzierte Hamiltonfunktion auf $\mathfrak{g}^*$. (wir gehen hier natürlich wieder von Linkswirkungen aus, man kann ähnliche Aussagen für rechtsreduzierte Hamiltonfunktionen formulieren.) Ist S invariant, so gibt es eine eindeutige Funktion S^- mit $S(g, g_0) = S^-(g^{-1}g_0)$. (Man erhält eine leicht andere Darstellung für S, wenn man $g^{-1}g_0$ durch $g_0^{-1}g$ ersetzt.)

Proposition 13.4.3 (Ge und Marsden [1988]). *Die linksreduzierte Hamilton-Jacobi-Gleichung zu einer Funktion* $S^- : G \to \mathbb{R}$ *lautet*

$$\frac{\partial S^-}{\partial t} + H^-(-TR_g^* \cdot \mathbf{d}S^-(g)) = 0 \tag{13.62}$$

*und wird **Lie-Poisson-Hamilton-Jacobi-Gleichung** genannt. Der Lie-Poissonsche Fluß der Hamiltonfunktion* H^- *wird durch die Lösung* S^- *von (13.62) in dem Sinne erzeugt, daß der Fluß durch die folgendermaßen definierte Poissontransformation* $\Pi_0 \mapsto \Pi$ *von* $\mathfrak{g}^*$ *gegeben ist: Löse die Gleichung*

$$\Pi_0 = -TL_g^* \cdot \mathbf{d}_gS^- \tag{13.63}$$

nach $g \in G$ *auf und setze dann*

$$\Pi = g \cdot \Pi_0 = \mathrm{Ad}_{g^{-1}}^* \Pi_0. \tag{13.64}$$

Die Wirkung in (13.64) ist die koadjungierte Wirkung. Beachte, daß (13.64) und (13.63) zusammen $\Pi = -TR_g^* \cdot \mathbf{d}S^-(g)$ ergeben.

Übungen

Übung 13.4.1. Stelle die Rekonstruktionsgleichungen für die Gruppe $G = SO(3)$ auf.

Übung 13.4.2. Stelle die Rekonstruktionsgleichung für $G = \mathrm{Diff}_{\mathrm{vol}}(\Omega)$ auf.

Übung 13.4.3. Stellee die Lie-Poisson-Hamilton-Jacobi-Gleichung für SO(3) auf.

13.5 Die Euler-Poincaré-Gleichungen

Ein wenig zur Geschichte der Lie-Poisson- und Euler-Poincaré-Gleichungen. Wir schließen nun an die geschichtlichen Bemerkungen über Poissonstrukturen an, die wir in §10.3 begonnen hatten. Wir hatten dort schon darauf hingewiesen, daß man in den Arbeiten von Lie über Funktionengruppen vor 1890 schon viele der wesentlichen Ideen allgemeiner Poissonmannigfaltigkeiten findet und er insbesondere explizit die Lie-Poisson-Klammer auf dem Dualraum einer Liealgebra untersucht hat.

Die bis zu diesem Punkt in diesem Kapitel entwickelte Theorie stellt die Übertragung der Strukturen der Hamiltonschen Mechanik auf den Dualraum einer Liealgebra dar. Diese Theorie hätte ohne weiteres kurz nach Lies Arbeiten entstehen können, wurde hingegen erst von Pauli [1953], Martin [1959], Arnold [1966a], Ebin und Marsden [1970], Nambu [1973] und Sudarshan und Mukunda [1974] auf den starren Körper oder ideale Flüssigkeiten angewandt. All diese und scheinbar selbst Elie Cartan kannten interessanterweise Lies Arbeit über die Lie-Poisson-Klammer nicht. Im Fall von Cartan sollte man jedoch nicht vergessen, auf wie vielen Gebieten er zu dieser Zeit arbeitete. Nichtsdestotrotz ist das Ausmaß der Wiederentdeckungen und Verwirrung bezüglich dieses Themas verblüffend. Auf diese Situation trifft man aber in der Mechanik noch an mehreren Stellen.

Wie Arnold [1988] und Chetaev [1989] inzwischen bemerkten, kann man die Gleichungen auch direkt auf der Liealgebra formulieren, indem man die Lie-Poisson-Gleichungen auf dem Dualraum betrachtet. Die resultierenden Gleichungen wurden für eine allgemeine Liealgebra zuerst von Poincaré [1901b] ausgeschrieben und werden bei uns die Euler-Poincaré-Gleichungen genannt. Wir werden sie im nächsten Abschnitt in der heutigen Sichtweise entwickeln. Poincaré [1910] untersuchte dann den Einfluß der Deformation der Erde auf ihre Präzession und erkannte die entstehenden Gleichungen als Eulersche Gleichungen auf einer Liealgebra, die ein semidirektes Produkt ist. Überhaupt ist der Einfluß von Poincaré auf dieses Gebiet höchst beeindruckend und wird in seiner Zeit von niemand anderem außer vielleicht noch von Riemann [1860, 1861] und Routh [1877, 1884] erreicht. Es ist auch bemerkenswert, daß es in Poincaré [1901b] keine Literaturverweise gibt, so daß es schwer ist, seine Gedankengänge und Quellen zu verfolgen. Man vergleiche dies mit dem Stil von Hamel [1904]! Vor allem gibt uns Poincaré keinerlei Hinweis darauf, daß er die Arbeiten von Lie zur Lie-Poisson-Struktur verstanden hat, aber ohne Zweifel hat Poincaré den Umgang mit Liegruppen und -algebren meisterhaft beherrscht.

Unsere Herleitung der Euler-Poincaré-Gleichungen im nächsten Abschnitt basiert auf der Reduktion eines Variationsprinzips, nicht auf der einer symplektischen oder einer Poissonstruktur, wie für einen Dualraum üblich. Wir zeigen auch, daß die Lie-Poisson-Gleichungen über die „Faserableitung" mit den Euler-Poincaré-Gleichungen im Zusammenhang stehen, genau wie man von den gewöhnlichen Euler-Lagrange-Gleichungen auf die Hamiltonschen Gleichungen kommt. Auch wenn dies ziemlich trivial erscheint, ist es bis jetzt noch nicht explizit ausgeschrieben worden. In der Dynamik idealer Flüssigkeiten gibt es eine Verbindung zwischen dem resultierenden Variationsprinzip und den sogenannten „Lin-Zwangsbedingungungen" (vgl. auch Newcomb [1962] und Bretherton [1970]). Diese haben auch für sich alleine wieder eine interessante Geschichte, die auf Ehrenfest, Boltzmann und Clebsch zurückgeht, doch wieder hatte das Erbe von Lie und Poincaré (wenn überhaupt) nur einen geringen Einfluß auf dieses Gebiet. Einer der wenigen, der die Arbeiten von Lie und Poincaré gut kannte, war Hamel.

Welche Rolle spielt nun Lagrange? In *Mécanique Analytique*, Band 2, Gl. A auf S. 212 sind die Euler-Poincaré-Gleichungen für die Rotationsgruppe und eine ziemlich allgemeine Lagrangefunktion explizit aufgestellt. Lagrange schränkt sie zwar letztlich auf die Gleichungen des starren Körpers ein, wir sollten aber nicht vergessen, daß Lagrange genauso das entscheidende Konzept der Lagrangeschen Darstellung der Bewegung einer Flüssigkeit entwickelt hat. Es ist allerdings ungewiß, ob er auch verstanden hat, daß beide Systeme Spezialfälle einer einzigen Theorie sind. Lagrange benötigt einen guten Teil des ganzen zweiten Bandes für seine Herleitung der Euler-Poincaré-Gleichungen für SO(3). Sie ist nicht so durchsichtig wie wir sie heute aufschreiben würden, aber immerhin im Einklang mit der Grundidee der Reduktion, denn er versucht, die Gleichungen aus den Euler-Lagrange-Gleichungen auf TSO(3) durch den Übergang auf die Liealgebra zu erhalten.

Im Hinblick auf die oben geschilderte historische Situation scheint die Bezeichnung „Euler-Lagrange-Poincaré-Gleichungen" angemessen zu sein. Da Poincaré die Verallgemeinerung auf beliebige Liealgebren ausgearbeitet und auf interessante Probleme für Flüssigkeiten angewandt hat, ist klar, daß sie nach ihm benannt wurden, in Anbetracht der anderen Verwendungen des Begriffes „Euler-Lagrange" scheint jedoch „Euler-Poincaré" eine vernünftige Wahl.

Marsden und Scheurle [1993a, 1993b] und Weinstein [1996] untersuchten eine allgemeinere Version der Lagrangeschen Reduktion, bei der man die Euler-Lagrange-Gleichungen von TQ auf TQ/G überträgt. Dies ist eine nichtabelsche Verallgemeinerung der klassischen Methode von Routh und führt auf einen sehr interessanten Zusammenhang zwischen den Euler-Lagrange- und den Euler-Poincaré-Gleichungen, den wir im nächsten Abschnitt kurz skizzieren werden. Dieses Problem wurde auch von Hamel [1904] im Zuge seiner Arbeit über nichtholonome Systeme untersucht (vgl. Koiller [1992] und Bloch, Krishnaprasad, Marsden und Murray [1996] für weitere Informationen).

Die gegenwärtige Aktualität der Mechanik und der Untersuchung ihrer Grundlagen ist bei ihrer langen Geschichte und Entwicklung ziemlich bemerkenswert. Sie resultiert aus einer intensiven Wechselwirkung mit der reinen Mathematik (von Topologie und Geometrie bis zur Darstellungstheorie) und durch neue und und unerwartete Anwendungen in Gebieten wie der Kontrolltheorie. Es ist vielleicht noch bemerkenswerter, daß einige absolut fundamentale Punkte fast ein Jahrhundert für ihre Vollendung benötigten, wie z.B. eine klare und unzweideutige Ausarbeitung des Zusammenhangs von Lies Arbeit über die Lie-Poisson-Klammer auf dem Dualraum einer Liealgebra und Poincarés Arbeit über die Euler-Poincaré-Gleichungen auf der Liealgebra selbst mit den grundlegendsten Beispielen in der Mechanik wie dem starren Körper und der Bewegung von idealen Flüssigkeiten. Die Lehre, die man daraus über die Kommunikation zwischen reiner Mathematik und den anderen mathematischen Wissenschaften ziehen kann, ist hoffentlich offensichtlich.

Die Dynamik des starren Körpers.   Um diesen Abschnitt zu verstehen, wird es hilfreich sein, die Grundlagen der Dynamik des starren Körpers aus der Einleitung etwas zu vertiefen (weitere Details werden in Kap. 15 gegeben). Wir betrachten ein Element $R \in SO(3)$, das die Konfiguration des Körpers als eine Abbildung von einer Referenzkonfiguration $\mathcal{B} \subset \mathbb{R}^3$ auf die aktuelle Konfiguration $R(\mathcal{B})$ angibt. Die Abbildung R verschiebt einen Referenz- oder Markierungspunkt $X \in \mathcal{B}$ auf den aktuellen Punkt $x = RX \in R(\mathcal{B})$. Vergleiche Abb. 13.2.

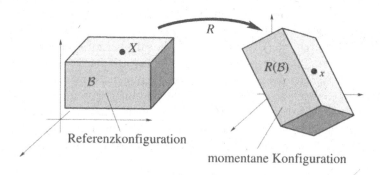

Referenzkonfiguration

momentane Konfiguration

Abb. 13.2. Die Drehung R bildet die Referenzkonfiguration auf die aktuelle Konfiguration ab.

Ist ein starrer Körper in Bewegung, so ist die Matrix R zeitabhängig und die Geschwindigkeit eines Punktes des Körpers durch $\dot{x} = \dot{R}X = \dot{R}R^{-1}x$ gegeben. Da R eine orthogonale Matrix ist, sind $R^{-1}\dot{R}$ und $\dot{R}R^{-1}$ schiefsymmetrische Matrizen und es gilt

$$\dot{x} = \dot{R}R^{-1}x = \boldsymbol{\omega} \times x, \qquad (13.65)$$

wodurch der Vektor der **räumlichen Winkelgeschwindigkeit** $\boldsymbol{\omega}$ definiert wird. $\boldsymbol{\omega}$ ist durch *Rechts*translation von $\dot{R}$ in die Identität gegeben.

Die zugehörige **körpereigene Winkelgeschwindigkeit** ist durch

$$\boldsymbol{\Omega} = R^{-1}\boldsymbol{\omega} \qquad (13.66)$$

definiert, so daß $\boldsymbol{\Omega}$ die Winkelgeschwindigkeit in Bezug auf ein körpereigenes Bezugssystem ist. Beachte, daß

$$R^{-1}\dot{R}X = R^{-1}\dot{R}R^{-1}x = R^{-1}(\boldsymbol{\omega} \times x)$$
$$= R^{-1}\boldsymbol{\omega} \times R^{-1}x = \boldsymbol{\Omega} \times X \qquad (13.67)$$

gilt, so daß $\boldsymbol{\Omega}$ durch *Links*translation von $\dot{R}$ in die Identität gegeben ist. Die kinetische Energie erhält man durch Aufsummation von $m\|\dot{x}\|^2/2$ über den ganzen Körper:

$$K = \frac{1}{2}\int_{\mathcal{B}} \rho(X)\|\dot{R}X\|^2 \, d^3X, \qquad (13.68)$$

wobei ρ eine gegebene Massendichte in der Referenzkonfiguration ist. Wegen

$$\|\dot{R}X\| = \|\boldsymbol{\omega} \times x\| = \|R^{-1}(\boldsymbol{\omega} \times x)\| = \|\boldsymbol{\Omega} \times X\|,$$

ist K eine quadratische Funktion von $\boldsymbol{\Omega}$. Durch

$$K = \frac{1}{2}\boldsymbol{\Omega}^T \mathbb{I}\boldsymbol{\Omega} \qquad (13.69)$$

wird der **Trägheitstensor** $\mathbb{I}$ definiert, der eine positiv definite (3×3)-Matrix oder besser gesagt eine quadratische Form ist, wenn der Körper nicht zu einer Geraden degeneriert ist, Diese quadratische Form kann diagonalisiert werden und dies definiert die Hauptträgheitsachsen und -momente. In dieser Basis schreiben wir $\mathbb{I} = \operatorname{diag}(I_1, I_2, I_3)$. Die Funktion K wird als Lagrangefunktion des Systems auf $TSO(3)$ verwandt (und über die Legendretransformation erhalten wir die zugehörige Hamiltonsche Beschreibung auf $T^*SO(3)$). Beachte, daß man in (13.68) direkt sieht, daß K links- (nicht rechts-)invariant auf $TSO(3)$ ist. Es folgt, daß die zugehörige Hamiltonfunktion ebenfalls *links*invariant ist.

Dynamik auf der Gruppe und Dynamik auf der Algebra. Vom Lagrangeschen Standpunkt sieht die Beziehung zwischen der Bewegung im R–Raum und der im Raum der Winkelgeschwindigkeit des Körpers (bzw. $\boldsymbol{\Omega}$–Raum) folgendermaßen aus:

Satz 13.5.1. *Die Kurve $R(t) \in SO(3)$ erfüllt genau dann die Euler-Lagrange-Gleichungen für die Lagrangefunktion des starren Körpers*

$$L(R, \dot{R}) = \frac{1}{2} \int_B \rho(X) \|\dot{R}X\|^2 \, d^3X, \qquad (13.70)$$

wenn das durch $R^{-1}\dot{R}\mathbf{v} = \mathbf{\Omega} \times \mathbf{v}$ für alle $\mathbf{v} \in \mathbb{R}^3$ definierte $\mathbf{\Omega}(t)$ die Euler-schen Gleichungen

$$\mathbb{I}\dot{\mathbf{\Omega}} = \mathbb{I}\mathbf{\Omega} \times \mathbf{\Omega}. \qquad (13.71)$$

erfüllt.

Ein *indirekter*, aber instruktiver Beweis dieses Satzes besteht darin, zum Hamiltonschen Formalismus überzugehen und die Lie-Poisson-Reduktion durchzuführen. Ein *direkter* Weg ist die Verwendung eines Variationsprinzips. Nach dem Hamiltonschen Prinzip erfüllt $R(t)$ genau dann die Euler-Lagrange-Gleichungen, wenn

$$\delta \int L \, dt = 0$$

ist. Sei $l(\mathbf{\Omega}) = \frac{1}{2}(\mathbb{I}\mathbf{\Omega}) \cdot \mathbf{\Omega}$, so daß $l(\mathbf{\Omega}) = L(R, \dot{R})$ ist, wenn R und $\mathbf{\Omega}$ wie oben zusammenhängen. Um zu sehen, wie wir das Hamiltonsche Prinzip transformieren sollen, differenzieren wir die Beziehung $R^{-1}\dot{R} = \hat{\mathbf{\Omega}}$ nach R und erhalten

$$-R^{-1}(\delta R)R^{-1}\dot{R} + R^{-1}(\delta\dot{R}) = \widehat{\delta\mathbf{\Omega}}. \qquad (13.72)$$

Definiere die schiefsymmetrische Matrix $\hat{\mathbf{\Sigma}}$ durch

$$\hat{\mathbf{\Sigma}} = R^{-1}\delta R \qquad (13.73)$$

und den zugehörigen Vektor $\mathbf{\Sigma}$ wie üblich durch

$$\hat{\mathbf{\Sigma}}\mathbf{v} = \mathbf{\Sigma} \times \mathbf{v}. \qquad (13.74)$$

Beachte, daß $\dot{\hat{\mathbf{\Sigma}}} = -R^{-1}\dot{R}R^{-1}\delta R + R^{-1}\delta\dot{R}$ und somit

$$R^{-1}\delta\dot{R} = \dot{\hat{\mathbf{\Sigma}}} + R^{-1}\dot{R}\hat{\mathbf{\Sigma}} \qquad (13.75)$$

gilt. Setzen wir (13.75) und (13.73) in (13.72) ein, so ergibt sich $-\hat{\mathbf{\Sigma}}\hat{\mathbf{\Omega}} + \dot{\hat{\mathbf{\Sigma}}} + \hat{\mathbf{\Omega}}\hat{\mathbf{\Sigma}} = \widehat{\delta\mathbf{\Omega}}$ und somit

$$\widehat{\delta\mathbf{\Omega}} = \dot{\hat{\mathbf{\Sigma}}} + [\hat{\mathbf{\Omega}}, \hat{\mathbf{\Sigma}}]. \qquad (13.76)$$

Die Gleichung $[\hat{\mathbf{\Omega}}, \hat{\mathbf{\Sigma}}] = (\mathbf{\Omega} \times \mathbf{\Sigma})\hat{}$ ist wegen der Jacobiidentität für das Kreuzprodukt erfüllt und somit gilt

$$\delta\mathbf{\Omega} = \dot{\mathbf{\Sigma}} + \mathbf{\Omega} \times \mathbf{\Sigma}. \qquad (13.77)$$

Durch diese Berechnung haben wir den folgenden Satz bewiesen:

Satz 13.5.2. *Das Hamiltonsche Variationsprinzip*

$$\delta \int_a^b L\, dt = 0 \qquad (13.78)$$

auf $T\mathrm{SO}(3)$ *ist äquivalent zu dem* **reduzierten Variationsprinzip**

$$\delta \int_a^b l\, dt = 0 \qquad (13.79)$$

auf $\mathbb{R}^3$, *wobei die Variationen* $\delta\Omega$ *von der Form* (13.77) *mit* $\Sigma(a) = \Sigma(b) = 0$ *sind.*

Beweis (von Satz 13.5.1). Es genügt, die zum reduzierten Variationsprinzip (13.79) äquivalenten Gleichungen auszuarbeiten. Da $l(\Omega) = \langle \mathbb{I}\Omega, \Omega \rangle / 2$ und $\mathbb{I}$ symmetrisch ist, erhalten wir

$$\delta \int_a^b l\, dt = \int_a^b \langle \mathbb{I}\Omega, \delta\Omega \rangle\, dt = \int_a^b \langle \mathbb{I}\Omega, \dot{\Sigma} + \Omega \times \Sigma \rangle\, dt$$

$$= \int_a^b \left[\left\langle -\frac{d}{dt}\mathbb{I}\Omega, \Sigma \right\rangle + \langle \mathbb{I}\Omega, \Omega \times \Sigma \rangle \right] dt$$

$$= \int_a^b \left\langle -\frac{d}{dt}\mathbb{I}\Omega + \mathbb{I}\Omega \times \Omega, \Sigma \right\rangle dt,$$

wobei wir partiell integriert und die Randbedingungen $\Sigma(b) = \Sigma(a) = 0$ verwandt haben. Da Σ ansonsten beliebig war, ist (13.79) äquivalent zu den Eulerschen Gleichungen

$$-\frac{d}{dt}(\mathbb{I}\Omega) + \mathbb{I}\Omega \times \Omega = 0.$$

∎

Euler-Poincaré-Reduktion. Wir verallgemeinern diese Prozedur nun auf den Fall einer beliebigen Liegruppe und werden später einen direkten Zusammenhang zu den Lie-Poisson-Gleichungen herstellen.

Satz 13.5.3. *Sei* G *eine Liegruppe,* $L : TG \to \mathbb{R}$ *eine linksinvariante Lagrangefunktion und* $l : \mathfrak{g} \to \mathbb{R}$ *ihre Einschränkung auf das neutrale Element. Für eine Kurve* $g(t) \in G$ *sei* $\xi(t) = g(t)^{-1} \cdot \dot{g}(t)$, *also* $\xi(t) = T_{g(t)}L_{g(t)^{-1}}\dot{g}(t)$. *Dann sind die folgenden Aussagen äquivalent:*

(i) $g(t)$ *erfüllt die Euler-Lagrange-Gleichungen für* L *auf* G.

(ii) *Für Variationen mit festen Endpunkten gilt das Variationsprinzip*

$$\delta \int L(g(t), \dot{g}(t))\, dt = 0. \qquad (13.80)$$

(iii) *Es gelten die **Euler-Poincaré-Gleichungen***

$$\frac{d}{dt}\frac{\delta l}{\delta \xi} = \mathrm{ad}_\xi^* \frac{\delta l}{\delta \xi}. \tag{13.81}$$

(iv) *Das Variationsprinzip*

$$\delta \int l(\xi(t))\, dt = 0 \tag{13.82}$$

gilt auf $\mathfrak{g}$ für Variationen der Form

$$\delta \xi = \dot{\eta} + [\xi, \eta], \tag{13.83}$$

wobei η an den Endpunkten verschwindet.

Beweis. Die Äquivalenz von (i) und (ii) gilt auf dem Tangentialbündel einer beliebigen Konfigurationsmannigfaltigkeit Q, wie wir aus Kap. 8 wissen. Um die Äquivalenz von (ii) und (iv) zu zeigen, muß man die Variation $\delta \xi$ von $\xi = g^{-1}\dot{g} = TL_{g^{-1}}\dot{g}$ berechnen, die durch eine Variation von g induziert wird. Wir werden dies für Matrixgruppen tun, siehe Bloch, Krishnaprasad, Marsden und Ratiu [1996] für den allgemeinen Fall. Für diese Berechnung differenzieren wir $g^{-1}\dot{g}$ in Richtung einer Variation δg. Gilt $\delta g = dg/d\epsilon$ bei $\epsilon = 0$, wobei g zu einer Kurve g_ϵ erweitert ist, dann ist

$$\delta \xi = \frac{d}{d\epsilon}\left(g^{-1}\frac{d}{dt}g\right)\Bigg|_{\epsilon=0} = -\left(g^{-1}\delta g g^{-1}\right)\dot{g} + g^{-1}\frac{d^2 g}{dt\, d\epsilon}\Bigg|_{\epsilon=0},$$

während im Fall $\eta = g^{-1}\delta g$

$$\dot{\eta} = \frac{d}{dt}\left(g^{-1}\frac{d}{d\epsilon}g\right)\Bigg|_{\epsilon=0} = -\left(g^{-1}\dot{g}g^{-1}\right)\delta g + g^{-1}\frac{d^2 g}{dt\, d\epsilon}\Bigg|_{\epsilon=0}$$

ist. Die Differenz $\delta \xi - \dot{\eta}$ ist somit der Kommutator $[\xi, \eta]$.

Um den Beweis zu vollenden, zeigen wir die Äquivalenz von (iii) und (iv). Unter Verwendung der Definitionen und durch partielle Integration erhalten wir

$$\delta \int l(\xi)dt = \int \left\langle \frac{\delta l}{\delta \xi}, \delta \xi \right\rangle dt = \int \left\langle \frac{\delta l}{\delta \xi}, (\dot{\eta} + \mathrm{ad}_\xi \eta) \right\rangle dt$$

$$= \int \left\langle \left[-\frac{d}{dt}\left(\frac{\delta l}{\delta \xi}\right) + \mathrm{ad}_\xi^* \frac{\delta l}{\delta \xi}\right], \eta \right\rangle dt,$$

woraus die Behauptung folgt. ∎

Es gibt natürlich eine rechtsinvariante Version dieses Satzes, in dem $\xi = \dot{g}g^{-1}$ ist und (13.81) und (13.83) durch einen Vorzeichenwechsel zu

$$\frac{d}{dt}\frac{\delta l}{\delta \xi} = -\mathrm{ad}_\xi^* \frac{\delta l}{\delta \xi} \quad \text{und} \quad \delta \xi = \dot{\eta} - [\xi, \eta]$$

werden. In Koordinaten lautet (13.81)

$$\frac{d}{dt}\frac{\partial l}{\partial \xi^a} = C_{da}^b \xi^d \frac{\partial l}{\partial \xi^b}. \tag{13.84}$$

Euler-Poincaré-Rekonstruktion. Vom Lagrangeschen Standpunkt aus ist die Rekonstruktion sehr einfach und beruht auf der *Rekonstruktionsgleichung*, die für linksinvariante Systeme

$$g(t)^{-1}\dot{g}(t) = \xi(t) \qquad (13.85)$$

lautet.

Für den starren Körper ist dies einfach die Definition der körpereigenen Winkelgeschwindigkeit $\Omega(t)$:

$$R(t)^{-1}\dot{R}(t) = \hat{\Omega}(t). \qquad (13.86)$$

Die Rekonstruktion sieht man in Satz 13.5.3 wie folgt:

Proposition 13.5.1. *Sei $v_0 \in T_{g_0}G$, $\xi_0 = g_0^{-1}v_0 \in \mathfrak{g}$ und $\xi(t)$ die Lösung der Euler-Poincaré-Gleichung zu der Anfangsbedingung ξ_0. Löse die Rekonstruktionsgleichung (13.85) für $g(t)$ mit $g(0) = g_0$. Dann ist die Lösung der Euler-Lagrange-Gleichung mit der Anfangsbedingung v_0 die durch*

$$v(t) = \dot{g}(t) = g(t)\xi(t) \qquad (13.87)$$

gegebene Kurve $v(t) \in T_{g(t)}G$.

Wir haben schon früher darauf hingewiesen, daß für die Lösung der Rekostruktionsgleichung in Beispielen oft die Verwendung des Erhaltungsgesetzes hilfreich sein kann, was wir für den Fall des starren Körpers in Kap. 15 auch tun werden.

Die Legendretransformation. Da im hyperregulären Fall die Euler-Lagrange- und die Hamiltonschen Gleichungen auf TQ und T^*Q äquivalent sind, sind es die Lie-Poisson- und die Euler-Poincaré-Gleichung ebenfalls. Um dies *direkt* zu sehen, führen wir die folgende Legendretransformation von $\mathfrak{g}$ nach $\mathfrak{g}^*$ durch:

$$\mu = \frac{\delta l}{\delta \xi}, \quad h(\mu) = \langle \mu, \xi \rangle - l(\xi).$$

Wenn wir voraussetzen, daß die Abbildung $\xi \mapsto \mu$ ein Diffeomorphismus von $\mathfrak{g}$ nach $\mathfrak{g}^*$ ist, gilt

$$\frac{\delta h}{\delta \mu} = \xi + \left\langle \mu, \frac{\delta \xi}{\delta \mu} \right\rangle - \left\langle \frac{\delta l}{\delta \xi}, \frac{\delta \xi}{\delta \mu} \right\rangle = \xi,$$

woraus klar wird, daß die Lie-Poisson-Gleichungen zu den Euler-Poincaré-Gleichungen äquivalent sind.

Die Virasoroalgebra. Wir beenden diesen Abschnitt mit der Darstellung der periodischen KdV-Gleichung (siehe Beispiel 3.2.3)

$$u_t + 6uu_x + u_{xxx} = 0$$

als Euler-Poincaré-Gleichung auf einer bestimmten Liealgebra, der sogenannten **Virasoroalgebra** $\mathfrak{v}$. Dies wurde für den Kontext der Lie-Poisson-
Gleichungen von Gelfand und Dorfman [1979], Kirillov [1981], Ovsienko und
Khesin [1987] und Segal [1991] entwickelt. Siehe auch Pressley und Segal
[1986] und die dortigen Verweise.

Wir beginnen mit der Konstruktion der Virasoroalgebra $\mathfrak{v}$. Identifiziert
man Elemente von $\mathfrak{X}(S^1)$ mit periodischen Funktionen der Periode 1, versehen mit der Jacobi-Lieklammer $[u,v] = uv' - u'v$, so definiert man den
Gelfand-Fuchs-Kozykel durch den Ausdruck

$$\Sigma(u,v) = \gamma \int_0^1 u'(x)v''(x)dx,$$

wobei $\gamma \in \mathbb{R}$ eine Konstante ist (die später bestimmt wird). Die Liealgebra $\mathfrak{X}(S^1)$ der Vektorfelder auf dem Kreis besitzt eine eindeutige durch
den Gelfand-Fuchs-Kozykel bestimmte zentrale Erweiterung mit $\mathbb{R}$. Demzufolge (vgl. (12.64) in Bemerkung 5 von §12.3) ist die Lieklammer auf
$\mathfrak{v} := \{(u,a) \mid u \in \mathfrak{X}(S^1),\ a \in \mathbb{R}\}$ durch

$$[(u,a),(v,b)] = \left(-uv' + u'v, \gamma \int_0^1 u'(x)v''(x)\, dx\right)$$

gegeben, da die durch *linksinvariante* Fortsetzung definierte Lieklammer auf
$\mathfrak{X}(S^1)$ durch die negative Jacobi-Lieklammer für Vektorfelder gegeben ist.
Identifiziere den Dualraum von $\mathfrak{v}$ über das L^2-Skalarprodukt

$$\langle (u,a),(v,b)\rangle = ab + \int_0^1 u(x)v(x)\, dx$$

mit $\mathfrak{v}$. Wir zeigen nun, daß die koadjungierte Wirkung $\mathrm{ad}^*_{(u,a)}$ durch

$$\mathrm{ad}^*_{(u,a)}(v,b) = (b\gamma u''' + 2u'v + uv', 0)$$

gegeben ist. Für $(u,a),(v,b),(w,c) \in \mathfrak{v}$ gilt nämlich

$$\left\langle \mathrm{ad}^*_{(u,a)}(v,b),(w,c)\right\rangle = \langle (v,b),[(u,a),(w,c)]\rangle$$

$$= \left\langle (v,b),\left(-uw' + u'w, \gamma \int_0^1 u'(x)w''(x)\, dx\right)\right\rangle$$

$$= b\gamma \int_0^1 u'(x)w''(x)\, dx - \int_0^1 v(x)u(x)w'(x)\, dx + \int_0^1 v(x)u'(x)w(x)\, dx.$$

Durch zweifaches partielles Integrieren des ersten und einfaches des zweiten
Termes, wobei die Randterme aufgrund der Periodizität verschwinden, wird
dieser Ausdruck zu

$$b\gamma \int_0^1 u'''(x)w(x)\,dx + \int_0^1 (v(x)u(x))'w(x)\,dx + \int_0^1 v(x)u'(x)w(x)\,dx$$

$$= \int_0^1 (b\gamma u'''(x) + 2u'(x)v(x) + u(x)v'(x))w(x)\,dx$$

$$= \langle (b\gamma u''' + 2u'v + uv', 0), (w, c) \rangle .$$

Die Euler-Poincaré-Form der KdV-Gleichung.

Die Funktionalableitung von $F : \mathfrak{v} \to \mathbb{R}$ bzgl. der L^2-Paarung ist durch

$$\frac{\delta F}{\delta(u,a)} = \left(\frac{\delta F}{\delta u}, \frac{\partial F}{\partial a} \right)$$

gegeben, wobei $\delta F/\delta u$ die übliche L^2-Funktionalableitung von F bei festgehaltenem $a \in \mathbb{R}$ ist und $\partial F/\partial a$ die gewöhnliche partielle Ableitung von F bei festgehaltenem u. Die Euler-Poincaré-Gleichungen für *rechts*invariante Systeme mit einer Lagrangefunktion $l : \mathfrak{v} \to \mathbb{R}$ bekommen dann die Form

$$\frac{d}{dt}\frac{\delta l}{\delta(u,a)} = -\mathrm{ad}^*_{(u,a)} \frac{\delta l}{\delta(u,a)}.$$

Nun gilt aber

$$\mathrm{ad}^*_{(u,a)} \frac{\delta l}{\delta(u,a)} = \mathrm{ad}^*_{(u,a)} \left(\frac{\delta l}{\delta u}, \frac{\partial l}{\partial a} \right)$$

$$= \left(\gamma \frac{\partial l}{\partial a} u''' + 2u' \frac{\delta l}{\delta u} + u \left(\frac{\delta l}{\delta u} \right)', 0 \right),$$

so daß die Euler-Poincaré-Gleichungen zu dem System

$$\frac{d}{dt}\frac{\partial l}{\partial a} = 0,$$

$$\frac{d}{dt}\frac{\delta l}{\delta u} = -\gamma \frac{\partial l}{\partial a} u''' - 2u' \frac{\delta l}{\delta u} - u \left(\frac{\delta l}{\delta u} \right)'$$

werden. Ist

$$l(u,a) = \frac{1}{2} \left(a^2 + \int_0^1 u^2(x)\,dx \right),$$

so gilt $\partial l/\partial a = a$, $\delta l/\delta u = u$ und die obigen Gleichungen werden zu $da/dt = 0$ und

$$\frac{du}{dt} = -\gamma a u''' - 3u'u. \tag{13.88}$$

Da a konstant ist, erhalten wir

$$u_t + 3u_x u + \gamma a u''' = 0. \tag{13.89}$$

Diese Gleichung ist bis auf eine Reskalierung der Zeit und eine geeignete Wahl der Konstanten a zur KdV-Gleichung äquivalent. Ist nämlich $u(t,x) = v(\tau(t),x)$ für $\tau(t) = t/2$, so gilt $u_x = v_x$ und $u_t = v_\tau/2$, so daß (13.89) umgeschrieben werden kann zu $v_\tau + 6vv_x + 2\gamma a v_{xxx} = 0$, was mit $a = 1/(2\gamma)$ die KdV-Gleichung ist (siehe §3.2).

Die Lie-Poisson-Form der KdV-Gleichung. Die (+)-Lie-Poisson-Klammer ist durch

$$\{f,h\}(u,a) = \left\langle (u,a), \left[\frac{\delta}{\delta(u,a)}, \frac{\delta h}{\delta(u,a)} \right] \right\rangle$$

$$= \int \left[u \left(\left(\frac{\delta f}{\delta u} \right)' \frac{\delta h}{\delta u} - \frac{\delta f}{\delta u} \left(\frac{\delta h}{\delta u} \right)' \right) + a\gamma \left(\frac{\delta f}{\delta u} \right)' \left(\frac{\delta h}{\delta u} \right)'' \right] dx$$

gegeben, so daß die Lie-Poisson-Gleichungen $\dot{f} = \{f,h\}$ zu $da/dt = 0$ und

$$\frac{du}{dt} = -u' \left(\frac{\delta h}{\delta u} \right) - 2u \left(\frac{\delta h}{\delta u} \right)' - a\gamma \left(\frac{\delta h}{\delta u} \right)''' \tag{13.90}$$

werden. Mit

$$h(u,a) = \frac{1}{2}a^2 + \frac{1}{2} \int_0^1 u^2(x)\, dx$$

erhalten wir $\partial h/\partial a = a$ und $\delta h/\delta u = u$, so daß (13.90) zu (13.89) wird, was zu erwarten war und auch direkt durch eine Legendretransformation berechnet werden kann.

Die Folgerung hieraus ist, daß die KdV-Gleichung eine Darstellung der Geodätengleichung in räumlichen Koordinaten auf der Virasorogruppe V ist, wenn man diese mit der rechtsinvarianten Metrik ausstattet, deren Wert im neutralen Element das L^2-Skalarprodukt ist. Wir wollen an dieser Stelle nicht genauer auf die Virasorogruppe eingehen, die eine zentrale Erweiterung der Diffeomorphismengruppe auf S^1 ist, sondern verweisen den Leser auf Pressley und Segal [1986].

Übungen

Übung 13.5.1. Man überprüfe die Koordinatenform der Euler-Poincaré-Gleichungen.

Übung 13.5.2. Zeige, daß die Eulerschen Gleichungen für eine ideale Flüssigkeit Euler-Poincaré-Gleichungen sind. Finde das Variationsprinzip (13.82) in Newcomb [1962] und Bretherton [1970].

Übung 13.5.3. Leite die Eulerschen Gleichungen des starren Körpers $\dot{\Pi} = \Pi \times \Omega$ direkt aus der Impulserhaltung $\dot{\pi} = 0$ und der Gleichung $\pi = R\Pi$ her.

13.6 Die Lagrange-Poincaré-Gleichungen

Wie wir bemerkt haben, können die Lie-Poisson- und die Euler-Poincaré-Gleichungen nicht nur für die Beschreibung des starren Körpers, sondern auch für die vieler anderer Systeme verwendet werden, wie z.B. in der Hydrodynamik und Plasmadynamik. Für viele andere Systeme wie z.B. ein rotierendes Molekül oder ein Raumschiff mit beweglichen Teilen im Inneren muß man mit einer Kombination der Euler-Poincaré- und der Euler-Lagrange-Gleichungen arbeiten. Im Hamiltonschen Formalismus wurde dies recht eingehend untersucht, im Lagrangeschen Formalismus ist diese Vorgehensweise jedoch auch sehr interessant und wurde erst vor kurzem unter anderem von Marsden und Scheurle [1993a, 1993b], Holm, Marsden und Ratiu [1998a] und Cendra, Marsden und Ratiu [1999] ausgearbeitet. In diesem Abschnitt geben wir ein paar Einblicke in diese allgemeine Theorie.

Das allgemeine Problem besteht darin, die Euler-Lagrange-Gleichungen und die Variationsprinzipien von einem allgemeinen Geschwindigkeitsphasenraum TQ auf den Quotientenraum TQ/G bzgl. der Wirkung einer Liegruppe G auf Q zu übertragen. Ist L eine G-invariante Lagrangefunktion TQ, so induziert diese eine reduzierte Lagrangefunktion l auf TQ/G. Dieser Abschnitt ist eine kurze Vorschau der allgemeinen Theorie. Das dargestellte Material kann auch als eine Motivation für die allgemeine Theorie der Zusammenhänge dienen.

Ein wichtiger Bestandteil dieser Arbeit ist die Einführung eines Zusammenhanges A auf dem Hauptfaserbündel $Q \to S = Q/G$, wobei wir voraussetzen, daß dieser Quotient nirgends singulär ist. Man kann z.B. den mechanischen Zusammenhang (siehe Kummer [1981], Marsden [1992] und die dortigen Verweise) für A wählen. Dieser Zusammenhang erlaubt es, die Variablen in einen horizontalen und einen vertikalen Anteil zu trennen. Seien x^α Koordinaten für den Formraum Q/G, auch „interne Variablen" genannt, und η^a Koordinaten für die Liealgebra $\mathfrak{g}$ bzgl. einer gewählten Basis, sei l die Lagrangefunktion, die wir als Funktion der Variablen $x^\alpha, \dot{x}^\alpha, \eta^a$ auffassen, und seien C^a_{db} die Strukturkonstanten der Liealgebra $\mathfrak{g}$ von G.

Schreibt man die Euler-Lagrange-Gleichungen auf TQ in einer lokalen Hauptfaserbündeltrivialisierung mit Koordinaten x^α auf der Basis und η^a in der Faser, so erhält man das folgende System der **Hamelgleichungen**:

$$\frac{d}{dt}\frac{\partial l}{\partial \dot{x}^\alpha} - \frac{\partial l}{\partial x^\alpha} = 0, \tag{13.91}$$

$$\frac{d}{dt}\frac{\partial l}{\partial \eta^b} - \frac{\partial l}{\partial \eta^a}C^a_{db}\eta^d = 0. \tag{13.92}$$

Diese Darstellung der Gleichungen macht jedoch nur in lokalen Koordinaten Sinn, nicht aber global und koordinatenfrei (außer wenn $Q \to S$ einen global flachen Zusammenhang besitzt). Dieses Problem wird nun durch die Einführung eines Zusammenhanges gelöst, durch den man koordinatenfrei und global das ursprüngliche Variationsprinzip in horizontale und vertikale Variationen trennen kann. Der Wechsel von einer Form auf die andere ist durch den Geschwindigkeitsshift gegeben, bei dem η durch den vertikalen Anteil bzgl. des Zusammenhangs $\xi^a = A^a_\alpha \dot{x}^\alpha + \eta^a$ ersetzt wird. Hierbei sind A^d_α

die lokalen Koordinaten des Zusammenhangs A. Dieser Koordinatenwechsel wird aus der Mechanik motiviert, da die Variablen ξ die Interpretation einer festen Winkelgeschwindigkeit haben. Daraus ergeben sich die folgenden *Lagrange-Poincaré-Gleichungen*:

$$\frac{d}{dt}\frac{\partial l}{\partial \dot{x}^\alpha} - \frac{\partial l}{\partial x^\alpha} = \frac{\partial l}{\partial \xi^a}\left(B^a_{\alpha\beta}\dot{x}^\beta + B^a_{\alpha d}\xi^d\right), \tag{13.93}$$

$$\frac{d}{dt}\frac{\partial l}{\partial \xi^b} = \frac{\partial l}{\partial \xi^a}(B^a_{b\alpha}\dot{x}^\alpha + C^a_{db}\xi^d). \tag{13.94}$$

In diesen Gleichungen sind $B^a_{\alpha\beta}$ die Koordinaten der Krümmung B von A, d.h.

$$B^a_{d\alpha} = C^a_{bd}A^b_\alpha \quad \text{und} \quad B^a_{b\alpha} = -B^a_{\alpha b}.$$

Man kann die Variablen ξ^a als den starren Anteil der Variablen auf dem ursprünglichen Konfigurationsraum ansehen, während x^α interne Variablen sind. Wie in Simo, Lewis und Marsden [1991] beschrieben, hat die Trennung der Variablen in einen internen und einen starren Anteil weitreichende Konsequenzen für die Stabilitäts- und die Bifurkationstheorie, wobei hier wieder Entwicklungen fortgesetzt werden, die ihren Ursprung in den Arbeiten von Riemann, Poincaré und anderen haben. Der Weg zu dieser neuen Einsicht besteht im wesentlichen aus einer wohlgewählten Trennung der Variablen mit dem (mechanischen) Zusammenhang als einer der wichtigsten Zutaten. Diese Trennung bringt die zweite Variation der ergänzten Hamiltonfunktion in einen relativen Gleichgewichtspunkt und die symplektische Form in die „Normalform". Es ist etwas verwunderlich, daß es möglich ist, beide *gleichzeitig* in eine einfache Form zu bringen. Dies vereinfacht die Untersuchung der Eigenwerte der linearisierten Gleichungen und die Hamiltonsche Bifurkationstheorie beträchtlich, siehe z.B. Bloch, Krishnaprasad, Marsden und Ratiu [1996].

Eines der wichtigsten Resultate der Hamiltonschen Reduktionstheorie besagt, daß die Reduktion eines Kotangentialbündels T^*Q durch eine Symmetriegruppe G ein Bündel über T^*S ist, wobei $S = Q/G$ der Formraum und die Faser entweder der Dualraum $\mathfrak{g}^*$ der Liealgebra von G oder ein koadjungierter Orbit ist, je nachdem, ob man Poissonsche oder symplektische Reduktion betrachtet. Wir verweisen auf Montgomery, Marsden und Ratiu [1984], Marsden [1992] und Cendra, Marsden und Ratiu [1999] für Details und Verweise. Die Lagrange-Poincaré-Gleichungen liefern das Analogon dieser Struktur auf dem Tangentialbündel.

Bemerkenswerterweise ähneln die Gleichungen (13.93) formal sehr stark den Gleichungen für ein mechanisches System mit klassischen nichtholonomen Geschwindigkeitszwangsbedingungen (siehe Naimark und Fufaev [1972] und Koiller [1992]). Als Zusammenhang wählt man in diesem Fall die 1-Form, die die Zwangsbedingungen ergibt. Dies wird in Bloch, Krishnaprasad, Marsden und Murray [1996] genauer ausgeführt. Darüber hinaus erscheint diese Struktur in verschiedenen Problemen der Kontrolltheorie, vor allem dem von

Bloch, Krishnaprasad, Marsden und Sánchez de Alvarez [1992] betrachteten Problem der stabilisierenden Steuerung.

Für Systeme mit einer Impulsabbildung $\mathbf{J}$, die auf einen festen Wert μ eingeschränkt ist, liegt der Schlüssel zur Konstruktion eines reduzierten Lagrangeschen Systems im Übergang von der Lagrangefunktion L zur Routhfunktion R^μ, welche man aus der Lagrangefunktion durch Subtraktion der Paarung des mechanischen Zusammenhangs mit dem Wert μ der Impulsabbildung erhält. Auf der anderen Seite ist der Geschwindigkeitsshift in der Lagrangefunktion ein wichtiger Bestandteil der Lagrange-Poincaré-Gleichungen, wobei der Shift durch den Zusammenhang bestimmt ist und somit der Lagrangefunktion mit dem Geschwindigkeitsshift die Rolle zukommt, die die Routhfunktion in der Theorie mit Zwangsbedingungen spielt.

14. Koadjungierte Orbits

In diesem Kapitel beweisen wir unter anderem, daß die koadjungierten Orbits einer Liegruppe symplektische Mannigfaltigkeiten sind. Diese symplektischen Mannigfaltigkeiten sind die symplektischen Blätter für die Lie-Poisson-Klammer. Dieses Ergebnis wurde von Kirillov, Arnold, Kostant und Souriau Anfang bis Mitte der sechziger Jahre entwickelt und verwendet, obwohl die Grundideen bis auf die Arbeiten von Lie, Borel und Weil zurückgehen. (Siehe Kirillov [1962, 1976b], Arnold [1966a], Kostant [1970] und Souriau [1970].) Hier werden wir einen direkten Beweis dieses Satzes angeben, man kann aber auch einen Beweis führen, der die allgemeine Reduktionstheorie verwendet, siehe z.B. Marsden und Weinstein [1974] und Abraham und Marsden [1978].

In Kapitel 9 definierten wir die **adjungierte Darstellung** einer Liegruppe G durch

$$\mathrm{Ad}_g = T_e I_g : \mathfrak{g} \to \mathfrak{g},$$

wobei $I_g : G \to G$ der innere Automorphismus $I_g(h) = ghg^{-1}$ ist. Die **koadjungierte Wirkung** ist durch

$$\mathrm{Ad}_{g^{-1}}^* : \mathfrak{g}^* \to \mathfrak{g}^*$$

gegeben, wobei $\mathrm{Ad}_{g^{-1}}^*$ die duale Abbildung der linearen Abbildung $\mathrm{Ad}_{g^{-1}}$ ist, also

$$\langle \mathrm{Ad}_{g^{-1}}^*(\mu), \xi \rangle = \langle \mu, \mathrm{Ad}_{g^{-1}}(\xi) \rangle$$

gilt, wobei $\mu \in \mathfrak{g}^*$ und $\xi \in \mathfrak{g}$ ist und $\langle \, , \rangle$ die Paarung zwischen $\mathfrak{g}^*$ und $\mathfrak{g}$ bezeichnet. Der **koadjungierte Orbit** $\mathrm{Orb}\,(\mu)$ durch $\mu \in \mathfrak{g}^*$ ist die durch

$$\mathrm{Orb}\,(\mu) := \{\, \mathrm{Ad}_{g^{-1}}^*(\mu) \mid g \in G \,\} := G \cdot \mu$$

definierte Teilmenge von $\mathfrak{g}^*$. Wie jeder Orbit einer beliebigen Gruppenwirkung ist $\mathrm{Orb}\,(\mu)$ eine immersierte Untermannigfaltigkeit von $\mathfrak{g}^*$, und für kompaktes G ist $\mathrm{Orb}\,(\mu)$ eine abgeschlossene, eingebettete Untermannigfaltigkeit.[1]

---

[1] Die koadjungierten Orbits sind auch eingebettete (aber nicht notwendigerweise abgeschlossene) Untermannigfaltigkeiten von $\mathfrak{g}^*$, wenn G eine algebraische Gruppe ist.

14.1 Beispiele von koadjungierten Orbits

Beispiel 14.1.1 (Die Drehgruppe). Wie wir in §9.3 gesehen haben, ist die adjungierte Wirkung für SO(3) einfach durch $\mathrm{Ad}_A(\mathbf{v}) = A\mathbf{v}$ gegeben, wobei $A \in \mathrm{SO}(3)$ und $\mathbf{v} \in \mathbb{R}^3 \cong \mathfrak{so}(3)$ ist. Identifiziere $\mathfrak{so}(3)^*$ über das gewöhnliche Skalarprodukt mit $\mathbb{R}^3$, so daß für $\boldsymbol{\Pi}, \mathbf{v} \in \mathbb{R}^3$ $\langle \boldsymbol{\Pi}, \hat{\mathbf{v}} \rangle = \boldsymbol{\Pi} \cdot \mathbf{v}$ gilt. Demzufolge gilt für $\boldsymbol{\Pi} \in \mathfrak{so}(3)^*$ und $A \in \mathrm{SO}(3)$

$$
\begin{aligned}
\langle \mathrm{Ad}^*_{A^{-1}}(\boldsymbol{\Pi}), \hat{\mathbf{v}} \rangle = \big\langle \boldsymbol{\Pi}, \mathrm{Ad}_{A^{-1}}(\mathbf{v}) \big\rangle = \big\langle \boldsymbol{\Pi}, (A^{-1}\mathbf{v}) \big\rangle &= \boldsymbol{\Pi} \cdot A^{-1}\mathbf{v} \\
&= (A^{-1})^T \boldsymbol{\Pi} \cdot \mathbf{v} = A\boldsymbol{\Pi} \cdot \mathbf{v},
\end{aligned} \tag{14.1}
$$

da A orthogonal ist. Wenn wir $\mathfrak{so}(3)^*$ mit $\mathbb{R}^3$ identifizieren, ist $\mathrm{Ad}^*_{A^{-1}} = A$ und somit

$$
\mathrm{Orb}\,(\boldsymbol{\Pi}) = \{\, \mathrm{Ad}^*_{A^{-1}}(\boldsymbol{\Pi}) \mid A \in \mathrm{SO}(3) \,\} = \{\, A\boldsymbol{\Pi} \mid A \in \mathrm{SO}(3) \,\}, \tag{14.2}
$$

was eine Sphäre im $\mathbb{R}^3$ mit Radius $\|\boldsymbol{\Pi}\|$ ist.

Beispiel 14.1.2 (Die affine Gruppe auf $\mathbb{R}$). Betrachte die Liegruppe der Transformationen von $\mathbb{R}$ der Form $T(x) = ax + b$ mit $a \neq 0$. Identifiziere G mit der Menge der Paare $(a, b) \in \mathbb{R}^2$ mit $a \neq 0$. Wegen

$$
(T_1 \circ T_2)(x) = a_1(a_2 x + b_2) + b_1 = a_1 a_2 x + a_1 b_2 + b_1
$$

und $T^{-1}(x) = (x - b)/a$ ist die Gruppenmultiplikation

$$
(a_1, b_1) \cdot (a_2, b_2) = (a_1 a_2, a_1 b_2 + b_1). \tag{14.3}
$$

Das neutrale Element ist $(1, 0)$ und das Inverse von (a, b) ist

$$
(a, b)^{-1} = \left(\frac{1}{a}, -\frac{b}{a} \right). \tag{14.4}
$$

Also ist G eine zweidimensionale Liegruppe. Sie ist ein Beispiel für ein *semidirektes Produkt* (siehe Übung 9.3.1). Als Menge ist die Liealgebra von G $\mathfrak{g} = \mathbb{R}^2$. Um die Klammer auf $\mathfrak{g}$ zu berechnen, gehen wir von der adjungierten Darstellung aus. Die inneren Automorphismen sind durch

$$
\begin{aligned}
I_{(a,b)}(c, d) = (a, b) \cdot (c, d) \cdot (a, b)^{-1} &= (ac, ad + b) \cdot \left(\frac{1}{a}, -\frac{b}{a} \right) \\
&= (c, ad - bc + b)
\end{aligned} \tag{14.5}
$$

gegeben. Differenzieren wir (14.5) nach (c, d) im neutralen Element in Richtung von $(u, v) \in \mathfrak{g}$, ergibt sich

$$
\mathrm{Ad}_{(a,b)}(u, v) = (u, av - bu). \tag{14.6}
$$

Differenzieren wir (14.6) nach (a, b) in Richtung von (r, s), so erhalten wir die Lieklammer

$$[(r, s), (u, v)] = (0, rv - su). \tag{14.7}$$

Ein alternativer Zugang ist die Darstellung von (a, b) als Matrix

$$\begin{pmatrix} a & b \\ 0 & 1 \end{pmatrix}.$$

Die Gruppenmultiplikation ist dann durch die Matrizenmultiplikation gegeben. Identifiziert man die Liealgebra mit den Matrizen

$$\begin{pmatrix} u & v \\ 0 & 0 \end{pmatrix},$$

ist die Lieklammer der gewöhnliche Kommutator von Matrizen.

Der adjungierte Orbit durch (u, v) ist $\{u\} \times \mathbb{R}$, wenn $(u, v) \neq (0, 0)$ ist und $\{(0, 0)\}$ für $(u, v) = (0, 0)$. Der adjungierte Orbit $\{u\} \times \mathbb{R}$ kann nicht symplektisch sein, da er eindimensional ist. Für die Berechnung der koadjungierten Orbits bezeichnen wir die Elemente von $\mathfrak{g}^*$ durch Spaltenvektoren

$$(\alpha, \beta)^T = \begin{pmatrix} \alpha \\ \beta \end{pmatrix}$$

und verwenden die Paarung

$$\left\langle (u, v), \begin{pmatrix} \alpha \\ \beta \end{pmatrix} \right\rangle = \alpha u + \beta v, \tag{14.8}$$

um $\mathfrak{g}^*$ mit $\mathbb{R}^2$ zu identifizieren. Dann gilt

$$\left\langle \mathrm{Ad}^*_{(a,b)} \begin{pmatrix} \alpha \\ \beta \end{pmatrix}, (u, v) \right\rangle = \left\langle \begin{pmatrix} \alpha \\ \beta \end{pmatrix}, \mathrm{Ad}_{(a,b)}(u, v) \right\rangle = \left\langle \begin{pmatrix} \alpha \\ \beta \end{pmatrix}, (u, av - bu) \right\rangle$$
$$= \alpha u + \beta a v - \beta b u. \tag{14.9}$$

Demzufolge ist

$$\mathrm{Ad}^*_{(a,b)} \begin{pmatrix} \alpha \\ \beta \end{pmatrix} = \begin{pmatrix} \alpha - \beta b \\ \beta a \end{pmatrix}. \tag{14.10}$$

Für $\beta = 0$ ist der koadjungierte Orbit durch $(\alpha, \beta)^T$ ein einzelner Punkt. Für $\beta \neq 0$ ist der Orbit durch $(\alpha, \beta)^T$ der $\mathbb{R}^2$ ohne die α-Achse.

Es ist bisweilen nützlich, den Dualraum $\mathfrak{g}^*$ mit $\mathfrak{g}$, also mit den Matrizen der Form

$$\begin{pmatrix} \alpha & \beta \\ 0 & 0 \end{pmatrix}$$

über die Paarung von $\mathfrak{g}^*$ mit $\mathfrak{g}$ zu identifizieren, die durch die Spur des Matrizenproduktes eines Elementes von $\mathfrak{g}^*$ mit dem hermitesch adjungierten eines Elementes von $\mathfrak{g}$ gegeben ist.

Beispiel 14.1.3 (Orbits in $\mathfrak{X}_{\mathrm{div}}^*$). Sei $G = \mathrm{Diff}_{\mathrm{vol}}(\Omega)$ die Gruppe der volumenerhaltenden Diffeomorphismen eines Gebietes Ω im $\mathbb{R}^n$ mit der Liealgebra $\mathfrak{X}_{\mathrm{div}}(\Omega)$. In Beispiel 10.1.4 haben wir $\mathfrak{X}_{\mathrm{div}}^*(\Omega)$ mit $\mathfrak{X}_{\mathrm{div}}(\Omega)$ über die L^2-Paarung auf den Vektorfeldern identifiziert. Hier beginnen wir damit, eine andere Darstellung des Dualraumes $\mathfrak{X}_{\mathrm{div}}^*(\Omega)$ zu finden, die sich besser für die explizite Berechnung der koadjungierten Wirkung eignet. Dann kehren wir zu der obigen Identifizierung zurück und suchen einen Ausdruck für die koadjungierte Wirkung auf $\mathfrak{X}_{\mathrm{div}}(\Omega)$.

Das im folgenden wichtigste technische Hilfsmittel ist der Hodgesche Zerlegungssatz für Mannigfaltigkeiten mit Rand. Wir stellen hier nur die für den weiteren Verlauf wichtigen Aussagen vor. Eine k-Form α heißt *tangential* zu $\partial\Omega$, wenn $i^*(*\alpha) = 0$ gilt. Sei $\Omega_t^k(\Omega)$ die Menge aller zu $\partial\Omega$ tangentialen k-Formen auf M. Einer der Hodgeschen Zerlegungssätze besagt, daß es eine L^2-orthogonale Zerlegung

$$\Omega^k(\Omega) = \mathbf{d}\Omega^{k-1}(\Omega) \oplus \{\, \alpha \in \Omega_t^k(\Omega) \mid \delta\alpha = 0 \,\}$$

gibt. Daraus folgt, daß die durch

$$\langle M, X \rangle = \int_\Omega M_i X^i d^n x \tag{14.11}$$

definierte Paarung

$$\langle\,,\rangle : \{\, \alpha \in \Omega_t^1(\Omega) \mid \delta\alpha = 0 \,\} \times \mathfrak{X}_{\mathrm{div}}(\Omega) \to \mathbb{R}$$

schwach nichtausgeartet ist. Ist nämlich $M \in \{\, \alpha \in \Omega_t^1(M) \mid \delta\alpha = 0 \,\}$ und $\langle M, X \rangle = 0$ für alle $X \in \mathfrak{X}_{\mathrm{div}}(\Omega)$, so folgt $\langle M, B \rangle = 0$ für alle $B \in \{\, \Omega_t^1(\Omega) \mid \delta B = 0 \,\}$, da der Operator $^\flat$ zu der Metrik auf Ω einen Isomorphismus zwischen $\mathfrak{X}_{\mathrm{div}}(\Omega)$ und $\{\, \alpha \in \Omega_t^1(\Omega) \mid \delta B = 0 \,\}$ induziert. Nach der oben erwähnten L^2-orthogonalen Zerlegung ist daher $M = \mathbf{d}f$ und somit $M = 0$. Ist analog $X \in \mathfrak{X}_{\mathrm{div}}(\Omega)$ und $\langle M, X \rangle = 0$ für alle $M \in \{\, \alpha \in \Omega_t^1(M) \mid \delta\alpha = 0 \,\}$, so folgt $\langle M, X^\flat \rangle = 0$ für alle solchen M und wie zuvor ist $X^\flat = \mathbf{d}f$, d.h. $X = \nabla f$. Daraus folgt jedoch $X = 0$, da Gradienten von Funktionen nach dem Satz von Stokes L^2-orthogonal zu $\mathfrak{X}_{\mathrm{div}}(\Omega)$ sind. Wir identifizieren also

$$\mathfrak{X}_{\mathrm{div}}^*(\Omega) = \{\, M \in \Omega_t^1(\Omega) \mid \delta M = 0 \,\}. \tag{14.12}$$

Die koadjungierte Wirkung von $\mathrm{Diff}_{\mathrm{vol}}(\Omega)$ auf $\mathfrak{X}_{\mathrm{div}}^*(\Omega)$ berechnet man folgendermaßen: In Kapitel 9 haben wir gezeigt, daß $\mathrm{Ad}_\varphi(X) = \varphi_* X$ für $\varphi \in \mathrm{Diff}_{\mathrm{vol}}(\Omega)$ und $X \in \mathfrak{X}_{\mathrm{div}}(\Omega)$ gilt. Also ist nach der Substitutionsregel

$$\langle \mathrm{Ad}_{\varphi^{-1}}^* M, X \rangle = \langle M, \mathrm{Ad}_{\varphi^{-1}} X \rangle = \int_\Omega M \cdot \varphi^* X \, d^n x = \int_\Omega \varphi_* M \cdot X \, d^n x.$$

Damit gilt weiter

$$\mathrm{Ad}^*_{\varphi^{-1}} M = \varphi_* M \tag{14.13}$$

und somit

$$\mathrm{Orb}\, M = \{\, \varphi_* M \mid \varphi \in \mathrm{Diff}_{\mathrm{vol}}(\Omega) \,\}.$$

Wir wollen als nächstes zu der Identifizierung von $\mathfrak{X}^*_{\mathrm{div}}(\Omega)$ mit $\mathfrak{X}_{\mathrm{div}}(\Omega)$ über die L^2-Paarung für Vektorfelder

$$\langle X, Y \rangle = \int_\Omega X \cdot Y \, d^n x \tag{14.14}$$

zurückkehren. Die Helmholtzzerlegung besagt, daß jedes Vektorfeld auf Ω eindeutig in die Summe des Gradienten einer Funktion und eines divergenz-freien, zu $\partial\Omega$ tangentialen Vektorfeldes zerlegt werden kann, wobei die bei-den Summanden orthogonal sind. Diese Zerlegung ist äquivalent zur weiter oben besprochenen Hodgezerlegung von 1-Formen. Dies zeigt, daß (14.14) eine schwach nichtausgeartete Paarung ist. Für $\varphi \in \mathrm{Diff}_{\mathrm{vol}}(\Omega)$ sei $(T\varphi)^\dagger$ die adjungierte Abbildung von $T\varphi : T\Omega \to T\Omega$ bzgl. der Metrik (14.14). Nach der Substitutionsregel ist

$$\langle \mathrm{Ad}^*_{\varphi^{-1}} Y, X \rangle = \langle Y, \mathrm{Ad}_{\varphi^{-1}} X \rangle = \int_\Omega Y \cdot \varphi^* X \, d^n x$$

$$= \int_\Omega Y \cdot (T\varphi^{-1} \circ X \circ \varphi) \, d^n x = \int_\Omega ((T\varphi^{-1})^\dagger \circ Y \circ \varphi) \cdot X \, d^n x,$$

d.h.,

$$\mathrm{Ad}^*_{\varphi^{-1}} Y = (T\varphi^{-1})^\dagger \circ Y \circ \varphi \tag{14.15}$$

und

$$\mathrm{Orb}\, Y = \{\, (T\varphi^{-1})^\dagger \circ Y \circ \varphi \mid \varphi \in \mathrm{Diff}_{\mathrm{vol}}(\Omega) \,\}. \tag{14.16}$$

Dieses Beispiel zeigt, daß verschiedene Paarungen verschiedene Ausdrücke für die koadjungierte Wirkung ergeben und die Wahl des Dualraums von der spezifisch gegebenen Anwendung bestimmt wird, die man betrachtet. Die Paarung (14.14) ist z.B. für die Lie-Poisson-Klammer auf $\mathfrak{X}_{\mathrm{div}}(\Omega)$ in Bei-spiel 10.2.4 geeignet. Viele Berechnungen, in denen die koadjungierte Wir-kung vorkommt, werden jedoch vereinfacht, wenn man (14.12) als Dualraum wählt, d.h. (14.11) als Paarung.

Beispiel 14.1.4 (Orbits in $\mathfrak{X}^*_{\mathrm{kan}}$). Sei $G = \mathrm{Diff}_{\mathrm{kan}}(P)$ die Gruppe der kanonischen Transformationen einer symplektischen Mannigfaltigkeit P mit $H^1(P) = 0$. Sei k eine Funktion auf P, X_k das zugehörige Hamiltonsche Vektorfeld und $\varphi \in G$. Dann gilt

$$\mathrm{Ad}_\varphi X_k = \varphi_* X_k = X_{k \circ \varphi^{-1}}. \tag{14.17}$$

Identifiziert man also $\mathfrak{g}$ mit $\mathcal{F}(P)$ modulo Konstanten oder äquivalent dazu mit den im Mittel verschwindenden Funktionen auf P, erhält man $\mathrm{Ad}_\varphi k =$

$\varphi_* k = k \circ \varphi^{-1}$. Auf dem Dualraum, der über die L^2-Paarung mit $\mathcal{F}(P)$ (modulo Konstanten) identifiziert wird, zeigt man durch eine direkte Rechnung, daß

$$\mathrm{Ad}^*_{\varphi^{-1}} f = \varphi_* f = f \circ \varphi^{-1} \tag{14.18}$$

gilt. Man spricht bisweilen davon, daß $\mathrm{Orb}\,(f) = \{\, f \circ \varphi^{-1} \mid \varphi \in \mathrm{Diff}_{\mathrm{kan}}(P) \,\}$ aus den **kanonischen Umordnungen** von f besteht.

Beispiel 14.1.5 (Der Todaorbit). Ein anderes interessantes Beispiel ist der Todaorbit, der in der Theorie der vollständig integrablen Systeme auftritt. Sei

$\mathfrak{g} =$ die Liealgebra der reellen $(n \times n)$-Matrizen von unterer Dreiecksform mit verschwindender Spur und

$G =$ die unteren Dreiecksmatrizen der Determinante eins

und identifiziere $\mathfrak{g}^*$ über die Paarung

$$\langle \xi, \mu \rangle = \mathrm{Sp}\,(\xi\mu)$$

für $\xi \in \mathfrak{g}$ und $\mu \in \mathfrak{g}^*$ mit den oberen Dreiecksmatrizen. Wegen $\mathrm{Ad}_A\,\xi = A\xi A^{-1}$ erhalten wir

$$\mathrm{Ad}^*_{A^{-1}}\,\mu = P(A\mu A^{-1}), \tag{14.19}$$

wobei $P : \mathfrak{sl}(n, \mathbb{R}) \to \mathfrak{g}^*$ die Projektion ist, die eine Matrix auf ihren oberen Dreiecksanteil abbildet. Setze dann

$$\mu = \begin{bmatrix} 0 & 1 & 0 & \cdots & 0 & 0 \\ 0 & 0 & 1 & \cdots & 0 & 0 \\ 0 & 0 & 0 & \cdots & 0 & 0 \\ \vdots & \vdots & \vdots & \ddots & \vdots & \vdots \\ 0 & 0 & 0 & \cdots & 0 & 1 \\ 0 & 0 & 0 & \cdots & 0 & 0 \end{bmatrix} \in \mathfrak{g}^*. \tag{14.20}$$

Man zeigt, daß $\mathrm{Orb}\,(\mu) = \{\, P(A\mu\,A^{-1}) \mid A \in G \,\}$ aus Matrizen der Form

$$L = \begin{bmatrix} b_1 & a_1 & 0 & 0 & \cdots & 0 & 0 \\ 0 & b_2 & a_2 & 0 & \cdots & 0 & 0 \\ 0 & 0 & b_3 & a_3 & \cdots & 0 & 0 \\ 0 & 0 & 0 & b_4 & \cdots & 0 & 0 \\ \vdots & \vdots & \vdots & \vdots & \ddots & \vdots & \vdots \\ 0 & 0 & 0 & 0 & \cdots & b_{n-1} & a_{n-1} \\ 0 & 0 & 0 & 0 & \cdots & 0 & b_n \end{bmatrix} \tag{14.21}$$

mit $\sum b_n = 0$ besteht. Siehe Kostant [1979] und Symes [1982a, 1982b] für weitere Informationen.

Beispiel 14.1.6 (Koadjungierte Orbits, die keine Untermannigfaltigkeit sind). Dieses Beispiel stellt eine Liegruppe G vor, deren generische koadjungierte Orbits in $\mathfrak{g}^*$ *keine* Untermannigfaltigkeiten sind. Es stammt von Kirillov [1976b, S. 293]. Sei α eine irrationale Zahl und definiere

$$G = \left\{ \begin{bmatrix} e^{it} & 0 & z \\ 0 & e^{i\alpha t} & w \\ 0 & 0 & 1 \end{bmatrix} \middle| \; t \in \mathbb{R}, \; z, w \in \mathbb{C} \right\}. \tag{14.22}$$

Beachte, daß G diffeomorph zu $\mathbb{R}^5$ ist. Als Gruppe ist G das semidirekte Produkt von

$$H = \left\{ \begin{bmatrix} e^{it} & 0 \\ 0 & e^{i\alpha t} \end{bmatrix} \middle| \; t \in \mathbb{R} \right\}$$

mit $\mathbb{C}^2$, wobei die Wirkung durch Multiplikation von links von Vektoren in $\mathbb{C}^2$ mit Elementen H gegeben ist (vgl. Übung 9.3.1). Das neutrale Element von G ist demzufolge die (3×3)-Einheitsmatrix und das inverse

$$\begin{bmatrix} e^{it} & 0 & z \\ 0 & e^{i\alpha t} & w \\ 0 & 0 & 1 \end{bmatrix}^{-1} = \begin{bmatrix} e^{-it} & 0 & -ze^{-it} \\ 0 & e^{-i\alpha t} & -we^{-i\alpha t} \\ 0 & 0 & 1 \end{bmatrix}.$$

Die Liealgebra $\mathfrak{g}$ von G ist

$$\mathfrak{g} = \left\{ \begin{bmatrix} it & 0 & x \\ 0 & i\alpha t & y \\ 0 & 0 & 0 \end{bmatrix} \middle| \; t \in \mathbb{R}, \; x, y \in \mathbb{C} \right\} \tag{14.23}$$

mit dem gewöhnlichen Kommutator als Lieklammer. Identifiziere $\mathfrak{g}^*$ über die nichtausgeartete Paarung

$$\langle A, B \rangle = \mathrm{Re}\,(\mathrm{Sp}\,(AB))$$

in $\mathfrak{gl}(3, \mathbb{C})$ mit

$$\mathfrak{g}^* = \left\{ \begin{bmatrix} is & 0 & 0 \\ 0 & i\alpha s & 0 \\ a & b & 0 \end{bmatrix} \middle| \; s \in \mathbb{R}, \; a, b \in \mathbb{C} \right\}. \tag{14.24}$$

Die adjungierte Wirkung von

$$g = \begin{bmatrix} e^{it} & 0 & z \\ 0 & e^{i\alpha t} & w \\ 0 & 0 & 1 \end{bmatrix} \quad \text{auf} \quad \xi = \begin{bmatrix} is & 0 & x \\ 0 & i\alpha s & y \\ 0 & 0 & 0 \end{bmatrix}$$

ist durch

$$\mathrm{Ad}_g\, \xi = \begin{bmatrix} is & 0 & e^{it}x - isz \\ 0 & i\alpha s & e^{i\alpha t}y - i\alpha sw \\ 0 & 0 & 0 \end{bmatrix} \tag{14.25}$$

gegeben. Die koadjungierte Wirkung desselben Gruppenelements g auf

$$\mu = \begin{bmatrix} iu & 0 & 0 \\ 0 & i\alpha u & 0 \\ a & b & 0 \end{bmatrix}$$

ist durch

$$\mathrm{Ad}^*_{g^{-1}}\mu = \begin{bmatrix} iu' & 0 & 0 \\ 0 & i\alpha u' & 0 \\ ae^{-it} & be^{-i\alpha t} & 0 \end{bmatrix} \tag{14.26}$$

gegeben mit

$$u' = u + \frac{1}{1+\alpha^2}\mathrm{Im}(ae^{-it}z + be^{-i\alpha t}\alpha w). \tag{14.27}$$

Für $a, b \neq 0$ ist der Orbit durch μ zweidimensional. Er ist eine zylindrische Fläche, deren Erzeuger die u'-Achse und deren Grundlinie die Kurve in $\mathbb{C}^2$ ist, die durch $t \mapsto (ae^{-it}, be^{-i\alpha t})$ parametrisiert wird. Diese Kurve ist aber der auf dem Torus mit den Radien $|a|$ und $|b|$ dicht liegende irrationale Fluß und die zylindrische Fläche somit keine Untermannigfaltigkeit des $\mathbb{R}^5$. Beachte weiter, daß der Abschluß dieses Orbits die dreidimensionale Mannigfaltigkeit ist, die aus dem Produkt der u'-Achse mit dem zweidimensionalen Torus der Radien $|a|$ und $|b|$ entsteht. Wir kommen auf dieses Beispiel noch in den Internetergänzungen zurück.

Übungen

Übung 14.1.1. Zeige, daß für $\mu \in \mathfrak{g}^*$

$$\mathrm{Orb}\,(\mu) = J_R\left[J_L^{-1}(\mu)\right] = J_L\left[J_R^{-1}(\mu)\right]$$

gilt.

Übung 14.1.2. Formuliere (14.10) in Matrixschreibweise.

14.2 Tangentialvektoren an koadjungierte Orbits

Im allgemeinen sind die Orbits einer Liegruppenwirkung zwar für sich genommen Mannigfaltigkeiten, nicht jedoch Untermannigfaltigkeiten der Mannigfaltigkeit, auf der die Gruppe wirkt, sondern nur injektiv immersierte Mannigfaltigkeiten. Eine wichtige Ausnahme bildet der Fall einer kompakten Liegruppe. In diesem sind alle ihre Orbits abgeschlossene eingebettete Untermannigfaltigkeiten. Die koadjungierten Orbits bilden in diesem Punkt keine Ausnahme, wie wir in den vorangegangenen Beispielen gesehen haben. Wir sollten sie immer als injektiv immersierte Untermannigfaltigkeiten betrachten, die diffeomorph zu G/G_μ sind, wobei $G_\mu = \{\, g \in G \mid \mathrm{Ad}^*_g\,\mu = \mu \,\}$ der Stabilisator der koadjungierten Wirkung in einem Punkt μ des Orbits ist.

Wir beschreiben nun Tangentialvektoren an koadjungierte Orbits. Sei $\xi \in \mathfrak{g}$ und sei $g(t)$ eine Kurve in G, die bei $t = 0$ tangential zu ξ ist, z.B. $g(t) = \exp(t\xi)$. Sei $\mathcal{O}$ ein koadjungierter Orbit und $\mu \in \mathcal{O}$. Ist $\eta \in \mathfrak{g}$, so ist

$$\mu(t) = \mathrm{Ad}^*_{g(t)^{-1}} \mu \tag{14.28}$$

eine Kurve in $\mathcal{O}$ mit $\mu(0) = \mu$. Differenzieren wir die Gleichung

$$\langle \mu(t), \eta \rangle = \langle \mu, \mathrm{Ad}_{g(t)^{-1}} \eta \rangle \tag{14.29}$$

nach t bei $t = 0$, so erhalten wir

$$\langle \mu'(0), \eta \rangle = -\langle \mu, \mathrm{ad}_\xi \eta \rangle = -\langle \mathrm{ad}^*_\xi \mu, \eta \rangle$$

und somit

$$\mu'(0) = -\mathrm{ad}^*_\xi \mu. \tag{14.30}$$

Demzufolge gilt

$$T_\mu \mathcal{O} = \{ \mathrm{ad}^*_\xi \mu \mid \xi \in \mathfrak{g} \}. \tag{14.31}$$

Diese Rechnung zeigt auch, daß der infinitesimale Erzeuger der koadjungierten Wirkung durch

$$\xi_{\mathfrak{g}^*}(\mu) = -\mathrm{ad}^*_\xi \mu \tag{14.32}$$

gegeben ist.

Die folgende Beschreibung des Tangentialraumes an einen koadjungierten Orbit ist öfters von Nutzen: Sei $\mathfrak{g}_\mu = \{ \xi \in \mathfrak{g} \mid \mathrm{ad}^*_\xi \mu = 0 \}$ die koadjungierte Stabilisatoralgebra von μ, also die Liealgebra des koadjungierten Stabilisators

$$G_\mu = \{ g \in G \mid \mathrm{Ad}^*_g \mu = \mu \}.$$

Proposition 14.2.1. *Sei* $\langle , \rangle : \mathfrak{g}^* \times \mathfrak{g} \to \mathbb{R}$ *eine schwach nichtausgeartete Paarung und* $\mathcal{O}$ *der koadjungierte Orbit durch* $\mu \in \mathfrak{g}^*$. *Sei weiter*

$$\mathfrak{g}^\circ_\mu := \{ \nu \in \mathfrak{g}^* \mid \langle \nu, \eta \rangle = 0 \text{ für alle } \eta \in \mathfrak{g}_\mu \}$$

*der **Annihilator** von* $\mathfrak{g}_\mu$ *in* $\mathfrak{g}^*$. *Dann ist* $T_\mu \mathcal{O} \subset \mathfrak{g}^\circ_\mu$. *Ist* $\mathfrak{g}$ *endlichdimensional, so gilt* $T_\mu \mathcal{O} = \mathfrak{g}^\circ_\mu$. *Dieselbe Gleichheit gilt, wenn* $\mathfrak{g}$ *und* $\mathfrak{g}^*$ *Banachräume sind,* $T_\mu \mathcal{O}$ *abgeschlossen in* $\mathfrak{g}^*$ *und die Paarung stark nichtausgeartet ist.*

Beweis. Für jedes $\xi \in \mathfrak{g}$ und $\eta \in \mathfrak{g}_\mu$ gilt

$$\langle \mathrm{ad}^*_\xi \mu, \eta \rangle = \langle \mu, [\xi, \eta] \rangle = -\langle \mathrm{ad}^*_\eta \mu, \xi \rangle = 0,$$

was die Inklusion $T_\mu \mathcal{O} \subset \mathfrak{g}^\circ_\mu$ beweist. Ist $\mathfrak{g}$ endlichdimensional, so gilt die Gleichheit wegen $\dim T_\mu \mathcal{O} = \dim \mathfrak{g} - \dim \mathfrak{g}_\mu = \dim \mathfrak{g}^\circ_\mu$. Sind $\mathfrak{g}$ und $\mathfrak{g}^*$ unendlichdimensionale Banachräume und ist $\langle , \rangle : \mathfrak{g}^* \times \mathfrak{g} \to \mathbb{R}$ eine starke Paarung, können wir oBdA annehmen, daß es die kanonische Paarung zwischen einem Banachraum und seinem Dualraum ist. Ist $\mathfrak{g}^\circ_\mu \neq T_\mu \mathcal{O}$, wähle $\nu \in \mathfrak{g}^\circ_\mu$ so, daß $\nu \neq 0$ und $\nu \notin T_\mu \mathcal{O}$ ist. Nach dem Satz von Hahn-Banach gibt es ein $\eta \in \mathfrak{g}$ mit $\langle \nu, \eta \rangle = 1$ und $\langle \mathrm{ad}^*_\xi \mu, \eta \rangle = 0$ für alle $\xi \in \mathfrak{g}$. Die letzte Bedingung ist äquivalent zu $\eta \in \mathfrak{g}_\mu$. Aus $\nu \in \mathfrak{g}^\circ_\mu$ folgt andererseits auch $\langle \nu, \eta \rangle = 0$, was ein Widerspruch ist. ∎

Beispiele von Tangentialvektoren

Beispiel 14.2.1 (Die Drehgruppe). Identifiziere $(\mathfrak{so}(3), [\cdot, \cdot]) \cong (\mathbb{R}^3, \times)$ und $\mathfrak{so}(3)^* \cong \mathbb{R}^3$ über die durch das Euklidische Skalarprodukt gegebene natürliche Paarung. Gleichung (14.32) lautet dann für $\Pi \in \mathfrak{so}(3)^*$ und $\boldsymbol{\xi}, \boldsymbol{\eta} \in \mathfrak{so}(3)$

$$\langle \boldsymbol{\xi}_{\mathfrak{so}(3)^*}(\Pi), \boldsymbol{\eta} \rangle = -\Pi \cdot (\boldsymbol{\xi} \times \boldsymbol{\eta}) = -(\Pi \times \boldsymbol{\xi}) \cdot \boldsymbol{\eta}, \qquad (14.33)$$

so daß $\boldsymbol{\xi}_{\mathfrak{so}(3)^*}(\Pi) = -\Pi \times \boldsymbol{\xi} = \boldsymbol{\xi} \times \Pi$ gilt. Wie zu erwarten ist $\boldsymbol{\xi}_{\mathfrak{so}(3)^*}(\Pi) \in T_\Pi \mathrm{Orb}\,(\Pi)$ tangential an die Sphäre $\mathrm{Orb}\,(\Pi)$. Variiert man $\boldsymbol{\xi}$ in $\mathfrak{so}(3) \cong \mathbb{R}^3$, erhält man ganz $T_\Pi \mathrm{Orb}\,(\Pi)$.

Beispiel 14.2.2 (Die affine Gruppe auf $\mathbb{R}$). Sei $(u, v) \in \mathfrak{g}$ und betrachte den koadjungierten Orbit durch den Punkt

$$\begin{pmatrix} \alpha \\ \beta \end{pmatrix} \in \mathfrak{g}^*.$$

Dann wird (14.32) zu

$$(u, v)_{\mathfrak{g}^*} \begin{pmatrix} \alpha \\ \beta \end{pmatrix} = \left\langle \begin{pmatrix} \alpha \\ \beta \end{pmatrix}, [\cdot, (u, v)] \right\rangle. \qquad (14.34)$$

Es ist jedoch

$$\left\langle \begin{pmatrix} \alpha \\ \beta \end{pmatrix}, [(r, s), (u, v)] \right\rangle = \left\langle \begin{pmatrix} \alpha \\ \beta \end{pmatrix}, (0, rv - su) \right\rangle = rv\beta - su\beta$$

und somit gilt

$$(u, v)_{\mathfrak{g}^*} \begin{pmatrix} \alpha \\ \beta \end{pmatrix} = \begin{pmatrix} v\beta \\ -u\beta \end{pmatrix}. \qquad (14.35)$$

Für $\beta \neq 0$ spannen diese Vektoren tatsächlich $\mathfrak{g}^* = \mathbb{R}^2$ auf.

Beispiel 14.2.3 (Die Gruppe $\mathrm{Diff}_{\mathrm{vol}}$). Für $G = \mathrm{Diff}_{\mathrm{vol}}$ und $M \in \mathfrak{X}^*_{\mathrm{div}}$ erhalten wir die Tangentialvektoren an $\mathrm{Orb}\,(M)$ durch Differenzieren von (14.13) nach φ. Es ergibt sich

$$T_M \mathrm{Orb}\,(M) = \{ -\mathcal{L}_v M \mid v \text{ ist divergenzfrei und tangential zu } \partial\Omega \}. \qquad (14.36)$$

Beispiel 14.2.4 (Die Gruppe $\mathrm{Diff}_{\mathrm{kan}}(P)$). Für $G = \mathrm{Diff}_{\mathrm{kan}}(P)$ gilt

$$T_f \mathrm{Orb}\,(f) = \{ -\{f, k\} \mid k \in \mathcal{F}(P) \}. \qquad (14.37)$$

Beispiel 14.2.5 (Das Todagitter). Der Tangentialraum an die Todaorbits besteht aus den Matrizen derselben Form wie L in (14.21), da diese Matrizen einen linearen Raum bilden. Der Leser kann nachprüfen, daß (14.31) dasselbe Resultat liefert.

Übungen

Übung 14.2.1. Zeige, daß für die affine Gruppe auf $\mathbb{R}$ die Lie-Poisson-Klammer durch

$$\{f,g\}(\alpha,\beta) = \beta \left(\frac{\partial f}{\partial \alpha} \frac{\partial g}{\partial \beta} - \frac{\partial f}{\partial \beta} \frac{\partial g}{\partial \alpha} \right)$$

gegeben ist.

14.3 Die symplektische Struktur auf koadjungierten Orbits

Satz 14.3.1 (Der Satz über koadjungierte Orbits). *Sei G eine Liegruppe und $\mathcal{O} \subset \mathfrak{g}^*$ ein koadjungierter Orbit. Dann definiert*

$$\omega^{\pm}(\mu)(\xi_{\mathfrak{g}^*}(\mu), \eta_{\mathfrak{g}^*}(\mu)) = \pm\langle\mu, [\xi,\eta]\rangle \tag{14.38}$$

*für $\mu \in \mathcal{O}$ und $\xi, \eta \in \mathfrak{g}$ zwei symplektische Formen auf $\mathcal{O}$. Wir nennen $\omega^{\pm}$ die **koadjungierten symplektischen Strukturen** und bezeichnen sie bei der Gefahr einer Verwechslung mit $\omega_{\mathcal{O}}^{\pm}$.*

Beweis. Wir beweisen den Satz für ω^-, der Beweis für ω^+ verläuft ähnlich. Zunächst zeigen wir, daß durch (14.38) eine wohldefinierte Form gegeben ist, daß also die rechte Seite unabhängig von den speziellen $\xi \in \mathfrak{g}$ und $\eta \in \mathfrak{g}$ ist, die die Tangentialvektoren $\xi_{\mathfrak{g}^*}(\mu)$ und $\eta_{\mathfrak{g}^*}(\mu)$ definieren. Dazu beachte man, daß aus $\xi_{\mathfrak{g}^*}(\mu) = \xi'_{\mathfrak{g}^*}(\mu)$ die Beziehung $-\langle\mu, [\xi,\eta]\rangle = -\langle\mu, [\xi',\eta]\rangle$ für alle $\eta \in \mathfrak{g}$ folgt. Damit ist

$$\omega^-(\mu)(\xi_{\mathfrak{g}^*}(\mu), \eta_{\mathfrak{g}^*}(\mu)) = \omega^-(\xi'_{\mathfrak{g}^*}(\mu), \eta_{\mathfrak{g}^*}(\mu))$$

und ω^- ist wohldefiniert.

Als nächstes zeigen wir, daß ω^- nichtausgeartet ist. Da die Paarung $\langle\,,\rangle$ nichtausgeartet ist, folgt aus $\omega^-(\mu)(\xi_{\mathfrak{g}^*}(\mu), \eta_{\mathfrak{g}^*}(\mu)) = 0$ für alle $\eta_{\mathfrak{g}^*}(\mu)$ auch $-\langle\mu, [\xi,\eta]\rangle = 0$ für alle η. Dies bedeutet aber $0 = -\langle\mu, [\xi,\cdot]\rangle = \xi_{\mathfrak{g}^*}(\mu)$.

Zuletzt zeigen wir, daß ω^- geschlossen ist, also $\mathbf{d}\omega^- = 0$ gilt. Dafür definieren wir zuerst für jedes $\nu \in \mathfrak{g}^*$ die 1-Form ν_L auf G durch

$$\nu_L(g) = (T_g^* L_{g^{-1}})(\nu)$$

für $g \in G$. Es wurde schon gezeigt, daß die 1-Form ν_L linksinvariant ist, also $L_g^* \nu_L = \nu_L$ für alle $g \in G$ gilt. Sei ξ_L das zu $\xi \in \mathfrak{g}$ gehörende linksinvariante Vektorfeld auf G, so daß $\nu_L(\xi_L)$ eine konstante Funktion auf G ist (deren Wert in jedem Punkt $\langle\nu,\xi\rangle$ ist). Wähle $\nu \in \mathcal{O}$ und betrachte die durch $g \mapsto \mathrm{Ad}_{g^{-1}}^*(\nu)$ definierte surjektive Abbildung $\varphi_\nu : G \to \mathcal{O}$ und die 2-Form $\sigma = \varphi_\nu^* \omega^-$ auf G. Wir zeigen, daß

$$\sigma = \mathrm{d}\nu_L \qquad \qquad (14.39)$$

gilt. Dafür bemerken wir zunächst, daß

$$(T_e\varphi_\nu)(\eta) = \eta_{\mathfrak{g}^*}(\nu) \qquad \qquad (14.40)$$

ist, so daß die surjektive Abbildung φ_ν bei e eine Submersion ist. Nach der Definition des Pullbacks ist $\sigma(e)(\xi, \eta)$ gleich

$$(\varphi_\nu^* \omega^-)(e)(\xi, \eta) = \omega^-(\varphi_\nu(e))(T_e\varphi_\nu \cdot \xi, T_e\varphi_\nu \cdot \eta)$$
$$= \omega^-(\nu)(\xi_{\mathfrak{g}^*}(\nu), \eta_{\mathfrak{g}^*}(\nu)) = -\langle \nu, [\xi, \eta] \rangle. \qquad (14.41)$$

Somit gilt

$$\sigma(\xi_L, \eta_L)(e) = \sigma(e)(\xi, \eta) = -\langle \nu, [\xi, \eta] \rangle = -\langle \nu_L, [\xi_L, \eta_L] \rangle(e). \qquad (14.42)$$

Wir benötigen nun die Beziehung $\sigma(\xi_L, \eta_L) = -\langle \nu_L, [\xi_L, \eta_L] \rangle$ für jeden Punkt von G. Dazu beweisen wir erst zwei Lemmata.

Lemma 14.3.1. *Die Abbildung* $\mathrm{Ad}_{g^{-1}}^* : \mathcal{O} \to \mathcal{O}$ *läßt* ω^- *invariant, es gilt also*

$$(\mathrm{Ad}_{g^{-1}}^*)^* \omega^- = \omega^-.$$

Beweis. Für den Beweis greifen wir auf zwei Gleichungen aus Kap. 9 zurück. Erstens zeigten wir dort

$$(\mathrm{Ad}_g \xi)_{\mathfrak{g}^*} = \mathrm{Ad}_{g^{-1}}^* \circ \xi_{\mathfrak{g}^*} \circ \mathrm{Ad}_g^*, \qquad \qquad (14.43)$$

was man beweist, indem man ξ tangential zu einer Kurve $h(\varepsilon)$ bei $\varepsilon = 0$ wählt, die Beziehung

$$\mathrm{Ad}_g \xi = \frac{d}{d\varepsilon} g h(\varepsilon) g^{-1} \Big|_{\varepsilon=0} \qquad \qquad (14.44)$$

verwendet und beachtet, daß

$$(\mathrm{Ad}_g \xi)_{\mathfrak{g}^*}(\mu) = \frac{d}{d\varepsilon} \mathrm{Ad}_{(g h(\varepsilon) g^{-1})^{-1}}^* \mu \Big|_{\varepsilon=0}$$
$$= \frac{d}{d\varepsilon} \mathrm{Ad}_{g^{-1}}^* \mathrm{Ad}_{h(\varepsilon)^{-1}}^* \mathrm{Ad}_g^*(\mu) \Big|_{\varepsilon=0} \qquad (14.45)$$

gilt. Als zweites benötigen wir die Gleichung

$$\mathrm{Ad}_g[\xi, \eta] = [\mathrm{Ad}_g \xi, \mathrm{Ad}_g \eta], \qquad \qquad (14.46)$$

die durch Differenzieren der Beziehung

$$I_g(I_h(k)) = I_g(h) I_g(k) I_g(h^{-1}) \qquad \qquad (14.47)$$

nach h und k, ausgewertet im neutralen Element, folgt.

Werten wir (14.43) in $\nu = \mathrm{Ad}^*_{g^{-1}}\mu$ aus, so erhalten wir

$$(\mathrm{Ad}_g\,\xi)_{\mathfrak{g}^*}(\nu) = \mathrm{Ad}^*_{g^{-1}} \cdot \xi_{\mathfrak{g}^*}(\mu) = T_\mu\,\mathrm{Ad}^*_{g^{-1}} \cdot \xi_{\mathfrak{g}^*}(\mu), \qquad (14.48)$$

da $\mathrm{Ad}^*_{g^{-1}}$ linear ist. Also gilt:

$$\begin{aligned}
&((\mathrm{Ad}^*_{g^{-1}})^*\omega^-)(\mu)(\xi_{\mathfrak{g}^*}(\mu), \eta_{\mathfrak{g}^*}(\mu)) \\
&= \omega^-(\nu)(T_\mu\,\mathrm{Ad}^*_{g^{-1}} \cdot \xi_{\mathfrak{g}^*}(\mu), T_\mu\,\mathrm{Ad}^*_{g^{-1}} \cdot \eta_{\mathfrak{g}^*}(\mu)) \\
&= \omega^-(\nu)((\mathrm{Ad}_g\,\xi)_{\mathfrak{g}^*}(\nu), (\mathrm{Ad}_g\,\eta)_{\mathfrak{g}^*}(\nu)) \quad \text{(nach (14.48))} \\
&= -\langle \nu, [\mathrm{Ad}_g\,\xi, \mathrm{Ad}_g\,\eta]\rangle \quad \text{(nach der Definition von } \omega^-) \\
&= -\langle \nu, \mathrm{Ad}_g[\xi, \eta]\rangle \quad \text{(nach (14.46))} \\
&= -\langle \mathrm{Ad}^*_g\,\nu, [\xi, \eta]\rangle = -\langle \mu, [\xi, \eta]\rangle \\
&= \omega^-(\mu)(\xi_{\mathfrak{g}^*}(\mu), \eta_{\mathfrak{g}^*}(\mu)).
\end{aligned} \qquad (14.49)$$

∎

Lemma 14.3.2. *Die 2-Form σ ist linksinvariant, d.h., es gilt $L^*_g\sigma = \sigma$ für alle $g \in G$.*

Beweis. Mit der Äquivarianzgleichung $\varphi_\nu \circ L_g = \mathrm{Ad}^*_{g^{-1}} \circ \varphi_\nu$ berechnen wir

$$\begin{aligned}
L^*_g\sigma &= L^*_g\varphi^*_\nu\omega^- = (\varphi_\nu \circ L_g)^*\omega^- = (\mathrm{Ad}^*_{g^{-1}} \circ \varphi_\nu)^*\omega^- \\
&= \varphi^*_\nu(\mathrm{Ad}^*_{g^{-1}})^*\omega^- = \varphi^*_\nu\omega^- = \sigma.
\end{aligned} \qquad (14.50)$$

∎

Lemma 14.3.3. *Es gilt:* $\sigma(\xi_L, \eta_L) = -\langle \nu_L, [\xi_L, \eta_L]\rangle$.

Beweis. Beide Seiten sind linksinvariant und im neutralen Element nach (14.42) gleich. ∎

Die äußere Ableitung $\mathbf{d}\alpha$ einer 1-Form α läßt sich mit der Jacobi-Lieklammer durch

$$(\mathbf{d}\alpha)(X, Y) = X[\alpha(Y)] - Y[\alpha(X)] - \alpha([X, Y]) \qquad (14.51)$$

ausdrücken. Da $\nu_L(\xi_L)$ konstant ist, folgt $\eta_L[\nu_L(\xi_L)] = 0$ und $\xi_L[\nu_L(\eta_L)] = 0$, so daß aus Lemma 14.3.3 die Beziehung

$$\sigma(\xi_L, \eta_L) = (\mathbf{d}\nu_L)(\xi_L, \eta_L) \qquad (14.52)$$

folgt.[2]

---

[2] Auf jeder Liegruppe ist ein natürlicher Zusammenhang gegeben, der von der Linksmultiplikation (oder Rechtsmultiplikation) induziert wird. Die Rechnung (14.51) ist im wesentlichen die Berechnung der Krümmung dieses Zusammenhangs und eng mit den *Maurer-Cartan-Gleichungen* verbunden (siehe §9.1).

Lemma 14.3.4. *Es gilt die Beziehung*

$$\sigma = \mathbf{d}\nu_L. \tag{14.53}$$

Beweis. Wir beweisen, daß für alle Vektorfelder X und Y $\sigma(X,Y) = (\mathbf{d}\nu_L)(X,Y)$ gilt. Ist σ nämlich linksinvariant, folgt

$$
\begin{aligned}
\sigma(X,Y)(g) &= (L_{g^{-1}}^*\sigma)(g)(X(g), Y(g)) \\
&= \sigma(e)(TL_{g^{-1}} \cdot X(g), TL_{g^{-1}} \cdot Y(g)) \\
&= \sigma(e)(\xi, \eta) \quad \text{(mit } \xi = TL_{g^{-1}} \cdot X(g) \text{ und } \eta = TL_{g^{-1}} \cdot Y(g)) \\
&= \sigma(\xi_L, \eta_L)(e) = (\mathbf{d}\nu_L)(\xi_L, \eta_L)(e) \quad \text{(nach (14.52))} \\
&= (L_g^*\mathbf{d}\nu_L)(\xi_L, \eta_L)(e) \quad \text{(da } \nu_L \text{ linksinvariant ist)} \\
&= (\mathbf{d}\nu_L)(g)(TL_g \cdot \xi_L(e), TL_g \cdot \eta_L(e)) \\
&= (\mathbf{d}\nu_L)(g)(TL_g \cdot \xi, TL_g \cdot \eta) = (\mathbf{d}\nu_L)(g)(X(g),\ Y(g)) \\
&= (\mathbf{d}\nu_L)(X,Y)(g).
\end{aligned}
$$

∎

Da nach Lemma 14.3.4 $\sigma = \mathbf{d}\nu_L$ gilt, ist $\mathbf{d}\sigma = \mathbf{dd}\nu_L = 0$ und somit $0 = \mathbf{d}\varphi_\nu^*\omega^- = \varphi_\nu^*\mathbf{d}\omega^-$. Aus $\varphi_\nu \circ L_g = \mathrm{Ad}_{g^{-1}}^* \circ \varphi_\nu$ folgt, daß die Submersivität von φ_ν in e äquivalent zur Submersivität von φ_ν in allen $g \in G$ ist, d.h. dazu, daß φ_ν eine surjektive Submersion ist. Daher ist φ_ν^* injektiv und demzufolge gilt $\mathbf{d}\omega^- = 0$. ∎

Da koadjungierte Orbits symplektisch sind, erhalten wir die folgenden Korollare:

Korollar 14.3.1. *Die koadjungierten Orbits einer endlichdimensionalen Liegruppe sind Mannigfaltigkeiten geradzahliger Dimension.*

Korollar 14.3.2. *Sei* $G_\nu = \{\, g \in G \mid \mathrm{Ad}_{g^{-1}}^* \nu = \nu \,\}$ *der Stabilisator der koadjungierten Wirkung von* $\nu \in \mathfrak{g}^*$. *Dann ist* G_ν *eine abgeschlossene Untergruppe von* G *und der Quotientenraum* G/G_ν *demzufolge eine glatte Mannigfaltigkeit mit einer glatten Projektion* $\pi : G \to G/G_\nu$, $g \mapsto g \cdot G_\nu$. *Wir identifizieren* $G/G_\nu \cong \mathrm{Orb}\,(\nu)$ *über den Diffeomorphismus* $\rho : g \cdot G_\nu \in G/G_\nu \mapsto \mathrm{Ad}_{g^{-1}}^*(\nu) \in \mathrm{Orb}\,(\nu)$. *Damit ist* G/G_ν *symplektisch mit der symplektischen Form* ω^-, *die durch* $\mathbf{d}\nu_L$ *gemäß*

$$\mathbf{d}\nu_L = \pi^*\rho^*\omega^-$$

(bzw. $\mathbf{d}\nu_R = \pi^*\rho^*\omega^+$*) induziert wird.*

Wie wir in Beispiel 14.5.1 sehen werden, ist ω^- im allgemeinen nicht exakt, selbst obwohl es $\pi^*\rho^*\omega^-$ ist.

Beispiele

Beispiel 14.3.1 (Die Drehgruppe). Betrachte Orb (Π), den koadjungierten Orbit durch $\Pi \in \mathbb{R}^3$. Dann ist

$$\xi_{\mathbb{R}^3}(\Pi) = \xi \times \Pi \in T_\Pi(\text{Orb}\,(\Pi))$$

und

$$\eta_{\mathbb{R}^3}(\Pi) = \eta \times \Pi \in T_\Pi(\text{Orb}\,(\Pi)),$$

so daß sich mit der üblichen Identifizierung von $\mathfrak{so}(3)$ mit $\mathbb{R}^3$ die $(-)$-koadjungierte symplektische Struktur zu

$$\omega^-(\xi_{\mathbb{R}^3}(\Pi), \eta_{\mathbb{R}^3}(\Pi)) = -\Pi \cdot (\xi \times \eta) \tag{14.54}$$

ergibt. Der orientierte Flächeninhalt des (ebenen) Parallelogramms, das zwei Vektoren $\mathbf{v}, \mathbf{w} \in \mathbb{R}^3$ aufspannen, ist bekanntlich durch $\mathbf{v} \times \mathbf{w}$ gegeben (betragsmäßig ist der Flächeninhalt $\|\mathbf{v} \times \mathbf{w}\|$). Demzufolge ist der orientierte Flächeninhalt, den $\xi_{\mathbb{R}^3}(\Pi)$ und $\eta_{\mathbb{R}^3}(\Pi)$ aufspannen,

$$(\xi \times \Pi) \times (\eta \times \Pi) = [(\xi \times \Pi) \cdot \Pi]\,\eta - [(\xi \times \Pi) \cdot \eta]\,\Pi$$
$$= \Pi(\Pi \cdot (\xi \times \eta)).$$

Das Flächenelement dA auf einer Sphäre im $\mathbb{R}^3$ ordnet jedem Paar $(\mathbf{v}, \mathbf{w})$ von Tangentialvektoren die Zahl $dA(\mathbf{v}, \mathbf{w}) = \mathbf{n} \cdot (\mathbf{v} \times \mathbf{w})$ zu, wobei $\mathbf{n}$ die äußere Einheitsnormale ist ($dA(\mathbf{v}, \mathbf{w})$ ist die Fläche des Parallelogramms, das von $\mathbf{v}$ und $\mathbf{w}$ aufgespannt wird, wobei sich ein positives Vorzeichen ergibt, wenn $\mathbf{v}, \mathbf{w}, \mathbf{n}$ eine positiv orientierte Basis bilden und ansonsten ein negatives). Für eine Sphäre mit Radius $\|\Pi\|$ und Tangentialvektoren $\mathbf{v} = \xi \times \Pi$ und $\mathbf{w} = \eta \times \Pi$ gilt

$$dA(\xi \times \Pi, \eta \times \Pi) = \frac{\Pi}{\|\Pi\|} \cdot ((\xi \times \Pi) \times (\eta \times \Pi))$$

$$= \frac{\Pi}{\|\Pi\|} \cdot ((\xi \times \Pi) \cdot \Pi)\eta - ((\xi \times \Pi) \cdot \eta)\Pi)$$

$$= \|\Pi\|\Pi \cdot (\xi \times \eta). \tag{14.55}$$

Also ist

$$\omega^-(\Pi) = -\frac{1}{\|\Pi\|}dA. \tag{14.56}$$

Die Bezeichnung „dA" für das Flächenelement ist natürlich etwas mißverständlich, da diese 2-Form nicht exakt sein kann. Analog ist

$$\omega^+(\Pi) = \frac{1}{\|\Pi\|}dA. \tag{14.57}$$

Beachte, daß $\omega^+/\|\Pi\| = (dA)/\|\Pi\|^2$ der feste Winkel ist, der durch das Flächenelement dA festgelegt wird.

Beispiel 14.3.2 (Die affine Gruppe auf $\mathbb{R}$). Für

$$\beta \neq 0 \quad \text{und} \quad \mu = \begin{pmatrix} \alpha \\ \beta \end{pmatrix}$$

auf dem offenen Orbit $\mathcal{O}$ wird (14.38) zu

$$\omega^-(\mu)\left((r,s)_{\mathfrak{g}*}(\mu),(u,v)_{\mathfrak{g}*}(\mu)\right) = -\left\langle \begin{pmatrix} \alpha \\ \beta \end{pmatrix}, [(r,s),(u,v)] \right\rangle$$

$$= -\beta(rv - su). \tag{14.58}$$

Verwenden wir die Koordinaten $(\alpha, \beta) \in \mathbb{R}^2$, bedeutet dies

$$\omega^-(\mu) = -\frac{1}{\beta} d\alpha \wedge d\beta. \tag{14.59}$$

Beispiel 14.3.3 (Die Gruppe Diff_{vol}). Für einen koadjungierten Orbit von $G = \text{Diff}_{\text{vol}}(\Omega)$ ist die (+)-koadjungierte symplektische Struktur in einem Punkt M

$$\omega^+(M)(-\pounds_v M, -\pounds_w M) = -\int_\Omega M \cdot [v,w] \, d^n x, \tag{14.60}$$

wobei $[v,w]$ die Jacobi-Lieklammer ist. Beachte das Minuszeichen auf der rechten Seite von (14.60), das dadurch begründet ist, daß $[v,w]$ die *negative* Lieklammer ist.

Übungen

Übung 14.3.1. Sei G eine Liegruppe. Finde eine Wirkung von G auf T^*G, für die die Abbildung

$$J(\xi)(\nu_L(g)) = -\langle \nu_L(g), \xi_L(g)\rangle = -\langle \nu, \xi\rangle$$

eine äquivariante Impulsabbildung ist.

Übung 14.3.2. Stelle die Verbindung zwischen den Rechnungen in diesem Abschnitt und den Maurer-Cartan-Gleichungen her.

Übung 14.3.3. Finde einen zweiten Beweis für $\mathbf{d}\omega^\pm = 0$, in dem zunächst gezeigt wird, daß die Hamiltonschen Vektorfelder X_H bzgl. $\omega^\pm$ mit denen bzgl. der Lie-Poisson-Klammer übereinstimmen und somit die Jacobiidentität gilt.

Übung 14.3.4 (Die Gruppe Diff_{kan}). Zeige für einen koadjungierten Orbit für $G = \text{Diff}_{\text{kan}}(P)$, daß die (+)-koadjungierte symplektische Struktur durch

$$\omega^+(L)(\{k,f\},\{h,f\}) = \int_P f\{k,h\} \, dq \, dp$$

gegeben ist.

Übung 14.3.5 (Das Todagitter). Überprüfe, daß die symplektische Struktur auf dem Todaorbit durch

$$\omega^+(f) = \sum_{i=1}^{n-1} \frac{1}{a_i} \, \mathbf{d}b_i \wedge \mathbf{d}a_i \qquad (14.61)$$

gegeben ist.

Übung 14.3.6. Beweise (14.59), also

$$\omega^-(\mu) = \frac{1}{\beta} d\alpha \wedge d\beta.$$

14.4 Die Klammer auf dem Orbit als Einschränkung der Lie-Poisson-Klammer

Satz 14.4.1 (über die Verträglichkeit der Lie-Poisson-Klammer und der koadjungierten symplektischen Struktur). *Die Lie-Poisson-Klammer und die koadjungierte symplektische Struktur sind im folgenden Sinne verträglich: Für $F, H : \mathfrak{g}^* \to \mathbb{R}$ und einen koadjungierten Orbit $\mathcal{O}$ in $\mathfrak{g}^*$ gilt*

$$\{F, H\}_+ | \mathcal{O} = \{F | \mathcal{O}, H | \mathcal{O}\}^+. \qquad (14.62)$$

Hierbei ist die Klammer $\{F, G\}_+$ die (+)-Lie-Poisson-Klammer und die Klammer auf der rechten Seite von (14.62) die Poissonklammer zu der (+)-koadjungierten symplektischen Struktur auf $\mathcal{O}$ ist. Analog ist

$$\{F, H\}_- | \mathcal{O} = \{F | \mathcal{O}, H | \mathcal{O}\}^-. \qquad (14.63)$$

Im folgenden Abschnitt ist der wesentliche Inhalt des Satzes zusammengefaßt.

Zwei Sichtweisen der Lie-Poisson-Klammer

Es gibt zwei verschiedene Wege, die Lie-Poisson-Klammer $\{F, H\}_-$ (bzw. $\{F, H\}_+$) auf $\mathfrak{g}^*$ herzuleiten.

Die Methode der Erweiterung:

(i) Wähle $F, H : \mathfrak{g}^* \to \mathbb{R}$.

(ii) Erweitere F, H zu $F_L, H_L : T^*G \to \mathbb{R}$ durch Links- (bzw. Rechts-) translation.

(iii) Bilde zuerst die Klammer $\{F_L, H_L\}$ bzgl. der kanonischen symplektischen Struktur auf T^*G und

(iv) dann wieder die Einschränkung

$$\{F_L, H_L\}|\mathfrak{g}^* = \{F, H\}_-$$

(bzw. $\{F_R, H_R\}|\mathfrak{g}^* = \{F, H\}_+$).

Die Methode der Einschränkung:

(i) Wähle $F, H : \mathfrak{g}^* \to \mathbb{R}$.

(ii) Bilde die Einschränkungen $F|\mathcal{O}, H|\mathcal{O}$ auf einen koadjungierten Orbit und

(iii) berechne die Poissonklammer $\{F|\mathcal{O}, H|\mathcal{O}\}^-$ bzgl. der $(-)$- (bzw. $(+)$-) koadjungierten symplektischen Struktur ω^- (bzw. ω^+) auf dem Orbit $\mathcal{O}$: Für $\mu \in \mathcal{O}$ ist

$$\{F|\mathcal{O}, H|\mathcal{O}\}^-(\mu) = \{F, H\}_-(\mu)$$

(bzw. $\{F|\mathcal{O}, H|\mathcal{O}\}^+(\mu) = \{F, H\}_+(\mu)$).

Beweis (von Satz 14.4.1). Sei $\mu \in \mathcal{O}$. Nach Definition gilt

$$\{F, H\}_-(\mu) = -\left\langle \mu, \left[\frac{\delta F}{\delta \mu}, \frac{\delta H}{\delta \mu}\right]\right\rangle. \tag{14.64}$$

Andererseits ist

$$\{F|\mathcal{O}, H|\mathcal{O}\}^-(\mu) = \omega^-(X_F, X_H)(\mu), \tag{14.65}$$

wobei X_F und X_H die Hamiltonschen Vektorfelder auf $\mathcal{O}$ zu den Funktionen $F|\mathcal{O}$ und $H|\mathcal{O}$ sind und ω^- die $(-)$-koadjungierte symplektische Form ist. Das Hamiltonsche Vektorfeld X_F auf $\mathfrak{g}^*_-$ ist durch

$$X_F(\mu) = \mathrm{ad}^*_\xi(\mu) \tag{14.66}$$

mit $\xi = \delta F/\delta \mu \in \mathfrak{g}$ gegeben.

Dies motiviert das folgende Lemma:

Lemma 14.4.1. *Mit der koadjungierten symplektischen Form ω^- gilt für* $\mu \in \mathcal{O}$

$$X_{F|\mathcal{O}}(\mu) = \mathrm{ad}^*_{\delta F/\delta \mu}(\mu). \tag{14.67}$$

Beweis. Sind $\xi, \eta \in \mathfrak{g}$, so ergibt (14.38)

$$\omega^-(\mu)(\operatorname{ad}^*_\xi \mu, \operatorname{ad}^*_\eta \mu) = -\langle \mu, [\xi, \eta] \rangle = \langle \mu, \operatorname{ad}_\eta(\xi) \rangle = \langle \operatorname{ad}^*_\eta(\mu), \xi \rangle. \qquad (14.68)$$

Setzen wir $\xi = \delta F/\delta\mu$ und ist η beliebig, erhalten wir

$$\omega^-(\mu)(\operatorname{ad}^*_{\delta F/\delta\mu} \mu, \operatorname{ad}^*_\eta \mu) = \left\langle \operatorname{ad}^*_\eta \mu, \frac{\delta F}{\delta\mu} \right\rangle = \mathbf{d}F(\mu) \cdot \operatorname{ad}^*_\eta \mu. \qquad (14.69)$$

Demzufolge gilt wie behauptet $X_{F|\mathcal{O}}(\mu) = \operatorname{ad}^*_{\delta F/\delta\mu} \mu$. ∎

Um den Beweis von Satz 14.4.1 zu vollenden, beachte man, daß

$$\begin{aligned}
\{F|\mathcal{O}, H|\mathcal{O}\}^-(\mu) &= \omega^-(\mu)(X_{F|\mathcal{O}}(\mu), X_{H|\mathcal{O}}(\mu)) \\
&= \omega^-(\mu)(\operatorname{ad}^*_{\delta F/\delta\mu} \mu, \operatorname{ad}^*_{\delta H/\delta\mu} \mu) \\
&= -\left\langle \mu, \left[\frac{\delta F}{\delta\mu}, \frac{\delta H}{\delta\mu} \right] \right\rangle = \{F, H\}_-(\mu) \qquad (14.70)
\end{aligned}$$

gilt, was zu beweisen war. ∎

Korollar 14.4.1.

(i) *Für $H \in \mathcal{F}(\mathfrak{g}^*)$ bleibt die Trajektorie von X_H durch den Punkt μ in Orb (μ).*

(ii) *Eine Funktion $C \in \mathcal{F}(\mathfrak{g}^*)$ ist genau dann eine Casimirfunktion, wenn $\delta C/\delta\mu \in \mathfrak{g}_\mu$ für alle $\mu \in \mathfrak{g}^*$ gilt.*

(iii) *Ist $C \in \mathcal{F}(\mathfrak{g}^*)$ Ad^*-invariant (konstant auf den Orbits), so ist C eine Casimirfunktion. Wenn alle koadjungierten Orbits zusammenhängend sind, gilt auch die Umkehrung.*

Beweis. Teil (i) folgt aus dem Umstand, daß $X_H(\nu)$ tangential zu dem koadjungierten Orbit $\mathcal{O}$ für $\nu \in \mathcal{O}$ ist, da $X_H(\nu) = \operatorname{ad}^*_{\delta H/\delta\mu}(\nu)$ gilt. Teil (ii) folgt aus den Definitionen und (14.66). Teil (iii) folgt aus (ii), indem man die Bedingung der Ad^*-Invarianz als $C(\operatorname{Ad}^*_{g^{-1}} \mu) = C(\mu)$ ausschreibt und nach g bei $g = e$ differenziert.

Für die Umkehrung erinnern wir an Proposition 10.4.3, nach der eine Casimirfunktion auf den symplektischen Blättern konstant ist. Die zusammenhängenden Komponenten der koadjungierten Orbits sind die symplektischen Blätter von $\mathfrak{g}^*$, also sind die Casimirfunktionen auf ihnen konstant. Insbesondere folgt, daß die Casimirfunktionen auf jedem koadjungierten Orbit konstant sind, wenn dieser zusammenhängend ist, woraus folgt, daß alle Ad^*-invariant sind. ∎

Um Teil (iii) zu verdeutlichen, betrachten wir für $G = \mathrm{SO}(3)$ die Funktion

$$C_\Phi(\Pi) = \Phi\left(\frac{1}{2}\|\Pi\|^2\right),$$

die invariant unter der koadjungierten Wirkung $(A, \Pi) \mapsto A\Pi$ und somit eine Casimirfunktion ist. Ein weiteres Beispiel liefert $G = \text{Diff}_{\text{kan}}(P)$ und das Funktional

$$C_\Phi(f) := \int_P \Phi(f)\, dq\, dp,$$

wobei $dq\, dp$ das Liouvillemaß und Φ eine beliebige Funktion einer Veränderlichen ist. Dieses ist eine Casimirfunktion, da es nach der Substitutionsregel Ad*-invariant ist.

Im allgemeinen ist die Ad*-Invarianz von C eine stärkere Eigenschaft als die, eine Casimirfunktion zu sein. Ist C nämlich Ad*-invariant, so ergibt sich durch Differentiation der Beziehung $C(\text{Ad}^*_{g^{-1}}\mu) = C(\mu)$ nach μ statt nach g wie im Beweis von (iii)

$$\frac{\delta C}{\delta(\text{Ad}^*_{g^{-1}}\mu)} = \text{Ad}_g\, \frac{\delta C}{\delta\mu} \tag{14.71}$$

für alle $g \in G$. Wählen wir $g \in G_\mu$, so wird diese Beziehung zu $\delta C/\delta\mu = \text{Ad}_g(\delta C/\delta\mu)$, also gehört $\delta C/\delta\mu$ zum Zentralisator von G_μ in $\mathfrak{g}$, d.h. zu der Menge

$$\text{Zent}(G_\mu, \mathfrak{g}) := \{\, \xi \in \mathfrak{g} \mid \text{Ad}_g\, \xi = \xi \text{ für alle } g \in G_\mu \,\}.$$

Ist

$$\text{Zent}(\mathfrak{g}_\mu, \mathfrak{g}) := \{\, \xi \in \mathfrak{g} \mid [\eta, \xi] = 0 \text{ für alle } \eta \in \mathfrak{g}_\mu \,\}$$

der Zentralisator von $\mathfrak{g}_\mu$ in $\mathfrak{g}$, erhalten wir durch Differenzieren der definierenden Gleichung von $\text{Zent}(G_\mu, \mathfrak{g})$ nach g im neutralen Element, daß $\text{Zent}(G_\mu, \mathfrak{g}) \subset \text{Zent}(\mathfrak{g}_\mu, \mathfrak{g})$ gilt. Ist C Ad*-invariant, dann ist demzufolge

$$\frac{\delta C}{\delta\mu} \in \mathfrak{g}_\mu \cap \text{Zent}(\mathfrak{g}_\mu, \mathfrak{g}) = \text{Zent}(\mathfrak{g}_\mu),$$

wobei $\text{Zent}(\mathfrak{g}_\mu)$ das Zentrum von $\mathfrak{g}_\mu$ ist.

Also schließen wir daraus die folgende Proposition:

Proposition 14.4.1 (Kostant [1979]). *Ist C eine Ad*-invariante Funktion auf $\mathfrak{g}^*$, so liegt $\delta C/\delta\mu$ sowohl in $\text{Zent}(G_\mu, \mathfrak{g})$ als auch in $\text{Zent}(\mathfrak{g}_\mu)$. Ist C eine Casimirfunktion, so liegt $\delta C/\delta\mu$ im Zentrum von $\mathfrak{g}_\mu$.*

Beweis. Die erste Behauptung folgt aus den vorhergehenden Betrachtungen. Die zweite Behauptung leitet man folgendermaßen her: Sei G_0 die Zusammenhangskomponente des neutralen Elementes in G. Da die Liealgebra von G mit der von G_0 übereinstimmt, ist eine Casimirfunktion C von $\mathfrak{g}^*$ konstant auf den G_0-koadjungierten Orbits, da diese zusammenhängend sind (siehe Korollar 14.4.1 (iii)). Demnach ist nach dem ersten Teil $\delta C/\delta\mu \in \text{Zent}(\mathfrak{g}_\mu)$. ∎

Nach dem Satz von Duflo und Vergne [1969] (siehe die Internetergänzungen zu Kap. 9) ist der koadjungierte Stabilisator $\mathfrak{g}_\mu$ für generische $\mu \in \mathfrak{g}^*$ abelsch und somit im generischen Fall Zent$(\mathfrak{g}_\mu) = \mathfrak{g}_\mu$. Das obige Korollar und die obige Proposition lassen prinzipiell die Möglichkeit von nicht-Ad*-invarianten Casimirfunktionen auf $\mathfrak{g}^*$ zu. Dieser Fall ist jedoch für Liegruppen mit zusammenhängenden koadjungierten Orbits ausgeschlossen, wie wir früher gesehen haben. Ist $C : \mathfrak{g}^* \to \mathbb{R}$ eine Funktion, für die $\delta C/\delta\mu \in \mathfrak{g}_\mu$ für alle $\mu \in \mathfrak{g}^*$ ist, es aber mindestens ein $\nu \in \mathfrak{g}^*$ gibt, so daß $\delta C/\delta\nu \notin$ Zent$(\mathfrak{g}_\nu)$ ist, so ist C eine Casimirfunktion, die nicht Ad*-invariant ist. Dieses Element $\nu \in \mathfrak{g}^*$ muß ein nichtgenerisches sein, dessen koadjungierter Orbit unzusammenhängend ist. Wir kennen kein Beispiel einer solchen Casimirfunktion.

Andererseits liefern die obigen Aussagen leicht nachzuprüfende Kriterien für die Form oder die Nichtexistenz von Casimirfunktionen auf den Dualräumen von Liealgebren. Besitzt $\mathfrak{g}^*$ z.B. offene Orbits, deren Vereinigung dicht liegt, kann es keine Casimirfunktionen geben. Jede solche Funktion wäre nämlich auf den zusammenhängenden Komponenten jedes Orbits konstant und somit wegen ihrer Stetigkeit auch auf ganz $\mathfrak{g}^*$. Ein Beispiel einer solchen Liealgebra ist das der affinen Gruppe auf der Geraden aus Beispiel 14.1.2. Dasselbe Argument zeigt, daß Liealgebren mit mindestens einem dichten Orbit keine Casimirfunktionale besitzen.

In den Internetergänzungen bestimmen wir die Casimirfunktionen für Beispiel 14.1.6 und zeigen mit ihnen, daß Casimirfunktionen nicht immer die generischen koadjungierten Orbits trennen müssen.

Ein mathematischer Grund für die Wichtigkeit der koadjungierten Orbits und der Lie-Poisson-Klammer ist die Tatsache, daß Hamiltonsche Systeme mit Symmetrien oft die Überlagerung eines koadjungierten Orbits sind. Dies wird weiter unten gezeigt.

Sind X und Y topologische Räume, nennt man eine stetige surjektive Abbildung $p : X \to Y$ eine **Überlagerung**, wenn jeder Punkt in Y eine offene Umgebung U besitzt, so daß $p^{-1}(U)$ eine disjunkte Vereinigung offener Mengen in X ist, der sogenannten **Decks** über U. Beachte, daß jedes Deck über p homöomorph zu U ist. Ist $p : M \to N$ eine surjektive eigentliche Abbildung von glatten Mannigfaltigkeiten, die zusätzlich ein lokaler Diffeomorphismus ist, so ist sie eine Überlagerung. SU(2) (die Spingruppe) bildet z.B: eine Überlagerung von SO(3) mit zwei Decks über jedem Punkt, und SU(2) ist einfach zusammenhängend, SO(3) hingegen nicht (vgl. Kap. 9).

Transitive Hamiltonsche Wirkungen wurden von Lie, Kostant, Kirillov und Souriau auf folgende Weise charakterisiert (siehe Kostant [1966]):

Satz 14.4.2 (Satz von Kostant über die Überlagerung von koadjungierten Orbits). *Sei P eine Poissonmannigfaltigkeit und $\Phi : G \times P \to P$ eine transitive, Hamiltonsche Linkswirkung mit der äquivarianten Impulsabbildung $\mathbf{J} : P \to \mathfrak{g}^*$. Dann gilt:*

(i) $\mathbf{J} : P \to \mathfrak{g}^*_+$ *ist eine kanonische Submersion auf einen koadjungierten Orbit von G in $\mathfrak{g}^*$.*

(ii) *Ist P symplektisch, so ist $\mathbf{J}$ ein lokaler symplektischer Diffeomorphismus auf einen koadjungierten Orbit mit der $(+)$-koadjungierten symplektischen Struktur. Ist $\mathbf{J}$ zusätzlich eigentlich, so ist sie eine Überlagerung.*

Beweis. (i) Daß $\mathbf{J}$ eine kanonische Abbildung ist, wurde schon in §12.4 gezeigt. Da Φ transitiv ist, können wir ein festes $z_0 \in P$ wählen und jedes $z \in P$ kann dann als $z = \Phi_g(z_0)$ für ein $g \in G$ dargestellt werden. Also gilt wegen der Äquivarianz

$$\mathbf{J}(P) = \{\, \mathbf{J}(z) \mid z \in P \,\} = \{\, \mathbf{J}(\Phi_g(z_0)) \mid g \in G \,\}$$
$$= \{\, \mathrm{Ad}^*_{g^{-1}} \mathbf{J}(z_0) \mid g \in G \,\} = \mathrm{Orb}\,(\mathbf{J}(z_0)).$$

Für $z \in P$ gilt wieder aufgrund der Äquivarianz $T_z\mathbf{J}(\xi_P(z)) = -\mathrm{ad}^*_\xi \mathbf{J}(z)$, was jedoch die Form eines allgemeinen Tangentialvektors an den Orbit $\mathrm{Orb}\,(\mathbf{J}(z_0))$ in $\mathbf{J}(z)$ hat. Also ist $\mathbf{J}$ eine Submersion.

(ii) Ist P symplektisch mit der symplektischen Form Ω, so ist $\mathbf{J}$ eine symplektische Abbildung, wenn der Orbit mit der $(+)$-koadjungierten symplektischen Form betrachtet wird: $\omega^+(\mu)(\mathrm{ad}^*_\xi\mu, \mathrm{ad}^*_\eta\mu) = \langle \mu, [\xi, \eta] \rangle$. Dies sieht man folgendermaßen ein: Wegen der Transitivität der Wirkung ist $T_zP = \{\, \xi_P(z) \mid \xi \in \mathfrak{g}\,\}$ und somit gilt

$$(\mathbf{J}^*\omega^+)(z)(\xi_P(z), \eta_P(z)) = \omega^+(\mathbf{J}(z))(T_z\mathbf{J}(\xi_P(z)), T_z\mathbf{J}(\eta_P(z)))$$
$$= \omega^+(\mathbf{J}(z))(\mathrm{ad}^*_\xi \mathbf{J}(z), \mathrm{ad}^*_\eta \mathbf{J}(z))$$
$$= \langle \mathbf{J}(z), [\xi, \eta] \rangle = J([\xi, \eta])(z)$$
$$= \{J(\xi), J(\eta)\}(z) \quad \text{(wegen der Äquivarianz)}$$
$$= \Omega(z)(X_{J(\xi)}(z), X_{J(\eta)}(z))$$
$$= \Omega(z)(\xi_P(z), \eta_P(z)), \tag{14.72}$$

was zeigt, daß $\mathbf{J}^*\omega^+ = \Omega$ gilt, also $\mathbf{J}$ symplektisch ist. Jede symplektische Abbildung ist eine Immersion, also ist $\mathbf{J}$ ein lokaler Diffeomorphismus. Ist $\mathbf{J}$ zusätzlich eigentlich, ist sie nach dem oben Behandelten eine symplektische Überlagerung. ∎

Ist $\mathbf{J}$ eigentlich und die symplektische Mannigfaltigkeit P einfach zusammenhängend, so ist die Überlagerung in (ii) ein Diffeomorphismus. Dies folgt aus den klassischen Sätzen über Überlagerungen (Spanier [1966]). Ist Φ nicht transitiv, so ist $\mathbf{J}(P)$ offensichtlich die Vereinigung von koadjungierten Orbits. Siehe Guillemin und Sternberg [1984] und Grigore und Popp [1989] für weitere Informationen.

Übungen

Übung 14.4.1. Zeige, daß $\{F, K\}_C = C\{F, K\}$ eine zweite Poissonstruktur ist, wenn C eine Casimirfunktion auf einer Poissonmannigfaltigkeit ist. Zeige, daß ein Hamiltonsches Vektorfeld X_H für $\{\,,\}$ auch Hamiltonsch bzgl. $\{\,,\}_C$ mit der Hamiltonfunktion CH ist.

Übung 14.4.2. Kann man den Satz über die Überlagerung von koadjungierten Orbits immer auf Gruppenwirkungen auf Kotangentialbündel über den Kotangentiallift anwenden?

14.5 Die spezielle lineare Gruppe der Ebene

Wir wählen in der Liealgebra $\mathfrak{sl}(2, \mathbb{R})$ der spurfreien reellen (2×2)-Matrizen die Basis

$$\mathbf{e} = \begin{bmatrix} 0 & 1 \\ 0 & 0 \end{bmatrix}, \quad \mathbf{f} = \begin{bmatrix} 0 & 0 \\ 1 & 0 \end{bmatrix}, \quad \mathbf{h} = \begin{bmatrix} 1 & 0 \\ 0 & -1 \end{bmatrix}.$$

Es gelten die Vertauschungsrelationen $[\mathbf{h}, \mathbf{e}] = 2\mathbf{e}$, $[\mathbf{h}, \mathbf{f}] = -2\mathbf{f}$ und $[\mathbf{e}, \mathbf{f}] = \mathbf{h}$. Identifiziere $\mathfrak{sl}(2, \mathbb{R})$ durch

$$\xi := x\mathbf{e} + y\mathbf{f} + z\mathbf{h} \in \mathfrak{sl}(2, \mathbb{R}) \mapsto (x, y, z) \in \mathbb{R}^3 \qquad (14.73)$$

mit dem $\mathbb{R}^3$. Die nichtverschwindenden Strukturkonstanten sind $c_{12}^3 = 1$, $c_{13}^1 = -2$ und $c_{23}^2 = 2$. Wir identifizieren den Dualraum $\mathfrak{sl}(2, \mathbb{R})^*$ über die nichtausgeartete Paarung

$$\langle \alpha, \xi \rangle = \mathrm{Sp}(\alpha\xi) \qquad (14.74)$$

mit $\mathfrak{sl}(2, \mathbb{R})$. Die zu $\{\mathbf{e}, \mathbf{f}, \mathbf{h}\}$ duale Basis ist dann $\{\mathbf{f}, \mathbf{e}, \frac{1}{2}\mathbf{h}\}$ und wir identifizieren auch $\mathfrak{sl}(2, \mathbb{R})^*$ unter Verwendung dieser Basis durch

$$\alpha = a\mathbf{f} + b\mathbf{e} + c\frac{1}{2}\mathbf{h} \mapsto (a, b, c) \in \mathbb{R}^3 \qquad (14.75)$$

mit dem $\mathbb{R}^3$. Die $(\pm)$-Lie-Poisson-Klammer auf $\mathfrak{sl}(2, \mathbb{R})^*$ ist dann durch

$$\{F, H\}_{\pm}(\alpha) = \pm\mathrm{Sp}\left(\alpha\left[\frac{\delta F}{\delta \alpha}, \frac{\delta H}{\delta \alpha}\right]\right)$$

gegeben, wobei

$$\left\langle \delta\alpha, \frac{\delta F}{\delta \alpha} \right\rangle = \mathrm{Sp}\left(\delta\alpha\frac{\delta F}{\delta \alpha}\right) = \mathbf{D}F(\alpha) \cdot \delta\alpha$$

$$= \frac{d}{dt}\bigg|_{t=0} F(\alpha + t\delta\alpha)$$

$$= \frac{\partial F}{\partial a}\delta a + \frac{\partial F}{\partial b}\delta b + \frac{\partial F}{\partial c}\delta c$$

und

$$\delta\alpha = \begin{bmatrix} \frac{1}{2}\delta c & \delta b \\ \delta a & -\frac{1}{2}\delta c \end{bmatrix} \quad \text{und} \quad \frac{\delta F}{\delta\alpha} = \begin{bmatrix} \frac{\partial F}{\partial c} & \frac{\partial F}{\partial a} \\ \frac{\partial F}{\partial b} & -\frac{\partial F}{\partial c} \end{bmatrix}$$

ist. In Koordinaten ist die Lie-Poisson-Klammer somit durch

$$\{F,G\}_\pm(a,b,c) = \mp 2a\left(\frac{\partial F}{\partial a}\frac{\partial G}{\partial c} - \frac{\partial F}{\partial c}\frac{\partial G}{\partial a}\right) \pm 2b\left(\frac{\partial F}{\partial b}\frac{\partial G}{\partial c} - \frac{\partial F}{\partial c}\frac{\partial G}{\partial b}\right)$$
$$\pm c\left(\frac{\partial F}{\partial a}\frac{\partial G}{\partial b} - \frac{\partial F}{\partial b}\frac{\partial G}{\partial a}\right) \tag{14.76}$$

gegeben.

Da $SL(2,\mathbb{R})$ zusammenhängend ist, sind die Casimirfunktionen die Ad^*-invarianten Funktionen auf $\mathfrak{sl}(2,\mathbb{R})^*$. Wegen $Ad_g\xi = g\xi g^{-1}$ für $g \in SL(2,\mathbb{R})$ und $\xi \in \mathfrak{sl}(2,\mathbb{R})$ folgt

$$Ad^*_{g^{-1}}\alpha = g\alpha g^{-1}$$

für $\alpha \in \mathfrak{sl}(2,\mathbb{R})^*$. Die Determinante von

$$\begin{bmatrix} \frac{1}{2}c & b \\ a & -\frac{1}{2}c \end{bmatrix}$$

ist offensichtlich invariant unter der Konjugation. Statten wir daher den $\mathbb{R}^3$ mit der $(\pm)$-Lie-Poisson-Klammer von $\mathfrak{sl}(2,\mathbb{R})^*$ aus, ist jede Funktion der Form

$$C(a,b,c) = \Phi\left(ab + \frac{1}{4}c^2\right) \tag{14.77}$$

mit einer C^1-Funktion $\Phi : \mathbb{R} \to \mathbb{R}$ eine Casimirfunktion. Die symplektischen Blätter sind die Schalen des Hyperboloids

$$C_0(a,b,c) := \frac{1}{2}\left(ab + \frac{1}{4}c^2\right) = \text{konstant} \neq 0, \tag{14.78}$$

die zwei Hälften (ohne die Spitze) des Kegels

$$ab + \frac{1}{4}c^2 = 0$$

und der Koordinatenursprung. Man kann dies direkt überprüfen, indem man von $Ad^*_{g^{-1}}\alpha = g\alpha g^{-1}$ ausgeht. Die koadjungierte symplektische Struktur auf diesen Hyperboloiden ist durch

$$\omega^-(a,b,c)(ad^*_{(x,y,z)}(a,b,c), ad^*_{(x',y',z')}(a,b,c))$$
$$= -a(2zx' - 2xz') - b(2yz' - 2zy') - c(xy' - yx')$$
$$= -\frac{1}{\|\nabla C_0(a,b,c)\|} \text{ (Flächenelement des Hyperboloids) } \tag{14.79}$$

gegeben. Um die letzte Gleichung in (14.79) zu beweisen, verwendet man die Gleichungen

$$\mathrm{ad}^*_{(x,y,z)}(a,b,c) = (2az - cy, cx - 2bz, 2by - 2zx),$$

$$\mathrm{ad}^*_{(x,y,z)}(a,b,c) \times \mathrm{ad}^*_{(x',y',z')}(a,b,c)$$

$$= \big(2bc(xy' - yx') + 4b^2(yz' - zy') + 4ab(zx' - xz'),$$
$$2ac(xy' - yx') + 4ab(yz' - zy') + 4a^2(zx' - xz'),$$
$$c^2(xy' - yx') + 2bc(yz' - zy') + 2ac(zx' - xz')\big)$$

und die Tatsache, daß $\nabla(ab + \frac{1}{4}c^2) = (b, a, \frac{1}{2}c)$ ein Normalenfeld auf dem Hyperboloid ist, und erhält wie in (14.56)

$$dA(a,b,c)(\mathrm{ad}^*_{(x,y,z)}(a,b,c), \mathrm{ad}^*_{(x',y',z')}(a,b,c))$$

$$= \frac{(b, a, \frac{1}{2}c)}{\|(b, a, \frac{1}{2}c)\|} \cdot (\mathrm{ad}^*_{(x,y,z)}(a,b,c) \times \mathrm{ad}^*_{(x',y',z')}(a,b,c))$$

$$= -\|\nabla C_0(a,b,c)\| \cdot \omega^-(a,b,c)(\mathrm{ad}^*_{(x,y,z)}(a,b,c), \mathrm{ad}^*_{(x',y',z')}(a,b,c)).$$

Übungen

Übung 14.5.1. Verwende die Spur, um eine Casimirfunktion für $\mathfrak{sl}(3, \mathbb{R})^*$ zu finden.

14.6 Die Euklidische Gruppe der Ebene

Wir verwenden die Bezeichnungen und Notationen aus Übung 11.4.3. Die dort definierte Gruppe SE(2) besteht aus den Matrizen der Form

$$(R_\theta, \mathbf{a}) := \begin{bmatrix} R_\theta & \mathbf{a} \\ \mathbf{0} & 1 \end{bmatrix}, \tag{14.80}$$

wobei $\mathbf{a} \in \mathbb{R}^2$ und R_θ die Drehmatrix

$$R_\theta = \begin{bmatrix} \cos\theta & -\sin\theta \\ \sin\theta & \cos\theta \end{bmatrix} \tag{14.81}$$

ist. Das neutrale Element ist die (3×3)-Einheitsmatrix und das inverse ist

$$\begin{bmatrix} R_\theta & \mathbf{a} \\ \mathbf{0} & 1 \end{bmatrix}^{-1} = \begin{bmatrix} R_{-\theta} & -R_{-\theta}\mathbf{a} \\ \mathbf{0} & 1 \end{bmatrix}. \tag{14.82}$$

Die Liealgebra $\mathfrak{se}(2)$ von SE(2) besteht aus (3×3)-Blockmatrizen der Form

$$\begin{bmatrix} -\omega\mathbb{J} & \mathbf{v} \\ \mathbf{0} & 0 \end{bmatrix} \tag{14.83}$$

mit

$$\mathbb{J} = \begin{bmatrix} 0 & 1 \\ -1 & 0 \end{bmatrix} \tag{14.84}$$

(beachte, daß wie üblich $\mathbb{J}^T = \mathbb{J}^{-1} = -\mathbb{J}$ ist) und dem Kommutator als Lieklammer. Identifizieren wir $\mathfrak{se}(2)$ über den Isomorphismus

$$\begin{bmatrix} -\omega\mathbb{J} & \mathbf{v} \\ \mathbf{0} & 0 \end{bmatrix} \in \mathfrak{se}(2) \mapsto (\omega, \mathbf{v}) \in \mathbb{R}^3 \tag{14.85}$$

mit dem $\mathbb{R}^3$, wird der Ausdruck für die Lieklammer

$$[(\omega, v_1, v_2), (\zeta, w_1, w_2)] = (0, \zeta v_2 - \omega w_2, \omega w_1 - \zeta v_1)$$
$$= (0, \omega\mathbb{J}^T\mathbf{w} - \zeta\mathbb{J}^T\mathbf{v}), \tag{14.86}$$

wobei $\mathbf{v} = (v_1, v_2)$ und $\mathbf{w} = (w_1, w_2)$ ist.

Die adjungierte Wirkung von

$$(R_\theta, \mathbf{a}) = \begin{bmatrix} R_\theta & \mathbf{a} \\ \mathbf{0} & 1 \end{bmatrix} \quad \text{auf} \quad (\omega, \mathbf{v}) = \begin{bmatrix} -\omega\mathbb{J} & \mathbf{v} \\ \mathbf{0} & 0 \end{bmatrix}$$

ist durch die Konjugation

$$\begin{bmatrix} R_\theta & \mathbf{a} \\ \mathbf{0} & 1 \end{bmatrix} \begin{bmatrix} -\omega\mathbb{J} & \mathbf{v} \\ \mathbf{0} & 0 \end{bmatrix} \begin{bmatrix} R_{-\theta} & -R_{-\theta}\mathbf{a} \\ \mathbf{0} & 1 \end{bmatrix} = \begin{bmatrix} -\omega\mathbb{J} & \omega\mathbb{J}\mathbf{a} + R_\theta\mathbf{v} \\ \mathbf{0} & 0 \end{bmatrix} \tag{14.87}$$

oder in Koordinaten durch

$$\mathrm{Ad}_{(R_\theta, \mathbf{a})}(\omega, \mathbf{v}) = (\omega, \omega\mathbb{J}\mathbf{a} + R_\theta\mathbf{v}) \tag{14.88}$$

gegeben.

In der Rechnung haben wir die Beziehung $R_\theta\mathbb{J} = \mathbb{J}R_\theta$ verwendet. Identifizieren wir $\mathfrak{se}(2)^*$ über die nichtausgeartetete Paarung, die durch die Spur des Produktes zweier Matrizen gegeben ist, mit den Matrizen der Form

$$\begin{bmatrix} \frac{\mu}{2}\mathbb{J} & \mathbf{0} \\ \boldsymbol{\alpha} & 0 \end{bmatrix}, \tag{14.89}$$

so ist $\mathfrak{se}(2)^*$ über

$$\begin{bmatrix} \frac{\mu}{2}\mathbb{J} & \mathbf{0} \\ \boldsymbol{\alpha} & 0 \end{bmatrix} \in \mathfrak{se}(2)^* \mapsto (\mu, \boldsymbol{\alpha}) \in \mathbb{R}^3 \tag{14.90}$$

isomorph zum $\mathbb{R}^3$, so daß in diesen Koordinaten die Paarung zwischen $\mathfrak{se}(2)^*$ und $\mathfrak{se}(2)$ zu

$$\langle(\mu, \boldsymbol{\alpha}), (\omega, \mathbf{v})\rangle = \mu\omega + \boldsymbol{\alpha} \cdot \mathbf{v}, \tag{14.91}$$

also dem gewöhnlichen Skalarprodukt im $\mathbb{R}^3$ wird. Die koadjungierte Wirkung ist somit

$$\mathrm{Ad}^*_{(R_\theta, \mathbf{a})^{-1}}(\mu, \boldsymbol{\alpha}) = (\mu - R_\theta\boldsymbol{\alpha} \cdot \mathbb{J}\mathbf{a}, R_\theta\boldsymbol{\alpha}). \tag{14.92}$$

Mit (14.82), (14.84), (14.88), (14.91) und (14.92) erhalten wir nämlich

$$
\begin{aligned}
\langle \mathrm{Ad}^*_{(R_\theta,\mathbf{a})^{-1}}(\mu,\boldsymbol{\alpha}),(\omega,\mathbf{v})\rangle &= \langle (\mu,\boldsymbol{\alpha}),\mathrm{Ad}_{(R_{-\theta},-R_{-\theta}\mathbf{a})}(\omega,\mathbf{v})\rangle \\
&= \langle (\mu,\boldsymbol{\alpha}),(\omega,-\omega\mathbb{J}R_{-\theta}\mathbf{a}+R_{-\theta}\mathbf{v})\rangle \\
&= \mu\omega - \omega\boldsymbol{\alpha}\cdot\mathbb{J}R_{-\theta}\mathbf{a}+\boldsymbol{\alpha}\cdot R_{-\theta}\mathbf{v} \\
&= (\mu - \boldsymbol{\alpha}\cdot R_{-\theta}\mathbb{J}\mathbf{a})\,\omega + R_\theta\boldsymbol{\alpha}\cdot\mathbf{v} \\
&= \langle (\mu - R_\theta\boldsymbol{\alpha}\cdot\mathbb{J}\mathbf{a},R_\theta\boldsymbol{\alpha})\,,(\omega,\mathbf{v})\rangle.
\end{aligned}
$$

Koadjungierte Orbits in $\mathfrak{se}(2)^*$.   Gleichung (14.92) zeigt, daß die koadjungierten Orbits die Zylinder $T^*S^1_\alpha = \{\,(\mu,\boldsymbol{\alpha})\mid \|\boldsymbol{\alpha}\| = \text{konstant}\,\}$ für $\boldsymbol{\alpha}\neq\mathbf{0}$ und die Punkte auf der μ-Achse sind. Die kanonische Kotangentialbündel-projektion, die wir mit $\pi : T^*S^1_\alpha \to S^1_\alpha$ bezeichnen, ist durch $\pi(\mu,\boldsymbol{\alpha}) = \boldsymbol{\alpha}$ definiert.

Da SE(2) zusammenhängend ist, folgt aus Korollar 14.4.1 (iii), daß die Casimirfunktionen mit den unter der koadjungierten Wirkung (14.92) invarianten Funktionen zusammenfallen, also alle Casimirfunktionen von der Form

$$
C(\mu,\boldsymbol{\alpha}) = \Phi\left(\frac{1}{2}\|\boldsymbol{\alpha}\|^2\right) \tag{14.93}
$$

mit einer glatten Funktion $\Phi : [0,\infty) \to \mathbb{R}$ sind.

Die Lie-Poisson-Klammer auf $\mathfrak{se}(2)^*$.   Als nächstes bestimmen wir die $(\pm)$-Lie-Poisson-Klammer auf $\mathfrak{se}(2)^*$. Für $F : \mathfrak{se}(2)^* \cong \mathbb{R}\times\mathbb{R}^2 \to \mathbb{R}$ ist die Funktionalableitung

$$
\frac{\delta F}{\delta(\mu,\alpha)} = \left(\frac{\partial F}{\partial\mu},\nabla_\alpha F\right), \tag{14.94}
$$

wobei $(\mu,\alpha) \in \mathfrak{se}(2)^* \cong \mathbb{R}\times\mathbb{R}^2$ ist und $\nabla_\alpha F$ den Gradienten von F bzgl. α bezeichnet. Die $(\pm)$-Lie-Poisson-Struktur auf $\mathfrak{se}(2)^*$ ist dann durch

$$
\{F,G\}_\pm(\mu,\alpha) = \pm\left(\frac{\partial F}{\partial\mu}\mathbb{J}\alpha\cdot\nabla_\alpha G - \frac{\partial G}{\partial\mu}\mathbb{J}\alpha\cdot\nabla_\alpha F\right) \tag{14.95}
$$

gegeben. Es kann nun direkt nachgewiesen werden, daß die durch (14.93) gegebenen Funktionen tatsächlich Casimirfunktionen für die Klammer (14.95) sind.

Die symplektische Form auf den Orbits.   Die koadjungierte Wirkung von $\mathfrak{se}(2)$ auf $\mathfrak{se}(2)^*$ ist durch

$$
\mathrm{ad}^*_{(\xi,\mathbf{u})}(\mu,\alpha) = (-\mathbb{J}\alpha\cdot\mathbf{u},\xi\mathbb{J}\alpha) \tag{14.96}
$$

gegeben.

Auf dem koadjungierten Orbit, der einen Zylinder um die μ-Achse darstellt, ist die koadjungierte symplektische Struktur

$$\omega(\mu, \boldsymbol{\alpha}) \left(\mathrm{ad}^*_{(\xi, \mathbf{u})}(\mu, \boldsymbol{\alpha}), \mathrm{ad}^*_{(\eta, \mathbf{v})}(\mu, \boldsymbol{\alpha}) \right)$$
$$= \pm(\xi \mathbb{J} \boldsymbol{\alpha} \cdot \mathbf{v} - \eta \mathbb{J} \boldsymbol{\alpha} \cdot \mathbf{u})$$
$$= \pm(\text{Flächenelement } dA \text{ auf dem Zylinder})/\|\boldsymbol{\alpha}\|. \qquad (14.97)$$

Die letzte Gleichung beweist man folgendermaßen: Da die äußere Einheitsnormale an den Zylinder $(0, \boldsymbol{\alpha})/\|\boldsymbol{\alpha}\|$ ist, ergibt sich mit (14.96) für das Flächenelement dA

$$dA(\mu, \boldsymbol{\alpha})((-\mathbb{J}\boldsymbol{\alpha} \cdot \mathbf{u}, \xi \mathbb{J}\boldsymbol{\alpha}), (-\mathbb{J}\boldsymbol{\alpha} \cdot \mathbf{v}, \eta \mathbb{J}\boldsymbol{\alpha}))$$
$$= \frac{(0, \boldsymbol{\alpha})}{\|\boldsymbol{\alpha}\|} \cdot [((-\mathbb{J}\boldsymbol{\alpha} \cdot \mathbf{u}, \xi \mathbb{J}\boldsymbol{\alpha}) \times (-\mathbb{J}\boldsymbol{\alpha} \cdot \mathbf{u}, \xi \mathbb{J}\boldsymbol{\alpha})]$$
$$= \|\boldsymbol{\alpha}\|(\xi \mathbb{J}\boldsymbol{\alpha} \cdot \mathbf{v} - \eta \mathbb{J}\boldsymbol{\alpha} \cdot \mathbf{u}).$$

Wir zeigen nun, daß die symplektische Form $\|\boldsymbol{\alpha}\|\omega^-$ auf dem Orbit durch $(\mu, \boldsymbol{\alpha})$ die kanonische symplektische Form des Kotangentialbündels $T^* S^1_{\boldsymbol{\alpha}}$ ist. Wegen $\pi(\mu, \boldsymbol{\alpha}) = \boldsymbol{\alpha}$ folgt aus (14.96), daß

$$T_{(\mu, \boldsymbol{\alpha})} \pi \left(\mathrm{ad}^*_{(\xi, \mathbf{u})}(\mu, \boldsymbol{\alpha}) \right) = \xi \mathbb{J} \boldsymbol{\alpha}$$

ist (aufgefaßt als Tangentialvektoren an S^1 in $\boldsymbol{\alpha}$). Die Länge dieses Vektors ist $|\xi| \, \|\boldsymbol{\alpha}\|$, so daß wir ihn mit dem Paar $(\xi\|\boldsymbol{\alpha}\|, \boldsymbol{\alpha}) \in T_{\boldsymbol{\alpha}} S^1_{\boldsymbol{\alpha}}$ identifizieren. Die kanonische 1-Form ist durch

$$\Theta(\mu, \boldsymbol{\alpha}) \cdot \mathrm{ad}^*_{(\xi, \mathbf{u})}(\mu, \boldsymbol{\alpha}) = (\mu, \boldsymbol{\alpha}) \cdot T_{(\mu, \boldsymbol{\alpha})} \pi \left(\mathrm{ad}^*_{(\xi, \mathbf{u})}(\mu, \boldsymbol{\alpha}) \right)$$
$$= (\mu, \boldsymbol{\alpha}) \cdot (\xi\|\boldsymbol{\alpha}\|, \boldsymbol{\alpha}) = \mu \xi \|\boldsymbol{\alpha}\|. \qquad (14.98)$$

gegeben.

Um die kanonische symplektische Form Ω auf $T^* S^1$ in dieser Notation zu berechnen, erweitern wir die Tangentialvektoren

$$\mathrm{ad}^*_{(\xi, \mathbf{u})}(\mu, \boldsymbol{\alpha}) \quad \text{und} \quad \mathrm{ad}^*_{(\eta, \mathbf{v})}(\mu, \boldsymbol{\alpha}) \in T_{(\mu, \boldsymbol{\alpha})} \left(T^* S^1_{\boldsymbol{\alpha}} \right)$$

zu Vektorfeldern

$$X : (\mu, \boldsymbol{\alpha}) \mapsto \mathrm{ad}^*_{(\xi, \mathbf{u})}(\mu, \boldsymbol{\alpha}) \quad \text{und} \quad Y : (\mu, \boldsymbol{\alpha}) \mapsto \mathrm{ad}^*_{(\eta, \mathbf{v})}(\mu, \boldsymbol{\alpha})$$

und erhalten

$$\mathrm{ad}^*_{(\xi, \mathbf{u})}(\mu, \boldsymbol{\alpha}) \cdot [\Theta(Y)](\mu, \boldsymbol{\alpha}) = \mathbf{d}\Theta(Y)(\mu, \boldsymbol{\alpha}) \cdot \mathrm{ad}^*_{(\xi, \mathbf{u})}(\mu, \boldsymbol{\alpha})$$
$$= \left. \frac{d}{dt} \right|_{t=0} \Theta(Y)(\mu(t), \boldsymbol{\alpha}(t)),$$

wobei $(\mu(t), \boldsymbol{\alpha}(t))$ eine Kurve in $T^* S^1_{\boldsymbol{\alpha}}$ ist, für die

$$(\mu(0), \boldsymbol{\alpha}(0)) = (\mu, \boldsymbol{\alpha}) \quad \text{und} \quad (\mu'(0), \boldsymbol{\alpha}'(0)) = \mathrm{ad}^*_{(\xi, \mathbf{u})}(\mu, \boldsymbol{\alpha})$$

gilt. Wegen $\|\boldsymbol{\alpha}(t)\| = \|\boldsymbol{\alpha}\|$ folgern wir, daß dies gleich

$$\frac{d}{dt}\bigg|_{t=0} \mu(t)\eta\|\boldsymbol{\alpha}\| = \mu'(0)\eta\|\boldsymbol{\alpha}\| = -\mathbb{J}\boldsymbol{\alpha} \cdot \mathbf{u}\eta\|\boldsymbol{\alpha}\| \qquad (14.99)$$

ist. Analog ist

$$\mathrm{ad}^*_{(\eta,\mathbf{v})}(\mu,\boldsymbol{\alpha}) \cdot (\Theta(X))(\mu,\boldsymbol{\alpha}) = -\mathbb{J}\boldsymbol{\alpha} \cdot \mathbf{v}\xi\|\boldsymbol{\alpha}\|. \qquad (14.100)$$

Aus $X = (\xi,\mathbf{u})_{\mathfrak{se}(2)^*}$ und $Y = (\eta,\mathbf{v})_{\mathfrak{se}(2)^*}$ folgt

$$\begin{aligned}
[X,Y](\mu,\boldsymbol{\alpha}) &= -[(\xi,\mathbf{u}),(\eta,\mathbf{v})]_{\mathfrak{se}(2)^*}(\mu,\boldsymbol{\alpha}) = -(0,\xi\mathbb{J}^T\mathbf{v} - \eta\mathbb{J}^T\mathbf{u})_{\mathfrak{se}(2)^*}(\mu,\boldsymbol{\alpha}) \\
&= -\mathrm{ad}^*_{(0,\xi\mathbb{J}^T\mathbf{v}-\eta\mathbb{J}^T\mathbf{u})}(\mu,\boldsymbol{\alpha})
\end{aligned}$$

und mit (14.98)

$$\Theta([X,Y])(\mu,\boldsymbol{\alpha}) = 0. \qquad (14.101)$$

Wir erinnern auch an die allgemeine Beziehung

$$\mathbf{d}\Theta(X,Y) = X\left[\Theta(Y)\right] - Y\left[\Theta(X)\right] - \Theta([X,Y]) \qquad (14.102)$$

aus Kap. 4. Damit und mit (14.100) und (14.101) erhalten wir

$$\begin{aligned}
\Omega(\mu,\boldsymbol{\alpha}) &\left(\mathrm{ad}^*_{(\xi,\mathbf{u})}(\mu,\boldsymbol{\alpha}), \mathrm{ad}^*_{(\eta,\mathbf{v})}(\mu,\boldsymbol{\alpha})\right) \\
&= -\mathbf{d}\Theta(X,Y)(\mu,\boldsymbol{\alpha}) \\
&= -\mathrm{ad}^*_{(\xi,\mathbf{u})}(\mu,\boldsymbol{\alpha}) \cdot [\Theta(Y)](\mu,\boldsymbol{\alpha}) \\
&\quad + \mathrm{ad}^*_{(\eta,\mathbf{v})}(\mu,\boldsymbol{\alpha}) \cdot [\Theta(X)](\mu,\boldsymbol{\alpha}) + \Theta([X,Y])(\mu,\boldsymbol{\alpha}) \\
&= -\|\boldsymbol{\alpha}\|\left(\xi\mathbb{J}\boldsymbol{\alpha} \cdot \mathbf{v} - \eta\mathbb{J}\boldsymbol{\alpha} \cdot \mathbf{u}\right),
\end{aligned}$$

was zeigt, daß

$$\Omega = \|\boldsymbol{\alpha}\|\omega^- = -(\text{Flächenelement auf dem Zylinder mit Radius } \|\boldsymbol{\alpha}\|)$$

ist.

Deformationen einer Liealgebra.   Die Poissonstrukturen von $\mathfrak{so}(3)^*$, $\mathfrak{sl}(2,\mathbb{R})^*$ und $\mathfrak{se}(2)^*$ lassen sich in einer größeren Poissonmannigfaltigkeit zusammenfassen. Weinstein [1983b] betrachtet für jedes $\varepsilon \in \mathbb{R}$ die Liealgebra $\mathfrak{g}_\varepsilon$ mit der abstrakten Basis $\mathbf{X}_1, \mathbf{X}_2, \mathbf{X}_3$ und den Vertauschungsrelationen

$$[\mathbf{X}_3,\mathbf{X}_1] = \mathbf{X}_2, \quad [\mathbf{X}_2,\mathbf{X}_3] = \mathbf{X}_1 \quad \text{und} \quad [\mathbf{X}_1,\mathbf{X}_2] = \varepsilon\mathbf{X}_3. \qquad (14.103)$$

Für $\varepsilon > 0$ definiert die Abbildung

$$\mathbf{X}_1 \mapsto \sqrt{\varepsilon}(1,0,0)\hat{}, \quad \mathbf{X}_2 \mapsto \sqrt{\varepsilon}(0,1,0)\hat{} \quad \text{und} \quad \mathbf{X}_3 \mapsto (0,0,1)\hat{} \qquad (14.104)$$

einen Isomorphismus von $\mathfrak{g}_\varepsilon$ mit $\mathfrak{so}(3)$, während für $\varepsilon = 0$ die Abbildung

$$\mathbf{X}_1 \mapsto (0,0,-1), \quad \mathbf{X}_2 \mapsto (0,-1,0) \quad \text{und} \quad \mathbf{X}_3 \mapsto (-1,0,0) \qquad (14.105)$$

einen Isomorphismus von $\mathfrak{g}_0$ mit $\mathfrak{se}(2)$ und für $\varepsilon < 0$, die Abbildung

$$\mathbf{X}_1 \mapsto \frac{\sqrt{-\varepsilon}}{2} \begin{bmatrix} 1 & 0 \\ 0 & -1 \end{bmatrix}, \quad \mathbf{X}_2 \mapsto \frac{\sqrt{-\varepsilon}}{2} \begin{bmatrix} 0 & 1 \\ 1 & 0 \end{bmatrix} \quad \text{und} \quad \mathbf{X}_3 \mapsto \frac{1}{2} \begin{bmatrix} 0 & -1 \\ 1 & 0 \end{bmatrix}$$

einen Isomorphismus von $\mathfrak{g}_\varepsilon$ mit $\mathfrak{sl}(2,\mathbb{R})$ definiert.

Die $(+)$-Lie-Poisson-Struktur von $\mathfrak{g}_\varepsilon^*$ ist durch die Vertauschungsrelationen

$$\{x_3, x_1\} = x_2, \quad \{x_2, x_3\} = x_1, \quad \{x_1, x_2\} = \varepsilon x_3 \qquad (14.106)$$

der Koordinatenfunktionen $x_i \in \mathfrak{g}_\varepsilon^* = \mathbb{R}^3$, $\langle x_i, x_j \rangle = \delta_{ij}$ gegeben.

Betrachte im $\mathbb{R}^4$ mit den Koordinatenfunktionen $(x_1, x_2, x_3, \varepsilon)$ die obigen Vertauschungsrelationen zusammen mit $\{\varepsilon, x_1\} = \{\varepsilon, x_2\} = \{\varepsilon, x_3\} = 0$. Dies definiert eine Poissonstruktur auf $\mathbb{R}^4$, die keine Lie-Poisson-Struktur ist. Die Blätter dieser Poissonstruktur sind alle zweidimensional im Raum (x_1, x_2, x_3) und die Casimirfunktionen sind alle Funktionen von $x_1^2 + x_2^2 + \varepsilon x_3^2$ und ε. Die Inklusion von $\mathfrak{g}_\varepsilon^*$ in $\mathbb{R}^4$ mit der obigen Poissonstruktur ist eine kanonische Abbildung. Die Blätter von $\mathbb{R}^4$ mit der obigen Poissonstruktur sind für die verschiedenen Bereiche von ε in Abb. 14.1 dargestellt.

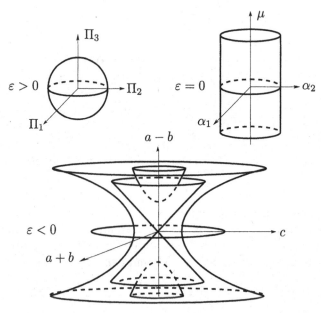

Abb. 14.1. Die koadjungierte Struktur für $\mathfrak{so}(3)^*$, $\mathfrak{se}(2)^*$ und $\mathfrak{sl}(2,\mathbb{R})^*$.

14.7 Die Euklidische Gruppe im dreidimensionalen Raum

Die Euklidische Gruppe, ihre Liealgebra und deren Dualraum.
Ein Element von SE(3) ist ein Paar $(A, \mathbf{a})$ einer Matrix $A \in$ SO(3) und eines Vektors $\mathbf{a} \in \mathbb{R}^3$. Die Wirkung von SE(3) auf $\mathbb{R}^3$ ist eine Drehung A, gefolgt von einer Translation durch den Vektor $\mathbf{a}$ und somit durch

$$(A, \mathbf{a}) \cdot \mathbf{x} = A\mathbf{x} + \mathbf{a} \qquad (14.107)$$

gegeben. Unter Verwendung dieser Beziehung sieht man, daß die Multiplikation und die Inversion in SE(3) durch

$$(A, \mathbf{a})(B, \mathbf{b}) = (AB, A\mathbf{b} + \mathbf{a}) \quad \text{und} \quad (A, \mathbf{a})^{-1} = (A^{-1}, -A^{-1}\mathbf{a}) \qquad (14.108)$$

für $A, B \in$ SO(3) und $\mathbf{a}, \mathbf{b} \in \mathbb{R}^3$ gegeben sind. Das neutrale Element ist $(\mathrm{Id}, \mathbf{0})$. Beachte, daß SE(3) durch die Abbildung

$$(A, \mathbf{a}) \mapsto \begin{bmatrix} A & \mathbf{a} \\ 0 & 1 \end{bmatrix} \qquad (14.109)$$

in SL(4; $\mathbb{R}$) eingebettet werden kann und man somit durch diese Einbettung SE(3) als eine Matrixgruppe behandeln kann. Insbesondere ist die Liealgebra $\mathfrak{se}(3)$ von SE(3) isomorph zu einer Unterliealgebra von $\mathfrak{sl}(4; \mathbb{R})$ mit Elementen der Form

$$\begin{bmatrix} \hat{\mathbf{x}} & \mathbf{y} \\ 0 & 0 \end{bmatrix} \quad \text{mit } \mathbf{x}, \mathbf{y} \in \mathbb{R}^3 \qquad (14.110)$$

und dem Kommutator von Matrizen als Lieklammer. Dies zeigt, daß die Lieklammer auf $\mathfrak{se}(3)$ durch

$$[(\mathbf{x}, \mathbf{y}), (\mathbf{x}', \mathbf{y}')] = (\mathbf{x} \times \mathbf{x}', \mathbf{x} \times \mathbf{y}' - \mathbf{x}' \times \mathbf{y}) \qquad (14.111)$$

gegeben ist. Wegen

$$\begin{bmatrix} A & \mathbf{a} \\ 0 & 1 \end{bmatrix}^{-1} = \begin{bmatrix} A^{-1} & -A^{-1}\mathbf{a} \\ 0 & 1 \end{bmatrix}$$

und

$$\begin{bmatrix} A & \mathbf{a} \\ 0 & 1 \end{bmatrix} \begin{bmatrix} \hat{\mathbf{x}} & \mathbf{y} \\ 0 & 0 \end{bmatrix} \begin{bmatrix} A^{-1} & -A^{-1}\mathbf{a} \\ 0 & 1 \end{bmatrix} = \begin{bmatrix} A\hat{\mathbf{x}}A^{-1} & -A\hat{\mathbf{x}}A^{-1}\mathbf{a} + A\mathbf{y} \\ 0 & 0 \end{bmatrix}.$$

ist die adjungierte Wirkung von SE(3) auf $\mathfrak{se}(3)$ durch

$$\mathrm{Ad}_{(A,\mathbf{a})}(\mathbf{x}, \mathbf{y}) = (A\mathbf{x}, A\mathbf{y} - A\mathbf{x} \times \mathbf{a}) \qquad (14.112)$$

gegeben. Die (6×6)-Matrix von $\mathrm{Ad}_{(A,\mathbf{a})}$ ist durch

$$\begin{bmatrix} A & 0 \\ \hat{\mathbf{a}}A & A \end{bmatrix} \qquad (14.113)$$

gegeben. Identifizieren wir den Dualraum von $\mathfrak{se}(3)$ über das Skalarprodukt in jedem Eingang mit $\mathbb{R}^3 \times \mathbb{R}^3$, so ist die Matrix von $\mathrm{Ad}^*_{(A,\mathbf{a})^{-1}}$ durch die Inverse der Transponierten der (6×6)-Matrix (14.113) gegeben, also gleich

$$\begin{bmatrix} A & \hat{\mathbf{a}}A \\ 0 & A \end{bmatrix}. \qquad (14.114)$$

Also hat die koadjungierte Wirkung von SE(3) auf $\mathfrak{se}(3)^* = \mathbb{R}^3 \times \mathbb{R}^3$ den Ausdruck

$$\mathrm{Ad}^*_{(A,\mathbf{a})^{-1}}(\mathbf{u}, \mathbf{v}) = (A\mathbf{u} + \mathbf{a} \times A\mathbf{v}, A\mathbf{v}). \qquad (14.115)$$

(Diese Liealgebra ist ein semidirektes Produkt und alle hier speziell hergeleiteten Gleichungen sind Spezialfälle von allgemeineren Gleichungen, die man in Arbeiten über semidirekte Produkte findet. Siehe z.B. Marsden, Ratiu und Weinstein [1984a, 1984b].)

Koadjungierte Orbits in $\mathfrak{se}(3)^*$. Sei $\{\mathbf{e}_1, \mathbf{e}_2, \mathbf{e}_3, \mathbf{f}_1, \mathbf{f}_2, \mathbf{f}_3\}$ eine Orthonormalbasis von $\mathfrak{se}(3) = \mathbb{R}^3 \times \mathbb{R}^3$ mit $\mathbf{e}_i = \mathbf{f}_i$, $i = 1, 2, 3$. Die dazu bzgl. des Skalarproduktes duale Basis von $\mathfrak{se}(3)^*$ ist wieder $\{\mathbf{e}_1, \mathbf{e}_2, \mathbf{e}_3, \mathbf{f}_1, \mathbf{f}_2, \mathbf{f}_3\}$. Seien $\mathbf{e}$ und $\mathbf{f}$ zwei beliebige Vektoren mit $\mathbf{e} \in \mathrm{span}\{\mathbf{e}_1, \mathbf{e}_2, \mathbf{e}_3\}$ und $\mathbf{f} \in \mathrm{span}\{\mathbf{f}_1, \mathbf{f}_2, \mathbf{f}_3\}$. Für die koadjungierte Wirkung ist der einzige nulldimensionale Orbit der Koordinatenursprung. Da $\mathfrak{se}(3)$ sechsdimensional ist, kann es auch zwei- und vierdimensionale koadjungierte Orbits geben. Diese treten tatsächlich auf und lassen sich in drei Klassen einteilen.

Typ I: Der Orbit durch $(\mathbf{e}, \mathbf{0})$ ist die 2-Sphäre vom Radius $\|\mathbf{e}\|$

$$\mathrm{SE}(3) \cdot (\mathbf{e}, \mathbf{0}) = \{\, (A\mathbf{e}, \mathbf{0}) \mid A \in \mathrm{SO}(3) \,\} = S^2_{\|\mathbf{e}\|}. \qquad (14.116)$$

Typ II: Der Orbit durch $(\mathbf{0}, \mathbf{f})$ ist das Tangentialbündel der 2-Sphäre mit Radius $\|\mathbf{f}\|$

$$\begin{aligned}
\mathrm{SE}(3) \cdot (\mathbf{0}, \mathbf{f}) &= \{\, (\mathbf{a} \times A\mathbf{f}, A\mathbf{f}) \mid A \in \mathrm{SO}(3), \mathbf{a} \in \mathbb{R}^3 \,\} \\
&= \{\, (\mathbf{u}, A\mathbf{f}) \mid A \in \mathrm{SO}(3), \mathbf{u} \perp A\mathbf{f} \,\} = TS^2_{\|\mathbf{f}\|}. \quad (14.117)
\end{aligned}$$

Beachte, daß der Vektoranteil im ersten Eintrag steht.

Typ III: Der Orbit durch $(\mathbf{e}, \mathbf{f})$ mit $\mathbf{e}, \mathbf{f} \neq \mathbf{0}$ ist

$$\mathrm{SE}(3) \cdot (\mathbf{e}, \mathbf{f}) = \{\, (A\mathbf{e} + \mathbf{a} \times A\mathbf{f}, A\mathbf{f}) \mid A \in \mathrm{SO}(3), \mathbf{a} \in \mathbb{R}^3 \,\}. \qquad (14.118)$$

Wir werden weiter unten zeigen, daß dieser Orbit zu $TS^2_{\|\mathbf{f}\|}$ diffeomorph ist. Betrachte die glatte Abbildung

$$\varphi : (A, \mathbf{a}) \in \mathrm{SE}(3) \mapsto \left(A\mathbf{e} + \mathbf{a} \times A\mathbf{f} - \frac{\mathbf{e} \cdot \mathbf{f}}{\|\mathbf{f}\|^2} A\mathbf{f}, A\mathbf{f} \right) \in TS^2_{\|\mathbf{f}\|}, \qquad (14.119)$$

die rechtsinvariant unter der Wirkung des Stabilisators

$$SE(3)_{(\mathbf{e},\mathbf{f})} = \{ (B,\mathbf{b}) \mid B\mathbf{e} + \mathbf{b} \times \mathbf{f} = \mathbf{e},\ B\mathbf{f} = \mathbf{f} \} \qquad (14.120)$$

ist (vgl. (14.115)), so daß $\varphi((A,\mathbf{a})(B,\mathbf{b})) = \varphi(A,\mathbf{a})$ für alle $(A,\mathbf{a}) \in SE(3)$ und $(B,\mathbf{b}) \in SE(3)_{(\mathbf{e},\mathbf{f})}$ gilt. Daher induziert φ eine glatte Abbildung $\bar{\varphi}$: $SE(3)/SE(3)_{(\mathbf{e},\mathbf{f})} \to TS^2_{\|\mathbf{f}\|}$. Die Abbildung $\bar{\varphi}$ ist injektiv, denn aus $\varphi(A,\mathbf{a}) = \varphi(A',\mathbf{a}')$ folgt

$$(A,\mathbf{a})^{-1}(A',\mathbf{a}') = (A^{-1}A', A^{-1}(\mathbf{a}' - \mathbf{a})) \in SE(3)_{(\mathbf{e},\mathbf{f})},$$

wie man leicht sieht. Um zu sehen, daß φ (und somit auch $\bar{\varphi}$) surjektiv ist, sei $(\mathbf{u},\mathbf{v}) \in TS^2_{\|\mathbf{f}\|}$, d.h. $\|\mathbf{v}\| = \|\mathbf{f}\|$ und $\mathbf{u} \cdot \mathbf{v} = 0$. Wähle dann ein $A \in SO(3)$ mit $A\mathbf{f} = \mathbf{v}$ und setze $\mathbf{a} = [\mathbf{v} \times (\mathbf{u} - A\mathbf{e})]/\|\mathbf{f}\|^2$. Man zeigt dann mit (14.119) direkt, daß $\varphi(A,\mathbf{a}) = (\mathbf{u},\mathbf{v})$ ist. Also ist $\bar{\varphi}$ eine bijektive Abbildung. Da die Ableitung von φ in $(A,\mathbf{a})$ in Richtung von $T_{(I,0)}L_{(A,\mathbf{a})}(\hat{\mathbf{x}},\mathbf{y}) = (A\hat{\mathbf{x}}, A\mathbf{y})$ gleich

$$\begin{aligned}
T_{(A,\mathbf{a})}\varphi(A\hat{\mathbf{x}}, A\mathbf{y}) &= \left.\frac{d}{dt}\right|_{t=0} \varphi(Ae^{t\hat{\mathbf{x}}}, \mathbf{a} + tA\mathbf{y}) \\
&= (A(\mathbf{x} \times \mathbf{e} + \mathbf{y} \times \mathbf{f}) + \mathbf{a} \times A(\mathbf{x} \times \mathbf{f}) \\
&\quad -\frac{\mathbf{e} \cdot \mathbf{f}}{\|\mathbf{f}\|^2} A(\mathbf{x} \times \mathbf{f}), A(\mathbf{x} \times \mathbf{f})) \qquad (14.121)
\end{aligned}$$

ist, besteht ihr Kern aus den Elementen, die durch Linkstranslation von

$$\{ (\mathbf{x},\mathbf{y}) \in \mathfrak{se}(3) \mid \mathbf{x} \times \mathbf{e} + \mathbf{y} \times \mathbf{f} = 0,\ \mathbf{x} \times \mathbf{f} = 0 \} \qquad (14.122)$$

mit $(A,\mathbf{a})$ entstehen. Bilden wir jedoch die Ableitungen der definierenden Relationen in (14.120) in $(B,\mathbf{b}) = (\text{Id}, 0)$, sehen wir, daß (14.122) mit $\mathfrak{se}(3)_{(\mathbf{e},\mathbf{f})}$ übereinstimmt. Dies zeigt, daß $\bar{\varphi}$ eine Immersion ist und somit wegen

$$\dim(SE(3)/SE(3)_{(\mathbf{e},\mathbf{f})}) = \dim TS^2_{\|\mathbf{f}\|} = 4$$

folgt, daß $\bar{\varphi}$ ein lokaler Diffeomorphismus ist. Also ist $\bar{\varphi}$ ein Diffeomorphismus.

Um den Tangentialraum an diese Orbits zu bestimmen, verwenden wir Proposition 14.2.1, nach der $T_\mu \mathcal{O}$ der Annihilator der koadjungierten Stabilisatorunteralgebra bei μ ist. Die koadjungierte Wirkung der Liealgebra $\mathfrak{se}(3)$ auf ihren Dualraum $\mathfrak{se}(3)^*$ berechnet sich zu

$$\text{ad}^*_{(\mathbf{x},\mathbf{y})}(\mathbf{u},\mathbf{v}) = (\mathbf{u} \times \mathbf{x} + \mathbf{v} \times \mathbf{y}, \mathbf{v} \times \mathbf{x}). \qquad (14.123)$$

Also ist die Stabilisatorunteralgebra $\mathfrak{se}(3)_{(\mathbf{u},\mathbf{v})}$ wieder durch (14.122) gegeben, d.h. die Menge $\{ (\mathbf{x},\mathbf{y}) \in \mathfrak{se}(3) \mid \mathbf{u} \times \mathbf{x} + \mathbf{v} \times \mathbf{y} = 0,\ \mathbf{v} \times \mathbf{x} = 0 \}$. Sei $\mathcal{O}$ ein nichttrivialer koadjungierter Orbit in $\mathfrak{se}(3)^*$. Dann kann man den Tangentialraum an einen Punkt in $\mathcal{O}$ für die einzelnen der drei Typen von Orbits folgendermaßen charakterisieren:

Typ I: Wegen

$$\mathfrak{se}(3)_{(\mathbf{e},\mathbf{0})} = \{\,(\mathbf{x},\mathbf{y}) \in \mathfrak{se}(3) \mid \mathbf{e} \times \mathbf{x} = \mathbf{0}\,\} = \mathrm{span}(\mathbf{e}) \times \mathbb{R}^3 \qquad (14.124)$$

ist der Tangentialraum an $\mathcal{O}$ in $(\mathbf{e},\mathbf{0})$ der Tangentialraum an die Sphäre mit Radius $\|\mathbf{e}\|$ an den Punkt $\mathbf{e}$ im ersten Faktor.

Typ II: Wegen

$$\mathfrak{se}(3)_{(\mathbf{0},\mathbf{f})} = \{\,(\mathbf{x},\mathbf{y}) \in \mathfrak{se}(3) \mid \mathbf{f} \times \mathbf{y} = \mathbf{0},\, \mathbf{f} \times \mathbf{x} = \mathbf{0}\,\} = \mathrm{span}(\mathbf{f}) \times \mathrm{span}(\mathbf{f})$$
$$(14.125)$$

ist der Tangentialraum an $\mathcal{O}$ in $(\mathbf{0},\mathbf{f})$ gleich $\mathbf{f}^{\perp} \times \mathbf{f}^{\perp}$, wobei $\mathbf{f}^{\perp}$ die zu $\mathbf{f}$ senkrechte Ebene bezeichnet.

Typ III: Wegen

$$\mathfrak{se}(3)_{(\mathbf{e},\mathbf{f})} = \{\,(\mathbf{x},\mathbf{y}) \in \mathfrak{se}(3) \mid \mathbf{e} \times \mathbf{x} + \mathbf{f} \times \mathbf{y} = \mathbf{0} \text{ und } \mathbf{f} \times \mathbf{x} = \mathbf{0}\,\}$$
$$= \{\,(c_1\mathbf{f}, c_1\mathbf{e} + c_2\mathbf{f}) \mid c_1, c_2 \in \mathbb{R}\,\} \qquad (14.126)$$

ist der Tangentialraum in $(\mathbf{e},\mathbf{f})$ an $\mathcal{O}$ das orthogonale Komplement des Raumes, der von $(\mathbf{f},\mathbf{e})$ und $(\mathbf{0},\mathbf{f})$ aufgespannt wird, also gleich

$$\{\,(\mathbf{u},\mathbf{v}) \mid \mathbf{u} \cdot \mathbf{f} + \mathbf{v} \cdot \mathbf{e} = \mathbf{0} \text{ und } \mathbf{v} \cdot \mathbf{f} = \mathbf{0}\,\}.$$

Die koadjungierte symplektische Form auf den Orbits.   Sei $\mathcal{O}$ ein nichttrivialer Orbit von $\mathfrak{se}(3)^*$. Wir betrachten die verschiedenen Typen von Orbits wie oben getrennt.

Typ I: Enthält $\mathcal{O}$ einen Punkt der Form $(\mathbf{e},\mathbf{0})$, so ist der Orbit $\mathcal{O}$ gleich $S^2_{\|\mathbf{e}\|} \times \{\mathbf{0}\}$. Die $(-)$-koadjungierte symplektische Form ist

$$\omega^-(\mathbf{e},\mathbf{0})(\mathrm{ad}^*_{(\mathbf{x},\mathbf{y})}(\mathbf{e},\mathbf{0}), \mathrm{ad}^*_{(\mathbf{x}',\mathbf{y}')}(\mathbf{e},\mathbf{0})) = -\mathbf{e} \cdot (\mathbf{x} \times \mathbf{x}'). \qquad (14.127)$$

Also ist die symplektische Form auf $\mathcal{O}$ in $(\mathbf{e},\mathbf{0})$ das Flächenelement der Sphäre mit Radius $\|\mathbf{e}\|$ multipliziert mit $-1/\|\mathbf{e}\|$ (vgl. (14.54) und (14.56)).

Typ II: Enthält $\mathcal{O}$ einen Punkt der Form $(\mathbf{0},\mathbf{f})$, so ist $\mathcal{O}$ gleich $TS^2_{\|\mathbf{f}\|}$. Sei $(\mathbf{u},\mathbf{v}) \in \mathcal{O}$, also $\|\mathbf{v}\| = \|\mathbf{f}\|$ und $\mathbf{u} \perp \mathbf{v}$. Die symplektische Form ist in diesem Fall

$$\omega^-(\mathbf{u},\mathbf{v})(\mathrm{ad}^*_{(\mathbf{x},\mathbf{y})}(\mathbf{u},\mathbf{v}), \mathrm{ad}^*_{(\mathbf{x}',\mathbf{y}')}(\mathbf{u},\mathbf{v}))$$
$$= -\mathbf{u} \cdot (\mathbf{x} \times \mathbf{x}') - \mathbf{v} \cdot (\mathbf{x} \times \mathbf{y}' - \mathbf{x}' \times \mathbf{y}). \qquad (14.128)$$

Wir zeigen, daß diese Form exakt, d.h. $\omega^- = -\mathbf{d}\theta$ gilt mit

$$\theta(\mathbf{u},\mathbf{v}) \cdot \mathrm{ad}^*_{(\mathbf{x},\mathbf{y})}(\mathbf{u},\mathbf{v}) = \mathbf{u} \cdot \mathbf{x}. \qquad (14.129)$$

Beachte zunächst, daß θ tatsächlich wohldefiniert ist, denn aus

$$\mathrm{ad}^*_{(\mathbf{x},\mathbf{y})}(\mathbf{u},\mathbf{v}) = \mathrm{ad}^*_{(\mathbf{x}',\mathbf{y}')}(\mathbf{u},\mathbf{v})$$

folgt mit (14.123) $(\mathbf{x}-\mathbf{x}')\times\mathbf{v}=0$, also $\mathbf{x}-\mathbf{x}'=c\mathbf{v}$ für eine Konstante $c\in\mathbb{R}$ und wegen $\mathbf{u}\perp\mathbf{v}$ folgt daraus, daß $\mathbf{u}\cdot\mathbf{x}=\mathbf{u}\cdot\mathbf{x}'$ ist. Um nun $\mathrm{d}\theta$ zu berechnen, verwenden wir die Beziehung

$$\mathrm{d}\theta(X,Y) = X[\theta(Y)] - Y[\theta(X)] - \theta([X,Y])$$

für Vektorfelder X,Y auf $\mathcal{O}$. In dieser wählen wir X und Y als

$$X(\mathbf{u},\mathbf{v}) = (\mathbf{x},\mathbf{y})_{\mathfrak{se}(3)*}(\mathbf{u},\mathbf{v}) = -\mathrm{ad}^*_{(\mathbf{x},\mathbf{y})}(\mathbf{u},\mathbf{v}),$$
$$Y(\mathbf{u},\mathbf{v}) = (\mathbf{x}',\mathbf{y}')_{\mathfrak{se}(3)*}(\mathbf{u},\mathbf{v}) = -\mathrm{ad}^*_{(\mathbf{x}',\mathbf{y}')}(\mathbf{u},\mathbf{v})$$

für feste $\mathbf{x},\mathbf{y},\mathbf{x}',\mathbf{y}'\in\mathbb{R}^3$. Zur Berechnung von $X[\theta(Y)](\mathbf{u},\mathbf{v})$ betrachten wir den Weg $(\mathbf{u}(\epsilon),\mathbf{v}(\epsilon)) = (e^{\epsilon\hat{\mathbf{x}}}\mathbf{u}-\epsilon(\mathbf{v}\times\mathbf{y}),e^{\epsilon\hat{\mathbf{x}}}\mathbf{v})$, für den $(\mathbf{u}(0),\mathbf{v}(0))=(\mathbf{u},\mathbf{v})$ und

$$(\mathbf{u}'(0),\mathbf{v}'(0)) = -(\mathbf{u}\times\mathbf{x}+\mathbf{v}\times\mathbf{y},\mathbf{v}\times\mathbf{x}) = -\mathrm{ad}^*_{(\mathbf{x},\mathbf{y})}(\mathbf{u},\mathbf{v}) = X(\mathbf{u},\mathbf{v})$$

gilt. Dann ist

$$\begin{aligned}
X[\theta(Y)](\mathbf{u},\mathbf{v}) &= \frac{d}{d\epsilon}\bigg|_{\epsilon=0}\theta(Y)(\mathbf{u}(\epsilon),\mathbf{v}(\epsilon)) \\
&= \frac{d}{d\epsilon}\bigg|_{\epsilon=0} -\mathbf{u}(\epsilon)\cdot\mathbf{x}' = (\mathbf{u}\times\mathbf{x}+\mathbf{v}\times\mathbf{y})\cdot\mathbf{x}'.
\end{aligned}$$

Analog folgt $Y[\theta(X)](\mathbf{u},\mathbf{v}) = (\mathbf{u}\times\mathbf{x}'+\mathbf{v}\times\mathbf{y}')\cdot\mathbf{x}$. Schließlich ist

$$\begin{aligned}
[X,Y](\mathbf{u},\mathbf{v}) &= [(\mathbf{x},\mathbf{y})_{\mathfrak{se}(3)*},(\mathbf{x}',\mathbf{y}')_{\mathfrak{se}(3)*}](\mathbf{u},\mathbf{v}) \\
&= -[(\mathbf{x},\mathbf{y}),(\mathbf{x}',\mathbf{y}')]_{\mathfrak{se}(3)*}(\mathbf{u},\mathbf{v}) \\
&= -(\mathbf{x}\times\mathbf{x}',\mathbf{x}\times\mathbf{y}'-\mathbf{x}'\times\mathbf{y})_{\mathfrak{se}(3)*}(\mathbf{u},\mathbf{v}) \\
&= \mathrm{ad}^*_{(\mathbf{x}\times\mathbf{x}',\mathbf{x}\times\mathbf{y}'-\mathbf{x}'\times\mathbf{y})}(\mathbf{u},\mathbf{v}).
\end{aligned}$$

Demzufolge gilt

$$\begin{aligned}
-\mathrm{d}\theta(\mathbf{u},\mathbf{v})&(\mathrm{ad}^*_{(\mathbf{x},\mathbf{y})}(\mathbf{u},\mathbf{v}),\mathrm{ad}^*_{(\mathbf{x}',\mathbf{y}')}(\mathbf{u},\mathbf{v})) \\
&= -X[\theta(Y)](\mathbf{u},\mathbf{v}) + Y[\theta(X)](\mathbf{u},\mathbf{v}) + \theta([X,Y])(\mathbf{u},\mathbf{v}) \\
&= -(\mathbf{u}\times\mathbf{x}+\mathbf{v}\times\mathbf{y})\cdot\mathbf{x}' + (\mathbf{u}\times\mathbf{x}'+\mathbf{v}\times\mathbf{y}')\cdot\mathbf{x} + \mathbf{u}\cdot(\mathbf{x}\times\mathbf{x}') \\
&= -\mathbf{u}\cdot(\mathbf{x}\times\mathbf{x}') - \mathbf{v}\cdot(\mathbf{x}\times\mathbf{y}'-\mathbf{x}'\times\mathbf{y}),
\end{aligned}$$

was mit (14.128) übereinstimmt.

Die durch (14.129) gegebene Form θ ist die kanonische symplektische Struktur, wenn wir $TS^2_{\|\mathbf{f}\|}$ über die Euklidische Metrik mit $T^*S^2_{\|\mathbf{f}\|}$ identifizieren.

Typ III: Enthält $\mathcal{O}$ den Punkt $(\mathbf{e}, \mathbf{f})$ mit $\mathbf{e} \neq \mathbf{0}$ und $\mathbf{f} \neq \mathbf{0}$, so ist $\mathcal{O}$ folgendermaßen diffeomorph zu $T^*S^2_{\|\mathbf{f}\|}$: Die durch (14.119) gegebene Abbildung $\varphi : \mathrm{SE}(3) \to T^*S^2_{\|\mathbf{f}\|}$ induziert einen Diffeomorphismus $\overline{\varphi} : \mathrm{SE}(3)/\mathrm{SE}(3)_{(\mathbf{e},\mathbf{f})} \to T^*S^2_{\|\mathbf{f}\|}$. Auf jeden Fall ist der Orbit $\mathcal{O}$ durch $(\mathbf{e}, \mathbf{f})$ diffeomorph zu $\mathrm{SE}(3)/\mathrm{SE}(3)_{(\mathbf{e},\mathbf{f})}$, wobei ein Diffeomorphismus durch

$$(A, \mathbf{a}) \mapsto \mathrm{Ad}^*_{(A,\mathbf{a})^{-1}}(\mathbf{e}, \mathbf{f}) \qquad (14.130)$$

gegeben ist. Demzufolge ist der Diffeomorphismus $\Phi : \mathcal{O} \to T^*S^2_{\|\mathbf{f}\|}$ durch

$$\Phi(\mathrm{Ad}^*_{(A,\mathbf{a})^{-1}}(\mathbf{e}, \mathbf{f})) = \Phi(A\mathbf{e} + \mathbf{a} \times A\mathbf{f}, A\mathbf{f})$$

$$= (A\mathbf{e} + \mathbf{a} \times A\mathbf{f} - \frac{\mathbf{e} \cdot \mathbf{f}}{\|\mathbf{f}\|^2}A\mathbf{f}, A\mathbf{f}) \qquad (14.131)$$

gegeben. Ist $(\overline{\mathbf{u}}, \overline{\mathbf{v}}) \in \mathcal{O}$, so ist die koadjungierte symplektische Struktur durch (14.128) gegeben, wobei $\overline{\mathbf{u}} = A\mathbf{e} + \mathbf{a} \times A\mathbf{f}$, $\overline{\mathbf{v}} = A\mathbf{f}$ für ein $A \in \mathrm{SO}(3)$ und ein $\mathbf{a} \in \mathbb{R}^3$ ist. Sei

$$\mathbf{u} = A\mathbf{e} + \mathbf{a} \times A\mathbf{f} - \frac{\mathbf{e} \cdot \mathbf{f}}{\|\mathbf{f}\|^2}A\mathbf{f} = \overline{\mathbf{u}} - \frac{\mathbf{e} \cdot \mathbf{f}}{\|\mathbf{f}\|^2}\overline{\mathbf{v}},$$

$$\mathbf{v} = A\mathbf{f} = \overline{\mathbf{v}} \qquad (14.132)$$

das Paar von Vektoren $(\mathbf{u}, \mathbf{v})$, das ein Element von $TS^2_{\|\mathbf{f}\|}$ repräsentiert. Beachte $\|\mathbf{v}\| = \|\mathbf{f}\|$ und $\mathbf{u} \cdot \mathbf{v} = 0$. Dann kann ein Tangentialvektor an $TS^2_{\|\mathbf{f}\|}$ in $(\mathbf{u}, \mathbf{v})$ als $\mathrm{ad}^*_{(\mathbf{x},\mathbf{y})}(\mathbf{u}, \mathbf{v}) = (\mathbf{u} \times \mathbf{x} + \mathbf{v} \times \mathbf{y}, \mathbf{v} \times \mathbf{x})$ dargestellt werden, so daß mit (14.131)

$$T_{(\mathbf{u},\mathbf{v})}\Phi^{-1}(\mathrm{ad}^*_{(\mathbf{x},\mathbf{y})}(\mathbf{u}, \mathbf{v})) = \frac{d}{d\epsilon}\Big|_{\epsilon=0} \Phi^{-1}(e^{-\epsilon\hat{\mathbf{x}}}\mathbf{u} + \epsilon(\mathbf{v} \times \mathbf{y}), e^{\epsilon\hat{\mathbf{x}}}\mathbf{v})$$

$$= \frac{d}{d\epsilon}\Big|_{\epsilon=0} \left(e^{-\epsilon\hat{\mathbf{x}}}\mathbf{u} + \epsilon(\mathbf{v} \times \mathbf{y}) + \frac{\mathbf{e} \cdot \mathbf{f}}{\|f\|^2}e^{-\epsilon\hat{\mathbf{x}}}\mathbf{v}, e^{-\epsilon\hat{\mathbf{x}}}\mathbf{v}\right)$$

$$= \left(\mathbf{u} \times \mathbf{x} + \mathbf{v} \times \mathbf{y} + \frac{\mathbf{e} \cdot \mathbf{f}}{\|f\|^2}(\mathbf{v} \times \mathbf{x}), \mathbf{v} \times \mathbf{x}\right)$$

$$= (\overline{\mathbf{u}} \times \mathbf{x} + \overline{\mathbf{v}} \times \mathbf{y}, \overline{\mathbf{v}} \times \mathbf{x})$$

$$= \mathrm{ad}^*_{(\mathbf{x},\mathbf{y})}(\overline{\mathbf{u}}, \overline{\mathbf{v}})$$

gilt. Damit ist der Pushforward der koadjungierten symplektischen Form ω^- auf $TS^2_{\|\mathbf{f}\|}$

$$(\Phi_*\omega^-)(\mathbf{u}, \mathbf{v})(\mathrm{ad}^*_{(\mathbf{x},\mathbf{y})}(\mathbf{u}, \mathbf{v}), \mathrm{ad}^*_{(\mathbf{x}',\mathbf{y}')}(\mathbf{u}, \mathbf{v}))$$

$$= \omega^-(\overline{\mathbf{u}}, \overline{\mathbf{v}})(T_{(\mathbf{u},\mathbf{v})}\Phi^{-1}(\mathrm{ad}^*_{(\mathbf{x},\mathbf{y})}(\mathbf{u}, \mathbf{v})), T_{(\mathbf{u},\mathbf{v})}\Phi^{-1}(\mathrm{ad}^*_{(\mathbf{x}',\mathbf{y}')}(\mathbf{u}, \mathbf{v}))$$

$$= \omega^-(\overline{\mathbf{u}}, \overline{\mathbf{v}})(\mathrm{ad}^*_{(\mathbf{x},\mathbf{y})}(\overline{\mathbf{u}}, \overline{\mathbf{v}}), \mathrm{ad}^*_{(\mathbf{x}',\mathbf{y}')}(\overline{\mathbf{u}}, \overline{\mathbf{v}}))$$

$$= -\overline{\mathbf{u}} \cdot (\mathbf{x} \times \mathbf{x}') - \overline{\mathbf{v}} \cdot (\mathbf{x} \times \mathbf{y}' - \mathbf{x}' \times \mathbf{y})$$

$$= -\mathbf{u} \cdot (\mathbf{x} \times \mathbf{x}') - \mathbf{v} \cdot (\mathbf{x} \times \mathbf{y}' - \mathbf{x}' \times \mathbf{y}) - \frac{\mathbf{e} \cdot \mathbf{f}}{\|\mathbf{f}\|^2}\mathbf{v} \cdot (\mathbf{x} \times \mathbf{x}'). \quad (14.133)$$

Die ersten zwei Terme stellen die kanonische symplektische Struktur auf $TS^2_{\|\mathbf{f}\|}$ dar (über die Euklidische Metrik mit $T^*S^2_{\|\mathbf{f}\|}$ identifiziert), wie wir in der Untersuchung der Orbits vom Typ II gesehen haben. Der dritte ist die folgende 2-Form auf $TS^2_{\|\mathbf{f}\|}$:

$$\beta(\mathbf{u}, \mathbf{v}) \left(\mathrm{ad}^*_{(\mathbf{x},\mathbf{y})}(\mathbf{u}, \mathbf{v}), \mathrm{ad}^*_{(\mathbf{x}',\mathbf{y}')}(\mathbf{u}, \mathbf{v}) \right) = -\frac{\mathbf{e} \cdot \mathbf{f}}{\|\mathbf{f}\|^2} \mathbf{v} \cdot (\mathbf{x} \times \mathbf{x}'). \tag{14.134}$$

Wie im Fall von θ für die Orbits vom Typ II sieht man schnell, daß durch (14.133) eine wohldefinierte 2-Form auf $TS^2_{\|\mathbf{f}\|}$ gegeben ist. Sie ist abgeschlossen, da sie die Differenz von $\Phi_*\omega^-$ und der kanonischen 2-Form auf $TS^2_{\|\mathbf{f}\|}$ ist. Die 2-Form β ist ein magnetischer Term im Sinne von §6.6.

Es sei noch angemerkt, daß die Theorie der semidirekten Produkte von Marsden, Ratiu und Weinstein [1984a, 1984b] in Verbindung mit der Reduktionstheorie auf Kotangentialbündeln (siehe z.B. Marsden [1992]) einen alternativen Zugang zu der Berechnung der koadjungierten symplektischen Formen liefert. Wir verweisen auf Marsden, Misiolek, Perlmutter und Ratiu [1998] für Details.

Übungen

Übung 14.7.1. Sei K eine quadratische Form auf $\mathbb{R}^3$ und $\mathbf{K}$ die zugehörige symmetrische (3×3)-Matrix. Sei weiter

$$\{F, L\}_K = -\nabla K \cdot (\nabla F \times \nabla L).$$

Zeige, daß dies die Lie-Poisson-Klammer für die Liealgebrenstruktur

$$[\mathbf{u}, \mathbf{v}]_K = \mathbf{K}(\mathbf{u} \times \mathbf{v})$$

ist. Was ist die zugrundeliegende Liegruppe?

Übung 14.7.2. Bestimme die koadjungierten Orbits für die Liealgebra in der vorhergehenden Übung und berechne die koadjungierte symplektische Struktur. Spezialisiere dies auf den Fall $SO(2,1)$.

Übung 14.7.3. Klassifiziere die koadjungierten Orbits von $SU(1,1)$, der Gruppe der komplexen (2×2)-Matrizen mit Determinante 1 der Form

$$g = \begin{pmatrix} a & b \\ \bar{b} & \bar{a} \end{pmatrix}$$

mit $|a|^2 - |b|^2 = 1$.

Übung 14.7.4. Die *Heisenberggruppe* ist wie folgt definiert: Gehe von der abelschen Gruppe $\mathbb{R}^2$ mit der symplektischen Standardform ω aus, die durch die gewöhnliche Volumenform auf der Ebene gegeben ist. Bilde die Gruppe $H = \mathbb{R}^2 \oplus \mathbb{R}$ mit der Multiplikation

$$(u, \alpha)(v, \beta) = (u + v, \alpha + \beta + \omega(u, v)).$$

Beachte, daß das neutrale Element $(0, 0)$ und das Inverse von (u, α) durch $(u, \alpha)^{-1} = (-u, -\alpha)$ gegeben ist. Berechne die koadjungierten Orbits dieser Gruppe.

15. Der freie starre Körper

Als eine Anwendung der von uns entwickelten Theorie wollen wir nun die Bewegung eines freien starren Körpers um einen festen Punkt behandeln. Wir beginnen mit der Kinematik der Bewegung des starren Körpers. Unsere Beschreibung der Kinematik starrer Körper verwendet einige Begriffe und Konventionen der Kontinuumsmechanik, wie sie in Marsden und Hughes [1983] vorgestellt werden.

15.1 Materielle, räumliche und körpereigene Koordinaten

Betrachte einen starren Körper, der sich frei im $\mathbb{R}^3$ bewegt. Eine *Referenzkonfiguration* $\mathcal{B}$ des Körpers ist der Abschluß einer offenen Menge im $\mathbb{R}^3$ mit einem stückweise glatten Rand. Die Punkte in $\mathcal{B}$ bezeichnen wir mit $X = (X^1, X^2, X^3) \in \mathcal{B}$ bzgl. einer Orthonormalbasis $(\mathbf{E}_1, \mathbf{E}_2, \mathbf{E}_3)$ und nennen sie *materielle Punkte* und die Koordinaten X^i, $i = 1, 2, 3$ *materielle Koordinaten*. Eine *Konfiguration* von $\mathcal{B}$ ist eine Abbildung $\varphi : \mathcal{B} \to \mathbb{R}^3$ die (in unserem Rahmen) stetig differenzierbar, orientierungserhaltend und auf ihrem Bild umkehrbar ist. Punkte im Bild von φ nennen wir *räumliche Punkte* und bezeichnen sie mit kleinen Buchstaben. Sei nun $(\mathbf{e}_1, \mathbf{e}_2, \mathbf{e}_3)$ eine rechtshändige Orthonormalbasis des $\mathbb{R}^3$. Die Koordinaten für räumliche Punkte wie $x = (x^1, x^2, x^3) \in \mathbb{R}^3$, $i = 1, 2, 3$, bzgl. der Basis $(\mathbf{e}_1, \mathbf{e}_2, \mathbf{e}_3)$ heißen *räumliche Koordinaten*, vgl. Abb. 15.1. Dazu dual kann man materielle Größen wie auf $\mathcal{B}$ definierte Abbildungen betrachten, z.B. $Z : \mathcal{B} \to \mathbb{R}$. Aus diesen kann man durch Komposition räumliche Größen bilden: $z_t = Z_t \circ \varphi_t^{-1}$. Räumliche Größen werden auch *Eulersche Größen* und materielle Größen werden auch *Lagrangesche Größen* genannt. Eine *Bewegung* von $\mathcal{B}$ ist eine zeitabhängige Familie von Konfigurationen, die wir als $x = \varphi(X, t) = \varphi_t(X)$ oder kurz als $x(X, t)$ oder $x_t(X)$ schreiben. Räumliche Größen sind Funktionen von x und werden meist mit Kleinbuchstaben bezeichnet. Durch Komposition mit φ_t, werden aus räumlichen Größen Funktionen der materiellen Punkte X.

Ein *starrer Körper* ist dadurch gekennzeichnet, daß der Abstand zwischen je zwei Punkten des Körpers bei der Bewegung des Körpers unverändert

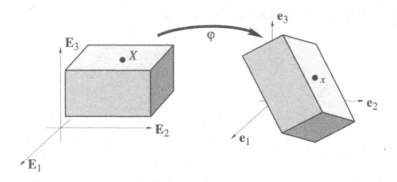

Abb. 15.1. Konfigurationen, räumliche und materielle Punkte.

bleibt. Wir nehmen an, daß keine äußeren Kräfte auf den Körper wirken und der Schwerpunkt immer im Koordinatenursprung ruht (vgl. Übung 15.1.1). Da jede Isometrie des $\mathbb{R}^3$, die den Koordinatenursprung fest läßt, eine Drehung ist (ein Satz aus dem Jahre 1932 von Mazur und Ulam), ergibt sich

$$x(X, t) = R(t)X, \quad \text{d.h.,} \quad x^i = R^i_j(t)X^j, \quad i, j = 1, 2, 3, \text{ Summation über } j,$$

wobei x^i die Komponenten von x bzgl. der im Raum festen Basis e_1, e_2, e_3 sind und $[R^i_j]$ die Matrix von R bzgl. der Basen (E_1, E_2, E_3) und (e_1, e_2, e_3) ist. Die Bewegung wird als stetig angenommen und $R(0)$ ist die Identität, so daß $\det(R(t)) = 1$ gilt und somit auch $R(t) \in SO(3)$, der speziellen orthogonalen Gruppe. Demnach kann der Konfigurationsraum für die Drehbewegung eines starren Körpers mit $SO(3)$ identifiziert werden. Der Geschwindigkeitsphasenraum des freien starren Körpers ist also $TSO(3)$ und der Impulsphasenraum das Kotangentialbündel $T^*SO(3)$. Meistens parametrisiert man $SO(3)$ durch die **Eulerschen Winkel**, die wir in §15.6 einführen werden.

Zusätzlich zu den materiellen und den räumlichen Koordinaten gibt es noch ein drittes besonders ausgezeichnetes Koordinatensystem, die **mitgeführten** oder **körpereigenen Koordinaten**. Diese Koordinaten beziehen sich auf eine bewegte Basis, und die Beschreibung der Bewegung des starren Körpers wird in diesen von Euler eingeführten Koordinaten besonders einfach. Sei wie zuvor E_1, E_2, E_3 eine in der Referenzkonfiguration feste Orthonormalbasis. Definiere die zeitabhängige Basis ξ_1, ξ_2, ξ_3 durch $\xi_i = R(t)E_i$, $i = 1, 2, 3$, so daß sich ξ_1, ξ_2, ξ_3 mit dem Körper mitbewegt. Die körpereigenen Koordinaten eines Vektors im $\mathbb{R}^3$ sind seine Komponenten bzgl. ξ_i. Für einen im Ursprung verankerten rotierenden starren Körper stellen wir uns (e_1, e_2, e_3) als eine im Raum feste Basis vor, während (ξ_1, ξ_2, ξ_3) eine am Körper feste und mit ihm mitbewegte Basis ist. Daher bezeichnen wir (e_1, e_2, e_3) als **räumliches Koordinatensystem** und (ξ_1, ξ_2, ξ_3) als **körpereigenes Koordinatensystem**, vgl. Abb. 15.2.

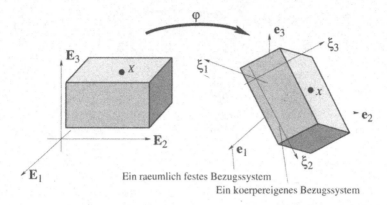

Abb. 15.2. Räumliche und körpereigene Koordinatensysteme.

Übungen

Übung 15.1.1. Leite den Konfigurationsraum SO(3) des starren Körpers aus dem Konfigurationsraum SE(3) durch „Ausreduzieren" (siehe §10.7, und die Sätze zur Euler-Poincaré- und Lie-Poisson-Reduktion) der Translationen her.

15.2 Die Lagrangefunktion des freien starren Körpers

Die Trajektorie eines materiellen Punktes $X \in \mathcal{B}$ des Körpers im Raum ist $x(t) = R(t)X$ mit $R(t) \in SO(3)$. Die *materielle* oder *Lagrangesche Geschwindigkeit* $V(X,t)$ ist durch

$$V(X,t) = \frac{\partial x(X,t)}{\partial t} = \dot{R}(t)X \tag{15.1}$$

definiert, die *räumliche* oder *Eulersche Geschwindigkeit* $v(x,t)$ hingegen durch

$$v(x,t) = V(X,t) = \dot{R}(t)R(t)^{-1}x. \tag{15.2}$$

Die *körpereigene* oder *mitgeführte Geschwindigkeit* $\mathcal{V}(X,t)$ resultiert daraus, daß wir die X als zeitabhängig und die x als fest betrachten, also $X(x,t) = R(t)^{-1}x$ schreiben und dann

$$\mathcal{V}(X,t) = -\frac{\partial X(x,t)}{\partial t} = R(t)^{-1}\dot{R}(t)R(t)^{-1}x$$
$$= R(t)^{-1}\dot{R}(t)X$$
$$= R(t)^{-1}V(X,t)$$
$$= R(t)^{-1}v(x,t) \tag{15.3}$$

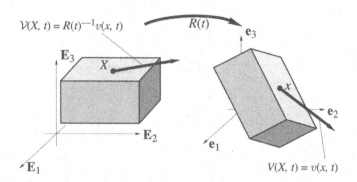

Abb. 15.3. Die materielle Geschwindigkeit V, räumliche Geschwindigkeit v und körpereigene Geschwindigkeit $\mathcal{V}$.

definieren, siehe Abb. 15.3. Die Massenverteilung des Körpers sei in der Referenzkonfiguration durch ein Dichtemaß $\rho_0 d^3 X$ mit kompaktem Träger gegeben, welches in Punkten außerhalb des Körpers verschwindet. Dann gelten für die durch die kinetische Energie definierte Lagrangefunktion die folgenden Ausdrücke, die durch Variablentransformation und die Beziehung $\|\mathcal{V}\| = \|V\| = \|v\|$ auseinander folgen:

$$L = \frac{1}{2} \int_{\mathcal{B}} \rho_0(X) \|V(X,t)\|^2 \, d^3 X \quad \text{(materielle Darstellung)} \quad (15.4)$$

$$= \frac{1}{2} \int_{R(t)\mathcal{B}} \rho_0(R(t)^{-1} x) \|v(x,t)\|^2 \, d^3 x \quad \text{(räumliche Dstg.)} \quad (15.5)$$

$$= \frac{1}{2} \int_{\mathcal{B}} \rho_0(X) \|\mathcal{V}(X,t)\|^2 \, d^3 X \quad \text{(körpereigene Dstg.).} \quad (15.6)$$

Durch Differenzieren von $R(t)^T R(t) = \mathrm{Id}$ und $R(t)R(t)^T = \mathrm{Id}$ nach t sieht man, daß sowohl $R(t)^{-1}\dot{R}(t)$ als auch $\dot{R}(t)R(t)^{-1}$ schiefsymmetrisch sind. Weiter folgt mit (15.2), (15.3) und der klassischen Definition

$$\mathbf{v} = \boldsymbol{\omega} \times \mathbf{r} = \hat{\omega}\mathbf{r}$$

der **Winkelgeschwindigkeit**, daß die durch

$$\hat{\omega}(t) = \dot{R}(t)R(t)^{-1} \quad (15.7)$$

und

$$\hat{\Omega}(t) = R(t)^{-1}\dot{R}(t) \quad (15.8)$$

definierten Vektoren $\boldsymbol{\omega}(t)$ und $\boldsymbol{\Omega}(t)$ in $\mathbb{R}^3$ die **räumliche** und die **mitgeführte Winkelgeschwindigkeit** des Körpers darstellen. Beachte, daß $\boldsymbol{\omega}(t) = R(t)\boldsymbol{\Omega}(t)$ gilt, bzw. in Matrixschreibweise

$$\hat{\omega} = \mathrm{Ad}_R \hat{\Omega} = R\hat{\Omega}R^{-1}.$$

Wir wollen zeigen, daß $L : TSO(3) \to \mathbb{R}$ aus (15.4) linksinvariant ist. Ist nämlich $B \in SO(3)$, so ist die Linkstranslation mit B

$$L_B R = BR \quad \text{und} \quad TL_B(R, \dot{R}) = (BR, B\dot{R}),$$

also gilt

$$L(TL_B(R, \dot{R})) = \frac{1}{2} \int_B \rho_0(X) \|B\dot{R}X\|^2 \, d^3 X$$

$$= \frac{1}{2} \int_B \rho_0(X) \|\dot{R}X\|^2 \, d^3 X = L(R, \dot{R}), \qquad (15.9)$$

da R orthogonal ist.

Durch eine Lie-Poisson-Reduktion der Dynamik (siehe Kap. 13) induziert das zugehörige Hamiltonsche System auf $T^*SO(3)$, welches ebenfalls linksinvariant ist, ein Lie-Poisson-System auf $\mathfrak{so}(3)^*$ und dieses System läßt die durch $\|\boldsymbol{\Pi}\| = \text{konstant}$ gegebenen koadjungierten Orbits invariant. Durch den alternativen Zugang der Euler-Poincaré-Reduktion der Dynamik erhalten wir ein System von Gleichungen für die körpereigene Winkelgeschwindigkeit auf $\mathfrak{so}(3)$.

Die Rekonstruktion der Dynamik auf $TSO(3)$ besteht einfach darin, $\mathbf{R}(t) \in SO(3)$ zu einem gegebenen $\hat{\boldsymbol{\Omega}}(t)$ aus

$$\dot{R}(t) = R(t)\hat{\boldsymbol{\Omega}}(t), \qquad (15.10)$$

also (15.8), zu bestimmen, was eine zeitabhängige lineare Differentialgleichung für $R(t)$ ist.

15.3 Die Lagrangefunktion und die Hamiltonfunktion des starren Körpers in der körpereigenen Darstellung

Mit (15.6), (15.3) und (15.8) aus dem vorhergehenden Abschnitt ergibt sich die Lagrangefunktion des starren Körpers zu

$$L = \frac{1}{2} \int_B \rho_0(X) \|\boldsymbol{\Omega} \times X\|^2 \, d^3 X. \qquad (15.11)$$

Führen wir ein neues Skalarprodukt

$$\langle\langle \mathbf{a}, \mathbf{b} \rangle\rangle := \int_B \rho_0(X)(\mathbf{a} \times X) \cdot (\mathbf{b} \times X) \, d^3 X$$

ein, in welches die Dichteverteilung $\rho_0(X)$ des Körpers eingeht, wird (15.11) zu

$$L(\boldsymbol{\Omega}) = \frac{1}{2} \langle\langle \boldsymbol{\Omega}, \boldsymbol{\Omega} \rangle\rangle. \qquad (15.12)$$

Im weiteren benötigen wir die folgende Beziehung für Vektoren

$$(\mathbf{a} \times X) \cdot (\mathbf{b} \times X) = (\mathbf{a} \cdot \mathbf{b}) \|X\|^2 - (\mathbf{a} \cdot X)(\mathbf{b} \cdot X).$$

Definiere durch $I \mathbf{a} \cdot \mathbf{b} = \langle\langle \mathbf{a}, \mathbf{b} \rangle\rangle$ für $\mathbf{a}, \mathbf{b} \in \mathbb{R}^3$ einen linearen Isomorphismus $I : \mathbb{R}^3 \to \mathbb{R}^3$. Dies ist möglich und bestimmt I eindeutig, da sowohl das Skalarprodukt als auch $\langle\langle , \rangle\rangle$ nichtausgeartete Bilinearformen sind (wenn der starre Körper nicht auf einer Geraden liegt). Es ist offensichtlich, daß I symmetrisch bzgl. des Skalarproduktes und positiv definit ist. Sei $(\mathbf{E}_1, \mathbf{E}_2, \mathbf{E}_3)$ eine Orthonormalbasis für materielle Koordinaten. Die Matrix von I ist dann

$$I_{ij} = \mathbf{E}_i \cdot I\mathbf{E}_j = \langle\langle \mathbf{E}_i, \mathbf{E}_j \rangle\rangle = \begin{cases} -\displaystyle\int_{\mathcal{B}} \rho_0(X) X^i X^j \, d^3 X, & i \neq j, \\ \displaystyle\int_{\mathcal{B}} \rho_0(X)(\|X\|^2 - (X^i)^2) \, d^3 X, & i = j, \end{cases}$$

was der klassische Ausdruck für die Matrix des **Trägheitstensors** ist.

Ist $\mathbf{c}$ ein normierter Vektor, so ist $\langle\langle \mathbf{c}, \mathbf{c} \rangle\rangle$ das (klassische) **Trägheitsmoment** um die Achse $\mathbf{c}$. Da der Trägheitstensor I symmetrisch ist, kann er diagonalisiert werden. Eine Orthonormalbasis, in der er diagonal wird, bilden die **Hauptträgheitsachsen** des Körpers. Die Diagonalelemente I_1, I_2, I_3 nennt man die **Hauptträgheitsmomente** des starren Körpers. Im folgenden arbeiten wir mit einer Basis $(\mathbf{E}_1, \mathbf{E}_2, \mathbf{E}_3)$ aus Hauptträgheitsachsen in der Referenzkonfiguration und in den körpereigenen Koordinaten.

Da $\mathfrak{so}(3)^*$ und $\mathbb{R}^3$ über das Skalarprodukt (nicht über $\langle\langle , \rangle\rangle$) identifiziert werden, wird das lineare Funktional $\langle\langle \Omega, \cdot \rangle\rangle$ auf $\mathfrak{so}(3) \cong \mathbb{R}^3$, das die Legendretransformierte von Ω ist, mit $I\Omega := \Pi \in \mathfrak{so}(3)^* \cong \mathbb{R}^3$ identifiziert, denn es gilt $\Pi \cdot \mathbf{a} = \langle\langle \Omega, \mathbf{a} \rangle\rangle$ für alle $\mathbf{a} \in \mathbb{R}^3$. Mit $I = \operatorname{diag}(I_1, I_2, I_3)$ definiert (15.12) eine Funktion

$$K(\Pi) = \frac{1}{2} \left(\frac{\Pi_1^2}{I_1} + \frac{\Pi_2^2}{I_2} + \frac{\Pi_3^2}{I_3} \right), \tag{15.13}$$

die den Ausdruck für die kinetische Energie auf $\mathfrak{so}(3)^*$ darstellt. Beachte, daß $\Pi = gI\Omega$ der **körpereigene Drehimpuls** ist. Für jedes $\mathbf{a} \in \mathbb{R}^3$ ergeben nämlich die Beziehung $(X \times (\Omega \times X)) \cdot \mathbf{a} = (\Omega \times X) \cdot (\mathbf{a} \times X)$ und der klassische Ausdruck des Drehimpulses im körpereigenen Bezugssystem

$$\int_{\mathcal{B}} (X \times \mathcal{V}) \rho_0(X) \, d^3 X \tag{15.14}$$

die Gleichung

$$\left(\int_{\mathcal{B}} (X \times \mathcal{V}) \rho_0(X) \, d^3 X \right) \cdot \mathbf{a} = \int_{\mathcal{B}} (X \times (\Omega \times X)) \cdot \mathbf{a} \rho_0(X) \, d^3 X$$

$$= \int_{\mathcal{B}} (\Omega \times X) \cdot (\mathbf{a} \times X) \rho_0(X) \, d^3 X$$

$$= \langle\langle \Omega, \mathbf{a} \rangle\rangle = I\Omega \cdot \mathbf{a} = \Pi \cdot \mathbf{a},$$

also stimmt (15.14) mit $\boldsymbol{\Pi}$ überein.

Der **räumliche Drehimpuls** besitzt den Ausdruck

$$\boldsymbol{\pi} = \int_{R(\mathcal{B})} (x \times v)\rho(x)\, d^3x, \qquad (15.15)$$

wobei $\rho(x) = \rho_0(X)$ die **räumliche Massendichte** und $v = \boldsymbol{\omega} \times x$ die räumliche Geschwindigkeit ist (siehe (15.2) und (15.7)). Für jedes $\mathbf{a} \in \mathbb{R}^3$ gilt

$$\boldsymbol{\pi} \cdot \mathbf{a} = \int_{R(\mathcal{B})} (x \times (\boldsymbol{\omega} \times x)) \cdot \mathbf{a}\rho(x)\, d^3X$$

$$= \int_{R(\mathcal{B})} (\boldsymbol{\omega} \times x) \cdot (\mathbf{a} \times x)\rho(x)\, d^3X. \qquad (15.16)$$

Substitutieren wir $x = RX$, wird (15.16) zu

$$\int_{\mathcal{B}} (\boldsymbol{\omega} \times RX) \cdot (\mathbf{a} \times RX)\rho_0(X)\, d^3X$$

$$= \int_{\mathcal{B}} (R^T\boldsymbol{\omega} \times X) \cdot (R^T\mathbf{a} \times X)\rho_0(X)\, d^3X$$

$$= \lang\!\langle \boldsymbol{\Omega}, R^T\mathbf{a} \rangle\!\rangle = \boldsymbol{\pi} \cdot R^T\mathbf{a} = R\boldsymbol{\Pi} \cdot \mathbf{a},$$

d.h., es gilt

$$\boldsymbol{\pi} = R\boldsymbol{\Pi}. \qquad (15.17)$$

Da das durch (15.12) gegebene L auf $TSO(3)$ linksinvariant ist, definiert die auf $\mathfrak{so}(3)^*$ durch (15.13) gegebene Funktion K die Lie-Poisson-Gleichungen der Bewegung auf $\mathfrak{so}(3)^*$ bzgl. der Klammer des starren Körpers

$$\{F, H\}(\boldsymbol{\Pi}) = -\boldsymbol{\Pi} \cdot (\nabla F(\boldsymbol{\Pi}) \times \nabla H(\boldsymbol{\Pi})). \qquad (15.18)$$

Wegen $\nabla K(\boldsymbol{\Pi}) = I^{-1}\boldsymbol{\Pi}$ erhalten wir aus (15.18) die Gleichungen des starren Körpers

$$\dot{\boldsymbol{\Pi}} = -\nabla K(\boldsymbol{\Pi}) \times \boldsymbol{\Pi} = \boldsymbol{\Pi} \times I^{-1}\boldsymbol{\Pi}, \qquad (15.19)$$

also die klassischen **Eulerschen Gleichungen**

$$\dot{\Pi}_1 = \frac{I_2 - I_3}{I_2 I_3} \Pi_2 \Pi_3,$$

$$\dot{\Pi}_2 = \frac{I_3 - I_1}{I_1 I_3} \Pi_1 \Pi_3 \quad \text{und} \qquad (15.20)$$

$$\dot{\Pi}_3 = \frac{I_1 - I_2}{I_1 I_2} \Pi_1 \Pi_2.$$

Daß diese Gleichungen die koadjungierten Orbits erhalten, läuft in diesem Fall auf die leicht nachzuprüfende Tatsache hinaus, daß

$$\Pi^2 := \|\boldsymbol{\Pi}\|^2 \qquad (15.21)$$

eine Konstante der Bewegung ist. In der Sprache der koadjungierten Orbits sind diese Gleichungen Hamiltonsch auf jeder Sphäre in $\mathbb{R}^3$ mit der Hamiltonfunktion K. Die Funktionen

$$C_\Phi(\boldsymbol{\Pi}) = \Phi\left(\frac{1}{2}\|\boldsymbol{\Pi}\|^2\right) \tag{15.22}$$

sind für alle $\Phi : \mathbb{R} \to \mathbb{R}$ Casimirfunktionen.

Die aus der Linksinvarianz resultierende Erhaltungsgröße ist der **räumliche Drehimpuls**

$$\boldsymbol{\pi} = R\boldsymbol{\Pi}. \tag{15.23}$$

Unter Verwendung der Linksinvarianz oder durch eine direkte Berechnung zeigt man, daß $\boldsymbol{\pi}$ zeitlich konstant ist:

$$\dot{\boldsymbol{\pi}} = (R\boldsymbol{\Pi})^{\cdot} = \dot{R}\boldsymbol{\Pi} + R\dot{\boldsymbol{\Pi}} = \boldsymbol{\omega} \times R\boldsymbol{\Pi} + R\dot{\boldsymbol{\Pi}}$$
$$= R\boldsymbol{\Omega} \times R\boldsymbol{\Pi} + R\dot{\boldsymbol{\Pi}} = R(-\boldsymbol{\Pi} \times I^{-1}\boldsymbol{\Pi} + \dot{\boldsymbol{\Pi}}) = 0.$$

Die Flußlinien sind durch die Schnittmengen des durch $K = $ konstant gegebenen Ellipsoids mit den koadjungierten Orbits gegeben, welche die 2-Sphären sind. Für verschiedene Trägheitsmomente $I_1 > I_2 > I_3$ oder $I_1 < I_2 < I_3$ besitzt der Fluß auf der Sphäre in $(0, \pm\Pi, 0)$ Sattelpunkte und in $(\pm\Pi, 0, 0), (0, 0, \pm\Pi)$ Zentren. Die Sattelpunkte sind wie in Abb. 15.4 skizziert durch vier heterokline Orbits verbunden. In §15.10 beweisen wir den

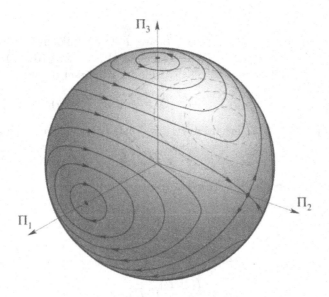

Abb. 15.4. Der Fluß für den starren Körper auf den Drehimpulssphären für den Fall $I_1 < I_2 < I_3$.

folgenden Satz:

Satz 15.3.1 (Stabilitätssatz für den starren Körper). *In der Bewegung eines freien starren Körpers sind Rotationen um die lange und die kurze Achse (Ljapunov-)stabil, Rotationen um die mittlere Achse jedoch instabil.*

Obwohl wir die Gleichungen des starren Körpers im körpereigenen Bezugssystems vollständig gelöst haben, kennen wir noch immer nicht seine aktuelle Konfiguration, also seine Lage im Raum. Diese werden wir in §15.8 bestimmen. Man muß auch sehr genau zwischen der Bedeutung von Stabilität in der räumlichen, der materiellen bzw. der körpereigenen Darstellung unterscheiden.

Die Eulerschen Gleichungen können auf sehr allgemeine Probleme angewandt werden. Der n-dimensionale Fall wurde von Mishchenko und Fomenko [1976, 1978a], Adler und van Moerbeke [1980a, 1980b] und Ratiu [1980, 1981, 1982] im Zusammenhang mit Liealgebren und algebraischer Geometrie untersucht. Die russische Schule hat diese Gleichungen auf eine große Klasse von Liealgebren verallgemeinert und in einer 1978 begonnenen, langen Reihe von Veröffentlichungen gezeigt, daß es sich um vollständig integrable Systeme handelt. Siehe die Abhandlung von Fomenko und Trofimov [1989] und die dortigen Verweise.

15.4 Kinematik auf Liegruppen

Wir verallgemeinern nun die für den starrer Körper entwickelten Begriffe auf den Fall einer beliebigen Liegruppe. Diese Abstraktion vereinigt Ideen aus der Theorie des starren Körpers, der Hydro- und Plasmadynamik in einer gemeinsamen Sprache. Ist G eine Liegruppe und $H : T^*G \to \mathbb{R}$ eine Hamiltonfunktion eines mechanischen Systems, so nennen wir die Beschreibung des Systems *materiell*. Für $\alpha \in T_g^*G$ ist dessen *räumliche Darstellung* durch

$$\alpha^S = T_e^* R_g(\alpha) \tag{15.24}$$

definiert, während seine *körpereigene Darstellung* durch

$$\alpha^B = T_e^* L_g(\alpha) \tag{15.25}$$

gegeben ist. Eine ähnliche Bezeichnung wird auch für TG verwendet. Für $V \in T_gG$ ergibt sich

$$V^S = T_g R_{g^{-1}}(V) \tag{15.26}$$

und

$$V^B = T_g L_{g^{-1}}(V). \tag{15.27}$$

Damit erhalten wir folgendermaßen Isomorphismen zwischen der räumlichen und der körpereigenen Darstellung:

$$\begin{array}{ccc} \text{körpereigene} & \overset{\text{Links-}}{\longleftarrow} & \overset{\text{Rechts-}}{\longrightarrow} & \text{räumliche} \\ \text{Darstellung} & G \times \mathfrak{g}^* \xleftarrow{\hspace{2cm}} T^*G \xrightarrow{\hspace{2cm}} G \times \mathfrak{g}^* & \text{Darstellung} \\ & \text{translation} & \text{translation} & \end{array}.$$

Demzufolge gilt

$$\alpha^S = \mathrm{Ad}^*_{g^{-1}} \alpha^B \qquad\qquad (15.28)$$

und

$$V^S = \mathrm{Ad}_g V^B. \qquad\qquad (15.29)$$

Aus einem Teil der allgemeinen Theorie von Kap. 13 folgt, daß eine links-(bzw. rechts-)invariante Hamiltonfunktion H auf T^*G ein Lie-Poisson-System auf $\mathfrak{g}^*_-$ (bzw. $\mathfrak{g}^*_+$) induziert.

Übungen

Übung 15.4.1 (Cayley-Klein-Parameter). Wir erinnern daran, daß die Liealgebren von SO(3) und SU(2) identisch sind und daß SU(2) durch (komplexe) Matrixmultiplikation symplektisch auf $\mathbb{C}^2$ wirkt. Leite damit eine Impulsabbildung $\mathbf{J}: \mathbb{C}^2 \to \mathfrak{su}(2)^* \cong \mathbb{R}^3$ her.

(a) Stelle $\mathbf{J}$ explizit auf.

(b) Überprüfe direkt, daß $\mathbf{J}$ eine Poissonabbildung ist.

(c) Berechne $H_{\mathrm{CK}} = H \circ \mathbf{J}$ für die Hamiltonfunktion des starren Körpers.

(d) Formuliere die Hamiltonschen Gleichungen für H_{CK} und diskutiere den Satz über die kollektive Hamiltonfunktion in diesem Zusammenhang.

(e) Vergleiche die Behandlung dieses Themas in den Standardwerken (Whittaker, Pars, Hamel oder Goldstein z.B.) mit unserer Formulierung.

15.5 Der Satz von Poinsot

In §15.3 wurde gezeigt, daß der Vektor $\boldsymbol{\pi}$ des räumlichen Drehimpulses unter dem Fluß für den freien starren Körper konstant ist. Ist also $\boldsymbol{\omega}$ die räumliche Winkelgeschwindigkeit, so ist

$$\boldsymbol{\omega} \cdot \boldsymbol{\pi} = \boldsymbol{\Omega} \cdot \boldsymbol{\Pi} = 2K \qquad\qquad (15.30)$$

eine Konstante. Daraus folgt, daß sich $\boldsymbol{\omega}$ in einer auf dem Vektor $\boldsymbol{\pi}$ senkrecht stehenden (affinen) Ebene bewegt, der sogenannten *invarianten Ebene*. Der Abstand des Ursprungs zu dieser Ebene beträgt $2K/\|\boldsymbol{\pi}\|$. Also ist diese Ebene durch die Gleichung $\mathbf{u} \cdot \boldsymbol{\pi} = 2K$ gegeben, vgl. Abb. 15.5. Das *Trägheitsellipsoid in der körpereigenen Darstellung* ist durch

$$\mathcal{E} = \{\, \boldsymbol{\Omega} \in \mathbb{R}^3 \mid \boldsymbol{\Omega} \cdot I\boldsymbol{\Omega} = 2K \,\}$$

definiert. Das *Trägheitsellipsoid in räumlicher Darstellung* ist

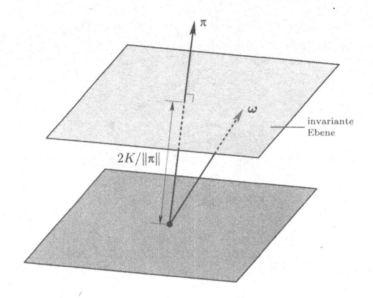

Abb. 15.5. Die invariante Ebene ist orthogonal zu π.

$$R(\mathcal{E}) = \{\, \mathbf{u} \in \mathbb{R}^3 \mid \mathbf{u} \cdot RIR^{-1}\mathbf{u} = 2K \,\},$$

wobei $R = R(t) \in \mathrm{SO}(3)$ die Konfiguration des Körpers zur Zeit t bezeichnet.

Satz 15.5.1 (von Poinsot). *Das Trägheitsellipsoid in räumlicher Darstellung rollt schlupffrei auf der invarianten Ebene.*

Beweis. Beachte zunächst, daß $\boldsymbol{\omega} \in R(\mathcal{E})$ gilt, wenn $\boldsymbol{\omega}$ die Energie K hat. Als nächstes bestimmen wir die Ebenen, die senkrecht zu einem festen Vektor π und tangential zu $R(\mathcal{E})$ sind, vgl. Abb. 15.6. Beachte dafür, daß $R(\mathcal{E})$ die Niveaumenge der Funktion

$$\varphi(u) = \frac{1}{2} u \cdot RIR^{-1} u$$

ist, so daß in $\boldsymbol{\omega}$

$$\nabla\varphi(\boldsymbol{\omega}) = RIR^{-1}\boldsymbol{\omega} = RI\Omega = R\boldsymbol{\Pi} = \pi$$

gilt. Demzufolge ist die zu $R(\mathcal{E})$ in $\boldsymbol{\omega}$ tangentiale Ebene die invariante Ebene.

Da der Berührpunkt die momentane Drehachse $\boldsymbol{\omega}$ ist, ist seine Geschwindigkeit Null, so daß das Trägheitsellipsoid schlupffrei auf der invarianten Ebene rollt. ∎

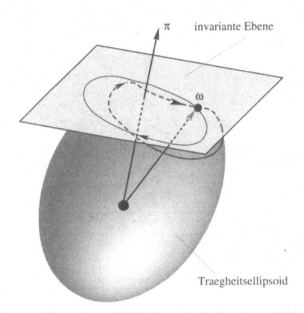

Abb. 15.6. Zur Geometrie des Satzes von Poinsot.

Übungen

Übung 15.5.1. Beweise die folgende Verallgemeinerung des Satzes von Poinsot auf eine beliebige Liealgebra $\mathfrak{g}$. Sei $l : \mathfrak{g} \to \mathbb{R}$ eine quadratische Lagrangefunktion, d.h. eine Abbildung der Form

$$l(\xi) = \frac{1}{2} \langle \xi, A\xi \rangle$$

mit einem (symmetrischen) Isomorphismus $A : \mathfrak{g} \to \mathfrak{g}^*$.

Definiere das ***Energieellipsoid*** zum Wert E_0 als

$$\mathcal{E}_0 = \{ \xi \in \mathfrak{g} \mid l(\xi) = E_0 \}.$$

Ist $\xi(t)$ eine Lösung der Euler-Poincaré-Gleichungen und

$$g(t)^{-1}\dot{g}(t) = \xi(t)$$

mit $g(0) = e$, so ist

$$\mathcal{E}_t = g(t)(\mathcal{E}_0)$$

das ***Energieellipsoid*** zur Zeit t. Sei $\mu = A\xi$ der Impuls in körpereigener Darstellung und

$$\mu^S = \mathrm{Ad}^*_{g^{-1}}\mu$$

der räumliche Impuls. Definiere die ***invariante Ebene*** als die affine Ebene

$$\mathcal{I} = \xi(0) + \{\, \xi \in \mathfrak{g} \mid \langle \mu^S, \xi \rangle = 0 \,\},$$

wobei $\xi(0)$ die Anfangsbedingung ist.

(a) Zeige, daß die räumliche Geschwindigkeit $\xi^S(t) = \mathrm{Ad}_{g(t)}\xi(t)$ für alle t in $\mathcal{I}$ liegt, $\mathcal{I}$ also **invariant** ist.

(b) Zeige, daß $\xi^S(t) \in \mathcal{E}_t$ ist und daß die Fläche $\mathcal{E}_t$ in diesem Punkt tangential zu $\mathcal{I}$ verläuft.

(c) Zeige, daß $\mathcal{E}_t$ schlupffrei auf der invarianten Ebene rollt. Achte dabei auf eine genaue Definition hiervon.

15.6 Die Eulerschen Winkel

Im folgenden verwenden wir die Bezeichnungen von Arnold [1989], Cabannes [1962], Goldstein [1980] und Hamel [1949]. Diese weichen von denen der britischen Schule (Whittaker [1927] und Pars [1965]) ab.

Seien (x^1, x^2, x^3) und (χ^1, χ^2, χ^3) die Komponenten eines Vektors in den Basen $(\mathbf{e}_1, \mathbf{e}_2, \mathbf{e}_3)$ bzw. $(\boldsymbol{\xi}_1, \boldsymbol{\xi}_2, \boldsymbol{\xi}_3)$. Wir betrachten nun einen Basiswechsel von der Basis $(\mathbf{e}_1, \mathbf{e}_2, \mathbf{e}_3)$ zu der Basis $(\boldsymbol{\xi}_1, \boldsymbol{\xi}_2, \boldsymbol{\xi}_3)$ durch drei aufeinanderfolgende Drehungen gegen den Uhrzeigersinn (vgl. Abbildung. 15.7). Zuerst rotieren wir $(\mathbf{e}_1, \mathbf{e}_2, \mathbf{e}_3)$ um den Winkel φ um $\mathbf{e}_3$ und bezeichnen die entstehende Basis und Koordinaten durch $(\mathbf{e}_1', \mathbf{e}_2', \mathbf{e}_3')$ bzw. (x_1', x_2', x_3'). Die neuen Koordinaten (x'^1, x'^2, x'^3) werden durch die alten Koordinaten (x^1, x^2, x^3) *desselben Punkts* gemäß

$$\begin{bmatrix} x'^1 \\ x'^2 \\ x'^3 \end{bmatrix} = \begin{bmatrix} \cos\varphi & \sin\varphi & 0 \\ -\sin\varphi & \cos\varphi & 0 \\ 0 & 0 & 1 \end{bmatrix} \begin{bmatrix} x^1 \\ x^2 \\ x^3 \end{bmatrix} \tag{15.31}$$

ausgedrückt. Dann drehen wir $(\mathbf{e}_1', \mathbf{e}_2', \mathbf{e}_3')$ um den Winkel θ um $\mathbf{e}_1'$ und bezeichnen die entstehende Basis und das Koordinatensystem mit $(\mathbf{e}_1'', \mathbf{e}_2'', \mathbf{e}_3'')$ bzw. (x''^1, x''^2, x''^3). Die neuen Koordinaten (x''^1, x''^2, x''^3) werden durch die alten Koordinaten (x'^1, x'^2, x'^3) gemäß

$$\begin{bmatrix} x''^1 \\ x''^2 \\ x''^3 \end{bmatrix} = \begin{bmatrix} 1 & 0 & 0 \\ 0 & \cos\theta & \sin\theta \\ 0 & -\sin\theta & \cos\theta \end{bmatrix} \begin{bmatrix} x'^1 \\ x'^2 \\ x'^3 \end{bmatrix} \tag{15.32}$$

ausgedrückt. Die $\mathbf{e}_1'$-Achse, d.h. der Schnitt der $(\mathbf{e}_1, \mathbf{e}_2)$-Ebene mit der $(\mathbf{e}_1'', \mathbf{e}_2'')$-Ebene, heißt **Knotenlinie** und wird mit ON bezeichnet. Zum Schluß rotieren wir um den Winkel ψ um $\mathbf{e}_3''$. Die dann resultierende Basis ist $(\boldsymbol{\xi}_1, \boldsymbol{\xi}_2, \boldsymbol{\xi}_3)$ und die neuen Koordinaten (χ^1, χ^2, χ^3) werden durch die alten Koordinaten (x''^1, x''^2, x''^3) durch

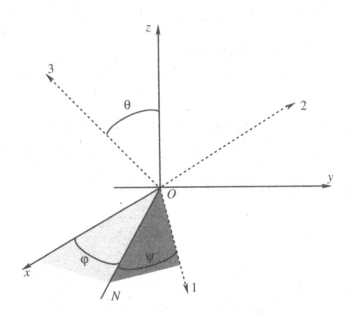

Abb. 15.7. Die Eulerschen Winkel.

$$\begin{bmatrix} \chi^1 \\ \chi^2 \\ \chi^3 \end{bmatrix} = \begin{bmatrix} \cos\psi & \sin\psi & 0 \\ -\sin\psi & \cos\psi & 0 \\ 0 & 0 & 1 \end{bmatrix} \begin{bmatrix} x''^1 \\ x''^2 \\ x''^3 \end{bmatrix} \tag{15.33}$$

ausgedrückt. Bezeichne die Matrizen in (15.31), (15.32) und (15.33) mit R_1, R_2 und R_3. Die Rotation R, die (x^1, x^2, x^3) auf (χ^1, χ^2, χ^3) abbildet, wird dann durch die Matrix $P = R_3 R_2 R_1$ beschrieben, die durch

$$\begin{bmatrix} \cos\psi\cos\varphi - \cos\theta\sin\varphi\sin\psi & \cos\psi\sin\varphi + \cos\theta\cos\varphi\sin\psi & \sin\theta\sin\psi \\ -\sin\psi\cos\varphi - \cos\theta\sin\varphi\cos\psi & -\sin\psi\sin\varphi + \cos\theta\cos\varphi\cos\psi & \sin\theta\cos\psi \\ \sin\theta\sin\varphi & -\sin\theta\cos\varphi & \cos\theta \end{bmatrix} . \tag{15.34}$$

gegeben ist. Also ist $\chi = Px$. Da $\sum_{i=1}^{3} \chi^i \boldsymbol{\xi}_i$ und $\sum_{j=1}^{3} x^i \mathbf{e}_j$ zwei Darstellungen *desselben* Punktes sind, erhalten wir

$$\sum_{j=1}^{3} x^j \mathbf{e}_j = \sum_{i=1}^{3} \chi^i \boldsymbol{\xi}_i = \sum_{i=1}^{3} \left(\sum_{j=1}^{3} P_{ij} x^j \right) \boldsymbol{\xi}_i = \sum_{j=1}^{3} x^j \sum_{i=1}^{3} P_{ij} \boldsymbol{\xi}_i,$$

oder kurz

$$\mathbf{e}_j = \sum_{i=1}^{3} P_{ij} \boldsymbol{\xi}_i, \tag{15.35}$$

und P ist somit die Matrix des Basiswechsels zwischen der gedrehten Basis $(\boldsymbol{\xi}_1, \boldsymbol{\xi}_2, \boldsymbol{\xi}_3)$ und der räumlich festen Basis $(\mathbf{e}_1, \mathbf{e}_2, \mathbf{e}_3)$. Andererseits stellt

(15.35) den Matrixausdruck der Drehung R^T dar, die $\boldsymbol{\xi}_j$ auf $\mathbf{e}_j$ abbildet. P^T ist somit die Matrix $[R]_\xi$ von R in der Basis $(\boldsymbol{\xi}_1, \boldsymbol{\xi}_2, \boldsymbol{\xi}_3)$:

$$[R]_\xi = P^T, \quad \text{d.h.,} \quad R\boldsymbol{\xi}_i = \sum_{i=1}^{3} P_{ij}\boldsymbol{\xi}_j. \tag{15.36}$$

Folglich ist die Matrix $[R]_\mathrm{e}$ von R in der Basis $(\mathbf{e}_1, \mathbf{e}_2, \mathbf{e}_3)$ durch P gegeben:

$$[R]_\mathrm{e} = P, \quad \text{i.e.,} \quad R\mathbf{e}_j = \sum_{i=1}^{3} P_{ij}\mathbf{e}_i. \tag{15.37}$$

Durch eine direkte Rechnung zeigt man, daß es für

$$0 \le \varphi < 2\pi, \quad 0 \le \psi < 2\pi, \quad 0 \le \theta < \pi$$

eine bijektive Abbildung zwischen den Variablen (φ, ψ, θ) und SO(3) gibt. Diese bijektive Abbildung definiert jedoch keine Karte, da ihr Differential verschwindet, z.B. in $\varphi = \psi = \theta = 0$. Das Differential ist für

$$0 < \varphi < 2\pi, \quad 0 < \psi < 2\pi, \quad 0 < \theta < \pi$$

ungleich Null, und auf diesem Gebiet bilden die Eulerschen Winkel auch eine Karte.

15.7 Die Hamiltonfunktion des freien starren Körpers in der materiellen Beschreibung durch die Eulerschen Winkel

Um die kinetische Energie durch die Eulerschen Winkel auszudrücken, wählen wir die Basis $\mathbf{E}_1, \mathbf{E}_2, \mathbf{E}_3$ von $\mathbb{R}^3$ in der Referenzkonfiguration als die Basis $(\mathbf{e}_1, \mathbf{e}_2, \mathbf{e}_3)$ von $\mathbb{R}^3$ des räumlichen Koordinatensystems. Dann ist die Matrixdarstellung von $R(t)$ in der Basis $\boldsymbol{\xi}_1, \boldsymbol{\xi}_2, \boldsymbol{\xi}_3$ durch P^T mit dem P aus (15.34) gegeben. Auf diese Weise haben $\boldsymbol{\omega}$ und $\boldsymbol{\Omega}$ in der Basis $\boldsymbol{\xi}_1, \boldsymbol{\xi}_2, \boldsymbol{\xi}_3$ die folgende Form:

$$\boldsymbol{\omega} = \begin{bmatrix} \dot{\theta}\cos\varphi + \dot{\psi}\sin\varphi\sin\theta \\ \dot{\theta}\sin\varphi - \dot{\psi}\cos\varphi\sin\theta \\ \dot{\varphi} + \dot{\psi}\cos\theta \end{bmatrix}, \quad \boldsymbol{\Omega} = \begin{bmatrix} \dot{\theta}\cos\psi + \dot{\varphi}\sin\psi\sin\theta \\ -\dot{\theta}\sin\psi + \dot{\varphi}\cos\psi\sin\theta \\ \dot{\varphi}\cos\theta + \dot{\psi} \end{bmatrix}. \tag{15.38}$$

Aus der Definition von $\boldsymbol{\Pi}$ folgt

$$\boldsymbol{\Pi} = \begin{bmatrix} I_1(\dot{\varphi}\sin\theta\sin\psi + \dot{\theta}\cos\psi) \\ I_2(\dot{\varphi}\sin\theta\cos\psi - \dot{\theta}\sin\psi) \\ I_3(\dot{\varphi}\cos\theta + \dot{\psi}) \end{bmatrix}. \tag{15.39}$$

Dadurch wird $\boldsymbol{\Pi}$ in den Koordinaten auf $T\mathrm{SO}(3)$ ausgedrückt. Identifizieren wir $T\mathrm{SO}(3)$ und $T^*\mathrm{SO}(3)$ über die Metrik, die sich durch die linksinvariante Fortsetzung der Metrik $\langle\!\langle\,,\rangle\!\rangle$ im neutralen Element ergibt, so sind die zu (φ,ψ,θ) kanonisch konjugierten Variablen $(p_\varphi,p_\psi,p_\theta)$ durch die Legendretransformation

$$p_\varphi = \partial K/\partial \dot\varphi, \quad p_\psi = \partial K/\partial \dot\psi \quad \text{und} \quad p_\theta = \partial K/\partial \dot\theta$$

gegeben, wobei man den Ausdruck der kinetischen Energie auf $T\mathrm{SO}(3)$ durch Einsetzen von (15.39) in (15.13) erhält. Es ergibt sich

$$
\begin{aligned}
p_\varphi &= I_1(\dot\varphi \sin\theta \sin\psi + \dot\theta \cos\psi)\sin\theta \sin\psi \\
&\quad + I_2(\dot\varphi \sin\theta \cos\varphi - \dot\theta \sin\psi)\sin\theta \cos\psi \\
&\quad + I_3(\dot\varphi \cos\theta + \dot\psi)\cos\theta, \\
p_\psi &= I_3(\dot\varphi \cos\theta + \dot\psi), \\
p_\theta &= I_1(\dot\varphi \sin\theta \sin\psi + \dot\theta \cos\psi)\cos\psi \\
&\quad - I_2(\dot\varphi \sin\theta \cos\psi - \dot\theta \sin\psi)\sin\psi
\end{aligned}
\tag{15.40}
$$

und hieraus mit (15.39)

$$
\boldsymbol{\Pi} = \begin{bmatrix}
((p_\varphi - p_\psi \cos\theta)\sin\psi + p_\theta \sin\theta \cos\psi)/\sin\theta \\
((p_\varphi - p_\psi \cos\theta)\cos\psi - p_\theta \sin\theta \sin\psi)/\sin\theta \\
p_\psi
\end{bmatrix}.
\tag{15.41}
$$

Aus (15.13) ergibt sich dann der Ausdruck der kinetischen Energie in den materiellen Koordinaten:

$$
K(\varphi,\psi,\theta,p_\varphi,p_\psi,p_\theta) = \frac{1}{2}\left\{ \frac{[(p_\varphi - p_\psi \cos\theta)\sin\psi + p_\theta \sin\theta \cos\psi]^2}{I_1 \sin^2\theta} \right.
$$
$$
\left. + \frac{[(p_\varphi - p_\psi \cos\theta)\cos\psi - p_\theta \sin\theta \sin\psi]^2}{I_1 \sin^2\theta} + \frac{p_\psi^2}{I_3} \right\}.
\tag{15.42}
$$

Dieser Ausdruck für die kinetische Energie besitzt eine invariante Darstellung auf dem Kotangentialbündel $T^*\mathrm{SO}(3)$. Es gilt nämlich

$$
K(\alpha_R) = \frac{1}{2}\langle\!\langle \boldsymbol{\Omega},\,\boldsymbol{\Omega}\rangle\!\rangle = \frac{1}{4}\mathrm{Sp}\,(IR^{-1}\dot R R^{-1}\dot R),
\tag{15.43}
$$

wobei $\alpha_R \in T_R^*\mathrm{SO}(3)$ durch $\langle\alpha, R\hat{\mathbf{v}}\rangle = \langle\!\langle \boldsymbol{\Omega},\mathbf{v}\rangle\!\rangle$ für alle $\mathbf{v}\in\mathbb{R}^3$ definiert ist.

Die Bewegungsgleichung (15.19) kann auch folgendermaßen direkt hergeleitet werden, ohne die Lie-Poisson- oder Euler-Poincaré-Reduktion einzubeziehen: Die kanonischen Hamiltonschen Gleichungen

$$
\dot\varphi = \frac{\partial K}{\partial p_\varphi}, \quad \dot\psi = \frac{\partial K}{\partial p_\psi}, \quad \dot\theta = \frac{\partial K}{\partial p_\theta},
$$

$$\dot{p}_\varphi = -\frac{\partial K}{\partial \varphi}, \quad \dot{p}_\psi = -\frac{\partial K}{\partial \psi}, \quad \dot{p}_\theta = -\frac{\partial K}{\partial \theta}$$

werden in einer durch die Eulerschen Winkel gegebenen Karte nach einer Substitution und einer etwas längeren Rechnung zu

$$\dot{\boldsymbol{\Pi}} = \boldsymbol{\Pi} \times \boldsymbol{\Omega}.$$

Für Funktionen $F, G : T^*\mathrm{SO}(3) \to \mathbb{R}$, in einer durch die Eulerschen Winkel gegebenen Karte also für Funktionen von $(\varphi, \psi, \theta, p_\varphi, p_\psi, p_\theta)$, lautet die übliche kanonische Poissonklammer

$$\{F, G\} = \frac{\partial F}{\partial \varphi}\frac{\partial G}{\partial p_\varphi} - \frac{\partial F}{\partial p_\varphi}\frac{\partial G}{\partial \varphi} + \frac{\partial F}{\partial \psi}\frac{\partial G}{\partial p_\psi} - \frac{\partial F}{\partial p_\psi}\frac{\partial G}{\partial \psi} + \frac{\partial F}{\partial \theta}\frac{\partial G}{\partial p_\theta} - \frac{\partial F}{\partial p_\theta}\frac{\partial G}{\partial \theta}.$$
$$(15.44)$$

Durch die Substitution

$$(\varphi, \psi, \theta, p_\varphi, p_\psi, p_\theta) \mapsto (\Pi_1, \Pi_2, \Pi_3)$$

wird dies nach kurzer Rechnung zu

$$\{F, G\}(\boldsymbol{\Pi}) = -\boldsymbol{\Pi} \cdot (\nabla F(\boldsymbol{\Pi}) \times \nabla G(\boldsymbol{\Pi})), \qquad (15.45)$$

also der $(-)$-Lie-Poisson-Klammer. Dies zeigt direkt die Gültigkeit des Satzes zur Lie-Poisson-Reduktion aus Kap. 13 für diesen Fall. Also definiert (15.41) eine kanonische Abbildung zwischen Poissonmannigfaltigkeiten. Die bei dieser Rechnung sich scheinbar zufällig ergebenden Vereinfachungen sollten dem Leser die Vorteile der allgemeinen Theorie verdeutlichen.

Übungen

Übung 15.7.1. Überprüfe die Richtigkeit von (15.45), d.h. von

$$\{F, G\}(\boldsymbol{\Pi}) = -\boldsymbol{\Pi} \cdot (\nabla F(\boldsymbol{\Pi}) \times \nabla G(\boldsymbol{\Pi})),$$

durch eine *direkte* Berechnung unter Verwendung von Substitutionen und der Kettenregel aus den kanonischen Klammern in ihrer Darstellung durch die Eulerschen Winkel.

15.8 Die analytische Lösung des freien starren Körpers

Wir wollen nun eine analytische Lösung der Eulerschen Gleichungen finden. Die hier behandelten Gleichungen sind z.B. bei der Behandlung von zu Chaos führenden Störungen mit Hilfe der Poincaré-Melnikov-Methode hilfreich, wie in Ziglin [1980a,1980b], Holmes und Marsden [1983] und Koiller [1985] beschrieben. Für den letzten Teil dieses Abschnitts sollte der Leser mit den

Jacobischen elliptischen Funktionen vertraut sein, siehe z.B. Lawden [1989].
Wir verwenden zur Vereinfachung die folgenden Bezeichnungen:

$$a_1 = \frac{I_2 - I_3}{I_2 I_3} \geq 0, \quad a_2 = \frac{I_3 - I_1}{I_1 I_3} \leq 0, \quad \text{und} \quad a_3 = \frac{I_1 - I_2}{I_1 I_2} \geq 0,$$

wobei wir $I_1 \geq I_2 \geq I_3 > 0$ voraussetzen. Damit werden die Eulerschen
Gleichungen $\dot{\boldsymbol{\Pi}} = \boldsymbol{\Pi} \times I^{-1} \boldsymbol{\Pi}$ zu

$$\begin{aligned}
\dot{\Pi}_1 &= a_1 \Pi_2 \Pi_3, \\
\dot{\Pi}_2 &= a_2 \Pi_3 \Pi_1, \\
\dot{\Pi}_3 &= a_3 \Pi_1 \Pi_2.
\end{aligned} \tag{15.46}$$

Für die folgenden Untersuchungen ist es wichtig, nochmals darauf hinzuwei-
sen, daß *der räumliche Drehimpuls fest ist* und daß die momentane Drehachse
des Körpers in den körpereigenen Koordinaten durch den Vektor der Winkelgeschwindigkeit $\boldsymbol{\Omega}$ gegeben ist.

Fall 1: $I_1 = I_2 = I_3$. In diesem Fall ist $a_1 = a_2 = a_3 = 0$ und sowohl
$\boldsymbol{\Pi}$ als auch $\boldsymbol{\Omega}$ somit konstant. Also rotiert der Körper mit konstanter Winkelgeschwindigkeit um eine feste Achse. In Abb. 15.4 werden alle Punkte der
Sphäre Fixpunkte.

Fall 2: $I_1 = I_2 > I_3$. Damit ist $a_3 = 0$ und $a_2 = -a_1$. Aus $a_3 = 0$ folgt
mit (15.46), daß Π_3 konstant ist. Setzen wir dann $\lambda = -a_1 \Pi_3$, erhalten wir
$a_2 \Pi_3 = \lambda$. Also wird (15.46) zu

$$\begin{aligned}
\dot{\Pi}_1 + \lambda \Pi_2 &= 0, \\
\dot{\Pi}_2 - \lambda \Pi_1 &= 0.
\end{aligned}$$

In Abhängigkeit von einer Anfangsbedingung zum Zeitpunkt $t = 0$ ist eine
Lösung hiervon durch

$$\begin{aligned}
\Pi_1 &= \Pi_1(0) \cos \lambda t - \Pi_2(0) \sin \lambda t, \\
\Pi_2 &= \Pi_2(0) \cos \lambda t + \Pi_1(0) \sin \lambda t
\end{aligned}$$

gegeben.

Diese Gleichungen besagen, daß die Symmetrieachse OZ des Körpers *bzgl.*
des Körpers mit der Winkelgeschwindigkeit λ rotiert. Man rechnet direkt
nach, daß OZ, $\boldsymbol{\Omega}$ und $\boldsymbol{\Pi}$ in einer Ebene liegen und daß $\boldsymbol{\Pi}$ und $\boldsymbol{\Omega}$ konstante
Winkel mit OZ bilden und somit auch miteinander. Wegen $I_1 = I_2$ gilt
zusätzlich

$$\begin{aligned}
\|\boldsymbol{\Omega}\|^2 &= \frac{\Pi_1^2}{I_1^2} + \frac{\Pi_2^2}{I_2^2} + \frac{\Pi_3^2}{I_3^2} \\
&= \left(\frac{\Pi_1^2}{I_1} + \frac{\Pi_2^2}{I_2} + \frac{\Pi_3^2}{I_3} \right) \frac{1}{I_1} - \frac{\Pi_3^2}{I_3} \left(\frac{1}{I_1} - \frac{1}{I_3} \right) \\
&= \frac{2K}{I_1} - \frac{a_2 \Pi_3^2}{I_3} = \text{konstant}.
\end{aligned}$$

Also haben die zugehörigen räumlichen Größen Oz (die Symmetrieachse des Trägheitsellipsoids im räumlichen Bezugssystem), ω und π dieselben Eigenschaften und die Drehachse des Körpers Ω bildet einen konstanten Winkel mit dem räumlichen Vektor des Drehimpulses. Somit durchläuft die Drehachse im Uhrzeigersinn einen Kegel mit konstantem Öffnungswinkel im Raum. Gleichzeitig bildet die Drehachse des Körpers Ω einen konstanten Winkel mit Oz und folgt somit einem zweiten Kegel im Körper, vgl. Abb. 15.7.

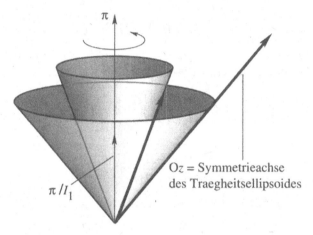

Abb. 15.8. Die geometrische Darstellung der Lösung der Eulerschen Gleichungen.

Folglich kann die Bewegung als die Rollbewegung eines Kegels mit konstantem Öffnungswinkel im Körper auf einem zweiten, im Raum festen Kegel mit konstantem Öffnungswinkel beschrieben werden. Ob der Kegel im Körper auf der Innen- oder auf der Außenseite des Kegels im Raum rollt, hängt von dem Vorzeichen von λ ab. Da Oz, ω und π während der Bewegung in einer Ebene bleiben, rotieren ω und Oz um den festen Vektor π mit derselben Winkelgeschwindigkeit, der Komponente von ω in Richtung von π bei der Zerlegung von ω bzgl. π und der Oz-Achse. Diese Winkelgeschwindigkeit ist die **Winkelgeschwindigkeit der Präzession**. Sei $\mathbf{e}$ der Einheitsvektor in Richtung von Oz und schreibe $\omega = \alpha\pi + \beta\mathbf{e}$. Dann ist

$$2K = \omega \cdot \pi = \alpha\|\pi\|^2 + \beta\mathbf{e} \cdot \pi = \alpha\|\pi\|^2 + \beta\Pi_3,$$
$$\frac{\Pi_3}{I_3} = \Omega^3 = \omega \cdot \mathbf{e} = \alpha\pi \cdot \mathbf{e} + \beta = \alpha\Pi_3 + \beta$$

und

$$\beta = -a_2\Pi_3,$$

so daß $\alpha = 1/I_1$ und $\beta = -a_2\Pi_3$ gilt. Also ist die Winkelgeschwindigkeit der Präzession Π_S/I_1.

Auf der Π-Sphäre reduziert sich die Dynamik auf zwei Fixpunkte, die von zwei gegensätzlich orientierten Breitengraden umrundet werden und durch einen Äquator von Fixpunkten getrennt sind. Ähnliche Resultate ergeben sich für den Fall $I_1 > I_2 = I_3$.

Fall 3: $I_1 > I_2 > I_3$. Die zwei Erhaltungsgrößen der Energie und des Drehimpulses

$$\frac{\Pi_1^2}{I_1} + \frac{\Pi_2^2}{I_2} + \frac{\Pi_3^3}{I_3} = 2h = ab^2 \tag{15.47}$$

und

$$\Pi_1^2 + \Pi_2^2 + \Pi_3^2 = \|\boldsymbol{\Pi}\|^2 = a^2 b^2 \tag{15.48}$$

mit positiven Konstanten $a = \|\boldsymbol{\Pi}\|^2/(2h)$, $b = 2h/\|\boldsymbol{\Pi}\|$ erlauben es, Π_1 und Π_3 durch Π_2 auszudrücken. Es ergibt sich

$$\Pi_1^2 = \frac{I_1(I_2 - I_3)}{I_2(I_1 - I_3)}(\alpha^2 - \Pi_2^2) \tag{15.49}$$

und

$$\Pi_3^2 = \frac{I_3(I_1 - I_2)}{I_2(I_1 - I_3)}(\beta^2 - \Pi_2^2), \tag{15.50}$$

wobei α und β positive, durch

$$\alpha^2 = \frac{aI_2(a - I_3)b^2}{I_2 - I_3} \quad \text{und} \quad \beta^2 = \frac{aI_2(I_1 - a)b^2}{I_1 - I_2} \tag{15.51}$$

gegebene Konstanten sind. Nach der Definition von a gilt $I_1 \geq a \geq I_3$. Die Endpunkte des Intervalls $[I_1, I_3]$ sind leicht zu behandeln. Ist $a = I_1$, so folgt $\Pi_2 = \Pi_3 = 0$ und die Bewegung ist eine gleichförmige Rotation um die Π-Achse mit der körpereigenen Winkelgeschwindigkeit $\pm b$. Ist $a = I_3$, so folgt analog $\Pi_1 = \Pi_2 = 0$. Also können wir $I_1 > a > I_3$ voraussetzen. Das Quadrat von (15.46) wird mit diesen Bezeichnungen zu

$$(\dot{\Pi}_2)^2 = a_1 a_3 (\alpha^2 - \Pi_2^2)(\beta^2 - \Pi_2^2), \tag{15.52}$$

es gilt also

$$t = \int_{\Pi_2(0)}^{\Pi_2} \frac{du}{\sqrt{a_1 a_3 (\alpha^2 - u^2)(\beta^2 - u^2)}}, \tag{15.53}$$

was zeigt, daß Π_2 und somit auch Π_1 und Π_3 elliptische Funktionen der Zeit sind.

Hat der quartische Ausdruck unter der Wurzel doppelte Nullstellen, ist also $\alpha = \beta$, so kann das Integral in (15.53) explizit durch elementare Funktionen ausgedrückt werden. Aus (15.51) folgt

$$\beta^2 - \alpha^2 = \frac{ab^2 I_2 (I_1 - I_3)(I_2 - a)}{(I_1 - I_2)(I_2 - I_3)}.$$

Also ist $\alpha = \beta$ äquivalent zu $a = I_2$, was wiederum $\alpha = \beta = ab = \|\boldsymbol{\Pi}\|$ und $\|\boldsymbol{\Pi}\|^2 = 2hI_2$ voraussetzt. Somit wird (15.52) zu

$$(\dot{\Pi}_2)^2 = a_1 a_3 (\|\boldsymbol{\Pi}\|^2 - \Pi_2^2)^2. \tag{15.54}$$

Aus der Bedingung $\|\boldsymbol{\Pi}\|^2 = 2hI_2$ folgt, daß der Schnitt der Sphäre mit konstantem Drehimpuls $\|\boldsymbol{\Pi}\|$ mit der elliptischen Fläche konstanter Energie $2h$ aus zwei Großkreisen auf der Sphäre die Π_2-Achse in den Ebenen

$$\Pi_3 = \pm \Pi_1 \sqrt{\frac{a_3}{a_1}}$$

besteht. Anders ausgedrückt besteht die Lösung von (15.54) aus vier heteroklinen Orbits und den Werten $\Pi_2 = \pm\|\boldsymbol{\Pi}\|$. Gleichung (15.54) löst man, indem man $\Pi_2 = \|\boldsymbol{\Pi}\| \tanh\theta$ setzt. Gehen wir der Einfachheit halber von $\Pi_2(0) = 0$ aus, ergibt sich für die vier heteroklinen Orbits

$$\begin{aligned}
\Pi_1^+(t) &= \pm\|\boldsymbol{\Pi}\|\sqrt{\frac{a_1}{-a_2}}\operatorname{sech}\left(-\sqrt{a_1 a_3}\,\|\boldsymbol{\Pi}\|t\right), \\
\Pi_2^+(t) &= \pm\|\boldsymbol{\Pi}\|\tanh\left(-\sqrt{a_1 a_3}\,\|\boldsymbol{\Pi}\|t\right), \\
\Pi_3^+(t) &= \pm\|\boldsymbol{\Pi}\|\sqrt{\frac{a_3}{-a_2}}\operatorname{sech}\left(-\sqrt{a_1 a_3}\,\|\boldsymbol{\Pi}\|t\right),
\end{aligned} \tag{15.55}$$

wenn

$$\Pi_3 = \Pi_1 \sqrt{\frac{a_3}{a_1}}$$

ist und

$$\Pi_1^-(t) = \Pi_1^+(-t), \quad \Pi_2^-(t) = \Pi_2^+(-t), \quad \Pi_3^-(t) = \Pi_3^+(-t),$$

wenn

$$\Pi_3 = -\Pi_1 \sqrt{\frac{a_3}{a_1}}$$

ist.

Ist $\alpha \neq \beta$, so folgt $a \neq I_2$ und die Integration muß mit Hilfe der Jacobischen elliptischen Funktionen erfolgen (vgl. Whittaker und Watson [1940, Kap. 22] oder Lawden [1989]). Die elliptische Funktion $\operatorname{sn} u$ vom Modul k ist z.B. durch

$$\operatorname{sn} u = u - \frac{1}{3!}(1 + k^2)u^3 + \frac{1}{5!}(1 + 14k^2 + k^4)u^5 - \cdots$$

gegeben und ihre Umkehrfunktion ist

$$\operatorname{sn}^{-1}x = \int_0^x \frac{1}{\sqrt{(1 - t^2)(1 - k^2 t^2)}}\,dt, \quad 0 \leq x \leq 1.$$

Für $I_1 > I_2 > a > I_3$ oder äquivalent $\alpha < \beta$ ergibt die Substitution der elliptischen Funktion $\Pi_2 = \alpha \operatorname{sn} u$ vom Modul

$$k = \alpha/\beta = \left[\frac{(I_1 - I_2)(a - I_3)}{(I_1 - a)(I_2 - I_3)} \right]^{1/2}$$

in (15.53) $\dot{u}^2 = ab^2(I_1 - a)(I_2 - I_3)/(I_1 I_2 I_3) = \mu^2$. Wir benötigen noch die folgenden Beziehungen, die die Funktionen $\operatorname{cn} u$ und $\operatorname{dn} u$ definieren:

$$\operatorname{cn}^2 u = 1 - \operatorname{sn}^2 u, \quad \operatorname{dn}^2 u = 1 - k^2 \operatorname{sn}^2 u, \quad \text{und} \quad \frac{d}{dx} \operatorname{sn} u = \operatorname{cn} u \operatorname{dn} u.$$

Mit der Anfangsbedingung $\Pi_2(0) = 0$ ergibt dies

$$\Pi_2 = \alpha \operatorname{sn}(\mu t). \tag{15.56}$$

Also bewegt sich Π_2 zwischen α und $-\alpha$. Durch geeignete Wahl der Zeitrichtung können wir oBdA $\dot{\Pi}_2(0) > 0$ annehmen. Beachte, daß nach (15.49) Π_1 für $\Pi_2 = \pm\alpha$ verschwindet, Π_3^2 hingegen nach (15.50) seinen maximalen Wert

$$\frac{I_3(I_1 - I_2)}{I_2(I_1 - I_3)}(\beta^2 - \alpha^2) = \frac{I_3(I_2 - a)ab^2}{(I_2 - I_3)} \tag{15.57}$$

annimmt. Der minimale Wert von Π_3^2 tritt für $\Pi_2 = 0$ auf. Er beträgt wieder nach (15.50)

$$\frac{I_3(I_1 - I_2)}{I_2(I_1 - I_3)}\beta^2 = \frac{I_3(I_1 - a)ab^2}{(I_1 - I_3)} =: \delta^2. \tag{15.58}$$

Das Vorzeichen von Π_3 bleibt also während der Bewegung konstant, sagen wir positiv. Unter dieser Annahme ergibt sich mit $\dot{\Pi}_2(0) > 0$ und $a_2 < 0$, daß $\Pi_1(0) < 0$ ist.

Lösen wir (15.47) und (15.48) nach Π_1 und Π_3 auf und beachten $\Pi_1(0) < 0$, so ergibt sich $\Pi_1(t) = -\gamma \operatorname{cn}(\mu t)$ und $\Pi_3(t) = \delta \operatorname{dn}(\mu t)$, wobei δ durch (15.58) gegeben und

$$\gamma^2 = \frac{I_1(a - I_3)ab^2}{(I_1 - I_3)} \tag{15.59}$$

ist. Beachte, daß $\beta > \alpha > \gamma$ ist und wie üblich die Werte von γ und δ positiv gewählt sind. Die Lösung der Eulerschen Gleichungen ist dann

$$\Pi_1(t) = -\gamma \operatorname{cn}(\mu t), \quad \Pi_2(t) = \alpha \operatorname{sn}(\mu t), \quad \Pi_3(t) = \delta \operatorname{dn}(\mu t), \tag{15.60}$$

wobei α, γ, δ durch (15.51), (15.58) und (15.59) gegeben sind. Bezeichnet κ die Periodeninvariante der Jacobischen elliptischen Funktionen, so haben Π_1 und Π_2 die Periode $4\kappa/\mu$ und Π_3 die Periode $2\kappa/\mu$.

Übungen

Übung 15.8.1. Setze diesen Integrationsprozeß fort und finde explizite Formeln für die Stellungsmatrix $A(t)$ als Funktion der Zeit mit $A(0) = \operatorname{Id}$ und zu gegebenem körpereigenen Drehimpuls (oder Geschwindigkeit).

15.9 Die Stabilität des starren Körpers

Wenn wir Schritt für Schritt der Energie-Casimir-Methode (siehe Einleitung) folgen, müssen wir zunächst die Gleichungen

$$\dot{\boldsymbol{\Pi}} = \frac{d\boldsymbol{\Pi}}{dt} = \boldsymbol{\Pi} \times \boldsymbol{\Omega} \tag{15.61}$$

betrachten, in denen $\boldsymbol{\Omega} \in \mathbb{R}^3$ die Winkelgeschwindigkeit und $\boldsymbol{\Pi} \in \mathbb{R}^3$ der Drehimpuls des Körpers ist, beide im körpereigenen Koordinatensystem. Der Zusammenhang zwischen $\boldsymbol{\Pi}$ und $\boldsymbol{\Omega}$ ist durch $\Pi_j = I_j \Omega^j$, $j = 1, 2, 3$ gegeben, wobei $I = (I_1, I_2, I_3)$ die positiven Eigenwerte des Trägheitstensors sind. Dieses System ist in der Lie-Poisson-Struktur (15.18) von $\mathbb{R}^3$ Hamiltonsch mit der kinetischen Energie

$$H(\boldsymbol{\Pi}) = \frac{1}{2} \boldsymbol{\Pi} \cdot \boldsymbol{\Omega} = \frac{1}{2} \sum_{i=1}^{3} \frac{\Pi_i^2}{I_i} \tag{15.62}$$

als Hamiltonfunktion. Gemäß (15.22) ist dann

$$C_\Phi(\boldsymbol{\Pi}) = \Phi\left(\frac{1}{2}\|\boldsymbol{\Pi}\|^2\right) \tag{15.63}$$

für jede glatte Funktion $\Phi : \mathbb{R} \to \mathbb{R}$ eine Casimirfunktion.

1. Die erste Variation.   Wir suchen nun eine Casimirfunktion C_Φ, für die $H_{C_\Phi} := H + C_\Phi$ in einem gegebenen Gleichgewichtspunkt von (15.61) einen kritischen Punkt besitzt. Solche Punkte treten auf, wenn $\boldsymbol{\Pi}$ parallel zu $\boldsymbol{\Omega}$ ist. Wir können oBdA annehmen, daß $\boldsymbol{\Pi}$ und $\boldsymbol{\Omega}$ in Ox-Richtung zeigen. Nach einer eventuell nötigen Normalisierung können wir weiter annehmen, daß die Gleichgewichtslösung $\boldsymbol{\Pi}_e = (1, 0, 0)$ ist. Die Ableitung von

$$H_{C_\Phi}(\boldsymbol{\Pi}) = \frac{1}{2} \sum_{i=1}^{3} \frac{\Pi_i^2}{I_i} + \Phi\left(\frac{1}{2}\|\boldsymbol{\Pi}\|^2\right)$$

ist

$$\mathbf{D}H_{C_\Phi}(\boldsymbol{\Pi}) \cdot \delta\boldsymbol{\Pi} = \left(\boldsymbol{\Omega} + \Phi'\left(\frac{1}{2}\|\boldsymbol{\Pi}\|^2\right)\boldsymbol{\Pi}\right) \cdot \delta\boldsymbol{\Pi}. \tag{15.64}$$

Diese verschwindet in $\boldsymbol{\Pi}_e = (1, 0, 0)$, wenn

$$\Phi'\left(\frac{1}{2}\right) = -\frac{1}{I_1} \tag{15.65}$$

ist.

2. Die zweite Variation. Mit (15.64) ergibt sich die zweite Ableitung von H_{C_Φ} in dem Gleichgewichtspunkt $\boldsymbol{\Pi}_e = (1, 0, 0)$ zu

$$
\mathbf{D}^2 H_{C_\Phi}(\boldsymbol{\Pi}_e) \cdot (\delta\boldsymbol{\Pi}, \delta\boldsymbol{\Pi})
$$

$$
= \delta\boldsymbol{\Omega} \cdot \delta\boldsymbol{\Pi} + \Phi'\left(\frac{1}{2}\|\boldsymbol{\Pi}_e\|^2\right)\|\delta\boldsymbol{\Pi}\|^2 + (\boldsymbol{\Pi}_e \cdot \delta\boldsymbol{\Pi})^2 \Phi''\left(\frac{1}{2}\|\boldsymbol{\Pi}_e\|^2\right)
$$

$$
= \sum_{i=1}^{3} \frac{(\delta\Pi_i)^2}{I_i} - \frac{\|\delta\boldsymbol{\Pi}\|^2}{I_1} + \Phi''\left(\frac{1}{2}\right)(\delta\Pi_1)^2
$$

$$
= \left(\frac{1}{I_2} - \frac{1}{I_1}\right)(\delta\Pi_2)^2 + \left(\frac{1}{I_3} - \frac{1}{I_1}\right)(\delta\Pi_3)^2 + \Phi''\left(\frac{1}{2}\right)(\delta\Pi_1)^2. \quad (15.66)
$$

3. Definitheit. Diese quadratische Form ist genau dann positiv definit, wenn

$$
\Phi''\left(\frac{1}{2}\right) > 0 \quad (15.67)
$$

und

$$
I_1 > I_2, \quad I_1 > I_3 \quad (15.68)
$$

gilt. Dann erfüllt

$$
\Phi(x) = -\frac{1}{I_1}x + \left(x - \frac{1}{2}\right)^2
$$

die Gleichung (15.65) und macht die zweite Ableitung von H_{C_Φ} in $(1, 0, 0)$ positiv definit. Es gilt also: *Eine stationäre Drehung um die kürzeste Achse ist (Ljapunov-)stabil.*

Die quadratische Form ist negativ definit, wenn

$$
\Phi''\left(\frac{1}{2}\right) < 0 \quad (15.69)
$$

und

$$
I_1 < I_2, \quad I_1 < I_3 \quad (15.70)
$$

gilt. Offensichtlich können wir eine Funktion Φ finden, die (15.65) und (15.69) erfüllt, z.B. $\Phi(x) = -(1/I_1)x - (x - \frac{1}{2})^2$. Dies beweist: *Eine Drehung um die längste Achse ist (Ljapunov-)stabil.*

Die quadratische Form (15.66) ist indefinit, wenn

$$
I_1 > I_2, \quad I_3 > I_1 \quad (15.71)
$$

ist oder die umgekehrte Ungleichung gilt. Wir können mit dieser Methode nicht beweisen, daß Drehungen um die mittlere Achse *instabil* sind, sondern müssen dazu die Eigenwerte des linearisierten Systems untersuchen. Die Linearisierung von (15.61) in $\boldsymbol{\Pi}_e = (1, 0, 0)$ ergibt das folgende lineare System mit konstanten Koeffizienten:

$$(\delta\dot{\Pi}) = \delta\Pi \times \Omega_e + \Pi_e \times \delta\Omega$$

$$= \left(0, \frac{I_3 - I_1}{I_3 I_1}\delta\Pi_3, \frac{I_1 - I_2}{I_1 I_2}\delta\Pi_2\right)$$

$$= \begin{bmatrix} 0 & 0 & 0 \\ 0 & 0 & \dfrac{I_3 - I_1}{I_3 I_1} \\ 0 & \dfrac{I_1 - I_2}{I_1 I_2} & 0 \end{bmatrix} \delta\Pi. \qquad (15.72)$$

Auf dem Tangentialraum im Punkt Π_e an die Sphäre mit Radius $\|\Pi_e\| = 1$ ist die Matrixdarstellung des durch dieses linearisierte Vektorfeld definierten linearen Operators der untere rechte (2×2)-Block, dessen Eigenwerte

$$\pm\frac{1}{I_1\sqrt{I_2 I_3}}\sqrt{(I_1 - I_2)(I_3 - I_1)}$$

sind. Beide sind wegen (15.71) reell und einer ist streng positiv. Also ist Π_e spektral instabil und somit instabil.

Wir fassen die Ergebnisse in folgendem Satz zusammen:

Satz 15.9.1 (zur Stabilität des starren Körpers). *In der Bewegung eines freien starren Körpers sind Drehungen um die längste und kürzeste Achse (Ljapunov-)stabil und Drehungen um die mittlere Achse instabil.*

Es ist wichtig, die Casimirfunktionen so allgemein wie möglich zu wählen, da sich anderenfalls (15.65) und (15.69) widersprechen könnten. Hätten wir einfach

$$\Phi(x) = -\frac{1}{I_1}x + \left(x - \frac{1}{2}\right)^2$$

gewählt, wäre (15.65) erfüllt, nicht aber (15.69). Nur durch die Wahl von zwei *verschiedenen* Casimirfunktionen können wir die zwei Stabilitätsaussagen beweisen, auch wenn die Niveauflächen dieser beiden Casimirfunktionen übereinstimmen.

Bemerkungen

1.   Wie wir gesehen haben, sind Drehungen um die mittlere Achse instabil und dies sogar für die linearisierten Gleichungen. Die instabilen homoklinen Orbits, die die zwei instabilen Punkte verbinden, haben interessante Eigenschaften. Sie sind nicht nur wegen der chaotischen Lösungen durch die Poincaré-Melnikov-Methode interessant, die in verschiedenen gestörten Systemen auftreten (siehe Holmes und Marsden [1983], Wiggins [1988] und die dortigen Verweise), sondern auch der Orbit selbst ist bemerkenswert, denn ein um seine mittlere Achse angedrehter starrer Körper wird eine interessante halbe Drehung ausführen, wenn der entgegengesetzte Sattelpunkt erreicht ist, obwohl die Drehachse wieder die ursprüngliche ist. Der Leser kann dieses unterhaltsame Experiment leicht selbst durchführen. Siehe Ashbaugh, Chicone und Cushman [1990] und Montgomery [1991a] für mehr Informationen.

2. Denselben Stabilitätssatz kann man auch über die zweite Ableitung entlang der koadjungierten Orbits in $\mathbb{R}^3$, also der 2-Sphäre beweisen, siehe Arnold [1966a]. Bei dieser Methode wird die Instabilität der Drehungen um die mittlere Achse auch plausibel, aber nicht bewiesen

3. Wir haben nun die dynamische Stabilität auf der $\mathit{\Pi}$-Sphäre dargestellt. Wie steht es aber mit der Stabilität der Dynamik des starren Körpers, die wir sehen? Man kann sie aus dem herleiten, was wir gezeigt haben. Der vielleicht beste Weg dafür verwendet den Zusammenhang zwischen der reduzierten und der unreduzierten Dynamik. Vgl. Simo, Lewis und Marsden [1991] und Lewis [1992] für weitere Informationen.

4. Vollführt der körpereigene Drehimpuls eine periodische Bewegung, so ist die wirkliche Bewegung des starren Körpers im Raum nicht periodisch. In der Einleitung haben wir die zugehörige geometrische Phase beschrieben.

5. Siehe auch Lewis und Simo [1990] und Simo, Lewis und Marsden [1991] für ähnliche Untersuchungen von deformierbaren elastischen Körpern (pseudo-starren Körpern).

Übungen

Übung 15.9.1. Sei $\mathbf{B}$ ein gegebener fester Vektor in $\mathbb{R}^3$ und die Zeitentwicklung von $\mathbf{M}$ durch $\dot{\mathbf{M}} = \mathbf{M} \times \mathbf{B}$ gegeben. Zeige, daß dies eine Hamiltonsche Bewegung ist. Bestimme die Gleichgewichtspunkte und ihre Stabilitätseigenschaften.

Übung 15.9.2 (Doppelklammerreibung). Betrachte die folgende Modifikation der Eulerschen Gleichungen:

$$\dot{\mathit{\Pi}} = \mathit{\Pi} \times \mathit{\Omega} + \alpha \mathit{\Pi} \times (\mathit{\Pi} \times \mathit{\Omega}),$$

wobei α eine positive Konstante ist. Zeige, daß:

(a) Die Sphären $\|\mathit{\Pi}\|^2$ invariant bleiben,

(b) die Energie außer in Gleichgewichtspunkten stets abnimmt und

(c) die Gleichungen in der Form

$$\dot{F} = \{F, H\}_{\text{sk}} + \{F, H\}_{\text{sym}}$$

geschrieben werden können, wobei die erste Klammer die gewöhnliche Klammer des starren Körpers und die zweite die *symmetrische* Klammer

$$\{F, K\}_{\text{sym}} = \alpha (\mathit{\Pi} \times \nabla F) \cdot (\mathit{\Pi} \times \nabla K)$$

ist.

15.10 Die Stabilität des schweren Kreisels

Die Gleichungen des schweren Kreisels lauten

$$\frac{d\boldsymbol{\Pi}}{dt} = \boldsymbol{\Pi} \times \boldsymbol{\Omega} + Mgl\boldsymbol{\Gamma} \times \boldsymbol{\chi}, \qquad (15.73)$$

$$\frac{d\boldsymbol{\Gamma}}{dt} = \boldsymbol{\Gamma} \times \boldsymbol{\Omega} \qquad (15.74)$$

mit $\boldsymbol{\Pi}, \boldsymbol{\Gamma}, \boldsymbol{\chi} \in \mathbb{R}^3$. Hierbei sind $\boldsymbol{\Pi}$ und $\boldsymbol{\Omega}$ der Drehimpuls und die Winkelgeschwindigkeit in der körpereigenen Darstellung. Diese sind über den Trägheitstensor $I = (I_1, I_2, I_3)$, $I_i > 0$, $i = 1, 2, 3$ durch $\Pi_i = I_i \Omega^i$ miteinander verknüpft. Der Vektor $\boldsymbol{\Gamma}$ beschreibt die Bewegung des Einheitsvektors in Richtung der Oz-Achse wie sie vom Körper aus gesehen wird, und der konstante Vektor $\boldsymbol{\chi}$ ist der Einheitsvektor entlang der Strecke der Länge l, die den Aufpunkt des Kreisels mit seinem Schwerpunkt verbindet. M ist die Gesamtmasse des Körpers und g der Betrag der Schwerebeschleunigung, welche in Richtung von Oz abwärts wirkt.

Dies ist ein Hamiltonsches System bzgl. der in der Einleitung definierten Lie-Poisson-Struktur von $\mathbb{R}^3 \times \mathbb{R}^3$, wobei die Hamiltonfunktion des schweren Kreisels

$$H(\boldsymbol{\Pi}, \boldsymbol{\Gamma}) = \frac{1}{2} \boldsymbol{\Pi} \cdot \boldsymbol{\Omega} + Mgl\boldsymbol{\Gamma} \cdot \boldsymbol{\chi} \qquad (15.75)$$

ist. Die Poissonstruktur läßt (mit $\|\boldsymbol{\Pi}\| = 1$) schon die von

$$T^*\mathrm{SO}(3)/S^1$$

durchscheinen, wobei S^1 durch Drehungen um die Achse der Schwerkraft wirkt. Daß man hier die Lie-Poisson-Klammer eines semidirekten Produktes von Liealgebren erhält, ist ein Spezialfall der allgemeinen Theorie der Reduktion und der semidirekten Produkte (Marsden, Ratiu und Weinstein [1984a, 1984b]).

Die Funktionen $\boldsymbol{\Pi} \cdot \boldsymbol{\Gamma}$ und $\|\boldsymbol{\Gamma}\|^2$ sind Casimirfunktionen und somit auch jedes

$$C(\boldsymbol{\Pi}, \boldsymbol{\Gamma}) = \Phi(\boldsymbol{\Pi} \cdot \boldsymbol{\Gamma}, \|\boldsymbol{\Gamma}\|^2) \qquad (15.76)$$

für eine glatte Funktion Φ von $\mathbb{R}^2$ nach $\mathbb{R}$.

Wir werden uns an dieser Stelle auf den Lagrangeschen Kreisel einschränken. Dies ist ein schwerer Kreisel mit $I_1 = I_2$, also ein symmetrischer Kreisel, dessen Schwerpunkt in der körpereigenen Darstellung auf der Symmetrieachse $\boldsymbol{\chi} = (0, 0, 1)$ liegt. Unter dieser Voraussetzung vereinfachen sich die Bewegungsgleichungen (15.73) zu

$$\dot{\Pi}_1 = \frac{I_2 - I_3}{I_2 I_3} \Pi_2 \Pi_3 + Mgl\Gamma_2,$$

$$\dot{\Pi}_2 = \frac{I_3 - I_1}{I_1 I_3} \Pi_1 \Pi_3 - Mgl\Gamma_1 \quad \text{und}$$

$$\dot{\Pi}_3 = \frac{I_1 - I_2}{I_1 I_2} \Pi_1 \Pi_2.$$

Wegen $I_1 = I_2$ ist $\dot{\Pi}_3 = 0$. Also ist Π_3 und somit auch jede Funktion $\varphi(\Pi_3)$ von Π_3 eine Erhaltungsgröße.

1. Die erste Variation.   Wir untersuchen die Gleichgewichtslösung

$$\boldsymbol{\Pi}_e = (0, 0, \Pi_3^0), \quad \boldsymbol{\Gamma}_e = (0, 0, 1)$$

mit $\Pi_3^0 \neq 0$, welche die Drehung eines symmetrischen Kreisels in aufrechter Lage beschreibt. Zunächst betrachten wir Erhaltungsgrößen der Form $H_{\Phi,\varphi} = H + \Phi(\boldsymbol{\Pi} \cdot \boldsymbol{\Gamma}, \|\boldsymbol{\Gamma}\|^2) + \varphi(\Pi_3)$, die einen kritischen Punkt im Gleichgewichtszustand besitzen. Die erste Ableitung von $H_{\Phi,\varphi}$ ist

$$
\begin{aligned}
\mathbf{D}H_{\Phi,\varphi}(\boldsymbol{\Pi}, \boldsymbol{\Gamma}) \cdot (\delta\boldsymbol{\Pi}, \delta\boldsymbol{\Gamma}) = {}&(\boldsymbol{\Omega} + \dot{\Phi}(\boldsymbol{\Pi} \cdot \boldsymbol{\Gamma}, \|\boldsymbol{\Gamma}\|^2)\boldsymbol{\Gamma}) \cdot \delta\boldsymbol{\Pi} \\
&+ [Mgl\boldsymbol{\chi} + \dot{\Phi}(\boldsymbol{\Pi} \cdot \boldsymbol{\Gamma}, \|\boldsymbol{\Gamma}\|^2)\boldsymbol{\Pi} \\
&+ 2\Phi'(\boldsymbol{\Pi} \cdot \boldsymbol{\Gamma}, \|\boldsymbol{\Gamma}\|^2)\boldsymbol{\Gamma}] \cdot \delta\boldsymbol{\Gamma} + \varphi'(\Pi_3)\delta\Pi_3
\end{aligned}
$$

mit $\dot{\Phi} = \partial\Phi/\partial(\boldsymbol{\Pi} \cdot \boldsymbol{\Gamma})$ und $\Phi' = \partial\Phi/\partial(\|\boldsymbol{\Gamma}\|^2)$. In der Gleichgewichtslösung $(\boldsymbol{\Pi}_e, \boldsymbol{\Gamma}_e)$ verschwindet die erste Ableitung von $H_{\Phi,\varphi}$, wenn

$$\frac{\Pi_3^0}{I_3} + \dot{\Phi}(\Pi_3^0, 1) + \varphi'(\Pi_3^0) = 0$$

und

$$Mgl + \dot{\Phi}(\Pi_3^0, 1)\Pi_3^0 + 2\Phi'(\Pi_3^0, 1) = 0$$

gelten. Die übrigen Gleichungen für die Indizes 1 und 2 sind trivialerweise erfüllt. Lösen wir nach $\dot{\Phi}(\Pi_3^0, 1)$ und $\Phi'(\Pi_3^0, 1)$ auf, erhalten wir die Bedingungen

$$\dot{\Phi}(\Pi_3^0, 1) = -\left(\frac{1}{I_3} + \frac{\varphi'(\Pi_3^0)}{\Pi_3^0}\right)\Pi_3^0, \tag{15.77}$$

$$\Phi'(\Pi_3^0, 1) = \frac{1}{2}\left(\frac{1}{I_3} + \frac{\varphi'(\Pi_3^0)}{\Pi_3^0}\right)(\Pi_3^0)^2 - \frac{1}{2}Mgl. \tag{15.78}$$

2. Die zweite Variation.   Wir werden die zweite Variation von $H_{\Phi,\varphi}$ in dem Gleichgewichtspunkt $(\boldsymbol{\Pi}_e, \boldsymbol{\Gamma}_e)$ auf ihre Definitheit untersuchen. Zur Vereinfachung der Bezeichnungen setzen wir

$$a = \varphi''(\Pi_3^0), \quad b = 4\Phi''(\Pi_3^0, 1),$$
$$c = \ddot{\Phi}(\Pi_3^0, 1), \quad \text{und} \quad d = 2\dot{\Phi}'(\Pi_3^0, 1).$$

Damit wird die Matrix der zweiten Ableitung in $(\boldsymbol{\Pi}_e, \boldsymbol{\Gamma}_e)$ zu

$$
\begin{bmatrix}
1/I_1 & 0 & 0 & \dot{\Phi}(\Pi_3^0, 1) & 0 & 0 \\
0 & 1/I_1 & 0 & 0 & \dot{\Phi}(\Pi_3^0, 1) & 0 \\
0 & 0 & (1/I_3) + a + c & 0 & 0 & a_{36} \\
\dot{\Phi}(\Pi_3^0, 1) & 0 & 0 & 2\Phi'(\Pi_3^0, 1) & 0 & 0 \\
0 & \dot{\Phi}(\Pi_3^0, 1) & 0 & 0 & 2\Phi'(\Pi_3^0, 1) & 0 \\
0 & 0 & a_{36} & 0 & 0 & a_{66}
\end{bmatrix}
\tag{15.79}
$$

mit

$$a_{36} = \dot{\Phi}(\Pi_3^0, 1) + \Pi_3^0 c + d$$

und

$$a_{66} = 2\Phi'(\Pi_3^0, 1) + b + (\Pi_3^0)^2 c + \Pi_3^0 d.$$

3. Definitheit.   Die Berechnungen für diesen Teil werden wir mit Hilfe der folgenden Beziehung aus der linearen Algebra durchführen: Ist

$$M = \begin{bmatrix} A & B \\ C & D \end{bmatrix}$$

eine $((p+q) \times (p+q))$-Matrix und die $(p \times p)$-Matrix A invertierbar, so gilt

$$\det M = \det A \det(D - CA^{-1}B).$$

Ist die durch (15.79) gegebene quadratische Form definit, so kann sie nur positiv definit sein, da der $(1,1)$-Eintrag positiv ist. Wegen $I_1 = I_2$ haben die sechs Hauptdeterminanten die folgenden Werte:

$$\frac{1}{I_1}, \quad \frac{1}{I_1^2}, \quad \frac{1}{I_1^2}\left(\frac{1}{I_3} + a + c\right),$$

$$\frac{1}{I_1}\left(\frac{1}{I_3} + a + c\right)\left(\frac{2}{I_1}\Phi'(\Pi_3^0, 1) - \dot{\Phi}(\Pi_3^0, 1)^2\right),$$

$$\left(\frac{2}{I_1}\Phi'(\Pi_3^0, 1) - \dot{\Phi}(\Pi_3^0, 1)^2\right)^2 \left(\frac{1}{I_3} + a + c\right) \quad \text{und}$$

$$\left(\frac{2}{I_1}\Phi'(\Pi_3^0, 1) - \dot{\Phi}(\Pi_3^0, 1)^2\right)^2 \left[a_{66}\left(\frac{1}{I_3} + a + c\right) - a_{36}^2\right].$$

Also ist die durch (15.79) gegebene quadratische Form genau dann positiv definit, wenn

$$\frac{1}{I_3} + a + c > 0, \tag{15.80}$$

$$\frac{2}{I_1}\Phi'(\Pi_3^0, 1) - \dot{\Phi}(\Pi_3^0, 1)^2 > 0 \tag{15.81}$$

und

$$a_{66}\left(\frac{1}{I_3} + a + c\right) - \left(\dot{\Phi}(\Pi_3^0, 1) + \Pi_3^0 c + d\right)^2 > 0 \tag{15.82}$$

ist. Die Bedingungen (15.80) und (15.82) können durch eine geeignete Wahl von a, b, c und d immer erfüllt werden, z.B. $a = c = d = 0$ und b ausreichend groß und positiv. Also ist das entscheidende Kriterium für die Stabilität die Bedingung (15.81). Mit (15.77) und (15.78) wird diese zu

$$\frac{1}{I_1}\left[\left(\frac{1}{I_3} + \frac{\varphi'(\Pi_3^0)}{\Pi_3^0}\right)(\Pi_3^0)^2 - Mgl\right] - \left(\frac{1}{I_3} + \frac{\varphi'(\Pi_3^0)}{\Pi_3^0}\right)^2 (\Pi_3^0)^2 > 0. \tag{15.83}$$

Wir können $\varphi'(\Pi_3^0)$ so wählen, daß

$$\frac{1}{I_3} + \frac{\varphi'(\Pi_3^0)}{\Pi_3^0} = e$$

jeden vorgegebenen Wert annimmt. Die linke Seite von (15.83) ist ein quadratisches Polynom in e, dessen führender Koeffizient negativ ist. Damit dies für geeignete e positiv wird, muß die Diskriminante

$$\frac{(\Pi_3^0)^4}{I_1^2} - \frac{4(\Pi_3^0)^2 Mgl}{I_1}$$

positiv, also $(\Pi_3^0)^2 > 4MglI_1$ sein, was die klassische Stabilitätsbedingung für einen schnellen Kreisel ist. Wir haben somit den ersten Teil des folgenden Satzes bewiesen:

Satz 15.10.1 (zur Stabilität des schweren Lagrangeschen Kreisels). *Ein aufrechter rotierender Lagrangescher Kreisel ist stabil, wenn seine Winkelgeschwindigkeit echt größer als $2\sqrt{MglI_1}/I_3$ ist. Er ist instabil, wenn die Winkelgeschwindigkeit kleiner als dieser Wert ist.*

Den zweiten Teil dieses Satzes beweisen wir wie in §15.9 durch eine Untersuchung der Eigenwerte der linearisierten Gleichungen

$$(\delta\dot{\boldsymbol{\Pi}}) = \delta\boldsymbol{\Pi} \times \boldsymbol{\Omega} + \boldsymbol{\Pi}_e \times \delta\boldsymbol{\Omega} + Mgl\delta\boldsymbol{\Gamma} \times \boldsymbol{\chi}, \qquad (15.84)$$
$$(\delta\dot{\boldsymbol{\Gamma}}) = \delta\boldsymbol{\Gamma} \times \boldsymbol{\Omega} + \boldsymbol{\Gamma}_e \times \delta\boldsymbol{\Omega} \qquad (15.85)$$

auf dem Tangentialraum des koadjungierten Orbits in $\mathfrak{se}(3)^*$ durch $(\boldsymbol{\Pi}_e, \boldsymbol{\Gamma}_e)$, der durch

$$\{\, (\delta\boldsymbol{\Pi}, \delta\boldsymbol{\Gamma}) \in \mathbb{R}^3 \times \mathbb{R}^3 \mid \delta\boldsymbol{\Pi} \cdot \boldsymbol{\Gamma}_e + \boldsymbol{\Pi}_e \cdot \delta\boldsymbol{\Gamma} = 0 \text{ und } \delta\boldsymbol{\Gamma} \cdot \boldsymbol{\Gamma}_e = 0 \,\}$$
$$\cong \{\, (\delta\Pi_1, \delta\Pi_2, \delta\Gamma_1, \delta\Gamma_2) \,\} = \mathbb{R}^4 \qquad (15.86)$$

gegeben ist. Die Matrix des linearisierten Gleichungssystems auf diesem Raum berechnet sich zu

$$\begin{bmatrix} 0 & \dfrac{\Pi_3^0}{I_3}\dfrac{I_1 - I_3}{I_1} & 0 & Mgl \\[2ex] -\dfrac{\Pi_3^0}{I_3}\dfrac{I_1 - I_3}{I_1} & 0 & -Mgl & 0 \\[2ex] 0 & -\dfrac{1}{I_1} & 0 & \dfrac{\Pi_3^0}{I_3} \\[2ex] \dfrac{1}{I_1} & 0 & -\dfrac{\Pi_3^0}{I_3} & 0 \end{bmatrix}. \qquad (15.87)$$

Die Matrix (15.87) besitzt das charakteristische Polynom

$$\lambda^4 + \frac{1}{I_1^2} \left[(I_1^2 + (I_1 - I_3)^2) \left(\frac{\Pi_3^0}{I_3} \right)^2 - 2MglI_1 \right] \lambda^2$$

$$+ \frac{1}{I_1^2} \left[(I_1 - I_3) \left(\frac{\Pi_3^0}{I_3} \right)^2 + Mgl \right]^2, \qquad (15.88)$$

dessen Diskriminante als quadratisches Polynom in λ^2 durch

$$\frac{1}{I_1^4} (2I_1 - I_3)^2 \left(\frac{\Pi_3^0}{I_3} \right)^2 \left(I_3^2 \left(\frac{\Pi_3^0}{I_3} \right)^2 - 4MglI_1 \right)$$

gegeben ist. Diese Diskriminante ist genau dann negativ, wenn $\Pi_3^0 < 2\sqrt{MglI_1}$ ist. Unter dieser Bedingung sind die vier Nullstellen des charakteristischen Polynoms von der Form

$$\lambda_0, \quad \bar{\lambda}_0, \quad -\lambda_0, \quad -\bar{\lambda}_0 \qquad \text{für ein } \lambda_0 \in \mathbb{C}$$

mit

$$\operatorname{Re} \lambda_0 \neq 0 \quad \text{und} \quad \operatorname{Im} \lambda_0 \neq 0$$

und insbesondere verschieden. Damit haben mindestens zwei dieser Nullstellen einen echt positiven Realteil, woraus folgt, daß (Π_e, Γ_e) spektral instabil und somit instabil ist.

Für $I_2 = I_1 + \epsilon$ mit einem kleinen ϵ ist $\varphi(\Pi_3)$ keine Erhaltungsgröße mehr. In diesem Fall ist ein ausreichend schneller Kreisel immer noch linear stabil und die nichtlineare Stabilität kann durch die KAM-Theorie gezeigt werden. Andere Gebiete des Phasenraums zeigen in diesem Fall eine chaotische Dynamik (Holmes und Marsden [1983]). Für weitere Informationen zur Stabilität und Bifurkation für den schweren Kreisel verweisen wir auf Lewis, Ratiu, Simo und Marsden [1992].

Übungen

Übung 15.10.1.

(a) Zeige, daß $\tilde{H}(\Pi, \Gamma) = H(\Pi, \Gamma) + \|\Gamma\|^2/2$ mit H aus (15.75) dieselben Bewegunggleichungen (15.73) und (15.74) erzeugt.

(b) Zeige durch durch Berechnung der Legendretransformierten $\tilde{H}$, daß diese Gleichungen in Euler-Poincaré-Form geschrieben werden können.

15.11 Der starre Körper und das Pendel

In diesem letzten Abschnitt wollen wir noch einen Zusammenhang zwischen dem starren Körper und dem Pendel vorstellen, wie er in Holm und Marsden [1991] ausgearbeitet ist.

Die Eulerschen Gleichungen können in Vektorform als

$$\frac{d}{dt}\boldsymbol{\Pi} = \nabla L \times \nabla H \tag{15.89}$$

ausgedrückt werden, wobei H die Energie

$$H = \frac{\Pi_1^2}{2I_1} + \frac{\Pi_2^2}{2I_2} + \frac{\Pi_3^2}{2I_3}, \tag{15.90}$$

$$\nabla H = \left(\frac{\partial H}{\partial \Pi_1}, \frac{\partial H}{\partial \Pi_2}, \frac{\partial H}{\partial \Pi_3}\right) = \left(\frac{\Pi_1}{I_1}, \frac{\Pi_2}{I_2}, \frac{\Pi_3}{I_3}\right) \tag{15.91}$$

der Gradient von H und L das Quadrat des körpereigenen Drehimpulses

$$L = \frac{1}{2}\left(\Pi_1^2 + \Pi_2^2 + \Pi_3^2\right) \tag{15.92}$$

ist. Da sowohl H als auch L Erhaltungsgrößen sind, findet die Bewegung des starren Körpers auf der Schnittmenge der Niveauflächen der Energie (Ellipsoide) und des Drehimpulses (Sphären) im $\mathbb{R}^3$ statt. Die Mittelpunkte der Energieellipsoide und der Drehimpulssphären fallen zusammen. Daraus folgt zusammen mit der $(\mathbb{Z}_2)^3$-Symmetrie des Energieellipsoids, daß die zwei Mengen von Niveauflächen in $\mathbb{R}^3$ in auf der Drehimpulssphäre diametral entgegengesetzten Punkten kollineare Gradienten besitzen (z.B. in Berührpunkten). In diesen Punkten folgt aus der Kollinearität der Gradienten von H und L, daß eine stationäre Drehung, also ein Gleichgewichtszustand vorliegt.

Die Eulerschen Gleichungen für den starren Körper können auch als

$$\frac{d}{dt}\boldsymbol{\Pi} = \nabla N \times \nabla K \tag{15.93}$$

geschrieben werden, wobei K und N Linearkombinationen von Energie und Drehimpuls von der Form

$$\begin{pmatrix} N \\ K \end{pmatrix} = \begin{bmatrix} a & b \\ c & d \end{bmatrix} \begin{pmatrix} H \\ L \end{pmatrix} \tag{15.94}$$

mit reellen Konstanten a, b, c und d mit $ad - bc = 1$ sind. Um dies zu sehen, beachte man zunächst

$$K = \frac{1}{2}\left(\frac{c}{I_1} + d\right)\Pi_1^2 + \frac{1}{2}\left(\frac{c}{I_2} + d\right)\Pi_2^2 + \frac{1}{2}\left(\frac{c}{I_3} + d\right)\Pi_3^2.$$

Ist also $I_1 = I_2 = I_3$, so folgt $K = 0$, wenn wir $c = -dI_1$ wählen, und (15.93) wird für jede Wahl von N zu $\dot{\boldsymbol{\Pi}} = 0$, was gerade die Gleichung $\boldsymbol{\Pi} = \boldsymbol{\Pi} \times \boldsymbol{\Omega}$ für $I_1 = I_2 = I_3$ ist. Für $I_1 \neq I_2 = I_3$ erhalten wir mit der Wahl $c = -dI_2$, $d \neq 0$

$$K = \frac{d}{2}\left(1 - \frac{I_2}{I_1}\right)\Pi_1^2.$$

Ist nun

$$N = \frac{I_1}{2I_2 d} \left(\Pi_2^2 + \Pi_3^2 \right),$$

so wird (15.93) zur Gleichung des starren Körpers $\dot{\boldsymbol{\Pi}} = \boldsymbol{\Pi} \times \boldsymbol{\Omega}$. Ist schließlich $I_1 < I_2 < I_3$ und wählen wir

$$c = 1, \quad d = -\frac{1}{I_3}, \quad a = -\frac{I_1 I_3}{I_3 - I_1} < 0 \quad \text{und} \quad b = \frac{I_3}{I_3 - I_1} < 0, \quad (15.95)$$

so ergibt sich

$$K = \frac{1}{2} \left(\frac{1}{I_1} - \frac{1}{I_3} \right) \Pi_1^2 + \frac{1}{2} \left(\frac{1}{I_2} - \frac{1}{I_3} \right) \Pi_2^2 \qquad (15.96)$$

und

$$N = \frac{I_3(I_2 - I_1)}{2I_2(I_3 - I_1)} \Pi_2^2 + \frac{1}{2} \Pi_3^2. \qquad (15.97)$$

Dann entspricht (15.93) der Gleichung des starren Körpers $\dot{\boldsymbol{\Pi}} = \boldsymbol{\Pi} \times \boldsymbol{\Omega}$.

In diesem Rahmen werden die Orbits der Eulerschen Gleichungen für die Dynamik des starren Körpers zu Bewegungen entlang der Schnittlinien zweier orthogonal orientierter *elliptischer Zylinder,* von denen der eine die Niveaufläche von K mit der Translationsachse entlang Π_3 ist (wo $K = 0$ gilt) und der zweite die Niveaufläche von N mit der Translationsachse entlang Π_1 (wo $N = 0$ ist).

Für eine allgemeine Wahl von K und N treten Gleichgewichtspunkte in den Punkten auf, in denen die Gradienten von K und N kollinear sind. Hierfür können die Niveauflächen tangential (und die Gradienten beide ungleich Null) sein oder einer der Gradienten verschwinden. Im oben behandelten Fall der elliptischen Zylinder sind diese zwei Fälle die Punkte, in denen die elliptischen Zylinder tangential sind, und Punkte, in denen die Achse des einen Zylinders die Oberfläche des anderen senkrecht durchstößt. Die elliptischen Zylinder sind in einem $\mathbb{Z}_2$-symmetrischen Paar von Punkten auf der Π_2-Achse tangential. Der zweite Fall tritt in zwei anderen $\mathbb{Z}_2$-symmetrischen Paaren von Punkten auf der Π_1- und der Π_3-Achse auf.

Wir wollen das Bild der elliptischen Zylinder noch etwas ausbauen. Wir führen nun eine Variablensubstitution in den Gleichungen des starren Körpers innerhalb einer Niveaufläche von K durch. Um die Bezeichnungen etwas zu vereinfachen, definieren wir zunächst die drei positiven Konstanten k_i^2, $i = 1, 2, 3$, indem wir in (15.96) und (15.97)

$$K = \frac{\Pi_1^2}{2k_1^2} + \frac{\Pi_2^2}{2k_2^2} \quad \text{und} \quad N = \frac{\Pi_2^2}{2k_3^2} + \frac{1}{2} \Pi_3^2 \qquad (15.98)$$

für

$$\frac{1}{k_1^2} = \frac{1}{I_1} - \frac{1}{I_3}, \quad \frac{1}{k_2^2} = \frac{1}{I_2} - \frac{1}{I_3}, \quad \frac{1}{k_3^2} = \frac{I_3(I_2 - I_1)}{I_2(I_3 - I_1)} \qquad (15.99)$$

setzen.

Auf einer Niveaufläche von K definieren wir mit $r = \sqrt{2K}$ die neuen Variablen θ und p durch

$$\Pi_1 = k_1 r \cos\theta, \quad \Pi_2 = k_2 r \sin\theta, \quad \Pi_3 = p. \tag{15.100}$$

Mit diesen neuen Variablen werden die Erhaltungsgrößen zu

$$K = \frac{1}{2}r^2 \quad \text{und} \quad N = \frac{1}{2}p^2 + \left(\frac{k_2^2}{2k_3^2}r^2\right)\sin^2\theta. \tag{15.101}$$

Aus Übung 1.3.2 folgt, daß

$$\{F_1, F_2\}_K = -\nabla K \cdot (\nabla F_1 \times \nabla F_2) \tag{15.102}$$

eine Poissonklammer auf $\mathbb{R}^3$ ist, für die K eine Casimirfunktion ist. Man prüft dann direkt nach, daß die symplektische Struktur auf dem Blatt $K = $ konstant durch die folgende Poissonklammer auf diesem elliptischen Zylinder gegeben ist (vgl. Übung 15.11.1):

$$\{F, G\}_{\text{EllZyl}} = \frac{1}{k_1 k_2}\left(\frac{\partial F}{\partial p}\frac{\partial G}{\partial \theta} - \frac{\partial F}{\partial \theta}\frac{\partial G}{\partial p}\right). \tag{15.103}$$

Insbesondere ist

$$\{p, \theta\}_{\text{EllZyl}} = \frac{1}{k_1 k_2}. \tag{15.104}$$

Die Einschränkung der Hamiltonfunktion H auf den elliptischen Zylinder $K = $ konstant ist nach (15.91)

$$H = \frac{k_1^2 K}{I_1} + \frac{1}{I_3}\left[\frac{1}{2}p^2 + \frac{I_3^2(I_2 - I_1)}{2(I_3 - I_2)(I_3 - I_1)}r^2\sin^2\theta\right] = \frac{k_1^2 K}{I_1} + \frac{1}{I_3}N,$$

wir können also N/I_3 als Hamiltonfunktion auf diesem symplektischen Blatt wählen. Beachte, daß N/I_3 die Summe einer kinetischen und einer potentiellen Energie ist. Die Bewegungsgleichungen lauten somit

$$\frac{d}{dt}\theta = \left\{\theta, \frac{N}{I_3}\right\}_{\text{EllZyl}} = \frac{1}{k_1 k_2 I_3}\frac{\partial N}{\partial p} = -\frac{1}{k_1 k_2 I_3}p, \tag{15.105}$$

$$\frac{d}{dt}p = \left\{p, \frac{N}{I_3}\right\}_{\text{EllZyl}} = \frac{1}{k_1 k_2 I_3}\frac{\partial N}{\partial \theta} = \frac{1}{k_1 k_2 I_3}\frac{k_2^2}{k_3^2}r^2\sin\theta\cos\theta. \tag{15.106}$$

Zusammen ergeben diese Bewegungsgleichungen

$$\frac{d^2\theta}{dt^2} = -\frac{r^2}{2k_1^2 k_3^2 I_3^2}\sin 2\theta, \tag{15.107}$$

oder durch die ursprünglichen Parameter des starren Körpers ausgedrückt

$$\frac{d^2}{dt^2}\theta = -\frac{K}{I_3^2}\left(\frac{1}{I_1} - \frac{1}{I_2}\right)\sin 2\theta. \tag{15.108}$$

Wir haben also folgendes bewiesen:

Proposition 15.11.1. *Die Bewegung des starren Körpers kann auf eine Pendelbewegung auf den Niveauflächen von K reduziert werden.*

Dies kann man auch folgendermaßen ausdrücken: Man stelle sich den Drehimpulsraum des starren Körpers als die Vereinigung der Niveauflächen von K vor. Dann kann man die Dynamik des starren Körpers auf jeder dieser Niveauflächen einzeln untersuchen und erhält eine Dynamik, die äquivalent zu der eines einfachen Pendels ist. In diesem Sinne haben wir folgendes gezeigt:

Korollar 15.11.1. *Die Dynamik eines starren Körpers im dreidimensionalen körpereigenen Drehimpulsraum ist eine Vereinigung der zweidimensionalen Phasenporträts eines einfachen Pendels.*

Schränken wir uns auf eine Niveaufläche von K ein, auf der K nicht verschwindet, so wird das Paar von Gleichgewichtspunkten des starren Körpers auf der Π_3-Achse ausgeschlossen. (Dieses Paar von Gleichgewichtspunkten kann miteinbezogen werden, indem man die Indizes der Trägheitsmomente vertauscht.) Die anderen zwei Paare von Gleichgewichtspunkten auf der Π_1- und der Π_2-Achse liegen in der Ebene mit $p = 0$ bei $\theta = 0$, $\pi/2$, π und $3\pi/2$. Da K positiv ist, wird die Stabilität der einzelnen Gleichgewichtspunkte durch das Verhältnis der Hauptträgheitsmomente bestimmt, welches das Vorzeichen der rechten Seite der Pendelgleichung insgesamt festlegt. Aus diesem Vorzeichen ersieht man in Verbindung mit den Stabilitätseigenschaften der Gleichgewichtszustände des Pendels wieder die bekannte Stabilität der Gleichgewichtsdrehungen um die kürzeste und die längste Hauptträgheitsachse und die Instabilität der Drehungen um die mittlere Achse. Für $K > 0$ und $I_1 < I_2 < I_3$ ist das Vorzeichen negativ, so daß die Gleichgewichtspunkte bei $\theta = 0$ und π (auf der Π_1-Achse) stabil sind, die bei $\theta = \pi/2$ und $3\pi/2$ (auf der Π_2-Achse) aber instabil. Der Faktor 2 im Argument des Sinus in der Pendelgleichung erklärt sich aus der $\mathbb{Z}_2$-Symmetrie der Niveauflächen von K (oder genausogut aus ihrer Invarianz unter $\theta \mapsto \theta + \pi$). Bei dieser diskreten Symmetrieoperation werden die Gleichgewichtspunkte bei $\theta = 0$ und $\pi/2$ mit denen bei $\theta = \pi$ und $3\pi/2$ vertauscht, während die elliptische Niveaufläche von K linksinvariant ist. Durch ihre Konstruktion ist die Hamiltonfunktion N/I_3 in den reduzierten Variablen θ und p ebenfalls invariant unter dieser diskreten Symmetrie.

Der starre Körper kann somit als ein linksinvariantes System auf den Gruppen $\mathrm{O}(K)$ oder $\mathrm{SE}(2)$ angesehen werden. Der spezielle Fall von $\mathrm{SE}(2)$ ist derjenige, in dem die Orbits Kotangentialbündel sind. Daß man in dieser Situation ein Kotangentialbündel erhält, ist ein Spezialfall des Satzes zur Kotangentialbündelreduktion unter Verwendung des Satzes zur Reduktion von semidirekten Produkten, siehe Marsden, Ratiu und Weinstein [1984a, 1984b]. Für die Euklidische Gruppe besagt dieser Satz, daß man die koadjungierten Orbits der Euklidischen Gruppe der Ebene durch die Reduktion des Kotangentialbündels der Drehgruppe der Ebene durch die triviale Gruppe erhält, wodurch das Kotangentialbündel eines Kreises mit seiner kanonischen symplektischen Struktur (bis auf einen Faktor) entsteht. Dies ist die abstrakte Erklärung dafür, daß im Falle der elliptischen Zylinder die Variablen θ und p bis auf einen Faktor kanonisch konjugiert waren. In diese allgemeine Theorie paßt auch, daß die Hamiltonfunktion N/I_3 die Summe von kinetischer und potentieller Energie ist, denn man erhält bei der Kotangentialbündelreduktion immer eine Hamiltonfunktion dieser Form, wobei das Potential durch die Addition einer Korrektur zu dem **effektiven Potential** wird. Im Fall der Pendelgleichung ist die ursprüngliche Hamiltonfunktion die reine kinetische Energie und somit gehört der Potentialterm $(k_2^2 r^2/(2k_3^2 I_3))\sin^2\theta$ in N/I_3 vollständig zur Korrektur.

In Verbindung mit den Übungen 14.7.1 und 14.7.2 ergibt sich der folgende Satz:

Satz 15.11.1. *Die Eulerschen Gleichungen für einen freien starren Körper sind die Lie-Poisson-Gleichungen zur Hamiltonfunktion N auf der Liealgebra $\mathbb{R}_K^3$, deren Liegruppe die orthogonale Gruppe von K ist, wenn die quadratische Form nichtausgeartet ist, und die Euklidische Gruppe der Ebene, wenn K die Signatur $(+,+,0)$ besitzt. Insbesondere tritt jede der Gruppen $SO(3)$, $SO(2,1)$ und $SE(2)$ auf, wenn die Parameter a, b, c, und d sich ändern. (Ist der Körper ein Lagrangescher Körper, tritt auch die Heisenberggruppe auf.)*

Eine genauso reichhaltige Hamiltonsche Struktur besitzt das Maxwell-Bloch-System, wie in David und Holm [1992] dargestellt ist (siehe auch David, Holm und Tratnik [1990]). Wie im Fall des starren Körpers, kann die Bewegung im $\mathbb{R}^3$ für das Maxwell-Bloch-System als Bewegung entlang der Schnittlinie zweier orthogonal orientierter Zylinder dargestellt werden. Hier ist jedoch einer der Zylinder im Querschnitt parabolisch, während der zweite kreisförmig ist. Durch Übergang zu parabolischen Zylinderkoordinaten kann man das Maxwell-Bloch-System auf die ideale Duffinggleichung reduzieren, während man in gewöhnlichen Zylinderkoordinaten die Pendelgleichung erhält. Die $SL(2,\mathbb{R})$-Matrixtransformation liefert für das Maxwell-Bloch-System eine parametrisierte Familie von (versetzten) Ellipsoiden, Hyperboloiden und Zylindern, auf deren Schnittmenge die Bewegung im $\mathbb{R}^3$ stattfindet.

Übungen

Übung 15.11.1. Betrachte die Poissonklammer

$$\{F_1, F_2\}_K(\boldsymbol{\varPi}) = -\nabla K(\boldsymbol{\varPi}) \cdot (\nabla F_1(\boldsymbol{\varPi}) \times (\nabla F_2(\boldsymbol{\varPi}))$$

mit

$$K(\boldsymbol{\varPi}) = \frac{\varPi_1^2}{2k_1^2} + \frac{\varPi_2^2}{2k_2^2}$$

auf dem $\mathbb{R}^3$. Überprüfe, daß die Poissonklammer auf den durch $K = \text{konstant}$ gegebenen zweidimensionalen Blättern dieser Klammer den Ausdruck

$$\{\theta, p\}_{\text{EllZyl}} = -\frac{1}{k_1 k_2}$$

mit $p = \Pi_3$ und $\theta = \tan^{-1}(k_1 \Pi_2/(k_2 \Pi_1))$ besitzt. Wie sieht die symplektische Form auf diesen Blättern aus?

Literaturverzeichnis

Abarbanel, H. D. I. und D. D. Holm [1987] Nonlinear stability analysis of inviscid flows in three dimensions: incompressible fluids and barotropic fluids. *Phys. Fluids* **30**, 3369–3382.

Abarbanel, H. D. I., D. D. Holm, J. E. Marsden und T. S. Ratiu [1986] Nonlinear stability analysis of stratified fluid equilibria. *Phil. Trans. Roy. Soc. London A* **318**, 349–409; also Richardson number criterion for the nonlinear stability of three-dimensional stratified flow. *Phys. Rev. Lett.* **52** [1984], 2552–2555.

Abraham, R. und J. E. Marsden [1978] *Foundations of Mechanics*. Second Edition, Addison-Wesley.

Abraham, R., J. E. Marsden und T. S. Ratiu [1988] *Manifolds, Tensor Analysis, and Applications*. Second Edition, Applied Mathematical Sciences **75**, Springer-Verlag.

Adams, J. F. [1969] *Lectures on Lie groups*. Benjamin-Cummings, Reading, Mass.

Adams, J. F. [1996] *Lectures on Exceptional Lie groups*. University of Chicago Press.

Adams, M. R., J. Harnad und E. Previato [1988] Isospectral Hamiltonian flows in finite and infinite dimensions I. Generalized Moser systems and moment maps into loop algebras. *Comm. Math. Phys.* **117**, 451–500.

Adams, M. R., T. S. Ratiu und R. Schmid [1986a] A Lie group structure for pseudo-differential operators. *Math. Ann.* **273**, 529–551.

Adams, M. R., T. S. Ratiu und R. Schmid [1986b] A Lie group structure for Fourier integral operators. *Math. Ann.* **276**, 19–41.

Adler, M. und P. van Moerbeke [1980a] Completely integrable systems, Euclidean Lie algebras and curves. *Adv. in Math.* **38**, 267–317.

Adler, M. und P. van Moerbeke [1980b] Linearization of Hamiltonian systems, Jacobi varieties and representation theory. *Adv. in Math.* **38**, 318–379.

Aeyels, D. und M. Szafranski [1988] Comments on the stabilizability of the angular velocity of a rigid body. *Systems Control Lett.* **10**, 35–39.

Aharonov, Y. und J. Anandan [1987] Phase change during acyclic quantum evolution. *Phys. Rev. Lett.* **58**, 1593–1596.

Alber, M. und J. E. Marsden [1992] On geometric phases for soliton equations. *Comm. Math. Phys.* **149**, 217–240.

Alber, M. S., R. Camassa, D. D. Holm und J. E. Marsden [1994] The geometry of peaked solitons and billiard solutions of a class of integrable PDEs. *Lett. Math. Phys.* **32**, 137–151.

Alber, M. S., R. Camassa, D. D. Holm und J. E. Marsden [1995] On the link between umbilic geodesics and soliton solutions of nonlinear PDEs. *Proc. Roy. Soc.* **450**, 677–692.

Alber, M. S., G. G. Luther und J. E. Marsden [1997a] Energy Dependent Schrödinger Operators and Complex Hamiltonian Systems on Riemann Surfaces. *Nonlinearity* **10**, 223–242.

Alber, M. S., G. G. Luther und J. E. Marsden [1997b] Complex billiard Hamiltonian systems and nonlinear waves, in: A.S. Fokas und I.M. Gelfand, eds., *Algebraic Aspects of Integrable Systems: In Memory of Irene Dorfman, Progress in Nonlinear Differential Equations* **26**, Birkhäuser, 1–15.

Alber, M. S., G. G. Luther, J. E. Marsden und J. W. Robbins [1998] Geometric phases, reduction and Lie–Poisson structure for the resonant three-wave interaction. *Physica D* **123**, 271–290.

Altmann, S. L. [1986] *Rotations, Quaternions, and Double Groups.* Oxford University Press.

Anandan, J. [1988] Geometric angles in quantum and classical physics. *Phys. Lett.* **A 129**, 201–207.

Arens, R. [1970] A quantum dynamical, relativistically invariant rigid-body system. *Trans. Amer. Math. Soc.* **147**, 153–201.

Armero, F. und J. C. Simo [1996a] Long-Term Dissipativity of Time-Stepping Algorithms for an Abstract Evolution Equation with Applications to the Incompressible MHD and Navier–Stokes Equations. *Comp. Meth. Appl. Mech. Eng.* **131**, 41–90.

Armero, F. und J. C. Simo [1996b] Formulation of a new class of fraction-step methods for the incompressible MHD equations that retains the long-term dissipativity of the continuum dynamical system. *Fields Institute Comm.* **10**, 1–23.

Arms, J. M. [1981] The structure of the solution set for the Yang–Mills equations. *Math. Proc. Camb. Philos. Soc.* **90**, 361–372.

Arms, J. M., R. H. Cushman und M. Gotay [1991] A universal reduction procedure for Hamiltonian group actions. *The Geometry of Hamiltonian systems,* T. Ratiu, ed., MSRI Series **22**, Springer-Verlag, 33–52.

Arms, J. M., A. Fischer und J. E. Marsden [1975] Une approche symplectique pour des théorèmes de décomposition en géométrie ou relativité générale. *C. R. Acad. Sci. Paris* **281**, 517–520.

Arms, J. M., J. E. Marsden und V. Moncrief [1981] Symmetry and bifurcations of momentum mappings. *Comm. Math. Phys.* **78**, 455–478.

Arms, J. M., J. E. Marsden und V. Moncrief [1982] The structure of the space solutions of Einstein's equations: II Several Killings fields and the Einstein–Yang–Mills equations. *Ann. of Phys.* **144**, 81–106.

Arnold, V. I. [1964] Instability of dynamical systems with several degrees of freedom. *Dokl. Akad. Nauk SSSR* **156**, 9–12.

Arnold, V. I. [1965a] Sur une propriété topologique des applications globalement canoniques de la mécanique classique. *C.R. Acad. Sci. Paris* **26**, 3719–3722.

Arnold, V. I. [1965b] Conditions for nonlinear stability of the stationary plane curvilinear flows of an ideal fluid. *Dokl. Mat. Nauk SSSR* **162**, 773–777.

Arnold, V. I. [1965c] Variational principle for three-dimensional steady-state flows of an ideal fluid. *J. Appl. Math. Mech.* **29**, 1002–1008.

Arnold, V. I. [1966a] Sur la géometrie differentielle des groupes de Lie de dimension infinie et ses applications à l'hydrodynamique des fluids parfaits. *Ann. Inst. Fourier, Grenoble* **16**, 319–361.

Arnold, V. I. [1966b] On an a priori estimate in the theory of hydrodynamical stability. *Izv. Vyssh. Uchebn. Zaved. Mat. Nauk* **54**, 3–5; English Translation: *Amer. Math. Soc. Transl.* **79** [1969], 267–269.

Arnold, V. I. [1966c] Sur un principe variationnel pour les découlements stationaires des liquides parfaits et ses applications aux problèmes de stabilité non linéaires. *J. Mécanique* **5**, 29–43.

Arnold, V. I. [1967] Characteristic class entering in conditions of quantization. *Funct. Anal. Appl.* **1**, 1–13.

Arnold, V. I. [1968] Singularities of differential mappings. *Russian Math. Surveys* **23**, 1–43.

Arnold, V. I. [1969] Hamiltonian character of the Euler equations of the dynamics of solids and of an ideal fluid. *Uspekhi Mat. Nauk* **24**, 225–226.

Arnold, V. I. [1972] Note on the behavior of flows of a three dimensional ideal fluid under a small perturbation of the initial velocity field. *Appl. Math. Mech.* **36**, 255–262.

Arnold, V. I. [1984] *Catastrophe Theory*. Springer-Verlag.

Arnold, V. I. [1988] *Dynamical Systems III*. Encyclopedia of Mathematics **3**, Springer-Verlag.

Arnold, V. I. [1989] *Mathematical Methods of Classical Mechanics*. Second Edition, Graduate Texts in Mathematics **60**, Springer-Verlag.

Arnold, V. I. und B. Khesin [1992] Topological methods in hydrodynamics. *Ann. Rev. Fluid Mech.* **24**, 145–166.

Arnold, V. I. und B. Khesin [1998] *Topological Methods in Hydrodynamics*. Appl. Math. Sciences **125**, Springer-Verlag.

Arnold, V. I., V. V. Kozlov und A. I. Neishtadt [1988] Mathematical aspects of classical and celestial mechanics, in: *Dynamical Systems III*, V.I. Arnold, ed. Springer-Verlag.

Arnold, V. I. und S. P. Novikov [1994] *Dynamical systems VII*, Encyclopedia of Math. Sci. **16**, Springer-Verlag.

Ashbaugh, M. S., C. C. Chicone und R. H. Cushman [1990] The twisting tennis racket. *Dyn. Diff. Eqns.* **3**, 67–85.

Atiyah, M. [1982] Convexity and commuting Hamiltonians. *Bull. London Math. Soc.* **14**, 1–15.

Atiyah, M. [1983] Angular momentum, convex polyhedra and algebraic geometry. *Proc. Edinburgh Math. Soc.* **26**, 121–138.

Atiyah, M. und R. Bott [1984] The moment map and equivariant cohomology. *Topology* **23**, 1–28.

Audin, M. [1991] *The Topology of Torus Actions on Symplectic Manifolds*. Progress in Math **93**, Birkhäuser.

Austin, M. und P. S. Krishnaprasad [1993] Almost Poisson Integration of Rigid-Body Systems. *J. Comp. Phys.* **106**.

Baider, A., R. C. Churchill und D. L. Rod [1990] Monodromy and nonintegrability in complex Hamiltonian systems. *J. Dyn. Diff. Eqns.* **2**, 451–481.

Baillieul, J. [1987] Equilibrium mechanics of rotating systems. *Proc. CDC* **26**, 1429–1434.

Baillieul, J. und M. Levi [1987] Rotational elastic dynamics. *Physica D* **27**, 43–62.

Baillieul, J. und M. Levi [1991] Constrained relative motions in rotational mechanics. *Arch. Rat. Mech. Anal.* **115**, 101–135.

Ball, J. M. und J. E. Marsden [1984] Quasiconvexity at the boundary, positivity of the second variation and elastic stability. *Arch. Rat. Mech. Anal.* **86**, 251–277.

Bambusi, D. [1998] A necessary and sufficient condition for Darboux' theorem in weak symplectic manifolds. *Proc. Am. Math. Soc.* (to appear).

Bao, D., J. E. Marsden und R. Walton [1984] The Hamiltonian structure of general relativistic perfect fluids. *Comm. Math. Phys.* **99**, 319–345.

Bao, D. und V. P. Nair [1985] A note on the covariant anomaly as an equivariant momentum mapping. *Comm. Math. Phys.* **101**, 437–448.

Bates, L. und R. Cushman [1997] *Global Aspects of Classical Integrable Systems*, Birkhäuser, Boston.

Bates, L. und E. Lerman [1997] Proper group actions and symplectic stratified spaces. *Pacific J. Math.* **181**, 201–229.

Bates, L. und J. Sniatycki [1993] Nonholonomic reduction. *Reports on Math. Phys.* **32**, 99–115.

Bates, S. und A. Weinstein [1997] *Lectures on the Geometry of Quantization*, CPA-MUCB, Am. Math. Soc.

Batt, J. und G. Rein [1993] A rigorous stability result for the Vlasov–Poisson system in three dimensions. *Ann. Mat. Pura Appl.* **164**, 133–154.

Benjamin, T. B. [1972] The stability of solitary waves. *Proc. Roy. Soc. London* **328A**, 153–183.

Benjamin, T. B. [1984] Impulse, flow force and variational principles. *IMA J. Appl. Math.* **32**, 3–68.

Benjamin, T. B. und P. J. Olver [1982] Hamiltonian structure, symmetrics and conservation laws for water waves. *J. Fluid Mech.* **125**, 137–185.

Berezin, F. A. [1967] Some remarks about the associated envelope of a Lie algebra. *Funct. Anal. Appl.* **1**, 91–102.

Bernstein, B. [1958] Waves in a plasma in a magnetic field. *Phys. Rev.* **109**, 10–21.

Berry, M. [1984] Quantal phase factors accompanying adiabatic changes. *Proc. Roy. Soc. London A* **392**, 45–57.

Berry, M. [1985] Classical adiabatic angles und quantal adiabatic phase. *J. Phys. A. Math. Gen.* **18**, 15–27.

Berry, M. [1990] Anticipations of the geometric phase. *Physics Today*, December, 1990, 34–40.

Berry, M. und J. Hannay [1988] Classical non-adiabatic angles. *J. Phys. A. Math. Gen.* **21**, 325–333.

Besse, A. L. [1987] *Einstein Manifolds*. Springer-Verlag.

Bhaskara, K. H. und K. Viswanath [1988] *Poisson Algebras and Poisson Manifolds*. Longman (UK) and Wiley (US).

Bialynicki-Birula, I., J. C. Hubbard und L. A. Turski [1984] Gauge-independent canonical formulation of relativistic plasma theory. *Physica A* **128**, 509–519.

Birnir, B. [1986] Chaotic perturbations of KdV. *Physica D* **19**, 238–254.

Birnir, B. und R. Grauer [1994] An explicit description of the global attractor of the damped and driven sine–Gordon equation. *Comm. Math. Phys.* **162**, 539–590.

Bloch, A. M., R. W. Brockett und T. S. Ratiu [1990] A new formulation of the generalized Toda lattice equations and their fixed point analysis via the momentum map. *Bull. Amer. Math. Soc.* **23**, 477–485.

Bloch, A. M., R. W. Brockett und T. S. Ratiu [1992] Completely integrable gradient flows. *Comm. Math. Phys.* **147**, 57–74.

Bloch, A. M., H. Flaschka und T. S. Ratiu [1990] A convexity theorem for isospectral manifolds of Jacobi matrices in a compact Lie algebra. *Duke Math. J.* **61**, 41–65.

Bloch, A. M., H. Flaschka und T. S. Ratiu [1993] A Schur–Horn–Kostant convexity theorem for the diffeomorphism group of the annulus. *Inv. Math.* **113**, 511–529.

Bloch, A. M., P. S. Krishnaprasad, J. E. Marsden und R. Murray [1996] Nonholonomic mechanical systems with symmetry. *Arch. Rat. Mech. An.* **136**, 21–99.

Bloch, A. M., P. S. Krishnaprasad, J. E. Marsden und T. S. Ratiu [1991] Asymptotic stability, instability, and stabilization of relative equilibria. *Proc. ACC., Boston IEEE*, 1120–1125.

Bloch, A. M., P. S. Krishnaprasad, J. E. Marsden und T. S. Ratiu [1994] Dissipation Induced Instabilities. *Ann. Inst. H. Poincaré, Analyse Nonlinéaire* **11**, 37–90.

Bloch, A. M., P. S. Krishnaprasad, J. E. Marsden und T. S. Ratiu [1996] The Euler–Poincaré equations and double bracket dissipation. *Comm. Math. Phys.* **175**, 1–42.

Bloch, A. M., P. S. Krishnaprasad, J. E. Marsden und G. Sánchez de Alvarez [1992] Stabilization of rigid-body dynamics by internal and external torques. *Automatica* **28**, 745–756.

Bloch, A. M., N. Leonard und J. E. Marsden [1997] Stabilization of Mechanical Systems Using Controlled Lagrangians. *Proc CDC* **36**, 2356–2361.

Bloch, A. M., N. Leonard und J. E. Marsden [1998] Matching and Stabilization by the Method of Controlled Lagrangians. *Proc CDC* **37** (to appear).

Bloch, A. M. und J. E. Marsden [1989] Controlling homoclinic orbits. *Theoretical and Computational Fluid Mechanics* **1**, 179–190.

Bloch, A. M. und J. E. Marsden [1990] Stabilization of rigid-body dynamics by the energy–Casimir method. *Systems Control Lett.* **14**, 341–346.

Bobenko, A. I., A. G. Reyman und M. A. Semenov-Tian-Shansky [1989] The Kowalewski top 99 years later: A Lax pair, generalizations and explicit solutions. *Comm. Math. Phys.* **122**, 321–354.

Bogoyavlensky, O. I. [1985] *Methods in the Qualitative Theory of Dynamical Systems in Astrophysics and Gas Dynamics.* Springer-Verlag.

Bolza, O. [1973] *Lectures on the Calculus of Variations.* Chicago University Press (1904). Reprinted by Chelsea, (1973).

Bona, J. [1975] On the stability theory of solitary waves. *Proc. Roy. Soc. London* **344A**, 363–374.

Born, M. und L. Infeld [1935] On the quantization of the new field theory. *Proc. Roy. Soc. London A* **150**, 141.

Bortolotti, F. [1926] *Rend. R. Naz. Lincei* **6a**, 552.

Bourbaki, N. [1971] *Variétés differentielles et analytiqes. Fascicule de résultats* **33**, Hermann.

Bourguignon, J. P. und H. Brezis [1974] Remarks on the Euler equation. *J. Funct. Anal.* **15**, 341–363.

Boya, L. J., J. F. Carinena und J. M. Gracia-Bondia [1991] Symplectic structure of the Aharonov–Anandan geometric phase. *Phys. Lett. A* **161**, 30–34.

Bretherton, F. P. [1970] A note on Hamilton's principle for perfect fluids. *J. Fluid Mech.* **44**, 19-31.

Bridges, T. [1990] Bifurcation of periodic solutions near a collision of eigenvalues of opposite signature. *Math. Proc. Camb. Philos. Soc.* **108**, 575-601.

Bridges, T. [1994] Hamiltonian spatial structure for 3-D water waves relative to a moving frame of reference. *J. Nonlinear Sci.* **4**, 221-251.

Bridges, T. [1997] Multi-symplectic structures and wave propagation. *Math. Proc. Camb. Phil. Soc.* **121**, 147-190.

Brizard, A. [1992] Hermitian structure for linearized ideal MHD equations with equilibrium flow. *Phys. Lett. A* **168**, 357-362.

Brockett, R. W. [1973] Lie algebras and Lie groups in control theory. *Geometric Methods in Systems Theory*, Proc. NATO Advanced Study Institute, R. W. Brockett and D.Q. Mayne (eds.), Reidel, 43-82.

Brockett, R. W. [1976] Nonlinear systems and differential geometry. *Proc. IEEE* **64**, No. 1, 61-72.

Brockett, R. W. [1981] Control theory and singular Riemannian geometry. *New Directions in Applied Mathematics*, P. J. Hilton und G.S. Young (eds.), Springer-Verlag.

Brockett, R. W. [1983] Asymptotic stability and feedback stabilization. *Differential Geometric Control Theory*, R. W. Brockett, R. S. Millman und H. Sussman (eds.), Birkhäuser.

Brockett, R. W. [1987] On the control of vibratory actuators. *Proc. 1987 IEEE Conf. Decision and Control*, 1418-1422.

Brockett, R. W. [1989] On the rectification of vibratory motion. *Sensors and Actuators* **20**, 91-96.

Broer, H., S. N. Chow, Y. Kim und G. Vegter [1993] A normally elliptic Hamiltonian bifurcation. *Z. Angew Math. Phys.* **44**, 389-432.

Burov, A. A. [1986] On the non-existence of a supplementary integral in the problem of a heavy two-link pendulum. *PMM USSR* **50**, 123-125.

Busse, F. H. [1984] Oscillations of a rotating liquid drop. *J. Fluid Mech.* **142**, 1-8.

Cabannes, H. [1962] *Cours de Mécanique Générale*. Dunod.

Calabi, E. [1970] On the group of automorphisms of a symplectic manifold. In *Problems in Analysis*, Princeton University Press, 1-26.

Camassa, R. und D. D. Holm [1992] Dispersive barotropic equations for stratified mesoscale ocean dynamics. *Physica D* **60**, 1-15.

Carinena, J. F., E. Martinez und J. Fernandez-Nunez [1992] Noether's theorem in time-dependent Lagrangian mechanics. *Rep. Math. Phys.* **31**, 189-203.

Carr, J. [1981] *Applications of center manifold theory*. Springer-Verlag: New York, Heidelberg, Berlin.

Cartan, E. [1922] Sur les petites oscillations d'une masse fluide. *Bull. Sci. Math.* **46**, 317-352 und 356-369.

Cartan, E. [1923] Sur les variétés a connexion affine et théorie de relativité généralisée. *Ann. Ecole Norm. Sup.* **40**, 325-412; **41**, 1-25.

Cartan, E. [1928a] Sur la représentation géométrique des systèmes matériels non holonomes. *Atti. Cong. Int. Matem.* **4**, 253-261.

Cartan, E. [1928b] Sur la stabilité ordinaire des ellipsoides de Jacobi. *Proc. Int. Math. Cong. Toronto* **2**, 9-17.

Casati, P., G. Falqui, F. Magri und M. Pedroni, M. [1998] Bihamiltonian reductions and w_n-algebras. *J. Geom. and Phys.* **26**, 291-310.

Casimir, H. B. G. [1931] *Rotation of a Rigid Body in Quantum Mechanics*. Thesis, J.B. Wolters' Uitgevers-Maatschappij, N. V. Groningen, den Haag, Batavia.

Cendra, H., A. Ibort und J. E. Marsden [1987] Variational principal fiber bundles: a geometric theory of Clebsch potentials and Lin constraints. *J. Geom. Phys.* **4**, 183–206.

Cendra, H., D. D. Holm, M. J. W. Hoyle und J. E. Marsden [1998] The Maxwell–Vlasov equations in Euler–Poincaré form. *J. Math. Phys.* **39**, 3138–3157.

Cendra, H. und J. E. Marsden [1987] Lin constraints, Clebsch potentials and variational principles. *Physica D* **27**, 63–89.

Cendra, H., D. D. Holm, J. E. Marsden und T. S. Ratiu [1998] Lagrangian Reduction, the Euler–Poincaré Equations, and Semidirect Products. *AMS Transl.* **186**, 1–25.

Cendra, H., J. E. Marsden und T. S. Ratiu [1999] Lagrangian reduction by stages. *Preprint*.

Chandrasekhar, S. [1961] *Hydrodynamic and Hydromagnetic Instabilities*. Oxford University Press.

Chandrasekhar, S. [1977] *Ellipsoidal Figures of Equilibrium*. Dover.

Channell, P. [1983] Symplectic integration algorithms. *Los Alamos National Laboratory Report AT-6:ATN-83-9*.

Channell, P. und C. Scovel [1990] Symplectic integration of Hamiltonian Systems. *Nonlinearity* **3**, 231–259.

Chen, F. F. [1974] *Introduction to Plasma Physics*. Plenum.

Chern, S. J. [1997] Stability Theory for Lumped Parameter Electromechanical Systems. *Preprint*.

Chern, S. J. und J. E. Marsden [1990] A note on symmetry and stability for fluid flows. *Geo. Astro. Fluid. Dyn.* **51**, 1–4.

Chernoff, P. R. und J. E. Marsden [1974] *Properties of Infinite Dimensional Hamiltonian systems*. Springer Lect. Notes in Math. **425**.

Cherry, T. M. [1959] The pathology of differential equations. *J. Austral. Math. Soc.* **1**, 1–16.

Cherry, T. M. [1968] Asymptotic solutions of analytic Hamiltonian systems. *J. Differential Equations* **4**, 142–149.

Chetaev, N. G. [1961] *The Stability of Motion*. Pergamon.

Chetaev, N. G. [1989] *Theoretical Mechanics*. Springer-Verlag.

Chirikov, B. V. [1979] A universal instability of many dimensional oscillator systems. *Phys. Rep.* **52**, 263–379.

Chorin, A. J., T. J. R. Hughes, J. E. Marsden und M. McCracken [1978] Product formulas and numerical algorithms. *Comm. Pure Appl. Math.* **31**, 205–256.

Chorin, A. J. und J. E. Marsden [1993] *A Mathematical Introduction to Fluid Mechanics*. Third Edition, Texts in Applied Mathematical Sciences 4, Springer-Verlag.

Chow, S. N. und J. K. Hale [1982] *Methods of Bifurcation Theory*. Springer-Verlag.

Chow, S. N., J. K. Hale und J. Mallet-Paret [1980] An example of bifurcation to homoclinic orbits. *J. Diff. Eqns.* **37**, 351–373.

Clebsch, A. [1857] Über eine allgemeine Transformation der hydrodynamischen Gleichungen. *Z. Reine Angew. Math.* **54**, 293–312.

Clebsch, A. [1859] Über die Integration der hydrodynamischen Gleichungen. *Z. Reine Angew. Math.* **56**, 1–10.

Clemmow, P. C. und J. P. Dougherty [1959] *Electrodynamics of Particles and Plasmas.* Addison-Wesley.

Conn, J. F. [1984] Normal forms for Poisson structures. *Ann. of Math.* **119**, 576–601, **121**, 565–593.

Cordani, B. [1986] Kepler problem with a magnetic monopole. *J. Math. Phys.* **27**, 2920–2921.

Corson, E. M. [1953] *Introduction to Tensors, Spinors and Relativistic Wave Equations.* Hafner.

Crouch, P. E. [1986] Spacecraft attitude control and stabilization: application of geometric control to rigid-body models. *IEEE Trans. Auto. Cont.* **29**, 321–331.

Cushman, R. und D. Rod [1982] Reduction of the semi-simple 1:1 resonance. *Physica D* **6**, 105–112.

Cushman, R. und R. Sjamaar [1991] On singular reduction of Hamiltonian spaces. *Symplectic Geometry and Mathematical Physics*, ed. by P. Donato, C. Duval, J. Elhadad und G.M. Tuynman, Birkhäuser, 114–128.

Dashen, R. F. und D. H. Sharp [1968] Currents as coordinates for hadrons. *Phys. Rev.* **165**, 1857–1866.

David, D. und D. D. Holm [1992] Multiple Lie–Poisson structures. Reductions, and geometric phases for the Maxwell–Bloch travelling wave equations. *J. Nonlinear Sci.* **2**, 241–262.

David, D., D. D. Holm und M. Tratnik [1990] Hamiltonian chaos in nonlinear optical polarization dynamics. *Phys. Rep.* **187**, 281–370.

Davidson, R. C. [1972] *Methods in Nonlinear Plasma Theory.* Academic Press.

de Leon, M., M. H. Mello und P. R. Rodrigues [1992] Reduction of nondegenerate nonautonomous Lagrangians. *Cont. Math. AMS* **132**, 275–306.

Deift, P. A. und L. C. Li [1989] Generalized affine lie algebras and the solution of a class of flows associated with the QR eigenvalue algorithm. *Comm. Pure Appl. Math.* **42**, 963–991.

Dellnitz, M. und I. Melbourne [1993] The equivariant Darboux theorem. *Lect. Appl. Math.* **29**, 163–169.

Dellnitz, M., J. E. Marsden, I. Melbourne und J. Scheurle [1992] Generic bifurcations of pendula. *Int. Series on Num. Math.* **104**, 111-122. ed. by G. Allgower, K. Böhmer und M. Golubitsky, Birkhäuser.

Dellnitz, M., I. Melbourne und J. E. Marsden [1992] Generic bifurcation of Hamiltonian vector fields with symmetry. *Nonlinearity* **5**, 979–996.

Delshams, A. und T. M. Seara [1991] An asymptotic expression for the splitting of separatrices of the rapidly forced pendulum. *Comm. Math. Phys.* **150**, 433–463.

Delzant, T. [1988] Hamiltoniens périodiques et images convexes de l'application moment. *Bull. Soc. Math. France* **116**, 315–339.

Delzant, T. [1990] Classification des actions hamiltoniennes complètement intégrables de rang deux. *Ann. Global Anal. Geom.* **8**, 87–112.

Deprit, A. [1983] Elimination of the nodes in problems of N bodies. *Celestial Mech.* **30**, 181–195.

de Vogelaére, R. [1956] Methods of integration which preserve the contact transformation property of the Hamiltonian equations. Department of Mathematics, *University of Notre Dame Report*, **4**.

Diacu, F. und P. Holmes [1996] *Celestial encounters. The origins of chaos and stability.* Princeton Univ. Press, Princeton, NJ.

Dirac, P. A. M. [1930] *The Principles of Quantum Mechanics.* Oxford University Press.

Dirac, P. A. M. [1950] Generalized Hamiltonian mechanics. *Canad. J. Math.* **2**, 129–148.

Dirac, P. A. M. [1964] *Lectures on Quantum Mechanics.* Belfer Graduate School of Science, Monograph Series **2**, Yeshiva University.

Duflo, M. und M. Vergne [1969] Une propriété de la représentation coadjointe d'une algèbre de Lie. *C.R. Acad. Sci. Paris* **268**, 583–585.

Duistermaat, H. [1974] Oscillatory integrals, Lagrange immersions and unfolding of singularities. *Comm. Pure and Appl. Math.* **27**, 207–281.

Duistermaat, H. [1983] *Bifurcations of periodic solutions near equilibrium points of Hamiltonian systems.* Springer Lect. Notes in Math. **1057**, 57–104.

Duistermaat, H. [1984] Non-integrability of 1:2:2 resonance. *Ergodic Theory Dynamical Systems* **4**, 553.

Duistermaat, J. J. [1980] On global action angle coordinates. *Comm. Pure Appl. Math.* **33**, 687–706.

Duistermaat, J. J. und G. J. Heckman [1982] On the variation in the cohomology of the symplectic form of the reduced phase space. *Inv. Math* **69**, 259–269, **72**, 153–158.

Dzyaloshinskii, I. E. und G. E. Volovick [1980] Poisson brackets in condensed matter physics. *Ann. of Phys.* **125**, 67–97.

Ebin, D. G. [1970] On the space of Riemannian metrics. *Symp. Pure Math., Am. Math. Soc.* **15**, 11–40.

Ebin, D. G. und J. E. Marsden [1970] Groups of diffeomorphisms and the motion of an incompressible fluid. *Ann. Math.* **92**, 102–163.

Ebin, D. G. [1982] Motion of slightly compressible fluids in a bounded domain I. *Comm. Pure Appl. Math.* **35**, 452–485.

Eckard, C. [1960] Variational principles of hydrodynamics. *Phys. Fluids* **3**, 421–427.

Eckmann J.-P. und R. Seneor [1976] The Maslov–WKB method for the (an-)harmonic oscillator. *Arch. Rat. Mech. Anal.* **61** 153–173.

Emmrich, C. und H. Römer [1990] Orbifolds as configuration spaces of systems with gauge symmetries. *Comm. Math. Phys.* **129**, 69–94.

Enos, M. J. [1993] On an optimal control problem on $SO(3) \times SO(3)$ and the falling cat. *Fields Inst. Comm.* **1**, 75–112.

Ercolani, N., M. G. Forest und D. W. McLaughlin [1990] Geometry of the modulational instability, III. Homoclinic orbits for the periodic sine–Gordon equation. *Physica D* **43**, 349.

Ercolani, N., M. G. Forest, D. W. McLaughlin und R. Montgomery [1987] Hamiltonian structure of modulation equation for the sine–Gordon equation. *Duke Math. J.* **55**, 949–983.

Fedorov, Y. N. [1994] Generalized Poinsot interpretation of the motion of a multidimensional rigid body. (Russian) *Trudy Mat. Inst. Steklov.* **205** Novye Rezult. v Teor. Topol. Klassif. Integr. Sistem, 200–206.

Fedorov, Y. N. und V. V. Kozlov [1995] Various aspects of n-dimensional rigid-body dynamics. Dynamical systems in classical mechanics, 141–171, *Amer. Math. Soc. Transl. Ser. 2*, **168**.

Feng, K. [1986] Difference schemes for Hamiltonian formalism and symplectic geometry. *J. Comp. Math.* **4**, 279–289.

Feng, K. und Z. Ge [1988] On approximations of Hamiltonian systems. *J. Comp. Math.* **6**, 88–97.

Finn, J. M. und G. Sun [1987] Nonlinear stability and the energy–Casimir method. *Comm. on Plasma Phys. and Controlled Fusion* **XI**, 7–25.

Fischer, A. E. und J. E. Marsden [1972] The Einstein equations of evolution—a geometric approach. *J. Math. Phys.* **13**, 546–568.

Fischer, A. E. und J. E. Marsden [1979] Topics in the dynamics of general relativity. *Isolated Gravitating Systems in General Relativity*, J. Ehlers (ed.), Italian Physical Society, 322–395.

Fischer, A. E., J. E. Marsden und V. Moncrief [1980] The structure of the space of solutions of Einstein's equations, I: One Killing field. *Ann. Inst. H. Poincaré* **33**, 147–194.

Flaschka, H. [1976] The Toda lattice. *Phys. Rev. B* **9**, 1924–1925.

Flaschka, H., A. Newell und T. S. Ratiu [1983a] Kac–Moody Lie algebras and soliton equations II. Lax equations associated with $A_1^{(1)}$. *Physica D* **9**, 300–323.

Flaschka, H., A. Newell und T. S. Ratiu [1983b] Kac–Moody Lie algebras and soliton equations III. Stationary equations associated with $A_1^{(1)}$. *Physica D* **9**, 324–332.

Fomenko, A. T. [1988a] *Symplectic Geometry*. Gordon and Breach.

Fomenko, A. T. [1988b] *Integrability and Nonintegrability in Geometry and Mechanics*. Kluwer Academic.

Fomenko, A. T. und V. V. Trofimov [1989] *Integrable Systems on Lie Algebras and Symmetric Spaces*. Gordon and Breach.

Fong, U. und K. R. Meyer [1975] Algebras of integrals. *Rev. Colombiana Mat.* **9**, 75–90.

Fontich, E. und C. Simo [1990] The splitting of separatrices for analytic diffeomorphisms. *Erg. Thy. Dyn. Syst.* **10**, 295–318.

Fowler, T. K. [1963] Ljapunov's stability criteria for plasmas. *J. Math. Phys.* **4**, 559–569.

Friedlander, S. und M. M. Vishik [1990] Nonlinear stability for stratified magnetohydrodynamics. *Geophys. Astrophys. Fluid Dyn.* **55**, 19–45.

Fukumoto, Y. [1997] Stationary configurations of a vortex filament in background flows. *Proc. R. Soc. Lon. A* **453**, 1205–1232.

Fukumoto, Y. und Miyajima, M. [1996] The localized induction hierarchy and the Lund–Regge equation. *J. Phys. A: Math. Gen.* **29**, 8025–8034.

Glgani, L. Giorgilli, A. und Strelcyn, J.-M. [1981] Chaotic motions and transition to stochasticity in the classical problem of the heavy rigid body with a fixed point. *Nuovo Cimento* **61**, 1–20.

Galin, D. M. [1982] Versal deformations of linear Hamiltonian systems. *AMS Transl.* **118**, 1–12 (1975 *Trudy Sem. Petrovsk.* **1**, 63–74).

Gallavotti, G. [1983] *The Elements of Mechanics*. Springer-Verlag.

Gantmacher, F. R. [1959] *Theory of Matrices*. Chelsea.

Gardner, C. S. [1971] Korteweg–de Vries equation and generalizations IV. The Korteweg–de Vries equation as a Hamiltonian system. *J. Math. Phys.* **12**, 1548–1551.

Ge, Z. [1990] Generating functions, Hamilton–Jacobi equation and symplectic groupoids over Poisson manifolds. *Indiana Univ. Math. J.* **39**, 859–876.

Ge, Z. [1991a] Equivariant symplectic difference schemes and generating functions. *Physica D* **49**, 376–386.

Ge, Z. [1991b] A constrained variational problem and the space of horizontal paths. *Pacific J. Math.* **149**, 61–94.

Ge, Z., H. P. Kruse und J. E. Marsden [1996] The limits of Hamiltonian structures in three-dimensional elasticity, shells and rods. *J. Nonlin. Sci.* **6**, 19–57.

Ge, Z. und J. E. Marsden [1988] Lie–Poisson integrators and Lie–Poisson Hamilton–Jacobi theory. *Phys. Lett. A* **133**, 134–139.

Gelfand, I. M. und I. Y. Dorfman [1979] Hamiltonian operators and the algebraic structures connected with them. *Funct. Anal. Appl.* **13**, 13–30.

Gelfand, I. M. und S. V. Fomin [1963] *Calculus of Variations.* Prentice-Hall.

Gibbons, J. [1981] Collisionless Boltzmann equations and integrable moment equations. *Physica A* **3**, 503–511.

Gibbons, J., D. D. Holm und B. A. Kupershmidt [1982] Gauge-invariance Poisson brackets for chromohydrodynamics. *Phys. Lett.* **90A**.

Godbillon, C. [1969] *Géométrie Différentielle et Mécanique Analytique.* Hermann.

Goldin, G. A. [1971] Nonrelativistic current algebras as unitary representations of groups. *J. Math. Phys.* **12**, 462–487.

Goldman, W. M. und J. J. Millson [1990] Differential graded Lie algebras and singularities of level sets of momentum mappings. *Comm. Math. Phys.* **131**, 495–515.

Goldreich, P. und A. Toomre [1969] Some remarks on polar wandering, *J. Geophys. Res.* **10**, 2555–2567.

Goldstein, H. [1980] *Classical Mechanics.* Second Edition, Addison-Wesley.

Golin, S., A. Knauf und S. Marmi [1989] The Hannay angles: geometry, adiabaticity, and an example. *Comm. Math. Phys.* **123**, 95–122.

Golin, S. und S. Marmi [1990] A class of systems with measurable Hannay angles. *Nonlinearity* **3**, 507–518.

Golubitsky, M., M. Krupa und C. Lim [1991] Time reversibility and particle sedimentation. *SIAM J. Appl. Math.* **51**, 49–72.

Golubitsky, M., J. E. Marsden, I. Stewart und M. Dellnitz [1994] The constrained Ljapunov–Schmidt procedure and periodic orbits. *Fields Inst. Comm.* (to appear).

Golubitsky, M. und D. Schaeffer [1985] *Singularities and Groups in Bifurcation Theory.* Vol. 1, Applied Mathematical Sciences **69**, Springer-Verlag.

Golubitsky, M. und I. Stewart [1987] Generic bifurcation of Hamiltonian systems with symmetry. *Physica D* **24**, 391–405.

Golubitsky, M., I. Stewart und D. Schaeffer [1988] *Singularities and Groups in Bifurcation Theory.* Vol. 2, Applied Mathematical Sciences **69**, Springer-Verlag.

Goodman, L. E. und A. R. Robinson [1958] Effects of finite rotations on gyroscopic sensing devices. *J. of Appl. Mech.* **28**, 210–213. (See also *Trans. ASME* **80**, 210–213.)

Gotay, M. J. [1988] A multisymplectic approach to the KdV equation: in *Differential Geometric Methods in Theoretical Physics.* Kluwer, 295–305.

Gotay, M. J., J. A. Isenberg, J. E. Marsden und R. Montgomery [1997] Momentum Maps and Classical Relativistic Fields. *Preprint.*

Gotay, M. J., R. Lashof, J. Sniatycki und A. Weinstein [1980] Closed forms on symplectic fiber bundles. *Comm. Math. Helv.* **58**, 617–621.

Gotay, M. J. und J. E. Marsden [1992] Stress–energy–momentum tensors and the Belifante–Resenfeld formula. *Cont. Math. AMS* **132**, 367–392.

Gotay, M. J., J. M. Nester und G. Hinds [1979] Presymplectic manifolds and the Dirac–Bergmann theory of constraints. *J. Math. Phys.* **19**, 2388–2399.

Gozzi, E. und W. D. Thacker [1987] Classical adiabatic holonomy in a Grassmannian system. *Phys. Rev. D* **35**, 2388–2396.

Greenspan, B. D. und P. J. Holmes [1983] Repeated resonance and homoclinic bifurcations in a periodically forced family of oscillators. *SIAM J. Math. Anal.* **15**, 69–97.

Griffa, A. [1984] Canonical transformations and variational principles for fluid dynamics. *Physica A* **127**, 265–281.

Grigore, D. R. und O. T. Popp [1989] The complete classification of generalized homogeneous symplectic manifolds. *J. Math. Phys.* **30**, 2476–2483.

Grillakis, M., J. Shatah und W. Strauss [1987] Stability theory of solitary waves in the presence of symmetry, I & II. *J. Funct. Anal.* **74**, 160–197 und **94** (1990), 308–348.

Grossman, R., P. S. Krishnaprasad und J. E. Marsden [1988] The dynamics of two coupled rigid bodies. *Dynamical Systems Approaches to Nonlinear Problems in Systems and Circuits*, Salam and Levi (eds.). SIAM, 373–378.

Gruendler, J. [1985] The existence of homoclinic orbits and the methods of Melnikov for systems. *SIAM J. Math. Anal.* **16**, 907–940.

Guckenheimer, J. und P. Holmes [1983] *Nonlinear Oscillations, Dynamical Systems and Bifurcations of Vector Fields.* Applied Mathematical Sciences **43**, Springer-Verlag.

Guckenheimer, J. und P. Holmes [1988] Structurally stable heteroclinic cycles. *Math. Proc. Camb. Philos. Soc.* **103**, 189–192.

Guckenheimer, J. und A. Mahalov [1992a] Resonant triad interactions in symmetric systems. *Physica D* **54**, 267–310.

Guckenheimer, J. und A. Mahalov [1992b] Instability induced by symmetry reduction. *Phys. Rev. Lett.* **68**, 2257–2260.

Guichardet, A. [1984] On rotation und vibration motions of molecules. *Ann. Inst. H. Poincaré* **40**, 329–342.

Guillemin, V. und A. Pollack [1974] *Differential Topology.* Prentice-Hall.

Guillemin, V. und E. Prato [1990] Heckman, Kostant, and Steinberg formulas for symplectic manifolds. *Adv. in Math.* **82**, 160–179.

Guillemin, V. und S. Sternberg [1977] *Geometric Asymptotics.* Amer. Math. Soc. Surveys **14**. (Revised edition, 1990.)

Guillemin, V. und S. Sternberg [1980] The moment map and collective motion. *Ann. of Phys.* **1278**, 220–253.

Guillemin, V. und S. Sternberg [1982] Convexity properties of the moment map. *Inv. Math.* **67**, 491–513; **77** (1984) 533–546.

Guillemin, V. und S. Sternberg [1983] On the method of Symes for integrating systems of the Toda type. *Lett. Math. Phys.* **7**, 113–115.

Guillemin, V. und S. Sternberg [1984] *Symplectic Techniques in Physics.* Cambridge University Press.

Guillemin, V. und A. Uribe [1987] Reduction, the trace formula, and semiclassical asymptotics. *Proc. Nat. Acad. Sci.* **84**, 7799–7801.

Hahn, W. [1967] *Stability of Motion.* Springer-Verlag.

Hale, J. K. [1963] *Oscillations in Nonlinear Systems.* McGraw-Hill.

Haller, G. [1992] Gyroscopic stability and its loss in systems with two essential coordinates. *Int. J. Nonlinear Mech.* **27**, 113–127.

Haller, G. und I. Mezić [1998] Reduction of three-dimensional, volume-preserving flows with symmetry. *Nonlinearity* **11**, 319–339.

Haller, G. und S. Wiggins [1993] Orbit homoclinic to resonances: the Hamiltonian case. *Physica D* **66**, 293–346.

Hamel, G. [1904] Die Lagrange-Eulerschen Gleichungen der Mechanik. *Z. Mathematik u. Physik* **50**, 1–57.

Hamel, G. [1949] *Theoretische Mechanik.* Springer-Verlag.

Hamilton, W. R. [1834] On a general method in dynamics. *Phil. Trans. Roy. Soc. Lon.* 95–144, 247–308.

Hannay, J. [1985] Angle variable holonomy in adiabatic excursion of an itegrable Hamiltonian. *J. Phys. A: Math. Gen.* **18**, 221–230.

Hanson, A., T. Regge und C. Teitelboim [1976] Constrained Hamiltonian systems. *Accademia Nazionale Dei Lincei, Rome*, 1–135.

Helgason, S. [1978] *Differential Geometry, Lie Groups and Symmetric Spaces*, Academic Press.

Henon, M. [1982] Vlasov Equation. *Astron. Astrophys.* **114**, 211–212.

Herivel, J. W. [1955] The derivation of the equation of motion of an ideal fluid by Hamilton's principle. *Proc. Camb. Phil. Soc.* **51**, 344–349.

Hermann, R. [1962] The differential geometry of foliations. *J. Math. Mech.* **11**, 303–315.

Hermann, R. [1964] An incomplete compact homogeneous Lorentz metric *J. Math. Mech.* **13**, 497–501.

Hermann, R. [1968] *Differential Geometry and the Calculus of Variations.* Math. Science Press.

Hermann, R. [1973] *Geometry, Physics, and Systems.* Marcel Dekker.

Hirsch, M. und S. Smale [1974] *Differential Equations, Dynamical Systems and Linear Algebra.* Academic Press.

Hirschfelder, J. O. und J. S. Dahler [1956] The kinetic energy of relative motion. *Proc. Nat. Acad. Sci.* **42**, 363–365.

Holm, D.D. [1996] Hamiltonian balance equations. *Physica D* **98**, 379–414.

Holm, D. D. und B. A. Kupershmidt [1983] Poisson brackets and Clebsch representations for magnetohydrodynamics, multifluid plasmas, and elasticity. *Physica D* **6**, 347–363.

Holm, D. D., B. A. Kupershmidt und C. D. Levermore [1985] Hamiltonian differencing of fluid dynamics. *Adv. in Appl. Math.* **6**, 52–84.

Holm, D. D. und J. E. Marsden [1991] The rotor and the pendulum. *Symplectic Geometry and Mathematical Physics*, P. Donato, C. Duval, J. Elhadad und G.M. Tuynman (eds.), Birkhäuser, pp. 189–203.

Holm, D. D., J. E. Marsden und T. S. Ratiu [1986] The Hamiltonian structure of continuum mechanics in material, spatial and convective representations. *Séminaire de Mathématiques Supérieurs, Les Presses de l'Univ. de Montréal* **100**, 11–122.

Holm, D. D., J. E. Marsden und T. S. Ratiu [1998] The Euler–Poincaré equations and semidirect products with applications to continuum theories. *Adv. in Math.* **137**, 1–81.

Holm, D. D., J. E. Marsden und T. Ratiu [1998b] The Euler–Poincaré equations in geophysical fluid dynamics, in *Proceedings of the Isaac Newton Institute Programme on the Mathematics of Atmospheric and Ocean Dynamics*, Cambridge University Press (to appear).

Holm, D. D., J. E. Marsden und T. S. Ratiu [1998c] Euler–Poincaré models of ideal fluids with nonlinear dispersion. *Phys. Rev. Lett.* **349**, 4173–4177.

Holm, D. D., J. E. Marsden, T. S. Ratiu und A. Weinstein [1985] Nonlinear stability of fluid and plasma equilibria. *Phys. Rep.* **123**, 1–116.

Holmes, P. J. [1980a] *New Approaches to Nonlinear Problems in Dynamics.* SIAM.

Holmes, P. J. [1980b] Averaging and chaotic motions in forced oscillations. *SIAM J. Appl. Math.* **38**, 68–80 und **40**, 167–168.

Holmes, P. J., J. R. Jenkins und N. Leonard [1998] Dynamics of the Kirchhoff equations I: coincident centers of gravity and buoyancy. *Physica D* **118**, 311–342.

Holmes, P. J. und J. E. Marsden [1981] A partial differential equation with infinitely many periodic orbits: chaotic oscillations of a forced beam. *Arch. Rat. Mech. Anal.* **76**, 135–166.

Holmes, P. J. und J. E. Marsden [1982a] Horseshoes in perturbations of Hamiltonian systems with two-degrees-of-freedom. *Comm. Math. Phys.* **82**, 523–544.

Holmes, P. J. und J. E. Marsden [1982b] Melnikov's method and Arnold diffusion for perturbations of integrable Hamiltonian systems. *J. Math. Phys.* **23**, 669–675.

Holmes, P. J. und J. E. Marsden [1983] Horseshoes and Arnold diffusion for Hamiltonian systems on Lie groups. *Indiana Univ. Math. J.* **32**, 273–310.

Holmes, P. J., J. E. Marsden und J. Scheurle [1988] Exponentially small splittings of separatrices with applications to KAM theory and degenerate bifurcations. *Contemp. Math.* **81**, 213–244.

Hörmander, L. [1995] Symplectic classification of quadratic forms, and general Mehler formulas. *Math. Zeit.* **219**, 413–449.

Horn, A. [1954] Doubly stochastic matrices and the diagonal of a rotation matrix. *Amer. J. Math.* **76**, 620–630.

Howard, J. E. und R. S. MacKay [1987a] Linear stability of symplectic maps. *J. Math. Phys.* **28**, 1036–1051.

Howard, J. E. und R. S. MacKay [1987b] Calculation of linear stability boundaries for equilibria of Hamiltonian systems. *Phys. Lett. A* **122**, 331–334.

Hughes, T. J. R., T. Kato und J. E. Marsden [1977] Well-posed quasi-linear second-order hyperbolic systems with applications to nonlinear elastodynamics and general relativity. *Arch. Rat. Mech. Anal.* **90**, 545–561.

Iacob, A. [1971] Invariant manifolds in the motion of a rigid body about a fixed point. *Rev. Roumaine Math. Pures Appl.* **16**, 1497–1521.

Ichimaru, S. [1973] *Basic Principles of Plasma Physics.* Addison-Wesley.

Isenberg, J. und J. E. Marsden [1982] A slice theorem for the space of solutions of Einstein's equations. *Phys. Rep.* **89**, 179–222.

Ishlinskii, A. [1952] *Mechanics of Special Gyroscopic Systems (in Russian).* National Acad. Ukrainian SSR, Kiev.

Ishlinskii, A. [1963] *Mechanics of Gyroscopic Systems (in English)*. Israel Program for Scientific Translations, Jerusalem, 1965 (also available as a NASA technical translation).

Ishlinskii, A. [1976] *Orientation, Gyroscopes and Inertial Navigation (in Russian)*. Nauka, Moscow.

Iwai, T. [1982] The symmetry group of the harmonic oscillator and its reduction. *J. Math. Phys.* **23**, 1088–1092.

Iwai, T. [1985] On reduction of two-degrees-of-freedom Hamiltonian systems by an S^1 action, and $SO_0(1,2)$ as a dynamical group. *J. Math. Phys.* **26**, 885–893.

Iwai, T. [1987a] A gauge theory for the quantum planar three-body system. *J. Math. Phys.* **28**, 1315–1326.

Iwai, T. [1987b] A geometric setting for internal motions of the quantum three-body system. *J. Math. Phys.* **28**, 1315–1326.

Iwai, T. [1987c] A geometric setting for classical molecular dynamics. *Ann. Inst. Henri Poincaré, Phys. Théor.* **47**, 199–219.

Iwai, T. [1990a] On the Guichardet/Berry connection. *Phys. Lett. A* **149**, 341–344.

Iwai, T. [1990b] The geometry of the SU(2) Kepler problem. *J. Geom. Phys.* **7**, 507–535.

Iwiński, Z. R. und L. A. Turski [1976] Canonical theories of systems interacting electromagnetically. *Letters in Applied and Engineering Sciences* **4**, 179–191.

Jacobi, C. G. K. [1837] Note sur l'intégration des équations différentielles de la dynamique. *C.R. Acad. Sci., Paris* **5**, 61.

Jacobi, C. G. K. [1843] *J. Math.* **26**, 115.

Jacobi, C. G. K. [1866] *Vorlesungen über Dynamik*. (Based on lectures given in 1842-3) Verlag G. Reimer; Reprinted by Chelsea, 1969.

Jacobson, N. [1962] *Lie Algebras*. Interscience, reprinted by Dover.

Jeans, J. [1919] *Problems of Cosmogony and Stellar Dynamics*. Cambridge University Press.

Jellinek, J. und D. H. Li [1989] Separation of the energy of overall rotations in an N-body system. *Phys. Rev. Lett.* **62**, 241–244.

Jepson, D. W. und J. O. Hirschfelder [1958] Set of coordinate systems which diagonalize the kinetic energy of relative motion. *Proc. Nat. Acad. Sci.* **45**, 249–256.

Jost, R. [1964] Poisson brackets (An unpedagogical lecture). *Rev. Mod. Phys.* **36**, 572–579.

Kammer, D. C. und G. L. Gray [1992] A nonlinear control design for energy sink simulation in the Euler–Poinsot problem. *J. Astr. Sci.* **41**, 53–72.

Kane, T. R. und M. Scher [1969] A dynamical explanation of the falling cat phenomenon. *Int. J. Solids Structures* **5**, 663–670.

Kaplansky, I. [1971] *Lie Algebras and Locally Compact Groups*, University of Chicago Press.

Karasev, M. V. und V. P. Maslov [1993] *Nonlinear Poisson Brackets. Geometry and Quantization*. Transl. of Math. Monographs. **119**. Amer. Math. Soc.

Kato, T. [1950] On the adiabatic theorem of quantum mechanics. *J. Phys. Soc. Japan* **5**, 435–439.

Kato, T. [1967] On classical solutions of the two-dimensional non-stationary Euler equation. *Arch. Rat. Mech. Anal.* **25**, 188–200.

Kato, T. [1972] Nonstationary flows of viscous and ideal fluids in $\mathbb{R}^3$. *J. Funct. Anal.* **9**, 296–305.

Kato, T. [1975] On the initial value problem for quasi-linear symmetric hyperbolic systems. *Arch. Rat. Mech. Anal.* **58**, 181–206.

Kato, T. [1984] *Perturbation Theory for Linear Operators.* Springer-Verlag.

Kato, T. [1985] *Abstract Differential Equations and Nonlinear Mixed Problems.* Lezioni Fermiane, Scuola Normale Superiore, Accademia Nazionale dei Lincei.

Katz, S. [1961] Lagrangian density for an inviscid, perfect, compressible plasma. *Phys. Fluids* **4**, 345–348.

Kaufman, A. [1982] Elementary derivation of Poisson structures for fluid dynamics and electrodynamics. *Phys. Fluids* **25**, 1993–1994.

Kaufman, A. und R. L. Dewar [1984] Canonical derivation of the Vlasov–Coulomb noncanonical Poisson structure. *Contemp. Math.* **28**, 51–54.

Kazhdan, D., B. Kostant und S. Sternberg [1978] Hamiltonian group actions and dynamical systems of Calogero type. *Comm. Pure Appl. Math.* **31**, 481–508.

Khesin, B. A. [1992] Ergodic interpretation of integral hydrodynamic invariants. *J. Geom. Phys.* **9**, 101–110.

Khesin, B. A. und Y. Chekanov [1989] Invariants of the Euler equations for ideal or barotropic hydrodynamics and superconductivity in D dimensions. *Physica D* **40**, 119–131.

Kijowski, J. und W. Tulczyjew [1979] *A Symplectic Framework for Field Theories.* Springer Lect. Notes in Phys. **107**.

Kirillov, A. A. [1962] Unitary representations of nilpotent Lie groups. *Russian Math. Surveys* **17**, 53–104.

Kirillov, A. A. [1976a] Local Lie Algebras. *Russian Math. Surveys* **31**, 55–75.

Kirillov, A. A. [1976b] *Elements of the Theory of Representations.* Grundlehren Math. Wiss., Springer-Verlag.

Kirillov, A. A. [1981] The orbits of the group of diffeomorphisms of the circle and local Lie superalgebras. (Russian) *Funktsional. Anal. i Prilozhen.* **15**, 75–76.

Kirillov, A. A. [1993] The orbit method. II. Infinite-dimensional Lie groups and Lie algebras. Representation theory of groups and algebras. *Contemp. Math.* **145**, 33–63.

Kirk, V., J. E. Marsden und M. Silber [1996] Branches of stable three-tori using Hamiltonian methods in Hopf bifurcation on a rhombic lattice. *Dyn. and Stab. of Systems* **11**, 267–302.

Kirwan, F. C. [1984] *Cohomology Quotients in Symplectic and Algebraic Geometry.* Princeton Math. Notes **31**, Princeton University Press.

Kirwan, F. C. [1985] Partial desingularization of quotients of nonsingular varieties and their Betti numbers. *Ann. of Math.* **122**, 41–85.

Kirwan, F. C. [1988] The topology of reduced phase spaces of the motion of vortices on a sphere. *Physica D* **30**, 99–123.

Kirwan, F. C. [1998] Momentum maps and reduction in algebraic geometry. *Diff. Geom. and Appl.* **9**, 135–171.

Klein, F. [1897] *The Mathematical Theory of the Top.* Scribner.

Klein, M. [1970] *Paul Ehrenfest.* North-Holland.

Klingenberg, W. [1978] *Lectures on Closed Geodesics.* Grundlehren Math. Wiss. **230**, Springer-Verlag.

Knapp, A. W. [1996] *Lie Groups: Beyond an Introduction*. Progress in Mathematics **140**, Birkhäuser, Boston.

Knobloch, E. und J. D. Gibbon [1991] Coupled NLS equations for counterpropagating waves in systems with reflection symmetry. *Phys. Lett. A* **154**, 353–356.

Knobloch, E., Mahalov und J. E. Marsden [1994] Normal forms for three-dimensional parametric instabilities in ideal hydrodynamics. *Physica D* **73**, 49–81.

Knobloch, E. und M. Silber [1992] Hopf bifurcation with $Z_4 \times T^2$ symmetry: in *Bifurcation and Symmetry*, K. Boehmer (ed.). Birkhäuser.

Kobayashi und Nomizu [1963] *Foundations of Differential Geometry*. Wiley.

Kocak, H., F. Bisshopp, T. Banchoff und D. Laidlaw [1986] Topology and Mechanics with Computer Graphics. *Adv. in Appl. Math.* **7**, 282–308.

Koiller, J. [1985] On Aref's vortex motions with a symmetry center. *Physica D* **16**, 27–61.

Koiller, J. [1992] Reduction of some classical nonholonomic systems with symmetry. *Arch. Rat. Mech. Anal.* **118**, 113–148.

Koiller, J., J. M. Balthazar und T. Yokoyama [1987] Relaxation–Chaos phenomena in celestial mechanics. *Physica D* **26**, 85–122.

Koiller, J., I. D. Soares und J. R. T. Melo Neto [1985] Homoclinic phenomena in gravitational collapse. *Phys. Lett.* **110A**, 260–264.

Koon, W. S. und J. E. Marsden [1997] Optimal control for holonomic and nonholonomic mechanical systems with symmetry and Lagrangian reduction. *SIAM J. Control and Optim.* **35**, 901–929.

Koon, W. S. und J. E. Marsden [1997b] The Hamiltonian and Lagrangian approaches to the dynamics of nonholonomic systems. *Rep. Math. Phys.* **40**, 21–62.

Koon, W. S. und J. E. Marsden [1998] The Poisson reduction of nonholonomic mechanical systems. *Reports on Math. Phys.* (to appear).

Kopell, N. und R. B. Washburn Jr. [1982] Chaotic motions in the two degree-of-freedom swing equations. *IEEE Trans. Circuits and Systems* **29**, 738–746.

Korteweg, D. J. und G. de Vries [1895] On the change of form of long waves advancing in a rectangular canal and on a new type of long stationary wave. *Phil. Mag.* **39**, 422–433.

Kozlov, V. V. [1996] *Symmetries, Topology and Resonances in Hamiltonian Mechanics*. Translated from the Russian manuscript by S. V. Bolotin, D. Treshchev, and Y. Fedorov. Ergebnisse der Mathematik und ihrer Grenzgebiete **31**. Springer-Verlag, Berlin.

Kosmann-Schwarzbach, Y. und F. Magri [1990] Poisson–Nijenhuis structures. *Ann. Inst. H. Poincaré* **53**, 35–81.

Kostant, B. [1966] Orbits, symplectic structures and representation theory. *Proc. US–Japan Seminar on Diff. Geom., Kyoto. Nippon Hyronsha, Tokyo* **77**.

Kostant, B. [1970] *Quantization and unitary representations*. Springer Lect. Notes in Math. **570**, 177–306.

Kostant, B. [1973] On convexity, the Weyl group and the Iwasawa decomposition. *Ann. Sci. École Norm. Sup.* **6**, 413–455.

Kostant, B. [1978] On Whittaker vectors and representation theory. *Inv. Math.* **48**, 101–184.

Kostant, B. [1979] The solution to a generalized Toda lattice and representation theory. *Adv. in Math.* **34**, 195–338.

Koszul, J. L. [1985] Crochet de Schouten–Nijenhuis et cohomologie. É. Cartan et les mathématiques d'Aujourdhui, Astérisque hors série, Soc. Math. France, 257–271.

Kovačič, G. und S. Wiggins [1992] Orbits homoclinic to resonances, with an application to chaos in the damped and forced sine–Gordon equation. Physica D 57, 185.

Krall, N. A. und A. W. Trivelpiece [1973] Principles of Plasma Physics. McGraw-Hill.

Krein, M. G. [1950] A generalization of several investigations of A. M. Ljapunov on linear differential equations with periodic coefficients. Dokl. Akad. Nauk. SSSR 73, 445–448.

Krishnaprasad, P. S. [1985] Lie–Poisson structures, dual-spin spacecraft and asymptotic stability. Nonlinear Anal. TMA 9, 1011–1035.

Krishnaprasad, P. S. [1989] Eulerian many-body problems. Cont. Math. AMS 97, 187–208.

Krishnaprasad, P. S. und J. E. Marsden [1987] Hamiltonian structure and stability for rigid bodies with flexible attachments. Arch. Rat. Mech. Anal. 98, 137–158.

Krupa, M. [1990] Bifurcations of relative equilibria. SIAM J. Math. Anal. 21, 1453–1486.

Kruse, H. P. [1993] The dynamics of a liquid drop between two plates. Thesis, University of Hamburg.

Kruse, H. P., J. E. Marsden und J. Scheurle [1993] On uniformly rotating field drops trapped between two parallel plates. Lect. in Appl. Math. AMS 29, 307–317.

Kummer, M. [1975] An interaction of three resonant modes in a nonlinear lattice. J. Math. Anal. App. 52, 64.

Kummer, M. [1979] On resonant classical Hamiltonians with two-degrees-of-freedom near an equilibrium point. Stochastic Behavior in Classical and Quantum Hamiltonian Systems. Springer Lect. Notes in Phys. 93.

Kummer, M. [1981] On the construction of the reduced phase space of a Hamiltonian system with symmetry. Indiana Univ. Math. J. 30, 281–291.

Kummer, M. [1986] On resonant Hamiltonian systems with finitely many degrees of freedom. In Local and Global Methods of Nonlinear Dynamics, Lect. Notes in Phys. 252, Springer-Verlag.

Kummer, M. [1990] On resonant classical Hamiltonians with n frequencies. J. Diff. Eqns. 83, 220–243.

Kunzle, H. P. [1969] Degenerate Lagrangian systems. Ann. Inst. H. Poincaré 11, 393–414.

Kunzle, H. P. [1972] Canonical dynamics of spinning particles in gravitational and electromagnetic fields. J. Math. Phys. 13, 739–744.

Kupershmidt, B. A. und T. Ratiu [1983] Canonical maps between semidirect products with applications to elasticity and superfluids. Comm. Math. Phys. 90, 235–250.

Lagrange, J. L. [1788] Mécanique Analytique. Chez la Veuve Desaint.

Lanczos, C. [1949] The Variational Principles of Mechanics. University of Toronto Press.

Larsson, J. [1992] An action principle for the Vlasov equation and associated Lie perturbation equations. J. Plasma Phys. 48, 13–35; 49, 255–270.

Laub, A. J. und K. R. Meyer [1974] Canonical forms for symplectic and Hamiltonian matrices. *Celestial Mech.* **9**, 213–238.

Lawden, D. F. [1989] *Elliptic Functions und Applications.* Applied Mathematical Sciences **80**, Springer-Verlag.

Leimkuhler, B. und G. Patrick [1996] Symplectic integration on Riemannian manifolds. *J. of Nonl. Sci.* **6**, 367–384.

Leimkuhler, B. und R. Skeel [1994] Symplectic numerical integrators in constrained Hamiltonian systems. *Journal of Computational Physics* **112**, 117–125.

Leonard, N. E. [1997] Stability of a bottom-heavy underwater vehicle. *Automatica J. IFAC* **33**, 331–346.

Leonard, N. E. und P. S. Krishnaprasad [1995] Motion control of drift-free, left-invariant systems on Lie groups. *IEEE Trans. Automat. Control* **40**, 1539–1554.

Leonard, N. E. und W. S. Levine [1995] *Using Matlab to Analyze and Design Control Systems*, Second Edition, Benjamin-Cummings Publishing Co.

Leonard, N. E. und J. E. Marsden [1997] Stability and Drift of Underwater Vehicle Dynamics: Mechanical Systems with Rigid Motion Symmetry. *Physica D* **105**, 130–162.

Lerman, E. [1989] On the centralizer of invariant functions on a Hamiltonian G-space. *J. Diff. Geom.* **30**, 805–815.

Levi, M. [1989] Morse theory for a model space structure. *Cont. Math. AMS* **97**, 209–216.

Levi, M. [1993] Geometric phases in the motion of rigid bodies. *Arch. Rat. Mech. Anal.* **122**, 213–229.

Lewis, A. [1996] The geometry of the Gibbs–Appell equations and Gauss' principle of least constraint. *Reports on Math. Phys.* **38**, 11–28.

Lewis, A. und R. M. Murray [1995] Variational principles in constrained systems: theory and experiments. *Int. J. Nonl. Mech.* **30**, 793–815.

Lewis, D. [1989] Nonlinear stability of a rotating planar liquid drop. *Arch. Rat. Mech. Anal.* **106**, 287–333.

Lewis, D. [1992] Lagrangian block diagonalization. *Dyn. Diff. Eqns.* **4**, 1–42.

Lewis, D., J. E. Marsden, R. Montgomery und T. S. Ratiu [1986] The Hamiltonian structure for dynamic free boundary problems. *Physica D* **18**, 391–404.

Lewis, D., J. E. Marsden und T. S. Ratiu [1987] Stability and bifurcation of a rotating liquid drop. *J. Math. Phys.* **28**, 2508–2515.

Lewis, D., T. S. Ratiu, J. C. Simo und J. E. Marsden [1992] The heavy top, a geometric treatment. *Nonlinearity* **5**, 1–48.

Lewis, D. und J. C. Simo [1990] Nonlinear stability of rotating pseudo-rigid bodies. *Proc. Roy. Soc. Lon.* A **427**, 281–319.

Lewis, D. und J. C. Simo [1995] Conserving algorithms for the dynamics of Hamiltonian systems on Lie groups. *J. Nonlinear Sci.* **4**, 253–299.

Li, C. W. und M. Z. Qin [1988] A symplectic difference scheme for the infinite-dimensional Hamilton system. *J. Comp. Math.* **6**, 164–174.

Ljapunov, A. M. [1892] *Problème Générale de la Stabilité du Mouvement.* Kharkov. French translation in *Ann. Fac. Sci. Univ.* Toulouse, **9**, 1907; reproduced in *Ann. Math. Studies* **17**, Princeton University Press, 1949.

Ljapunov, A. M. [1897] Sur l'instabilité de l'équilibre dans certains cas où la fonction de forces n'est pas maximum. *J. Math. Appl.* **3**, 81–84.

Libermann, P. und C. M. Marle [1987] *Symplectic Geometry and Analytical Mechanics*. Kluwer Academic.

Lichnerowicz, A. [1951] Sur les variétés symplectiques. *C.R. Acad. Sci. Paris* **233**, 723–726.

Lichnerowicz, A. [1973] Algèbre de Lie des automorphismes infinitésimaux d'une structure de contact. *J. Math. Pures Appl.* **52**, 473–508.

Lichnerowicz, A. [1975a] Variété symplectique et dynamique associée à une sous-variété. *C.R. Acad. Sci. Paris, Sér. A* **280**, 523–527.

Lichnerowicz, A. [1975b] Structures de contact et formalisme Hamiltonien invariant. *C.R. Acad. Sci. Paris, Sér. A* **281**, 171–175.

Lichnerowicz, A. [1976] Variétés symplectiques, variétés canoniques, et systèmes dynamiques, in *Topics in Differential Geometry*, H. Rund und W. Forbes (eds.). Academic Press.

Lichnerowicz, A. [1977] Les variétés de Poisson et leurs algèbres de Lie associées. *J. Diff. Geom.* **12**, 253–300.

Lichnerowicz, A. [1978] Deformation theory and quantization. *Group Theoretical Methods in Physics,* Springer Lect. Notes in Phys. **94**, 280–289.

Lichtenberg, A. J. und M. A. Liebermann [1983] *Regular and Stochastic Motion*. Applied Mathematical Sciences **38**. Springer-Verlag, 2nd edition [1991].

Lie, S. [1890] *Theorie der Transformationsgruppen. Zweiter Abschnitt*. Teubner.

Lin, C. C. [1963] Hydrodynamics of helium II. *Proc. Int. Sch. Phys.* **21**, 93–146.

Littlejohn, R. G. [1983] Variational principles of guiding center motion. *J. Plasma Physics* **29**, 111-125.

Littlejohn, R. G. [1984] Geometry and guiding center motion. *Cont. Math. AMS* **28**, 151–168.

Littlejohn, R. G. [1988] Cyclic evolution in quantum mechanics and the phases of Bohr–Sommerfeld and Maslov. *Phys. Rev. Lett.* **61**, 2159–2162.

Littlejohn, R. und M. Reinch [1997] Gauge fields in the separation of rotations and internal motions in the n-body problem. *Rev. Mod. Phys.* **69**, 213–275.

Love, A. E. H. [1944] *A Treatise on the Mathematical Theory of Elasticity*. Dover.

Low, F. E. [1958] A Lagrangian formulation of the Boltzmann–Vlasov equation for plasmas. *Proc. Roy. Soc. London A* **248**, 282–287.

Lu, J. H. und T. S. Ratiu [1991] On Kostant's convexity theorem. *J. AMS* **4**, 349–364.

Lundgren, T. S. [1963] Hamilton's variational principle for a perfectly conducing plasma continuum. *Phys. Fluids* **6**, 898–904.

MacKay, R. S. [1991] Movement of eigenvalues of Hamiltonian equilibria under non-Hamiltonian perturbation. *Phys. Lett. A* **155**, 266–268.

MacKay, R. S. und J. D. Meiss [1987] *Hamiltonian Dynamical Systems*. Adam Higler, IOP Publishing.

Maddocks, J. [1991] On the stability of relative equilibria. *IMA J. Appl. Math.* **46**, 71–99.

Maddocks, J. und R. L. Sachs [1993] On the stability of KdV multi-solitons. *Comm. Pure and Applied Math.* **46**, 867–901.

Manin, Y. I. [1979] Algebraic aspects of nonlinear differential equations. *J. Soviet Math.* **11**, 1–122.

Marle, C. M. [1976] Symplectic manifolds, dynamical groups and Hamiltonian mechanics; in *Differential Geometry and Relativity*, M. Cahen und M. Flato (eds.), Reidel.

Marsden, J. E. [1981] *Lectures on Geometric Methods in Mathematical Physics.* SIAM.

Marsden, J. E. [1982] A group theoretic approach to the equations of plasma physics. *Canad. Math. Bull.* **25**, 129–142.

Marsden, J. E. [1987] *Appendix to* Golubitsky und Stewart [1987].

Marsden, J. E. [1992] *Lectures on Mechanics.* London Mathematical Society Lecture Note Series, **174**, Cambridge University Press.

Marsden, J. E., D. G. Ebin und A. Fischer [1972] Diffeomorphism groups, hydrodynamics and relativity. *Proceedings of the 13th Biennial Seminar on Canadian Mathematics Congress*, pp. 135–279.

Marsden, J. E. und T. J. R. Hughes [1983] *Mathematical Foundations of Elasticity.* Prentice-Hall. Dover edition [1994].

Marsden, J. E. und M. McCracken [1976] *The Hopf Bifurcation and its Applications.* Springer Applied Mathematics Series **19**.

Marsden, J. E., G. Misiolek, M. Perlmutter und T. S. Ratiu [1998] Symplectic reduction for semidirect products and central extensions. *Diff. Geometry and Appl.* **9**, 173–212.

Marsden, J. E., R. Montgomery, P. Morrison und W. B. Thompson [1986] Covariant Poisson brackets for classical fields. *Ann. of Phys.* **169**, 29–48.

Marsden, J. E., R. Montgomery und T. Ratiu [1989] Cartan–Hannay–Berry phases and symmetry. *Cont. Math. AMS* **97**, 279–295.

Marsden, J. E., R. Montgomery und T. S. Ratiu [1990] *Reduction, Symmetry, and Phases in Mechanics.* Memoirs AMS **436**.

Marsden, J. E. und P. J. Morrison [1984] Noncanonical Hamiltonian field theory and reduced MHD. *Cont. Math. AMS* **28**, 133–150.

Marsden, J. E., P. J. Morrison und A. Weinstein [1984] The Hamiltonian structure of the BBGKY hierarchy equations. *Cont. Math. AMS* **28**, 115–124.

Marsden, J. E., O. M. O'Reilly, F. J. Wicklin und B. W. Zombro [1991] Symmetry, stability, geometric phases, and mechanical integrators. *Nonlinear Science Today* **1**, 4–11; **1**, 14–21.

Marsden, J.E. und J. Ostrowski [1998] Symmetries in Motion: Geometric Foundations of Motion Control. *Nonlinear Sci. Today* (http://link.springer-ny.com).

Marsden, J. E., G. W. Patrick und W. F. Shadwick [1996] *Integration Algorithms and Classical Mechanics.* Fields Institute Communications **10**, Am. Math. Society.

Marsden, J. E., G. W. Patrick und S. Shkoller [1998] Multisymplectic Geometry, Variational Integrators, and Nonlinear PDEs. *Comm. Math. Phys.* **199**, 351–395.

Marsden, J. E. und T. S. Ratiu [1986] Reduction of Poisson manifolds. *Lett. Math. Phys.* **11**, 161–170.

Marsden, J. E., T. S. Ratiu und G. Raugel [1991] Symplectic connections and the linearization of Hamiltonian systems. *Proc. Roy. Soc. Edinburgh A* **117**, 329–380.

Marsden, J. E., T. S. Ratiu und A. Weinstein [1984a] Semi-direct products and reduction in mechanics. *Trans. Amer. Math. Soc.* **281**, 147–177.

Marsden, J. E., T. S. Ratiu und A. Weinstein [1984b] Reduction and Hamiltonian structures on duals of semidirect product Lie Algebras. *Cont. Math. AMS* **28**, 55–100.

Marsden, J. E. und J. Scheurle [1987] The Construction and Smoothness of Invariant Manifolds by the Deformation Method. *SIAM J. Math. Anal.* **18**, 1261–1274.

Marsden, J. E. und J. Scheurle [1993a] Lagrangian reduction and the double spherical pendulum. *ZAMP* **44**, 17–43.

Marsden, J. E. und J. Scheurle [1993b] The reduced Euler–Lagrange equations. *Fields Institute Comm.* **1**, 139–164.

Marsden, J. E. und J. Scheurle [1995] Pattern evocation and geometric phases in mechanical systems with symmetry. *Dyn. and Stab. of Systems* **10**, 315–338.

Marsden, J. E., J. Scheurle und J. Wendlandt [1996] Visualization of orbits and pattern evocation for the double spherical pendulum. *ICIAM 95: Mathematical Research, Academie Verlag, Ed. by K. Kirchgässner, O. Mahrenholtz und R. Mennicken* **87**, 213–232.

Marsden, J. E. und S. Shkoller [1997] Multisymplectic geometry, covariant Hamiltonians and water waves. *Math. Proc. Camb. Phil. Soc.* (to appear).

Marsden, J. E. und A. J. Tromba [1996] *Vector Calculus.* Fourth Edition, W.H. Freeman.

Marsden, J. E. und A. Weinstein [1974] Reduction of symplectic manifolds with symmetry. *Rep. Math. Phys.* **5**, 121–130.

Marsden, J. E. und A. Weinstein [1979] Review of *Geometric Asymptotics* and *Symplectic Geometry and Fourier Analysis, Bull. Amer. Math. Soc.* **1**, 545–553.

Marsden, J. E. und A. Weinstein [1982] The Hamiltonian structure of the Maxwell–Vlasov equations. *Physica D* **4**, 394–406.

Marsden, J. E. und A. Weinstein [1983] Coadjoint orbits, vortices and Clebsch variables for incompressible fluids. *Physica D* **7**, 305–323.

Marsden, J. E., A. Weinstein, T. S. Ratiu, R. Schmid und R. G. Spencer [1983] Hamiltonian systems with symmetry, coadjoint orbits and plasma physics. Proc. IUTAM-IS1MM Symposium on *Modern Developments in Analytical Mechanics*, Torino 1982, *Atti della Acad. della Sc. di Torino* **117**, 289–340.

Marsden, J. E. und J. M. Wendlandt [1997] Mechanical systems with symmetry, variational principles and integration algorithms. *Current and Future Directions in Applied Mathematics*, Edited by M. Alber, B. Hu und J. Rosenthal, Birkhäuser, 219–261.

Martin, J. L. [1959] Generalized classical dynamics and the "classical analogue" of a Fermi oscillation. *Proc. Roy. Soc. London A* **251**, 536.

Maslov, V. P. [1965] *Theory of Perturbations and Asymptotic Methods.* Moscow State University.

Mazer, A. und T. S. Ratiu [1989] Hamiltonian formulation of adiabatic free boundary Euler flows. *J. Geom. Phys.* **6**, 271–291.

Melbourne, I., P. Chossat und M. Golubitsky [1989] Heteroclinic cycles involving periodic solutions in mode interactions with $O(2)$ symmetry. *Proc. Roy. Soc. Edinburgh* **133A**, 315–345.

Melbourne, I. und M. Dellnitz [1993] Normal forms for linear Hamiltonian vector fields commuting with the action of a compact Lie group. *Proc. Camb. Phil. Soc.* **114**, 235–268.

Melnikov, V. K. [1963] On the stability of the center for time periodic perturbations. *Trans. Moscow Math. Soc.* **12**, 1–57.

Meyer, K. R. [1973] Symmetries and integrals in mechanics. In *Dynamical Systems*, M. Peixoto (ed.). Academic Press, pp. 259–273.

Meyer, K. R. [1981] Hamiltonian systems with a discrete symmetry. *J. Diff. Eqns.* **41**, 228–238.

Meyer, K. R. und R. Hall [1992] *Hamiltonian Mechanics and the n-body Problem.* Applied Mathematical Sciences **90**, Springer-Verlag.

Meyer, K. R. und D. G. Saari [1988] *Hamiltonian Dynamical Systems.* Cont. Math. AMS **81**.

Mielke, A. [1992] *Hamiltonian and Lagrangian Flows on Center Manifolds, with Applications to Elliptic Variational Problems.* Springer Lect. Notes in Math. **1489**.

Mikhailov, G. K. und V. Z. Parton [1990] *Stability and Analytical Mechanics. Applied Mechanics, Soviet Reviews.* **1**, Hemisphere.

Miller, S. C. und R. H. Good [1953] A WKB-type approximation to the Schrödinger equation. *Phys. Rev.* **91**, 174–179.

Milnor, J. [1963] *Morse Theory.* Princeton University Press.

Milnor, J. [1965] *Topology from the Differential Viewpoint.* University of Virginia Press.

Mishchenko, A. S. und A. T. Fomenko [1976] On the integration of the Euler equations on semisimple Lie algebras. *Sov. Math. Dokl.* **17**, 1591–1593.

Mishchenko, A. S. und A. T. Fomenko [1978a] Euler equations on finite-dimensional Lie groups. *Math. USSR, Izvestija* **12**, 371–389.

Mishchenko, A. S. und A. T. Fomenko [1978b] Generalized Liouville method of integration of Hamiltonian systems. *Funct. Anal. Appl.* **12**, 113–121.

Mishchenko, A. S. und A. T. Fomenko [1979] *Symplectic Lie group actions.* Springer Lecture Notes in Mathematics **763**, 504–539.

Mishchenko, A. S., V. E. Shatalov und B. Y. Sternin [1990] *Lagrangian Manifolds and the Maslov Operator.* Springer-Verlag.

Misiolek, G. [1998] A shallow water equation as a geodesic flow on the Bott-Virasoro group. *J. Geom. Phys.* **24**, 203–208.

Misner, C., K. Thorne und J. A. Wheeler [1973] *Gravitation.* W.H. Freeman, San Francisco.

Mobbs, S. D. [1982] Variational principles for perfect and dissipative fluid flows. *Proc. Roy. Soc. London A* **381**, 457–468.

Montaldi, J. A., R. M. Roberts und I. N. Stewart [1988] Periodic solutions near equilibria of symmetric Hamiltonian systems. *Phil. Trans. Roy. Soc. London A* **325**, 237–293.

Montaldi, J. A., R. M. Roberts und I. N. Stewart [1990] Existence of nonlinear normal modes of symmetric Hamiltonian systems. *Nonlinearity* **3**, 695–730, 731–772.

Montgomery, R. [1984] Canonical formulations of a particle in a Yang–Mills field. *Lett. Math. Phys.* **8**, 59–67.

Montgomery, R. [1985] Analytic proof of chaos in the Leggett equations for superfluid ^{3}He. *J. Low Temp. Phys.* **58**, 417–453.

Montgomery, R. [1988] The connection whose holonomy is the classical adiabatic angles of Hannay and Berry and its generalization to the non-integrable case. *Comm. Math. Phys.* **120**, 269–294.

Montgomery, R. [1990] Isoholonomic problems and some applications. *Comm. Math. Phys.* **128**, 565–592.

Montgomery, R. [1991a] How much does a rigid body rotate? A Berry's phase from the eighteenth century. *Amer. J. Phys.* **59**, 394–398.

Montgomery, R. [1991b] *The Geometry of Hamiltonian Systems*, T. Ratiu ed., MSRI Series **22**, Springer-Verlag.

Montgomery, R., J. E. Marsden und T. S. Ratiu [1984] Gauged Lie–Poisson structures. *Cont. Math. AMS* **28**, 101–114.

Moon, F. C. [1987] *Chaotic Vibrations*, Wiley-Interscience.

Moon, F. C. [1998] *Applied Dynamics*, Wiley-Interscience.

Morozov, V. M., V. N. Rubanovskii, V. V. Rumiantsev und V. A. Samsonov [1973] On the bifurcation and stability of the steady state motions of complex mechanical systems. *PMM* **37**, 387–399.

Morrison, P. J. [1980] The Maxwell–Vlasov equations as a continuous Hamiltonian system. *Phys. Lett. A* **80**, 383–386.

Morrison, P. J. [1982] Poisson brackets for fluids and plasmas, in *Mathematical Methods in Hydrodynamics and Integrability in Related Dynamical Systems.* M. Tabor and Y. M. Treve (eds.) AIP Conf. Proc. **88**.

Morrison, P. J. [1986] A paradigm for joined Hamiltonian and dissipative systems. *Physica D* **18**, 410–419.

Morrison, P. J. [1987] Variational principle and stability of nonmonotone Vlasov–Poisson equilibria. *Z. Naturforsch.* **42a**, 1115–1123.

Morrison, P. J. und S. Eliezer [1986] Spontaneous symmetry breaking and neutral stability on the noncanonical Hamiltonian formalism. *Phys. Rev. A* **33**, 4205.

Morrison, P. J. und D. Pfirsch [1990] The free energy of Maxwell–Vlasov equilibria. *Phys. Fluids B* **2**, 1105–1113.

Morrison, P. J. und D. Pfirsch [1992] Dielectric energy versus plasma energy, and Hamiltonian action-angle variables for the Vlasov equation. *Phys. Fluids B* **4**, 3038–3057.

Morrison, P. J. und J. M. Greene [1980] Noncanonical Hamiltonian density formulation of hydrodynamics and ideal magnetohydrodynamics. *Phys. Rev. Lett.* **45**, 790–794, errata **48** (1982), 569.

Morrison, P. J. und R. D. Hazeltine [1984] Hamiltonian formulation of reduced magnetohydrodynamics. *Phys. Fluids* **27**, 886–897.

Moser, J. [1958] New aspects in the theory of stability of Hamiltonian systems. *Comm. Pure Appl. Math.* **XI**, 81–114.

Moser, J. [1965] On the volume elements on a manifold. *Trans. Amer. Math. Soc.* **120**, 286–294.

Moser, J. [1973] *Stable and Random Motions in Dynamical Systems with Special Emphasis on Celestial Mechanics.* Princeton University Press.

Moser, J. [1974] *Finitely Many Mass Points on the Line Under the Influence of an Exponential Potential.* Springer Lect. Notes in Phys. **38**, 417–497.

Moser, J. [1975] Three integrable Hamiltonian systems connected with isospectral deformations. *Adv. in Math.* **16**, 197–220.

Moser, J. [1976] Periodic orbits near equilibrium and a theorem by Alan Weinstein. *Comm. Pure Appl. Math.* **29**, 727–747.

Moser, J. [1980] Various aspects of integrable Hamiltonian systems. *Dynamical Systems*, Progress in Math. **8**, Birkhäuser.

Moser, J. und A. P. Veselov [1991] Discrete versions of some classical integrable systems and factorization of matrix polynomials. *Comm. Math. Phys.* **139**, 217–243.

Murray, R. M. und S. S. Sastry [1993] Nonholonomic motion planning: steering using sinusoids. *IEEE Trans. on Automatic Control* **38**, 700–716.

Naimark, J. I. und N. A. Fufaev [1972] *Dynamics of Nonholonomic Systems.* Translations of Mathematical Monographs, Amer. Math. Soc., vol. **33**.

Nambu, Y. [1973] Generalized Hamiltonian dynamics. *Phys. Rev. D* **7**, 2405–2412.

Nekhoroshev, N. M. [1971a] Behavior of Hamiltonian systems close to integrable. *Funct. Anal. Appl.* **5**, 338–339.

Nekhoroshev, N. M. [1971b] Action angle variables and their generalizations. *Trans. Moscow Math. Soc.* **26**, 180–198.

Nekhoroshev, N. M. [1977] An exponential estimate of the time of stability of nearly integrable Hamiltonian systems. *Russ. Math. Surveys* **32**, 1–65.

Neishtadt, A. [1984] The separation of motions in systems with rapidly rotating phase. *P.M.M. USSR* **48**, 133–139.

Nelson, E. [1959] Analytic vectors. *Ann. Math.* **70**, 572–615.

Neumann, C. [1859] de problemate quodam mechanico, quod ad primam integralium ultra-ellipticorum clossem revocatur. *J. Reine u. Angew. Math.* **56**, 54–66.

Newcomb, W. A. [1958] Appendix in Bernstein [1958].

Newcomb, W. A. [1962] Lagrangian and Hamiltonian methods in Magnetohydrodynamics. *Nuc. Fusion* **Suppl., part 2**, 451–463.

Newell, A. C. [1985] *Solitons in Mathematics and Physics.* SIAM.

Newton, P. [1994] Hannay–Berry phase and the restricted three-vortex problem. *Physica D* **79**, 416–423.

Nijenhuis, A. [1953] On the holonomy ogroup of linear connections. *Indag. Math.* **15**, 233–249; **16** (1954), 17–25.

Nijenhuis, A. [1955] Jacobi-type identities for bilinear differential concomitants of certain tensor fields. *Indag. Math.* **17**, 390–403.

Nill, F. [1983] An effective potential for classical Yang–Mills fields as outline for bifurcation on gauge orbit space. *Ann. Phys.* **149**, 179–202.

Nirenberg, L. [1959] On elliptic partial differential equations. *Ann. Scuola. Norm. Sup. Pisa* **13**(3), 115–162.

Noether, E. [1918] Invariante Variationsprobleme. *Kgl. Ges. Wiss. Nachr. Göttingen. Math. Physik.* **2**, 235–257.

Oh, Y. G. [1987] A stability criterion for Hamiltonian systems with symmetry. *J. Geom. Phys.* **4**, 163–182.

Oh, Y. G., N. Sreenath, P. S. Krishnaprasad und J. E. Marsden [1989] The dynamics of coupled planar rigid bodies. Part 2: bifurcations, periodic solutions, and chaos. *Dynamics Diff. Eqns.* **1**, 269–298.

Olver, P. J. [1980] On the Hamiltonian structure of evolution equations. *Math. Proc. Camb. Philps. Soc.* **88**, 71–88.

Olver, P. J. [1984] Hamiltonian perturbation theory and water waves. *Cont. Math. AMS* **28**, 231–250.

Olver, P. J. [1986] *Applications of Lie Groups to Differential Equations.* Graduate Texts in Mathematics **107**, Springer-Verlag.

Olver, P. J. [1988] Darboux' theorem for Hamiltonian differential operators. *J. Diff. Eqns.* **71**, 10–33.

Ortega, J.-P. und Ratiu, T. S. [1997] Persistence and smoothness of critical relative elements in Hamiltonian systems with symmetry. *C. R. Acad. Sci. Paris Sér. I Math.* **325**, 1107–1111.

Ortega, J.-P. und Ratiu, T. Ś. [1998] Symmetry, Reduction, and Stability in Hamiltonian Systems. In preparation.

O'Reilly, O. M. [1996] The dynamics of rolling disks and sliding disks. *Nonlinear Dynamics* **10**, 287–305.

O'Reilly, O. M. [1997] On the computation of relative rotations and geometric phases in the motions of rigid bodies. *Preprint.*

O'Reilly, O., N. K. Malhotra und N. S. Namamchchivaya [1996] Some aspects of destabilization in reversible dynamical systems with application to follower forces. *Nonlinear Dynamics* **10**, 63–87.

Otto, M. [1987] A reduction scheme for phase spaces with almost Kähler symmetry regularity results for momentum level sets. *J. Geom. Phys.* **4**, 101–118.

Ovsienko, V. Y. und B. A. Khesin [1987] Korteweg–de Vries superequations as an Euler equation. *Funct. Anal. Appl.* **21**, 329–331.

Palais, R. S. [1968] *Foundations of Global Non-Linear Analysis.* Benjamin.

Paneitz, S. M. [1981] Unitarization of symplectics and stability for causal differential equations in Hilbert space. *J. Funct. Anal.* **41**, 315–326.

Pars, L. A. [1965] *A Treatise on Analytical Dynamics.* Wiley.

Patrick, G. [1989] The dynamics of two coupled rigid bodies in three-space. *Cont. Math. AMS* **97**, 315–336.

Patrick, G. [1992] Relative equilibria in Hamiltonian systems: The dynamic interpretation of nonlinear stability on a reduced phase space. *J. Geom. and Phys.* **9**, 111–119.

Patrick, G. [1995] Relative equilibria of Hamiltonian systems with symmetry: linearization, smoothness and drift. *J. Nonlinear Sci.* **5**, 373–418.

Pauli, W. [1933] *General Principles of Quantum Mechanics.* Reprinted in English translation by Springer-Verlag (1981).

Pauli, W. [1953] On the Hamiltonian structure of non-local field theories. *Il Nuovo Cimento* **10**, 648–667.

Pekarsky, S. und J. E. Marsden [1998] Point Vortices on a Sphere: Stability of Relative Equilibria. *J. of Math. Phys.* **39**, 5894–5907.

Penrose, O. [1960] Electrostatic instabilities of a uniform non-Maxwellian plasma. *Phys. Fluids* **3**, 258–265.

Percival, I. und D. Richards [1982] *Introduction to Dynamics.* Cambridge Univ. Press.

Perelomov, A. M. [1990] *Integrable Systems of Classical Mechanics and Lie Algebras.* Birkhäuser.

Poincaré, H. [1885] Sur l'équilibre d'une masse fluide animée d'un mouvement de rotation. *Acta Math.* **7**, 259.

Poincaré, H. [1890] Sur la problème des trois corps et les équations de la dynamique. *Acta Math.* **13**, 1–271.

Poincaré, H. [1892] Les formes d'équilibre d'une masse fluide en rotation. *Revue Générale des Sciences* **3**, 809–815.

Poincaré, H. [1901a] Sur la stabilité de l'équilibre des figures piriformes affectées par une masse fluide en rotation. *Philos. Trans. A* **198**, 333–373.

Poincaré, H. [1901b] Sur une forme nouvelle des équations de la mécanique. *C.R. Acad. Sci.* **132**, 369–371.

Poincaré, H. [1910] Sur la precession des corps déformables. *Bull. Astron.* **27**, 321–356.

Potier-Ferry, M. [1982] On the mathematical foundations of elastic stability theory. *Arch. Rat. Mech. Anal.* **78**, 55–72.

Pressley, A. und G. Segal [1988] *Loop Groups.* Oxford Univ. Press.

Pullin, D. I. und P. G. Saffman [1991] Long time symplectic integration: the example of four-vortex motion. *Proc. Roy. Soc. London A* **432**, 481–494.

Puta, M. [1993] *Hamiltonian Mechanical Systems and Geometric Quantization.* Kluwer.

Rais, M. [1972] Orbites de la représentation coadjointe d'un groupe de Lie, *Représentations des Groupes de Lie Résolubles.* P. Bernat, N. Conze, M. Duflo, M. Lévy-Nahas, M. Rais, P. Renoreard, M. Vergne, eds. *Monographies de la Société Mathématique de France, Dunod, Paris* **4**, 15–27.

Ratiu, T. S. [1980] *Thesis.* University of California at Berkeley.

Ratiu, T. S. [1981a] Euler–Poisson equations on Lie algebras and the N-dimensional heavy rigid body. *Proc. Nat. Acad. Sci. USA* **78**, 1327–1328.

Ratiu, T. S. [1981b] The C. Neumann problem as a completely integrable system on an adjoint orbit. *Trans. Amer. Math. Soc.* **264**, 321–329.

Ratiu, T. S. [1982] Euler–Poisson equations on Lie algebras and the N-dimensional heavy rigid body. *Amer. J. Math.* **104**, 409–448, 1337.

Rayleigh, J. W. S. [1880] On the stability or instability of certain fluid motions. *Proc. London. Math. Soc.* **11**, 57–70.

Rayleigh, L. [1916] On the dynamics of revolving fluids. *Proc. Roy. Soc. London A* **93**, 148–154.

Reeb, G. [1949] Sur les solutions périodiques de certains systèmes différentiels canoniques. *C.R. Acad. Sci. Paris* **228**, 1196–1198.

Reeb, G. [1952] Variétés symplectiques, variétés presque-complexes et systèmes dynamiques. *C.R. Acad. Sci. Paris* **235**, 776–778.

Reed, M. und B. Simon [1974] *Methods on Modern Mathematical Physics.* Vol. 1: *Functional Analysis.* Vol. 2: *Self-adjointness and Fourier Analysis.* Academic Press.

Reyman, A. G. und M. A. Semenov-Tian-Shansky [1990] Group theoretical methods in the theory of integrable systems. *Encyclopedia of Mathematical Sciences* **16**, Springer-Verlag.

Riemann, B. [1860] Untersuchungen über die Bewegung eines flüssigen gleichartigen Ellipsoides. *Abh. d. Königl. Gesell. der Wiss. zu Göttingen* **9**, 3–36.

Riemann, B. [1861] Ein Beitrag zu den Untersuchungen über die Bewegung eines flüssigen gleichartigen Ellipsoides. *Abh. d. Königl. Gesell. der Wiss. zu Göttingen.*

Robbins, J. M. und M. V. Berry [1992] The geometric phase for chaotic systems. *Proc. Roy. Soc. London A* **436**, 631–661.

Robinson, C. [1970] Generic properties of conservative systems, I, II. *Amer. J. Math.* **92**, 562–603.

Robinson, C. [1975] Fixing the center of mass in the n-body problem by means of a group action. *Colloq. Intern. CNRS* **237**.

Robinson, C. [1988] Horseshoes for autonomous Hamiltonian systems using the Melnikov integral. *Ergodic Theory Dynamical Systems* **8***, 395–409.

Rosenbluth, M. N. [1964] Topics in microinstabilities. *Adv. Plasma Phys.* **137**, 248.

Routh, E. J. [1877] *Stability of a given state of motion.* Macmillan. Reprinted in *Stability of Motion*, A. T. Fuller (ed.), Halsted Press, 1975.

Routh, E. J. [1884] *Advanced Rigid Dynamics.* Macmillian.

Rubin, H. und P. Ungar [1957] Motion under a strong constraining force. *Comm. Pure Appl. Math.* **10**, 65–87.

Rumjantsev, V. V. [1982] On stability problem of a top. *Rend. Sem. Mat. Univ. Padova* **68**, 119–128.

Ruth, R. [1983] A canonical integration technique. *IEEE Trans. Nucl. Sci.* **30**, 2669–2671.

Rytov, S. M. [1938] Sur la transition de l'optique ondulatoire à l'optique géométrique. *Dokl. Akad. Nauk SSSR* **18**, 263–267.

Salam, F. M. A., J. E. Marsden und P. P. Varaiya [1983] Arnold diffusion in the swing equations of a power system. *IEEE Trans. CAS* **30**, 697–708, **31** 673–688.

Salam, F. A. und S. Sastry [1985] Complete Dynamics of the forced Josephson junction; regions of chaos. *IEEE Trans. CAS* **32** 784–796.

Salmon, R. [1988] Hamiltonian fluid mechanics. *Ann. Rev. Fluid Mech.* **20**, 225–256.

Sánchez de Alvarez, G. [1986] Thesis. University of California at Berkeley.

Sánchez de Alvarez, G. [1989] Controllability of Poisson control systems with symmetry. *Cont. Math. AMS* **97**, 399–412.

Sanders, J. A. [1982] Melnikov's method and averaging. *Celestial Mech.* **28**, 171–181.

Sanders, J. A. und F. Verhulst [1985] *Averaging Methods in Nonlinear Dynamical Systems.* Applied Mathematical Sciences **59**, Springer-Verlag.

Sanz-Serna, J. M. und M. Calvo [1994] *Numerical Hamiltonian Problems.* Chapman and Hall, London.

Sattinger, D. H. und D. L. Weaver [1986] *Lie Groups und Lie Algebras in Physics, Geometry und Mechanics.* Applied Mathematical Sciences **61**, Springer-Verlag.

Satzer, W. J. [1977] Canonical reduction of mechanical systems invariant under abelian group actions with an application to celestial mechanics. *Indiana Univ. Math. J.* **26**, 951–976.

Scheurle, J. [1989] Chaos in a rapidly forced pendulum equation. *Cont. Math. AMS* **97**, 411–419.

Scheurle, J., J. E. Marsden und P. J. Holmes [1991] Exponentially small estimates for separatrix splittings. *Proc. Conf. Beyond all Orders*, H. Segur und S. Tanveer (eds.), Birkhäuser.

Schouten, J. A. [1940] *Ricci Calculus* (2nd Edition 1954). Springer-Verlag.

Schur, I. [1923] Über eine Klasse von Mittelbildungen mit Anwendungen auf Determinantentheorie. *Sitzungsberichte der Berliner Math. Gessellshaft* **22**, 9–20.

Scovel, C. [1991] Symplectic numerical integration of Hamiltonian systems. *Geometry of Hamiltonian systems*, ed. T. Ratiu, MSRI Series **22**, Springer-Verlag, pp. 463–496.

Segal, G. [1991] The geometry of the KdV equation. *Int. J. Mod. Phys. A* **6**, 2859–2869.

Segal, I. [1962] Nonlinear semigroups. *Ann. Math.* **78**, 339–364.

Seliger, R. L. und G. B. Whitham [1968] Variational principles in continuum mechanics. *Proc. Roy. Soc. London* **305**, 1–25.

Serrin, J. [1959] Mathematical principles of classical fluid mechanics. *Handbuch der Physik* **VIII-I**, 125–263, Springer-Verlag.

Shahshahani, S. [1972] Dissipative systems on manifolds. *Inv. Math.* **16**, 177–190.

Shapere, A. und F. Wilczek [1987] Self-propulsion at low Reynolds number. *Phys. Rev. Lett.* **58**, 2051–2054.

Shapere, A. und F. Wilczeck [1989] Geometry of self-propulsion at low Reynolds number. *J. Fluid Mech.* **198**, 557–585.

Shinbrot, T., C. Grebogi, J. Wisdom und J. A. Yorke [1992] Chaos in a double pendulum. *Amer. J. Phys.* **60**, 491–499.

Simo, J. C. und D. D. Fox [1989] On a stress resultant, geometrically exact shell model. Part I: Formulation and optimal parametrization. *Comp. Meth. Appl. Mech. Engr.* **72**, 267–304.

Simo, J. C., D. D. Fox und M. S. Rifai [1990] On a stress resultant geometrically exact shell model. Part III: Computational aspects of the nonlinear theory. *Comput. Methods Applied Mech. and Engr.* **79**, 21–70.

Simo, J. C., D. R. Lewis und J. E. Marsden [1991] Stability of relative equilibria I: The reduced energy momentum method. *Arch. Rat. Mech. Anal.* **115**, 15–59.

Simo, J. C. und J. E. Marsden [1984] On the rotated stress tensor and a material version of the Doyle Ericksen formula. *Arch. Rat. Mech. Anal.* **86**, 213–231.

Simo, J. C., J. E. Marsden und P. S. Krishnaprasad [1988] The Hamiltonian structure of nonlinear elasticity: The material, spatial, and convective representations of solids, rods, and plates. *Arch. Rat. Mech. Anal.* **104**, 125–183.

Simo, J. C., T. A. Posbergh und J. E. Marsden [1990] Stability of coupled rigid body and geometrically exact rods: block diagonalization and the energy–momentum method. *Phys. Rep.* **193**, 280–360.

Simo, J. C., T. A. Posbergh und J. E. Marsden [1991] Stability of relative equilibria II: Three dimensional elasticity. *Arch. Rat. Mech. Anal.* **115**, 61–100.

Simo, J. C., M. S. Rifai und D. D Fox [1992] On a stress resultant geometrically exact shell model. Part VI: Conserving algorithms for nonlinear dynamics. *Comp. Meth. Appl. Mech. Engr.* **34**, 117–164.

Simo, J. C. und N. Tarnow [1992] The discrete energy–momentum method. Conserving algorithms for nonlinear elastodynamics. *ZAMP* **43**, 757–792.

Simo, J. C., N. Tarnow und K. K. Wong [1992] Exact energy–momentum conserving algorithms and symplectic schemes for nonlinear dynamics. *Comput. Methods Appl. Mech. Engr.* **1**, 63–116.

Simo, J. C. und L. VuQuoc [1985] Three-dimensional finite strain rod model. Part II. Computational Aspects. *Comput. Methods Appl. Mech. Engr.* **58**, 79–116.

Simo, J. C. und L. VuQuoc [1988a] On the dynamics in space of rods undergoing large overall motions—a geometrically exact approach. *Comput. Methods Appl. Mech. Engr.* **66**, 125–161.

Simo, J. C. und L. VuQuoc [1988b] The role of nonlinear theories in the dynamics of fast rotating flexible structures. *J. Sound Vibration* **119**, 487–508.

Simo, J. C. und K. K. Wong [1989] Unconditionally stable algorithms for the orthogonal group that exactly preserve energy and momentum. *Int. J. Num. Meth. Engr.* **31**, 19–52.

Simon, B. [1983] Holonomy, the Quantum Adiabatic Theorem, and Berry's Phase. *Phys. Rev. Letters* **51**, 2167–2170.

Sjamaar, R. und E. Lerman [1991] Stratified symplectic spaces and reduction. *Ann. of Math.* **134**, 375–422.

Slawianowski, J. J. [1971] Quantum relations remaining valid on the classical level. *Rep. Math. Phys.* **2**, 11–34.

Slebodzinski, W. [1931] Sur les équations de Hamilton. *Bull. Acad. Roy. de Belg.* **17**, 864–870.

Slebodzinski, W. [1970] *Exterior Forms and Their Applications.* Polish Scientific.

Slemrod, M. und J. E. Marsden [1985] Temporal and spatial chaos in a van der Waals fluid due to periodic thermal fluctuations. *Adv. Appl. Math.* **6**, 135–158.

Smale, S. [1964] Morse theory and a nonlinear generalization of the Dirichlet problem. *Ann. Math.* **80**, 382–396.

Smale, S. [1967] Differentiable dynamical systems. *Bull. Amer. Math. Soc.* **73**, 747–817. (Reprinted in *The Mathematics of Time.* Springer-Verlag, by S. Smale [1980].)

Smale, S. [1970] Topology and Mechanics. *Inv. Math.* **10**, 305–331; **11**, 45–64.

Sniatycki, J. [1974] Dirac brackets in geometric dynamics. *Ann. Inst. H. Poincaré* **20**, 365–372.

Sniatycki, J. und W. Tulczyjew [1971] Canonical dynamics of relativistic charged particles. *Ann. Inst. H. Poincaré* **15**, 177–187.

Sontag, E. D. und H. J. Sussman [1988] Further comments on the stabilization of the angular velocity of a rigid body. *Systems Control Lett.* **12**, 213–217.

Souriau, J. M. [1966] Quantification géométrique. *Comm. Math. Phys.* **1**, 374–398.

Souriau, J. M. [1967] Quantification géométrique. Applications. *Ann. Inst. H. Poincaré* **6**, 311–341.

Souriau, J. M. [1970] (©1969) *Structure des Systèmes Dynamiques.* Dunod, Paris. English translation by R. H. Cushman und G. M. Tuynman. Progress in Mathematics, **149**. Birkhäuser Boston, 1997.

Spanier, E. H. [1966] *Algebraic Topology.* McGraw-Hill (Reprinted by Springer-Verlag).

Spencer, R. G. und A. N. Kaufman [1982] Hamiltonian structure of two-fluid plasma dynamics. *Phys. Rev. A* **25**, 2437–2439.

Spivak, M. [1976] *A Comprehensive Introduction to Differential Geometry.* Publish or Perish.

Sreenath, N., Y. G. Oh, P. S. Krishnaprasad und J. E. Marsden [1988] The dynamics of coupled planar rigid bodies. Part 1: Reduction, equilibria and stability. *Dyn. Stab. Systems* **3**, 25–49.

Stefan, P. [1974] Accessible sets, orbits and foliations with singularities. *Proc. Lond. Math. Soc.* **29**, 699–713.

Sternberg, S. [1963] *Lectures on Differential Geometry*. Prentice-Hall. (Reprinted by Chelsea.)

Sternberg, S. [1969] *Celestial Mechanics,* Vols. I, II. Benjamin-Cummings.

Sternberg, S. [1975] Symplectic homogeneous spaces. *Trans. Amer. Math. Soc.* **212**, 113–130.

Sternberg, S. [1977] Minimal coupling and the symplectic mechanics of a classical particle in the presence of a Yang–Mills field. *Proc. Nat. Acad. Sci.* **74**, 5253–5254.

Su, C. A. [1961] Variational principles in plasma dynamics. *Phys. Fluids* **4**, 1376–1378.

Sudarshan, E. C. G. und N. Mukunda [1974] *Classical Mechanics: A Modern Perspective.* Wiley, 1974; Second Edition, Krieber, 1983.

Sussman, H. [1973] Orbits of families of vector fields and integrability of distributions. *Trans. Amer. Math. Soc.* **180**, 171–188.

Symes, W. W. [1980] Hamiltonian group actions and integrable systems. *Physica D* **1**, 339–374.

Symes, W. W. [1982a] Systems of Toda type, inverse spectral problems and representation theory. *Inv. Math.* **59**, 13–51.

Symes, W. W. [1982b] The QR algorithm and scattering for the nonperiodic Toda lattice. *Physica D* **4**, 275–280.

Szeri, A. J. und P. J. Holmes [1988] Nonlinear stability of axisymmetric swirling flow. *Phil. Trans. Roy. Soc. London A* **326**, 327–354.

Temam, R. [1975] On the Euler equations of incompressible perfect fluids. *J. Funct. Anal.* **20**, 32–43.

Thirring, W. E. [1978] *A Course in Mathematical Physics*. Springer-Verlag.

Thomson, W. (Lord Kelvin) und P. G. Tait [1879] *Treatise on Natural Philosophy.* Cambridge University Press.

Toda, M. [1975] Studies of a non-linear lattice. *Phys. Rep. Phys. Lett.* **8**, 1–125.

Tulczyjew, W. M. [1977] The Legendre transformation. *Ann. Inst. Poincaré* **27**, 101–114.

Vaisman, I. [1987] *Symplectic Geometry and Secondary Characteristic Classes*. Progress in Mathematics **72**, Birkhäuser.

Vaisman, I. [1994] *Lectures on the Geometry of Poisson Manifolds*. Progress in Mathematics **118**, Birkhäuser.

Vaisman, I. [1996] Reduction of Poisson–Nijenhuis manifolds. *J. Geom. and Physics* **19**, 90–98.

van der Meer, J. C. [1985] *The Hamiltonian Hopf Bifurcation*. Springer Lect. Notes in Math. **1160**.

van der Meer, J. C. [1990] Hamiltonian Hopf bifurcation with symmetry. *Nonlinearity* **3**, 1041–1056.

van der Schaft, A. J. [1982] Hamiltonian dynamics with external forces and observations. *Math. Systems Theory* **15**, 145–168.

van der Schaft, A. J. [1986] Stabilization of Hamiltonian systems. *Nonlinear Amer. TMA* **10**, 1021–1035.

van der Schaft, A. J. und D. E. Crouch [1987] Hamiltonian and self-adjoint control systems. *Systems Control Lett.* **8**, 289–295.

van Kampen, N. G. und B. U. Felderhof [1967] *Theoretical Methods in Plasma Physics*. North-Holland.

van Kampen, N. G. und J. J. Lodder [1984] Constraints. *Am. J. Phys.* **52**(5), 419–424.

van Saarloos, W. [1981] A canonical transformation relating the Lagrangian and Eulerian descriptions of ideal hydrodynamics. *Physica A* **108**, 557–566.

Varadarajan, V. S. [1974] *Lie Groups, Lie Algebras and Their Representations*. Prentice Hall. (Reprinted in Graduate Texts in Mathematics, Springer-Verlag.)

Vershik, A. M. und L. Faddeev [1981] Lagrangian mechanics in invariant form. *Sel. Math. Sov.* **1**, 339–350.

Vershik, A. M. und V. Ya Gershkovich [1988] Non-holonomic Riemannian manifolds. Encyclopedia of Math. *Dynamical Systems* **7**, Springer-Verlag.

Veselov, A. P. [1988] Integrable discrete-time systems and difference operators. *Funct. An. and Appl.* **22**, 83–94.

Veselov, A. P. [1991] Integrable Lagrangian correspondences and the factorization of matrix polynomials. *Funct. An. and Appl.* **25**, 112–123.

Vinogradov, A. M. und I. S. Krasilshchik [1975] What is the Hamiltonian formalism? *Russ. Math. Surveys* **30**, 177–202.

Vinogradov, A. M. und B. A. Kupershmidt [1977] The structures of Hamiltonian mechanics. *Russ. Math. Surveys* **32**, 177–243.

Vladimirskii, V. V. [1941] Über die Drehung der Polarisationsebene im gekrümmten Lichtstrahl *Dokl. Akad. Nauk USSR* **21**, 222–225.

Wald, R.M. [1993] Variational principles, local symmetries and black hole entropy. *Proc. Lanczos Centenary Volume* SIAM, 231–237.

Wan, Y. H. [1986] The stability of rotating vortex patches. *Comm. Math. Phys.* **107**, 1–20.

Wan, Y. H. [1988a] Instability of vortex streets with small cores. *Phys. Lett. A* **127**, 27–32.

Wan, Y. H. [1988b] Desingularizations of systems of point vortices. *Physica D* **32**, 277–295.

Wan, Y. H. [1988c] Variational principles for Hill's spherical vortex and nearly spherical vortices. *Trans. Amer. Math. Soc.* **308**, 299–312.

Wan, Y. H. und M. Pulvirente [1984] Nonlinear stability of circular vortex patches. *Comm. Math. Phys.* **99**, 435–450.

Wang, L. S. und P. S. Krishnaprasad [1992] Gyroscopic control and stabilization. *J. Nonlinear Sci.* **2**, 367–415.

Wang, L. S., P. S. Krishnaprasad und J. H. Maddocks [1991] Hamiltonian dynamics of a rigid body in a central gravitational field. *Cel. Mech. Dyn. Astr.* **50**, 349–386.

Weber, R. W. [1986] Hamiltonian systems with constraints and their meaning in mechanics. *Arch. Rat. Mech. Anal.* **91**, 309–335.

Weinstein, A. [1971] Symplectic manifolds and their Lagrangian submanifolds. *Adv. in Math.* **6**, 329–346 (see also *Bull. Amer. Math. Soc.* **75** (1969), 1040–1041).

Weinstein, A. [1973] Normal modes for nonlinear Hamiltonian systems. *Inv. Math.* **20**, 47–57.

Weinstein, A. [1977] *Lectures on Symplectic Manifolds*. CBMS Regional Conf. Ser. in Math. **29**, Amer. Math. Soc.

Weinstein, A. [1978a] A universal phase space for particles in Yang–Mills fields. *Lett. Math. Phys.* **2**, 417–420.

Weinstein, A. [1978b] Bifurcations and Hamilton's principle. *Math. Z.* **159**, 235–248.

Weinstein, A. [1981] Neighborhood classification of isotropic embeddings. *J. Diff. Geom.* **16**, 125–128.

Weinstein, A. [1983a] Sophus Lie and symplectic geometry. *Exposition Math.* **1**, 95–96.

Weinstein, A. [1983b] The local structure of Poisson manifolds. *J. Diff. Geom.* **18**, 523–557.

Weinstein, A. [1984] Stability of Poisson–Hamilton equilibria. *Cont. Math. AMS* **28**, 3–14.

Weinstein, A. [1990] Connections of Berry and Hannay type for moving Lagrangian submanifolds. *Adv. in Math.* **82**, 133–159.

Weinstein, A. [1996] Lagrangian Mechanics and Groupoids. *Fields Inst. Comm.* **7**, 207–231.

Wendlandt, J. M. und J. E. Marsden [1997] Mechanical integrators derived from a discrete variational principle. *Physica D* **106**, 223–246.

Whittaker, E. T. [1927] *A Treatise on the Analytical Dynamics of Particles and Rigid-bodies*. Cambridge University Press.

Whittaker, E. T. und G. N. Watson [1940] *A Course of Modern Analysis, 4th ed.* Cambridge University Press.

Wiggins, S. [1988] *Global Bifurcations and Chaos*. Texts in Applied Mathematical Sciences **73**, Springer-Verlag.

Wiggins, S. [1990] *Introduction to Applied Nonlinear Dynamical Systems and Chaos*. Texts in Applied Mathematical Sciences **2**, Springer-Verlag.

Wiggins, S. [1992] *Chaotic Transport in Dynamical Systems*. Interdisciplinary Mathematical Sciences, Springer-Verlag.

Wiggins, S. [1993] *Global Dynamics, Phase Space Transport, Orbits Homoclinic to Resonances and Applications*. Fields Institute Monographs. **1**, Amer. Math. Soc.

Wilczek, F. und A. Shapere [1989] Geometry of self-propulsion at low Reynold's number. Efficiencies of self-propulsion at low Reynold's number. *J. Fluid Mech.* **198**, 587–599.

Williamson, J. [1936] On an algebraic problem concerning the normal forms of linear dynamical systems. *Amer. J. Math.* **58**, 141–163; **59**, 599–617.

Wintner, A. [1941] *The Analytical Foundations of Celestial Mechanics*. Princeton University Press.

Wisdom, J., S. J. Peale und F. Mignard [1984] The chaotic rotation of Hyperion. *Icarus* **58**, 137–152.

Wong, S. K. [1970] Field and particle equations for the classical Yang–Mills field and particles with isotopic spin. *Il Nuovo Cimento* **65**, 689–694.

Woodhouse, N. M. J. [1992] *Geometric Quantization*. Clarendon Press, Oxford University Press, 1980, Second Edition, 1992.

Xiao, L. und M. E. Kellman [1989] Unified semiclassical dynamics for molecular resonance spectra. *J. Chem. Phys.* **90**, 6086–6097.

Yang, C. N. [1985] Fiber bundles and the physics of the magnetic monopole. *The Chern Symposium*. Springer-Verlag, pp. 247–254.

Yang, R. und P. S. Krishnaprasad [1990] On the dynamics of floating four bar linkages. *Proc. 28th IEEE Conf. on Decision and Control.*

Zakharov, V. E. [1971] Hamiltonian formalism for hydrodynamic plasma models. *Sov. Phys. JETP* **33**, 927–932.

Zakharov, V. E. [1974] The Hamiltonian formalism for waves in nonlinear media with dispersion. *Izvestia Vuzov, Radiofizika* **17**.

Zakharov, V. E. und L. D. Faddeev [1972] Korteweg–de Vries equation: a completely integrable Hamiltonian system. *Funct. Anal. Appl.* **5**, 280–287.

Zakharov, V. E. und E. A. Kuznetsov [1971] Variational principle and canonical variables in magnetohydrodynamics. *Sov. Phys. Dokl.* **15**, 913–914.

Zakharov, V. E. und E. A. Kuznetsov [1974] Three-dimensional solitons. *Sov. Phys. JETP* **39**, 285–286.

Zakharov, V. E. und E. A. Kuznetsov [1984] Hamiltonian formalism for systems of hydrodynamic type. *Math. Phys. Rev.* **4**, 167–220.

Zenkov, D. V. [1995] The Geometry of the Routh Problem. *J. Nonlinear Sci.* **5**, 503–519.

Zenkov, D. V., A. M. Bloch und J. E. Marsden [1998] The Energy Momentum Method for the Stability of Nonholonomic Systems. *Dyn. Stab. of Systems.* **13**, 123–166.

Zhuravlev, V. F. [1996] The solid angle theorem in rigid-body dynamics. *J. Appl. Math. and Mech. (PMM)* **60**, 319–322.

Ziglin, S. L. [1980a] Decomposition of separatrices, branching of solutions and nonexistena of an integral in the dynamics of a rigid body. *Trans. Moscow Math. Soc.* **41**, 287.

Ziglin, S. L. [1980b] Nonintegrability of a problem on the motion of four point vortices. *Sov. Math. Dokl.* **21**, 296–299.

Ziglin, S. L. [1981] Branching of solutions and nonexistence of integrals in Hamiltonian systems. *Dokl. Akad. Nauk SSSR* **257**, 26–29; *Funct. Anal. Appl.* **16**, 30–41, **17**, 8–23.

Sachverzeichnis